Ingenieurgeologische Probleme im Grenzbereich zwischen Locker- und Festgesteinen

Herausgegeben von

Karl-Heinrich Heitfeld

Mit einem Geleitwort von D. Maronde

Mit 397 Abbildungen

Springer-Verlag
Berlin Heidelberg New York Tokyo

Professor Dr. KARL-HEINRICH HEITFELD
Lehrstuhl für Ingenieurgeologie und Hydrogeologie
RWTH Aachen
Lochnerstraße 4-20
5100 Aachen, FRG

ISBN-13: 978-3-540-15366-5 e-ISBN-13: 978-3-642-70452-9
DOI: 10.1007/978-3-642-70452-9

CIP-Kurztitelaufnahme der Deutschen Bibliothek
Ingenieurgeologische Probleme im Grenzbereich
zwischen Locker- und Festgesteinen /
hrsg. von Karl-Heinrich Heitfeld. -
Berlin ; Heidelberg ; New York ; Tokyo : Springer, 1985.
ISBN-13: 978-3-540-15366-5
NE: Heitfeld, Karl-Heinrich [Hrsg.]

Druck- und Bindearbeiten: Beltz, Offsetdruck, Hemsbach/Bergstr.
2131/3130-543210

Geleitwort

In dem Band wird versucht, die wissenschaftliche Bilanz eines fünfjährigen Schwerpunktprogrammes der Deutschen Forschungsgemeinschaft zu ziehen. Das Programm wurde vorbereitet durch eine Arbeitsgruppe "zur geomechanischen Forschung in der Bundesrepublik Deutschland". Bei einem Rundgespräch am 15.3.1977 in Aachen befürworteten die Teilnehmer die Einrichtung eines Schwerpunktprogrammes. Nach der weiteren Diskussion durch die Senatskommission für Geowissenschaftliche Gemeinschaftsforschung und der Genehmigung durch den Senat wurde das Programm im Zeitraum 1.7.1978 bis 30.6.1983 mit insgesamt 6,3 Mio. DM finanziert, die für die Bearbeitung von 42 Themen zur Verfügung standen. Dazu kommen erhebliche Mittel, die von den beteiligten Arbeitsgruppen im Rahmen der Grundausstattung für die Untersuchungen bereitgestellt werden konnten. Der überwiegende Teil der Mittel der DFG wurde für die Finanzierung von Personal, besonders jungen Wissenschaftlern, aufgewandt. Die Kooperation wurde wesentlich durch fünf wissenschaftliche Kolloquien gefördert, bei denen alle beteiligten Gruppen über ihre Ergebnisse regelmäßig berichteten. Darüber hinaus referierten die Wissenschaftler über erste Ergebnisse auf nationalen und internationalen Tagungen. Es bleibt zu hoffen, daß die im Rahmen des Schwerpunktprogrammes erarbeiteten Ergebnisse aus dem Bereich der Grundlagenforschung baldige Anwendung in der Praxis erfahren werden. Das Gelingen des Programmes war sicherlich nur möglich durch den guten Geist der interdisziplinären Kooperation, mit dem alle Beteiligten mitarbeiteten. All denen sei gedankt, die zum Erfolg beigetragen haben.

Bonn, März 1985 D. Maronde

Vorwort

Das Schwerpunktprogramm "Ingenieurgeologische Probleme im Grenzbereich zwischen Locker- und Festgesteinen" wurde auf Empfehlung der Senatskommission für Geowissenschaftliche Gemeinschaftsforschung von der Deutschen Forschungsgemeinschaft im Jahre 1978 eingerichtet. Die Fragestellung resultiert aus der Erkenntnis, daß es zwischen den beiden großen Gesteinstypen, den Festgesteinen - bearbeitet von der Felsmechanik - und den Lockergesteinen - bearbeitet von der Bodenmechanik - ein weites Feld von veränderlich-festen Gesteinen gibt, die einerseits von den anderen Wissenschaften nur unzureichend erfaßt werden können, die andererseits aber große Bereiche der Oberfläche der Bundesrepublik Deutschland einnehmen und daher für die Gründung von Bauwerken eine wesentliche Bedeutung haben. Es handelt sich dabei vor allem um:

- Wechsellagerung von Fest- und Lockergesteinen
- Wechselnd feste Gesteine (d.h. Gesteine, die vor allem in Abhängigkeit vom Wassereinfluß ihre Festigkeitseigenschaften ändern)
- Verwitterungsbedingte Übergangsgesteine.

Um diese Gesteine in ihrem mechanischen Verhalten zu erfassen, müssen vor allem die geologischen Ausgangsbedingungen und die geologische Entwicklung mit in die Untersuchungen einbezogen werden. Aber die Eigenschaften derartiger Gesteine sind nicht nur für die Beurteilung der Gründung großer Bauwerke wichtig, auch Rutschungen von Erdmassen, die ein verheerendes Ausmaß annehmen können und die in verschiedenen Gebieten, auch der Bundesrepublik, z.B. beim Straßenbau große Schwierigkeiten bereiten, können nur durch eine entsprechende ingenieurgeologische Untersuchung erforscht, in ihrer Bedeutung abgeschätzt, saniert oder, nach Möglichkeit, durch eingehende Voruntersuchungen verhindert werden.

Entsprechend der Aufgabenstellung war das Themenfeld des Schwerpunktprogramms weit gefächert. Folgende Themenbereiche standen im Mittelpunkt:

Verwitterungsfragen, Rutschungsprobleme, quartäre Sedimente, Gesteinstrennflächen und Gefügetektonik, Vorbelastung und Eigenspannung von Böden, Anwendung geophysikalischer Methoden und stärker anwendungsorientierte Vorhaben einschließlich Stabilisierung.

Die erforderliche komplexe Bearbeitung dieser Themen konnte nicht von Ingenieurgeologen allein vorgenommen werden. So war ein wesentliches Kennzeichen fast aller Arbeiten im Schwerpunkt eine breite interdisziplinäre Zusammenarbeit, an der Ingenieur- und Hydrogeologen, Bodenmechaniker, Felsmechaniker, Geophysiker, Mineralogen und Bodenkundler beteiligt waren.

In einem Abschlußkolloquium am 15. und 16. März 1984 in Mainz wurde in Vorträgen über die Ergebnisse der 5-jährigen Arbeiten berichtet. Die

Vorträge und Diskussionen haben gezeigt, daß viele wichtige Erkenntnisse, die in den nächsten Jahren auch in der Praxis, insbesondere der Baupraxis, Früchte tragen sollen, gewonnen wurden. In manchen Bereichen sind aber auch erst Ansätze für neue Untersuchungen und Forschungen geschaffen worden.

Der vorliegende Band gibt einen Überblick über die im Rahmen des Schwerpunktes durchgeführten Arbeiten. Die Zusammenstellung soll einerseits Rechenschaftsbericht sein, andererseits Anregungen für weitere Untersuchungen auf diesem wichtigen Forschungsgebiet der Ingenieurgeologie geben.

Mein herzlicher Dank gilt den Autoren für die pünktliche Fertigstellung der Manuskripte. Vor allem aber danke ich den Mitgliedern des Redaktionsausschusses für ihre teilweise recht mühevolle Arbeit bei der Durchsicht der Beiträge.

Herrn Dr. Azzam sei für die redaktionelle Bearbeitung gedankt, Frau B. Korb für das Schreiben der Manuskripte.

Mein besonderer Dank gilt der Deutschen Forschungsgemeinschaft für die finanzielle Förderung der Arbeiten und der Erstellung des Abschlußbandes sowie den Mitarbeitern der DFG, insbesondere Herrn Dr. Maronde, für das stete Interesse und die große Mühe, die er sich bei der fast 6-jährigen Betreuung des Schwerpunktprogramms gemacht hat.

Beim Springer-Verlag bedanke ich mich vor allem für die Aufgeschlossenheit gegenüber den Vorstellungen und Wünschen des Herausgebers und des Redaktionsausschusses, dem die Herren Prof. Brauns, Karlsruhe, Prof. Einsele, Tübingen, Prof. Hartge, Hannover, Dr. habil. Krauter, Mainz, Prof. Schetelig, Darmstadt, und Prof. Wohlenberg, Aachen, angehörten.

Dem Buch wünsche ich eine freundliche Aufnahme in der Fachwelt.

K.-H. Heitfeld

Inhaltsverzeichnis

Bereich Vorbelastung/Eigenspannung

Bereich quartäre Sedimente/Geschiebemergel

Bereich Gesteinstrennflächen/Gefügetektonik

Bereich: Geophysikalische Methoden

Bereich stärker anwendungsorientierter Vorhaben einschließlich Stabilisierung

Bereich Verwitterung

Auflockerung und Verwitterung in der Ingenieurgeologie: Übersicht, Feldansprache, Klassifikation (Verwitterungsprofile) - Einleitender Beitrag

G. EINSELE[1], K.-H. HEITFELD[2], CH. LEMPP[3] und K. SCHETELIG[4]

SUMMARY

This introductory chapter deals with the significance and field classification of weathering profiles in different important rock types. For a first description of rocks and soils in engineering geology, the distinction of 5 stages of weathering (apart from fresh parent rock) are recommended. The term "degree" of weathering should be used for more quantitative to semi-quantitative characterisations.

Near a land surface lowered by denudation, all rock types are affected by stress release (fig. 1). As a result, the rock mass starts to disintegrate along pre-existing and newly developed fissures, joints, and other discontinuities. In this stage, the material of sedimentary rocks, particularly that of mudrocks, is still overconsolidated and more or less diagenetically indurated. These properties are successively lost during weathering. For rock types containing clay minerals, the "inactivation" and "reactivation" of these minerals play a great part in these processes. Therefore, kind and amount of clay minerals are used to distinguish between different rock types (fig. 2) which, for example, behave differently when they are kept under water or are exposed to repeated drying and wetting.

The weathering profiles can be subdivided into 2 groups (fig. 3). In the first one, the rock material is relatively resistent to weathering and remains hard nearly up to the land surface. In the second group, the rock is disintegrated and decomposed already at greater depth. Both groups can form either non-cohesive or cohesive matrix respectively soils in stages W4 and W5. Furthermore, one should distinguish between regular, surface-oriented weathering profiles and irregular ones which may be caused by oxidation and dissolution of circulating groundwater and/or by special tectonic fracture zones and faults (fig. 4). Examples of surface-oriented weathering profiles including some explanations are shown for the following rock types: Granite and basalt (fig. 5), sandstones and bedded limestones (fig. 6), mudstones and till (fig. 7).

[1] Prof. Dr. G. Einsele, Geologisch-Paläontologisches Institut der Universität Tübingen, Sigwartstr. 10, D-7400 Tübingen

[2] Prof. Dr.K.-H. Heitfeld, Lehrstuhl für Ingenieurgeologie und Hydrogeologie der RWTH Aachen, Lochnerstr. 4 - 20, D-5100 Aachen

[3] Dr. Ch. Lempp, Institut für Boden- und Felsmechanik der Universität Karlsruhe, Postfach 6380, D-7500 Karlsruhe

[4] Prof. Dr. K. Schetelig, Geologisch-Paläontologisches Institut der Technische Hochschule Darmstadt, Schnittspahnstr. 9, D-6100 Darmstadt

Ingenieurgeologische Probleme im Grenzbereich zwischen Locker- und Festgesteinen
(Herausgegeben von K.-H. Heitfeld)

Finally, some consequences of the weathering profile for shallow foundations, permeability, angle and stability of slope cuts, "back-weathering", development of failure planes, ground-heave, and dam construction are briefly discussed (fig. 8).

EINLEITUNG

Oberflächennahe Auflockerung und Verwitterung des Gebirges oder einzelner Gesteinsschichten sind Erscheinungen, die fast bei allen Tiefbauarbeiten in Gebieten mit Festgesteinen oder veränderlich-festen Gesteinen eine große Rolle spielen. Daher mußten sich die meisten Arbeitsgruppen in dem hier dargestellten Forschungsschwerpunkt "Ingenieurgeologische Probleme im Grenzbereich zwischen Locker- und Festgesteinen" mehr oder weniger mit dieser Thematik auseinandersetzen. In Teil I dieses Bandes sind Arbeiten zusammengestellt, bei denen die Auflockerungs- und Verwitterungsprozesse und die damit verbundenen Änderungen der geotechnischen Eigenschaften verschiedener Gesteins- und Gebirgsgruppen im Vordergrund stehen. Aber auch bei fast allen anderen Teilprojekten war es notwendig, den Verwitterungszustand des untersuchten Materials anzugeben.

Daher wurde es dringend erforderlich, wenigstens für die Feldansprache der Auflockerungs- und Verwitterungserscheinungen ein möglichst einheitliches Klassifikations-System anzuwenden. Dieses sollte für verschiedene Gesteins- und Gebirgsgruppen eingesetzt werden können und sich weitgehend an bisherigen, allerdings nicht voll befriedigenden Vorschlägen auf internationaler Ebene orientieren.

An dieser Aufgabe haben viele Mitarbeiter im Schwerpunktprogramm durch Diskussionsbeiträge während der 6 Kolloquien mitgewirkt, insbesondere die Kollegen J. BRAUNS, H. HÖTZL und W. SMYKATZ-KLOSS (alle an der Universität Karlsruhe) und P. KELLER (Universität Stuttgart).

ALLGEMEINES ZUR VERWITTERUNG UND ZUR GELÄNDEAUFNAHME VON VERWITTERUNGSPROFILEN

Es kann nicht Gegenstand dieses kurzgefaßten einführenden Kapitels sein, auf die verschiedenen Prozesse der physikalischen und chemischen Verwitterung einzugehen, die in der geologischen, geomorphologischen und bodenkundlichen Literatur eingehend beschrieben werden. Gewisse geotechnische und andere anwendungsbezogene Folgerungen aus diesen Prozessen sind z.B. aus den zusammenfassenden Darstellungen von LUKASHEV (1970), OLLIER (1975), BRUNSDEN (1979), SELBY (1982) und SMALL & CLARK (1982) zu entnehmen; die hier diskutierten Fragen werden dabei aber nur unzureichend behandelt.

Die Ingenieurgeologie und alle Baugrundfachleute benötigen eine standardisierte und im Gelände praktikable Methode zur Aufnahme und Charakterisierung von Verwitterungsprofilen. Die Verwitterungs- und Auflockerungszone, die bei den meisten Gründungsarbeiten, Baugruben und Böschungen im Fels von entscheidender Bedeutung ist, kann durch die klassischen boden- und felsmechanischen Erkundungs-Methoden nur schwer erfaßt werden, weil der Felsverband einerseits schon zu sehr gelockert ist und andererseits die Gewinnung von repräsentativen Proben für das Erdbaulabor sich auf die oberste, grobkornfreie Verwitterungsschicht beschränkt. Aufwendige Feldversuche oder in-situ Messungen sind nur ausnahmsweise bei großen Bauvorhaben möglich. Deshalb ist es in der Regel erforderlich, für Baumaßnahmen in der Verwitterungs- und Auflockerungszone die Boden- und Felskennwerte aufgrund von Erfahrungen an anderen Orten festzulegen. Dieser Weg setzt aber voraus, daß die regional anfallenden Beobachtungen mit weiter entfernten, aber ähnlichen Gebirgsarten verglichen und nach einheitlichen und möglichst überprüfbaren Kriterien beurteilt werden können. Dabei ist zu berücksichtigen, daß die mechanischen Eigenschaften eines Verwitterungsprofils und dessen Durchlässigkeit von oben nach unten und zum Teil auch lateral stark wechseln.

Diese Aufgabe, ein einheitliches und in der Ingenieurgeologie allgemein anwendbares Klassifikationsschema zu schaffen, haben auf internationaler Ebene schon mehrere Einzelautoren oder Arbeitsgruppen in Angriff genommen, z.B. DEARMAN (1976), Classification of Rocks and Soils for Engineering Geological Mapping (1979), SELBY (1980), BELL (1981), MATULA et al. (1981), International Society of Rock Mechanics (1981), CLAYTON et al. (1982). Leider ist bei diesen Versuchen aber noch keine volle Übereinstimmung zwischen den verschiedenen Vorschlägen erzielt worden (vgl. GAMON 1983). Die Arbeiten enthalten meist auch keine geeigneten Abbildungen, welche eine visuelle Ansprache der Verwitterungsprofile unseres Erachtens sehr erleichtern. Ein weiteres Anliegen unseres Beitrags besteht darin, die Auflockerungs- und Verwitterungsprozesse der verschiedenen Gesteinsarten in einem gewissen genetischen Zusammenhang zu sehen.Auf diese Weise werden bestimmte Entwicklungstendenzen erkennbar und besonders die Verhältnisse bei den sog. "veränderlich-festen" Gesteinen, die bei den Arbeiten innerhalb unseres Forschungsschwerpunktes im Vordergrund des Interesses standen, hervorgehoben.

Die Verwitterungsprozesse sind stark vom Klima abhängig und der Tiefgang der Verwitterung und damit die Ausbildung bestimmter Verwitterungsprofile werden entscheidend vom Relief und der Landschaftsgeschichte einer Region gesteuert. In diesem Beitrag kann jedoch nicht oder nur randlich auf diese wichtigen Einflußgrößen eingegangen werden. Die folgenden Ausführungen gelten in erster Linie für mitteleuropäische Klimaverhältnisse und außeralpine Gebiete, also Mittelgebirgslandschaften oder Schichtstufengebiete mit Festgesteins-Untergrund. Quartäre Deckschichten, welche auf weiten Flächen die Verwitterungsprofile der älteren, anstehenden Gesteine überlagern, werden nicht behandelt.

ZUR BEDEUTUNG DER GEOLOGISCHEN VORGESCHICHTE FÜR DIE VERWITTERUNG

In letzter Zeit ist mehr und mehr erkannt worden, daß nicht nur die Art und Zusammensetzung des Ausgangsmaterials, sondern bei Sedimentgesteinen auch die Ablagerungsbedingungen und bei allen Gesteinen die geologische Vorgeschichte bis zum heutigen Abtragsniveau, d.h. die Belastungsgeschichte bzw. der Spannungsverlauf bis zur Freilegung an oder in der Nähe der Erdoberfläche, eine große Rolle bei der Auflockerung und Verwitterung spielen.

In einem Sedimentbecken wird das abgelagerte Material durch jüngere Schichten überdeckt und damit zunehmend in größere Tiefen unter der Erdoberfläche oder dem Meeresboden versenkt (Abb. 1). Dabei wird es mechanisch kompaktiert und durch Mineral-Lösungs- und Ausfällungsprozesse bzw. Umkristallisation mehr oder weniger verändert und verfestigt (chemisch-mineralogische Diagenese und Metamorphose). Ein wichtiger Vorgang ist dabei die Auspressung des bei der Ablagerung sehr großen Vorrats an Porenwasser und das sich der Kompaktion anpassende Gefüge der Tonmineralien.

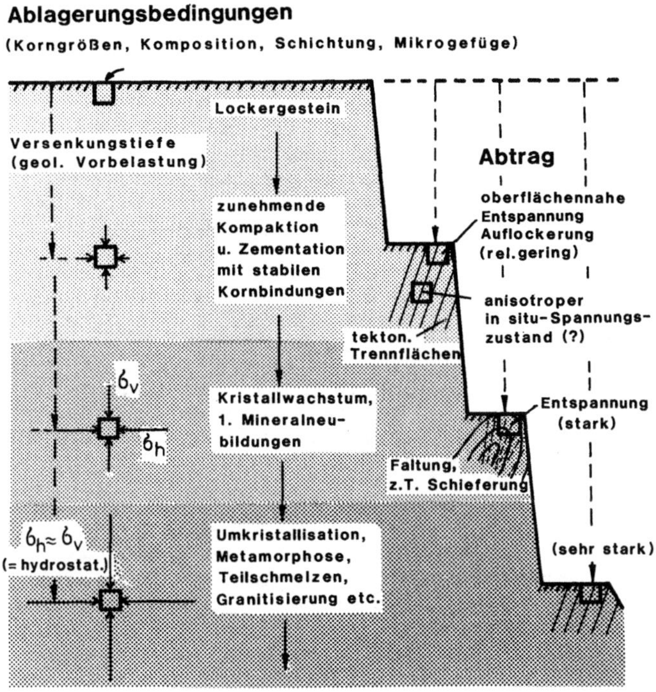

Abb. 1 Unterschiedliche Versenkungstiefe, Kompaktion, in-situ-Spannungszustand (σ_v und σ_h), Diagenese und Metamorphose der Gesteine. Nach Abtrag der überlagernden Schichten sind die Gesteine i.a. als überkonsolidiert und diagenetisch verfestigt anzusprechen. Ihre Entspannung und Verwitterung in Oberflächennähe hängt stark von der geologischen Vorgeschichte und den dabei erworbenen Festigkeitseigenschaften ab. Die starke Entspannung vieler Kristallingesteine ist geotechnisch meist unschädlich (Gesteinsfestigkeit > Zugspannung)

Fig. 1 Compaction, in-situ stress (σ_v and σ_h), diagenesis, and metamorphism of rocks with increasing depth of burial. After denudation of overlying strata, most of these rocks can be characterized as overconsolidated and diagenetically indurated. Their near-surface stress release and weathering is related to their geologic history and the rock strength gained during that time. The strong stress release of many crystalline rocks often is geotechnically insignificant (rock strength > tensile stress)

Gleichzeitig erhöhen sich mit zunehmendem Überlagerungsdruck die vertikalen und horizontalen Spannungen σ_v und σ_h, unter denen ein bestimmtes Gesteinselement steht, wobei in der Regel σ_h langsamer wächst als σ_v ($\sigma_v > \sigma_h$). Werden Gesteinsserien in gebirgsbildende Prozesse einbezogen, so können sie in verschiedener Weise gefaltet und geschiefert werden; in diesem Fall ist bis zu einer gewissen Tiefe häufig $\sigma_h > \sigma_v$, d.h. die größere Hauptspannungsrichtung ist horizontal oder zumindest flach orientiert. Bei Tonschiefern regeln sich die vorhandenen und sich neu bildenden blättchen-förmigen Tonminerale und Glimmer dabei mehr oder weniger parallel zu den Schieferungsflächen ein und verursachen die ausgeprägte Spaltbarkeit und den kleinstückigen Zerfall, der nach Entlastung an der Erdoberfläche eintritt.

Sehr tiefe Versenkung, die in der Regel mit weiterer tektonischer Beanspruchung verbunden ist, kann zur teilweisen oder weitgehenden Aufschmelzung des ursprünglichen Gesteinsmaterials und zu seiner späteren Rekristallisation (Anatexis, Granitisierung) führen. Der sehr hohe in-situ-Spannungszustand nähert sich dann wieder hydrostatischen Verhältnissen. Nur die jüngsten Sediment- und Ergußgesteine, welche heute an der Erdoberfläche noch mehr oder weniger an ihrem Ablagerungsort liegen, haben keine derartige geologische Vorgeschichte. Alle anderen Gesteine sind wegen ihrer früheren geologischen Auflast und der in ihnen abgelaufenen chemisch-mineralogischen Prozesse als überkonsolidiert und diagenetisch verändert zu bezeichnen.

Gelangen diese Gesteine durch Abtrag der überlagernden Schichten wieder in Oberflächennähe, so haben sie die Tendenz, in ihren früheren Zustand (vor der Versenkung in größere Tiefe) überzugehen. Sie werden mehr oder weniger wieder mechanisch entspannt (vgl. z.B. HEITFELD 1965; L. MÜLLER 1970), und ihre diagenetisch erworbenen Kornbindungen gehen teilweise oder ganz verloren. Hinzu kommen Lösungs- und neue Mineralumbildungsprozesse, die unter dem Begriff "chemische Verwitterung" zusammengefaßt werden können. In kalkhaltigen Gesteinen ist die von oben nach unten fortschreitende Kalkauflösung ein wichtiger Vorgang der Entfestigung oder Destabilisierung. Bei Gips, Anhydrit oder Steinsalz im Untergrund verläuft dieser Vorgang besonders rasch und tiefgründig. Bei der Entspannung entstehen neben tektonisch angelegten Klüften und Störungen meist neue Gesteinstrennflächen, die zunächst eine allgemeine oberflächennahe Auflockerung des Gebirgsverbandes herbeiführen (Abb. 1). In diesem Stadium sind die Gesteins- oder Kluftkörper zwar "en bloc" elastisch entspannt, ihr internes Korngefüge entspricht aber z.T. noch dem Spannungszustand der maximalen Versenkungstiefe.

Im weiteren Verlauf der Verwitterung haben auch die Kluftkörper die Tendenz, sich aufzuweiten (siehe BJERRUM 1967: "recoverable strain energy").

Für die Entwicklung von Kornbindungen und ihre sekundäre Zerstörung spielen die Tonminerale eine große Rolle. Dies gilt besonders für die sog. veränderlich-festen Gesteine, die von mehreren Arbeitsgruppen im Rahmen unseres Schwerpunktprogramms untersucht wurden. In diesem einführenden Beitrag soll nur zwischen "aktiven" Tonmineralen, d.h. stark quell- und schrumpffähigen, und weniger aktiven Tonmineralen unterschieden werden. Bei der Diagenese werden die Tonminerale durch "Partikelverschweißungen" (z.B. GRÜNDER 1978), Kristallwachstum oder -neubildungen mehr oder weniger "inaktiviert". Deshalb können auch Sedimente mit primär hohem Anteil oder mit heute noch vorhandenem Rest an "aktiven" Tonmineralen ein relativ verwitterungsresistentes Tongestein bilden (z.B. paläozoische Tonschiefer). Sind aber die diagenetisch erworbenen Kornbindungen nicht ausreichend fest oder verwitterungsresistent, so werden die Tonminerale mindestens zum Teil "reaktiviert". Dann wird in der Regel auch das interne Korngefüge der oben genannten Kluftkörper entfestigt, aufgeweitet und schließlich in ein Lockermaterial zurückverwandelt. Dabei ist auch eine sekundäre Umbildung der diagenetisch geprägten Tonminerale in Oberflächennähe möglich. Damit sind die für die folgenden Ausführungen wichtigen Grundprozesse der Auflockerung und Verwitterung angesprochen.

WICHTIGE GESTEINSGRUPPEN UND IHR VERWITTERUNGSVERHALTEN

Die in Abb.2 dargestellte vereinfachte Übersicht gliedert die wichtigsten Gesteinsgruppen nach Art und Menge der in ihnen enthaltenen "aktiven" oder "reaktivierbaren" quell- und schrumpffähigen Tonminerale. Im Schwerpunktprogramm wurden Beispiele aus fast allen diesen Gruppen untersucht. Während Gesteine der Gruppe A und B schon bei einer bestimmten Teilentlastung bergfrisch quellen können, zeigen die Gesteine der Gruppe C unter ständiger Wasserlagerung noch keine merkliche Veränderung. Ihr Zerfall und ihre Plastizierung beginnen erst nach vorheriger Teilaustrocknung (evtl. auch unter Frostbedingungen), nachdem hohe Schrumpfkräfte die Partikelverschweißungen geschwächt haben. Die Gesteine der Gruppe D, zu denen auch Geschiebemergel gehören, repräsentieren relativ tonarme, wenig überkonsolidierte und gering diagenetisch veränderte Gesteine, die jedoch mindestens zum Teil unter Wasser oder nach einem Trocknungs-Befeuchtungswechsel zerfallen. Dieser Effekt klingt erst dann ab, wenn, wie bei der Gruppe E, Kalk oder Sand mit mindestens 70 - 80 % den Hauptbestandteil des Materials bildet und zusätzlich durch Diagenese resistente Kornbindungen entstanden sind.

Paläozoische Tongesteine (Gruppe G), bei denen sich neben einer Kornvergröberung zum Teil schon beginnende Metamorphose mit Mineralneubildungen bemerkbar macht, zeigen nur noch zum Teil deutliche Schrumpfung und Trocknungs-Befeuchtungs-Zerfall. Die bekannten Dachschiefer halten z.B. der Verwitterung unter unseren Klimabedingungen weitgehend stand.

Schließlich sind in Abb. 2 noch kristalline Gesteine (gemeint sind grob-kristalline Gesteine wie z.B. Granit) aufgeführt, die im frischen Zustand keine Tonminerale enthalten, sich jedoch durch mechanische Entfestigung und chemisch-mineralogische Prozesse ebenfalls in ihrer Substanz entscheidend verändern. Dies wird in Abb. 2 durch variable Kornbindung, Gesteinsporosität und einaxiale Druckfestigkeit zum Ausdruck gebracht, während sich die Tabellenwerte für die sedimentären Gesteinsgruppen A bis G auf bergfrisches Material beziehen.

UNTERSCHEIDUNG VERSCHIEDENER VERWITTERUNGSPROFILE UND IHRE BENENNUNG

Man kann prinzipiell 2 Arten von Auflockerung und Verwitterung unterscheiden (Abb. 3):

- Gesteine, deren Kluftkörper oder Gesteinssubstanz weitgehend ihre Festigkeit bewahren und nur randlich verwittern oder aufgelöst werden (gesteins-resistente Verwitterungsprofile)
- Gesteine, deren Kluftkörper relativ rasch und tiefgründig entfestigt werden (gesteins-veränderliche Verwitterungsprofile).

Innerhalb dieser beiden Entwicklungsreihen ist noch zwischen solchen Gesteinen zu differenzieren, deren Verwitterungs-Endprodukte (Stufen W4 und W5, Abb. 3) überwiegend sandigen bzw. kohäsionslosen Charakter aufweisen oder aber eher die Eigenschaften bindiger Böden besitzen. Die Verwitterungsprofile der meisten Gesteine lassen sich also folgenden 4 Entwicklungsreihen zuordnen:

- Gesteins-resistente Verwitterungsprofile mit sandigen Endprodukten (z.B. kieselig oder durch Eisenhydroxide gebundene Sandsteinfolgen, Gesteinsgruppe E, Abb. 2)
- Gesteins-resistente Verwitterungsprofile mit tonig-lehmigen Endprodukten (z.B. feinkörnige oder massige Karbonate, Gesteinsgruppe F, z.T. auch G)

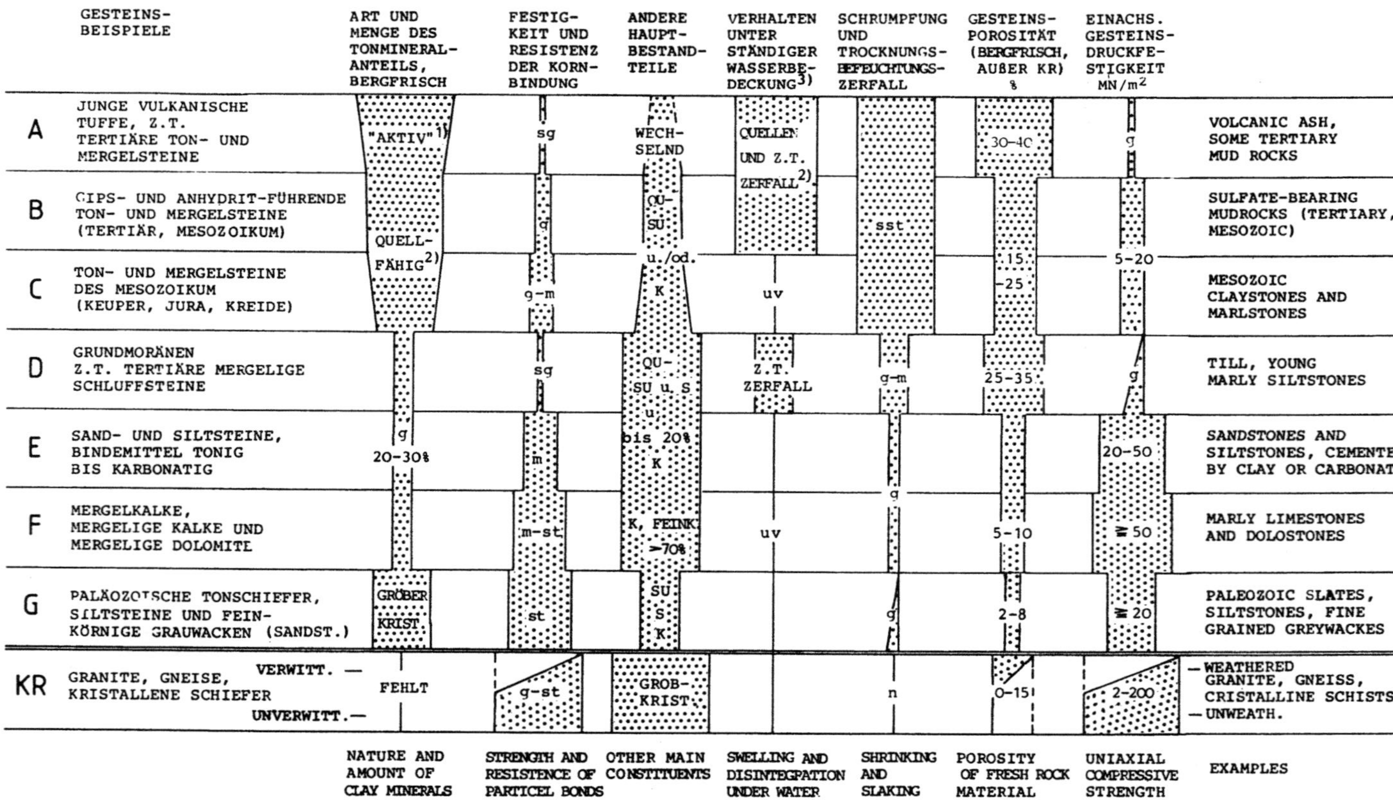

Die Breite der Balken bezeichnet den relativen Mengenanteil bestimmter Minerale (Spalten 1 und 3), zunehmende Kornbindung, Porosität, Druckfestigkeit und Verwitterungsanfälligkeit.

1) wegen geringer Versenkungstiefe und schwacher diagenetischer Bindung schon bergfrisch "aktiv"
2) bei Teilentlastung und speziellen Einflüssen wie z.B. Anhydrit-Gips-Umwandlung
3) bergfrisch, aber entlastet

QU= Quarz	SU= Schluff, Silt	m= mittel, moderate	uv= unverändert, no change
K = Karbonat	sg= sehr gering, very little	st= stark, strong	m= nicht meßbar, not measurable
S = Sand	g= gering, little	sst= sehr stark, very strong	

Abb. 2

Fig. 2

- Gesteins-veränderliche Verwitterungsprofile mit sandigen Endprodukten (z.B. Granit, Gesteinsgruppe KR)
- Gesteins-veränderliche Verwitterungsprofile mit tonig-lehmigen Endprodukten (z.B. Ton- und Mergelsteine, Gesteinsgruppen A, B, C, D)

Die in Abb. 3 gezeigten "normalen" oder rein "oberflächen-orientierten" Verwitterungsprofile lassen sich schon im Gelände mit Hilfe ihres sich ändernden Trennflächengefüges und der fortschreitenden anderen Verwitterungsprozesse in gewisse "Homogenbereiche" untergliedern, die in Anlehnung an die angelsächsische Literatur mit "Verwitterungsstufen" (Weathering Stages) bezeichnet und vom bergfrischen Material bis zum Endprodukt der Verwitterung mit W0 bis W5 (oder bei Unterscheidung von weniger Stufen etwa mit W0, W1/2, W3/4, W5) abgekürzt werden. Der früher viel verwendete Begriff "Verwitterungsgrad" (vgl. WALLRAUCH 1969; KECK 1976; HESSE 1978; EINSELE 1983) soll für genauere, möglichst quantitative Charakterisierungen der Verwitterungsprofile (z.B. im Hinblick auf Festigkeitseigenschaften, Wasserdurchlässigkeit, Verdichtbarkeit, chemisch-mineralogische Veränderungen etc.) verwendet werden.

Besonders in Schichtfolgen mit einem Wechsel zwischen verwitterungsresistentem und -veränderlichem Material können unregelmäßige und zum Teil sehr tiefgründige Verwitterungsprofile entstehen (Abb. 4a). Wo der direkte Einfluß der Atmosphäre aufhört, kann zirkulierendes Grundwasser das Material durch Oxidations- und Lösungsvorgänge verändern (vgl. LUKASHEV 1970; C. RUCH, dieser Band). Ähnliches gilt für tektonische Störungs- und Zerrüttungszonen, wo die Verwitterung bevorzugt angreift und einen lateralen Wechsel des Verwitterungszustandes hervorruft (Abb. 4b).

BEISPIELE FÜR NORMALE, OBERFLÄCHEN-ORIENTIERTE VERWITTERUNGSPROFILE AUS VERSCHIEDENEN GESTEINSGRUPPEN

Die folgenden Beispiele sollen die oben genannten Prinzipien zur Klassifikation von Verwitterungsprofilen in verschiedenen Gesteinsgruppen verdeutlichen. Alle diese Beispiele zeigen nur den einfachsten Fall der oberflächen-orientierten Verwitterung und Auflockerung mit einem regelmäßigen, von unten nach oben gerichteten Übergang vom "gesunden" bergfrischen Ausgangsmaterial zum völlig verwitterten Endprodukt der Verwitterung.

◄

Abb. 2 Grobeinteilung wichtiger Gesteinsgruppen, vor allem nach ihrem Tongehalt, ihrer Kornbindung und der damit zusammenhängenden Verwitterbarkeit (Näheres siehe Text)

Fig. 2 Different groups of rocks , subdivided particularly according to their clay content, strength and resistance of particle bonds, and the corresponding weatherability (width of bars signifies increasing amounts of main constituents, strength of bonds, weatherability, porosity, and uniaxial compressive strength)

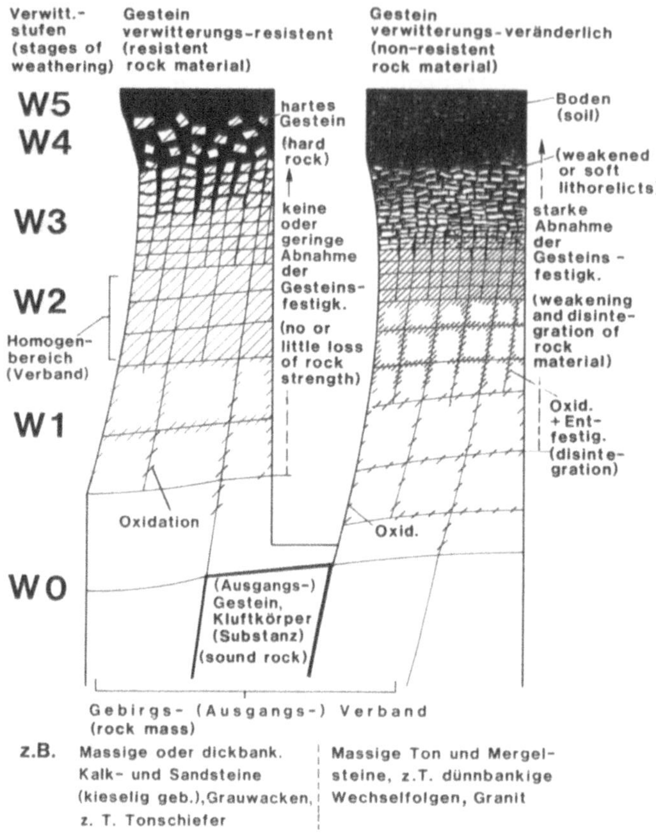

Abb. 3 Idealisierte, oberflächen-orientierte Verwitterungsprofile über homogenem, massigem Ausgangsgestein für 2 Grenzfälle: gesteins-resistentes und stark gesteins-veränderliches Ausgangsmaterial

Fig. 3 Idealized surface-oriented weathering profiles of massive or thickly layered homogeneous parent rock showing two lines of development: on the left-hand side, the rock mass is successively disintegrated, but the rock material resists to weakening and decomposition, and therefore hardly looses its strength; examples: thick, fine grained limestones, silica-cemented sandstones and greywackes, slates; on the right-hand side, the rock mass is not only disintegrated, but in addition the rock material looses its strength and is more or less decomposed; examples: claystones and marlstones (mudrocks), granite, basalt

Die Geländeaufnahmen sollten folgende Beobachtungen enthalten, für die in Anlehnung an frühere Vorschläge (z.B. Internat. Soc. of Rock Mechanics 1981; MATULA 1981; PRINZ 1983) die in Tab. 1 aufgelisteten Begriffe und Abkürzungen vorgeschlagen werden. Diese können selbstverständlich durch zusätzliche, relevant erscheinende Beobachtungen ergänzt werden, z.B. Öffnungsweite der Trennflächen und Mineralabscheidungen auf ihren Oberflächen, Entkalkungstiefe etc. Man sollte jedoch für diese Art der Klassifizierung ohne Laboratoriumsmethoden auskommen.

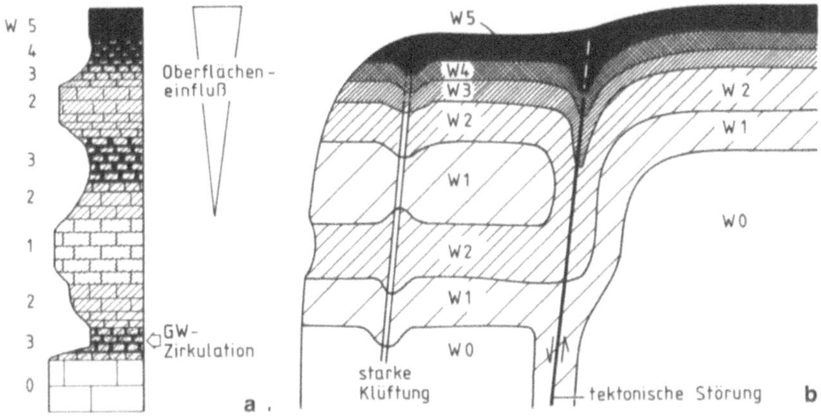

Abb. 4 a) Unregelmäßiges Verwitterungsprofil in Wechselfolge zwischen gesteins-resistentem und -veränderlichem Material bzw. wasserleitenden und nicht-leitenden Schichten; b) tiefgreifende Verwitterung an Zonen starker Klüftung oder tektonischer Störungen

Fig. 4 a) Irregular weathering profile in sequence with alternating layers of weathering-resistent and non-resistent material; deeply seated weathering by groundwater circulation with or without dissolution of rock material (e.g. gypsum); b) deeply penetrating weathering along fracture zones or faults

In Abb. 5 sind typische Verwitterungsprofile für massigen Granit und säuligen Basalt in gemäßigt humidem Klima dargestellt. Für beide gilt, daß ihr Ausgangsmaterial bzw. ihre Gesteinssubstanz nicht verwitterungsresistent ist und daher von einem harten in einen halbfesten Zustand übergeht, bevor es ganz zerfällt. Der Tiefgang dieser Verwitterungsprofile und die Mächtigkeit der einzelnen Verwitterungsstufen W1 bis W5 können sehr unterschiedlich sein. Beim Basalt besteht wegen des höheren Anteils an dunklen instabilen Mineralen die Tendenz zur Ausbildung einer mächtigeren und vor allem kohäsiveren Bodenzone (W4 und W5) als beim Granit, wenn die sonstigen Bedingungen (Relief, Klima, Alter der Landoberfläche etc.) vergleichbar sind. Die beiden Verwitterungsprofile können neben den Angaben in Abb. 5 etwa so charakterisiert werden:

Granit

W5: Kohäsionsloses Lockermaterial (Sand).

W4: Kohäsiver Granitgrus, nur noch Spuren von Klüften, keine Kluftkörper mehr vorhanden, dagegen einzelne festere "Wollsäcke".

W3: Kluftkörper meist vollständig vergrust, Klüfte mehr oder weniger deutlich erkennbar, meist noch mechanisch wirksam.

W2: Kluftkörper äußerlich z.T. vergrust, insgesamt deutlich rissig bzw. latent rissig, Oxidation greift z.T. tief in Kluftkörper hinein.

W1: Deutlich engständigere Klüftung als bei W0, Kluftkörper hart, nicht vergrust, auf Oberfläche oxidiert, z.T. ausgeprägte Scherzonen.

W0: Bergfrisches "gesundes" hartes Ausgangsgestein, i.a. weitständig geklüftet.

Tab. 1 Begriffe und Abkürzungen für die Geländeaufnahme von Verwitterungsprofilen

Tab. 1 List of characteristics and their symbols for the field description of weathering profiles

layer thickness	very large	L 1 200 cm	massig	Bankstärke, Schichtdicke
	large	L 2 = 60-200	dickbankig	
	moderate	L 3 = 20- 60	(mittel) - bankig	
	small	L 4 = 6- 20	dünnbankig	
	very small	L 5 = 2- 6	dickplattig	
		L 6 = 0,6 - 2	dünnplattig	
		L 7 = < 0,6	blättrig	
Spacing of joints (fracture intercept)	very wide	F 1 > 200 cm	sehr weitständig, kompakt	Kluftabstände, Trennflächenabstände
	wide	F 2 = 60-200	weitständig	
	moderate	F 3 = 20- 60	mittelständig	
	close	F 4 = 60- 20	engständig	
	very close	F 5 = 2- 6	sehr engständig (dichtst.)	
	extremely close	F 6 < 2	schiefrig	
Rock-strength	soft, weak[1]	S	halbfest[1]	Gesteinsfestigkeit (Kluftkörper)
	hard, strong[2]	H	hart[2]	
Stage of weathering of rock material	fresh, sound	f	bergfrisch, gesund	Verwitterungszustand des Gesteinsmaterials
	discoloured, no or little loss of strength	d	farblich verändert, kein/wenig Festigkeitsverlust	
	weakened and partially disintegrated and decomposed (lithorelicts)	w	entfestigt, teilweise zerlegt und zersetzt (Gesteinsrelikte)	
Soil, matrix	non-cohesive (e.g. sand)	N	nicht kohäsiv (z.B. Sand)	Bodenbildung Matrix zwischen Kluftkörpern
	moderately cohesive	M	mäßig kohäsiv	
	cohesive	C	kohäsiv	

[1]uniaxial unconfined compressive strength < 20 - 50 MN/m^2

[2]uniaxial unconfined compressive strength > 20 - 50 MN/m^2

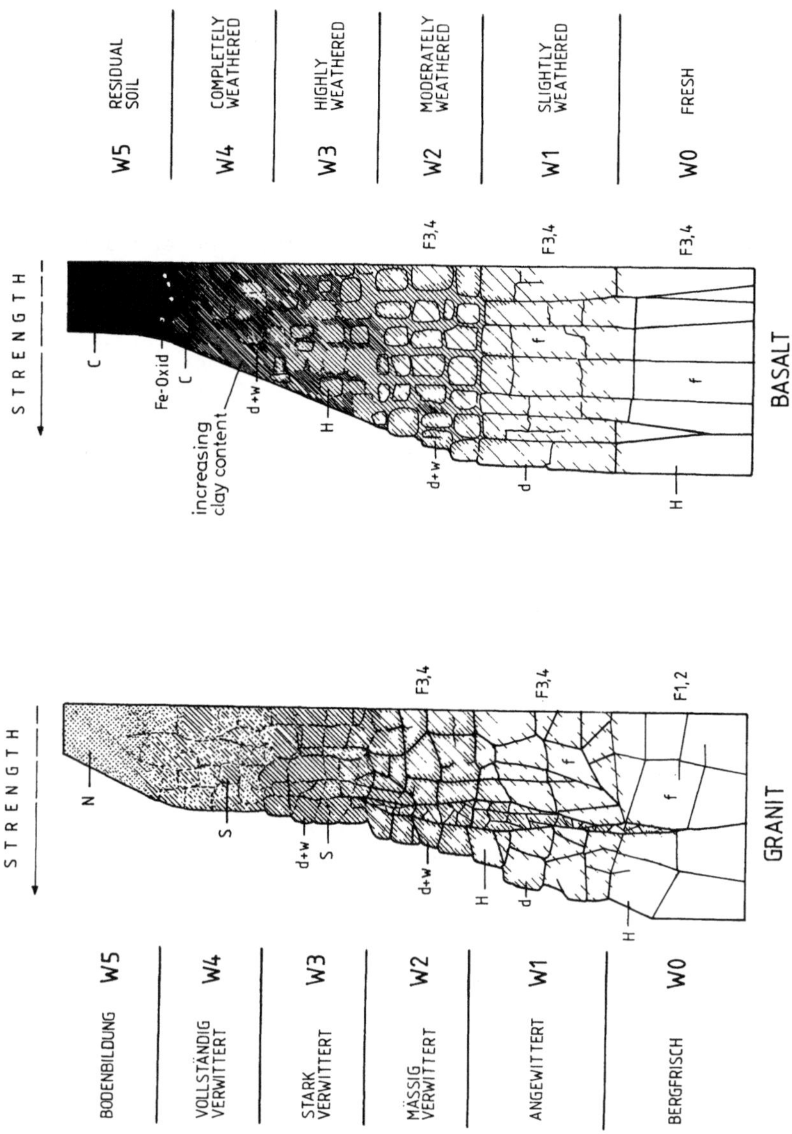

<u>Abb. 5</u> Verwitterungsprofile mit verschiedenen Verwitterungsstufen in a) Granit <u>und b)</u> Basalt; Abkürzungen siehe Tab. 1

<u>Fig. 5</u> Weathering profiles with different stages of weathering in a) granite and <u>b)</u> basalt; for explanation of symbols see tab. 1

Eine genauere, qualitative Charakterisierung der Verwitterungsstufen von Graniten wird in den Beiträgen von BRAUNS et al. sowie LEMPP & NATAU (dieser Band) gegeben.

Basalt

W5: Sandiger Lehm mit Tonanteil aus Kaolin oder Smektit, häufig mit sekundären Eisenoxid-Konkretionen.

W4: Einzelne gerundete und mehr oder weniger zersetzte, entfestigte Basaltbrocken in Matrix aus sandigem Lehm mit Tonanteil aus Kaolin und Smektit.

W3: Ehemalige Kluftkörper noch zum größten Teil erkennbar, meist aber stark zersetzt und entfestigt.

W2: Kluftkörper außen oxidiert und zum Teil zersetzt und entfestigt, angerundet.

W1: Engständigere Klüftung als bei W0 durch Zerlegung der Basaltsäulen in kürzere Kluftkörper, Oxidation auf Kluftflächen, Gestein durchgehend hart.

W0: Bergfrisches "gesundes" Ausgangsgestein, hart, oft mit säuliger Absonderung.

Die Verwitterungserscheinungen von Basalten, und dabei besonders die chemisch-mineralogischen Veränderungen, werden eingehender von SMYKATZ-KLOSS und KNOBLICH (beide Beiträge in diesem Band) behandelt.

Abbildung 6 zeigt Verwitterungsprofile in mehr oder weniger gut geschichteten Sandstein- und Kalkstein-Folgen. Sandstein-Profile können wegen ihrer unterschiedlichen Bildungsweise, ihrer texturellen und mineralogischen Zusammensetzung und ihrer wechselnden diagenetischen Verfestigung außerordentlich variabel sein. Deshalb ist es schwierig, für diese Gesteinsgruppe ein geeignetes "Richtprofil" anzugeben. Das gewählte Beispiel entspricht einer überwiegend mittel- bis dickbankigen Sandstein-Serie mit dünnen Tonstein-Zwischenlagen. Die Bankung ist, wie üblich, unregelmäßig, da die Sandsteinkörper und auch die tonigsiltigen Lagen immer wieder auskeilen. Es wird angenommen, daß die Sandsteine zum Teil durch Kieselsäure gebunden und daher verwitterungsresistenter sind. Rein karbonatisch oder tonig gebundene Sandsteine würden in Oberflächennähe leichter zerfallen und ein tieferes Verwitterungsprofil verursachen. Weitere Beispiele für die Sandstein-Verwitterung und ihre Auswirkungen beschreiben BEYER & JOHN sowie KRAUTER und WOSZIDLO (in diesem Band).

Bei dem Kalksteinprofil der Abb. 5 wird von einer relativ regelmäßigen, dünn-gebankten Wechselfolge zwischen feinkörnigen, dichten Kalksteinlagen und sehr dünnen Mergelzwischenlagen ausgegangen. Solche Kalk-Mergelserien sind relativ häufig (vgl. RUPP, dieser Band); es gibt aber natürlich auch viele andere Karbonatgesteine, z.B. massige Riffkalke oder dickbankige Dolomite, die in ihrem Verwitterungsverhalten erheblich von dem gezeigten Beispiel abweichen.

Für die Untergliederung der beiden Beispiele in Abb. 6 in eine Abfolge von Verwitterungsstufen sind neben den bereits besprochenen Gesichtspunkten folgende Kriterien maßgebend:

Übergang von W1 zu W2: Farbänderung (wenn Ausgangsfarbe grau) und Entfestigung der tonigen bzw. mergeligen Zwischenlagen; Öffnung bankrechter Klüfte. Bänke noch hart, aber randlich oder bereits durchgehend oxidiert.

Übergang W2 zu W3: Bankparallele Aufspaltung dickerer Sand- oder Kalksteinbänke, Kluftkörper durchgehend oxidiert, aber bei Kalksteinen noch hart, bei Sandsteinen je nach Bindemittel bereits mehr oder weniger entfestigt.

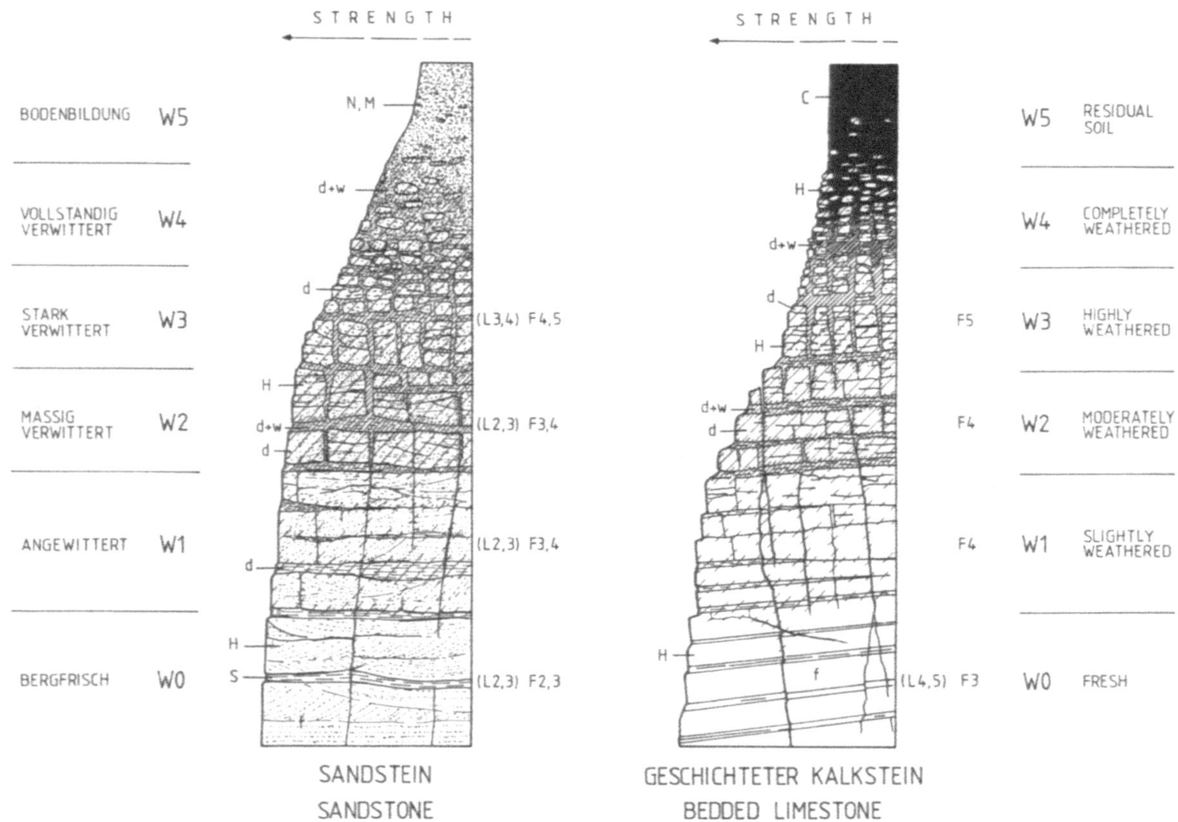

Abb. 6 Verwitterungsprofile in a) wenig resistenter Sandsteinfolge (überwiegend toniges oder karbonatisches Bindemittel) und b) dünnbankiger Wechselfolge aus dichten feinkörnigen Kalksteinen und dünnen Mergelzwischenlagen; Abkürzungen siehe Tab.1

Fig. 6 Weathering profiles in a) little-resistent sandstone sequence (prevailing clayey or carbonate cement) and b) thinly bedded alternations of fine grained dense limestones and marls; for explanations see tab. 1

Das Kalksteinprofil entspricht dem oben genannten "verwitterungs-resistenten" Typ, da das Kluftkörpermaterial trotz randlicher Anlösung auch bei den Verwitterungs-Stufen 4 und 5 im Kern hart bleibt. Weitere, z.T. noch detailliertere Vorschläge zur Abgrenzung verschiedener Verwitterungsstufen in Karboanten stammen von BURNETT et al. (1979) oder LOZINSKA-STEPIEN & POZNIAK (1982).

Im Rahmen des in diesem Band behandelten Schwerpunktprogramms wurde den Verwitterungsprofilen in Ton- und Mergelsteinen besondere Beachtung geschenkt (Gesteinsgruppen A, C, G und in gewisser Weise auch D der Abb. 2). Auch sie weisen aufgrund ihrer wechselnden Materialzusammensetzung und ihrer unterschiedlichen geologischen Vorgeschichte (vgl. Abschnitt 'Zur Bedeutung der geologischen Vorgeschichte für die Verwitterung') eine sehr große Variationsbreite auf.

Paläozoische Tonschiefer sind wegen ihrer starken diagenetischen Kornbindungen relativ verwitterungsresistent und zeigen daher im allgemeinen nur einen flachgründigen Zerfall der Kluftkörper und somit geringmächtige Verwitterungsstufen W4 und W5 (vgl. die Beiträge von BEYER sowie MERKLEIN, dieser Band). Die niedrigeren Verwitterungsstufen sind daher vor allem durch eine Veränderung der Trennflächenabstände bzw. der Kluftkörpergröße gekennzeichnet. Deshalb entstehen in diesen Gesteinen ähnliche Verwitterungsprofile, wie sie in Abb. 3 für verwitterungsresistentes Gesteinsmaterial dargestellt sind.

Tiefer reichende Verwitterungsprofile werden in den mesozoischen und tertiären Ton- und Mergelsteinen ausgebildet, welche durch Schrumpfung und Quellung bzw. wechselnde Trocknung und Befeuchtung rasch und relativ tiefgründig entfestigt werden und zerfallen (vgl. LEMPP 1979, 1981; OVERBECK 1981, MERKLEIN 1982 und dieser Band, EINSELE 1983). Ein entsprechendes Beispiel für einen mesozoischen Tonstein oder Schieferton mit einzelnen zwischengelagerten dünnen, verwitterungs-resistenten Karbonatbänken (oder Sandsteinlagen) ist in Abb. 7 dargestellt (in Anlehnung an WALLRAUCH 1969 und EINSELE 1983). Im bergfrischen Zustand kann die einaxiale Druckfestigkeit der Tonsteine an die hier gezogene Grenze zwischen halbfesten und harten Gesteinen heranreichen (vgl. Tab. 1 und Abb. 1). Mit der Verwitterung nimmt jedoch die Festigkeit der Kluftkörper rasch ab, so daß schon bei Verwitterungsstufe W3 nur noch kleine Gesteinsrelikte mit festerem Kern anzutreffen sind. Vereinfacht können diese Verwitterungsprofile wie folgt charakterisiert werden:

Ton- und Mergelsteine, mittelstark konsolidiert (max. geologische Auflast 10 - 50 MN/m²), diagenetisch verfestigt (z.B. Gesteine des Keuper, Lias und Dogger in Süddeutschland)

W5: Toniger Lehm, nahezu homogen, braun.

W4: Lehmige, jedoch nicht-homogene, sondern blättrige oder in kleine Bröckchen zerlegbare bräunliche Masse, im ungestörten Zustand weniger kohäsiv als W5; Bröckchen stark plastiziert, aber zum Teil noch härtere Lithorelikte erkennbar.

W3: Wenig kohäsives, überwiegend bräunliches Gemenge aus blättrigen oder bröckeligen Verwitterungsresten ("Mini-Kluftkörper"), teilplastiziert, stark aufgelockert, z.T. noch im ursprünglichen Verband mit erkennbarer Schichtung oder gestört durch Frosteinwirkung. Häufig Ausbrüche an steilen Böschungen oder Ausbildung von Gleitzonen. Kluftkörper von eingelagerten harten Bänken voneinander getrennt infolge der Volumenzunahme der tonigen Matrix.

W2: Überwiegend Kluftkörper von 2 - 6 cm Kantenlänge, an Oberfläche oxidiert und randlich plastiziert.

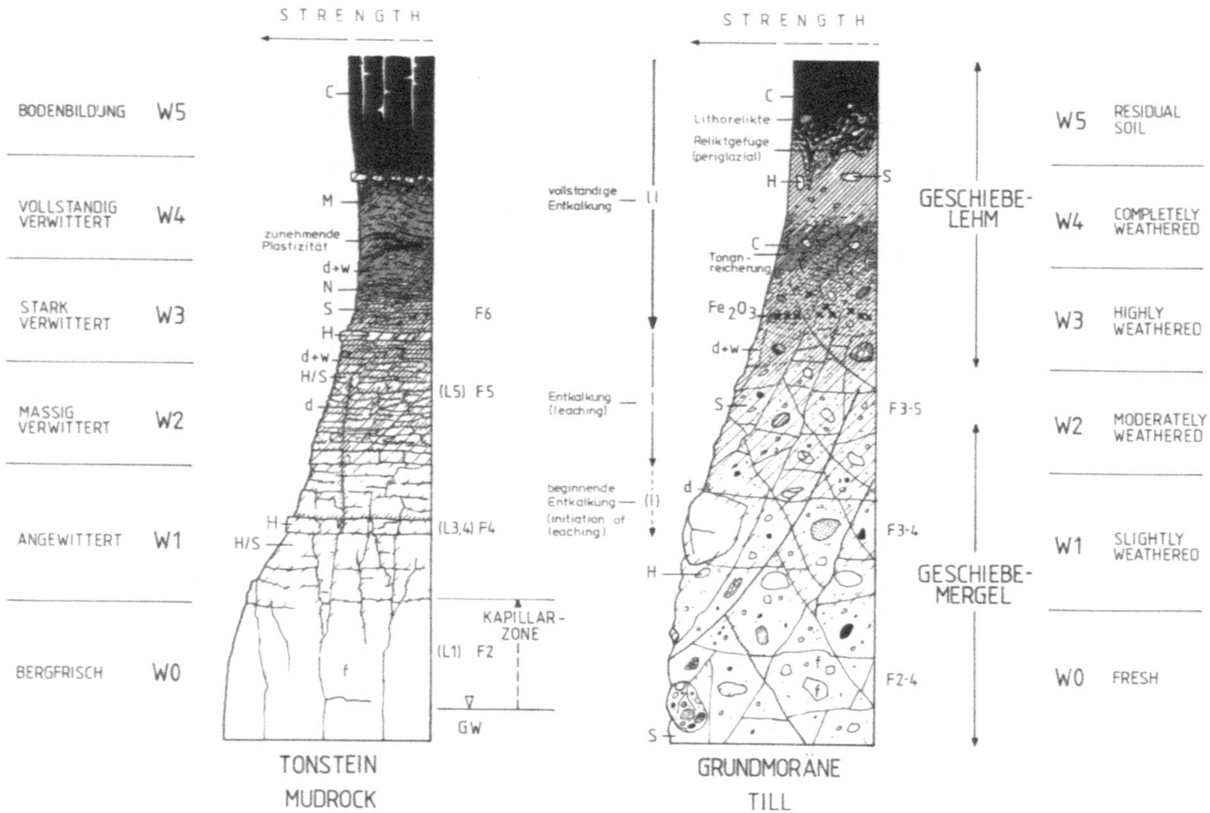

Abb. 7 Verwitterungsprofile in a) Tonstein- bzw. Schieferton-Folge mit einzelnen dünnen Karbonat- oder Sandsteinlagen, b) in Geschiebemergel; Abkürzungen siehe Tab. 1

Fig. 7 Weathering profiles in a) mudstone or shale with single carbonate or sandstone layers and b) till; for explanation of symbols see tab. 1

W1: Feste Kluftkörper mit Kantenlängen von 6 - 20 cm, beginnende Farbänderung und Plastizierung entlang größerer Trennflächen.

W0: Bergfrisches, festes und massiges Ausgangsgestein mit i.a. weitständiger tektonischer Klüftung.

Der Tiefgang des Verwitterungsprofils wird durch das Abklingen der Schrumpfungs- und Quellungsvorgänge bzw. den Grundwasserstand mit seinem Kapillarsaum begrenzt (vgl. EINSELE 1983).

Da Grundmoränen oder Geschiebemergel (Till) große Flächen in der Bundesrepublik einnehmen, wurde versucht, auch für diese Ablagerungen ein typisches Verwitterungsprofil herauszustellen (Abb. 7). Dies stößt aber deshalb auf erhebliche Schwierigkeiten, weil diese glazialen Bildungen in ihrer Zusammensetzung sehr stark variieren und wegen ihrer unterschiedlichen geologischen Vorgeschichte (Alter, wechselnde Eisbedeckung) ein stark variables ingenieurgeologisches Verhalten zeigen (vgl. die Beiträge von BAERMANN, CHRISTENSEN, GRUBE, dieser Band). Eine gewisse Einheitlichkeit im Verwitterungsverhalten ist noch am ehesten bei den relativ feinkörnigen Geschiebemergeln Norddeutschlands zu erwarten, während die oft gröber körnigen Grundmoränen der alpinen Vorlandgletscher und ihre starke Verzahnung mit anderen glazigenen Ablagerungen weniger klare Verhältnisse aufweisen.

Die durch ehemalige Eisüberlagerung und durch Kornbindungen ebenfalls mehr oder weniger überkonsolidierten und diagenetisch verfestigten Geschiebemergel werden, wie alle anderen Gesteinsgruppen, in Oberflächennähe durch mechanische Auflockerung und chemische Verwitterung verändert. Die Entkalkung kann tiefer greifen als die durchgehende Oxidation und Braunfärbung des entfestigten und heute im allgemeinen "normal" konsolidierten Geschiebelehms (KÜHN 1973), der in Abb. 7 die Verwitterungsstufen W3 bis W5 umfaßt. Andererseits kann Braunfärbung auf Kluftoberflächen oder leicht oxidierbaren Einschlüssen schon bei W1 auftreten. Eingeschlossene Geschiebe und Gerölle können entweder verwitterungs-resistent oder leicht zersetzbar sein. Dementsprechend sind sie in den fortgeschrittenen Verwitterungsstufen noch als harte Einschlüsse oder nur als weiche Relikte erhalten. Wie auch z.B. GERRARD (1981) oder LEVINE & CIOLKOSZ (1983) betonen, kann sich bei länger anhaltender Verwitterung, also bei mittel- und altpleistozänen Geschiebemergeln, ein zunehmend mächtiger Verwitterungsboden bilden. Dieser ist gekennzeichnet durch tiefreichende Entkalkung, Tonmineralbildung und -verlagerung sowie Ausscheidung von Brauneisenverbindungen als Konkretionen (hier in W3). In Verwitterungsstufe W4/W5 sind öfters Reliktgefüge von periglazialem Bodenfließen, Kryoturbation oder Frostkeilen zu beobachten. Bei jüngeren und weniger tief verwitterten Geschiebemergeln oder Grundmoränen läßt sich eine Untergliederung in 5 Verwitterungsstufen kaum durchführen. In diesem Falle dürfte es für ingenieurgeologische Aufgabenstellungen ausreichen, neben der Stufe W0 nur die Stufen W1-2 und W3-5 gegeneinander abzugrenzen.

Die Verwitterungserscheinungen in norddeutschen Geschiebemergeln werden durch CHRISTENSEN & GRUBE (dieser Band) ausführlicher beschrieben.

GEOTECHNISCHE BEDEUTUNG DER VERWITTERUNGSPROFILE

Zum Schluß soll noch auf einige geotechnische Auswirkungen der Gesteinsauflockerung und Verwitterung hingewiesen werden, da sich oft spezielle Materialeigenschaften mit bestimmten Stufen der Verwitterungsprofile korrelieren lassen.

Gründungen

Bei Flachgründungen für ein- und mehrgeschossige Bauten ist es meist weder notwendig noch wirtschaftlich vertretbar, auf "gesunden" oder nur leicht angewitterten Fels der Verwitterungsstufen W0 und W1 zu bauen. Bilden die Ausgangsgesteine tonige Verwitterungsprodukte, so genügt in der Regel ein Aushub bis in den Bereich der Verwitterungsstufe W3, um Setzungen auf ein zulässiges Maß herabzumindern. Bei rasch verwitternden Tongesteinen oder Ölschiefern kann es sogar günstig sein, nicht auf bergfrisches Material zu gründen, um unter Umständen Sohlhebungen zu verhindern oder aggressive Wässer zu meiden (vgl. z.B. TIETZE 1981). Bergfrische, unverwitterte Tonsteine der Verwitterungsstufe W0 können schon nach einmaliger Austrocknung und Wiederbefeuchtung rasch zerfallen (vgl. LEMPP 1979; MERKLEIN sowie RUCH, dieser Band), was nicht selten zu einer Aufweichung der Gründungssohle und ungleichmäßigen Setzungen des Bauwerks führt. Diese Schwierigkeiten kann man weitgehend ausschalten, wenn man die letzten 20 - 50 cm über der Gründungsfläche nur bei günstiger Witterung aushebt und die gereinigte und kontrollierte Gründungssohle möglichst rasch wieder mit Unterbeton abdeckt. Gegebenenfalls muß durch eine stets bewässerte Sand- oder Kiesschicht sichergestellt werden, daß es nicht zu einer Austrocknung unterhalb der Fundamente kommen kann, da auch harte Tongesteine erheblich schrumpfen und danach durch Quellung ein größeres Volumen als im bergfrischen Zustand einnehmen können. Führt die Verwitterung, wie z.B. bei Graniten oder Sandsteinen, zu sandigen Endprodukten, so bildet die Verwitterungsstufe W4 schon in vielen Fällen einen brauchbaren Baugrund. In Hanglagen reicht die Verwitterung und Auflockerung oft so tief, daß selbst tiefreichende Gründungen nicht in den unbeeinflußten Fels einbinden (z.B. bei klüftigen Sandsteinen, Sandstein-Tonstein- oder Kalkstein-Mergel-Wechselfolgen, Schiefer). Dann kann es notwendig werden, z.B. Pfahl- oder Brunnengründungen innerhalb der Verwitterungszonen W1 bis W3 durchzuführen.

Böschungen

Alle Einschnittsböschungen erfassen die höheren Teile oder das gesamte Verwitterungsprofil. In vielen Fällen wäre es vorteilhaft, ihre Neigung den verschiedenen Verwitterungsstufen anzupassen, wie es in Abb. 8 angedeutet ist. Gleitflächen von Böschungsbrüchen in Ton- und Mergelgesteinen, aber auch anderen Gesteinen, entstehen sehr oft in Material der Verwitterungsstufe W3 (WALLRAUCH 1969), weil hier einerseits der Felsverband schon sehr gelockert ist, andererseits kohäsive Bindungen wie sie für die Verwitterungsstufe W4 und W5 charakteristisch sind, noch nicht genügend wirksam sind. Diese Erkenntnis und vergleichende regionale Beobachtungen an natürlichen und künstlichen Böschungen in ähnlichem Ausgangsmaterial ermöglichen oft eine raschere und zuverlässigere Beurteilung der Stabilität einschließlich des Langzeit-Verhaltens als teure und langwierige Probennahmen und Laboruntersuchungen nach klassischen Verfahren. Wenn es darum geht, alte Rutschungen oder Kriechhänge zu erkennen, so bieten Beobachtungen zur Öffnungsweite von Klüften, ihre Füllung mit Ton, Durchfeuchtung oder Wasserführung wertvolle Hinweise.

Bei schrägen Böschungen, die auf Dauer standsicher sein sollen, ist ein Oberflächenschutz erforderlich, um einen Bodenabtrag und ein rasches Tiefergreifen der Verwitterung zu verhindern. Oft ist ein solcher Schutz auch bei vorübergehenden Böschungen, z.B. in Baugruben durch Abdeckung mit Planen angebracht. Die Verwitterungsstufen W3 bis W5 lassen sich in der Regel durch eine Begrünung beherrschen, die oft

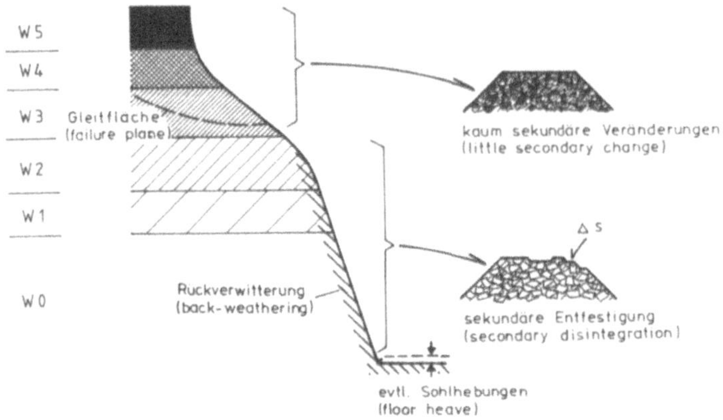

Abb. 8 Auswirkungen des Verwitterungsprofils auf die Grenzneigung stabilder Einschnittböschungen und die bevorzugte Ausbildung von Gleitflächen (bei Tonsteinen in W3); Rückverwitterung steiler Böschungen durch Trocknungs-Befeuchtungs-Zerfall, Sohlhebungen und sekundäre Entfestigung von Dammschüttmaterial aus rasch veränderlichen Gesteinen niedriger Verwitterungsstufen (W0 bis W2), Δs = Setzungsunterschiede

Fig. 8 Consequences of the weathering profile for angle and stability of slope cuts and the development of failure planes (W3 of mudrocks); back-weathering by slaking, ground heave, and secondary changes in dam fill material of weathering stages W0 to W2 of non-resistent rocks causing differential settling (Δs)

auch in den Stufen W1 und W2 hilfreich sein kann. Bei sandigen und stark schluffigen Verwitterungsprodukten ist ein sofort wirksamer Schutz erforderlich, um rasche Erosion durch Oberflächenwasser zu verhindern. Dafür eignet sich z.B. eine Abdeckung mit Spritzbeton.

Kurzzeitböschungen in Baugruben können in den stark bindigen Verwitterungsstufen W4 und W5 der Tonsteine und besonders, wenn die Verwitterungsstufe W3 nicht mehr angeschnitten wird, im unverwitterten Gestein (W0) oft sehr steil bis annähernd vertikal angelegt werden (vgl. GIERER 1981). Sie trocknen dann meist weniger leicht aus und werden weniger stark durch Oberflächenwasser angegriffen als flachere Böschungen. Sie erfordern aber, wenn ihr Langzeitverhalten nicht bekannt ist, besondere Vorsichtsmaßnahmen gegen plötzliche Einbrüche, die meist mit dem Anstieg des Kluft- oder Bodenwasserspiegels hinter der Baugrubenwand nach Starkregen im Zusammenhang stehen.

Ungeschützte, steile Böschungen in gesteins-veränderlichem Material der Verwitterungsstufen W0 und W1 (z.B. in bergfrischen Tonsteinen oder Kalk-Mergel-Wechselfolgen, vgl. z.B. RUPP, dieser Band) können durch Trocknungs-Befeuchtungszerfall verhältnismäßig rasch rückverwittern. Das herabfallende Material häuft sich dann am Böschungsfuß zunehmend an.

Lösbarkeit und Verwendung als Schüttmaterial

"Niedrige" Verwitterungsstufen wie W2 bis W0 sind von Hand oder mit Baugeräten zunehmend schwerer lösbar (vgl. GRUHN sowie KRAUTER und WOSZIDLO, dieser Band). Dies gilt vor allem für halbfeste Tonsteine, bei denen durch Zähigkeit des Materials und das Verschmieren der Baugeräte Erschwernisse eintreten. Werden bergfrische oder nur teilentfestigte tonige Gesteine für Dammschüttungen verwendet, so kann der Verwitterungsprozeß im Damm weiterlaufen und anhaltende, unterschiedliche Setzungen hervorrufen (vgl. z.B. LEMPP 1979).

Auch zahlreiche andere Gesteine, wie Sandsteine mit tonig ferritischem Bindemittel, gebankte bis plattige Kalksteine oder Schiefer, die im bergfrischen Zustand festen Fels darstellen, der nur durch Sprengen zu lösen ist, neigen nach dem Lösen zu starkem Zerfall, vereinzelt auch zu rascher Verwitterung und liefern ein feinkornreiches Schüttmaterial. Solche Materialien mit gestreckter Kornverteilung lassen sich in der Regel sehr gut einbauen und verdichten. Die Frage der Verwitterungsbeständigkeit des verbleibenden Grobkorns, des fortschreitenden Kantenbruchs oder Zerfalls muß von Fall zu Fall beurteilt werden und ist in hohem Maße von Art und Anteil der "aktiven" Tonmineralien bzw. der diagenetischen Bindungen abhängig.

Einfluß des Wassers

Wasser setzt in allen Gesteinen die Festigkeit und Steifigkeit herab. Besonders gravierend ist dieser Einfluß in der Verwitterungszone zu spüren, da sich hier je nach Durchfeuchtungsgrad eine echte oder scheinbare Kohäsion relativ rasch auf- und abbauen kann. Die Wasserdurchlässigkeit der Verwitterungszone ist bei tonhaltigem Material zeitlich veränderlich. Sie kann durch Schrumpfrisse und Wurzelröhren vergrößert oder bei anhaltender Durchfeuchtung herabgemindert werden. Lang anhaltende Frostperioden können die oberflächennahen Schichten "abdichten".

Erfahrungsgemäß ist die Durchlässigkeit in den Verwitterungsstufen W3 und W2 am höchsten, weil hier einerseits die Entspannungs-Auflockerung besonders stark ist und andererseits die dadurch entstandenen Klüfte und Bankfugen nur teilweise mit Verwitterungsprodukten der Verwitterungsstufen W4 und W5 gefüllt sind. Im gesunden Fels der Stufe W0 und teilweise auch noch in Stufe W1 sind die Trennflächen dagegen meist geschlossen oder nur wenig geöffnet. Dieses sehr verbreitete "Durchlässigkeitsprofil" der Verwitterungszone trägt dazu bei, daß in der Verwitterungsstufe W3 sehr häufig Rutschungen bzw. Böschungsabbrüche ansetzen.

Ermittlung boden- und felsmechanischer Kennwerte in der Verwitterungs- und Auflockerungszone

In der Verwitterungszone lassen sich die bodenmechanischen Kennwerte und die Durchlässigkeit nur in sehr eingeschränktem Maße mit klassischen Methoden bestimmen (vgl. auch HEITFELD, ECHLE et al., dieser Band). Standard- bzw. Sonderproben (nach DIN 4021) mit hoher Güteklasse lassen sich ohne Schwierigkeiten nur aus der obersten Verwitterungsstufe W5 gewinnen, sofern man von gewissen Gefügestörungen und damit einer Beeinflussung der ohnehin oft zeitlich veränderlichen Durchlässigkeit absieht.

Aus der Verwitterungsstufe W4 können nur bei verwitterungsveränderlichem Gestein Standard-Proben entnommen werden, weil nur dann keine störenden, festen Großpartikel vorhanden sind. Bei verwitterungsresistentem Gestein (s. Abb. 3) müssen die Proben einen größeren Durchmesser besitzen. In der für Gründungsfragen und Böschungen meist wichtigsten Verwitterungsstufe W3 lassen sich mit klassischen Methoden der Boden- wie der Felsmechanik überhaupt keine repräsentativen Standard-Proben für Laborversuche gewinnen. In diesem Bereich kommen nur Großproben in Frage, deren Untersuchung jedoch mit hohen Kosten verbunden ist.

Bohrlochmessungen (z.B. mit Pressiometern) erscheinen aus Gründen des Lastabtrags und der in-situ-Spannungen nur dort sinnvoll, wo die Verwitterungsstufe W3 in mindestens 5 - 10 m Tiefe liegt. Auch in-situ-Scherversuche kommen nur selten in Frage. Im allgemeinen wird eine Einschätzung der bodenmechanischen Eigenschaften auf regionalen Kenntnissen und Erfahrungen aus vergleichbaren Untergrundverhältnissen beruhen müssen. Die Scherfestigkeit kann z.B. aufgrund der Böschungsneigungen von stabilen und instabilen Hängen abgeschätzt werden. Das Verformungsverhalten ist aus Setzungsbeobachtungen an Bauwerken mit hohen Bodenpressungen abzuleiten.

In den Verwitterungsstufen W2 bis W0 liegen die Gesteinsfestigkeiten und die Steifigkeit des Baugrundes meist so weit über den aus konstruktiven Gründen erforderlichen Mindestwerten, daß auf eine genauere Ermittlung dieser Werte verzichtet werden kann. Im übrigen können ab Stufe W1 und vor allem in W0 felsmechanische Versuchstechniken eingesetzt werden.

LITERATUR

Bell FG (1981) Engineering properties of soils and rocks. 149 p, Butterworth, London

Bjerrum E (1967) Progressive failure in slopes of overconsolidated plastic clay and clay shales. Proc Amer Soc Civ Engineer 92, SM5: 2-49

Brunsden D (1979) Weathering. IN: Embleton C & Thornes J (eds) Process in Geomorphology. Arnold, London: 72-129

Burnett AD, Mimm D, Epps RJ (1979) The engineering geological description of carbonate suite rocks and soils. Ground Engineering 12 no 2: 41-48, Foundation Publ, Bentwood, England

Clayton CRI, Simons NE, Matthews MC (1982) Site investigation. 424 p Halsted Press, New York

Dearman WR (1976) Weathering classification in the characterisation of rock: a revision. Bull Internat Assoc Engineer Geol 13: 123-127

Einsele G (1983) Mechanismus und Tiefgang der Verwitterung bei mesozoischen Ton- und Mergelsteinen. Z dt geol Ges 134: 289-315, Hannover

Gamon TI (1983) A comparison of existing schemes for the engineering description and classification of weathered rocks in Hong Kong. Bull Internat Ass Engineering Geology 28: 225-232, Paris

Gerrard AJ (1981) Soils and landforms. 219 p, Allen & Unwin, London

Gierer H (1981) Standsicherheit von Einschnittsböschungen in wenig verwitterten überkonsolidierten Peliten Südwestdeutschlands. Diss Geowiss Fak Univ Tübingen: 118 S, 41 Abb, 1 Tab, 21 Fotos

Gründer J (1978) Struktureller Aufbau und geomechanische Eigenschaften eines stark überkonsolidierten Tones - am Beispiel des Feuerletten. Veröff Grundbauinst Landesgewerbeanstalt Bayern H 31: 100 S, 80 Abb, Nürnberg

Heitfeld KH (1965) Hydro- und baugeologische Untersuchungen über die Durchlässigkeit des Untergrundes an Talsperren des Sauerlandes. Geol Mitt 5: 210 S, Aachen

Hesse KH (1978) Zur ingenieurgeologischen Gebirgscharakteristik und deren Einfluß auf Entwurf und Sicherung von Felsbauwerken im Rheinischen Schiefergebirge. Mitt Ing u Hydrogeol 6: 172 S, Aachen

International Society for Rock Mechanics, Commission on classification of rocks and rock masses (1981) Basic geotechnical description of rock masses. Internat J Rock Mech Min Sci & Geomech Abstr 18: 85-110

Keck O (1976) Ingenieurgeologische Untersuchungen an Verwitterungsgesteinen des Oberdevons im Raum Aachen. Mitt Ing u Hydrogeol 2: 171 S, Aachen

Kühn G (1973) Zur Frage der oberflächennahen Auflockerung im Geschiebemergel Nordwestdeutschlands. Diss Math-Naturwiss Fak Univ Kiel: 120 S, 19 Photo-Abb

Lempp Ch (1979) Die Entfestigung überkonsolidierter, pelitischer Gesteine Süddeutschlands und ihr Einfluß auf die Tragfähigkeit des Straßenuntergrundes. Diss Univ Tübingen: 234 S, 91 Abb, 18 Tab, 12 Fototafeln

Lempp Ch (1981) Weatherability of overconsolidated pelitic rocks of the Keuper und Jurassic in Southwestern Germany. Bull Internat Ass Engineer Geol 23: 101-108, Krefeld

Levine ER, Ciolkosz EJ (1983) Soil development in till of various ages in northwestern Pennsylvania. Quarternary Res 19: 85-99

Lozinska-Stepien H, Pozniak R (1982) Engineering-geological features of a massif of carbonate rocks for construction of water reservoirs. Bull Internat Ass Engineer Geol 25: 127-131, Paris

Lukashev KI (1970) Lithology and geochemistry of the weathering crust. Israel Progr for Scientific Translations, Keter Press, Jerusalem, 368 p

Matula M, IAEG Commission on Engineering Geological Mapping (1981) Rock and soil description and classification for engineering geological mapping. Bull Internat Ass Engineer Geology 24: 235-274, Aachen/Essen

Merklein I (1982) Limitierende Faktoren des Trocknungs-Befeuchtungs-Zerfalls überkonsolidierter Tonsteine. Diss Geowiss Fak Univ Tübingen: 96 S, 55 Abb, 8 Tab, 11 Fototaf

Müller L (1970) Geomechanische Auswirkungen von Abtragungsvorgängen. Geol Rundschau 59: 163-178, Stuttgart

Ollier CD (1975) Weathering. 2nd Ed, 304 p, Longman, London

Overbeck R (1981) Verwitterung von Mergelkalken durch Trocknungs-Befeuchtungs-Zerfall. Ber 3 Nat Tag Ingenieurgeol: 225-232, Ansbach

Prinz H (1982) Abriß der Ingenieurgeologie. Enke, Stuttgart, 419 S

Selby MJ (1980) A rock mass strength classification for geomorphic purposes: with tests from Antarctica and New Zealand. Z Geomorph NF 24, 1: 31-51, Berlin, Stuttgart

Selby MJ (1982) Hillslope materials and processes. Univ Press, Oxford, 264 p

Small RJ, Clark MJ (1982) Slopes and weathering. Cambridge Univ Press: 112 p

Tietze R (1981) Ingenieurgeologische, mineralogische und geochemische Untersuchungen zum Problem der Baugrundhebungen im Lias epsilon (Posidonienschiefer) Baden-Württembergs. Jh Geol Landesamt Baden-Württemberg 22: 109-185, Freibrug i Br

Wallrauch E (1969) Verwitterung und Entspannung bei überkonsolidierten tonig-schluffigen Gesteinen Südwestdeutschlands. Diss Univ Tübingen: 184 S, 46 Abb, 7 Taf

Stabilität und Verwitterungsverhalten natürlicher und künstlicher Böschungen in Kalk-Mergelwechselfolgen

D. RUPP[1]

SUMMARY

The aim of this project was to quantify the influence of lithology and dip on the inclination of natural and artificial slopes in limestone-marlstone sequences. In order to compare the results, the distinction must be made between slopes with and those without active basal erosion by a watercourse. Such erosion will lead to a limit equilibrium profile of the slope. Where basal erosion is not present, the inclination of the slope will be controlled by different weathering mechanisms (slaking in marlstones, leaching in limestones). Thus the resulting inclination reaches a critical gradient, which is controlled by weathering mechanisms.

The lithology of the slope was classified by means of a limestone to marlstone ratio. This was done by dividing the slope into sections of overall uniform lithology. For each section the average thicknesses of the limestone and marlstone beds were determined. The quotient of these two parameters is the limestone-marlstone ratio.

In order to have a better understanding of the influence of lithology on the inclination, only slopes lying within a quasi-homogeneous area (that is, identical dip and joint sets) were compared. In doing so, only slopes with beds dipping against the inclination of the slopes were used. Within the different quasi-homogeneous areas an exponential relationship exists between the slope gradient and the limestone-marlstone ratio (figs. 2 & 3). For equilibrium profiles not limited by basal erosion, the inclinations have been estimated mathematically by a simple model (secondary toppling) and compared to field measurements (fig. 7).

Furthermore the rate of retreat of vertical walls due to weathering has been determined in abandoned quarries in limestone-marlstone sequences (fig. 9). The amount of talus accumulated at the bases of step slopes during a certain time interval can be calculated from these rates of retreat.

EINLEITUNG

Ziel dieser Untersuchung war es, Aussagen über die Stabilität und das Verwitterungsverhalten steiler Felsböschungen in Kalk-Mergel-Wechselfolgen durch Beobachtungen an natürlichen und künstlichen Böschungen zu machen.

[1] Dipl. Geol. Dietrich Rupp, Geologisches Institut der Universität Tübingen, Sigwartstr. 10, D-7400 Tübingen

Ingenieurgeologische Probleme im Grenzbereich zwischen Locker- und Festgesteinen
(Herausgegeben von K.-H. Heitfeld)

Dabei sollten vor allem der Einfluß der Lithologie und des Schichtfallens auf die Böschungsneigung quantitativ erfaßt werden. Ähnliche Untersuchungen wurden bisher überwiegend an natürlichen Böschungen in überkonsolidierten Peliten durchgeführt (CHANDLER & SKEMPTON 1974; ATTEWELL & FARMER 1976; GIERER 1981). Da sich Kalke und Mergel in ihrem Verwitterungsverhalten prinzipiell unterscheiden, ist eine rein theoretische Lösung des Problems nicht möglich. Daher wurde versucht, eine statistische Aussage über den Zusammenhang zwischen Böschungsneigung, Lithologie und Schichtlagerung zu erreichen. Dazu wurden 165 Böschungen detailliert vermessen und aufgenommen.

UNTERSUCHUNGSGEBIETE

Die vorliegenden Untersuchungen wurden an Kalk-Mergelwechselfolgen in zwei Bereichen durchgeführt:

1. Im unteren und mittleren Malm Südwestdeutschlands, wo nahezu horizontal lagernde Schichten in stillgelegten Steinbrüchen und an alten Bergstürzen aufgeschlossen sind.
2. In den gefalteten Schichten des Malm und der Unterkreide in den französischen Seealpen und im Schweizer Jura, wo der Einfluß des Schichtfallens auf die Böschungsneigung genauer erfaßt werden konnte.

METHODIK

Dieser Untersuchung liegt die Annahme zugrunde, daß Böschungen mit einer starken lateralen Erosion an ihrer Basis durch einen Wasserlauf die steilst mögliche Neigung aufweisen, die vorwiegend vom jeweiligen Trennflächengefüge und Gestein bestimmt wird. Diese Grenzneigung entspricht dem Übergang zwischen stabiler und instabiler Böschungsneigung und besitzt daher im felsmechanischen Sinn einen Sicherheitsfaktor nahe 1.

Die Neigungen der einzelnen Böschungen wurden mit Hilfe eines Basis-Reduktionstachymeters jeweils an mehreren Stellen eingemessen. Daneben wurden als geomechanische Parameter der Böschung die Hauptkluftrichtungen und deren mittlere Kluftabstände sowie die mittleren Kluftlängen bestimmt.

Zur Kennzeichnung der Lithologie wurde das Kalk-Mergelverhältnis bestimmt. Dazu wurde die Böschung in Abschnitte mit gleichbleibender Lithologie unterteilt. Für jeden Abschnitt wurde dann die durchschnittliche Mächtigkeit der Kalk- und Mergelbänke ermittelt. Der Quotient aus diesen beiden Mittelwerten wird im folgenden als Kalk-Mergelverhältnis bezeichnet. Unter Mergel werden dabei alle karbonatischen Schichten zusammengefaßt, deren Kalkgehalt etwa zwischen 10 % und 80 % liegt und die den für überkonsolidierte Pelite typischen Verwitterungszerfall aufweisen (OVERBECK 1982; MERKLEIN 1982).

VERWITTERUNGSPROFIL

Um die Aufschlüsse miteinander vergleichen zu können, ist es notwendig, daß die untersuchten Böschungen in möglichst analogen Verwitterungsgraden ausgebildet sind.

Die unterschiedlichen Kalk-Mergelverhältnisse der untersuchten Wechselfolgen machen es schwierig, ein einheitliches Klassifikationsschema für ein Verwitterungsprofil zu entwickeln, da die Mergel und Kalke unterschiedliche Verwitterungsmechanismen aufweisen. Es ist deshalb sinnvoll, zwei verschiedene Klassifikationsschemata anzuwenden. Für Kalk-Mergelwechselfolgen mit wenigen Kalkbänken ist das Verwitterungsprofil auf die Mergel zu beziehen. In diesem Fall kann das für überkonsolidierte Pelite gültige Verwitterungsprofil (EINSELE 1983) übernommen werden. Für Wechselfolgen mit einem hohen Kalkanteil muß das Verwitterungsprofil auf die Kalkbänke bezogen werden.

In Anlehnung an DEARMAN (1974; 1982), LOZINSKA-STEPIEN (1982) und BURNETTE (1976) wurde für die gebankten Kalke folgendes Verwitterungsprofil entwickelt:

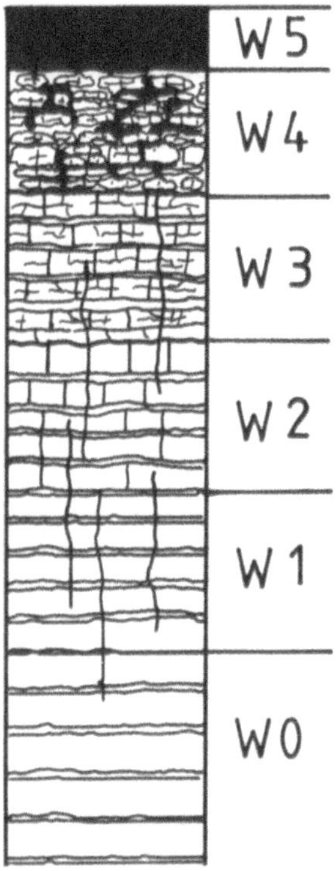

Ausgangsmaterial vollständig plastiziert, vereinzelte Kalkbruchstücke

Auflösung des ursprünglichen Gesteinsverbands; unregelmäßig geformte Kluftkörper sind von plastischem Material umgeben

Schichtparalleles Aufbrechen der Kalkkluftkörper verbunden mit engständiger unregelmäßiger Klüftung; starke Entfärbung und Festigkeitsverminderung am Rand der Kalkkluftkörper; Schichtflächen und Klüfte geöffnet

Auftreten geöffneter, bankrechter, schichtbezogener Klüfte, z.T. geöffnet und oxidiert; Mergelfugen werden deutlich sichtbar

Klüftung auf z.T. geöffnete Großklüfte beschränkt; Farbänderung der Kalke durch Oxidation

Unverwittertes, nicht entfärbtes Ausgangsmaterial

Abb. 1 Verwitterungsprofil in gebankten Kalken

Fig. 1 Weathering profile in bedded limestones

Neben dem Habitus und der Häufigkeit der Klüfte kann in den hier untersuchten Gesteinen das Auftreten und die Ausbildung von Schichtfugen als weiteres Unterscheidungskriterium der verschiedenen Verwitterungsstufen herangezogen werden.
Charakteristisch ist hierbei die scharfe Grenze zwischen den einzelnen Verwitterungsstufen, die in der Regel mit einer Mergelfuge zusammenfällt (Fot 1, 2). Die sprunghafte Änderung des Kluftabstandes beim Übergang der Verwitterungsstufen W 2/3 führt zu einer raschen Volumenzunahme des betrachteten Gesteinskörpers, die sich häufig in horizontalen Bewegungen an dieser Grenze auswirkt (Fot 2). Da beim Übergang von W 3 in W 4 meist eine deutliche Änderung der Böschungsneigung festzustellen ist, wurden nur solche Böschungen untersucht, die in den Verwitterungsstufen W 1 bis W 3 liegen.

Foto 1 Verwitterungsprofil im Oberen Muschelkalk bei Haigerloch
Weathering profile (Upper Muschelkalk series near Haigerloch)

Foto 2 Verwitterungsprofil in den Hangenden Bankkalken bei Heidenheim

Weathering profile (Hangende Bankkalke, Thithon, near Heidenheim)

EINFLUSS DER LITHOLOGIE AUF DIE BÖSCHUNGSNEIGUNG

Um den Einfluß des Kalk-Mergelverhältnisses auf die Böschungsneigung zu quantifizieren, müssen die anderen Faktoren in etwa konstant gehalten werden. Dies wurde durch eine sorgfältige Auswahl der Aufschlüsse weitgehend erreicht. So wurden nur Böschungen aus einem Quasihomogenbereich (identisches Schichtfallen, gleiche Hauptkluftrichtungen) miteinander verglichen, wobei nur Situationen mit einem Schichteinfallen gegen den Hang betrachtet wurden. Als besonders geeignet hierfür erwiesen sich die Faltenschenkel großräumiger Sattel- und Muldenstrukturen in den französischen Seealpen. Hier sind auf engem Raum Böschungen mit unterschiedlichem Kalk-Mergelverhältnis vorhanden, die jedoch hinsichtlich der anderen geomechanischen Parameter miteinander verglichen werden können, da sie sich innerhalb eines Gebietes mit ähnlicher tektonischer Beanspruchung befinden.

In Abb. 2 ist der Zusammenhang zwischen der natürlich ausgebildeten Grenzneigung einzelner Profilabschnitte und ihrem Kalk-Mergelverhältnis für einen der untersuchten Quasihomogenbereiche dargestellt. Dabei wurde zwischen Böschungen mit und ohne erosiver Beseitigung des Schuttfußes an der Basis unterschieden und getrennte Regressionsgeraden errechnet. Die obere Gerade stellt eine Regression für die steilen, durch aktive Erosion gekennzeichneten Böschungen dar. Diese Böschungen befinden sich nahezu in ihrem felsmechanischen Grenzgleichgewicht. Die untere Gerade wird als eine verwitterungsbedingte Gleichgewichtssituation der Böschun-

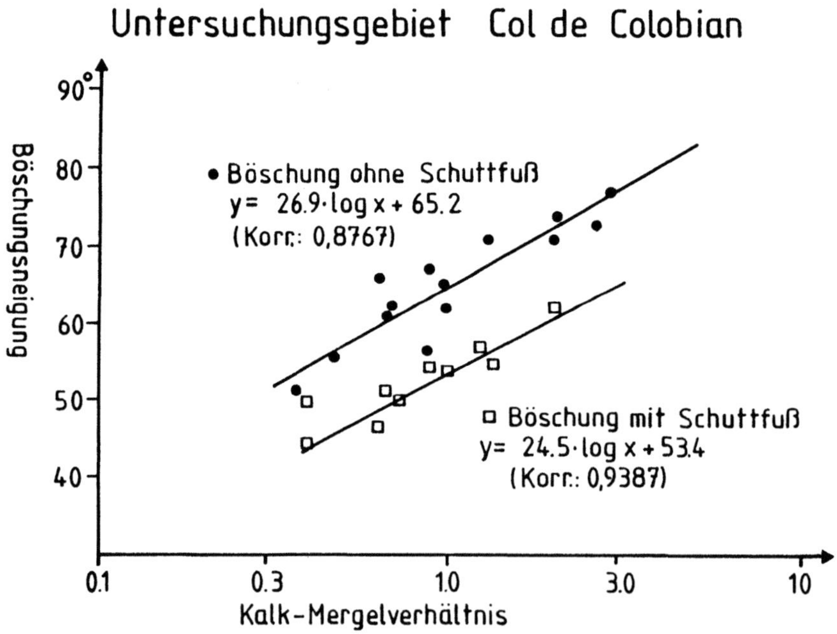

Abb. 2 Zusammenhang zwischen Böschungsneigung und Kalk-Mergelverhältnis in einer Sattelstruktur bei Digne (SE-Frankreich)

Fig. 2 Correlation between slope gradient and limestone-marlstone ratio in an anticlinal structure near Digne (SE France) gen betrachtet, bei der diese einen quasi-stätionären Zustand erreichen. Allerdings ist nur für ein Kalk-Mergelverhältnis zwischen 0,2 bis 4,0 ein deutlicher Zusammenhang zwischen Lithologie und Böschungsneigung nachzuweisen.

Insgesamt wurden elf derartige Homogenbereiche in dieser Weise untersucht. Die dafür bestimmten Regressionsgeraden sind in Abb. 3 zusammengefaßt.

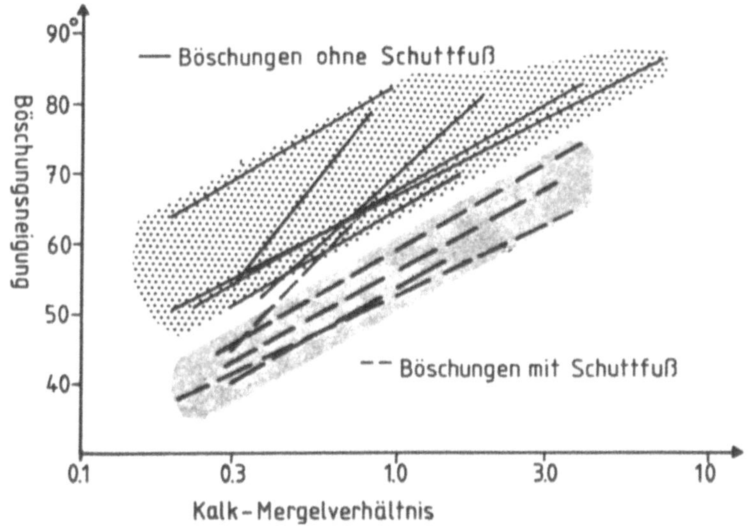

Abb. 3 Zusammenstellung aller Regressionsgeraden für den Zusammenhang zwischen Böschungsneigung und Kalk-Mergelverhältnis

Fig. 3 Compilation of all regression lines for the slope gradient to limestone-marlstone ratio

Hierbei zeigt es sich, daß diese Regressionsgeraden eine annähernd gleiche Steigung aufweisen, sich jedoch in ihren Achsenabschnitten auf der Skala für die Böschungsneigung deutlich voneinander unterscheiden. Da in Abb. 3 ein halblogarithmischer Maßstab verwendet wurde, ergibt sich ein exponentieller Zusammenhang zwischen Neigung und Lithologie.

Die Variation der Achsenabschnitte der Regressionsgeraden für die verschiedenen Homogenbereiche in Abb. 3 ist auf veränderte geomechanische Parameter (z.B. Kluftabstand) und unterschiedliches Schichtfallen zurückzuführen. Um den Einfluß des Schichtfallens genauer erfassen zu können, wurde für alle Homogenbereiche die Böschungsneigung für ein Kalk-Mergelverhältnis von 1 : 1 aus den Regressionsgeraden bestimmt und gegen das hangeinwärts gerichtete Schichtfallen aufgetragen (Abb. 4). Ergänzend sind in dieses Diagramm noch Einzelwerte von Böschungen mit ähnlichem Kalk-Mergelverhältnis eingetragen.

Die Verringerung der Böschungsneigung bei steigendem Schichtfallen kann auf die schichtnormal stehenden Klüfte zurückgeführt werden. Allerdings gilt der in Abb. 4 dargestellte Zusammenhang nur für Schichtneigungen bis etwa 40°, da bei größeren Fallwerten die bankrechten Klüfte als Gleitebenen mobilisiert werden.

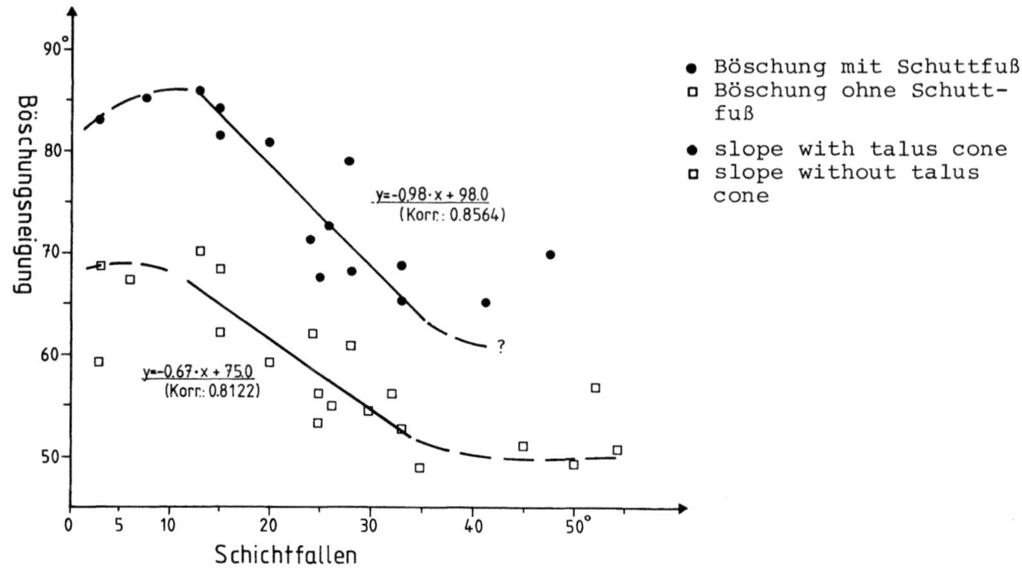

Abb. 4 Zusammenhang zwischen Böschungsneigung und Schichtfallen bei einem normierten Kalk-Mergelverhältnis von 1 : 1

Fig. 4 Regression correlation for slope gradient versus bed dipping with a standardized limestone-marlstone ratio of 1 : 1

BERECHNUNG DER VERWITTERUNGSBEDINGTEN GRENZNEIGUNG

Im folgenden soll versucht werden, die verwitterungsbedingte Grenzneigung einer Böschung direkt aus ihrem Kalk-Mergelverhältnis abzuleiten.

Als Ursache für die Ausbildung dieser Grenzneigung wird das unterschiedliche Verwitterungsverhalten der Mergelschichten gegenüber den Kalkbänken betrachtet. Nach OVERBECK (1982) weisen die mergeligen Abschnitte einer solchen Wechselfolge bis zu einem Kalkgehalt von etwa 80 % ein Verwitterungsverhalten auf, das dem der überkonsolidierten Pelite sehr ähnlich ist und überwiegend auf einen Bröckchenzerfall infolge weniger Trocknungs-Befeuchtungs-Wechsel zurückzuführen ist. Im Gegensatz dazu ist das Verwitterungsverhalten der Kalke vorwiegend von Lösungsvorgängen und einem allmählichen Frostzerfall gekennzeichnet. Diese unterschiedlichen Verwitterungsmechanismen führen zu stark differierenden Rückverwitterungsgeschwindigkeiten der einzelnen Schichten einer Wechselfolge.

Die rasche Verwitterung der Mergel führt zunächst häufig zu einer "Hohlkehlenbildung" unter den Kalkbänken. Geht jedoch die aktive horizontale Erosion an der Böschungsbasis zurück, so kann sich an der Oberfläche der Mergelabschnitte eine stabile Grenzneigung ausbilden. Diese ist dann erreicht, wenn sich die Neigung der Mergeloberfläche auf etwa 40° abgeflacht hat.

Wird die stabile Grenzneigung der Mergel erreicht, so reduziert sich ihre Rückverwitterungsgeschwindigkeit,da das bei der Verwitterung anfallende Bröckchenmaterial auf der Böschung liegen bleibt und eine Schutzschicht bildet, die das weitere Austrocknen der Mergel verhindert.

Die Kalke sind in der Nähe der Böschungsoberfläche durch mehrere Kluftsysteme in quaderförmige oder prismatische Kluftkörper zerlegt und nahezu vollständig durchtrennt. Bei der Einstellung der stabilen Gleichgewichtslage der Mergel verlieren die hangenden Kalkbänke ihre Unterlager (Abb. 5). Die einzelnen, leicht beweglichen Kluftkörper brechen heraus, sobald die Mergel unter ihrem Schwerpunkt herausgewittert sind (EVANS 1981). Nach dem Herausbrechen eines Kalkkluftkörpers schreitet die Verwitterung der hangenden und liegenden Mergelbänke rasch voran, bis sich erneut eine stabile Grenzneigung ausgebildet hat.

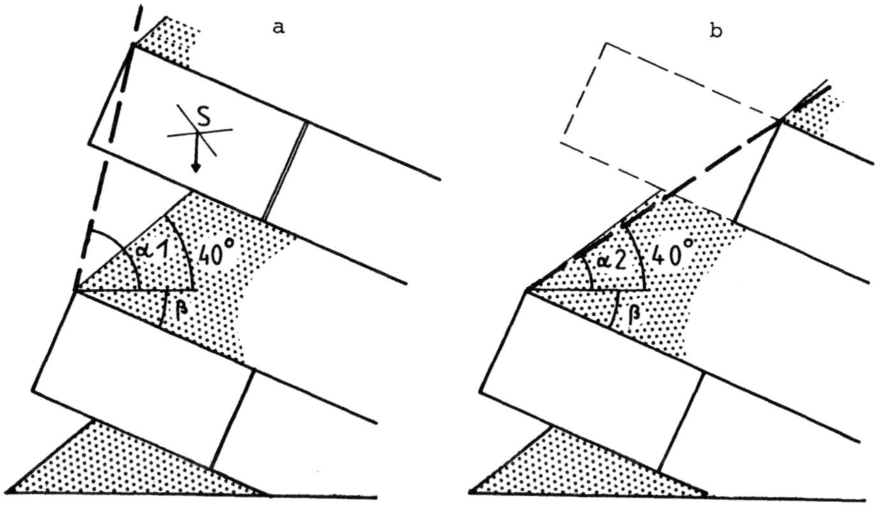

Abb. 5 Herausbrechen eines Kalkkluftkörpers aus einer Wechselfolge

Fig. 5 Generation of a limestone cheestone in an interlayered bedding

Dieser Mechanismus bei der Verwitterung von Kalk-Mergelwechselfolgen ist als Ursache für das häufige Auftreten der verwitterungsbedingten Grenzneigung an Böschungen dieses Gesteinstyps in der Natur anzusehen: die durch aktive Erosion an der Basis übersteilten Böschungen erreichen nach dem Aufhören der Erosion rasch ihre verwitterungsbedingte flachere Grenzneigung. Diese Neigung wird dann in der Natur nur noch langsam verändert.

Eine Böschung, deren Neigung zwischen diesen beiden Extremwerten liegt, ist zwar aus geomechanischer Sicht stabil, liefert aber bis zum Einstellen des verwitterungsbedingten Grenzgleichgewichts große Mengen an Schutt und ist deshalb als stark steinschlaggefährdet anzusehen.

Zur überschlägigen Berechnung des verwitterungsbedingten Grenzgleichgewichts werden im folgenden eine geklüftete Kalkbank und die darunterliegende, auf 40° abgeflachte Mergellage als eine Einheit betrachtet. Die steilst mögliche Neigung für ein solches Bankpaar stellt sich dann ein, wenn der Schwerpunkt des Kalkkluftkörpers gerade noch von der Mergellage unterstützt wird, der Kluftkörper jedoch noch nicht aus seiner labilen Lage herausgebrochen ist (Abb. 5a). Analog dazu bildet sich die flachste Neigung dann aus, wenn der Kluftkörper in diesem labilen Zustand herausgebrochen ist (Abb. 5b).

Die verwitterungsbedingte Grenzneigung einer Kalk-Mergelwechselfolge mit konstanten Kalk- und Mergelbankmächtigkeiten läßt sich dementsprechend als Mittelwert der beiden genannten Extremfälle darstellen. Für die in Abb. 6 gezeigten Bankpaare ergibt sich die Neigung aus den geometrischen Beziehungen in dem Dreieck ABC. Dieses kann über die Dreiecke ADF und SEF mit Hilfe einfacher Winkelbeziehungen berechnet werden. Somit gilt für die Neigung dieses Bankpaares:

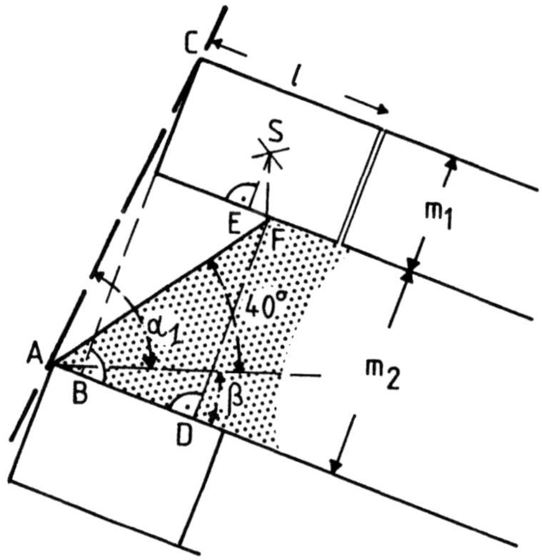

m_1 : Mächtigkeit der Kalkbank
m_2 : Mächtigkeit der Mergelbank
l : Länge des Kluftkörpers
β : Schichtfallen
α_1 : Errechnete Neigung

m_1 : thickness of limestone layer
m_2 : thickness of marl layer
l : length of joint bordered rock fragment
β : dip
α_1 : calculated slope gradient

Abb. 6 Berechnung der Böschungsneigung eines Bankpaares für den Fall des nicht herausgebrochenen Kluftkörpers

Fig. 6 Determinationof slope gradient of a pair of massive layers without a cheestone

$$\alpha_1 = \arctan \frac{m_1 + m_2}{\frac{m_2}{\tan(\beta + 40)} - \frac{m_1}{2} \cdot \tan\beta - \frac{1}{2} l} - \beta$$

Mit Hilfe eines ähnlichen Ansatzes ergibt sich für den Fall der flachen Hangneigung mit gerade herausgebrochenem Kalkkluftkörper (siehe Abb. 5b) eine Neigung des Kalk-Mergelpaares von:

$$\alpha_2 = \arctan \frac{m_1 + m_2}{\frac{m_2}{\tan(\beta + 40)} + \frac{1}{2} l - \frac{m_1}{2} \cdot \tan\beta} - \beta$$

Die verwitterungsbedingte Grenzneigung des betrachteten Böschungsabschnitts ergibt sich dann aus dem Mittelwert der beiden Extremwerte α_1 und α_2.

Für eine überschlagsmäßige Abschätzung der Grenzneigung werden daher nur Größen benötigt, die im Gelände leicht zu bestimmen sind: Bankmächtigkeiten, Schichtfallen und die mittlere Größe der Kalkkluftkörper. Die Größe der Kluftkörper kann indirekt aus den mittleren Kluftabständen errechnet oder durch Vermessen der herausgebrochenen Kluftkörper im Gelände direkt bestimmt werden. Bei den untersuchten Kalk-Mergelwechselfolgen entspricht der Kluftabstand des orthogonalen Kluftsystems in der Regel der mittleren Bankmächtigkeit der Kalke (PETERS 1980; MÜLLER 1980).

Nach diesem Verfahren wurden nun die verwitterungsbedingten Grenzneigungen von 46 Böschungsabschnitten mit unterschiedlichem Kalk-Mergelverhältnis errechnet und mit den im Gelände direkt gemessenen Neigungen verglichen (Abb. 7). Die gemessenen Böschungen zeigen hierbei im Mittel eine um etwa 3,5 Grad steilere Neigung als die berechneten Böschungen. Diese Abweichung ist unter anderem darauf zurückzuführen, daß noch nicht alle untersuchten Böschungen ihre Grenzneigung ausgebildet haben. Außerdem wurde bei diesem Rechenansatz nicht berücksichtigt, daß sich die Kluftkörper verzahnen und daher nicht aus der Böschung herausbrechen. Die Rechnung liefert also Werte, die auf der sicheren Seite liegen.

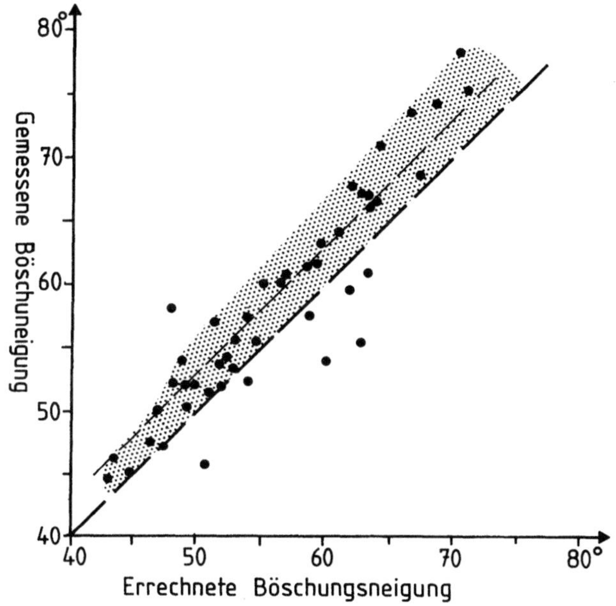

Abb. 7 Vergleich zwischen errechneten und gemessenen Böschungsneigungen im verwitterungsbedingten Grenzgleichgewicht

Fig. 7 Comparison of calculated and measured gradients for equilibrium profiles controlled by basal erosion

Wie in Abb. 8 dargestellt, steht die Differenz zwischen errechneter und gemessener Böschungsneigung in Bezug zum Kalk-Mergelverhältnis: besonders bei höheren Kalkanteilen treten starke Abweichungen auf. Dies kann darauf zurückgeführt werden, daß die geringmächtigen Mergellagen durch Kalkbänke vor der Verwitterung besser geschützt sind und sich daher keine

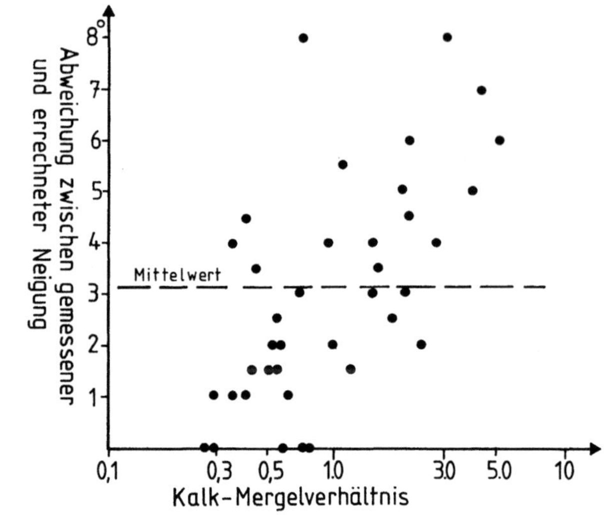

Abb. 8 Differenz zwischen errechneter und gemessener Böschungsneigung in Abhängigkeit vom Kalk-Mergelverhältnis

Fig. 8 Variation between calculated and measured slope gradients dependent upon limestone-marlstone ratio

Gleichgewichtssituation einstellt. Außerdem wird bei hohen Kalk-Mergelverhältnissen der hangende Kalkkluftkörper auch nach dem Einstellen der Grenzneigung der Mergel unterlagert und kippt nicht aus der Böschung heraus.

Eine weitere Einschränkung des Rechenansatzes ist auf den Einfluß des Schichtfallens auf die Böschungsneigung zurückzuführen (vgl. Abschnitt 'Verwitterungsprofil').

RÜCKVERWITTERUNGSGESCHWINDIGKEIT

Wie schon erwähnt wurde, gehen steile, durch aktive Erosion an der Basis gekennzeichnete Böschungen relativ rasch in ein verwitterungsbedingtes Grenzgleichgewicht über, wenn die Erosion wegfällt. Bei diesem Vorgang wird eine beträchtliche Menge Schutt angeliefert.

Im folgenden soll die Rückverwitterungsgeschwindigkeit und die damit verbundene Schuttlieferung solcher Böschungen untersucht werden. Ähnliche Untersuchungen wurden schon an magmatischen Gesteinen durchgeführt (RAPP 1961), jedoch lassen sich diese Ergebnisse wegen des unterschiedlichen Verwitterungsverhaltens nicht auf Böschungen in Kalk-Mergelwechselfolgen übertragen.

Da an natürlichen Böschungen keine Zeitmarken vorhanden sind, die eine direkte Bestimmung der Rückverlegungsgeschwindigkeit ermöglichen, wurde versucht, aus der Menge des angelieferten Schutts auf die Rückwandergeschwindigkeit zu schließen. Dabei wird davon ausgegangen, daß der bei der Verwitterung anfallende Schutt noch vollständig vorhanden ist. Da dies an natürlichen Böschungen nur selten gegeben ist, wurden vorwiegend stillgelegte Steinbrüche des Unteren und Mittleren Malms sowie des Oberen Muschelkalks herangezogen. Dabei standen Wechselfolgen mit unterschiedlichem Kalk-Mergelverhältnis in geologisch vergleichbarer Situation zur Verfügung. Bei den Untersuchungen wurden nur solche Steinbrüche berücksichtigt, bei denen der Zeitpunkt der Stillegung bekannt war und wo mit Sicherheit nachträglich kein Schutt entfernt wurde.

Aus dem leicht zu vermessenden Schuttvolumen (V_s), dem Trockenraumgewicht des Schutts (γ_s) und des Ausgangsmaterials (γ_p) läßt sich das Volumen (V_p) des bei der Verwitterung herausgebrochenen Materials pro lfd. m Böschungsstrecke berechnen (Abb. 9).

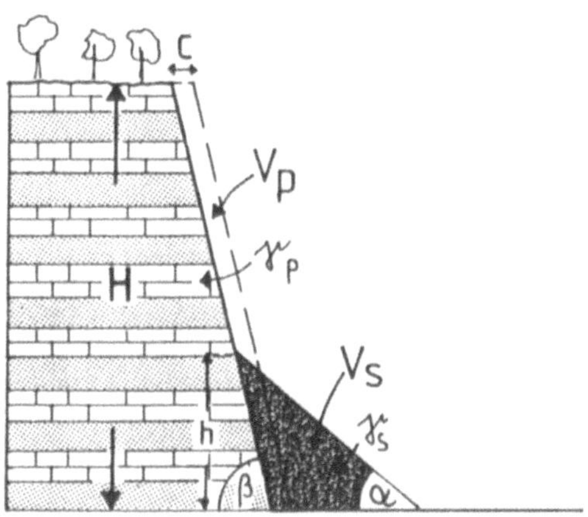

V_p = Volumen des Ausgangsmaterials
Volume of initial material

V_s = Volumen des Schuttfußes
Volume of talus slope

γ_p = Trockendichte des Ausgangsmaterials
dry unit weight of initial material

γ_s = Trockendichte des Schuttmaterials
dry unit weight of talus material

α = Neigung des Schuttfußes
gradient of talus slope

β = Böschungsneigung
slope gradient

Abb. 9 Bestimmung der Rückwandergeschwindigkeit einer Steinbruchwand aus dem Schuttvolumen

Fig. 9 Determination of the rate of retreat of a quarry wall from talus volume

Aus der Höhe der Schuttwand und der Dauer der Verwitterung kann damit die mittlere Rückwandergeschwindigkeit (c) abgeschätzt werden. Voraussetzung dafür ist, daß die Steinbruchwand wesentlich höher ist als der Schuttfuß. Dann wird

$$c = \frac{V_s \cdot \gamma_s \cdot \sin\beta}{\gamma_p \cdot H \cdot b \cdot t}$$

(b = Breite der Böschung; t = Zeitraum der Stillegung)

Nach diesem Verfahren wurden die mittleren Rückwandergeschwindigkeiten an fünf Steinbrüchen und zwei natürlichen Böschungen mit unterschiedlichem Kalk-Mergelverhältnissen errechnet (Abb. 10).

Es ergaben sich hierbei Rückverlegungsgeschwindigkeiten zwischen 0,5 und 6 cm/a in Abhängigkeit vom Mergelanteil in dem entsprechenden Profil (Mergelanteil: Mächtigkeit der Mergelbänke in der Gesamtabfolge in %). Diese z.T. erstaunlich hohen Werte sind sicherlich auch auf die verstärkte Auflockerung des Gesteins infolge des ehemaligen Sprengbetriebes zurückzuführen. Sie liegen jedoch im Rahmen der wenigen in der Lite-

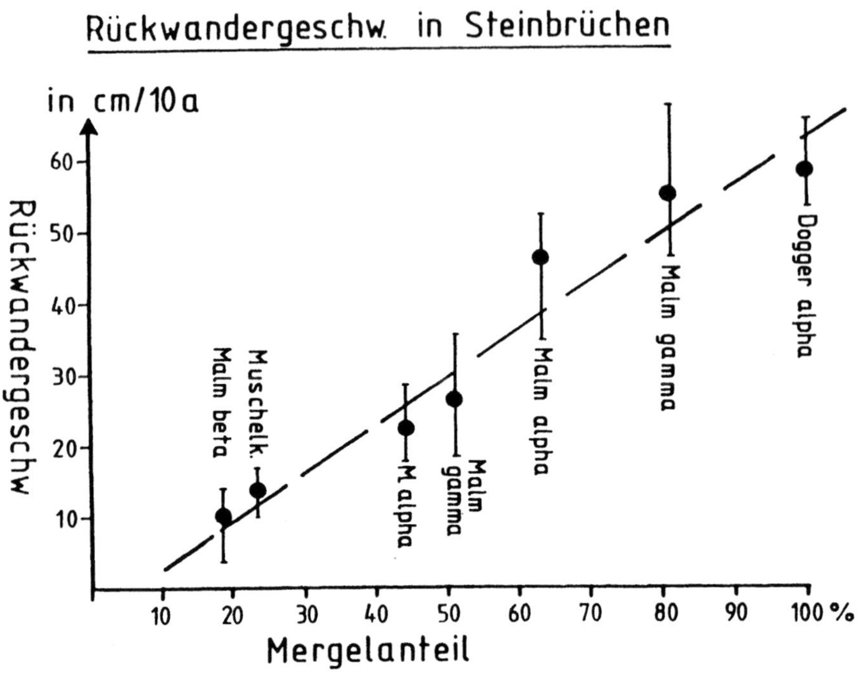

Abb. 10 Ermittelte Rückwandergeschwindigkeiten (c) in Abhängigkeit vom Mergelanteil (in % der Gesamtmächtigkeit)

Fig. 10 Dependence of rate of retreat on marl content (in % of total thickness)

ratur erwähnten Werte. So konnte MÜLLER (1963) an den Kalken der Festung Salzburg eine Rückverlegungsgeschwindigkeit von 0,5 cm/a feststellen. WILD (1955) errechnete für die Rückverlegung eines ehemaligen Prallhanges im Muschelkalk Werte von 2 cm/a bei einem Mergelanteil von 66 %. Für praktische Fragestellungen ist nicht so sehr die Rückwandergeschwindigkeit als vielmehr die in einem bestimmten Zeitraum an einer Felsböschung gebildete Schuttmenge von Bedeutung. Unter Verwendung der oben beschriebenen Werte der Rückwandergeschwindigkeiten läßt sich dafür ein einfacher Rechenansatz angeben.

Zur Vereinfachung der Rechnung wurde von einer senkrechten Wand ausgegangen. Weiterhin wird angenommen, daß die Neigung des Schuttfußes eine Materialkonstante ist und während des gesamten Zeitraums konstant bleibt. Bei der Berechnung muß ferner berücksichtigt werden, daß die Schuttlieferung einer Wand auch bei konstanter Rückwandergeschwindigkeit der Böschungsoberfläche mit der Zeit abnimmt, da die Höhe der schuttliefernden Wand infolge des Anwachsens des Schuttfußes zurückgeht. Betrachtet man nur relativ kurze Zeiträume (bis zu ca. 25 Jahre), so kann die Wand bei der Berechnung als ortsfest angesehen werden (Abb. 11). Dann ergibt sich der Zusammenhang zwischen Schutthöhe (h) und der zur Bildung notwendigen Zeit (t) aus der Produktionsrate dV/dt. Dabei beschreibt V_p das während der Zeit t aus der Wand herausgebrochene Gesteinsvolumen. Somit ist:

$$dV/_{dt} = c\ (H - h) \qquad (1)$$

dV/dt = Produktionsrate.

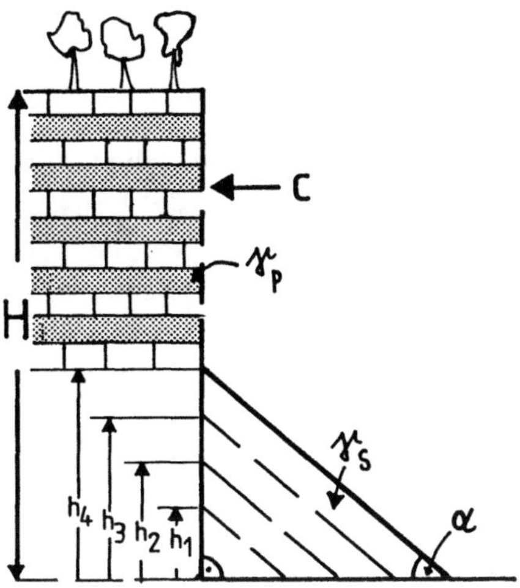

Abb. 11 Berechnung der Schutthöhe an einer Steinbruchwand
h_1 = Höhe des Schuttfußes zur Zeit t_1
Erläuterungen siehe Abb. 9

Fig. 11 Calculation of talus height at the base of a quarry wall
h_1 = height of the talus slope at time t_1
For explanation see fig. 9

Für das zu diesem Zeitpunkt unter der Wand liegende Schuttvolumen (V_s) gilt entsprechend:

$$V_s = \frac{1}{2} \cdot h^2 \cdot \cot\alpha \tag{2}$$

$$h = \sqrt{\frac{2}{\cot\alpha} \cdot V_s}$$

V_s kann mit Hilfe der Trockenraumgewichte in V_p umgerechnet werden:

$$V_s = V_p \cdot \frac{\gamma_p}{\gamma_s} \tag{3}$$

Aus (2) und (3) folgt:

$$h = \sqrt{\frac{2}{\cot\alpha} V_p \cdot \frac{\gamma_p}{\gamma_s}} \tag{4}$$

Durch Einsetzen von (4) in (1) ergibt sich die zu lösende Differentialgleichung:

$$dV/_{dt} = c\ (H - \sqrt{\frac{2\gamma_p}{\cot\alpha \cdot \gamma_s} \cdot V_p}\ ) \tag{5}$$

Nach erneuter Umformung und Integration ergibt sich der Zusammenhang zwischen Schutthöhe (h) und der dafür benötigten Zeit (t) als

$$t = \frac{2}{c}\left(- \frac{H}{e^2} \ln |H - h| - \frac{h\sqrt{\frac{\cot}{2a}}}{e}\right) + \frac{2}{c}\frac{L}{e^2} \ln |L| \tag{6}$$

mit $a = \frac{\gamma_p}{\gamma_s}$; $e = \sqrt{a \cdot \frac{2}{\cot\alpha}}$

Nach diesem Verfahren wurden nun die zu erwartenden Schuttmächtigkeiten einiger Steinbrüche in Südwestdeutschland errechnet und mit den tatsächlichen Mächtigkeiten verglichen (Abb. 12).

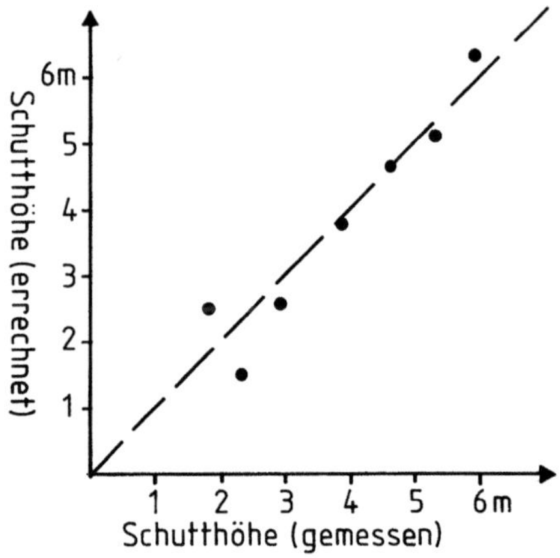

Abb. 12 Vergleich zwischen errechneten und gemessenen Schutthöhen an Steinbrüchen Südwestdeutschlands

Fig. 12 Comparison of calculated and measured talus heights for some quarries in southwestern Germany

Die gute Übereinstimmung der errechneten Werte mit den gemessenen zeigt, daß das vorgeschlagene Verfahren geeignet ist, die zu erwartende Schuttmenge steiler Felsböschungen in Kalk-Mergelwechselfolgen näherungsweise zu bestimmen.

Bei längeren Zeiträumen (> 25 Jahre) oder bei Wechselfolgen mit einem sehr hohen Mergelanteil, die sehr schnell zurückverwittern, kann das oben beschriebene Verfahren nicht mehr angewandt werden, da die Rückverlegung der Böschungswand berücksichtigt werden muß. In diesem Fall wird die Entwicklung des Schuttfußes iterativ ermittelt.

DANK

Mein besonderer Dank gilt Prof. G. EINSELE für die freundliche Unterstützung dieser Arbeit. Meinen Kollegen Dr. A WETZEL und Dipl. Ing. H. GRUHN danke ich für wichtige Hinweise und wertvolle Diskussionen.

LITERATUR

Attewell PB & Farmer IW (1976) Principles of Engineering Geology. Chapmar and Hall, London, 1045 p

Burnette AD, Mimm D, Epps RJ (1979) The engineering geological description of carbonate suite rocks and soils. Ground Engineering 12, no 2:41-48, Foundation Publ Bentwood, England

Chandler RJ & Skempton AW (1974) The design of permanent cutting slopes in stiff fissured clays. Géotechnique 24, No 4: 457-466, London

Dearman WR (1974) Weathering classification in the characterisation of rock for engineering purposes in British practice IAEG Bull No 9, Paris

Dearman WR (1981) Engineering properties of carbonate rocks. IAEG Bull No 24: 3-17, Paris
Einsele G (1983) Mechanismus und Tiefgang der Verwitterung bei mesozoischen Ton- und Mergelsteinen. Z dt geol Ges 134: 289-315, Hannover
Evans RS (1981) An analysis of secondary toppling rock failures - stress redistribution method. Q J eng Geol Vol 14: 77-86, London
Gierer H (1981) Standsicherheit von Einschnittsböschungen in wenig verwitterten überkonsolidierten Peliten Südwestdeutschlands. Diss Geowiss Fak Univ Tübingen, 118 S, 41 Abb, 1 Tab, 7 Taf, Tübingen
Lozinska-Stepien H (1982) Engineering-geological features of a massif of carbonate rocks for construction of water reservoirs. IAEG Bull 25: 127-131, Paris
Merklein I (1982) Limitierende Faktoren des Trocknungs-Befeuchtungs-Zerfalls überkonsolidierter Tonsteine. Diss Geowiss Fak Univ Tübingen, 96 S, 55 Abb, 8 Tab 1 Taf, Tübingen
Müller B (1980) Die Häufigkeit von Trennflächen in Festgesteinen. Ztsch geol Wiss 8: 265-282, Berlin
Müller L (1963) Der Felsbau, Bd. 1. 624 S, 307 Abb, 22 Taf, Enke, Stuttgart
Overbeck R (1981) Verwitterung von Mergelkalken durch Trocknungs-Befeuchtungszerfall. Ber 3 Nat Tag Ingenieurgeol 225-232, Ansbach
Peters K (1980) Klüfte - Merkmale, Entstehungsdeutungen, ihre Verwendbarkeit für die Rekonstruktion von Spannungen sowie ihre Bedeutung für die Erdöl - Erdgas Industrie. Ztsch geol Wiss 7: 853-877, Berlin
Rapp A (1961) Studies of the postglacial development of mountain slopes. Medd Uppsala Univ Geogr Inst Ser 159: 1-11, Uppsala
Wild H (1955) Das Alter der ehemaligen Neckarschlinge bei Kirchheim und Lauffen a.N. im nördlichen Württemberg und ihre hydrologischen Verhältnisse. Jh geol Landesamt Baden-Württemberg 1: 367-376, Freiburg i.Br.

Geotechnische Eigenschaften von überkonsolidierten Schiefertonen bei unterschiedlichen Sand- und Karbonatgehalten

C. RUCH[1]

SUMMARY

The rocks of the Middle Dogger in southwestern Germany provide excellent examples of several different kinds of weathering profiles. These rocks contain numerous natural drainage bodies such as jointed sandstone or calcareous sandstone complexes. These drainages can regulate both the depth and the number of weathering profiles (fig. 3). Vertical repetition of such natural drainage bodies throughout the section can create, in effect, multiple distinct zones of weathering.

The investigation of a large number of core drillings in the Middle Dogger demonstrates the existence of numerous horizontal plastic interlayers (ranging from mm to cm in thickness) which were formed as a result of horizontal stress releases and which occur mostly in zones of relatively low shear strength (fig. 4). These layers act as zones of latent weakness which can have significant mechanical effects on artificial slopes or deep excavations which may be constructed in these rocks.

Weathering tests simulating various climatic conditions have demonstrated that carbonate and sand components influence the weatherability of overconsolidated shales present in the Middle Dogger section (fig. 5). For example, a granular skeleton cemented with carbonate allows only a small amount of deformation. This deformation is the result of shrinkages caused by desiccation (tab. 2) and thereby initiate deconsolidation processes (EINSELE 1983). After undergoing three successive dry/wet deterioration tests, the primary, unweathered shales with a carbonate and sand content of more than 40 - 50 % demonstrate only a small amount of slaking. However, if the carbonate and sand content exceeds 70 %, the amount of slaking is too small to measure (fig. 5).

California Bearing Ratio (CBR) tests were also conducted with the Middle Dogger material. The results of these tests show bearing capacities which can be achieved when the investigation material is reapplied as embankment backfill. Unlike sandless shales or a mixture of Middle Dogger material consisting of 25 % very sandy shale, 25 % friable sandstone and 50 % weathered sandless shale, the normally consolidated, unweathered investigation material can be classified as "average" to "good" subsoil according to the CBR-norm (fig. 15). The low bearing capacity of sandless shale can be improved by adding friable sandstone material.

[1]Dipl. Geol. Clemens Ruch, Geologisches Institut der Universität Tübingen, Sigwartstr. 10, D-7400 Tübingen

Ingenieurgeologische Probleme im Grenzbereich
zwischen Locker- und Festgesteinen
(Herausgegeben von K.-H. Heitfeld)

EINLEITUNG

Da sich die bisher von anderer Seite durchgeführten Untersuchungen im wesentlichen auf das Entfestigungsverhalten überkonsolidierter karbonatarmer bis karbonatreicher Pelitgesteine beschränken (EINSELE 1983; LEMPP 1979; MERKLEIN 1982; OVERBECK 1981; u.a.), war es das Ziel dieser Arbeit, die bestehenden Erkenntnisse auch auf pelitisch-psammitische bis psammitische Gesteine auszudehnen.

Zahlreiche Kernbohrungen, die im Zuge der geplanten Modernisierungsmaßnahmen am Aichelberganstieg der Bundesautobahn A8 Stuttgart - München durch Gesteine des Braunen Jura (Dogger) niedergebracht wurden, boten die seltene Gelegenheit, das Problem im Gelände und Labor zu studieren.

HERKUNFT UND BESCHREIBUNG DES UNTERSUCHUNGSMATERIALS

Die durchweg marinen Sedimentgesteine des Braunen Jura (Dogger), die den Geländeanstieg zur Schwäbischen Alb bilden, erscheinen als Untersuchungsmaterial vor allem deshalb als geeignet, da diese nahezu alle Varietäten von inkompetenten Pelit- und kompetenten Psammitgesteinen aufschließen (Abb. 1).

Die jurassischen Gesteine Südwestdeutschlands haben nach EINSELE (1983) eine gleichmäßige Konsolidation unter dem Stapel von max. 700 m mächtigen jüngeren Sedimenten erfahren, was einer effektiven Normalspannung von 8 MN/m^2 entspricht.

Die Aufschlußpunkte (Abb. 2) liegen im Raum Göppingen/Rechberg (Tobelbach, Bärenhöfle), am Albaufstieg der Bundesautobahn A8 Stuttgart - München (Aichelberg), im Raum Bad Boll (Teufelsloch) sowie am Geländeaufstieg zur Schwäbischen Alb bei Rottweil (Gosheim, Wellendingen).

Die wichtigsten Aufschlüsse waren dabei Kernbohrungen, die es erlaubten, Probematerial aus unterschiedlichen Verwitterungsprofilen zu bergen.

Die Braunjura-Gesteine sind lithologisch sehr heterogen. Daher war für eine systematische Bearbeitung eine Unterteilung in insgesamt fünf Materialgruppen (A - E) notwendig. Die Übergänge zwischen diesen Materialgruppen sind naturgemäß fließend (Tab. 1).

Tab. 1 Unterteilung des Untersuchungsmaterials in fünf Materialgruppen A - E in Abhängigkeit von Anteil und Verteilung der Sand- und Karbonatkomponente

Tab. 1 Subdivision of the investigated material into five specific groups A - E according to content and distribution of carbonate and sand

GESTEIN	MATERIAL-GRUPPE	MITTLERER SAND-GEHALT (GEW.-%)	MITTLERER KARBONAT-GEHALT (GEW.-%)	SAND- UND KARBONAT-VERTEILUNG
SCHIEFERTON	A	0 - 5	0 - 5	HOMOGEN
SCHIEFERTON	B	> 5	> 5	HOMOGEN
SCHIEFERTON	C	> 5	> 5	LEICHT KALKSAND-FLASRIG
SCHIEFERTON, MERGELIG	D	>10	> 20	STARK KALKSAND-FLASRIG
SAND- ODER KALKSAND-STEIN	E	>65	> 20	HOMOGEN

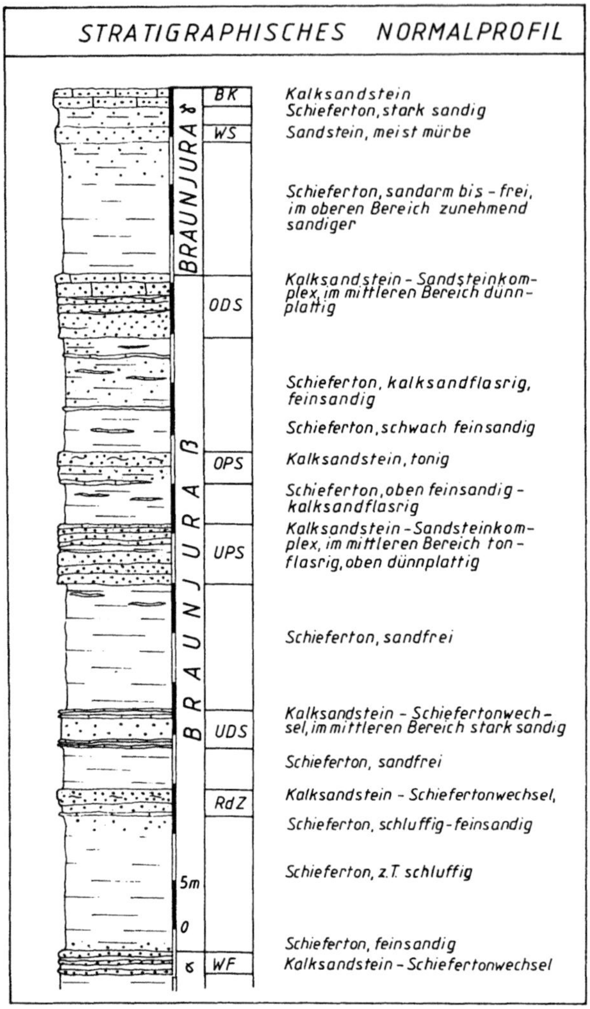

Abb. 1 Lithologisches Normalprofil des Mittleren Braunen Jura bei Kirchheim u. Teck

Fig. 1 Lithologic columnar section of the Middle Dogger near Kirchheim u. Teck

BESCHREIBUNG DER VERWITTERUNGSSTUFEN UND CHARAKTERISTISCHE VERWITTERUNGSPROFILE IM MITTLEREN BRAUNEN JURA (DOGGER)

Für sandfreie Pelite sowie pelitisch-psammitische Gesteine, deren Feststoffbestand (Sand-, Karbonat-, Ton- und Schluffanteil) in der Probe homogen verteilt ist (Materialgruppen A und B, s.o.), kann die Verwitterungseinteilung nach EINSELE et al. (dieser Band) übernommen werden.

Weicht die Verteilung des Feststoffbestandes innerhalb des Gesteins von der einer homogenen Verteilung ab, so ist die Verwitterungsklassifikation in der praktischen Anwendung zu modifizieren.

Eine sand- und kalksandflaserige Probe (Materialgruppe D) besteht aus zwei aneinandergrenzenden Komponenten:

a) einer inkompetenten, mehr oder weniger stark auf Verwitterungseinflüsse ansprechenden pelitischen Komponente, deren Verwitterungsanfälligkeit im wesentlichen durch Trocknungs-Befeuchtungswechsel, Schrumpf-

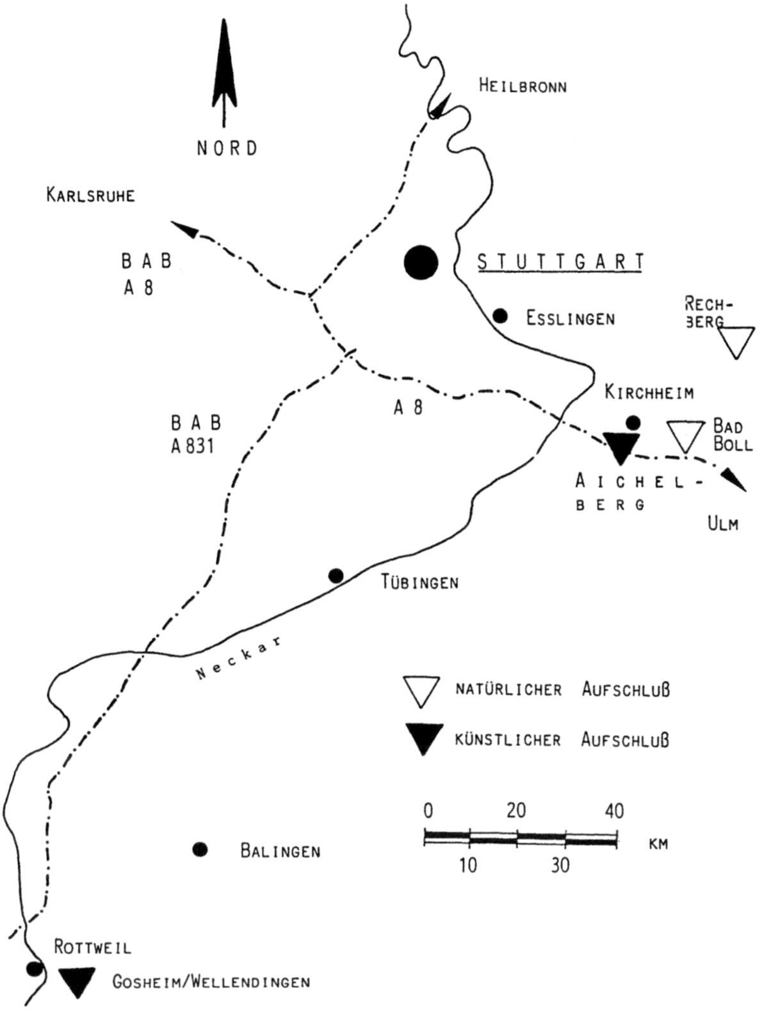

Abb. 2 Übersichtskarte über die Lage der natürlichen und künstlichen Aufschlüsse

Fig. 2 Location map of outcroppings and drill sites

und Quellprozesse gesteuert wird (vgl. EINSELE 1983; HUDEC 1978; LEMPP 1979; MERKLEIN 1982; OLIVIER 1979; OVERBECK 1981, u.a.),

b) einer kompetenten Komponente mit deutlichem Sandstein- bzw. Kalksandsteincharakter, deren Festigkeit durch Kompaktion und Zementation der Partikel (hier in der Regel Quarzkörnchen in karbonatischer Matrix) bestimmt wird.

Die Grenzfläche zwischen diesen Gesteinskomponenten hat für das Entfestigungsverhalten kalksandflasriger Gesteine große Bedeutung. Dort grenzen ähnlich wie beim Bimetall zwei Materialkomponenten aneinander, die in ihren physikalischen Eigenschaften erheblich voneinander abweichen.

An diesen Grenzflächen setzt die Entfestigung zuerst ein, indem sich erste Ablöseflächen bilden und den primär meist außerordentlich harten Verband der geflaserten Gesteine auflockern. Die inkompetente Pelitkomponente entfestigt sich über mehrere diskrete Zerfallsstadien zu einem plastischen Ton-Schluff in gleicher Weise, wie sie auch für homogene überkonsolidierte Pelite beschrieben wird. Die Verwitterung der Flaserbereiche vollzieht sich im Vergleich zur Pelitkomponente erheblich langsamer. Die in aller Regel harten Kalksandsteinflasern werden nach Entkalkung und Oxidation mürbe, behalten aber selbst in der vollplastischen, letzten Verwitterungsstufe der pelitischen Zwischenmittel noch lange ihre Struktur, ehe die Flasern unter meist mechanischer Einwirkung zerbrechen. Bei den kalksandflasrigen Gesteinen wurde bisher in keinem Falle eine vollständig homogenisierte Probe gefunden, bei der sich die Flaserkomponente nicht noch deutlich hinsichtlich ihrer Konsistenz (mürbe, im Verband) vom umgebenden, völlig plastifizierten Verwitterungsendprodukt der pelitischen Matrix abhebt.

Für die Einteilung kalksandflasriger, pelitisch-psammitischer Gesteine in bestimmte Verwitterungsstufen wird vornehmlich die Konsistenz beider Komponenten sowie die Abstände der vorliegenden Trennflächen berücksichtigt:

W5: Im Sinne eines vollständig homogenisierten, plastischen Verwitterungsendproduktes nicht vorhanden.

W4: Stark bis vollständig verwitterter kalksandflasriger Schieferton, Kalksandsteinbröckchen oder -blättchen schwimmen in völlig entfestigter schluffig-feinsandiger Matrix (meist ohne Bröckchenstruktur), steif-halbfest, Schwundrisse nur sehr schwach ausgeprägt, vollständig oxidiert.

W3: Stark verwitterter, kalksandflasriger Schieferton, Schichtflächen erkennbar, engständig ablösend, plattig, mürbe, ohne erkennbare Schwundrisse, vollständig oxidiert.

W2: Angewitterter, kalksandflasriger Schieferton, Schichtung und Flaserung gut erkennbar, weitständig ablösend, hart-mürbe, nur entlang von Kluftflächen oxidiert.

W1: Leicht angewitterter, kalksandflasriger Schieferton, nur wenige, weitständige Ablöseflächen, tektonisch geklüftet, hart, nicht oxidiert.

W0: Bergfrischer kalksandflasriger Schieferton, weitständig tektonisch geklüftet, hart (Sandsteincharakter), nicht oxidiert.

Auch die Sand- oder Kalksandsteine des Braunen Jura können hinsichtlich ihres Verwitterungszustandes untergliedert werden. Kriterien hierfür sind die Konsistenz von "hart" bis "mürbe" wie auch die Entkalkung von "stark kalkig" bis "völlig entkalkt":

W5: Sandige Bodenbildung

W4: Völlig verwitterter Sand- oder Kalksandstein, stark absandend, sehr mürbe, oxidiert.

W3: Stark verwitterter Sand- oder Kalksandstein, stark absandend, mürbe, oxidiert.

W2: Angewitterter Sand- oder Kalksandstein, leicht absandend, besonders im Bereich von Kluftflächen stark oxidiert, mit Oxidationsschlieren, leicht entkalkt, mürbe-hart.

W1: Leicht angewitterter Sand- oder Kalksandstein, nur im Bereich von Kluftflächen oxidiert, hart.

W0: Unverwitterter Sand- oder Kalksandstein, nicht oxidiert, hart.

Grundsätzlich läßt sich eine rein oberflächenorientierte, verhältnismäßig wenig tiefreichende Verwitterung von einer tiefreichenden unterscheiden (vgl. EINSELE et al., dieser Band). In den von mir untersuchten Schichten des Mittleren Braunen Jura kommen beide Verwitterungsarten vor. Hier soll jedoch besonders auf die Tiefenverwitterung eingegangen werden.

Als Ursache einer Tiefenverwitterung können lithologische Komplexe gelten, die selbst in einigen 10er m Teufe unter GOK Verwitterungsprozesse in Gang kommen lassen. Dies erfolgt z.B. durch physikalische Verwitterung in Form von Trocknungs-Befeuchtungswechsel im Grund- und Kluftwasserschwankungsbereich oder durch chemische Verwitterung in Form von Lösungs- oder Oxidationsprozessen. Es handelt sich bei den genannten Komplexen um geklüftete, einige m mächtige Sandsteine oder Kalksandsteine, die neben den über- oder unterlagernden inkompetenten Gesteinen meist selbst ein internes Verwitterungsprofil zeigen. An dieser Stelle sind besonders die verbreiteten Sandsteine des Mittleren Braunen Jura (Personatensandstein, Donzdorfer Sandstein) zu nennen. In ihrer dränenden Wirkung ziehen sie entweder das gesamte Verwitterungsprofil nach unten oder verursachen bei von vornherein größeren Tiefenlagen sogar ein- bis mehrmalige Wiederholungen der Verwitterungsprofile (Abb. 3). Bei entsprechender Anzahl solcher "Tiefendräne" sind somit beliebig viele Wiederholungen der Verwitterungsprofile denkbar.

Von WALLRAUCH (1969) wurde erstmals auf die Existenz "horizontaler Verschiebungsbahnen" in südwestdeutschen, überkonsolidierten Pelitgesteinen hingewiesen. Es handelt sich dabei um Schwächezonen, die sich durch vertikale Entlastungs- und horizontale Scherbewegungen bilden. Solche vorgegebenen Schwächezonen können bei der Anlage von Böschungen oder Baugruben mechanisch wirksam werden.

Diese Verschiebungsbahnen sind in natürlichen oder künstlichen Aufschlüssen als mm bis cm mächtige, völlig zerscherte, plastische Zwischenlagen mit erhöhten Wassergehalten bei weicher Konsistenz durch eine sorgfältige Profilaufnahme zu erkennen (Abb. 4). Solche Schwächezonen lassen sich auch in zahlreichen Braunjura-Bohrprofilen nachweisen. Gehäuft treten sie in den karbonat- und sandarmen Schiefertonstrecken der Materialgruppen A und B auf (ca. 85 % aller beobachteten Fälle), während sie in den Schiefertonstrecken der Materialgruppen C und D deutlich zurücktreten (ca. 15 % aller beobachteten Fälle). Plastische Zwischenlagen sind somit bevorzugt an Gesteine niedriger Gesteinsfestigkeiten gebunden.

LABORUNTERSUCHUNGEN AN GESTEINEN DES MITTLEREN BRAUNEN JURA (DOGGER)

Bodenphysikalische Charakterisierung des unverwitterten Ausgangsgesteins

Im Hinblick auf den Feststoffbestand kann man das Material des Mittleren Braunen Jura vereinfachend auf ein Dreistoffsystem zurückführen. Die Eckpunkte (100 %) dieses Systems sind durch den prozentualen Anteil der Fraktion < 63 μm Korndurchmesser (Ton- und Schluffanteil nach DIN 18 123), den Anteil der Fraktion > 63 μm Korndurchmesser (Sandanteil nach DIN 18 123) sowie den Karbonatgehalt einer jeden Probe bestimmt (Abb. 5).

Nach Untersuchungen von ROGOWSKI (1971) an Sandsteinen des südwestdeutschen Braunen Jura sowie aufgrund eigener ausgedehnter Laboruntersuchungen an sandigen Schiefertonen des Mittleren Braunen Jura liegt die Sandkomponente (überwiegend Quarzkörnchen, untergeordnet auch diverse Schwerminerale) in einer eng begrenzten Korngröße vor. Die mittlere Korngröße

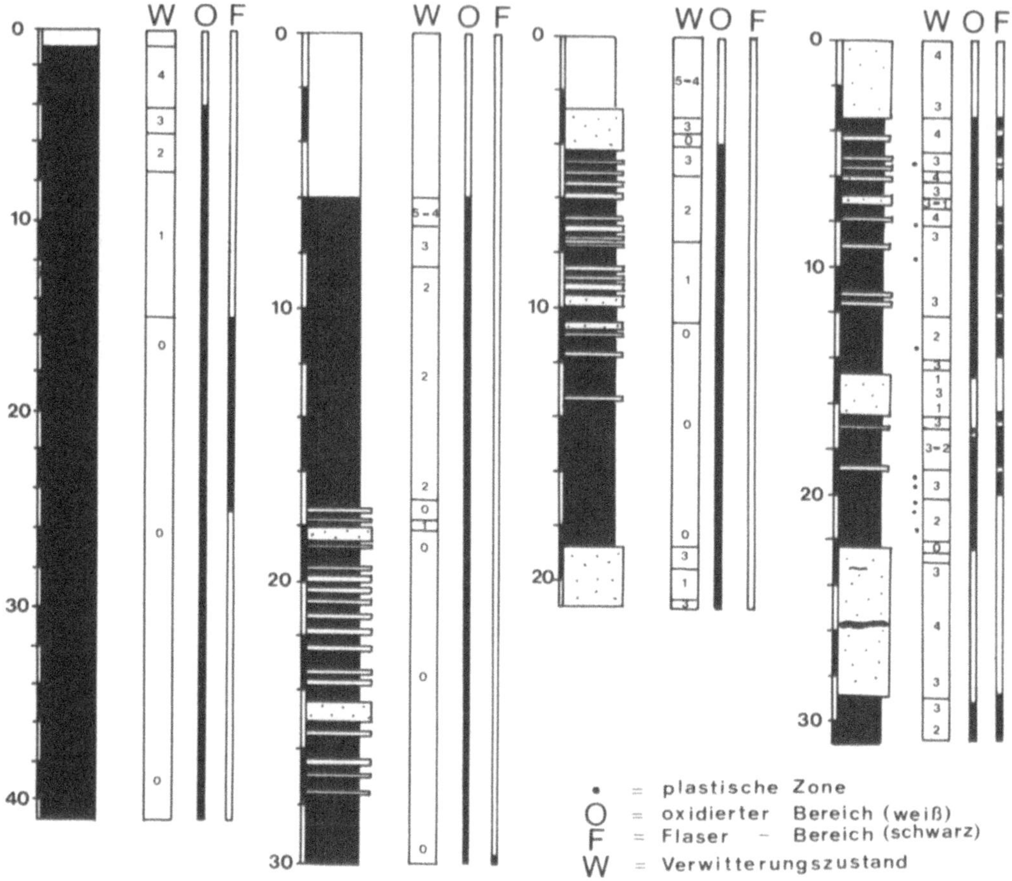

Abb. 3 Auswahl verschiedener Verwitterungsprofile im Braunen Jura

Fig. 3 Selection of some Dogger weathering profiles

der Sandkomponente beträgt für Sandsteine und Schiefertonproben zusammengenommen etwa 0,06 - 0,20 mm. Die Trennung nach der Korngröße kommt damit weitgehend auch einer Trennung im Hinblick auf den Feststoffbestand gleich und eignet sich dazu, Schiefertonproben innerhalb dieses Dreistoffsystems hinreichend genau festzulegen (Abb. 5). Außerdem erlaubt es diese Art der Darstellung, geotechnische Eigenschaften wie z.B. die Verwitterungsanfälligkeit bei mehrmaligen Trockungs-Befeuchtungswechseln, worauf weiter unten noch eingegangen wird, in Abhängigkeit von Karbonat-, Sand- und Ton-Schluffgehalt darzustellen.

In Abb. 6 sind die wichtigsten bodenphysikalischen Parameter des unverwitterten Ausgangsgesteins (W0) für die fünf unterschiedenen Materialgruppen A - E (s.o.) graphisch zusammengestellt.

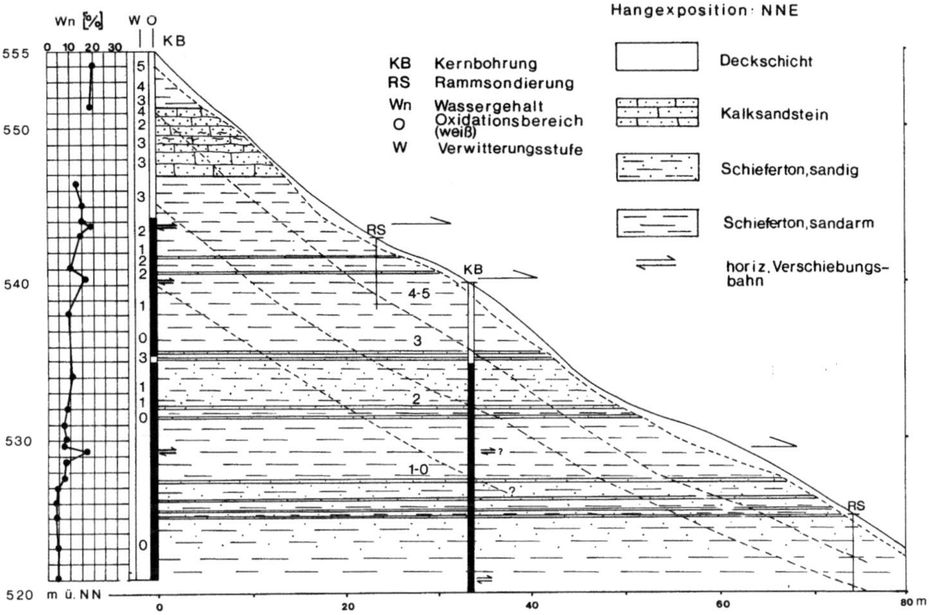

Abb. 4 Geländeschnitt eines Dogger-ß-Hanges, mit Darstellung der Verwitterungsbereiche und Lage horizontaler Verschiebungsbahnen
Fig. 4 Geological cross section of a Dogger ß slope showing zones of weathering and position of horizontal slip faces

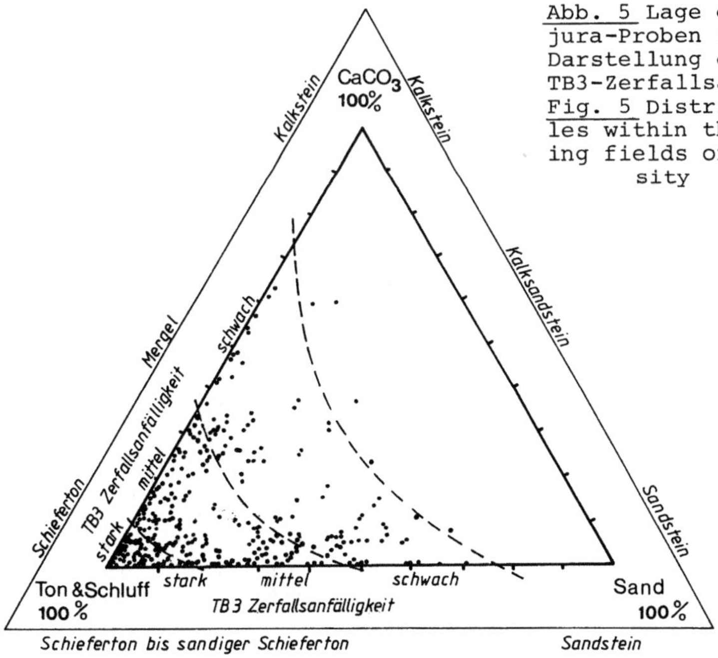

Abb. 5 Lage der untersuchten Braunjura-Proben im Dreistoffsystem mit Darstellung der Bereiche gleicher TB3-Zerfallsanfälligkeit
Fig. 5 Distribution of Dogger samples within the ternary system showing fields of equal slaking intensity

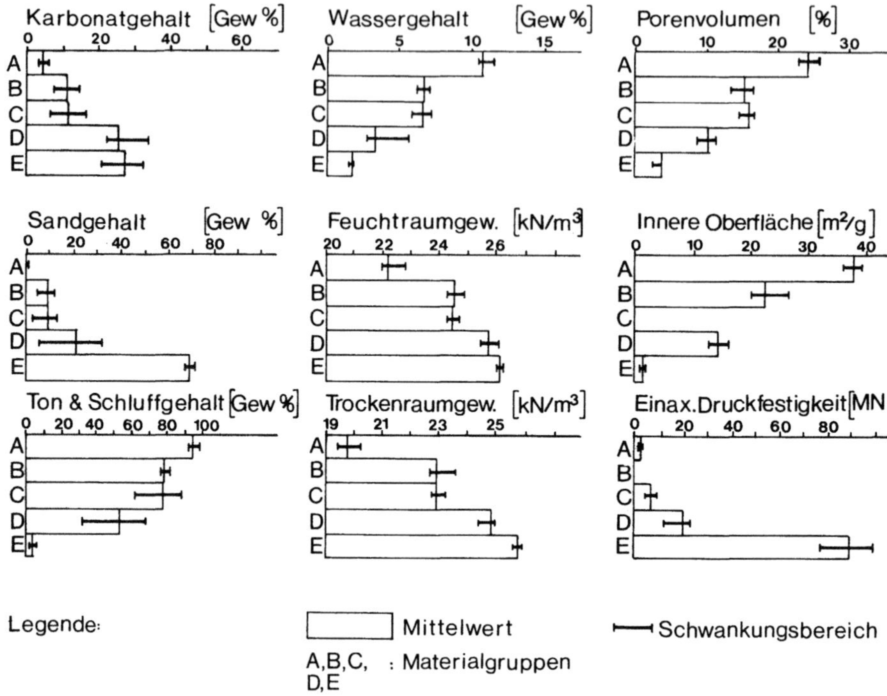

Abb. 6 Bodenphysikalische Parameter des unverwitterten Ausgangsgesteins (W0) der Materialgruppen A - E

Fig. 6 Physical properties of the five unweathered material groups A - E studied (mean values and range of scatter)

Schrumpf- und Quellverhalten sowie Wasserabgabe- und -aufnahmevermögen des Untersuchungsmaterials

Die jeweils höchsten Schrumpf- und Quellmaße bei einer stufenweisen Austrocknung von 100 % r.H. auf 85 %, 65 % und 35 % r.H., anschließender Teilaufsättigung von 35 % auf 80 % r.H. und darauf folgender Ofentrocknung bei 0 % r.H. zeigen sandfreie Proben mit geringen Karbonatgehalten (Materialgruppe A). Dies sind auch die Gesteine mit den höchsten Ausgangswassergehalten. Bei abnehmendem Ton- und Schluffanteil nehmen neben den Ausgangswassergehalten auch die Schrumpfmaße ab (Materialgruppe B und C). Leicht geflaserte Proben (Materialgruppe C) weichen in ihrem Schrumpfvermögen kaum nennenswert von denen mit einer homogenen Feststoffverteilung ab. Sand- und karbonatarme Zwischenmittel führen dazu, daß die nur leicht geflaserten Proben bei insgesamt gleichem Feststoffbestand zuweilen auch etwas stärker schrumpfen als solche der Materialgruppe B (Tab. 2).

Die weitaus schwächste Schrumpfung (im Dezimalbereich) zeigen dagegen ausgeprägt geflaserte und meist zusätzlich stark bioturbate Prüflinge der Materialgruppe D, deren schrumpf- und quellfähige Zwickelpartien zwischen den Kalksandflasern ausgedünnt sind. Nach einer anfänglichen Schrumpfung, die im wesentlichen auf eben diese Bereiche beschränkt

Tab. 2 Ergebnisse der Schrumpfungs-Quellversuche; Wasserabgabevermögen und Schrumpfungs-Anisotropie-Koeffizienten

Tab. 2 Results of shrinkage and swelling tests; water separation capabilities and shrinkage anisotropies (material groups A - D)

	SS/SP (80 % R.H.)	SS/SP (65 % R.H.)	SS/SP (35 % R.H.)	QS/QP (80 % R.H.)	SS/SP (0 % R.H.)	W80 (%)	W65 (%)	W35 (%)	A80	A65	A35	A0
MATERIAL-GRUPPE A	7.03/1.39 ±0.09/0.02	8.62/1.77 0.15/0.06	9.11/1.83 0.29/0.12	8.01/1.71 0.07/0.13	9.08/1.91 0.31/0.14	5.02 0.04	6.63 0.03	10.3 0.06	5.06	4.87	4.98	4.75
MATERIAL-GRUPPE B	1.82/0.78 ±0.33/0.34	2.04/0.98 0.40/0.35	**2.24/1.11** 0.44/0.35	1.72/0.85 0.37/0.35	2.23/1.11 0.43/0.36	1.62 0.26	2.80 0.27	5.09 0.39	2.33	2.08	2.02	2.01
MATERIAL-GRUPPE C	2.27/0.65 ±1.01/0.23	2.50/0.83 1.00/0.29	2.70/0.94 1.00/0.26	2.06/0.64 1.05/0.21	2.67/0.87 1.05/0.33	1.66 0.21	2.86 0.19	5.36 0.19	3.49	3.01	2.87	3.07
MATERIAL-GRUPPE D	0.40/0.35 ±0.13/0.24	0.42/0.47 0.11/0.25	0.44/0.60 0.11/0.22	0.27/0.26 0.13/0.20	0.44/0.60 0.11/0.22	0.60 0.08	1.63 0.18	2.95 0.22	1.14	0.89	0.73	0.73

SS/SP = REL. LÄNGENÄNDERUNG SENKRECHT/PARALLEL ZUR SCHICHTUNG BEI 80, 65, 35 UND 0 % R.H. IN (%) DER ANFANGSHÖHE (LINEARE SCHRUMPFUNG)

QS/QP = REL. LÄNGENÄNDERUNG SENKRECHT/PARALLEL ZUR SCHICHTUNG BEI EINER TEILAUFSÄTTIGUNG VON 35 AUF 80 % R.H. IN (%) DER ANFANGSHÖHE (LINEARE QUELLUNG)

W80, 65, 35 = REL. WASSERABGABE BEI EINER TEILTROCKNUNG UNTER 80, 65 UND 35 % R.H. IN (%) DES ANFANGSWASSERGEHALTES

A80, 65, 35, 0 = ANISOTROPIE-KOEFFIZIENT AUS SS: SP BEI DER MITTLEREN SCHRUMPFUNG UNTER 80, 65, 35 UND 0 % R.H.

± = STANDARD-ABWEICHUNG

bleibt, läßt das übrige, stark mit Karbonat zementierte Sandgerüst kaum weitere Deformationen zu (Tab. 2).

Bei Sandsteinprüflingen können Volumenänderungen im Zuge von Austrocknung oder Aufsättigung als vernachlässigbar gering gelten, da diese im Bereich der Genauigkeit der Meßmethode (Vermessung auf 0,01 mm genau) liegen. Ähnliches dürfte auch für die Kalksandflaserbereiche der stark geflaserten Schiefertone (Materialgruppe D) gelten. Die Schrumpfung verläuft bei zunehmender Teiltrocknung bis zur Schrumpfgrenze kontinuierlich. Bei einer Teilaufsättigung von 35 % auf 80 % r.H. quellen die Schiefertonproben unterschiedlich stark und schrumpfen erneut bei anschließender Trocknung.

Die Wasserabgaben bei der Schrumpfung unter 80 %, 65 %, 35 % r.H. oder nach Ofentrocknung verlaufen bei den einzelnen Schiefertonproben jeweils schwach exponentiell, während die Materialgruppen zusammengenommen bei jeder Teiltrocknungsstufe einen annähernd linearen Zusammenhang zwischen Schrumpfung (senkrecht zur Schichtung) und Wasserabgabe (bezüglich des Ausgangswassergehaltes) zeigen (Abb. 7).

Erstaunlich ist, daß einige Werte für das lineare Schrumpfmaß nach Ofentrocknung geringer sind als solche, die sich nach einer Teiltrocknung bei 35 % r.H. einstellen (Tab. 2). Dieser Effekt erklärt sich aus der Tatsache, daß bei einem Trocknungs-Befeuchtungswechsel über die Dampfphase, wie er bei einer zwischenzeitlichen Teilaufsättigung von 35 % auf 80 % r.H. zweifellos vorliegt, neben einer reversiblen auch bereits eine irreversible Quellung verursacht. Die Quelldrücke in der Probe haben, nachdem eine vorangegangene Schrumpfung bereits die diagentischen Kornbindungen geschwächt oder zerstört hat, zu einer Gefügeaufweitung geführt, die selbst bei einer erneuten Schrumpfung nicht wieder rückgängig gemacht werden kann.

Bei der Materialgruppe D der stark geflaserten Proben ist diese Erscheinung vor allem deshalb nicht zu beobachten, da hier insgesamt Schrumpfvorgänge aufgrund des stabilisier ıden Korngerüstes schon bei Trocknungs-

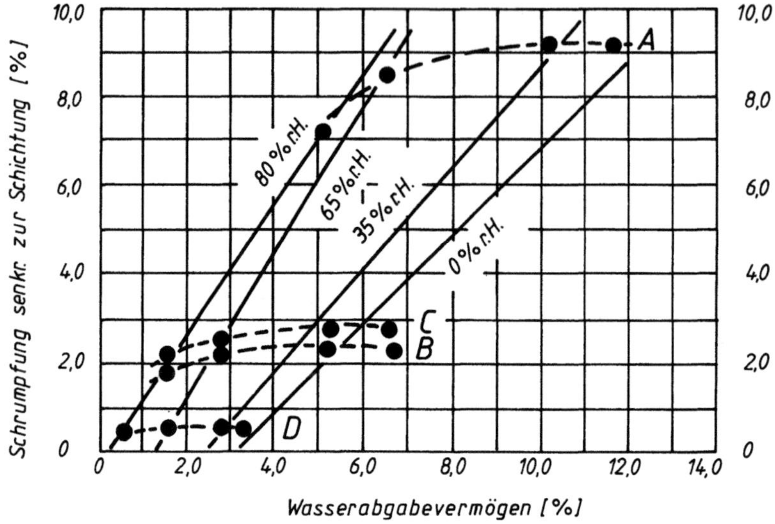

Abb. 7 Beziehung zwischen linearer Schrumpfung senkrecht zur Schichtung bei verschiedenen rel. Luftfeuchten und Wasserabgabevermögen bezüglich des Ausgangswassergehaltes

Fig. 7 Correlation of shrinkage vertical to bedding at different relative humidities and water separation capability with regard to the natural water content

bedingungen von 65 % auf 35 % r.H. deutlich ausklingen. Wie aus Tab. 2 hervorgeht, zeigen die Proben aller Materialgruppen eine deutliche Schrumpfungs- und Quellungs-Anisotropie, was auf eine Teilcheneinregelung innerhalb der Proben schließen läßt (YONG & WARKENTIN 1975). Die Anisotropie-Koeffizienten aus den linearen Schrumpfmaßen senkrecht und parallel zur Schichtung nehmen bei zunehmender Trocknung (Schrumpfung) in der Tendenz ab. Dies bedeutet, daß die Schrumpfung parallel zur Schichtung bei zunehmender Trocknung stärker zunimmt.

Nach LEMPP (1979) kann der Quotient aus linearer Schrumpfung und der korrespondierenden Wasserabgabe bis zur Schrumpfgrenze als Indikator dafür gelten, in welchem Ausmaße die Proben der Materialgruppe A - D bei einer Teiltrocknung mit einer Volumenänderung reagieren. Daher kann dieser Quotient zur materialspezifischen Kennzeichnung der Prüflinge herangezogen werden und stellt eine Funktion des "schrumpffähigen" Materials in der Probe (Ton- und Schluffanteil) dar. Als maßgebliche Luftfeuchtebedingung bei der Teiltrocknung wurde hier 35 % r.H. gewählt (Abb. 8).

Verwitterungsversuche an unverwittertem Probenmaterial unter extremen Klimabedingungen

In Anlehnung an die amerikanischen ASTM-Normen hat HUDEC (1978) ein empirisches Verfahren vorgestellt, durch welches die relative Verwitterungsanfälligkeit von Schiefertonproben auf der Grundlage mehrmaliger rascher Trocknungs-Befeuchtungswechsel (TB) eingegrenzt werden kann. Dabei wird der Siebdurchgang einer anfangs eingestellten Kornfraktion nach dem dritten Trocknungs-Befeuchtungswechsel mit der ursprünglichen Probeneinwaage in Beziehung gebracht.

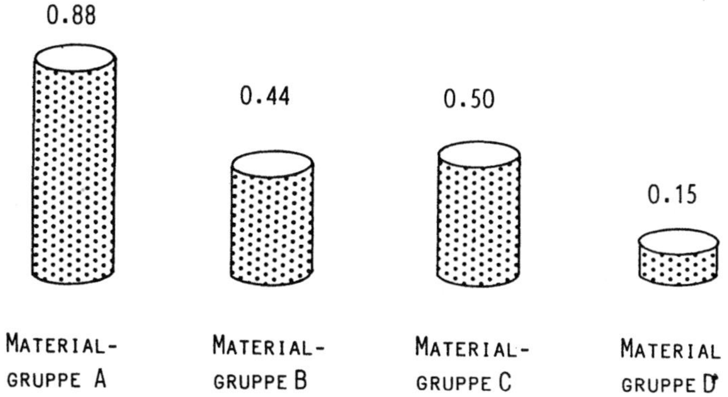

Abb. 8 Quotient aus linearer Schrumpfung senkrecht zur Schichtung bei 35 % r.H./20° C und korrespondierender Wasserabgabe bezogen auf den Ausgangswassergehalt

Fig. 8 Quotient of shrinkage vertical to bedding at 35 % r.H./20° C and water separation capability with regard to the natural water content (material groups A - D)

Ein Wechsel zwischen Trocknung und Wiederbefeuchtung stellt nach LEMPP (1979) die stärkste Materialbeanspruchung dar. Daher dürfen Proben, die bei dieser Beanspruchung nur mit einem geringen Zerfall reagieren, auch unter natürlichen Gegebenheiten weitgehend als verwitterungsresistenter gelten. Dabei ist es nach GRICE (1968) jedoch ein Unterschied, ob die Trocknung langfristig über einige Monate oder sehr kurzfristig mittels einer 24-stündigen Ofentrocknung stattfindet.

Eine bereits von DEERE & GAMBLE (1971) vorgenommene Unterteilung der Zerfallsanfälligkeit von Schiefertonproben bei mehrmaligen Trocknungs-Befeuchtungswechseln (slaking durability) in fünf Intensitätsstufen erscheint angesichts der z.T. doch stärker streuenden Meßergebnisse, wie sie bei einem solchen empirischen Prüfverfahren auftreten, als zu stark differenziert. Außerdem beruht diese Unterteilung auf einem zweimaligen Trocknungs-Befeuchtungswechsel (TB2), bei dem die anfänglich sehr hohen Erstzerfallserscheinungen in der Regel noch nicht abgeklungen sind. Erst ab dem 3. Trocknungs-Befeuchtungswechsel ist eine klare Aussage möglich. Die stärksten Siebdurchgänge sind dann bereits erfolgt und streben asymptotisch einem Endwert zu (Abb. 9).

Zur Beurteilung der Verwitterungsanfälligkeit von Schiefertonproben des Mittleren Braunen Jura bei variierenden Karbonat- und Sandgehalten wurde ein Klassifikationssystem mit den drei Intensitätsstufen "schwach", "mittel" und "stark" gewählt, welches sich auf die prozentualen Siebdurchgänge nach einem dreimaligen Trocknungs-Befeuchtungswechsel (TB3) bezieht (Abb. 10). Man sieht, daß Proben mit einem hohen Ton- und Schluffanteil am stärksten zerfallen. Sie sind bei diesem Versuchsablauf den höchsten mechanischen Deformationen ausgesetzt und können den hohen Kapillarkräften (geringe Porenradien!) bei geringer Druckfestigkeit (s.o.) nicht standhalten. Nimmt der Ton- und Schluffanteil unter gleichzeitiger Zunahme von Karbonat- und Sandgehalt ab, dann ist die TB3-Zerfallsintensität bei ebenfalls abnehmender innerer Oberfläche deutlich schwächer ausgeprägt. Machen Karbonat- und Sandgehalt in einem Mischungsverhältnis zusammen über 40 - 50 Gew.-% des gesamten Feststoffbestandteils aus, so wirkt dies derart stabilisierend, daß ein "Bröckchenzerfall" mit nur weniger als 25 % stattfinden kann. Übersteigen Karbonat- und Sandgehalt zusammen 70 Gew.-%, dann ist ein "Bröckchenzerfall" nicht

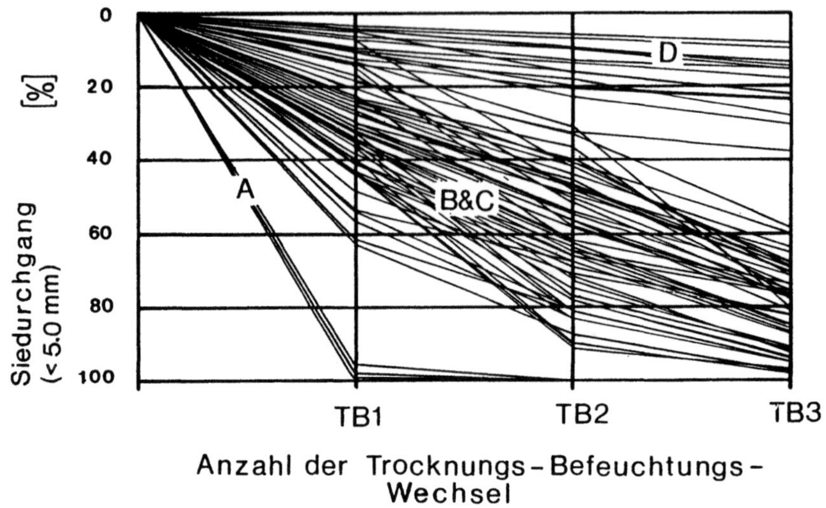

Abb. 9 Prozentualer Siebdurchgang in Abhängigkeit von der Anzahl der Trocknungs-Befeuchtungswechsel für die Materialgruppen A, B&C und D

Fig. 9 Correlation of screen underflow and number of dry/wet cycles for material groups A, B&C and D

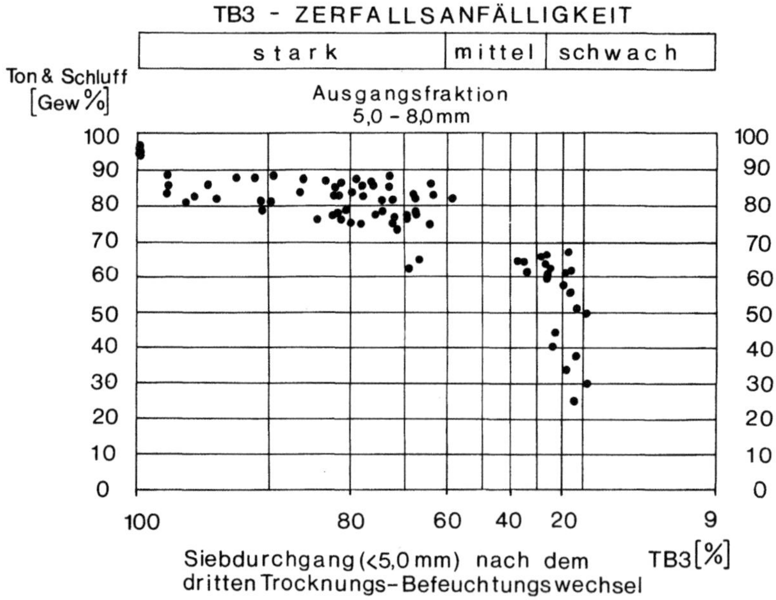

Abb. 10 Beziehung zwischen Ton- und Schluffanteil und der Zerfallsanfälligkeit nach drei Trocknungs-Befeuchtungswechseln

Fig. 10 Correlation of fine grained component (clay and silt) and slaking intensity after 3 dry/wet cycles mehr nachweisbar. Dieses Ergebnis kann für die geotechnische Beurteilung von Schiefertonproben des Braunen Jura verwendet werden. Nach demselben Kriterium können in das Dreistoffsystem (Abb. 5) Bereiche gleicher Zerfallsanfälligkeit eingezeichnet werden. Dadurch wird es möglich, die Schiefertone aus ihrer Lage im Dreistoffdiagramm heraus im Hinblick auf die zu erwartende Zerfallsanfälligkeit zu charakterisieren.

Verwitterungsversuche unter verschiedenen Klimabedingungen

Den natürlichen Gegebenheiten werden Verwitterungsversuche unter verschiedenen Klimabedingungen, die den natürlichen Verhältnissen weitgehend angepaßt sind, sicherlich eher gerecht als Kurzversuche unter klimatischen Extrembedingungen (z.B. Ofentrocknung und Befeuchtung); sie stellen aber deren Berechtigung als rasch durchzuführende Kurztests nicht in Frage.

Zur Bestimmung der Verwitterungsanfälligkeit der Probematerialien "sandfrei" (Materialgruppe A), "mittelsandig" (Materialgruppe B+C) und "stark sandig-kalksandflasrig" (Materialgruppe D) wurde unverwittertes Ausgangsgestein (W0) zunächst auf Grobkiesfraktion (Ø 20 - 63 mm) vorgebrochen. Am jeweils ca. 25 kg schweren Haufwerk eines jeden Probentyps wurden folgende Klimaversuche zur Verwitterungsanfälligkeit dieser Gesteine im Klimaprüfschrank durchgeführt (vgl. Abb. 11 - 14).

1. Einmalige Teiltrocknung bei 65 % r.H./20° C ohne anschließende Beregnung, mit Erfassen des "Bröckchenzerfalls".
2. Zweimaliger Frost-Tauwechsel, mit Teiltrocknung bei 65 % r.H./20° C während der Auftauphase, mit jeweils 1/2-stündiger Beregnung nach dem Auftauen, mit Erfassen des "Bröckchenzerfalls".
3. Zweimaliger Trocknungs-Befeuchtungswechsel, vollständige, leicht beschleunigte Austrocknung bei 2 % r.H./60° C und jeweils 1/2-stündiger anschließender Beregnung, mit Erfassen des "Bröckchenzerfalls".
4. Dreimalige Teiltrocknung bei 65 % r.H./20°C mit jeweils 1/2-stündiger Beregnung, mit Erfassen des "Bröckchenzerfalls".

0 = eingestellte Ausgangsfraktion (Ø 20 - 63 mm)

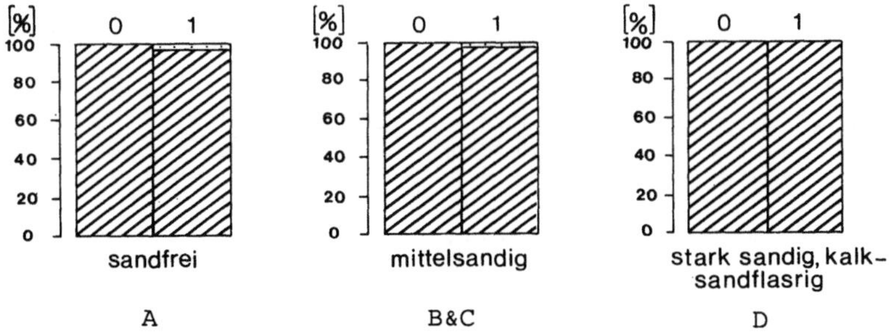

Abb. 11 Korngrößenabnahme während des Klimaversuchs (0 = unverwittertes Ausgangsmaterial; 1 = nach 3 Tagen Teiltrocknung bei 65 % r.H./20°C ohne anschließende Beregnung)

Fig. 11 Decrease of initial grain size (coarse gravel) during weathering test (0 = initial grain size; 1 = after 3 days drying at 65 % r.H./20°C without wetting)

0 = eingestellte Ausgangsfraktion (∅ 20 - 63 mm)

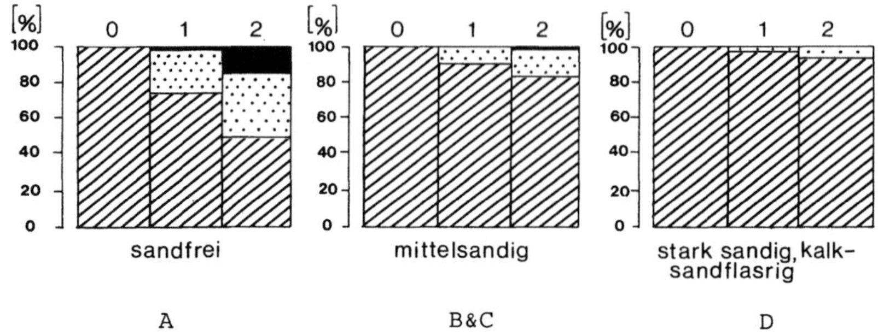

Abb. 12 Korngrößenabnahme während des Klimaversuchs (0 = unverwittertes Ausgangsmaterial; 1 = nach erstem 48-std. Frost-Tauwechsel und 1/2-std. Beregnung; 2 = nach zweitem 48-std. Frost-Tauwechsel und 1/2 std. Beregnung)

Fig. 12 Decrease of initial grain size (coarse gravel) during weathering test (0 = initial grain size; 1 = after first 48 h freeze/thaw cycle and 1/2 h wetting; 2 = after second 48 h freeze /thaw cycle and 1/2 h wetting

0 = eingestellte Ausgangsfraktion (∅ 20 - 63 mm)

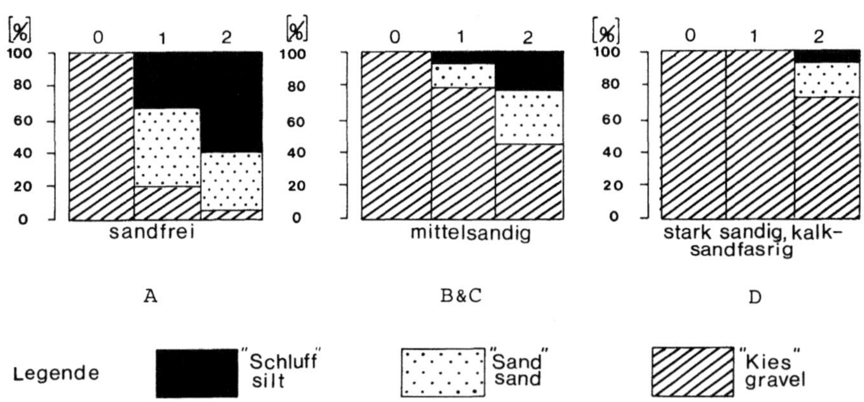

Abb. 13 Korngrößenabnahme während des Klimaversuches (0 = unverwittertes Ausgangsmaterial; 1 = nach einmaliger vollständiger Trocknung und 1/2-std. Beregnung; 2 = nach zweimaliger vollständiger Trocknung und 1/2-std. Beregnung)

Fig.13 Decrease of initial grain size (coarse gravel) during weathering test (0 = initial grain size; 1 = after first complete drying and 1/2 h wetting; 2 = after second complete drying and 1/2 h wetting)

0 = eingestellte Ausgangsfraktion (Ø 20 - 63 mm)

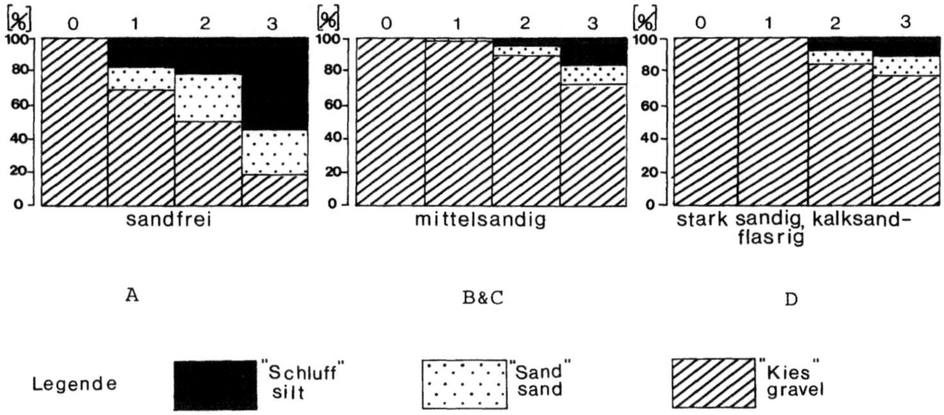

Abb. 14 Korngrößenabnahme während des Klimaversuches (0 = unverwittertes Ausgangsmaterial; 1 = nach 5 Tagen Teiltrocknung bei 65 % r.H./20°C und 1/2-std. Beregnung; 2 = nach weiteren 3 Tagen Teiltrocknung bei 65 % r.H./20°C und 1/2-std. Beregnung; 3 = nach weiteren 4 Tagen Teiltrocknung bei 65 % r.H./20°C und 1/2-std. Beregnung)

Fig. 14 Decrease of initial grain size (coarse gravel) during weathering test (0 = initial grain size; 1 = after 5 days drying at 65 % r.H./20°C and 1/2 h wetting; 2 = after further 3 days drying at 65 % r.H./20°C and 1/2 h wetting; 3 = after further 4 days drying at 65 % r.H./20°C and 1/2 h wetting)

Eine einmalige Teiltrocknung ohne anschließende Beregnung stellt im Vergleich zu den übrigen Klimaversuchen die "schonendste" Beanspruchung der Proben dar. Eine Entfestigung findet allein durch das Aufreißen austrocknungsbedingter Schrumpfrisse als Funktion der jeweiligen Kohäsion der Gesteine statt. Eine kurzfristige Wiederbefeuchtung (z.B. durch Beregnung) ändert dies jedoch rasch, wie die Versuchsergebnisse bei mehrmaligen Trocknungs-Befeuchtungswechseln zeigen.

Frost-Tauwechsel treten gegenüber Trocknungs-Befeuchtungswechseln in ihrer Wirkung auf das Zerfallsverhalten der Braunjura-Schiefertone zurück. Die eigentliche mechanische Beanspruchung durch Volumenveränderungen bei Frost-Tauklima ist nicht genau abgrenzbar und gegenüber denen bei Austrocknung oder Wiederaufsättigung deutlich geringer. Ein dennoch auftretender "Bröckchenzerfall", der in seiner Intensität wie bei den übrigen Klimaversuchen auch eindeutig vom jeweiligen Feststoffbestand (Sand- und Karbonatgehalt) abhängt, steht eher mit der Teiltrocknung und Beregnung während der Auftauphase als dem Gefrier- und Auftauvorgang in kausalem Zusammenhang. Denn findet das Einfrieren und Auftauen der anfänglich unverwitterten Proben unter Wasserbedeckung statt, ist die Gesteinsentfestigung nach dem zweiten Zyklus noch kaum meßbar, wie parallel durchgeführte Untersuchungen an kleinen Teilmengen gezeigt haben und damit ähnliche Beobachtungen von LEMPP (1979) an südwestdeutschen Pelitgesteinen bestätigen.

Der Versuch einer mehrmaligen Teiltrocknung bei 65 % r.H. mit Beregnung kommt den natürlichen Verhältnissen sicher am nächsten. Besonders Gesteine mit hohen inneren Oberflächen (Materialgruppe A, Abb. 6) sind von den Entspannungsvorgängen am stärksten betroffen. Hohe auftretende Kapillarspannungen, wie sie bei einer Teiltrocknung in Proben geringer Porenradien entstehen, führen zu einer Überbelastung dieser nur wenig druckfesten Gesteine bei mangelndem internen Karbonat- und Sandgerüst. Die Präsenz eines zementierten Sandgerüstes verbessert dagegen schon bei relativ niedrigen Karbonat- und Sandgehalten die Verwitterungsbeständigkeit der Gesteine deutlich (s.o.).

CALIFORNIA BEARING RATIO (CBR) - VERSUCHE

Zur Ermittlung von Tragfähigkeitswerten durch CBR-Versuche wird ein Stempel mit 19,6 cm² Querschnittsfläche in eine zuvor verdichtete Probe unter der konstanten Vorschubgeschwindigkeit von 1,25 mm/min eingedrückt. Die Drücke, die die Probe bei 2,5 und 5,0 mm Eindringtiefe dem Stempel entgegensetzt, werden gemessen und mit den Werten eines Normbodens verglichen.

Mit Hilfe dieser CBR-Versuche wurde untersucht, welche Tragfähigkeitswerte bei Wiederverwendung von unverwittertem sandfreiem oder stark sandigem Schieferton nach einfacher Verdichtungsarbeit (DIN 18 127, großer Proctortopf) erreicht werden können. Als Versuchsvorbereitung wurde das Untersuchungsmaterial auf Mittel- bis Grobkiesfraktion (6,3 - 20,0 mm) vorgebrochen. Der Überkornanteil (> 20,0 mm) betrug maximal 5 %.

Neben den Schiefertonproben wurden auch Korngemische durch Zugabe von mürbem Sandstein oder angewittertem, randlich leicht plastifiziertem sandfreiem Schieferton hergestellt, wie sie als Aushub im Mittleren Braunen Jura anfallen können (Abb. 15).

Abbildung 15 zeigt die Einzelergebnisse der CBR-Versuche. Die CBR-Werte in Prozent des CBR-Normdruckes sind demnach von der Wahl des Probenmaterials bzw. vom gewählten Mischungsverhältnis des Untersuchungsmaterials abhängig.

Mit Ausnahme von unverwittertem, sandfreiem, schluffigem Schieferton und einem Mischkörper bestehend aus 25 Gew.-% stark sandigem Schieferton, 25 Gew.-% mürbem Sandstein und 50 Gew.-% angewittertem, leicht plastifiziertem sandfreiem Schieferton (W3) sind die meisten einfach verdichteten Proben als "mittelmäßiger" (7 - 15 % CBR) oder "guter" (15 - 40 % CBR) Untergrund im Sinne der CBR-Norm anzusprechen. Eine einfach verdichtete Probe aus mürbem Sandsteinmaterial erreicht mit 50,8 % CBR den höchsten Wert. Durch Zuschlag von mürbem Sandsteinmaterial können die niedrigen CBR-Werte von sandfreiem, schluffigem Schieferton verbessert werden (Abb. 15).

Die Zugabe von angewittertem Material zu stark sandigem Schieferton und mürbem Sandstein bewirkt bei einem Mischungsverhältnis von 33 : 33 : 33 % eine Verbesserung des CBR-Wertes, da sich die kompetenten, sperrigen Aggregate während des Verdichtungsvorganges besser einregeln können. Überschreitet der Anteil plastischen Materials jedoch dieses Verhältnis, dann sinkt der CBR-Wert wegen des zu hohen plastischen Matrixanteiles sehr stark ab (vgl. Abb. 15).

SCHLUSSFOLGERUNGEN

Am Beispiel der Gesteine des südwestdeutschen Mittleren Braunen Jura (Dogger) wird auf die mögliche Vielgestaltigkeit von Verwitterungspro-

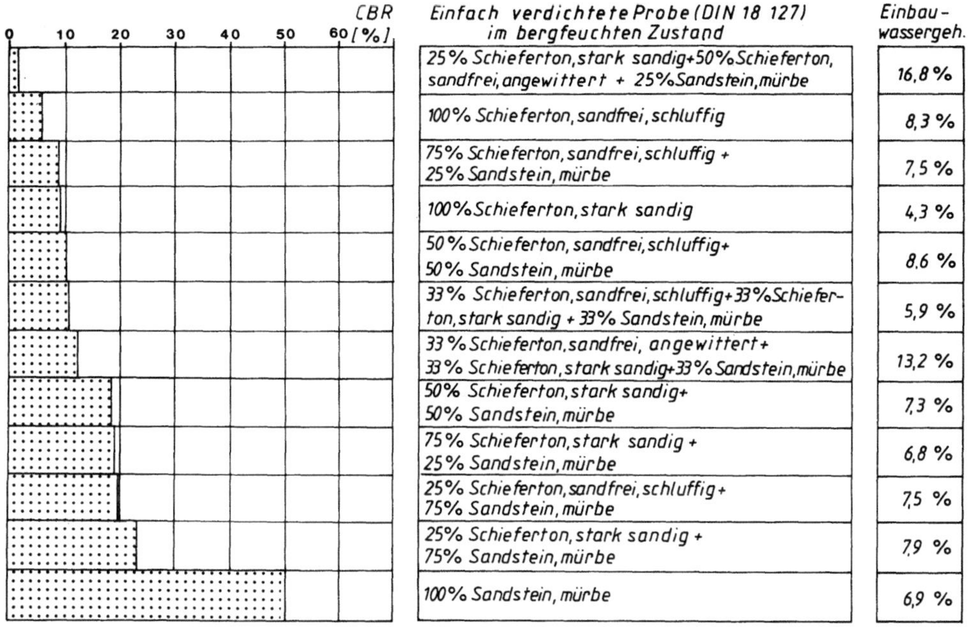

Abb. 15 Ergebnisse der CBR-Versuche mit Angabe der Probenzusammensetzung und der Einbauwassergehalte

Fig. 15 Results of the California Bearing Ratio Tests (CBR) in relation to the various compositions of Dogger ß material and their corresponding water contents

filen hingewiesen. Mächtige natürliche Dränagekörper, wie sie stark geklüftete Sandstein- oder Kalksandsteinkomplexe darstellen, können den Tiefgang und die Anzahl der Verwitterungsprofile steuern (Abb. 3). Eine entsprechende Wiederholung solcher tiefliegenden Dränagen verursacht dann einen "Verwitterungs-Stockwerksbau".

Die Untersuchung einer großen Anzahl von Kernbohrungen im Braunen Jura bestätigt erneut die Existenz plastischer mm bis cm starker Zwischenlagen, die sich als Folge horizontaler Entspannungsbewegungen gebildet haben und bevorzugt in Partien niederer Scherparameter auftreten (Abb. 4). Solche vorgezeichneten Schwächezonen können bei der Anlage von Baugruben oder Böschungen in diesen Gesteinen mechanisch wirksam werden.

Mit Hilfe von Verwitterungsversuchen unter verschiedenen klimatischen Bedingungen wird gezeigt, daß Karbonat- und Sandgehalt Einfluß auf die Verwitterungsanfälligkeit der überkonsolidierten Schiefertone nehmen (Abb. 5). Ein mit Karbonat zementiertes Sandgerüst läßt nur noch begrenzt mechanische Deformationen zu, die aus der austrocknungsbedingten Schrumpfung resultieren (Tab. 2) und damit Entfestigungsprozesse einleiten (EINSELE 1983). Bei einem Karbonat- und Sandgehalt von zusammen mehr als 40 - 50 Gew.-% zeigen unverwitterte Schiefertone nach einem dreimaligen Trocknungs-Befeuchtungswechsel nur noch einen geringen Bröckchenzerfall. Übersteigt der Karbonat- und Sandgehalt zusammen 70 Gew.-%, dann ist ein Bröckchenzerfall nicht mehr nachweisbar (Abb. 5).

California Bearing Ratio (CBR)-Versuche zeigen, welche Tragfähigkeitsgüten bei Wiederverwendung von Braunjura-Material als Dammschüttmaterial erreicht werden können. Neben sandfreien bis stark sandigen Schiefertonproben wurden auch Korngemische berücksichtigt, die durch Zugabe von mürbem Sandstein oder angewittertem, leicht plastifiziertem, sandfreiem Schieferton hergestellt wurden. Mit Ausnahme von sandfreiem, schluffigem Schieferton oder einem Gemisch bestehend aus 25 % stark sandigem Schieferton, 25 % mürbem Sandstein und 50 % angewittertem, leicht plastifiziertem sandfreiem Schieferton ist das einfach verdichtete, unverwitterte Untersuchungsmaterial als "mittelmäßig" bis "guter" Untergrund im Sinne der CBR-Norm anzusprechen (Abb. 15). Die niedrigen Tragfähigkeitswerte von sandfreiem Schieferton lassen sich durch Zugabe von mürbem Sandstein verbessern.

DANK

Für die fachliche Betreuung der vorliegenden Arbeit danke ich Herrn Prof. Dr. G. EINSELE herzlich.

LITERATUR

Deere DU & Gamble JC (1971) Durability - plasticity classification of shales and indurated clay. Proc 22nd Ann Highway Geol Symp Norman, Oklahoma, p 37-52

DIN 18 123 (V 1971) Korngrößenverteilung

DIN 18 127 Baugrund, Untersuchung von Bodenproben, Verdichtbarkeit

Duncan N et al (1968) Swelling characteristics of rocks. Water Power May 1968, p 185-192

Einsele G (1983) Mechanismus und Tiefgang der Verwitterung bei mesozoischen Ton- und Mergelsteinen. Z dt geol Ges 134, Hannover, 289-192

Einsele G & Wallrauch E (1964) Verwitterungsgrade bei mesozoischen Schiefertonen und Tonsteinen und ihr Einfluß bei Standsicherheitsproblemen. Vorträge Baugrundtag Dt Ges Erd- und Grundbau, Essen, Berlin, 59-89

Grice RH (1968) The effect of temperature-humidity on the disintegration of non-expandable shales. Bull Assoc Eng Geol Vol 5 no 2: 69-77

Hudec PP (1978) Development of durability tests for shales in embankments and swamp backfills. Ministery of Transportation and Communications Research and Development Division, Ontario

Lempp Ch (1979) Die Entfestigung überkonsolidierter, pelitischer Gesteine Süddeutschlands und ihr Einfluß auf die Tragfähigkeit des Straßenuntergrundes. Diss Geow Fak Univ Tübingen, Tübingen, 234 S

Merklein I (1982) Limitierende Faktoren des Trocknungs-Befeuchtungs-Zerfalls überkonsolidierter Tonsteine. Diss Geow Fak Univ Tübingen, Tübingen, 96 S

Olivier HJ (1979) Some aspects of the influence of mineralogy and moisture redistribution on the weathering behaviour of mudrocks. Int Cong on Rock Mech Vol 3: 467-474, Montreux

Overbeck R (1981) Verwitterung von Mergelkalken durch Trocknungs-Befeuchtungs-Zerfall. Ber 3 Nat Tag Ing Geol Ansbach, 225-232

Rogowski E (1971) Sedimentpetrographische Untersuchungen in den Dogger-beta-Sandsteinen (Oberes Aalenium) der östlichen Schwäbischen Alb. Arb Geol Pal Inst Univ Stuttgart, NF Nr 65: 117 S, Stuttgart

Wallrauch E (1969) Verwitterung und Entspannung bei überkonsolidierten tonig-schluffigen Gesteinen Südwestdeutschlands. Diss Geow Fak Univ Tübingen, Tübingen, 184 S

Yong RN & WARKENTIN BP (1975) Soil properties and behaviour. Developments in Geotech Eng 5: 449 S, Amsterdam

Ursachen und Mechanismen des Trocknungs-Befeuchtungs-Zerfalls überkonsolidierter Pelite

I. MERKLEIN-LEMPP[1]

SUMMARY

Disintegration of overconsolidated pelites is caused by dry-wet and freeze-thaw changes. For this investigation, the influence of material properties of the rock on the one hand and climatic factors on the other hand were investigated both in laboratory tests and site observations.

The observations of the disintegration process are related to material properties such as grain size distribution, mineralogical composition, microstructure, porosity, specific surface and the ability to dry out with and without water supply. The influence of all these properties is examined. The climatic influence on Opalinuston (middle Jurassic) has been investigated in detail and compared with the influence of characteristic indices of the material.

Disintegration is initiated by desiccation and shrinkage, which first lead to compaction and an increase of strength of the overconsolidated pelites. However, contact between the clay particles is weakened by desiccation and the structure collapses when rewetted.

The extent of the initial increase in strength depends on the degree of clay particle orientation. The preferred orientation is independent of the rate of diagenesis.

The decrease in strength by rewetting is decisively influenced by the degree of diagenesis. With increasing diagenesis the ability of water adsorption decreases as does the intensity of the particle disintegration.

The increase of material strength resulting from shrinkage is opposed by a decrease in strength of the rock caused by fissuring. Rewetting with water or water vapour causes an additional disintegration of the already weakened material.

EINLEITUNG

Die vorliegenden Untersuchungen bauen auf einer Reihe von Arbeiten auf, die zwischen 1958 und 1981 am Geologischen Institut der Universität Tübingen durchgeführt wurden. Eine systematische Beschreibung und Klassifizierung von Verwitterungsprofilen in südwestdeutschen Schiefertonen

[1] Dr. Irene Merklein-Lempp, Ed. Züblin AG, Albstadtweg 3, D-7000 Stuttgart 80

Ingenieurgeologische Probleme im Grenzbereich zwischen Locker- und Festgesteinen
(Herausgegeben von K.-H. Heitfeld)

sowie die detaillierte Aufnahme von kennzeichnenden Phänomenen in diesen Verwitterungsprofilen erfolgte durch EINSELE (1958, 1961) sowie durch EINSELE und WALLRAUCH (1964) und WALLRAUCH (1969).

Die Auswirkung von Klimaeinfluß und Klimawechsel auf die Entfestigung überkonsolidierter Pelite wurde von LEMPP (1979) herausgearbeitet. Hierbei stellte sich der Wechsel von Trocknung und Befeuchtung als der wirksamste Prozeß zur Materialentfestigung bei überkonsolidierten Peliten heraus. Die Wirksamkeit von Trocknungs-Befeuchtungs-Wechseln als Entfestigungsmechanismus bei Peliten mit höherem Karbonatgehalt wurde von OVERBECK (1981) untersucht.

Ziel der vorliegenden Untersuchung war es, den Einfluß von petrographischer Zusammensetzung, Korngrößenverteilung, Porosität und Permeabilität, Überlagerungsdruck, Austrocknungsgrad und Austrocknungsgeschwindigkeit und der Wasseraufnahme auf die Entfestigung überkonsolidierter Pelite zu erfassen. Dies sind Teilergebnisse einer Untersuchung über "Limitierende Faktoren des Trocknungs-Befeuchtungs-Zerfalls überkonsolidierter Tonsteine" unter der Leitung von Prof. Dr. G. EINSELE, durchgeführt 1980/82 mit Unterstützung der DFG.

KLASSIFIZIERUNG UND BESCHREIBUNG DES MATERIALS

Die untersuchten Gesteine zählen nach der geologischen Nomenklatur zu den Peliten. KEIL (1954) schlägt in Bezug auf ingenieurgeologische Fragestellungen die Bezeichnung veränderlich-feste Gesteine vor, verschiedene angelsächsische und skandinavische Autoren (u.a. UNDERWOOD 1967; BJERRUM 1967; JOHNSON 1969; ATTEWELL und FARMER 1976) sprechen diese Gesteine als überkonsolidierte Tone an.

Für die Untersuchungen wurden Pelite unterschiedlichen Alters und unterschiedlicher Verfestigung herangezogen. Es wurde prinzipiell nur bergfrisches Material (Verwitterungsgrad V_o/V_1 nach WALLRAUCH 1969) verwendet, das in möglichst großen Körpern gewonnen und durch geeignete Lagerung einer unkontrollierten Austrocknung entzogen wurde.

Die wichtigsten Kenngrößen der untersuchten Pelite sind in Tabelle 1 zusammengestellt. Die Sandkomponente der älteren, stärker verfestigten Pelite ist sicherlich geringer, als durch Schlämmanalysen bestimmt wurde. Wie Rasterelektronenmikroskopaufnahmen zeigen, sind Grobkomponenten selten, die Sandkomponente wird durch stark miteinander verhaftete Aggregate aus Tonblättchen vorgetäuscht.

GESTEINSSTRUKTUR UND VERWITTERUNG

Verwitterungsanfälligkeit

Die Versuche zur Verwitterungsanfälligkeit wurden nach einem Vorschlag von HUDEC (1978) in Anlehnung an die ASTM-Vorschriften durchgeführt. Der Trocknungs-Befeuchtungs-Wert (TB-Wert) wird durch dreimaligen Trocknungs-Befeuchtungs-Wechsel, der Frost-Tau-Wert (FT-Wert) durch fünfmaligen Frost-Tau-Wechsel einer vorgetrockneten, mit NaCl-Lösung gesättigten Probe und das Wasseradsorptionsvermögen (WAT-Wert) bei 45 % rel. Luftfeuchte und 20°C ermittelt. Die Ergebnisse dieser Versuche sind in Abb. 1 dargestellt.

Tab. 1 Zusammenstellung der untersuchten Gesteine und ihrer wichtigsten Kenngrößen

Tab. 1 List of investigated rocks and their main properties

Material und Kurzbezeichnung	Herkunft	Alter	Max. Überlagerungsdruck (MPa)	Farbe	Kornverteilung T (%)	U (%)	S (%)	Kalkgehalt (%)	Wassergehalt (%)	Einaxiale Druckfestigkeit (MPa)
Untere Süßwassermolasse USM, B	Bodman, Bodensee	Chatt-Aquitan	> 10	rotbr.-graugr.	10	60	< 30	2	12 - 14	10 - 11
USM, S	Sipplingen, Bodensee	Chatt-Aquitan	> 10	gelbl.-rötlich	25	60	< 20	20	10 - 13	10
Opalinuston, Do α	Frommern bei Balingen	Dogger Alpha	4 - 8	dkl.-grau	30	60-80	< 10	2,9-9,5	6 - 8	6 - 9
Arietenton L α 3	Wendlingen	Lias Alpha	6 - 10	grau	zusammen 70		30	20 - 30	10 - 12	---
Ziegelschiefer- streifig Fb 6	Fröndenberg bei Unna	Namur	30 - 35	grau	20-25	50-60	15-20	3	2	22
-sandig Fb Ü	Fröndenberg bei Unna	Namur	30 - 35	dkl.-grau	10	50	45	2 -2,5	4	---
Velberter Schichten -gelblich N3b	Neviges	Nehden - Hemberg	> 50	gelbl.-grau	20	30	50	4 - 5	6	---
-grau N3a	Neviges	Nehden - Hemberg	> 50	stahl-grau	15-20	40	40	4 - 5	2	12

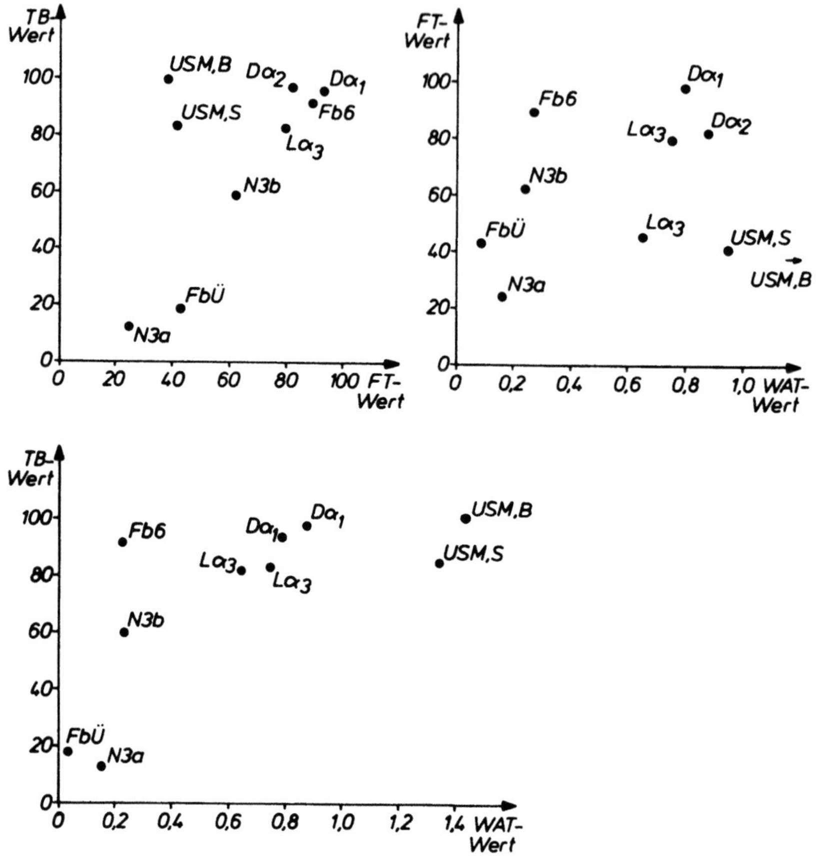

Abb. 1 Verwitterungsanfälligkeit und Wasseradsorptionsvermögen der untersuchten überkonsolidierten Pelite

Fig. 1 Weatherability and ability of water adsorption of the investigated overconsolidated pelites

Das Wasseradsorptionsvermögen korreliert mit dem Diagenesegrad, je stärker diagenetisch verfestigt das Material ist, desto geringer ist das Wasseradsorptionsvermögen. Je größer das Wasseradsorptionsvermögen ist, desto stärker ist andererseits die Trocknungs-Befeuchtungs-Anfälligkeit. Demgegenüber sind die Zusammenhänge mit der Frost-Tau-Anfälligkeit weniger eindeutig, hier zeigen vor allem die tertiären Pelite (USM) Abweichungen.

Die Trocknungs-Befeuchtungs-Anfälligkeit steht nicht in direktem Zusammenhang mit Alter und Diagenesegrad der Gesteine, ebensowenig wie die Frost-Tau-Anfälligkeit. Das Wasseradsorptionsvermögen jedoch läßt sich gut mit dem Alter der Gesteine in Zusammenhang bringen.

Die Verwitterungsanfälligkeit ist also nicht in erster Linie abhängig von geologischem Alter und Überlagerungsdruck, sondern vielmehr von Faktoren wie Porengröße, Porenform etc.

Mikrostrukturen

Die Mikrostrukturen der untersuchten Gesteine werden mit zunehmendem Alter der Gesteine und damit auch mit zunehmendem Diagenesegrad dichter, die Tonmineralblättchen sind zunehmend stärker miteinander verwachsen. Die maximale Blättchengröße, die aus Rasterelektronenmikroskopaufnahmen herausgemessen wurde, nimmt mit dem Alter zu (Tab. 2). Die Tonblättchen sind oft gebogen und gewellt, lassen sich jedoch deutlich als durchziehende Lagen erkennen.

Aus Rasterelektronenmikroskopaufnahmen wurde der "Einregelungsgrad" ermittelt. Er ist wie folgt definiert: Anzahl der Tonmineralblättchen (in Prozent), die weniger als 30° gegen die makroskopisch erkennbare Hauptrichtung (i.a. Schichtung) geneigt sind. Wie die in Tab. 2 und Abb. 2 zusammengestellten Werte zeigen, besteht kein Zusammenhang zwischen der Einregelung der Tonblättchen und dem Überlagerungsdruck , Opalinuston mit dem geringsten Überlagerungsdruck besitzt die beste Einregelung.

Tab. 2 Maximale Blättchenlängen, Einregelungswerte und Porenanisotropien der untersuchten Gesteine

Tab. 2 Maximum length of clay particles, preferred orientation and anisotropy of pores of the investigated rocks

Material	max.Blättchenlänge (μm)	Einregelungswert	Porenanisotropie
USM, S	30	52	1,2
USM, B	20	52	1,2
Opalinuston	80	82	4,1
Lias alpha 3	70	73	1,6
Fb Ü	150	57	1,3
Fb 6	> 100	68	1,5
N3a	> 140	73	2,5
	> 110	66	2,0

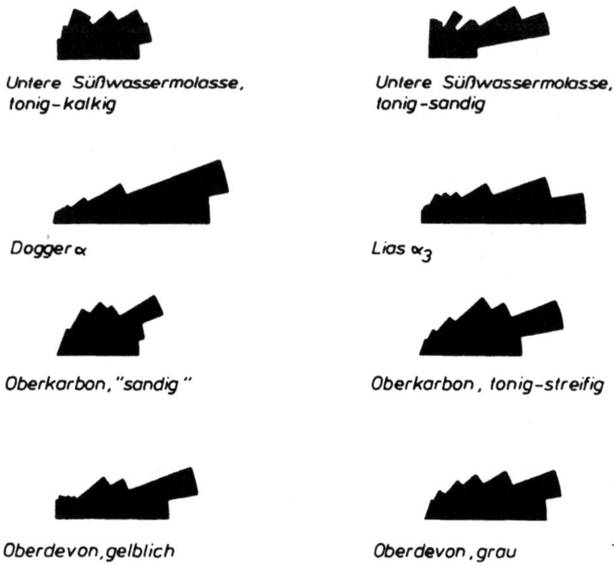

Abb. 2 Einregelung der Tonminerale

Fig. 2 Preferred orientation of clay minerals

Die Einregelung der Tonminerale ist beeinflußt von Faktoren wie Korngrößenspektrum, Tonmineralogie, Salinität des Sedimentationsmilieus u.ä. und wird erst in zweiter Linie durch die Überlagerung geprägt.

Porenanisotropie

Die Porenanisotropie, definiert als Länge der Pore parallel zur Haupteinregelungsrichtung im Verhältnis zur Höhe der Pore senkrecht dazu, korreliert gut mit dem Einregelungsgrad (Tab. 2 und Abb. 3).

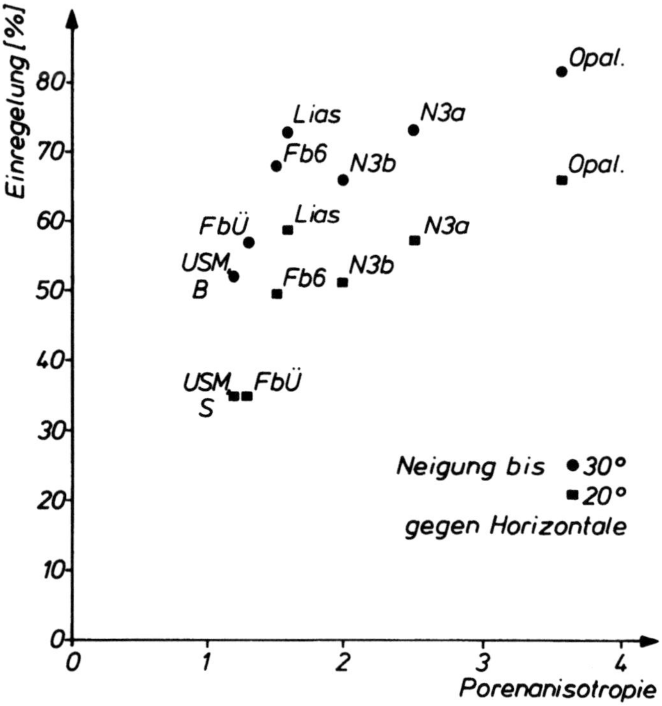

Abb. 3 Porenanisotropie in Abhängigkeit von der Tonmineraleinregelung

Fig. 3 Anisotropy of pores in relation to preferred orientation of clay minerals

Die Schrumpfanisotropie (Schrumpfung senkrecht ss zu Schrumpfung parallel ss) ist umso deutlicher, je höher der Einregelungsgrad der Gesteine ist. Opalinuston mit einem Einregelungswert von 82 zeigt eine ausgeprägte Schrumpfungsanisotropie von 1 zu 7 (Abb. 4).

Messung der Inneren Oberfläche

Messungen der Inneren Oberflächen von frischen, unverwitterten Gesteinen (vgl. Tab. 3) ergeben, daß generell mit wachsender Innerer Oberfläche die Verwitterungsanfälligkeit zunimmt (Abb. 5). Deutlicher noch ist der Zusammenhang zwischen Verwitterungsanfälligkeit und Medianporenradius: je kleiner der Medianporenradius, desto höher ist die Verwitterungsanfälligkeit.

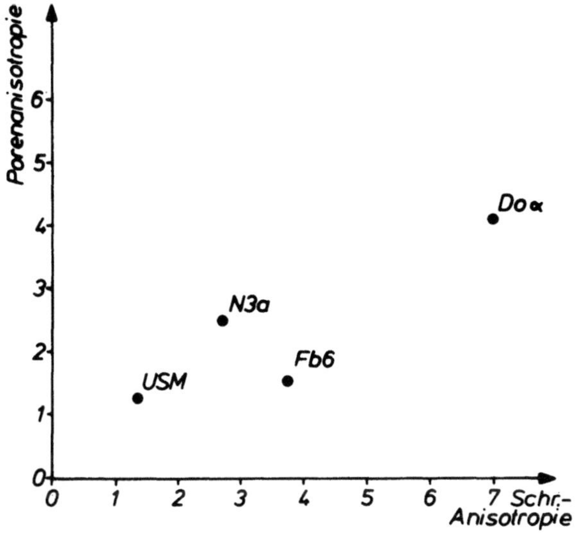

Abb. 4 Abhängigkeit der Schrumpfungsanisotropie von der Porenanisotropie

Fig. 4 Relation between anisotropy of shrinkage and anisotropy of pores

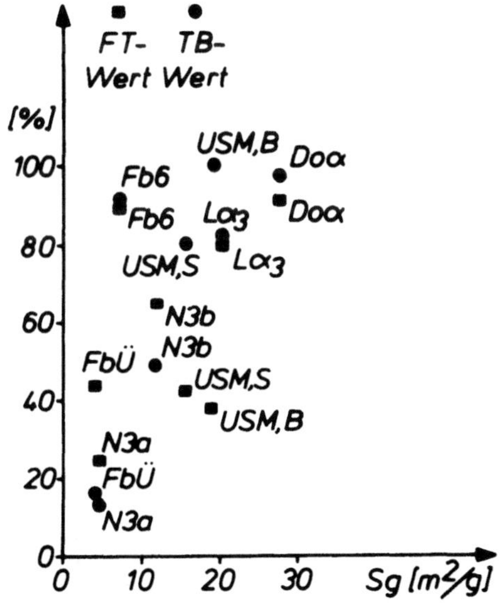

Abb. 5 Abhängigkeit der Trocknungs-Befeuchtungs-Anfälligkeit und der Frost-Tau-Anfälligkeit von der Inneren Oberfläche

Fig. 5 Relationship between dry-wet-sensitivity rsp. freeze-thaw-sensitivity and specific surface

Tab. 3 Innere Oberfläche der untersuchten Gesteine

Tab. 3 Specific surface of investigated pelites

Material	s_g (Mittelwert) (m^2/g)	s_g (Streubreite) (m^2/g)
USM, S	16	15,0 - 17,3
USM, B	19	18,1 - 19,9
Do alpha	28	26,9 - 28,8
L alpha 3	21	19,8 - 24,4
Fb Ü	4	3,8 - 4,4
Fb 6	7	6,2 - 7,3
N3a	4	2,9 - 5,7
N3b	12	12,0 - 12,4

Tonmineralogie

Die mit einem Röntgendiffraktometer untersuchten Kornfraktionen kleiner 6,3 µm der Pelite haben die in Tab. 4 zusammengestellte mineralogische Zusammensetzung.

Tab. 4 Mineralbestand der Kornfraktion kleiner 6,3 µm

Tab. 4 Mineral composition of grain sizes less than 6.3 µm

Gestein	Hauptgemengteile	Nebengemengteile	quellfähige Komponenten
USM, S	Illit, Chlorit Montmorillonit	Quarz, Dolomit	Montmorillonit
USM, B	Montmorillonit, Illit, Chlorit	Kaolinit, Kalzit, Quarz	Montmorillonit/Illit Wechsellagerung
Do alpha	Illit, Kaolinit, Chlorit	Quarz	Illit/Montmorillonit hoch
Fb Ü	Illit	Chlorit	Illit/Montmorillonit um 10 %
Fb 6	Illit, Chlorit	Kaolinit	Illit/Montmorillonit um 10 %
N3b	Illit, Chlorit	Quarz	Illit/Montmorillonit niedrig, ähnlich Corrensit
N3a	Illit, Chlorit	Quarz	Illit/Montmorillonit 5 - 10 %

Alle Proben besitzen einen Anteil an quellfähigen Tonmineralen. Pelite mit einem höheren Anteil an quellfähigen Tonmineralen zeigen eine höhere Trocknungs-Befeuchtungs-Anfälligkeit als solche mit geringem Gehalt. In den untersuchten Peliten ist eine Abnahme des Montmorillonitgehaltes zugunsten des Illits mit zunehmender Diagenese zu verzeichnen. Kommt in der sandigen-tonigen Fazies der Unteren Süßwassermolasse Montmorillonit noch als Hauptbestandteil vor, so ist er in den paläozoischen Proben nur noch in geringen Mengen wechsellagernd mit Illit zu finden.

Mit zunehmender Diagenese nimmt der Anteil der quellfähigen Komponenten ab, die Partikelverschweißungen verstärken sich, die Verwitterungsanfälligkeit nimmt generell ab.

AUSTROCKNUNGSVERLAUF UND AUSTROCKNUNGSTIEFGANG

Laborbeobachtungen

Bei Laborversuchen zur Austrocknung unter unterschiedlichen Klimabedingungen stellt sich ein Gleichgewichtswassergehalt bei den verschiedenen Probenmaterialien mit unterschiedlichem Ausgangswassergehalt und annähernd gleicher Probengröße (ca. 50 cm³) in voneinander abweichenden Zeitintervallen ein (Abb. 6).

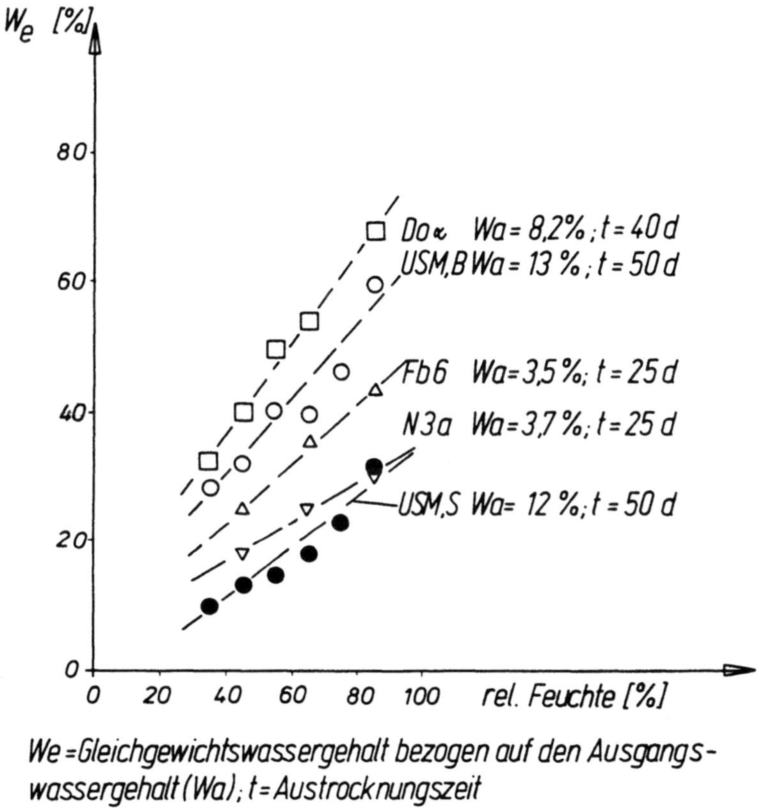

Abb. 6 Gleichgewichtswassergehalte, die sich nach der Zeit t unter gleichbleibenden Klimabedingungen im Labor eingestellt haben

Fig. 6 Water contents, balanced in the time t under constant climatic conditions

Am schnellsten stellt sich der Gleichgewichtswassergehalt bei den stark verfestigten paläozoischen Proben ein, nämlich nach maximal 600 Stunden (25 Tagen), bei Opalinuston sind die Austrocknungsgleichgewichte nach 1000 Stunden (40 Tagen) erreicht, bei der Unteren Süßwassermolasse sind 1200 Stunden (50 Tage) nötig, um ein Austrocknungsgleichgewicht zu erhalten. Die eingestellten Gleichgewichtswassergehalte nehmen mit abnehmender relativer Luftfeuchtigkeit ab (Abb. 6).

Die Schrumpfung erfolgt für die unterschiedlichen Materialien unterschiedlich schnell und unterschiedlich stark. Die homogenen feingeschichteten Pelite des Opalinustons und die paläozoischen Schiefer zeigen eine deutliche Schrumpfungsanisotropie. Die Streuung der Meßwerte ist gering. Am deutlichsten ausgeprägt ist die Schrumpfungsanisotropie (Verhältnis der Schrumpfung senkrecht zur Schichtung zur Schrumpfung parallel zur Schichtung) beim Opalinuston (7 : 1), wenig gut bei den paläozoischen Proben (3 : 1 bzw. 4 : 1) und am wenigsten deutlich ist sie bei der Unteren Süßwassermolasse (max. 2 : 1).

Geländebeobachtungen zum Austrocknungstiefgang

In der Ziegeleigrube Frommern, Lkr. Balingen, wurde im Sommer 1981 ein zum Teil gegen Witterungseinflüsse geschützter Beobachtungsschurf eingerichtet. Hier konnte über mehrere Monate Austrocknungsverlauf und Austrocknungstiefgang im frischen unverwitterten Opalinuston beobachtet werden. Im frisch geöffneten Schurf zeigten die tonigen Partien Ausgangswassergehalte um 8 %, kalkreichere Lagen von 6 - 7 %. Die Wassergehaltsabnahme erfolgte ähnlich den Laborversuchen. Ein Gleichgewichtswassergehalt hatte sich nach ca. 7 Wochen eingestellt. In Abb. 7 und Abb. 8 sind charakteristische Wassergehaltsverteilungen nach 2,5 Monaten dargestellt. Die Teilaustrocknung reicht maximal 15 cm tief; in dieser Tiefe zeigt das Material Wassergehalte von ca. 8 %, wie frischer, unverwitterter Opalinuston, der noch mit Grund- oder Bergkluftwasser in Verbindung steht.

An der Schurfoberfläche stellten sich Wassergehalte ein von 5 - 6 %. Die während der Beobachtungszeit notierten Temperaturen lagen im Mittel etwas unter 20° C, die relativen Luftfeuchtigkeiten im Mittel bei 65 %. In Laborversuchen erhält man Wassergehalte von 5 - 6 % bei ca. 70 % relativer Luftfeuchtigkeit und 20° C. Die hohen Wassergehalte an der Basis des Beobachtungsschurfes sind durch erhöhten Wasserandrang entlang einer horizontalen Verschiebungsbahn bedingt. Entlang tektonischer Klüfte zeigt das Gestein ebenfalls erhöhte Wassergehalte.

Verdunstung an der Gesteinsoberfläche

Opalinustonproben von 10 x 10 x 4 cm wurden seitlich mit Lack versiegelt, auf der Wasserfläche eines abgedichteten Behälters aufgesetzt und auf der Gegenseite der Verdunstung ausgesetzt. Die verdunstete Wassermenge konnte über ein kleines skaliertes Steigrohr gemessen und nachgefüllt werden. Parallel zur verdunsteten Wassermenge wurden relative Luftfeuchte, Temperatur und die Verdunstung über einer freien Wasseroberfläche gemessen. Es wurde je ein Versuch mit Verdunstungsrichtung parallel zur Schichtung und senkrecht zur Schichtung (beide bei wenig schwankenden Klimabedingungen im Labor) und ein Versuch mit Verdunstungsrichtung parallel zur Schichtung bei konstanten Klimabedingungen im Klimaschrank durchgeführt.

Unter wenig schwankenden Klimabedingungen im Labor verdunsteten bei der Probe mit Wassertransport senkrecht zur Schichtung ca. 60 % der Wasser-

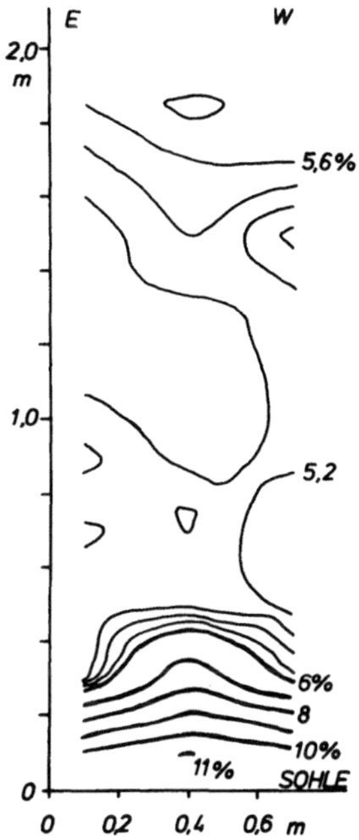

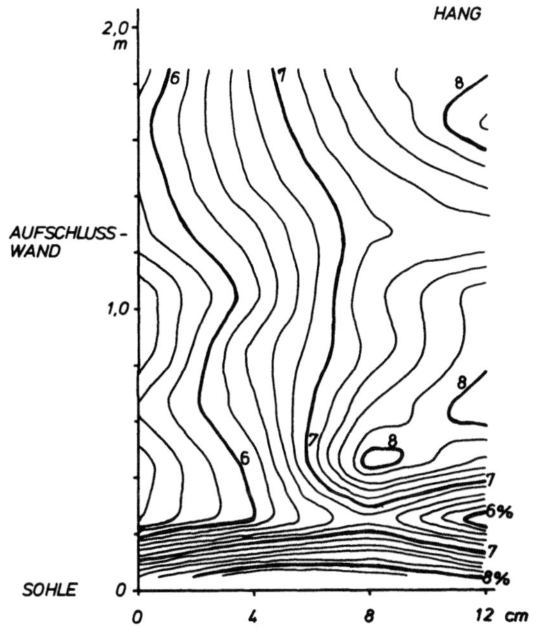

Abb. 7 Wassergehaltsverteilung in einer Aufschlußwand der Ziegelei Frommern, ca. 2,5 Monate nach Schurföffnung

Fig.7 Distribution of water contents in the Frommern observation field, about 2.5 months after outcropping (surface section)

Abb. 8 Wassergehaltsverteilung im Schnitt senkrecht zur Aufschlußwand der Ziegelei Frommern, ca. 2,5 Monate nach Schurföffnung

Fig. 8 Distribution of water contents in the Frommern observation field, about 2.5 months after outcropping (perpendicular section)

menge, die unter gleichen Klimabedingungen über der freien Wasseroberfläche verdunsteten (Abb. 9.1). Über der Probe mit Wassertransport parallel zur Schichtung sind es ca. 80 % der über der freien Wasseroberfläche verdunsteten Wassermenge (Abb. 9.2). Im Klimaschrankversuch entspricht die über der Probe verdunstete Wassermenge in etwa der Wassermenge, die über der freien Wasseroberfläche verdunstet ist (Abb. 9.3).

Die Verdunstung über Gesteinsoberflächen reagiert kaum (nicht meßbar) auf kurzzeitige Klimaschwankungen, vielmehr ist durch Rißbildung eine erhöhte Verdunstung gegeben. Die errechenbare mittlere Verdunstungsrate beträgt 0,03 mm/h bei ständiger Wassernachlieferung. Aus der 6 m^2 - großen Wand des Beobachtungsschurfs verdunsteten somit bei gleichen Klimabedingungen etwa 0,18 l/h oder 4,3 l/d. Ermittelt man bei Annahme von i = 1 (Böschungswinkel oberhalb des Beobachtungsschurfes ca. 45°) nach dem DARCY'schen Gesetz überschlägig einen k_f-Wert, so erhält man einen Zahlenwert, der bei ca. $0{,}8 \cdot 10^{-8}$ m/s liegt. Die Gesteinsdurchlässigkeit von pelitischen Gesteinen wird mit kleiner 10^{-9} m/s in der Literatur angegeben (weitere Folgerungen siehe EINSELE 1983).

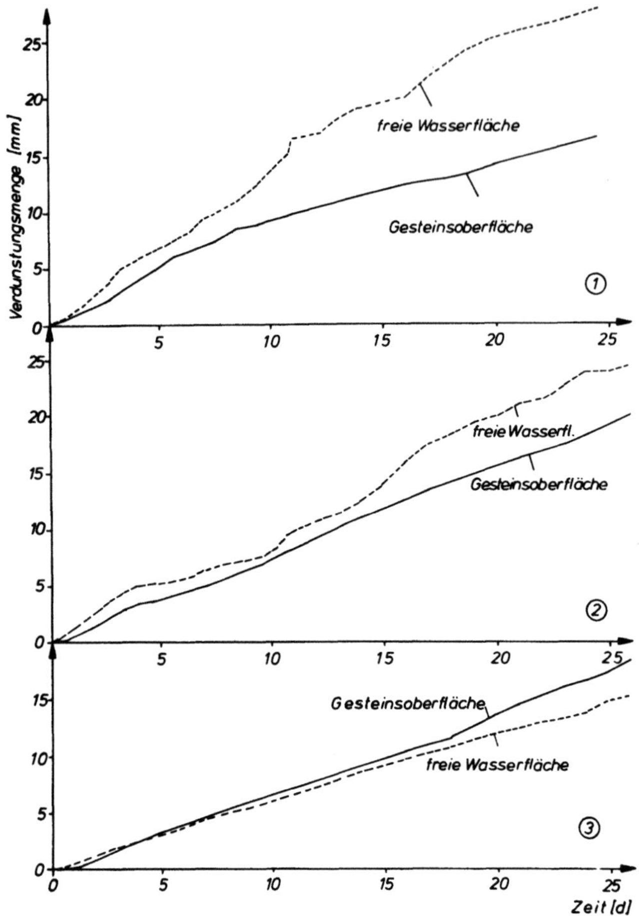

Abb. 9 Verdunstung aus einer Gesteinsoberfläche bei stetigem Wassernachschub; 9.1: Verdunstung senkrecht zur Schichtung bei wenig schwankenden Klimabedingungen im Labor; 9.2: Verdunstung parallel zur Schichtung bei wenig schwankenden Klimabedingungen im Labor; 9.3: Verdunstung parallel zur Schichtung bei konstanten Klimabedingungen

Fig. 9 Evaporation from the rock surface with water supply; 9.1: perpendicular to the bedding under nearly constant climatic conditions; 9.2: parallel to the bedding under nearly constant climatic conditions; 9.3: parallel to the bedding under constant climatic conditions

GESTEINSVERBAND UND VERWITTERUNG

Im Beobachtungsschurf der Ziegeleigrube Frommern wurde die Entwicklung des Trennflächen-Gefüges bei der Austrocknung beobachtet. Die in unverwittertem Opalinuston aufgenommenen Trennflächen zeigen in ihrer Verteilung ein deutliches Maximum des Streichens bei 170° und zwei weniger stark ausgeprägte Maxima bei etwa 125° und bei etwa 50°; alle Klüfte stehen nahezu senkrecht.

Bei Schurföffnung (29.06.1981) waren an der Basis der 4,5 m breiten und 2 m hohen Beobachtungswand 21 Klüfte unterschiedlicher Orientierung und 4 schichtparallele Trennflächen zu verzeichnen (Abb. 10).

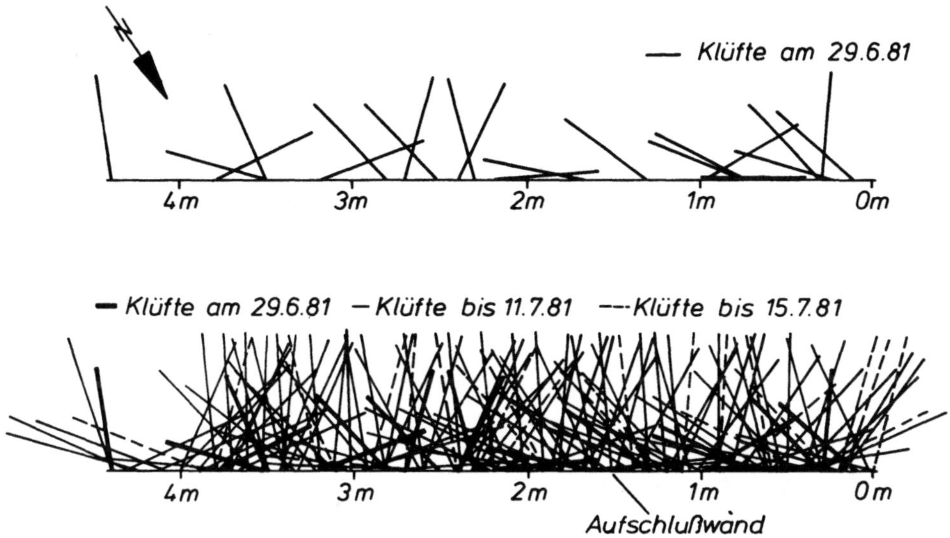

Abb. 10 Lage der Klüfte in Bezug zur Aufschlußwand; Beobachtungsschurf Frommern, Blick senkrecht von oben auf die Aufschlußwand

Fig. 10 Joint orientation referred to the outcrop surface in the Frommern observation field, projected into the plane

Mit Einsetzen der Austrocknung nahm die Anzahl der Trennflächen stark zu, vor allem rissen sehr viele schichtparallele Trennfugen auf. Nach ca. 3 Monaten Austrocknungszeit waren auf jedem Laufmeter Schurfoberfläche etwa 60, nahezu senkrecht stehende Klüfte und mehr als 80 schichtparallele Trennflächen pro Meter Wandhöhe zu finden. Die Kluftkörper hatten also zu Beginn der Beobachtungszeit noch Kantenlängen von mehreren Dezimetern, nach 3 Monaten Austrocknungszeit waren jedoch nur noch 5 - 10 mm dicke und wenige Zentimeter lange, plättchenförmige Körper zu finden (Abb. 11, vgl. auch SCHMID 1982).

Die während der Austrocknung neu hinzugekommenen Klüfte haben einen sehr geringen Tiefgang von wenigen Zentimetern. Klüfte, die mehr als maximal 15 cm tief in die Wand hinein zu verfolgen sind, sind eindeutig als tektonische Klüfte mit meist rostigen oder tonigen Belägen zu erkennen. Da die Trennflächenbildung von der austrocknungsbedingten Schrumpfung hervorgerugen wird, reicht sie nur so tief wie die Austrocknung.

Die Austrocknung führt einerseits zur Gefügelockerung des Verbandes, Einzelkörper werden jedoch bei der Austrocknung durch Schrumpfung verdichtet und bekommen eine höhere Festigkeit (vgl. MERKLEIN 1982).
Die Wiederbefeuchtung teilgetrockneter oder vollständig getrockneter Proben führt zu einer weiteren Gefügelockerung und zum teilweisen Zerfall überkonsolidierter Pelite. Der Zerfall erfolgt umso rascher und intensiver, je stärker das Material zuvor ausgetrocknet war und je rascher die Feuchtigkeit zugeführt wird. LEMPP (1979) beschreibt ein nahezu schlagartiges Zerfallen überkonsolidierter mesozoischer Pelite beim Eintauchen von getrockneten Probenkörpern in ein wassergefülltes Gefäß.

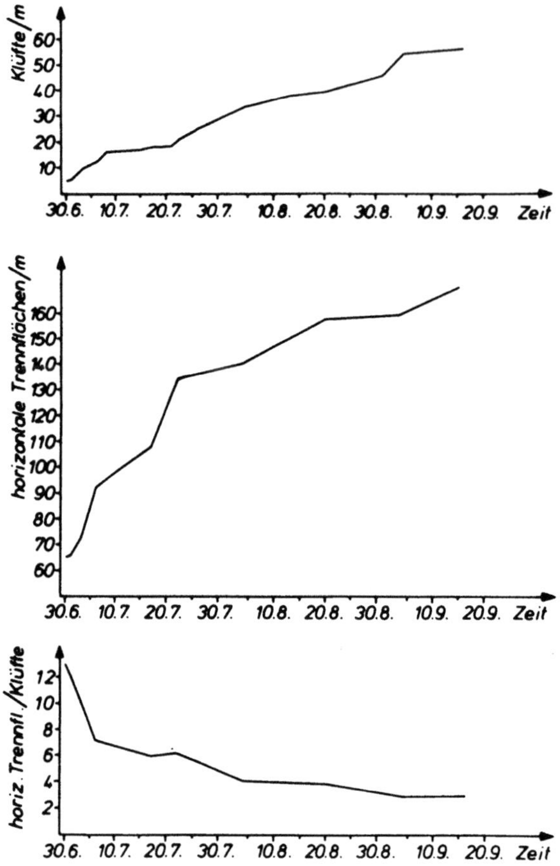

Abb. 11 Horizontale und ± vertikale Trennflächen in Abhängigkeit von der Austrocknungszeit; Beobachtungsschurf Frommern

Fig. 11 Horizontal and ± vertical discontinuities in relation to the desiccation time in the Frommern observation field

Bei allmählicher Wiederbefeuchtung über die Dampfphase zerfällt das Material weniger stark an einzelnen, meist schichtparallelen, gelegentlich aber auch schichtnormalen Trennflächen (MERKLEIN 1982).

ZUSAMMENFASSUNG

Überkonsolidierte Pelite zeigen bei Trocknungs-Befeuchtungs-Wechsel den für sie typischen "Bröckchenzerfall". Die Bröckchenform wird bestimmt durch das Sedimentgefüge. Die Zerfallsintensität hängt u.a. vom früheren Überlagerungsdruck (Abb. 12) und der Festigkeit und Resistenz der Partikelkontakte ab. Ein Maß für die Zerfallsanfälligkeit liefert neben dem Medianporenradius auch die Innere Oberfläche. Die Verwitterungsanfälligkeit hängt außerdem vom Anteil der quellfähigen Tonminerale ab.

Die Entfestigung wird eingeleitet durch austrocknungsbedingte Schrumpfung, die allerdings zunächst zur Kompaktion und Festigkeitszunahme führt. Dennoch werden bei der Austrocknung Partikelkontakte geschwächt, so daß es bei der Wiederbefeuchtung zur ausschlaggebenden Festigkeitsabminderung kommt. Der Zunahme der Materialfestigkeit bei der Austrocknung steht eine Festigkeitsabnahme des Gesteinsverbandes durch Rißbildung gegenüber. Bei der Wiederbefeuchtung über die Dampfphase oder die

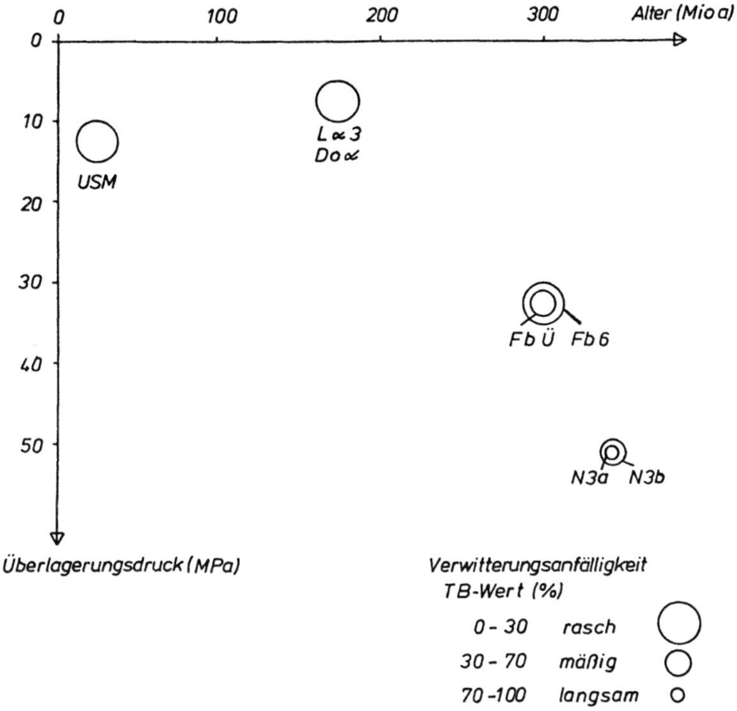

Abb. 12 Abhängigkeit der Verwitterungsanfälligkeit vom geologischen Alter und früheren Überlagerungsdruck des Gesteins

Fig. 12 Weatherability in relation to geological age and former overburden pressure

Flüssigphase wird der insoweit entfestigte Verband durch Gefügelockerung weiter geschwächt und schließlich zerstört.

LITERATUR

Attewell PB, Farmer IW (1976) Principles of Engineering Geology. 1045 S Chapman u Hall, London

Bjerrum L (1967) Mechanism of progressive failure in slopes of overconsolidated plastic clays and clay shales. The 3th Terzaghi Lecture, 66 S, Norges Geotek Inst, Oslo

Einsele G (1958) Der Opalinuston als Baugrund und Baustoff im Rohrleitungsbau. Das Gas- und Wasserfach 8: 1 -8, München

Einsele G (1961) Durch Grabarbeiten ausgelöste Hangrutschungen im Verwitterungslehm des Braunjura gamma, geologisch und bodenmechanisch beobachtet. Jb Geol Landesamt Bad - Württ 4: 145-181, Freiburg i Br

Einsele G (1983) Mechanismus und Tiefgang der Verwitterung bei mesozoischen Ton- und Mergelsteinen. Z dt geol Ges 134: 289-315, Hannover

Einsele G, Wallrauch E (1964) Verwitterungsgrade bei mesozoischen Schiefertonen und Tonsteinen und ihr Einfluß bei Standsicherheitsproblemen. Vorträge der Baugrundtagung Berlin: 59-89, DGEG, Essen

Hudec PP (1978) Developments of durability tests for shales in embankments and swamp backfills. Ministry of Transportation and Communications Research and Development Division, Ontario, Kanada

Johnson SJ (1969) Engineering properties and behaviour of clay shales. Proc 7th Int Conf of Soil Mech and Found Eng Special Session 10: 483 - 488, Mexico City

Keil K (1954) Ingenieurgeologie und Geotechnik, 2. Aufl, 1132 S, Halle/S

Lempp Ch (1979) Entfestigung überkonsolidierter pelitischer Gesteine und ihr Einfluß auf die Tragfähigkeit des Straßenuntergrundes, 234 S Diss Univ Tübingen

Merklein I (1982) Limitierende Faktoren des Trocknungs-Befeuchtungs-Zerfalls überkonsolidierter Tonsteine, 96 S, Diss Univ Tübingen

Overbeck R (1981) Verwitterung von Mergelkalken durch Trocknungs-Befeuchtungs-Wechsel. Ber 3 Nat Tag f Ingenieurgeologie, Ansbach/Mfr

Schmid HP (1982) Geländebeobachtungen zur Verwitterung des Opalinustons und Kartierung im Raum Rosenfeld (Lkr. Balingen). Unveröff Dipl Arb, Univ Tübingen

Underwood L (1967) Classification and identification of shales. Proc ASCE Soil Mech and Found Div 93

Wallrauch E (1969) Verwitterung und Entspannung bei überkonsolidierten tonig-schluffigen Gesteinen Südwestdeutschlands, 184 S, Diss Univ Tübingen

Einfluß organischer Substanzen auf die verwitterungsbedingte Entfestigung von Peliten am Beispiel der Posidonienschiefer

T. Irouschek[1]

SUMMARY

Organic content significantly influences strength and weathering behaviour of rocks. This correlation has been demonstrated with laboratory tests and field observations for the Lower Toarcian Posidonia Shales of southwestern Germany (Lias epsilon).

Two mechanisms influence the weathering processes: Physical disintegration during drying and wetting cycles, and chemical oxidation of the long-chain organic molecules linking the mineral components. The weathering behaviour of the Posidonia Shales and other pelitic rocks with low carbonate contents is controlled by a threshold value of organic carbon. Slaking occurs if the amount of organic carbon is below approximately 4 percent (fig. 2). When the organic content is higher, slaking does not take place, but bedding-parallel exfoliation can be observed (fig. 1). Weathering profiles are not highly developed, due to the large weathering resistance of the Posidonia Shales. It is usually possible to reach almost unweathered bedrock at a depth of around 1 to 2 meters below ground surface. A distinct dependence of rock strength on organic content has been proven by uni-axial compression tests (fig. 4).

EINLEITUNG

In den letzten Jahren wurden am Geologisch-Paläontologischen Institut der Universität Tübingen zahlreiche Untersuchungen über das Verwitterungsverhalten überkonsolidierter, pelitischer Gesteine durchgeführt (EINSELE 1983; EINSELE & WALLRAUCH 1969; LEMPP 1979; MERKLEIN 1982; OVERBECK 1981; WALLRAUCH 1969 u.a.). Mit dem Phänomen der Baugrundhebung im Bereich des südwestdeutschen Lias epsilon beschäftigten sich TIETZE (1981) und ZIMMERMANN (1981).

Allerdings fehlte bisher eine generelle Untersuchung über den Einfluß organischer Substanzen im Gestein auf dessen Festigkeit und Verwitterungsverhalten. Hierzu wurden im Bereich der Schwäbischen Alb in den Schichten der Posidonienschiefer Verwitterungsprofile aufgenommen und an verschiedenen Proben Laborversuche durchgeführt.

[1] Dipl.-Geol. T. Irouschek, Geologisch-paläontologisches Institut der Universität Tübingen, Sigwartstr. 10, D-7400 Tübingen

Ingenieurgeologische Probleme im Grenzbereich zwischen Locker- und Festgesteinen
(Herausgegeben von K.-H. Heitfeld)

CHARAKTERISIERUNG DER UNTERSUCHTEN GESTEINE

Die Posidonienschiefer sind wie alle Schichten des süddeutschen Juras epikontinentale, marine Ablagerungen. Ein hoher Gehalt an organischen Bestandteilen unterscheidet sie jedoch von den übrigen jurassischen Gesteinen.

Die frisch abgelagerten, organischen Tonschlämme wurden im Laufe der Zeit unter den ca. 500 m mächtigen Schichten des Doggers und des Malms diagenetisch verfestigt. Die Porosität der Posidonienschiefer liegt zum Teil unter 10 % und ist daher deutlich geringer als die wenig bituminöser Pelite vergleichbarer geologischer Vorbelastung. Die leichte Verformbarkeit der organischen Substanzen und deren diagenetischer Umbau begünstigten eine Verkleinerung des Porenraumes.

Die für die Posidonienschiefer typische Feinschichtung beruht auf einer feinen Wechsellagerung von hellen Lagen, in denen karbonatische Komponenten vorherrschen und dunklen tonigen Bereichen, die reich an organischen Substanzen sind. Diese organischen Bestandteile sind nach SCHMITZ (1968) zum Teil an die Tonminerale adsorbiert. Nach KOHLER (1983) kann Bitumen auch direkt mit Schichtsilikaten reagieren, wobei stabile Einlagerungsverbindungen entstehen. Diese äußerst festen Kornbindungen sind für die Festigkeit und die hohe Verwitterungsresistenz der Posidonienschiefer mitverantwortlich.

GELÄNDEBEOBACHTUNGEN

Verwitterte Posidonienschiefer sind im Aufschluß leicht an ihrem Zerfall in dünne, großflächige Platten erkennbar (Abb. 1). Die im bergfrischen Zustand tiefschwarzen, dichten Mergelschiefer spalten fast ausschließlich schichtparallel auf. Der für bitumenarme, pelitische Gesteine typische Zerfall in kleine Bröckchen (Abb. 2) tritt aufgrund der schichtparallel wirkenden, organischen Kornbindungen nicht auf.

Abb. 1 Verwitterte Posidonienschiefer

Fig. 1 Weathered Posidonia Shales

In verschiedenen Steinbrüchen, die in ebenem Gelände angelegt sind, wurden Verwitterungsprofile aufgenommen und beprobt. In Abb. 3 sind alle ermittelten Kennwerte in Abhängigkeit von der Entnahmetiefe dargestellt. Bereits ab einer Tiefe von 1 - 2 m können die Posidonienschiefer in der Regel als nahezu unverwittert betrachtet werden. Darüber steigt der Wassergehalt von 4 - 8 % im unverwitterten Zustand auf Werte von z.T. mehr als 20 % nahe der Geländeoberfläche an. Gleich-

Abb. 2 Bröckchenzerfall wenig bituminöser Mergel

Fig. 2 Slaking of marls with low organic content

zeitig nimmt die Feuchtraumdichte von 2,2 t/m^3 auf 1,7 t/m^3 ab. Im Gegensatz zur Verarmung an organischer Substanz ist eine verwitterungsbedingte Entkalkung aufgrund der großen, primär vorhandenen Schwankungen im Karbonatgehalt nicht eindeutig nachweisbar. Die bituminösen Mergelschiefer des mittleren Lias epsilon werden häufig von einem zum Teil mehrere Meter mächtigen "Leberboden", dem vollkommen plastizierten Verwitterungsendprodukt des bitumenarmen oberen Lias epsilon, überlagert. In solchen Fällen können auch unterhalb einer Tiefe von 2 m leicht verwitterte Posidonienschiefer angetroffen werden.

Eine Unterteilung der Verwitterungsprofile in verschiedene Verwitterungsstufen (vgl. EINSELE et al., in diesem Band) aufgrund der abnehmenden Kluftkörpergröße ist nicht durchführbar, da oberflächennah keine schichtnormalen Trennflächen bei den Posidonienschiefern ausgebildet sind. Auch eine Unterteilung aufgrund der zur Geländeoberfläche hin abnehmenden Abstände der schichtparallelen Trennfugen ist problematisch, da diese in der Regel nur dicht unter der Geländeoberfläche (selten tiefer als 1 m) geöffnet und damit sichtbar sind. Erst beim Lösen des Gesteins deutet eine gute Spaltbarkeit auf Verwitterungseinflüsse hin. Eine schwache Auflockerung bis in eine Tiefe von ca. 4 - 5 m konnte TIETZE (1981) nachweisen. Bei mehreren Bohrungen im Lias epsilon konnten erst unterhalb dieser Tiefe kompakte und zusammenhängende Bohrkerne gewonnen werden. Darüber was das Gestein schichtparallel entfestigt.

Eine Plastizierung, wie sie bei bitumenarmen Peliten im obersten Bereich der Verwitterungsprofile auftritt, findet bei den Posidonienschiefern nicht statt. Das Verwitterungsendprodukt besteht aus feinsten, blättchenförmigen Tonaggregaten. Nach Meinung von KROEPELIN (1967) enthalten die Posidonienschiefer organische Komponenten, die unter dem Einfluß des Luftsauerstoffs depolymerisieren und solche, die polymerisieren. Letztere könnten somit auch im verwitterten Zustand weiterhin den Zusammenhalt mineralischer Komponenten gewährleisten.

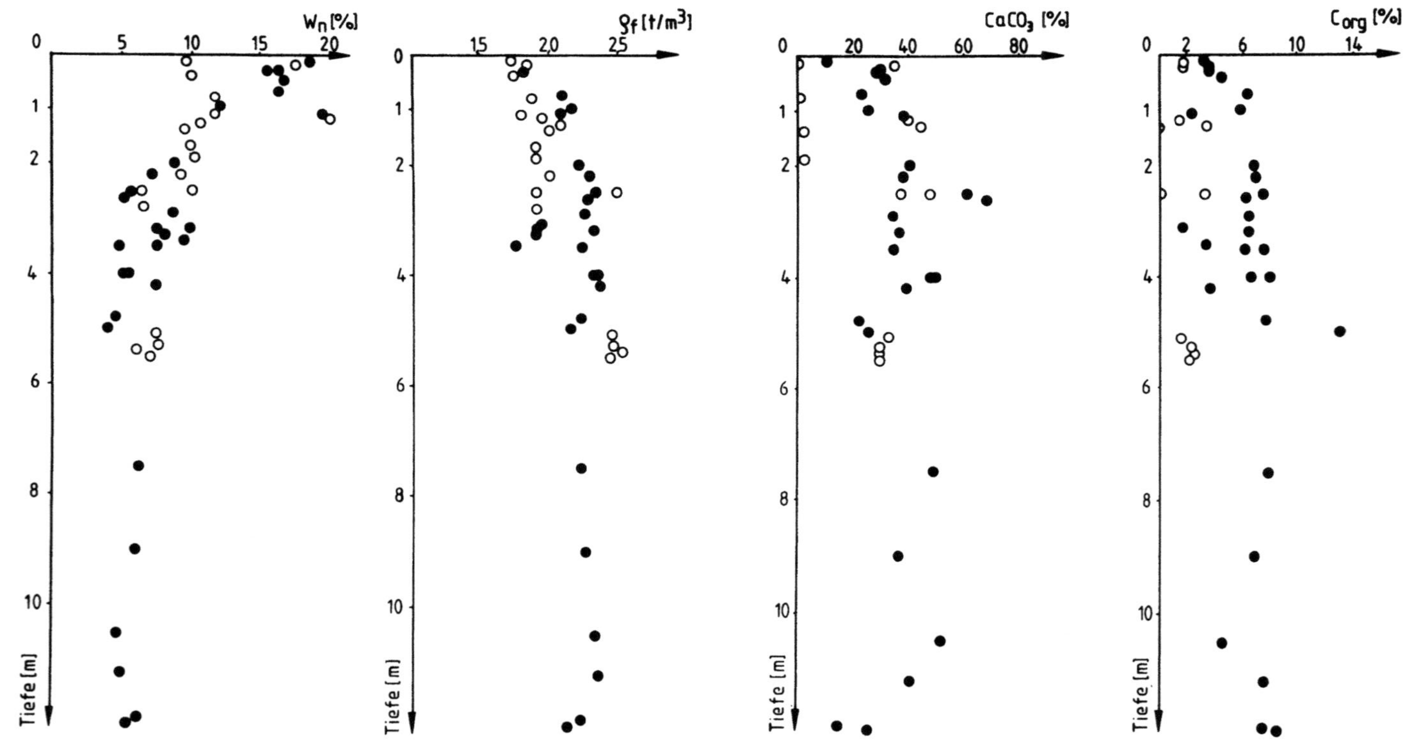

Abb. 3 Gesteinsspezifische Kennwerte in Abhängigkeit von der Tiefe unter Geländeoberfläche (aus Verwitterungsprofilen)

Fig. 3 Specific rock properties, depending on depth below surface (from weathering profiles)

● bituminöse Mergelschiefer
bituminous marly shales

○ bitumenarme Mergel
marls with low organic content

LABORVERSUCHE

An einer Probenreihe mit steigendem Gehalt an organischen Bestandteilen wurden verschiedene Laborversuche durchgeführt.

Trocknungs-Befeuchtungs-Wechsel

Wenig bituminöse, kalkarme Proben zerfielen durch wiederholtes Trocknen und Befeuchten schnell zu plattigen Bröckchen. Die stark bituminösen Posidonienschiefer erfuhren eine fast ausschließlich schichtparallele Entfestigung. Dies beruht auf der feinen Wechsellagerung von tonig-bituminösen und mergeligen Lagen. Das Gestein wird an seinen schwächsten Bindungsstellen, den hellen, kalkreicheren Lagen, durch physikalische Prozesse zerlegt.Die in den tonig-bituminösen Bereichen ausgebildeten organischen Kornbindungen bewirken einen verwitterungsresistenten Zusammenhalt der mineralischen Komponenten. Diese organomineralischen Gefüge können vermutlich nur auf chemischem Weg durch langsame Zersetzung der hochpolymeren Molekülverbindungen gelöst werden. Nach JACOB (1968) spielen hierbei Oxidations- und Hydratisierungsvorgänge die Hauptrolle.

Das unterschiedliche Verwitterungsverhalten der untersuchten Materialien ist durch einen Grenzwert im Gehalt an organischem Kohlenstoff (C_{org}) charakterisiert. Proben mit weniger als 4 % C_{org} zeigten einen deutlichen Bröckchenzerfall. Bei höheren C_{org}-Gehalten trat ausschließlich schichtparallele Entfestigung auf.

Einaxiale Druckversuche

Der Einfluß organischer Bestandteile auf die Gesteinsfestigkeit wurde an zylindrischen Prüfkörpern in einaxialen Druckversuchen getestet.

a) Bergfrische Proben: Die Gesteinsfestigkeit steigt bei den untersuchten Materialien mit dem Gehalt an organischem Kohlenstoff deutlich an (Abb. 4). Die bituminösen Mergelschiefer besitzen mit 30 - 60 MN/m² im bergfeuchten Zustand senkrecht zur Schichtung deutlich höhere Druckfestigkeiten als die bitumenarmen Pelite mit 5 - 15 MN/m². Die Elastizitätsmoduli liegen bei den bituminösen Proben bei ca. 3500 MN/m², bei bitumenarmen um 500 MN/m². Der Anteil des Karbonats scheint keinen Einfluß auf die Gesteinsfestigkeit zu haben (Abb. 5).

b) (Teil-)getrocknete Proben: Die Posidonienschiefer weisen mit zunehmender Austrocknung steigende Druckfestigkeiten auf (Abb. 6). Vollkommen trockene Posidonienschiefer besitzen senkrecht zur Schichtung 3 - 4fach höhere Druckfestigkeiten als bergfrische. Schichtparallel belastet zeigt sich nach einer anfänglichen Erhöhung unterhalb eines Wassergehaltes von ca. 1 % eine deutliche Verringerung der Festigkeit. Dies könnte durch Mikrorisse, die bei starker Austrocknung entstehen, gedeutet werden.

c) Entfestigte Proben: Durch mehrfachen Trocknungs-Befeuchtungs-Wechsel entstanden in den Prüfkörpern zahlreiche schichtparallele Trennflächen (Abb. 7). Eine Verringerung der Festigkeit weisen jedoch nur die parallel zur Schichtung orientierten Proben auf. Bei schichtnormaler Belastung tritt zwar während der Versuchsdurchführung durch Schließen der schichtparallelen Risse eine im Vergleich zum unverwitterten Zustand größere Verformung auf, das Gestein besitzt jedoch dieselbe einaxiale Druckfestigkeit (Abb. 8).

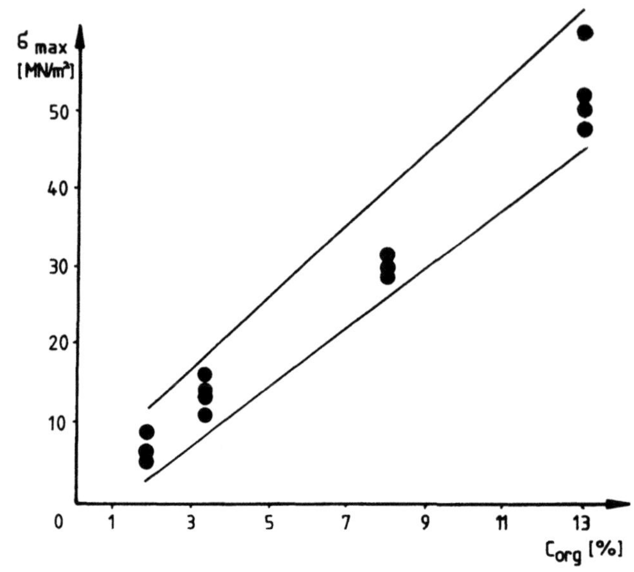

Abb. 4 Zusammenhang zwischen Gesteinsfestigkeit und Gehalt an organischem Kohlenstoff

Fig. 4 Correlation between rock strength and amount of organic carbon

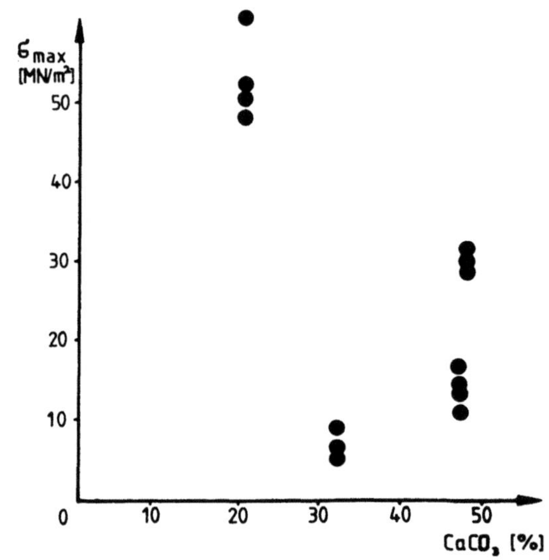

Abb. 5 Zusammenhang zwischen Gesteinsfestigkeit und Kalkgehalt

Fig. 5 Relationship between rock strength and carbonate content

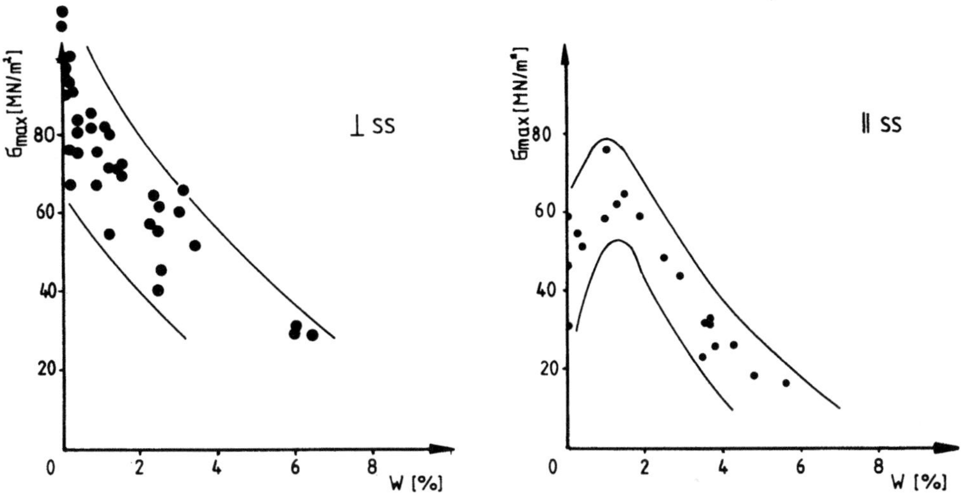

Abb. 6 Gesteinsfestigkeit in Abhängigkeit vom Wassergehalt
Fig. 6 Rock strength and water content relationship

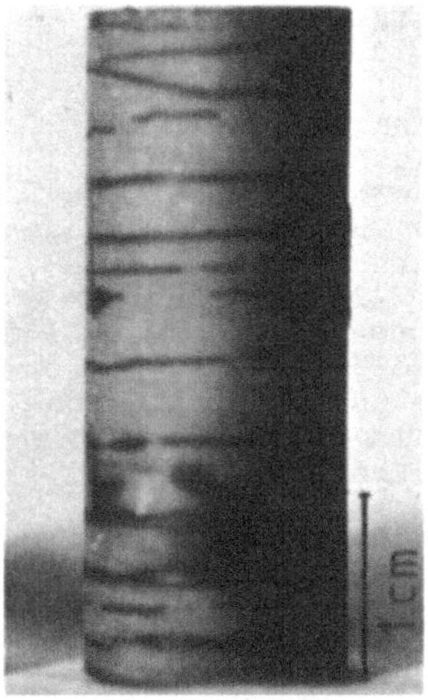

Abb. 7 Schichtparallel entfestigter Prüfkörper
Fig. 7 Bedding parallel disintegrated test specimen

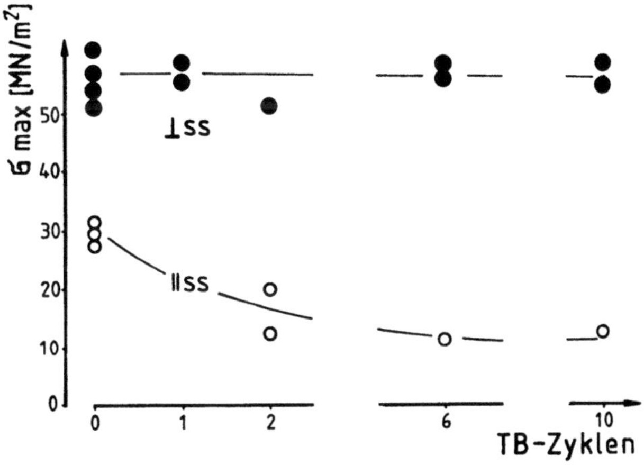

Abb. 8 Einaxiale Druckfestigkeiten nach mehreren Trocknungs-Befeuchtungs-Zyklen
Fig. 8 Uni-axial strength after different wetting and drying cycles (TB-cycles)

DANK

Der vorliegende Bericht stellt eine Zusammenfassung einer im Rahmen der Arbeitsgruppe "Ingenieurgeologie" am Geologischen Institut der Universität Tübingen angefertigten Diplomarbeit (IROUSCHEK 1984) dar.

Für die Betreuung der Arbeit gilt mein besonderer Dank Herrn Prof. Dr. G. EINSELE. Ferner danke ich Herrn Dr. A. WETZEL für wichtige Hinweise und seine ständige Diskussionsbereitschaft.

LITERATUR

Einsele G (1983) Mechanismus und Verwitterung bei mesozoischen Ton- und Mergelsteinen. Z dt geol Ges 134: 289-315, Hannover

Einsele G & Wallrauch E (1964) Verwitterungsgrade bei mesozoischen Schiefertonen und Tonsteinen und ihr Einfluß bei Standsicherheitsproblemen. Vorträge d Baugrundtag Dt Ges Erd- und Grundbau eV Essen, 59-89, Berlin

Irouschek T (1984) Einfluß organischer Substanzen auf die verwitterungsbedingte Entfestigung von Peliten am Beispiel der Posidonienschiefer. Teil I einer Dipl Arb Geowiss Fak Univ Tübingen: 64 S (unveröff)

Jacob H (1968) Petrologische Untersuchungen an der organischen Substanz der nordwestdeutschen Posidonienschiefer. Beih Geol Jb 58: 407-442, Hannover

Kohler E (1983) Die Veränderung des innerkristallinen Quellvermögens von Tonmineralen bei der Baugrundstabilisierung. Protokoll über das 5. Kolloquium im Schwerpunktprogramm "Ingenieurgeologische Probleme im Grenzbereich zwischen Locker- und Festgesteinen", 135-136, Mainz

Kroepelin H (1967) Chemische Untersuchungen am nordwestdeutschen Posidonienschiefer und seiner organischen Substanz. Beih Geol Jb 58: 499-563, Hannover

Lempp Ch (1979) Die Entfestigung überkonsolidierter, pelitischer Gesteine Süddeutschlands und ihr Einfluß auf die Tragfähigkeit des Straßenuntergrundes. Diss Univ Tübingen 234 S, Tübingen

Merklein I (1982) Limitierende Faktoren des Trocknungs-Befeuchtungs-Zerfalls überkonsolidierter Tonsteine. Diss Univ Tüb, 96 S, Tübingen

Overbeck R (1981) Verwitterung von Mergelkalken durch Trocknungs-Befeuchtungs-Zerfall. Ber 3 Nat Tag Ingenieurgeol: 225-232, Ansbach

Schmitz HH (1968) Untersuchungen am nordwestdeutschen Posidonienschiefer und seiner organischen Substanz. Beih Geol Jb 58: 1-219, Hannover

Tietze R (1981) Ingenieurgeologische, geochemische und mineralogische Untersuchungen zum Problem der Baugrundhebungen im Lias epsilon (Posidonienschiefer) Baden-Württembergs. Diss Univ Freiburg, 142 S, Freiburg i Br

Wallrauch E (1969) Verwitterung und Entspannung bei überkonsolidierten tonig-schluffigen Gesteinen SW-Deutschlands. Diss Univ Tüb, 184 S, Tübingen

Zimmermann R (1981) Chemische Untersuchungen zur Verwitterung der Posidonienschiefer und ihr Einfluß auf die Baugrundhebungen im Lias epsilon Baden-Württembergs. Diss Univ Freib, 69 S., Freiburg i Br

Veränderung bodenmechanischer Parameter bei überkonsolidierten Peliten durch Verwitterung - Versuch einer Deutung anhand des Opalinustones

K. F. Henke[1] und M. Hiller[2]

SUMMARY

A quantitative method for the determination of the degree of weathering for overconsolidated claystones is presented. Plastic and variable hard claystone particles are separated in a specially designed rotation cylinder (fig. 2) by suspension. Since the degree of weathering is defined by the ratio of plastic particles to the sum of plastic and variable hard particles the determination can be easily done (fig. 1). After applying a different number of rotations the "degree of fine-fraction" is determined by evaluation of the grain-size distribution in a semi-log plot. As shown in fig. 3 the latter degree is defined by the ratio of the area under the grain-size curve to the area over the grain-size curve in the range 0,002 mm to 0,04 mm. The plot of the so determined "degree of fine-fraction" versus the number of rotations is called "fineness-line", which is cut by an empirically determined straight line in the range of total separation of components. The intersection of "fineness-line" with the straight-line as shown in fig. 4 leads to the degree of weathering.

For a certain weathering profile in a claystone (Aalenium) the relationship of soil mechanical parameters to the degree of weathering was examined. The conditions observed are described by a general qualitative model of weathering, basing on a paper of OSIPOV (1975) with the theoretical background of different types of bondings between particles in clay (fig. 9). OSIPOV distinguishes between 3 types (fig. 8): coagulation-type of bonding with plastic behaviour, condensation type of bonding, and cementation type of bonding with a brittle behaviour. During sedimentation the coagulation type of bonding is predominant, because it is the most stabil bonding type under normal conditions with respect to thermodynamics. During the diagenetic process the hydrated zone of the clay particles are thinned out and break at this points of contact. Thus, the bondings of coagulation at these points are converted into bondings of condensation or cementation resp. After removing the geological loading the bondings of condensation remain in a metastable condition. Weathering is to be understood as a process, which makes the phenomenon regressive. The bondings of condensation and cementation are destroyed and reversely converted into bondings of coagulation.The mechanical properties of the material at each stage

[1]Prof. Dr.-Ing. K.F. Henke, früher Arbeitsgruppe Geotechnik am Zentrum für Infrakstrukturplanung der Universität Stuttgart, jetzt Institut für Straßen- und Verkehrswesen der Universität Stuttgart, Pfaffenwaldring 7, 7000 Stuttgart 80

[2]Dipl.-Geol. M. Hiller, früher Arbeitsgruppe Geotechnik am Zentrum für Infrastrukturplanung der Universität Stuttgart, jetzt Alte Weinsteige 1A, 7000 Stuttgart 1

Ingenieurgeologische Probleme im Grenzbereich zwischen Locker- und Festgesteinen
(Herausgegeben von K.-H. Heitfeld)

of weathering are determined by the amount and the spatial arrangement of the single bonding modes.

During the <u>first</u> stage of the weathering process (W 1 - W 2) a mechanical destruction of the bondings of condensation takes place caused by deloading forces. Widening of fissures and horizontal micro-structure are the consequences. Shear strength determinations by means of large scale in situ shear tests and laboratory triaxial tests show in this stage a more remarkable decrease of shear strength parallel to sedimentation than vertical because of the dominating widening of horizontal structure in relation to widening of vertical fissures (fig. 7).

During the <u>second</u> stage (W 2 - W 4) the destruction of the bondings of condensation is spatially spread by stresses, which are produced by processes of swelling and shrinking. At the same time the reverse acting formation of coagulation bondings is starting.

The <u>third</u> stage is characterized by an intensive formation of coagulation bondings connected to a plastification of the material. An additional increase of the water content and a decrease of the density are the consequences (fig. 5). The increased influence of oxydation and a permanent forming of acid maintain the plastifying process. The increase of base exchange capacity shows that the reactivation of clay minerals has taken place as indicated by growing portion of coagulation bondings (fig. 6). As could be shown yet by microscopic and X-ray-refraction measurements only in this stage a spatial net of the brittly type condensation bondings is so much weakened that a decisive destruction of the micro parallel structure takes place (fig. 10). By means of the conversion of the weathering process a reverse of the originally overconsolidated claystone into an unconsolidated plastic clay takes place.

PROBLEMSTELLUNG

Besonders in Süddeutschland werden große Flächen von überkonsolidierten Tonsteinen mesozoischen oder tertiären Alters eingenommen, die oberflächlich in unterschiedlicher Intensität und Mächtigkeit verwittert sind. Aus den Verwitterungsschichten resultieren zahlreiche ingenieurgeologische Probleme der Hangstabilität, der Standsicherheit von Baugruben und Böschungen sowie Setzungsprobleme.

In diesem Zusammenhang ist ein besseres qualitatives und quantitatives Verständnis der bei der Verwitterung überkonsolidierter Pelite wirksamen Vorgänge von großem ingenieurgeologischen Interesse. Im Rahmen dieser Arbeit wurde daher versucht, aus quantitativen Untersuchungen vorwiegend am Opalinuston ein qualitatives Verwitterungsmodell abzuleiten. Dieses soll möglichst umfassend die beobachteten Erscheinungen erklären und möglichst allgemein auf die verschiedenen überkonsolidierten Pelite anwendbar sein.

BESTIMMUNG DES VERWITTERUNGSGRADES

Zur qualitativen Unterteilung von verwitterten Peliten im Gelände hat sich bereits seit langem die fünfstufige Einteilung nach WALLRAUCH (1969) (W0 = unverwittert bis W5 = vollständig verwittert, entsprechend Wallrauchs V0 bis V5) bewährt. Für die detaillierte Untersuchung bodenmechanischer Parameter in Abhängigkeit von der Verwitterung ist jedoch eine quantitativere Bestimmung des Verwitterungsgrades notwendig.

Von HENKE und PAUL (1981) wurde daher ein Verfahren zur quantitativen Bestimmung des Verwitterungsgrades entwickelt, das mit relativ einfachen Mitteln unabhängig von der Materialzusammensetzung des untersuchten Pelits eine Bestimmung des Verwitterungsgrades zuläßt. Grundgedanke bei dem Verfahren ist die Tatsache, daß sich teilverwitterte Tongesteine aus 3 Komponenten zusammensetzen (Abb. 1).

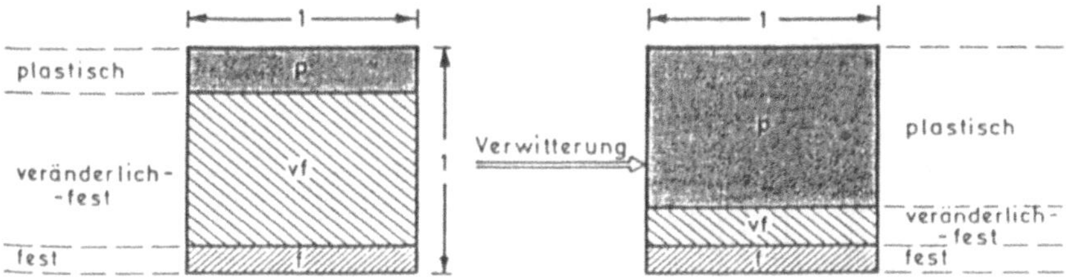

Verwitterungsgrad

$$F_V = \frac{p}{(p + vf + f) - f} \cdot 100 = \frac{p}{p + vf} \cdot 100 \; [\%]$$

Abb. 1 Dreikomponentenmodell teilverwitterter Tonsteine

Fig. 1 Three component model of partially weathered claystones

a) Feste Bestandteile: Dies sind z.B. Kalkstein- oder Sandsteinkomponenten, die in der Schichtfolge eingelagert sind und gegenüber den Peliten nur eine vernachlässigbare verwitterungsbedingte Kornzerkleinerung erfahren.

b) Veränderlich feste Bestandteile: Hierzu sind feste, sich spröde verhaltende Tonaggregate und Pelitkörper zu rechnen, die einer verwitterungsbedingten Umwandlung unterworfen sind.

c) Plastische Bestandteile: Der plastische Anteil wird durch die entfestigte Ton-Schluff-Matrix gebildet, die sich durch kohäsiv-plastisches Verhalten auszeichnet.

Der Verwitterungsgrad wird definiert als das Verhältnis des plastischen Anteils zur Summe der plastischen und wechselfesten Anteile.

Versuchsbeschreibung

Zur Beschreibung der Fest- und Wechselfestanteile wurde ein Rotationszylinder, dessen Aufbau und Maße aus Abb. 2 hervorgehen, zum Aufschlämmen der Bodenproben konstruiert.

In der Zylinderachse ist ein Entnahmerohr angebracht, das in einem definierten Entnahmeniveau Einströmöffnungen aufweist, die mittels eines Steckschlüssels geöffnet werden können.

Eine 1,2 kg bis 1,5 kg schwere Bodenprobe wird in natürlicher Feuchte in den Rotationszylinder eingefüllt. Überkorn > 56 mm wird zuvor auf

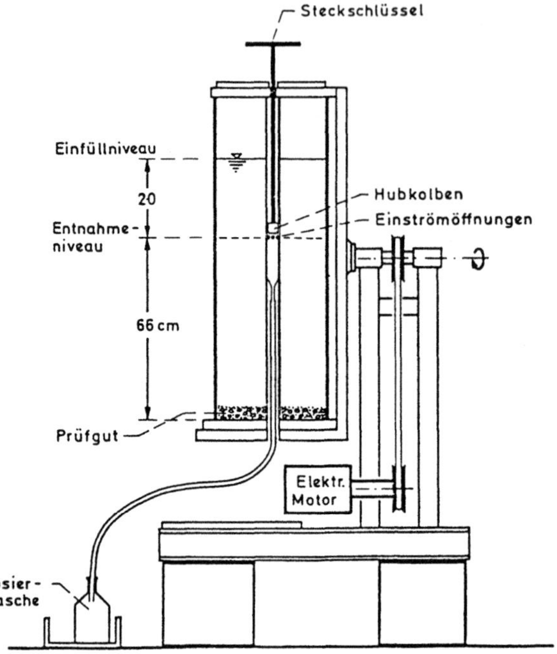

Abb. 2 Rotationszylinder zur Bestimmung des Verwitterungsgrades

Fig. 2 Rotary cylinder for determination of degree of weathering

die Kornfraktion 32/56 mm zerkleinert. Plastische, zusammenhängende Bodenkörper werden mit einem Spachtel auf die gleiche Größe geschnitten. Der Zylinder wird unter Zusatz von 0,5 g $Na_4P_2O_7$ als Dispersionsmittel mit Wasser gefüllt und in Rotation versetzt.

Da sich der plastische Anteil leichter aufschlämmen läßt, während die veränderlich festen Aggregate erst durch Abrieb zerstört werden müssen, findet eine annähernde quantitative Trennung der Komponenten statt. Es wäre jedoch falsch, davon auszugehen, daß nach einer bestimmten für verschiedene Proben gleichen Anzahl von Rotationen dieser Vorgang abgeschlossen wäre. Bei leicht angewitterten Tonsteinen, die meist nur auf Schicht- und Kluftflächen plastische Bestege aufweisen, ist die Komponententrennung nach 100 bis 200 Umdrehungen erreicht. Stark plastifizierte Bodenproben sind dagegen erst nach 800 bis 1000 Rotationen in Sedimentkorngrößen suspendiert, da die größeren kohärenten Tonstücke zwar als plastische, aber dennoch als geschlossene Körper die Dispersionslösung durchfallen, d.h. der Suspensionsvorgang nur oberflächlich wirksam wird.

Um diesem Faktor Rechnung zu tragen, wird nach 100, 215, 465, 1000, 2150 und 4650 Umdrehungen jeweils eine Korngrößenanalyse im Bereich zwischen 0,002 mm und 0,04 mm durch Entnahme von Suspensionsproben durch das Entnahmerohr durchgeführt. Die Durchführung der Sedimentationsanalyse beruht auf dem Stokes'schen Gesetz.

Versuchsauswertung

Die Kornverteilungen werden entsprechend Abb. 3 aufgetragen. Als kennzeichnende Größe für die Verteilung wurde der sogenannte "Feinheits-

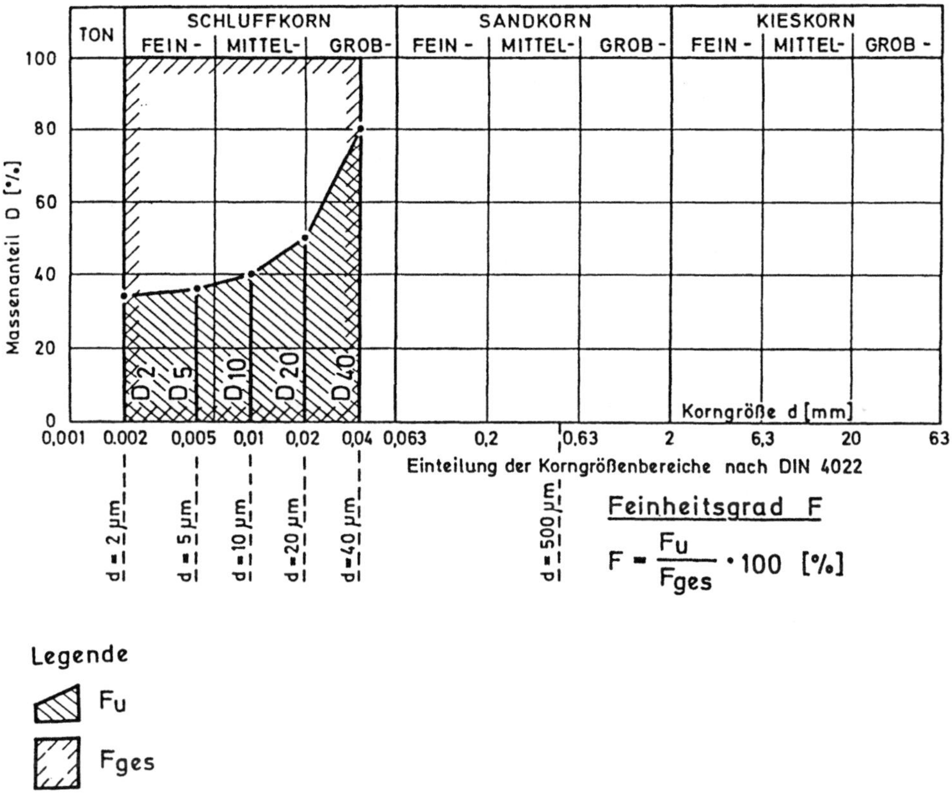

Abb. 3 Ergebnis einer Sedimentationsanalyse zur Bestimmung des Verwitterungsgrades und Definition des "Feinheitsgrades"

Fig. 3 The result of a sedimentation analysis for the determination of the degree of weathering and the definition of the "degree of fineness"

grad F" gewählt. Dieser ist definiert als Fläche unterhalb des Körnungslinienabschnittes F_u zur Fläche unter- und oberhalb des Körnungslinienabschnittes F_{ges} (Abb. 3). Die Berechnung erfolgt nach einer aus der Trapezformel abgeleiteten Näherungsbeziehung

$$F\ (\%) = 0{,}116\ (D_{20}+2\cdot D_{20}+2\cdot D_{10}+D_5) + 0{,}153\ (D_5/D_2)\quad .$$

In einem weiteren Schritt werden die ermittelten Feinheitsgrade gegen die Rotationszahl aufgetragen. Dabei ergeben sich materialspezifische Kurven, die sogenannten "Feinheitslinien" (Abb. 4). An einer Vielzahl verschiedener Proben wurde das Prüfgut im Verlauf des Suspensionsvorganges visuell und von Hand auf Plastizität, Brech- und Ritzbarkeit beobachtet. Dadurch konnten die Rotationsbereiche annähernder Komponententrennung festgelegt werden.

Wie aus der Abb. 4 hervorgeht, können die Bereiche der Komponententrennung in ausreichender Näherung als Schnittpunkt der Ausgleichsgeraden

$$F = 0{,}1\ n - 10$$

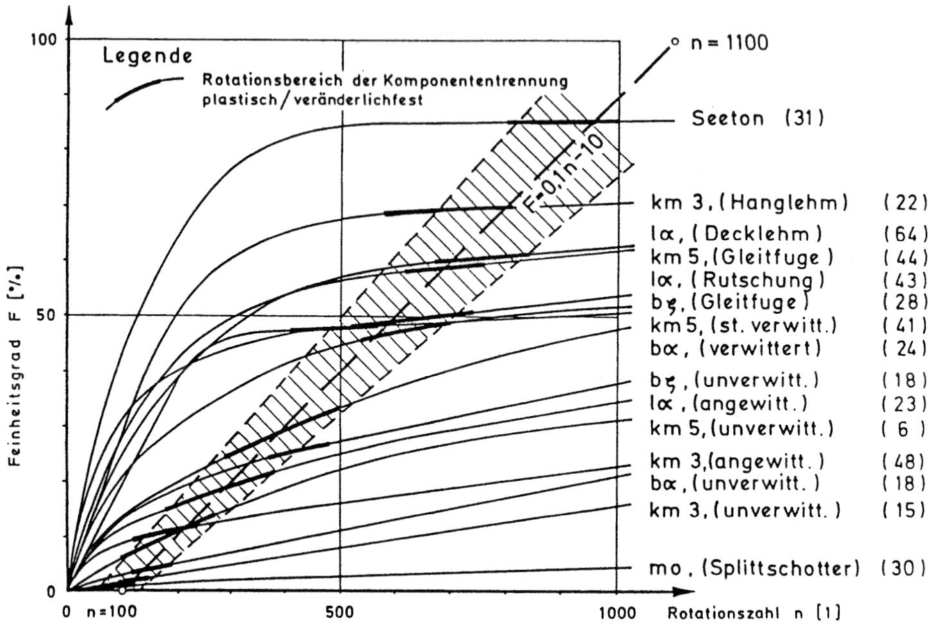

Abb. 4 "Feinheitslinien" und Bereiche der Komponententrennung für verschiedene Böden

Fig. 4 "Lines of fineness" and the section of separation of components for different soils

mit den Feinheitslinien dargestellt werden. Der diesem Schnittpunkt zuzuordnende Feinheitsgrad wird daher als Verwitterungsgrad definiert.

UNTERSUCHUNGEN AM OPALINUSTON

Die Untersuchungen am Opalinuston erfolgten in der Ziegeleigrube Frikkenhausen bei Nürtingen. Im unverwitterten Zustand liegt der Opalinuston als harter, klüftiger, feinschichtiger, dunkelgrauer Tonstein vor, der im Zuge der Verwitterung zunehmend aufklüftet und -schiefert, im oberen Verwitterungsbereich zunehmend plastifiziert wird und im verwitterten Zustand als ockerbrauner, bindiger Boden mit zahlreichen 0,5 cm bis 2 cm großen, graubraunen, sehr mürben Lithorelikten, die in einer helleren, tonig-schluffigen Grundmasse schwimmen, vorliegt.

Mineralogisch besteht das untersuchte Material vorwiegend aus Illit, Kaolinit und Chlorit. Quellfähige Tonminerale konnten nicht nachgewiesen werden. Der Quarzgehalt beträgt ca. 10 %, der Karbonatgehalt bis 5 %. Verwitterungsbedingte Mineralgehaltsänderungen konnten in Form einer auslaugungsbedingten Karbonatabnahme, eines erhöhten Chloritgehaltes im verwitterten Material und der Oxidation von feinverteiltem Pyrit zu Brauneisen beobachtet werden.

Natürlicher Wassergehalt und Dichte

In Abb. 5 sind der natürliche Wassergehalt und die Dichten gegen die Entnahmetiefe aufgetragen (vgl. WALLRAUCH 1969).

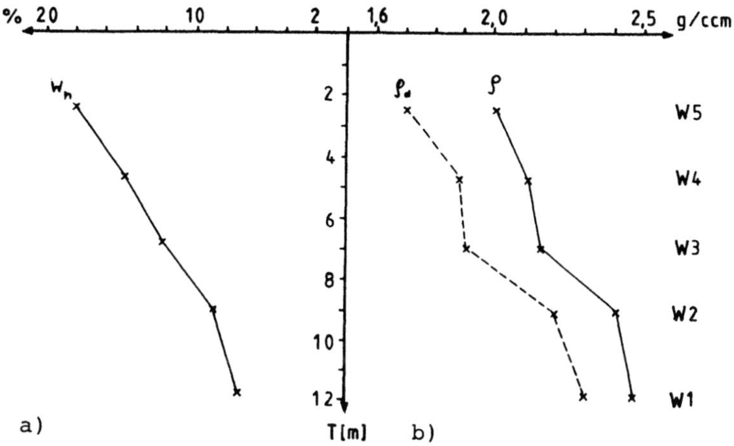

Abb. 5 a) Natürlicher Wassergehalt, b) Dichte in Abhängigkeit von Tiefe und Verwitterungsstufe

Fig. 5 a) Natural water content, b) density dependent on depth and stage of weathering

Es ist ein fast linearer Anstieg mit der Verwitterung festzustellen. Die Abnahme der Dichte wird im Bereich der Verwitterungsstufe W1 bis W4 vorwiegend durch die Zunahme des Kluftvolumens durch fortschreitende Aufklüftung hervorgerufen. Im Bereich W4 - W5 überwiegt dagegen die Dichteabnahme durch Plastifizierung. Die Klüftigkeit verschwindet dabei durch Auffüllung des Kluftvolumens mit plastischen Massen praktisch vollständig.

Physiko-chemische Parameter

Im Zuge der Verwitterung findet ein Ansteigen des Redoxpotentials und ein Absinken des pH-Wertes statt (Abb. 6). Die Messungen erfolgten an wässrigen Bodensuspensionen gemahlener Bodenproben. Der Anstieg des Redoxpotentials durch die bei der Verwitterung wirksam werdenden oxidierenden Atmosphärilien wird gerade bei Tonsteinen, die wie der Opalinuston in reduzierendem Milieu gebildet wurden, besonders deutlich. Der oxidierende Einfluß spiegelt sich auch im Fe^{2+}/Fe_{ges}-Verhältnis wider (Abb. 6b). Das Absinken des pH-Wertes dürfte auf die Freisetzung von Al^{3+}-Ionen aus Tonmineralen durch Verwitterungseinflüsse zurückzuführen sein, die bei der Hydratation H^+-Ionen freisetzen.

Die Änderung der Redox/pH-Verhältnisse verschiebt die chemischen Gleichgewichtsbedingungen im Boden und verstärkt den Einfluß der chemischen Verwitterung. Es handelt sich um einen positiven Rückkopplungseffekt. Denkbar wäre auch eine Beschleunigung der Verwitterung durch elektroosmotische Vorgänge, wie sie VEDER (1968) in Zusammenhang mit Rutschungen beschrieben hat: Aus stark verwitterten Bereichen mit hohem Redoxpotential könnte Porenwasser in geringer verwitterte Bereiche mit geringerem Redoxpotential elektroosmotisch "gepumpt" werden und so verwitterungsfördernd wirken.

In dem in Abb. 6c dargestellten Anstieg der Kationenaustauschkapazität an gemahlenen Pulverproben deutet sich eine mit der Verwitterung zunehmende Aktivierung der Tonminerale an.

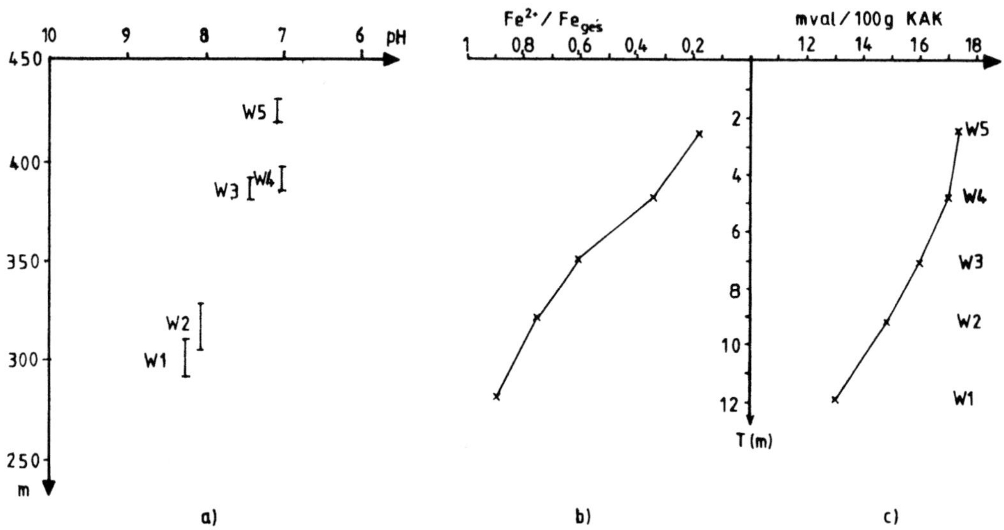

Abb. 6 a) Redoxpotential/pH-Verhältnisse für verschiedene Verwitterungsstufen; b) Fe^{2+}/Fe_{ges}-Verhältnis; c) Zunahme der Kationenaustauschkapazität mit fortschreitender Verwitterung

Fig. 6 a) Redox potential/pH-relationship for different stages of weathering; b) Fe^{2+}/Fe_{to}-ratio; c) increase of cation exchange capacity with proceeding weathering

Scherfestigkeit

Zur Untersuchung der Scherfestigkeit wurden in-situ-Großversuche in verschiedenen Verwitterungsstufen durchgeführt. Dabei wurde sowohl parallel als auch senkrecht zur Schichtung abgeschert, um auch Anisotropie-Effekte mit zu berücksichtigen. Die Ergebnisse sind in Abhängigkeit vom Verwitterungsgrad in Abb. 7a aufgetragen. Ergänzend wurden an den gleichen Materialien Triaxialversuche gefahren, wobei die Belastungsrichtung ebenfalls zum Teil senkrecht, zum Teil parallel zur Schichtung verlief (Abb. 7b).

Bei den in-situ-Großversuchen, die den Einfluß des Trennflächengefüges aufgrund der Prüfkörpergröße gut miterfassen, kann bezüglich des Reibungswinkels ein kontinuierliches Abnehmen bei vertikaler Scherfläche festgestellt werden. Demgegenüber findet bei horizontaler Abscherung ein überproportionaler Festigkeitsverlust im unteren Verwitterungsbereich statt. In W3 ist praktisch bereits die Endfestigkeit erreicht.

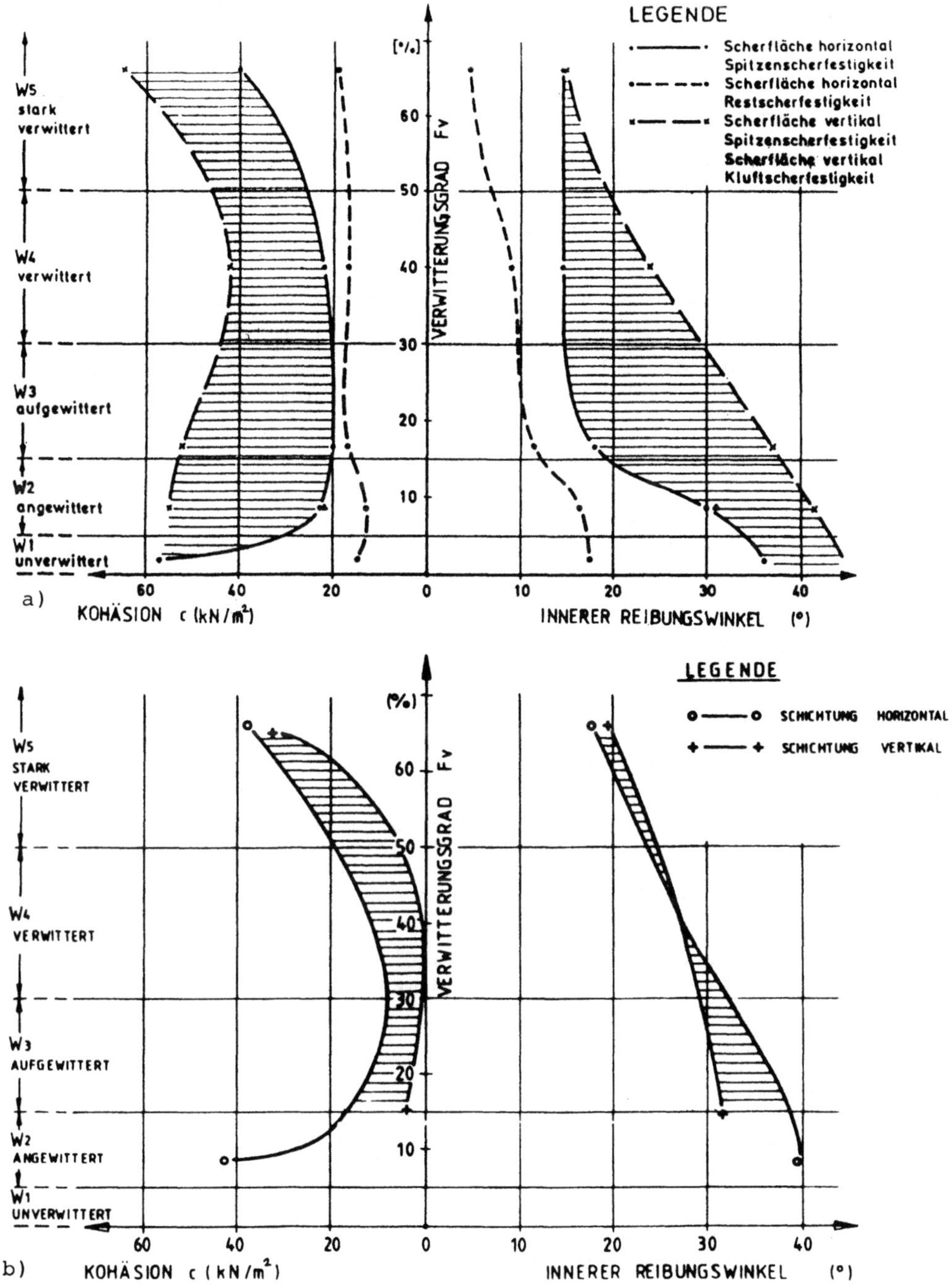

Abb.7 Scherfestigkeit in Abhängigkeit vom Verwitterungsgrad; a) Ergebnisse der in-situ-Scherversuche; b) Ergebnisse der Triaxialversuche
Fig.7 Shear strength in dependence on the degree of weathering; a) results of in-situ shear tests; b) results of triaxial tests

Ursache ist die gegenüber der vertikalen Aufklüftung früher einsetzende und schneller fortschreitende horizontale Aufschieferung des Gesteins. Folge ist ein Maximum der Festigkeitsanisotropie im mittleren Verwitterungsbereich, dargestellt durch die schraffierten Flächen in Abb. 7. Bei völliger Verwitterung geht die Anisotropie des Reibungswinkels zurück.

Bei der Kohäsion ist ein ausgeprägtes Minimum im Bereich der Verwitterungsstufe W3 zu erkennen. Die Anisotropie der Kohäsion bleibt annähernd konstant. Wie beim Reibungswinkel werden auch für die Kohäsion bei vertikaler Abscherung höhere Werte gemessen, da die schiefrige Struktur des Opalinustons sich schwächend auswirkt.

Die aus den Triaxialversuchen ermittelten Werte zeigen generell die gleiche Tendenz. Auch hier ist ein deutliches Minimum der Kohäsion im mittleren Verwitterungsbereich zu erkennen. Die Anisotropie ist nur gering ausgeprägt, da sich die Scherfläche sowohl bei horizontal als auch bei vertikal eingebauter Probe schiefwinklig zur Schichtung einstellt.

MODELLHAFTE DARSTELLUNG DES VERWITTERUNGSVORGANGES

Nach OSIPOV (1975) können 3 verschiedene Bindungsarten zwischen Tonteilchen unterschieden werden (Abb. 8):

a) Koagulationstyp: Die Tonteilchen sind von einer Hydrathülle umgeben und werden durch die elektrische Doppelschicht zusammengehalten. Solchermaßen aufgebaute Tone zeigen ausgeprägt plastisches Verhalten.

b) Kondensationstyp: Die Tonteilchen sind durch feste Punktkontakte, die ähnlich den Bindungen zwischen den Elementarschichten der Tonkristalle aufgebaut sind, verbunden. Im Bereich des Kontaktes besteht keine Hydrathülle. Tone, in denen dieser Bindungstyp vorherrscht, zeigen ein eher sprödes Materialverhalten.

c) Zementationstyp: Die Bindung erfolgt durch eine verkittende Phase. Zu nennen sind hier silikatische, Fe-Mn-oxidische oder organische Phasen. Karbonat spielt dagegen bei Tonsteinen keine wesentliche Rolle als verkittende Substanz. Zementative Bindungen verhalten sich ebenfalls spröde.

Unter Normalbedingungen stellt der Koagulationstyp die thermodynamisch stabilste Bindungsart dar. Bei der Sedimentation herrscht daher dieser Bindungstyp vor.

Bei der Diagenese dünnen die Hydrathüllen durch die erhöhten Druck-Temperatur-Bedingungen aus und brechen an den Kontaktstellen der Tonteilchen zusammen. An diesen Punkten entstehen Kondensationsbindungen, die auch nach Abtrag der geologischen Auflast metastabil erhalten bleiben. Zusätzlich können sich zementative Bindungen bilden.

Die Verwitterung ist als ein Prozeß aufzufassen, der die Kondensations- und Zementationsbindungen löst und in koagulierte Bindungen umwandelt. Der feste, überkonsolidierte Tonstein wird dadurch in einen plastischen, unkonsolidierten Ton zurückgeführt. Dieser Vorgang wird durch drei Mechanismen bewirkt:

a) Zerbrechen der Kondensationsbindungen durch mechanische Spannungen.

b) Umwandlung von Kondensations- in Koagulationsbindungen durch chemophysikalische Reaktionen mit dem Bodenwasser.

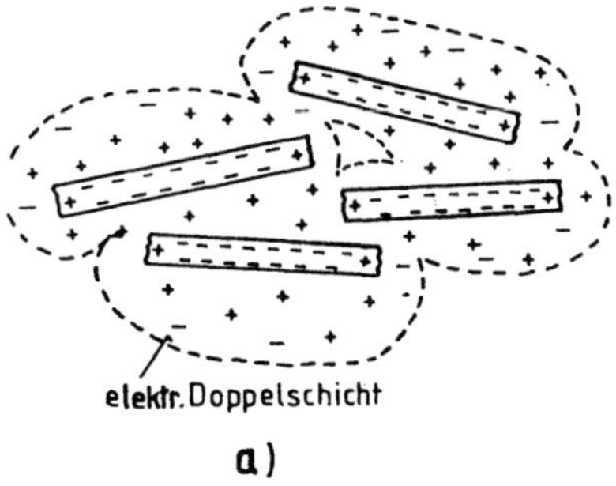

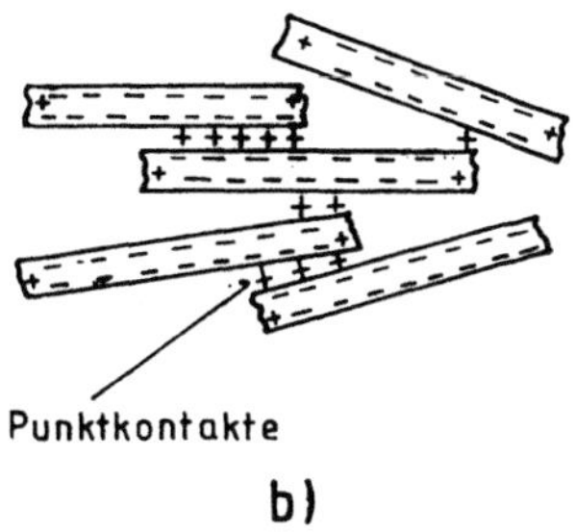

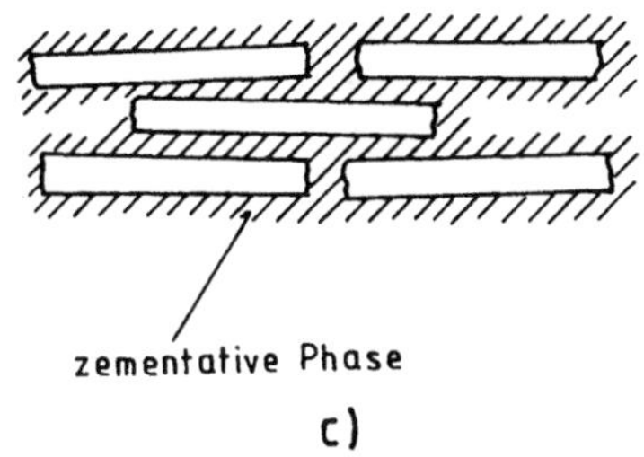

Abb. 8 Bindungstypen nach OSIPOV (1975): a) Koagulationstyp; b) Kondensationstyp; c) Zementationstyp

Fig. 8 Types of bonding (OSIPOV 1975): a) coagulation type; b) condensation type; c) cementation type

c) Auflösung zementativer Bindungen.

Wesentlich für das Verhalten eines pelitischen Materials und den Ablauf der Verwitterung sind die Zahl und die räumliche Anordnung der einzelne Bindungstypen im unverwitterten Gestein. Diese Faktoren sind letztendlich abhängig von:

- der Sedimentationsgeschichte
- dem mineralogisch-chemischen Charakter des Sediments
- der geologischen Vorbelastung sowie eventueller tektonischer Einflüsse.

So unterscheiden sich z.B. Verwitterungsprofile des marinen, streng parallel texturierten Opalinustons deutlich von denen des kontinentalen, geringer texturierten Knollenmergels, des im salinaren Milieu abgelagerten Gipskeupers oder des Posidonienschiefers mit seinem hohen Anteil an verkittender organischer Substanz.

Im wesentlichen lassen sich beim Ablauf der Verwitterung drei Phasen unterscheiden:

I. Phase: Zerbrechen des Gesteinsverbandes durch Entlastungskräfte. Das gebildete Trennflächengefüge schafft im weiteren die Wegsamkeit für Atmosphärilien. Die Zerklüftung bewirkt eine Abnahme der Gebirgsfestigkeit sowohl im Reibungswinkel als auch in der Kohäsion, während die Gesteinsfestigkeit noch nicht wesentlich geschwächt wird. Auch die Änderung der physiko-chemischen Parameter ist noch gering. In Abb. 9 ist die Abhängigkeit der einzelnen Bodenparameter vom Verwitterungszustand qualitativ, modellhaft verallgemeinert dargestellt. Die Phase I umfaßt beim Opalinuston die Verwitterungsstufen 1 und 2, wobei eine exakte und scharfe Abgrenzung zwischen den Phasen nicht möglich ist, da es sich bei der Verwitterung ja um einen vielschichtigen, stetigen Prozeß handelt.Charakteristisch für Phase I ist die flächenhafte, me-

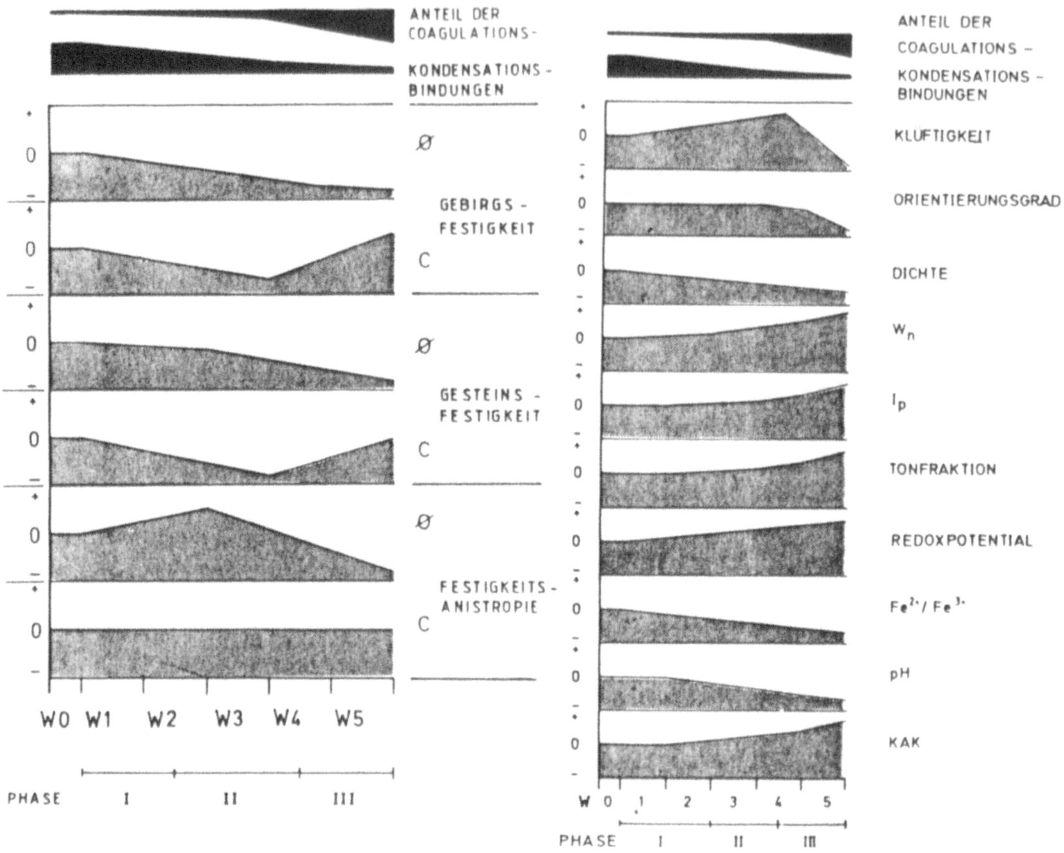

Abb. 9 Verallgemeinerte, qualitative Darstellung der Veränderungen bodenmechanischer und bodenphysikalischer Parameter im Verlauf der Verwitterung

Fig. 9 General and qualitative presentation of changing of soil mechanical and soil physical parameters in the course of weathering

chanische Zerstörung von Kondensationsbindungen im Bereich der neugebildeten Trennflächen.

II. Phase: Übergangsbereich zwischen der durch endodynamomorphe Verwitterungsprozesse geprägten Phase I und der ektodynamomorph geprägten Phase III. Durch mechanische Beanspruchung, hervorgerufen vor allem durch Quell- und Schrumpfbewegungen, wie sie EINSELE und LEMPP (1981) beim Bröckchenzerfall durch Trocknungs-Befeuchtungs-Versuche beschreiben, findet eine weitere räumliche Zerstörung der Zementations- und Kondensationsbindungen statt. Die durch die Zerklüftung des Gebirges bedingte Wasserwegsamkeit fördert Auslaugungsprozesse und kann zur Auflösung von Zementationsbindungen führen. Zunehmende chemische Einflüsse, wie Oxidation und Abnahme des pH-Wertes, bewirken eine beginnende Umwandlung von Kondensations- in Koagulationsbedingungen. Dieser

Vorgang ist mit Quellerscheinungen verbunden, wie sie HUDER und AMBERG (1970) am Opalinuston beschrieben haben. Durch die fortschreitende Zerstörung der Kondensationsbindungen nimmt sowohl die Gebirgs- als auch die Gesteinsfestigkeit ab. Da die Neubildung der Koagulationsbindungen sich erst im Anfangsstadium befindet, zeichnet sich die Verwitterungsphase II durch ein Minimum an wirksamen Bindungen pro Volumeneinheit aus. Dies wird deutlich an einem Maximum an Klüftigkeit und einem ausgeprägten Minimum der Kohäsion. Im Extremfall liegt das Material als kohäsionsloses Haufwerk aus Tonaggregaten vor, wie man es z.B. am Gipskeuper beobachten kann. Die stark abgeminderte Festigkeit führt in Verbindung mit der Überlagerung der stärker verwitterten Schichten häufig zu Instabilitäten. So ist zu erklären, daß bei verwitterungsbedingten Rutschungen sich die Gleitfläche meist in dieser Verwitterungszone ausbildet. Die Phase II umfaßt beim Opalinuston die Verwitterungsstufe 2 bis 4.

III. Phase: Diese Phase ist durch Plastifizierung des Ausgangsmaterials geprägt, die ihre Ursache in einer intensiven Umwandlung von Kondensationsbindungen und Neubildung von Koagulationsbindungen hat. Der Vorgang bewirkt eine Aktivierung der Tonminerale, da Oberflächenbereiche der Tonminerale, die vorher durch Punktkontakte versiegelt waren, sich nach Bildung der Hydrathülle oberflächenaktiv auswirken. Dies kommt in einer verstärkten, bereits in Phase II erkennbaren Zunahme des natürlichen Wassergehalts, der Konsistenzgrenzen, der freien Tonfraktion und der Kationenaustauschkapazität zum Ausdruck. Durch die wachsende Zahl an Koagulationsbindungen steigt die Kohäsion wieder an, während der Reibungswinkel weiter abfällt. Das Trennflächengefüge wird durch den entstehenden plastischen Verwitterungston verfüllt und abgedichtet. Der Abdichtungseffekt kann dabei zu einer Verlangsamung der Verwitterungsprozesse im obersten Verwitterungsbereich führen. Die Phase III umfaßt die Stufen W4 und W5.

Durch optische und röntgenographische Texturuntersuchungen konnte nachgewiesen werden, daß erst während der Phase III die Zerstörung des räumlichen Netzwerkes der Kondensationsbindungen soweit fortgeschritten ist, daß eine signifikante Störung der Paralleltextur durch Ausregelung von Tonaggregaten stattfinden kann (Abb. 10). Dabei wurde auch deutlich, daß sich die Tonsteine um so verwitterungsresistenter verhalten, je idealer eine Paralleltextur ausgebildet ist. Jede Störung der Paralleltextur z.B. durch Quarzkörner stellt einen bevorzugten Ansatzpunkt für Plastifizierungsvorgänge dar. In diesem Zusammenhang läßt sich z.B. auch die sehr tiefgründige Verwitterung des primär schlecht parallel texturierten Knollenmergels erklären.

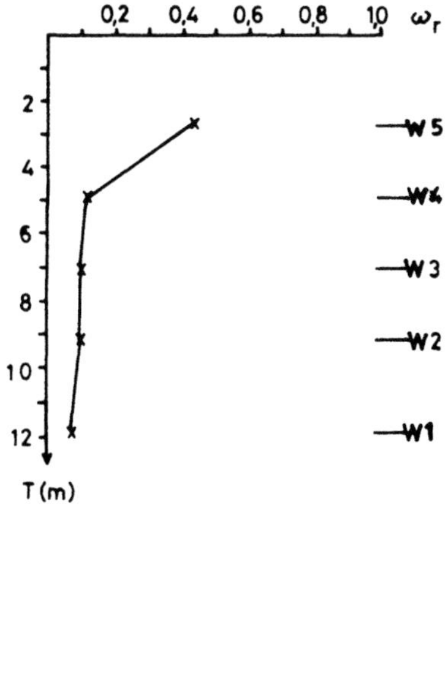

Abb. 10 Röntgenographische Texturanalyse am Opalinuston; w_r=horizontal/vertikal orientierte Tonteilchen

Fig. 10 Fabric analysis with X-ray diffraction; w_r=horizontal/vertical orientated clay plates

LITERATUR

Einsele G, Lempp C (1981) Ursache und Einfluß der Entfestigung veränderlich fester Gesteine auf die Tragfähigkeit des Erdplanums. Forschung Straßenbau und Straßenverkehrstechnik 330: 1.101

Henke KF, Paul A (1981) Einfluß der Verwitterung auf die mechanischen Eigenschaften von Tongesteinen. Bericht an die Deutsche Forschungsgemeinschaft, unveröffentlicht

Huder J, Amberg G (1970) Quellung in Mergel, Opalinuston und Anhydrit. Schweiz Bauztg 88 Jg 43: 975-980

Osipov VI (1975) Structural bonds and the properties of clays. Bull of Int Ass of Eng Geol 12: 13-20

Veder C (1968) Bodenstabilisierung durch Ausschaltung von Grenzflächenerscheinungen. Felsmech u Ingenieurgeol Suppl 4: 9-24

Wallrauch E (1969) Verwitterung und Entspannung bei überkonsolidierten tonig-schluffigen Gesteinen Südwestdeutschlands. Diss Univ Tübingen

Zustandsbeschreibung und Verwitterbarkeit des eozänen Messeler Ölschiefers

E. BACKHAUS und J. RAHNAMA-RAD[1]

SUMMARY

In the abandoned oil shale pit "Grube Messel" fossils are excavated and rubbish ought to be deposited (fig. 1). The diggers and the deposition are threatened by slope failures. In order to investigate the slope stability the soil physical parameters of primary indisturbed core samples were determined (table 1 and 4).

The material can be divided into a bituminous clay/silt mixture. The elutriation analyses or the combined sieve- and elutriation analyses proved that all layers have a fluctuate portion of clay between 57 - 8% (fig. 2). The water absorption of a desiccated sample is very slow; at first after 24 h 0,4 were obtained and after a month 0,74 (fig. 4). By reiterated desiccation and moistening the water absorption increased, after ten repeated interactions a water content of up to 0,50 was obtained. In vacuum the absorption capacity increases faster and stronger 0,61 (fig. 5). In spite of a high content of active clay minerals the water content will not increase after ten repeated remoistening phases because the montmorillonites will be masked by kerogenes. The falling into pieces prevails.

The laboratory tests for weathering of the material were accomplished in six series as pointed out (fig. 6):

1) already after one desiccation an evident separation of beds is distinguishable,
2) the influence of frost action is of less importance, it increased under vacuum conditions,
3) the series of investigation "desiccation-moistening" is the decisive criterion for desintegration,
4) the series of investigation "A - B in vacuum" (at 30 mbar residual pressure) lead to a comparable stronger comminution.

The uniaxial shear test yielded strongly deviating values for the angle of internal friction in relation to bedding and shear planes. In the case of steeper inclined layers the angle of internal friction obtained an angle of 46° and in the case of horizontal bedding an angle of 26°. That is important because the layers have a steep inclination. The compression tests in the case of horizontal layers at 80 N/cm² obtained a final settlement of 0,39 mm (tab. 3). The pressure of overlying strata (here max. 150 m) is of no distinguishable influence on the geological preloading and on all the soil physical parameters.

[1] Prof. Dr. E. Backhaus, Dipl.-Geol. J. Rahnama-Rad, Geologisch-Paläontologisches Institut TH Darmstadt, Schnittspahnstr. 9, D-6100 Darmstadt

Ingenieurgeologische Probleme im Grenzbereich zwischen Locker- und Festgesteinen
(Herausgegeben von K.-H. Heitfeld)

EINLEITUNG

Die eozänen Ölschiefer der Grube Messel (TK 25, 6018 Langen) liegen in einer grabenartigen Versenkung umgeben von kristallinen Gesteinen (Diorite, Granodiorite), die in weiten Flächen des Sprendlinger Horstes von Sedimenten des Rotliegenden bedeckt sind.

Im Grubenbereich niedergebrachte Bohrungen trafen in den meisten Fällen unter dem Ölschiefer noch Schluff- und Sandsteine mit Konglomeraten tertiären Alters über dem Granodiorit an.

Die dem Unter Lutet zugeordneten Ölschiefer sind im zentralen Teil des Grabens 1980 mit 142 m Mächtigkeit erbohrt worden, sie lassen sich zu annähernd 200 m Gesamtmächtigkeit bestimmen (Abb. 1). Es sind bituminöse Tonsteine schwarzbräunlicher Farbe. Die Farbe ist durch den im Ölschiefer enthaltenen Gehalt an organischen Bestandteilen (> 30 %) bedingt. Nach IMMEL (1960) sind die Bitumina (Kerogene) den Montmorilloniten eingelagert, die innerhalb der Tonfraktion nach IRION (1977) 95 % ausmachen.

Im oberen Drittel der Schichtenserie tritt Siderit in cm-mächtigen Lagen und Linsen auf, daneben als Verwitterungsprodukte Brauneisen und auf Klüften Gips. Pyrit-Aggregate findet man nur in den unteren Bereichen. Sehr markant ist für den Ölschiefer eine ausgeprägte Lamination im mm-Bereich. Bei beginnender Austrocknung blättert er an diesen Flächen auf.

Der gesamten Ölschieferabfolge sind geringmächtige Schluff- und Feinsandlagen eingeschaltet; im unteren Bereich können mittel- bis grobklastische Einlagerungen bis zu 20 cm stark werden. Im Liegenden des Ölschiefers läßt sich eine mehr als 70 m mächtige klastische Serie aushalten, die weitgehend aus aufgearbeitetem Kristallin oder Rotliegendem besteht. Die im Hangenden ehemals angetroffenen klastischen Serien sind durch den Ölschieferabbau abgetragen worden.

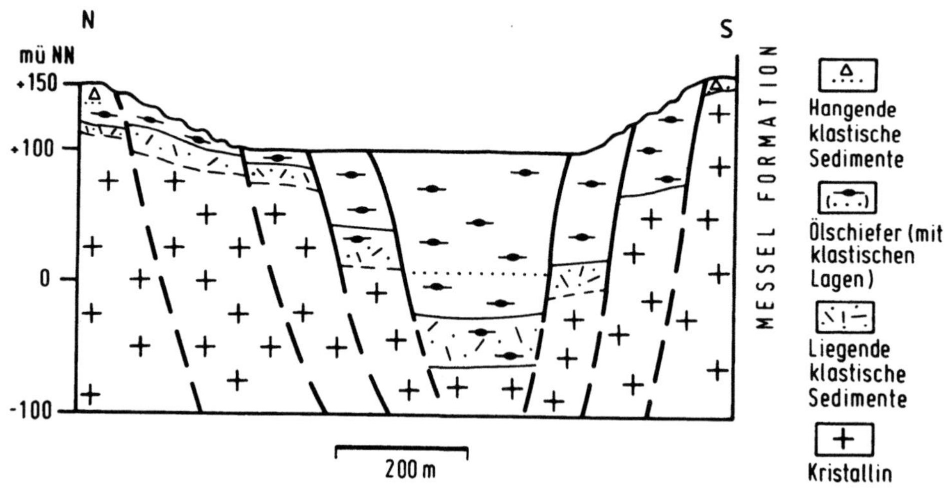

Abb. 1 Geologisches N-S Profil durch die Grube Messel

Fig. 1 Geological N-S section of the pit "Grube Messel"

Nach den vorliegenden paläogeographischen Karten (GOLWER 1968) sind jüngere tertiäre Sedimente nur vom Rande des Sprendlinger Horstes bekannt. Eine Überdeckung mit pleistozänen Sanden von vier Metern ist nachgewiesen; sie dürfte 10 m kaum überschritten haben.

Im Herbst 1980 (WEBER & HOFFMANN 1982) wurden aus Mitteln des Hessischen Kultusministeriums fünf Kernbohrungen mit Wasserspülung zwischen 120 und 167 m Tiefe niedergebracht. Der Kerndurchmesser betrug 132 mm, 85 mm und 60,3 mm. Für unsere Untersuchungen wurden 15 - 25 cm Proben im Abstand von 10 m bzw. beim Materialwechsel entnommen. Wegen der Verwitterungsanfälligkeit wurden alle Kerne in Polyäthylenfolien eingeschweißt und bis zur Bearbeitung im Klimaraum des Instituts für Bodenmechanik und Grundbau der TH Darmstadt gelagert. Ein Teil der Versuche konnte dankenswerterweise auch im dortigen Labor ausgeführt werden.

Die aufgelassene Ölschiefergrube wird gegenwärtig und in der Zukunft als Fossilgrabungsstätte genutzt; sie soll mit Müll verfüllt werden. Zahlreiche Rutschungen gefährden die Grabungen und eine ordnungsgemäße Deponierung. Um die Standsicherheit der Böschungen zu gewährleisten, waren die erforderlichen bodenphysikalischen Kennwerte in Abhängigkeit von den geologischen Befunden zu ermitteln.

ZUSTANDSBESCHREIBUNG DES MATERIALS

Wassergehalt (w)

Die Versuche wurden nach DIN 18 121, Blatt 1, durchgeführt. Es wurde eine Temperaturstufe von (55 + 5)° gewählt, um das Kristallwasser der Tonmineralien zu erhalten. Die Tab. 1 gibt die Wassergehaltswerte des Ölschiefers wieder. Die Werte schwanken zwischen 0,48 (B7: 100 m) und 0,7 (B1: 50 m). Der arithmetische Gesamtmittelwert des Ölschiefers liegt bei 0,57. Das sandige Material hat geringere Wassergehalte (0,12). Diese Schwankungen hängen nicht von der Entnahmetiefe, sondern hauptsächlich vom unterschiedlichen Ton-, Schluff- und Sandgehalt und vom Gehalt an organischem Material ab.

Kornverteilung (DIN 18 123)

Um das Material zum Schlämmen und/oder Sieben vorzubereiten, wurden die ins Wasser gelegten Gesteinsbruchstücke sanft mit einem Holzstück zerdrückt, zerkleinert und 2 - 3 Tage im Rührgerät aufbereitet. Als Antikoagulationsmittel wurde Wasserglas verwendet.

Die Schlämmanalysen des Ölschiefers sind, weil die feinkörnigen, organischen Tone und Schluffe mit einer Beimengung von feinverteilten, festgebundenen Ölteilchen umgeben sind, möglicherweise mit einem Fehler behaftet, weil Öl leichter als Wasser ist und das Aräometer durch den Auftrieb des Öls hochgedrängt werden kann. Aus dem Dreiecksdiagramm (Abb. 2) ist abzulesen, daß die Ölschiefer zwischen 57 und 8 % Ton enthalten.

Weitere Bestimmungen

Glühverlust: (V_{gl} = Glühverlust) nach DIN 1080, Teil 6 (s. Tab. 1).

Kornwichte (γ_s): Die Kornwichte wurde mit dem Kapillarpyknometer bestimmt, Ergebnisse siehe Tabelle 1.

Tab. 1 Bodenphysikalische Kennwerte des Ölschiefers und des sandigen Materials im Liegenden; w = Wassergehalt (X_{B1-7} = arithmetisches Mittel der Bohrproben), V_{gl} = Glühverlust, γ_s = Kornwichte, γ = Wichte des feuchten Ölschiefers (Boden), γ_d = Trockenwichte, n = Porenanteil, e = Porenzahl, S_r = Sättigungszahl, S = Horizontaler Schrumpfungsgrad (= parallel zur Schichtung), w_L = Fließgrenze, w_P = Ausrollgrenze, I_P = Plastizitätszahl, I_C = Konsistenzzahl

Tab. 1 Soil-physical parameters of oil shales and of sandy material in the underlying beds; w = water content (X_{B1-7} = arithmetic average of the core samples), V_{gl} = organic content (ignition loss), γ_s = grain density, γ = density of moist oil shale, γ_d = dry density, n = porosity, e = void ratio, S_r = coefficient of saturation, S = horizontal shrinkage (parallel to lamination), w_L = liquid limit, w_P = plastic limit, I_P = plasticity index, I_C = consistency index

Probe Ölschiefer	w 1	V_{GL} 1	γ_S kN/m³	γ kN/m³	γ_D kN/m³	n 1	e 1	S_R 1	S 1	w_L 1	w_P 1	I_P 1	I_C 1
B 1: 10 m	0,58	0,53	18,3							1,31	0,66	0,66	1,10
1: 20 m	0,71		18,0							1,57	0,71	0,86	0,96
1: 30 m	0,60	0,58	18,8	12,9	8,1	0,57	1,3	0,96	0,17				
1: 40 m	0,60		19,0										
1: 50 m	0,71												
1: 59 m	0,53		17,9	13,1	8,4	0,52	1,08	0,90					
X_{B1} =	0,62												
B 2: 20 m	0,58	0,60	19,0										
2: 30 m	0,49			13,6	9,9	0,48	0,92	0,75					
2: 40 m	0,58		18,1										
2: 50 m	0,59	0,51	19,0	14,0	9,0	0,53	1,1	0,98	0,11	1,45	0,60	0,85	0,99
2: 60 m		0,43											
2: 70 m	0,61		18,3							1,42	0,57	0,85	0,95
X_{B2} =	0,57												
B 4: 5 m	0,57								0,13				
4: 10 m	0,60												
4: 20 m	0,51		18,6	14,4	9,4	0,50	1,0	·0,92					
4: 30 m			18,2										
4: 31 m	0,64			12,5	7,8	0,57	1,3	1,18					
4: 40 m	0,59			14,3	8,7	0,57	1,3	1,0					
4: 50 m	0,59								0,11				
4: 70 m	0,52			14,0	9,2	0,50	1,0	0,95					
4: 120 m	0,53												
X_{B4} =	0,57												
B 5: 5 m	0,54			15	9,0	0,53	1,1	0,96	0,14				
5: 17 m	0,54												
5: 25 m	0,65		17,9							1,28	0,65	0,63	1,0
5: 49 m		0,76											
5: 62,4 m	0,58			13,1	8,2	0,56	1,3	1,0					
5: 90 m	0,54			13,6	8,8	0,51	1,1	1,0					
X_{B5} =	0,57												
B 7: 60 m	0,52												
70 m	0,56												
90 m			18,8										
100 m	0,49		18,6	14,0	9,5	0,49	0,96	0,90					
X_{B7} =	0,54												
Sandiges Material													
B 1: 60,5 m	0,13		25,9	19,8	17,4	0,33	1,3	0,23		0,51	0,20	0,31	1,2
4: 130,0 m	0,10												
5: 49,0 m	0,14												
5: 100,0 m	0,12												
X =	0,12												

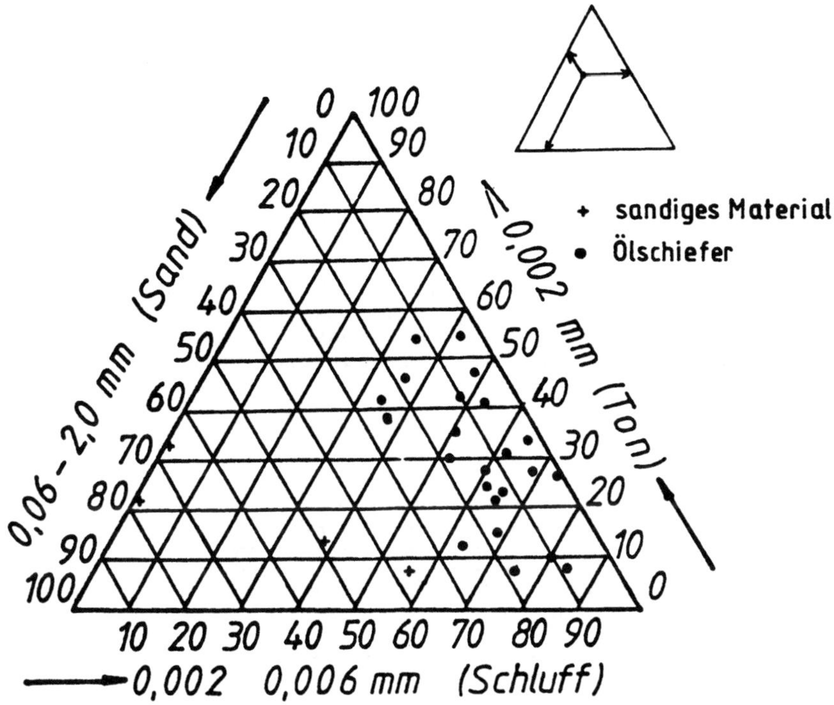

Abb. 2 Kornaufbau der Ölschiefer und des sandigen Materials im Liegenden
Fig. 2 Granulometric composition of oil shale and sandy material of the underlying bed

Wichte des feuchten und des trockenen Materials (γ und γ_d): Zur Bestimmung wurden zwei verschieden große, ungestörte Volumenkörper hergestellt (s. Tab. 1):
1) 6 x 6 x 2,53 cm (im Zusammenhang mit Scherversuch)
2) 1,4 x $3{,}55^2$ cm (im Zusammenhang mit einachsialem Kompressionsversuch)

Porenanteil (n), Porenzahl (e) und Sättigungszahl (S_r): siehe Tab. 1.

Schrumpfungsgrad (S) (s. Tab. 1): Der Ölschiefer ist ein ziemlich homogenes Material; stellenweise auftretende Zwischenlagen (Siderit, Sand-Schluff) bedingen Inhomogenitäten. Die feine Lamination mit einer lagigen Anordnung der Tonmineralien bewirkt ein anisotropes Verhalten beim Austrocknen; die Laminae blättern parallel zur Schichtung um 30 - 80 % auf.

Die im Regelfall vorherrschende Schrumpfung senkrecht zur Schichtfläche (LEMPP 1979) wurde im vorliegenden Fall nicht gemessen, weil die schichtparallele Aufblätterung sie weitgehend überdeckte.

Um den horizontalen Schrumpfungsgrad zu ermitteln, wurde die Formel

$$S = \frac{V_f - V_d}{V_f} \qquad \text{(aus SCHULZE/MUHS 1967)}$$

auf die Formel

$$S = \frac{D - D_d}{D}$$

D = Anfangsdurchmesser
D_d = Durchmesser nach dem Austrocknen

umgestellt.

Zustandsgrenzen (DIN 18 122, Bl. 1): Die Höhe der Fließgrenzenzahl beweist die Feinkörnigkeit des Materials und auch besonders das Vorhandensein der wasserbindenden Minerale.

Bei der Bestimmung der Zustandsgrenzen (wie auch bei den Korngrößenanalysen) hat sich gezeigt, daß das Material nicht leicht aufweicht und nicht schnell breiig wird (s. Tab. 1), da der Abstand von natürlichem Wassergehalt zur Fließgrenze zu groß ist. Das Material wurde bis zur Homogenität aufbereitet (Abb. 3).

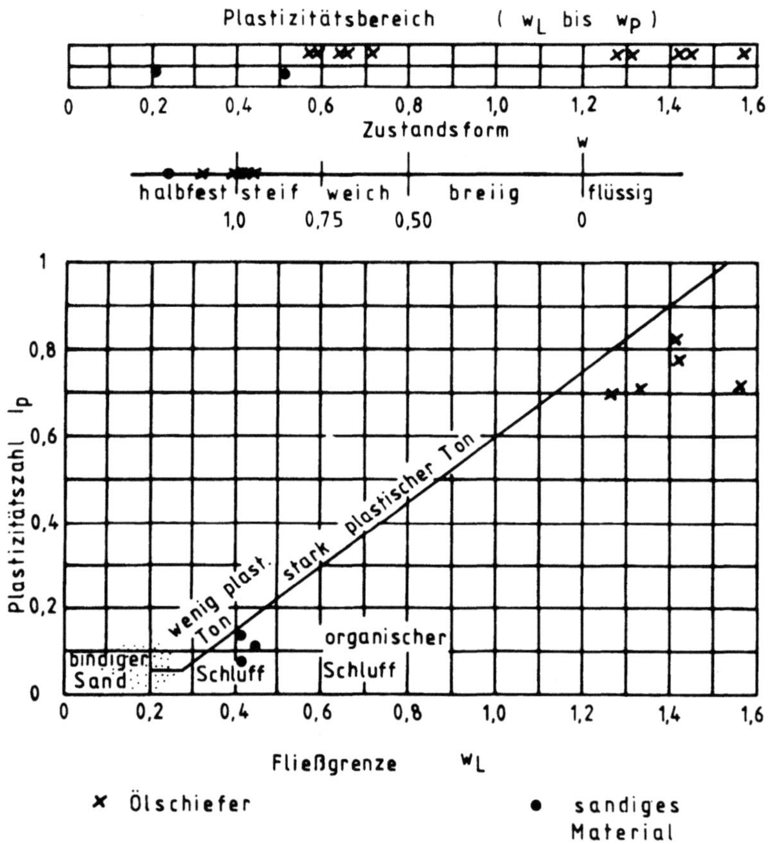

Abb. 3 Zustandsgrenzen von Ölschiefer und sandigem Material

Fig. 3 Consistency limits of oil shale and sandy material

WASSERAUFNAHME UND VERWITTERUNG (KLIMAVERSUCH)

Die Wasseraufnahme wurde bestimmt, um den Verwitterungsgrad des Materials zu ermitteln.

Wasseraufnahmegrad

Der Versuch richtet sich nach DIN 52 103. Bei der Versuchsdurchführung wurden die gewogenen und getrockneten Proben eine Stunde lang bis zur Hälfte, dann vollständig mit 20 mm ± 5 mm Wasserüberdeckung bei (22±2) °C gelagert. Nach einer bestimmten Zeit (Abb. 4) wurden die Proben bei (55 ± 5) °C bis zur Gewichtskonstanz getrocknet. Diese Prüfung ist eine Vervollständigung des Klimaversuches. Sie hat zum Ziel:

1. Die Geschwindigkeit der Wasseraufnahmefähigkeit des Materials, das nur einmal ausgetrocknet ist, zu bestimmen. Dabei wird die Zeit festgehalten, die die Probe zur Durchfeuchtung im Wasser benötigt. Nach DIN 52 104 (S. 2, Tab. 1), Frost - Tau - Wechsel - Versuch, wird das Material unter Atmosphärendruck 24 Stunden (A-Serie) und 2 Stunden (B-Serie) in Wasser gelagert. Aus Abb. 4 ist ersichtlich, daß die Proben nach 24 h Befeuchtung ihren natürlichen Wassergehalt noch nicht erreicht haben. Erst nach einer einmonatigen Lagerung sind sie vom ausgetrockneten Zustand zu den Werten 0,74 (B2: 70) und 0,71 (B5: 25) angestiegen.

2. Bei dem Klimaversuch (Austrocknung - Befeuchtung - Wechsel - Versuch) wurde nach jeder Austrocknung und anschließender Befeuchtung die aufgenommene Wassermenge gemessen. Um den Bedingungen der Verwitterung in

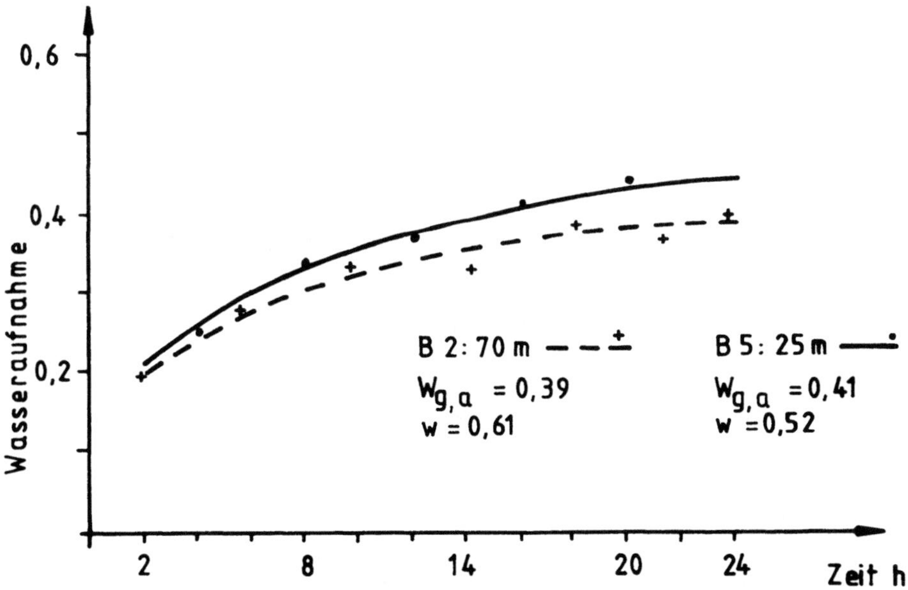

Abb. 4 Gewichtsbezogene Wasseraufnahme unter Atmosphärendruck ($W_{g,a}$)

Fig. 4 Water absorption under atmospheric pressure ($W_{g,a}$)

der Natur näherzukommen, wurde eine gleiche Versuchsreihe im Vakuum durchgeführt (Abb. 5). Der Vergleich zwischen Abb. 4 und Abb. 5 zeigt, daß die Wasseraufnahme nach einmaliger Befeuchtung (Abb. 4) nur 0,4 erreicht (Ausgangswassergehalt 0,62), bei zehnfacher Wiederholung des Austrocknungs-Befeuchtungs-Vorganges steigt die Wasseraufnahmefähigkeit unter Atmosphärendruck bis 0,5 an. Diese höhere Wasseraufnahme hängt mit dem Bröckchenzerfall (vgl. auch Abb. 6) zusammen. Ein Quellen der Proben wurde deshalb nicht beobachtet.

Nach dem 10. Wiederholungsvorgang erreicht die aufgenommene Wassermenge bei dem Versuch im Vakuum 0,61, ist also höher als bei dem Versuch unter Atmosphärendruck (0,5) (Abb. 5). Die bloße Wassertränkung unter Atmosphärendruck erreicht noch nicht den Grad der Durchfeuchtung in der Natur (w).

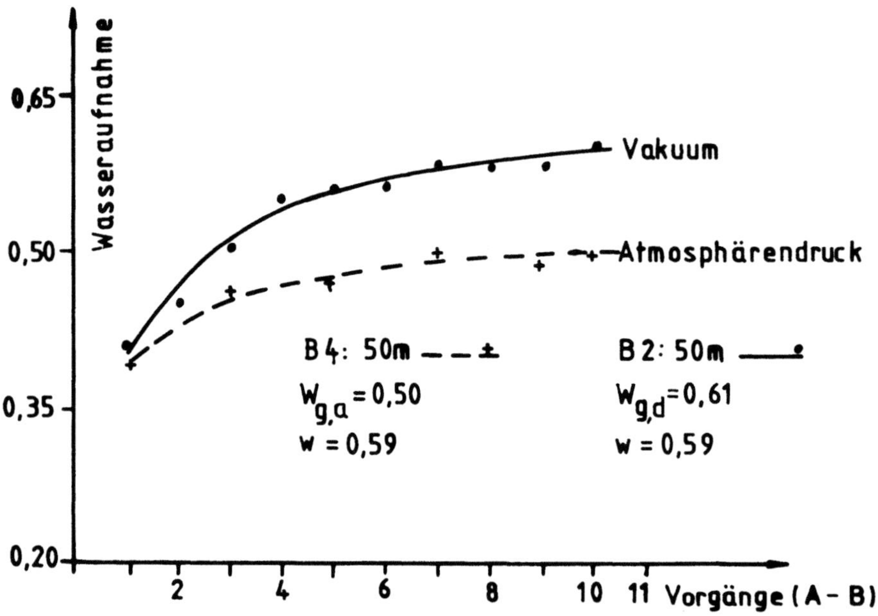

Abb. 5 Gewichtsbezogene Wasseraufnahme im Vakuum ($W_{g,d}$) bzw. unter Atmosphärendruck ($W_{g,a}$) bei Wechsel von Austrocknung (Trockenschrank) und Befeuchtung

Fig. 5 Water absorption in vacuum ($W_{g,d}$) resp. under atmospheric pressure ($W_{g,a}$) related to weight by alternation of desiccation and moistening

Laborversuche zur Verwitterung des Materials

Es sind insgesamt 6 Versuchsserien nach DIN 52 104 durchgeführt worden. Die Unterteilung erfolgt in eine A- und B-Serie.

A - Serie: Wassertränkung unter Atmosphärendruck

B - Serie: Wassertränkung im Vakuum von 30 mbar Restdruck

A- und B-Serie setzen sich jeweils aus 3 Versuchsserien zusammen:

1. Befeuchtung - Frost - Auftau - Austrocknung (B-F-Auf.-Aus.)
2. Befeuchtung - Austrocknung (B - Aus.)
3. Frost - Auftau (F - Auf.)

Jede Versuchsserie beinhaltet 10 Vorgänge.

Dieser qualitative Klimaversuch hat gezeigt, daß das Material nach dem Austrocknungs-Befeuchtungs-Wechsel viel rascher als nach einem Frost-Auftau-Wechsel zerfällt. Der Zerfallsprozeß findet noch schneller statt, wenn die Befeuchtung des Materials im Vakuum durchgeführt wird.

Die Abb. 6 erläutert an einigen Beispielen die Ergebnisse dieser Versuche.

Abb. 6a Befeuchtung - Frost - Auftau - Austrocknung nach zehnmaligem Wechselrhythmus - Probe B4: 5 m

Fig. 6a Moistening - frostiness - thawing - desiccation after ten repeated interactions, sample B4: 5 m

Abb. 6b Befeuchtung - Austrocknung nach zehnmaligem Wechselrhythmus; Probe B4: 50 m

Fig. 6b Moistening - desiccation after ten repeated interactions; sample B4: 50 m

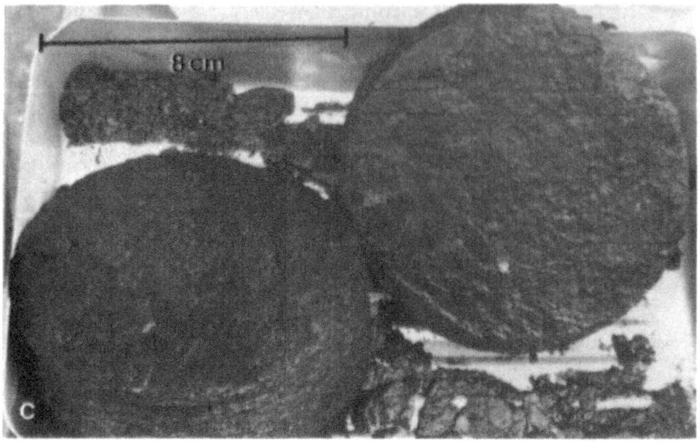

Abb. 6c Befeuchtung - Austrocknung im Vakuum nach zehnmaligem Wechselrhythmus - Probe B2: 50 m

Fig. 6c Moistening - desiccation in vacuum after ten repeated interactions; sample B2: 50 m

Abb. 6d Frost - Auftau im Vakuum nach zehnmaligem Wechselrhythmus; Probe B2: 50 m

Fig. 6d Frostiness thawing after ten repeated interactions; sample B2: 50 m

BELASTUNGSVERHALTEN

Einachsialer Scherversuch bei behinderter Seitenausdehnung

Da die Schichten des Ölschiefers in der Grube Messel von den Rändern steil zur Mitte einfallen, im Zentrum nahezu horizontal liegen, ist für die Standfestigkeit der einzelnen Schichtkomplexe der unterschiedliche Neigungswinkel von Bedeutung. Es werden in Tab. 2 die Ergebnisse einiger Scherversuche bei unterschiedlichem Einfallswinkel dargestellt.

Tab. 2 Ergebnisse der Scherversuche; die Zahlen an den Kurven geben die Konsolidierungsspannung in N/cm² an

Tab. 2 Results of shear tests (bedding form, cohesion, angle of internal friction, diagram of lateral detrusion); figures on the curves indicate consolidation stress in N/m²

Probe	Form der Lagerung	c′ N/cm²	φ′ °	Scherverschiebungsdiagramm
B4: 40 m	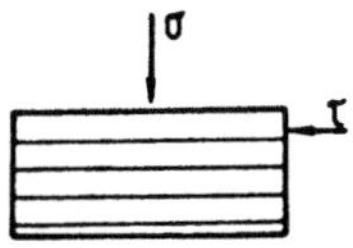	4,3	32	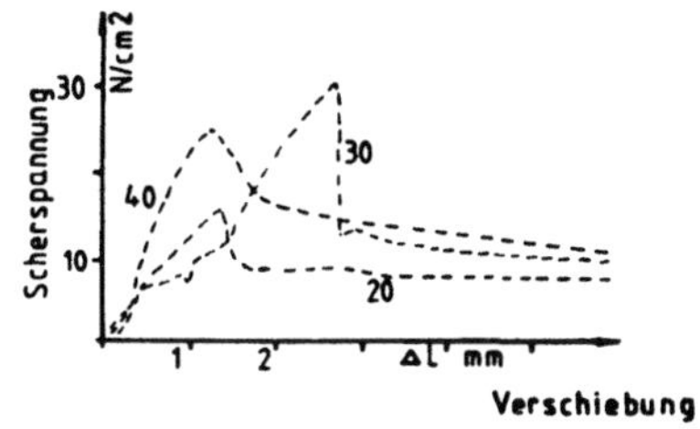
B5: 62m	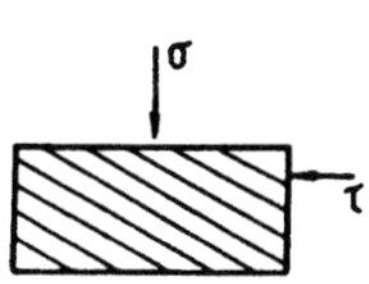	7	40	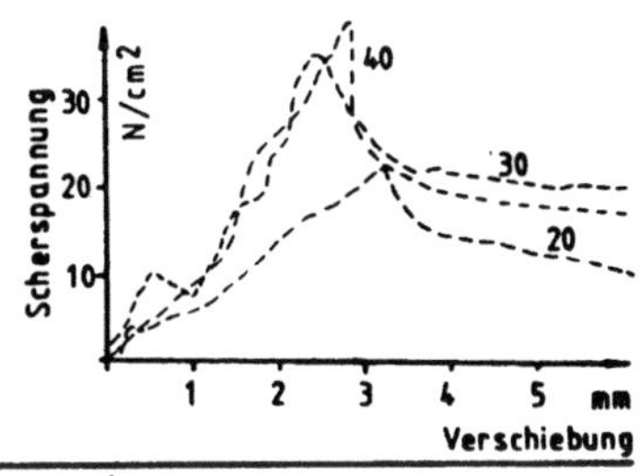
B5: 90 m	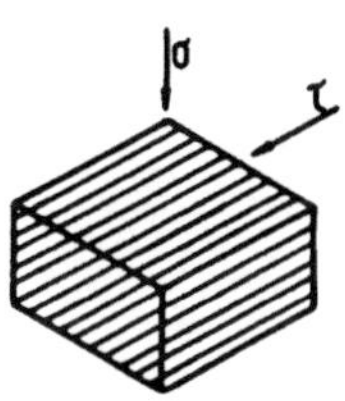	14	44	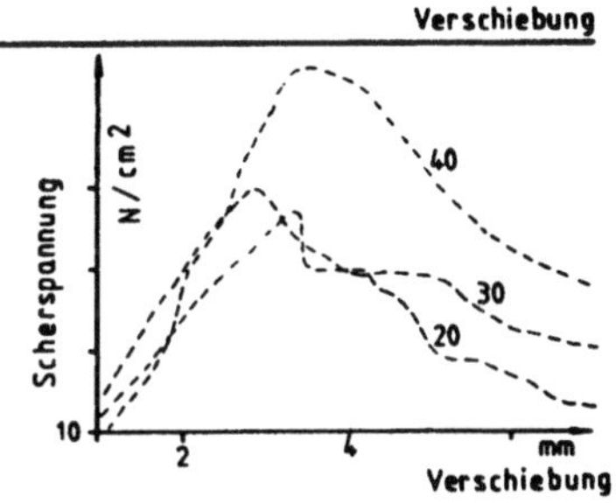
B7: 100m	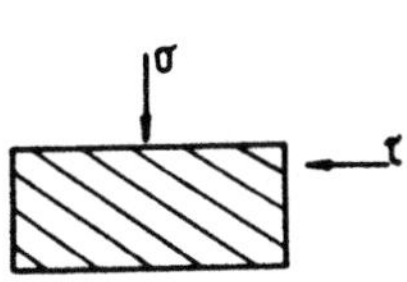	16	26	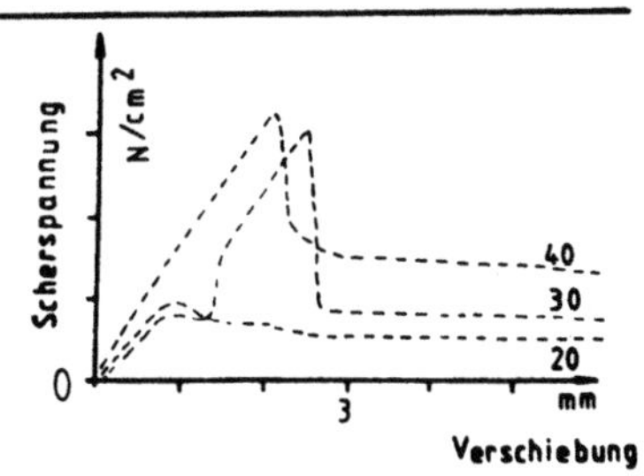

Alle Scherversuche wurden dräniert mit Scherbüchsen (F: 6 x 6, h: 2,53 cm) - nach CASAGRANDE - durchgeführt. Die untersuchten, ungestörten Proben wurden mit einer konstanten Geschwindigkeit von 1,228 x 10^{-3} mm/min. abgeschert.

Kompressionsversuch bei behinderter Seitenausdehnung

Es wurden an vier Proben (vgl. Tab. 3) die Steifemoduli E_s, die Setzung s und das Zeitsetzungsverhalten ermittelt. Der Durchmesser des verwendeten Probenringes beträgt 71 mm, die Höhe 14 mm. An der Probe B5: 5 m wurde in der Erstbelastung bei der Druckspannung 0 - 3,16 N/cm² ein E_s = 3,160 MN/m², in der Entlastung bei σ = 12,6 - 0 N/cm², E_s = 7,90 MN/m² und in der Wiederbelastungsstufe von σ = 18,9 - 25,2 N/cm², E_s=13,4 MN/m² ermittelt.

Bei der stärksten von uns aufgebrachten Belastung von σ = 40,4 - 80,8 N/cm² bei der Probe B4: 20 m ergab sich ein E_s = 21,400 MN/m². Die jeweiligen Endsetzungen sind aus der Tab. 3 zu ersehen. Die Werte sind nahezu gleich, so daß aus der heutigen tektonisch bedingten unterschiedlichen Höhenlage wie auch aus dem Abstand zur Oberfläche des Klastischen keine Beziehung abgeleitet werden kann.

Bei der Annahme einer Gesamtmächtigkeit von ca. 200 m Ölschiefer ergaben sich für die unterschiedlichen Überlagerungshöhen keine signifikanten Werte für eine differenzierte Vorbelastung.

Tab. 3 Endsetzung der untersuchten Proben
Tab. 3 Final settlement of the investigated samples

Probe	B4: 20 m	B5: 5 m	B2: 5 m	B1: 30 m
ungefähre Lage über NN in m	85	105	100	100
Belastung N/cm²	80	25,2	25,2	25,2
Endsetzung mm	0,39	0,4	0,4	0,62
Geologischer Abstand zum Top liegende klastische Serie	110	92	150	53

ZUSAMMENFASSUNG

Das Material läßt sich in ein bitumenreiches Ton-Schluff-Gemisch zerlegen. Die Schlämmanalysen bzw. kombinierten Sieb- und Schlämmanalysen ergaben einen innerhalb des gesamten Schichtenbereiches schwankenden Tonanteil von 57 - 8 %. Darüberhinaus ergaben sich an primär ungestörtem Kernmaterial für die übrigen Parameter die in Tab. 4 zusammengestellten Grenzwerte.

Die Wasseraufnahme einer getrockneten Probe geht sehr langsam; erst nach 24 h erreichte sie 0,40 und nach einem Monat 0,74. Bei wiederholter Trocknung und Wiederbefeuchtung steigert sich die Wasseraufnahmefähigkeit, um nach 10-maliger Wiederholung einen Wassergehalt bis zu 0,50 zu erreichen. Im Vakuum nimmt die Aufnahmefähigkeit schneller und stärker zu (0,61).

Die Wasseraufnahmefähigkeit geht über das Maß des natürlichen Wassergehaltes nicht hinaus. Eine Quellung wurde trotz Montmorillonitgehalt

Tab. 4 Zusammenfassung der Meßergebnisse

Tab. 4 Summary of measuring results

		von	bis
Glühverlust	V_{gl}	0,43	0,76
Kornwichte	γ_s	17,8 kN/m³	19,0 kN/m³
Wichte	γ	12,5 kN/m³	15,0 kN/m³
Trockenwichte	γ_d	7,8 kN/m³	9,9 kN/m³
Porenanteil	n	0,43	0,55
Porenzahl	e	0,92	1,3
Sättigungszahl	S_r	0,75	1,18
Horizontaler Schrumpfungsgrad	s	0,11	0,17
Fließgrenze	w_L	1,28	1,57
Ausrollgrenze	w_P	0,57	0,71
Plastizitätszahl	I_P	0,31	0,86
Konsistenzzahl	I_c	0,95	1,10
Wassergehalt	w	0,48	0,70

nicht beobachtet, weil die aktiven Tonminerale durch die Kerogene maskiert sind. Es überwiegt der Zerfall in Bröckchen.

Die Laborversuche zur Verwitterung des Materials wurden in 6 Serien durchgeführt. Sie haben gezeigt, daß

1. schon nach einmaliger Austrocknung eine deutliche Aufblätterung erkennbar ist;
2. der Frosteinfluß von geringer Bedeutung ist, sich jedoch im Vakuum verstärkt;
3. die Versuchsserie "Austrocknung - Befeuchtung" für die Zerlegung das entscheidende Kriterium ist; und
4. die Versuchsserie "A - B im Vakuum" (bei 30 mbar Restdruck) zu einer vergleichsweise stärkeren Zerkleinerung der Proben führt.

Die einachsialen Scherversuche ergaben je nach Lage der Schichtfläche zur Scherfläche voneinander stark abweichende Werte für den Winkel der inneren Reibung. Bei stark geneigten Schichten im Schergerät erreicht der innere Reibungswinkel Werte von 46° und bei horizontal gelagerten Schichten Werte von 26°. Wegen des unterschiedlichen Einfallwinkels der Schichten in der Grube sind diese Ergebnisse für die Standsicherheit der teilweise überhöhten Böschungen beachtenswert.

Die Kompressionsversuche ergaben für flachgelagerte Schichten bei σ = 80 N/cm² eine Endsetzung von 0,39 mm. Trotz unterschiedlicher Überlagerungshöhen (max. 150 m) durch gleichartige Schichten liegen alle aus den Oedometerversuchen gewonnenen Werte so nahe beieinander, daß die geologische Vorbelastung ohne erkennbaren Einfluß bleibt. Dies gilt auch für alle anderen ermittelten Kennwerte.

LITERATUR

Golwer A (1968) Paläographie des Hanauer Beckens im Oligozän und Miozän. Notizbl hess L-Amt Bodenforsch 96: 27 S, 8 Abb, 2 Tab, Wiesbaden

Immel W (1960) Eintauchen von Na-Ionen in Ca- und Ba-Bentonite, Deutung der viskosen Eigenschaften von Bentone-Suspensionen, Montmorillonit im Messeler Ölschiefer. Unveröff Diss Fak Chemie, TH Darmstadt, 102 S 13 Abb, 40 Tab, Darmstadt

Irion G (1977) Der eozäne See von Messel. Natur und Museum 107: 213-218, 3 Abb, Frankfurt/M

Lempp Ch (1979) Die Entfestigung überkonsolidierter, pelitischer Gesteine Süddeutschlands und ihr Einfluß auf die Tragfähigkeit des Straßenuntergrundes. Unveröff Diss Geowiss Fak Univ Tübingen, 234 S, 91 Abb, 18 Tab, 12 Taf, Tübingen

Matthess G (1966) Zur Geologie des Ölschiefervorkommens von Messel bei Darmstadt. Abh Hess L-Amt Bodenforsch 51: 87 S, 11 Abb, 10 Tab, Wiesbaden

Rahnama-Rad J (1983) Zustandsbeschreibung und bodenmechanische Parameter der eozänen Ölschiefer von Messel. Unveröff Dipl Arb FB Geowiss u Geogr TH Darmstadt, 103 S, 42 Abb, 11 Tab, 12 Diagr, Darmstadt

Weber J & Hofmann U (1982) Kernbohrungen in der eozänen Fossillagerstätte Grube Messel bei Darmstadt. Geol Abh Hessen 83: 58 S, 3 Taf, Wiesbaden

Mineralbestand, Gefüge und bodenmechanisches Verhalten tropisch verwitterter Vulkanite

K. KNOBLICH[1]

SUMMARY

The investigation of tropically weathered andesites from Costa Rica and of basalts from the Vogelsberg area, subject to tropical-subtropical weathering during the younger tertiary shows changes in mineral composition with different degrees of weathering (tab. 1, 3).

A sequence of Smectite/Allophane → Halloysite/Metahalloysite → Kaolinite → Gibbsite was found which might be modified especially during the early phase. The weathering process results in decreasing base saturation and an increase of sorbed Aluminium-ions and crystalline Al-Oxides (tab. 1, 3). The relative enrichment of iron oxides causes the change to a brick-like colour in the gibbsite stage or even earlier.

The change in mineral composition is accompanied by the development of a different rock texture. The jointed rock bodies can no longer be distinguished in the kaolinite stage of weathering or might only be left as relic structures. Even in the smectite/allophane stage where the texture seems to be intact the strength decreases dramatically.

According to the appearance of rock bodies the outcrops in Costa Rica must be assigned to weathering stages W 2 and W 3, the two outcrops in the Vogelsberg to W 3 - W 5 and W 2 (fig. 6). W 2 and W 3 representing the smectite/allophane and halloysite/metahalloysite stage respectively, W 4 the kaolinite and W 5 the gibbsite stage.

In all weathering stages the rock bodies or ground mass is characterised by an aggregate structure. Even though the material consists mostly of clay minerals it decomposes usually to a sandy-silty system. This behaviour is a result of the Al-bonding and the positive charge of Fe- and Al-Oxides and allophane caused by the low pH-values. The aggregates (fig. 3) as cellular-spongy structures show a high water binding capacity, which results in high liquid and plastic limits and a low plasticity index (fig. 4, 7). The aggregate structure and the stability of the aggregates cause relatively high friction angles. For the Costa Rica samples they are between 30° and 40° (tab. 2). The Vogelsberg samples show lower values but higher cohesion and commonly higher clay mineral content as well (tab. 4).

The material is exposed to extremely high precipitation in Costa Rica. Street embankments usually show very steep slopes which prevents immediate infiltration. Landslides commonly occur where water is seeping into the embankments through flow channels.

[1] Prof. Dr. K. Knoblich, Geologisch-Paläontologisches Institut der Justus-Liebig-Universität Giessen, Abt. f. Angewandte Geologie, Diezstraße 15, D-6300 Giessen

Ingenieurgeologische Probleme im Grenzbereich zwischen Locker- und Festgesteinen
(Herausgegeben von K.-H. Heitfeld)

EINLEITUNG

Die Untersuchung erstreckt sich auf andesitische vulkanische Gesteine aus der Umgebung des Valle Central in Costa Rica (Mittelamerika), die unter dem Einfluß des herrschenden tropischen Klimas eine tiefreichende Entfestigung erfahren haben. Sie erklärt sich aus Mineralumwandlungen und geochemischen Vorgängen, die in ihrem Ablauf verfolgt werden, um Rückschlüsse auf den Verwitterungszustand des Gesteins treffen zu können und Aussagen über die Ursachen von Gefügeveränderungen zu ermöglichen. Auf der Grundlage der Ergebnisse werden die in Verbindung mit der Hang- und Böschungsstabilität wichtigen bodenmechanischen Eigenschaften des Materials diskutiert.

Zur Ergänzung werden Gesteine aus dem Gebiet des westlichen Vogelsberges (Hessen) behandelt. Die dort anstehenden basaltischen Vulkanite waren im Tertiär einer gleichfalls tropischen Verwitterung ausgesetzt. Ihre Untersuchung soll zeigen, inwieweit die aus Costa Rica-Material gewonnenen Erkenntnisse übertragbar und damit für basische vulkanische Gesteine bezeichnend sind.

VERWITTERUNGSVORGÄNGE AN VULKANITEN IN COSTA RICA

Die in Costa Rica verbreitet anstehenden Vulkanite stammen aus dem Tertiär und Quartär. Es handelt sich um dunkelgrau gefärbte Andesite und verwandte Gesteine (PICHLER & WEYL 1975; LAGUNA 1983). Die Verwitterung im Beprobungsgebiet (Abb. 1) vollzieht sich heute unter einer Niederschlagsmenge von über 2500 mm, die in der halbjährigen Regenzeit anfällt. Das Ergebnis ist eine Zersetzung der Gesteine bis in eine Tiefe von teilweise mehr als 40 m. Sie äußert sich in einer Farbänderung nach braun, rot oder violettgrau und in einer merklichen Gesteinsentfestigung. Lokal ist mit einer der Verwitterung vorausgehenden hydrothermalen Beeinflussung des Gesteins zu rechnen. Die untersuchten Proben stammen von vier Örtlichkeiten und beziehen sich jeweils auf Rutschungen (Abb. 2). Der Geländebefund zeigt, daß das Kluftgefüge von der verwitterungsbedingten Umwandlung nicht entscheidend betroffen ist. Die quaderförmigen oder plattigen Kluftkörper sind scharf gegeneinander abgesetzt und mit Belägen aus Eisenverbindungen versehen. Im Zentrum weisen sie gelegentlich einen festeren, mitunter frisch erscheinenden Kern auf.

Röntgenographische Untersuchungen führen zu dem Ergebnis, daß verschiedene Mineralvergesellschaftungen vorkommen.

Gruppe 1	: Smektit, Allophan, Fe-Minerale, Feldspat
Gruppe 2	: Smektit, Allophan, Metahalloysit, Fe-Minerale
Gruppe 3a	: Allophan, Metahalloysit, Fe-Minerale
Gruppe 3b	: Allophan, Metahalloysit, Feldspat
Gruppe 4	: Illit-Smektit, Feldspat, (Fe-Minerale, Metahalloysit)

Proben aus den Gruppen 1 - 3a finden sich im Entnahmegebiet "Interamerikanische Straße". Im Gebiet Tarbaca ist nur Gruppe 2, im Gebiet Rio Chiquito lediglich Gruppe 3b vertreten. Die Gruppe 4 ist auf die Proben aus dem Bereich Atenas begrenzt (Tab. 1).

Folgt man den Erkenntnissen von BESOAIN (1969) und GREZ (1977), so entstehen bei der Verwitterung vulkanischer Aschen durch Zersetzung der Primärminerale im Anschluß an eine amorphe Vorstufe zunächst Allophane. Ihre Auskristallisation bei Fortschreiten der Verwitterung führt zur Bildung von Halloysit/Metahalloysit. Letztere gehen schließlich durch Alterung in Kaolinit über. Sofern das für die Entwicklungssequenz kenn-

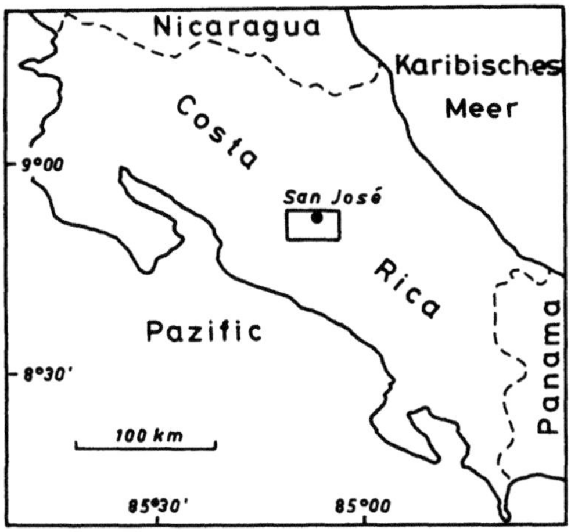

Abb. 1 Lage des Untersuchungsgebietes in Costa Rica

Fig. 1 Location of the investigated area in Costa Rica

zeichnende saure Milieu erhalten bleibt, stellt Kaolinit das Endglied der Tonmineralreihe dar. Das Endstadium der Verwitterung wäre mit dem Auftreten von Aluminiumoxiden (Gibbsit) erreicht.

Bei kompakten Vulkaniten erfolgt die Wegfuhr der Alkalien/Erdalkalien infolge der im Vergleich zu Aschen geringeren Durchlässigkeit im Kluftkörperbereich mit Verzögerung. Das über einen längeren Zeitraum anhaltende alkalische Milieu kann in der frühen Phase der Verwitterung zur Smektitbildung führen, bevor es zum Auftreten von Allophan kommt. Folgt man der um Smektit erweiterten Tonmineral-Entwicklungsreihe, so dokumentiert sich in den Proben der Gruppe 1 ein früher, in jenen der Gruppe 2 ein mittlerer und in den Proben der Gruppe 3a ein fortgeschrittener Verwitterungszustand.

Diese Vorstellung wird unterstützt durch die Feststellung, daß die metahalloysitfreien und smektitreichen Proben der Gruppe 1 noch Feldspat enthalten. An Kluftkörpern von der Interamerikanischen Straße läßt sich außerdem nachweisen, daß in den zentralen, schwächer verwitterten Zonen Smektit, in den peripheren Metahalloysit auftritt.

Das Bild wird bei starkem Sickerwasseranfall und/oder primär höherer Kluftkörperdurchlässigkeit, etwa infolge reichlich vorhandener Mikrorisse und Blasenhohlräume, modifiziert. In entsprechenden Proben können Smektite fehlen; ihr Verwitterungszustand läßt sich dann danach beurteilen, ob Primärsilikate vorhanden sind oder nicht. Ein Beispiel dafür ist der Aufschluß Rio Chiquito, wo alle Proben die Tonmineralvergesellschaftung Allophan, Metahalloysit aufweisen, zugleich aber reichlich Feldspat enthalten (Gruppe 3b). Obwohl Smektite fehlen, repräsentieren sie einen frühen Verwitterungszustand. Der Gesamtbefund stimmt mit Untersuchungsergebnissen überein, die von SHERMAN (1949), BATES (1962) und LOUGHNAN (1969) an basischen Vulkaniten aus Hawaii gewonnen wurden.

Hydrothermale Einflüsse sind in ihren Auswirkungen mit jenen der Verwitterung vergleichbar und im Kleinbereich äußerlich nicht ohne weiteres erkennbar. Im Aufschluß Atenas ergeben sie sich zweifelsfrei aus der Gesamtsituation. Die Zersatzzone ist seitlich scharf gegen das frische Gestein abgesetzt. Die Grenze ist auf längere Distanz verfolgbar. Auch hier liegen im frischen und zersetzten Gestein gleiche Kluftkörpergrössen und Formen vor. Proben enthalten die Mineralvergesellschaftung 4. Das Vorkommen von Illit-Smektit-Wechsellagerungsmineralen (Proben P40/

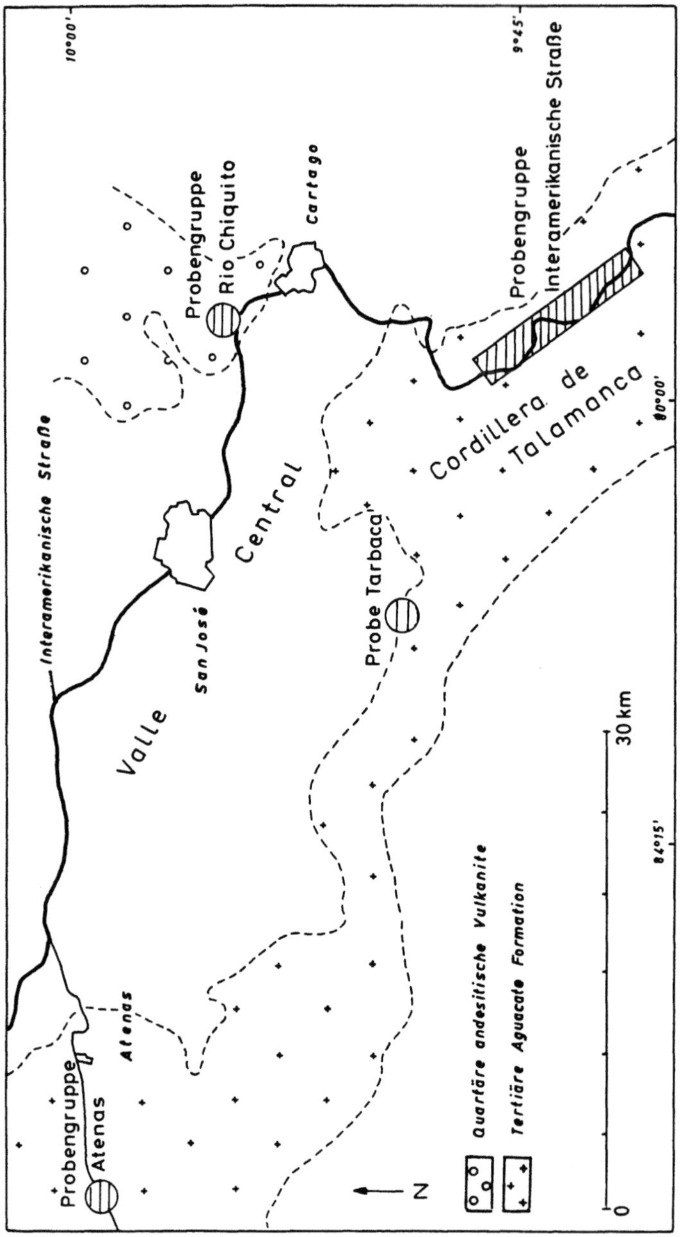

Abb. 2 Probennahmestellen in Costa Rica
Fig. 2 Sampling locations in Costa Rica

42) ist auch nach Untersuchungen von LAGUNA (1983), die sich auf andere Örtlichkeiten in Costa Rica beziehen, offensichtlich bezeichnend für hydrothermale Vorgänge. In der peripheren Kluftkörperzone nachweisbarer Metahalloysit (Probe P40) dürfte auf nachträgliche Verwitterungseinwirkung zurückzuführen sein. Geochemische Untersuchungen ergänzen und bestätigen durch ihre Ergebnisse den Ablauf der Verwitterung, wie er aus der Tonmineralvergesellschaftung abgeleitet worden ist. Indiz für fortgeschrittene Verwitterung ist eine reduzierte Basensättigung und ein

Tab. 1 Mineralbestand und geochemische Daten der Proben aus Costa Rica

Tab. 1 Mineralogical composition and geochemical dates of the samples from Costa Rica

	Smektit	Allophan	Metahall.	Smektit/ Illit	Nicht-Tonminerale	Gruppe	Basensättigung (%)	Sorbierte Al-Ionen (%)	Verhältnis amorphes Al/ gesamt Al
Interamerik. Straße									
P 1	+++	++	++	-	Goe	2			
P 3	+++	+	+	-	Hä, Goe	2			
P 4	++	+	(+)	-	Fsp	1	32,82		1
P 5	+++	++	-	-	Hä, Goe, Fsp.	1	17,79		0,71
P 7	+++	++	++	-	Hä, Goe	2	2,92		0,45
P 33	-	++	+++	-	Goe, Hä, Mg.	3a	2,63	17,96	0,55
P 34		+++	++	-	Goe	3a	0,91	12,08	0,65
P 35	++	++	-	-	Fsp, Px, Bt, Mg	1			
P 36	++	+	(+)	-	Hä, Fsp	1	66,64	1,17	1
P 37	-	++	+++	-	Hä, Goe	3a	1,08	12,05	0,78
Rio Chiquito									
P 30	-	+	+++	-	Fsp	3b	56,46	-	0,91
P 31	-	+	+++	-	Fsp	3b	66,22	-	0,93
P 31A	-	+	+++	-	Fsp	3b	40,86	1,94	0,92
P 32	-	+	+++	-	Fsp	3b	36,28	-	0,93
P 32A	-	+	+++	-	Fsp	3b	49,84	-	1
Tarbaca									
P 39	+	+	+++	-	Goe	2	5,90	9,22	0,45
Atenas									
P 40	-	-	++	++	Fsp,Px,Bt,Mg,Hä	4	79,47	-	1
P 42	-	-	-	+	Fsp,Px,Bt,Mg		88,32	-	0,44

Goe: Goethit, Hä: Hämatit, Fsp: Feldspat, Al: Aluminiumoxide, Mg: Magnetit, Px: Pyroxen, Bt.: Biotit

+++ stark vertreten + schwach vertreten - nicht vertreten

++ mäßig vertreten (+) sehr schwach vertreten

weitergehender Ersatz der sorbierten Alkali/Erdalkali-Kationen durch Aluminium. Hinzu kommt ein Übergewicht kristallisierter Aluminiumoxide gegenüber amorphen Phasen. Über die entsprechenden Daten unterrichtet Tab. 1. Unter Berücksichtigung der verschiedenen Kriterien lassen sich die Gesteine und Beprobungsgebiete verschiedenen Verwitterungszuständen zuordnen:

Probengruppe 1 und 3b: schwach verwittert; Probengruppe 2: mittelstark verwittert; Probengruppe 3a: stärker verwittert; Probengruppe 4: hydrothermal verändert.

Keiner der Aufschlüsse reicht in das frische Gestein hinein. Bei einer Vertikalerstreckung von mehreren zehner Metern ist keine auf die Erdoberfläche bezogene Zonierung unterschiedlicher Verwitterungszustände erkennbar. Wo, wie im Bereich der Interamerikanischen Straße und Atenas, Proben verschieden weit fortgeschrittener Verwitterung nachgewiesen wurden, beziehen sie sich auf den Kluftkörperbereich.

GEFÜGE UND FESTIGKEIT

Aufgrund der verwitterungs- oder hydrothermal bedingten Veränderung zeichnen sich die untersuchten Materialien durch eine Entfestigung aus. Im erdfeuchten Zustand reicht leichter Fingerdruck aus, um den Zerfall in ein feinkiesig-sandig-schluffiges Haufwerk herbeizuführen. Dies gilt vor allem für das Material aus den Bereichen Interamerikanische Straße, Tarbaca, Atenas. Einaxiale Druckversuche an den etwas festeren Proben P 33, P 34, P 37 ergaben Druckfestigkeiten von 22 - 61 - 96 kN/m². Alle Werte beziehen sich auf Wassergehalte unter der Ausrollgrenze.

Die feinkiesigen Bestandteile lassen sich unter mäßiger Druckanwendung zerkleinern, die sandigen Partikel sind stabil. In rasterelektronenmikroskopischen Aufnahmen erscheinen sie gedrungen und kantig bei zellig-schwammigem Aufbau (Abb. 3).

Die Schlämmanalyse nach Anwendung von Dispergierungsmitteln und Ultraschall erbringt in allen Fällen ein sandig-schluffiges System mit sehr geringem Tonanteil (Tab. 2 - Proben aus Costa Rica).

Tab. 2 Korngrößenverteilung, Plastizität und Scherfestigkeit (Costa Rica)
Tab. 2 Grain size distribution, plasticity and shear strength (Costa Rica)

Ort der Probenahme	Kornverteilung			Bildsamkeitsdaten			Scherfestigkeit		
	Ton	Schluff	Sand	w_L (%)	w_P (%)	I_P (%)	φ'	c (kN/m²)	bei w %
Interamer. Str.									
P 1				64,1	59,0	5,1	39	0,6	47,3
P 2	14	40	46	81,0	68,2	12,8			
P 3	6	36	58	69,9	61,5	8,4	37	18	54,7
P 4				65,2	56,7	8,5	33	18	49,0
P 4'				75,4	62,3	13,1	28,5	32	34,9
P 5	5	34	61	68,2	57,6	10,6	35	11	63,2
P 5'							45	23,8	46,8
P 5"				80,8	67,9	12,9	29	21,8	64,6
P 7	0	10	90				47	7,8	58,0
P 7'				67,1	58,6	8,5			
P 7"				83,1	66,4	17,2			
P 33	6	32	62	72	62	10	31	16	61,2
P 34	9	31	60	77,2	65,1	12,1			
P 37	10	29	61	69	59	10			
Rio Chiquito									
P 30							34	12	48,0
P 31	2	28	70				32	8	51,6
P 32	10	19	71	62	45	17	28	10,5	42,4
P 50				66,5	39,2	27,3			
P 51				65,0	41,9	23,1			
P 52	17	48	35	94,4	46,7	47,7	24	31	42,6
P 53				58,0	34,4	24,6			
P 54	4	51	45	49,2	28,6	20,6			
P 55				63,3	31,9	31,4			
P 56				53,7	32,9	20,8			
P 57	12	52	36	63,0	36,8	26,2			
P 58	3	27	70	48,5	29,7	18,8	34	12	29,1
P 59				68,0	34,3	33,7			
P 60	6	28	66	63,2	40,0	23,2			
P 61				59,8	39,3	20,5			
P 62				78,0	47,9	30,1			
Tarbaca									
P 39	8	46	46	80	58	22			
Atenas									
P 40	6	40	54	34	27	7			
P 41/42	47	22	31	67	22	45	21	34	23,6
P 43				46,4	32,2	14,2			
P 44	14	44	42	57,3	45,5	11,8			
P 45				45,0	35,5	9,5			
P 46				50,7	40,1	10,6			
P 47				51,8	43,3	8,5			

Abb. 3 Rasterelektronenmikroskopische Aufnahme

Fig. 3 Scanning electron microscopy micrographs

a) Aggregatgrößen und -formen

aggregate sizes and forms

b) Zelliger Aufbau eines Aggregats

Cellular composition of an aggregate

c) Feinaufbau eines Aggregats

Microstructure of an aggregate

Ursache der Aggregatbildung sind im schwächer verwitterten Zustand die noch vorhandenen Feldspatprimärbindungen in Verbindung mit Brückenbindungen durch Ca-Ionen. Dies gilt auch für die hydrothermal zersetzten Gesteine. Im fortgeschrittenen Verwitterungszustand sind es stabile Brückenbindungen durch Al-Ionen. In den meisten Fällen kommt die verkittende Wirkung der Eisenoxide Goethit und Hämatit hinzu, wobei ihre bei den niedrigen pH-Werten (pHnKCl 3 - 4,5) positive Ladung für eine elektrostatische Wechselwirkung mit den Tonmineralen sorgt (SCHEFFER & SCHACHTSCHABEL 1979). Letzteres gilt auch für die Allophane (WADA & ATAKA 1958; IIMURA 1965; BIRRELL & FIELDES 1968; WALLACE 1973; WARKENTIN & MAEDA 1974; FIELDES & CLARIDGE 1975).

BILDSAMKEIT UND SCHERFESTIGKEIT

Als hohlraumreiche Gebilde, die zum Teil aus quellbaren Smektiten und wasseraufnahmefähigen Allophanen aufgebaut sind, kommt den Aggregaten eine starke wasserbindende Wirkung zu. Charakteristisch für die Wasserbindungsfähigkeit sind hohe Fließ- und Ausrollgrenzen des in ein Schluff-System übergeführten Materials. Es erscheint im Bildsamkeitsdiagramm unterhalb der A-Linie. Die einzige hiervon abweichende Probe ist P41/42 aus dem Bereich Atenas. Bezeichnenderweise enthält sie an Tonmineralen lediglich Smektit/Illit-Wechsellagerungsminerale bzw. ist frei von den eine Aggregatbildung begünstigenden Eisenoxiden und Allophanen. Bei den größeren Komponenten handelt es sich um Primärsilikate, insbesondere Feldspäte, die in der Tonmatrix schwimmen (Abb. 4).

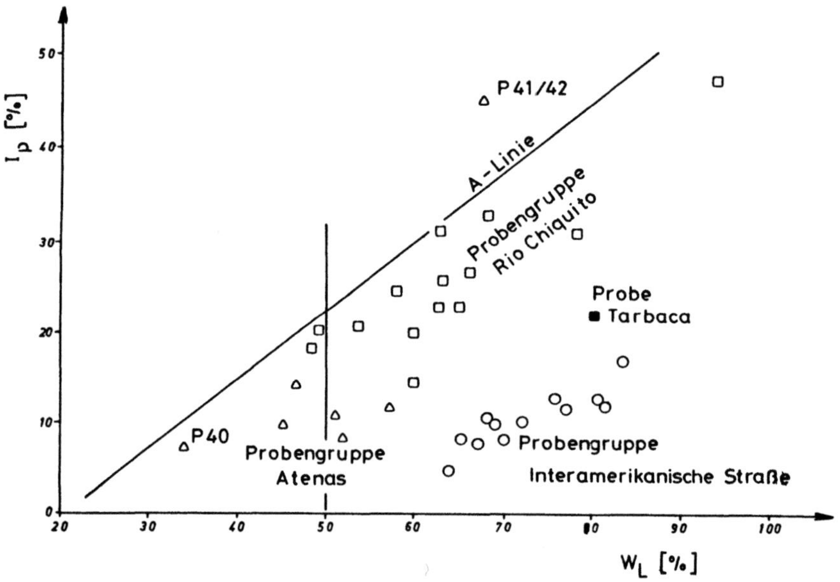

Abb. 4 Bildsamkeitsdiagramm der Costa Rica-Proben

Fig. 4 Plasticity diagram of Costa Rica samples

Scherversuche in Form von CU-Versuchen bei 24-stündiger Konsolidierung unter Normalspannungen von 25, 50, 75 kN/m² liefern für das ungestörte Material hohe Reibungswinkel bei vergleichweise niedrigen Kohäsionswerten (Tab. 2).Bei den vorliegenden Wassergehalten, die der halbfesten Zustandsform entsprechen, ist das ganze Wasser inneraggregatisch gebunden, so daß keine Porenwasserdrücke auftreten.

Die Ergebnisse sind einerseits auf die Form und Festigkeit der Aggregate, die einem grobkörnigen System entsprechen, und andererseits auf zwar vorhandene, aber vergleichsweise schwache, interaggregatische Bindekräfte zurückzuführen. Auf das spezifische Verhalten aggregierter Systeme in bezug auf die Bildsamkeit haben bereits TERZAGHI (1958), TOWNSEND et al. (1971), TUNCER & LOHNES (1977), WALLACE (1973), WARKENTIN & MAEDA (1974) und WESLEY (1977) hingewiesen. Die betreffenden Ergebnisse wurden teils an lateritischen, teils an allophanhaltigen Verwitterungsprodukten angestellt. Soweit sich die Untersuchungen auch auf die Scherfestigkeit beziehen, werden Reibungswinkel zwischen 26 und 40° angegeben. Relativ hohe Reibungswinkel scheinen also eine bezeichnende Eigenart von Aggregatböden zu sein.

RUTSCHUNGEN

Die Beprobung ist ausschließlich an Rutschungsaufschlüssen erfolgt, jedoch durchweg einige Zeit nach den Ereignissen. Entlang der Interamerikanischen Straße innerhalb der Cordillera de Talamanca, wo die Böschungen von teilweise mehr als 30 m Höhe meist mit Neigungswinkeln um 60° angelegt sind, sind nur solche Zonen von Rutschungen betroffen, in denen man vom Hang her eine verstärkte Wasserzufuhr aus natürlichen Gerinnen registriert. Die gekrümmten Rutschflächen verlaufen teils entlang von Klüften, teils durch die Kluftkörper. Im abgerutschten Material sind die Kluftkörper überwiegend zerstört. Es hat die Beschaffenheit eines sandigen Breis. Die Rückrechnung zeigt, daß, von den einzelnen Scherparametern und der jeweiligen Böschungshöhe ausgehend, keine Instabilität vorliegt.

Die Rutschung Chiquito bezieht sich auf einen rund 25° steilen und etwa 80 m hohen Hang mit Anzeichen älterer Rutschungen. Auch hier verläuft die Rutschfläche zum Teil entlang von Klüften, teils durch die Kluftkörper. Mit den niedrigen festgestellten Scherparametern gerechnet, liegt auch hier ausreichende Stabilität vor.

Im Gegensatz zu den anderen Fällen hat sich die Rutschung in der Trockenzeit ereignet. Das Gelände oberhalb der Rutschung und die obere Rutschzone standen jedoch unter dem Einfluß intensiver Bewässerung. Auslösende Ursache dürfte die Anlage einer nicht mehr genau rekonstruierbaren, jedoch rund 10 - 15 m hohen, 60 - 70° steilen Böschung für einen Strassenneubau am Hangfuß gewesen sein (Abb. 5).

Die Rutschung Tarbaca besitzt kleinere Dimensionen. Wie bei zahlreichen anderen Rutschungen entlang der Straße handelt es sich offensichtlich um Fließvorgänge durch Wassersättigung, die auf sehr hohe Niederschläge in dieser Zone und Einsickerung des Wassers in die flacher angelegten Böschungen zurückgeführt werden können. Das Material wurde im Verlauf der Bewegung in einen sandigen Brei umgewandelt.

Die Rutschung Atenas bezieht sich auf einen mehr als 50 m hohen Hang, in dessen oberem Sektor im Zuge einer Straßenneubaumaßnahme eine ungefähr 10 m hohe und etwa 60° steile Böschung angelegt worden war. Die Rutschung ereignete sich in der nachfolgenden Regenzeit entlang einer vom Böschungsfuß ausgehenden, insgesamt gekrümmten Gleitfläche (Abb. 5), die teilweise den Klüften folgt und treppenartig ausgebildet ist, an vielen Stellen aber auch die Kluftkörper durchschneidet.

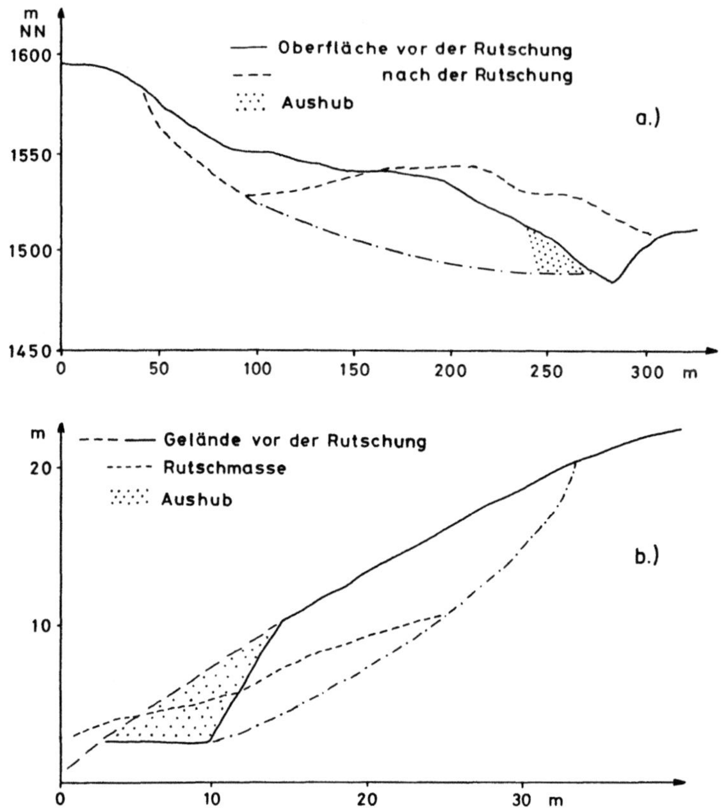

Abb. 5 Querschnitte der Rio Chiquito- (a) und Atenas-Rutschung (b)

Fig. 5 Cross-sections of the Rio Chiquito- (a) and Atenas-slide (b)

Mit den festgestellten Scherparametern läßt sich durch Rückrechnung bei keiner der drei Rutschungen der instabile Zustand nachweisen. Dabei ist allerdings zu berücksichtigen, daß sich die Scherparameter ausschließlich auf die Kluftkörper und nicht auf die Kluftflächen beziehen. Außerdem gelten sie, da die Probenahme in der Trockenzeit und mit längerem Zeitabstand zu den Ereignissen erfolgt ist, für den halbfesten Zustand. Solche Bedingungen haben jedoch zum Zeitpunkt der Rutschung sicher nicht vorgelegen.

VOGELSBERGBASALTE

Verwitterungserscheinungen, die sich in einer tiefergreifenden Entfestigung der Basalte äußern, trifft man vor allem im südwestlichen Vogelsbergbereich an. Es handelt sich um Reliktvorkommen einer subtropischen Verwitterung, die in den Zeitraum des jüngeren Tertiärs fällt.

Das dunkelgraue Ausgangsgestein enthält Olivin als Einsprenglingsmineral. Hauptgemengteile sind Augite, gefolgt von Plagioklas und Magnetit. Säulige und quaderförmige Absonderungsformen herrschen vor.

Nur an zwei Stellen lassen sich Einblicke in die Zersatzmassen gewinnen. Es handelt sich um kleinere Aufschlüsse bei Lich und Hungen (Abb. 6). Beide erstrecken sich nicht bis in das frische Gestein.

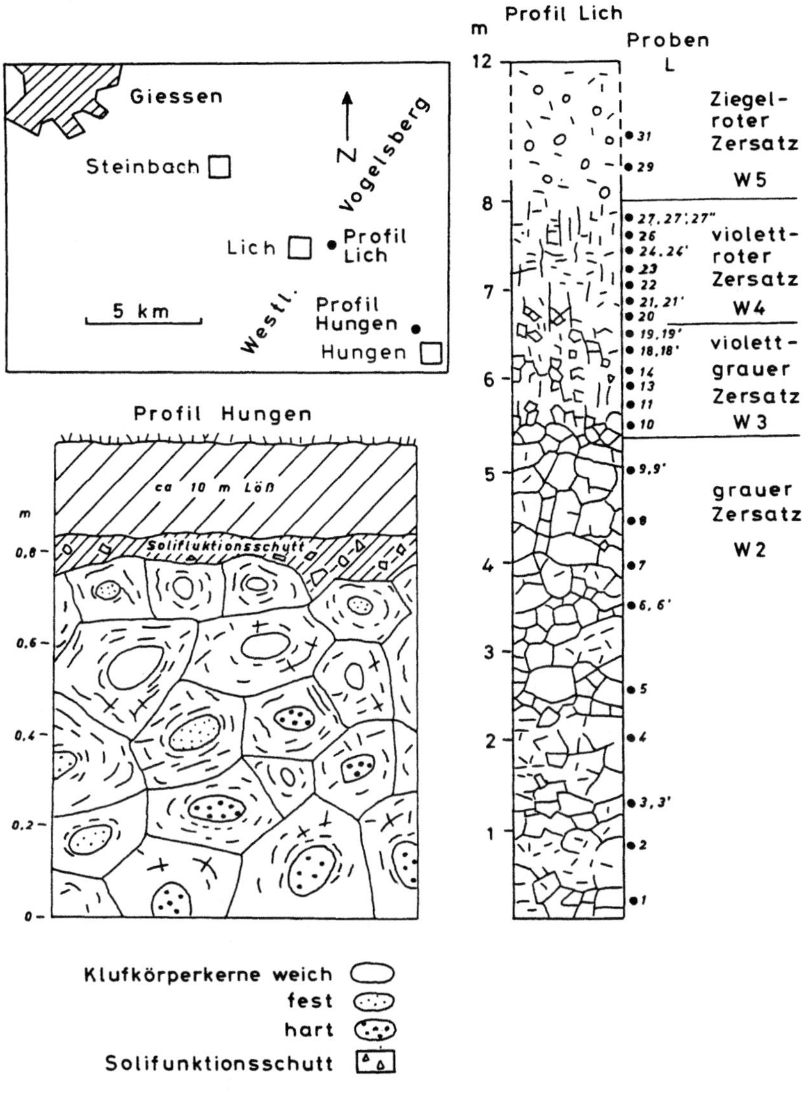

Abb. 6 Lage, Profilaufbau und Beprobung der Aufschlüsse Lich und Hungen im westlichen Vogelsberg

Fig. 6 Location, cross-sections and sampling points of the outcrops Lich and Hungen in the western Vogelsberg

PROFILAUFBAU UND MINERALZUSAMMENSETZUNG

Das Profil Lich (Abb. 6) erschließt an der Basis hellgrau gefärbtes, entfestigtes Material. Das ursprüngliche Kluftgefüge ist durch Sekundärrisse ergänzt, kommt aber noch deutlich zum Ausdruck. Man beobachtet scharfkantige Kluftkörper bis 40 cm Kantenlänge, die mit Eisenbelägen versehen sind und teilweise recht fest erscheinen. Bei den im oberen Teil des grauen Zersatzmaterials auftretenden größeren Kluftkörpern dürfte es sich um eine primär angelegte Absonderungsform handeln. Man beobachtet solche lagig angeordneten Zonen unterschiedlicher Kluftkörpergrößen auch im bergfrischen Gestein. Die Primärminerale sind bis auf den Magnetit umgewandelt. Man findet Halloysit, Kaolinit, Allophan, wenig Smektit und Iddingsit. Am stärksten vertreten ist Halloysit.

Nach oben hin nimmt das Gestein eine violettgraue Färbung an. Zugleich registriert man eine völlige Überprägung des Kluftsystems durch sekundäre Risse. Es kommt zur Bildung cm-großer Polyeder und einer vertikal verlaufenden säuligen Grobabsonderung. Kaolinit ist hier das vorherrschende Tonmineral, gefolgt von Halloysit, Smektit und Allophan. Außerdem finden sich Magnetit, Goethit, Iddingsit und die Aluminiumhydroxide Gibbsit und Diaspor.

Mit deutlich ausgeprägter Grenze folgen darüber violett gefärbte Massen. Sie bestehen aus lagig angeordneten Kluftkörpern von wenigen cm Größe und sind gleichfalls von annähernd vertikal verlaufenden Rissen durchzogen. Die rote Durchfärbung der Kluftkörper weist auf eine Durchdringung mit Eisenmineralen hin. Sie bilden zusammen mit Gibbsit und Böhmit die Hauptgemengteile. An Tonmineralen finden sich Allophan und Smektite neben geringen Mengen an Kaolinit und Halloysit.

Den Abschluß des Verwitterungsprofils nach oben bildet dunkelrot bis ziegelrot gefärbtes, möglicherweise umgelagertes Material ohne Struktur, jedoch mit einer Anreicherung von Eisen- und Bauxitknollen. Es enthält Smektite, Allophan und, zurücktretend, Kaolinit und Halloysit. Böhmit, Gibbsit und Hämatit bilden die Hauptmasse.

Nach Gefüge, Färbung und Mineralbestand liegt eine deutliche Viergliederung des Profils vor. Sie erlaubt ohne weiteres eine Zuordnung zu den Verwitterungsstufen im Sinne von EINSELE et al. (dieser Band). Die untere graugefärbte Zersatzzone entspricht der Stufe W 2. W 3 und W 4 folgen mit dem violettgrauen und violettroten Zersatz. Der ziegelrote Zersatz, in dem keine Kluftkörper mehr erkennbar sind, jedoch in starkem Maße Eisenoxidkonkretionen in Erscheinung treten, repräsentiert die Stufe W 5.

Die Differenzierung bestätigt sich in der Ionenaustauschkapazität und der Kationenbelegung. Dabei fällt jedoch auf, daß in den jeweiligen Daten (Tab. 3) kein regelmäßiger Verlauf der Profilentwicklung im Sinne einer Ab- oder Zunahme von unten nach oben zum Ausdruck kommt. Dies läßt sich vor allem aus den quantitativen Mineralanalysen von CABRAL (1973) entnehmen.

Im mittleren, violettgrau gefärbten Horizont W 3 erreichen Ionenaustauschkapazität, Belegung mit Ca- und K-Ionen und pH-Wert höhere Beträge. Hier findet sich auch der höchste Anteil an Smektit und Kaolinit. Daß bei höherem pH-Wert Smektit auftritt und in Verbindung damit höhere Austauschkapazitäten erscheinen, ist zu erwarten. Andererseits lassen sich die verstärkte Smektitpräsenz und der höhere pH-Wert in diesem Horizont nicht ohne weiteres aus der Profilentwicklung im Verwitterungsablauf erklären. In Verbindung mit der höheren Ca- und K-Belegung liegt der Verdacht nahe, daß eine Beeinflussung durch den auflagernden Löß, möglicherweise auch durch künstliche Düngung vorliegt. Kalkverlagerung

Tab. 3 Mineralbestand und geochemische Daten von Proben aus dem Profil Lich (quantitative Werte der Mineralzusammensetzung nach CABRAL 1973)

Tab. 3 Mineralogical composition and geochemical datas of the samples from the Lich-profile

	SM	ALL	HALL	KAOL	IDD./ FE-OXIDE	AL-OXIDE	AK MVAL %/100 G	BASENSÄTTIGUNG (%)	PH-NKCL
LICH L 29	++	++	+	+	+++	+++	25,5	25,5	5,8
ZIEGELR. ZERSATZ V 12 (VOL.-%)	12,3	18,5	4,6	6,1	22,6	34,7			
L 24	+	+	++	++	+++	+			
VIOLETTROT. ZERSATZ L 20	+	+	++	+++	+++	-			
V 6 (VOL.-%)	0,2	2,2	24,8	42,6	30,4	0,1			
VIOLETT-GRAUER ZERSATZ L 13	+	+	+	+++	+++	+	37,0	52,2	5,8
V 5 (VOL.-%)	7,2	1,1	7,6	39,2	41,3	3,6			
GRAUER ZERSATZ L 7	-	+	+++	++	++	-	34,5	54,1	5,0
L 2	-	-	+++	++	++	-			
V 2 (VOL.-%)	-	0,2	49,8	27,8	22,2	-			

SM: SMEKTITE, ALL: ALLOPHAN, HALL: HALLOYSIT, KAOL: KAOLINIT, IDD: IDDINGSIT, FE-OXIDE: GOETHIT, HÄMATIT, MAGNETIT, AL-OXIDE: GIBBSIT, BÖHMIT, DIASPOR, AK: AUSTAUSCHKAPAZITÄT

+++ STARK VERTRETEN, ++ MITTELSTARK VERTRETEN, + SCHWACH VERTRETEN, - NICHT VORHANDEN

könnte zu einem Anstieg des pH-Wertes, dadurch zur Smektitbildung aus Halloysit/Kaolinit führen und dementsprechend den Smektitanteil im mittleren Horizont verstärken.

Von der Tonmineralvergesellschaftung her gesehen ergibt sich im Gesamtprofil ein grundsätzlicher Unterschied gegenüber den Costa Rica-Aufschlüssen, indem eine Profildifferenzierung vorhanden ist. Die Verwitterung geht außerdem über das dort erreichte Halloysitstadium hinaus und entspricht im mittleren Teil bereits dem Kaolinitstadium und im höheren Bereich dem Gibbsitstadium. Unter Verwendung der Verwitterungsstufen würde man die Aufschlüsse in Costa Rica den Stufen W 2 und W 3 zuordnen.

Der Aufschluß Hungen erschließt ein Profil von maximal 3 m Höhe. Darüber lagert Löß (Abb. 6). Das entfestigte basaltische Gestein besteht aus 20 - 50 cm großen Kluftkörpern, deren Begrenzungen als dünne dunkelbraun gefärbte Fugen erkennbar sind. Die äußeren Kluftkörperzonen bestehen aus hellbraun gefärbtem, von dünnen Rissen durchzogenem Material. Im Zentrum der oberflächennah orientierten Kluftkörper beobachtet man einen 5 - 15 cm messenden, scharf gegen die hellbraun gefärbte Außenzone abgesetzten, rundlich geformten Sektor grauen Materials. In den tieferliegenden Kluftkörpern, ab etwa 1 m unter der Oberfläche, sind diese grauen zentralen Bereiche durch harte, sich leicht aus dem Verband lösende Kerne ersetzt. Ihr Außenrand weist schalenartige Absonderungsflächen auf. Dieser Befund legt die Vermutung nahe, daß hier ein tieferer Verwitterungshorizont vorliegt als im Profil Lich, der aber durchaus noch der Stufe W 2 entspricht.

Der Mineralzustand in den entfestigten Kluftkörperzentren und der Rand der festen Kluftkörper ist gekennzeichnet durch das Auftreten von reichlich Plagioklas und Augit. An Tonmineralen lassen sich Smektit, Allophan und Halloysit identifizieren. In den peripheren Zonen der Kluftkörper sind Plagioklas/Augit fast völlig verschwunden: Smektite, Halloysit und Allophan treten stärker hervor. Man registriert außerdem schwach vertretenen Kaolinit. Auch vom Mineralbestand her gesehen liegt also ein Verwitterungszustand vor, der dem unteren Horizont des Profils Lich bzw. einer noch früheren Phase entspricht.

GEFÜGE

Das basaltische Zersatzmaterial aus den Profilen Lich und Hungen ist mit Ausnahme der genannten harten Kluftkörperkerne so weit entfestigt, daß leichte bis mäßige Druckanwendung genügt, um einen Zerfall herbeizuführen. Es entsteht ein schluffig, schwach sandig erscheinendes Haufwerk. Da die Verwitterungsmassen aus Tonmineralen und feinkörnigen Eisenoxiden bestehen, vom Aufbau her gesehen also sehr feinkörnig sind, sind die größeren Komponenten (Grobschluff- und Sand) als Aggregate aufzufassen. CABRAL (1973) weist in diesem Zusammenhang nach, daß die Größe der einzelnen Minerale bis auf einen Teil der Fe-Oxide unter 0,006 mm liegt. Gemäß einer an vier repräsentativen Proben aus dem Profil Lich von BAALBAKI (1980) durchgeführten Bestimmung nach HARTGE (1969) besitzen die sandkorngroßen Partikel eine relativ hohe Stabilität. Den höchsten Zerfallsgrad, dokumentiert durch einen "gemessenen mittleren Durchmesser" (ΔGMD) von 3,5, zeigen sie im violettgrauen Horizont. In den anderen Horizonten liegen die Werte zwischen 1,9 und 2,9.

Die Kornverteilung über das Gesamtprofil hinweg zeigt ein Vorherrschen der Schluff-Fraktion. Der Tonanteil erreicht die höchsten Beträge im violettgrauen Horizont. Daß durchweg ein relativ hoher Tonanteil vorliegt, ist ein Zeichen für den insgesamt schwächer ausgeprägten Aggregierungseffekt als bei den Costa Rica-Proben (Tab. 4).

BODENMECHANISCHES VERHALTEN

Die Fließgrenze zeigt erhebliche Unterschiede im Profil. Im unteren grauen und obersten ziegelroten Horizont ist sie vergleichsweise niedrig. Die höchsten Werte erreicht sie im violettgrauen und violettroten Basaltzersatz (Tab. 4). Die Ausrollgrenze stellt sich durchweg bei relativ hohen Wassergehalten ein. So ergibt sich im Plastizitätsdiagramm eine Stellung unterhalb der A-Linie im Sektor der organogenen Schluffe und Tone (Abb. 7). Vom Mineralbestand her gesehen ist dies nicht schlüssig erklärbar. Man wird also auch hier eine Auswirkung des inneraggregatischen Wasserverarbeitungsvermögens sehen müssen.

Die Scherversuche sind in derselben Versuchsanordnung wie im Falle der Costa Rica-Proben durchgeführt worden. Sie beziehen sich auf knapp unter der Ausrollgrenze liegende natürliche Wassergehalte, so daß mit Porenwasserdrücken nicht zu rechnen ist.

Die Reibungswinkel erreichen im unteren und oberen Profilbereich, also den Horizonten mit höheren Sand- bzw. geringeren Tonanteilen, höhere Werte. Der im Vergleich zu den Costa Rica-Proben erheblich schwächere Aggregateffekt kommt in den gegenüber dort verringerten Reibungswinkeln deutlich zum Ausdruck. Die Werte der einaxialen Druckfestigkeit beziehen sich auf festere, teilweise noch hart erscheinende Kluftkörper. Sie sind also nicht für die einzelnen Horizonte repräsentativ.

Zwischen den Aufschlüssen Hungen und Lich ergeben sich keine signifikanten Unterschiede. Bestimmungen zur Scherfestigkeit, Bildsamkeit und Druckfestigkeit ließen sich nur von Material aus den Kluftkörperrandzo-

Tab. 4 Kornverteilung, Bildsamkeitsdaten und Scherfestigkeit der Proben aus dem Profil Lich

Tab. 4 Grain size distribution, plasticity and shear strength of the samples from Lich

		Kornverteilung (Gew.-%)			Bildsamkeitsdaten (%)			Scherfestigkeit			Einaxiale Druckfestigkeit	
		Ton	Schluff	Sand	w_L	w_P	I_P	φ'	c (kN/m²)	w %	q_u (kN/m²) bei	w %
Profil Lich (ziegelrot. Zersatz)	L 31	11	67	22	52,5	38,1	14,4	27	16	35,2		
	L 29	14	65	21	53,2	30,1	23,1					
Violetter Zersatz	L 27	53	28	19	87,2	46,8	40,4					
	L 27'	58	31	11	87,0	43,5	43,5					
	L 27"	41	52	17	81,0	48,7	32,2	16	15	46,0		
	L 26	46	34	20	89,5	47,4	42,1					
	L 24	54	28	18	82,2	50,3	31,9				273	28,1
	L 24'	47	41	12	91,4	51,5	39,9	13	16	50,2		
	L 22				99,8	54,6	45,2				116	24,6
	L 21	54	31	15	81,2	49,9	31,3					
	L 21'	44	38	18	75,5	47,2	28,3					
	L 20	44	42	14	96,0	54,8	41,2	13,5	12,5	48,4		
Violettgrauer Zersatz	L 19	30	49	21	76,4	45,6	30,8					
	L 19'	42	41	17	64,5	47,9	16,6					
	L 18	37	41	22	73,0	51,4	21,6	16	25	50,5		
	L 18'	36	44	20	78,5	49,5	29,0				149	30,9
	L 14				71,2	51,2	20,0				180	15,7
	L 13	35	45	20	64,0	46,3	17,7					
	L 11				60,1	37,7	22,4	17	24	35,9		
	L 10				75,0	37,9	37,1				260	21,0
Grauer Zersatz	L 9				55,5	41,3	14,2					
	L 9'	24	57	19	63,4	46,8	16,6				1730	27,5
	L 8	23	59	18	49,2	38,4	10,8	26	21,5	38,0		
	L 7				56,6	37,2	19,4					
	L 6	16	53	31	50,8	43,3	7,4				380	25,4
	L 6'				51,3	47,9	3,4				144	26,0
	L 5	24	53	23	51,4	47,9	3,5					
	L 4	27	53	20	57,5	52,5	5,0					
	L 3	22	51	27	55,1	45,8	9,3					
	L 3'	14	61	25	41,2	36,0	5,2	27	14	36,1		
	L 2				52,5	44,7	7,8					
	L 1	16	52	36	47,2	26,6	20,6	22	13	20,3		

nen durchführen. Auch hier liegen vergleichsweise hohe Ausrollgrenzen und daher niedrige Bildsamkeitswerte vor, die zu einer Orientierung der Proben unterhalb der A-Linie im Plastizitätsdiagramm führen. Sie konzentrieren sich im Schluffsektor und stimmen damit mit den Proben aus dem unteren, schwächer verwitterten Teil des Profils Lich überein (Tab. 5). Dem entspricht auch die Scherfestigkeit des Materials, die mit Reibungswinkeln von über 20° und niedrigen Kohäsionswerten gleichfalls dem grauen Basaltzersatz des Profils Lich nahekommt.

VERWITTERUNGSSTUFEN DER COSTA RICA- UND VOGELSBERGAUFSCHLÜSSE

Aus dem Geländebefund läßt sich ableiten, daß die subtropische bis tropische Verwitterung basischer Vulkanite erst in einem fortgeschrittenen Stadium zu einer signifikanten Veränderung und Überprägung des primären Kluftgefüges durch Sekundärfugen führt.

Die verschiedenen Stadien der Verwitterung lassen sich anhand der Mineralvergesellschaftung unterscheiden.

Auf der Grundlage der Verwitterungssequenz Smektit/Allophan → Halloysit/Metahalloysit → Kaolinit → Gibbsit ist eine Unterteilung nach dem Auf-

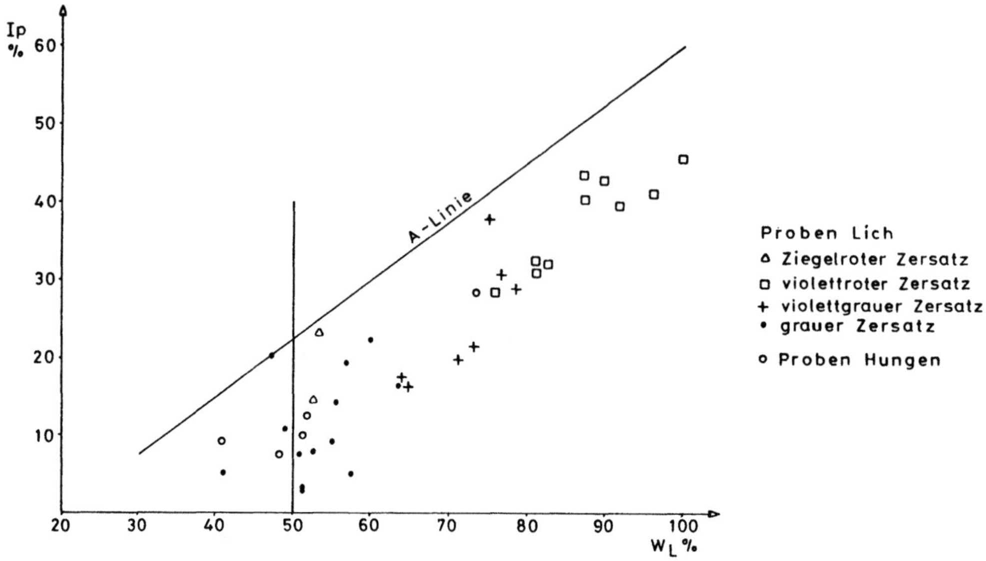

Abb. 7 Bildsamkeitsdiagramm für die Vogelsbergproben

Fig. 7 Plasticity diagram for Vogelsberg samples

Tab. 5 Kornverteilung, Bildsamkeitsdaten, Scherfestigkeit und Druckfestigkeit von Proben aus dem Aufschluß Hungen

Tab. 5 Grain size distribution, plasticity, shear strength and compression strength of the samples from Hungen

	Kornverteilung (Gew.-%)			Bildsamkeitsdaten %			Scherfestigkeit			Einaxiale Druckfestigkeit	
	Ton	Schluff	Sand	w_L	w_p	I_p	φ'	c(kN/m²)	w %	q_u(kN/m²)	bei w %
Kluftkörper-Randzonen											
H 1	18	46	36	51,2	41,0	10,2	25	23	32		
H 1'				51,7	39,2	12,5	27	18	30,5		
H 2	15	51	34	48,6	41,6	7,0				217	20,4
H 2'				49,8	40,2	9,6				248	24,6
H 2"	28	54	18	73,6	44,7	28,9					
Kluftkörper Zentrum	4	42	54	nicht bestimmbar							

treten oder der Vormacht eines der genannten Minerale möglich. Dabei sind vorhandene Primärminerale in die Beurteilung einzubeziehen.

Ausgehend von den an den Vulkaniten aus Costa Rica und an den Vogelsbergbasalten festgestellten Verhältnissen, zeichnen sich die Verwitterungsstadien Smektit/Allophan und Halloysit/Metahalloysit durch ein weitgehend intaktes Kluftgefüge aus. Die Kluftkörper sind entfestigt. Die Stadien lassen sich den Verwitterungsstufen W 2 und W 3 im Sinne von EINSELE et al. (dieser Band) zuordnen. Im Kaolinitstadium sind die Kluftkörper nurmehr gelegentlich erkennbar. In die Matrix aus tonigschluffigem Sand eingebettete Gesteinsbrocken sind entfestigt. Der Zustand kann der Verwitterungsstufe W 4 gleichgesetzt werden. Mit dem verstärkten Auftreten von Gibbsit sind die ursprünglichen Kluftgefügemerkmale verschwunden. Konkretionen aus Eisenoxid treten in Erscheinung. Hier ist die Verwitterungsendstufe W 5 erreicht.

Im Profil Lich sind die einzelnen Stufen von besonders deutlichen Farbumschlägen begleitet. Dabei tritt ziegelrote Verfärbung erst in Stufe W 5 auf. In den Costa Rica-Aufschlüssen sind ziegelrote Farben zum Teil bereits in der Stufe W 3 festzustellen.

Im einzelnen lassen sich die verschiedenen Aufschlüsse den folgenden Stufen zuordnen:

Costa Rica		
	Interamerikanische Straße	W 2 und W 3
	Rio Chiquito	W 2
	Tarbaca	W 3
	Atenas	W 2
Vogelsberg		
	Lich	W 2 - W 5
	Hungen	W 2

Die Verwitterungsstufe W 1, die sich auf Gestein bezieht, dessen Kluftkörper noch hart sind und lediglich an der Peripherie Verwitterungserscheinungen aufweisen, ist in Verbindung mit den diskutierten Lokalitäten nicht aufgeschlossen.

ZUSAMMENFASSUNG

Die Untersuchung von Andesiten aus Costa Rica, die einer tropischen Verwitterung ausgesetzt sind und von Basalten aus dem Vogelsberggebiet, die während des jüngeren Tertiärs einer tropisch-subtropischen Verwitterung ausgesetzt waren, hat ergeben, daß sich mit fortschreitendem Verwitterungsgrad die Mineralzusammensetzung verändert (Tab. 1, 3). Es gilt die Sequenz Smektit/Allophan → Halloysit/Metahalloysit → Kaolinit → Gibbsit, die vor allem in der Frühphase Modifikationen erfahren kann. Der Verwitterungsprozeß wird begleitet von einer abnehmenden Basensättigung und einer Zunahme der sorbierten Aluminiumionen und der kristallisierten Aluminiumoxide (Tab. 1, 3). Außerdem registriert man Farbänderungen, die im Gibbsitstadium, teilweise aber auch schon früher, durch die relative Zunahme von Eisenoxiden zu ziegelroten Farben führen.

Mit der Veränderung des Mineralbestandes geht eine Gefügeveränderung vor sich. Die Kluftkörper sind mit Erreichen des Kaolinitstadiums nicht mehr oder nur noch in einzelnen Relikten erkennbar. Schon im Smektit/Allophanstadium sind sie jedoch, obwohl sie äußerlich noch intakt erscheinen, hochgradig entfestigt.

Nach der Kluftkörperausbildung lassen sich die Aufschlüsse in Costa Rica den Verwitterungsstufen W 2 und W 3, die beiden Vogelsbergaufschlüsse den Stufen W 2 - W 5 bzw. W 2 zuordnen (Abb. 6). Dabei kennzeichnet die Stufen W 2 und W 3 das Smektit/Allophan und Halloysit/Metahalloysit-Stadium, W 4 repräsentiert das Kaolinit- und W 5 das Gibbsitstadium.

In allen Stufen zeichnen sich die Kluftkörper bzw. die Matrix durch ein Aggregatgefüge aus. Das Material zerfällt trotz hoher oder fast ausschließlicher Tonmineralgehalte meist in ein schluffig-sandiges System.

Verantwortlich dafür sind Al-Brückenbindungen und die bei den herrschenden niedrigen pH-Werten positiven Ladungen der Fe- und Al-Oxide und Allophane. Die Aggregate (Abb. 3) besitzen als zellig-schwammige Gebilde ein hohes Wasseraufnahmevermögen, das zu hohen Fließ- und Ausrollgrenzen und niedrigen Bildsamkeitszahlen führt (Abb. 4, 7). Ergebnis des Aggregataufbaus und der Aggregatstabilität sind vergleichsweise hohe Reibungswinkel. In den Costa Rica-Proben liegen sie überwiegend zwischen 30 und 40° (Tab. 2). Niedrigere Werte bei zugleich höherer Kohäsion erreichen die Vogelsbergproben, doch besitzen diese fast durchweg auch höhere Tonanteile (Tab. 4).

Die Materialien sind in Costa Rica extrem hohen Niederschlägen ausgesetzt. Straßenböschungen sind häufig mit sehr steilen Böschungen angelegt, was die unmittelbare Einsickerung verhindert. Rutschungen erfolgen vor allem an Stellen, wo über Gerinne Wasser in den Böschungen versickert.

LITERATUR

Baalbaki MA (1980) Zur bodenmechanischen Beurteilung lateritischer Zersatzprodukte von Vogelsbergbasalten. Giess Geol Schr 24: 152 S, Giessen

Bates TF (1962) Halloysite and gibbsite Formation in Hawaii. Clays and Clay Minerals 9: 315-328

Birrell KS & Fieldes M (1968) Amorphous constituents in "Soil of New Zealand". N Z Soil Bur Bull 26 (2): 39-49, Wellington

Cabral C (1973) Die tertiären Laterite des westlichen Vogelsberges und ihre Eignung als Steine und Erden - Rohstoffe. Clausthaler Geol Abh 16: 153 S, Clausthal-Zellerfeld

Fieldes M & Claridge GGC (1975) Allophane, in: Gieseking JE Soils Components 2: 352-389, Springer-Verlag, New York

Grez R (1977) Nährelementehaushalt und Genese von Böden aus vulkanischen Aschen in Südchile. Freib Bodenkundl Abh 6: 179 S , Freiburg

Hartge KH (1969) Die Sackungsneigung als Aspekt der Strukturstabilität. Z Pflanzenern Bodenkd 122: 250-259, Weinheim

Iimura K (1965) Cation - exchange capacity and total acidity of allophane and volcanic ash soils. Clay Sci 2, 3: 111-120, Tokyo

Laguna MJ (1983) Petrologie, Geochemie und Tonmineralogie der Vulkanite der Aguacate-Formation (Miozän-Pliozän), Costa Rica, Zentralamerika. 163 S Diss Univ Marburg

Loughnan FC (1969) Chemical weathering of the silicate Minerals: 116 S Amer Elsevier, New York

Pichler H & Weyl R (1975) Magmatism and Crustal Evolution in Costa Rica (Central America). Geol Rdsch 64, 2: 457-475, Stuttgart

Scheffer F & Schachschabel P (1979) Lehrbuch der Bodenkunde, 11. Aufl. 442 S, Enke-Verlag, Stuttgart

Sherman DG (1949) Factors influencing the Development of Lateritic and Laterite Soils in the Hawaiian Islands. Pacific Sci 3: 307-314, Honolulu

Terzaghi K (1958) Design and Performance of the Sasumua Dam. Proc Brit Inst Civ Eng 9: 369-394, London

Townsend FC, Manke PG & Parcher JV (1971) The influence of Sesquioxides on Lateritic Soil Properties. Highway Res Rec 374: 80-92, Washington

Tuncer ER & Lohnes RA (1977) An Engineering classification for certain Basalt-derived lateritic soils. Eng Geol 11: 319-339, Elsevier, Amsterdam

Wada K & Ataka M (1958) The Ion-uptake phenomena of Allophane. Soil Sci Pl Food 4, 1: 12-18, Tokyo

Wallace KB (1973) Structural behaviour of residual soils of the continually wet Highlands of Papua New Guinea. Geotech 23,2: 203-218, London

Warkentin BP & Maeda T (1974) Physical Properties of Allophane Soils from the West Indies and Japan. Soil Sci Amer Proc 38: 372-377, Madison
Wesley LD (1977) Shear strength Properties of Halloysite and Allophane Clays in Java, Indonesia. Geotechnique 27, 2: 125-136, London

Bestimmung eines Parameters für den Verwitterungsgrad von Tonsteinen

P. KELLER und K. MACK[1]

SUMMARY

New parameters to determine quantitatively the degree of weathering and the engineering properties of Mesozoic mudstones and marls:

The engineering properties of mudstones and marls of Keuper and Jura in Southern Germany have been observed to be also governed by the degree of weathering as it was determined earlier in England (see e.g. CHANDLER 1969). Although, the influence of weathering on the engineering properties is very important for foundation engineering analyses, there has neither been an exact quantification of the degree of weathering nor any quantitative relation between the degree of weathering and the engineering properties so far. Therefore, this paper is concerned with the determination of a quantitative parameter for the degree of weathering, which may be useful to evaluate engineering properties, especially shear strength parameters.

With the research project reported here, a great number of index properties, used in former time to determine the degree of weathering, have been determined such as natural water content, plastic and liquid limit, clay fraction, aggregation ratio, Fe(III)/Fe (II) ratio, FeOOH content, quantitative mineralogical composition, effective shear strength parameters, etc. If there has been a homogenous mineralogical composition in an originally unweathered profile, e.g. Opalinuston, some of these parameters (fig. 2) can be used to deterimine quantitatively five weathering zones and it is also possible to relate characteristic shear strength parameters to each weathering zone in a weathering profile of the same geological history. But these parameters do not apply, if the mineralogical composition is inhomogenous, e.g. Gipskeuper, or if weathering profiles and engineering properties of different geological histories shall be compared.

For this purpose, new parameters are introduced. With the "Quotient PF" the most important variations both in terms of mineralogical composition and gradation are described quantitatively. For this purpose the actual value is

$$PF = \frac{\text{clay fraction}}{\text{solid compounds - clay fraction}}$$

and the value for the theoretical end of weathering

$$PF_{END} = \frac{\text{clay-mineral content}}{\text{quartz content (+ feldspar)}}.$$

[1] Prof. Dr. P. Keller, Dr. K. Mack, Institut für Mineralogie und Kristallchemie der Universität Stuttgart, Pfaffenwaldring 55, D-7000 Stuttgart 80

Ingenieurgeologische Probleme im Grenzbereich zwischen Locker- und Festgesteinen
(Herausgegeben von K.-H. Heitfeld)

The "Zustandsindex I_W" is a mean value of three figures which are related to either the natural water content, the plastic limit, and the liquid limit. It is standardized such that $I_W = 0$ applies to $w_p = w_L$ and $I_W = 5$ to $w_p = w$ respectively, see fig. 1. The correlation which was determined is given by the following equation:

$$I_W = 1/3 \;\{(w_L-10)/7.9 + (w_P-10)/2.4 + w/4.47\}$$

Then a significant correlation is found between I_W and PF such as

$$I_W = 6.6\ PF^{1/2} - 0{,}75 \quad \text{and} \quad Iw_{END} = 6.6\ PF^{1/2} - 0.75\ .$$

By means of these parameters, an "index of weathering V_M" can be defined as

$$V_M = I_W/Iw_{END} \qquad \text{or}$$

$$V_M = \frac{1/3\ \{(w_L-10)/7.9 + (w_P-10)/2.4 + w/4.47\}}{6.6\ \frac{\text{clay mineral content}}{\text{quartz content (+ feldspar)}}^{1/2} - 0{,}75}$$

By this index it is possible to compare the engineering properties of diagenetic mudstones and marls having different mineralogical compositions and different geological histories.

The actual index of weathering can also be used to define a quantitative parameter of the "degree of weathering V_R" by reference to limit values of V_M:

$$V_R = 100\ (V_M - V_B)/(V_E - V_B) \quad \%,$$

where V_B is the index of unweathered matter and V_E is the index of completely weathered matter. Both values are to be determined for a given weathering profile.

The new parameters are also appropriate to describe quantitatively weathering zones in a homogenous weathering profile (fig. 3), but more over, they are also fitted to calculate correlations between the degree of weathering and the shear strength parameters (tab. 1 and 2) for the actual state and the possible state for the time when the process of weathering is finished.

EINLEITUNG

Bei den Tonsteinen und Mergeln des Keupers und Juras in Süddeutschland treten je nach ihrem Verwitterungszustand erhebliche und bisher nicht kalkulierbare Festigkeitsunterschiede auf. Fragen der veränderlichen Festigkeiten in Abhängigkeit vom Verwitterungszustand sind für die Bautechnik, die heute in steigendem Umfang zur Bebauung von schwierigem Gelände gezwungen ist, von großer Aktualität. An der Universität Stuttgart wurde deshalb von U. SMOLTCZYK, Institut für Grundbau und Bodenmechanik, eine fachübergreifende Arbeitsgruppe gegründet. Eines der Ziele der geplanten Forschungsvorhaben war es, möglichst unter Berücksichtigung der Mineralzusammensetzung der Tonsteine, einen oder mehrere

Parameter zu bestimmen, welche eine quantitative Festlegung des Begriffs Verwitterungsgrad in Korrelation zu bodenmechanischen Eigenschaften erlauben. Das im DFG-Schwerpunktprogramm "Ingenieurgeologische Probleme im Grenzbereich zwischen Locker- und Festgesteinen" geförderte Forschungsvorhaben, über dessen Teilergebnisse hier berichtet wird, wurde in enger Zusammenarbeit mit dem Institut für Grundbau und Bodenmechanik überwiegend im Institut für Mineralogie und Kristallchemie der Universität Stuttgart durchgeführt. Ein ausführlicher Bericht über dieses Forschungsvorhaben soll in den "Veröffentlichungen des Baugrundinstituts Stuttgart" publiziert werden.

MESSGRÖSSEN UND PARAMETER ZUR CHARAKTERISIERUNG DES VERWITTERUNGSZUSTANDES

Bekannte chemische, mineralogische und bodenmechanische Meßgrößen und Parameter

Tonsteine und Mergel können durch eine visuelle Ansprache ihres Verwitterungszustandes verschiedenen Verwitterungsstufen zugeordnet werden (EINSELE u. WALLRAUCH 1964; EINSELE 1983). Diese Methode hat sich bei Geländearbeiten und bei der Probennahme als sehr nützlich erwiesen, erlaubt jedoch nur eine grobe Unterteilung und keine quantitativen Aussagen über die zu erwartenden bodenmechanischen Eigenschaften.

Eine genauere Charakterisierung des Verwitterungszustandes, jedoch noch nicht die gesuchte quantitative Bestimmung, gelingt mit verschiedenen Meßgrößen, die von der Mikrostruktur der Tonsteine abhängig sind. Aus Untersuchungen in England ist bekannt, daß die Veränderung der Mikrostruktur während der Verwitterung auch die bodenmechanischen Eigenschaften von diagenetisch verfestigten Tonsteinen des Keupers beeinflussen. Bei der Diagenese von Tonsteinen haben sich wenige Tonpartikel zu Domänen vereinigt, welche Cluster bilden, die zu Aggregaten ("peds") verkittet sind. Bei der Verwitterung zerfällt diese Organisationsstruktur, wobei der Zerfall von den hohen zu den niedrigen Organsiationsformen fortschreitet. Damit ist eine Veränderung der mechanischen Festigkeit verbunden (KOLBUSZEWSKI, BIRCH u. SHOJOBI 1965). Bestätigt wird dieses Verwitterungsmodell durch die Beobachtung, daß bei rund 80 % Tonmineralgehalt der schlämmanalytisch bestimmte Anteil der Kornfraktion $< 2\mu$ von etwa 10 % bei unverwitterten Proben auf über 50 % bei verwitterten Proben anwächst (DAVIS 1968; DUMBLETON 1967). CHANDLER (1969) hat zur Erfassung dieser Verwitterungsreaktionen, die von LAMBE u. MARTIN (1956) eingeführte Aggregationszahl,

$$A = \text{Tonmineralgehalt/Kornfraktion} < 2\mu \qquad (1)$$

vorgeschlagen. Weitere Meßgrößen, welche einen unterschiedlichen Zerteilungsgrad der Tonmineralaggregate anzeigen können, sind die schwer bestimmbare innere Oberfläche und, mit ihr verbunden, der natürliche Wassergehalt, die Atterbergschen Konsistenzgrenzen und die Kationenaustauschkapazität.

Neben der Aggregatauflösung äußert sich die fortschreitende Verwitterung in einer chemisch-mineralogischen Veränderung der Tonsteine und Mergel. Hier ist neben der Anhydrit-Gips-Umwandlung und dem Lösen der karbonatischen und sulfatischen Komponenten besonders die Oxidation des zweiwertigen Eisens von Interesse. Mit zunehmender Verwitterung stellt sich ein unterschiedliches Fe(III)/Fe(II)-Verhältnis ein, und es kommt zur Neubildung von Eisenoxihydroxiden.

Neue Parameter

Zur Ermittlung eines Parameters, welcher eine quantitative Festlegung des Begriffes Verwitterungsgrad in Korrelation zu den bodenmechanischen Eigenschaften erlaubt, wurden von rund 200 Proben, überwiegend aus dem Gipskeuper, den Unteren Bunten Mergeln, dem Knollenmergel und dem Opalinuston, zusätzlich zu den schon erwähnten Meßgrößen auch noch die Mineralzusammensetzung mit einem kombinierten chemisch-röntgenographischen Verfahren quantitativ bestimmt. Von ungefähr 80 Proben waren ausserdem die effektiven Scherparameter bekannt. Zum Aufsuchen geeigneter Beziehungen zwischen den bestimmten Meßgrößen wurden die Ergebnisse statistisch ausgewertet.

Quotient PF: Unsere Untersuchungen haben ergeben, daß die Einflüsse der Mineralzusammensetzung auf den Verwitterungsgrad von Tonsteinen durch die Aggregationszahl (1) nur unzureichend erfaßt werden. Die Aggregationszahl wurde deshalb durch den

Quotient PF = plastische Feststoffe/nicht-plastische Festoffe (2)

ersetzt. Das wichtigste Argument dafür ist, daß die bei der Diagenese gebildeten Tonmineralaggregate offensichtlich in sehr viel geringerem Umfang in der Lage sind, Wasser zu binden und damit plastisch aktiv zu sein als die dispergierten Teilchen der Kornfraktion < 2 µ. Zu den eindeutig plastisch aktiven Stoffen in den Tonsteinen gehören nur die Anteile der Kornfraktion < 2 µ, denn ihre Beziehungen zu den Konsistenzgrenzen und zur Plastizität sind durch hohe Korrelationskoeffizienten gekennzeichnet (MACK 1981). Zwischen diesen bodenmechanischen Größen und dem gesamten Tonmineralgehalt konnten dagegen keine Beziehungen festgestellt werden. Die Tonmineralaggregate gehören wie die restlichen Feststoffe mit einer Korngröße > 2 µ, das sind Quarz, Feldspat und die löslichen Karbonate und Sulfate, zu den plastisch nicht aktiven Feststoffen. Die Unterscheidung von plastisch aktiven und nicht aktiven Feststoffen durch die Korngröße 2 µ entspricht im Betrag sicherlich nicht genau den natürlichen Verhältnissen, die zudem durch einen kontinuierlichen Übergang gekennzeichnet sind. Mit der Grenzkorngröße 2 µ wurden bei der statistischen Auswertung jedoch die besten Ergebnisse erzielt, und außerdem ist sie durch die Schlämmanalyse vorgegeben, so daß die Bestimmung des Quotienten PF sehr einfach wird gemäß

Quotient PF = Kornfraktion < 2 µ/(Feststoff - Kornfraktion < 2 µ). (3)

Besonders vorteilhaft ist es, daß der Quotient PF alle wichtigen Veränderungen in der Mineralzusammensetzung während eines Verwitterungsablaufs erfaßt. Mit zunehmender Verwitterung werden die Tonmineralaggregate zu Teilchen < 2 µ dispergiert und die löslichen Feststoffe aufgelöst. Resistent gegen Verwitterungseinwirkungen sind in den Zeitabschnitten und den Bedingungen, die hier interessieren, lediglich der Quarz und soweit vorhanden der Feldspat. Im theoretisch möglichen Endzustand der Verwitterung ist die Kornfraktion < 2 µ gleich dem Tonmineralgehalt, und die plastisch nicht aktiven Feststoffe bestehen nur noch aus dem Quarz- und Feldspatgehalt. Für eine vollständige Verwitterung ergibt sich deshalb der theoretische Endwert

PF_{END} = Tonmineralgehalt/(Quarzgehalt + Feldspatgehalt). (4)

Der Tonmineral-, Quarz- und Feldspatgehalt müssen mit einem relativ aufwendigen chemischen und röntgenographischen Verfahren bestimmt werden (MACK 1981). Für feldspatfreie Proben ist die Bestimmung jedoch bedeutend einfacher, weil dann in der Gleichung (4) für den Tonmineralgehalt der Wert (Gehalt unlöslicher Feststoffe - Quarzgehalt) eingesetzt werden kann. Für feldspatfreie Proben gilt

PF_{END} = (Gehalt unlöslicher Feststoffe - Quarzgehalt)/Quarzgehalt (5).

Zustandsindex I_W: Der neue Parameter, Zustandsindex, ist ein normierter Mittelwert aus dem natürlichen Wassergehalt, der Ausrollgrenze und der Fließgrenze.

Für die Bildung eines Mittelwertes aus den Wassergehalten waren folgende Überlegungen von Bedeutung: Die meßtechnische Bestimmung des natürlichen Wassergehalts und der Konsistenzgrenzen ist nicht frei von subjektiven Einflüssen. Die Auswirkung von Meßfehlern wird jedoch durch die Superposition signifikanter Parameter abgeschwächt.

Die vorliegenden Untersuchungen haben ergeben, daß ein Mittelwert, im Gegensatz zu den einzelnen Konsistenzgrenzen, mit zunehmender Verwitterung einigermaßen linear zunimmt.

Für die Auswahl der Grenzwerte bei der Normierung waren die gegenseitigen Korrelationen zwischen dem natürlichen Wassergehalt w, der Ausrollgrenze w_P und der Fließgrenze w_L sehr hilfreich (Abb. 1).

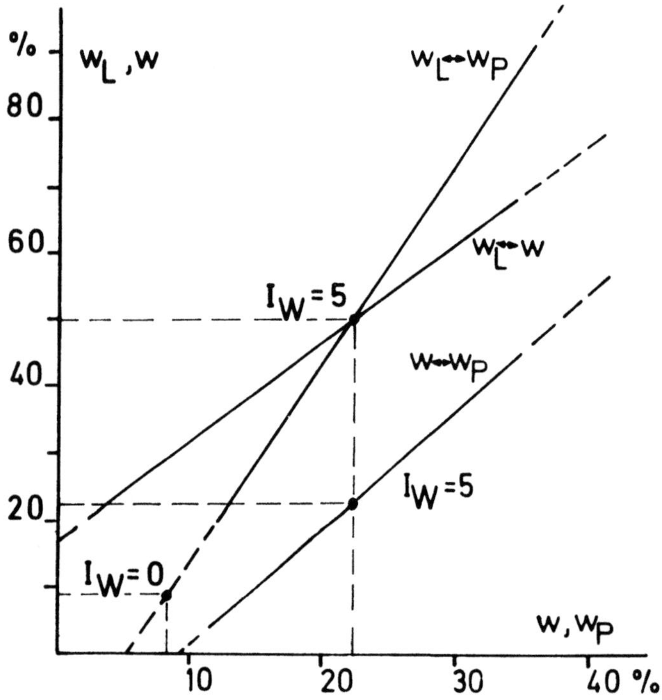

Abb. 1 Korrelationen zwischen dem natürlichen Wassergehalt w, der Ausrollgrenze w_P und der Fließgrenze w_L gemäß den Korrelationsgleichungen (6), (7) und (8). Die ausgezogenen Linien sind durch Meßwerte belegt, die gestrichelten Linien wurden extrapoliert. Mit den Punkten $I_W = 0$ und $I_W = 5$ wurde der Zustandsindex I_W normiert.

Fig. 1 Correlation between the natural water content w, the plastic limit w_P, and the liquid limit w_L according to the correlation equations (6), (7) and (8). The solid lines devote observed values, the dashed lines are extrapolated. The marked points $I_W = 0$ and $I_W = 5$ are used to standardize the Index I_W.

Für 170 Proben, davon rund die Hälfte aus dem Gipskeuper, die restlichen vorwiegend aus dem Knollenmergel, dem Opalinuston und den Unteren Bunten Mergeln, wurden die folgenden Korrelationsgleichungen bestimmt:

$$w_L = 1{,}455\ w + 16{,}5 \qquad (k = 0{,}76) \qquad (6)$$

$$w_L = 2{,}96\ w_P - 16{,}4 \qquad (k = 0{,}70) \qquad (7)$$

$$w = 1{,}75\ w_P - 16{,}8 \qquad (k = 0{,}65) \qquad (8)$$

Die Korrelation zwischen der Ausroll- und der Fließgrenze war schon bekannt. Interessant ist allerdings, daß bei vergleichbaren äußeren Bedingungen auch zwischen dem natürlichen Wassergehalt und den Konsistenzgrenzen enge Beziehungen bestehen. Der natürliche Wassergehalt gibt offensichtlich einen Gleichgewichtszustand an, der sich bei vergleichbaren äußeren Bedingungen in Abhängigkeit von denjenigen Sedimenteigenschaften einstellt, welche auch die Konsistenzgrenzen bestimmen.

Der Minimalwert des Zustandsindexes I_W=0 wurde für $w_P = w_L$, d.h. für die Plastizität $I_P = 0$, festgelegt. Dies ist ein Zustand, der in der Natur von bindigen Böden mit Sicherheit nicht erreicht wird, so daß die beobachteten Werte immer $I_W > 0$ sein müssen. Setzt man trotzdem $w_P = w_L$, so erhält man durch Einsetzen in die Gleichung (7) den Wert $w_P = w_L$ = 8,5 % und aus dem Plastizitätsdiagramm von CASAGRANDE (1948) den Wert $w_P = w_L \sim 13$ %. Im Rahmen der Genauigkeit der statistisch ermittelten Beziehungen wurde deshalb $w_P = w_L = 10$ % angenommen. Mit $w_P = w_L = 10$ % erhält man aus der Gleichung (8) den Wert $w \sim 1$ % und aus der Gleichung (6) den Wert $w \sim -4{,}5$ %, so daß für den ersten Schritt der Normierung, entsprechend der Genauigkeit der Korrelationsgleichungen, der Wert $w = 0$ angenommen werden kann.

Für die Auswahl weiterer, zur Normierung notwendiger Meßpunkte gibt es keine entsprechend naheliegenden Argumente wie beim Minimalwert. Ein bemerkenswerter Punkt auf der Geraden $w \leftrightarrow w_P$ in der Abb. 1 ist jedoch der Wassergehalt, bei dem die Ausrollgrenze gleich dem natürlichen Wassergehalt ist, denn für $w = w_P$ ist die Konsistenz $I_C = 1$, d.h. der Boden ist in situ plastisch. Für diesen Zustand eines Bodens erhält man durch Einsetzen von $w = w_P$ in Gleichung (8) und Auflösung nach w den Wert $w = w_P = 22{,}5$ %. Für $w = 22{,}5$ % ergibt die Gleichung (6) und für w_P = 22,5 % die Gleichung (7) jeweils den Wert $w_L \sim 50$ %. Alle drei berechneten Werte liegen auf den betreffenden Geraden der Abb. 1 ungefähr in der Mitte der bisher bestimmten Meßwerte. Deshalb wurde für $w = w_P$ = 22,5 % und $w_L = 50$ % der Zustandsindex zu $I_W = 5$ festgelegt, denn unter dieser Voraussetzung betragen die zu erwartenden Maximalwerte des Zustandsindexes $I_W \sim 10$.

Die beschriebene Normierung ergibt für eine lineare Beziehung zwischen den Wassergehalten und dem Zustandsindex die Gleichungen

$$I_W = (w_L - 10)/8, \qquad I_W = (w_P - 10)/2{,}5 \qquad \text{und} \qquad I_W = 4/4{,}5 \quad .$$

Wegen der Verwendung von gerundeten Mittelwerten bei der Normierung wurden diese Gleichungen abschließend mit einer gemeinsamen Faktorenanalyse für die verwendeten 170 Meßwerte von montmorillonitfreien Tonsteinen und Mergeln verfeinert. Die Korrelationskoeffizienten von $k \sim 0{,}9$ bestätigen ein gutes Resultat. Es gilt:

$$I_W = (w_L - 10)/7{,}9 \qquad (k = 0{,}92)$$
$$I_W = (w_P - 10)/2{,}4 \qquad (k = 0{,}87)$$
$$I_W = w/4{,}47 \qquad (k = 0{,}91)$$

Nach Bildung des Mittelwertes gilt damit

$$I_W = 1/3 \left\{(w_L - 10)/7{,}9 + (w_P - 10)/2{,}4 + w/4{,}47\right\} \tag{9}$$

Für montmorillonitfreie Tonsteine und Mergel wurden bisher mit der Gleichung (9) Werte von rund $1{,}5 \leqq I_W \leqq 8{,}5$ bestimmt.

Zustandsindex und Quotient PF: Zwischen dem Zustandsindex und dem Quotienten PF wurde eine signifikante Korrelation gemäß

$$I_W = 6{,}6\ PF^{1/2} - 0{,}75 \qquad (k = 0{,}80) \tag{10}$$

beobachtet. Es bestehen also eindeutig quantifizierbare Beziehungen zwischen den zuvor beschriebenen Veränderungen der Mineralzusammensetzung während des Verwitterungsablaufes und dem natürlichen Wassergehalt sowie den Konsistenzgrenzen.

Weiterhin ist von großer Bedeutung, daß für eine theoretisch vollständig verwitterte Probe der Zustandsindex Iw_{END} mit den Gleichungen (4) und (10) aus der Mineralzusammensetzung der Ausgangsprobe berechnet werden kann, denn dies ist ein wichtiger Schritt zur Bestimmung des gesuchten Parameters Verwitterungsgrad. Es gilt

$$Iw_{END} = 6{,}6\ (PF_{END})^{1/2} - 0{,}75 \tag{11}$$

und nach Einsetzen von (4) in (11)

$$Iw_{END} = 6{,}6\ \left\{\text{Tonmineralgehalt}/(\text{Quarz-} + \text{Feldspatgehalt})\right\}^{1/2} - 0{,}75 \tag{12}$$

Mit Hilfe der Zustandsindizes I_W und Iw_{END} ist es nun gelungen, zwei Parameter zu definieren, die eine quantitative Beschreibung des Verwitterungszustandes von Tonsteinen und Mergeln in Beziehung zu deren bodenmechanischen Eigenschaften ermöglichen.

Verwitterungsindex V_M: Das Verhältnis des aktuellen Zustandsindexes I_W zum Zustandsindex Iw_{END} für die theoretisch vollständig verwitterte Probe wurde Verwitterungsindex V_M genannt. Der Verwitterungsindex ist ein Parameter, mit dessen Hilfe die bodenmechanischen Eigenschaften von diagenetisch verfestigten Tonsteinen und Mergeln miteinander verglichen werden können, unabhängig von der geologischen Herkunft und bei Berücksichtigung der Mineralzusammensetzung und des Verwitterungszustandes. Beispiele für die Anwendung des Verwitterungsindexes werden weiter unten beschrieben. Es gilt

$$V_M = I_W/Iw_{END} \tag{13}$$

oder explizit gemäß (9) und (12)

$$V_M = \frac{1/3 \left\{(w_L-10)/7{,}9 + (w_P-10)/2{,}4 + w/4{,}47\right\}}{6{,}6 \left\{\text{Tonmineralgehalt}/(\text{Quarz-} + \text{Feldspatgehalt})\right\}^{1/2} - 0{,}75} \tag{14}$$

Verwitterungsgrad V_R: Mit dem Verwitterungsindex wird auch der gesuchte und wichtigste neue Parameter, der Verwitterungsgrad berechnet. Es gilt:

$$V_R = 100\ (V_M - V_B)/(V_E - V_B) \quad (\%) \qquad (15)$$

wobei V_B = Verwitterungsindex der unverwitterten Probe und V_E = Verwitterungsindex der vollständig verwitterten Probe ist. V_B und V_E sind nicht die theoretisch möglichen sondern die im betreffenden Verwitterungsprofil nachweisbaren Extremwerte. Für den Fall, daß diese Extremwerte im Einzelfall nicht bestimmbar sind, können die bisher ermittelten Extremwerte $V_B = 1{,}35/Iw_{END}$ und $V_E = 8{,}5/Iw_{END}$ verwendet werden.

Mit dem Parameter Verwitterungsgrad können die verwitterungsbedingten Veränderungen der bodenmechanischen Eigenschaften von diagenetisch verfestigten Tonsteinen und Mergeln unter Berücksichtigung der Mineralzusammensetzung bestimmt werden (Tab. 1 und 2). Von besonderer Bedeutung ist es, daß darüberhinaus auch die noch zu erwartenden Veränderungen der bodenmechanischen Eigenschaften bei weiter fortschreitender Verwitterung abgeschätzt werden können.

Meßgrößen: Zur Berechnung von Verwitterungsindex und Verwitterungsgrad müssen die folgenden Meßgrößen bestimmt werden.

1) Der natürliche Wassergehalt und die Konsistenzgrenzen nach der DIN 18 121 und der DIN 18 122.

2) Der Tonmineral-, Quarz- und Feldspatgehalt nach einer kombinierten chemisch-röntgenographischen Methode (MACK 1981). Für feldspatfreie Proben ist gemäß Gleichung (5) die Anwendung einer stark vereinfachten chemisch-röntgenographischen Methode möglich, mit der nur der Gehalt an unlöslichen Feststoffen und der Quarzgehalt zu bestimmen ist.

Anwendungsbereich: Die neuen Parameter wurden für Tonsteine und (karbonatarme) Mergel entwickelt, die im unverwitterten Zustand Tonmineralaggregate und keinen Montmorillonit enthalten. Die Anwendung der Parameter auf Proben mit deutlich nachweisbaren Montmorillonitgehalten er fordert zumindest eine Modifizierung der Korrelationsgleichung (9) zur Berechnung des Zustandsindexes. Die Anwendung auf Proben ohne Tonmineralaggregate im unverwitterten Zustand erscheint wenig sinnvoll.

ANWENDUNGSBEISPIELE

Verwitterungsprofil mit homogener Mineralzusammensetzung

In einem Verwitterungsprofil mit möglichst homogener Mineralzusammensetzung sind die bisher bekannten und die neuen Meßgrößen und Parameter eindeutig teufenabhängig, und auch mit den bekannten Meßgrößen können der Verwitterungsablauf und mehrere Verwitterungsstufen eindeutig charakaterisiert werden.

Als Beispiel soll ein Verwitterungsprofil im Opalinuston des Juras von Postbauer-Heng, südöstlich von Nürnberg, kurz beschrieben werden, das gemeinsam mit der Landesgewerbeanstalt Bayern in Nürnberg untersucht wurde (RAZIZADEH 1981; MACK 1981). Die Ergebnisse sind für die bekannten Meßgrößen in Abb. 2 und für die neuen Parameter in Abb. 3 wiedergegeben. Die einzelnen Verwitterungsstufen können wie folgt beschrieben werden:[1]

---

[1] Die einheitlichen Bezeichnungen für die Verwitterungsstufen W0 - W5 (vgl. EINSELE et al., dieser Band) können bei diesem Verwitterungsprofil nicht verwendet werden, weil die betreffenden Untersuchungen schon vor der Einführung dieser Bezeichnungen im Jahre 1984 abgeschlossen waren.

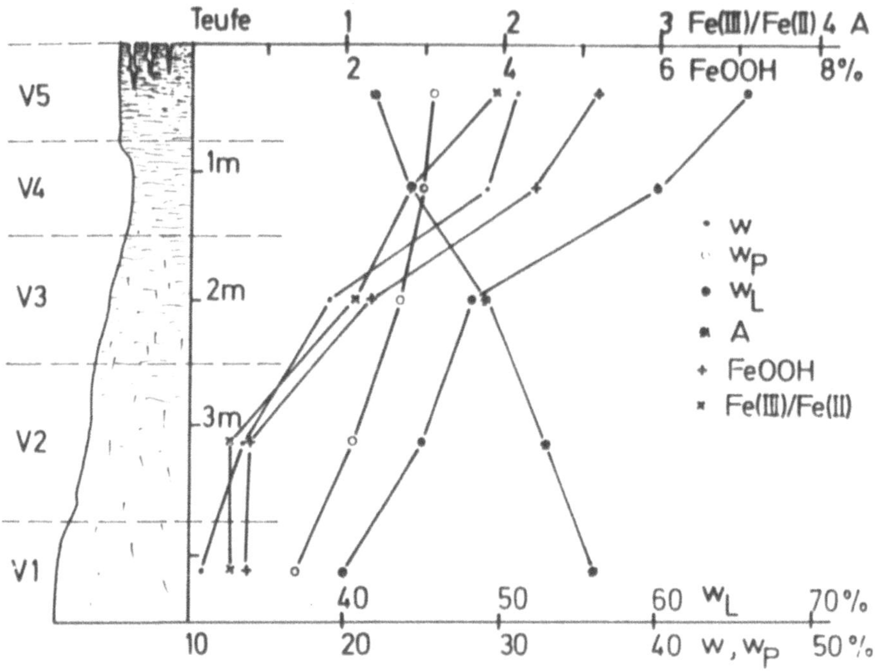

Abb. 2 Verwitterungsprofil im Opalinuston von Postbauer-Heng, Nürnberg. Angegeben ist der Verlauf von Mittelwerten für mehrere Proben: w = natürlicher Wassergehalt, w_P = Ausrollgrenze, w_L = Fließgrenze, A = Aggregationszahl, FeOOH = Gehalt an FeOOH und Fe(III)/Fe(II) = Fe(III)/Fe(II)-Verhältnis. Die Verwitterungsstufen von V1 bis V5 sind im Text genauer beschrieben.

Fig.2 Weathering profile of Opalinuston from Postbauer-Heng, Nürnberg. Shown are the mean values of several specimens in terms of: w = natural water content, w_P = plasticity limit, w_L = liquid limit, A = aggregation ratio, FeOOH = FeOOH content, and Fe(III)/Fe(II) = Fe(III)/Fe(II) ratio. The weathering zones V1 to V5 are described in more detail in the text.

Verwitterungsstufe V1: Unverwittertes, felsartiges Material mit Kluftkörpern von mehreren Dezimetern Größe und meist geschlossenen Klüften.

Verwitterungsstufe V2: Beginnende mechanische Verwitterung mit zunehmender Klüftung und Wasserdurchlässigkeit. Es werden mehr und mehr Aggregate benetzbar, die Aggregate als solche bleiben aber erhalten. Die Wasserbindekapazität ist deshalb gering, so daß schon relativ geringe Wassergehalte zu flüssiger Konsistenz führen. Die chemische Verwitterung hat in diesem Bereich noch nicht merklich eingesetzt.

Verwitterungsstufe V3: Bei weiter zunehmender Zerklüftung der Tonsteine setzt die chemische Verwitterung mit einem raschen Abbau des Pyrits und der Oxidation von Fe(II) zu Fe(III) ein. Es resultiert ein sprunghafter Anstieg des Fe(III)/Fe(II)-Verhältnisses und der FeOOH-Gehalte. Der Zerfall von Tonbröckchen zu Tonmineralaggregaten ist weiter fortgeschritten, die Dispergierung der Aggregate ist aber noch von geringer Bedeutung, denn die Wassergehalte steigen weiter kontinuierlich an.

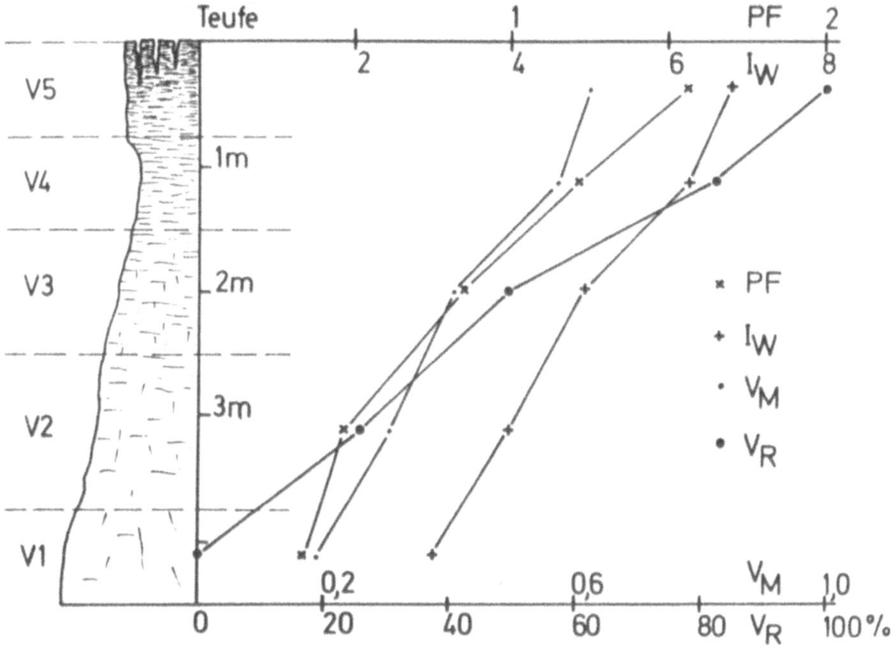

Abb. 3 Verwitterungsprofil im Opalinuston von Postbauer-Heng, Nürnberg. Angegeben ist der Verlauf der Mittelwerte von mehreren Proben für die neuen Parameter: PF = Quotient PF, I_W = Zustandsindex, V_M = Verwitterungsindex und V_R = Verwitterungsgrad, V1 - V5 = Verwitterungsstufen.

Fig. 3 Weathering profile of Opalinuston from Postbauer-Heng, Nürnberg. Indicated are the mean values of several specimens for the new parameters: PF = Quotient PF, I_W = Zustandsindex, V_M = index of weathering, and V_R = degree of weathering; V1 - V5 = weathering zones.

Verwitterungsstufe V4: In diesem Bereich beginnt die Plastifizierung der Tonsteine mit der Dispergierung der Tonmineralaggregate. Der natürliche Wassergehalt und die Fließgrenze steigen sprunghaft an, und der natürliche Wassergehalt ist jetzt größer als die Ausrollgrenze, d.h. der Boden ist in situ plastisch.

Verwitterungsstufe V5: Es liegt ein fast homogener und plastischer Ton mit glatten, glänzenden Schnittflächen vor. Die Verwitterungsprozesse sind, bei relativ geringen Veränderungen gegenüber der Verwitterungsstufe 4, zum Abschluß gekommen. Die Karbonate sind oft vollständig aufgelöst, und zum Teil beginnt die Wiederauflösung des neugebildeten FeOOH.

Die neuen Parameter sind in dem beschriebenen Verwitterungsprofil (Abb. 3) ebenfalls stetig von der Teufe abhängig und besitzen für die einzelnen Verwitterungsstufen vernünftig unterteilte Werte. Dies ist für den Verwitterungsgrad das zu erwartende Ergebnis. Der ungefähr parallele und teufenabhängige Verlauf für den Quotienten PF, den Zustandsindex und den Verwitterungsindex ist jedoch auf die homogene Mineralzusammensetzung und die kontinuierlich abnehmende Intensität der Verwitterung im Profil zurückzuführen. Bei wechselnder Mineralzusammensetzung und unterschiedlicher Verwitterungsintensität wären die Kurven für die betreffenden Parameter nicht eindeutig teufenabhängig und würden stark schwankende Einzelwerte anzeigen. Derartige Verwitterungsprofile sind typisch für den Gipskeuper.

Verwitterungsprofil mit diskontinuierlicher Mineralzusammensetzung

Beim Gipskeuper und weniger typisch bei den Unteren Bunten Mergeln ist ein ganz anderes Verwitterungsverhalten anzutreffen als bei Opalinuston. Diese Sedimente enthalten im frischen Zustand mehr oder weniger große Beimengungen von Anhydrit, in Schichten unterschiedlicher Mächtigkeit, neben anhydritfreien Schichten. Der Anhydrit wird bis in Teufen von rund 5 - 70 m über eine Lösungsphase in Gips umgewandelt und bis in Teufen von weniger als 1 - 50 m werden Gips und Anhydrit aufgelöst, so daß die Sedimente sulfatfrei sein können.

Die Umwandlung von Anhydrit zu Gips und die Auflösung von Gips ist mit einer Zerrüttung der Tonsteine und Mergel verbunden, so daß nach der Auflösung der Sulfatminerale teilweise entfestigte, brekziöse Schichten und feinkörnige, lockere Lösungsrückstände neben fast unbeeinflußten, felsartigen Schichten zurückbleiben. Außerdem ist zu berücksichtigen, daß der Gipskeuper in mehr oder weniger dünnen Schichten stark wechselnde Karbonat- und Quarzgehalte besitzen kann.

Die unterschiedliche Mineralzusammensetzung und besonders die unterschiedliche Entfestigung durch die Anhydritauflösung führen zu einem diskontinuierlichen Verwitterungsprofil. Zum Beispiel hat die Oxidation von Fe(II) zu Fe(III) und die Neubildung von FeOOH schon mit der Anhydrit- und Gipsauflösung begonnen. Deshalb ist das Fe(III)/Fe(II)-Verhältnis in größeren Teufen in den entfestigten Schichten größer als in den nichtentfestigten. Der fortschreitende Bröckchenzerfall und die Dispergierung der Tonmineralaggregate wird in ungestörten Schichten langsamer voranschreiten als in gestörten. Eine Teufenabhängigkeit bestimmter Meßgrößen und Parameter wäre deshalb auch bei einer, vom ursprünglichen Anhydritgehalt abgesehen, homogenen Mineralzusammensetzung nicht zu erwarten.

Die neu eingeführten Parameter lassen sich aber auch bei gipsfreien Proben des Gipskeupers anwenden, denn es ist gelungen, Korrelationen zwischen verwitterungsrelevanten Parametern und den effektiven Scherparametern nachzuweisen.

Werden Proben mit einer begrenzten Mineralzusammensetzung miteinander verglichen, z.B. (Calcit- + Dolomitgehalte) < 25 Gew.-% und Quarzgehalt < 20 Gew.-%, so ergeben sich Korrelationen zwischen den effektiven Scherparametern und dem natürlichen Wassergehalt w, der Konsistenz I_C, dem Zustandsindex I_W und dem Verwitterungsgrad V_R (Tab. 1).

Für einige Meßgrößen oder Parameter werden noch bessere Korrelationskoeffizienten erhalten, wenn nicht nur die Mineralzusammensetzung, sondern über den Verwitterungsindex der Verwitterungszustand und die Mineralzusammensetzung berücksichtigt werden. Für Proben mit $0{,}15 \leq V_M \leq 0{,}20$ erhält man die Korrelationsgleichungen der Tabelle 2. Für die Kohäsion und den Scherwinkel deuten sich dabei unterschiedliche Beziehungen an. Der Scherwinkel korreliert zufriedenstellend gut mit dem natürlichen Wassergehalt und der Konsistenz, während für die Kohäsion die Korrelationskoeffizienten beim Zustandsindex und beim Verwitterungsgrad akzeptabel sind.

Tab. 1 Korrelationsgleichungen für die effektiven Scherparameter für Gipskeuperproben mit (Calcit- + Dolomitgehalt) < 25 Gew.-% und Quarzgehalten < 20 Gew.-%

Tab.1 Correlation for the effective shear strength parameters of Gipskeuper with (calcite- + dolomite-content) < 25 wt.% and quartz-content < 20 wt.%

Kohäsion (kN/m²)	k	Scherwinkel (Grad)	k
$c' = 168{,}0\ I_C - 37{,}5$	0,51	$\varphi' = 26{,}5\ I_C - 3{,}5$	0,61
$c' = 277{,}5 - 7{,}5\ w$	0,56	$\varphi' = 46{,}0 - 1{,}17\ w$	0,69
$c' = 387{,}5 - 60{,}5\ I_W$	0,61	$\varphi' = 54{,}7 - 7{,}6\ I_W$	0,51
$c' = 305{,}5 - 5{,}3\ V_R$	0,61	$\varphi' = 45{,}2 - 0{,}66\ V_R$	0,48

Tab. 2 Korrelationsgleichungen für die effektiven Scherparameter von Tonsteinen und Mergeln des Gipskeupers mit einem Verwitterungsindex von $0{,}15 \leqq V_M \leqq 0{,}20$.

Tab. 2 Correlations for the effective shear parameters of the mudstones and marls of Gipskeuper with an "index of weathering" of $0.15 \leqq V_M \leqq 0.20$

Kohäsion (kN/m²)	k	Scherwinkel (Grad)	k
$c' = 120{,}0\ I_C + 17{,}0$	0,48	$\varphi' = 32{,}8\ I_C - 10{,}3$	0,88
$c' = 244{,}5 - 5{,}5\ w$	0,54	$\varphi' = 48{,}0 - 1{,}3\ w$	0,76
$c' = 345{,}5 - 52{,}5\ I_W$	0,68	$\varphi' = 55{,}5 - 8{,}2\ I_W$	0,47
$c' = 277{,}5 - 4{,}5\ V_R$	0,63	$\varphi' = 46{,}5 - 0{,}75\ V_R$	0,47

Insgesamt bedürfen diese letzten Ergebnisse noch einer weiteren Absicherung durch eine größere Zahl von Untersuchungsergebnissen, insbesondere an Tonsteinen und Mergeln anderer geologischer Herkunft.

LITERATUR

Casagrande A (1948) Classification and identification of soils. Trans Amer Soc Civ Eng 113: 901-930

Chandler RJ (1969) The effect of weathering on the shear strength properties of Keuper marl. Geotechnique 19: No 3, 321-334

Davis AG (1968) The structure of Keuper marl. Quart J Eng Geol 1:145-153

Dumbleton MJ (1967) Origin and mineralogy of African red clays and Keuper marl. Quart J Eng Geol 1: 39-45

Einsele G (1983) Mechanismus und Tiefgang der Verwitterung bei mesozoischen Ton- und Mergelsteinen. Z dt geol Ges 134: 289-315

Einsele G, Wallrauch E (1964) Verwitterungsgrade bei mesozoischen Schiefertonen und Tonsteinen und ihr Einfluß bei Standsicherheitsproblemen. Baugrundtagung Berlin: 59-89

Kolbuszewski J, Birch N, Shojobi JO (1965) Keuper marl research. Proc Int Conf Soil Mech 1: 59-63

Lambe TW, Martin RT (1956) Composition and engineering properties of soils. Highway Res Board Proc 35: 661-677
Mack K (1981) Die Verwitterung diagenetisch verfestigter Tonsedimente und ihr Einfluß auf mineralogische und bodenmechanische Kenngrößen. Dissertation, Universität Stuttgart
Razizadeh FB (1981) Ingenieurgeologische und bodenmechanische Charakteristika überkonsolidierter jurassischer Tone (am Beispiel des Opalinustons) mit besonderer Berücksichtigung der Gliederung des Verwitterungsprofils. Dissertation, Erlangen-Nürnberg

Verwitterungsabhängige geochemische, mikrostrukturelle und geomechanische Eigenschaften halbfester Tonsteine der oberen Röt-Folge (Rhön)

K. GRONEMEIER[1], G. MATTHESS[2], W. BRUNHOF[2], W. OHSE[2], A. PEKDEGER[2], D. SCHENK[2] und A. WINKLER[2]

SUMMARY

The weathering state of lower Triassic shales (Upper Bunter, Rhoen mountains, Germany FR) was characterized by mineralogical, geochemical, microstructural and geomechanical methods comparing materials of near-surface weathering profiles and cores from a 50 m deep bore hole (fig. 1). The clay fraction increases towards the Earth's surface. The predominant clay minerals are illite, chlorite and corrensite. The mobility of major cations, determined by selective extraction methods, increases with increasing weathering intensity. Due to the dissolution of (dolomitic) carbonates and of iron compounds the stability of intergranular bonds is loosened and is not compensated by newly formed minerals. It results in a mixture of unweathered mineral aggregates and plastified clay matrix. The depth distribution of the stability of the major minerals and the tendencies of mineral transformations were confirmed by use of the thermodynamic computer model WATEQF (fig. 2) and microprobe analysis.

The interrelations between the changes of geomechnical properties (e.g. cohesion, compressibility, shear strength, creep and failure behaviour (tab. 1 and 2)) and the complex mineralogical, geochemical and microstructural processes (fig. 3 - 5) during weathering are described and their causes are discussed.

EINLEITUNG

Das bodenmechanische Verhalten eines bindigen halbfesten Gesteins hängt von Art und Anteil seiner mineralischen Bestandteile, von deren Stoffeigenschaften und schließlich von Art und Zusammensetzung der flüssigen und gasförmigen Phasen im Porenraum ab. Darüberhinaus wird es von der räumlichen Anordnung dieser Komponenten (Makrostruktur, Mikrogefüge) bestimmt. Die Entfestigung von Tonsteinen, die z.B. zu Massenbewegungen an Hängen führt, wird durch die physikalische Verwitterung eingeleitet, deren Wirkung nachfolgend durch geochemische Vorgänge sowie durch Struktur- und Mikrogefügeänderungen verstärkt wird.

Anlaß zu den vorliegenden Untersuchungen waren Massenverlagerungen an einem aus Tonsteinen der Oberen Röt-Folge (Oberer Buntsandstein) bestehenden Hang an einem heute aufgegebenen Teilstück der Bundesstraße 458

[1] Dr. K. Gronemeier, Dr. Pieles Engeneering GmbH, Mathildenstr. 25, 2300 Kiel

[2] Prof. Dr. G. Mattheß, Dr. W. Brunhof, Dr. W. Ohse, Dr. A. Pekdeger, Dr. D. Schenk, Dipl.Geol. A. Winkler, Geologisch-Paläontologisches Institut der Universität Kiel, Olshausenstr. 40/60, D-2300 Kiel

Ingenieurgeologische Probleme im Grenzbereich zwischen Locker- und Festgesteinen
(Herausgegeben von K.-H. Heitfeld)

zwischen Dietges und Grabenhöfchen (TK 25 Blatt 5425 Kleinsassen) in der westlichen Kuppenrhön nahe Fulda. Die Tonsteine gehören zu den ca. 30 m mächtigen Bunten Tonsteinschichten der Oberen Röt-Folge im Liegenden der Röt-Muschelkalkgrenze. Die gesamte dem Röt aufliegende Sedimentmächtigkeit betrug ehemals ca. 700 m, woraus sich ein maximaler Überlagerungsdruck von ca. 14 - 17 MN/m^2 ergibt. Der heutige Überlagerungsdruck hängt von der Mächtigkeit der verbliebenen hangenden Schichten ab und übersteigt nicht 2 MN/m^2. Die Tonsteine sind demnach überkonsolidiert.

Um Proben gleicher stratigraphischer Einstufung in unterschiedlicher Verwitterungsintensität untersuchen zu können, wurden "Oberflächenproben" aus Schürfen und Sondierungen an einem Hangprofil sowie "Tiefenproben" aus einer 50 m tiefen Kernbohrung entnommen, die durch eine 19 m mächtige Rutschmasse in die anstehenden Tonsteine niedergebracht wurde. Oberflächen- und Tiefenproben umfassen jeweils den gleichen stratigraphischen Bereich. Die Oberflächenproben wurden in überlappenden Schürfen als Proben der Güteklasse 1 nach DIN 4021 sowie in neun Peilbohrungen bis je 3 m Tiefe mit Proben der Güteklasse 4 gewonnen. Aus der Tiefbohrung (Abb. 1) (Technische Daten: Rotary am Gestänge, Einfachkernrohr 146 mm Durchmesser bis 23,2 m Teufe, Doppelkernrohr 101 mm Durchmesser von 23,2 - 50,0 m, Verrohrung bis Endtiefe, direkte Wasserspülung) wurde je 1 m Kernstrecke eine ungestörte Probe entnommen.

Zur Charakterisierung der Entfestigungs- und Verwitterungs-Vorgänge der untersuchten Röt-Tonsteine wurde geprüft, mit welchen mineralogischen, geochemischen, gefügekundlichen und geomechanischen Kenngrößen sich Verwitterungsintensitäten erfassen lassen, ferner welche Folgen Gefüge-Störungen durch Aufbereitung auf die erzielten geomechanischen Kennwerte haben.

ERGEBNISSE

Mineralogischer Befund

Die untersuchten Tonsteine setzen sich aus ca. 35 - 65 % Ton und 35 - 65 % Schluff zusammen, daneben tritt bis zu 8 % Sand auf. Der Anteil der Tonfraktion nimmt im Untersuchungsmaterial zur Erdoberfläche hin zu. Das Tonmineralspektrum der untersuchten Gesteine umfaßt Illit, Chlorit und das mixed-layer-Mineral Corrensit. Eindeutige Neubildungen von Tonmineralen, die als typische Verwitterungsindikatoren dienen könnten, wurden nicht gefunden. Eine Verlagerung von Tonmineralen findet nur im Bereich der Bodenbildung statt. Als Bindemittel treten Dolomit (bis zu 30 Gewichts-%) und oxidisch-hydroxidische Eisen- und Mangan-Phasen auf (GRONEMEIER et al. 1981a; SCHENK 1982, 1983).

Bindungsformen und Verteilung wichtiger Elemente

Die chemische Verwitterung führt zu einer Umverteilung der Elemente, an der diese je nach ihrer Mobilität teilnehmen. Für kationische Bestandteile im Verwitterungsprofil läßt sich die Mobilität durch Bestimmung der Bindungsformen und -stärke quantifizieren. Mit Hilfe selektiver geochemischer Extraktionsverfahren werden hierbei die jeweiligen Konzentrationen folgenden 7 Bindungsformen zugeordnet: der adsorbierten, der leicht reduzierbaren, der schwer reduzierbaren Phase, der mit H_2O_2 oxidierbaren Phase ("organische Substanzen"), der leicht- und der schwerlöslichen karbonatischen und der silikatischen Phase. Generell wurden

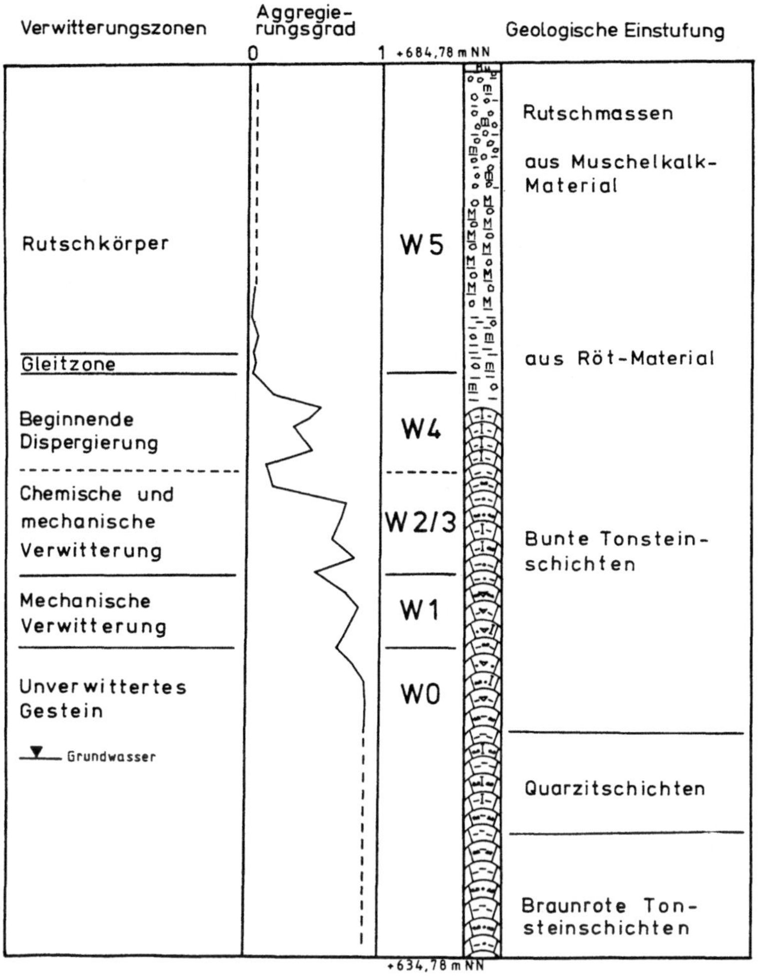

Abb. 1 Verwitterungszonen in der Bohrung (SCHENK 1983)

Fig. 1 Weathering zones in the cored bore hole (SCHENK 1983)

bei den untersuchten 6 Kationen Na^{+}, K^{+}, Ca^{2+}, Mg^{2+}, $Fe^{2+(+)}$ und Mn^{2+} mit zunehmender Verwitterungsintensität eine geringere Bindungsintensität bzw. erhöhte Freisetzbarkeit beobachtet (GRONEMEIER et al. 1981b; SCHENK 1983).

Natrium und Kalium sind vorwiegend silikatisch gebunden. Eine beginnende Verwitterung von Illiten macht sich in einer leichteren Freisetzbarkeit von Kalium bemerkbar.

Unter den 6 untersuchten Kationen herrscht Kalzium im Verwitterungsprofil vor. In Erdoberflächennähe besetzen Kalziumionen bis zu 99 % der vorhandenen Austauschplätze und stellen dabei ca. 90 % des Gesamtkalziumgehaltes im Gestein. Zur Tiefe hin sinkt der austauschbare Anteil auf 5 %. Hier liegt Kalzium in leicht- und schwer-löslicher karbonatischer Phase und in silikatischer Bindung vor.

Die Gehalte an Magnesium in der schwach sauren Bindungsform erweisen sich als ein sehr empfindlicher Verwitterungsindikator in Röttonen. Sie nehmen zur Oberfläche hin stark ab. In größeren Tiefen ist Mg ebenso wie Na und K überwiegend silikatisch gebunden.

Eisen ist überwiegend in der schwer-reduzierbaren kristallinen Hydroxid-Oxid-Phase gebunden, Mangan jedoch hauptsächlich in leicht-löslichen amorphen bis parakristallinen Phasen. Die leicht-löslichen, amorphen "aktiven" Eisengehalte nehmen zur Oberfläche hin nur leicht zu.

Die Gehalte an pedogenen organischen Substanzen (C_{org}) nehmen zur Tiefe hin stark ab, dementsprechend sind die organisch gebundenen Kationen-Anteile in größeren Tiefen im vorliegenden Zusammenhang bedeutungslos.

Die oben beschriebene Verteilung der Bindungsformen in Abhängigkeit vom Verwitterungszustand wurden durch kombinierte Messung der Konzentrationen von Elementpaaren mit der Mikrosonde entlang von Meßstrecken bestätigt. Hierbei wurden Punkt für Punkt quantitative Elementbestimmungen vorgenommen und Verhältniszahlen zwischen Elementpaaren gebildet. Bei dieser Untersuchung konnten anhand der Elementverteilung unverwitterte Ton-Aggregate von verwitterter Ton-Matrix unterschieden werden. In den Aggregaten weisen die Elemente, Fe, O, K und Al immer höhere Gehalte als in der Matrix auf. Das Ca/Mg-Verhältnis der dolomitischen Karbonate ist durch zwei Tendenzen gekennzeichnet: Zum einen sind die durchschnittlichen Mg-Gehalte ohne Ausnahme in den Aggregaten erhöht, zum anderen ist unterhalb 19 m u. GOK in der Bohrung mit zunehmender Tiefe und abnehmender Verwitterungsintensität eine Mg-Zunahme zu erkennen, möglicherweise verursacht durch primär sedimentäre Ursachen (GRONEMEIER et al. 1982; WINKLER 1983).

Porenwasser - Festsubstanz

Unter den vielfach geomechanisch wichtigen Wechselbeziehungen zwischen Porenwasser und Festsubstanz steht im vorliegenden Falle die Prüfung im Vordergrund, ob Tendenzen zum Lösungsangriff auf den Mineralbestand des Untergrundes und Möglichkeiten zur Ausfällung oder Mineralneubildung bestehen. Als Maß hierfür dient der Sättigungsindex SI (Gl. 1):

$$SI = \log (IAP/K_{LP}) \qquad (1)$$

mit dem Ionenaktivitätsprodukt IAP und dem Gleichgewichts-Löslichkeits-Produkt K_{LP}. Bei $SI > 0$ liegt eine Übersättigung, bei $SI < 0$ eine Untersättigung und bei $SI = 0$ die Gleichgewichts-Sättigung der Porenlösung gegenüber dem betrachteten Mineral vor.

Nach den Berechnungen der Tiefenverteilung der Sättigungindices mit Hilfe des thermodynamischen Rechenmodells WATEQF (PLUMMER et al. 1976) sind die Porenwässer im untersuchten Profil gegenüber Na- und Ca-Feldspäten untersättigt, aber gegenüber Eisenoxiden und -hydroxiden übersättigt. Feste Oxide und Hydroxide des Mangans sind im Gegensatz dazu thermodynamisch instabil, ebenso die festen Sulfate und Karbonate im oberen Teil des Bohrprofiles. Erst unterhalb 30 m u. GOK herrschen Gleichgewichtszustände zwischen Porenlösungen und Feststoffen (Abb. 2) (GRONEMEIER et al. 1981b, 1982; SCHENK 1983).

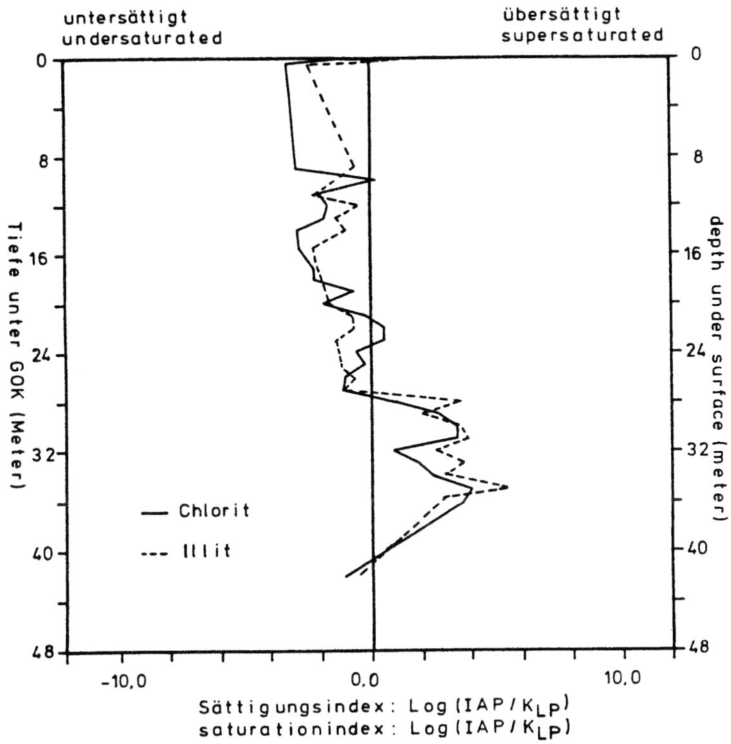

Abb. 2 Tiefenverteilung der Sättigungsindices der Porenlösungen gegenüber Illit und Chlorit (SCHENK 1983)

Fig. 2 Depth distribution of the saturation indices of pore solution with respect to illite and chlorite (SCHENK 1983)

Verwitterungszonen

Die mineralogischen und geochemischen Befunde wurden mit Hilfe von Cluster- und Diskriminanzanalysen ausgewertet, wobei 4 Verwitterungszonen ausgewiesen wurden, die der Einteilung nach EINSELE (siehe dieser Band) zugeordnet werden können (Abb. 1). Für die Einstufung der Verwitterungsintensität bzw. eine Charakterisierung von Verwitterungsstufen erweisen sich folgende Kennwerte als ausreichend trennscharf (SCHENK 1983):

- Aggregierungsgrad der Tonsteine als Maß für die zementierende Wirkung der Karbonate bzw. der gespeicherten Spannungen.
- Natürlicher Wassergehalt als Maß der Porosität bzw. der Entspannung.
- Verteilung des Kalium in silikatischer, schwer-löslich karbonatischer und austauschbar adsorbierter Form als Maß der Verwitterungsintensität von Tonmineralen.
- Anteile von Magnesium in leicht- und schwer-löslichen karbonatischen Bindungen, die eine Aussage zur Verwitterungsintensität von Mischkarbonaten geben.
- Aktivitätsgrad des Eisens in den oberen Teilen des Profils, d.h. Verhältnis der durch Verwitterung bereitgestellten parakristallinen und amorphen Fe-Verbindungen gegenüber fest gebundenen kristallinen Eisen-Phasen.

Über dem unverwitterten Gestein (WO) findet sich ein Bereich mit beginnender mechanischer Entspannung (W1), deren durch physikalische Verwitterung erhöhte Wasserwegsamkeit weitere physikalisch-chemische Verwitterungsvorgänge (Lösung, Hydrolyse, Oxidation) begünstigt.

In der Zone der chemischen und mechanischen Verwitterung (W2 - W4) wird die Verkittung der Gefügeeinheiten durch Lösung des hauptsächlich aus dolomitischen Karbonaten und Eisenverbindungen bestehenden feinverteilten Bindemittels geschwächt. Die gelösten Karbonate wurden offenbar nicht weit fortgeführt, sondern bilden eigene Aggregate, z.T. idiomorphe Kristalle, ohne daß diese die Festigkeit des Gesteins erhöhen (Abb. 3.1).

Deutlich werden unterhalb der Rutschmassen (W5) eine ältere inaktive über einer jüngeren aktiven Gleitzone ausgewiesen. Die Gleitzonen unterscheiden sich durch geochemische Meßwerte, insbesondere durch das Auftreten von Eisen in der gealterten, thermodynamisch stabilen oxidischen Bindungsform in der inaktiven Gleitzone und von mobilen, metastabilen hydroxidischen Eisen-Phasen in der aktiven Gleitzone.

Mikrogefüge

Das Mikrogefüge der untersuchten Tonstein ist generell hierarchisch aufgebaut. Nach YONG & WARKENTIN (1975) bilden Einzeltonminerale die niedrigste Gefüge-Ordnung. Diese treten sehr häufig zu parallel gelagerten Einheiten, den Gefügeelementen (domains), zusammen. Diese Einheiten schließen sich beim koagulierten Gefüge zu übergeordneten Elementgruppen (cluster) zusammen, die z.B. eine als Buchhaus-Struktur (Abb. 3.2) zu bezeichnende Gefüge-Anordnung bilden können. Die beschriebenen Ge-

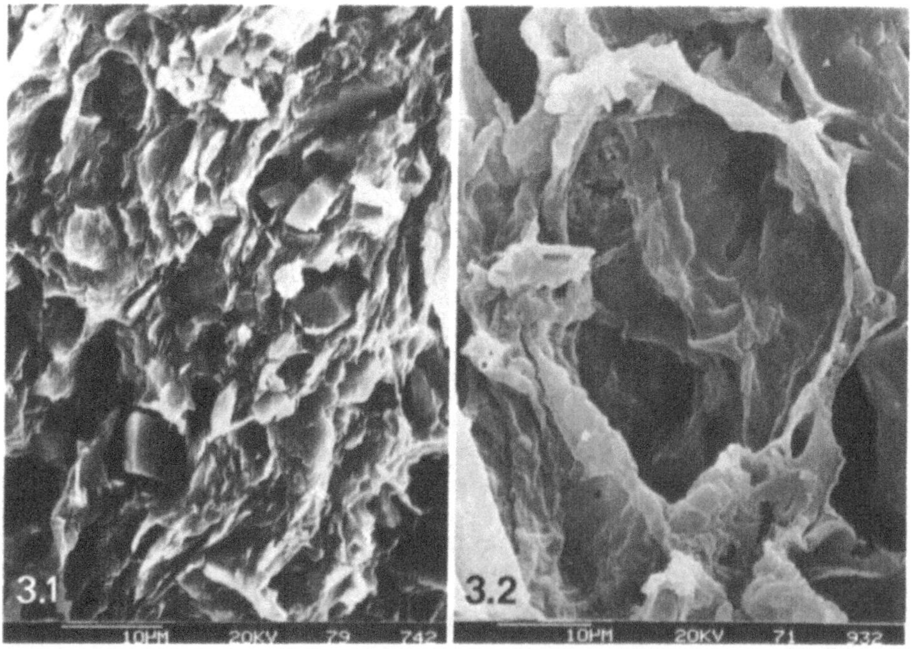

Abb. 3 Typische Mikrogefüge aus den Röt-Tonsteinen; 1) idiomorphe Karbonatkristalle in Mikroporen aus Zone W2/3, 2) Buchhaus-Struktur in Zone W5
Fig. 3 Typical microstructures of Röt-shales; 1) idiomorphic carbonate crystals in micropores from zone W2/3, 2)Bookhouse-structure in zone W5

füge-Einheiten stellen die Grundbausteine des Gefüges 1. Ordnung dar, das nur im Rasterelektronenmikroskop (REM) sichtbar ist. Die Elementgruppen fügen sich zu Aggregaten (peds) zusammen, deren räumliche Anordnung die makroskopisch sichtbare Struktur charakterisiert.

Das unverwitterte Gestein (WO) in 37 - 50 m Tiefe weist verbogene Gefügeeinheiten und erzwungene Parallellagerung von Gefüge-Einheiten zwischen bereits verfestigten Aggregaten auf (Abb. 3.3). Die bei der Ablagerung ausgebildeten Kante-Kante- und Kante-Fläche-Kontakte blieben erhalten. Im Ausgangsgestein ist das dolomitische und ferritische Bindemittel diffus verteilt.

In der Zone der physikalischen Verwitterung (W1) ändert sich das Mikrogefüge nicht wesentlich, jedoch beeinflußt die bereits vollzogene Teilentspannung nachweisbar das Kompressions- und Quellverhalten. Im weiteren Verlauf der Verwitterung (Zonen W2 und W3) werden die parallelgelagerten Gefüge-Bereiche entfestigt, wodurch der Anteil an plastifizierter Matrix erhöht wird. Dadurch erscheinen die größtenteils unverwitterten Aggregate dichter gelagert als die Matrix (3.4). Ihre Entfestigung setzt nach der Dispergierung der ursprünglich konzentrisch angelagerten Tonpartikel (Zwiebelschalen-Struktur Abb. 4.1) ein, wobei die inneren Teile der Aggregate noch überkonsolidiert sind. Inhomogenitäten in der sedimentären Zusammensetzung des Gesteins können jedoch verwitterungsbedingte Änderungen des Gefüges z.T. überlagern (GRONEMEIER 1981a ; SCHENK 1983).

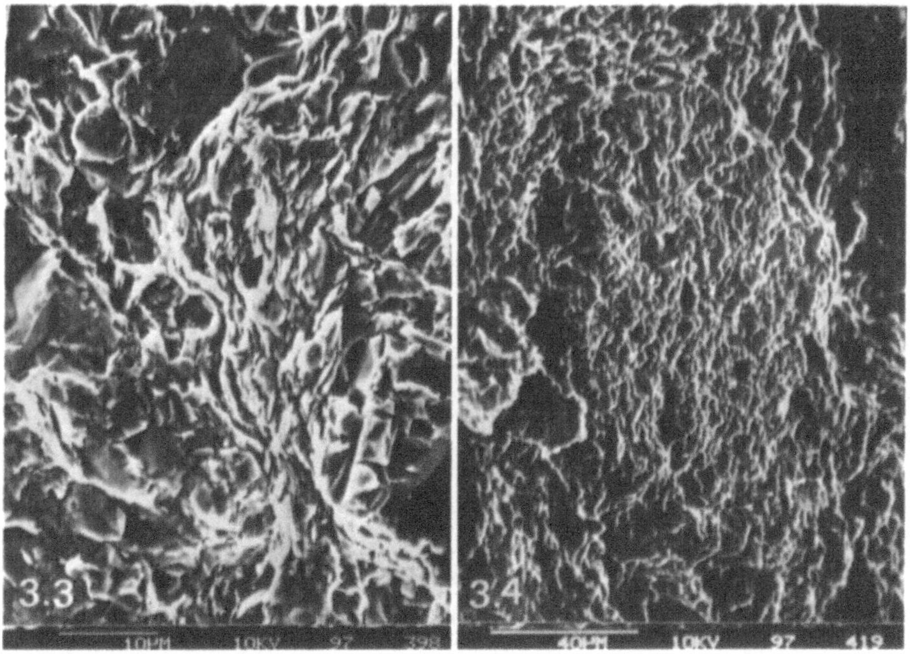

Abb. 3 (Fortsetzung) 3) verbogene Gefügeeinheiten und erzwungene Parallellagerung in Zone WO, 4) dichte unverwitterte Aggregate in aufgelockerter Matrix (SCHENK 1983)
Fig. 3 (cont.) 3) bended units and parallel layers in zone WO, 4) dense unweathered aggregates in plastified matrix (SCHENK 1983)

In der Gleitzone zwischen W4 und W5 ist das Verhältnis Matrix zu Aggregaten noch höher. Die Gefüge-Einheiten bilden hier mehr und mehr sperrige Kontakte, die empfindlich gegen Scher-Beanspruchung sind. Infolge der bei den Massenverlagerungen auftretenden Bewegungen finden sich kleinräumige Bereiche mit parallel gelagerten Gefügeelemente in diskreten Scherfugen (Abb. 4.2).

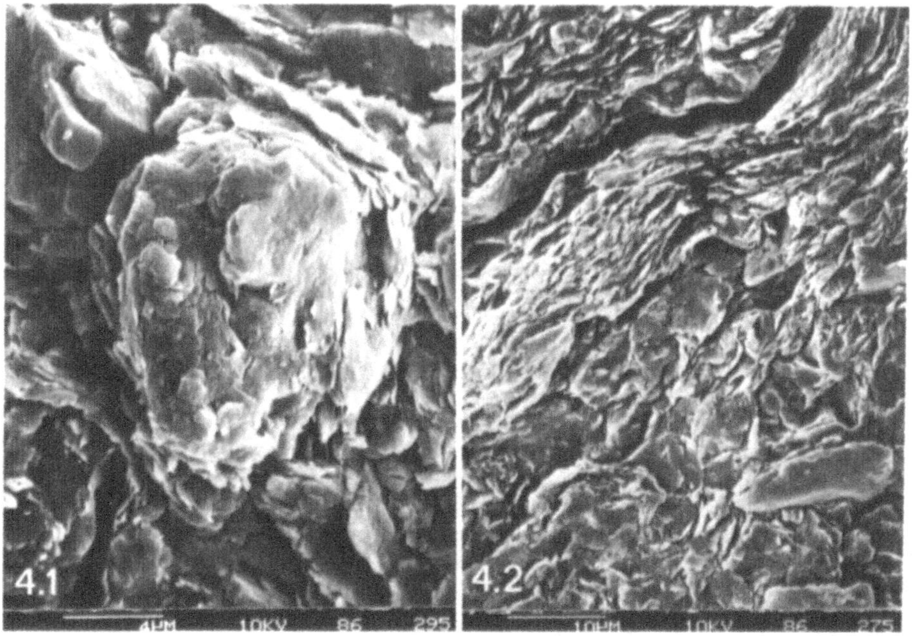

Abb. 4 Typische Mikrogefüge aus den Röt-Tonsteinen; 1) Zwiebelschalen-Struktur in Zone W0, 2) Parallellagerung einer Scherzone in Zone W4/5

Fig. 4 Typical microstructures of Röt-shales; 1) Onion-skin structure in zone W0, 2) parallel structure in a shear zone in zone W4/5

Im Bereich der Gleitzonen und des Rutschkörpers ist das Material nahezu vollständig dispergiert (Aggregierungsgrad = 0). Das sehr hohlraumreiche, leicht verformbare Gefüge ist geomechanisch instabil.

Die Auswirkung einer Probenaufbereitung auf das Gefüge wurde anhand von erdoberflächennahem Material verdeutlicht (BRUNHOF 1983). Die ungestörte Probe zeigt überwiegend kollabierte ehemals offene Strukturen (Abb. 3.4) mit vorherrschenden höheren Gefüge-Einheiten, die teilweise parallel gelagert sind. Durch die Kneteinwirkung werden Bodenpartikel in eine turbostratische oder Buchhaus-Strukturen übergeführt (Abb. 4.3). Dieser Gefügetyp zeichnet sich durch folgende Eigenschaften aus:

- die mehr oder weniger isotrope Anordnung der Partikel erhöht die Anzahl der Fläche/Kante-Kontakte (vor allem der Gefügeelemente),
- durch Aggregat-Zerstörung werden die Zahl der Einzeltonminerale und Gefügeelemente und damit die spezifische Oberfläche erhöht,
- die Anzahl der Kontakte nimmt insgesamt zu, die Gesamtfläche der einzelnen Kontakte jedoch ab,
- die Mehrzahl der Kontakte stellt keine Kristallisations- und Atomkon-

takte, sondern in erster Linie Koagulationskontakte dar,

- die Anzahl der Mikroporen ist relativ erhöht,
- das Bindemittel ist aufgesprengt.

Bei einer Dispergierung mit Ultraschall bei natürlichem Wassergehalt wird das Gefüge weitergehend aufgelockert bzw. zerstört. Dadurch wird der verfügbare Anteil an Einzeltonmineralen weiter erhöht, die sich überwiegend in Form einer angenäherten Kartenhaus-Struktur anordnen (Abb. 4.4). Auch durch diese Art der Aufbereitung werden die festeren Aggregate nicht vollständig zerstört.

Abb. 5 zeigt schematisch die Unterschiede im Mikrogefüge-Bereich in einer ungestörten, gekneteten und dispergierten Bodenprobe.

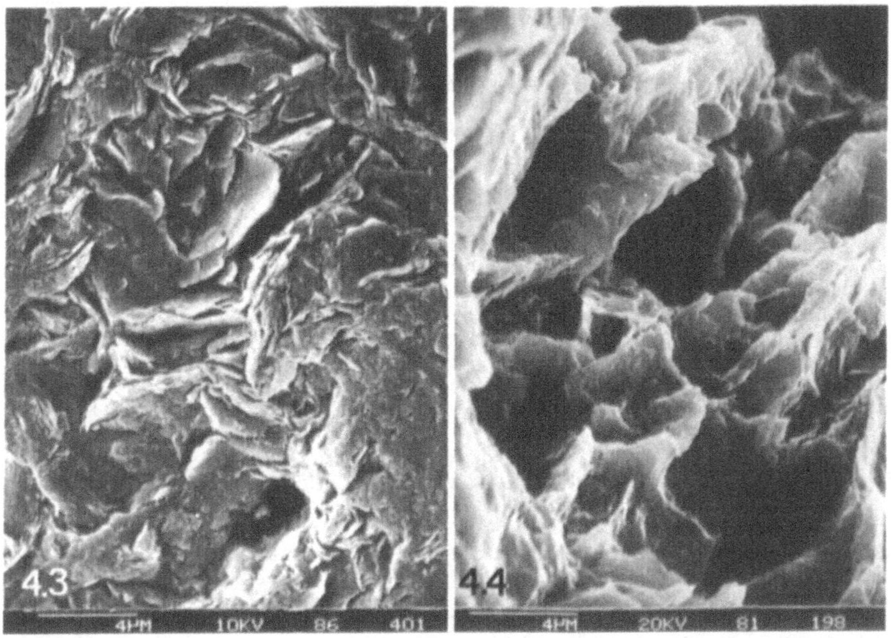

Abb. 4 (Fortsetzung) 3) Turbostratische und Buchhaus-Strukturen aus einer gekneteten Probe, 4) angenäherte Kartenhaus-Struktur einer dispergierten Probe (BRUNHOF 1983; SCHENK 1983)

Fig. 4 (cont.) 3) turbostratic and bookhouse structures in a kneaded sample, 4) approximated cardhouse structure in a dispersed sample (BRUNHOF 1983; SCHENK 1983)

Geomechanische Eigenschaften

Der Einfluß der mineralogisch-geochemischen und gefügekundlichen Parameter auf die geomechanischen Eigenschaften der halbfesten, unterschiedlich intensiv verwitterten Röt-Tonsteine wird aus folgenden Befunden deutlich (BRUNHOF 1983; GRONEMEIER 1982; SCHENK 1983):

Die Fließgrenzen-Wassergehalte w_f werden durch eine Gefüge-Störung bei der Probenaufbereitung verringert (ungestört 38,3 %, geknetet 22,9 %,

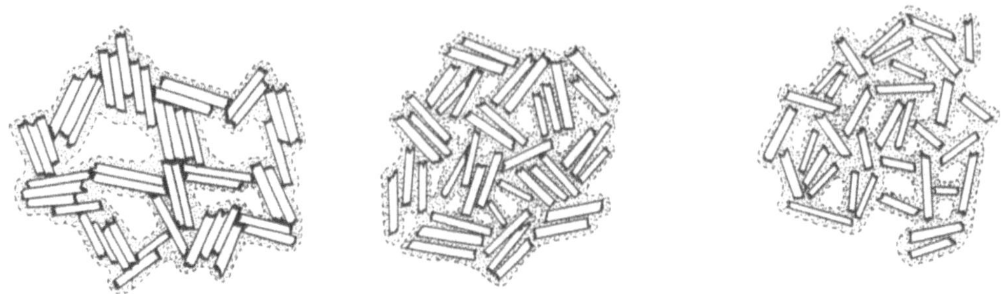

Abb. 5 Schematische Unterschiede im Mikrogefüge in ungestörten, gekneteten und dispergierten Proben (BRUNHOF 1983)

Fig. 5 Schematic differences in the microstructure in undisturbed, kneaded and dispersed samples (BRUNHOF 1983)

dispergiert 24,5 %), die Schrumpfgrenz-Wassergehalte w_s erhöht (ungestört 12,4 %, geknetet 14,3 %, dispergiert 17,4 %). Die Volumenschrumpfung der aufbereiteten Proben weist höhere Werte auf als die der ungestörten (lineare axiale Höhenschrumpfung: geknetet 5,4 %, dispergiert 6,1 %, ungestört 4,3 %). Die elastische Verformbarkeit der Koagulationskontakte der gestörten Proben trägt zu diesen hohen Schrumpfungsbeträgen bei. Die diagenetischen Kristallisations- und Punktkontakte der ungestörten Proben bewirken zusammen mit den Bindemitteln eine starke Volumenverringerung während der Abtrocknung. Bei den ungestörten Proben dagegen treten als Folge der ehemaligen Überlagerung mit jüngeren Sedimenten häufigere Parallel-Lagen der Bodenpartikel auf, so daß die vertikalen Schrumpfungsbeträge (lineare axiale Schrumpfung 4,3 %) die horizontalen (2,9 %) deutlich übertreffen.

Die Aufnahme-Geschwindigkeiten des Adhäsions- und des Kapillarwassers sind bei den aufbereiteten Proben (geknetet 3,6 ml/min; dispergiert 3,9 ml/min) wesentlich geringer als bei den ungestörten (9,9 ml/min) eine Folge der durch Gefüge-Störung stark verringerten Durchlässigkeit. Wie erwähnt, bestehen die Porenräume der entstandenen Buchhaus- und Kartenhaus-Strukturen im wesentlichen aus Mikroporen. Die Adhäsionswasser-Menge wird durch die wasserbindende Wirkung der Fe- und Mn-Hydroxide und -Oxide sowie durch die Ausbildung von Lösungshohlräumen deutlich erhöht.

Das zeitliche Setzungsverhalten zeigt, daß die gekneteten Proben langsamer konsolidieren als die ungestörten und dispergierten Proben. Dazu tragen wahrscheinlich die Koagulationskontakte bei, deren Verformung bzw. Verlagerung auf Zähigkeitskräften beruhen, die zu überwinden mehr Zeit erfordert. Die ungestörten Proben erfahren bei der Belastung dagegen eine sofortige Verringerung des Makroporenvolumens unter gleichzeitiger Umlagerung größerer Aggregate. Sie sind in Gegenwart amorpher bis parakristalliner Bindemittel stärker kompressibel. Die stabilisierend wirkenden karbonatischen Bindemittel beeinflussen anscheinend die Kompressibilität zunächst günstig. Sobald die Kornbindungen aber bei einer bestimmten Normalspannung irreversibel zerstört werden, verringert sich die Festigkeit drastisch. Bei der Wiederbelastung, über den Normalspannungs-Bereich der Erst-Belastung hinaus, zeigt sich, daß die ungestörten und dispergierten Proben setzungsempfindlicher sind als die gekneteten. Die Gefügezusammenbrüche bei Wiederbelastung beruhen bei den dispergierten Proben auf der Instabilität des Einzelkorngefüges, bei den ungestörten Proben auf elastischen Kondensationskontakten der Gefügeelemente durch Spannungsumverteilung während der ersten Entlastung. Die gespeicherten Spannungen führen bei einmaliger Wasserzugabe zu vorher getrockneten Proben aus 50 m Tiefe in Teilbereichen zu sofortiger Zerlegung (vgl. MERKLEIN, dieser Band).

Bei Quellversuchen hob sich die teilweise verwitterte 20,5 m-Probe (W4) insgesamt um 1,0 mm, blieb aber 0,9 mm unter der Ausgangsprobenhöhe (14 mm), die unverwitterte 50 m-Probe (W0) hob sich als Folge der Freisetzung gespeicherter Spannungen um 1,3 mm und überschritt die Ausgangsprobenhöhe damit um 0,7 mm.

Beim Kompressionsversuch weisen die Proben aus 50 m Tiefe eine Steifeziffer höher als die der Proben aus 20,5 m und bei vergleichbaren Oberflächenproben auf (Tab. 1). Die Probe aus 50 m Tiefe läßt sich bei einer Laststeigerung von 0,1 N/mm² um 0,5 %, die Oberflächenproben im Mittel um 3,5 % (Probe 24,5 m um 1,5 %) der Ausgangsprobenhöhe komprimieren. Aus dem Kompressionsverhalten wird die durch die ehemalige Auflast und die Diagenese bedingte Verfestigung der Röt-Tonsteine deutlich. Das unterschiedliche mechanische Verhalten der Proben aus 50 m und 20,5 m Tiefe beruht auf Entfestigungen durch Verwitterungsprozesse.

Tab. 1 Reibungswinkel φ', Kohäsion c' und Steifeziffer E_s der Röt-Tonsteine in Abhängigkeit vom Verwitterungszustand (SCHENK 1983)

Tab. 1 Friction angle φ', cohesion c' and compressibility coefficient E_s of Röt shales as a function of weathering state (SCHENK 1983)

Tiefe m u. GOK	Zone	φ'	c' N/mm²	E_s N/mm² B1	E_s N/mm² B2
0,3	W5	25,5°	0,033	3,6	8,7
17,8	W5	20,0°	0,016	*	*
20,5	W4	31,0°	0,012	4,5	36,0
24,5	W2/3	38,0°	0,0	*	*
50,5	W0	*	*	13,3	38,7

* = nicht bestimmt - not determined
$B_{1,2}$ = 1. und 2. Belastung - 1st and 2nd loading

Die Scherfestigkeit, gemessen im Rahmenscher- und Triaxialversuch, zeigt eine deutliche Abhängigkeit vom Verwitterungs- und Aufbereitungszustand (Tab. 1 und 2). Sie nimmt unter gedränten Bedingungen nach einer Gefüge-Störung durch Aufbereitung deutlich ab. Die nach der Coulomb-Gleichung ermittelte Kohäsion der aufbereiteten Proben wird wesentlich, der Reibungswinkel geringfügig kleiner. Die Abnahme der Scherparameter ist sowohl aus der Teilchen-Anordnung als auch aus der Kontaktart erklärbar. Die verringerte Durchlässigkeit der sperrigen Buchhaus- und Kartenhaus-Strukturen der aufbereiteten Proben führt nach der Vorkonsolidierung zu einem höheren Wassergehalt als in den besser durchlässigen ungestörten Proben. Dieser seinerseits verursacht in Verbindung mit der erhöhten Zahl von Koagulationskontakten eine Kohäsionsabnahme beim Bruch. Bei den ungestörten Proben wirken die Kristallisations- und Punktkontakte sowie die karbonatischen und oxid-hydratischen Bindemittel stabilisierend. Ihre Wirkung nimmt generell zu, je weniger verwittert das Material ist.

Tab. 2 Bruch-Scherparameter aus Triaxial-Versuch und direktem Scherversuch einer ungestörten, gekneteten und dispergierten Oberflächenprobe aus Zone W5 (BRUNHOF 1983)

Tab. 2 Failure and shear parameters from triaxial- and direct shear tests of undisturbed, kneaded and dispersed near-surface samples (zone W5) (BRUNHOF 1983)

Probe	Versuchsart	wirksame Kohäsion c' N/mm²	wirksamer Reibungswinkel
ungestört	Triaxial-Versuch	0,12	32,0°
	Direkter Scherversuch	0,0262	20,55°
geknetet	Triaxial-Versuch	0,08	36,50°
	Direkter Scherversuch	0,0151	18,34°
dispergiert	Triaxial-Versuch	0,10	34,0°
	Direkter Scherversuch	0,0018	25,69°

Im Triaxial-Stand wurden Viskositätsindices $I_{v\alpha}$ an ungestörten, gekneteten und dispergierten Proben gemessen. Dabei erwiesen sich im Mittel die ungestörten (mit 4,1 %) als kriechfähiger als die aufbereiteten (3,5 bzw. 3,6 %). Das Verhalten der aufbereiteten ähnelt eher dem Bruchfließen. Dies kann wahrscheinlich durch die Art der Teilchen-Kontakte erklärt werden. Die in den aufbereiteten Proben vorherrschend in Koagulationskontakten verbundenen Teilchen erfahren durch die Schubspannung einen zusätzlichen viskosen Widerstand, der das Einnehmen neuer Gleichgewichtslagen nur unter einer höheren Aktivierungsenergie ermöglicht. In ungestörten Proben dagegen findet nach dem Aufbrechen der diagenetischen Kontakte und der Bindemittel eine mehr fließende Verformung statt, die durch einen höheren $I_{v\alpha}$-Wert angezeigt wird (MICHELL et al. 1968).

Dieselben Einflußgrößen steuern auch das Kriechverhalten ungestörter und aufbereiteter Tonproben in Retardationsversuchen oberflächennah entnommener Proben bei konstant gehaltener und konstant erhöhter einaxialer Spannung. Die bezogenen Querdehnungen und Längsstauchungen lassen in Abhängigkeit von der wirksamen Spannung bei ungestörtem Material einen elastischen Initialbereich erkennen, der schnell in zeitabhängige unelastische Verformung übergeht und zum dilatanten progressiven Bruch bei der Poisson-Zahl $\mu = 0,5$ führt. Das geknetete Material reagiert auf Belastung jedoch sofort mit visko-elastischen irreversiblen Vorgängen. Nach langanhaltenden Verformungen tritt unter hohen Normalspannungen in der Regel sogar jenseits des plastischen Poisson-Grenzwertes kein Bruch, sondern nur tonnenförmige Stauchungen der Probekörper ein.

FOLGERUNGEN

Die Röt-Tonsteine sind petrographisch nicht einheitlich aufgebaut. Sie bestehen aus verwitterungsempfindlichem Bindemittel (Matrix) und aus verfestigten verwitterungsbeständigeren Aggregaten. Durch die Verwitterung wird das feste Ausgangsgestein unter Veränderung des Mikrogefüges in halbfestes plastisches Material übergeführt, in dem die verwitterungsbeständigen Gefügeeinheiten gleichsam "schwimmen". Die chemische Verwitterung ist mit Veränderungen des Elektrolytgehaltes der Porenlösungen und mit Wechselwirkungen zwischen Porenlösungen und Mineralbestand verbunden. Lösung, Fällung und Kationenaustausch bestimmen Verfügbarkeit und Fixierung der kationischen Bestandteile, die ihrerseits den Verwitterungszustand kennzeichnen, der die geomechanischen Eigenschaften der Tonsteine beeinflußt.

Die Untersuchungsergebnisse belegen die Abhängigkeit des geomechanischen Verhaltens überkonsolidierter Tonsteine von Mikrogefüge, Struktur und geochemischen Eigenschaften als Ergebnis der primären Ablagerung, der Diagenese und der Verwitterung. Änderungen dieser Merkmale durch die Probenaufbereitung verändern erheblich die gewonnenen geomechanischen Kennwerte. Derartige Gesteine sollten möglichst im ungestörten Zustand bodenmechanisch untersucht werden, ferner ist bei ihrer Beurteilung ihr geologischer Werdegang und ihr Verwitterungszustand zu berücksichtigen.

DANKSAGUNG

Herrn Professor Dr.-Ing. B. ALBIKER wird für die aktive Hilfe durch die Zurverfügungstellung von Laborplätzen in Eckernförde und durch viele Ratschläge herzlich gedankt, weiterhin Herrn Dipl. Ing. ZUNKER, Hessisches Straßenneubauamt Fulda für die wertvolle Unterstützung bei den Geländearbeiten. Die REM-Aufnahme wurde am Elektronenmikroskop des Geologisch-Paläontologischen Institutes Kiel (Leiter: Dr. Chr. SAMTLEBEN) angefertigt, die chemischen Analysen im Wasserchemischen Laboratorium des GPI Kiel (Leiter: Prof. Dr. H.D. SCHULZ).

LITERATUR

Brunhof W (1983) Geomechanische Eigenschaften halbfester Tonsteine der Oberen Röt-Folge. Dissertation Univ Kiel, Kiel

Gronemeier K (1982) Mineralogical, geochemical and microstructural investigations of weathering processes in consolidated clayey sediments in relation to their mechanical properties. Proceedings IV Congress International Association of Engineering Geology Vol VI Theme 3: 65-75

Gronemeier K, Brunhof W, Mattheß G, Pekdeger A, Schenk D (1981a) Zur Mechanik halbfester Gesteine in Abhängigkeit von Geochemie und Mikrogefüge. Ber 3 Nat Tag Ing Geol: 45-53

Gronemeier K, Mattheß G, Pekdeger A, Schenk D, Siems A (1981b) Mikrogefüge und bodenmechanische Eigenschaften von halbfesten Gesteinen. Geotechnik 4 1: 25 - 33

Gronemeier K, Ohse, W, Pekdeger A, Schenk D, Winkler A (1982) Mineralogisch-geochemische Untersuchungen der Verwitterungsvorgänge in Tonsteinen der Oberen Röt-Folge (Rhön). Geol Jb Hessen 110: 117-135

Mitchell JK, Singh A, Campanella RG (1968) Soil creep as a rate process. Proc ASCE Vol 94 SM 1: 231-253

Plummer LN, Jones BF, Truesdell AH (1976) WATEQF - a fortran IV version of WATEQ, a computer program for calculating chemical equilibrium of natural waters. U S Geol Surv Water Res Invest 76-13 61 S

Schenk D (1982) Sedimentologische, geomechanische und mikrostrukturelle Untersuchungen der Verwitterungseinflüsse an halbfesten Gesteinen der Oberen Röt-Folge der westlichen Kuppenrhön. Dipl Arb Univ Kiel

Schenk D (1983) Auswirkung der Verwitterung auf Festigkeit und Mikrogefüge überkonsolidierter Tonsteine der Oberen Röt-Folge. Diss Univ Kiel

Winkler A (1983) Untersuchungen über das Verwitterungsverhalten von pelitischen Sedimenten der Oberen Röt-Folge mit Hilfe der Elektronenstrahlmikrosonde. Dipl Arb Univ Kiel

Yong RN, Warkentin BP (1975) Soil properties and behaviour. 449 S Elsevier

Ingenieurgeologie aufgelockerter Granite
Verwitterung und Auflockerung – Einführung und Versuch einer Klassifikation

J. BRAUNS[1], H. HÖTZL[2], K. KAST[1], CH. LEMPP[1], F. METZLER[2]
und W. SMYKATZ-KLOSS[3]

SUMMARY

The degree of disintegration of rock masses and rock materials defines their use in construction foundations, excavations, underground cavities as well as the extraction of construction materials. Within the framework of the research programme "Engineering Geology" of the German Research Society (Deutsche Forschungsgemeinschaft), an interdisciplinary working group at Karlsruhe University investigated various aspects of weathering and disintegration of granitic rocks. One of the primary objectives of this research project was to quantify disintegration and its effect on the geotechnical properties of such rocks.

In light of the results obtained, it seems necessary to distinguish between mechanical disintegration and chemical alteration. In addition, it is appropriate to differentiate mechanical disintegration in regard to its macro- and micro-scale features, that is the system of discontinuities in a rock mass as opposed to the fabric of micro-fractures in the rock material.

Two tables of characteristics, used to determine the extent of mechanical disintegration and chemical alteration of rocks, are proposed for a general field classification. These tables allow classification on the basis of 10 characteristics for both the rock mass (table 1) and the rock material (table 2) with average numerical values between zero (indicating no sign of disintegration or decomposition) and five (representing completely disintegrated and decomposed material). Certain stages of weathering ("W 0" to "W V") are also recommended for usage in conjunction with these numerical values.

In addition the degree of weathering or disintegration of granites can be expressed quantitatively using three diagnostic characteristics:

a) frequency of joints in rock mass
b) frequency of micro-fractures in rock material
c) extent of chemical weathering (proportion of newly formed clay minerals in rock material)

---

[1] Prof. Dr. J. Brauns, Dipl.-Ing. K. Kast, Dr. Ch. Lempp, Institut für Boden- und Felsmechanik der Universität Karlsruhe, Kaiserstr. 12

[2] Prof. Dr. H. Hötzl, Dipl.Geol. F. Metzler, Lehrstuhl für Angewandte Geologie der Universität Karlsruhe, Kaiserstr. 12

[3] Prof. Dr. W. Smykatz-Kloss, Mineralogisches Institut der Universität Karlsruhe, Kaiserstr. 12, D-7500 Karlsruhe

The relative importance of these three characteristics may vary depending on the application. Therefore a general system, classifying degrees of weathering with a quantitative scale based on a), b) and c), seems not very useful. Such a general classification system should be restricted to a more qualitative and general description of a rock mass, as previously described.

EINFÜHRUNG

Massige kristalline Gesteine, wie die meisten Plutonite, aber auch eine Reihe von Metamorphiten, sind im unveränderten Zustand durch hohe Materialfestigkeiten und geringe Durchlässigkeiten ausgezeichnet. Sekundäre geologische Auflockerungen, vor allem in oberflächennahen Bereichen, führen jedoch auch hier zu einer Veränderung der geotechnischen Eigenschaften, die sowohl die direkte Materialnutzung als auch die Gründung von Bauwerken verschiedenster Art beeinflussen. In der Vergangenheit sind mehrfach Versuche unternommen worden, den Auflockerungszustand der Festgesteine allgemein zu klassifizieren (vgl. etwa DIXON 1969; DEARMAN 1974; DEARMAN et al. 1978; IRFAN/DEARMAN 1978).

Im Rahmen des DFG-Schwerpunktprogramms Ingenieurgeologie befaßte sich eine interdisziplinäre Arbeitsgruppe in Karlsruhe in mehreren Teilprojekten mit dem geologischen Auflockerungsverhalten der Granite. Ziel dieser Untersuchungen war es, durch Einbeziehung mineralogischer und geochemischer, ingenieur- und hydrogeologischer sowie geophysikalischer und felsmechanischer Untersuchungsmethoden zu einer quantitativen Bewertung der Gesteins- und Gebirgsauflockerung zu kommen. Besonders wichtig erschien es, dies im Hinblick auf konkrete geotechnische Anwendungen herauszuarbeiten. Untergrundverbesserung durch Injektionsmaßnahmen sowie das schüttstofftechnologische Verhalten geologisch aufgelockerter Granite sind Beispiele, an denen die Bedeutung detaillierter ingenieurgeologischer Erhebungen für praktische Belange aufgezeigt werden.

Im nachfolgenden wird zunächst ein aus den später behandelten Einzelprojekten resultierender Versuch einer Klassifikation der geologischen Gebirgs- und Gesteinsauflockerung vorgestellt. Es folgen dann die Berichte über die chemische Unwandlung (W. SMYKATZ-KLOSS & J. GOEBELBECKER) und die mechanischen Eigenschaften geologisch aufgelockerter Granite (CH. LEMPP & O. NATAU). Die Arbeiten über das Durchlässigkeits- und Injektionsverhalten (F. METZLER, A. BLINDE, H. HÖTZL) einschließlich der geophysikalischen Methoden für deren Bewertung (G.P. MERKLER, A. BLINDE, H. HÖTZL) sowie der Beitrag über das schüttstofftechnologische Verhalten (K. KAST, A. BLINDE, J. BRAUNS) leiten über zur praktischen Nutzanwendung solcher ingenieurgeologischer Untersuchungen.

KLASSIFIKATION DER GEOLOGISCHEN AUFLOCKERUNG DER GRANITE

Vorbemerkung

Als Ergebnis der in den nachfolgenden Beiträgen behandelten Untersuchungen sollte der Entfestigungszustand von Graniten und ähnlichen Gesteinen übergeordnet durch den allgemeinen Begriff der geologischen "Auflockerung" beschrieben werden. Damit vermeidet man eine einseitige genetische Fixierung des Entfestigungsvorganges, etwa auf den exogenen Prozeß der atmosphärischen Verwitterung. Weiter legen es die im Hinblick auf durchaus verschiedene Fragestellungen erhaltenen Untersuchungsergebnisse nahe, den Auflockerungsgrad solcher Gesteine allgemein zu kennzeichnen durch die beiden Komponenten (vgl. EINSELE et al. in diesem Band):

- mechanische Auflockerung
- chemisch-mineralogische Umwandlung.

Im Hinblick auf die ingenieurgeologisch und felsmechanisch übliche und notwendige Unterscheidung Gestein/Gebirge ist es schließlich unumgänglich, die mechanische Auflockerung, die ihrerseits endogen (z.B. Tektonik) oder auch exogen (z.B. Entspannung oder Frostsprengung) bedingt sein kann, nach Makrogefüge (Auflockerung des Gebirgsverbandes) und Mikrogefüge (Entfestigung des Gesteinsmaterials) zu untergliedern.

Qualitative feldgeologische Kennzeichnung des geologischen Auflockerungszustandes

Zur genaueren Bestimmung des geologischen Auflockerungs- und Verwitterungszustandes im Felde wurde ein Merkmal-Katalog zusammengestellt, der verschiedene Beobachtungen physikalischer Zerlegung sowie von Verfärbung und chemischer Zersetzung sowohl im Mineralbereich, Handstück oder Kluftkörper als auch im Verbandsbereich beinhaltet. Jedes Merkmal ist dem Trend zunehmender Auflockerung folgend geordnet und mit einer sogenannten "Verwitterungszahl" gekennzeichnet.

In Tab. 1 ist die feldgeologische Klassifizierung des Verwitterungs- und Auflockerungszustandes für das Gesteinsmaterial zusammengestellt. In den Spalten A bis K sind die zu beobachtenden Merkmale aufgeführt, die jeweils zeilenweise einer bestimmten Verwitterungszahl zugeordnet sind. Eine entsprechend aufgebaute Klassifikation des Verwitterungs- und Auflockerungszustandes für den Gebirgsverband ist in Tab. 2 enthalten.

Getrennt für Gestein und Gebirgsverband können so möglichst viele feldmäßig erfaßbare Merkmale zusammengestellt und mit einer Verwitterungszahl bewertet werden. Für jede Gesteinsprobe (Tab. 1) und für jeden "Homogenbereich" (Tab. 2) läßt sich so zunächst je eine mittlere Verwitterungszahl (arithmetische Mittelung der Einzelwerte) angeben.

Die Merkmalerfassung kann im Gelände mit einfachen Mitteln (Hammer, Lupe Geologenkompaß und Metermaß) erfolgen. Die aus einer möglichst großen Zahl von Einzelbeobachtungen hergeleitete mittlere Verwitterungszahl liegt zwischen 0 und 5. Je kleiner die Zahl, desto weniger verwittert und aufgelockert sind Material bzw. Gebirge.

Bei der praktischen Anwendung dieser Feldmethode kann in Anlehnung an übliche Gliederungen bei Sedimentgesteinen ggf. eine Unterteilung in sechs Verwitterungsstufen "W 0" bis W V" vorgenommen werden. Für die Granite wird die in Tab. 3 angegebene Unterteilung vorgeschlagen (vgl. auch EINSELE et al. in diesem Band).

Tab. 3 Zuordnung von Verwitterungszahl und Verwitterungsstufe

Tab. 3 Correlation of coefficients of disintegration and weathering stage

Mittlere Verwitterungszahl	Verwitterungsstufe
< - 0,5	W 0
0,5 - 1,5	W I
1,5 - 2,5	W II
2,5 - 3,5	W III
3,5 - 4,5	W IV
4,5 - >	W V

Tab. 1 Geologisch bedingte Auflockerung der Granite, Feldklassifikation des Gesteinsmaterials

Tab. 1 Field classification of rock material from disintegrated granite

	ENTFÄRBUNG			AUFLOCKERUNG						
	CHEMISCH VERURSACHT						MECHANISCH VERURSACHT			
KRITERIUM BEREICH / VERWITTERUNGSZAHL	MINERAL KALI-FELDSPAT	MINERAL BIOTIT	ROST-BILDUNG AM HANDSTÜCK	MINERAL PLAGIOKLAS	HANDSTÜCK AUSSEN-FLÄCHE	HANDSTÜCK BRUCH-FLÄCHE	HANDSTÜCK GESAMT-FORM	ZUSTAND QUARZ U. KALI-FELDSPAT	KLUFTKÖRPER BRÜCHIGKEIT	KLUFTKÖRPER BEARBEITBARKEIT
0	nur grau-weiße-graue Spaltflächen	überwiegend kräftig schwarz glänzend	außen u. innen vollständig grau-weiß-grau	überwiegd. frische Spaltfl.m. spiegelnd. Oberfl.	Oberfl. frisch,m. natürlichen Spaltflächen	Oberfl. frisch,m. natürlichen Spaltflächen	regelmäßige Kluftkörper m.wenigst. 2 ca.parall. Außenfl.	Kristallfl. ohne erkennbare Risse	nur mit kräftigem Hammerschlag teilbar	gut kernbar (H/D>2) ohne Brüche
1	nur grau-weiße-graue Spaltfl., stumpf	überwiegend braun-schwarz od. trüb mattschwarz	Außenfl. stellenweise rostig od. bunt	überwiegd. stumpfe, rissige Oberfl.,dtl. krist.Form	Oberfl.beansprucht, stabil gg. manuellen Abrieb	Oberfl.stabil,nur bei Herstellg. etwas absandend	unregelm. Kluftkörper m. spitzen, oft nicht parall.Kanten	Kristallfl. rissig erscheinend	bei einem Hammerschlg. an latenten Rissen zerbrechend	Kernbar (H/D = 2) aber z.T. kurze Kerne m.Brüchen
2	einzelne rötliche Bereiche im Kfsp.(<25%)	überwiegd. rostig-gelb-braun,matt selten, glänzend	Außenfl.u. stellenw. innen hell-braun-rostig (< 50%)	Oberfl.z.T. mehlig weiß,erdig (bis 50%)	Oberfl. rauh,unter kräftigem Fingerdruck absandend	einzelne Mineralkörner manuell herausbrechbar	Scher- u. Bruchkörper (keilf.) m. z.T.beanspr. Außenfl.	Kristallfl. matt u. deutl. rissig erscheinend	von sichtb. Rissen durchzogen, m. Werkzeug brechbar	nur Kerne m.(H/D<2) möglich, brüchig, schneidbar
3	25-50% rötlich u. rote Kalifeldspate	überwiegd. mattgelb od. rostbraun, Rosthof kaum glänzend	außen dtl. rostig (50-75%),innen stellenw. rostig(<50%)	Oberfl. überwiegd. mehlig-erdig, weiß u. grünlich	Oberfl. rauh, bei Überstreichen m.d. Hand absand.	Oberfl. b. Überstr. m.d. Hand absandend	Kluft-,Scher-od.Bruchkörper m.z. Teil ausgebroch. Außenfl.	Kristallfl. sehr rissig erscheinend	b.Gewinng. zerbrechd., nur Bruchkörper gewinnbar	nicht kernbar,nur schneidb., dann kaum brüchig
4	überwiegd. rote od. rostrote Kalifeldspäte	dkl.braun, dtl.Zersetzung, Fe-Ausscheidung	außen stark rostig (75-100%),innen stellenw. dtl. rostig	Oberfl. vollst.erdig,grünweiß, zersetzt	Oberfl. rauh,leicht absandend bei Bearbeitung	Oberfl. leicht absandend b. Bearbeitg.	gerundete Kluftkörper bzw."Wollsäcke"	Kristallbruchstücke lassen sich herauslösen	bei leichtem Anschlg. in viele Bruchstücke zerfallend	schneidbar aber beim Schneiden brüchig
5	keine grau-weißen Kalifeldspäte	nur noch zersetzte Reste,starke Fe-Ausscheidung	außen 75-100% rostig innen überwiegd. bis ganz rostig	Oberfl. Lochbildg. d.Herauslösen d.erdig. Mineralsubst.	beliebig tief absandend b.manueller Beanspruchg.	beliebig tief absandend b.manueller Beanspruchg.	keine Handstücke gewinnbar	Kristalle lösen sich einzeln aus dem Verband	m.d. Hand zerbrechbare Kluftkörper	nicht schneidbar, zu brüchig
	A	B	C	D	E	F	G	H	I	K

Tab. 2 Geologisch bedingte Auflockerung der Granite, Feldklassifikation des Gebirgsverbandes

Tab. 2 Field classification of rock mass from disintegrated granite

	ENTFÄRBUNG		AUFLOCKERUNG							
	CHEMISCHE UMWANDLUNG		MECHANISCH VERURSACHT							
KRITERIUM BEREICH VER-WITTE-RUNGSZAHL	AUFSCHLUSS-OBER-FLÄCHE	TRENN-FLÄCHEN-BELÄGE	MATERIAL-ORDNUNG	ORDNUNG DER STREICHRICHTUNG DER TRENNFLÄCHEN MIT EINFALLEN VON ca.65-90°	ca.0-65°	MITTLERER TRENN-FLÄCHEN-ABSTAND	STANDARD-ABWEICHUNG TRENN-FLÄCHEN-ABSTAND	BEARBEIT-BARKEIT IN SITU	ZERRÜT-TUNGSZONEN (GRUS- O. LOCKER-MATERIAL)	KLUFT-ÖFFNUNGS-ZUSTAND
0	kein Rost nur weiß-grau oder rötlich	keine Beläge	nur nicht vergruster Fels	fast alle Streich-richt. etwa gleich-m. verteilt	2 deutl. Maxima im Winkel v. 90°	> 100 cm	> 1.0 d.	nur durch Sprengung lösbar	nicht vorhanden	geschlossen, gut verzahnt
1	teilweise Rostringe auf Kluft-flächen	Schluff-beläge tonig	Kluftkör-peroberfl. z.T. etwas vergrust	die meist. Streichr. vorhand.m. wenigen Lücken	2 deutl. Maxima im Winkel v. ≠ 90°	50 - 100cm	0.9 - 1.0d	händisch lösbar (m. Hand-werkzeug)	einzelne schmale Zonen	z.T. leicht geöffnet, verzahnt
2	häufig Rostbelag auf Kluft-flächen	Rostbeläge dünn	überwiegd. nicht o. wenig vergr. Fels,einz. vergr.Ber.	mehr als 2 deutl. Haupt-maxima	2 dominier. Maxima in einer Streich-richtung	25 - 50 cm	0.8 - 0.9 d	lösbar mit Reißgerä-ten (ma-schinell)	einige breitere Bereiche	meist geöffnet, teilweise verzahnt
3	Kluftfl. überwiegd., Bruchfl. z.T. rost-braun	Rostbeläge als Mulm	überwiegd. vergr.Fels, untergeord. nicht ver-gr.Bereiche	2 deutl. Maxima im Winkel v. ca. 90°	streuende Anordg.in einer ähnlichen Streichr.	15 - 25 cm	0.7 - 0.8 d	rein "manuell" lösbar	häufig Zonen oder Bereiche	klaffend geöffnet, verfüllt
4	Kluft- u. Bruchfl. überwiegd. rostbraun	Chlorit-beläge mit Harnischen	vergr.Fels-material, Kluftkörp.-struktur dtl.erhalten	2 dtl. Maxima im Winkel von > 90°	nur 1 dom. Maximum, sonst mehrere Kon-zentrationen	5 - 15 cm	0.5 - 0.7 d	ritzbar, m. Werkzeug oberfläch-lich abzu-schaben	überwiegd. zerrüttet	klaffend geöffnet, nicht verfüllt
5	dtl. fort-geschrittene Rostaus-bleichung	Beläge verwittert (z.B. Rost-ausblei-chung)	vollst.ver-gr.Material Kluftkörp.-umrisse verwischt	Konzentr.d. Streichr. in einer Hälfte d. Lagenkugel	kein dom. Maximum, mehrere Konzentra-tionen	< 5 cm	< 0.5 d	mit Schau-fel auf-nehmbar, Locker-material	fast homo-gene Ver-grusung,keine spez.Zer-rüttung	sekundär geschlos-sen durch Vergru-sung
	A	B	C	D	E	F	G	H	I	K

Kennzeichnung des geologischen Auflockerungszustandes mit Hilfe quantitativer Labor- und Felduntersuchungen

Über ein vorwiegend qualitatives Bewertungsschema nach dem vorstehenden Abschnitt hinaus ist im Hinblick auf konkrete ingenieurgeologische Fragestellungen ein gezielt quantitatives Kennzeichnungssystem wünschenswert. Im Granit bietet sich für eine solche Kennzeichnung das nachfolgende Gliederungsschema mit den angegebenen Merkmalen und Kennwerten an.

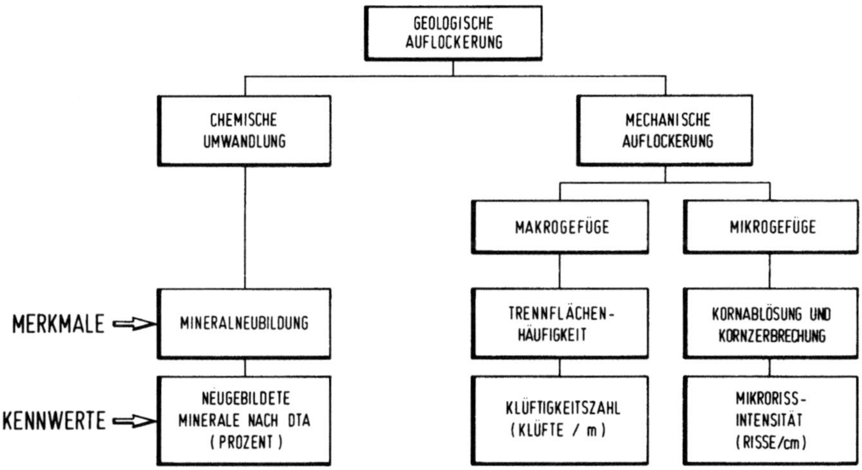

Abb. 1 Gliederung der Gebirgsauflockerung und Auflockerungsmerkmale (DTA = Differenz-Thermo-Analyse)

Fig. 1 Aspects of disintegration of rock masses and characteristics used in classification (DTA = Difference-Thermo-Analysis)

Der geologische Auflockerungsgrad wird dabei durch jeweils drei Daten zu kennzeichnen sein, die je nach ingenieurgeologischer Fragestellung unterschiedlich relevant sind. Das nachfolgende Doppeldiagramm (Abb. 2) hat sich hierzu als zweckmäßigste Darstellungsweise ergeben. Jeder entsprechend untersuchte Gebirgsbereich stellt sich im gezeigten Diagramm i.a. durch zwei übereinanderliegende Punkte dar.

Wie oben erwähnt, kann die Relevanz der einzelnen Diagrammbereiche je nach der konkreten Fragestellung unterschiedlich sein. So wird bei Injektionsaufgaben vor allem die Trennflächendichte interessieren. Auch bei Sprengfragen wird das Gefüge wesentlich sein. Bei der für das Verhalten als Gesteinsschüttung wichtigen Kornfestigkeit wird dagegen eher die Mikrorißintensität und der Grad an chemischer Umwandlung von Bedeutung sein, um ein weiteres Beispiel zu geben.

Was die Angabe von Klassenbereichen angeht, so ist es grundsätzlich möglich, Bereiche in den beiden Diagrammteilen entsprechend zu markieren. Im Hinblick auf die je nach konkreter geotechnischer Problemstellung - wie eben erwähnt - sehr unterschiedliche Bedeutung der verschiedenen Auflockerungsmerkmale erscheint der Wert einer solchen Klassifikation allerdings fraglich. Eine Einteilung in Stufen sollte dementsprechend der qualitativen Kennzeichnung des geologischen Auflockerungszustandes vorbehalten bleiben (vgl. Abschnitt 'Qualitative feldgeologische Kennzeichnung ...), da diese von einer anwendungsbezogenen Beurteilung noch frei ist.

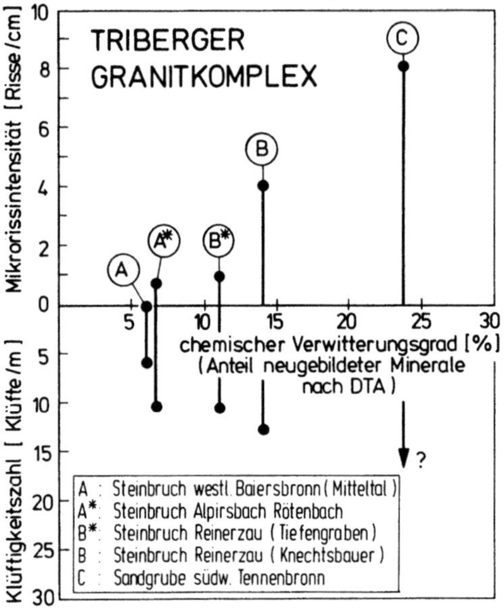

Abb. 2 Zuordnung quantitativer Auflockerungsmerkmale des Granits

Fig. 2 Quantitative disintegration characteristics for granites

Das in Abb. 1 aufgeführte generelle Gliederungsschema ist im Prinzip auch auf andere Gesteinsgruppen als die Granite und Gneise anwendbar. Je nach dem Gesteinstyp sind für die quantitative Kennzeichnung der geologischen Auflockerung entsprechend Abb. 2 die Achsen gegebenenfalls zu modifizieren.

LITERATUR

Dearman WR (1974) Weathering classification in the engineering purposes in British practice. IAEG Bull 9: pp 33-42

Dearman WR, Baynes FJ and Irfan TY (1978) Engineering grading of weathered granite. Eng Geol 12: 345-374

Dixon HW (1969) Decomposition products or rock substances. Proposed engineering geological classification. Rock Mech Symp Stephen Roberts Theatre, Univ Sydney, pp 39-44

Irfan TY, Dearman WR (1978) Engineering classification and index properties of weathered granite. IAEG Bull 17: pp 79-90

Der chemische Verwitterungsgrad von Gesteinen als Maß für ihre ingenieurgeologische Verwendbarkeit

W. SMYKATZ-KLOSS und J. GOEBELBECKER[1]

SUMMARY

Chemical weathering of rocks is mainly due to hydrolysis. That is, the weathering cycle includes processes of dissolution of primary rock constituents (e.g. see fig. 1) and of precipitation from weathering solutions. These precipitation products (see figs. 2 and 3) include (OH)-ions or water or both. Thermal methods of analysis are well suited to characterize the influence of hydrolysis on rocks, e.g. by determining the amount of newly formed weathering products (sheet silicates, hydroxides). In the present paper a differential thermal analytical method is briefly described which allows the determination of the degree of chemical weathering (= the amount of neoformations, that is the formation of new minerals, expressed as a percentage of the weight of the whole rock) of granitic and basaltic rocks. The method uses the fact that all observed neoformations include (OH). Therefore, a weathering index can be calculated from the determination of all dehydroxylation effects as seen in standard DTA curves (see fig. 4). For this, the sum of the peak areas multiplied by the sum of the values of the peak heights (= ΔT) of all dehydroxylation effects is used (figs. 4 - 6). A scaled relationship of clay minerals (e.g. kaolinite in granitic and nontronite in basaltic rocks) to the weathering index is a suitable measure of the degree of chemical weathering of siliceous rocks (such as granite, basalt, gabbro, gneiss) which are poor in primary OH-bearing minerals. The method offers a quick and reliable tool for engineering geologists to estimate the applicability of siliceous rocks.

EINLEITUNG

Sowohl mechanische Beanspruchungen als auch - durch zunehmende mechanische Auflockerung begünstigte - chemische und mineralogische Umwandlungen (chemische Verwitterung) beeinflussen Eigenschaften (z.B. Festigkeit, Kluftkörper-Entstehung, Quellerscheinungen) und Verwendbarkeit von Gesteinen. Daher ist für viele ingenieurgeologische Arbeiten die Kenntnis des "Verwitterungsgrades" der anstehenden Gesteine notwendig. Bisher wurde dieser "Verwitterungsgrad" durch Beobachtungen im Gelände (Farbe, Klüftung, Korngrößen, Festigkeitseigenschaften des Gesteins) oder einfache geochemische Parameter (z.B. Verhältnis der Alkalien zu Al_2O_3 oder FeO/Fe_2O_3, s. TARDY 1971; HAAS 1980; HAAS und LEMPP 1983) ausgedrückt, wobei jedoch weder einheitliche Definitionen verwandt wurden noch systematische Charakterisierungen möglich waren. In der vorliegenden Arbeit wird daher eine einfache Meßmethodik entwickelt, die eine schnelle und exakte Kennzeichnung des chemischen Verwitterungsgrades von häufigen Silikatgesteinen ermöglicht.

---

[1] Prof. Dr. W. Smykatz-Kloss, Dipl.-Min. J. Goebelbecker, Mineralogisches Institut der Universität Karlsruhe, Kaiserstr. 12, D-7500 Karlsruhe

Ingenieurgeologische Probleme im Grenzbereich zwischen Locker- und Festgesteinen
(Herausgegeben von K.-H. Heitfeld)

CHEMISCHE VERWITTERUNG UND VERWITTERUNGSGRAD

Die chemische Verwitterung von Silikatgesteinen ist i.w. eine Hydratisierung. Im Kontakt mit Verwitterungslösungen werden die primären Minerale magmatischer und metamorpher Silikatgesteine teilweise oder ganz aufgelöst. Die aus den Lösungen wieder ausfallenden, meist sehr feinkörnigen und recht weichen, den Gesteinsverband zunehmend entfestigenden sekundären Schichtsilikate (Kaolin-Minerale, Smektite, Vermiculite, mixed layers) und Hydroxide enthalten sämtlich in die Kristallstrukturen eingebautes (OH), manche zusätzlich auch noch Wasser. Durch die quantitative Erfassung der Hydratisierung bzw. des (OH)-Anteils der Sekundär-Minerale wird ein Maß für den Grad der chemischen Umwandlung (Verwitterung) der Gesteine erhalten. Unter chemischem Verwitterungsgrad wird daher der prozentuale Anteil der durch Hydratisierung neugebildeten Gesteinspartien am Gesamtgestein verstanden. In Graniten und Gneisen verschwinden zuerst die Glimmer (STOSCH und SIKORA 1976; MEUNIER und VELDE 1979). Aber auch die Feldspäte lassen selbst in makroskopisch noch frisch und unangegriffen wirkenden Gesteinen bereits Anlösungserscheinungen erkennen (Abb. 1; s. auch CORRENS 1940; PEDRO 1964). Häufig sind die Oberflächen der sich auflösenden Primärminerale von Neubildungen bedeckt (Abb. 2 und 3), die teilweise topotaktisch auf primären Mineralen weiterwachsen (Abb. 2).

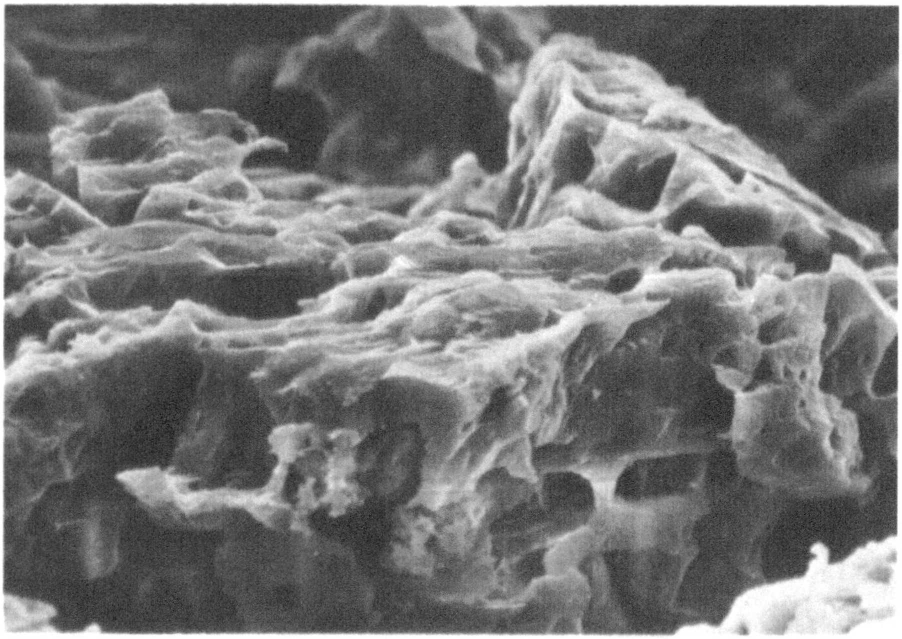

Abb. 1 Felspatoberfläche mit natürlichen Ansätzungserscheinungen parallel zu den Spaltflächen (Granitprobe S 1, s. Tab. 3); 1 Teilstrich = 10 µm

Fig. 1 Surface of a feldspar grain with solution phenomena occurring parallel to cleavage; granite sample S 1 (tab. 3); 1 division (white line) = 10 µm

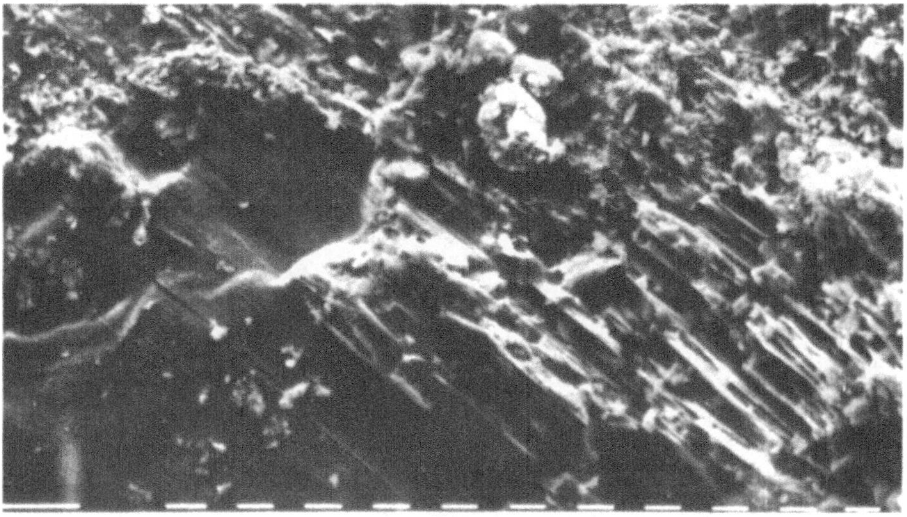

Abb. 2 Kaolinit-Neubildung auf Muskovit; topotaktische Verwachsung parallel (001). Granitprobe S 3 (Tab. 3). Vergrößerung 320-fach,
1 Teilstrich = 10 µm

Fig. 2 Neoformation of kaolinite on muscovite parallel to (001); from granite sample S 3 (tab. 3),
1 division = 10 µm

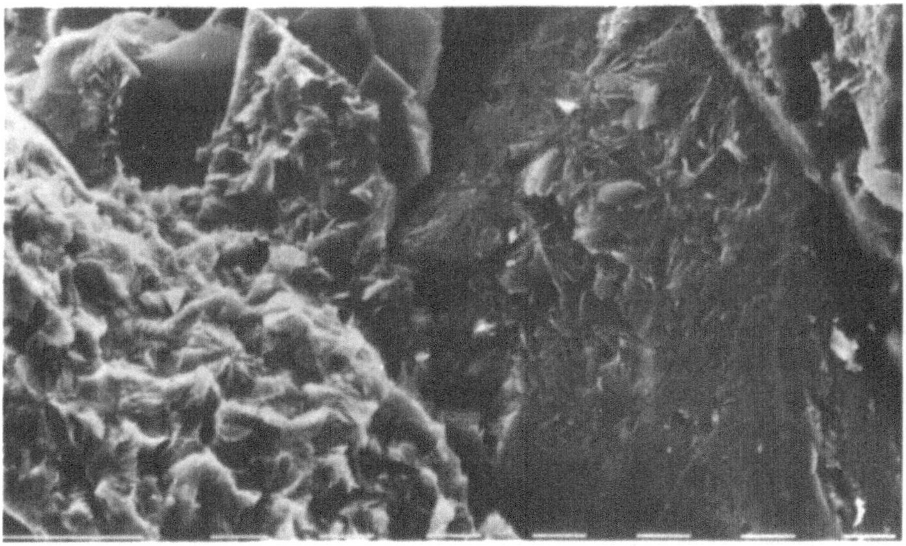

Abb. 3 Neubildung von Nontronit auf Klinopyroxen, Basaltprobe RB 3 vom Roßberg b. Darmstadt,
1 Teilstrich = 10 µm

Fig. 3 Neoformation of nontronite on clinopyroxene, basalt specimen RB 3 (tab. 4)
1 division (white line) = 10 µm

Auf der Suche nach einem brauchbaren und einfach zu messenden Kriterium zur Kennzeichnung des Verwitterungsgrades wurden umfangreiche geochemische, röntgenographische, elektronenoptische und thermoanalytische Untersuchungen an granitischen und basaltischen Gesteinen und deren Verwitterungsprodukten durchgeführt (GEOBELBECKER 1982; GOEBELBECKER und SMYKATZ-KLOSS 1985). Der Vergleich dieser Ergebnisse zeigte, daß sich der Verwitterungsgrad von Gesteinen recht einfach und exakt thermoanalytisch ermitteln läßt, entweder durch Messung der beim Aufheizen auftretenden Enthalpie-Änderungen (DTA, DSC) oder durch die Bestimmung des damit verbundenen Gewichtsverlustes (TG). Notwendig für derartige thermoanalytische Bestimmungen des chemischen Verwitterungsgrades sind

a) ein einfaches Differenzthermo-Analyse (=DTA)-Gerät oder eine Thermowaage,

b) ausgiebige Eichaufnahmen,

c) aus (b) resultierende Anleitungen für die standardisierte Verwitterungsgrad-Bestimmung verschiedener Gesteine.

Ein DTA-Gerät oder eine Thermowaage ist in den meisten mineralogischen, werkstoffkundlichen und chemischen Instituten vorhanden. Aus den hier durchgeführten Eichaufnahmen wurde die im folgenden beispielhaft für granitische Gesteine angegebene Methodik entwickelt (Details s. GOEBELBEKKER 1982; GOEBELBECKER und SMYKATZ-KLOSS 1985).

DIE DIFFERENZTHERMOANALYTISCHE BESTIMMUNG DES VERWITTERUNGSGRADES VON GRANITEN

Die Differenzthermoanalyse (DTA) hat sich gegenüber der Thermogravimetrie (TG) als geeigneter erwiesen, da hier durch Einbeziehung der ΔT-Werte (s.u.) eine größere Genauigkeit erreicht werden kann, was gerade bei geringen Verwitterungsgraden noch eine verläßliche Bestimmung erlaubt. Die Dehydroxylationseffekte sämtlicher Verwitterungsneubildungen granitischer Gesteine liegen zwischen 300 und 750° C (s. Tab. 1).

Tab. 1 Dehydroxylationstemperaturen (aus standardisierten DTA-Kurven) und Umrechnungsfaktoren

Tab. 1 Dehydroxylation temperatures (determined from standard DTA curves) and conversion factors for kaolinite resp. nontronite

Minerale	$T_{dehydrox.}$ (°C)	theoret.OH-Geh. (Gew.-%)	Umrechnungsfaktoren für Kaolinit	Nontronit
Goethit u.a. Fe-Hydroxide	350 - 450	20,2	1,3	0,35
Hydrargillit	330 - 430	65,0	0,4	0,1
Nontronit	460 - 525	7	3,6 - 3,8	1
Montmorine	650 - 720	7,5	3,4 - 3,5	0,9 - 1,0
Illite	520 - 560	9	2,8 - 3,0	0,7 - 0,8
Kaolin.-Min.	540 - 585	26	1	0,25- 0,3
Serpentine	600 - 750	24,5	1	0,25 - 0,3
Vermiculite	480 - 680	7	3,6 - 4,0	1
Mg-Chlorite	600 - 680	25	1	0,25 - 0,3
Fe-Chlorite	450 - 550	24,5	1	0,25 - 0,3
Corrensit u.a. mixed layer	650 - 720	20 - 24	1,1 - 1,3	0,25 - 0,3

Die Messung dieser durch die (OH)-Abgabe der Minerale hervorgerufenen endothermen Effekte bildet die Grundlage der Verwitterungsgrad-Bestimmungen. Dabei müssen für die unter Standard-Bedingungen (SMYKATZ-KLOSS 1974, s. Tab. 2) erhaltenen DTA-Aufnahmen drei Korrekturschritte durchgeführt werden.

Tab. 2 Standard-Bedingungen für DTA-Aufnahmen von OH-haltigen Mineralen

Tab. 2 Standard DTA conditions for OH-bearing minerals

Probenmenge:	100 mg	Inert-Material:	geglühtes Al_2O_3
Ofen-Atmosphäre:	stehende Luft	Probenhalter:	Keramik-Tiegel
Aufheizungsgeschwindigkeit:	10°/min (nach 300°C)	Thermoelemente:	$Pt-Pt_{90}/Rh_{10}$
Packungsdichte:	locker	Empfindlichkeit:	100 μm
(weitere Details: SMYKATZ-KLOSS 1974, S. 12)			

Korrekturschritte:

a) Verwitterungsneubildungen enthalten unterschiedliche OH-Mengen pro Struktur- bzw. Formeleinheit, die normiert, d.h. auf die Haupt-Neubildung (= Kaolinit in Graniten, Smektit oder Gibbsit in Basalten) bezogen werden müssen (Umrechnungsfaktor s. Tab. 1).

b) Neben neugebildeten OH-Mineralen sind häufig auch primäre OH-haltige Minerale vorhanden (Glimmer, Chlorite). Zwar haben auch diese Schichtsilikate einen Einfluß auf die Gesteinseigenschaften, doch ist dieser (sofern diese Minerale nicht in sehr großer Menge vorhanden sind) vernachlässigbar gering, da sie gewöhnlich sehr viel größer als die neugebildeten Minerale, besser geordnet und fester in den Gesteinsverband eingebaut sind. Laut Definition und Einfluß auf Gesteinseigenschaften sollen nur die Verwitterungsneubildungen bestimmt werden. Primäre, geordnete Glimmer zeigen (im Gegensatz zu "verwitterten" Glimmern = Illiten) im Temperaturbereich zwischen 300 und 750° C keine OH-Abgabe, sondern erst oberhalb von 880° C (SMYKATZ-KLOSS 1974). Primäre Chloritgehalte müssen dagegen (aus der DTA-Kurve oder in zweifelhaften Fällen auch röntgenographisch, s. GOEBELBECKER 1982) bestimmt und berücksichtigt werden.

c) Quarz (25 - 45 % in Graniten) verursacht bei 573° C einen schwachen endothermen Effekt, der die reversible Tief-Hochquarz-Inversion widerspiegelt und der bei großen Quarzgehalten ebenfalls berücksichtigt werden muß (evtl. in der Abkühlungskurve).

Der differenzthermoanalytische Bestimmungsgang erfolgt in fünf Schritten:

1) Standard-DTA-Aufnahme bis 1000° C, bei quarzreichen Proben zusätzliche Aufzeichnung der Abkühlungskurve (Bedingungen s. Tab. 2).

2) Messung aller endothermen Effekte zwischen 300 und 750° C:
   a) Ermittlung aller ΔT-Werte (Peak-Höhen = maximale Abweichung der DTA-Kurve von der Nullinie, gemessen in ° C);
   b) Bestimmung aller Peakflächen dieser Effekte (vgl. Abb. 4); das kann durch Planimetrieren geschehen oder (wie hier empfohlen) durch Pausen der Effekt-Umrisse auf schweres Transparentpapier, Ausschneiden der Umrisse (= schraffierte Flächen I-V in Abb. 4) und Auswägen.

3) Zuordnung der verschiedenen endothermen Effekte zu den einzelnen, effektverursachenden Mineralen (aus der DTA-Kurve, Temperaturbereiche s. Tab. 1) und

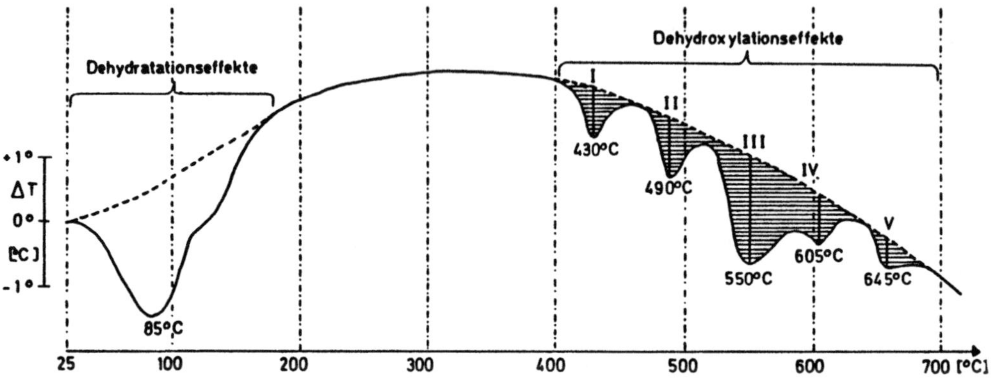

Abb. 4 Schematisierter Bestimmungsgang für den Verwitterungsindex aus einer DTA-Kurve (Einzelheiten s. Text)
a) Messung von $\sum \Delta T$ durch Addition der ΔT-Werte der einzelnen Dehydroxylationseffekte I-V (in ° C, s. Skala links;
b) Bestimmung der schraffierten Flächen;
c) Berechnung des Index durch Multiplikation von $\sum \Delta T$ mit der Gesamtfläche (nach Umrechnung auf die entsprechenden Normminerale)

Fig. 4 Method of determination of the weathering index from a DTA - curve (for details see text)
a) measurement of $\sum \Delta T$ by addition of the ΔT-values of the dehydroxylation effects I-V;
b) determination of the peak areas;
c) calculation of the weathering index by multiplication of $\sum \Delta T$ with the sum of the peak areas (after calculating the norm minerals)

a) Subtraktion der durch Quarz und Chlorit verursachten Peakflächen (und ΔT-Werte) von der Summe aller Flächen zwischen 300 und 750° C (bzw. von der Summe aller ΔT-Werte),

b) Umrechnung der Anteile der neugebildeten Minerale in "Norm-Kaolinit" (nach Tab. 1).

4) Die Multiplikation der auf "Norm-Kaolinit" umgerechneten Flächensumme mit der Summe der entsprechend normierten ΔT-Werte ($\sum \Delta T$) ergibt den Verwitterungsindex dieser Probe.

5) Durch Bezug auf den Verwitterungsindex einer Eichprobe (= 100 % Kaolinit) wird der chemische Verwitterungsgrad erhalten:

$$\text{chemischer Verwitterungsgrad} = \frac{\text{Verw.-Index (Probe)}}{\text{Verw.-Index (Eichpr.)}} \cdot 100$$

Der Verwitterungsindex sollte für jede Apparatur gesondert bestimmt werden. Für das hier verwandte Gerät (Mettler TA-2) betrug der Index 115,9. Die Bestimmung des Verwitterungsgrades einer Granitprobe (oder einer anderen Silikatgesteinsart) nach der beschriebenen Methode dauert etwa zwei Stunden. Die Abb. 5 enthält vier DTA-Kurven aus einem Granitverwitterungsprofil (Le Sourn, Bretagne). Die aus diesen Kurven bestimmten Daten sind in Tab. 3 zu finden. Der niedrigste der bestimmten chemischen Verwitterungsgrade betrug 0,6 % (GOEBELBECKER 1982); das heißt also: 0,6 % des Granits bestehen aus Verwitterungsneubildungen.

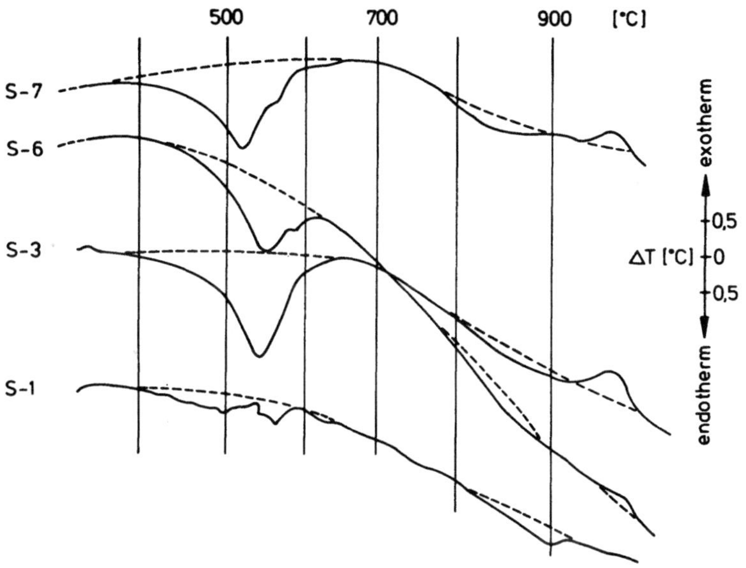

Abb. 5 DTA-Kurven des Granitprofils von Le Sourn, Bretagne; Abszisse: Temperatur; gestrichelt: Nullinie als Begrenzung der endothermen Effekte; die schmale endotherme Schulter (bei S-1, dem unverwitterten Granit, sehr viel deutlicher zu erkennen) bei 570° C spiegelt die Quarz-Inversion wider

Fig. 5 DTA curves of some samples from the weathering profile in the granite of Le Sourn, Brittany; abscissus: temperature; broken line: zero line limiting the endo- and exothermic effects; the small endothermic shoulder at 570° C mirrors the low-high inversion of quartz (better seen in the curve of the non-weathered granite sample S-1)

Neben den eigenen Granitproben wurden Schwarzwaldgranite der übrigen Karlsruher Arbeitsgruppen untersucht. Dabei ergaben sich recht gute Korrelationen des bestimmten DTA-Verwitterungsgrades zu physikalischen Faktoren (Mikroriss-Intensität, Klüftungszahl) für solche Granite, die neben rein mechanischer Auflockerung auch einen merkbaren Anteil chemischer Umwandlungen zeigten. Durch die Kombination der DTA-Methode (zur Bestimmung des chemischen Verwitterungsgrades) mit den genannten physikalischen Parametern resultiert das von den Karlsruher Gruppen verwandte und in der Einführung (s. BRAUNS, HÖTZL, KAST, LEMPP, METZLER und SMYKATZ-KLOSS, dieser Band) vorgestellte Diagramm zur Erfassung und Charakterisierung des gesamten (chemischen und physikalischen) Verwitterungsgrades.

Tab. 3 Chemischer Verwitterungsgrad der Granitproben von Le Sourn

Tab. 3 Degree of chemical weathering in granite from Le Sourn

Probe	makroskopische Beschreibung	Anteil der Schichtsilikate (Vol.-%)	Flächen x) (in mg !)	ΔT (°C)	Index	Verw.-Grad (%)
S-7	feiner Grus mit Boden	38	28	1,3	36,4	31,4
S-6	feiner Grus	30	17	1,0	17,0	14,7
S-5	feiner Grus	41	20	1,45	29,0	25,0
S-3	grober Grus, stark kaolinisiert	39	27	1,4	37,8	32,6
S-1	Muttergestein	17	6	0,4	2,4	2,0
SB-3	grober Grus	37	35	1,25	43,8	37,8
SB-2	angewitterter Granit	23	12	0,75	9,0	7,8
SB-1	Muttergestein, schwach angewittert	23	9	0,8	7,2	6,2
S-4	angewitterter Granit	27	13	0,8	10,4	9,0
S-2	Muttergestein, schwach angewittert	20	12	0,65	7,8	6,7
E-1	Eichprobe	100	51,5	2,25	115,88	100,0
E-2	Eichprobe	50	38,5	1,5	57,8	49,9

x) ausgewogene Transparentpapier-Streifen (s. Text)

Der Anteil der Schichtsilikate wurde röntgenographisch bestimmt (mit Hilfe von Eichaufnahmen). In diesem Anteil sind auch die primären Schichtsilikate enthalten (Glimmer, Chlorite), deren Anteile bei der Index - Bestimmung subtrahiert worden sind (s. Text). So besteht der überwiegende Teil der Muttergesteinsproben S-1, SB-1 und S-2 (sowie der Probe S-4) aus primären Glimmern (als Schichtsilikaten), die mit zunehmender Verwitterungs-Intensität (= abnehmender Profiltiefe) mehr und mehr durch Illit und Kaolinit ersetzt werden.

DIE BESTIMMUNG DES CHEMISCHEN VERWITTERUNGSGRADES VON BASALTEN

Die "Verwitterbarkeit" von Basalten ist (verglichen mit der von Graniten) in der Regel viel größer, da sämtliche primären Basaltminerale unter Oberflächenbedingungen recht schnell chemisch und mineralogisch umgewandelt werden. Das Hauptmineral unter den Neubildungen aller untersuchten Basaltproben war jeweils ein deutlich Fe-haltiger Smektit (= Nontronit), der sich in elektronenoptischen Aufnahmen als Rosetten- oder Blättchen-Überzug vor allem auf den Klinopyroxenen erkennen läßt (vgl. mit Abb. 3). Die Bestimmungsmethodik ist die gleiche wie für Granite, nur müssen hier (anstatt für Kaolinit) die Umrechnungsfaktoren für Nontronit genommen werden (Tab. 1 und 4). Nontronit und andere quellfähige Schichtsilikate weisen in der DTA-Kurve sehr intensive endotherme Effekte zwischen 70 und 230° C auf, die die Verdampfung des Zwischenschichtwasser widerspiegeln (Abb. 4 und 6). Als Beispiel für basaltische Gesteine sind in Abb. 6 und Tab. 4 die DTA-Kurven und -Daten für das Verwitterungsprofil des Roßberges bei Darmstadt wiedergegeben. Dieser Olivinnephelinit, geologisch und petrographisch eingehend von STELLRECHT und EMMERMANN (1979) bearbeitet, weist im 30 m tiefen Stein-

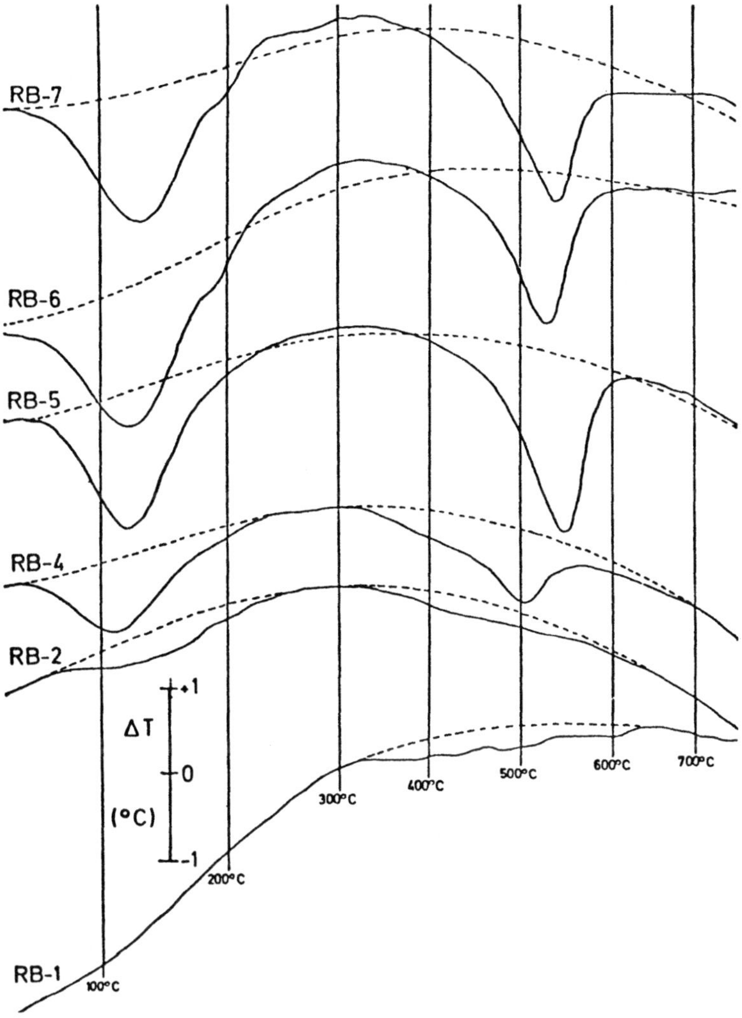

Abb. 6 DTA-Kurven einiger Basaltproben vom Roßberg bei Darmstadt

Fig. 6 DTA curves of some basalt specimen from the Roßberg area near Darmstadt, Germany

bruchsprofil alle Übergänge zwischen frischem Material und nahezu völlig verwittertem Lockergestein auf (Tab. 4). Gerade bei basaltischen Gesteinen kann die entwickelte Verwitterungsgrad-Bestimmung für ingenieurgeologische Begutachtungen sehr nützlich sein, denn häufig sind beginnende chemische Umwandlungen makroskopisch und auch optisch nicht erkennbar, jedoch in ihrer Auswirkung auf Gesteinsfestigkeit und -Verwendung recht groß. Dabei können deutliche Festigkeitsabnahmen oder sogar durch starke Volumenzunahmen verursachte Sprengwirkungen (etwa Bildung von quellfähigen Organo-Smektit-Komplexen, z.B. nach der Behandlung von Beton/Basalt-Pisten mit organischen Frostschutzmitteln) erst viel später auftreten.

Tab. 4 Chemischer Verwitterungsgrad der Basaltproben vom Roßberg bei Darmstadt

Tab. 4 Degree of chemical weathering in the basalt profile from Roßberg area, Germany

Probe	Peakfläche (mg) 1)	ΔT (°C)	Index	Verhältnis der Neubildungen (Vol.-%) 2)			Nontronit-normierte Verw.-Index-Summanden			korrigierter Verw.-Index	Verw.-Grad (%)
				Nontron.	Serpent.	Illit	Nontron.	Serpent.	Illit		
RB-7	72,5	1,7	123,3	85	15	-	104,8	5,5	-	110,3	92
RB-6	60,8	1,7	103,4	75	25	-	77,6	7,8	-	85,4	71
RB-5	70,6	2,0	141,2	25	35	40	35,3	14,8	39,5	89,6	75
RB-4	45,5	0,9	40,9	70	30	-	28,6	3,7	-	32,2	27
RB-3	19,6	0,3	5,9	85	15	-	5,0	0,3	-	5,3	4
RB-2	15,5	0,2	3,1	65	35	-	2,0	0,3	-	2,3	2
RB-1	21,8	0,2	4,4	80	20	-	3,5	0,3	-	3,8	3
E-3	60,0	1,7	102,0	100	-	-	102,0	-	-	102,0	85 3)
E-4 4)			120,0	100	-	-	120,0	-	-	120,0	100

Nontronit-Umrechnungsfaktoren für Serpentin: 0,3; für Illit: 0,7

Die RB-Proben spiegeln ein 30 m tiefes Profil wider; Tiefe von RB-4 = 3 m

1) Näheres s. Text 2) röntgenographisch ermittelt 3) Die Eichprobe bestand aus 85 % Nontronit und 15 % Quarz
4) auf 100 % Nontronit umgerechnete Probe E-3

Der Serpentin ist keine eigentliche Verwitterungsbildung, sondern sehr früh postmagmatisch durch den Einfluß heißer Lösungen entstanden! Da er kein primäres Mineral ist, wird er hier als (Verw.-)-Neubildung behandelt.

UNTERSUCHUNGEN AN WEITEREN SILIKATGESTEINEN

Proben von drei weiteren Verwitterungsprofilen (Gneis, Schwarzwald; Glimmerschiefer, Lukmanier-Paß/Alpen; Tonschiefer, Andlautal/Vogesen) und einige weitere Silikatgesteine (Rhyolith, Quarzporphyr, Gabbro und Amphibolit sowie eine von P. Keller/Stuttgart zur Verfügung gestellte Schiefertonserie) wurden - teilweise - chemisch, röntgenographisch und differenzthermoanalytisch untersucht. Die verwitterungsbedingten chemisch-mineralogischen Veränderungen sind denen bei Graniten oder Basalten vergleichbar. So sind Verwitterungsgrad-Bestimmungen an Gneisen, Gabbros und Vulkaniten ebenso einfach möglich (Methodik s. Granite). Zu achten ist dabei nur darauf, daß die Verwitterung einiger magmatischer oder metamorpher Gesteine zu anderen Haupt-Neubildungen führen kann als bei Granit oder Basalt, so daß - gemäß den theoretischen OH-Gehalten der Minerale (vgl. Tab. 1) - eventuell andere Umrechnungsfaktoren zu wählen sind.

Schwierig und (bisher) nicht anwendbar wird die Methode dort, wo primär bereits größere Mengen an OH-haltigen Mineralen vorhanden sind (Amphibolite, Serpentinite, Glimmerschiefer, Chloritschiefer, Tonschiefer und Tonsteine). In diesen Gesteinen ist die Unterscheidung zwischen primären und neugebildeten OH-Mineralen oft nicht einfach. Die Messung des Verwitterungsgrades von Schiefertonen oder Tonsteinen ist mit der hier entwickelten Methodik nur bedingt möglich. Zwar zeigen Tonsteine keine ausgeprägten Texturen (im Gegensatz zu Schiefertonen), aber der primäre Gehalt an OH-Mineralen (= Tonmineralen) ist so groß, daß die Differenzierung primär/neugebildet nur dann möglich ist, wenn zusätzliche Kriterien berücksichtigt werden. Diese können entweder zu recht komplizierten und zeitraubenden Berechnungen führen (unter Einführung zusätzlicher Kenngrößen), wie KELLER und MACK (dieser Band) sie für Tonsteine vorschlagen, oder sie erfassen nur einen (wenn vielleicht auch sehr charakteristischen) Teil der Neubildungen. Das ist etwa bei quellfähigen Neubildungen (Smektite, Vermiculite, Corrensit und andere geordnete und ungeordnete Wechsellagerungen) der Fall, die durch starke endotherme Effekte der Zwischenschicht-Entwässerung (s. z.B. Abb. 4) bestimmt werden können.

DANK

Frau B. ÖTZEL (Mineralogisches Institut, Universität Karlsruhe) danken wir für die Anfertigung der Abbildungen, Herrn Prof. Dr. P. KELLER (Mineralogisches Institut, Universität Stuttgart) für die Überlassung von Proben.

LITERATUR

Brauns J, Hötzl H, Lempp Ch, Metzler F und Smykatz-Kloss (dieser Band) Ingenieurgeologie aufgelockerter Granite, Verwitterung und Auflockerung, Einführung und Versuch einer Klassifikation. Springer Verlag, Heidelberg

Correns CW (1940) Die chemische Verwitterung der Silikate. Naturwiss 28: 369-376

Goebelbecker J (1982) Die thermoanalytische Bestimmung des Verwitterungsgrades von granitischen und basaltischen Gesteinen. Diplomarbeit, Universität Karlsruhe

Goebelbecker J und Smykatz-Kloss W (1985, im Druck) Die Bestimmung des Verwitterungsgrades von Graniten und Basalten. Chemie der Erde

Haas A (1980) Mineralogische und chemische Veränderungen in Verwitterungsprofilen von Schwarzwälder Graniten. Diplomarbeit, Univ Karlsruhe

Keller P und Mack K (dieser Band) Bestimmung eines Parameters für den Verwitterungsgrad von Tonsteinen. Springer Verlag, Heidelberg

Meunier A und Velde B (1979) Weathering mineral facies in altered granites: the importance of local small-scale equilibria. Mineralogical Magazine 43: 261-268

Pedro G (1964) Contribution à l'étude experimentale de l'alteration géochimique des roches cristallines. Thèse Fac Sci Univ Paris

Smykatz-Kloss W (1974) Differential Thermal Analysis, Application and Results in Mineralogy. Springer Verlag, Heidelberg

Stellrecht R und Emmermann R (1979) Bau und Stoffbestand des Olivinnephelinit-Vorkommens vom Roßberg bei Darmstadt. N Jb Mineral Abh 136: 26-41

Stoch L und Sikora W (1976) Transformations of micas in the process of kaolinization of granites and gneisses. Clays and Clay Minerals 24: 156-162

Tardy Y (1971) Characterization of the principal weathering types by the geochemistry of waters from some European and African crystalline massifs. Chem Geol 7: 253-276

Mechanische Eigenschaften von Störungen und Verwitterungszonen im Granitgebirge und deren genetische Charakterisierung

CH. LEMPP und O. NATAU[1]

SUMMARY

The Hercynian granites of the Schwarzwald area in southwestern Germany display distinct variations in the amount of disintegration and weathering. Different stages of transition ranging from unweathered rock to cohesionless material can be observed in the same level of erosion. The process of disintegration and weathering is accompanied by a continuous decrease in strength. Several material properties, such as dry-density or porosity (fig. 2, 3), creep behaviour (fig. 4, 5) and elasticity (fig. 5, 6) change in a characteristic manner correlating to the decrease in strength. Non-elastic properties of the granite become dominant during disintegration. The granites of the Schwarzwald area can be classified into six stages of weathering, where each stage is characterized by certain mechanical properties (fig. 7).

This classification in terms of mechanical properties combines the following parameters: 1. uniaxial peak strength, β_D, 2. dry-density, ρ_d, 3. strain rate ratio, $\varepsilon_{lateral}/\varepsilon_{axial}$, 4. creep strain rate per 2 minutes under one half of the uniaxial peak stress, 5. percentage of peak strain rate, % ε_{BR}, which depends on uniaxial stress in a nonlinear manner, 6. modulus ratio, $E_{reloading}/E_{1st\ loading}$.
Tentatively the problem of determination of rock mass strength is investigated by the aid of laboratory tests. The results of direct shear tests on natural joints of the granites (fig. 8) were used to estimate a lower limit of the strength of the granitic rock mass. Discontinuities as well in the mineral structure as in the rock mass structure cause a similar effect on the p-wave-velocity (fig. 9). In connection with this result it appears plausible that a disintegrated specimen may react like a jointed rock mass. Accordingly the result of multi-step triaxial tests on rock specimens (fig. 10, 11, 12) were used to define an upper limit of rock mass strength of the Schwarzwald granites. The strength of the granitic rock mass is also classified depending on the mechanical properties of the rock and its discontinuities (fig. 13).
The decrease in strength and the change in mechanical properties are chiefly caused by increasing microcrack density, disintegration of mineral structure and increasing porosity. Mineralogical and chemical changes, especially formation of phyllosilicates, promote disintegration but in all types of granite in the Schwarzwald area occur conditions of only slight chemical weathering intensity.

Disintegration and decrease in strength are mainly the results of mechanical, tectonic and thermal stresses.

[1] Dr. Ch. Lempp und Prof. Dr. O. Natau, Lehrstuhl für Felsmechanik, Institut für Bodenmechanik und Felsmechanik, Universität Karlsruhe, Richard-Willstätter-Allee, D-7500 Karlsruhe 1

Ingenieurgeologische Probleme im Grenzbereich zwischen Locker- und Festgesteinen
(Herausgegeben von K.-H. Heitfeld)

EINFÜHRUNG

Das kristalline Grundgebirge, insbesondere die Granite des Variszikums, sind häufig von Störungs- und Verwitterungszonen durchzogen. In unmittelbarer Nachbarschaft stehen heutzutage im gleichen Abtragungsniveau sehr unterschiedlich stark aufgelockerte und verwitterte Granitvarianten an. Bei der Herstellung von Felsbauwerken führt der unvermittelt wechselnde Zustand der Granite häufig zu Standsicherheitsproblemen.

In verschiedenen karbonischen Graniten des Schwarzwaldes (Forbach-Granit, Triberg-Granit, Bärhalde-Granit, Malsburg-Granit, Albtal-Granit) wurde das festigkeitsmechanische Verhalten von Material aus Störungs- und Verwitterungszonen untersucht. Aufbauend auf diesen Untersuchungen wurde erstmals eine nach festigkeitsmechanischen Gesichtspunkten gegliederte Klassifikation der verschiedenen Granitvarianten entwickelt. Diese Klassifikation bezieht sich auf das festigkeitsmechanische Verhalten der Gesteinssubstanz und des Gebirgsverbandes.

ZUR GEOLOGISCHEN SITUATION DER VARISZISCHEN GRANITE DES SCHWARZWALDES

Eine feldgeologische Aufnahme in den Schwarzwälder Granitgebieten ergibt, daß der Auflockerungs- und Verwitterungszustand von Gestein und Gebirge auf kleinem Raum außerordentlich stark wechseln kann. Bereits im Bereich eines Straßenböschungseinschnittes von 10 m bis 100 m Länge können extreme Unterschiede des Verwitterungszustandes auftreten. Frisches, unverwittertes Gestein mit weitständiger Klüftung liegt beispielsweise neben stark klüftigem, vergrustem und brüchigem Fels oder neben einem Gebirgsbereich, der vollständig zu sandigem Lockermaterial zersetzt ist. Derartige Wechsel zwischen verschieden stark aufgelockerten und verwitterten Bereichen sind entweder durch Klüfte scharf begrenzt, oder der Materialwechsel vollzieht sich ohne deutliche Grenzen. Die unterscheidbaren Homogenbereiche haben sehr unterschiedliche Erstreckung und Größe. Es ist nur in Einzelfällen eine gerichtete Entwicklung des Verwitterungszustandes (Verwitterungsprofil) rekonstruierbar. In der Regel aber erscheint die Folge verschiedener Verwitterungszustände bzw. Auflockerungsstadien ungeordnet und ohne eindeutigen Bezug zur heutigen Morphologie und Exposition. Trotz gleichstarker Heraushebung und Entlastung sowie gleichem Erosionsniveau stehen kleinräumig nebeneinander frische und unterschiedlich stark entfestigte Granite an. Dieser Befund gilt für alle variszischen Granite des Schwarzwaldes.

In ihrer petrogenetischen Entwicklung und Altersstellung zeigen die Schwarzwaldgranite charakteristische Unterschiede (EMMERMANN 1977), trotzdem ergibt sich rein phänomenologisch überall ein sehr ähnliches Bild der Verwitterungs- und Auflockerungssituation.

Die postmagmatische Entwicklung der variszischen Granite verlief generell in folgender Weise: Der permokarbonischen Heraushebung und einer damit verbundenen ersten Verwitterungsphase (MATTHESS 1964) folgten die vollständige Überdeckung durch terrestrische und marine Sedimente im Mesozoikum und anschließend ab dem Alttertiär eine bis heute fortschreitende Erosionstätigkeit. Diese war in weiten Bereichen wiederum mit intensiven exogenen Verwitterungseinwirkungen unter subtropischen (Tertiär) wie eiszeitlichen (Quartär) Klimabedingungen verbunden. Im gesamten Grundgebirgsareal des Schwarzwaldes spielen nach der variszischen Orogenese bruchtektonische Verformungen, besonders im Zusammenhang mit der Bildungsgeschichte des Oberrheingrabens, eine wichtige Rolle. Mit dieser Bruchtektonik verbunden sind auch postvariszische hydrothermale Aktivitäten.

Mehrphasige exogene und vor allem verschiedene endogene Prozesse haben so eine Verwitterung und Auflockerung des granitischen Grundgebirges über geologische Zeiträume bewirkt. Die vorhandenen kleinräumigen Unterschiede im Erhaltungszustand der Granite sprechen für eine sehr differenzierte Entwicklung.

Von seiten der Klimamorphologie wurden bis heute zahlreiche Versuche unternommen, die exogenen, oberflächenorientierten Verwitterungsprozesse anhand des morphologischen Formenreichtums zu unterscheiden und hinsichtlich ihrer Altersstellung einzuordnen. WILHELMY (1981) gibt einen umfassenden Überblick über die klimamorphologischen Forschungen und bezieht sich dabei hauptsächlich auf granitische Gesteine. Der überwiegend exogen gesteuerte Verwitterungsprozeß erscheint demnach als außerordentlich komplexes System unterschiedlichster Einflußfaktoren. Die darüber hinaus beim Auflockerungs- und Entfestigungsprozeß von Gestein und Gebirge mitwirkenden endogenen Einflußfaktoren (z.B. Heraushebung und Entlastung, Bruchtektonik, hydrothermale Wässer) führen zu einer weiteren Komplizierung der Zusammenhänge. Letztlich ist es nicht möglich, einen regional gültigen genetischen Ablaufplan der Auflockerung und Verwitterung zu rekonstruieren. An einzelnen Lokalitäten kann zwar durchaus festgestellt werden, ob z.B. exogene gegenüber endogenen Faktoren dominieren bzw. umgekehrt, in der Regel sind jedoch keine ideal orientierten Verwitterungsprofile ausgebildet.

Das aus ingenieurgeologischer Sicht wichtige Endergebnis dieses differenzierten Verwitterungs- und Auflockerungsprozesses ist die unterschiedlich weit fortgeschrittene Entfestigung von Gesteinssubstanz und Gebirgsverband. Die vielfältige Beanspruchung, die im Laufe der geologischen Vergangenheit auf Gestein und Gebirge eingewirkt hat, kommt im Entfestigungszustand bzw. in den festigkeitsmechanischen Eigenschaften zum Ausdruck.

QUALITATIVE EINSCHÄTZUNG DER FESTIGKEIT VON GESTEINSSUBSTANZ UND GEBIRGSVERBAND

Ein Verfahren, mit dessen Hilfe im Feld eine vorläufige, geotechnisch orientierte Kennzeichnung der Granite nach Auflockerungs- und Verwitterungsmerkmalen vorgenommen werden kann, muß zunächst deskriptiv sein. Ein solches Verfahren ist nicht zuletzt notwendig, um eine vollständige und systematische Probenahme für festigkeitsmechanische Laborversuche gewährleisten zu können. Eine solche feldmäßige Klassifizierung sollte unabhängig vom Standort und von petrographischen Besonderheiten auf möglichst viele Granittypen anwendbar sein.

DEARMAN und IRFAN (1978) zeigen in mehreren Arbeiten Möglichkeiten der feldmäßigen ingenieurgeologischen Beurteilung von Graniten auf. Dabei werden jeweils lokationsspezifische Merkmale in die Klassifizierung einbezogen. Es wird jedoch nicht konsequent zwischen Gesteins- und Gebirgseigenschaften unterschieden.

Mit der in diesem Band (BRAUNS et al.) vorgeschlagenen feldgeologischen Klassifikation soll eine Abgrenzung verschiedener Homogenbereiche des Granitgebirges in lokationsunabhängiger Form möglich sein. Diese beschreibende, systematische Erfassung und Wertung feldgeologisch feststellbarer Substanz- und Verbandseigenschaften soll ein anschauliches Bild von Gesteins- und Gebirgszustand vermitteln. Die Wertung jedes einzelnen Merkmals ist an der Entwicklung des Entfestigungsvorganges orientiert und bezieht sich jeweils auf einen spezifizierten Betrachtungsbereich. Dadurch ergibt sich ein detailliertes Bild des Auflockerungs- und Verwitterungszustandes, aus dem teilweise bereits geotechnische Folgerungen abgeleitet werden können.

Diese einzeln zu erfassenden, zahlenmäßig gewerteten Merkmale können gemittelt und so zu einer charakterisierenden Verwitterungszahl zusammengefaßt werden. Diese aus Einzelbeobachtungen gewonnene und gemittelte Verwitterungszahl ist die Grundlage für eine weitergehende anwendungsbezogene Unterteilung des Auflockerungs- und Verwitterungsspektrums.

Die feldmäßig zu unterscheidenden Verwitterungsstufen W 0 bis W 5 (BRAUNS et al. in diesem Band) ergeben sich durch eine gleichmäßige Grenzziehung und Klassenbildung aus den gemittelten Verwitterungszahlen. Diese Unterteilung in Verwitterungsstufen kann Anwendung bei allen kartenmäßigen Darstellungen finden. Die Klassifikation setzt keinen regelmäßig strukturierten Gebirgsaufbau (z.B. Verwitterungsprofil) voraus, vielmehr sind die verschiedenen Homogenbereiche unabhängig voneinander und ohne Bezug zu ihrer Ausdehnung und Raumlage zu kennzeichnen.

Ein Bezug zu den festigkeitsmechanischen Eigenschaften der Granite läßt sich mit Hilfe der folgenden, empirisch ermittelten Korrelationsfunktion herstellen

$$\beta_{D(\text{Substanz})} = 215{,}6 \cdot e^{-0{,}682x} \text{ (MPa)}$$

wobei β_D die einaxiale Gesteinsdruckfestigkeit, x die mittlere Verwitterungszahl bedeutet. Von frischem bis völlig verwittertem Granit reichen die Werte für x von 0 bis 5 (vgl. Tab. 1 in BRAUNS et al. in diesem Band).

Die ohne speziellen Bezug zu festigkeitsmechanischen Eigenschaften vorgeschlagene Untergliederung in die Verwitterungsstufen W 0 bis W 5 kann also über die mittlere Verwitterungszahl auf festigkeitsmechanische Fragestellungen hin erweitert werden. Die Qualität der Korrelation (r = 0,7) gestattet allerdings nur eine Abschätzung der Gesteinsdruckfestigkeit.

Eine verbesserte, ebenfalls noch eher qualitative Aussage zur Gesteinsfestigkeit erlaubt der einfache Punktlastversuch im Feld (Empfehlungen der ISRM-Commission 1972). Indexwerte der Punktlastfestigkeit (bestimmt an unbearbeiteten Handstücken) sind in Abb. 1 in Beziehung zur einaxialen Gesteinsdruckfestigkeit gesetzt.

Auf diesen Wegen ist eine erste Abschätzung der Gesteinsfestigkeit im Feld möglich. Darüber hinaus erlaubt die Feldklassifizierung relative Vergleiche zwischen verschieden entfestigten Gebirgstypen, der Verbandscharakter im Vergleich zum ungeklüfteten Kontinuum ist abzuleiten.

FESTIGKEITSMECHANISCHES VERHALTEN DER GESTEINSSUBSTANZ

Festigkeitsmechanische Versuche verschiedener Art an Granitgesteinsproben aller auftretenden Verwitterungs- und Auflockerungsstufen haben ergeben, daß mit der Entfestigung der Granitsubstanz charakteristische Änderungen im mechanischen Verhalten verbunden sind.

Der Entfestigungszustand, Resultat der Einwirkung endogener und exogener Faktoren, läßt sich quantitativ mit dem Indexparameter der einaxialen Druckfestigkeit kennzeichnen. Dieser Festigkeitswert muß wegen der notwendigen Vergleichbarkeit immer unter gleichbleibenden mechanischen Randbedingungen bestimmt werden. Geometrie und Schlankheit der Prüfkörper sowie die Bedingungen der Krafteinleitung beeinflussen entscheidend das Versuchsergebnis (LEMPP 1981). Die ein- und dreiachsigen Druckversuche wurden (entsprechend den Empfehlungen der DGEG 1979) an Proben der Schlankheit $\lambda = 2$ (H/D = 2) mit planparallel geschliffenen, ungeschmierten Endflächen durchgeführt. Bei diesen Versuchen liegen die einaxialen Druckfestigkeitswerte aller geprüften Granite in den Grenzen

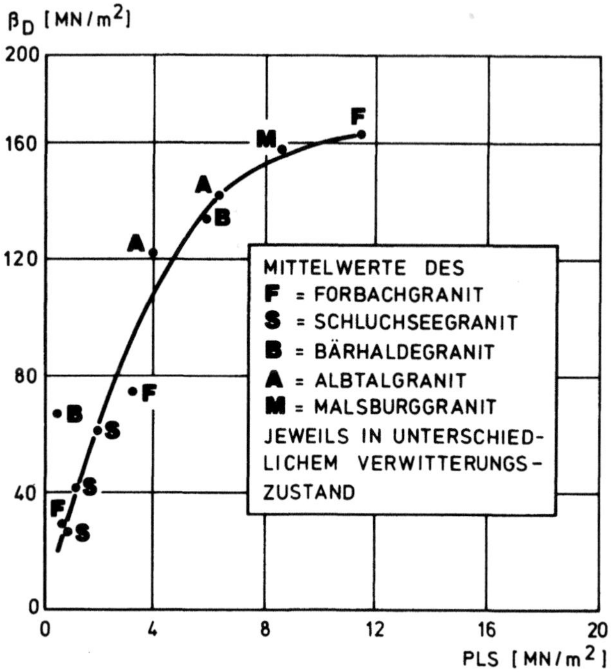

Abb. 1 Zusammenhang zwischen einaxialer Gesteinsdruckfestigkeit β_D und Punktlastfestigkeit PLS verschiedener Granite in unterschiedlichen Verwitterungszuständen

Fig. 1 The relationship between uniaxial strength, β_D, and pointload-strength, PLS, of several Schwarzwald granite samples in different stages of weathering

zwischen 5 und 180 MPa. Mit der Entfestigung sind Veränderungen weiterer festigkeitsmechanischer Eigenschaften verbunden, die in charakteristischer Weise voneinander abhängig sind. Dies ergibt sich bei der Bestimmung des Spannungs-Dehnungs-Verhaltens, des Kriechverhaltens, der Elastizität, der Porosität und anderer mechanisch-physikalischer Eigenschaften. Im einzelnen sind folgende Veränderungen festzustellen:

- Die Trockendichte verringert sich praktisch kontinuierlich mit der Entfestigung. Der Hohlraumanteil einer Probe (Verhältnis von Hohlraumvolumen zu Feststoffvolumen) vergrößert sich mit dem Rückgang der Festigkeit in charakteristischer Weise. Dieser Zusammenhang zwischen Auflockerung und Festigkeit läßt sich mit natürlichen, logarithmischen Funktionen näherungsweise beschreiben (Abb. 2). Für jeden der untersuchten Granite ergibt sich eine charakteristische natürliche Funktion (Abb. 3).
- Das Querdehnungsverhalten, ausgedrückt als Quotient von Querdehnung zu Längsstauchung ($\nu^* = \varepsilon_q/\varepsilon_1$), verändert sich mit der Entfestigung grundlegend. In Proben mit einaxialen Druckfestigkeiten $\beta_D = \sigma_{max} < 75$ MPa (Verwitterungsstufe W 2 bis W 4) überschreitet $\varepsilon_q/\varepsilon_1$ bereits unter hal-

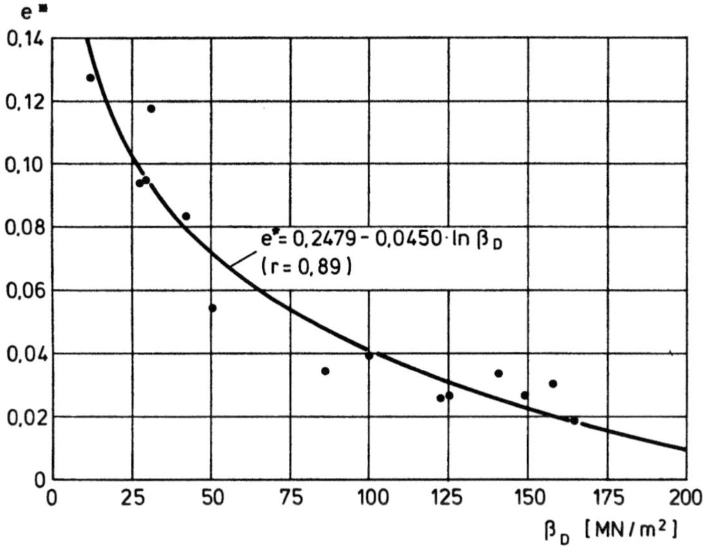

Abb. 2 Zusammenhang zwischen Hohlraumzahl e* (= Volumen des Hohlraumes/ Volumen der Festmasse) und einaxialer Gesteinsdruckfestigkeit β_D (Beispiel: Bärhaldegranit)

Fig. 2 The relationship between void ratio, e* (= volume of void space/ volume of solid material) and uniaxial strength β_D (using the Bärhalde granite as an example)

Granitspezifischer Zusammenhang zwischen Hohlraumzahl e* und einaxialer Druckfestigkeit β_D (MPa)

Albtal - Granit	$e^* = 0{,}2273 - 0{,}0434 \cdot \ln \beta_D$
Bärhalde-Granit	$e^* = 0{,}2479 - 0{,}0450 \cdot \ln \beta_D$
Forbach-Granit	$e^* = 0{,}2356 - 0{,}0442 \cdot \ln \beta_D$
Malsburg-Granit	$e^* = 0{,}2134 - 0{,}0406 \cdot \ln \beta_D$
Schluchsee-Granit	$e^* = 0{,}1865 - 0{,}0338 \cdot \ln \beta_D$
Triberg-Granit	$e^* = 0{,}2132 - 0{,}0374 \cdot \ln \beta_D$

$$e^* = \text{Hohlraumzahl} = \frac{\text{Volumen des Hohlraumes}}{\text{Volumen der Festmasse}}$$

Abb. 3 Berechnungsgleichungen $e^* = f(\beta_D)$ - entsprechend Abb. 2 - für die untersuchten Granite des Schwarzwaldes

Fig. 3 Equation $e^* = f(\beta_D)$, which was used in fig. 2, for all granites treated in this study ber einaxialer Bruchlast (0,4 - 0,6 σ_{max}) den Maximalwert nach der Elastizitätstheorie von $\nu = 0,5$. In diesen Verwitterungsstufen treten also bereits unter halber Bruchlast Neubrüche auf, die zu einer Auflockerung führen.

- Die Neigung des Materials zu Kriechverformungen steigt mit fortschreitender Entfestigung ständig an. Dies läßt sich anhand von einstündigen Kriechversuchen (Abb. 4) oder bereits mit kurzen, 2-minütigen Index-Kriechversuchen innerhalb eines mehrstufigen einaxialen Druckversuches zeigen (Abb. 5). Bei 0,4 - 0,6 σ_{max} steigt das Kriechmaß (pro 2 Minuten) mit der Entfestigung bis auf den vierfachen Wert an, der bei relativ frischem Granit zu beobachten ist.
- Mit fortschreitender Entfestigung ändert sich der Charakter der Arbeitslinie infolge einaxialer Belastung (Abb. 5): Je stärker das Material entfestigt ist, desto höher ist der Verformungsanteil (bezogen auf die Maximalverformung beim Bruch ε_{BR}), der nicht linear mit der

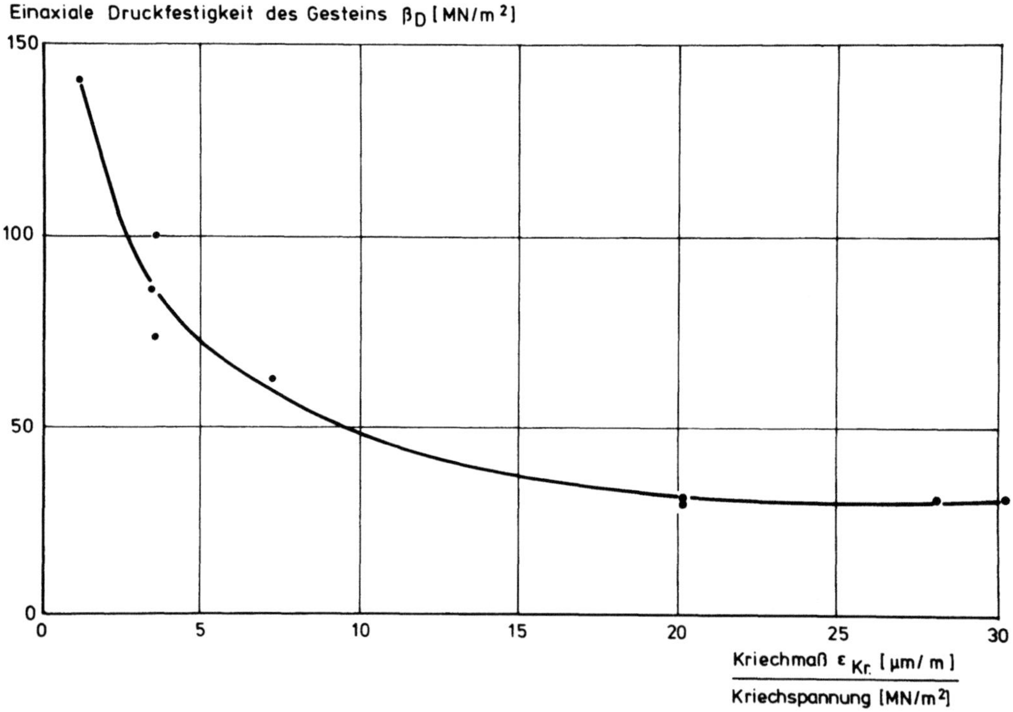

EINAXIALE KRIECHVERSUCHE (DAUER 60 MINUTEN) AN SÜDSCHWARZWALD-GRANITEN

Abb. 4 Zusammenhang zwischen einaxialer Gesteinsdruckfestigkeit β_D und dem Kriechverhalten des Gesteins ($\varepsilon_{Kr}/\sigma_{Kr}$)

Fig. 4 The relationship between uniaxial strength, β_D, and creep behaviour of the several types of Schwarzwald granite ($\varepsilon_{Kr}/\sigma_{Kr}$)

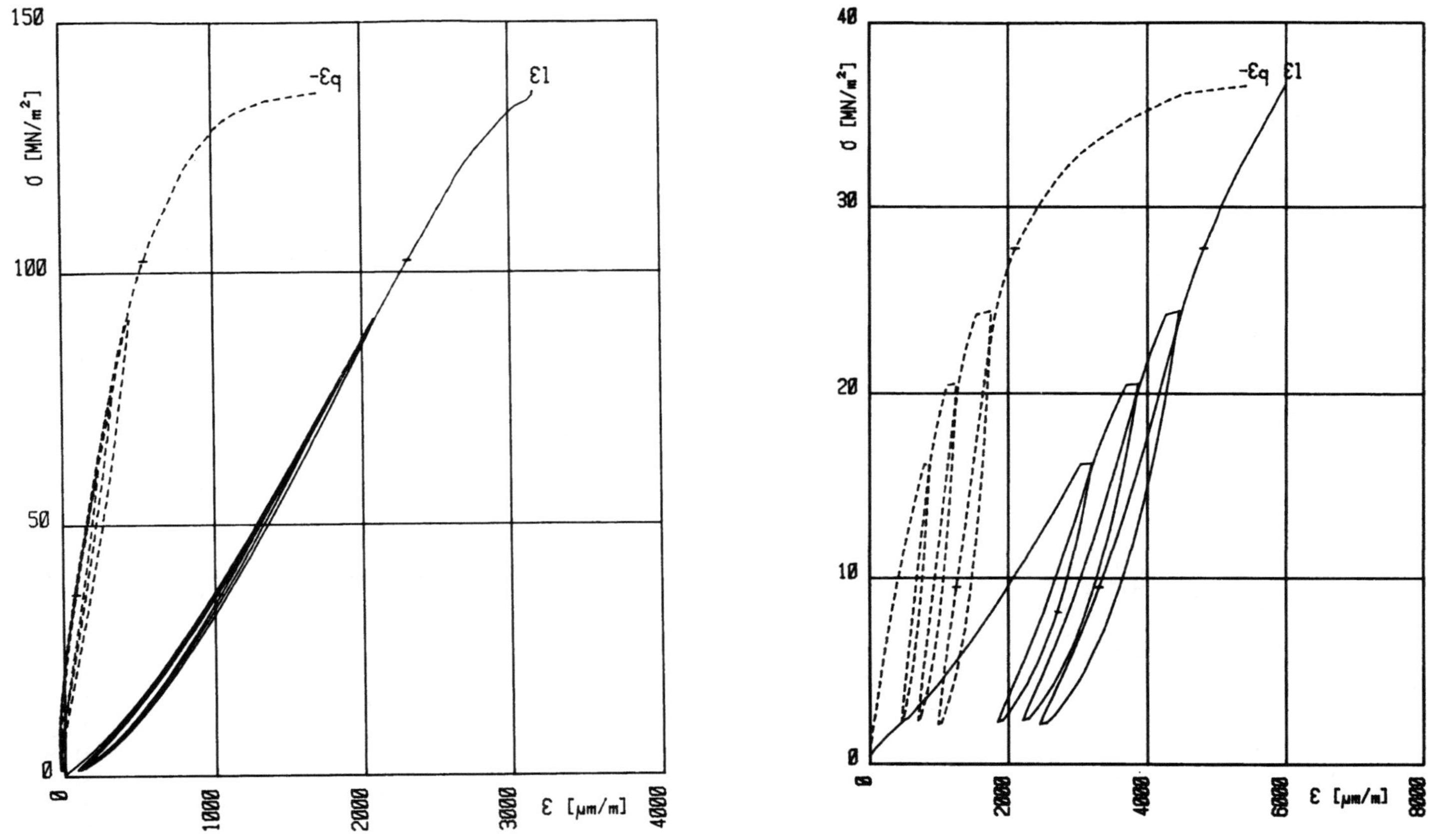

Abb. 5 Mehrstufige, einaxiale Druckversuche an einem unverwitterten (li.) und einem deutlich verwitterten (re.) Granit: $\sigma/\varepsilon l$ - und $\sigma/\varepsilon q$ - Kurven (Längs- und Querverformung)

Fig. 5 Multi-step, uniaxial load tests on an unweathered (left) and a highly weathered (right) granite: $\sigma/\varepsilon l$ and $\sigma/\varepsilon q$ curves (axial and lateral strain measurement).

Spannung ansteigt. Der nicht lineare Stauchungsanteil ist ein charakteristisches Maß der Entfestigung, er zeigt zunehmend nicht-elastisches Materialverhalten an.

- Das Elastizitätsverhalten bei einmaliger und wiederholter einaxialer Belastung ändert sich ebenfalls mit fortschreitender Entfestigung. So verringert sich der Wiederbelastungsmodul im Spannungsniveau 0,25 σ_{max} bis 0,75 σ_{max} linear mit der Entfestigung (Abb. 6). Gleichzeitig wird der Unterschied zwischen Erstbelastungsmodul E_E und Wiederbelastungsmodul E_W mit der Entfestigung zunehmend größer, der Quotient E_W/E_E steigt auf das 3,5-fache des Wertes von relativ frischem Granit.

Die genannten festigkeitsmechanischen Merkmale, die das elastische und das nicht elastische Materialverhalten in Relation zum Grad der Entfestigung beschreiben, erlauben eine Klassifikation der Gesteinssubstanz. Das Festigkeitsspektrum wird in sechs unterscheidbare Zustände untergliedert. Es ergeben sich die Verwitterungsgrade $W^o_{(M)}$ = 0 bis $W^o_{(M)}$ = 5 (Abb. 7).
Die Beziehung zwischen der feldgeologisch ermittelten Verwitterungsstufe und dem im Labor durch Festigkeitsversuche bestimmten Verwitterungsgrad (nach mechanischen Kriterien) ist über den Indexparameter der einaxialen Druckfestigkeit herzustellen. Die feldgeologische Methode kann allenfalls halbquantitativen Charakter haben, wogegen mit den Laborversuchen eine quantitativ untermauerte, klassifizierende Kennzeichnung des festigkeitsmechanischen Materialverhaltens vorgenommen werden kann.

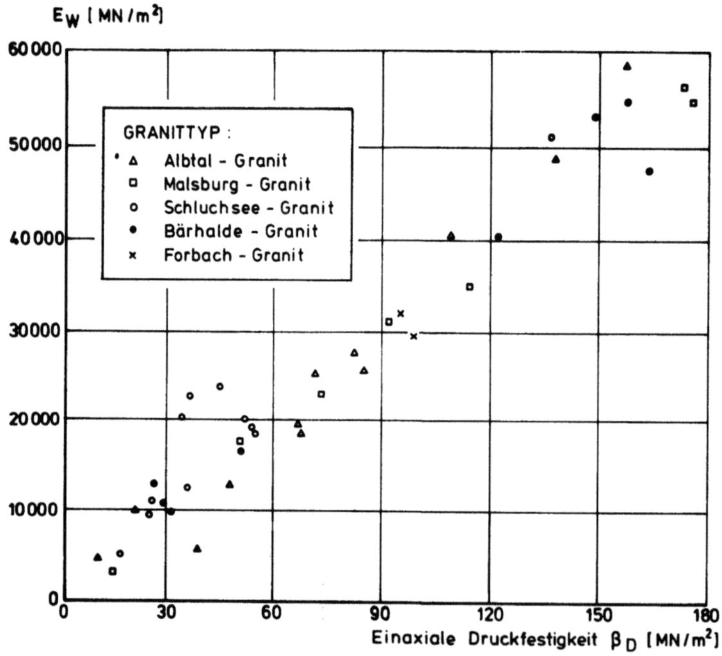

Abb. 6 Zusammenhang zwischen einaxialer Gesteinsdruckfestigkeit $\beta_D = \sigma_{max}$ und Wiederbelastungsmodul E_W (bei σ = 0,25 σ_{max} bis 0,75 σ_{max})
Fig. 6 The relationship between uniaxial strength, $\beta_D = \sigma_{max}$, and the modulus of reloading, E_W (σ = 0.25 σ_{max} to 0.75 σ_{max})

MECHANISCHER VERWITTERUNGSGRAD $W^{o}_{(M)}$	5	4	3	2	1	0
FELSBESCHREIBUNG	LOCKERMATERIAL	"BRÜCHIGER" FELS	DEUTLICH KRIECHENDER "KRANKER" FELS	"SCHWACHER" FELS	WENIG KRIECHEND. "GESCHWÄCHTER" FELS	VOLLSTÄNDIG ELASTISCH., "GESUNDER" FELS
VERWITTERUNGS-BEZEICHNUNG		STARK VERW.	DEUTLICH VERWITTERT	SCHW. VERW.	ANGEWITTERT, NICHT MEHR FRISCH	FRISCH, UNVERWITTERT
KRITERIEN DES MECHANISCHEN VERHALTENS						
VERHÄLTNIS $\frac{E_{WIEDERBELASTUNG}}{E_{ERSTBELASTUNG}} = \frac{E_W}{E_E}$		2,0-3,5	1,5-2,0	1,0-1,5		
[%] von ε_{BR} NICHTLINEARER STAUCHUNGSANTEIL BEI MEHRFACHBELASTUNG		> 60	50 - 60	40-50	25 - 40	5-25
[µm/m] KRIECHMASS ε_{KR} bei $0{,}4 - 0{,}6 \cdot \sigma_{max}$ in 2 MINUTEN		> 200	50-200	30 - 100		< 50
QUOTIENT $\varepsilon_q / \varepsilon_l$ ν^* bei $0{,}25 - 0{,}75 \cdot \sigma_{max}$ AN PROBEN MIT $\lambda = 2$		> 0,5			< 0,5	
[g/cm³] TROCKENDICHTE ϱ_d		< 2,50		2,50 - 2,55		> 2,55
EINAXIALE DRUCK-FESTIGKEIT β_D	20 40 60 80 100 120 140 160 [MN/m²]					
	← ZUNEHMENDE MECHANISCHE ENTFESTIGUNG DER GRANITSUBSTANZ					

Abb. 7 Klassifikation der Granite entsprechend ihren festigkeitsmechanischen Eigenschaften

Fig. 7 Classification of the different types of Schwarzwald granite according to mechanical properties

FESTIGKEITSMECHANISCHES VERHALTEN DES GEBIRGSVERBANDES

Eine exakte Bestimmung festigkeitsmechanischer Parameter des geklüfteten Gebirgsverbandes ist nur mit Hilfe von Großversuchen und mit ihnen auch nur begrenzt möglich (NATAU et al. 1983). In diesem Vorhaben wurde daher nur eine vorläufige Eingrenzung und Abschätzung der Festigkeit des Gebirgsverbandes mit Laborversuchen (keine Großversuche) durchgeführt.

Maßgeblich für die Verbandsfestigkeit ist einerseits der Zustand der Gesteinssubstanz und andererseits der Charakter des Trennflächengefüges. Feldbeobachtungen zeigen, daß die Klüftung des Gebirges bei relativ wenig entfestigter Gesteinssubstanz deutlicher ausgeprägt ist als bei stärker entfestigtem Material. Mit fortschreitender Gesteinsentfestigung wird die Klüftung undeutlicher; stark vergrustes Material erscheint praktisch ungeklüftet.

Die Trennflächenabstände im Gebirgsverband variieren offenbar unabhängig vom Entfestigungszustand der Gesteinssubstanz. Die Raumlageverteilung der Trennflächen zeigt in allen untersuchten Schwarzwaldgraniten eine breite Streuung. Nur kleinräumig kann von eindeutig bevorzugten Richtungen ausgegangen werden. Der Charakter des Trennflächengefüges kann mit Hilfe der von BRAUNS et al. (1985, dieser Band) gegebenen Feldklassifikation für jeden Gebirgsausschnitt anschaulich gemacht werden.

Unterer Grenzwert der Verbandsfestigkeit

Eine untere Grenze der Verbandsfestigkeit wird erreicht, wenn die Trennflächen ungünstig geneigt und das Material gleichzeitig vollständig durchtrennt ist. Die Scherfestigkeitsparameter von Felstrennflächen in unterschiedlich stark entfestigtem Gestein bestimmen diese untere Grenze der Verbandsfestigkeit. Dazu wurde ein Versuchsprogramm mit direkten Scherversuchen durchgeführt. Aus dem natürlichen Verband entnommene Proben mit Trennflächen von 200 bis 400 cm^2 wurden in einem Normalspannungsniveau von 0,5 bis 1,5 MN/m^2 (entsprechend dem oberflächennahen Bereich) in einer prozeßrechnergesteuerten, servogeregelten Felsschermaschine (NATAU et al. 1979) abgeschert. Um das vorhandene Probenmaterial optimal ausnutzen zu können, wurden sowohl Standard-Scherversuche mit jeweils einer Normallaststufe pro Prüfkörper als auch Mehrfach-Scherversuche mit bis zu drei in steigender Abfolge aufgebrachten Normallaststufen pro Prüfkörper durchgeführt.

In den direkten Scherversuchen wurden folgende Trennflächenscherparameter bestimmt:

1. Spitzenscherfestigkeit, d.h. entweder nur Reibungswinkel Φ_P oder Reibungswinkel Φ_P, kombiniert mit der Trennflächenkohäsion C_P sowie
2. Restscherfestigkeit, d.h. Reibungswinkel Φ_R nach mindestens 40 mm Scherweg.

Einen Überblick über die Ergebnisse der direkten Felsscherversuche gibt Abb. 8. In schematischer Form ist im oberen Teil von Abb. 8 eine kurze Kennzeichnung der Trennflächenarten angegeben. Es wird unterschieden, ob und mit welchen mineralischen Belägen die Trennflächen überzogen sind, welchem Gesteinstyp und welchem Verwitterungszustand (vgl. Klassifikation Abb. 7) die Trennflächen zuzuordnen sind und ob das Gesteinsgefüge der Probe in Bezug zur Scherfläche steht.

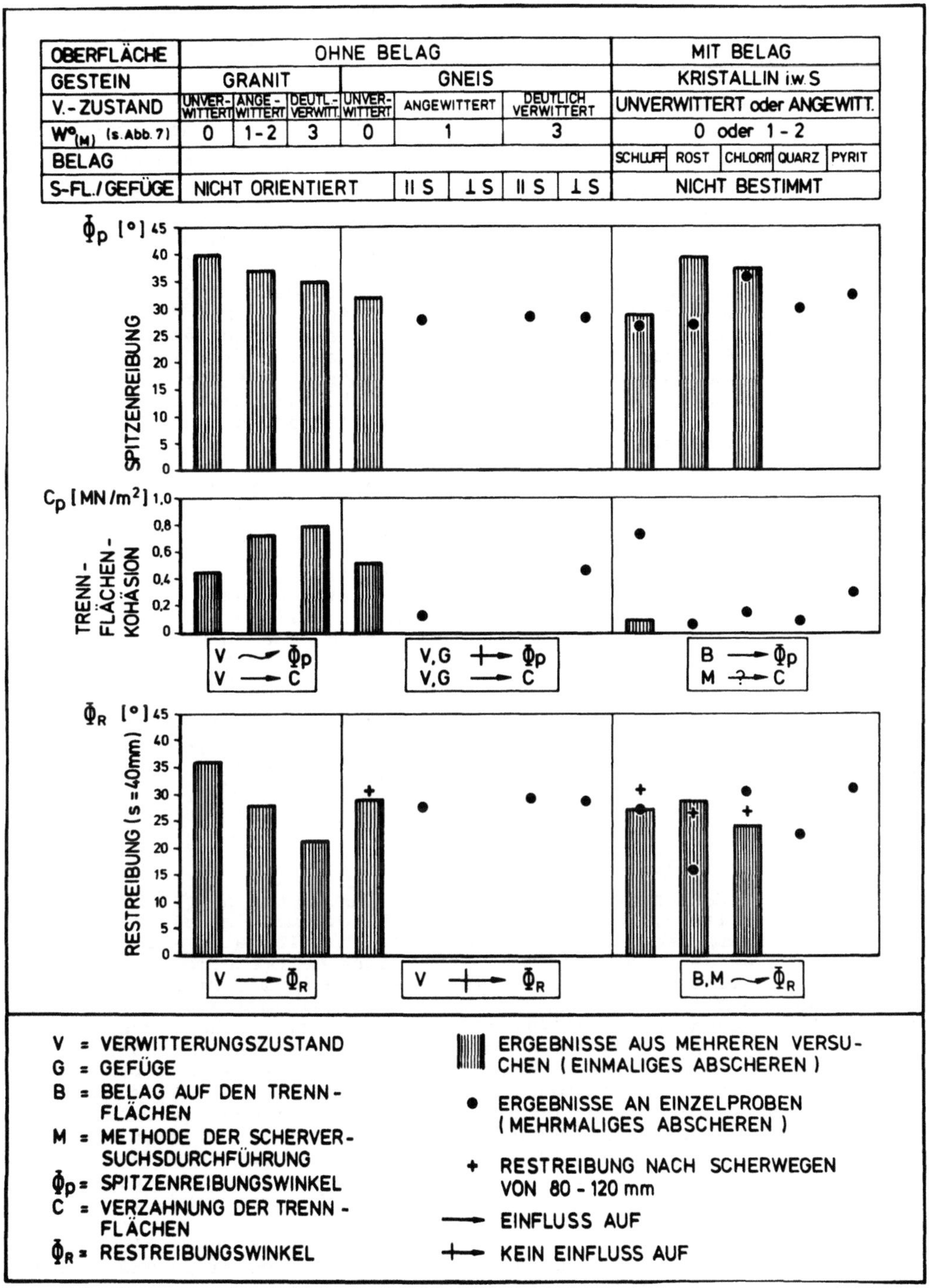

Abb. 8: Ergebnisse der direkten Scherversuche an natürlichen Trennflächen

Fig. 8: Results of the direct shear tests on natural discontinuities

Im Mittelteil von Abb. 8 wird in graphischer Form die Spitzenscherfestigkeit (Reibungswinkel Φ_P, Trennflächenkohäsion C_P), im unteren Teil die Restscherfestigkeit (Reibungswinkel Φ_R) angegeben.

An Granit in unterschiedlichen Verwitterungszuständen läßt sich zeigen, daß Φ_P auf Scherflächen zwar mit fortschreitender Materialentfestigung etwas zurückgeht, daß aber gleichzeitig der C_P-Anteil ansteigt, so daß sich insgesamt die Trennflächen-Scherfestigkeit mit Fortschreiten der Verwitterung etwas erhöht. Der Verwitterungsvorgang verursacht somit einerseits eine Reduzierung der Substanzfestigkeit, zum anderen steigt aber die Scherfestigkeit auf den Trennflächen (C_P-Anteil) infolge Verwitterung an. Im Hinblick auf die globale Verbandsfestigkeit verringern die Trennflächen mit fortschreitender Verwitterung ihren festigkeitsmindernden Einfluß, die Verbandsfestigkeit wird also zunehmend durch die Eigenschaften der Granitsubstanz bestimmt. Dies stimmt mit den oben angeführten feldgeologischen Beobachtungen überein. Ist für die Verbandsfestigkeit die Restscherfestigkeit maßgeblich, z.B. nach Bewegungen auf den Trennflächen, so ist mit der Gesteinsentfestigung auch eine kontinuierliche Verbandsentfestigung verbunden.

Durch Mineralbeläge auf den Trennflächen reduziert sich die Scherfestigkeit erheblich, vor allem geht die Trennflächenkohäsion C_P auf ca. 10% des Wertes bei nicht belegten Trennflächen zurück (vgl. Abb. 8).

Für verschieden stark verwitterte Gebirgsbereiche können nun unter Verwendung der erhaltenen Scherfestigkeitsparameter einaxiale Verbandsfestigkeiten ermittelt werden. Unter Annahme ungünstiger Trennflächenneigungen und vollständiger Materialdurchtrennung ergeben sich nach dem von JOHN (1969) für das Diskontinuum erweiterten Bruchkriterium von MOHR-COULOMB einaxiale Vergleichsfestigkeiten des Verbandes, die zwischen 1 und 10% der einaxialen Gesteinsfestigkeit betragen. In vielen Fällen ist eine derart reduzierte Verbandsfestigkeit allerdings unzutreffend, weil die Materialdurchtrennung unvollständig ist und eine Verkeilung der Kluftkörper die Verbandsfestigkeit über diese Untergrenze hinaus erhöht.

Obere Grenze der Verbandsfestigkeit

Das Verbandsverhalten bei unvollständiger Durchtrennung der Klüfte läßt sich simulieren, indem Gesteinsprüfkörper durch mehrfaches, kontrolliertes Überschreiten des Bruchpunktes im Triaxialversuch so homogen verformt werden, daß eine kontinuierliche Gefügeauflockerung eintritt und es nicht zur Bildung einer Scherfuge kommt. Diese Simulierung des Verbandsverhaltens stützt sich auf eine gewisse Analogie zwischen Mineralkornverband und Kluftkörperverband, die sich anhand dynamischer Messungen zeigen läßt. Die p-Wellengeschwindigkeit in Gesteinsproben einerseits und im geklüfteten Gebirgsverband andererseits verringert sich in vergleichbarem Maß mit zunehmender Häufigkeit von Diskontinuitäten (Mikrorisse im Mineralbereich bzw. Klüfte im Gebirgsbereich). Dieser Zusammenhang zwischen Mikrorißhäufigkeit bzw. Klüftigkeit und der p-Wellengeschwindigkeit ergibt sich mit Hilfe von Hammerschlagsseismik-Untersuchungen in situ bzw. Ultraschallmessungen an Gesteinsproben und entsprechenden optischen Riß- bzw. Klufthäufigkeitsmessungen.

Die Häufigkeit und Öffnung der Diskontinuitäten (Riß- bzw. Kluftbreitenanteil) wird dazu auf einander entsprechenden Dünnschliff- und Aufschlußfotos mit einem gleichbleibenden Meßpunktraster ermittelt (Computer-unterstützte Bildauswertung) und in Bezug zur maximal gemessenen p-Wellengeschwindigkeit gesetzt (Abb. 9). Es ergibt sich ein zumindest qualita-

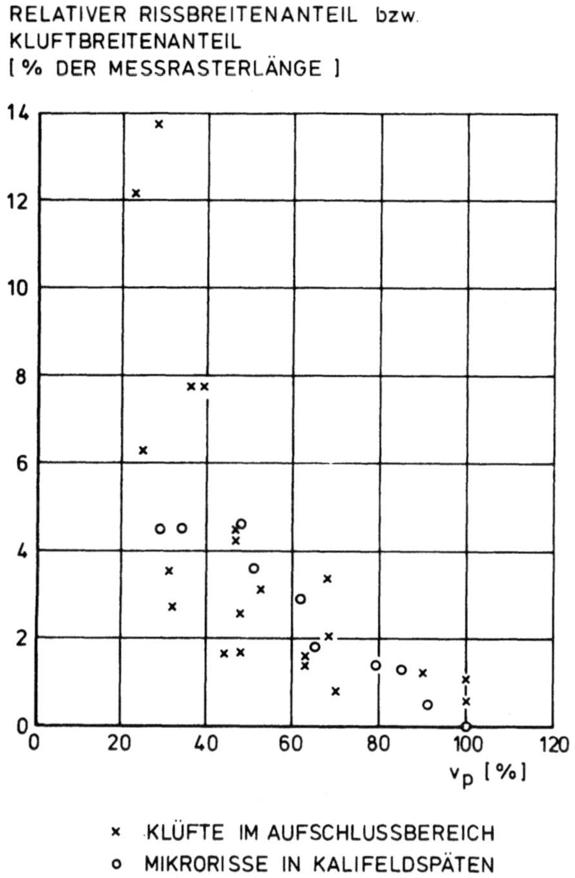

Abb. 9 Einfluß der Diskontinuitäten-Häufigkeit (relativer Rißbreitenanteil bzw. Kluftbreitenanteil, bezogen auf eine gleichbleibende Meßrasterlänge) auf die p-Wellengeschwindigkeit v_p (bezogen auf die jeweils größte Geschwindigkeit im frischen Gestein bzw. im wenig geklüfteten Gebirge). Messungen im Mineralverband (Gestein) und im Kluftkörperverband (Gebirge).

Fig. 9 Influence of the frequency of discontinuities (that is width and number of microfractures resp. joints per unit length) on the p-wave-velocity v_p (related to the greatest velocity in unweathered rock resp. in less jointed rock mass). Measurements in the mineral structure and in the rock mass structure.

tiver Zusammenhang zwischen p-Wellengeschwindigkeit und Diskontinuitätenanteil.

Das Festigkeitsverhalten eines nur teilweise durchtrennten Verbandes kann dementsprechend an einer kontrolliert aufgelockerten Gesteinsprobe annähernd simuliert werden: Mit jeder Belastung bis zum Bruch (Versuchsstufe) verringert sich die Festigkeit der Probe, die Kohäsion geht durch Zerstörung von Materialbrücken zurück (Abb. 10).

Bezogen auf die Ausgangsfestigkeit der Gesteinsprobe wird durch die mehrfache Belastung bis zum definitiven Bruch eine sehr gleichmäßige, versuchsbedingte Auflockerung und Entfestigung erreicht (Abb. 11).

Nach drei- bis viermaliger Belastung der Gesteinsprobe bis zum Bruch entspricht das Verhältnis zwischen Auflockerung und Festigkeit im Versuch dem unter natürlichen Entfestigungsbedingungen (Abb. 3) gefundenen Auflockerungs-Festigkeits-Verhältnis (Abb. 12). Die hier aufgewendete Versuchstechnik unterscheidet sich vom herkömmlichen Mehrstufenversuch darin, daß sie im Gegensatz zu diesem auf die Ermittlung von Festigkeitsparametern unter Beachtung einer definiert zunehmenden Auflockerung des Prüfkörpermaterials ausgerichtet ist.

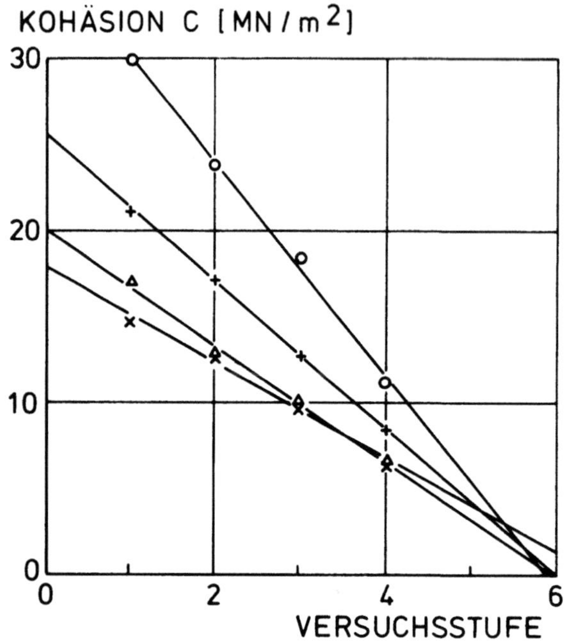

△ weißgrauer Albtalgranit, deutlich verwittert (3) y=-3,37x + 19,25 ; r=0,991

× braunweißer Forbachgranit, deutlich verwittert (3) y=-2,76x + 17,84 ; r=0,987

+ rötlicher Bärhaldegranit, schwach verwittert (2) y=-4,28x + 25,57 ; r=0,999

o weißgrauer Bärhaldegranit, angewittert (1) y=-6,16x + 36,20 ; r=0,997

Abb. 10 Rückgang der Kohäsion infolge mehrfacher triaxialer Belastung bis zum Bruch

Fig. 10 Stepwise reduction of cohesion caused by multiple triaxial loading until the peak strength of the granite is reached

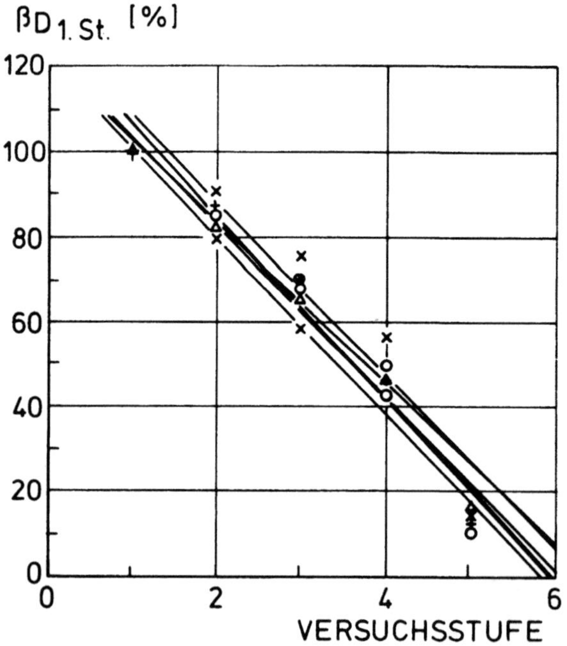

△ weißgrauer Albtalgranit, deutlich verwittert (3) y=-20,47x + 123,2; r=0,985

× braunweißer Forbachgranit, deutlich verwittert (3) y=-20,49x + 128,9; r=0,921 y=-20,9 x + 121,2; r=0,999

+ rötlicher Bärhaldegranit, schwach verwittert (2) y=-21,65x + 127,8; r=0,966

o weißgrauer Bärhaldegranit, angewittert (1) y=-21,42x + 127,0; r=0,954 y=-19,03x + 121,4; r=0,984

Abb. 11 Rückgang der einaxialen Druckfestigkeit β_D (bezogen auf die ursprüngliche Probenfestigkeit) infolge mehrfacher triaxialer Belastung bis zum Bruch

Fig. 11 Reduction of the uniaxial strength β_D (rel. to the original rock strength) caused by multiple triaxial loading until the peak strength of the granite is reached

Die einaxialen Vergleichsfestigkeiten der so kontrolliert aufgelockerten Gesteinsproben liegen zwischen 15 und 25 % der Substanzfestigkeit. Diese Festigkeitswerte können vorläufig als obere Grenze der Verbandsfestigkeit des untersuchten Gebirges mit unvollständiger Materialdurchtrennung angesehen werden.

Mit dem Hinweis auf den vorläufigen Charakter der Ergebnisse - ihre Bestätigung durch Großversuche hätte den Rahmen des Versuchprogrammes überschritten und ist noch nicht möglich gewesen - wurden die Ergebnisse auf den Gebirgsverband übertragen. Neben dem Entfestigungszustand der Gesteinssubstanz (entsprechend Abb. 7) gehen festigkeitsrelevante, vereinfacht angenommene Merkmale des Trennflächengefüges in die Abschätzung der Verbandsfestigkeit ein (Abb. 13). Die Werte dieser Tabelle beziehen sich auf unterschiedlich große Betrachtungsbereiche und bedürfen daher im Einzelfall (z.B. bei der Erstellung eines Bauwerkes) einer weitergehenden objektbezogenen Untersuchung und Interpretation.

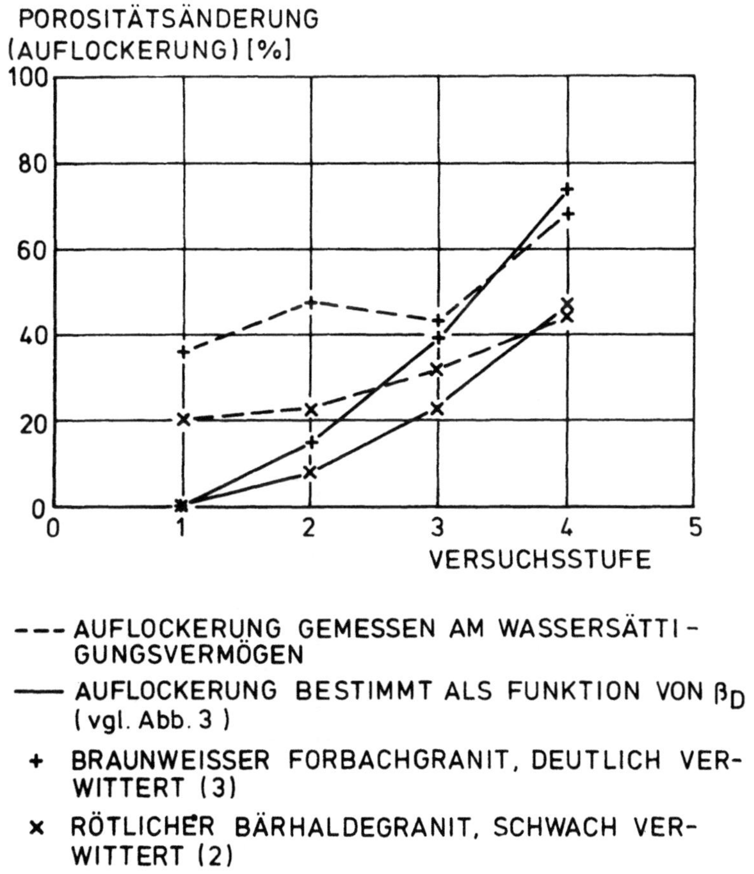

Abb. 12 Auflockerung des Mineralkorngefüges infolge mehrstufiger triaxialer Belastung

Fig. 12 Disintegration of the mienral structure caused by multiple triaxial loading

TABELLE ZUR ABSCHÄTZUNG DER EINAXIALEN VERBANDSFESTIGKEIT [MN/m^2]						KRITERIEN DER GEBIRGSBESCHREIBUNG
0	6-7	7-8	8-9	9-11	12-18	UNGÜNSTIG ORIENTIERTE TRENNFLÄCHEN NICHT GROSSFLÄCHIG DURCHLAUFEND, SEHR GUTE VERZAHNUNG, GESCHLOSSENE KLÜFTE
0	5-6	6-7	6-8	7-9	8-12	UNGÜNSTIG ORIENTIERTE TRENNFLÄCHEN NICHT GROSSFLÄCHIG DURCHLAUFEND, GUTE VERZAHNUNG, SELTEN OFFENE KLÜFTE
0	4-5	5-6	5-6	5-7	4-8	UNGÜNSTIG ORIENTIERTE TRENNFLÄCHEN NICHT GROSSFLÄCHIG DURCHLAUFEND, MÄSSIGE VERZAHNUNG, z.T. OFFENE KLÜFTE
0	3-5	3-5	3-5	2-5	2-4	TRENNFLÄCHEN UNGÜNSTIG ORIENTIERT, STEILSTEHEND (50°-70°), GROSSFLÄCHIG DURCHLAUFEND, OHNE BELÄGE
0	< 3	< 3	< 3	< 2	< 2	TRENNFLÄCHEN UNGÜNSTIG ORIENTIERT, STEILSTEHEND (50°-70°) GROSSFLÄCHIG DURCHLAUFEND, MIT DTL. BELAG
5	**4**	**3**	**2**	**1**	**0**	MECHANISCHER MATERIAL-VERWITTERUNGSGRAD $W^{o}_{(M)}$

Abb. 13 Tabelle zur Abschätzung der einaxialen Verbandsfestigkeit

Fig. 13 Table for estimation of uniaxial strength of the granitic rock mass, Schwarzwald

GENETISCHE CHARAKTERISIERUNG DES ENTFESTIGUNGSVORGANGES

Es wurden umfangreiche petrographische Untersuchungen durchgeführt, besonders im Hinblick auf die chemischen, mineralogischen und mikrostrukturellen Verhältnisse und deren Veränderungen im Laufe der fortschreitenden Entfestigung (HAAS und LEMPP 1983). Folgende Rückschlüsse auf die Genese der Entfestigung können aus diesen Untersuchungen gezogen werden:

Die ausgeprägteste Veränderung bei der Entfestigung ist die Auflockerung des Mineralkorngefüges. Eine Zunahme der Mikrorißhäufigkeit bzw. -dichte spiegelt sich in einer Abnahme der natürlichen Feucht- bzw. Trockendichte wider. Der relative Anteil an Hohlräumen oder Poren (bezogen auf das Feststoffvolumen) nimmt kontinuierlich mit der Entfestigung zu (Abb. 2). Zu dieser Auflockerung des Gefüges tragen zwar chemische und mineralogische Prozesse bei, doch sind diese Veränderungen vergleichsweise gering. Mineralogisch verändern sich im wesentlichen die Plagioklase; es entstehen Schichtsilikate (vgl. SMYKATZ-KLOSS, in diesem Band). Auch in geringem Maße vorhandene Biotite verändern sich durch weitere Wasseraufnahme (Schichtsilikatumbildung) und fortschreitende Ausbleichung. Chemisch lassen sich diese mineralogischen Umwandlungen als Abfuhr von Kalzium und als Oxidation des Eisens nachweisen. Die Ergebnisse über den Zusammenhang zwischen Entfestigung und chemisch-mineralogischer Umwandlung sind bei HAAS und LEMPP (1983) ausführlich dargestellt.

Die petrogenetisch begründeten Unterschiede in der chemischen und mineralogischen Zusammensetzung der verschiedenen untersuchten unverwitterten Granite sind größer als die Unterschiede, die jeweils bei einem Granittyp im Verlaufe seiner Entfestigung eintreten. Entscheidend für die Entfestigung ist die Gefügeauflockerung im Mineralverband (vgl. Abb. 3).

Als Ursache für Gefügeauflockerung bzw. Mikrorißbildung kommen im wesentlichen zwei Vorgänge in Frage. Erstens können sich die großtektonischen, orogenetisch angelegten Strukturen im Mikrogefüge ausprägen (vgl. z.B. WEBER 1982; DULA 1981), zum zweiten kann infolge der postorogenen Entlastung und Abkühlung Mikrorißbildung eintreten (vgl. z.B. WANG und SIMMONS 1978). Beide Vorgänge der Mikrorißbildung sind in den Schwarzwaldgraniten denkbar. Wenngleich eine detaillierte genetische Mikrorißanalyse im Sinne von SIMMONS und RICHTER (1976) nicht durchgeführt wurde, kann mit hoher Wahrscheinlichkeit die Mikrorißbildung infolge Entlastung als untergeordnet wirksam angesehen werden. Dieser Schluß ergibt sich aus dem feldgeologischen Befund, daß in demselben Abtragungsniveau jedes der untersuchten Granite nebeneinander praktisch frisches (nur wenige Mikrorisse) und stark zersetztes (starke Mikrorißbildung) Gestein anstehen. Entscheidend für den Entfestigungsprozeß sind tektonisch-mechanisch sowie durch Temperaturunterschiede (durch hydrothermale Aktivität) entstandene Mikrorisse. Entsprechend der lokal wirksamen tektonischen Beanspruchung wechseln kleinräumig die Beanspruchungszustände des Gesteins. Quasi als Vorstadien einer Mylonitisierung liegen kleinräumig verschiedene Entfestigungszustände vor. Die Entfestigung ist vor allem als mechanischer Prozeß der Auflockerung anzusehen.

ZUSAMMENFASSUNG

Die variszischen Granite des Schwarzwaldes zeigen sehr ausgeprägte Unterschiede in ihren Auflockerungs- und Verwitterungszuständen. Vom unverwitterten Fels bis zum Lockermaterial stehen verschiedene Übergangsgesteine im gleichen Erosionsniveau nebeneinander an.

Mit dem Verwitterungs- und Auflockerungsprozeß ist eine kontinuierliche Entfestigung verbunden. Die Trockendichte bzw. Porosität (Abb. 2; 3), das Kriechverhalten (Abb. 4; 5) und die Elastizität (Abb. 5; 6) verändern sich mit dem Rückgang der Festigkeit in charakteristischer Weise. Die nicht elastischen Gesteinseigenschaften verstärken sich mit der Auflockerung und Entfestigung. Entsprechend den sich ändernden mechanischen Eigenschaften können die Gesteine klassifiziert werden (Abb. 7). Es erfolgt eine Unterteilung in sechs Verwitterungsgrade. Mit Hilfe von direkten Scherversuchen an Gesteinstrennflächen (Abb. 8) und von speziellen mehrstufigen Triaxialversuchen an Gesteinsproben (Abb. 10; 11; 12) wird eine vorläufige Eingrenzung und Abschätzung der Festigkeit des Gebirgsverbandes in verschiedenen Zuständen vorgenommen. Die Verbandsfestigkeit wird entsprechend dem mechanischen Verhalten von Gesteinssubstanz und Trennflächengefüge klassifiziert (Abb. 13).

Als wichtigste Ursache der Entfestigung und Veränderung von mechanischen Eigenschaften wird die zunehmende Mikrorißhäufigkeit und die damit verbundene Gefügeauflockerung angesehen. Mineralogische und chemische Veränderungen tragen zwar zur Auflockerung bei, finden jedoch nur in relativ geringem Umfang statt. Die Auflockerung und Entfestigung ist in erster Linie die Folge mechanisch-tektonischer und thermischer Beanspruchung.

LITERATUR

Brauns J, Hötzl H, Kast K, Lempp Ch, Metzler F, Smykatz-Kloss W (1984) Verwitterung und Auflockerung, Einführung und Versuch einer Klassifikation. (In diesem Band)

Dearman WR, Irfan TY (1978) Classification and index properties of weathered coarse-grained granites from South-West-England. 3 Int Congr IAEG Vol 2 Sec II: 119-130, Madrid

Dearman WR, Baynes FJ, Irfan TY (1978) Engineering grading of weathered granite. Eng Geol 12 No 4: 345-374, Amsterdam

DGEG-Arbeitskreis Versuchstechnik im Fels (1979) Empfehlungen für die Versuchstechnik im Fels. Die Bautechnik Nr 56 H 7: 217-228, Berlin

Dula WF (1981) Correlation between deformation lamellae, microfractures, macorfractures and in situ stress measurements. White River Uplift, Colorado. Geol Soc Am Bull 92: 37-46, Boulder, Colorado

Emmermann R (1977) A petrogenetic model for the origin and evolution of the Hercynian granite series of the Schwarzwald. N Jb Min Abh 128 Nr 3: 219-253, Stuttgart

Haas A, Lempp Ch (1983) Entfestigung von Graniten des Südschwarzwaldes durch Verwitterung. Die Geotechnik 1: 11-18, Essen

Irfan TY, Dearman WR (1978) Engineering classification and index properties of a weathered granite. Bull IAEG 17: 79-90, Krefeld

ISRM-Commission (1972) Standardization of laboratory and field tests. Suggested methods of determining the maximal compressive strength of rock materials and the point load strength index. ISRM Empfehlungen, Oslo

John KW (1969) Festigkeit und Verformbarkeit von druckfesten, regelmäßig geklüfteten Diskontinuen. Veröff d Inst f Bodenmechanik und Felsmechanik der Universität Karlsruhe 37, Karlsruhe

Lempp Ch (1981) Mechanische und mineralogisch-geochemische Eigenschaften von Granit in verschiedenen Verwitterungszuständen. Ber 3 Nat Tag Ing Geol: 191-200, Ansbach

Matthess G (1964) Zur Vergrusung der magmatischen Tiefengesteine des Odenwaldes. Notizbl Hess LA f Bodenforschung 92: 160-178, Wiesbaden

Natau O, Leichnitz W, Balthasar K (1978) Construction of a computer controlled direct shear testing machine for investigations on rock discontinuities. Proc 4th Int Congr of ISRM Vol 3: 241-243, Montreux

Natau O, Fröhlich BO, Mutschler Th (1983) Recent developments of the larges-scale triaxial test. Proc 5th Int Congr of ISRM Vol A: 65-74, Melbourne

Simmons G, Richter D (1976) Microcracks in rocks. In: Strens RGJ (1976) The physics and chemistry of minerals and rocks. Wiley and Sons, London, p 105-137

Smykatz-Kloss W, Goebelbecker J (1985) Der chemische Verwitterungsgrad von Gesteinen als Maß für ihre ingenieurgeologische Verwendbarkeit. (In diesem Band)

Wang HF, Simmons G (1978) Microcracks in crystalline rock from 5,3 km depth in the Michigan Basin. J Geophys Res Vol 83 No B12: 5849-5856, Washington DC

Weber K (1982) Conjugate cleavage and microfractures in sandstones and quarzites. In: Int Conf on Planar and Linear Fabrics of Deformed Rocks. Mitt aus d Geol Inst d ETH Zürich Neue Folge 239a, Zürich

Wilhelmy H (1981) Klimamorphologie der Massengesteine. 2. Aufl.: 239 S, Wiesbaden

Durchlässigkeits- und Injektionsverhalten aufgelockerter Granite

F. METZLER[1], A. BLINDE[2] und H. HÖTZL[1]

SUMMARY

Within the present research project investigations were made regarding the groutability of disaggregated granites in the Black Forest, Southwest Germany. For comparison and better interpretation of the results general geological methods as well as hydrogeological, engineering-geological and engineering-geophysical methods were applied. A preliminary step was the characterization of rock mass disaggregation with special regard to its importance for the permeability and water routing. For the registration of the direction of propagation special tracing and permeability tests as well as self-potential measurements have been carried out. Exact information on the preferred water paths has been obtained by joint tracing with highly adsorptive dyes (e.g. rhodamine). The application of this method, however, is limited, since the observation of dyed joint planes requires exposure of the affected rock. To detect permeability anisotropy caused by the joint pattern additional geoelectrical self-potential measurements proved to be most effective. This method is based on the location of increased flow phenomena thus indicating preferred underground passages. Furthermore, the direction of water propagation can be proved by watergauge observations during water pressure tests.

Water absorption was investigated by numerous water pressure tests after LUGEON in three selected test areas showing all transitional stages from solid rock to granitic gruss. Injection pressure and corresponding flow quantities have been registered synchronously. Due to the resulting p,q-diagrams and due to water-gauge and surface observations it was well possible to identify erosional processes of joint fillings. These phenomena were found in 50 % of 128 performed packer tests. Injection pressure has been measured both in water pressure tests and grouting experiments directly in the test section.

The grouting experiments were carried out on the analogy of water pressure tests, i.e. with single packer in steps from bottom to top by means of a variable adjustable Mohno pump. The quantity measurements were carried out by an automatic dosage reservoir and a magnetic inductive flow meter. The water/cement mixtures were prepared in a colloid mixer (C-Mix). Cement mixtures with W/C factors of 0.6, 0.8, 1.0 and 2.0, each with the addition of 3 percent bentonite, were applied. In all grouting tests an oil shale cement (ÖZ 45 F) providing a Blaine index

---

[1]Dipl.-Geol. F. Metzler, Prof. Dr. H. Hötzl, Institut für Geologie, Lehrstuhl für Angewandte Geologie der Universität Karlsruhe, Kaiserstr. 12, D-7500 Karlsruhe

[2]Prof. Dr. A. Blinde, Institut für Bodenmechanik und Felsmechanik der Universität Karlsruhe, Kaiserstr. 12, D-7500 Karlsruhe

Ingenieurgeologische Probleme im Grenzbereich zwischen Locker- und Festgesteinen
(Herausgegeben von K.-H. Heitfeld)

of 6047 (± 124) cm²/g and a grinding size of R = 0.09 mm was used. The rheological parameters of the individual cement mixtures and the sedimentation behaviour were previously determined under laboratory conditions.

The relatively wide-jointed and unweathered first granite type showed heterogeneous LUGEON values, due to individual, particularly hydraulic active joints with larger widths (0.3 - 2.5 mm). Mean values of water and grout absorption were 21.6 LUGEON and 30.1 kg/m. The mean range of cementation was 1.90 m.

The second granite type, characterised by a higher joint density and reduced widths (0.2 - 0.5 mm) presented a slightly more homogeneous distribution of the LUGEON values. Average water absorption was 20.1 LUGEON with a grout take of 15.3 kg/m and a mean range of cementation of 1.65 m.

For the third granite type an almost homogeneous distribution of water absorption across the whole tested area was found. Due to weathering processes leading to a granite gruss the joint pattern was almost completely removed. Besides this, the influence of granular disintegration zones and a mylonitized fault were found to be relevant factors for local deviations of the LUGEON values. Here the mean value of water absorption and grout take amount to 11.2 LUGEON and 13.4 kg/m at a mean range of cementation of 0.65 m.

By combination of the mentioned hydro- and engineering geological in-situ tests with additional engineering geophysical measurements it was possible to obtain relevant parameters permitting a geotechnical classification of disaggregated granites.

EINFÜHRUNG

Problemstellung und Ziele

Umfang und Grad der Auflockerung eines Gesteinsverbandes sind für sein ingenieurgeologisches Verhalten von entscheidender Bedeutung. Gerade bei Festgesteinen bedingt die sekundäre Auflockerung, verursacht durch verschiedene geologische Prozesse, eine wesentliche Veränderung der technischen Gebirgseigenschaften. Neben dem mechanischen Verhalten werden insbesondere die Durchlässigkeitseigenschaften nachhaltig beeinflußt. Für Projekte des Wasserbaues (z.B. Talsperren), aber auch für alle anderen Ingenieurbauten, die in den Grundwasserbereich hinabreichen bzw. diesen tangieren (Tunnel etc.), ist die genaue Kenntnis der Gebirgsauflockerung eine grundlegende Voraussetzung. Bedingt durch örtlich ungleiche Ausbildung und inhomogene Verteilung von Entfestigungszuständen ist jeweils eine umfassende ingenieurgeologische Bestandsaufnahme des gesamten von der Baumaßnahme betroffenen Bereiches notwendig.

Die Schwierigkeiten, die für das Durchlässigkeitsverhalten charakteristischen Merkmale eines Gebirgskörpers quantitativ zu erfassen, haben zu unterschiedlichen, auf die jeweilige Fragestellung bezogenen Verfahren geführt, ohne daß ein einheitliches Bewertungsschema erzielt werden konnte. Ziel unseres Forschungsvorhabens war es, quantitative Kriterien zu erarbeiten, die eine Klassifizierung und Bewertung der Gebirgsauflockerung im Hinblick auf den Anwendungsbereich der Untergrundinjektion erlauben sollten.

In enger Zusammenarbeit mit den übrigen Forschungsprojekten der Karlsruher Gruppe (vgl. KAST et al. in diesem Band) wurden die Untersuchungen sowohl aus zeitlichen als auch finanziellen Gründen auf einen einzigen Gesteinstyp beschränkt. Ausgewählt wurde der Granit; er ist eines der am weitesten verbreiteten Gesteine und kann darüberhinaus in fast idealer Form in allen Übergängen der Auflockerung vom kompakten Fels bis hin zum vollständig zerfallenen Grus realisiert sein.

Untersuchungsmethoden und Arbeitsprogramm

Die Erfassung des Trennflächeninventars erfolgte durch Gefügemessungen in Oberflächenaufschlüssen durch, Bohrkernaufnahmen sowie durch Sondierungen von Bohrungen (optische Sonde, Bohrlochkamera). Neben der richtungsstatistischen Auswertung der Raumlage wurde das Hauptaugenmerk auf die Ermittlung durchlässigkeitsspezifischer Kluftmerkmale, wie Kluftbeläge, Kluftfüllungen, Kluftöffnungsweiten, Kluftrauhigkeiten sowie die Trennflächenabstände, gelegt.

Weitere Anhaltspunkte über die Gebirgsdurchlässigkeit boten spezielle Versickerungs- und Markierungsversuche sowie Wasserdruckprüfungen (= WD- bzw. Wasserabpreßversuche nach LUGEON, 1933). Letztere stellen im Talsperrenbau die gebräuchlichste Untersuchungsmethode dar. Die erhaltenen WD-Ergebnisse liefern Aussagen über das druckabhängige Wasseraufnahmevermögen des Untergrundes und dienen zusammen mit den ingenieurgeologisch ermittelten Parametern als wichtigste Entscheidungskriterien für die Durchführung von Injektionsmaßnahmen.

Die Ergebnisse dieser Untersuchungen wurden mit parallel dazu durchgeführten ingenieurgeophysikalischen Messungen (vgl. MERKLER et al. in diesem Band) verglichen und zur Bewertung sowohl des Auflockerungsumfanges als auch der Richtungsanisotropie herangezogen.

Versuchsinjektionen in drei Testfeldern mit der Möglichkeit die Ausbreitung und letztlich die Abdichtungswirkung des Injektionsgutes zu erfassen, dienten zur Überprüfung und Eichung der oben angeführten Untersuchungsmethoden.

Die Übersicht in Abb. 1 zeigt schematisch das dem Forschungsprojekt zugrundegelegte Arbeitsprogramm.

GEOLOGISCHE CHARAKTERISIERUNG DES UNTERSUCHUNGSMATERIALS

Der variskisch intrudierte Triberger Granit bildet mit einer aufgeschlossenen Oberfläche von über 150 km² (SCHLEICHER & FRITSCHE 1978) den größten Granitkörper innerhalb des Schwarzwaldes. Der heute vorliegende Gebirgsauflockerungszustand ist das Ergebnis des Zusammenwirkens verschiedener tektonischer Phasen und unterschiedlicher Abtragungs- und Verwitterungsprozesse, in Teilen auch das Produkt hydrothermaler Überprägung. Eine Differenzierung dieser komplexen exogenen und endogenen Vorgänge und ihre eindeutige genetische Zuordnung ist aufgrund der Mehrphasigkeit in der geologischen Entwicklungsgeschichte nur bedingt möglich.

Abbildung 2 gibt einen Überblick über die Verbreitung des Triberger Granitkomplexes mit Kennzeichnung der unter den untersuchten Aufschlüssen (Nr. 1 bis 22) ausgewählten Testgebiete. Das Testgebiet A (Baiersbronn) liegt NW von Freudenstadt innerhalb eines Ganggranites und repräsentiert einen wenig blockig aufgelockerten Granit. Im Testgebiet A* (Alpirsbach) ist ein kleinstückig zerklüfteter Granit und im Testgebiet C (Tennenbronn) ein teilweise grusig zerfallener Granit aufgeschlossen.

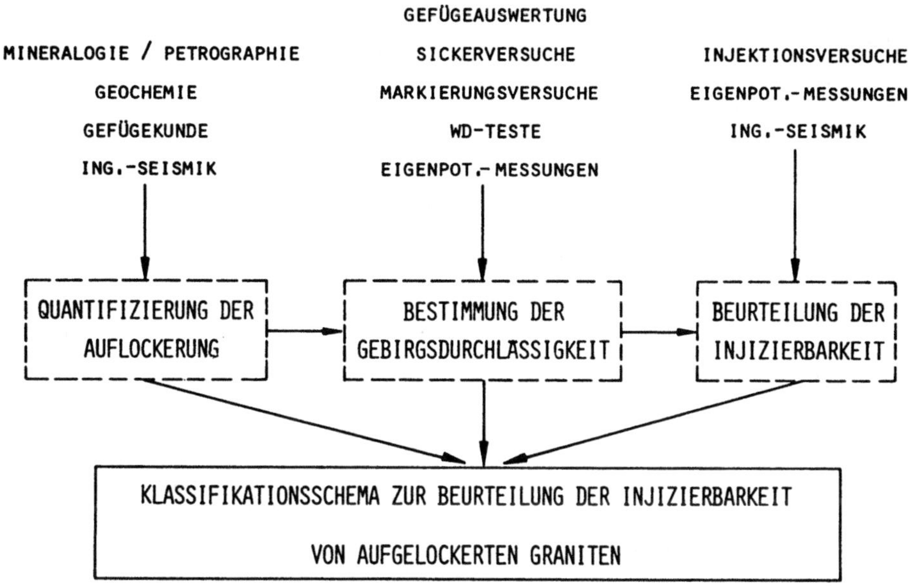

Abb. 1 Schematische Übersicht über das Arbeitsprogramm

Fig. 1 Outline of working schedule

Testfeld A (Baiersbronn)

Dieses Granitvorkommen liegt innerhalb eines Steinbruchareals im Murgtal bei Baiersbronn-Mitteltal. Es handelt sich um einen im Mittel 30 bis 40 m mächtigen, oberkarbonischen 2-Glimmer-Ganggranit, der in den Rahmen des prävariskischen Gneisgebirges (Zentralschwarzwälder Gneismasse) eingedrungen ist und zu einer Schar von 40 - 50° streichenden Granitgängen in diesem Bereich gehört.

Der in Betrieb befindliche Steinbruch baut den nahezu unverwitterten Ganggranit im wesentlichen für Zwecke des Straßenbaues ab. Der Granit weist eine mittelständige Klüftung mit 4 Hauptkluftscharen auf. Bedingt durch die nur 6 m hohen Abbauwände war die Möglichkeit der direkten Beobachtung und Untersuchung vor und während der Versuche über die Gesamtaufschlußhöhe gegeben. Zudem konnte dort nach Freilegen von injizierten Gesteinsbereichen durch den fortschreitenden Materialabbau ingenieurgeologische Aufnahmen durchgeführt werden (vgl. Abschnitt 'Kontrolluntersuchungen').

Testfeld A* (Alpirsbach)

Das Grundgebirge in diesem ebenfalls in Abbau befindlichen Steinbruch (Schotterwerk) am NE-Rand des Triberger Granitareals im Kinzigtal wird von 2 Granitvarietäten, einem z.T. stark verwitterten Biotitgranit sowie dem in die Hauptuntersuchungen einbezogenen, meist nur schwach verwitterten Zwei-Glimmer-Granit (auch Schlierengranit genannt) aufgebaut. Dieser ist durch tektonische Beanspruchung engständig geklüftet und wird von 3 Hauptkluftscharen durchzogen.

Testfeld C (Tennenbronn)

Dieses Testgebiet befindet sich am Ortsende von Tennenbronn-Bruck im Tal der Schiltach. Der Granitkomplex repräsentiert das am stärksten

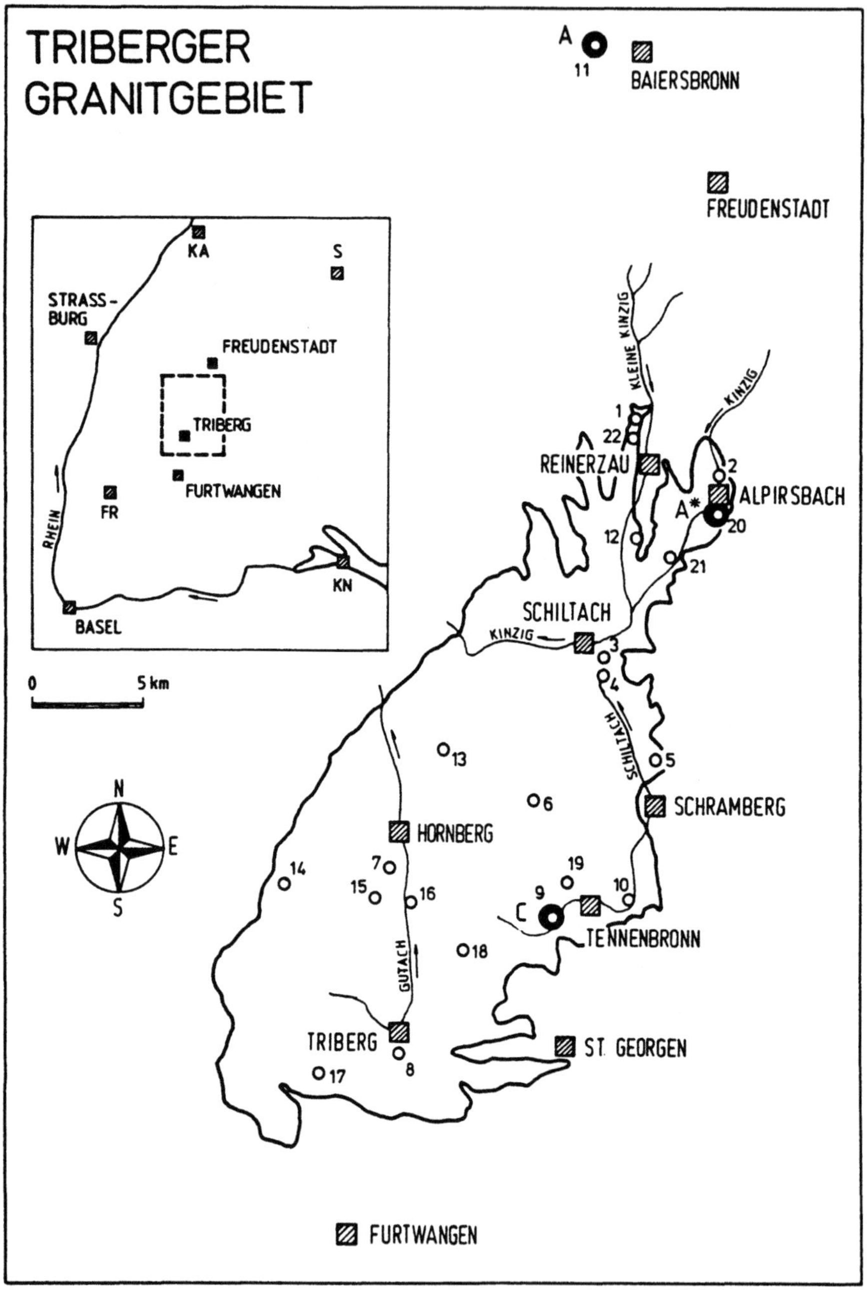

Abb. 2 Überblick über das Arbeitsgebiet mit Lage der Testfelder A, A* und C. Das umrahmte Gebiet bildet den Ausstrich des Triberger Pluton, Mittlerer Schwarzwald

Fig. 2 Map of the area of investigation with locations A, A* and C. The black line in the main figure surrounds the outcrop area of the Triberg pluton in the middle part of the Black Forest aufgelockerte Materialvorkommen, das zu einem Großteil vollständig zu Granitgrus ("Berglesand") zersetzt ist. Innerhalb des Aufschlusses wechseln zergruste Gesteinspartien mit Bereichen, in denen der Kluftverband, wenn auch z.T. stark aufgelockert, noch erhalten ist. Zudem ist eine größere Störung mit kleineren Begleitverwerfungen von Bedeutung.

Die wichtigsten Kennwerte hinsichtlich Modalbestand, Korngefüge und chemischer Umwandlung in den Graniten der drei Testfelder sind in der Tab. 1 zusammengefaßt.

GEOTECHNISCHE BEWERTUNG DER AUFLOCKERUNG

Quantifizierung der Auflockerung

Entfestigung des Gesteinsmaterials

Zur Quantifizierung der chemischen Gesteinsumwandlung wurde der mit der DTA-Methode ermittelte Anteil neugebildeter Schichtsilikate in % des Volumens des Gesamtgesteins (unter Berücksichtigung des primär vorhandenen Glimmers) herangezogen (s. dazu KAST et al. und SMYKATZ-KLOSS, beide in diesem Band). Diese bei der DTA-Analyse festgestellten Mineralneubildungen über als Kluftbeläge und Kluftfüllungen einen erheblichen Einfluß auf das Durchlässigkeitsverhalten aus. Die mechanische Entfestigung des Kornverbandes wurde über die Mikrorißintensität in Anlehnung an ONODERA et al. (1974) erfaßt (METZLER 1985). Im Hinblick auf Injektionsmaßnahmen kommt ihr keine Bedeutung zu, wohl aber ist sie z.B. für das schüttstofftechnologische Verhalten des Gesteinsmaterials wesentlich (vgl. KAST et al. in diesem Band).

Zusammenfassend kann die Gesteinsentfestigung in den drei Testgebieten wie folgt beschrieben werden: Der aus der DTA-Analyse ermittelte Verwitterungskennwert I_{VC} (Definition siehe SMYKATZ-KLOSS in diesem Band) läßt für den Granittyp A mit einem Indexwert von 0,09 eine sehr schwache Verwitterung erkennen, während der Granittyp A* als mittelstark verwittert angesprochen werden kann (I_{VC}-Wert 0,11). Granittyp C, mit einem I_{VC}-Wert von 0,37 weist auf eine sehr starke Verwitterung hin. Daneben ist eine deutliche Zunahme der Mikrorißintensität (Anzahl Risse/cm) von dem nahezu rißfreien Granittyp A (0,01) über den Granittyp A* (Rißintensität 0,8) hin zum extrem stark von Rissen betroffenen Granittyp C (Rißintensität 8,1) festzustellen. Die Unterschiedlichkeit in den Verwitterungszuständen der untersuchten Granittypen kommt somit in den quantitativ bestimmten Verwitterungskennwerten deutlich zum Ausdruck.

Auflockerung des Gebirgsverbandes

Für die vorliegende Fragestellung der Untergrundverbesserung durch Injektionsmaßnahmen ist das zur Auflockerung des Gebirgsverbandes führende Trennflächengefüge von maßgeblicher Bedeutung. Umfangreiche gefügestatistische Erhebungen sowohl im Oberflächenaufschluß wie auch in Bohrlöchern der unterschiedlich aufgelockerten Testfelder sollten Vergleiche zwischen den verschiedenen Klufteigenschaften und -kennzahlen im Hinblick auf eine optimale Beschreibung des Durchlässigkeitsverhaltens ermöglichen. Neben der räumlichen Erfassung des Kluftgefüges wurden auch die einzelnen Kluftmerkmale in ihrer Richtungsabhängigkeit ermittelt und dargestellt; Beispiele für eine solche Auswertung sind die Abb. 3 (Kluftbeläge) und Abb. 4 (oxidative Verfärbung). Weitere Einzelheiten dazu sind bei METZLER (1985), BLINDE et al. (1981) und HÖTZL et

Tab. 1 Petrographischer Charakter der untersuchten Granitvorkommen

Tab. 1 Microscopical characterization of the investigated granites

mittl. Mineralgehalte u. Streubreite in Vol.%	Typ A	Typ A*	Typ C
Kalifeldspat	36,4 (30,0 - 46,1)	30,3 (27,5 - 31,9)	34,4 (23,0 - 43,9)
Plagioklas	24,9 (15,4 - 33,0)	21,8 (19,6 - 24,8)	19,5 (12,3 - 27,0)
Quarz	31,4 (27,0 - 34,0)	38,3 (35,5 - 40,8)	31,1 (25,8 - 40,6)
Biotit	3,5 (1,8 - 6,0)	5,6 (2,4 - 7,6)	10,5 (6,6 - 14,0)
Muskovit	3,2 (2,0 - 5,0)	2,7 (1,7 - 4,8)	0,2 (0,0 - 1,6)
Akzessorien (incl. Erz)	0,6	1,3	4,3
Körnigkeit	klein bis mittel	klein	klein bis mittel
Kornzahl z (cm^{-2})	227 (361 - 77)	794 (880 - 720)	140 (238 - 81)
Korngröße (mm)	1,2	0,5	1,7
Kristallisations-Gefüge	Mosaikgefüge, Übergänge zum Implikationsgefüge ± homogenes Verteilungsgefüge	Mosaikgefüge ± homogenes Verteilungsgefüge	Mosaikgefüge ± homogenes Verteilungsgefüge
chem. Umwandlung:			
Kalifeldspat	teils schwach serizitisiert bis unzersetzt	z.T. schwach serizitisiert bis unzersetzt	überwiegend mittelstark serizitisiert
Plagioklas	teils sehr stark, teils nur im Zentrum serizitisiert; vereinzelt Calzit	schwach serizitisiert	überwiegend sehr stark bis vollständig serizitisiert; wenig Calzit
Biotit	vereinzelt schwach chloritisiert; vereinzelt Erzbildung	teilweise chloritisiert, geringe Erzbildung	überwiegend sehr ständige Chloritisierung, mittelstarke Erzbildung

al. (1981) wiedergegeben. Nachfolgend wird das Trennflächengefüge in den drei Testgebieten charakterisiert (Tab. 2).

Testfeld A

Es liegen vier Hauptkluftrichtungen vor (25°, 100°, 135° und 165°). Das Einfallen ist durchweg sehr steil (> 65° vgl. Polkugeldarstellung in Abb. 3). Der Zerklüftungsgrad kann nach HEITFELD & KRAPP (1980) aufgrund der Abstandsintervalle von 17,5 cm als schwach zerklüftet bezeichnet werden. Die Kluftabstände der Hauptkluftscharen betragen in der obigen Reihenfolge 25, 55, 36 und 33 cm. Mit Kluftöffnungsweiten von ca. 2,0 mm

Tab. 2 Kennwerte des Trennflächengefüges in den Testfeldern A, A* und C

Tab. 2 Joint parameters of test sites A, A' and C (mean values)

Klufteigenschaften	Dim	Testfelder							
		A				A*			C
Zerklüftungsgrad	Anz.	5,7				10,2			überw. Grus
Kluftabstandsintervall	cm	17,5				9,8			< 3
Streichen (Hauptkluftrichtung)		25	100	135	165	35	50	135	streuend
Kluftabstände	cm	25	55	36	33	25	19	11	nicht best.
Kluftöffnungsweiten	mm	0,1-0,5	<0,1	0,5-2,5	<0,1	0,5	0,5	0,2	vereinz. in Bohrg. best.
Kluftrauhigkeit (DIN 4762)	mm	1,58	1,58	0,68	1,58	0,71		0,71	nicht best.
Abmessung des Kluftkörpers	cm	nicht best.				25x19x11			nicht best.
Kluftflächengröße									
cm²	%	1,2	1,2	-	-	-	0,8	1,6	-
dm²	%	33,9	11,4	25,7	8,4	28,6	19,2	39,4	-
≥m²	%	3,3	3,3	9,4	2,2	8,0	2,0	0,4	-
Kluftbeläge/Kluftfüllungen									
Limonit	%	15,8	1,0	4,5	1,0	8,9	5,6	13,3	-
Mangan	%	10,9	1,0	6,0	4,0	-	0,4	0,4	-
Calcit	%	10,3	0,5	5,0	2,5	-	-	8,9	-
Hämatit	%	9,0	1,5	9,0	4,5	15,9	9,2	17,1	-
Kaolinit	%	4,0	6,5	2,5	0,5	5,9	7,0	7,4	-
Kluftoberfläche									
glatt	%	12,2	1,4	7,8	1,8	5,0	0,4	0,9	-
rauh	%	26,4	9,3	18,6	6,8	33,5	20,0	38,0	-
wellig	%	2,4	0,7	1,2	0,7	-	0,4	0,4	-
treppig	%	3,4	1,4	3,8	2,1	-	1,4	-	-
Anteil oxidativer Verfärbung									
1 - 25 %	%	13,4	-	8,9	1,1	2,6	2,6	2,1	-
26 - 50 %	%	23,4	1,1	8,9	4,4	8,8	3,6	14,0	-
51 - 75 %	%	4,4	1,1	3,3	-	8,8	6,7	7,8	-
76 - 100 %	%	4,4	13,4	7,8	4,4	18,1	8,8	16,1	-
Haarrisse									
keine	%	5,5	-	-	-	8,7	10,5	1,7	-
1 - 5	%	19,4	11,1	25,0	2,8	9,3	5,8	12,8	-
> 5	%	27,8	2,8	2,8	2,8	25,6	12,2	13,4	-

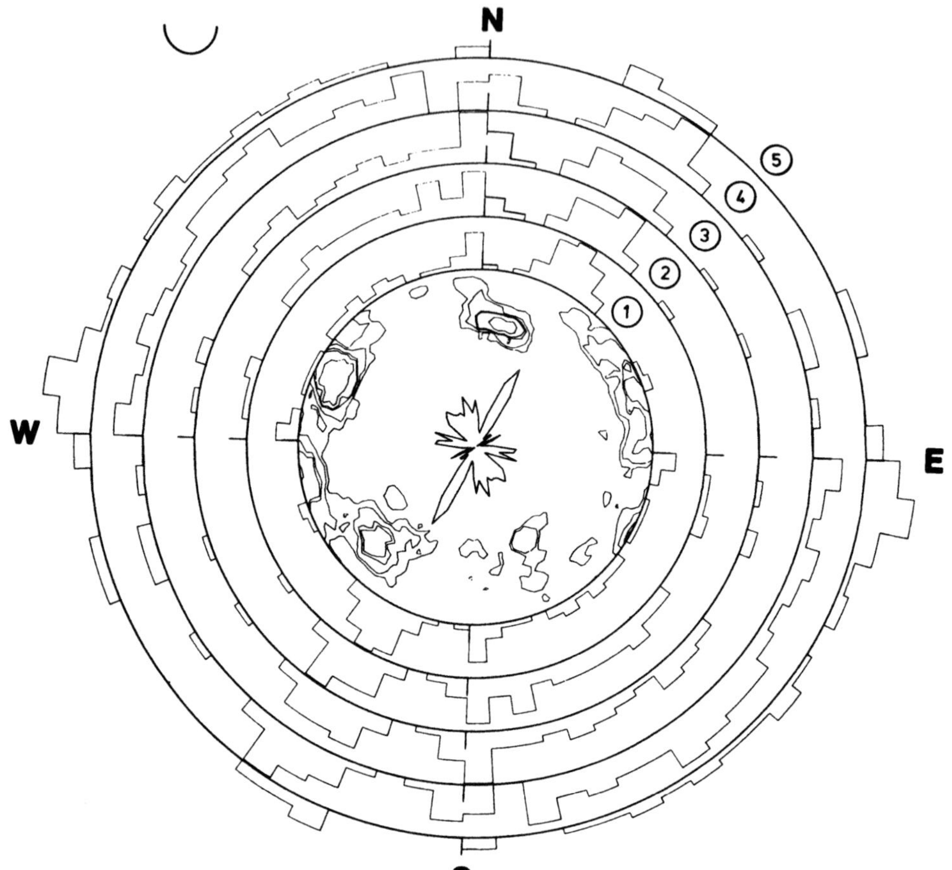

Abb. 3 Verteilung der Kluftbeläge/Kluftfüllungen in Abhängigkeit von der Streichrichtung, Testfeld A (1 = Limonit; 2 = Mangan; 3 = Calcit; 4 = Hämatit; 5 = Kaolinit)

Fig. 3 Distribution of joint coating films/joint fillings related to strike directions of granite Type A (1 = Limonite; 2 = Manganese; 3 = Calcite; 4 = Hematite; 5 = Kaolinite)

bildet die 135°-Richtung ausgesprochene Querdehnungsfugen, denen zusammen mit der gangparallelen 25°-Richtung (mittlere Öffnungsweite: 0,3 mm) hinsichtlich der Wasserwegigkeit die größere Bedeutung beikommt. Dies wird auch durch die übrigen Kluftmerkmale bestätigt.

Testfeld A*

Die Trennflächenaufnahme läßt 3 nahezu senkrecht aufeinanderstehende Hauptkluftscharen (35°, 50° und 135°) erkennen. In der 1. und 3. Hauptkluftrichtung herrscht im Mittel ein Einfallen von 75°, in der 2. Richtung von 35° vor. Aufgrund der Abstandsintervalle von 9,8 cm kann der Zerklüftungsgrad mit deutlich geklüftet angegeben werden. Die Kluftabstände der Hauptkluftscharen liegen bei 25, 19 und 16 cm. Die Kluftöffnungsweiten betragen im Mittel 0,5, 0,1 und 0,2 mm. In dem orthogonalen Kluftsystem sind vor allem die beiden steilen radial angeordneten

Kluftscharen für die Wasserausbreitung maßgeblich (vgl. Polkugel in Abb. 4).

Testfeld C

Es konnten nur an wenigen Stellen Kluftmessungen durchgeführt werden. Im Ergebnis zeigt sich eine relativ starke Streuung der Kluftmaxima, was auf den stark aufgelockerten und weitgehend zergrusten Gesteinsverband zurückzuführen ist. Eine detaillierte Beschreibung der Trennflächeneigenschaften war aufgrund des Entfestigungszustandes nicht möglich, jedoch konnten bei der optischen Bohrlochsondierung wichtige Gefügedaten für die WD- und Injektionsversuche gewonnen werden. Die angetroffenen vergrusten Gesteinsbereiche zeigen in ihrem Erscheinungsbild ein körniges Auflockerungsgefüge, das aus Mineralkornaggregaten mit Übergängen zu kleinstückigen Granitresten besteht.

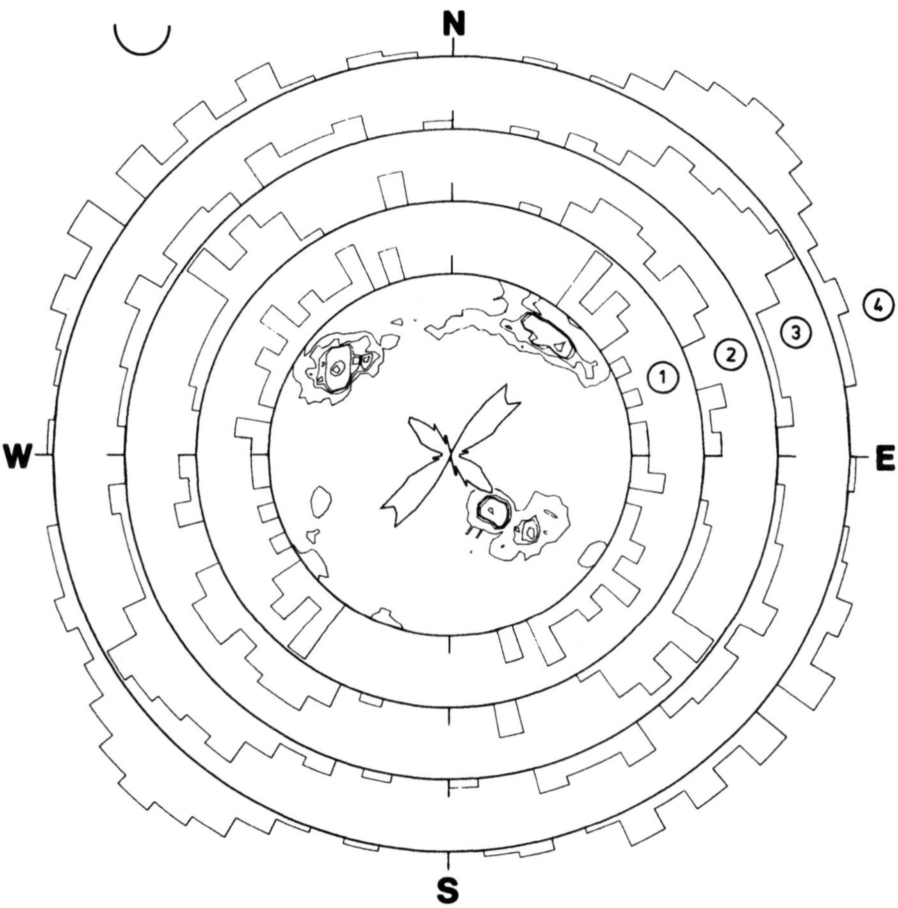

Abb. 4 Anteil oxidativer Verfärbung auf Kluftflächen in den verschiedenen Streichrichtungen, Testfeld A* (1 = 1 - 25 %, 2 = 26 - 50 %, 3 = 51 - 75 %, 4 = 76 - 100 %)

Fig. 4 Percentage of oxidative discoloration on joint planes related to strike directions of granite Type A* (1 = 1 - 25 %; 2 = 26 - 50 %; 3 = 51 - 75 %; 4 = 76 - 100 %)

Gebirgsdurchlässigkeit

Wasserwegigkeit

Die aus der Gefügeauswertung ermittelten hauptwasserwegigen Kluftrichtungen konnten durch Farbmarkierungsversuche sowie durch Eigenpotential-Messungen bestätigt werden. Von den Trennflächeneigenschaften erwiesen sich vor allem die oxidativen Kluftbeläge (MEIER 1978) als ausgezeichneter Hinweis für verstärkte Wasserwegigkeit (vgl. auch METZLER 1985). Dies zeigte sich besonders deutlich in den Testgebieten A und A* (Abb.4).

Zur Erfassung der wasserwegigen Klüfte wurden spezielle Markierungsversuche (Kluftmarkierung: HÖTZL et al. 1982; ROTHENGATTER 1982) durchgeführt. Hierbei kamen besonders adsorptive Tracer wie Rhodamin, Methvlenblau, Astradiamantgrün und Eosin zum Einsatz. Die Eingabe erfolgte über Bohrlöcher bei konstanter Druckhöhe (ROTHENGATTER 1982). Nach Freilegung der markierten Bereiche wurden die verfärbten Klüfte eingemessen und richtungsstatistisch ausgewertet. Im Testfeld A traten dabei die beiden Hauptkluftrichtungen 30° und 140° als Hauptwasserwege auf. Im Testfeld A* konnten ebenfalls 2 Hauptkluftrichtungen (30° und 135°) als bevorzugte Ausbreitungsrichtungen identifiziert werden.

Mit Hilfe der geoelektrischen EP-Methode war es während der WD-Versuche möglich, aufgrund der durch Strömungsvorgänge bedingten Veränderung elektrischer Filtrationspotentiale die hauptwasserwegigen Kluftrichtungen zu erfassen (MERKLER et al. in diesem Band; BLINDE et al. 1983a). Die Meßergebnisse bestätigten nicht nur die Wasserausbreitung in den o.g. Hauptkluftrichtungen, sondern ließen z.T. eine deutlich differenziertere Bewertung zu. Die richtungsstatistische Auswertung von Pegelmeßwertdifferenzen im Zusammenhang mit den WD-Versuchen erbrachte die gleichen hauptwasserwegigen Kluftrichtungen, wie sie schon bei den Kluftmarkierungsversuchen festgestellt wurden (METZLER 1985). Im Testfeld C konnte aufgrund der direkten Beobachtung von Wasseraustritten an einer 25° streichende Störung eine bevorzugte Wasserabströmungsrichtung abgeleitet werden; ansonsten war in diesem überwiegend zergrusten Granitmaterial auch mittels der EP-Messungen nur ein diffuses Ausbreitungsverhalten nachzuweisen.

Wasseraufnahmevermögen

In zahlreichen Wasserabpreßversuchen, deren Ergebnisse zusammen mit den geologischen Parametern die wichtigste Entscheidungshilfe für Injektionsmaßnahmen darstellen, wurde das druckabhängige Wasseraufnahmevermögen der in Testfeldern angelegten Bohrungen ermittelt.

Die WD-Tests wurden unter Berücksichtigung neuester methodischer Erkenntnisse (z.B. EWERT 1979 und 1981; HEITFELD 1979; HEITFELD & KOPPELBERG 1981; HEITFELD & KRAPP 1981; HOULSBY 1976; PEARSON & MONEY 1977) ausgeführt. Sie erfolgten mit einer vollelektronischen Versuchsanlage (System COMDRILL), wobei der jeweilige Abpreßdruck mittels eines piezoresistiven Druckaufnehmers in der Einpreßstrecke gemessen und auf eine Schreibeinheit analog übertragen wurde. Zeitlich synchron erfolgte auf einer zweiten Spur des Meßprotokolls die Erfassung der entsprechenden Durchflußmengen über volumetrisch messende Taumelscheibenzähler mit dem Meßumfang 0,5 bis 60 l/min bzw. 1,5 bis 160 l/min. Die einzelnen Abpreßstrekken wurden mit pneumatischen Schlauchpackern abgesperrt und in 1,0 m Abschnitten mit dem Einfachpacker untersucht. Die Länge der Gummimanschetten betrug 1 m, der Ausgangsdurchmesser der pneumatisch bis auf 120 mm expandierbaren Schlauchpacker lag bei 60 mm.

Über die in Testfeld A (Baiersbronn) zusätzlich durchgeführten Doppelpacker-Tests wurde schon früher (BLINDE et al. 1981) berichtet. Einen Überblick der für die WD-Versuche benutzten Einrichtungen im Gelände gibt. Abb. 5.

Abb. 5 WD-Versuchsaufbau; (1) WD-Meßeinrichtung, (2) by-pass-System zur zusätzlichen Druckregulierung, (3) Wasserzufuhrleitung zum Wasserbehälter, (4) Wasserbehälter, (5) Mohno-Pumpe mit Schlauchanschlüssen, (6) Preßluftflasche mit Druckminderventil und Druckluftzuleitung zu den Schlauchpackern im Bohrloch, (7) Abpreßbohrung mit Standrohr und (8) Packergestänge mit Schlauchanschluß und Meßkabel zum Druckaufnehmer in der Verpreßstrecke.

Fig. 5 Field equipment for water pressure tests: (1) electronic measuring device (Comdrill-system), (2) by-pass-system for additional pressure adjustment, (3) water supply for (4) water reservoir, (5) Mohno-pump, (6) compressed air cylinder with pressure pipe leading to pneumatic extendable hose packers in the borehole, (7) test boring with conductor casing, (8) pipe line with measuring cable leading to the piezoresistive pressure gauge in the test section

Der Verlauf der einzelnen Verpreßphasen wurde in p, q, t-Diagrammen mit den Pegelganglinien und die entsprechenden stationären Strömungsphasen in p, q-Diagrammen dargestellt. Die teufenabhängige Darstellung der Wasseraufnahmen erfolgte anhand von LUGEON-Werten für die jeweilige Abpreßbohrung und für das Gesamttestfeld im Säulenprofil (METZLER 1985).

In mehr als 50 % der durchgeführten WD-Versuche wurde als typisches gebirgsspezifisches Merkmal der irreversible Vorgang von Kluftfüllungs-Erosionsprozessen festgestellt, was auf den Einfluß der Oberflächennähe zurückzuführen ist. Die oft bis zu 40 und mehr Minuten dauernden Freispülvorgänge konnten aufgrund der Abpreßprotokolle am zeitabhängigen Druck-Mengenverlauf (s. Beispiel in Abb. 6) sowie durch beobachtete Trübenaustritte aus Pegeln und an der Geländeoberfläche festgestellt werden. Es ergab sich nach Beendigung der Freispülvorgänge eine befriedigende Linearität in der Druck-Mengen-Beziehung (vgl. hierzu BLINDE et al. 1981 und 1983 b; HÖTZL et al. 1981; METZLER 1985).

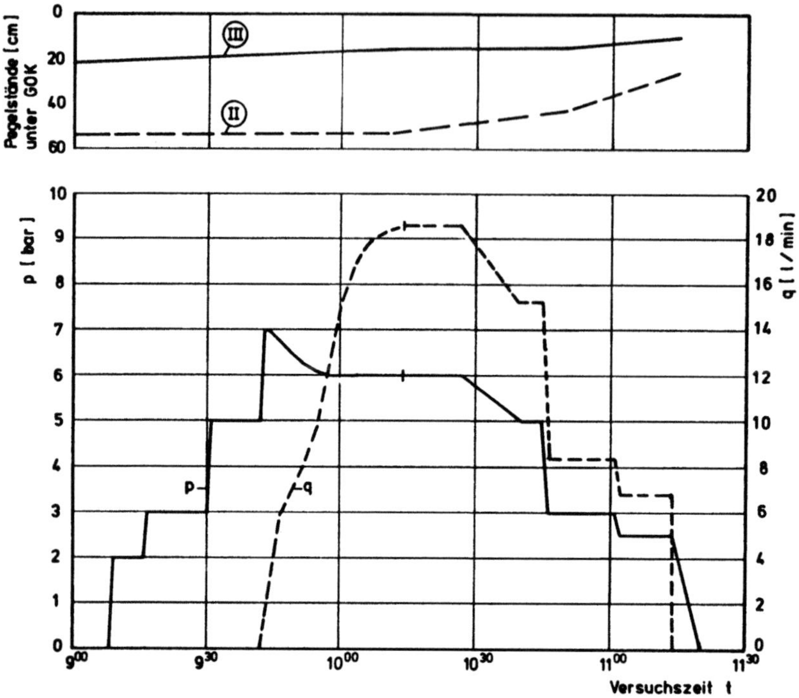

Abb. 6 Pegelganglinien und Druck-Mengen-Verlauf eines ca. 2,5 Stunden dauernden WD-Versuches mit einem 32-minütigen Kluftfüllungs-Erosionsprozess

Fig. 6 Water level changes and pressure/quantity relation of water absorption in a packer test, showing an erosional process of joint filling material

Im Testfeld A tritt die Initiierung dieser Freispülvorgänge bei sehr unterschiedlichen Druckstufen ein, wobei keine systematische Abhängigkeit zwischen Initiierungsdruck und Tiefenstufe festzustellen ist. Das Versuchsgebiet befindet sich ca. 15 m unter der ehemaligen Geländeoberfläche und ca. 10 m über dem heutigen Erosionsniveau, so daß im Untersuchungsbereich aufgrund seiner Tiefenlage ein quasi einheitlicher "Auflockerungsausschnitt" erfaßt wurde, in dem keine tiefenabhängigen Durchlässigkeitsveränderungen festzustellen sind.

Die zur Einleitung der länger andauernden Erosionsprozesse erforderlichen Verpreßdrücke (zwischen 2,8 und 13 bar) spiegeln die zeitabhängige Kompensierbarkeit von Verpreßdruck und Erosionsbeginn wieder. Kluftverformungserscheinungen bei den z.T. hohen Wasserdrücken können prinzipiell nicht ausgeschlossen werden, sämtliche Beobachtungen (keine Verformung der Geländeoberfläche, langanhaltende Instationarität des Fließverhaltens, allmählicher Druckabfall bzw. Wasseraufnahmeanstieg etc. - vgl. BLINDE et al. 1981; METZLER 1985 - weisen jedoch eindeutig in die Richtung irreversibler Kluftveränderungen durch Erosion von Zwischenmitteln. Diese Aussage gilt für alle 3 Untersuchungsgebiete.

Im Testfeld A*, das ca. 50 m unterhalb der ehemaligen Geländeoberfläche liegt, wurde bei den Versuchen im wesentlichen der Bereich der oberflächennahen Auflockerung über dem Bereich des geschlossenen und dadurch undurchlässigen Kluftgefüges erfaßt. Die Initiierungsdrücke zur Auslösung von Erosionsprozessen lagen dabei zur Tiefe hin zunehmend zwischen 3 und 14 bar.

Im Versuchsfeld C schließlich wurde in Bohrungen von der heutigen Geländeoberfläche aus der Auflockerungsbereich bis in 15 m Tiefe getestet. Hier rangieren die Initiierungsdrücke für Freispülvorgänge zwischen 1,3 und 7 bar.

Parallel zu den WD-Versuchen wurde mit Hilfe von Pegel- und geoelektrischen EP-Messungen das anisotrope Ausbreitungsverhalten und die Reichweite der Wasserfront erfaßt. Für das Testfeld A liegt die Reichweite der Wasserausbreitung im Bereich zwischen 15 und 22 m, beim Testfeld A* zwischen 7 und 11 m und im Testfeld C zwischen 3 und 16 m. Die während den Verpressungen durchgeführten geodätischen Verformungsmessungen erbrachten Änderungen nur im Rahmen der Meßgenauigkeit.

In einer Gesamtbetrachtung läßt sich anhand der festgestellten LUGEON-Werte der 3 Testfelder (Abb. 7) die Wasseraufnahmefähigkeit wie folgt charakterisieren:

Testfeld A

Durch den Einfluß einzelner hydraulisch wirksamer Großklüfte ergibt sich ein heterogenes Verhalten in den Wasseraufnahmewerten der verschiedenen Verpreßstrecken (Abb. 7 und Tab. 3). Bedingt durch das Vorhandensein dieser weit durchgehenden Großklüfte, die das übergeordnete Trennfugensystem für die Abgrenzung eines hydraulisch einheitlichen Homogenbereiches bilden, wurde bei den WD-Versuchen i.w. das untergeordnete engständigere und weniger durchlässige Kluftnetz in den 1 m langen Verpreßstrecken erfaßt. Für eine Beurteilung der großräumigen hydraulischen Verhältnisse wären dazu Abpreßstrecken in der Größenordnung von 1 Dekameter erforderlich. Somit muß für die Definition von Homogenbereichen eine Differenzierung im Hinblick auf das Kleinkluftnetz und das überlagernde Großkluftnetz erfolgen.

Testfeld A*

Bedingt durch eine höhere Kluftdichte (im Vergleich zu A) zeigt sich in den LUGEON-Werten eine etwas homogenere Verteilung über die Gesamtverpreßstrecke, was auf ein einheitlicheres Durchlässigkeitsverhalten schließen läßt. Die ermittelten WD-Werte in den einzelnen Verpreßstufen sind im Vergleich zu A als repräsentativ für den "einfachen" Homogenbereich anzusehen, wobei auch hier durch Großklüfte ein zweiter überlagernder Homogenbereich auszuscheiden wäre, der wiederum erst durch längere Abpreßstrecken erfaßt werden könnte.

Testfeld C

Hier läßt sich eine nahezu homogene Verteilung der Wasseraufnahme über den Gesamtverpreßbereich feststellen. Das Kluftmuster ist dort aufgrund starker Verwitterungserscheinungen nur noch latent vorhanden, daneben war der Einfluß von Vergrusungsbereichen und einer mylonitisierten Störung für lokale Abweichungen in den LUGEON-Werten von Bedeutung.

Es muß berücksichtigt werden, daß die hier vorgenommene Typisierung der drei getesteten Gesteinsvorkommen bezüglich der Abgrenzung von Homogenbereichen durch die Größe der vorhandenen Testgebiete beschränkt war. Eine großräumige Abgrenzung von Homogenbereichen aufgrund unterschiedlicher Betrachtungsmaßstäbe war nicht beabsichtigt. In der Tab. 3 sind die Ergebnisse der Wasserabpreßversuche zusammenfassend dargestellt.

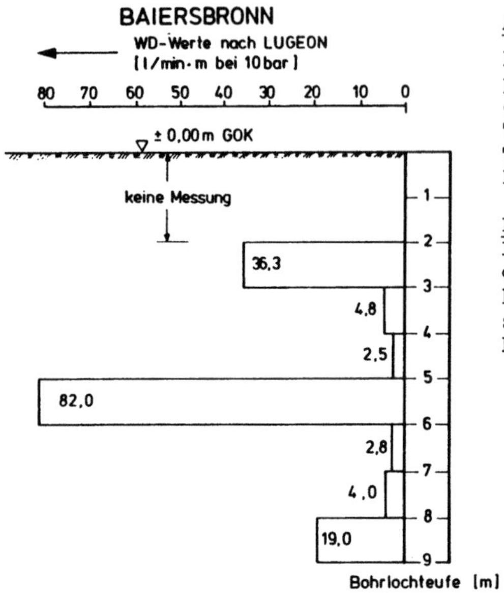

Abb. 7 Q_{WD}-Mittelwerte ($l\ min^{-1} \cdot m^{-1}$) bei 10 bar in den einzelnen Verpreßstufen der WD-Testfelder Baiersbronn (A), Alpirsbach (A*) und Tennenbronn (C) aus Einfachpacker-Tests, bezogen auf alle getesteten Bohrungen

Fig. 7 Distribution of average LUGEON-values of the investigated granites (Baiersbronn = A, Alpirsbach = A*, Tennenbronn = C) from single packer tests; all tested borings are included

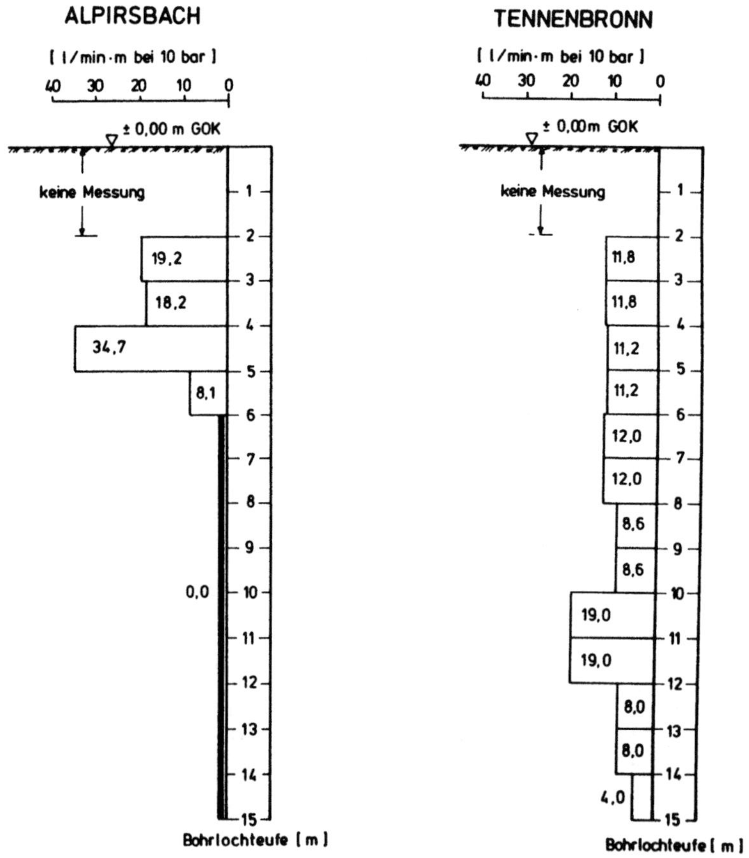

Tab. 3 Ergebnisse der Wasserabpreßversuche in den Testfeldern der 3 Granittypen A, A* und C

Tab. 3 Results of water pressure tests (single packer) in the test sites of granite A, A* and C

Kennwerte und Besonderheiten (Gesamttestfeld)	Dimension	Granittyp A	Granittyp A*	Granittyp C
Wasseraufnahmevermögen (LUGEON) - Mittelwerte -	l/min · m bei 10 bar	21,6	20,1	11,2
Versuche mit Kluftfüllungserosionsprozessen	%	43,8	66,7	55,0
Versuche ohne hydraulische Veränderungen im Kluftsystem	%	56,2	33,3	45,0
Anteil der Versuche mit Oberflächenaustritten	%	68,8	100,0	80,0
Maximale Reichweite der Wasserausbreitung	m	15-22	7 - 11	3 - 16
Hauptwasserwegige Kluftrichtungen (Streichwerte)	°	25 / 125	35 / 135	Störung (25) diffus

Injizierbarkeit

Zur Beurteilung der Injizierbarkeit wurden in einem weiteren Untersuchungsschwerpunkt bentonit-stabilisierte Zement-Injektionsversuche in den zuvor mit Wasser getesteten Bohrungen vorgenommen.

Verpreßarbeiten

In allen 3 Testfeldern wurde der Ölschieferzement ÖZ 45 F mit einer BLAINE-Zahl von 6047 (± 124) cm²/g und einer Mahlfeinheit von R = 0,09 mm eingesetzt. Zusätzlich wurde zur Stabilisierung der Zementmischungen 3 % Aktivbentonit (Tixoton) zugegeben. Die Aufbereitung des Injektionsgutes erfolgte mit einem Kolloidmischer (Cemix) mit einem Fassungsvermögen von 175 l. Vorab wurden die rheologischen Kennwerte (Fließ- und Sedimentierverhalten) der einzelnen Suspensionen im Labor bestimmt (METZLER 1985). Für die Verpreßarbeiten kam eine stufenlose regelbare, druckstoßfrei arbeitende Mohnopumpe zum Einsatz. Die Mengenmessung erfolgte mit einem automatischen Dosierbehälter (Typ EUROSOND) sowie prallel dazu mit einem magnetisch-induktiven Durchflußmengenmesser (Typ FISCHER & PORTER, Modell EX 10 D).

Der Verpreßdruck wurde, wie schon bei den WD-Versuchen, direkt im Testabschnitt der Bohrung mit einem piezoresistiven Druckaufnehmer gemessen und synchron mit den Durchflußmengen des automatischen Dosierbehälters auf die Schreibeinheit der WD-Einrichtung (System COMDRILL) übertragen. Die magnetisch-induktiv gemessenen Verpreßmengen wurden auf einem gesonderten Schreiber aufgezeichnet. Es zeigte sich in der Auswertung der beiden Mengenmeßprotokolle eine gute Übereinstimmung.

Die benutzte Baustelleneinrichtung für die Injektionsarbeiten ist auf Abb. 8 wiedergegeben. Die Verpreßarbeiten erfolgten analog den WD-Versuchen nach Spülung der Bohrlöcher in Einzelschritten von unten nach oben bei Absperrung der Testsegmente mit 1 m langen, pneumatischen Schlauchpackern.

Abb. 8 Baustelleneinrichtung für die Injektionsarbeiten; (1) 1,8 m³ fassender Wasserbehälter, (2) Cemix (Kolloidmischer), (3) Aktivbentonit (Tixoton), (4) automatischer Dosierbehälter, (5) Injektionszement, (6) Injektionspumpe, (7) elektronische Druck- und Mengenmeßeinrichtung (z.T. verdeckt), (8) magnetisch-induktiver Durchflußmengenmesser und (9) Spülpumpe und als Ersatz für (6)

Fig. 8 Field equipment for trial cement grouting; (1) water reservoir, 1.8 m³, (2) Cemix, (3) bentonite (Tixoton), (4) automatically working suspension measuring device (EUROSOND-system), (5) cement, (6) injection pump, (7) electronic measuring device (only partially visible), (8) magnetic inductive flowmeter and (9) slush pump

Zur Verhinderung von Sedimentationsvorgängen im Verpreßleitungssystem bei der Injektion kleiner Suspensionsmengen wurde mit einem bypass-System gearbeitet und das Verpreßgut im Kreislauf gehalten. Die angewandten maximalen Verpreßdrücke orientierten sich an den bei den WD-Tests gefahrenen Maximaldrücken und mußten nur bei den Injektionsarbeiten im Testfeld C um ca. 1 bis 2 bar erhöht werden, da erst dann eine Zementaufnahme erfolgte. Parallel zu den Injektionsversuchen wurden neben geoelektrischen Eigenpotential-Messungen (s. MERKLER et al. in diesem Band) auch geodätische Präzisionsmessungen (ZEISS Totalstation mit Computertachymeter HP 3820 A) zur Erfassung von möglichen Gebirgsverformungen durchgeführt.

Trotz der Anwendung relativ hoher Drücke in vergleichsweise geringer Tiefe traten keinerlei meßbare Änderungen auf.

Injektionsergebnisse Testfeld A

Erwartungsgemäß entsprachen die Zementaufnahmen dem durch WD-Versuche bereits abgeklärten Durchlässigkeitsverhalten. Oberflächenaustritte konnten durch Reduzierung der W/Z-Werte von 2,0 über 1,0 und 0,8 auf 0,6 gestoppt werden. Die Injektionsdrücke orientierten sich an den bei den WD-Versuchen maximal angewandten Druckstufen. Im Rahmen dieses Verpreßprogrammes wurde ohne Bentonitzusatz gearbeitet.

Das Gesamtergebnis ist in Abb. 9 wiedergegeben. Es zeigt die erzielten durchschnittlichen Zementaufnahmen im Vergleich mit den entsprechenden mittleren WD-Werten. Die einzelnen Kennwerte und Besonderheiten sind der Zusammenstellung in Tabelle 4 zu entnehmen. Weitere Detailangaben, auch zu den übrigen Testfeldern, finden sich bei METZLER (1985).

Injektionsergebnisse Testfeld A*

Die Injektionsarbeiten wurden mit W/Z-Faktor 2,0 begonnen, mußten jedoch nach kurzer Zeit auf den Faktor 1,0 umgestellt werden, womit weitere Austritte an der Geländeoberfläche unterbunden werden konnten. Die Austritte lagen überwiegend im Ausstrich von Klüften der 30° und 140°-Richtung. Beim Verpressen der jeweils untersten Stufe kam es durch bestehende Kluftkontakte zu einer indirekten Packer-(Gebirgs-)Umläufigkeit, so daß auch über der Teststrecke befindliche Gesteinsbereiche mit injiziert wurden. Dadurch konnte im weiteren Verpreßablauf in diesen darüberliegenden Stufen nur noch eine geringe, im Einzelfall auch keine Zementaufnahme erreicht werden (vgl. Abb. 9 und Tab. 4).

Injektionsergebnisse Testfeld C

In diesem Versuchsfeld wurden ausschließlich Zementsuspensionen mit einem W/Z-Faktor von 2,0 eingesetzt und in jeder Verpreßstufe eine meßbare Zementaufnahme registriert. Während der Injektionsarbeiten kam es in keinem Falle zu einer indirekten Packerumläufigkeit, ebenso konnten keinerlei Oberflächenaustritte beobachtet werden.

Auf die im Vergleich zu den WD-Tests erforderlichen höheren Verpreßdrücke bei der Injektionsmaßnahme wurde bereits hingewiesen. Das Endergebnis findet sich in Abb. 9 und Tab. 4.

Kontrolluntersuchungen

Nach Abschluß der Injektionsarbeiten wurden zur Überprüfung der Untergrundverbesserung ingenieurgeophysikalische Messungen durchgeführt. Die sprengseismischen Bohrlochmessungen in den 3 Testfeldern wurden zum Vergleich mit den Meßwerten vor der Injektion herangezogen und sollten Auskunft über die richtungsabhängige mechanische Verbesserung geben. Die Ergebnisse sind im Beitrag von MERKLER et al. (in diesem Band) aufgeführt und in der Darstellung von Abb. 10 wiedergegeben.

Im Testfeld A konnten im Zuge des fortschreitenden Materialabbaus zuvor injizierte Gesteinsbereiche freigelegt werden. So war es möglich, Fragen, insbesondere nach der Reichweite der Injektionsmaßnahme sowie der bevorzugten Ausbreitungsrichtung und dem Kluftverfüllungsgrad, nachzugehen. Im Ergebnis zeigte sich, daß die schon bei vorausgegangenen Untersuchungen (Kluftmarkierungen, WD-Versuche, EP-Messungen und Gefügeauswertung) festgestellten hauptwasserwegigen Kluftrichtungen von ca. 140° und weniger dominant die 30°-Richtung mit Injektionsgut verfüllt waren.

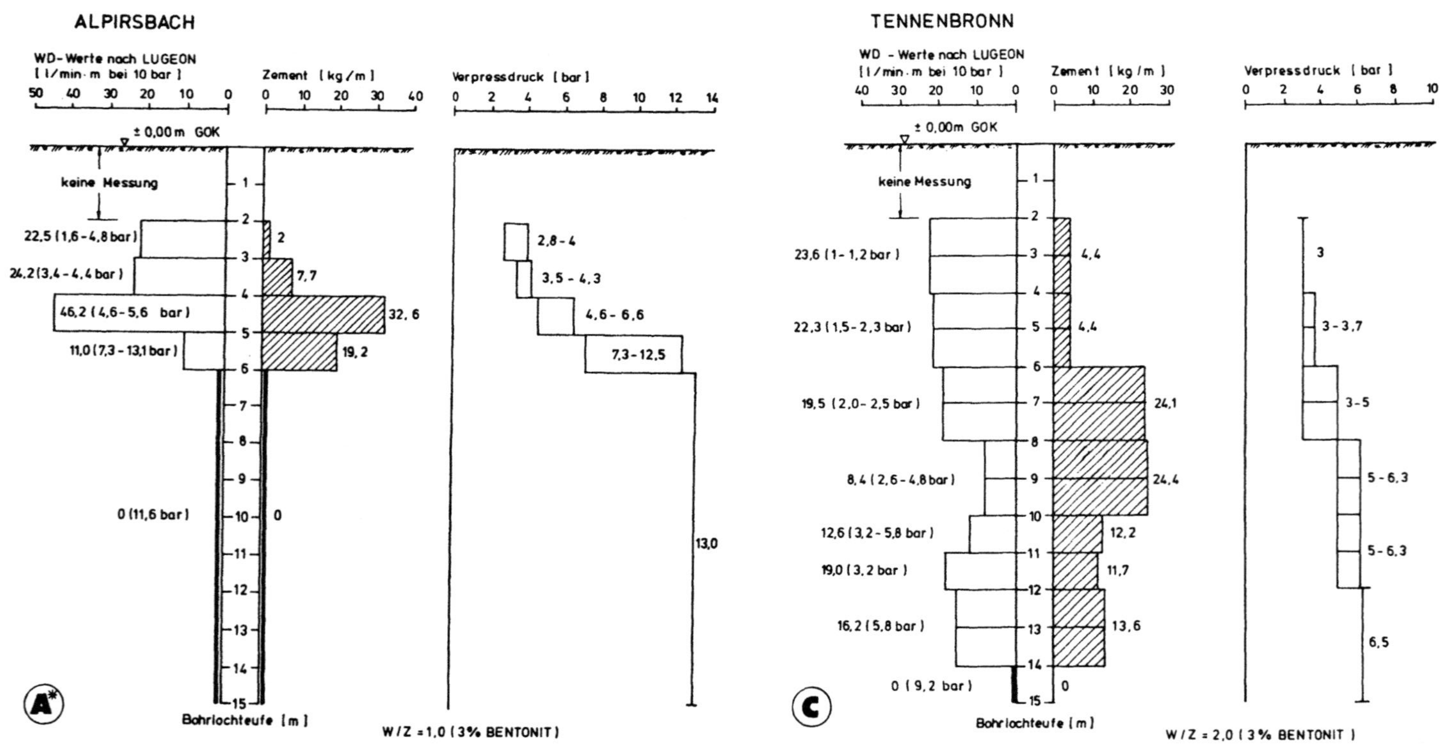

Abb. 9 Tiefenabhängige durchschnittliche Wasser- und Zementaufnahme in den 3 Granitfeldern A (siehe nächste Seite), A* und C; (WD-Werte sind nur auf die injizierten Bohrungen bezogen)

Fig. 9 Depth dependent water- and cement-absorption of the tested areas A (see next page), A* and C; (Lugeon-results refer to grouted boreholes, not to all water tested borings)

BAIERSBRONN

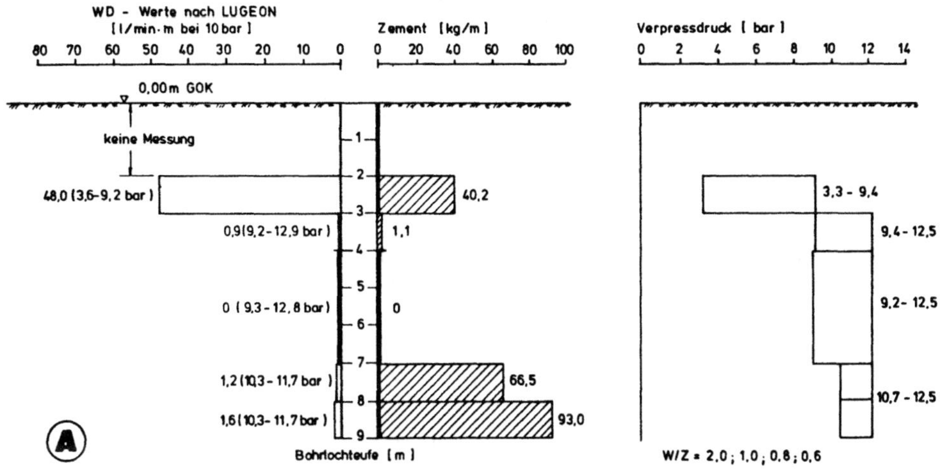

Abb. 9 - Fortsetzung - Testfeld A

Fig. 9 continued, tested area A

Tab. 4 Ergebnisse der Zementinjektionsversuche in den Testfeldern der 3 Granittypen A, A* und C

Tab. 4 Results of cement grouting of test sites A, A* and C

Kennwerte und Besonderheiten	Dimension	Granittyp A	Granittyp A*	Granittyp C
Zementaufnahme - Mittelwert -	kg/m	30,1	15,3	13,4
W/Z-Faktor	-	2,0; 1,0; 0,8 u. 0,6	1,0	2,0
Anteil Bentonit	%	-	3	3
Maximale Verpreßdrücke	-	analog p_{max} aus WD - Versuchen		1-2 bar höher
Anteil Oberflächenaustritte	%	28,6	33,3	-
Reichweite des Verpreßgutes (im Mittel)	m	1,80 - 2,00	1,20 - 1,50	0,50 - 0,80
Maximale Reichweite	m	9,00	7,40	?
Geodätische Verformung bei max. Injektionsdrücken		Veränderungen nur im Rahmen der Meßgenauigkeit		

Die radiale Reichweite der Suspensionsausbreitung um die Verpreßbohrungen lag zwischen 1,80 und 2,00 m. In diesen Bereichen waren die ursprünglich offenen Klüfte vollständig mit Zementstein verfüllt. Die gemessenen Dikken zeigten für die 140°-Richtung Öffnungsweiten von i.M. 2 mm (0,5 bis 2,5 mm) an. Weiter von den Bohrungen entfernte Klüfte waren nur noch schwach bzw. nur in Spuren mit Zement belegt. Eine Ausnahme bildet eine 8 bis 10 mm mächtige, mit Zementstein verfüllte, 140° streichende Hauptkluft, die in ca. 9 m Entfernung von der Abpreßbohrung nachträglich aufgeschlossen wurde. Sie steht im Zusammenhang mit einer bei der Injektion festgestellten hohen Zementaufnahme (vgl. Abschnitt 'Verpreßarbeiten') und einem dort beobachteten Oberflächenaustritt. Die zweite Hauptkluftrichtung (30°) zeigt aufgrund ihrer geringeren Kluftöffnungsweite von i.M. 0,3 mm (0,1 bis 0,5 mm) eine entsprechende Verfüllung mit dünnen Zementhäutchen (vgl. Abb. 10). Eine Überprüfung der hydraulischen Untergrundverbesserung konnte aufgrund des raschen Abbaufortschrittes in das Testfeld hinein nicht durchgeführt werden.

Im Testfeld A* konnte schon beim Injektionsversuch durch Oberflächenaustritte die Reichweite der Verpressung mit ca. 1,50 m ermittelt werden. Eine im Abstand von 1,20 m vom zentralen Injektionsbohrloch abgeteufte Kontrollbohrung (optische Bohrlochsondierung) mit mehrfachen Zementverfüllungen von Klüften (Mächtigkeiten i.M. 0,5 mm) bestätigt dies. Nur in einem Fall wurde hier ein Oberflächenaustritt in einer Entfernung von 7,50 m von der Injektionsbohrung festgestellt. Er lag im Streichen der 35°-Hauptkluftrichtung und kann als Einzelfall einer weit durchgehenden Kluft angesehen werden. Die im folgenden durchgeführten WD-Versuche erbrachten nur im obersten Verpreßabschnitt zwischen 2,00 und 3,00 m einen WD-Wert von 4,3 LUGEON, wobei der übrige Verpreßbereich völlig undurchlässig war. Somit war eine befriedigende Verminderung der Untergrunddurchlässigkeit aufgrund der durchgeführten Injektionsmaßnahmen erreicht.

Im vorwiegend vergrusten Testfeld C wurde eine Kernbohrung zur Kontrolle im Abstand von 0,80 m neben einem injizierten Bohrloch abgeteuft. Im kleinstückig anfallenden Kernmaterial konnten keine Zementeinlagerungen beobachtet werden. Während des Bohrvorganges erfolgte allerdings im Spülwasseraustrag mehrmals ein deutlicher Farbumschlag, der auf den gefärbten Zement im Untergrund zurückzuführen war. Bei der optischen Sondierung konnten dann verschiedentlich diffus verteilte Zementspuren in stark zersetztem Granitmaterial erkannt werden. Aufgrund dieses Sachverhaltes steht die Kontrollbohrung im Endbereich der Suspensionsausbreitung, so daß die radiale Endreichweite mit ca. 0,8 m angegeben werden kann. Es muß angenommen werden, daß das Injektionsgut mit diesem Radius bzw. noch enger eine "Zementsäule" um die Bohrung bildet. Da sich in diesem z.T. stark vergrusten Material keine bevorzugte Ausbreitungsrichtung bei den vorangegangenen Versuchen herauskristallisiert hatte (Ausnahme bildet eine stärker wasserleitende Störung, vgl. Abb. 10), muß mit einem diffusen Ausbreitungsverhalten der Zementsuspension gerechnet werden.

Die in der Kontrollbohrung durchgeführten WD-Versuche erbrachten Wasseraufnahmewerte, wie sie schon vor der Injektion ermittelt wurden, so daß keine Angaben zu einer hydraulischen Untergrundverbesserung geliefert werden können. Hierzu wäre ein Testfeld mit radialer Bohrlochanordnung in sehr engem Abstand (50 bis 80 cm Entfernung) erforderlich gewesen, was aber den Rahmen der im Projekt gegebenen Möglichkeiten gesprengt hätte.

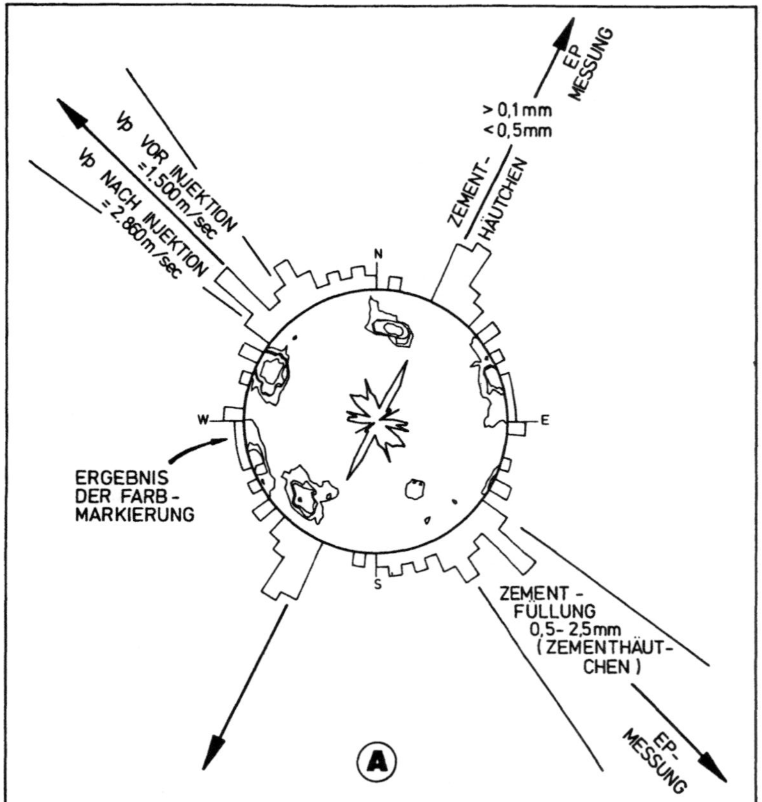

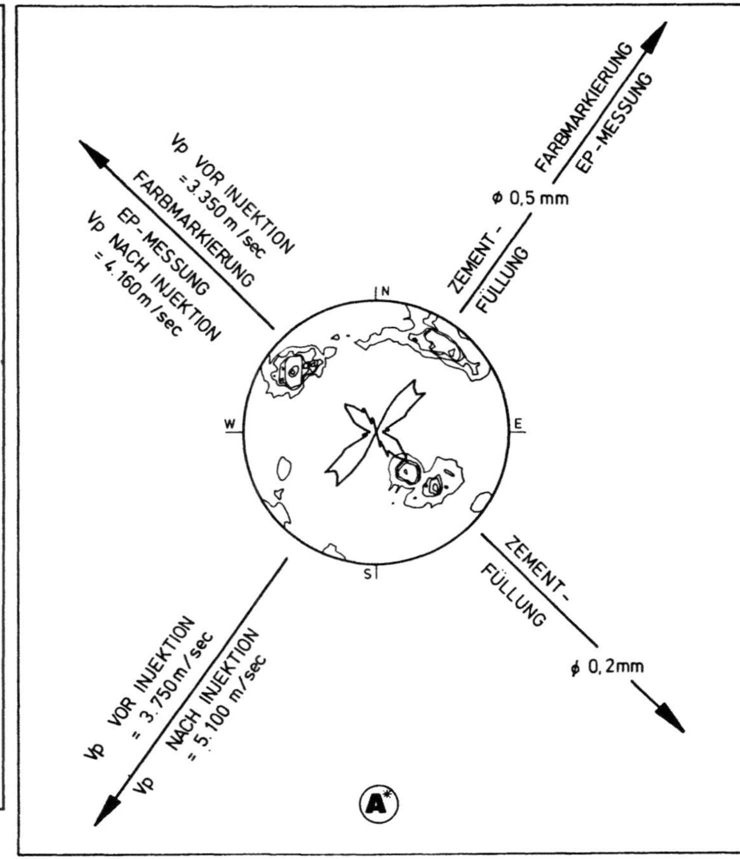

Abb. 10 Richtungsabhängigkeit der Durchlässigkeits- und Injektionseigenschaften (Darstellung außerhalb der Kreise) in den 3 unterschiedlich aufgelockerten Granittypen der Testfelder Baiersbronn (A), Alpirsbach (A*) und Tennenbronn (C). Im Kreis sind jeweils die Polpunktmaxima der Klüfte und die symmetrischen Kluftrosen dargestellt

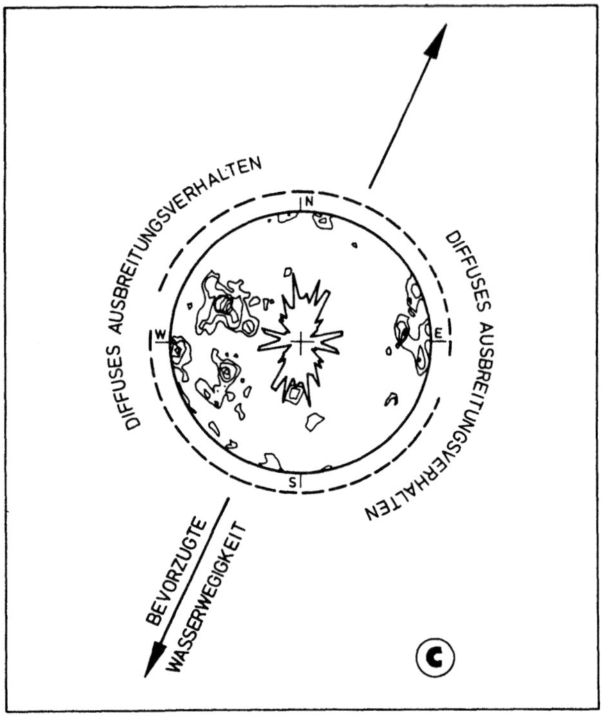

Abb. 10 - Fortsetzung -

Fig. 10 Permeability- and grouting properties of the 3 differently disintegrated granite types A, A* and C related to preferred strike directions of structural features

ZUSAMMENFASSENDE BEURTEILUNG DER UNTERSUCHUNGSERGEBNISSE

Vergleich der untersuchten Testgebiete

Das granitische Ausgangsmaterial der in die Untersuchungen einbezogenen 3 Aufschlüsse Baiersbronn (Typ A), Alpirsbach (Typ A*) und Tennenbronn (Typ C) zeigt eine ± einheitliche petrographische Gesteinszusammensetzung, wobei die Verwitterungskennzahlen (Mikrorisse und DTA-Verwitterungsindex) in den 3 Granittypen von praktisch unverwittert (A) über mittelstark (A*) auf extrem stark verwittert (C) zunehmen (vgl. KAST et al. in diesem Band; METZLER 1985). Mit dem Zerklüftungsgrad läßt sich eine Typisierung der unterschiedlichen Verbandsauflockerung vornehmen, wobei Typ A als schwach geklüftet, Typ A* als deutlich geklüftet und Typ C als sehr stark geklüftet bzw. zu Grus aufgelockert charakterisiert werden kann.

Für das Durchlässigkeitsverhalten lassen sich neben den in den einzelnen Hauptkluftrichtungen festgestellten charakteristischen Klufteigenschaften hinsichtlich der wasserwegigen Trennfugensysteme bevorzugte Fließrichtungen ausscheiden, welche in den Granittypen A und A* auf jeweils 2 Hauptkluftrichtungen beschränkt sind. Bei Granittyp C dagegen herrscht, mit Ausnahme einer lokal als bevorzugte Abströmungsrichtung fungierenden Störung, ein diffuses Ausbreitungsverhalten vor.

Im Wasseraufnahmevermögen zeigt sich im Vergleich der einzelnen Testfelder ein unterschiedliches Verhalten bezüglich der teufenabhängig ermittelten LUGEON-Werte. Im Versuchsfeld A streuen die WD-Werte stark, was auf einzelne relativ weitständige, unregelmäßig verteilte Großklüfte zurückgeht.

Testfeld A* dagegen weist eine etwas homogenere Verteilung der WD-Werte auf, was durch das engständigere gleichmäßige Kluftnetz bedingt ist. Insgesamt ergibt sich, bezogen auf die Zusammenfassung aller im Einfachpakker-Test erhaltenen WD-Ergebnisse, für die Versuchsfelder A und A* ein nahezu einheitliches Wasseraufnahmevermögen von durchschnittlich 21,6 bzw. 20,1 LUGEON. Im Gegensatz dazu liegt das Wasseraufnahmevermögen im Testfeld C bei durchschnittlich 11,2 LUGEON, wobei die WD-Werte eine nahezu homogene Verteilung im Gesamtfeld erkennen lassen. Aufgrund des extrem starken Auflockerungszustandes kann hier von einer bereichsweisen Überlagerung von Poren- und Trennflächendurchlässigkeit ausgegangen werden.

In allen 3 Testfeldern war der Einfluß von feinkörnigen Zwischenmitteln im wasserwegigen Kluftsystem, bedingt durch die Oberflächennähe, von entscheidender Bedeutung für das Durchlässigkeitsverhalten. Dieses Phänomen konnte anhand von Erosionsprozessen der Kluftfüllung während der WD-Versuche als typisches gebirgsspezifisches Merkmal erkannt werden. Ein weiteres gemeinsames Charakteristikum der untersuchten Granittypen waren die an der Oberfläche erwartungsgemäß festzustellenden Wasseraustritte, welche für die Planung der späteren Injektionsarbeiten (z.B. Wahl der Mischungszusammensetzung etc.) zu berücksichtigen waren. Die in allen Testfeldern durchgeführten geodätischen Verformungsmessungen während der WD-Versuche erbrachten Änderungen nur im Rahmen der Meßgenauigkeit. Diese Feststellung gilt auch für die geodätischen Meßergebnisse während der Injektionen.

Das Gesamtergebnis der Injektionsversuche ist in Abb. 9 wiedergegeben. Dort sind die durchschnittlichen Zementaufnahmen den entsprechenden durchschnittlichen WD-Werten gegenübergestellt und die jeweiligen Verpreßdruckbereiche angegeben. Generell bleibt festzuhalten, daß eine ungefähre Proportionalität zwischen Wasser- und Zementaufnahmewerten gegeben ist. Die hohe Zementaufnahme im unteren Teil von Testfeld A ist durch lokale Gefügeausbildung bedingt. Die ermittelten Ausbreitungsrichtungen des Injektionsgutes in den Testfeldern A und A* waren identisch mit den zuvor ermittelten hauptwasserwegigen Kluftrichtungen (Abb. 10) und zeigen im Einflußbereich der Verpreßbohrungen eine vollständige Verfüllung der Klüfte mit Zementstein. Im Testfeld C erfolgte im Engbereich der Injektionsbohrungen eine diffuse Zementausbreitung, wobei die mylonitisierte wasserwegige Störung im unteren Teil sehr rasch von Zementteilchen verstopft wurde.

Für das Testfeld A* konnte in Kontroll-WD-Versuchen eine befriedigende untergrundhydraulische Verminderung der Durchlässigkeit nachgewiesen werden. Im Testfeld C war, bedingt durch die Abstandsverhältnisse der Verpreßbohrungen und durch die Lage der Kontrollbohrung sowie die geringe Reichweite des Injektionsgutes, die hydraulische Verbesserung nicht direkt feststellbar. Kontroll-WD-Tests im Granittyp A konnten aufgrund des raschen Abbaufortschrittes in das Testfeld hinein nicht durchgeführt werden, dafür war aber eine detaillierte ingenieurgeologische Kontrollaufnahme im Wirkungsbereich der Injektionsbohrungen möglich.

Der Bezug der richtungsabhängigen mechanischen Untergrundverbesserung zum hauptwasserwegigen Kluftsystem konnte mit Hilfe seismischer Messungen in den Versuchsfeldern A und A* in deutlichen Veränderungen der p-Wellengeschwindigkeiten nachgewiesen werden (vgl. Abb. 10), während im Testfeld C Änderungen nur innerhalb der Meßfehlergrenzen lagen (vgl. MERKLER et al. in diesem Band).

Klassifikationskriterien zur Beurteilung der Injizierbarkeit von aufgelockerten Graniten

Im Rahmen der geotechnischen Klassifizierung von aufgelockerten Graniten wurden die für die Beurteilung der Injizierbarkeit von derartigen Übergangsgesteinen maßgeblichen Untersuchungsergebnisse in Einzeltabellen am Ende der entsprechenden Kapitel zusammengestellt (vgl. auch METZLER 1985). Sie enthalten eine Fülle von Parametern, die in der einen oder anderen Form zur Bewertung des Injektionsverhaltens beitragen. Es ist natürlich schwierig, eine solche große Zahl von Kennwerten zur Basis eines überschaubaren quantitativen Klassifikationsschemas zu machen. Wie schon im Hinblick auf eine allgemeine geotechnische Klassifikation von aufgelockerten Gesteinen (vgl. BRAUNS et al. in diesem Band), so zeigt sich auch hier, daß eine alle Kriterien umfassende Klassifikation nur unter einem stark verallgemeinernden Schema möglich ist. Der praktische Nutzen geht hierbei immer mehr verloren. So kann ein quantitativ möglichst optimal abgestuftes Klassifikationsschema sich nur auf bestimmte Injektionseigenschaften beziehen, z.B. Zementaufnahme, Zementationsreichweite, Wasser/Zement-Verhältnis oder Verpreßdruck, wobei diese Eigenschaften jeweils durch spezifische Kriterien zu beschreiben sind.

Im Hinblick auf die Zementaufnahme bei Injektionsmaßnahmen in Graniten wird nachfolgend ein Beurteilungsschema in Abhängigkeit vom Auflockerungsgrad vorgestellt. Bezogen auf den im allgemeinen sehr einheitlichen Gesteinstyp und der damit verbundenen Standardisierung gewisser Variabler, kann mit den ausgewählten Parametern das Injektionsverhalten aufgelockerter Granite weitgehend beschrieben werden. Als für die Beurteilung maßgebliche Kriterien muß vom Auflockerungsgefüge ausgegangen werden. Soweit möglich, wird man sich auf Parameter stützen, die durch möglichst einfache direkte Gefügeuntersuchungen zu ermitteln sind. Ist dies wegen der Aufschlußverhältnisse nicht durchführbar, sind auch durch spezielle Methoden (WD-Versuch, Geoelektrik u.a.) bestimmte 'indirekte' Gefügekennwerte ersatzweise einzuführen.

Im vorgeschlagenen Klassifikationsschema (Abb. 11) werden für die Zementaufnahme als Kriterien der Zerklüftungsgrad (alternativ mittlerer Kluftabstand, Kluftkörpergröße oder auch hydraulisch wirksame Kluftkörper sowie die Kluftöffnungsweite herangezogen. Als am schwierigsten zu bestimmendes Einzelparameter ist zweifelsohne die Kluftöffnungsweite anzusehen. Hier genügen nicht Oberflächenmessungen, sondern es sind Werte aus dem ungestörten Gebirge heranzuziehen. Gegebenenfalls können selbst Probeinjektionen sinnvoll sein, um repräsentative Werte zu erhalten. Im Beispiel sind bewußt die jeweiligen Injektionsklassen (z.B. I, II, III in Abb. 11) sehr schematisch dargestellt. Dazu ist das mit den drei bisher untersuchten Beispielen erarbeitete Material noch nicht ausreichend. Dennoch zeigt sich, daß mit einem solchen Verfahren über die Gefügedaten sinnvolle Klassen zu definieren sind, die dem Praktiker Richtwerte für die Durchführbarkeit, Umfang, Abstand der Injektionsbohrungen, erreichbare Verbesserung usw. liefern können.

DANKSAGUNG

Den Firmen COMDRILL, Heilbronn sowie BILFINGER & BERGER, Mannheim, sind wir für vielseitige technische Beratung sowie für die leihweise Überlassung von Gerätschaften sehr verbunden. Allen Kollegen im Schwerpunktprogramm, insbesondere innerhalb der Karlsruher Arbeitsgruppe 'aufgelockerte Granite' danken wir für vielfältige Unterstützung sowie für ermutigende und hilfreiche Diskussionsbeiträge.

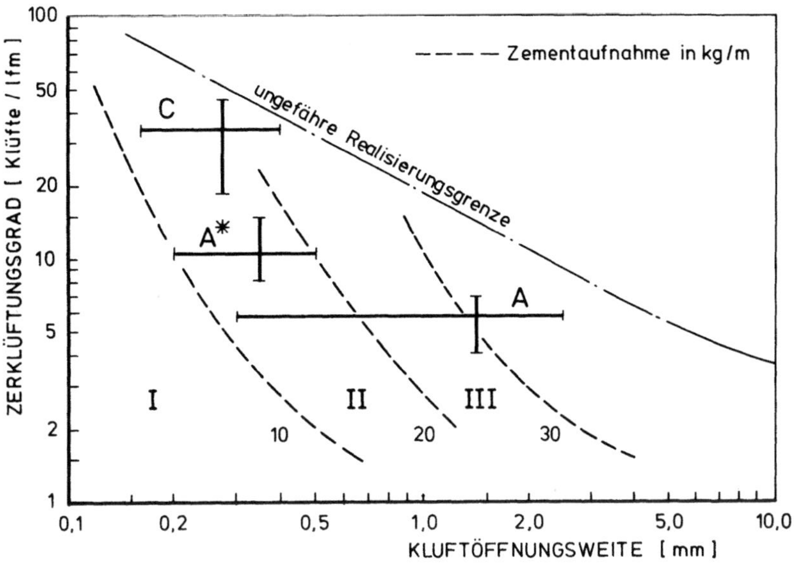

Abb. 11 Schematische Klassifikation (I, II, III) des Injektionsverhaltens auf der Basis der Zementaufnahme in Abhängigkeit von der Auflockerung

Fig. 11 Schematic classification (I, II, III) of grouting behaviour depending on rock mass disaggregation based on grout acceptance

LITERATUR

Blinde A, Hötzl H, Koenzen JP, Metzler F (1981) Quantifizierung von Durchlässigkeitseigenschaften aufgelockerter Granite. Ber 3 Nat Tag Ing Geol S 109-118, Ansbach

Blinde A, Hötzl H, Koenzen JP, Merkler GP, Metzler F (1983a) Assessment of the Groutability of Disintegrated Granites by Means of Hydrogeological, Engineering Geological and Geophysical Field Investigations. Proc 5th Int Congr Int Soc Rock Mech, B: 105-109, Melbourne

Blinde A, Hötzl H, Metzler F (1983b) Hydrogeological and Engineering Geological in-Situ Investigations for the Assessment of Grouting Measures. Bull IAEG No 26-27: 361-365, Paris

Ewert FK (1979) Untersuchungen zu Felsinjektionen, Teil 1. Forsch Geol Paläont 49: 292 S, Münster

Ewert FK (1981) Untersuchungen zu Felsinjektionen, Teil 2. Forsch Geol Paläont 53: 326 S., Münster

Heitfeld KH (1979) Durchlässigkeitsuntersuchungen im Festgestein mittels WD-Testen. Mitt Ing u Hydrogeol 9: 175-218, Aachen

Heitfeld KH, Koppelberg W (1981) Durchlässigkeitsuntersuchungen mittels WD-Versuchen. Zbl Geol Paläont Teil I, 5/6: 634-661, Stuttgart

Heitfeld KH, Krapp L (1980) Ingenieurgeologische Karten und Profildarstellungen. Mitt Ing u Hydrogeol 4: 138-178, Aachen

Heitfeld KH, Krapp L (1981) The Problem of Water Permeability in Dam Geology. Bull IAEG 23: 79-83, Krefeld

Hötzl H, Koenzen JP, Merkler GP, Metzler F, Rothengatter P (1981) Hydrogeologische Untersuchungen zur Kennzeichnung der Durchlässigkeit. Veröff Inst Bodenmech u Felsmech 87:143-179, Universität Karlsruhe

Hötzl H, Metzler F, Rothengatter P (1982) Die Kluftmarkierung - Eine Anwendung der Markierungstechnik zur Ermittlung von Durchlässigkeitseigenschaften klüftiger Gesteine. Beitr z Geologie der Schweiz - Hydrologie 28 II: 381-393, Bern

Houlsby AC (1976) Routine Interpretation of the Lugeon Water-Test. Quart J Eng Geol 9: 303-313, Belfast

Lugeon M (1933) Barrages et Géologie. 138 S, Librairie de l'Université, Lausanne

Metzler F (1985) Ermittlung des Durchlässigkeits- und Injektionsverhaltens aufgelockerter Granite (Vergleich von Gefügeauswertung, WD- und Injektionsergebnissen). Diss Univ Karlsruhe (im Druck)

Onodera TF, Yoshinaka R, Oda M (1974) Weathering and its Relation to Mechanical Properties of Granite. Proc 3rd Congr ISRM, 2A: 71-78, Denver

Pearson R, Money S (1977) Improvements in the Lugeon or Packer Permeability Test. Quart J Eng Geol 10: 221-239, London

Rothengatter P (1982) Ingenieurgeologische und hydrogeologische Untersuchungen an Graniten im Übergangsbereich zwischen Fest- und Lockergesteinen zur Beurteilung der Wasserdurchlässigkeit und Injizierbarkeit. Diplomarbeit, Geol Inst Univ Karlsruhe, 260 S (Ms)

Schleicher H, Fritsche R (1978) Zur Petrologie des Triberger Granites (Mittlerer Schwarzwald). Jh geol L-Amt Baden-Württemberg 20: 15-41, Freiburg

Ingenieurgeophysikalische Erfassung der Auflockerung und des Durchlässigkeitsverhaltens von Graniten

G. P. MERKLER[1], A. BLINDE[2] und H. HÖTZL[1]

SUMMARY

The engineering geophysical investigations were designed to determine geophysical parameters permitting to classify the disaggregation of rock and rock masses. The investigations described in this study were performed in close interdisciplinary cooperation with the project "Classification criteria for soil improvement by grouting of disaggregated rocks" (see METZLER et al., this volume). The three test sites are situated in the Middle Black Forest, SW-Germany. There the engineering geophysical measurements were carried out simultaneously with water pressure tests and grouting experiments in order to obtain details about soil improvement by grouting.

A major aspect in the performed seismic investigations was to detect and classify the joint-depending anisotropy of the rock masses with regard to direction and depth by means of travel-time measurements (see fig. 1 and fig. 2) and by attenuation of the seismic waves (fig. 8). A formula, derived from the time-average-relation, concerning the velocity in unweathered rocks (matrix; V_g), the measured mean velocity (V_m) and the velocity in the cleavage space (V_f), permitted the determination of a joint coefficient ($\tilde{K}$) for the measuring ranges in the three different test fields (see fig. 2). Additionally, the V_p and V_s velocities were measured at borecores. This helped reveal the relations existing between the anisotropy of rock and rock mass.

It was tried by comparative measurements before and after grouting (see fig. 4, 5, 6, 7) to determine in more detail the mechanical degree of improvement in the rock mass by means of seismic measurements.

The increasingly applied electric self-potential measurements carried out simultaneously with the water permeability and grouting experiments showed (see fig. 3 and 9) that this technique proves the best differentiation of the oriented permeability for water and grouting material depending on the joint pattern. Self-potential measurements, performed on a dam model in the laboratory (see fig. 10 and 11), helped to work out theories and data concerning the quantification of the self-potentials (filtration potentials) in the field, in water pressure tests and grouting experiments.

[1]Dipl.-Geol. G.P. Merkler, Prof. Dr. H. Hötzl, Lehrstuhl für Angewandte Geologie der Universität Karlsruhe, Kaiserstr. 12, D-7500 Karlsruhe

[2]Prof. Dr. A. Blinde, Institut für Boden- und Felsmechanik, Universität Karlsruhe, Kaiserstr. 12, D-7500 Karlsruhe

Ingenieurgeologische Probleme im Grenzbereich zwischen Locker- und Festgesteinen
(Herausgegeben von K.-H. Heitfeld)

Due to experimental working procedures, the engineering geological and engineering geophysical investigations helped to improve the correlation of the relevant parameters concerning the classification of granite weathering and disaggregation.

EINLEITUNG

Die ingenieur- und hydrogeologischen Eigenschaften aufgelockerter Festgesteine werden vom Umfang der chemischen und mechanischen Entfestigung bestimmt. Für die Lösung geotechnischer Probleme ist eine möglichst quantitative Kennzeichnung des jeweiligen Auflockerungsgrades eine wichtige Voraussetzung. Bei konkreten praktischen Aufgaben zeigt sich jedoch immer wieder die Schwierigkeit, eine für die jeweilige Fragestellung sinnvolle Quantifizierung des Auflockerungsverhaltens durchzuführen. Dies ist zum Teil auf unzureichende Aufschlußverhältnisse, zum Teil aber überhaupt auf fehlende bzw. im Gelände in nicht ausreichender Form zu erfassende ingenieur- und hydrogeologische Parameter zurückzuführen.

Zur weiteren Charakterisierung von Gebirgs- und Gesteinseigenschaften bieten sich daher geophysikalische Kennwerte an. Sie sind in zweierlei Hinsicht für ingenieurgeologische Fragestellungen besonders geeignet. Zunächst handelt es sich um quantitative Größen, die in einer direkten Beziehung zu den Gefügeeigenschaften des Gesteins stehen. Darüberhinaus ist die Erfassung dieser Kennwerte nicht immer an die direkte Materialzugänglichkeit gebunden, sondern die Größen können von außen her bis in entsprechende Tiefen bestimmt werden. Damit ist es möglich, verschiedene punktuelle geotechnische Meßergebnisse flächenhaft zu ergänzen.

Ziel dieses Forschungsvorhabens war es geophysikalische Methoden vor allem zur Erfassung der Anisotropie des Auflockerungsgefüges einzusetzen. Hierbei sollte parallel zum Forschungsvorhaben über "Beurteilungskriterien für Untergrundverbesserungen durch Injektionen im Übergangsbereich zwischen Locker- und Festgestein "(vgl. METZLER et al., in diesem Band) das Durchlässigkeitsverhalten aufgelockerter Granite sowie die Ausbreitung von Wasser- und Injektionsmaterial im Untergrund erfaßt werden. Zusätzlich wurde angestrebt, die durch Injektionsmaßnahmen erreichte Untergrundverbesserung zu quantifizieren. An ingenieurgeophysikalischen Methoden wurden eingesetzt: Hammerschlagseismik, geoelektrische Widerstandsmessung und geoelektrische Eigenpotentialmessungen.

Die Untersuchungen wurden im Bereich des Triberger Granites, Mittlerer Schwarzwald, in einer sehr engen interdisziplinären Zusammenarbeit parallel zu den ingenieur- und hydrogeologischen Versuchsprogrammen durchgeführt. Die drei Testgebiete bei Baiersbronn (A), Alpirsbach (A*) und Tennenbronn (C) werden von unterschiedlich aufgelockerten Graniten aufgebaut. Im Testgebiet A (Steinbruch Gaiser) steht ein fast unverwitterter nur weitständig zerklüfteter Zwei-Glimmer-Granit an. Im Testfeld A* (Steinbruch Kuenstle) ist der Zwei-Glimmer-Granit schwach verwittert und durch eine engständige Zerklüftung ausgezeichnet, während im Testfeld C (Aufschluß Moser) der Granit bereits weitgehend grusig zerfällt ("Berglesand"). Im Hinblick auf die genaue Lage und Gebirgsausbildung sowie petrographische Zusammensetzung wird auf die Arbeit von METZLER et al. (in diesem Band) verwiesen.

UNTERSUCHUNGSMETHODEN

Seismische Messungen

Ziel der seismischen Messungen war es, unter ingenieurgeologischen Gesichtspunkten vor allem die Festigkeitseigenschaften der Gesteine und den Auflockerungsgrad des Gesteinsverbandes mit Hilfe der Ausbreitung elastischer Wellen zu bestimmen. Das Versuchsprogramm wurde so angelegt, daß - soweit es die örtlichen Bedingungen zuließen - Art und Umfang der Auflockerungszonen, die Kluftsysteme und die Anisotropien der elastischen Gesteinsparameter erfaßt werden konnten.

Die Messungen wurden mit Hilfe einer von der Deutschen Forschungsgemeinschaft (DFG) zur Verfügung gestellten analogen 12 spurigen seismischen Apparatur McSeis 1300 durchgeführt. Die Erzeugung seismischer Impulse erfolgte mit Hilfe von Hammerschlag, Fallgewicht oder kleinen Sprengungen. Bestimmt wurden Überlagerungs- bzw. Verwitterungsmächtigkeiten (kurze Refraktionsprofile) sowie die direkten Laufzeiten der P- und S-Wellengeschwindigkeiten unter Anwendung der s.g. Durchschallungsmethode.

Radial um die Erregerquelle ausgelegte Geophone - ein dem Fächerschiessen vergleichbares Meßsystem - ermöglichten die Bestimmung der elastischen Anisotropie im oberen Bereich des Gesteinsverbandes. Darüberhinaus wurden an einer Reihe von Bohrkernen Ultraschall-Laufzeitmessungen durchgeführt, um petrophysikalische Eigenschaften des Gesteins mit denen des Gesteinsverbandes vergleichen zu können. Die unterschiedliche Fortpflanzungsgeschwindigkeit seismischer Wellen in weniger oder stärker zerklüfteten Gesteinsbereichen wurde auch zur Ermittlung des sogenannten Klüftigkeitskoeffizienten "$\tilde{K}$" nach WYLLIE (1956), MILITZER (1967), MERKLER et al. (1970) herangezogen. Seine Bestimmung basiert auf der Annahme, daß im Festgestein der Hohlraumanteil gegenüber dem Kluftraum klein ist, so daß die Fortpflanzungsgeschwindigkeit seismischer Wellen in einem Gesteinsverband durch die Laufzeit im ungestörten Gesteinsmaterial sowie durch die Laufzeit im Kluftraum mit dessen Füllung (Luft, Wasser oder Kluftmaterial) bestimmt wird. Die zur Bestimmung des seismischen Klüftigkeitskoeffizienten angewandte Beziehung (MILITZER 1967):

$$"\tilde{K}" = \frac{\frac{1}{V_m} - \frac{1}{V_g}}{\frac{1}{V_f} - \frac{1}{V_g}} \qquad (1)$$

beruht in ihrer allgemeinen Form auf dem Verhältnis zwischen den mittleren gemessenen Geschwindigkeiten (V_m), der Fortpflanzungsgeschwindigkeit im ungestörten Gestein (V_g) und der Fortpflanzungsgeschwindigkeit im Kluftraum (V_f).

Geoelektrische Messungen

Ingenieurgeologische und hydrogeologische Untersuchungen bei Injektionsarbeiten haben bisher gezeigt, daß die Ausbreitungsrichtung und die Ausbreitungsweite des Wassers oder des Injektionsgutes in der Regel nur mit zusätzlichen relativ aufwendigen Verfahren zu bestimmen sind. Im Rahmen der vorliegenden Wasserdurchlässigkeits und Injektionsversuche wurde eine Klärung dieser offenen Fragen mit Hilfe geoelektrischer Messungen versucht. Zur Anwendung gelangte vor allem die Eigenpotentialmethode (vgl. MERKLER, G. 1970; BLINDE, A., HÖTZL, H. MERKLER, G. 1981; HÖTZL, H., KOENZEN, J.P., MERKLER, G., METZLER, F., 1981; ARMBRUSTER, H., MERKLER, G., 1982; 1983; BLINDE, A., KOENZEN, J.P., HÖTZL, H., MERKLER, G., METZLER, F., 1983). Obwohl die Vorgänge, die zur Entstehung der Eigenpotentiale führen, im einzelnen recht kompliziert und vielfältig sind, konnten im Rahmen dieser Untersuchungen sowohl bei Modellversuchen als auch bei in-situ Messungen die Veränderungen der Eigenpotentialwerte jeweils eindeutig den wechselnden Versuchsbedingungen zugeordnet werden. Die Messungen wurden mit dem institutseigenen Gerät APEX/UNIT (ein für Eigenpotentialmessungen gebautes Millivoltmeter mit einem Eingangswiderstand von 10^{12} Ohm) durchgeführt. Um die auf Diffusions-, Oxidations- und Reduktionspotentiale zurückzuführenden Störfaktoren so klein wie möglich zu halten, wurden die Potentialdifferenzen im Gelände mit Hilfe von unpolarisierbaren Porzellankerzen (Cu-Stab in gesättigter Kupfersulfatlösung) gemessen. Bei den Modellversuchen im Labor kamen Platindrahtelektroden zum Einsatz.

MESSERGEBNISSE

Testfeld Tennenbronn

Im Testfeld Tennenbronn (Testfeld C), wo ein bis zum Grus zerfallender Granit aufgeschlossen ist, zeigten die seismischen Hammerschlagmessungen (Abb. 1) mit etwa 1000 m/sec sehr niedrige Geschwindigkeiten. Für diese oberflächennahen Messungen ist keine deutliche richtungsabhängige Geschwindigkeitsanisotropie zu erkennen. Vergleicht man die seismischen Meßergebnisse mit der symmetrischen Kluftrose, die aus Gefügedaten des weiteren Testfeldes gewonnen wurde, so kann man die in annähernder N-S- und E-W-Richtung gemessenen höheren Geschwindigkeiten auf das sich im grusig aufgelockerten Material nur noch schwach abzeichnende Kluftsystem zurückführen. Eine vollständige Parallelentwicklung ist nicht zu beobachten.

Die Ergebnisse der in "up-hole"-Verfahren durchgeführten Messungen weisen auf eine tiefenabhängige Geschwindigkeitsanisotropie hin. Die Ge-

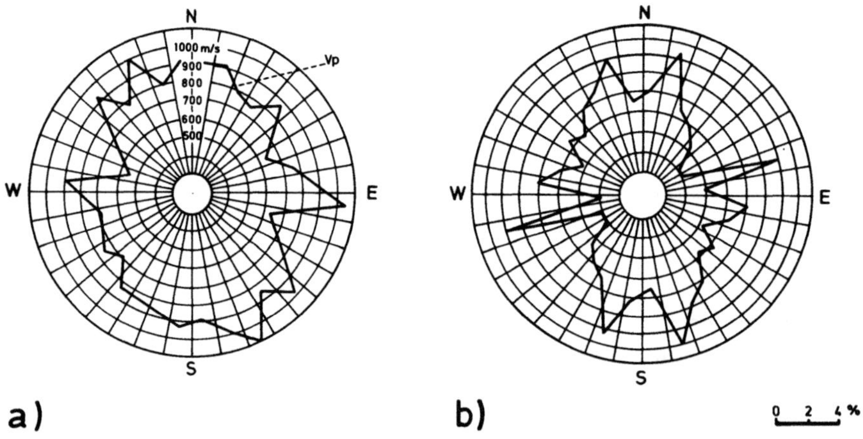

Abb. 1 Vergleich geophysikalischer und gefügetektonischer Untersuchungen im Testfeld Tennenbronn
a) Richtungsabhängigkeit seismischer Geschwindigkeiten an der Oberfläche
b) Symmetrische Kluftrosen (BERNHARDT 1984)

Fig. 1 Comparison of geophysical and structural investigations in the test field Tennenbronn
a) anisotropy of seismical velocities on the surface
b) symmetrical joint diagram (BERNHARDT 1984)

schwindigkeits-Tiefenfunktion und der aus den Geschwindigkeiten berechnete seismische Klüftigkeitskoeffizient "K̃" (vgl. Formel (1) im Abschnitt "Seismische Methoden") zeigt eine gute Übereinstimmung mit den Ergebnissen des Wasserdurchlässigkeitsversuches (vgl. Abb. 2).

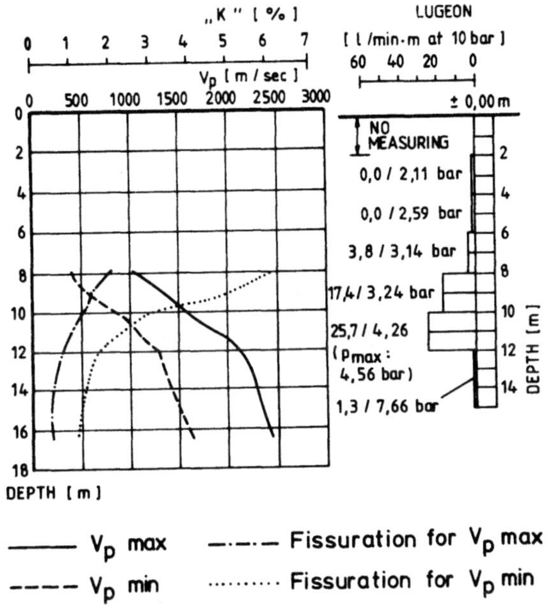

Abb. 2 Geschwindigkeits-Tiefen-Funktion für die seismischen Messungen im Bohrloch 4. Rechts von dem Diagramm sind als Vergleich die Ergebnisse des WD-Versuchs aufgeführt (Fissuration = seismischer Klüftigkeitskoeffizient "K̃")

Fig. 2 Travel-time of seismical up-hole measurements in well no. 4: on the right results of packer test

Von 8 m bis ca. 12 m Tiefe macht sich ein steiler Geschwindigkeitsgradient bemerkbar. In diesem Bereich, der dem Übergang vom Granitgrus zum kompakten Fels entspricht, treten auch die zu erwartenden höheren Wasseraufnahmen auf (≈ 17,4 Lugeon). Die vergleichsweise hohen Wasseraufnahmen zwischen 10 - 12 m (≈ 25,7 Lugeon) sind auf eine 25° streichende Störung mit starker wasserableitender Wirkung zurückzuführen.

Unterhalb von 12 m Tiefe zeigt sich gleichzeitig mit den sehr geringen Wasseraufnahmen (< 2 Lugeon) eine deutliche Abnahme des Geschwindigkeitsgradienten. Diese beiden Ergebnisse weisen auf eine Verminderung der Gesteinsauflockerung hin.

Der quasiparallele Verlauf des berechneten Klüftigkeitskoeffizienten "K̃" (MILITZER 1967 und BLINDE et al. 1983) zu den Geschwindigkeits-Tiefe-Kurven bestätigt sowohl die hydrogeologischen als auch die seismischen Untersuchungen.

Abb. 3 läßt erkennen, daß im Testfeld Tennenbronn aus den mit den WD-Versuchen gleichzeitig durchgeführten Eigenpotentialmessungen zwei Richtungen, nämlich um 25° und um 150°, hervortreten. Beide Richtungen sind

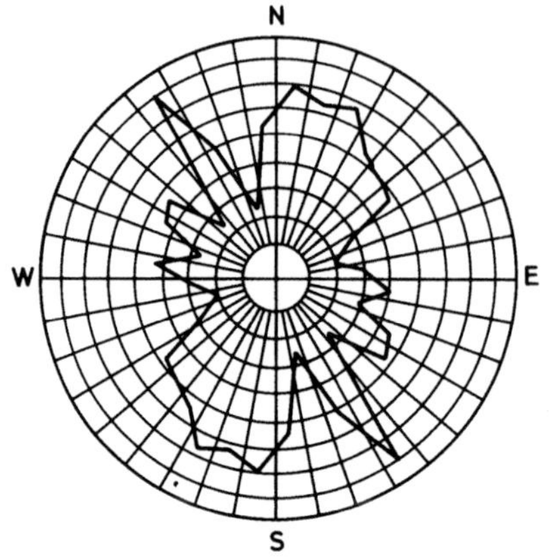

Abb. 3 Richtungsstatistische Auswertung der Eigenpotential-Meßwertdifferenzen für einen WD-Versuch im Testfeld Tennenbronn

Fig. 3 Statistical analyses of self-potential differences in the test field Tennenbronn measured during a packer test

auch in der Kluftrose (Abb. 1b), wenn auch mit unterschiedlicher Häufigkeit, vertreten. Zusammen mit den im Eigenpotentialmuster nicht vorhandenen Kluftmaxima kommt damit die unterschiedliche Wasserwegsamkeit bei den einzelnen Kluftrichtungen zum Ausdruck. Eigenpotentialmessungen stellen somit eine wertvolle Ergänzung zu den Ergebnissen der WD-Versuche dar.

Eine mechanische Untergrundverbesserung nach den Injektionsversuchen konnte hier geophysikalisch nicht festgestellt werden. Die Änderungen der V_p-Wellengeschwindigkeiten nach der Injizierung des Testfeldes waren nicht signifikant.

Vergleichende hydro- und ingenieurgeologische Untersuchungen, die nach den Injektionen durchgeführt wurden, lieferten ebenfalls keine Anhaltspunkte für eine von der Verpreßbohrung weit wegreichende mechanische Untergrundverbesserung (METZLER 1985; METZLER et al., in diesem Band). Durch die geophysikalischen Untersuchungen können daher diese Feststellungen bestätigt werden.

Testfeld Baiersbronn

Bei dem Testfeld Baiersbronn handelt es sich um einen im Mittel 30 m bis 40 m mächtigen oberkarbonischen Zwei-Glimmer-Ganggranit. Der Granit weist eine mittelständige Klüftung mit 4 Hauptrichtungen auf (25°, 65°, 100°, 135°). Bei der ingenieurgeologischen Ansprache wird dieser Granit bzw. dieses Testfeld als Typ A definiert (METZLER et al., in diesem Band).

Die in einem Teil des Testfeldes Baiersbronn gewonnenen Ergebnisse der seismischen "up-hole"-Messungen, die vor und nach den Injektionsversuchen durchgeführt wurden, sind in Abb. 4 in Form radialer, strahlenförmiger Diagramme dargestellt. Daraus geht hervor, daß eine tiefenabhängige V_p-Geschwindigkeitsverteilung sowohl vor als auch nach der Injektion auftritt. Auf den Einfluß der Sprengauflockerung in der Nähe der Abbauwand sind die niedrigen Geschwindigkeiten vor dem Injektionsversuch zurückzuführen. Durch die Auflockerung wird gleichzeitig die kluftbedingte Geschwindigkeitsanisotropie deutlich ausgeglichen (BLUM 1973; BOCK 1973). Die nach dem Injektionsversuch verstärkt auftretende Richtungs-

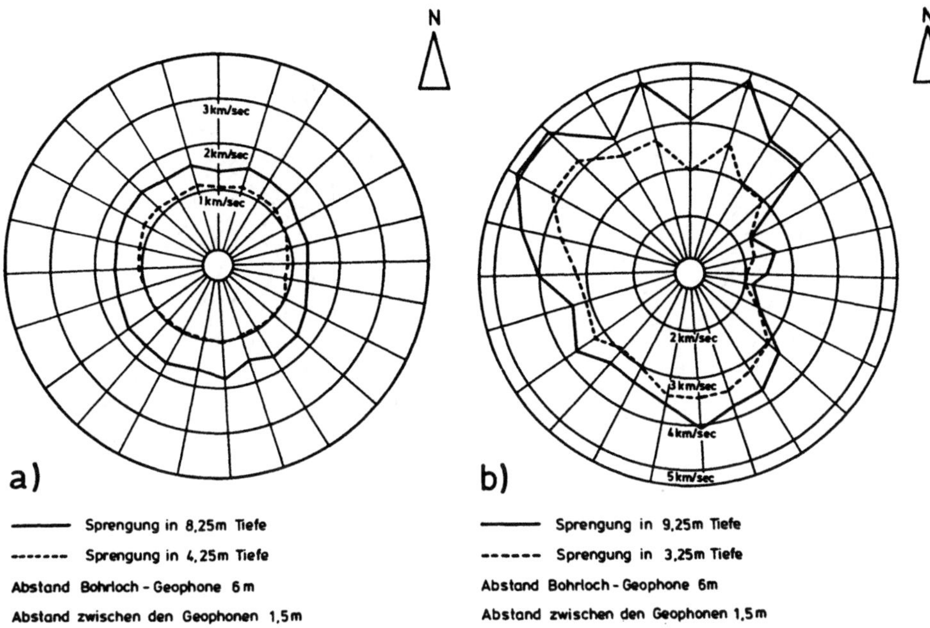

Abb. 4 Richtungsabhängige Verteilung der Fortpflanzungsgeschwindigkeit seismischer Wellen im Testfeld Baiersbronn (up-hole Messungen)
a) V_p-Geschwindigkeiten vor der Injektion
b) V_p-Geschwindigkeiten nach der Injektion
Fig. 4 Comparison of seismic V_p-velocities: a) before and b) after grouting (up-hole measurements)

anisotropie (Abb. 4), unter Beibehaltung der Tiefenanisotropie, entspricht dem im Testfeld gemessenen Kluftsystem (vgl. METZLER et al., in diesem Band).

Die in einem Versuchsbereich des Testfeldes erzielten Verbesserungen durch Injektionsmaßnahmen sollen durch die in Abb. 5 dargestellten seismischen "cross-hole"-Meßergebnisse verdeutlicht werden. Klar erkennbar ist aus Abb. 5, daß in der Hauptkluftrichtung 140° nach Abschluß der Injektionsarbeiten eine Erhöhung der V_p-Wellengeschwindigkeiten von 65,7 % festgestellt werden konnte. Dieses Ergebnis weist auf die Schließung bzw. Füllung der in dieser Richtung verlaufenden Hauptklüfte hin, wie dies auch die nachfolgenden ingenieurgeologischen Untersuchungen im Abbaufeld des Steinbruches bestätigt haben. Im Umkreis von 1,50 m bis 2,00 m um die Verpreßbohrung zeigten die 140° - Klüfte eine vollständige Zementfüllung (METZLER 1985). Der über die seismischen Messungen bestimmte Klüftigkeitskoeffizient "$\tilde{K}$" für dieses Testfeld weist auch hier darauf hin, daß dieser Wert tiefen- und richtungsabhängig ist. So ergaben z.B. die Berechnungen für einen injizierten Bereich eine relative Verminderung des Klüftigkeitskoeffizienten, oberflächennah in ca. 4 m Tiefe um 86 % und in ca. 9 m Tiefe um 97 %.

Mit Hilfe der Eigenpotentialmessungen wurde nachgewiesen, daß die hier bestimmten vier Hauptkluftrichtungen insgesamt wasserwegig wirken, wobei die 30° und 140°-Richtung als Hauptwasserwege betrachtet werden müssen. Diese Ergebnisse stimmen mit den hydrogeologischen Untersuchungen

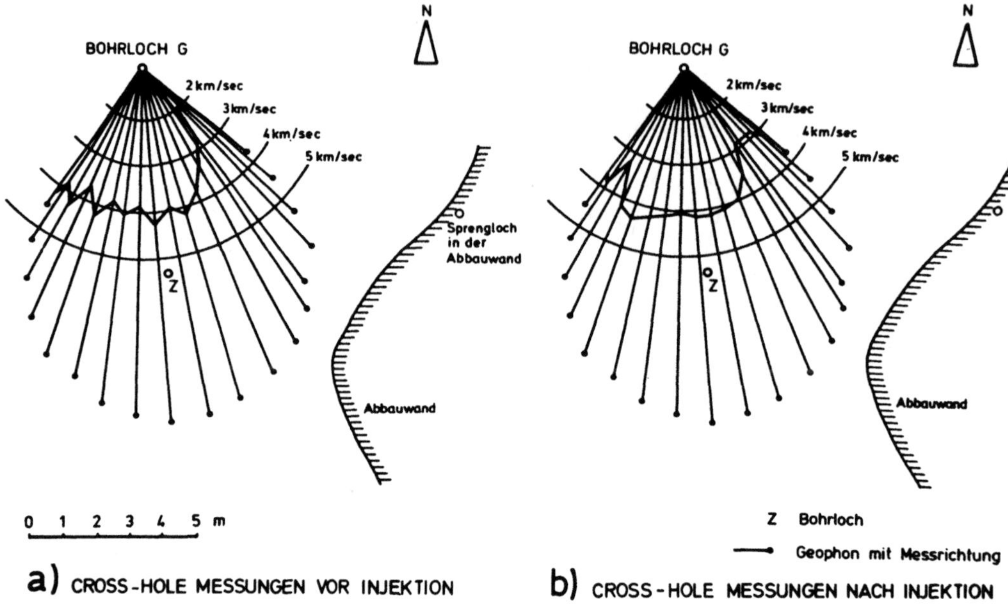

Abb. 5 Seismische "cross-hole"-Messungen im Testfeld A, Bohrloch G
a) V_p-Geschwindigkeiten vor der Injektion
b) V_p-Geschwindigkeiten nach der Injektion

Fig. 5 Cross-hole measurements
a) V_p-velocities before grouting
b) V_p-velocities after grouting

überein (HÖTZL et al. 1981; BLINDE et al. 1981; BLINDE et al. 1983; METZLER 1985).

Aus einer Reihe von Bohrkernen aus Flachbohrungen, die dem im Testfeld A aufgeschlossenen Granit entsprechen, wurden V_p- und V_s-Geschwindigkeiten in Richtung der Längs- und Querachse der Bohrkerne ermittelt. Die Kerne waren nicht orientiert entnommen. So konnte nur der relative Anisotropieeffekt bestimmt werden, indem quer zur Längsachse des Kernes alle 10°.die Laufzeit gemessen wurde (JAKOB 1982). Die so gemessenen Werte zeigen ähnliche Größenverhältnisse wie bei den in-situ-Messungen. Aus den nicht nennenswerten Geschwindigkeitsunterschieden zwischen Kernmaterial und den in-situ Messungen wird die aus dem Trennflächengefüge abgeleitete vergleichsweise geringe Auflockerung des Gesteinsverbandes bestätigt.

Testfeld Alpirsbach

Dieses Testfeld wurde bei den im Rahmen des Schwerpunktes durchgeführten ingenieurgeologischen und hydrogeologischen Untersuchungen als Testfeld A* bezeichnet. Aufgeschlossen sind hier zwei Granitvarietäten: ein z.T. stark verwitterter Biotitgranit sowie ein nur schwach verwitterter Zwei-Glimmer-Granit, der in die Untersuchungen einbezogen war. Der Granit weist eine engständige Klüftung mit drei Hauptrichtungen (35°, 50° und 150°) auf. Die erwartete Richtungsabhängigkeit der V_p-Geschwindigkeiten ist in Abb. 6 beispielhaft dargestellt. Sie zeigt die kluftbedingte V_p-Geschwindigkeitsanisotropie im Umfeld einer Bohrung vor und nach dem Injektionsversuch.

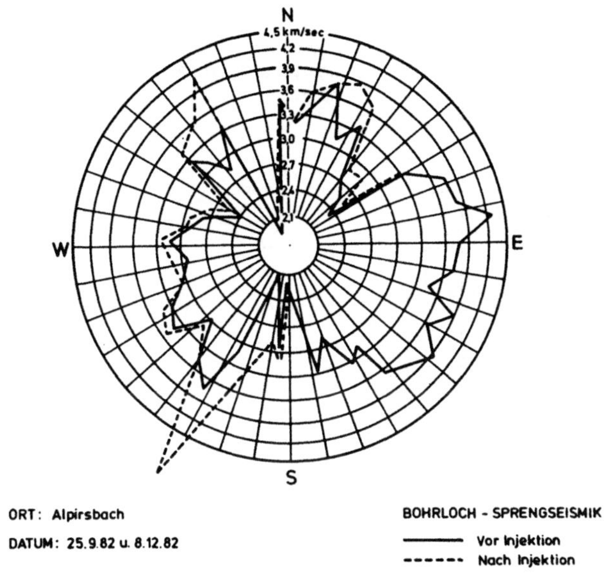

Abb. 6 Richtungsabhängige Darstellung der gemessenen V_p-Geschwindigkeiten im Testfeld Alpirsbach

Fig. 6 Trend diagram for the V_p-velocity in the test field Alpirsbach

Der Bereich zwischen 60° und 180° konnte aus meßtechnischen Gründen bei der Kontrollmessung nach dem Injektionsversuch nicht erfaßt werden. Die fehlenden Ergebnisse in den genannten Richtungen werden durch die symmetrische radiale Anlage der Meßpunkte bzw. der Geophone kompensiert. Die in den Hauptkluftrichtungen gemessenen V_p-Geschwindigkeiten erhöhen sich nach der Injektion um 18 % bis 26 %.

Im allgemeinen erhöht sich die Streubreite der Geschwindigkeiten elastischer Wellen mit steigender Anisotropie des Gesteins bzw. Gesteinsverbandes, d.h. mit zunehmender Größe und unterschiedlicher Füllung von Poren und/oder des Kluftraumes mit der Ausbildungsform der Festsubstanz (Gefüge), den Lagerungsbedingungen u.a.. Da bei der Aufgabenstellung ingenieurgeophysikalischer/seismischer Untersuchungen besonders die Auflockerung und die Klüftigkeit des Gesteins und des Gesteinsverbandes eine wesentliche Rolle spielt (SCHNEIDER 1967), wurde in diesem Testfeld verstärkt versucht, diese zwei Parameter über den Absorptionskoeffizienten (α) bzw. die Dämpfung der elastischen Wellen (MEISSNER et al. 1977) zu erfassen. Trotz meßtechnischer Bemühungen (Normierung der Erregerquelle mit Hilfe eines Fallgewichtes, Zündung von Sprengkapseln im Bohrloch in einer speziell angefertigten Stahlsprengkammer, konstante bzw. gleichbleibende Ankopplung der Geophone) stieß die Frage der Quantifizierung des Verhältnisses Absorption (α) zur Intensität der Klüftigkeit auf Schwierigkeiten, deren Lösung weiterer Untersuchungen bedarf.

Aus dem Vergleich der Amplituden bzw. der Amplitudendifferenzen (in mm) vor und nach dem Injektionsversuch (Abb. 7 und Abb. 8), geht hervor, daß für die erste positive P-Amplitude der Z-Komponente in der Hauptkluftrichtung die größten Differenzen auftreten.

Aus Abb. 8 ist ersichtlich, daß dieses einfache Maß der Amplitudendifferenzen u.U. ein empfindlicherer Indikator für die Klüftigkeit ist als die Geschwindigkeit. Übereinstimmend mit der ingenieurgeologischen Gefüge-

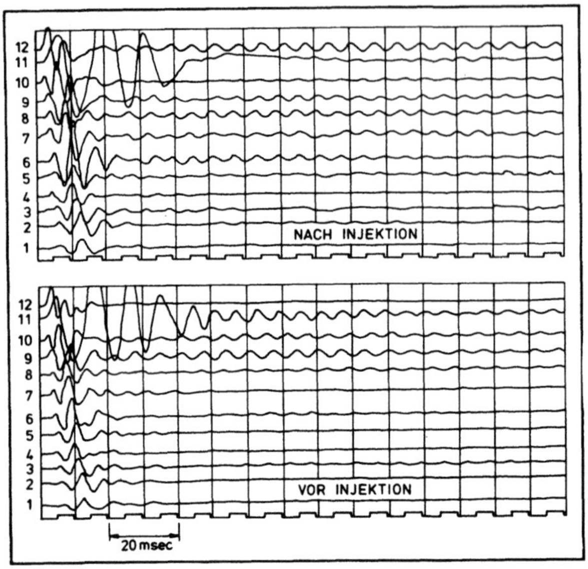

Abb. 7 Seismogrammbeispiel für Messungen vor und nach dem Injektionsversuch. Sprengung in 3 m Tiefe

Fig. 7 Example of seismograms for measurements before and after grouting tests. Explosions in 3 m depth

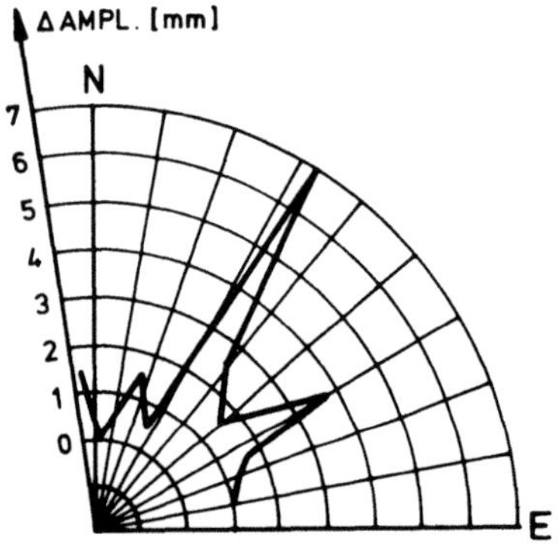

Abb. 8 Richtungsstatistische Darstellung der Amplitudendifferenzen für die Messungen vor und nach dem Injektionsversuch (ΔAmpl. = Ampl. nach Injektion - Ampl. vor Injektion)

Fig. 8 Anisotropic distribution of amplitude differences of seismic signals caused by grouting (ΔAmpl. = ampl after grouting - ampl. before grouting)

aufnahme des Testfeldes tritt hier sehr markant die Richtung 35° und untergeordnet der Bereich 55° - 60° hervor.

Es hat sich weiterhin gezeigt, daß mit Hilfe der Frequenzanalyse, die als Beispiel für die Kanäle 12 der in Abb. 7 dargestellten Seismogramme durchgeführt wurde, keine besseren Ergebnisse bezüglich Klüftigkeit und der injektionsbedingten Änderung zu erwarten sind.

Mit Hilfe geoelektrischer Eigenpotentialmessungen war es auch in diesem Testfeld möglich, durch die Änderung der elektrischen Filtrationspotentiale bei Versuchsdurchführung die wasserwegsamen Hauptkluftrichtungen festzustellen. Die Meßergebnisse bestätigen die um 35° liegende Richtung als die bevorzugte vom Wasser benutzte Kluftrichtung und somit das anisotrope Ausbreitungsverhalten des Wassers im Gesteinsverband (vgl. METZLER et al., in diesem Band und METZLER 1985). Die in Abb. 9 dargestellten richtungsstatistischen Auswertungen der EP- und der Pegelmeßwertdifferenzen, die für zwei verschiedene Wasserabpreßphasen des Wasserdurchlässigkeitstests aufgestellt sind, zeigen, daß beide Methoden auf gleiche Richtungstendenzen hinweisen (BLINDE et al. 1983). Die geringfügigen Abweichungen in der Richtungsstatistik sind auf die unterschiedliche zahlenmäßige und räumliche Verteilung der Meßpunkte zurückzuführen.

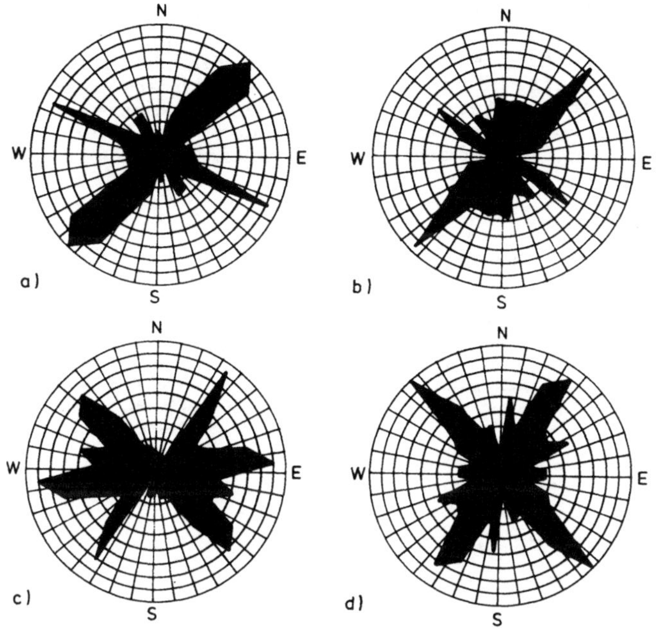

Abb. 9 Richtungsstatistische Auswertung von zwei Zeitintervallen eines WD-Versuches; a und b: Eigenpotentialmeßwertdifferenzen
c und d: Pegelstandsmeßwertdifferenzen

Fig. 9 Statistical analysis of self-potential and water level values for two different time intervals of a packer test
a and b: self-potential measurements (differences of values)
c and d: water level changes (differences of values)

Ein entscheidender Vorteil der EP-Messungen gegenüber der Pegelstandsregistrierung ist, daß bereits bei sehr kleinen Wasserbewegungen im Untergrund meßbare Änderungen der Eigenpotentiale auftreten, wogegen die Pegelstandregistrierungen kurzzeitige Schwankungen und geringfügige Änderungen der Fließvorgänge nicht erfassen können. Ähnliche Tendenzen lassen auch die Ergebnisse der EP-Messungen, die bei den Injektionsversuchen durchgeführt wurden, erkennen. Sie deuten ebenfalls eine anisotrope Ausbreitung des Injektionsgutes (METZLER 1985) an.

FILTRATIONSPOTENTIAL AM LABORMODELL

Um die Frage der Quantifizierung der im Feld durchgeführten Eigenpotentialmessungen näher zu kommen, wurde im Labor an einem aus homogenem Sand geschütteten Damm-Modell eine Reihe von Versuchen durchgeführt. Es sollte bei einem ungestörten und relativ isotropen durchströmten Medium das Verhältnis zwischen den gemessenen elektrischen Potentialen ($V_{(mV)}$) und der Wassersickermenge Q (l/min) bestimmt werden (ARMBRUSTER, MERKLER 1982 und 1983; BOGOLOWSKY et al. 1970; SCHUCH et al. 1968).

Ausgehend von den Laborbedingungen ist anzunehmen, daß im Modell die bei den Feldmessungen auftretenden Störpotentiale der Eigenpotentialmessungen (Oxydations-, Reduktions-, Diffusionspotential u.a.) auf ein Minimum reduziert werden konnten. Um die zeitlich bedingten Meßfehler so klein wie möglich zu halten, wurden die in das Modell eingebrachten Platindrahtelektroden über ein computergesteuertes Datenerfassungssystem praktisch simultan abgefragt. (Abfragedauer der 18 Elektroden - ca. 100 msec.). Die schematische Anordnung der Meßelektroden am Damm-Modell ist in Abb. 10 dargestellt.

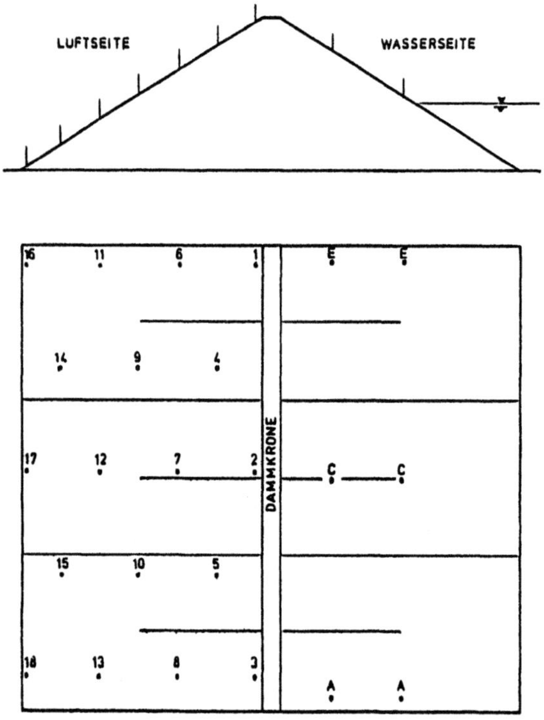

Abb. 10 Anordnung der Meßelektroden (1 - 18); Referenz- bzw. "O"-Elektrode alternativ in A, C, E

Fig. 10 Distribution of the registration electrodes (1-18); the reference respectively "O"-electrode was situated alternating in A, C, E

Um einen Vergleich zwischen dem Verlauf der EP-Werte und der Fließvorgänge zu ermöglichen, wurden für das Modell die theoretischen Sickerlinien bei verschiedenen Stauhöhen berechnet (BERNHARDT 1984). Die Sikkerlinien bzw. deren Verlauf sind in Abb. 11 dargestellt (BLINDE 1973; DAVIDENKOFF 1964).

Die Messungen haben im Versuch die Abhängigkeit der EP-Werte von der Stauhöhe des Wassers bzw. vom hydraulischen Potential bestätigt. Somit

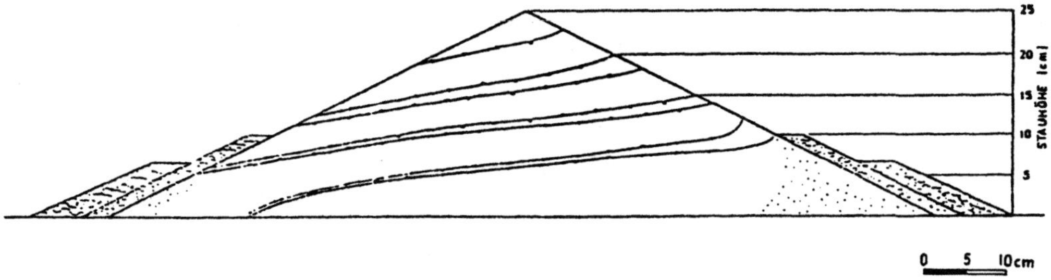

Abb. 11 Theoretische Sickerlinien für das Durchströmungsmodell

Fig. 11 Theoretical seepage lines of a dam model

kann man auch auf ein direktes Verhältnis zwischen Fließmengen und Fließgeschwindigkeiten einerseits sowie gemessenen EP-Werten andererseits schließen.

Die in Abb. 12 dargestellten Meßergebnisse lassen ein Verhalten der positiven EP-Werte an der Luftseite des Damm-Modells erkennen, wie es aus den berechneten Sickerlinien (oberhalb des Stützkörpers) zu erwarten ist. Bei kleinem hydraulischen Potential (im Modell: Stauhöhe < 12 cm) bzw. geringen Durchflußmengen und damit durch Randbedingungen gestörtem Sickerlinienverlauf ist allerdings eine eindeutige Korrelation nicht mehr möglich. Die hierbei auftretenden Störpotentiale als Folge von Kapillar- und Saugspannungen überlagern zu stark die zu erfassenden Filtrationspotentiale.

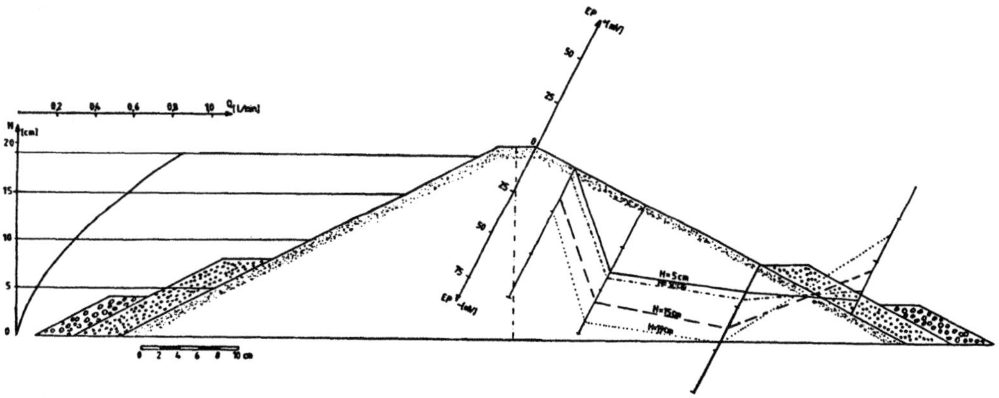

Abb. 12 Meßergebnisse der Eigenpotentiale entlang des mittleren luftseitigen Profils im Durchströmungsmodell

Fig. 12 Results of the self-potential measurements performed along the middle profile of the dam model

Es hat sich jedoch bei diesen ersten Versuchen gezeigt (BERNHARDT 1984; ARMBRUSTER, MERKLER 1984), daß eine Berechnung der Durchströmungsmengen und Fließgeschwindigkeiten aus den gemessenen EP-Werten, nach einem abgewandelten Ausdruck der Helmholtz'schen Formel für Strömungspotentiale, möglich ist. Für quasi-stationäre Fließvorgänge im oberen Staubereich

(> 15 cm) lagen die Differenzen zwischen den aus den EP-Werten berechneten und den tatsächlich am Modell festgestellten Durchflußmengen zwischen 0,01 % und maximal 2,72 %.

Die durchgeführten Modellversuche deuten bezüglich der Unterscheidung einiger bei Geländemessungen aufgetretener Störpotentiale positive Ansätze an. Die Fragen der Quantifizierung von Eigenpotentialmessungen sollte im Sinne der begonnenen Modellversuche weitergeführt werden.

SCHLUSSFOLGERUNGEN

Die vorgestellten ingenieurgeophysikalischen Studien wurden in einer engen interdisziplinären Zusammenarbeit im Rahmen der ingenieur- und hydrogeologischen Bearbeitung aufgelockerter Granite durchgeführt. Durch die Parallelität der vorgenommenen Versuche am selben Objekt und Ort ist eine direkte Vergleichbarkeit der verschiedenen Methoden möglich. Die ingenieurgeophysikalischen Messungen liefern hinsichtlich der Auflockerungseigenschaften und des Durchlässigkeitsverhaltens quantitative Ergebnisse, die mit den direkten Beobachtungen im Einklang stehen. Eine Heranziehung dieser Methoden für eine Bewertung und Klassifizierung aufgelockerter Gesteinsverbände erscheint sinnvoll. Bei den seismischen Untersuchungen konnte über Laufzeitmessungen und über die Dämpfung der elastischen Wellen die kluftbedingte Anisotropie des Gesteinsverbandes und der Gesteine erfaßt werden. Das gleiche betrifft auch die tiefenabhängige elastische Anisotropie des Gesteinsverbandes.

Über eine modifizierte "Zeitmittelgleichung" wurden Versuche unternommen, einen seismischen Klüftigkeitsfaktor "$\tilde{K}$" zu bestimmen. Damit können die seismischen Meßwerte für den ingenieurgeologischen Bedarf quantitativ umgesetzt werden. Seismische Vergleichsmessungen vor und nach den Injektionsversuchen gaben Hinweise über den mechanischen Verbesserungsgrad des Gesteinsverbandes.

Die in-situ Eigenpotentialmessungen haben gezeigt, daß diese Methode für eine differenzierte Ansprache kluftbedingter Wasserwegigkeit anzusehen ist. Sie erlauben damit das richtungsabhängige Ausbreitungsverhalten zu beschreiben. Durchströmungsversuche an einem Labormodell zeigen, daß eine Quantifizierung der Eigenpotentialmessungen nur durch weitere Detailuntersuchungen möglich ist.

DANK

Herrn Dr. R. BLUM vom Hessischen Landesamt für Bodenforschung und Herrn Dr. Dipl.-Geophys. Ch. GELBKE, Westfälische Berggewerkschaftskasse Bochum gilt unser Dank für ihre Unterstützung und direkte Mithilfe bei der Lösung seismischer Teilprobleme. Der Firma RÖHM, Darmstadt und der Firma DEGUSSA, Hanau, die uns unentgeltlich Materialien für die Modellversuche zur Verfügung gestellt haben, sind wir ebenfalls zu Dank verpflichtet.

LITERATUR

Armbruster H, Merkler GP (1984) Geoelectric self-potential measurements, applied for engineering geological techniques and foundation investigations. Terra cognita Nr 1, Vol 4

Armbruster H, Merkler GP (1983) Measurement of subsoil flow phenomena by thermic and geoelectric methods. Bull IAEG, No 26-27, Paris

Armbruster H, Merkler GP (1982) Möglichkeiten der Leckstellenortung an Erddämmen. Geotechnik Nr 1/82

Bernhardt R (1984) Hydrogeologische, hydrochemische und geophysikalische Untersuchungen an Dammabschnitten des Main-Donau-Kanals zur Auffindung von Leckagen. Diplomarbeit, Manuskript, Geologisches Institut der Universität Karlsruhe

Blinde A, Koenzen J-P, Hötzl H, Merkler G, Metzler F (1983) Assessment of the groutability of disintegrated granites by means of hydrogeological, engineering geological and geophysical field investigations. Proc 5th Int Congr Int Soc Rock Mech, Melbourne/Australia

Blinde A, Hötzl H, Merkler G (1983) Determination of the diaggregation anisotropy of rock masses by means of geophysical investigation methods. Bull IAEG, No 26-27, Paris

Blinde A, Hötzl H, Merkler G (1981) Ingenieurgeophysikalische Untersuchungen der Auflockerungsanisotropie von Gesteinen. Ber 3 Nat Tag Ing-Geol, Ansbach

Blinde A (1973) Arbeitsblätter zur Vorlesung Erdbau und Erddammbau. Institut für Bodenmechanik und Felsmechanik, Abt. Erddammbau und Grundbau, Universität Karlsruhe

Blum R (1973) Hammerschlagseismische Feldmessungen an geklüfteten Medien. Sonderforschungsbereich 77, Jahresbericht 1972, Universität Karlsruhe

Bock G (1973) Modellseismische Untersuchungen an geklüfteten Medien. Jahresbericht - SFB 77 Felsmechanik - Universität Karlsruhe

Bogoslovski, VA, Ogilvy AA (1970) Application of geophysical methods for studying the technical status of earth dams. Geophys Prosp Vo XVIII

Davidenkoff R (1964) Deiche und Erddämme. Werner Verlag, Düsseldorf

Hötzl H, Koenzen JP, Merkler G, Metzler F, Rothengatter P (1981) Hydrogeologische Untersuchungen zur Kennzeichnung der Durchlässigkeit von klüftigen Festgesteinen. Veröff Inst Bodenmechanik und Felsmechanik der Universität Karlsruhe, Beiträge zu Erddammbau und Grundbau Heft 87: 143-179

Jacob N (1982) Ermittlung petrophysikalischer Gesteinskennwerte. Geologisches Institut, Universität Karlsruhe, unveröffentlichte Berichte zur Diplomarbeit

Merkler G, Vasiliu I, Vladut T (1972) Anwendung geophysikalischer Messungen zur Erkundung ingenieurgeologischer Eigenschaften der Gründungsfläche des Lotru-Wasser-Kraftwerks. Wiss Techn Informationsdienst des Zentralen Geologischen Institutes, Heft 5, Berlin

Merkler G, Moldoveanu T (1970) Einige Beispiele zur Anwendbarkeit geophysikalischer Messungen bei Baugrunduntersuchungen. Proc Sec Congr of Int Soc of Rock Mech, Vol 1, Beograd

Merkler G, Vladut T, Metaxa V (1970) Geophysikalische Messungen angewandt zur Ermittlung einiger Materialkennwerte des Gebirges. Ergebnisse und Problematik dieser Messungen. Proc Sec Congr of Int Soc of Mech, Vol 1, Beograd

Metzler F (1985) Ermittlung des Durchlässigkeits- und Injektionsverhaltens aufgelockerter Granite (Vergleich von Gefügeauswertung, WD- und Injektionsergebnissen). Dissertation, Universität Karlsruhe (im Druck)

Metzler F, Blinde A, Hötzl H (1985) Durchlässigkeits- und Injektionsverhalten aufgelockerter Granite (in diesem Band)

Meißner R, Stegena L (1977) Praxis der seismischen Feldmessung und Auswertung. Gebr Bornträger, Berlin

Militzer H (1967) Geophysik im Felsbau. Felsmechanik und Ingenieurgeologie. Springer Verlag, Vol V/1

Schneider B (1967) Moyens nouveaux de reconnaissance des massifs rocheux. Ann de l'Institut du Batiment et des Travaux Publics, No 235-236
Schuch M, Wanke R (1968) Die zeitliche Variation elektrischer Strömungsspannungen auf kurzen vertikalen Meßstrecken in Mineralböden. Z f Geophysik, BD 34: 599-610

Verdichtungs-, Verformungs- und Sättigungsverhalten von Schüttungen in Abhängigkeit von der geologischen Gesteinsentfestigung

K. KAST, A. BLINDE und J. BRAUNS[1]

SUMMARY

The object of this research project was to determine the influence of geological disintegration of rock material on the mechanical properties of granitic rockfills. As a first step an appropriate method to quantify the degree of geological disintegration of granites was developed. Comparative investigations led to a characterization based on micro-mechanical and chemical properties, i.e. on the frequency of microfractures and the content of newly formed clay minerals in the rock material (fig. 2).

Numerous oedometric and triaxial compression tests on various granite fills with different degrees of disintegration (ranging from sound to severely decomposed) revealed the influence of disintegration on the strength and stress strain characteristics.

The preparation of realistic samples of grain breakage sensitive rockfill materials with the help of dynamic compaction was used in this project. The method and the intensity of compaction has a great influence on the mechanical behaviour of such materials.

The settlements of fills due to first flooding, an important aspect in embankment dam engineering, and the necessary pre-compaction to avoid such saturation settlements can both be estimated using the methods developed in this research project.

The main conclusions from this research project may be summarized as follows:

a) Dependent on the geological disintegration, rockfill materials show a characteristic particle breakdown behaviour during compaction (fig. 5). The structure of such a fill is mainly determined by the process of breakdown and this structure governs the mechanical behaviour of such fills.

b) Under consolidation or shear stresses, dry rockfills and rockfills with natural moisture content exhibit a stiffer behaviour and a higher shear strength than those which are watersaturated (fig. 8). Saturation of a dry sample, under a certain constant load results in a saturation strain. This strain was found to be equal to the difference between the strains obtained from a dry and a saturated test at the same load (fig. 7).

[1] Prof. Dr. A. Blinde, Prof. Dr. J. Brauns, Dipl.-Ing. K. Kast, Institut für Boden- und Felsmechanik der Universität Karlsruhe, Kaiserstr. 12, D-7500 Karlsruhe

Ingenieurgeologische Probleme im Grenzbereich zwischen Locker- und Festgesteinen
(Herausgegeben von K.-H. Heitfeld)

c) Saturation strains, mainly caused by particle breakdown effects during saturation, are considerably larger under shear than under isotropic compression for the same mean stress (fig. 11).

d) Strains due to saturation can be anticipated by "breakdown compaction". The necessary specific compaction energy to achieve this, increases as the rock grains become more disintegrated (fig. 6).

e) By applying the developed test technique, it is possible to estimate the necessary compaction intensity to avoid saturation strains (fig.6).

The results of this investigation show that it does not seem to make much sense to improve the existing numerical solutions for the calculation of stresses and strains in rockfill dams unless the techniques for testing the material behaviour under conditions as close as possible to those in situ are also improved at the same time.

EINLEITUNG

Im Dammbau müssen häufig Felsmaterialien als Schüttstoffe verwendet werden, die in ihrer Gesteinssubstanz eine mehr oder weniger ausgeprägte Entfestigung aufweisen. Diese ist im wesentlichen durch geologisch bedingte Vorgänge der Tektonik und der chemischen Umwandlung verursacht. Die tektonische Beanspruchung äußert sich dabei in einer mechanischen Zerlegung des Gesteins an Klüften und Störungen und führt gleichzeitig zu einer Auflockerung der Gesteinssubstanz mit der Bildung von Mikrorissen. Verwitterungsprozesse exogener (z.B. Verwitterung) und endogener Art (z.B. hydrothermale Zersetzung) verstärken die Schwächung der Gesteinssubstanz und des Korngefüges.

Schüttmaterialien dieser Art werden bei der Verdichtung erheblich zertrümmert, wobei der Grad der Zertrümmerung die "Kompaktheit" der Haufwerksstruktur und damit die mechanischen Eigenschaften entscheidend bestimmt. Auch die in jüngerer Zeit als wesentlich erkannten Sättigungsverformungen bei der ersten Flutung derart aufgebauter Stützkörper (CASAGRANDE 1965; NOBARI-DUNCAN 1972) zeigen eine deutliche Abhängigkeit vom geologischen Entfestigungsgrad des Gesteins. Durch eine Anpassung der angewandten Verdichtungsenergie an den Grad der geologischen Gesteinsauflockerung kann dieses Verformungsverhalten weitgehend beeinflußt werden.

Ziel des vorliegenden Forschungsprojektes war, den folgenden Zusammenhängen nachzugehen:

1. Verdichtungs- bzw. Kornzertrümmerungsverhalten,
2. Verformungsverhalten unterschiedlich verdichteter Proben unter einaxialer (oedometrischer) Kompression,
3. Sättigungsverhalten unterschiedlich verdichteter Proben unter einaxialer Kompression,
4. Verformungsverhalten unterschiedlich verdichteter Proben unter dreiaxialem Spannungszustand,
5. Sättigungsverhalten unterschiedlich verdichteter Proben unter dreiaxialem Spannungszustand,

jeweils in Abhängigkeit vom geologischen Auflockerungsgrad.

Aus dieser Aufzählung ist unschwer abzulesen, daß hier eine Vielzahl von Materialuntersuchungen und, als Voraussetzung hierzu, einige Geräteentwicklungen notwendig waren.

INGENIEURGEOLOGISCHE CHARAKTERISIERUNG DER UNTERSUCHTEN GRANITE

Allgemeiner Überblick

Das für die Untersuchung ausgewählte Gebiet des Triberger Granitkomplexes liegt im Bereich des mittleren Schwarzwaldes (Abb. 1) und umfaßt ein Areal, das nördlich von Furtwangen beginnt und sich in nordöstlicher Richtung bis südlich Freudenstadt erstreckt. Es wird im Westen vom prävariszischen Gneisgebirge (Zentralschwarzwälder Gneismasse) begrenzt und taucht nach Osten unter das mesozoische Deckgebirge ab.

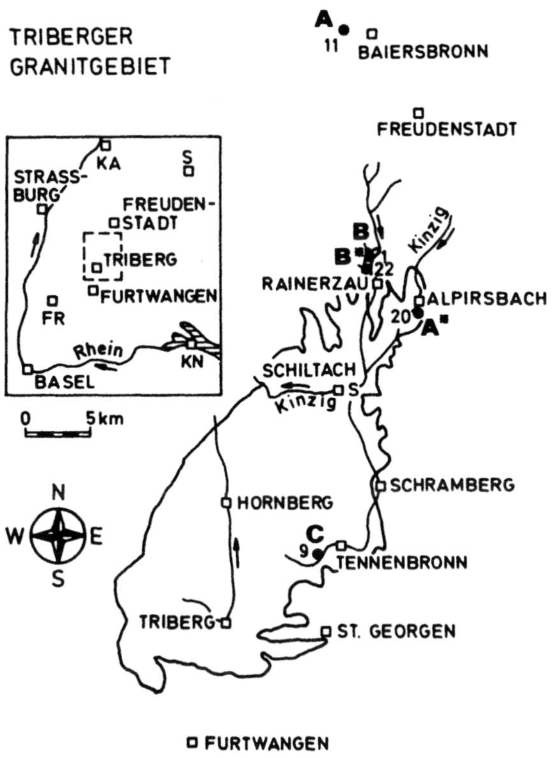

Abb. 1 Übersicht über das Triberger Granitareal und die Lage der ausgewählten Aufschlüsse und Gewinnungsstellen

Fig. 1 "Triberg Granite" area and locations of sites investigated

Eine umfassende Beschreibung der Petrologie des Triberger Granites findet sich in SCHLEICHER/FRITSCHE (1978).

Auswahl der Aufschlüsse zur Materialentnahme

Im Rahmen der Forschungsarbeit zur ingenieurgeologischen Kennzeichnung und schüttstofftechnologischen Untersuchung des Granites sollte möglichst der gesamte Variationsbereich der Gesteinsauflockerung erfaßt werden. Hierzu wurden aus den insgesamt 22 aufgenommenen Aufschlüssen (vgl. hierzu den Beitrag METZLER/BLINDE/HÖTZL, in diesem Band) für das vorliegende Projekt 5 Aufschlüsse ausgewählt und eingehend untersucht. In Tab. 1 sind diese Aufschlüsse näher gekennzeichnet.

Drei Aufschlüsse, in Tab. 1 mit Typ A, Typ B und Typ C bezeichnet, erlaubten, das für die schüttstofftechnologischen Untersuchungen notwendige Steinschüttmaterial in entsprechenden Mengen und Korngrößen zu gewinnen.

Bei dem ausgewählten Granit Typ A handelt es sich um einen mittelständig geklüfteten Ganggranit, der mit seiner kaum angegriffenen Gesteinssubstanz als Vertreter eines gesunden, nicht aufgelockerten bzw. unverwitterten Granits gelten kann. Der Granit Typ B (u.a. hydrothermal angegriffen) stammt aus dem Steinbruch "Knechtsbauernhof" bei Reinerzau. Dieses Vorkommen ließ einen mittleren geologischen Auflockerungsgrad erwarten. Zur weiteren Abstufung wurden ergänzend die Vorkommen A* und B* herangezogen (Tab. 1).

Tab. 1 Liste der ausgewählten Aufschlüsse und Entnahme im Triberger Granit (vgl. auch Übersichtsskizze Abb. 1)

Tab. 1 Sites in the Triberger Granite area which were investigated in detail

Aufschluß Nr.	Lokalität	Benennung Typ
11	Mitteltal (westlich Baiersbronn)	A
20	Alpirsbach-Rötenbach	A*
22	Reinerzau ("Tiefengraben")	B*
1	Reinerzau ("Knechtsbauer")	B
9	südw. Tennenbronn (Gasthof Schützen)	C

Etwas schwieriger gestaltete sich die Suche nach einem auch für die schüttstofftechnologischen Untersuchungen geeigneten Typus eines in seiner Gesteinssubstanz nahezu vollständig entfestigten Granites. Er wurde schließlich in einer "Sandgrube" südwestlich von Tennenbronn aufgefunden (Typ C).

Charakterisierung der mikromechanischen Auflockerung

Für die schüttstofftechnologischen Belange ist, neben dem für die Gewinnung maßgebenden Trennflächeninventar (insbesondere Kluftabstände), vor allem der Gesteinszustand von Bedeutung. Die für die Laborversuche verwendete Kornfraktion (8 bis 30 mm) liegt hierbei im Kiesbereich und damit unter dem kleinsten Kluftabstand in den Aufschlüssen.

Zur quantitativen Erfassung der mikromechanischen Auflockerung wurde der Bestand an Mikrorissen im Dünnschliffbild erfaßt und ausgewertet (vgl. z.B. ONODERA et al. 1974). Die Ergebnisse sind in Tab. 2 zusammengestellt.

Die Intensität an Mikrorissen nimmt von Granit Typ A (nahezu keine Risse) über die zwei zusätzlich ausgewählten Typen A* und B* und Typ B (im Mittel 4,1 Risse/cm) bis hin zum Typ C (im Mittel 8,1 Risse/cm) zu.

Tab. 2 Ergebnisse der Mikrorißanalysen

Tab. 2 Results of micro-fracture analyses

		Typ A	Typ A*	Typ B*	Typ B	Typ C
Mikroriß-intensität I_{mf} (Anzahl/cm)	Streu-bereich	-	0,4-1,3	0,2-2,0	0,7-6,0	6,1-10,7
	Mittelwert	0,01	0,8	1,0	4,1	8,1

Die Mikrorißintensität (I_{mf}) hat sich als sehr verläßliche Kenngröße bezüglich der mechanischen Gesteinsauflockerung erwiesen und kann daher als geeigneter Parameter für die ingenieurgeologische Charakterisierung verwendet werden (vgl. a. DEARMAN et al. 1978).

Charakterisierung der chemischen Umwandlung

Der Grad der chemischen Umwandlung (Verwitterung) hat wesentlichen Einfluß auf die Eigenschaften von Steinschüttmaterial. Bislang ist noch nicht allgemein definiert, wie der chemische Verwitterungsgrad solcher Gesteine durch quantitativ bestimmbare und eindeutige Kennwerte gekennzeichnet werden kann. Im Rahmen des vorliegenden Forschungsvorhabens wurde dieser Frage besondere Aufmerksamkeit gewidmet.

In röntgendiffraktometrischen Untersuchungen sowie ausgedehnten geochemischen Analysen wurde versucht, geeignete Kenngrößen zu ermitteln. Aufgrund der geringen Absolutbeträge der Meßgrößen und der nur schwachen Andeutung der Trends war mit diesem Verfahren eine sichere Klassifizierung bezüglich der chemischen Umwandlung aber nicht möglich.

Die Suche nach einer gut und sicher quantifizierbaren, problemrelevanten chemischen Verwitterungskenngröße war schließlich durch die Zusammenarbeit mit dem Institut für Mineralogie der Universität Karlsruhe (Prof. Dr. Smykatz-Kloss) erfolgreich. Die angewandte Untersuchungsmethode der Differenz-Thermo-Analyse (DTA) wurde von Smykatz-Kloss/Göbelbecker innerhalb des Schwerpunktprojektes "Der Verwitterungsgrad von Gesteinen als Maß für ihre ingenieurgeologische Verwendbarkeit" erarbeitet (vgl. den betreffenden Beitrag in diesem Band).

Der Verwitterungsgrad nach der DTA-Methode bezeichnet den Anteil neugebildeter Schichtsilikate in % des Volumens des Gesamtgesteins unter Berücksichtigung des primär vorhandenen Glimmers. Aufgrund des unterschiedlichen Ausgangsanteils an verwitterbaren Mineralen war im Rahmen des vorliegenden Projektes eine Normierung des DTA-Wertes zu einer "Verwitterungszahl I_{vc}" gemäß folgender Definition notwendig bzw. zweckmäßig:

Die chemische Verwitterungszahl I_{vc} ist der mit Hilfe der DTA-Methode bestimmte Anteil an neugebildeten Tonmineralen bezogen auf den vorhandenen Volumenanteil aus Feldspat und Glimmer.

Insgesamt zeigte sich, daß die DTA für eine sichere Quantifizierung des chemischen Verwitterungszustandes des Granitgesteins herangezogen werden kann.

Quantitatives Einordnungsschema für geologisch aufgelockerte Granite

Im Rahmen des Projektes konnte gezeigt werden, daß es durch die genannten Untersuchungsmethoden möglich ist, Granite sowohl hinsichtlich der mikromechanischen Auflockerung als auch bezüglich der chemischen Umwandlung quantitativ zu charakterisieren. Ein wesentliches Ziel des vorliegenden Forschungsvorhabens, nämlich die Entwicklung eines quantitativen Einordnungsschemas für den Grad der geologischen Auflockerung von Granitgesteinen, konnte damit erreicht werden. Abbildung 2 zeigt dieses Schema mit der Mikrorißintensität als Maß für die mechanische Auflockerung und der chemischen Verwitterungszahl I_{vc} als Maß für die chemische Umwandlung.

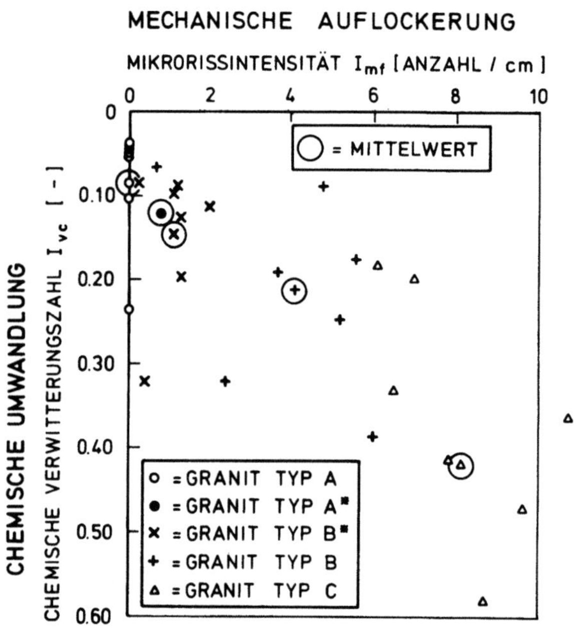

Abb. 2 Quantitatives Einordnungsschema für geologisch aufgelockerte Granitgesteine

Fig. 2 Diagram for quantitative identification of disintegration of granite rock material

Wie aus diesem Diagram zu entnehmen ist, lassen die hier untersuchten Materialien mit ihren entsprechenden Mittelwerten einen direkten Zusammenhang zwischen diesen beiden Kenngrößen erkennen. Aus der Lage der Mittelwerte der Materialtypen A, B und C im Diagramm bestätigt sich auch die richtige Auswahl der für die weitergehenden Untersuchungen zum schüttstofftechnologischen Verhalten gewählten Vorkommen.

SCHÜTTSTOFFTECHNOLOGISCHE UNTERSUCHUNGEN

Gesteinsmechanische Eigenschaften

Zu den gesteinsmechanischen Eigenschaften der untersuchten Granite wurden umfangreiche Untersuchungen durchgeführt. Neben den Indexgrößen wie Korndichte, Rohwichte und Gesteinsporenanteil wurden die einaxiale Druckfestigkeit, Verformungsmodul, Wasseraufnahme u.a. bestimmt. Die hierbei festgestellten, annähernd linearen Korrelationen mit dem geologischen

Auflockerungsgrad bestätigen frühere Untersuchungen (LUMB 1962, ONODERa et al. 1974).

Nähere Untersuchungen an Gesteinsstücken, wie sie in den weiterführenden Drucksetzungs- und Dreiaxialversuchen als Schüttgutteile vorkommen, erbrachten Hinweise auf das Verhalten des Einzelkorns in Haufwerken in Abhängigkeit von der geologischen Auflockerung.

Stellvertretend für die angetroffenen Korrelationen zwischen den ingenieurgeologischen Charakterisierungskennwerten (I_{vc} und I_{mf}) und dem gesteinsmechanischen Verhalten der Haufwerkskörner sei hier das Verhalten im Punktlastversuch wiedergegeben (Abb. 3).

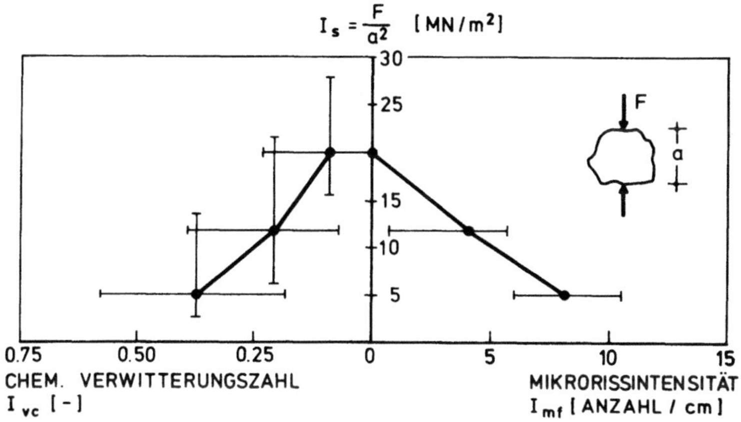

Abb. 3 Ergebnisse von Punktlastversuchen in Abhängigkeit von den geologischen Auflockerungskenngrößen (Mittelwerte und Streubreiten)

Fig. 3 Results of point load tests as a function of geological indices of disintegration

Mit ansteigender chemischer Umwandlung bzw. mikromechanischer Auflockerung fällt der Festigkeitsindex I_s (vgl. Empf. Nr. 5, AK 19, DGEG 1982) deutlich ab. An den gewonnenen Ergebnissen ist abzulesen, daß sich der Punktlastversuch zur vergleichenden in situ-Bestimmung gesteinsmechanischer Eigenschaften gut heranziehen läßt.

Verdichtungsverhalten

Versuchstechnik und Geräte

Für die Untersuchungen zum Verdichtungsverhalten mußte zunächst ein Schlagverdichtungsgerät entwickelt und gebaut werden. Das Gerät besteht im wesentlichen aus einem an der Innenwandung hartverchromten Stahlzylinder mit den Dimensionen Durchmesser/Höhe = 200 mm/400 mm, einem Betonfundament (Masse ca. 800 kg), einem hydraulisch betriebenen Schlaggerät sowie einem Hebezeug. Eine detaillierte Beschreibung des Versuchsgerätes ist BRAUNS et al. (1980) zu entnehmen.

Mit Hilfe des Schlaggerätes kann das Prüfgut mit definierter Schlagenergie verdichtet werden. Im Rahmen der vorliegenden Arbeit wurde die eingebrachte Verdichtungsenergie - in Anlehnung an den Proctor-Versuch (DIN 18 127) - als die auf das Volumen der Schüttprobe bezogene Arbeit des Fallgewichtes definiert. Um einen konkreten Anhalt für die aufgewandte Verdichtungsenergie zu geben, wird sie zu derjenigen der Proctorenergie (E_p = 0,6 MN/m³) ins Verhältnis gesetzt, indem als Kennzahl der Verdichtungsintensität

$$\lambda_p = E/E_p$$

(E = aufgewendete volumenbezogene Verdichtungsenergie) verwendet wird. λ_p = 1 entspricht demnach der einfachen Energie, λ_p = 4,5 derjenigen der "modifizierten" Energie aus dem Proctorversuch (E_{mod} = 2,75 MN/m³).

Versuchsergebnisse

Die Ergebnisse der Verdichtungsversuche im Verdichtungszylinder sind in Abb. 4 dargestellt. Aufgrund der etwas unterschiedlichen Kornform wurden unterschiedliche Einbauporenanteile (n_o) gemessen. Zur Vergleichbarkeit des Verdichtungsverhaltens wurde daher eine Normierung vorgenommen:

$I_n = n/n_o$ (Verdichtungszahl) $1 < I_n < 0$

mit n = durch Verdichtung erzielter Porenanteil
n_o = Porenanteil zu Versuchsbeginn

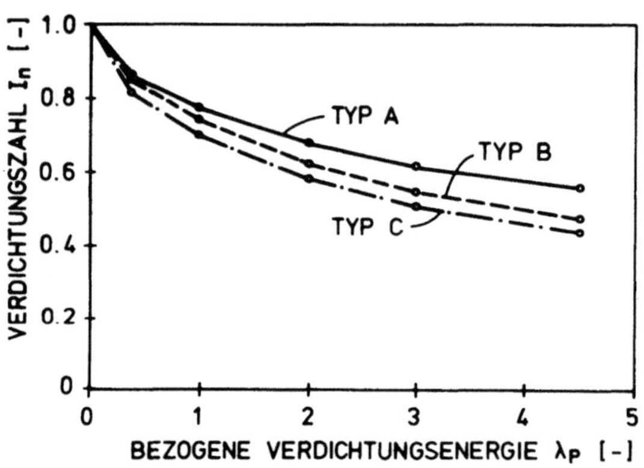

Abb. 4 Verdichtungsverhalten der untersuchten Schüttguttypen im Schlagverdichtungsgerät

Fig. 4 Compaction behaviour of three granite fills tested

In Abhängigkeit der bezogenen Verdichtungsenergie λ_p ergibt sich ein charakteristisches Verdichtungsverhalten dahingehend, daß erhebliche Energien aufgewendet werden müssen, um eine gewisse "Stabilisierung" des Schüttgutes zu erreichen. Dies gilt für alle Materialtypen gleichermaßen. Zur Erreichung derselben Verdichtungszahl I_n ist bei Granittyp A etwa die doppelte Verdichtungsenergie notwendig wie bei Typ C.

Die erreichte Verdichtungszahl spielt beim mechanischen Verhalten des Schüttmaterials eine wesentliche Rolle. Diesem Einflußparameter wurde daher bei den folgenden Spannungsverformungsuntersuchungen besondere

Beachtung geschenkt. Die Verdichtung des gezeigten Ausmaßes geht erwartungsgemäß einher mit einer mit der Verdichtungsenergie wachsenden Kornzertrümmerung. Neben den Ausgangskornverteilungen sind in Abb. 5 für die ausgezeichneten Werte $\lambda_p = 1$ und $\lambda_p = 4,5$ die zugehörigen Kornverteilungen des Schüttgutes nach Verdichtung einander gegenübergestellt. Die mit dem Grad der geologischen Auflockerung steigende Kornbruchanfälligkeit ist augenfällig.

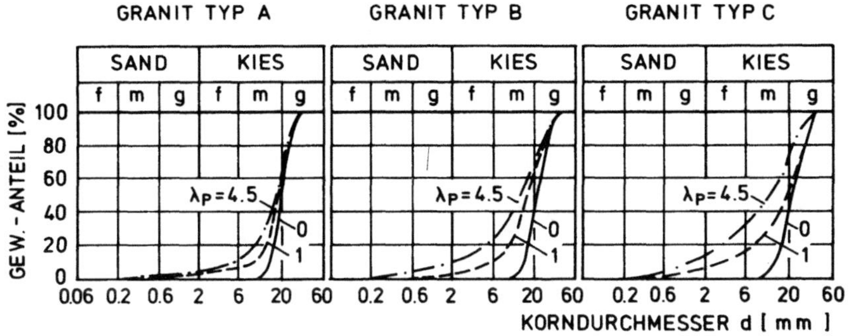

Abb. 5 Kornverteilungen der Granittypen A, B und C nach Verdichtung mit unterschiedlicher Schlagenergie

Fig. 5 Gradation curves of granite type A, B, C after compaction with different dynamic compaction energy

Spannungsverformungsverhalten unter oedometrischer Kompression

Versuchstechnik und Geräte

Im Zusammenhang mit der labormäßigen Untersuchung des mechanischen Verhaltens von Steinschüttmaterialien ist es (wie bereits im Eingangsabschnitt erwähnt) wesentlich, daß die im Feld erzielte Struktur des Schüttkörpers an den Vorgang der Zertrümmerungsverdichtung gebunden ist. Diese Struktur läßt sich im Laboratorium bei der Herstellung von Prüfkörpern - etwa durch Einrütteln - nicht ohne weiteres reproduzieren (vgl. hierzu BRAUNS et al. 1979). Die Herstellung von Proben mit wirklichkeitsnaher Kornstruktur, entstanden durch Kornzertrümmerungseffekte bei Eintrag von Verdichtungsenergie, war daher erstes Teilziel des vorliegenden Projektes.

Der für die Verdichtungsversuche entwickelte Probenzylinder wurde so konzipiert, daß er, durch entsprechende Meßeinrichtungen ergänzt, als Versuchsgerät für Drucksetzungsversuche verwendet werden kann. Der Zylinder wird nach Verdichtung zur Belastung der Probe auf eine Prüfpresse gestellt. Zur Sättigung des Prüfgutes unter Last wurde die Bodenplatte des Verdichtungstopfes mit einer Filterplatte aus Bronzesintermaterial ausgestattet. Über ein Füllgefäß mit Zuleitung kann so zu einem beliebigen Versuchszeitpunkt eine vollständige Sättigung der Probe mit Wasser erfolgen. Nähere Einzelheiten zu dieser Versuchstechnik können KAST/BRAUNS (1981a und b) entnommen werden.

Verformungsverhalten unterschiedlich verdichteter Proben bei Belastung und Wassersättigung unter Last

An den drei ausgewählten Granittypen A, B und C wurden umfangreiche Versuchsserien durchgeführt. Folgende Versuchsparameter wurden dabei variert:

- Verdichtung; untersucht wurden alle Stufen von unverdichtet bis hin zu einer bezogenen Verdichtungsenergie von $\lambda_p = 4{,}5$;
- Spannungsniveau bei Sättigung; die unterschiedlich verdichteten Proben wurden unter verschiedenen Belastungen, beginnend von 0 bis hin zu 4 MN/m^2 wassergesättigt.

Die Versuchsergebnisse sind in KAST/BRAUNS (1981a und b) ausführlich dargestellt. Wesentliche Schlüsse daraus sind nachfolgend zusammengestellt.

a) Charakteristisches Drucksetzungsverhalten
Die Form der Drucksetzungsabhängigkeit der untersuchten Schüttgutproben ist je nach Vorverdichtungsintensität verschieden, wobei die Drucksetzungslinien Wendepunkte enthalten: In einem anfänglichen Belastungsbereich zeigt das Material mit der Last zunächst zunehmende Steifigkeit. Oberhalb eines bestimmten, von der Intensität der Vorverdichtung abhängigen Belastungsniveaus verhält sich das Material dann zunächst wieder weicher, bedingt durch vermehrt einsetzenden Kornbruch. Weiter steigende Belastung führt schließlich zu erneut zunehmendem Verformungswiderstand.

Die Lage der diese Verhaltensbereiche abgrenzenden Wendepunkte ist, außer von der Vorverdichtung, abhängig vom geologischen Auflockerungsgrad des Gesteins. Die Abnahme an Verformungswiderstand setzt nämlich umso früher ein, je stärker das betreffende Material entfestigt ist.

b) Einfluß der Wassersättigung auf das Drucksetzungsverhalten
Setzungen, die ein unter einer bestimmten Belastung stehendes Schüttmaterial während einer Wassersättigung zeigt, werden mit Sättigungssetzungen (ε_{1s}) bezeichnet. Den Sättigungssetzungen sowie den Veränderungen des weiteren Verformungsverhaltens des Schüttgutes nach einer Wassersättigung wurde innerhalb der Versuchsserien besonders nachgegangen.

- Sättigungssetzungen
Die Versuchsergebnisse (Abb. 6) zeigen, daß neben der Vorverdichtung und dem Gesteinszustand auch das Spannungsniveau bei Sättigung einen maßgebenden Einfluß auf die zu erwartenden Sättigungssetzungen hat.Für die untersuchten Materialien ist direkt quantitativ ablesbar, welche Sättigungssetzungsbeträge bei vorgegebener Verdichtung und betrachtetem Spannungsniveau zu erwarten sind, bzw. welche Vorverdichtung notwendig ist, um Sättigungssetzungen weitgehend auszuschließen. So ist z.B. für das Material Typ A eine Vorverdichtung gemäß $\lambda_p = 1$ für $\sigma_1 = 2$ MN/m^2 und eine solche gemäß $\lambda_p = 2$ für $\sigma_1 = 4$ MN/m^2 ausreichend, um dieses Ziel zu erreichen.

- Veränderung des Verformungsverhaltens des Schüttgutes nach Wassersättigung
Als Beispiel ist das Drucksetzungsverhalten der Granitschüttungen in Abb. 7 dargestellt. Hiernach gibt es für jedes Material bei einem bestimmten Verdichtungsgrad je eine Spannungsverformungslinie für den trockenen oder gesättigten Zustand, wobei unter Belastung gewässerte Proben durch die Wässerung gerade solche Sättigungssetzungen zeigen, die zur Erzielung der größeren Setzungen der von Beginn an gesättigten Proben unter der betreffenden Belastung notwendig sind. Bei Weiterbelastung nach Wässerung folgt das Spannungsverformungsverhalten weitgehend dem der von Beginn an gesättigten Proben.

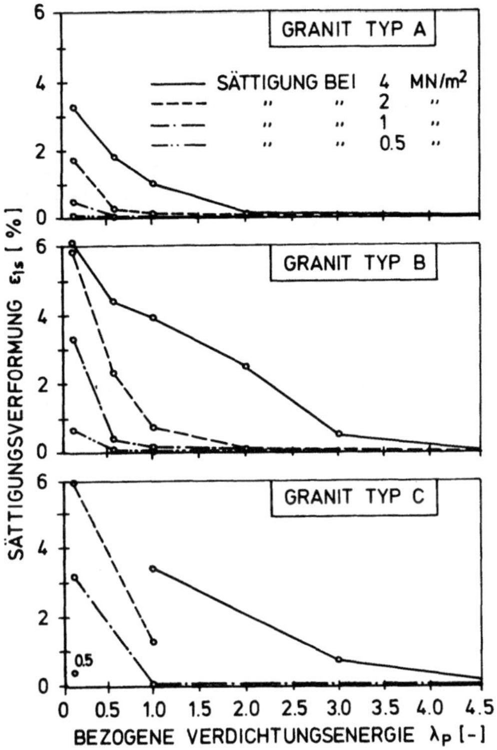

Abb. 6 Sättigungssetzungen der untersuchten Granittypen in Abhängigkeit von der Vorverdichtung und vom Belastungsniveau

Fig. 6 Saturation settlement of three granite fills expressed as a function of the intensity of precompaction and of the stress applied prior to saturation

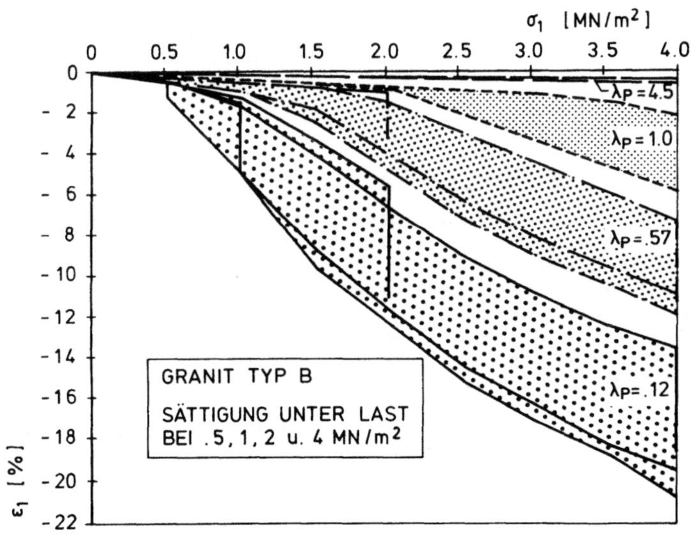

Abb. 7 Drucksetzungs- und Sättigungssetzungsverhalten der Granitschüttungen bei unterschiedlicher Verdichtung (Beispiel: Granit Typ B)

Fig.7 Behaviour of fill of moderately weathered granite under oedometric compression and saturation expressed as a function of intensity of precompaction

Spannungsverformungsverhalten unter dreiaxialer Belastung

Versuchstechnik und Geräte

Die Durchführung von Dreiaxialversuchen an schlagverdichteten Proben bei möglichst homogener Probenverformung erforderte die Entwicklung einer neuen Technik der Probenvorbereitung. Eine ausführliche Beschreibung der betreffenden Einrichtung geben KAST/BRAUNS (1981c). Wesentliches Merkmal dieser Technik ist, daß das Schüttgut in einem steifen Stützzylinder schlagverdichtet wird,und die so vorbereitete Probe "ungestört" in das Dreiaxialgerät eingebracht werden kann.

Versuchsprogramm und Versuchsdurchführung

Das mechanische Verhalten von Schüttstoffen der untersuchten Art wird, neben der Kornverteilung (hier gewählt 8 bis 30 mm), im wesentlichen bestimmt von folgenden Einflußfaktoren:

a) dem geologischen Auflockerungsgrad

b) der Vorverdichtung (λ_p) bzw. der Struktur des Schüttkörpers nach Verdichtung (vgl. KAST/BRAUNS 1981c)

c) dem Spannungsniveau $I_\sigma = \sigma_1 + 2\sigma_3$

d) dem Feuchtigkeits- bzw. Sättigungszustand (trocken, feucht, wassergesättigt)

e) dem Spannungspfad (z.B. isotrop, deviatorisch) bzw. der Spannungsgeschichte (Erst-, Ent- oder Wiederbelastung).

Innerhalb der Forschungsarbeit wurden alle diese Faktoren berücksichtigt. Im Rahmen dieser Veröffentlichung ist es nicht möglich, eine umfassende Darstellung der erhaltenen Ergebnisse aus o.g. Versuchsprogramm zu geben. Im folgenden werden daher nur einige wesentliche Ergebnisse zusammengestellt.

Verformungsverhalten bei Scherbeanspruchung

Zur Diskussion der gefundenen Gesetzmäßigkeiten sind in Abb. 8 ausgewählte Versuchsergebnisse aller drei Granittypen dargestellt. Für jeden wassergesättigten Schüttstoff existiert für eine bestimmte Vorverdichtung und ein bestimmtes Spannungsniveau eine Arbeitslinie, die von der des trockenen Schüttstoffes umso mehr abweicht, je größer der geologische Auflockerungsgrad des Gesteins ist. Das wassergesättigte Material reagiert wesentlich verformungswilliger und zeigt i.a. auch nicht den Scherwiderstand des trockenen Prüfgutes.

Bei Betrachtung der ebenfalls in Abb. 8 aufgetragenen Volumenverformungen ε_v fällt auf, daß das wassergesättigte Material sich in etwa doppelt so kontraktant verhält wie das trockene. Als Ursache hierfür bestätigen die Kornverteilungsanalysen die Vermutung, daß das Medium Wasser latente Risse innerhalb der Einzelkörner aktiviert und damit unter Scherbelastung vermehrt Kornbruch eintritt. (Die Ergebnisse der umfangreichen Kornverteilungsanalysen sind hier aus Platzgründen nicht im einzelnen wiedergegeben).

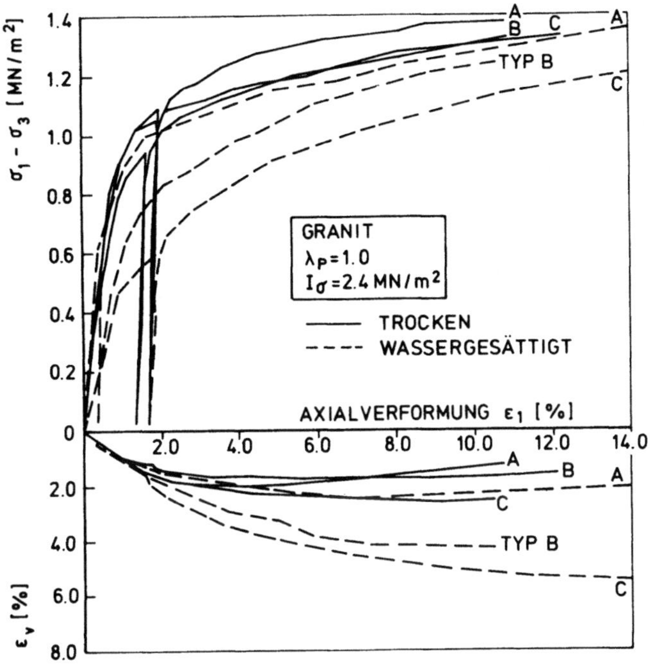

Abb. 8 Spannungsverformungs- und Volumenverformungslinien deviatorischer dreiaxialer Kompressionsversuche an unterschiedlich geologisch aufgelokkerten Granitschüttmaterialien (Spannungsniveau I_σ = 2,4 MN/m²; jeweils ein Versuch trocken bzw. wassergesättigt)

Fig. 8 Stress-strain-curves and volume changes as results of deviatoric triaxial compression tests on granite fill samples with different degrees of disintegrations; comparison of results for dry and water-saturated conditions

Abbildung 9 zeigt in weitergehender Auswertung die errechneten "aktivierten Reibungswinkel" ϕ_o^{10} dieser Versuche bei einer Axialverformung von ε_1 = 10 %. Die Vergleichsgröße des "aktivierten Reibungswinkels" ϕ_o^{10} mußte eingeführt werden, da die meisten Versuchsergebnisse weder ein Maximum der Scherspannungen (peak) noch ein Plateau zeigten. Dieses Verhalten ist für gleichkörnige Felsschüttmaterialien charakteristisch.

Der "aktivierte Reibungswinkel" fällt mit dem geologischen Auflockerungsgrad und steigt mit größer werdender Vorverdichtung. Der Verlust an Scherfestigkeit bei Wassersättigung im Vergleich zur trockenen Schüttung beträgt 2° bis 7°.

Verformungsverhalten bei Sättigung unter Scherbeanspruchung

Insbesondere im Staudammbau ist die Fragestellung nach den Verformungen im Lastfall "erster Einstau" von wesentlicher Bedeutung. Bislang sind hierzu noch keine systematischen Untersuchungen zum Materialverhalten von Felsschüttungen durchgeführt worden, die vor allem auch dem maßge-

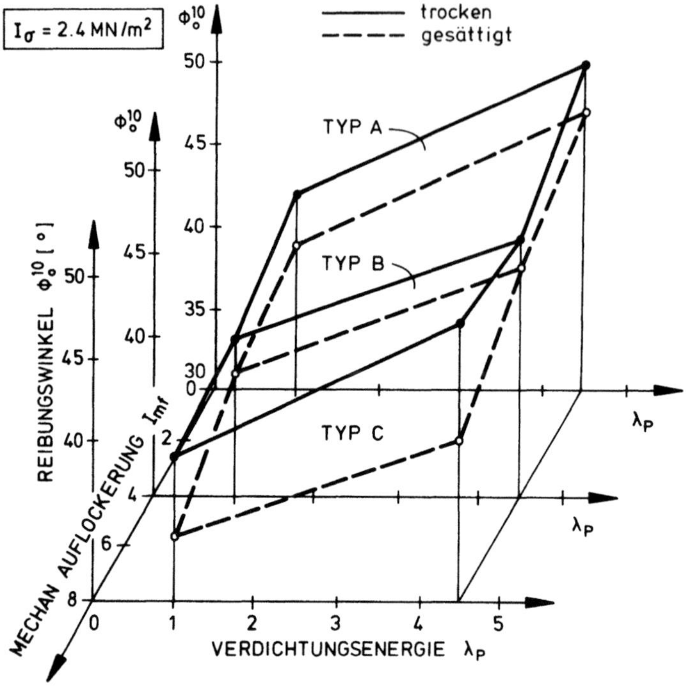

Abb. 9 Scherfestigkeit unterschiedlich geologisch aufgelockerter Granitschüttmaterialien in Abhängigkeit von der Vorverdichtung (trockenes bzw. wassergesättigtes Schüttgut)

Fig. 9 Shear strength of granite fills with different degrees of disintegration as a function of intensity of precompaction (dry and water saturated material)

benden Einfluß der Vorverdichtungsintensität nachgegangen wären. Zur Formulierung entsprechender Gesetzmäßigkeiten für die Verwendung in Rechenmodellen ist dies aber Voraussetzung. Im Rahmen der vorliegenden Grundsatzuntersuchungen an Granitschüttmaterialien erschien es wesentlich, auch diesem Aspekt nachzugehen.

Die Ergebnisse der Untersuchungen zum Spannungs-Verformungsverhalten unter einaxialer Kompression zeigten, daß beim Übergang von einer trockenen Schüttung zu einer wassergesättigten unter Belastung die bis dahin unterschiedlichen Gesamtverformungsbeträge gerade ausgeglichen werden. Diesbezügliche Untersuchungen im Dreiaxialgerät sollten zeigen, ob für die Scherverformung ein ähnliches Verhalten gilt.

Die hier maßgebenden Versuchsparameter wurden bereits in Absatz 'Versuchsprogramm und Versuchsdurchführung' vorgestellt. Abb. 10 zeigt nun die als Beispiel ausgewählten Ergebnisse der Versuchsserien an Granit Typ B mit einer Vorverdichtung entsprechend λ_p = 1,0 und einem Spannungsniveau I_σ = 2,4 MN/m².

Zur Kennzeichnung des Spannungsniveaus wurde das Scherspannungsniveau T_S als Quotient aus dem Spannungsdeviator $(\sigma_1 - \sigma_3)_S$ zum Zeitpunkt der

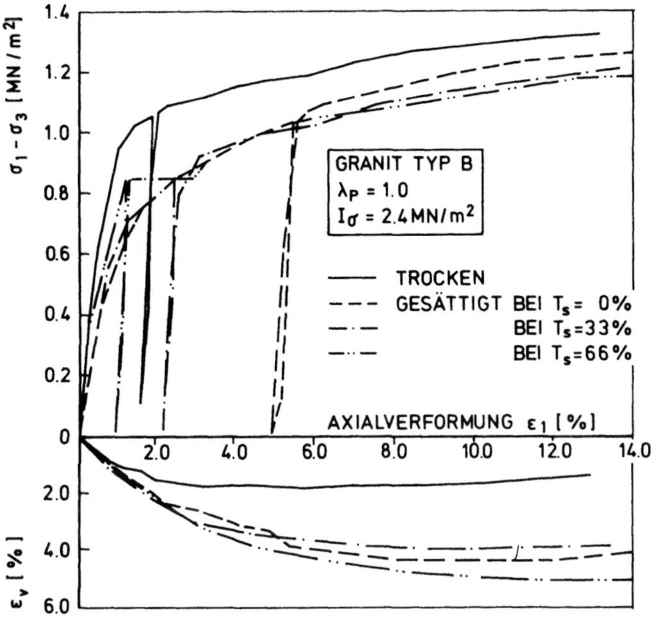

Abb. 10 Ergebnisse deviatorischer dreiaxialer Kompressionsversuche an Granitschüttmaterial Typ B (trocken bzw. mit Wassersättigung während des Versuchs bei unterschiedlicher Scherbeanspruchung)

Fig. 10 Effect of saturation on the behaviour of a disintegrated granite fill under triaxial compression

Sättigung und dem Spannungsdeviator bei einer Axialverformung von $\varepsilon_1 = 10\ \%$ definiert:

$$T_s = \frac{(\sigma_1 - \sigma_3)_s}{(\sigma_1 - \sigma_3)_{\varepsilon_1 = 10\ \%}}$$

Der Quotient T_S stellt somit näherungsweise den relativen Ausnutzungsgrad der Scherfestigkeit dar.

Bis auf gewisse material- bzw. versuchsbedingte Abweichungen zeigt sich folgendes Ergebnis: Durch eine unter bestimmter Scherbeanspruchung erfolgende Wassersättigung einer bislang trockenen Schüttgutprobe wird das bis dahin im Vergleich zu einer von Beginn an gesättigten Probe steifere Materialverhalten durch eine "Sättigungssetzung" gerade ausgeglichen. Die dann gesättigte Probe folgt in ihrem Verhalten bei weiterer Scherung dem der von Beginn an gesättigten. Diese Feststellung trifft auch für die Volumenverformung (Kontraktanzverhalten) zu.

Im Rahmen des vorliegenden Projektes interessierte auch der Einfluß der geologischen Gesteinsauflockerung auf die Sättigungsverformung unter Scherbeanspruchung. Die diesbezüglichen Ergebnisse der durchgeführten Untersuchungen sind in Abb. 11 zusammengestellt. Hier ist ersichtlich, daß der Auflockerungsgrad einen bedeutenden Einfluß auf die zu erwartenden Sättigungssetzungen des Schüttmaterials hat. Der gesunde Granit Typ A zeigt bei niederem bis mittlerem Scherspannungsniveau so gut wie

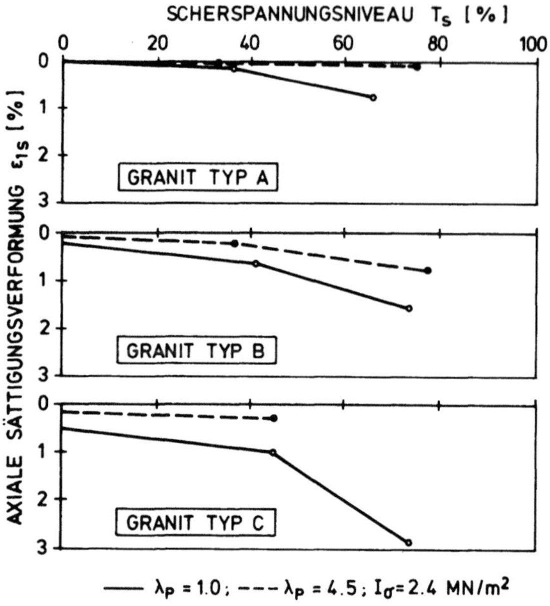

Abb. 11 Deviatorische Dreiaxialversuche an Granitschüttungen mit unterschiedlichem geologischem Auflockerungsgrad. Ergebnisse der Auswertung bzgl. der axialen Sättigungsverformung bei unterschiedlichem Scherspannungsniveau

Fig. 11 Deviatoric triaxial tests on granite fill with different degrees of geological disintegration. Axial deformations due to saturation under different levels of loading

keine Sättigungsverformung. Dagegen sind die Beträge der Sättigungsverformungen für die entfestigten Materialtypen (B, C) erheblich. Diese Verformungen wachsen progressiv mit der Ausnutzung der Scherfestigkeit.

Deutlich ist hier auch wiederum der Einfluß der Vorverdichtung zu erkennen, indem die Sättigungsverformungen mit der Steigerung der Vorverdichtung erheblich zurückgehen. Der Vergleich der Abhängigkeiten in Abb. 11 ergibt, daß der Bedarf an Verdichtungsenergie - wenn ein gleiches Maß an Sättigungsverformung für verschiedene Materialien angestrebt werden soll - mit dem geologischen Auflockerungsgrad des Gesteins ansteigt. Dies folgt aus der Beobachtung, daß die Sättigungsverformungen bei gleicher Vorverdichtung mit der Entfestigung wachsen.

ZUSAMMENFASSUNG UND SCHLUSSFOLGERUNGEN

Ziel des vorliegenden Forschungsvorhabens war, durch systematische Untersuchungen den Einfluß einer geologisch bedingten Gesteinsentfestigung auf das mechanische Verhalten von Gesteinsschüttstoffen zu erkunden. Die hierbei zunächst notwendige Bestimmung des geologischen Auflockerungsgrades der untersuchten Gesteine führte zu einem quantitativen Einordnungsschema für aufgelockerte Granite. Mit Hilfe entsprechender Untersuchungsmethoden war es möglich, die untersuchten Gesteine sowohl hinsichtlich ihrer mikromechanischen Auflockerung, als auch bezüglich ihrer chemischen Umwandlung einzuordnen bzw. zu charakterisieren.

Schüttstofftechnologische Untersuchungen an drei ausgewählten Granittypen, die den ganzen Variationsbereich vom gesunden Gestein bis hin zum nahezu zergrusten Material abdecken, erbrachten quantitative Erkenntnisse über den Einfluß des geologischen Auflockerungsgrades auf die mechanischen Eigenschaften der Schüttstoffe.

Zur Herstellung wirklichkeitsnaher Proben aus kornbruchfälligen Felsschüttmaterialien mit Hilfe dynamischer Schlagverdichtung konnten im Rahmen des Projektes Versuchsgeräte und -techniken entwickelt werden. Die Verdichtungsart und -intensität hat auf das mechanische Verhalten solcher Schüttungen einen wesentlichen Einfluß.

Das Spannungsverformungsverhalten dieser Schüttstoffe zeigt sowohl unter oedometrischer, als auch unter dreiaxialer Kompression eine ausgeprägte Abhängigkeit von der geologischen Auflockerung des Gesteins. Dies trifft in noch erhöhtem Maße auch für das bekannte Setzungsverhalten solcher Materialien bei erstmaliger Flutung zu. Mit den erarbeiteten Methoden kann u.a. die zur weitgehenden Vermeidung solcher Sättigungssetzungen notwendige Vorverdichtungsenergie abgeschätzt werden.

Zusammenfassend sind aus den Untersuchungen folgende qualitativen Ergebnisse ableitbar:

a) Je nach geologischem Auflockerungsgrad unterliegen Felsschüttungen während der Verdichtung einer charakteristischen Kornzertrümmerung. Die Struktur eines Felsschüttkörpers ist durch den Zertrümmerungsvorgang maßgeblich bestimmt und bestimmt ihrerseits das mechanische Verhalten des Haufwerks. Wirklichkeitsnahe Proben für Laborversuche müssen entsprechend hergestellt werden.

b) der Hohlraumgehalt von Felsschüttungen nimmt mit wachsender Verdichtungsenergie immer mehr ab; ein bestimmter - etwa für einen bestimmten Grad geologischer Gesteinsauflockerung charakteristischer - Hohlraumgehalt, der mit weitergehendem Eintrag von Verdichtungsenergie nicht mehr unterschritten wird, wurde nicht beobachtet.

c) Trockene bzw. erdfeuchte Felsschüttungen zeigen ein steiferes Materialverhalten sowie eine höhere Scherfestigkeit als wassergesättigte. Bei Wassersättigung holt eine zunächst trockene Schüttung eine von Beginn an wassergesättigte Schüttung hinsichtlich der Verformung durch eine Sättigungsverformung ein und folgt im weiteren der Arbeitslinie der von Beginn an gesättigten Schüttung.

d) Die an die durch Wasserzutritt begünstigten Kornbrucheffekte gebundenen Sättigungsverformungen sind - bei sonst gleichen mittleren Spannungen - bei Scherbeanspruchung erheblich größer als bei isotroper Belastung.

e) Die Sättigungsverformungen können durch Zertrümmerungsverdichtung vorweggenommen werden.Die dazu notwendige spezifische Verdichtungsenergie ist umso größer, je stärker das Gestein entfestigt ist.

f) Die entwickelten Versuchstechniken erlauben die Beurteilung der zur Vorwegnahme der Sättigungsverformung erforderlichen Verdichtungsintensität und zeigen, wie wirklichkeitstreue Felsschüttproben vorbereitet werden können. (Eine Übertragung der angewandten Versuchstechniken auf grobkörnige Felsschüttmaterialien, wie sie in der Praxis vorliegen, erfordert allerdings i.a. größere Probenabmessungen und einen entsprechend größeren technischen bzw. apparativen Aufwand).

Nach den hier erarbeiteten Ergebnissen erscheint es wenig sinnvoll, die für die Berechnung von Felsschüttbauwerken (Steinschüttdämme) entwickelten numerischen Rechenverfahren weiter zu verfeinern, wenn nicht gleichzeitig die Techniken zur Prüfung des Stoffverhaltens von Steinschüttungen verbessert und den tatsächlichen Gegebenheiten im Felde besser angepaßt werden.

LITERATUR

Blinde A, Brauns J, Kast K (1982) Zwischenbericht Forschungsvorhaben "Verdichtungs-, Verformungs- und Sättigungsverhalten von Schüttungen aus geologisch entfestigtem Gestein". DFG (Bl 116/24)

Blinde A, Brauns J, Kast K (1983) Endbericht Forschungsvorhaben "Verdichtungs-, Verformungs- und Sättigungsverhalten von Schüttungen aus geologisch entfestigtem Gestein". DFG (Bl 116/24)

Casagrande A (1965) Hohe Staudämme. Mitt Inst Grundbau u Bodenmech TH Wien Nr 6

Dearman WR, Baynes FJ, Irfan TY (1978) Engineering Grading of Weathered Granite. Eng Geol 12: 345-374

DIN 18 127 (V) Proctorversuch

Empfehlung Nr. 5 des Arbeitskreises 19 - Versuchstechnik Fels - der Deutschen Gesellschaft für Erd- und Grundbau, Punktlastversuche an Gesteinsproben. Bautechnik, 59 Jg 1982, S 13-14

Kast K, Brauns J (1981a) Verdichtungs-, Drucksetzungs- und Sättigungssetzungsverhalten von Granitschüttungen. Veröff d Inst für Bodenmech und Felsmech, Universität Karlsruhe, Heft 87

Kast K, Brauns J (1981b) Verdichtungs-, Drucksetzungs- und Sättigungssetzungsverhalten von Granitschüttungen. Geotechnik Jg 4: 130-131

Kast K, Brauns J (1981c) Dynamic Compaction of Rockfill Samples. Proc X ICSMFE Stockholm, Vol 1: 669-671, Stockholm

Lumb P (1962) The properties of decomposed granite. Géotechnique, 12: 226-243

Nobari ES, Duncan JM (1972) Effect of Reservoir Filling on Stresses and Movements in Earth and Rockfill Dams. US Army Eng Waterways Exp Stat Rep S 72-2, pp 1-149

Onodera TF, Yoshinka R, Oda M (1974) Weathering and its Relation to Mechanical Properties of Granite. Proc Congr Int Soc Rock Mech Washington DC, 3, 1974, Vol 2a

Schleicher H & Fritsche R (1978) Zur Petrologie des Triberger Granits (Mittlerer Schwarzwald). Geol Landesamt Bad Württemb 20: 15-41, Freiburg i. Br.

Bereich Rutschungen

Statistische Untersuchungen von Rutschungen im Nordbayerischen Deckgebirge

M. KANY und H. HAMMER[1]

SUMMARY

The North-Bavarian cover rock area is a cuesta landscape in the south of Germany consisting of land-, clay- and limestones of mesozoic age (fig. 1 and 2). Every year it is haunted by a great number of landslides. The claystones of the Triassic and the Jurassic are of a special significance in relation to these slides (table 1). The statistical evaluation of the landslides which were recorded during the past 30 years indicates that most of the slides are exposed to the south or east (fig. 3). This is partly the consequence of an eastward oriented inclination of the layers, but also of the intensive exposure to sunlight which results in a faster weathering of the layers in the ground. Most of the slides were found at the margin of the Frankenalb (fig. 2) or in regions with higher frequency of tectonical faults. The slides are restricted to only a few stratigraphic units. It is noticeable that the majority of the landslides is bound to reactivated sliding planes which were created during the Pleistocene. Neglecting the cohesion, a comparison of characteristics from back-calculations and laboratory tests on slip-surface-material (table 2) indicates a rather good agreement. The examination of climatic and human influences indicated among others, that many slides were found at slopes where man had changed the morphology or the vegetation for example by the construction of roads or by the clearing of forests.

EINFÜHRUNG

In Süddeutschland wird alljährlich eine große Zahl von Rutschungen beobachtet, die zum Teil beträchtliche wirtschaftliche Schäden verursachen. Besonders betroffen ist davon der nördliche Teil Bayerns (Abb. 1), der größtenteils von mesozoischen Gesteinen aufgebaut wird. Die wissenschaftliche Erforschung dieser Rutschungen begann bereits im vorigen Jahrhundert, beschränkte sich jedoch zunächst auf Fallstudien einzelner Rutschungen. Besonders in den letzten zwei Jahrzehnten wurde das mechanische Verhalten der die Rutschungen betreffenden Gesteine näher untersucht (z.B. GRÜNDER 1978; RAZIZADEH 1980). In einer seit 1982 laufenden Forschungsarbeit wird eine umfassende Darstellung der in Nordbayern aufgetretenen Rutschungen angestrebt.

[1]Prof. Dr.-Ing. M. Kany, Dipl.-Geol. Dr. H. Hammer, Landesgewerbeanstalt Bayern, Grundbauinstitut, Gewerbemuseumsplatz 2,D-8500 Nürnberg 1

Ingenieurgeologische Probleme im Grenzbereich
zwischen Locker- und Festgesteinen
(Herausgegeben von K.-H. Heitfeld)

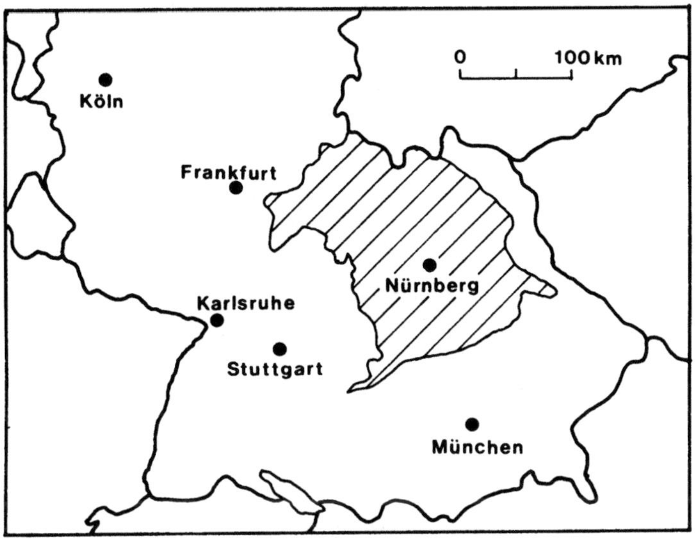

Abb. 1 Lage des Arbeitsgebietes (schraffiert)

Fig. 1 Situation of the operating range (hatched)

REGIONALE GEOLOGIE

Das Arbeitsgebiet umfaßt im wesentlichen die Schichtenfolge von der Trias bis zur Kreide (Abb. 2).

Die Gesteine der Trias bauen sich in der für das außeralpine Europa so typischen germanischen Fazies auf. Der liegende, etwa 600 m mächtige Buntsandstein besteht aus roten bis grauen Sandsteinen, in die besonders im oberen Teil verschiedene Tonstein-Lagen eingeschaltet sind. Darüber lagert der Muschelkalk mit einer Mächtigkeit von etwa 200 m, der überwiegend aus Kalken besteht. Das oberste Glied der Trias bildet der bis zu 500 m mächtige Keuper, der im wesentlichen aus Sandsteinen und Tonsteinen aufgebaut ist. Von besonderer Bedeutung im Hinblick auf Rutschungen ist im oberen Teil des Keupers der Feuerletten.

Die Gesteine des Jura gliedern sich, ähnlich wie im übrigen außeralpinen Mitteleuropa, in den aus schwarzgrauen Tonsteinen bestehenden Lias, den Dogger mit braunen Sandsteinen und Tonsteinen und den aus weißen Kalken bestehenden Malm. Die Gesamt-Mächtigkeit des Jura beträgt in Nordbayern etwa 400 m. Im Dogger sind mit dem Opalinuston und dem Ornatenton (Abb. 2) zwei Tonsteinhorizonte zu erwähnen, die eine besondere Bedeutung in Bezug auf Rutschungen haben. Die kretazischen Gesteine, die im Ostteil des Arbeitsgebietes erhalten sind, bestehen hauptsächlich aus Sandsteinen und Tonsteinen.

Die Tonsteine der einzelnen Formationen sind sowohl in vertikaler als auch in lateraler Richtung hinsichtlich ihrer Struktur und Mineralogie unterschiedlich ausgebildet. Vereinfachend lassen sich jedoch die Tonsteine der Trias von denen des Jura unterscheiden (Tab. 1).

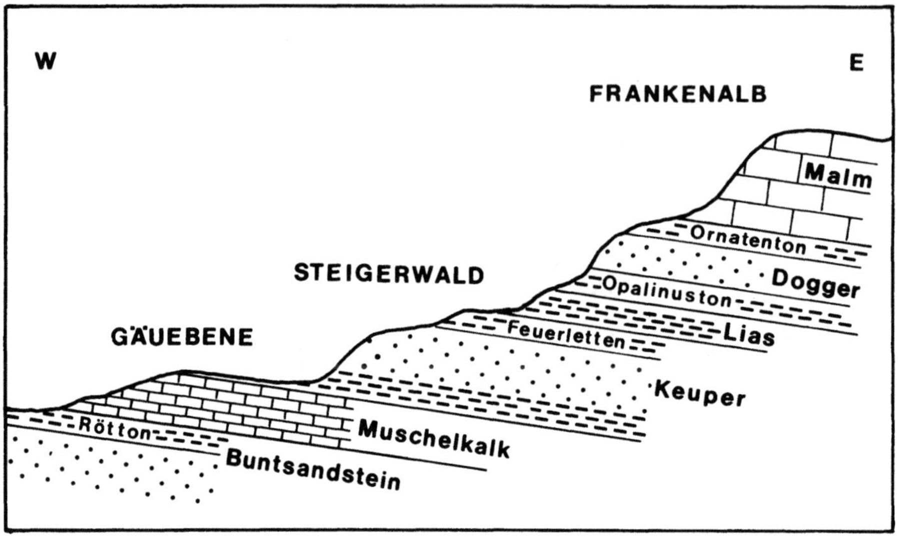

Abb. 2 Schematisches geologisches Profil durch das nordbayerische Schichstufenland

Fig. 2 Schematic geological section across the North-Bavarian cuesta landscape

	Trias	Jura
Farbe	rot bis grün	meist blaugrau
Kornzusammensetzung	relativ hoher Anteil in der Sand- bzw. Kiesfraktion (> 20 %)	niedriger Anteil in der Sand- bzw. Kiesfraktion (< 20 %)
Mineralogie	relativ hoher Anteil an Nicht-Tonmineralen (Quarz, Kalzit) Illittone mit geringem Anteil an Montmorillonit und Kaolinit	relativ niedriger Anteil an Nicht-Tonmineralen Illitische Tone mit bis zu 20 % Kaolinit
Mikrostruktur	vorwiegend Kartenhausstruktur	vorwiegend Parallelstruktur
Bildungsraum	marin bis terrestrisch	marin
Beispiele	Feuerletten	Opalinuston

Tab. 1 Wesentliche Unterscheidungsmerkmale zwischen Trias- und Jura-Tonsteinen

Tab. 1 Main distinctive features between the triassic and the jurassic claystones

Das Arbeitsgebiet ist ein Teil der Süddeutschen Großscholle. Diese ist während der alpidischen Faltungsära entstanden, als der variszisch konsolidierte Teil Europas durch germanotype Tektonik in einzelne Schollen zerlegt wurde. Die Süddeutsche Großscholle wird im Westen begrenzt durch den Oberrheingraben, im Osten und Nordosten durch das Variszische Grundgebirge und im Süden durch die Alpen.

Das Arbeitsgebiet ist in etwa herzynisch streichende, flachwellige Aufbeulungen und Mulden zergliedert, wobei ein ostwärtiges Schichteinfallen dominiert. Darüberhinaus treten besonders an den Rändern der Süddeutschen Großscholle etwa randparallel streichende Störungen auf. Es handelt sich dabei meist um Abschiebungen mit teils beträchtlicher Sprunghöhe.

Das Untersuchungsgebiet ist eine typische Schichtstufenlandschaft, deren Stufen von Westen nach Osten hin ansteigen (Abb. 2). Das Arbeitsgebiet gehört dem gemäßigt-humiden Klimabereich an. Die durchschnittliche jährliche Niederschlagsmenge liegt zwischen 500 mm in der Gäuebene und 1000 mm am Westrand der Frankenalb.

STATISTISCHE UNTERSUCHUNGEN

Zur statistischen Auswertung wurden umfangreiche, den Verfassern zugängliche Unterlagen über Rutschungen im nordbayerischen Raum gesammelt. Zur Archivierung der Rutschungen wurde eine Datenbank aufgebaut, in die 160 Rutschungen mit jeweils bis zu 160 Variablen qualitativer und quantitativer Art eingegeben wurden. Die einzelnen Variablen wurden zueinander in Beziehung gesetzt und einer statistischen Auswertung unterzogen. Dabei ergab sich neben zahlreichen Einzelergebnissen eine Reihe allgemeiner Erkenntnisse, die im folgenden dargestellt werden sollen.

Lage der Rutschungen, Exposition

Der größte Teil der betrachteten Rutschhänge fällt nach Süden bis Osten ein (Abb. 3). Die Ursachen dafür sind zum einen in dem vorwiegend nach Osten oder Südosten gerichteten Einfallen der Schichten zu suchen (Abb. 4). Dadurch wird mit der Schichtfläche bereits eine Fläche vorgegeben, auf der es zur Ausbildung von Gleitfugen kommen könnte. Außerdem bewirkt das ostgerichtete Schichteinfallen in den hangenden Grundwasserleitern, daß die Hauptgrundwasserfließrichtung ebenfalls ostwärts gerichtet ist und somit die Grundwasser-Austrittsstellen häufig an den Osthängen zu finden sind.

Eine Ursache für die Südexposition vieler Rutschhänge ist die tiefgründigere Verwitterung an Südhängen, die sich durch eine größere Häufigkeit von Tau-Gefrier- bzw. Trocknungs-Befeuchtungs-Wechseln ergibt (WALLRAUCH 1969).

Die Hangneigung der Rutschhänge betrug im Mittel etwa 24° (Abb. 5). Dabei fiel auf, daß Trias-Hänge (26°) meist steiler sind als Hänge des Jura (21°). Allerdings geraten unter ungünstigen klimatischen Bedingungen bereits Hänge mit einer Neigung von 4° ins Rutschen.

Setzt man die Rutschhang-Neigung in einem bestimmten Gestein in Beziehung zur vertikalen Höhe der Rutschung (Abb. 6), so kann man erkennen, daß mit zunehmender Höhe der Rutschung eine gewisse Abnahme der Hangneigung zu verzeichnen ist.

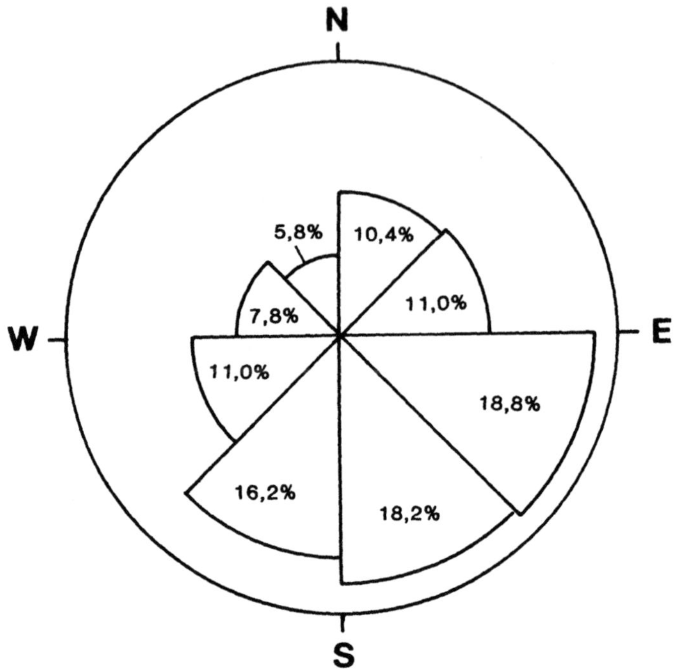

Abb. 3 Einfallsrichtung der Rutschhänge (Prozentzahlen bezogen auf die Gesamtzahl der Rutschungen)

Fig. 3 Exposition of the slide-failure slopes (percentage related to the total of slides)

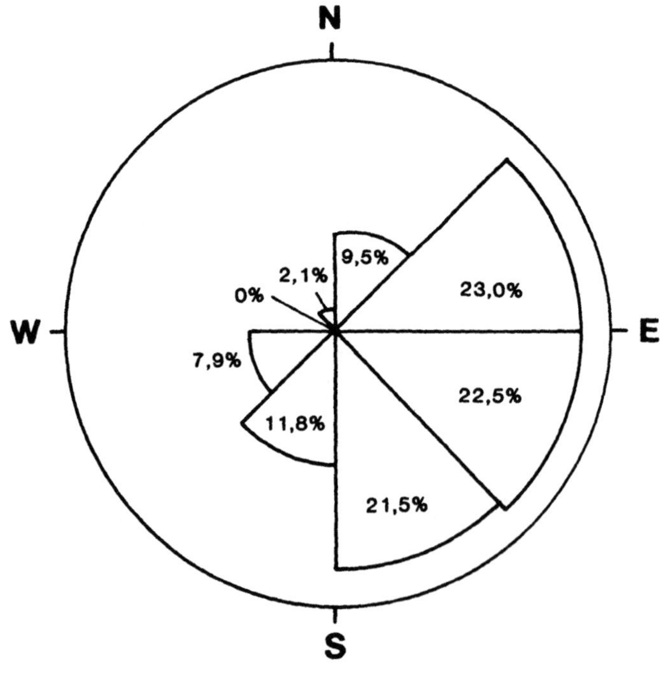

Abb. 4 Einfallsrichtung der Schichtflächen des Mesozoikums bei den betrachteten Rutschhängen (Prozentzahlen bezogen auf die Gesamtzahl der Rutschungen)

Fig. 4 Exposition of the mesozoic bedding planes concerning the mentioned slide-failure slopes (percentage related to the total of slides)

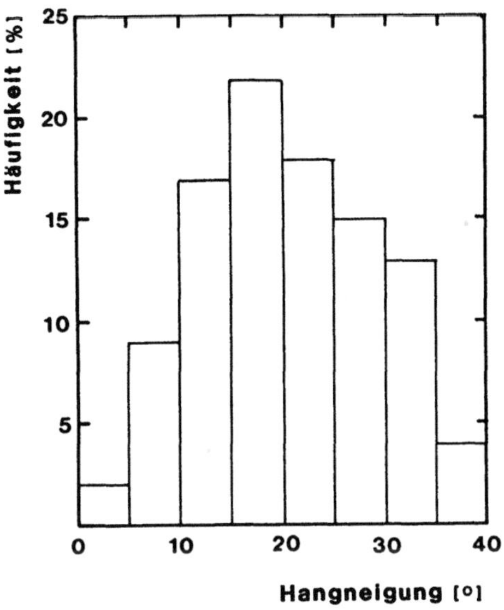

Abb. 5 Neigung der Rutschhänge

Fig. 5 Inclination of the slide-fail-ure-slopes

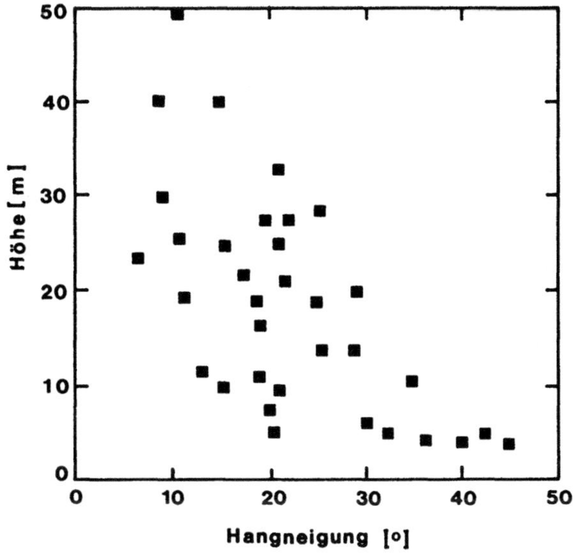

Abb. 6 Vertikale Höhe von Rutschungen im Verhältnis zur Hangneigung der Rutschhänge

Fig. 6 Vertical height of landslides in relation to the inclination of the slide-fail-ure slopes

Bei Betrachtung der regionalen Verteilung der Rutschungen fällt auf, daß sich der größte Teil der Rutschungen an den Schichtstufen-Rändern ereignet hat. Dabei sind besonders die Ränder der Frankenalb und auch die der Muschelkalk-Schichtstufe zu nennen. Gebiete, in denen, bedingt durch stärkere Bruchtektonik, ein Schollenbau anzutreffen ist, sind ebenfalls als besonders rutschgefährdet zu bezeichnen. Ein Beispiel sei hier das Oberfränkische Bruchschollenland in der Umgebung von Bayreuth und Kulmbach. Wo diese Gebiete von Ost-West verlaufenden Flußtälern geschnitten werden, treten Rutschungen besonders gehäuft auf (z.B. die Täler von Wiesent und Pegnitz am Rand der Frankenalb).

Bei Aufgliederung der Rutschungen nach der Form der Gleitfuge ist festzustellen, daß 14 % als Translationsrutschung, 36 % als Rotationsrutschung anzusehen waren. Der überwiegende Teil der Rutschungen sind Kombinationen aus Translations- und Rotationsrutschungen. In den Gesteinen der Trias traten darüberhinaus häufiger Blockrutschungen und Abbrüche auf als in denen des Jura, während in letzteren Fließrutschungen in größerer Häufigkeit zu finden waren.

Von Rutschungen betroffene Gesteine

50 % der Rutschungen ereigneten sich in den Tonsteinen der Trias. Die größte Bedeutung kommt dabei neben den Röt-Tonsteinen des Buntsandsteins (7,2 % aller Rutschungen) dem Feuerletten zu. Hier haben sich bei nur 2,8 % Anteil an der Gesamtfläche des Arbeitsgebietes 21,4 % aller Rut-

schungen ereignet. Die Gesteine des Jura sind an 32,5 % aller Rutschungen beteiligt. Die Rutschungen bleiben dabei mit Ausnahme einiger Rutschungen im Lias fast völlig auf den Opalinuston (Unt. Aalenien) und den Ornatenton (Bajocien bis Callovien) des Doggers beschränkt. Die vier erwähnten Gesteine nehmen zusammen 4,3 % der Gesamtfläche ein, zeichnen aber für über 60 % der Rutschungen verantwortlich.

Der Grund für die besondere Häufigkeit der Rutschungen in diesen Gesteinen ist neben dem allgemeinen Verhalten von Tonsteinen (Quellverhalten, Verwitterungsmechanismen, Bodenmechanik) in ihrer geologischen Position zu suchen. In ihrem Hangenden befinden sich gut wasserwegsame Gesteine (klüftige Sandsteine bzw. Kalke), die zu einer starken Durchfeuchtung der oberen Partien der Tonsteine beitragen. Außerdem werden gerade die Hänge dieser Gesteine häufig von größeren Mengen Verwitterungsschutt von den Hangendschichten bedeckt. Die Hangschuttmassen, die eine Mächtigkeit von 2 m, im Einzelfall bis über 10 m besitzen können, haben sich überwiegend während des Pleistozäns angehäuft. 68 % der Rutschungen in natürlichen Ablagerungen haben sich an der Grenzfläche zwischen den Tonsteinen und dem Hangschutt ereignet. Der Anteil dieser Rutschungen ist besonders hoch im Ornatenton (83,3 %).

Da die Hangschuttmassen ein Ausdruck von früheren Massenbewegungen sind, kann man davon ausgehen, daß der größte Teil der aktuellen Rutschungen an reaktivierten alten Rutschungen stattgefunden hat. Auch im Feuerletten und Opalinuston ist dieses Vorherrschen der Rutschungen an der Grenzfläche Tonstein/Hangschutt festzustellen. Hier ist jedoch der Anteil der Gleitflächen im Tonstein selbst wesentlich höher als im Ornatenton.

Ein Vergleich der Mittelwerte aus Hangneigung, Winkel der Gesamtscherfestigkeit aus Rückrechnungen und Laborversuchswerten von Probenmaterial aus dem Bereich der Gleitzonen (Tab. 2) zeigt, daß diese Werte für die drei rutschempfindlichsten Gesteine gut miteinander zu vergleichen sind. Allerdings sollte dabei die bei den Laborversuchen gemessene Kohäsion kritisch betrachtet werden, wie dies auch CHANDLER (1969) empfiehlt.

Tab. 2 Vergleich der mittleren Kennwerte verschiedener rutschanfälliger Gesteine

Tab. 2 Comparison of the average characteristics of different claystones

	Feuerletten (Keuper)	Opalinuston (Dogger)	Ornatenton (Dogger)
Neigung der Rutschhänge (°)	22,2	18,9	22,7
Winkel der Gesamtscherfestigkeit φ_o (°) aus Rückrechnungen	21,0	21,8	22,9
Winkel der inneren Reibung φ' (°) aus Laborversuchen an Gleitzonenmaterial	21,4	23,4	22,3
Kohäsion c' (kN/m²)	27,0	20,1	45,7

Einfluß des Klimas

In den Wintermonaten kommt es besonders häufig zu Rutschungen (Abb. 7a). Diese Tatsache hat ihre Gründe zum einen in den einsetztenden Tauwettern, die bewirken, daß große Wassermengen freigesetzt werden, die zuvor als Schnee gebunden waren. Es ist kein direkter Zusammenhang mit den langjährigen Monatsmitteln der Niederschläge festzustellen (Abb. 7b).
Zum anderen fehlt die Vegetationstätigkeit in diesen Monaten, was dazu führt, daß der größte Teil des Niederschlagswassers abfließt, da er nicht von der Vegetation gespeichert werden kann. Außerdem fehlt die Festigungswirkung einer geschlossenen Vegetationsdecke.

Besonders häufig kommt es zu Rutschungen, wenn Tauwetter mit plötzlichem Starkregen zusammentrifft. Es besteht auch ein deutlicher Zusammenhang zwischen der Jahresniederschlagssumme und der jährlichen Zahl der Rutschungen (Abb. 8). Die Ganglinien laufen nahezu parallel.

Einfluß des Menschen

Ein großer Teil der Rutschungen im nordbayerischen Raum gilt zwar als fossil angelegt, die Auslösung der Rutschungen wird jedoch durch bauliche Maßnahmen in 89 % der betrachteten Fälle zumindest mitbedingt. Meist sind dies Veränderungen in der Morphologie des Hanges, also zu steile Einschnitte oder zu hohe Aufschüttungen. Der größte Teil dieser Hangbewegungen ergab sich im Zusammenhang mit dem Bau von Verkehrswegen. Aber auch durch die Erschließung neuer Siedlungsgebiete im weiteren Umkreis der Ballungszentren, bei denen flache Südhänge bevorzugt werden, treten häufig Rutschbewegungen auf. Interessant ist, daß bei 16 % der Rutschungen die Veränderung der Vegetation, also meist das Abholzen von Wäldern, als eine Ursache für die Bewegung ausgemacht werden konnte.

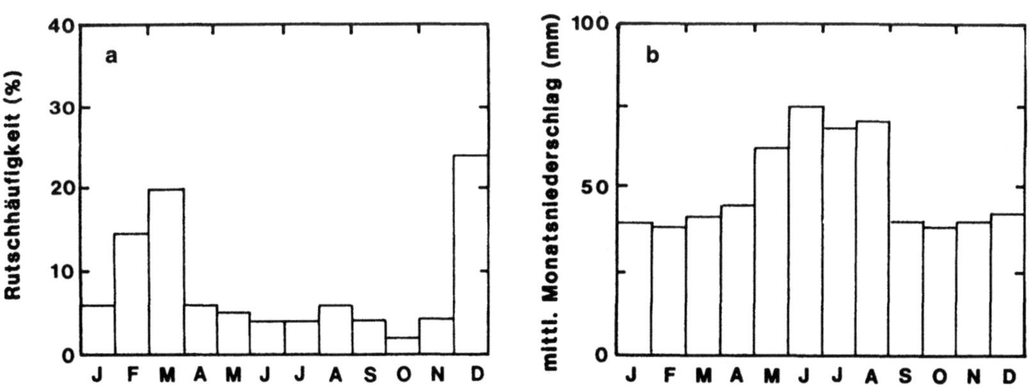

Abb. 7a,b Monatliche Rutschhäufigkeit (7a) im Vergleich mit den langjährigen Monatsmitteln der Niederschläge (7b) - Pegel Nürnberg-Schmausenbuck, 1961 - 1980

Fig. 7a,b Frequency of landslides per month (7a) compared with the average rainfall per month (7b) - gage Nürnberg-Schmausenbuck, 1961 - 1980

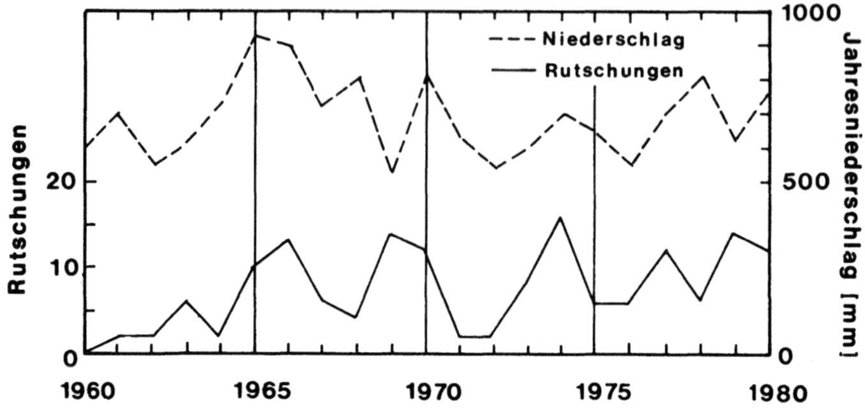

Abb. 8 Anzahl der Rutschungen/Jahr im Vergleich zu der Jahressumme der Niederschläge (1960 - 1980)

Fig. 8 Number of slides per year compared with the total sum of annual rainfall (1960 - 1980)

SCHLUSSFOLGERUNG

Rutschungen sind natürliche geologische Prozesse. Sie sind ein Ausdruck der fortschreitenden Umbildung der Erdkruste. In dicht besiedelten Räumen wie Nordbayern werden sie jedoch häufig durch Eingriffe des Menschen ausgelöst. Gerade deshalb sind ingenieurgeologische Vorerkundungen bezüglich der Rutschgefährlichkeit unbedingt erforderlich. In Gebieten, die aufgrund der Vorerkundungen als besonders rutschgefährlich erkannt wurden, ist es daher nötig, mit besonderer Vorsicht an Baumaßnahmen heranzugehen und notfalls auf Baumaßnahmen, die besondere Sicherheitsanforderungen stellen, zu verzichten.

LITERATUR

Bjerrum L (1967) Engineering Geology of Norwegian normally consolidated clays as related to settlements of buildings. Seventh Rankine Lecture Geotechnique 17: 81-118

Bjerrum L (1968) Progressive failure in slopes of over-consolidated clay and clay shales. In: The Third Terzaghi Lecture, NGI, Oslo

Bjerrum L (1973) Problems of soil mechanics and construction on soft clays and structurally unstable soils (collapsible, expansive and others). In: Proc 8 ICSMFE Moskau 3: 111-190

Chandler RJ (1969) The effect of weathering on the shear strength properties of Keuper Marl. Geotech 19 3: 321-334

Dorn C (1920) Bergstürze im Gebiet der Wiesentalb. Die Fränkische Alb 6: 18-20

Gründer J (1978) Struktureller Aufbau und geomechanische Eigenschaften eines stark überkonsolidierten Tones - am Beispiel des Feuerletten. In: Veröffentlichung des Grundbauinstitutes der LGA Bayern, Nürnberg, Heft 31

Hammer H (1984) Systematische ingenieurgeologische Untersuchungen von Hangrutschungen im süddeutschen Deckgebirge. Dissertation, Erlangen

Skempton A (1964) Long term stability of clay slopes. 4th Rankine Lecture Geotechnique 14: 205-217
Veder C (1979) Rutschungen und ihre Sanierung. Mit Beiträgen von Hilpert F, Wien, New York, 231
Wallrauch E (1969) Verwitterung und Entspannung bei überkonsolidierten tonig-schluffigen Gesteinen Südwestdeutschlands. Dissertation, Tübingen
Zaruba Q, Mencl V (1969) Landslides and their control. Prag

Beobachtungen und Berechnungen zur Böschungsentwicklung bei der Talbildung im wechselhaften veränderlich festen Gestein

H. J. BAUMANN[1]

SUMMARY

Since 1970 landslides in the Isar river valley south of Munich have been observed by the Geological Survey. One landslide spreads over 700 m along the eastern riverside near Gruenwald (fig. 1). The failures usually take place in Miocene marls consisting of silt (siltstone), sand (sandstone) and fissured clay of high plasticity. The marls are overlain by gravel, which is 30 to 40 m thick (fig. 2). The river is deeply cut into these alternating layers by erosion. At a critical depth of the cut the failures start by sinking and spreading and continue as retrogressive slides (fig. 3).

This mechanism can be observed also in similar geological formations in many Bavarian river valleys north of the Alps. The investigations by the Geological Survey will increase knowledge about the failures and will allow to predict them and their development. The applied methods of measuring, their accuracy and the type of results are described in this paper (tab. 1).

The displacements are compared with the variation of the overburden, caused by fluctuations in the river or in the groundwater, by precipitation and by displacement of the center of gravity in the sliding mass. The distribution of the horizontal displacements along the eastern riverside (fig. 1) gives a good impression of the gradual expansion of the sliding movement.

The displacement vectors evaluated in several cross sections enable the determination of the failure mechanism, which must be adopted for the calculations. Figure 4 presents several mechnisms of failure and their hodographs, which agree or seem to agree with the observed displacement vectors. They all show a vertical sinking movement in the upper parts of the slope and a horizontal movement at its foot. But there are many cross sections showing very different states of sliding, which influence each other and which must be considered when the mobilized angles of internal friction are computed.

In order to simplify the computation each cross section is divided into three parts (fig. 5). Table 2 shows the results of computation at several stages of sliding and different water tables. At one stage (April

[1]Dipl.-Ing. H.J. Baumann, Bayerisches Geologisches Landesamt, Prinzregentenstr. 28, D-8000 München 22

Ingenieurgeologische Probleme im Grenzbereich zwischen Locker- und Festgesteinen
(Herausgegeben von K.-H. Heitfeld)

30th, 1976, low water table) the distribution of the computed driving and breaking forces is plotted in fig. 6.

At the beginning of a new failure, the mobilized angles of internal friction were computed between 17° and 21° (tab. 3). The division of the cross sections is shown in fig. 7. But it is not possible to predict the beginning failure exactly enough. It is easier to determine the safety of the slopes by investigating the structures of the sliding mass in the neighbourhood. The best way to find out when a new failure will begin is to measure the movements at the foot of an undisturbed slope.

EINLEITUNG

Seit mehr als 10 Jahren werden am Bayerischen Geologischen Landesamt die Entstehung und Entwicklung von Rutschungen im Isartal südlich von München beobachtet (BAUMANN, KRANZBERGER, KRÖGER 1975). In Abb. 1 ist eine der Rutschungen im Grundriß mit den gemessenen Flußuferverschiebungen dargestellt. Der Bruchmechanismus und die daraus sich ergebenden Bewegungen werden von den sehr unterschiedlichen Spannungs-Verformungsbeziehungen und Festigkeitseigenschaften der Wechselfolgen tertiärer Sand-, Schluff- und Tonmergel im tieferen Untergrund und darüber liegender quartärer Schotter, Moränen und Seetone bestimmt (Abb. 2 und 3). Je nach dem Aufbau des tertiären und quartären Schichtpaketes und der vorausgegangenen Böschungsentwicklung liegen die überwiegend horizontalen Hauptbewegungsbahnen an der Oberfläche des Tertiärs oder greifen tief in den tertiären Untergrund hinein.

Im Rahmen der Untersuchungen wurden Geländeaufnahmen und Bewegungsmessungen, Aufschlußbohrungen und Sondierungen mit der leichten Rammsonde, bodenmechanische Laborversuche und Bohrlochaufweitungsversuche (BAUMANN 1981) sowie erdstatische Berechnungen durchgeführt. Bei diesen Arbeiten, die aus Forschungsmitteln der Deutschen Forschungsgemeinschaft und des Bayerischen Staatsministeriums für Landesentwicklung und Umweltfragen, zum überwiegenden Teil jedoch aus Haushaltsmitteln des Geologischen Landesamtes finanziert wurden, haben Herr HARTEL mit seinen Laboranten (bodenmechanische Laborversuche), Herr KOSCHEL (Gelände- und Bohrprofilaufnahmen), Herr KRANZBERGER (Vermessungen) und Herr MÜLLER-WOLFSKEIL (Stabilitätsuntersuchungen) mitgewirkt. Den Mitarbeitern sowie Herrn Prof. Dr. KÖRNER für wertvolle Anregungen und Herrn Präsidenten Prof. Dr. VIDAL mit den Damen und Herren der Verwaltung meiner Dienststelle für die großzügige Unterstützung und nicht zuletzt den Vertretern der mitfinanzierenden Behörden sei herzlich gedankt.

BEWEGUNGSMESSUNGEN

Neben oder in Verbindung mit einer geodätischen Geländeaufnahme stellen gemessene Verschiebungen eine sehr wichtige Information bei der Beurteilung einer Rutschung dar. Die vorgesehenen Meßmethoden müssen dabei vor allem auf den Mechanismus und den zeitlichen Ablauf der untersuchten Rutschungen zugeschnitten sein.

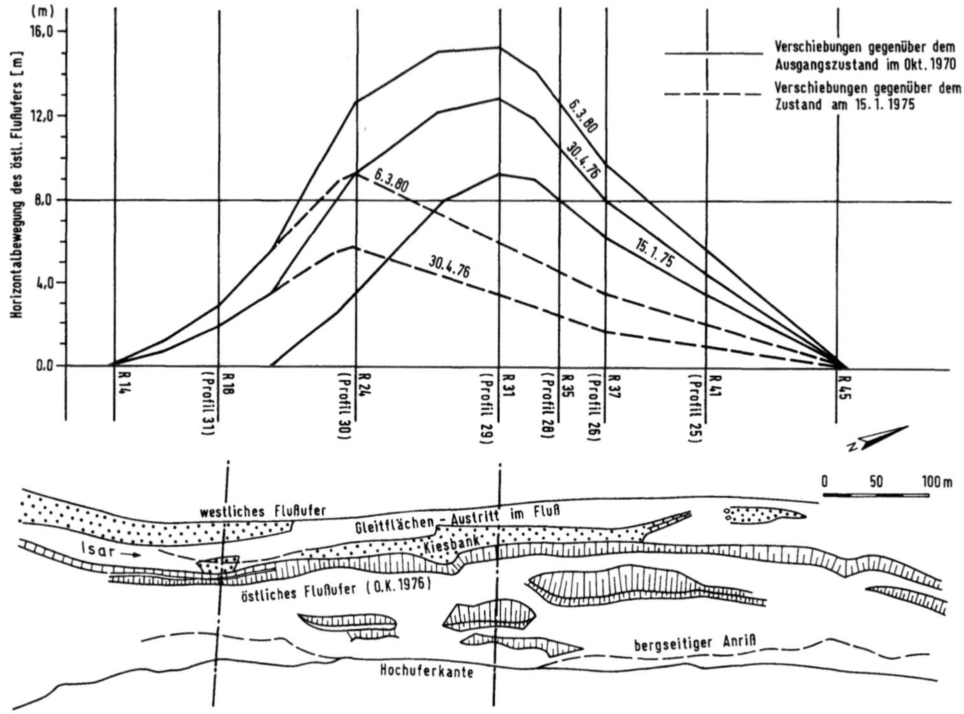

Abb. 1 Grundrißplan der Rutschung Grünwald mit den gemessenen Horizontalverschiebungen des östlichen Flußufers

Fig. 1 Site plan of the landslide at Gruenwald and the measured horizontal displacements of the eastern riverside

——— displacements compared with the state before the beginning of the failure in October 1970

----- displacements compared with the state on 15th of January 1975

Eingesetzte Meßmethoden und ihre Eignung

Die bisher im Isartal beobachteten Bewegungen betragen zwischen einigen Millimetern im Jahr und wenigen Metern am Tag. Bei der Suche nach den geeigneten Meßmethoden war deshalb darauf zu achten, daß sowohl kleine Verformungen als auch große Bewegungen auf der Geländeoberfläche und im Untergrund erfaßt werden müssen. Dabei hatten alle zur Wahl stehenden und finanziell tragbaren Methoden ihre Vor- und Nachteile: die relativ zeitaufwendigen geodätischen Messungen ergeben zwar vollständige Verschiebungsvektoren mit einer Genauigkeit zwischen 1 - 5 mm, lassen aber nur begrenzte Rückschlüsse auf Vorgänge in der Tiefe zu; die genauen Stangenextensometer ermöglichen zwar bei geeigneter Lage eine lückenlose Beobachtung von Relativverschiebungen im Untergrund, geben aber in der Regel keine Hinweise auf die Gleitflächen und versagen, wenn große Verschiebungen quer zur Extensometerachse auftreten;

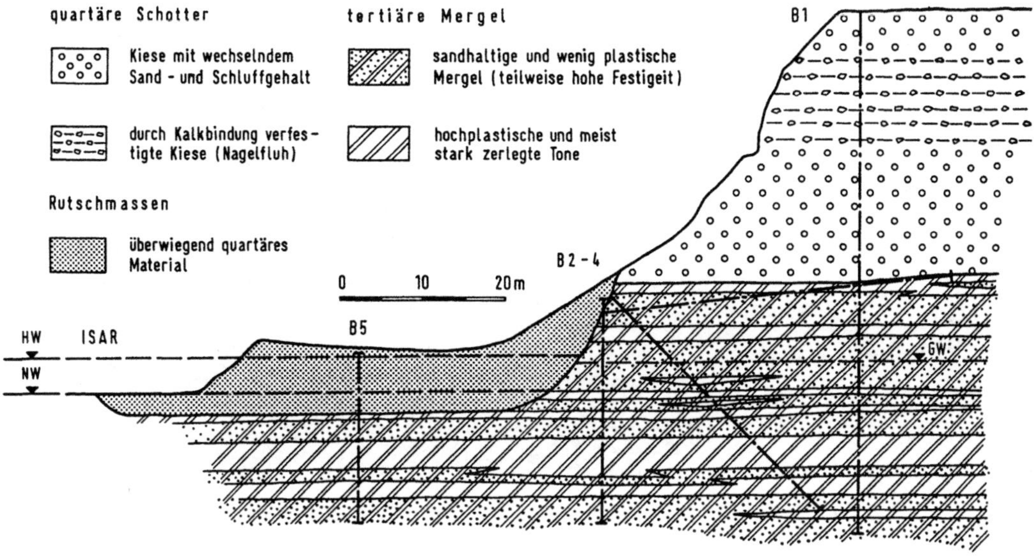

Abb. 2 Eine weitgehend ungestörte Hangpartie (Profil 31) der Rutschung Grünwald mit ihrem durch 5 Aufschlußbohrungen erkundeten Schichtenaufbau und dem Rest eines alten Rutschkörpers; Beispiel für einen Zustand unmittelbar vor einem Neuanbruch

Fig. 2 An almost undisturbed section of the sliding-area at Gruenwald (cross-section number 31) with the geological structure, which was explored using 5 boreholes, and the remaining parts of an old sliding mass; example of the state just before a new failure

Further explanations for figures 2 and 3:

Pleistocene gravel deposits	- gravel with changing content of sand and silt
	- gravel cemented by lime content
Miocene marls	- sandy marls of low plasticity (partly high strength)
	- very fissured clay of high plasticity
Sliding-mass	- mostly Pleistocene material
	- mostly Miocene material

die weniger genauen Drahtextensometer überstehen zwar derartige Verschiebungen und zeigen danach die Bewegungen in der Gleitfläche an, lassen aber ohne die aufwendige Vorspannung keine Stauchungen erkennen; die Neigungsmessungen schließlich gestatten es zwar, die Verteilung von Querverschiebungen entlang eines ausgebauten Bohrloches zu ermitteln, sind aber im Vergleich zu Stangenextensometern zur ständigen Beobachtung der zeitlichen Entwicklung und damit von Einflüssen auf die Bewegungsgrößen zu umständlich und mit den meisten Meßgeräten auch zu ungenau.

Diese Aufzählung zeigt, daß in der Regel nur eine dem jeweiligen Bedarf angepaßte Kombination von Meßeinrichtungen den Erfordernissen entsprechen kann. In Tab. 1 sind die wichtigsten Beurteilungskriterien für die verwendeten Meßeinrichtungen zusammengefaßt.

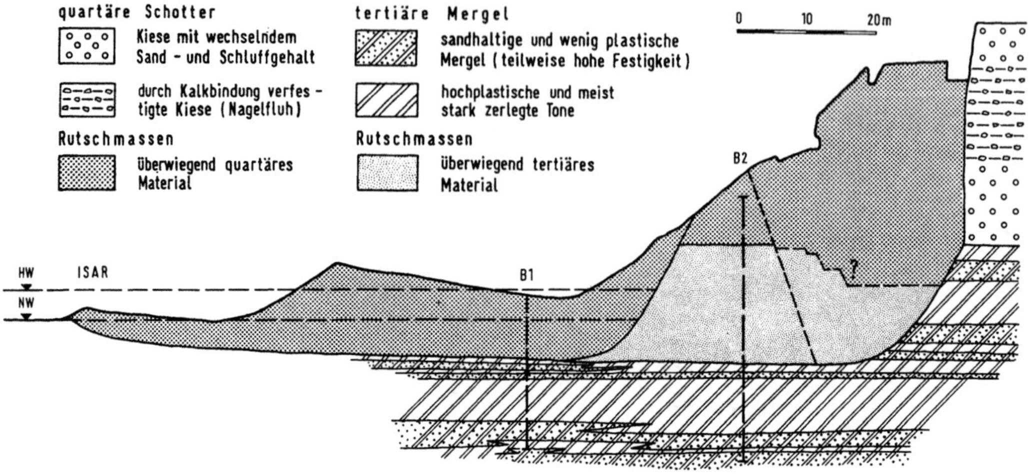

Abb. 3 Neu entstandener Bruchkörper im Profil 29 der Rutschung Grünwald mit vertikal einsinkender Scholle im Anrißbereich und flußwärts horizontal bewegtem Erdkeil sowie davor lagerndem Rest alter Rutschmassen

Fig. 3 New failure by sinking in cross section number 29 of the sliding area Gruenwald with a vertically sinking part near the upper crevice and a spreading wedge of soil with relics of a former sliding mass in front of it, moving horizontally to the river. The description of the material is the same as in figure 2

Ergebnisse der Bewegungsmessungen an den Rutschmassen

Ein Ergebnis der Bewegungsmessungen sind die in Abb. 1 dargestellten Flußuferverschiebungen. Für weitere Betrachtungen werden die gemessenen Verschiebungen in Abhängigkeit von der Zeit aufgetragen und für einzelne Profile in Form von Hodographen zusammengestellt (GUDEHUS 1970, TER-STEPANIAN G u. H. 1974).

Im zeitlichen Auftrag wird die Abhängigkeit der Bewegung von der Schwerpunktsverlagerung der Rutschmassen, den Niederschlägen und der Flußwasserführung deutlich sichtbar. Letzteres trifft selbstverständlich nur zu, wenn die Gleitfläche wie bei der Rutschung Grünwald unter dem Flußwasserspiegel liegt. Die Geschwindigkeitsänderungen hängen stark von der Art der verursachenden Kräfte ab. Während die langsame Schwerpunktsverlagerung von Rutschmassen eine entsprechend langsame Abnahme der Geschwindigkeit mit sich bringt und auch die Niederschläge nur langsame Bewegungsänderungen verursachen, wirkt sich eine Veränderung des Flußwasserspiegels und des damit verbundenen Auftriebs sehr rasch aus.

Mit Hilfe der profilweise zusammengestellten Verschiebungsvektoren und anderer Hinweise auf die Gleitflächenlagen ist es möglich, die Bruchmechanismen zu erkennen. Demnach zeigen alle genauer untersuchten Rutschungen beim Neuanbruch ein vertikales oder nahezu vertikales Einsinken von mehr oder weniger zusammenhängenden Schollen im Hangkantenbereich und ein Herausschieben des Böschungsfußes und der davor lagernden alten Rutschmassen (ŘYBÁR 1974). In Abb. 4 sind eine Reihe von möglichen Bruchmechanismen zusammengetragen. Während die gemessenen Ver-

Tab. 1 Genauigkeit, Verwendbarkeit und Aussagen der eingesetzten Meßmethoden

Tab. 1 The applied methods (and equipment) for measuring movements; their accuracy, uses and type of results

Meßmethode	Genauigkeit	I.	II.	III.	IV.	Bemerkungen
		Erläuterungen s.u.				
Tachymeter	≦ 100 mm	a	a	b	b	
Theodolit mit	≦ 10 mm	a	a	b	b	gewöhnl. Meßgenauigk.
el. opt. Ent.messung	≦ 2 mm	a	a	c	b	Präzisionsmessung
Konvergenzmeßband	≦ 1 mm	a	c	a	a	
Feinnivellement	≦ 1 mm	a	b	b	a	
Stangenextensometer	≦0,05 mm	c	c	a	b	
Drahtextensommeter	≦ 1 mm	b	c	a	b	nicht gespannt, nach Verstreichen der Anlaufzeit
Kontaktsonde	≦2/10 mm	c	c	b	b	
Magnetsonde	≦2/10 mm	c	c	b	b	
Neigungssonde	≦ 1 mm	c	b	b	c	bezogen auf 10 m Länge
Schlauchwaage	≦ 10 mm	c	b	c	c	rechnerischer Ausgleich zwischen den Endpunkten ist mögl.

Erläuterungen zur Tabelle:

I. Lage der Meßstrecken:
a) auf der Geländeoberfläche - b) im Untergrund, über Gleitflächen mit großen Verschiebungen hinweg - c) im Untergrund, bei kontinuierlichen Verformungen auch über Gleitflächen mit kleinen Verschiebungen hinweg

II. Meßergebnisse:
a) vollständige Verschiebungsvektoren - b) einzelne Verschiebungskomponenten - c) Längenänderung

III. Meßdurchführung:
a) schnelle Einzelmessungen - b) mehr oder weniger aufwendige Meßreihen - c) besonders hoher Zeitaufwand

IV: Aussagen zur Gleitflächenlage im Untergrund:
a) keine Aussage möglich - b) eine Aussage ist bedingt möglich - c) eine Aussage ist unmittelbar möglich

schiebungen einen Hodographen ergeben, der auf den Bruchmechanismus c schließen läßt, weisen Gleitflächenaustritte, Gleitflächenformen und die Verschiebungsentwicklung eher auf die Mechanismen b und d hin. Dabei muß allerdings angenommen werden, daß der Vektor 2 des Hodographen c nicht die Verschiebung einer weitgehend intakten Scholle, sondern die Bewegung an der Oberfläche einer Zerrüttungszone angibt. Am wahrscheinlichsten ist ein unter der einsinkenden Scholle zunächst vorhan-

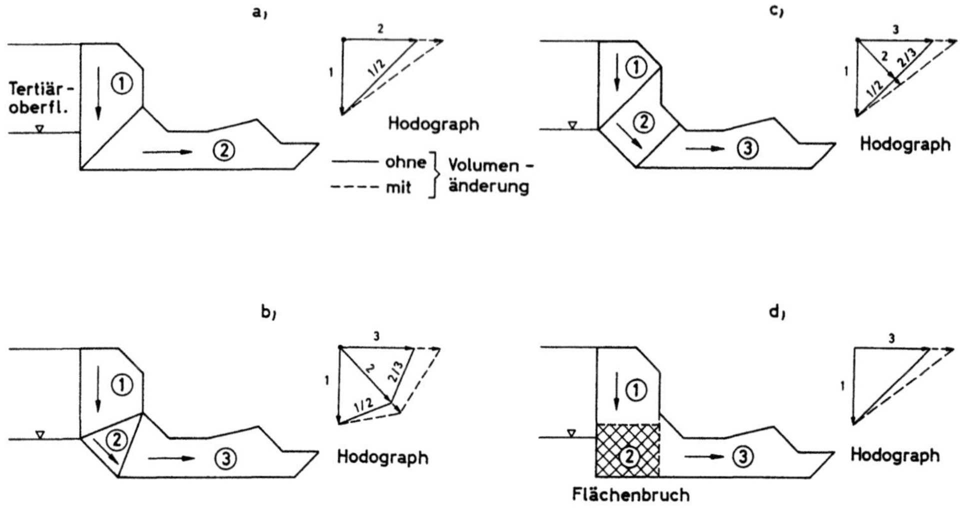

Abb. 4 Mögliche Bruchmechanismen mit den dazugehörenden Hodographen im Anbruchbereich
a) nur eine Sekundärgleitfläche
b) zwei Sekundärgleitflächen, die sich im spitzen Winkel schneiden
c) zwei parallele Sekundärgleitflächen
d) eine ausgedehnte Bruchzone, in der das Material unter der großen Auflast zum Fluß hin ausgequetscht wird

Fig. 4 Possible mechanics of failure and their hodographs;
a) with only one secondary slip plane
b) two secondary slip planes, which meet at an angle of less than 90°
c) two parallel secondary slip planes
d) a zone of failure in which the material is squeezed out (towards the river under great surcharge)

dener Flächenbruch (d), der erst später, mit der Abnahme der Auflast über der Bruchzone, in einen Linienbruch (b) übergeht.

Bei den Rutschungen im Isartal konnte die Lage einer Gleitfläche, selbst wenn sie aktiv war, nur selten aufgrund von Bohrprofilaufnahmen allein gefunden werden. Auch wenn die ungefähre Lage aus anderen Untersuchungen bekannt war, ließ sich eine Fehlaussage nicht ausschließen, insbesondere dann, wenn ursprünglich angelegte Harnische gesuchte Gleitflächen vortäuschten. Eine sichere Aussage war nur mit Hilfe von Neigungsmessungen, oder dichtgesetzten Drahtextensometern (auch bei mehreren Gleitflächen), näherungsweise auch mit einfachem Abloten in einer verrohrten Bohrung (bei einer Gleitfläche) möglich.

Ergebnisse der Bewegungsmessungen am ungebrochenen Hang

Am ungebrochenen Hang (Abb. 2) konnten nur Meßmethoden verwendet werden, deren Genauigkeit den kleinen Hangverformungen (Verschiebungen von einigen Millimetern im Jahr) gerecht wurde. Es mußte deshalb auf Meßmethoden wie Präzisionstachymetrie, Konvergenzmessung, Feinnivellement, Stangenextensometer und Neigungsmessung zurückgegriffen werden. Sie brachten im Profil 31 als Ergebnisse eine in Verlängerung der bestehenden horizontalen Gleitfläche neu entstehende Schubverformungszone im Fuß des noch ungebrochenen Hanges und talwärts gerichtete Verschiebungen des Böschungsfußes (BISHOP 1971), die deutlich niederschlagsabhängigen und damit auch jahreszeitlichen Schwankungen unterworfen sind.Gleichzeitig waren an der oberen Hangkante trotz vieler Kontrollen keine Bewegungen festzustellen.

Aufgrund des zeitlichen Verlaufes der Bewegungen ist eine Annäherung an einen Bruch derzeit nicht zu erkennen. Ob vor dem Entstehen eines Risses an der Hangkante, der den endgültigen Bruch einleitet, die Messungen am Böschungsfuß eine warnende Zunahme der Bewegungen verzeichnen, ist noch ungeklärt. Allein das Vorhandensein ständiger Bewegungen muß vorläufig noch zur Warnung vor einem späteren Bruch ausreichen.

Berechnungen zur Stabilität und zum Verhalten der Rutschung Grünwald

Die im Rahmen dieser Untersuchung verwendeten Berechnungsmethoden berücksichtigen die Verformungseigenschaften des Bodens nicht, so daß insbesondere die Aussagen zur Stabilität noch nicht gebrochener Böschungen (Abb. 2) nur mit Hilfe eines beobachteten Neuanbruches (Abb. 3) möglich sind oder recht ungenau ausfallen müssen.

Berechnungen an bewegten Rutschschollen

Die Rutschung Grünwald erstreckt sich über mehr als 700 m entlang der Isar. In Bezug auf die Gleitflächenausbildung kann deshalb mit einem ebenen Verformungszustand gerechnet werden. Wegen der häufig wechselnden Geländeformen muß der langgezogene Rutschkörper jedoch in 32 Abschnitte unterteilt werden, die jeweils einer Profilform zugeordnet werden können. Da die Rutschung an keiner Stelle einen raschen Verlauf nimmt, ist davon auszugehen, daß Abschnitte mit einem internen Mangel an rückhaltenden Kräften durch benachbarte stabilere Abschnitte gestützt werden und somit das Gesamtsystem die Standsicherheit 1 besitzt. Um den über alle Profile gemittelten mobilisierten Restreibungswinkel $\varphi'_{r,mob}$ zu erhalten, wurde folgendes Vorgehen gewählt:

- Berechnung der abtreibenden und rückhaltenden Kräfte in den einzelnen Profilen für verschiedene Reibungswinkel.
- Aufsummieren dieser Kräfte getrennt für jeden Reibungswinkel.
- Graphische Ermittlung des mobilisierten Restreibungswinkels, bei dem sich abtreibende und rückhaltende Kräfte die Waage halten.

Die einzelnen Profile werden hierfür jeweils in drei Bereiche eingeteilt (Abb. 5). Für den im Flußbett aufgeschobenen Erdkeil wird die gebräuchliche Erdwiderstandsformel verwendet; im Mittelteil über der horizontalen Gleitfläche wird nur die durch das Schollengewicht mitbestimmte Reibung ansetzt, und die eigentlich treibenden Kräfte aus dem etwa 25 m breiten Anrißbereich werden mit der Lamellenmethode (NEUBER 1961) errechnet, wobei zwischen den Lamellen unterschiedlich geneigte Wandkräfte angesetzt werden. Strömungsdruck und Erddruck in den vertikalen Anrißspalten bleiben unberücksichtigt.

Die Berechnung erstreckt sich über verschiedene Zustände der Rutschung vom Oktober 1970 (nach 1. Neuanbruch) bis zum März 1980. Als Ergebnis sind in Tab. 2 die zum Vergleich untereinander relativ genau bestimmbaren $\varphi'_{r,mob}$-Werte zusammengefaßt, wobei zwischen verschiedenen Wasserständen der Isar (Nieder-, Mittel- und Hochwasser) unterschieden

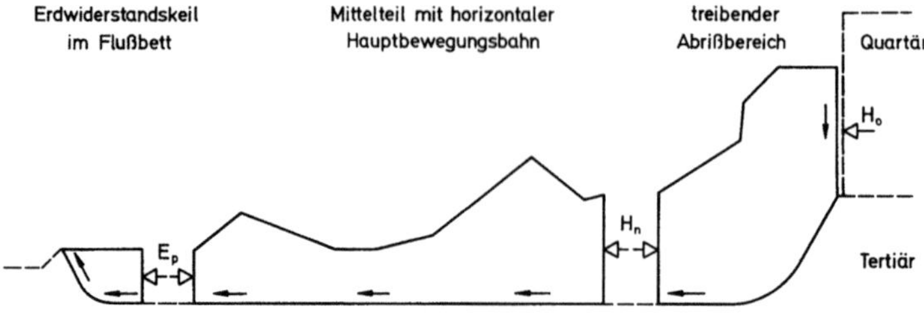

Abb. 5 Aufteilung der Bruchscholle und wirksame Kräfte in einem Profil für die Nachrechnung des Gleitvorganges

Fig. 5 Cross section of the intersecting planes in the sliding mass and the forces acting in them, used to compute the state of sliding

Tab. 2 Errechnete Restreibungswinkel ($\varphi'_{r,mob}$) für verschiedene Stadien der Rutschung Grünwald

Tab. 2 Computed angles of sliding friction ($\varphi'_{r,mob}$) mobilized at different stages of the landslide Gruenwald

Stadium	NW	MW	HW
Nach 1. Anbruch Oktober 1970	(10,4°)	10,8°	(11,2°)
Vor 2. Anbruch 15. Januar 1975	(8,8°)	9,2°	(9,6°)
Nach 2. Anbruch 15. Januar 1976	9,8°	10,2°	(10,6°)
30. April 1976	8,8°	9,2°	9,6°
6. März 1976	(8,2°)	8,6°	(9,0°)

(Die in Klammern gesetzten Werte sind nicht errechnet, sondern analog zu berechneten Werten geschätzt)

wird. Diese $\varphi'_{r,mob}$-Werte entsprechen ungefähr den bei Kreisringscherversuchen erhaltenen Minimalwerten der Restreibungswinkel φ'_r, die in den verschiedenen tertiären Bodenarten zwischen 9° und 35° schwanken. Wenn dieses Ergebnis auch vernünftig ist, so muß doch auf die absolute Unsicherheit der Rechenwerte hingewiesen werden, mit welcher es behaftet sein kann. Als Ursachen sind zu nennen: die teilweise nur ungenau erfaßbare Geometrie der Anrißbereiche, die unterschiedlichen Verschiebungsgeschwindigkeiten innerhalb der Rutschung (Abb. 1) sowie die nur grob abgeschätzten Kräfte zwischen den Schollen und nicht zuletzt die schwer bestimmbaren Auswirkungen der Durchströmung und des Erddrucks im Anrißspalt. Vergleichsrechnungen zeigen, daß die Einflüsse der zuletzt genannten Größen hinter den Unterschieden infolge der Auftriebswirkungen bei Mittel- und Hochwasser zurückbleiben. Neben den unbekannten oder nur schwer bestimmbaren mechanischen Randbedingungen führen auch verschiedene Berechnungsmethoden zu sehr unterschiedlichen Ergebnissen. Vergleichsberechnungen mit der Teilkörpermethode (GUDEHUS 1970; GOLDSCHEIDER u. GUDEHUS 1974; KARAL 1977) machen dies deutlich. Die geschilderten Unsicherheiten zeigen, daß die angegebenen absoluten Größen der mobilisierten Restreibungswinkel mit Vorsicht zu betrachten sind. Sehr zuverlässig ist dagegen die Berechnung von Veränderungen des $\varphi'_{r,mob}$-Wertes bei verschiedenen Rutschungsstadien und Wasserzuständen. $\Delta\varphi'_{r,mob}$ kann bis zu 2,5° betragen. Eine Zunahme des Restreibungswinkels ist auch mit einer höheren Rutschgeschwindigkeit verbunden. Die dabei offensichtlich verstärkte Energieumwandlung ist aber nicht allein auf die höheren Widerstände in den bekannten Primär- und Sekundärgleitflächen zurückzuführen, sondern auch auf innere Zwängungskräfte in den Bruchkörpern beim Überfahren der meist unebenen Gleitflächen.

Für die errechneten Reibungswinkel kann auch die Verteilung der resultierenden Kräfte in der Rutschung parallel zum Fluß angegeben werden. Sie ist in Abb. 6 für den Niederwasserstand vom 30. April 1976 aufgetragen.

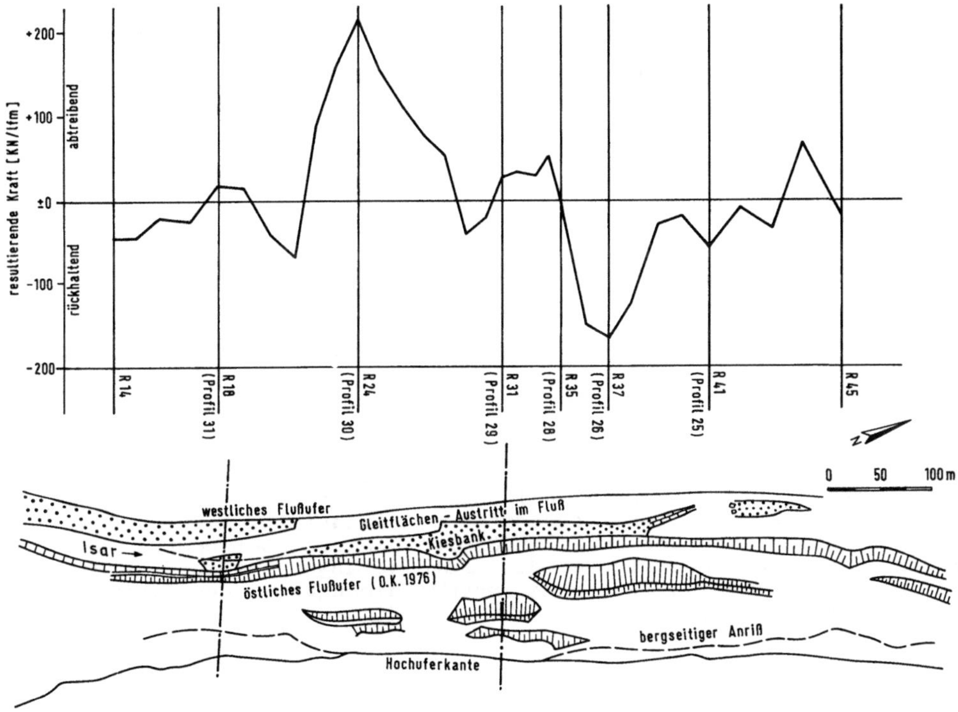

Abb. 6 Grundrißplan Grünwald mit der errechneten Verteilung von abtreibenden (> 0) und rückhaltenden (< 0) Kräften entlang dem Flußufer

Fig. 6 Site plan of the landslide at Gruenwald and the computed distribution of the driving (> 0) and breaking (< 0) forces along the riverside

Der dabei mobilisierte Restreibungswinkel beträgt 9,6° (Tab. 2). In dieser Darstellung treten die stark abtreibende Wirkung des letzten Neuanbruches (Umgebung von Profil 31) und die überwiegend rückhaltende Wirkung nördlich des vorletzten Neuanbruches (Umgebung von Profil 29) besonders deutlich hervor.

Berechnungen zu Neuanbrüchen

Im Gegensatz zur Nachrechnung der Gleitvorgänge kann bei der Untersuchung der Neuanbrüche auf eine scheibenweise Berechnung der Bruchkörper verzichtet werden. Nahezu gleich große rechnerische Anfangsfestigkeiten bei den unterschiedlich großen einsinkenden Schollen der Profile 29 und 31 berechtigen zu dieser vereinfachenden Näherung. Bei der Nachrechnung der Neuanbrüche werden nur die von alten und neu entstehenden Gleitflächen herausgeschnittenen Hangpartien betrachtet. Der Einfluß der alten Rutschmasse wird als aktiver Erddruck auf den Fuß des zu Bruch gehenden Hanges berücksichtigt (Abb. 7). Die Ergebnisse von Lamellen- und Teilkörpermethode stimmen bei diesen Berechnungen (für mittlere Wasserstände) gut überein. Die Ergebnisse sind in Tab. 3 zusammengestellt.

Tab. 3 Errechnete Winkel der Anfangsscherfestigkeit (φ'_{mob}) in den Neuanbrüchen der Rutschung Grünwald

Tab. 3 Computed angles of the initial shear resistance (φ'_{mob}) mobilized during a new failure within the landslide at Gruenwald

Profil	Erddruck am Böschungsfuß bei MW (KN/lfm)	Lamellenmethode	Teilkörpermethode (verschiedene Gleitflächen)
29	88	19,9°	18,0° - 21,0°
30	123	19,9°	17,8° - 20,3°

Diese relativ gute Übereinstimmung zwischen den Ergebnissen der Lamellen- und der Teilkörpermethode ist auf die gewählten ε-Werte (Neigung der Kräfte zwischen den Lamellen) zurückzuführen und mit deren Wahl leicht zu beeinflussen. Die errechneten Anfangsfestigkeiten schwanken in Abhängigkeit veränderter Sekundärgleitflächen aber dennoch in einer Größenordnung, die dem Einfluß der Laständerungen infolge Isarwasserspiegelschwankungen und Rutschmassenverschiebung bei den Gleitkörperuntersuchungen entsprechen.

Vergleicht man die Winkel der mobilisierten Anfangsscherfestigkeit mit den Ergebnissen von Scherversuchen im Labor, so stellt man eine Ähnlichkeit mit dem entsprechenden Vergleich bei den Gleitkörperuntersuchungen fest: die errechneten Winkel der Anfangsscherfestigkeit, die zwischen 17,8° und 21,0° schwanken, liegen ebenfalls bei den unteren Grenzwerten des nun allerdings an ungestörten Proben im Rahmenscher- und Triaxialgerät zwischen 17° und über 45° bestimmten Winkels der Scherfestigkeit (eine Zusammenstellung der bodenmechanischen Versuchsergebnisse ist in Bearbeitung). In diesem unteren Festigkeitsbereich entsprechen die im Versuch erhaltenen Winkel der Scherfestigkeit etwa den Winkeln der inneren Reibung φ', da die Kohäsion c' aufgrund vorhandener Harnische nahezu vollständig verschwindet. Auch die Unter-

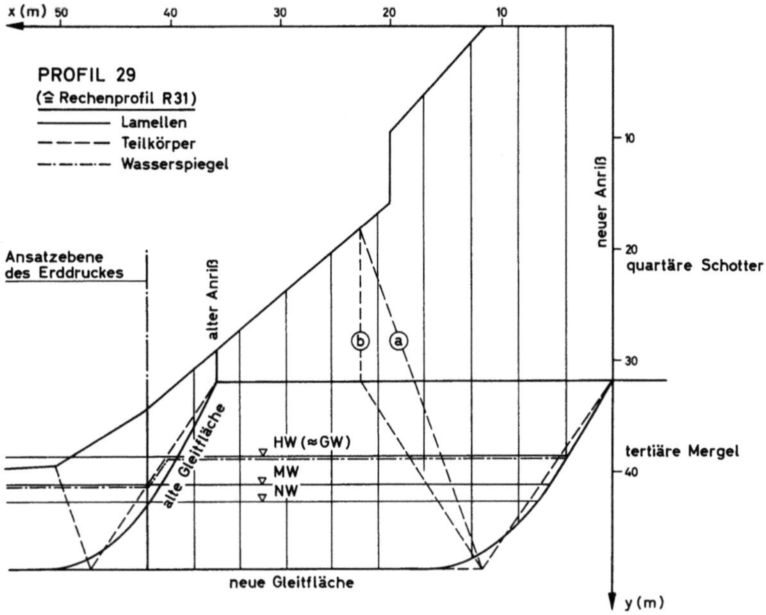

Abb. 7 Lamellen- und Teilkörpereinteilung für die Nachrechnung eines Neuanbruches im Meßprofil 29 (= Rechenprofil R 31) der Rutschung Grünwald, a) und b) sind Varianten der Sekundärgleitflächen im Teilkörpersystem

Fig. 7 Division of cross section 29 into slices and rigid bodies in order to compute a new failure, a) and b) are different secondary sliding surfaces within a system of rigid bodies

suchungen an gestörten normalverdichteten Bodenproben ergeben ähnliche Winkel der Scherfestigkeit.

Die für Neuanbrüche errechneten Anfangsfestigkeiten beziehen sich ausschließlich auf die tertiären Schichten (Wechselfolge von hochplastischen Tonmergeln bis zu unterschiedlich gebundenen Sandmergeln) und zwar zu einem Zeitpunkt, da der Bruch in den quartären Schottern mit den Nagelfluhbänken bereits eingetreten und ein zunächst nahezu kräftefreier Riß entstanden ist. Unter der Voraussetzung, daß auch hierbei die schwächsten Schichtglieder die im Tertiär mobilisierte Festigkeit bestimmen, und in diesen Schichtgliedern wegen der Harnische praktisch keine Kohäsion vorhanden ist, so daß ihr Verhalten etwa dem eines normalverdichteten Tones entspricht, trifft die Annahme von SKEMPTON (1970) zu: Ansatz von φ' ohne c', jedoch ohne weitere Abminderung. Auf die gesamte Böschung bezogen, ist in den durchgeführten Berechnungen allerdings eine Abminderung enthalten, da die höheren Festigkeiten der quartären Deckschicht sowie der schluffigen und sandigen Partien im Tertiär als Folge des progressiven Bruchvorganges nicht berücksichtigt sind. Somit nähert man sich wiederum dem Vorschlag von FRANKE (1976), der sich auf BISHOP (1971) und eigene Untersuchungen stützend eine von der Überschaubarkeit der Rutschvorgänge abhängige Abminderung von φ' in Richtung der Restreibung φ'_r empfiehlt.

Bei herkömmlichen Stabilitätsberechnungen (ohne Betrachtung der Spannungs-Verformungsbeziehungen) kann ein progressiver Bruchvorgang nur dann in der beschriebenen Form näherungsweise nachvollzogen werden, wenn die festgestellten Gleitflächen und Bruchkörperformen sowie die beobachtete Bruchentwicklung den Weg für das Vorgehen weisen. So gestatten nur die beim Neuanbruch an der Hangkante beobachteten senkrechten Anrisse und die daraufhin gemessenen Verschiebungen und ihre Richtungen die Annahme eines kräftefreien Risses in der quartären Überdeckung zur Berechnung der maßgebenden Festigkeit im tertiären Untergrund.

SCHLUSSBETRACHTUNGEN

Bei einer zusammenfassenden Bewertung der durchgeführten Berechnungen und ihrer Ergebnisse ist zu berücksichtigen, daß diese die Wirklichkeit nur näherungsweise erfassen können. Weder die Gleitkörperuntersuchungen noch die Nachrechnung der Neuanbrüche führen zu eindeutigen und damit absolut gültigen mobilisierten Winkeln der Rest- bzw. Anfangsfestigkeit. Wenn auch im Vergleich mit den Laborversuchen brauchbare Ergebnisse erzielt werden, so reicht die Genauigkeit der durchgeführten Untersuchungen doch nicht aus, um das Wiederaufleben einer alten Rutschung oder einen Neuanbruch vorherzusagen. Entsprechendes gilt für die Angabe von Sicherheiten. Während bei den Gleitkörperuntersuchungen die errechneten Sicherheitsgrade bereits um etwa 30 % schwanken können, unterscheiden sie sich bei den Neuanbrüchen um nahezu 20 %, wobei deren noch größere Unsicherheiten, die in der Zugfestigkeit der verfestigten quartären Kiese liegen, nicht berücksichtigt sind.

Dagegen kann die relative Änderung von Sicherheiten infolge von Laständerungen, bedingt durch Massenverschiebungen, Flußwasserspiegelschwankungen und Niederschläge mit großer Genauigkeit angegeben werden, wenn einheitliche Berechnungsverfahren, Bruchmechanismen und Bruchkörperformen Verwendung finden. Bei der Behandlung von Neuanbrüchen sind noch zuverlässigere Berechnungsergebnisse oder zumindest eine bessere Deutung der beschriebenen Bruchvorgänge möglich, wenn man auch die Spannungs-Verformungsbeziehungen berücksichtigt. Dies wird bei weiteren Untersuchungen am Geologischen Landesamt in München geschehen.

In Anbetracht der beschriebenen Unsicherheiten bei den Stabilitätsberechnungen sind Geländebeobachtungen von größtem Wert, die Hinweise auf die Standsicherheit oder die Standhöhe von Hängen liefern. In den Rutschungen entlang der Isar gestattet der Rutschkörperaufbau sehr zuverlässige Rückschlüsse auf die Grenzstandhöhen noch ungebrochener Hänge. Grundlage ist eine genaue Aufnahme des Bruchkörperaufbaus. Bei der Ermittlung der Standhöhe macht man sich die Tatsache zu Nutze, daß bei einem Neuanbruch die Fußpartien der ungestörten Böschung mit den davorliegenden Schollenresten nur eine Translationsbewegung erfahren und ältere Gleitflächen nach einem Neuanbruch in der Regel zur Ruhe kommen. Man braucht somit nur im Bruchkörper, der aus Schollen mehrerer hintereinanderliegender Neuanbrüche besteht, die Lage der vorletzten Scholle zu einer markanten Schichtgrenze z.B. der Tertiäroberkante in der letzten (jüngsten) Scholle zu bestimmen und diese Lage auf die gleiche Schichtgrenze in der ungestörten Böschung zu übertragen. Erstaunlicherweise können für verschiedene Hangpartien im Isartal mit unterschiedlichen Schichtmächtigkeiten und tertiären Schichtfolgen, Gleitflächenlagen und Schollenmächtigkeiten recht einheitliche Standhöhen angegeben werden. Sie liegen zwischen 38 und 40 Metern.

Mit Hilfe der beschriebenen Beobachtungen und Untersuchungen erhält man ungefähre Angaben über die Standsicherheit von ungestörten und bereits gebrochenen Böschungen. Eine genaue Aussage hierüber und die zeitliche Vorhersage eines Neuanbruches ist damit jedoch nicht möglich. Sie können nur aus weiteren Bewegungsmessungen erhalten werden und selbst deren Ergebnisse lassen noch Fragen offen.

LITERATUR

Baumann HJ, Kranzberger A, Kröger J (1975) Beschreibung einer Rutschung im Isartal südlich von München. In: Geologica Bavarica 74: 193-208. München

Baumann HJ (1981) Formänderungsverhalten tertiärer Mergel in Labor- und Bohrlochversuchen. In: Bericht 3. Nat Tag Ing Geol Ansbach, 75-85

Bishop AW (1971) The influence of progressive failure on the choice of the method of stability analysis. Technical note, Geotechnique Vol XXI Nr 2: 168-172

Franke E (1976) Langzeitrutschungen. Drei Beispiele aus der Praxis und kritischer Überblick über die bisherige Entwicklung der Erkenntnisse. Die Bautechnik 3/1976: 97-105

Goldschneider M, Gudehus G (1974) Verbesserte Standischerheitsnachweise. In: Baugrundtagung 1974: 99-118, Frankfurt

Gudehus G (1970) Ein statisch und kinematisch korrekter Standsicherheitsnachweis für Böschungen. In: Baugrundtagung 1970, Düsseldorf: 296-307

Karal K (1977) Energy method for soil stability analysis. Journal of the Geotechnical Engineering Division GT 5: 431-445

Neuber H (1961) Statische Untersuchungen der Stabilität von Böschungen unter besonderer Berücksichtigung der Verhältnisse in Braunkohlentagebauen und im Hinblick auf die Verwendung elektronischer Rechenmaschinen. Geologisches Landesamt Nordrhein-Westfalen, Krefeld

Řybář J (1974) Blockrutschungen mit einem Grabenbruch. In: Festschrift Leopold-Müller-Salzburg zum 65 Geburtstag. Karlsruhe: 161-175

Skempton AW (1970) First-time slides in overconsolidated clays. Technical note. Geotechnique Vol XX Nr. 3: 320-324

Ter-Stepanian G u H (1974) Determination of deformed state of a sliding body by creep hodographes. In: 2nd Int Congr of the Int Ass of Eng Geol, Sao Paulo, Brazil, V: 23.1-5

Hangstabilitäten im Mainzer Becken

E. KRAUTER[1], H. VON PLATEN[2], A. QUEISSER[2] und K. STEINGÖTTER[2]

SUMMARY

In the Tertiary sediments of the Mainz Basin west of the Rhine slope stabilities have been studied and mapped. Mineralogical investigations of the slip horizons have been made.

The immediate cause of the landslides in 1982 were extreme weather conditions. The development of the mass movements is analysed in-situ and by soil mechanical, hydrogeological and air-photogeological investigations. 90 percent of the recent landslides are reactivated old slides.

Diverse measurements and fieldwork have been made to delineate the kinematic patterns of the landslides and the forms of their slip planes.

For the first time in the Federal Republic of Germany a slope stability map at a scale of 1 : 50 000 has been prepared. There is potential danger of mass movements in 8 percent of the studied area. The occurrance of 197 landslides in 1982 demonstrates the necessity of this mapping.

A proposal is given for the "semi-quantitative" appraisal of labile slopes.

Grain size distribution, chemical and mineralogical composition from samples of slip horizons of recent landslides have been examined quantitatively. The material is very poorly sorted and the samples are characterized by a homogeneous distribution of grain size fraction in the range of 0,2 - 20 µm. The clay - silt - ratio is about 1 : 1, coarser grain sizes are rare.

Considering the clay minerals their chemical composition of the fraction < 2 µm has been analysed and a normative mineral composition was

[1]Dr. habil. E. Krauter, Geologisches Landesamt Rheinland Pfalz, Postfach 2045, D-6500 Mainz

[2]Prof. Dr. H. von Platen, Dipl.-Min. A. Queisser, Dr. K. Steingötter, Institut für Geowissenschaften, Johannes Gutenberg-Universität, Postfach 3980, D-6500 Mainz

Ingenieurgeologische Probleme im Grenzbereich zwischen Locker- und Festgesteinen
(Herausgegeben von K.-H. Heitfeld)

calculated. Illite in concentrations of 40 - 50 wt.-percent is the dominant clay component. Montmorillonite was found in all samples with 20 - 30 wt.-percent whereas the values of chlorite and kaolinite were smaller than 7 wt.-percent. The calculated mineral content agrees with the data from X-ray determination. Compared with the total sample there are only 33 wt.-percent of clay minerals while the rest consists of calcite/dolomite ≧ quartz ≫ goethite > feldspar. The exceptional good crystallinity of the clay minerals, their grain size distribution and mineral composition indicate that the slip horizons correspond to sedimentary and diagenetical structures.

For the development of slip planes and slip horizons the grain size distribution and the mineralogical composition of the clay fraction are important: the silt fraction facilitates rapid water resumption whereas the clay fraction tends to retain the water over longer periods. When sufficient water is supplied this interaction leads to a greater fixation of water and to swelling of the sediment, which greatly reduces its shear strength.

INGENIEURGEOLOGIE

Die Entwicklung der Oberflächengestalt im Tertiär des Mainzer Beckens begann im Pliozän. Während des Pleistozäns führten Erosion, Solifluktion und Massenbewegungen zu den rezent vorhandenen Geländeformen. Massenbewegungen durch Gleiten stellen auch heute noch, trotz des relativ trockenen Klimas, ein häufiges Ereignis im Mainzer Becken dar (Abb. 1). 8 % der Fläche, das entspricht 11 000 ha von 140 000 ha Gesamtfläche des Untersuchungsgebietes, sind potentiell rutschgefährdet.

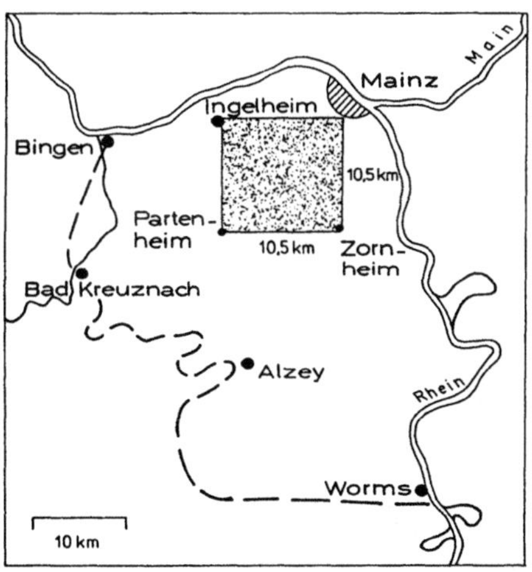

Abb. 1 Lage des Arbeitsgebietes (Grenzen: Rhein und gerissene Linie) mit der Fläche der potentiellen Rutschgebiete, die als Quadrat dargestellt ist

Fig. 1 Position of the studied area (limits: Rhine-river and dashed line). The square spotted area shows potential landslide hazard areas

Sie treten regelmäßig dort auf, wo anthropogene Eingriffe direkter Art, z.B. durch Hangein- und -anschnitte oder Aufschüttungen erfolgten. Aber auch indirekte Eingriffe, z.B. durch die Abholzung seit dem Mittelalter, begünstigen Rutschungen.

In bestimmten Jahren kommt es zu einem katastrophalen Ausmaß von Rutschungen. Solche Jahre waren 1881, die Jahre 1940/41 und 1982. Etwa 10 Mio m^3 Lockergestein wurden 1982 im Mainzer Becken durch Rutschungen verlagert. Als Auslöser der Rutschungen von 1982 wirkten extreme klimatische Faktoren. Die Jahre 1978 bis 1981 wiesen überdurchschnittliche Niederschläge auf. Im Dezember 1981 bildete sich bei Frost eine hohe Schneedecke aus, die plötzlich, begleitet von intensivem Regen am 30.12.1981 und am 4./5.01.1982, abtaute (Abb. 2). Die ersten Rutschungen begannen bereits am Neujahrstag.

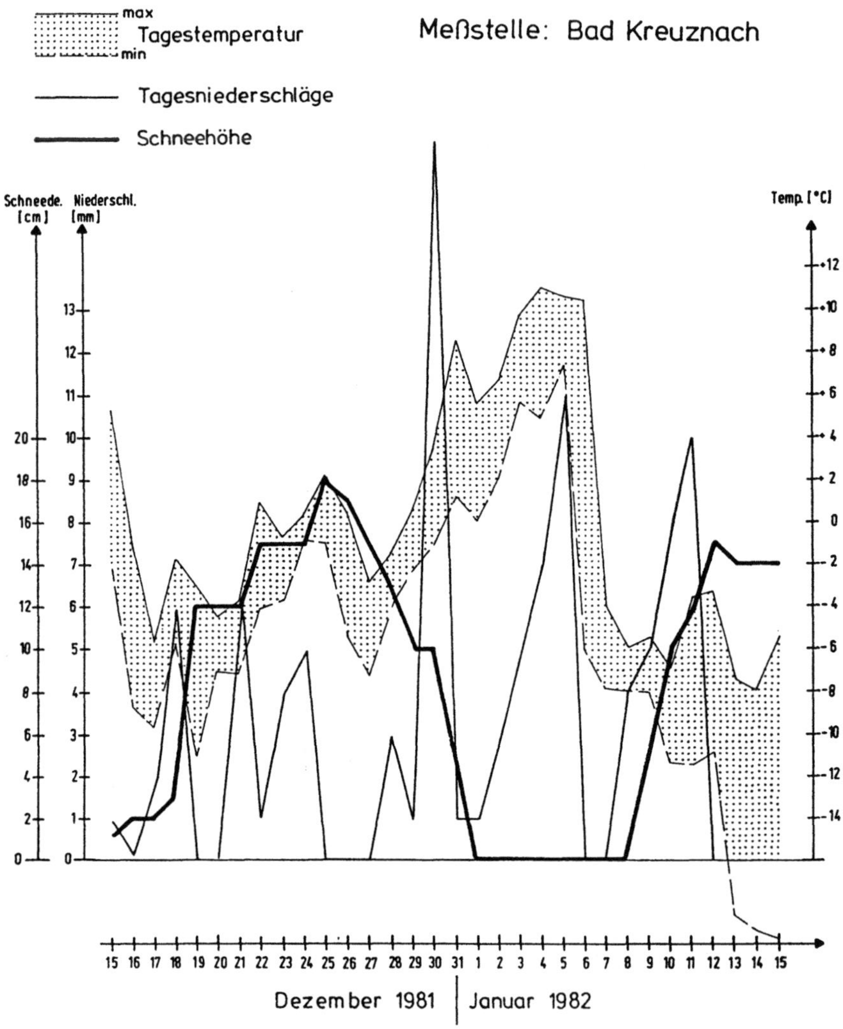

Abb. 2 Witterungsdiagramm

Fig. 2 Weather conditions

Die eigentlichen Ursachen der Massenbewegungen liegen jedoch in den geologischen und morphologischen Verhältnissen des Arbeitsgebietes begründet.

Die wesentlichen Ursachenkomplexe sind

- Verwitterung und Auflockerung der Tertiär-Schichten,
- geologischer Aufbau im engeren Sinne (Wechsellagerung gut durchlässiger und gering durchlässiger Schichten sowie Schichteinfallen),
- natürliche und anthropogene Reaktivierung alter Rutschmassen.

Die 3 Ursachenkomplexe stellen auch die verschiedenen Phänomene von Rutschungen dar.

Die flachen Rutschungen in der Verwitterungsrinne der Tertiär-Schichten reichen bis etwa 5 m Tiefe. Oberflächenwasser dringt hier über cm-weit geöffnete Schrumpfrisse der pelitischen Gesteine in den Untergrund ein. Im Basisbereich der Verwitterungszone V 3 (EINSELE & WALLRAUCH 1964) bilden sich progressiv, infolge von Konsistenzveränderung der montmorillonitführenden Pelite, schichtparallele Gleitflächen aus. Kluftwasserdruck in den steilstehenden Schrumpfrissen treibt das Gleiten an. Bei einer Überlagerung durch mächtige Deckschichten (Löß oder Flugsand) treten solche Massenbewegungen jedoch nicht auf.

Durch den geologischen Aufbau im engeren Sinne verursachte Gleitbewegungen reichen bis etwa 20 m Tiefe. Abbildung 3 zeigt ein vereinfachtes Hangprofil im Bereich von Zell im Pfrimmtal.

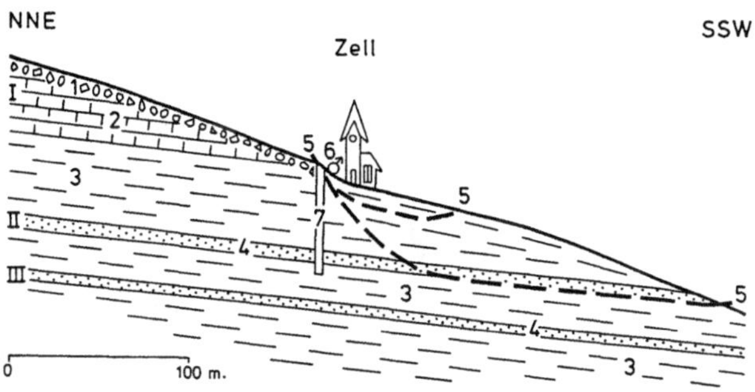

Abb. 3 Schematisches Profil des Rutschhanges von Zell mit der Lage der Entwässerungsbrunnen
1 Deckschichten; 2 miozäne Kalksteine; 3 oligozäne Pelite; 4 Feinsandlage; 5 Gleitflächen; 6 Quellaustritt; 7 Entwässerungsbrunnen; I - III Grundwasserstockwerke (KRAUTER & STEINGÖTTER 1983)

Fig. 3 Schematic section of the labile slope of Zell with the drainage gallery
1 overburden; 2 miocene limestone; 3 oligocene clay; 4 finely grained sand strata; 5 sliding planes; 6 spring; 7 drainage shafts; I - III ground water storeys (KRAUTER & STEINGÖTTER 1983)

Die tiefen Gleitflächen sind an die Basis von meist mit 2 - 5° talwärts einfallenden, grundwasserführenden, schluffigen Feinsandhorizonten gebunden, in denen vor allem ein Anstieg des Strömungsdruckes die Bewegungen antreibt. Es findet sich stets ein Aquifer im Hangenden der oligozänen Schichten, entweder sind es miozäne Kalksteine oder pleistozäne grobkörnige Terrassensedimente. Das Wasser gelangt aus dem hangenden Aquifer über steilstehende Trennflächen der aufgelockerten Pelite in die grobkörnigen Horizonte. Diese Trennflächen des Gebirges sowie Zonen verstärkter Wasserführung werden im Luftbild im allgemeinen als Lineare sichtbar; ebenso potentielle Abrisse der Rutschungen.

In Abb. 4 sind die Rutschungen und die Schollengrenzen (2. Ableitung nach FÜRST et al. 1978) am Wißberg bei Gau-Bickelheim (TK 25 Bl. 6114 Wörrstadt) dargestellt. Es besteht also ein enger Zusammenhang zwischen Luftbildlinearen bzw. Schollengrenzen und Rutschungen.

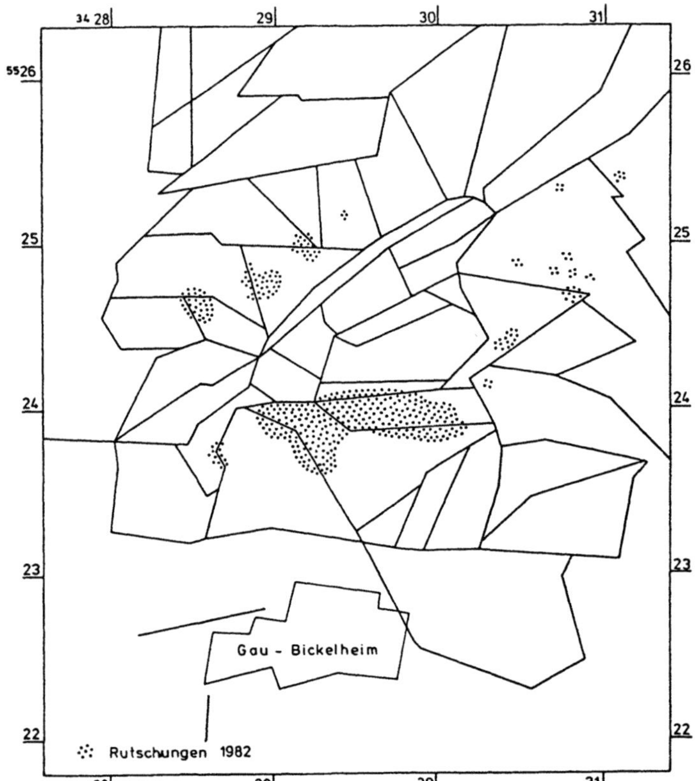

Abb. 4 Schollensynthese und Rutschungen 1982 (STEINGÖTTER 1984)

Fig. 4 Synthesis of blocks and landslides of 1982 (STEINGÖTTER 1984)

Reaktivierte alte Rutschmassen reichen ebenfalls bis etwa 20 m Tiefe. Sie stellen, was sehr wichtig ist, mit über 90 % den Hauptanteil der Gleitbewegungen im Mainzer Becken. Hier sind alte, oft partiell geöffnete und wasserführende Gleitflächen mit Bestegen weicher Konsistenz vorgegeben. Bei diesen Massenbewegungen dringt sowohl Oberflächenwasser als auch Grundwasser zu. Niederschläge können sich deshalb noch nach einer bestimmten Zeitverzögerung auswirken. Auf den Gleitflächen ist nur noch die Gleitscherfestigkeit wirksam. Diese liegt bei den Tonen und Schluffen des Arbeitsgebietes bei φ_r = 6-8°.

Auf geöffneten Abschnitten der Bewegungsbahnen muß wahrscheinlich sogar nicht mit den Scherfestigkeiten des Materials, sondern mit den niedrigeren Scherfestigkeitswerten auf einem Wasserfilm gerechnet werden, was Rutschungen an Hängen kleiner 5° Neigung erklären könnte.

Quicktone und Fließsande fehlen im Mainzer Becken, so daß Erschütterungen z.B. durch Erdbeben als Ursache der Massenbewegungen bisher praktisch keine Rolle gespielt haben.

Das Ausmaß der Massenbewegungen, das sich 1982 wieder eindrucksvoll dokumentierte, läßt auf ein junges Relief mit unreifen Hängen schliessen. Relative Hebungen im Mainzer Becken finden nach MÜLLER & PRINZ (1966) noch heute statt.

Vorstellungen über die Kinematik der Massenbewegungen sind durch umfangreiche Feldbeobachtungen sowie Bohrlochneigungsmessungen und geodätische Präzisionsvermessungen entwickelt worden (Abb. 5).

Dabei ergaben sich Modelle der Gleitflächenformen und Gleitflächenkonfigurationen (Abb. 6).

Die Gleitflächenformen (1) und (2) können Massenbewegungen in der Verwitterungsrinde zugeordnet werden. Die Konfigurationen (3) und (4) entsprechen durch den geologischen Aufbau im engeren Sinne verursachten und reaktivierten Gleitbewegungen. Häufig treten Serienrutschungen (5) auf, wo sich die Bewegungen hangab- und hangaufwärts infolge von Be- und Entlastung ausbreiten. Auch laterale Ausdehnung durch Verlust der seitlichen Einspannung findet statt.

Alt angelegte Bewegungsbahnen führen an vielen Hängen zu reaktivierten Gleitbewegungen, deren Richtung vom heutigen Hanggefälle abweicht.

Die bisher beobachteten Geschwindigkeiten der Gleitbewegungen des Arbeitsbereiches liegen im Bereich von Millimeter/Monat bis Meter/Stunde. Die Vorstufe dieser Massenverlagerungen stellen Kriechbewegungen ohne ausgebildete Gleitflächen dar. Im Fußbereich der Rutschkörper können Fließbewegungen auftreten.

Hänge mit 5 - 10° Neigung zeigen die meisten Gleitbewegungen (Abb. 7). Sie stellen auch die Mehrzahl der im Arbeitsgebiet vertretenen Hänge.

Abbildung 8 zeigt eine Richtungsrose der Expositionen der Rutschungen. Die Südhänge mit ihren mächtigen pleistozänen Rutschmassen sind am häufigsten von Massenverlagerungen betroffen; Osthänge mit meist mächtiger Lößbedeckung am geringsten.

Erstmals in der Bundesrepublik Deutschland ist für die Vorplanung und Vorerkundung von Bauprojekten sowie für die Regional- und Landesplanung eine ingenieurgeologische Hangstabilitätskarte im Maßstab 1 : 50 000 (KRAUTER & STEINGÖTTER 1983) entwickelt und veröffentlicht worden.

Mit Hilfe von Archivunterlagen, Luftbildern und Geländebegehungen wurden potentielle Rutschgebiete, bzw. solche Gebiete, wo schon früher Massenbewegungen auftraten, ausgehalten.

Auf der Karte wird unterschieden zwischen nachgewiesenen und nicht sicher nachgewiesenen Rutschgebieten. Diese werden weiter untergliedert nach Alter, Aktivität, Auslösefaktor und Gleitflächentiefe.

Das Ergebnis der Kartierung, die im Jahre 1981 stattfand, wurde im Folgejahr durch die außergewöhnlich hohe Anzahl der Massenbewegungen überzeugend bestätigt. Von den 220 Rutschungen des Jahres 1982 fanden 209 in den ausgewiesenen potentiellen Rutschgebieten statt. Das entspricht einer Vorhersagegenauigkeit von 95 %.

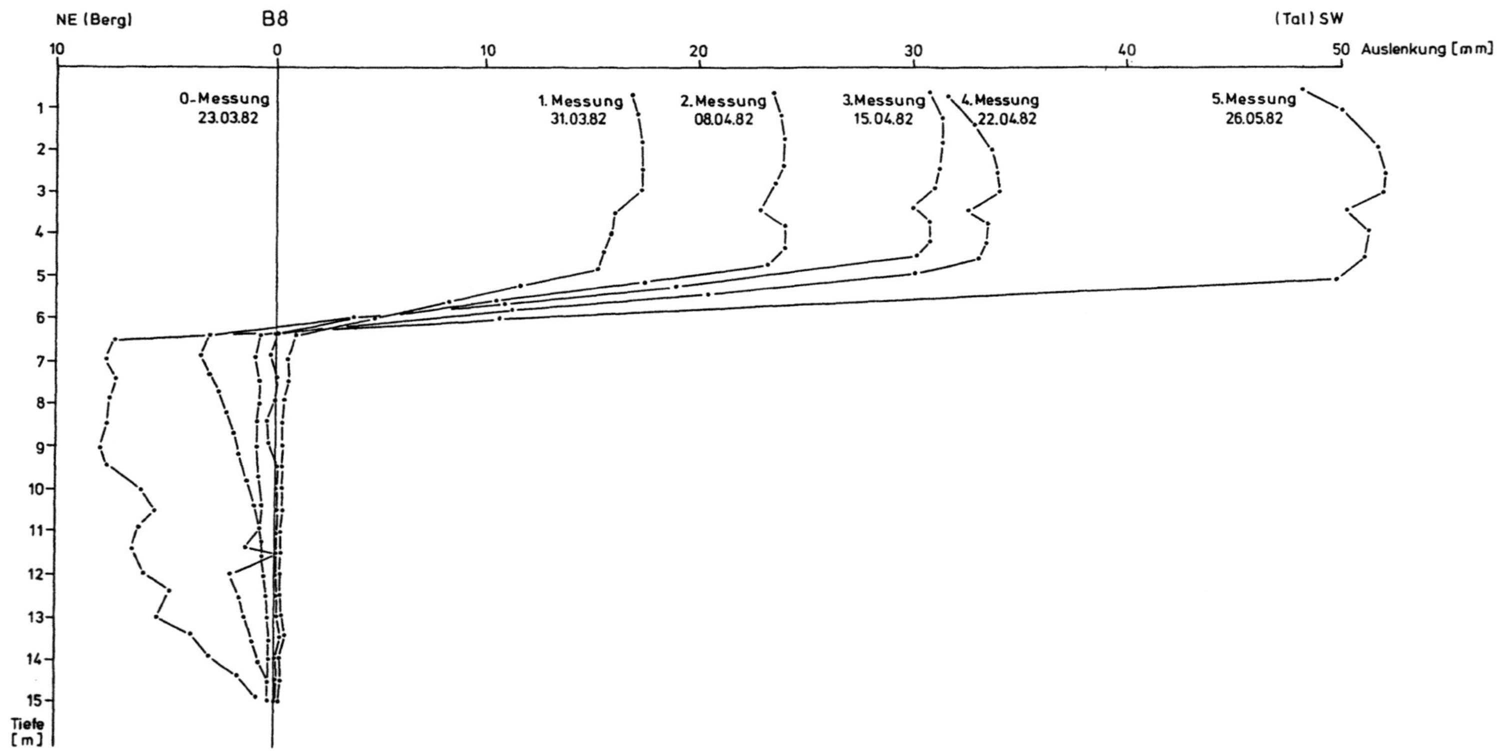

Abb. 5 Beispiel von Bohrlochneigungsmessungen

Fig. 5 Example of borehole-inclinometer measurement results

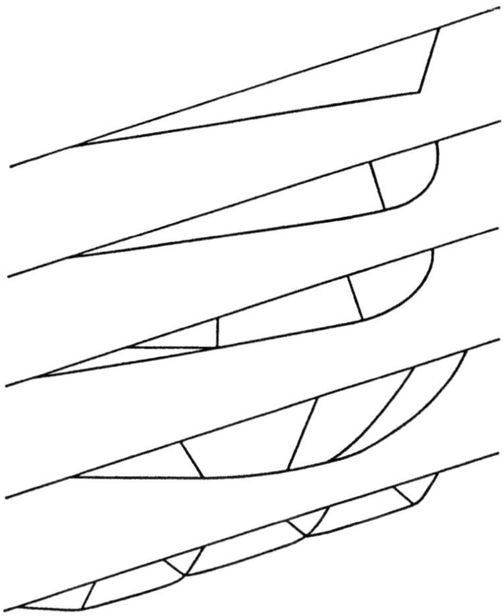

Abb. 6 Gleitflächenformen und Gleitflächenkonfigurationen (KRAUTER & STEINGÖTTER 1983)

Fig. 6 Forms and configurations of sliding planes (KRAUTER & STEINGÖTTER 1983)

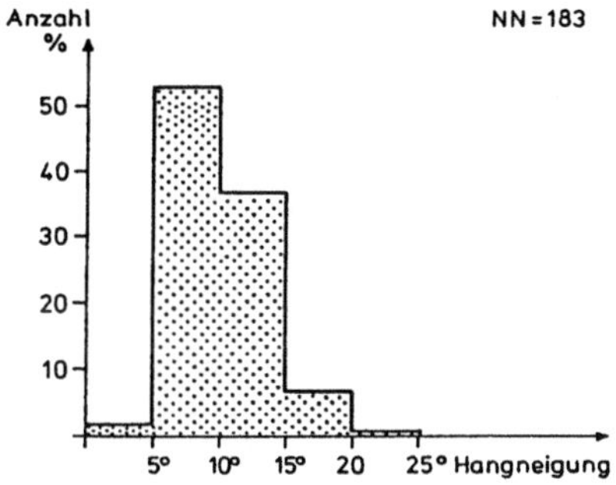

Abb. 7 Verteilung der Rutschungen auf 5 Hangneigungsintervalle (STEINGÖTTER 1984)

Fig. 7 Distribution of landslides into 5 slope angle intervals (STEINGÖTTER 1984)

Neben der Karte wird für die Vorerkundung von Hangstabilitäten im Arbeitsgebiet eine "halbquantitative" Stabilitätsklassifikation mit Hilfe von Gefährdungspunkten vorgeschlagen (ESCHENBACH & KLENGEL 1975), wobei folgende Parameter Eingang finden:

a) Einfallswinkel der Schichten hangauswärts (°) bzw. der Grenzfläche Deckschichten/Anstehendes

b) Bergwasserstand unter Geländeoberkante am Hangkopf (m)

c) Hangneigung (°)

d) Hanghöhe über Verebnungssohle (m)

e) Durchschnittliche Mächtigkeit der Solifluktionsdecken, Rutschmassen bzw. der Verwitterungsdecke (V_3 - V_5) (m)

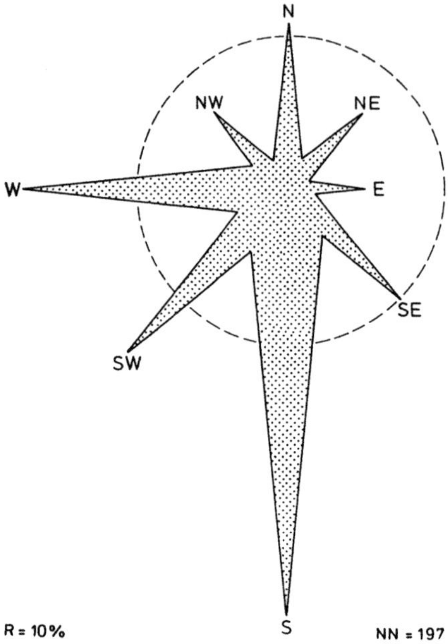

Abb. 8 Exposition der Rutschungen (STEINGÖTTER 1984)

Fig. 8 Disposition of landslides (STEINGÖTTER 1984)

Statt des Bergwasserstandes könnten auch Witterungsbedingungen eingearbeitet und die Standzeit, ähnlich wie im Untertagebau, berücksichtigt werden.

Für die Beträge der Parameter (a) - (e) wurde eine Gleichung gesucht, deren Ergebnisbetrag desto höher wird, je instabiler ein Hang ist. Die Parameter werden darin in geeigneter Weise gewichtet. Empirisch ist folgende einfache Gleichung entwickelt worden:

Instabilitätsindex $\alpha = (c + a^2) \cdot (e^2 - b - d)$

Anhand der Instabilitätsindizes lassen sich die Stabilitäten verschiedener Hänge miteinander vergleichen. Höhere Zahlenwerte für α geben instabilere Verhältnisse an, niedrigere Zahlenwerte für α bedeuten stabilere Hänge.

Abbildung 9 zeigt die Zusammenhänge zwischen dem Instabilitätsindex α und der Standsicherheit η.

Die in die Gleichung eingehenden Parameter wurden so gewählt, daß sie einfach im Gelände zu ermitteln sind. Der Instabilitätsindex dient zur Abschätzung des Hanggleichgewichtes und stellt keinen Standsicherheitsnachweis dar.

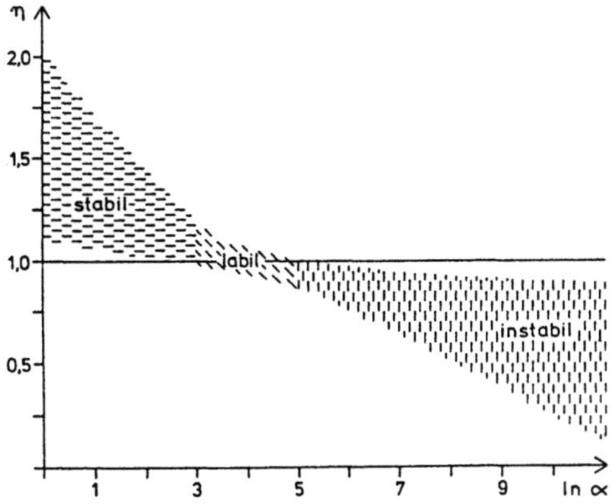

Abb. 9 Zusammenhang zwischen Standsicherheit η und Instabilitätsindex α (STEINGÖTTER 1984)

Fig. 9 Correlation between stability η and index of instability α (STEINGÖTTER 1984)

MINERALOGISCHE UNTERSUCHUNGEN VON GLEITHORIZONTEN

Für die Untersuchungen wurden 38 Sedimentproben von Gleitflächen an insgesamt 24 Rutschungen, die sich über das gesamte Gebiet von Rheinhessen verteilen, genommen. Wegen der Bedeutung für diese Arbeit erfolgte die Probennahme nur an eindeutigen Gleitflächen, die z.T. erst durch Schürfe zugänglich gemacht wurden. Bewegungsspuren in Form von Harnischen und Konsistenzunterschiede gegenüber dem Nebengestein waren die entscheidenden Kriterien für die Zuordnung. Bei keiner der beprobten Rutschungen waren die Gleitflächen im Grenzbereich unterschiedlichen Materials angelegt.

Mit Hilfe eines Sedigraphen (Particle Size Analyser der Firma Micro-Metrics) wurde an ausgewählten aufbereiteten Proben die Korngrößenverteilung in dem Bereich von 0,26 bis 100 µm als Summenkurve gemessen. Der Anteil > 100 µm war in den untersuchten Proben vernachlässigbar gering.

In Abb. 10 ist die gemittelte Summenkurve für die untersuchten Proben mit Berücksichtigung der jeweiligen Standardabweichung dargestellt.

Die Summenkurve weist in dem mittleren Korngrößenbereich von ca. 0,2 bis 20 µm, in dem ca. 70 Gew.-% der Korngrößen liegen, eine in Näherung lineare Steigung auf, was einer schlechten bis sehr schlechten Sortierung (TRASK'sche Sortierung, $s_o = 4,0$) entspricht. Dennoch liegt innerhalb der einzelnen Kornfraktionen eine einheitliche Gew.-%-Verteilung vor, was durch die Linearität und durch das in Abb. 10 außerdem berücksichtigte Blockdiagramm der Korngrößenverteilung (2-fach überhöht) aufgezeigt wird. Das Maximum der Korngrößenfraktion < 0,26 µm ist, da hier die Messungen abgebrochen werden mußten, lediglich graphisch zu verstehen. Ein so ausgeprägtes Maximum könnte zwar vorliegen, erscheint jedoch unwahrscheinlich.

Die Ähnlichkeit der Korngrößenverteilung in den Gleithorizonten zeigt auch die Dreiecksdarstellung der Abb. 11, in der das Verhältnis der Korngrößenfraktionen < 2 µm, 2 - 20 µm und > 20 µm aufgetragen ist. Aus graphischen Gründen wurde die Grenze zu den gröberen Anteilen bei 20 µm gelegt, da in einem Diagramm mit der Einteilung in Ton-, Schluff- und Sandfraktion alle untersuchten Proben auf der Seite Ton-Schluff zur Darstellung kämen.

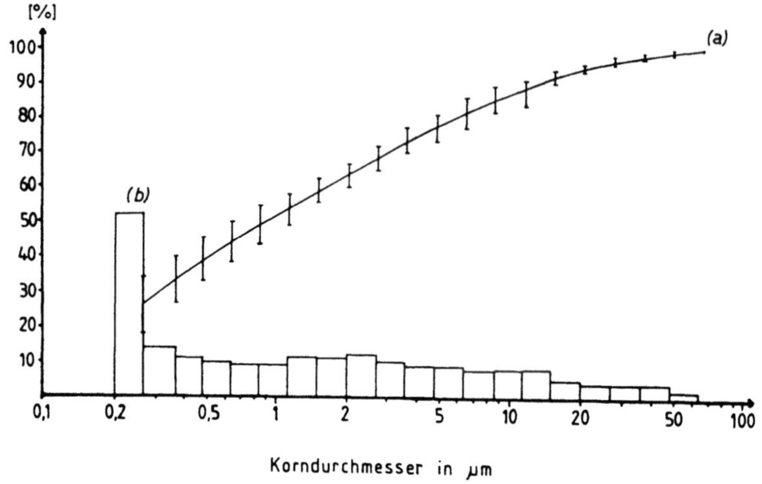

Abb. 10 Gemittelte Korngrößenverteilung von Gleithorizontproben (a) Summenkurve mit Standardabweichungen und (b) Blockdiagram (2-fach überhöht)

Fig. 10 Mean grain size distribution of samples from slip horizons (a) cumulative curves with standard deviations, (b) bar diagram (heights magnified ·2)

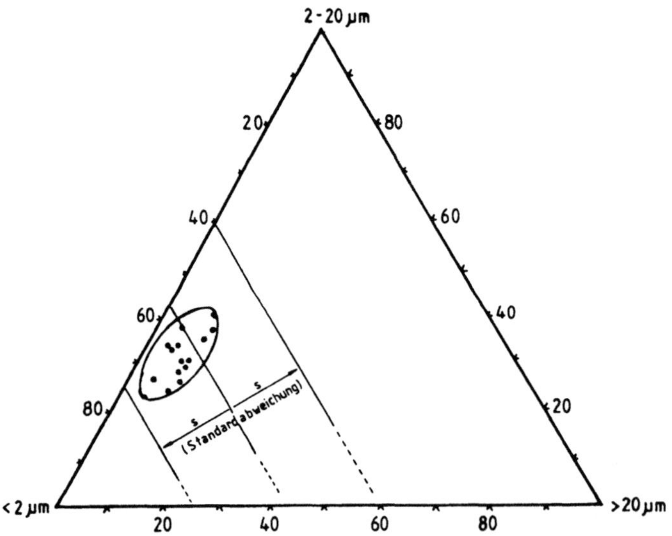

Abb. 11 Darstellung der Korngrößenverhältnisse von Gleithorizontproben und Variationsbereich 64 tertiärer Tone und Mergel aus dem Mainzer Becken

Fig. 11 Triangular diagram showing grain size characteristics of slip horizon samples and the variability of 64 tertiary clays and marls from the Mainz Basin

In dem umrandeten Bereich der Abb. 12 liegen die darstellenden Punkte der Gleithorizonte. Von KRAUTER & STEINGÖTTER (1983) wurden an 64 rheinhessischen Tonen und Mergeln ein mittlerer Anteil von 57,3 Gew.-% < 2 µm mit der Standardabweichung s = 17,2 aus Schlämmanalysen bestimmt. Hieraus ergibt sich ein relativ breites Band der Häufigkeit, das in Abb. 12 eingezeichnet ist. Die dargestellten Proben der Gleithorizonte liegen in diesem Häufigkeitsbereich. Dies macht wahrscheinlich, daß es sich dabei um primäre Ton- bzw. Mergelschichten handelt.

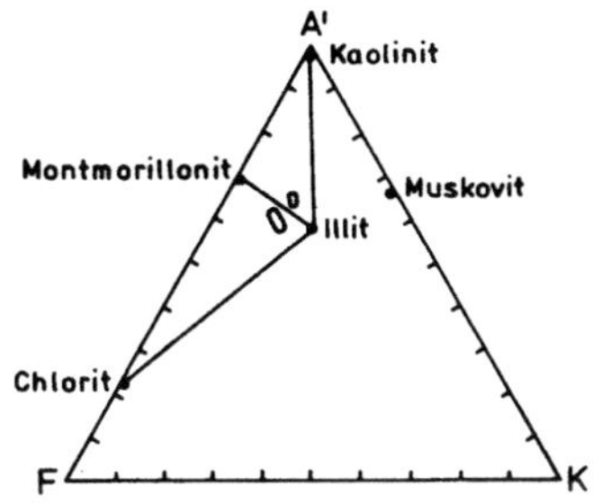

A' = [Al_2O_3] + [Fe_2O_3]
K = [K_2O]
F = [MgO] + [FeO] + [MnO]

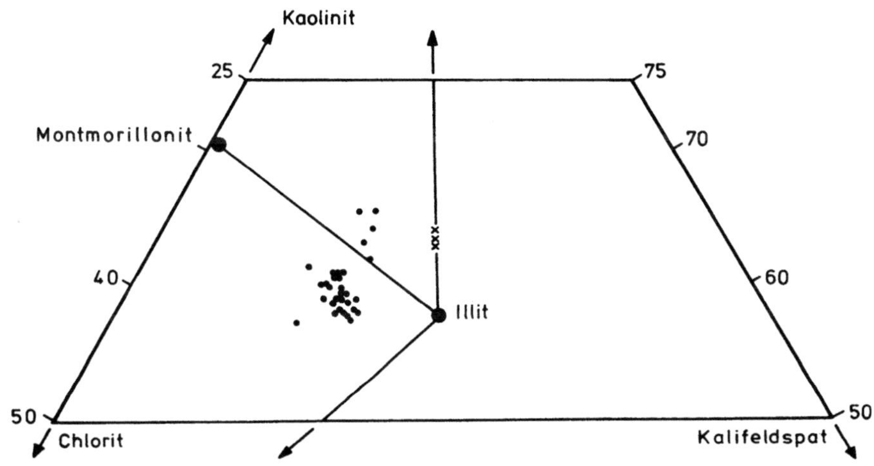

Abb. 12 Darstellung des modalen Tonmineralbestandes von 35 Gleithorizontproben und 3 kaolinitführenden illitreichen Tonen im A'KF-Diagramm

Fig. 12 Representation of the clay mineral composition of 35 slip horizon samples and 3 kaolinite containing illitic clays on A'KF diagram

Die Korngrößenverteilung in den untersuchten Gleithorizonten ist demnach recht charakteristisch mit einem Ton : Schluff - Verhältnis von nahezu 1 : 1, gröbere Korngrößen sind selten. Es liegt eine einheitliche Verteilung der verschiedenen Korngrößenfraktionen vor, ausgeprägte Maxima werden nicht beobachtet.

In der Anwendung auf Rutschungen sind bei dieser Korngrößenverteilung (und entsprechendem Mineralbestand) offenbar die Voraussetzungen für die Ausbildung von Gleitflächen gegeben: der Schluffanteil ermöglicht die Aufnahme von Wasser, während der Tonanteil das Wasser hält. Durch diese Wechselwirkung kommt es bei entsprechender Wasserzufuhr zu einer Quellung des Sediments und damit zu einer weiteren Fixierung von Wasser. Überschreitet der Wassergehalt einen kritischen Wert, treten Konsistenz- und Scherfestigkeitsänderungen auf, die bei entsprechender Scherbeanspruchung Rutschungen auslösen.

Chemische Untersuchungen erfolgten an der Korngrößenfraktion < 2 µm von 7 repräsentativen Proben, die aufgrund ihrer Korngrößenverteilung und vor allem des modalen Mineralbestandes den Variationsbereich umfassen. Die Analysenergebnisse sind in Tab. 1 mit Berücksichtigung der pedogenen Fe_2O_3-Anteile aufgeführt. Im Falle der laufenden Nummer I - VI handelt es sich um Tonfraktionen von Gleithorizonten, Probe VII ist die Tonfraktion eines kaolinitführenden illitreichen Sediments, das zwar aus einem Rutschungsbereich stammt, jedoch keinen Gleithorizont gebildet hat.

Die Proben aus den Gleithorizonten zeigen bis auf größere Variationen beim Fe_2O_3-Gehalt = pedogener Goethit und dem CaO/CO_3-Gehalt = Calcit eine recht einheitliche chemische Zusammensetzung. Anteile und Art der Tonminerale sollten recht homogen sein, was durch konstante Verhältnisse von $(K, Na)_2O$: (Mg, Fe, MN)O : Al_2O_3 (mit Ausnahme der relativ K_2O-armen Proben Nr. V und VI) zum Ausdruck kommt. Das illitreiche Sediment der Probe VII enthält bei höchsten K_2O-Gehalten die geringsten (Me, Fe, Mn)O - und Al_2O_3 - Verhältniswerte.

Qualitative röntgenographische Untersuchungen ergaben, daß in den untersuchten Tonfraktionen Illit, Montmorillonit, Chlorit und Kaolinit an Tonmineralen vorliegen. Unter der Annahme, daß (a) sich Kaolinit und Chlorit gegenseitig ausschließen (Al_2O_3 - bzw. (Mg, Fe, Mn)O - Überschuß) und (b) die Tonminerale eine einheitliche Zusammensetzung haben, kann ein normativer Mineralbestand berechnet werden. Neben den Tonmineralanteilen ergeben sich die Gehalte an Quarz, Goethit und Calcit, s. Tab. 1. Von folgenden durchschnittlichen Zusammensetzungen, die zum größten Teil aus Mineralanalysen von POLLARD & WEAVER (1973) abgeleitet worden sind, wurde ausgegangen:

Illit - $K_{1,2}(Mg,Fe)_{0,6}\ (Al,Fe)_{3,53}\ (OH)_4\ \ Si_7AlO_{20}$
mit Al_2O_3 : Fe_2O_3 = 87 : 13 (Mol.-Verhältnis)

Montmorillonit - 0,66 (Mg,Fe) O · 1,67 $(Al,Fe)_2O_3$ · 8 SiO_2 · 2 H_2O
mit 10 Mol-% Fe_2O_3 pro Mol Al_2O_3. Austauschbare Zwischenschichtkationen wurden berücksichtigt. Als Wassergehalt gingen 30 Gew.-% H_2O, bezogen auf den jeweils berechneten Montmorillonit-Anteil in Rechnung.

Chlorit - 5 (Mg,Fe,Mn)O · $(Al,Fe)_2O_3$ · 3 SiO_2 · 4 H_2O
mit dem Mol-Verhältnis von Al_2O_3 : Fe_2O_3 = 85 : 15

Kaolinit - $Al_2(OH)_4\ Si_2O_5$
mit 2 Mol.-% Fe_2O_3 für Al_2O_3

Tab. 1 Chemismus und normativer Mineralbestand der Tonfraktionen von Gleithorizonten

Tab. 1 Chemistry and calculated mineral composition of the slip horizon clay fractions

Chemische Analysen der Tonfraktion < 2 µm in Gew.-%							
Probe	I	II	III	IV	V	VI	VII
SiO_2	48,45	46,40	43,45	46,91	46,93	46,69	51,52
Al_2O_3	17,38	16,42	15,99	17,00	17,06	17,00	20,78
Fe_2O_3	7,79	6,39	5,48	6,08	15,42	6,51	7,25
Fe_2O_3-pedogen	4,12	2,34	1,33	1,95	10,70	2,24	0,45
FeO	0,46	0,39	0,86	0,84	0,33	0,57	0,40
CaO	4,02	7,48	9,89	6,06	0,95	6,85	0,86
MgO	2,25	2,18	2,64	2,60	1,68	2,32	1,86
Na_2O	0,22	0,20	0,21	0,16	0,15	0,14	0,24
K_2O	3,48	3,18	3,16	3,48	2,63	2,98	5,14
MnO	0,05	0,10	0,03	0,04	0,05	0,03	0,05
TiO_2	0,67	0,60	0,65	0,62	0,80	0,61	1,93
P_2O_5	0,20	0,14	0,12	0,27	0,20	0,14	0,05
CO_2	2,69	6,58	8,23	4,20	1,07	4,40	0,84
Gesamt-H_2O	12,61	10,38	9,82	11,89	13,32	12,08	9,76
Summe	100,27	100,44	100,53	100,15	100,59	100,32	100,58
Gewichtsverhältnisse der Tonmineralkomponenten							
Al_2O_3	4,7	4,9	4,7	4,7	6,1	5,4	3,9
$(K, Na)_2O$	1	1	1	1	1	1	1
$(Mg, Fe^{2+}, Mn)O$	0,74	0,8	1,0	1,0	0,7	0,9	0,4
Normativer Mineralbestand der Tonfraktion < 2 µm in Gew.-%							
Illit	48,2	44,1	43,7	48,2	36,5	41,0	71,2
Montmorillonit	25,5	26,4	21,3	19,5	27,3	35,5	--
Chlorit	0,9	1,0	3,4	3,1	--	1,1	--
Kaolinit	--	--	--	--	7,2	--	10,4
Quarz	8,0	7,8	6,7	9,4	9,2	5,5	7,7
Goethit	5,3	3,9	3,0	3,6	14,2	3,9	0,5
Calcit	6,1	13,0	17,6	9,5	1,2	10,0	1,4
Akzessorien	6,3	4,2	4,8	6,9	5,1	3,5	9,4

Bei den berechneten Tonmineralanteilen in den Gleithorizonten dominiert der Illit mit Werten zwischen 40 - 50 Gew.-%. Der Montmorillonit tritt in allen Proben mit Gehalten zwischen 20 - 30 Gew.-% auf. Chlorit und Kaolinit sind stets mit den geringsten Anteilen, die unter 7 Gew.-% liegen, vertreten. Bezogen auf die Mengenanteile gilt also die Reihenfolge

Illit $\gg$ Montmorillonit $\gg$ Chlorit/Kaolinit

In der untersuchten Korngrößenfraktion < 2 µm ist ferner Quarz mit im Mittel 8 Gew.-%, Goethit (bis auf eine Ausnahme) mit Anteilen um 3 Gew.-% und Calcit in dem Bereich 1 - 18 Gew.-% vertreten.

Probe Nr. VII enthält keinen Montmorillonit, sie ist illitreich und enthält etwas Kaolinit.

Der modale Mineralbestand wurde mit Hilfe der röntgenographischen Phasenanalyse ermittelt. Als Standard dienen die Proben, für die der normative Mineralbestand berechnet worden ist. Für die Montmorillonit - Bestimmung wurden Glycerin-Präparate, für die Unterscheidung Kaolinit/ Chlorit zusätzliche Erhitzungspräparate benutzt.

Die Bestimmung des Mineralbestandes auf diese Weise war nur möglich, weil die Tonminerale einen einheitlichen Chemismus und relativ gute Kristallinität zeigen. Da außerdem in keiner der untersuchten Proben Kaolinit neben Chlorit nachgewiesen wurde, sprechen diese Ergebnisse für Quasi-Gleichgewichtsparagenesen, wie sie nur in diagenetisch überprägten Sedimenten ohne wesentliche Stofftransporte zu erwarten sind. Bei den Gleithorizonten sollte es sich demnach um tertiäre Ton- bzw. Mergelschichten ohne zusätzliche postdiagenetische Veränderung handeln.

In Abb. 12 sind die darstellenden Punkte von 35 Gleithorizont-Proben und drei kaolinitführenden illitreichen Tonen, die keinen Gleithorizont gebildet haben, in ein A'KF-Diagramm eingetragen. Die darstellenden Punkte der einzelnen Tonminerale wurden in Anlehnung an das in der Petrologie der Gesteinsmetamorphose benutzte A'KF-Rechenschema ermittelt. Mit dieser Darstellung wird die bereits getroffene Aussage bestätigt, daß in der Tonfraktion der Gleithorizonte Illit dominiert; an zweiter Stelle ist der Montmorillonit zu nennen, der in allen Proben mit einem recht einheitlichen Mengenverhältnis von Illit zu Montmorillonit = 2 : 1 vorkommt. Chlorit bzw. Kaolinit sind stets in geringen Gehalten vertreten. Bezogen auf die jeweilige Gesamtprobe machen die Tonmineralanteile recht genau 33 Gew.-% aus, der Hauptanteil von 67 Gew.-% besteht aus Calcit/Dolomit ≥ Quarz ≫ Goethit > Feldspat.

Dieses Ergebnis bestätigt die Modellvorstellung, wonach Gleithorizonte aufgrund ihrer Schluffanteile (= Nichttonminerale) relativ leicht Wasser aufnehmen können. Durch den stets vorhandenen Montmorillonit - in Wechselwirkung mit dem Illit - wird das Wasser gebunden und bei entsprechendem Angebot konzentriert. Das ursprünglich feste Sediment wird durch die Quellung plastisch und damit gleitfähig. Entsprechende Vorstellungen von ZARUBA & MENCL (1961) werden damit durch quantitative Angaben bestätigt.

LITERATUR

Einsele G, Wallrauch E (1964) Verwitterungsgrade bei mesozoischen Schiefertonen und Tonsteinen und ihr Einfluß bei Standsicherheitsproblemen. Vorträge der Baugrundtagung in Berlin 1964: 59-89

Ebener von Eschenbach H, Klengel KJ (1975) Möglichkeiten zur Beurteilung der Standfestigkeit von Felsböschungen und ihre praktische Bedeutung. Die Straße 15: 420-426, 473-478

Fürst M, Krupp R, Müller R (1978) Die photogeologische Linearanalyse und ihre Anwendung bei der Uranprospektion in der Oberpfalz. Erlanger geol Abh 106: 1-34

Krauter E, Steingötter K (1983) Die Hangstabilitätskarte des linksrheinischen Mainzer Beckens 1 : 50 000 Geol Jb C 34: 3-31

Müller KH, Prinz H (1966) Zur Frage rezenter tektonischer Bewegungen am Oberrheingrabenabbruch. Notizbl hess L-Amt f Bodenforsch 94: 390-393

Pollard DD, Weaver CE (1973) The Chemistry of Clay Minerals. Developments in Sedimentology 15: 1-23

Queisser A (1983) Sedimentpetrographische und tonmineralogische Untersuchungen an Rutschungen im Tertiär des Mainzer Beckens. Unveröff Dipl-Arb, Univ Mainz: 1-125

Steingötter K (1984) Hangstabilitäten im linksrheinischen Mainzer Bekken - Ingenieurgeologische Untersuchungen und kartenmäßige Darstellung. Diss Univ Mainz: 1-208

Zaruba Q, Mencl V (1961) Ingenieurgeologie. Akademie Berlin

Massenbewegungen im Saar-Nahe-Gebiet unter Berücksichtigung des Verwitterungsverhaltens der Pelite

F. HÄFNER[1], W. FEIN[2] und U. HELD[2]

SUMMARY

Mass movements are geologic processes which cause a lot of damage. The object of this project was the investigation of mass movements in Rotliegendes rocks of the Saar-Nahe-region, SW-Germany. Field and laboratory work was employed to achieve a better understanding of the processes.

The field investigations showed the following results:

- Two types of mass movements occur: fall (13 %) and slide (87 %).
- The most important cause of mass movements are the geologic conditions, e.g. the parallel run of bedding planes and slope gradient. Additional factors can be water (precipitation, ground water, introduced water) and construction.
- Most of the mass movements are shallow, i.e. the slip plane is less than 10 m deep.
- The mass movements take place mostly in winter.
- 7,7 percent of the examined area is endangered to move, 2,6 percent is actively moving.
- A slope stability map was prepared (fig. 5).

Most of the mass movements occur within the weathering zone. So the weathering behaviour of the rocks was studied in the laboratory. The examinations showed the following:

- The drying-wetting-test, the alternate-wetting-test and the freeze-thaw-test were used to classify the rock samples concerning their weatherability. The results could be very well correlated (fig. 7,7).
- The drying-wetting-test is recommended for the classification of the rocks. It is standardized, cheap and shows the clearest results. Besides, alternate wetting and drying is the most important factor of weathering in the region in question.

[1]Dr. F. Häfner, Geologisches Landesamt Rheinland-Pfalz, Postfach 2045, D-6500 Mainz

[2]Dipl.-Geol. W. Fein, Dipl.-Geol. U. Held, Johannes-Gutenberg-Universität, Postfach 3980, D-6500 Mainz

Ingenieurgeologische Probleme im Grenzbereich zwischen Locker- und Festgesteinen
(Herausgegeben von K.-H. Heitfeld)

- The determination of the petrographic-mineralogic and physical properties of the rocks showed, that the weatherability of the rocks is dependent on microtexture, carbonate content, clay mineralogy and water-absorbing capacity. The mean grain size and the consolidation are relatively unimportant.

The investigations showed, that a combination of field and laboratory examinations is a good basis for the evaluation of slope stability.

EINLEITUNG

In der Reihe der rezent stattfindenden geologischen Prozesse mit Schadenswirkung stehen die Massenbewegungen nach Erdbeben und Überschwemmungen an 3. Stelle; hieraus wird deutlich, daß genauere Untersuchungen solcher Vorgänge notwendig sind. Obwohl die grundlegenden Erkenntnisse von HEIM (1932) über die Ursachen, Dynamik und Auswirkungen von "Bergstürzen" schon einige Jahrzehnte zurückliegen, besteht in Teilbereichen noch immer ein Defizit an Beurteilungsmöglichkeiten von Massenbewegungen, insbesondere auch hinsichtlich der Prognose von solchen Ereignissen. Im Rahmen des Schwerpunktprogrammes "Ingenieurgeologische Probleme im Grenzbereich Locker-Festgestein" der Deutschen Forschungsgemeinschaft wurden beim vorliegenden Projekt im Bereich von zwei Meßtischblättern Geländeaufnahmen durchgeführt, um rutschgefährdete Gebiete zu erkennen, zu klassifizieren und Ursachen und Auslöser von Massenbewegungen aufzuzeigen. Andererseits wurde das Verwitterungsverhalten von Gesteinen aus Instabilitätsbereichen untersucht und Zusammenhänge zwischen petrographischen und geologischen Eigenschaften und dem Zerfallsverhalten ermittelt. Das Programm sollte dazu dienen, wesentliche Aspekte von Massenbewegungen im Saar-Nahe-Gebiet zu erkennen und Grundlagen für die Schadensverhütung, die Planung und die Erhaltung von Bauwerken zu erarbeiten.

GEOLOGISCHER ÜBERBLICK

Nach der variskischen Faltung entstand in Südwestdeutschland das Saar-Nahe-Becken als Teil des Saar-Selke-Troges. In dieses intramontane Becken wurden im Karbon und Perm (Rotliegendes) kontinentale Sedimente abgelagert, deren Mächtigkeit, was das Rotliegende betrifft, etwa 4000 m beträgt (FALKE 1954)(Abb. 1).

Die Sedimente setzen sich aus Konglomeraten, Sandsteinen, Arkosen, Schluffsteinen, Tonsteinen, Karbonatgesteinen und Kohlen zusammen, Im Zuge eines synsedimentären Vulkanismus sind weiterhin Vulkanite und Subvulkanite, Tuffe und Tuffite entstanden.

Pelite treten selten in großer Mächtigkeit auf. Meistens handelt es sich um Wechsellagerungen von Sedimentgesteinen mit verschiedener Korngrößenverteilung. Im Unterrotliegenden (besonders in der Lebacher Gruppe) sind Pelitserien mächtiger und häufiger entwickel als im Oberrotliegenden.

Die Deckschichten (Gehängelehm) bestehen zum größten Teil aus in-situ verwitterten Tonsteinen und Schluffsteinen. Vermutlich sind auch Lößanteile beigemischt. Das Kornverteilungsspektrum reicht von Ton bis Kies und ist weitgestuft.

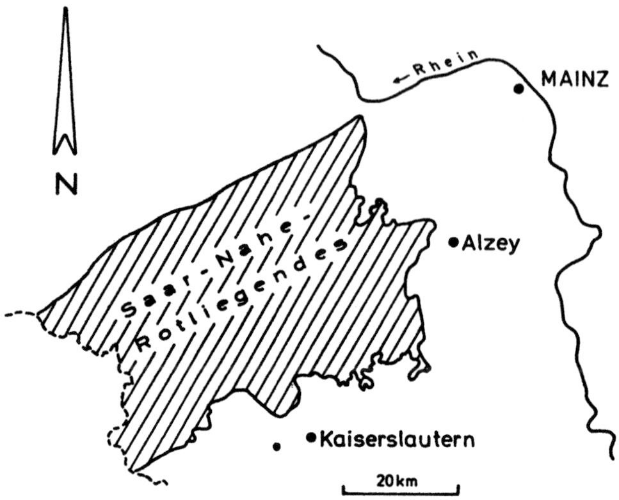

Abb. 1 Geographische Lage des Saar-Nahe-Rotliegenden

Fig. 1 Map of the Rotliegendes of the Saar-Nahe-region, SW-Germany

KLIMA

Im Zusammenhang mit der Verwitterung von Peliten des Saar-Nahe-Gebietes ist das Klima im dortigen Raum von Interesse. Die Intensität und die Geschwindigkeit des Fortschreitens von Verwitterungserscheinungen wird von Trocknung, Befeuchtung und Temperaturwechsel der Gesteine beeinflußt. Von Bedeutung sind demnach Niederschlagsmengen, Niederschlagsverteilung im Jahresgang und das Auftreten von Frost.

Die mittleren Jahresniederschlagssummen belaufen sich im Saar-Nahe-Gebiet auf 600 mm im Osten und bis zu 1000 mm im Westen.

Im langjährigen Monatsniederschlagsmittel zeigen sich in den Sommermonaten und Wintermonaten je ein Niederschlagsmaximum. Angaben zur Frostverteilung liegen für Kaiserslautern und Birkenfeld, beide am Rande des Gebietes, vor. In Kaiserslautern sind jährlich durchschnittlich 20 Eistage (Tagesmaximum 0°), 95 Frosttage (Tagesminimum 0°) und 102 Bodenfrosttage (Tagesminimum am Boden 0°) zu verzeichnen. In Birkenfeld sind es 28 Eistage, 107 Frosttage und 125 Bodenfrosttage (BOSE 1957). Diese Zahlen verdeutlichen, daß sowohl abwechselnd Trocknung und Befeuchtung als auch Frost und Tauvorgänge als gesteinszerstörende Mechanismen in Frage kommen.

UNTERSUCHUNGSZIELE

Um zu einer genauen Kenntnis der Massenbewegungen, ihrer Ursachen und Faktoren zu gelangen, wurden Geländeaufnahmen und labortechnische Untersuchungen durchgeführt.

Mit Hilfe der Geländeaufnahmen sollten die Daten der einzelnen Massenbewegungen ermittelt und Stabilitätskarten erstellt werden. Ziel war es, aufgrund dieser Daten gefährdete Bereiche zu klassifizieren und Ursachen und Auslöser aufzuzeigen. Da bereits zu Beginn der Untersuchungen Hinweise gegeben waren, daß Massenbewegungen häufig in der Fels-Verwitterungszone stattfinden, war es naheliegend, die Verwitterungsanfälligkeit der Festgesteine zu untersuchen.

Hierzu wurden einige Labortests angewendet, um eine Klassifikation der Gesteine zu ermöglichen. Weiterhin wurde versucht, Zusammenhänge zwischen dieser Verwitterungsanfälligkeit und den petrographisch-mineralogischen und physikalischen Eigenschaften der Gesteine aufzudecken und Ursachen für das unterschiedliche Zerfallsverhalten zu ergründen.

METHODEN UND ERGEBNISSE

Geländeuntersuchungen

Aufgabe der Geländearbeit war es, die geologische und morphologische Situation im Bereich der Massenbewegungen zu erfassen, das Ausmaß der Rutschungsareale zu bestimmen und mögliche Gefährdungen für Verkehrswege und andere Bauwerke zu beurteilen.

An ausgewählten Stellen wurden einfache Meßvorrichtungen aufgebaut, mit deren Hilfe die Bewegung der Rutschungen beobachtet werden konnten.

Durch Befragen von Privatpersonen und Behörden konnte in zahlreichen Fällen der Zeitpunkt von Ereignissen rekonstruiert und damit Zusammenhänge zwischen klimatischen Faktoren und Massenbewegungen hergestellt werden. Bisher sind ca. 200 Einzelereignisse von Massenbewegungen bekannt. Diese Zahl verteilt sich auf den erfaßten Zeitraum Jahrhundertwende bis heute. Die scheinbar ungleichmäßige Verteilung wird von folgenden Faktoren beeinflußt:

a) mangelnde Kenntnis über frühere Ereignisse lassen die Quote der Massenbewegungen aus der Zeit vor 1950 zu niedrig erscheinen,

b) Planungsfehler und Mängel der Bauausführung treiben die Zahl der Schadensfälle in die Höhe,

c) zunehmende Bautätigkeit (Verkehrswegebau, Erschließung von neuen Baugebieten) erhöht die Zahl der Schadensfälle.

Klimatische Veränderungen, die einen Anstieg der Massenbewegungen in jüngster Zeit begründen würden, haben nicht stattgefunden.

Es zeigt sich, daß den Monaten mit den höchsten Niederschlägen Juli und August nur eine geringe Zahl von Massenbewegungen gegenübersteht. Dies wird auf den hohen Oberflächenabfluß bei hoher Niederschlagsdichte in Verbindung mit der Retention durch die Vegetation und höhere Verdunstungsrate im Sommer zurückgeführt. In den Wintermonaten Dezember, Januar und Februar haben wir häufig bei durchschnittlicher Niederschlagstätigkeit Tauwetterperioden bei vorhandenem hohem Grundwasserstand und geringem Vegetationseinfluß. Diese Konstellation trägt zu vielen Schadensfällen bei.

Die vergleichsweise hohe Quote von Ereignissen im Mai wird entscheidend durch das Jahr 1978 beeinflußt, als im Frühjahr extrem hohe Niederschläge zu verzeichnen waren.

Fallbewegungen

Diese sind am Gesamtaufkommen der bekannten Massenbewegungen mit etwa 13 % beteiligt. Typische Fälle sind in Abb. 2 schematisiert dargestellt. Die Beispiele 2a - c sind vorzugsweise an Steilwänden aus Rhyolith oder Andesit anzutreffen; das Ausbrechen von Felsüberhängen nach Abb. 2d ist auf sedimentäre Wechselfolgen bei rückschreitender Verwitterung im schluffig-tonigem Gestein beschränkt.

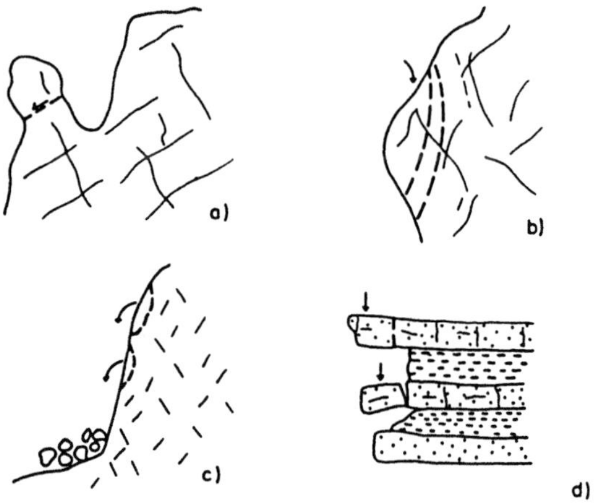

Abb. 2 Beispiele von Massenbewegungen vom Typ "Fallen"

Fig. 2 Examples of type "fall" mass movements

a) Abgleiten von Fels auf vorgegebenen ebenen Trennflächen mit anschliessendem freien Fall
Sliding off of rock on joint planes, followed by free fall

b) Ausbrechen von Fels entlang uhrglasförmig gewölbter Trennflächen
Breaking out of rock along convex joint surfaces

c) Abgrusen von Steilwänden
Weathering of steep walls of rock

d) Ausbrechen von Felsüberhängen
Breaking out of projecting ledges

Rezente Steinschlag- und Felssturzereignisse umfassen in der Regel nur wenige m³. Besondere Gefahren ergeben sich nur bei Verkehrsführungen und Bebauung unmittelbar am Hangfuß. Die Ursachen sind überwiegend in folgenden Prozessen begründet:

a) Auflockerungsvorgänge entlang geologischer Trennflächen (tektonische Klüfte, Kontraktionsklüfte durch Abkühlung des Magmas), durch eindringendes Wasser, Frostsprengung und Temperaturwechsel.

b) Lockerung der Kornbindung durch Temperaturwechsel und Veränderungen im Mineralbestand infolge chemischer Verwitterung.

Gleitbewegungen

Die Gleitbewegungen machen zahlenmäßig ca. 87 % der Massenbewegungen aus, in der Kubatur verhalten sich die Gleitbewegungen zu den Fallbewegungen in einer Größenordnung von etwa 10^4 : 1.

Typische Beispiele sind in Abb. 3 schematisiert dargestellt.

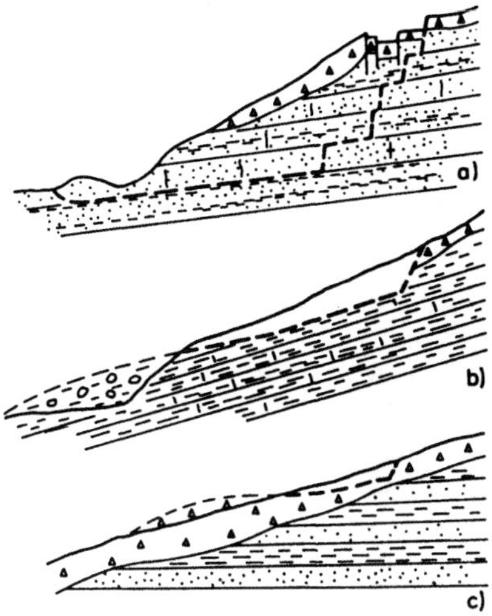

Abb. 3 Beispiele von Massenbewegungen vom Typ "Gleiten"
a) Gleitungen in Deckschichtung und Fels; Hauptbewegungen auf Schichtflächen im Fels
b) Gleitungen in Deckschichten und Fels-Verwitterungszone
c) Gleitung in Deckschichten mit Übergang zum Fließen

Fig. 3 Example of type "slide" mass movement
a) sliding in overburden and rock; main movement on bedding planes in rock
b) sliding in overburden and weathered rock
c) sliding in overburden; transition to flow

Während im Falle 3c "Gleitung in Deckschichten" Petrographie und Raumstellung der Trennflächen im Fels nur eine untergeordnete Rolle spielen, treten in den Fällen 3a und 3b Rutschungen nur bei bestimmten geologischen Voraussetzungen auf. Diese sind:

a) Wechselfolgen von Tonsteinen, Schluffsteinen und Sandsteinen oder Konglomeraten;

b) mehr oder minder hangparalleles Einfallen der Schichtflächen, meist 15 - 25°;

c) Bergwasser auf Gebirgstrennflächen.

Als Bewegungsbahnen dienen entweder die Schichtflächen in Tonsteinen und Schluffsteinen bzw. tonige Zwischenmittel auf Trennflächen, meist in einer Dichte < 1 cm; Kluftflächen und Störungen treten als Bewegungsbahn nur untergeordnet auf, häufig bilden sie die seitliche Begrenzung der Rutschkörper.

Der Neigungswinkel der Gleitebene und die Richtung der Bewegung ist durch die Schichtneigung in der Regel vorgegeben; deshalb kommt es bei Winkeldifferenzen zwischen Richtung des maximalen Hanggefälles und Schichteinfallsrichtung häufig zu Schubrichtungen, die vom Haupthanggefälle abweichen. Die Schubweite liegt auch bei den Großrutschungen meist unter 10 m.

Der Bewegungsablauf weist einen Hauptschub auf, bei dem binnen Stunden der größte Teil des absoluten Verschiebungsbetrages erreicht wird. In den Tagen und Wochen danach klingen die Bewegungen vorläufig ab, wobei die Niederschlagstätigkeit die Entwicklung beeinflußt. Bei der Untersuchung zahlreicher Rutschungen ergaben sich Hinweise, aus denen geschlossen werden kann, daß der eigentliche Böschungsbruch z.T. Jahre vor der Hauptbewegungsphase eingetreten ist; beginnende Geländeveränderungen sind häufig nur schwierig zu erkennen, oder es wird ihnen keine Bedeutung beigemessen. Der Umfang der Einzelereignisse liegt zwischen 10^2 und 10^5 m^3.

Sowohl nach der Neigung der Gleitfläche als auch nach ihrer Tiefe unter Gelände handelt es sich um flache Rutschungen, mehr als 10 m Tiefe werden kaum erreicht. Ein typisches Beispiel zeigt Abb. 4.

Abb. 4 Beispiel einer typischen Rutschung im Rotliegenden bei Hochstätten/Alsenz (Breite am Böschungsfuß 30 m)

Fig. 4 Example of a typical landslide in Rotliegendes rocks near Hochstätten/Alsenz (width at the bottom of the slope 30 m)

Neben den genannten geologisch bedingten Ursachen treten Beeinträchtigungen durch Baumaßnahmen und durch eingeleitetes Wasser (Dränage im Oberhang, Brauchwasser, Oberflächenwasser) hinzu. Als auslösendes Moment kommen in vielen Fällen langanhaltende Regenfälle infrage. Zahlenmäßig lassen sich die Ursachen etwa folgendermaßen erfassen, wobei wegen des Zusammentreffens mehrerer Ursachen in der Addition mehr als 100 Prozent erreicht werden:

Geologie (Petrographie, Trennflächen)	100 %
Grundwasser	38 %
Baumaßnahmen	32 %
eingeleitetes Wasser	6 %
anhaltende Niederschläge	18 %

Der größte Teil der Massenbewegungen ist durch hangparallele Schichflächen gekennzeichnet. Unter diesen Bedingungen treten Rutschungen ab 7° Hangneigung auf. In Ausnahmefällen kommen jedoch auch Kluftflächen als Gleitebenen infrage. Abrißkanten sind meist durch Längs- und Querklüfte vorgezeichnet.

Um mögliche Massenbewegungen aufgrund der Hangneigung zu prognostizieren, wurden Hangneigungskarten angefertigt.

Die im Gelände erfaßten potentiellen und aktiven Massenbewegungsbereiche sind in Stabilitätskarten dargestellt (Abb. 5). In der flächendeckenden Kartierung ergab sich, daß 7,7 % des Gebietes potentiell rutschgefährdet sind und 2,6 % aktiv in Bewegung stehen. Weitere Ausführungen zu Darstellung von Stabilitätskarten finden sich bei KRAUTER & STEINGÖTTER (1983) und FEIN & HÄFNER (im Druck).

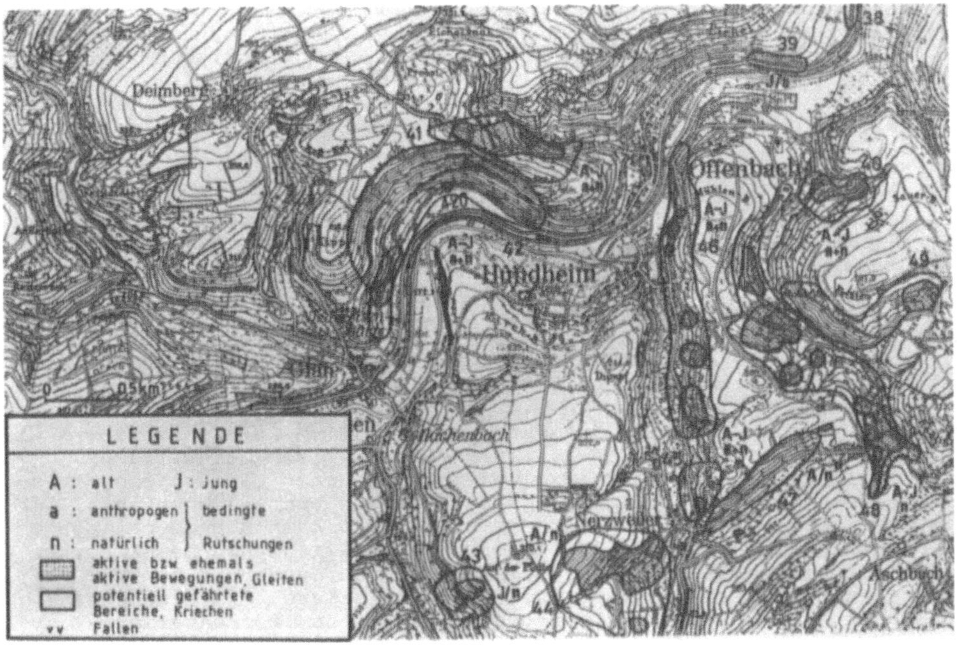

Abb. 5 Ausschnitt aus der Hangstabilitätskarte von Blatt Lauterecken

Fig. 5 Section of the slope stability map of the Lauterecken area

Durch Massenbewegungen entstehen nachhaltige Störungen des Gleichgewichtes in Hängen und Böschungen. Im Umfeld entstehen somit weitere Rutschungen.

Laboruntersuchungen

Als Untersuchungsmaterial dienten 20 Pelitproben aus dem pfälzischen Rotliegenden. Diese Gesteine wurden drei Versuchen zur Simulation der Verwitterung im Labor unterworfen. Es handelt sich dabei um den Wechselfeuchtversuch, den Trocknungs-Befeuchtungsversuch und den Frostversuch.

Der Wechselfeuchtversuch testet die Reaktion des Gesteins auf einfache Temperaturschwankungen verbunden mit Befeuchtung und Austrocknung. Damit wird die Situation, der ein Gestein in der Natur ausgesetzt ist, nachgeahmt und standardisiert. Ein ähnlicher Versuch wurde von HUDEC (1978) durchgeführt.

Der Trocknungs-Befeuchtungs-Versuch dient der Klassifikation von Gesteinen nach ihrer Verwitterungsanfälligkeit und ihrem Zerfallsverhalten. Er wurde mit Erfolg angewendet unter anderem von FRANKLIN & CHANDRA (1972), FOOKES et al. (1971) und HUDEC (1978). Die Commission on Standardization of Laboratory and Field Tests der International Society for Rock Mechanics gibt 1971 eine Beschreibung des Versuchs.

Der Frostversuch, oder genauer der Frost-Tau-Wechsel-Versuch, soll die Beurteilung eines Gesteins nach seiner Anfälligkeit auf Frost-Tau-Wechsel ermöglichen. Frost-Tau-Versuche werden z.B. beschrieben von HUDEC (1978), in der DIN 52 104 vom Mai 1976 und vom November 1982. In der vorliegenden Arbeit wurden die Versuche in Anlehnung an die DIN 52 104 -H (1982) durchgeführt. Ausführliche Versuchsbeschreibungen finden sich bei HELD (1983).

Darüberhinaus wurden Eigenschaften des Gesteinsmaterials wie Dichte, Wasseraufnahmefähigkeit, makroskopisches Erscheinungsbild, Kornverteilung, Gesamtmineralbestand, Karbonatgehalt, Tonmineralbestand und besondere Merkmale der Gesteine im Dünnschliff ermittelt (HELD 1983).

Es ist gelungen, die untersuchten Gesteine nach ihrer Verwitterungsanfälligkeit einzustufen. Dazu erwiesen sich alle drei durchgeführten Verwitterungsversuche als geeignet. Die Untersuchungsergebnisse der drei Versuche sind gut korrelierbar. Das beweist die starke Abhängigkeit der Verwitterung eines Gesteins von seinen petrographisch-mineralogischen und physikalischen Eigenschaften. Das Klima ist in zweiter Linie von Bedeutung. Der Einfluß des Klimas wird deutlich bei Betrachtung der Zerfallsintensität bei den einzelnen Versuchen. So ist die Trocknungs-Befeuchtungs-Anfälligkeit größer als die Wechselfeuchtanfälligkeit. Der Frostzerfall ist stärker als der Trocknungs-Befeuchtungs- und der Wechselfeuchtzerfall. In der Natur tritt jedoch der Frostzerfall gegenüber dem durch abwechselnde Trocknung und Befeuchtung hervorgerufenen Zerfall deutlich zurück, da in unserem mitteleuropäischen Raum Frost viel seltener auftritt als Regen- und Trockenperioden.

Die angewendeten Verwitterungsversuche erfüllen ihren Zweck auch bei vereinfachter Durchführung: es genügt, bestimmte Indexzahlen zu ermitteln, deren Aussagekraft für die Beurteilung des Gesteinsverhaltens ausreicht. Zusätzlich zu dem bereits vielfach diskutierten Zerfallswiderstandsindex wurden der Wechselfeucht- und der Frostindex vorgeschlagen.

Zwar wurden alle drei Versuche erfolgreich angewendet, jedoch kann der Trocknungs-Befeüchtungsversuch besonders empfohlen werden. Er ist einfach, die Versuchsbedingungen sind normiert und die Klassifikation der Gesteine anhand der Versuchsergebnisse ist eindeutig. Abbildung 6 gibt einen Überblick über die Bandbreite der Verwitterungsanfälligkeit innerhalb der Pelite des Saar-Nahe-Rotliegenden. In Abb. 7 und 8 werden Gesteine mit unterschiedlicher Resistenz gegen Trocknungs-Befeuchtungszerfall nach Durchführung mehrerer Versuchszyklen im Bild vorgestellt (Wechselfeuchtversuch).

Eine Abhängigkeit der Verwitterungsanfälligkeit von bestimmten Gesteinsparametern kann nur bedingt nachgewiesen werden. Bei manchen Proben sind einzelne Eigenschaften für das Zerfallsverhalten bestimmend.

Zwischen der mittleren Korngröße und der Verwitterungsanfälligkeit konnte kein Zusammenhang erkannt werden.

Der Tongehalt beeinflußt nur bedingt den Zerfall. Je höher der Tonanteil im Gestein ist, desto verwitterungsresistenter ist es. Der Karbonatgehalt spielt eine wichtige Rolle für die Zerfallsintensität.
Die Tonmineralogie ist nur beschränkt wichtig, da innerhalb des Probenfeldes keine große Variationsbreite in der Tonmineralogie festgestellt wurde. Nur wenn größere Gehalte an innerkristallin quellbaren Tonmineralen im Gestein enthalten sind, ist eine Beeinflussung des Zerfallsverhaltens festzustellen. Die Mikrostruktur hat eine wesentliche Bedeutung für das Verwitterungsverhalten. Der Konsolidierungsgrad spielt

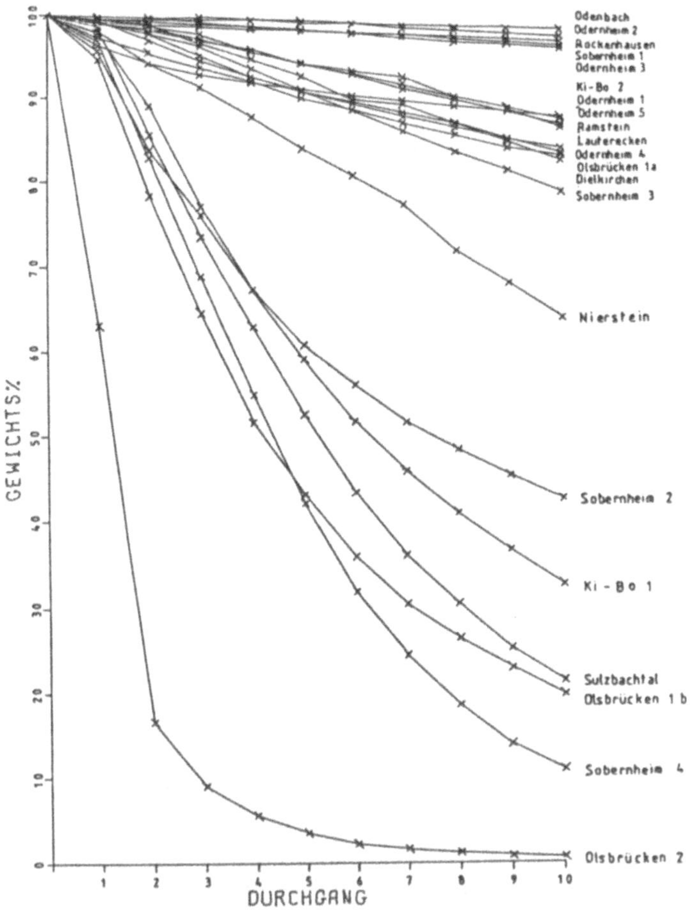

Abb. 6 Überblick über die mittleren Zerfallsreihen der untersuchten Pelite im Trocknungs-Befeuchtungsversuch

Fig. 6 Summary of the mean disintegration series of the examined pelite samples during the dry-wetting-test

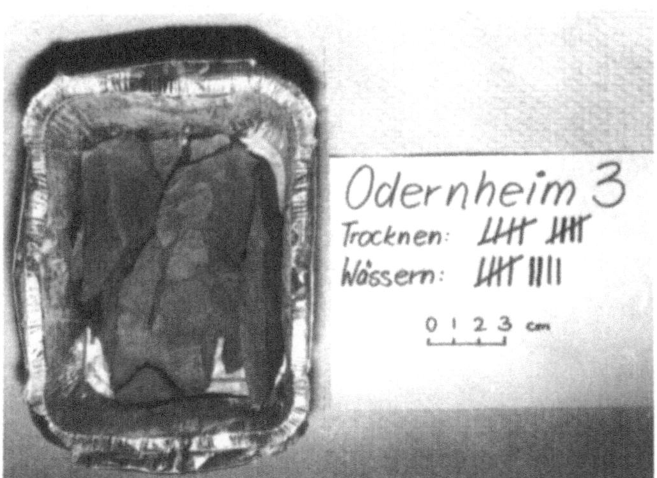

Abb. 7 Beispiel einer verwitterungsresistenten Schluffsteinprobe nach Trocknungs-Befeuchtungsversuchen (10 Zyklen)

Fig. 7 Example of a siltstone sample which turned out to be relatively resistant to weathering after 10 cycles of wetting and drying

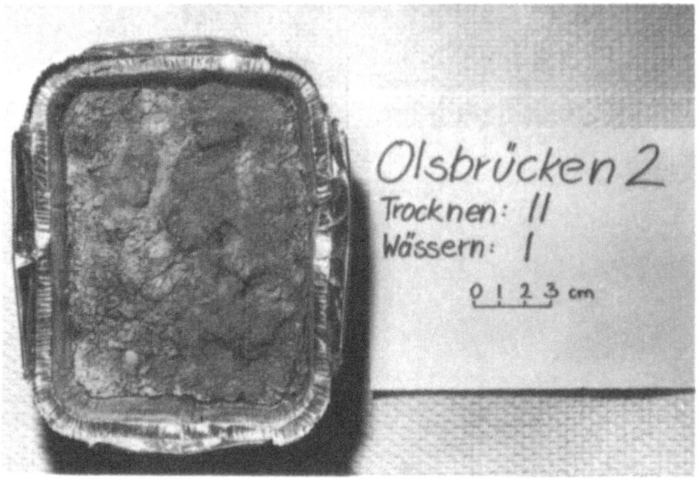

Abb. 8 Beispiel einer verwitterungsanfälligen Schluffsteinprobe nach Trocknungs-Befeuchtungsversuchen (2 Zyklen)

Fig. 8 Example of a siltstone sample which turned out to be relatively suceptible to weathering after 2 cycles of wetting and drying

kaum eine Rolle. Die Wasseraufnahmefähigkeit kommt als Einflußgröße in Frage, wenn auch nur bedingt.

Die hier kurz skizzierten Ergebnisse zeigen, daß eine Kombination aus Gelände- und Laboruntersuchungen eine gute Grundlage für die Beurteilung der Standsicherheit von Hängen und Böschungen geben kann. Einschränkend soll hinzugefügt werden, daß die Beurteilung des Materialverhaltens auf den Gesteinstrennflächen, insbesondere wenn man von einem größeren Betrachtungsfeld (z.B. Gleitfläche einer Rutschung) ausgeht, nicht abschließend geklärt werden konnte. In der Zukunft wird es notwendig sein, Kluftfüllungen und Trennflächen noch eingehender zu untersuchen und Überlegungen zu entwickeln, die gewonnenen Parameter sinnvoll in Rechenverfahren zu Standsicherheitsbetrachtungen einzuführen.

LITERATUR

Bose K et al (1957) Klima Atlas von Rheinland Pfalz

Falke H (1954) Die Sedimentationsvorgänge im saarländischen Rotliegenden. Jber u Mitt oberrh geol Ver NF 36: 32-53

Fein W, Häfner F (1984) Massenbewegungen im Rotliegenden der Nordpfalz, dargestellt am Beispiel des Meßtischblattes Lauterecken. Mainzer geowiss Mitt 13: 21-38 (im Druck)

Fookes PG, Dearman WR, Franklin JA (1971) Some Engineering Aspects of Rock Weathering with Field Examples from Dartmoor and Elsewhere. Quarterly J Eng Geol 4: 139-185

Franklin JA, Chandra R (1972) The Slake-Durability Test. Int J Rock Mech Min Sci 9: 325-341

Heim A (1932) Bergsturz und Menschenleben. Zürich
Held U (1983) Verwitterungsverhalten von veränderlich-festen Gesteinen des pfälzischen Rotliegenden. Dipl Arb Uni Mainz (unveröffentlicht)
Hudec PP (1978) Development of Durability Test for Shales in Embankments and Swamp Backfills. Ontario Min Transport Comm Res Develop Div
Int Soc Rock Mech (1971) Suggested Methods for Determining the Slaking, Swelling, Porosity, Density and Related Rock Index Properties
Krauter E, Steingötter K (1983) Die Hangstabilitätskarte des linksrheinischen Mainzer Beckens. Geol Jb C 34: 3-31

Versuche zur Abhängigkeit einfacher bodenmechanischer Parameter bei veränderten Tonmineralgehalten am Odenwälder Buntsandstein

E. BACKHAUS[1] und F. SCHÖN[2]

SUMMARY

The layers on the boundary Röt/Muschelkalk (lower/middle Trias, Anis) are very strongly susceptible to landslides.

Water is passing through the fissured limestones to the substratum of Röt clay-/siltstones, which contain a high rate of active and inactive clay minerals.

The frequency of landslides decreases from north to south (200 km) in the same direction as the marinity of the fossil environment. It should be proved whether the content of clay minerals influences the stability of overconsolidated soils.

As the content in the northern part (Rhön) is known, two different points of investigations (A and B in fig. 1) were selected. One in the siltstone of Röt, the other in analogue materials in the boundary zone of Perm/Trias (A in fig. 1).

The clay minerals mainly consist of illites and kaolinites (fig. 2). Additionally, in some cases montmorillonite and corrensite appear in the Röt-claystone.

Grain size distribution of 110 samples (fig. 3) and the diagram of plasticity (fig. 4) of both test series mainly agree with each other, accordingly the angle of internal friction (23 - 25° in Röt material) and the cohesion (0,0025 - 0,035 MN/m²) are close together.

A dependence between these parameters and the clay content was not distinguishable.

In order to register the influence of active clay minerals a second investigation serie B was started. Different quantities of montmorillonite were now mixed with the basic material (grain size distribution see fig. 5).

[1] Prof.Dr. E. Backhaus, Geologisch-Paläontologisches Institut, TH Darmstadt, Schnittspahnstr. 9, D-6100 Darmstadt

[2] Dipl.-Geol. F. Schön, Baugrundinstitut Dr. Trischler und Partner, Annastr. 44, D-6100 Darmstadt

Ingenieurgeologische Probleme im Grenzbereich zwischen Locker- und Festgesteinen
(Herausgegeben von K.-H. Heitfeld)

The specimens of both series were disturbed and homogeneous.

Samples with more than 10 percent (-80 percent) montmorillonite content showed - as expected - a distinct dependence on the consistency indices (fig. 6). Samples with > 20 percent montmorillonite belong within the range of TA (distinct plastic clays) according to DIN 18 196.

The water contents of the liquid limit reach > 100 percent in the end, thereby also the angle of internal friction will be influenced.

Resulting from this only the adding of 20 percent and more montmorillonite to prepared samples alters the soil-mechanic parameters so strongly that the stability of slopes is noticeably influenced. Because these differences of clay-mineral contents do not exist in the natural samples taken between north and south of Hesse the environment difference does not influence the instability of the slopes, but the height of slopes, the water storage, the joints and the exposition will be of more influence for the plastification of the Liegendes and for sliding.

EINLEITUNG

Zu den besonders rutschungsanfälligen Schichtengliedern im Mesozoikum Mitteleuropas ist der Bereich der Röt/Muschelkalkgrenze zu rechnen. Durch die klüftigen Kalksteine dringt das Wasser auf die unterlagernden Ton-/Schluffsteine. Die starken Vernässungen bewirken Quellungen und erhöhen die Plastifizierung der Ton-/Siltsteine, die einen hohen Anteil an aktiven und inaktiven Tonmineralien enthalten.

Die Rutschungen an dieser Schichtgrenze nehmen von Norden (Niedersachsen, Nordhessen (Rhön), Thüringen) nach Süden (Südhessen) an Größe und Häufigkeit stark ab. In gleicher Richtung verändert sich auch die fazielle Ausbildung der Gesteine durch Abnahme der Marinität. Da auch die Qualität und Quantität der Tonmineralien davon abhängt, ist es möglich, daß u.a. auch deren Verteilung beeinflussend auf den Rutschungsvorgang ist.

In der Rhön hat SCHENK (1983) den Gehalt an Tonmineralien bestimmt, aus dem Odenwald liegen Angaben von BACKHAUS (1981) und SCHWEISS (1984) vor.

1. Untersuchungsreihe

Für die Untersuchungen im Odenwald wurden zwei Punkte (A und B in Abb. 1) ausgewählt. Während die Proben B (Oberer Röt von Michelstadt - Steinbach, soR) dem Schichtenabschnitt entstammen, der dem gefährdeten Bereich in seiner stratigraphischen Situation entspricht, waren die Proben an der Basis des Buntsandsteins (Zechstein/Buntsandsteingrenzschichten, zo/suB) primär von weiteren 400 m Gesteinsschichten überlagert.

In beiden Fällen handelt es sich um überkonsolidierte tonige Schluffe, nur nimmt in den mit suB bezeichneten Proben der Anteil an sandigem Material in den einzelnen Sedimentationsrhythmen nach oben zu, während die soR-Proben eher feinkörnig werden.

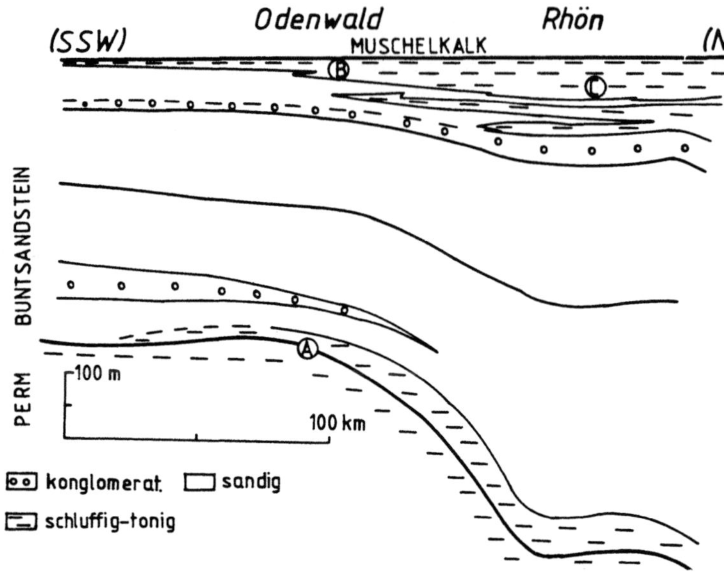

Abb. 1 Schematisierter geologischer Schnitt mit Entnahmepunkten der Proben

Fig. 1 Schematic geological section with points where specimens were taken

Die Tonmineralien bestehen in beiden Vorkommen hauptsächlich aus Illit und Kaolin (Abb. 2). Im Röt-Schluffstein von Steinbach tritt im Bereich der Proben 1 und 7/8 noch Montmorillonit und Corrensit mit 12 bis 25 % des Tonmineralanteils hinzu.

Die Kornverteilungen von insgesamt 110 Proben sind aus der Abb. 3 zu entnehmen, das Plastizitätsdiagramm wird in Abb. 4 wiedergegeben.

Da beide Materialien ein weitgehend gleiches Bild bieten, liegen auch die ermittelten Winkel der inneren Reibung in einem recht engen Schwankungsbereich - an Proben aus Steinbach gemessen - zwischen 23 und 25°, bei einer Kohäsion von 0,0025 - 0,035 MN/m². Eine Abhängigkeit der ermittelten Parameter vom qualitativen Tonmineralbestand war nicht zu erkennen.

2. Untersuchungsreihe

Um eine größere Variationsbreite zu erreichen und gleichzeitig den Einfluß von aktiven, quellfähigen Tonmineralien zu erfassen, wurden in einer zweiten Versuchsreihe Proben aus dem bisherigen Material in unterschiedlichen Mengenverhältnissen mit Montmorillonit-Tonen aus der tertiären Süßwassermolasse vermischt. Das Probenmaterial hat uns die Fa. Erbslöh & Co., Geisenheimer Kaolinwerke, dankenswerterweise zur Verfügung gestellt.

Die so hergestellten und untersuchten Proben hatten Anteile von 10, 20, 30, 40, 50, 60, 70 und 80 % Montmorillonit an der Gesamtprobe. Die Voraussetzung für die Vergleichbarkeit mit der ersten Versuchsreihe lag sowohl in der nahezu identischen Kornverteilung beider Aus-

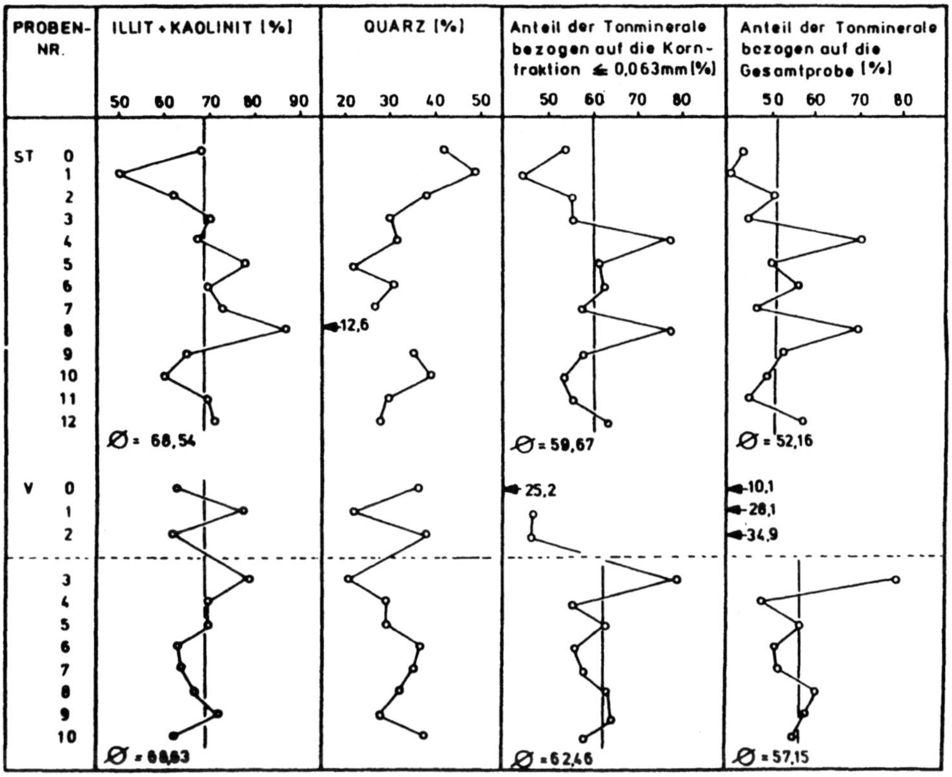

Abb. 2 Qualitative und quantitative Verteilung der Tonmineralien an den untersuchten Proben anhand von Röntgendiffraktometer-Analysen. St = Steinbach (soR), V = Vierstöck (zo/suB unterbrochene Linie); Numerierung von oben nach unten

Fig. 2 Qualitative and quantitative distribution of clay-minerals in the investigated samples by X-ray diffraction; St = Steinbach (soR), V = Vierstöck (zo/suB - dashed line); numbered from top to bottom

gangsmaterialien (Abb. 5) als auch darin, daß die Proben beider Versuchsreihen gestört, aufbereitet und homogenisiert wurden.

Die Proben mit höherem (10 - 80 %) Montmorillonit-Anteil zeigen, wie zu erwarten, eine deutliche Abhängigkeit der Konsistenzgrenzen nach Atterberg vom jeweiligen Montmorillonit-Gehalt.

Während das Ausgangsgestein noch in die Bodengruppe UL/TL nach DIN 18 196 einzustufen ist, sind die Proben schon ab einem Anteil von 20 % Montmorillonit als TA anzusprechen und erreichen Werte für die Fließgrenze von über 100 %. Diese Fähigkeit, Wasser zu binden, macht sich auch deutlich beim Ausbauwassergehalt der abgescherten Proben bemerkbar.

Der Winkel der inneren Reibung nimmt mit zunehmendem Anteil an Montmorillonit ab (Abb. 7), wobei die Art der Versuchsdurchführung (Aufbereitung etc.) einen schwer definierbaren Einfluß auf die Ergebnisse

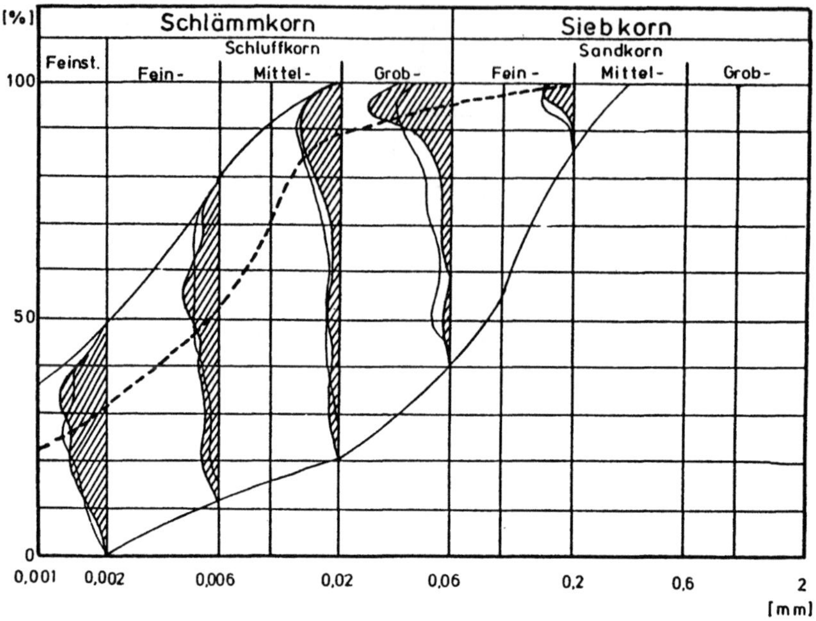

Abb. 3 Statistische Verteilung von 110 Kornsummenlinien; schraffiert = zo/suB - Vierstöck, offen = soR - Steinbach

Fig. 3 Statistic grain size distribution of 110 samples; hatched = zo/suB - Vierstöck, open = soR - Steinbach

hat. Qualitativ und quantitativ unterschiedliche Tonmineralgehalte lassen demnach für sich alleine noch keine Prognose auf die Scherfestigkeit zu.

SCHLUSSFOLGERUNG

Die in den Siltsteinen des Röt und des Grenzbereichs Zechstein/Buntsandstein im Odenwald vorkommenden aktiven Tonmineralien sind quantitativ so gering, daß sie die Stabilität der Hänge nicht beeinflussen.

Erst aufbereitete Proben mit einem Gehalt von 20 % und mehr an aktiven Tonmineralien verändern die bodenmechanischen Kennwerte so, daß eine merkliche Beeinflussung der Stabilität von Hängen herbeigeführt wird. Da dieser quantitative Unterschied in den Proben zwischen Nord- und Südhessen nicht in der Natur vorhanden ist, spielen diese durch das marine environment bedingten Differenzierungen im Tonmineralgehalt keine Rolle für die Instabilität der Hänge, sondern eher sind Hanghöhe, Wasserzutritt, Klüftung und Exposition für die Plastifizierung der Liegendschichten und die Rutschungen entscheidend.

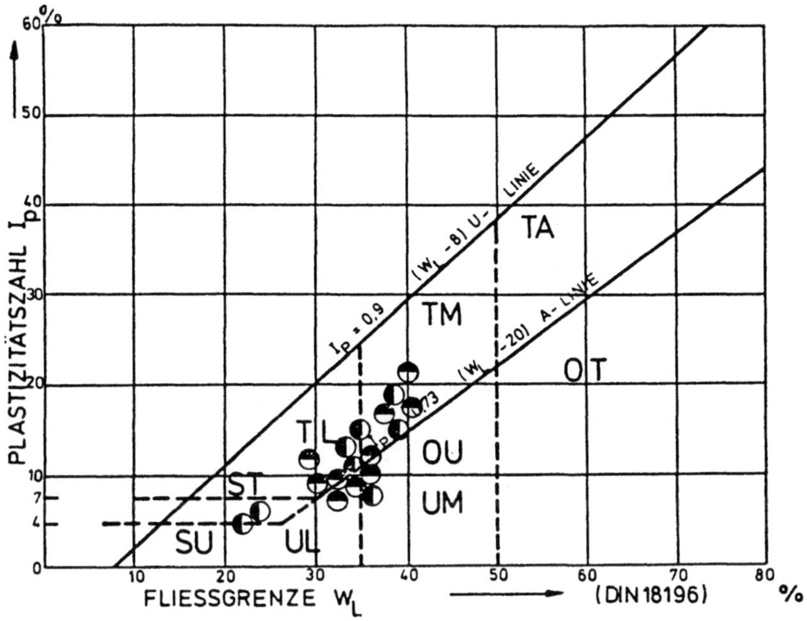

Abb. 4 Plastizitätsdiagramm der Proben; li.Hälfte des Kreises ausgefüllt = zo/suB Vierstöck

Fig. 4 Plasticity diagram of samples; left part of the circle (blackened) = zo/suB Vierstöck

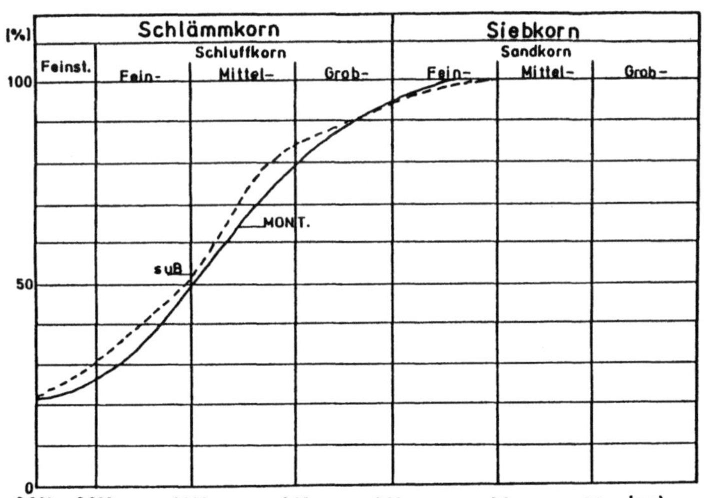

Abb. 5 Kornverteilungslinie der Ausgangsmaterialien für die Versuchsreihe B

Fig. 5 Grain size distribution - line of the material series B

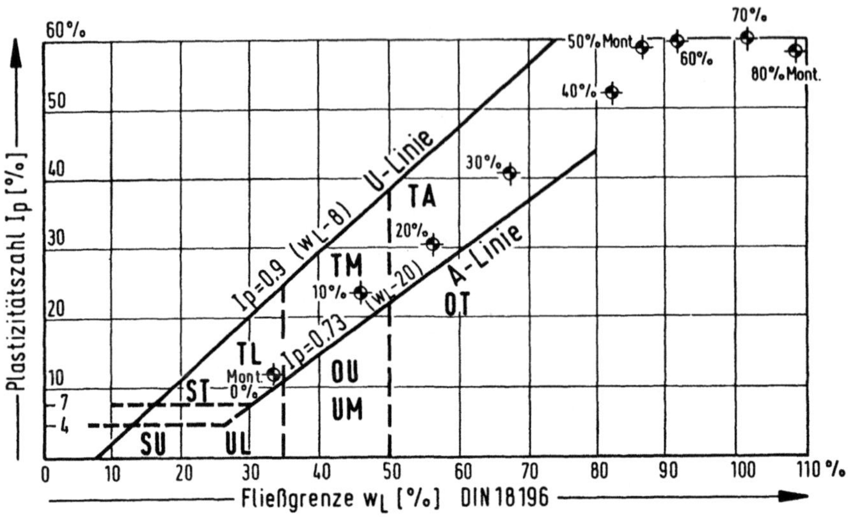

Abb. 6 Plastizitätsdiagramm des Materials der Serie B

Fig. 6 Plasticity-diagram of materials series B

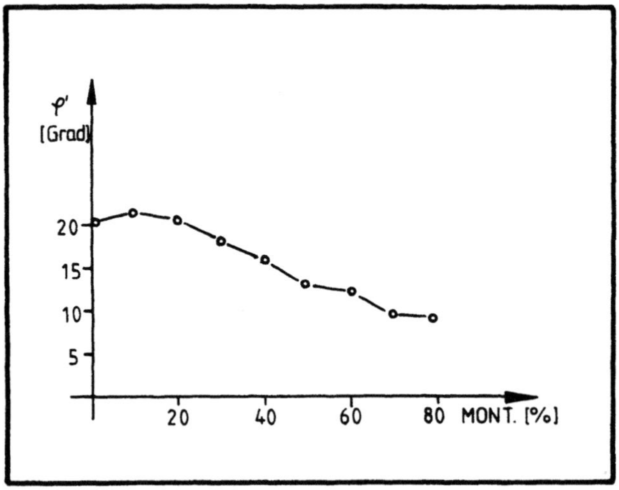

Abb. 7 Abhängigkeit des Winkels der inneren Reibung vom Montmorillonit-Gehalt

Fig. 7 Dependence of angle of internal friction on montmorillonite-contents

LITERATUR

Backhaus E (1981) Der marin-brackische Einfluß im Oberen Röt Süddeutschlands. Z dt geo Ges 132: 361-382, 5 Abb, 1 Tab, Hannover

Schenk D (1983) Auswirkung der Verwitterung auf Festigkeit und Mikrogefüge überkonsolidierter Tonsteine der Oberen Röt-Folge (Rhön). Diss Univ Kiel, 121 S, 71 Abb, 5 Tab, Kiel

Schön F (1980) Zur Abhängigkeit einfacher bodenmechanischer Parameter vom Gehalt an aktiven und inaktiven Tonmineralien wechselnd fester Gesteine am Beispiel toniger Schluffe des Odenwälder Buntsandsteins. Unveröff Dipl Arb TH Darmstadt, 28 S, 24 Abb, Darmstadt

Schweiß D (1984) Sedimentpetrographische Untersuchungen an Rotsedimenten des Grenzbereichs Perm/Trias am Südwestdeutschen Beckenrand. Geol Jb Hessen 112: 83-126, 25 Abb, 4 Tab, Wiesbaden

Ingenieurgeologische und bodenmechanische Untersuchungen an Kriechhängen

G. GUDEHUS, M. GOLDSCHEIDER und R. LIPPOMANN[1]

SUMMARY

Investigations of sliding slopes have indicated that the sliding and creeping phenomena occuring in slopes consisting of overconsolidated clay cannot be explained on the basis of shear strength parameters determined in conventional laboratory tests. Thus it follows that when engineering activities take place on such slopes particular attention and improved soil mechanics research methods are required for a reliable prediction of slope stability.

The primary object of this investigation was to develop and test such a method. When developing this method procedure special emphasis was placed on geological factors like stratification, softened zones and weathering which influence clay slope stability.

Three slopes (located at the western edge of the Schwäbisch Alb; fig.1), on which failure has already taken place in form of sliding or creeping have been investigated, namely:

A creeping slope of Keuper marl (Higher Triassic) near Hechingen, a slipped slope (Middle Jurassic) near Thanheim and a creeping Keuper marl slope near Böbingen/Schwäbisch Gmünd. These slopes were mapped and explored using engineering geology methods. Soil samples for laboratory tests were taken from boreholes. Location of the shear bands were determined by inclinomter measurements performed inside boreholes (fig. 7). The groundwater levels within the sliding body were observed in additional shallow boreholes, as the exploration drillings showed a deeper groundwater table which was not significant for the slope stability.

Soil mechanics index tests were used for soil classification and to determine the weathering categories. Specimens obtained from the presumed shear bands were tested in direct shear, ring shear, and triaxial tests. These tests were evaluated with respect to the angle of total shear strength, φ'_s, and the angle of residual shear strength, φ'_r. These shear parameters were considered the most suitable ones to model the shear strength of the observed softened bands in the overconsolidated clay.

[1] Prof. Dr.-Ing. G. Gudehus, Dr.-Ing. M. Goldscheider, Dipl.-Geol. R. Lippomann, Lehrstuhl für Bodenmechanik und Grundbau der Universität Karlsruhe, Richard-Willstätter-Weg 2, D-7500 Karlsruhe

Ingenieurgeologische Probleme im Grenzbereich zwischen Locker- und Festgesteinen
(Herausgegeben von K.-H. Heitfeld)

In the backcalculations the sliding mass was assumed to consist of several rigid blocks moving relative to each other and the fixed subsoil along plane slip surfaces (kinematically admissible rigid body failure mechanism, fig. 8). The number, size and dimensions of these blocks were determined on the basis of field measurements and morphological conditions. The values for φ'_s and φ'_r obtained by backcalculations were lower than those values measured by shear tests. The difference in the case of direct shear and triaxial tests was of the order of 2 to 5 degrees, while for the ring shear test is was about 2 to 4 degrees. The measured values for φ'_s varied from 13 to 25 degrees while those of φ'_r were between 9 and 20 degrees.

The following conclusions have been drawn from these investigations:

- In clay slope stability-analysis geological investigation plays an important role and should be performed in the first stage of the investigation in order to establish an efficient research programme.
- A reliable prediction of slope stability is very dependent on the location of the shear bands being determined accurately. The location of the shear bands may be found by means of weathering categories, but when slope supporting structures are used the location of the shear bands should be determined by inclinometer measurements (fig. 9).
- Commonly applied shear strengh parameters as φ', c' (effective shear parameters of the overconsolidated clay) and c_u (undrained cohesion), determined in conventional tests, are not suitable for slope stability analyses because there is no cohesion from the overconsolidation. The φ'_s and φ'_r values also seem to be a little to high and should therefore be used with a higher safety factor. If possible backcalculated values should be used.

EINFÜHRUNG

Rutschbewegungen können an Hängen aus verwitterten Tonsedimenten oft bereits bei Hangneigungswinkeln von weniger als 15° festgestellt werden. Hierbei handelt es sich im südwestdeutschen Raum überwiegend um mesozoische Tongesteine oder um tertiäre Tone. Die Verwitterungsschwarten dieser natürlichen Hänge bewegen sich meist langsam und kontinuierlich auf einer dünnen Gleitschicht aus aufgeweichtem Erdstoff talwärts. Der tiefere Untergrund ist unverwittert und standfest.

Derartige Hänge sind aufgrund ihrer charakteristischen Morphologie mit buckliger Oberfläche und Geländeabrissen leicht zu erkennen. Sie sind meist unbebaut und nur landwirtschaftlich genutzt. Doch es ist zu erwarten, daß auch solche Gebiete für Baumaßnahmen herangezogen werden müssen, insbesondere für den Bau von Verkehrswegen. Daraus folgt die Forderung nach bodenmechanischen Untersuchungsmethoden, um wirtschaftliche und landschaftsschonende Bauweisen abzusichern.

Ziel der vorliegenden Untersuchungen war es, ein Verfahren zu erarbeiten, mit dessen Hilfe die Standsicherheit von Tonhängen und -böschungen zuverlässig vorhergesagt werden kann. Dabei ergaben sich folgende Teilziele:

- Geologische Faktoren wie Schichtung, Klüftung und Verwitterung zur Unterstützung der bodenmechanischen Untersuchungen zu berücksichtigen;

- eine stattgefundene Rutschung durch eine Nachrechnung zu erklären. Nachrechnungen mit Scherparametern aus konventionellen Laborversuchen ergaben stets eine zu günstige Beurteilung der Hangstabilität.

Zur Klärung dieser Probleme wurden rutschende Hänge gleichsam wie Großversuche ausgewertet, wobei neben bodenmechanischen Untersuchungen auch geologische Verfahren zur Anwendung kamen und geprüft werden konnten. Es wurden drei am Westrand der Schwäbischen Alb gelegene Hänge untersucht (Abb. 1): Ein kriechender Knollenmergelhang bei Hechingen (I), ein gerutschter Hang im Braunjura bei Thanheim (II) und ein kriechender Knollenmergelhang bei Böbingen/Schwäbisch Gmünd (III).

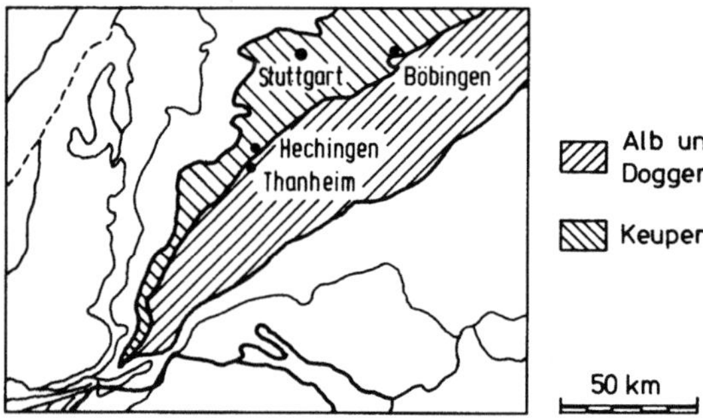

Abb. 1 Übersichtskarte mit den untersuchten Hängen bei Hechingen, Thanheim und Böbingen

Fig. 1 Geographic setting of the investigated slopes near Hechingen, Thanheim and Böbingen

Die Hänge wurden durch eine ingenieurgeologische Detailaufnahme erkundet. In Bohrlöchern erfolgten Neigungssondierungen. Unterlagen über geodätische Verschiebungsmessungen waren vorhanden. An ausgewählten Proben wurden bodenmechanische Laborversuche durchgeführt. Die Ergebnisse der Kartierung und der Versuche wurden bei den Standsicherheitsberechnungen berücksichtigt.

"Kriechen" und "Rutschen" werden in diesem Beitrag folgendermaßen definiert:

- Kriechen eines Hanges ist eine langsame, kontinuierliche Bewegung unter konstanter Belastung (Sickerlinie und Geländeform unverändert). Kriechfähig sind viskose Böden. Kriechen ist nicht an ein bestimmtes Geschwindigkeitsprofil gebunden.
- Rutschen ist ein übergeordneter Begriff für Hangbewegungen (außer Fallen, Kippen und Schlammströme); es wird vorwiegend für schnelle Bewegungen (ohne Angabe von Geschwindigkeitsgrenzen) benutzt. Mit dem Begriff Rutschen wird nichts über die Materialeigenschaften des Bodens und über das Geschwindigkeitsprofil ausgesagt.

INGENIEURGEOLOGISCHE ERKUNDUNGEN

Untersuchungsmethoden

Um Aussagen über morphologische Gegebenheiten, Entstehungsgeschichte und Lagerungsverhältnisse zu gewinnen, und als Basis für Vergleiche der untersuchten Rutschhänge untereinander und mit anderen Hängen, wurden geologische Detailaufnahmen durchgeführt. Zur Untergrundbeschreibung wurden natürliche Aufschlüsse, Sondierergebnisse, Schürfgrubenaufnahmen und Bohrkerne herangezogen. Durch Sondierungen mit der leichten Rammsonde bis 6 m Tiefe unter Geländeoberfläche (GOK) konnte die Mächtigkeit der Verwitterungsschwarte bei den Hängen I und III ermittelt werden. Mit der Handschappe wurden Proben bis in 3 m Tiefe unter GOK erbohrt. Der Schichtverlauf der Hänge II und III wurde durch Kernbohrungen mit Bohrtiefen zwischen 12 m und 25 m erkundet. Zur Ermittlung der Tiefenlage von Bewegungszonen und der Bewegungsgeschwindigkeit wurden die Bohrlöcher für Bohrlochneigungsmessungen ausgebaut. Außerdem wurde in allen Bohrlöchern der Grundwasserspiegel gemessen. Dabei zeigte sich, daß die Aufschlußbohrungen, die teilweise bis in die nächsttiefere geologische Stufe reichten, nicht den für die Hangstabilität maßgeblichen hohen Hangwasserspiegel anzeigten, sondern ein tieferes Grundwasserstockwerk mit niedrigerem Niveau. Daher wurden zusätzliche flache Bohrungen abgeteuft, die eine Messung der Grundwasserstände in der Verwitterungsschwarte ermöglichten.

Soweit es ohne großen Aufwand an Laborversuchen möglich war (nur mit Siebung, Wassergehaltsbestimmung und Ermittlung der Zustandsgrenze), wurden Verwitterungsprofile erstellt; dabei wurde das Verfahren von WALLRAUCH (1969) zugrunde gelegt.

Topographie, Schichtenfolge und Grundwasserverhältnisse

Hang I im Knollenmergel

Der Hang fällt mit 9° bis 15° nach SSW ein. Die Fläche beträgt ca. 15 ha. Geländekanten im Zentralteil des Hanges sowie die bucklige Oberfläche zeigen an, daß sich Teile des Hanges im Grenzgleichgewicht befinden.

Der Hang liegt im Knollenmergel; stratigraphisch gesehen ist das mittlerer Keuper 5 (km 5). "Knollenmergel" ist ein ziemlich einheitlicher, ungeschichteter, schluffiger Ton mit Klüften, die teilweise kalzitgefüllt sind. Knollenmergel ist als kriech- und rutschfreudig bekannt.

Zur Untergrunderkundung wurden im zentralen Teil des Lauchhaldehanges entlang von acht in Fallinie angeordneten Geländeprofilen Rammsondierungen mit der leichten Rammsonde durchgeführt. Der Schichtaufbau wurde auf diese Weise bis 6 m Tiefe unter GOK erkundet (Abb. 2).

Nach den Aufschlüssen gibt es im gesamten Hangbereich eine Verwitterungsschwarte aus Kalk- und Mergelteilchen des darüberliegenden Lias α in toniger Matrix von verwittertem Knollenmergel. Die Mächtigkeit der Verwitterungsschwarte beträgt 0,5 bis 4 m. Darunter befindet sich teilweise verwitterter Knollenmergel, der als ausgeprägt plastischer Ton vorliegt, ohne Anteile der hangenden Schichten. In graduellem Übergang folgen nach unten weniger bis nicht verwitterte Knollenmergel in stückigem bis festem Zustand.

In den stark verwitterten Bereichen in der Hangmitte sind einzelne Rutschstellen erkennbar; der größte Teil dieses Abschnittes hat sich bereits bewegt.

Die Lage der Gleitfugen wurde nach der Geländeaufnahme aus der Morphologie des Hanges bestimmt, wobei Geländekanten und -abrisse als obere und untere Begrenzung des Bruchmechanismus angenommen wurden.

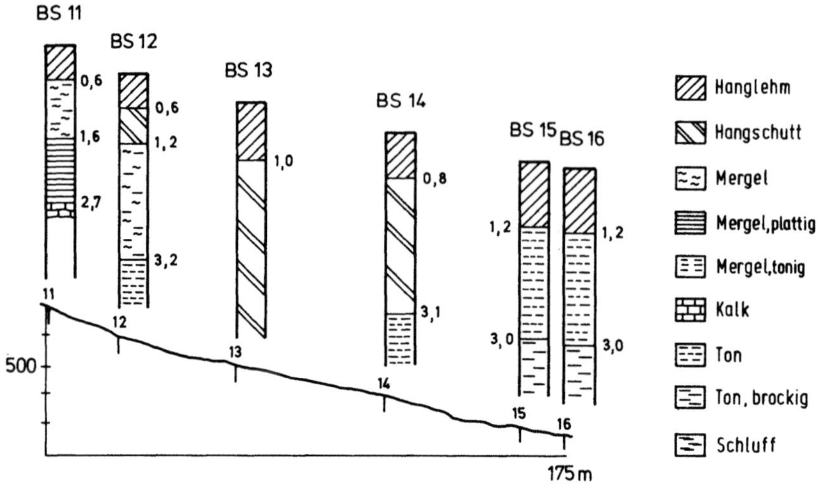

Abb. 2 Profilschnitt von Hang I

Fig. 2 Diagram of slope I

Hang II im Braunen Jura

Der Hang, an dem sich im Frühjahr 1980 eine Rutschung ereignet hat, fällt unter durchschnittlichen Neigungswinkeln von 11° bis 14° nach SW ein. Am oberen, nordöstlichen Rand des Hanges in einer Höhe von 800 bis 820 mNN liegt der Fuß des Steilhanges des Weißen Jura, der bis zu einem Plateau auf etwa 900 mNN ansteigt. Der gerutschte Hang liegt im Bereich des Braunen Jura. Den unteren Rand des Rutschhanges bildet der Talgrund in ca. 745 mNN.

Zur genaueren Beschreibung des Hanges wurden Profile etwa in Richtung der Fallinie erarbeitet (Abb. 3). Die Untergrundverhältnisse wurden durch insgesamt 25 Aufschlußbohrungen mit vollem Kerngewinn und Bohrtiefen bis zu 36 m erkundet. Sämtliche Bohrlöcher wurden als Grundwasserbeobachtungsbrunnen ausgebaut und für Neigungssondierungen eingerichtet.

Der gesamte Hang hat sich vom Talgrund bis hinauf zum Übergang in den Steilhang des Weißen Jura bewegt. Die Bewegungen waren teilweise so groß und ungleichmäßig, daß der Wald umgestürzt ist und abgeholzt werden mußte.

Der unverrutschte Untergrund liegt im Bereich des Braunen Jura; er besteht aus dunkelgraubraunem bis schwarzem Tonstein. Der Tonstein wird von einer Schicht aus Hangschutt bedeckt. Dieser Hangschutt besteht vorwiegend aus gelbem bis braunem Ton und stark tonigem Schluff von weicher bis steifer Konsistenz, vermischt mit Kalksteintrümmern des hangenden Weißen Juras. Die Hangschuttdecke ist am Hang meist etwa 8 bis 24 m mächtig. Im Talgrund ist die weiche Auffüllung über dem festen Braunen Jura über 30 m dick.

An der Schichtgrenze zwischen Braunem Jura und Hangschutt ist der Tonstein verwittert und aufgelockert zu einem mittel- bis hochplastischen Ton von weicher bis steifer Konsistenz. Diese Übergangsschicht, in

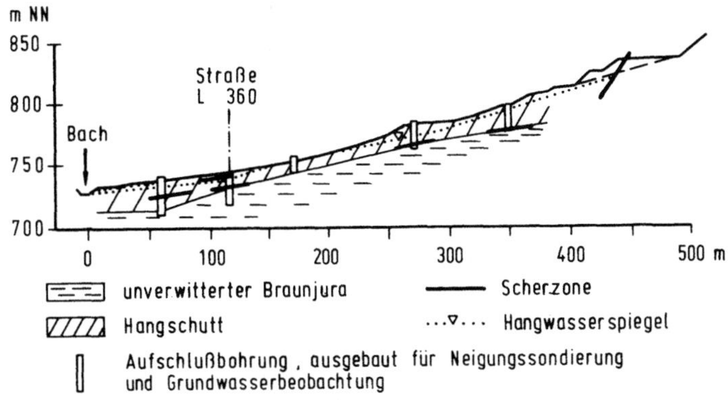

Abb. 3 Profilschnitt von Hang II

Fig. 3 Diagram of slope II

der auch feste Tonsteinreste enthalten sind, ist wenige Dezimeter bis mehrere Meter mächtig. In der Talsohle wurde schon in geringer Tiefe weichplastischer Ton des Braunen Jura angetroffen. In diesem Ton sind Zonen festzustellen, die weicher und stärker zerrüttet sind als die Umgebung. Hier hat ein großer Teil der Scherverformungen bei der Rutschung stattgefunden. Außerhalb der Scherzonen sind Klüfte enthalten, deren braune Ablagerungen anzeigen, daß hier Grundwasser geströmt ist. Im plastischen Ton des Braunen Jura finden sich auch Harnischflächen. Wegen ihrer Neigung und wegen des großen Verschiebungsweges bei der Rutschung ist es aber auszuschließen, daß die Bewegungen der betrachteten Rutschung auf diesen Harnischflächen stattgefunden haben.

Zur Beobachtung des für die Standsicherheit des Hanges maßgebenden Hangwasserspiegels wurden nachträglich flache Bohrungen niedergebracht. Diese Bohrungen zeigten ziemlich genau die Wasserstände an, die aufgrund der Standsicherheitsberechnungen erwartet worden waren (siehe Abschnitt 'Rückrechnung der maßgebenden Scherparameter').

Hang III im Knollenmergel

Der Fuß dieses unter 7° bis 10° nach SSE einfallenden Knollenmergelhanges wird durch eine Bahnlinie angeschnitten. Seit vielen Jahren wurden Horizontalverschiebungen von mehreren Zentimetern pro Jahr festgestellt. Morphologie und schiefstehende alte Nadelbäume deuten auf Hangbewegungen hin; eine Abrißkante im Knollenmergel verläuft in etwa 25.0 m oberhalb der Gleise. Die Fläche des in Kriechbewegung befindlichen Gebietes beträgt ca. 10 ha, der Höhenunterschied 40 m.

Das für die Bewegung verantwortliche Material ist ein ungeschichteter, ausgeprägt plastischer Ton. Darüber liegt eine 0,5 m bis 2,5 m mächtige Verwitterungsdecke aus Humusanteilen, Verwitterungslehm und Gesteinstrümmern von hangaufwärts anstehenden, hangenden Schichten.

Der Untergrund wurde durch sieben Kernbohrungen und 15 Bohrsondierungen genauer erkundet. Die Mächtigkeit des Tons beträgt danach im oberen Drittel des Hanges 12 m bis 14 m, in der Mitte 10 m bis 12 m und im unteren Drittel ca. 15 m, darunter folgen Sand bzw. Sandsteine des "Stubensandsteins" (mittlerer Keuper 4, km 4).

Das Tonmaterial ist bis in 2 m bis 3 m Tiefe unter GOK weich. Die Konsistenz ändert sich mit zunehmender Tiefe von "steif" über "halbfest" bis "fest". Die Grenze zwischen "steif" und "halbfest" liegt etwa bei 6 m, die Grenze zwischen "halbfest" und "fest" bei 10 m. Der Bereich von 0 bis 6 m Tiefe ist an vielen Stellen regellos hinsichtlich der Konsistenz. Im gesamten Hangabschnitt haben in dieser Schicht zahlreiche Bewegungen stattgefunden, bei denen jeweils mehrere Meter mächtige Schwarten auf Gleitzonen gerutscht sind. Dünne, aufgeweichte Tonschichten, die in Bohrungen angetroffen wurden, könnten als Gleitflächen aktiv sein. Die Bohrkernauswertung reicht jedoch nicht für eine eindeutige Ermittlung der heute noch aktiven Gleithorizonte aus.

Nur Bohrlöcher mit geringeren Tiefen als 6 m zeigten die für die Hangstabilität maßgeblichen, hohen Grundwasserstände an. Das zugehörige obere Grundwasser-Stockwerk liegt oberhalb einer natürlichen Dichtungsschicht aus halbfesten Tonen, die sich in ca. 8 m Tiefe befindet. Der obere Hangwasserspiegel verläuft je nach Jahreszeit und Witterungsbedingungen in einer Tiefe von 0 bis 3 m unter der Geländeoberfläche.

Verwitterungsprofile

Allgemeines

Ein Verwitterungsprofil,wie es hier benutzt wird, soll eine Aussage über die Stabilität eines natürlichen Hanges ohne eingehende bodenmechanische Untersuchungen ermöglichen und soll sich mit den einfachen ingenieurgeologischen Feld- oder Geländemethoden erstellen lassen.
Die von EINSELE & WALLRAUCH (1964) bzw. WALLRAUCH (1969) erarbeiteten Methoden schienen hierfür besonders geeignet.

Für ein Verwitterungsprofil wird das anstehende Material in verschiedenen Tiefenstufen untersucht und Verwitterungsstufen mit der Bezeichnung V0 bis V5 zugeordnet. Beim Verfahren nach Wallrauch werden Sieblinien durch eine sog. schonende Naßsiebung ermittelt, bei der nicht die Größe der Mineralkörner, sondern die Größe der Verwitterungsreste erfaßt wird; die einzelnen Verwitterungsstufen werden durch Ordnung dieser Sieblinien und Wahl einer geeigneten Einteilung festgelegt.

Verwitterungsprofil von Hang I

Beim Knollenmergelmaterial dieses Hanges war das Verfahren von WALLRAUCH nicht anwendbar (vgl. WALLRAUCH 1969, S. 167 ff), die Verwitterungsstufen V5, V4 und V3 wurden daher nach einem eigenen Schema nach Konsistenzen festgelegt und zugeordnet; die Verwitterungsstufen V0, V1 und V2 wurden nicht beobachtet. Die Einteilung beruht auf folgendem Schema, das aus Maßgaben erarbeitet wurde, die von EINSELE und WALLRAUCH (1964) für Verwitterungseinteilungen vorgeschlagen worden sind:

Verwitterungsstufe	V0,V1,V2	V3	V4	V5
		zunehmende	Verwitterung	
Konsistenz	hart,fest	halbfest/fest	steif/halbfest	weich/steif
Beschreibung	Zersetzungsanzeichen	grobbröckig (dm-Bereich)	feinblättrig (cm-Bereich)	keine Struktur
Farbe	violett	dunkelbraun	violett	ziegelrot
Verfärbungen	grün	rötlich	grüngelb	graugelb

In Abb. 4 ist das Verwitterungsprofil von Hang I dargestellt.

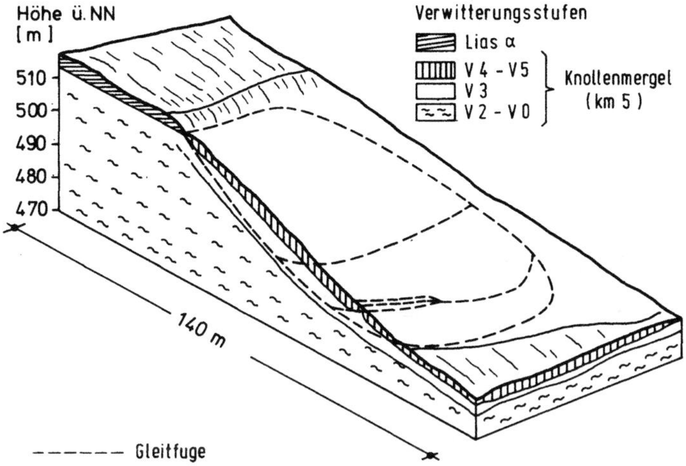

Abb. 4 Blockbild von Hang I mit Verwitterungseinteilung

Fig. 4 Block diagram of slope I showing the degrees of weathering

Verwitterungsprofil von Hang II

Das Material des Rutschhanges II wurde nach den Kriterien von WALLRAUCH (1969) eingestuft. Infolge der ausschließlichen Verwendung von Bohrkernen als Probenmaterial ist eine Verzerrung der Tiefenlagen der Verwitterungsstufen möglich. Die Bohrkerne könnten eine größere Entfestigung erlitten haben, als es bei Proben aus Schürfgruben der Fall gewesen wäre. Das Probenmaterial, Tone, Mergel und Kalke, wurde bei der Verwitterungseinteilung weder petrographisch noch stratigraphisch unterschieden (Abb. 5).

Verwitterungsprofil von Hang III

Das Verwitterungsprofil von Hang III (Abb. 6) wurde nach dem im Abschnitt zum Hang I beschriebenen Schema erstellt.

BOHRLOCH-NEIGUNGSMESSUNGEN

Durch Bohrloch-Neigungsmessungen wird die Lage der Bohrlochachse im Raum ermittelt. Durch Messungen zu verschiedenen Zeiten erhält man die Geschwindigkeitsverteilung über die Tiefe nach Beitrag und Richtung. Daraus kann die Lage von Scherzonen und Gleitfugen sehr genau ermittelt werden.

An den Hängen II und III wurden die vorhandenen Aufschlußbohrungen für Bohrloch-Neigungsmessungen benutzt. Am Hang II wurden Gleitfugen in 12 m bis 15 m Tiefe festgestellt; eine ausführliche Beschreibung der Ergebnisse findet sich bei GOLDSCHNEIDER & WICHTER (1982).

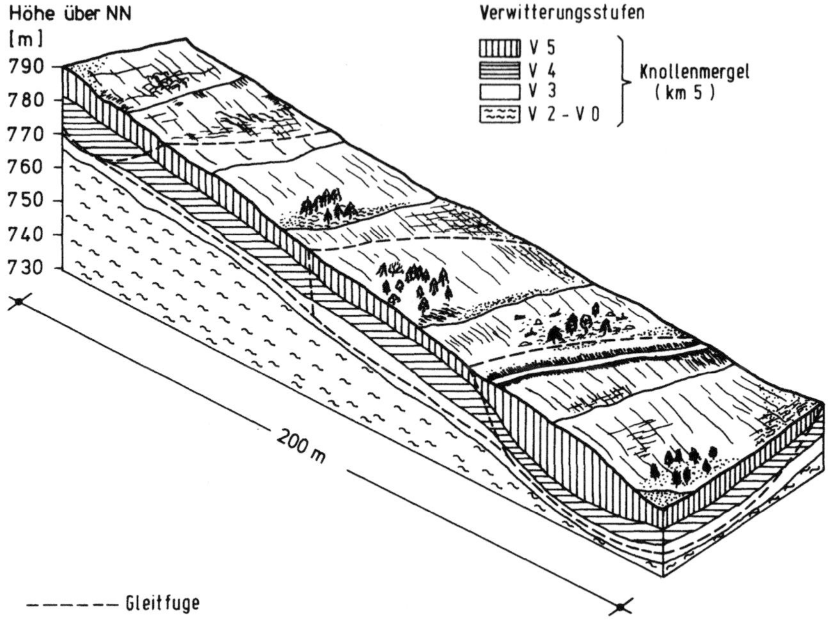

Abb. 5 Blockbild von Hang II mit Verwitterungseinteilung
Fig. 5 Block diagram of slope II showing the degrees of weathering

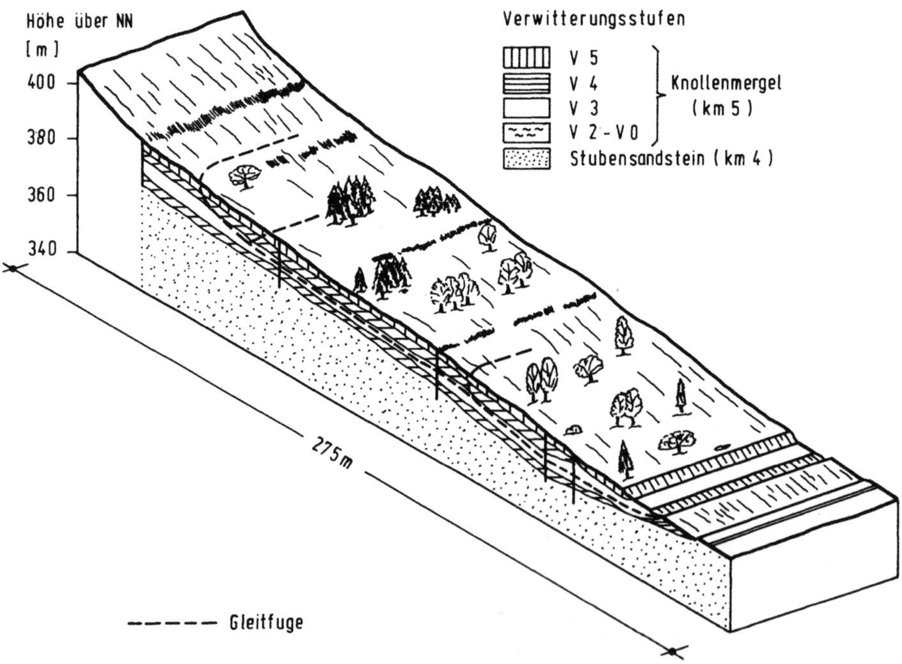

Abb. 6 Blockbild von Hang III mit Verwitterungseinteilung
Fig. 6 Block diagram of slope III showing the degrees of weathering

Abbildung 7 zeigt exemplarisch die Ergebnisse von Neigungsmessungen in einem Bohrloch. Die Auswertung der Neigungsmessungen zeigt, daß im Zeitraum von fünf Monaten Bewegungen zwischen 8 mm und 24 mm stattgefunden haben. Diese Bewegungen sind auf Bereiche von max. 2 m Dicke beschränkt und zeigen Scherzonen oder Gleitfugen an. Da die Sondenführung 1 m lang ist, ist das Meßergebnis im Falle einer dünnen Gleitfuge von einer bis zu 1 m dicken Scherzone nicht zu unterscheiden. Aufgrund der Bohrkerne ist jedoch anzunehmen, daß die Bewegungen in Gleitfugen von nur wenigen cm Dicke stattgefunden haben.

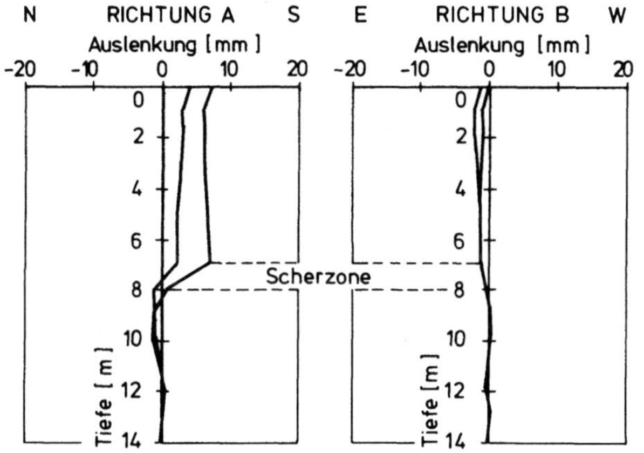

Abb. 7 Beispiel für die Auswertung einer Neigungsmessung

Fig. 7 Example of the interpretation of inclinometer measurement

BODENMECHANISCHE LABORVERSUCHE

Probenauswahl

Für die Standsicherheitsuntersuchungen war ein umfangreiches Laborversuchsprogramm notwendig. Die Proben wurden nach zwei Gesichtspunkten ausgewählt:

- Es wurden möglichst viele Proben an verschiedenen Stellen und aus verschiedenen Tiefenlagen entnommen; an diesen Proben wurden Indexversuche als Grundlage für eine generelle Einordnung des Hanges durchgeführt.
- Aus den Kernabschnitten, die nach den Felduntersuchungen und der Ansprache der Kerne aus Bewegungszonen stammten (durchweichtes Tonmaterial aus Bereichen von halbfestem Ton) wurden Proben für Scherversuche ausgewählt.

Indexversuche

Für alle drei untersuchten Hänge wurden an Proben aus Schürfgruben und Bohrungen sog. Indexversuche durchgeführt. Dabei handelt es sich um

- Bestimmung des natürlichen Wassergehaltes nach DIN 18 121
- Bestimmung der Korngrößenverteilung nach DIN 18 123

- Bestimmung der Dichte nach DIN 18 125
- Bestimmung der Fließ- und Ausrollgrenze nach DIN 18 122.

Bodenkennwerte von Hang I

Für die Dichte des Knollenmergelmaterials wurden Werte von ρ = 2,0 bis 2,1 g/cm³ ermittelt.Die Wassergehalte betragen 20 % bis 36 % bei einem Durchschnittswert von $\bar{w}$ = 28,9 %. Bei Ermittlung der Konsistenzgrenzen ergaben sich für die Fließgrenze $\bar{w}_L$ = 61,5 % und für die Ausrollgrenze $\bar{w}_P$ = 26,1 % im Durchschnitt, woraus sich eine Plastizitätszahl I_P = 35,4 % und eine Konsistenzzahl I_C = 0,8 % bei w = 0,31 ("steif") errechnete. Das Material hat 35 bis 65 % Tonanteil und 30 bis 50 % Schluff und ist als mittelplastischer bis steifplastischer Ton, TM bis TA nach DIN 18 196, anzusprechen.

Bodenkennwerte von Hang II

Der Durchschnittswert der Dichte von ungestörtem Hangschutt wurde für Tiefenlagen von 0 bis 13 m zu ρ = 2,1 g/cm³ erhalten, für tiefere Schichten zu 2,3 g/cm³. Die Wassergehalte reichten von 13 % bis 34 %, der Mittelwert des Wassergehaltes betrug $\bar{w}$ = 20,5 %. Die Mittelwerte der Konsistenzgrenzen wurden zu $\bar{w}_L$ = 52,1 % und $\bar{w}_P$ = 21,2 % erhalten; daraus wurden die durchschnittliche Plastizitätszahl $\bar{I}_P$ = 30,9 % und Konsistenzzahlen von I_C = 0,68 bis 1,35 berechnet. Der Durchschnittswert der Konsistenzzahl betrug $\bar{I}_C$ = 1,02. Es treten Böden mit 20 bis 30 % Tonanteil auf, die aufgrund der Versuchswerte für die Zustandsgrenzen w_L, w_P und I_C als mittelplastische Tone (TM) anzusprechen sind, und Böden mit 42 bis 52 % Tonanteil, die als ausgeprägt plastische Tone (TA) einzustufen sind.

Bodenkennwerte von Hang III

Für das Knollenmergelmaterial wurde eine Dichte von ρ = 2,1 g/cm³ erhalten. Die Wassergehaltsbestimmungen ergaben Werte zwischen 18 % und 38 %. Die Werte für die Fließgrenze betrugen w_L = 34 bis 106 %, für die Ausrollgrenze w_P = 17 bis 30 %. Plastizitätszahl und Konsistenzzahl haben Durchschnittswerte von $\bar{I}_P$ = 35 % und I_C = 87 % ("steif"); die Werte von I_C umfassen dabei den Konsistenzbereich von 0,33 "breiig" bis 1,29 "fest". Der Tonanteil des Knollenmergelmaterials liegt bei 20 bis 45 %, der Schluffanteil bei 35 bis 45 %. Der bis zu 30 % betragende Anteil an Korngrößen über 0,06 mm besteht überwiegend aus Kalkknollen und hat auf die bodenmechanischen Eigenschaften der Rutschmasse keinen Einfluß. Der Knollenmergel ist den Bodengruppen TM (mittelplastische Tone) bis TA (ausgeprägt plastische Tone) zuzuordnen.

Scherversuche

Maßgebende Scherparameter

Für die Beurteilung der Standsicherheit und die Bemessung von Hangsicherungen ist die Scherfestigkeit des anstehenden Materials von entscheidender Bedeutung. Zur Ermittlung der Scherfestigkeit wurden Rahmenscherversuche, Dreiaxialversuche und Ringscherversuche durchgeführt. Die Ergebnisse dienten als Grundlage für die weiter unten beschriebenen Rückrechnungen.

Zu Beginn der Forschungsarbeit war noch nicht bekannt, durch welche Probeneigenschaften und Versuchsbedingungen und durch welches Schergesetz die für das Rutschen maßgebenden Scherparameter definiert sind. Im Laufe der Untersuchung wurde folgendes Modell entwickelt:

Es war zu beobachten, daß der Ton in den Scherfugen aufgelockert bzw. durch Wasserzutritt aufgeweicht war. Es wurde angenommen, daß der sonst überkonsolidierte Ton im aufgeweichten Scherfugenbereich gerade für die heutige Auflast normalkonsolidiert ist. Die Scherfestigkeit des normalkonsolidierten Bodens unter dränierter Bedingung wird durch den Winkel der Gesamtscherfestigkeit festgelegt. Voraussetzung für die Wirksamkeit einer Scherfestigkeit gemäß dem Winkel der Gesamtscherfestigkeit bei einem Hang ist, daß Belastungsänderungen zu entsprechenden Änderungen der Porenzahl führen, was bei dünnen Scherfugen kurzfristig möglich ist. Die Rutschungen wurden jeweils durch einen Anstieg des Hangwasserspiegels ausgelöst. Die Erhöhung des Wasserdrukkes infolge des Anstiegs des Hangwasserspiegels führte zu einer Verminderung der effektiven Spannungen und damit zu einer Verminderung der Scherfestigkeit. Die maßgebende Scherfestigkeit muß daher gemäß einem Reibungsgesetz von der effektiven Spannung abhängen. Der Parameter eines derartigen Reibungsgesetzes ist der Winkel der Gesamtscherfestigkeit, der somit als für die Hangstabilität maßgebender Scherparameter in Frage kommt. Ein Sonderfall der Gesamtscherfestigkeit ist die "Gleit"- oder "Restfestigkeit", beschrieben durch den Restreibungswinkel; sie wird durch Entfestigung bei langen Scherwegen in Scherfugen erreicht.

Aufgrund dieser Überlegungen wurden bei den späteren Untersuchungen Scherversuche zur Bestimmung des Winkels der Gesamtscherfestigkeit und der Restscherfestigkeit durchgeführt. Die Kohäsion infolge einer Überkonsolidierung wurde als nicht wirksam angenommen.

Direkte Scherversuche

Hang II

Der Winkel der Gesamtscherfestigkeit wurde durch direkte Scherversuche mit dem Rahmenschergerät an aufbereiteten Proben aus dem Bereich der Scherzonen bestimmt. Die ausgleichende Schergerade der jeweils drei bzw. vier Versuchspunkte im τ-σ-Diagramm wurde voraussetzungsgemäß durch den Ursprung gezeichnet, weil in der Gesamtscherfestigkeit die von der Porenzahl abhängige Kohäsion bereits enthalten ist.

Die Versuchswerte für φ'_s für alle untersuchten Proben von Hang II liegen zwischen 21,2° und 31,1°. Aus den Versuchsergebnissen ist ersichtlich, daß ein Zusammenhang zwischen der Fließgrenze w_L und dem Winkel der Gesamtscherfestigkeit φ'_s besteht. Für die ausgeprägt plastischen Tone (TA) wurden Werte von φ'_s = 21,2° bis 24,3° erhalten. Für die mittelplastischen Tonproben (TM) betragen die Versuchswerte φ'_s = 25° bis 31,1°.

Hang III

Für Hang III wurden an sieben Proben Rahmenscherversuche durchgeführt. Die Proben wurden aus den Bohrkernen aus aufgeweichten Zonen entnommen, die als Scherzonen gedeutet werden konnten. Die Versuchsbedingungen und die Auswertung waren analog zu den Versuchen für Hang II. Die gemessenen Werte für φ'_s betrugen 17,9° bis 28,7°.

Zusätzlich zu den Rahmenscherversuchen wurden Proben von Hang III in Ringscherversuchen untersucht. Ringscherversuche ermöglichen durch lange Scherwege die Ermittlung der Restscherfestigkeit an aufbereiteten Proben.

Die in den Ringscherversuchen ermittelten Werte für φ'_s lagen zwischen 13° und 25°, für den Winkel der Restscherfestigkeit φ'_r wurden Werte von 9° bis 20° gemessen.

CU-Dreiaxialversuche

CU-Dreiaxialversuche an aufbereiteten normalkonsolidierten Proben von Hang II, die zur Kontrolle durchgeführt wurden, ergaben ungefähr die gleichen Werte für den Winkel der Gesamtscherfestigkeit wie die Rahmenscherversuche.

Für Hang III wurden CU-Dreiaxialversuche an ungestörten Proben durchgeführt. Jeder Probekörper wurde nacheinander unter drei verschiedenen, stufenweise erhöhten, effektiven Seitendrücken abgeschert (Mehrstufenversuch). Innerhalb einzelner Versuchsstufen wurde die Schergeschwindigkeit sprunghaft verändert, um den Kennwert $I_{v\alpha}$ zu bestimmen, der die Zähigkeit des Tons kennzeichnet (LEINENKUGEL 1976; GUDEHUS & LEINENKUGEL 1978). Die CU-Versuche ergaben Werte für φ' zwischen 14,9° und 20,7° und Werte für c' zwischen 26 und 52 kN/m². Der $I_{v\alpha}$-Wert beträgt 0,035; er wird für die Bemessung von Hangsicherungsmaßnahmen benötigt (GUDEHUS & SCHWARZ 1983), die über den Rahmen dieser Forschungsarbeit hinausgehen.

Dreiaxialversuche an Großproben (Ø 60 cm)

Zur Klärung der Frage, ob die Scherfestigkeit für den Scherfugenbereich zuverlässig durch Dreiaxialversuche an Großproben ermittelt werden kann, wurden Sonderproben mit 60 cm Durchmesser untersucht.

Die Versuche wurden mehrstufig durchgeführt, d.h. an einem Probekörper wurde mehrfach der Seitendruck erhöht, und die Probe wurde bis zum Grenzzustand belastet. Bei einzelnen Versuchsstufen wurde die Verformungsgeschwindigkeit sprunghaft verändert, um den Zähigkeitsindex $I_{v\alpha}$ zu ermitteln. Porenwasserdruckmessungen sind bei diesen Versuchen nicht sinnvoll; die Meßwerte schwanken stark und führen nicht zu eindeutigen Ergebnissen. Es werden daher lediglich totale Spannungen ermittelt. Die ungestörten Probekörper waren bei den Versuchen teilgesättigt beim natürlichen Wassergehalt und undräniert. Die gemessenen

Scherparameter sind daher nach DIN 18 137 Teil 1 Entwurf 1983 mit φ_u und c_u zu bezeichnen.

An Proben des Hechinger Hanges wurden für $_u$ Werte von 9,6° bis 25,1° und für c_u Werte von 11 bis 258 kN/m² erhalten. Für den Zähigkeitsindex ergab sich $I_{v\alpha}$ = 0,034.

ERDSTATISCHE UNTERSUCHUNGEN, RÜCKRECHNUNG DER SCHERFESTIGKEIT

Allgemeines

Die Stabilität der betrachteten Hänge wurde nach der kinematischen Methode unter Annahme von Bruchmechanismen aus starren Körpern und ebenen Gleitfugen untersucht (GOLDSCHEIDER & GUDEHUS 1974; GOLDSCHEIDER 1979). Abbildung 8 zeigt schematisch einen derartigen Bruchmechanismus. Nur ebene Bruchmechanismen wurden betrachtet. Die Bruchmechanismen wurden so weit wie möglich an die Ergebnisse der Neigungssondierungen und an die beobachteten Gelände- und Untergrundverhältnisse angepaßt. Dabei wurden Abrißkanten, austretende äußere Gleitfugen und höhenlinienparallele Unebenheiten berücksichtigt. Die tiefen Gleitfugen konnten für die Hänge II und III aus den Ergebnissen der Neigungssondierungen ermittelt werden; die inneren Gleitfugen, deren Richtung aus den Verschiebungsprofilen nicht klar hervorging, wurden so variiert, daß sich der kleinste Wert für die Sicherheit ergab. Für jeden untersuchten Hangquerschnitt wurden mindestens drei Bruchmechanismen aus drei oder vier Körpern durchgerechnet. Der Bruchmechanismus mit der kleinsten rechnerischen Sicherheit wird der ungünstigste Bruchmechanismus genannt.

Die Untersuchung erfordert keine Annahmen über die Spannungsverteilung in einem Bruchkörper, wenn der Reibungswinkel innerhalb einer jeden Gleitfuge konstant ist.

Die Berechnungen wurden mit einem Taschenrechner HP 41C (GOLDSCHEIDER 1981) durchgeführt. Zur Anwendung des Rechenprogramms wurde der angenommene Bruchmechanismus maßstäblich in den untersuchten Geländequerschnitt eingezeichnet und die Koordinaten, die bestimmend sind für Geländeoberfläche, Sickerlinie und Geometrie des Bruchmechanismus, aus der Zeichnung entnommen. Als rechnerische Bruchursache wurde gemäß der Definition von FELLENIUS eine Abminderung von tan φ'_s und tan φ'_r in allen Gleitfugen um den gleichen Faktor η_F angenommen. In diesem Fall stimmt der Sicherheitsbeiwert nach FELLENIUS η_F mit der Sicherheit nach der von GOLDSCHEIDER (1979) benutzten allgemeineren deterministischen Sicherheitsdefinition überein. η_F entspricht einer Partialsicherheit im Sinne des neuen statistischen Sicherheitskonzeptes (GRUSIBAU 1981).

Zunächst wurde der Zustand während des Rutschens betrachtet. Hierbei wurden in Anlehnung an die Ergebnisse der Scherversuche Werte für die Scherparameter φ'_s bzw. φ'_r in den einzelnen Gleitfugen so ermittelt, daß sich unter Wirkung des beobachteten Hangwasserspiegels Grenzgleichgewicht ergab, gekennzeichnet durch den Sicherheitsbeiwert η = 1. Der ungünstigste Bruchmechanismus ist dabei derjenige, für den diese "rückgerechneten" Scherparameter für η = 1 am größten sind. Bei den weiteren Berechnungen wurden die Scherparameter eingesetzt, die aus Laborversuchen ermittelt worden sind und der zugehörige Sicherheitsbeiwert berechnet.

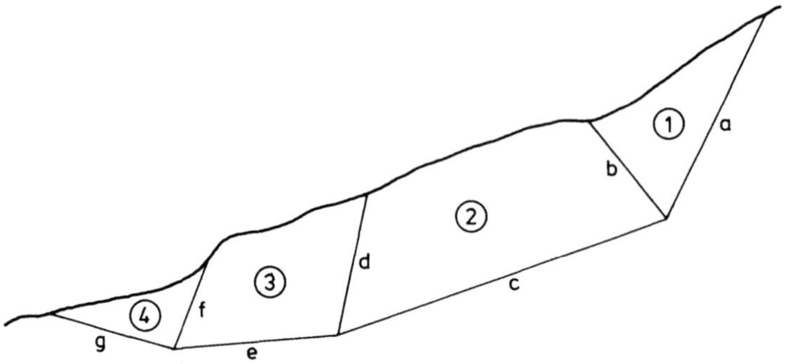

1, 2, 3, 4 : Starrkörper, aus denen der Bruchmechanismus besteht. Die Anzahl ergibt sich durch die Anpassung an die festgestellten Geländedaten.

a, c, e, g : "äußere" Gleitfugen. Gleitfugen zwischen den Starrkörpern und dem unbewegten Untergrund, als maßgebender Scherparameter für die Gleitfugen a und g wird der Winkel der gesamtscherfestigkeit φ'_s angenommen.

c, e : "tiefe" Gleitfugen. Sonderfall der "äußeren" Gleitfugen, die nahezu parallel zur Hangoberfläche verlaufen. In diesen Gleitfugen haben große Verschiebungen und somit Entfestigung stattgefunden, maßgebend ist der Winkel der Restscherfestigkeit φ'_r.

b, d, f : "innere" Gleitfugen. Gleitfugen zwischen einzelnen Starrkörpern. Diese Gleitfugen können sich bei Bewegungen neu bilden. Als maßgebender Scherparameter wird der Winkel der Gesamtscherfestigkeit φ'_s angenommen.

Abb. 8 Beispiel eines 4-Körper-Bruchmechanismus; Definition der Begriffe, die bei der Analyse von Bruchmechanismen verwendet werden

Fig. 8 Example of a failure mechanism consisting of four rigid bodies, definition of terms used in stability analysis.

Rückrechnung der maßgebenden Scherparameter

Hang I

Für Hang I wurden drei Bruchmechanismen aus vier Starrkörpern untersucht. Für den ungünstigsten Bruchmechanismus ergab die Rückrechnung folgende Parameter:

Für den Zustand des Grenzgleichgewichts (in dem sich der Hang befindet) wäre bei einer Sickerlinie 2 m unter der Geländeoberfläche (GOK) ein Winkel der Gesamtscherfestigkeit von $\varphi'_s = 18,1°$ in allen Gleitfugen erforderlich. Für den Verlauf der Sickerlinie 1 m unter GOK ist der Wert $\varphi'_s = 20,9°$ erforderlich, und für die Sickerlinie in GOK der Wert $\varphi'_s = 25°$. Die Geländeuntersuchungen lassen auf eine Sickerlinie schließen, die ca. 1 m unter GOK verläuft.

Die Unterschiede zwischen den Scherfestigkeiten, die in Scherversuchen ermittelt worden sind, und den Scherfestigkeiten, die nach der Rückrechnung für die Hangstabilität maßgebend sind, können folgendermaßen erklärt werden:

Das Knollenmergelmaterial ist in den tiefen Gleitfugen zwischen Bruchkörper und unbewegtem Untergrund (Abb. 8) wegen der großen Scherwege bis zur Restscherfestigkeit entfestigt; hier ist der Winkel der Restscherfestigkeit φ'_r wirksam. In allen anderen Gleitfugen kann der Winkel der Gesamtscherfestigkeit φ'_s für kleine Verformungen als maßgebend angenommen werden. Bei der Anwendung dieser Annahme auf die Rückrechnung ergibt sich für das Grenzgleichgewicht eine statisch mögliche Kombination von φ'_s und φ'_r.

Für Hang I ergab der unter Annahme eines einheitlichen Winkels der Gesamtscherfestigkeit ungünstigste Bruchmechanismus die Parameterkombination mit den größten Werten für φ'_s und φ'_r. Bei einer Sickerlinie 1 m unter GOK ergeben sich $\varphi'_s = 26°$ und $\varphi'_r = 19{,}2°$.

Hang II

Die Berechnungen für Hang II ergaben für das erforderliche $'_r$ Werte von 18° bis 21,8° und für das erforderliche φ'_s den Wert von 23° (GOLDSCHEIDER & WICHTER 1982). Die Berechnungen wurden analog zu den in Abschnitt 'Allgemeines' (s.o.) beschriebenen Rückrechnungen für Hang I durchgeführt.

Hang III

Aufgrund der Grundwasserbeobachtungen konnten die Berechnungen auf Sickerlinien in 1 m unter GOK und in GOK beschränkt werden. Für den ungünstigsten Bruchmechanismus ergab sich ein erforderlicher gleichmäßiger Wert für $\varphi'_s = 14°$ für die Sickerlinie 1 m unter GOK und $\varphi'_s = 15{,}5°$ für die Sickerlinie in GOK.

Bei Betrachtung verschiedener Scherfestigkeiten in den Gleitfugen ergaben sich folgende Parameterkombinationen:

Bei einer Sickerlinie 1 m unter GOK sind die Werte $\varphi'_s = 23°$ und $\varphi'_r = 13{,}5°$ erforderlich, für die Sickerlinie in GOK die Werte $\varphi'_s = 23°$ und $\varphi'_r = 15{,}2°$.

Berechnung der Standsicherheit mit den Laborwerten der Scherfestigkeit

Der Standsicherheitsbeiwert für Hang III, der nach den obigen Überlegungen $\eta = 1$ beträgt, wurde zum Vergleich unter Annahme der Laborwerte der Scherfestigkeit berechnet.

Zunächst wurde ein durchschnittlicher Winkel der Gesamtscherfestigkeit φ'_s angenommen, der sich aus statistisch entnommenen Proben ergab, sowie der niedrigste Winkel der Restscherfestigkeit φ'_r der Proben aus Gleitfugenbereichen. Aus den Ringscherversuchen hat sich die Kombination $\varphi'_s = 23°$ und $\varphi'_r = 16{,}8°$ ergeben. Für diese Werte wurde für den ungünstigsten Bruchmechanismus der rechnerische Sicherheitsbeiwert $\eta = 1{,}1$ erhalten.

Da mit Rahmenscherversuchen φ'_r nicht bestimmbar ist, wurde stattdessen der kleinste ermittelte Versuchswert von φ'_s berücksichtigt; daraus errechnete sich für die Parameterkombination φ'_s = 23° und $\varphi'_{s\ min}$ = 17,9° der Sicherheitsbeiwert η = 1,17.

Um die Unterschiede zwischen den Laborwerten und den durch Rückrechnung erhaltenen Werten der Scherfestigkeit zu verdeutlichen, werden nachfolgend die Sicherheitsbeiwerte verglichen, die auf der Grundlage der jeweiligen Scherparameter erhalten wurden. Es ergibt sich folgendes:

Für einen Hang, dessen Sicherheitsbeiwert auf der Grundlage der Laborwerte aus Ringscherversuchen zu η = 1,3 bestimmt wird, beträgt der Sicherheitsbeiwert bei Verwendung der aus der Rutschung rückgerechneten Scherparameter nur η = 1,18. Noch größer ist der Unterschied in den Sicherheitsbeiwerten bei Annahme der Werte aus Rahmenscherversuchen: Für einen Hang mit dem rechnerischen Sicherheitsbeiwert η = 1,3 , ermittelt auf der Grundlage der Ergebnisse aus Rahmenscherversuchen, wird bei Berücksichtigung der rückgerechneten Scherparameter ein Sicherheitsbeiwert von nur η = 1,11 erhalten.

Da entgegen den Überlegungen aus Abschnitt 'Maßgebende Scherparameter' in der Praxis häufig anstelle von φ'_s die Scherparameter des überkonsolidierten Bodens als wirksam angenommen werden, wurde zum Vergleich die Standsicherheit der Hänge bei I und III auf der Grundlage der Laborwerte dieser Scherparameter berechnet. Für Hang I sind die Scherparameter φ_u und c_u des undränierten überkonsolidierten Bodens durch Dreiaxialversuche an Großproben bestimmt worden, für Hang III sind die effektiven Scherparameter φ' und c' mittels CU-Dreiaxialversuchen ermittelt worden. Der Berechnung wurde jeweils ein besonders ungünstiges Wertepaar sowie ein Wertepaar mit den Mittelwerten von φ' und c' zugrunde gelegt. Vereinfachend wurde vorausgesetzt, daß der Bruchmechanismus, der sich aus der Rückrechnung von φ'_s als der ungünstigste erwiesen hatte, hier ebenfalls der ungünstigste sei. Die Berechnung mit dem ungünstigsten Bruchmechanismus und dem Wertepaar φ_u = 10,7° und c_u = 232 kN/m² ergab für Hang I einen Sicherheitsbeiwert von η = 12! Unter Annahme von φ_u = 16,8° und c_u = 111 kN/m² wurde η = 6 erhalten. Bei analoger Verfahrensweise wurden für Hang III für das Wertepaar φ' = 14,9° und c' = 52 kN/m² ein Sicherheitsbeiwert von η = 3,1 und für das Wertepaar φ' = 18,2 und c' = 37,8 kN/m² der Sicherheitsbeiwert η = 2,9 erhalten. Die Berücksichtigung der Scherparameter des überkonsolidierten Bodens bei der Standsicherheitsberechnung würde also zu einer erheblichen Überschätzung der Sicherheit und einer völlig falschen Beurteilung der Situation führen.

SCHLUSSFOLGERUNGEN

Eine Beschreibung von Hängen durch geologische Methoden und Indexversuche sollte stets der erste Schritt für eine Beurteilung der Standsicherheit von Hängen sein; denn die geologische Detailaufnahme ermöglicht einen Vergleich mit geologisch ähnlichen und gut dokumentierten Hängen. Diese geologische Beurteilung und Klassifizierung dient als Grundlage für die Ausarbeitung des erforderlichen weiteren Untersuchungsprogramms.

Von größter Bedeutung für die Beurteilung eines Rutschhanges und für Sanierungsmaßnahmen ist die Tiefenlage des Bewegungshorizontes. Als Verfahren kommen die Erstellung des Verwitterungsprofils und Bohrlochneigungssondierungen in Frage. Durch das Verwitterungsprofil kann die Lage der tiefen Gleitfugen auf bestimmte Bereiche eingegrenzt werden; Vergleiche ähnlicher Rutschhänge zeigen, daß die Gleitfugen überwiegend im Bereich der Verwitterungsstufe V3 auftraten. Durch Bohrlochneigungsmessungen können die Lage der tiefen Gleitfugen und die Geschwindigkeit der Bewegungen sehr genau bestimmt werden, die Durchführung von Neigungssondierungen ist jedoch aufwendiger als die Erstellung des Verwitterungsprofils.

Für die Hänge II und III wurden beide Verfahren angewendet. Die Ergebnisse der Neigungssondierungen bestätigen die Gleitfugenlage im Verwitterungsbereich V3. Abbildung 9 zeigt die Verwitterungsstufen und Gleitfugenlage am Beispiel von Hang III.

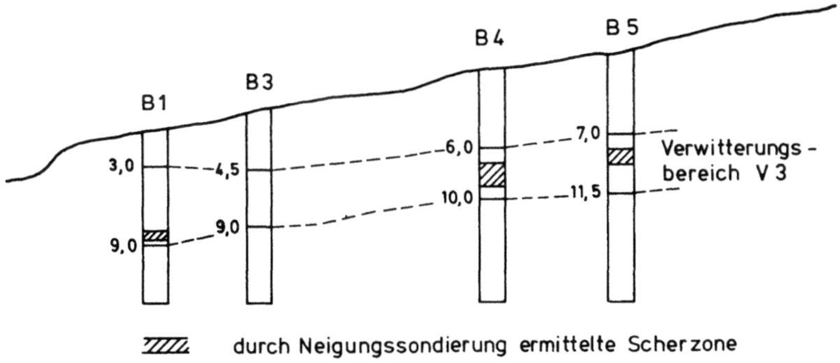

Abb. 9 Schematisches Profil von Hang III mit der Lage von vier Bohrungen, dem Verwitterungsbereich V3 und den aus Neigungssondierungen ermittelten Scherzonen

Fig. 9 Diagram of slope III showing four boreholes, weathering degree V3 and shear band found by inclinometer measurement

Die Genauigkeit der Lagebestimmung von tiefen Gleitfugen durch ein Verwitterungsprofil reicht jedoch nicht für die Bemessung konstruktiver Sanierungsmaßnahmen (Dübel, Anker, Wände) aus. Für eine wirtschaftliche und sichere Bemessung derartiger Maßnahmen ist eine genauere Bestimmung mittels Bohrloch-Neigungssondierungen erforderlich. Die erforderlichen Neigungsmessungen können jedoch aufgrund der Kenntnisse aus dem Verwitterungsprofil hinsichtlich Anzahl und Anordnung optimiert werden.

Zweierlei Schwierigkeiten ergeben sich beim Erstellen eines Verwitterungsprofils: Zum einen besteht eine Abhängigkeit von der Art der Probennahme; je nach Art der Probennahme ist durch Auflockerung eine Verzerrung der Verwitterungsstufen über die Tiefe möglich. Zum anderen ist die Anwendungsmöglichkeit der bekannten Verfahren meist eingeschränkt; z.B. ist das Verfahren nach WALLRAUCH nicht für Knollenmergel geeignet. Wünschenswert wäre eine objektive Kalibrierung eines Verfahrens für alle in Frage kommenden veränderlich festen Gesteine.

Hinsichtlich des Schergesetzes, welches für das Rutschen maßgebend ist, müssen grundsätzlich Vorüberlegungen und Annahmen getroffen werden, danach richten sich das Versuchsprogramm und die Standsicherheitsberechnung. Hier wurde angenommen, daß der Winkel der Gesamtscherfestigkeit φ'_s des normalkonsolidierten Bodens, bzw. in den tiefen Gleitfugen der Winkel der Restscherfestigkeit φ'_r die maßgebenden Scherparameter sind (vgl. Abschnitt 'Maßgebende Scherparameter'). Mit Rahmenscherversuchen und Dreiaxialversuchen kann lediglich φ'_s ermittelt werden - und dieser auch nur an aufbereiteten Probekörpern - denn die ausführbaren Verformungen sind für eine Entfestigung bis zur Restscherfestigkeit zu klein. Ringscherversuche erlauben durch lange Scherwege auch die Ermittlung von φ'_r, jedoch können ebenfalls nur aufbereitete Proben untersucht werden.

Vermutlich wegen der Aufbereitung des Probenmaterials ergaben die Scherversuche durchweg zu große Werte. Die in den Ringscherversuchen ermittelten Werte für φ'_s lagen zwischen 13° und 25°, für den Winkel der Restscherfestigkeit φ'_r wurden Werte von 9° bis 20° gemessen. Die Differenz zwischen den durch Rückrechnung erhaltenen Werten einerseits und den Werten aus Dreiaxialversuchen und Rahmenscherversuchen andererseits betrug 2° - 5°, gegenüber den Werten aus Ringscherversuchen betrug der Unterschied 2° - 4°.

Solange noch nicht Geräte und Methoden für Scherversuche entwickelt sind, die verläßliche Ergebnisse für die Standsicherheitsberechnung von Tonhängen liefern, ist es notwendig, die im Versuch erhaltenen Scherparameter abzumindern oder durch eine Rückrechnung zu überprüfen. Da eine Rückrechnung nur möglich ist, wenn schon eine Rutschung stattgefunden hat, kann diese Methode nicht für geplante Baumaßnahmen, z.B. Einschnitte, an noch nicht gerutschten Hängen angewendet werden. Eine einfache und zuverlässige Rückrechnung ist nach der kinematischen Methode unter Annahme von Bruchmechanismen aus starren Körpern und ebenen Gleitfugen möglich. Wegen der höheren Genauigkeit der rückgerechneten Werte kann erwogen werden, kleinere Sicherheitsbeiwerte zuzulassen. Beim Vergleich von Sicherheitsbeiwerten, die einerseits auf der Grundlage der Laborwerte der Scherparameter, andererseits auf der Grundlage der durch Rückrechnung erhaltenen Scherparameter berechnet wurden, zeigte sich für den Hang bei Böbingen folgendes: Ein nach DIN 4084 geforderter Sicherheitsbeiwert von $\eta = 1,3$, der auf der Grundlage des Winkels der Gesamtscherfestigkeit aus Rahmenscher- oder Dreiaxialversuchen ermittelt wurde, entspricht einem tatsächlichen Sicherheitsbeiwert von nur $\eta = 1,15$, berechnet auf der Grundlage von Scherparametern aus der Rückrechnung einer Rutschung. Bei Einhaltung der in DIN 4084 geforderten Sicherheitsbeiwerte und unter Annahme des Winkels der Gesamtscherfestigkeit als dem maßgebenden Scherparameter erhält man also wenigstens eine sichere Vorhersage ($\eta > 1$). Wird jedoch die Scherfestigkeit des überkonsolidierten Bodens (der fast ausschließlich in den Bohrkernen angetroffen wird) der Beurteilung zugrunde gelegt, so kann man selbst bei vorsichtiger Auswahl der Versuchsergebnisse einen rechnerischen Sicherheitsbeiwert von $\eta = 3$ (oder noch größer) erhalten, während sich der Hang in Wirklichkeit im Grenzgleichgewicht befindet ($\eta = 1$).

LITERATUR

Bösinger E, Huber G, Schwarz W (1983) Fehleranalyse bei Neigungssondierungen. In: Proc Symp Meßtechnik Erd-Grundbau, Dtsch Ges Erd-Grundbau eV München, 151-157

Einsele G, Wallrauch E (1964) Verwitterungsgrade bei mesozoischen Schiefertonen und Tonsteinen und ihr Einfluß bei Standsicherheitsberechnungen. In: Vortr Baugrundtagung Dtsch Ges Erd-Grundbau eV, Berlin, 59-89

Goldscheider M, Gudehus G (1974) Verbesserte Standsicherheitsnachweise. In: Vortr Baugrundtagung Dtsch Ges Erd-Grundbau EV, Frankfurt/Main -Höchst, 99-127

Goldscheider M (1979) Standsicherheitsnachweis mit zusammengesetzten Starrkörper-Bruchmechanismen. In: Geotechnik 2 H3: 130-139

Goldscheider M (1981) Computerprogramm zur Berechnung von Starrkörper-Bruchmechanismen. In: Inst Bodenmech Felsmech Univ Karlsruhe (unveröff)

Goldscheider M, Wichter L (1982) Fallstudien an Rutschungen in überkonsolidierten Tonen: Geländemessungen, Laborversuche und Standsicherheitsberechnungen. In: Vortr Baugrundtagung Dtsch Ges Erd-Grundbau eV, Essen, 437-454

Grusibau, Dt Inst für Normung eV (1981) Grundlagen zur Festlegung von Sicherheitsanforderungen für bauliche Anlagen. Beuth, Köln, Berlin

Gudehus G, Leinenkugel HJ (1978) Fließdruck und Fließbewegung in bindigen Böden: neue Methoden. In: Vortr Baugrundtagung Dtsch Ges Erd-Grundbau eV, Berlin, 411-429

Leinenkugel HJ (1976) Deformations- und Festigkeitsverhalten bindiger Erdstoffe. Experimentelle Ergebnisse und ihre physikalische Deutung. In: Veröff Inst Bodenmech Felsmech Univ Karlsruhe 66: 139 S

Wallrauch E (1969) Verwitterung und Entspannung bei überkonsolidierten tonig-schluffigen Gesteinen Südwestdeutschlands. In: Diss Univ Tübingen, 184 S

Ingenieurgeologie und Tonmineralogie vulkanogener Sedimente

K.-H. HEITFELD[1], W. ECHLE[2], H. DÜLLMANN[3], R. AZZAM[1] UND R. HASENPATT[2]

SUMMARY

Excavation of deep roadcuts in tuffitic sediments of the northern 'Siebengebirge' montains, W-Germany, have entailed considerable slope failures. Oligocene tuffs and tuffites of the trachytic Siebengebirge volcanism are deposited on tertiary sand and coal or directly on residual clays of the Devonian basement. Because the sliding planes (inclination 6° - 10°) cannot be explained by the easily determined standard soil parameters, extensive geotechnical and clay-mineralogical investigations were carried out. The tuffites are of variable grain size depending on their degree of weathering and decomposition. Predominantly, however, they may be classified as fine-sandy, clayey silts.

Clay-mineralogical analyses have proved that the tuffites consist of smectites, illites, kaolinites and quartzes, while the thin gliding planes contain over 60 percent of highly swellable montmorillonites.

The swelling of tuffitic sediments was tested under different conditions in order to establish the relation of swell pressure and deformation. The tests have proved a significant dependence of the swelling potential on following soil parameters: initial water content, liquid limit, and dry density.

The shear strength of the material was tested in the ring-shear apparatus, considering the shear path and the degree of particle orientation. A new test method was developed which allows to carry out ring-shear tests on normal and overconsolidated samples and constant volume.

To eliminate the influence of surcharges the shear stress and the normal stress were standardized by an equivalent normal stress. The tests have proved that the angle of internal friction is a soil-specific parameter and that the cohesion depends upon the void ratio, increasingly with growing overconsolidation. In addition to the ring-shear tests, triaxial cu-tests were carried out and interpreted according to the critical-state-theory.

[1]Prof. Dr. K.-H. Heitfeld, Dr. R. Azzam, Lehrstuhl für Ingenieurgeologie und Hydrogeologie der RWTH Aachen, Lochnerstr. 4 - 20, D-5100 Aachen

[2]Prof. Dr. W. Echle, Dipl. Min. R. Hasenpatt, Institut für Mineralogie und Lagerstättenlehre der RWTH Aachen, Wüllnerstr. 2, D-5100 Aachen

[3]Dr. Ing. H. Düllmann, Geotechnisches Büro, Höfchensweg 12, D-5100 Aachen

Ingenieurgeologische Probleme im Grenzbereich zwischen Locker- und Festgesteinen
(Herausgegeben von K.-H. Heitfeld)

The post-failure behaviour of tuffites can be described as follows:

- the residual shear strength depends on the overconsolidation ratio
- normally consolidated samples are deformed plastically
- overconsolidated samples show discrete shear joints
- after 8 cm shear displacement a residual shear strength of overconsolidated undisturbed samples of only 30 percent (8°) of the maximum strength remains; this compares well with calculations based on actual failures.

According to the investigations the main reason of slope failure in swellable overconsolidated tuffites is the decline of the shear strength after load relief by roadcutting. Usually, the failure starts at the base and expands progressively into the slope.

The orientation of clay minerals supports the decline of shear strength after initial movements.

EINLEITUNG

Ausgangspunkt für das interdisziplinäre Forschungsvorhaben "Ingenieurgeologie und Tonmineralogie vulkanogener Sedimente" waren weitreichende Böschungsbrüche und Instabilitäten im Zusammenhang mit der Herstellung tiefer Straßeneinschnitte im Bereich des nördlichen Siebengebirges zwischen Bonn-Beuel und Königswinter. Die Böschungsbrüche orientieren sich dabei bevorzugt auf die im Untersuchungsgebiet verbreiteten Tuffe und Tuffite, die Unterflözsedimenten (Braunkohlensande) oder unmittelbar den Verwitterungstonen des devonischen Grundgebirges aufliegen. Das Gesamtvolumen der Rutschung beträgt ca. 1 Mio m^3 bei einer Längserstrekkung von ca. 800 m. Der Hang ist dabei auf Gleitflächen mit einer Neigung zwischen 6° und 10° gerutscht, obwohl die durch Standardverfahren im Labor abgeschätzten Scherparameter relativ hoch zwischen 20° bis 25° lagen.

Hauptursachen für die Rutschungen sind nach dem heutigen Kenntnisstand die geotechnischen und tonmineralogischen Besonderheiten der anstehenden tuffitischen Sedimente und die in Verbindung mit der Aushubentlastung auftretenden Veränderungen im Kräftegleichgewicht und in den mechanischen Eigenschaften der Tuffite.

DURCHGEFÜHRTE UNTERSUCHUNGEN

Zur Klärung des Mechanismus, nach dem die zu Rutschungen führenden Entfestigungsvorgänge ablaufen, wurden umfangreiche Gelände- und Laboruntersuchungen durchgeführt mit dem Ziel der Erfassung des physikalisch-mechanischen Verhaltens der Tuffite, der physikalisch-chemischen Wechselwirkungen im Wasser-Feststoff-System, der Ermittlung des Mineralbestandes und der Mineraleigenschaften sowie der Textur nach erfolgter Abscherung.

Im Rahmen der Geländeuntersuchungen wurde der geologische Aufbau durch Kartierung und Bohrkernaufnahmen erkundet und die Rutschungen durch Inklinometermessungen in ihrer Geometrie genau erfaßt. In einem im Rahmen der Rutschungssanierung vorgetriebenen Entwässerungsstollen konnten zusätzlich neben speziellen ingenieurgeologischen Aufnahmen in besonders interessanten Bereichen spezifische physikalische Parameter, u.a. das natürliche Redoxpotential, gemessen werden.

Im Labor wurden neben den Standarduntersuchungen spezielle Untersuchungen zum Kompressions-, Quell- und Scherfestigkeitsverhalten der Tuffite durchgeführt.

Der Einfluß des Tonmineralbestandes auf die bodenphysikalischen und bodenmechanischen Einflußparameter wurde anhand der Kationenbelegung, Ladungsdichte und -verteilung, Art und Anteil an innerkristallin quellfähigen Tonmineralen ermittelt.

Die Abhängigkeit der Scherfestigkeit vom Scherweg und vom Grad der Tonmineraleinregelung wurde in Ringscherversuchen ermittelt und durch Röntgentexturmessungen und Rasterelektronenmikroskopie an natürlichen Proben und an Proben nach Scherversuchen im Labor untersucht und mit der Einregelung der Tonminerale einer im Gelände angeschnittenen Gleitfuge verglichen.

Die Ergebnisse der Laboruntersuchungen wurden weiter zu den Ergebnissen, die sich aus der Rückrechnung der Rutschung in mehreren Einzelprofilen ergaben, in Beziehung gesetzt und der Versuch einer Erklärung des Versagensmechanismus von Böschungen in tuffitischen Sedimenten unternommen.

Wegen der Komplexität der durchgeführten Untersuchungen werden nachfolgend nur die wesentlichen Ergebnisse in zusammengefaßter Form mitgeteilt.

PHYSIKALISCHE UND MINERALOGISCHE BESCHAFFENHEIT DER TUFFITISCHEN SEDIMENTE

Bodenphysikalische Eigenschaften

Die im Projektgebiet anstehenden Tuffite sind sehr heterogen aufgebaut und zeigen nach ihrer Kornverteilung starke Streuungen in den Einzelkomponenten. Im Mittel lassen sie sich als feinsandige tonige Schluffe ansprechen (s. Abb. 1 und Tab. 1).

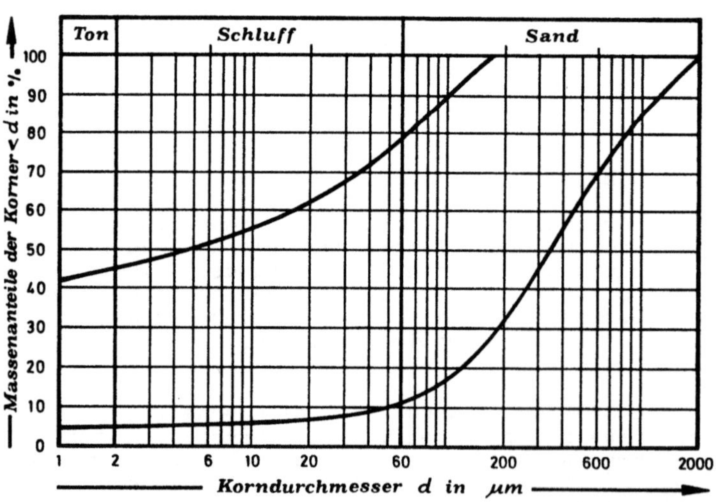

Abb. 1 Kornverteilungsband der untersuchten tuffitischen Proben

Fig. 1 Grain size distribution of tuffitic specimens

Tab. 1 Bodenphysikalische Kennwerte der untersuchten Tuffite

Tab. 1 Index-parameters of tuffitic sediments

Bodenkennwert	Symbol	Einheiten	Proben-zahl	Min. Wert	Max. Wert	Mittel-wert
Kornwichte	γ_S	kN/m³	46	22,2	28,6	26,84
Wichte des feuchten Bodens	γ	kN/m³	35	16,1	21,6	18,93
Wichte des trockenen Bodens	γ_D	kN/m³	35	11,1	18,2	15,15
Porenanteil	N	1	35	0,35	0,60	0,44
Nat. Wassergehalt	W	1	90	0,10	0,53	0,27
Fließgrenze	W_L	1	38	0,27	0,96	0,53
Ausrollgrenze	W_P	1	38	0,13	0,35	0,23
Plastizität	I_P	1	38	0,08	0,72	0,29
Konsistenz	I_C	1	38	0,45	1,38	0,83
Schrumpfgrenze	W_S	1	26	0,09	0,22	0,15
Sättigungszahl	S_R	1	35	0,63	1,00	0,86
Aktivität	I_A	1	38	0,35	7,20	2,07
Enslin-Wassergehalt	W_E	%	89	30	143	72,7
Tonanteil	T	%	89	0	47	17,7
Schluffanteil	SU	%	89	9	72	41,4
Sandanteil	S	%	89	4	91	40,9

In einzelnen Bodenaufschlüssen traten in Abständen von 15 - 25 cm dünne tonige Lagen von ca. 1 - 3 cm Stärke auf mit einem Wassergehalt nahe der Fließgrenze und einem höheren Prozentsatz quellfähiger Tonminerale in der Feinkornfraktion. Nach dem geologischen Geländebefund stellen diese Lagen Schwächezonen dar, an denen Gleitungen sich bevorzugt orientieren.

Nach den Werten der Tab. 1 für die Fließgrenze (72 - 96 %) und Plastizität (8 - 72 %) handelt es sich bei den Tuffiten um ausgeprägte plastische Tone (TA) von i.M. steifer Konsistenz.

Die Gesamtstichprobe überdeckt dabei den weichen bis halbfesten Konsistenzbereich. Die Aktivitätszahlen I_A nach SKEMPTON liegen im Regelfall im aktiven und sehr aktiven Bereich (Tab. 1). Hinweise auf aktive Mineralkomponenten in der Ton-Schluff-Fraktion liefern auch die insgesamt hohen Enslin-Wassergehalte.

Mineralogische Beschaffenheit

Die Tuffite bestehen aus wechselnden Anteilen von Smektit, Kaolinit, Quarz, Sanidin, intermediären Plagioklasen, Illit und akzessorisch Siderit. In den im Bodenprofil in regelmäßigen Abständen auftretenden homogenen, bis zu einigen cm mächtigen Tonlagen dominiert Montmorillonit.

Die Grenze zu den liegenden Braunkohlentonen läßt sich granulometrisch durch die Zunahme des Tonanteils, deutlicher jedoch mineralogisch durch das Auftreten des Kaolinits als Hauptkomponente festlegen, während Montmorillonit nicht mehr nachgewiesen wird. Die Grenze zum Devon ist mineralogisch eindeutig gekennzeichnet. Quarz und Kaolinit werden zu dominierenden Komponenten, während Smektit in den untersuchten Profilen nicht mehr vertreten ist (Abb. 2).

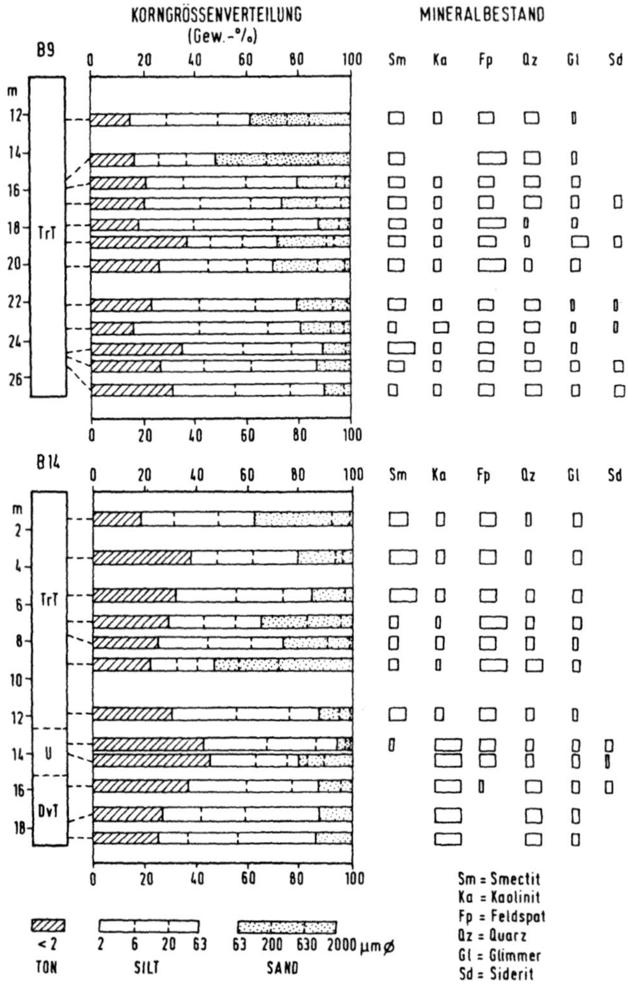

Abb. 2 Korngrößenverteilung und Mineralbestand zweier Bohrungsprofile (TrT = Trachyttuffe, U = Braunkohlenton und -Sand, DvT = Devon)

Fig. 2 Grain size distribution and mineral composition of 2 bore-profiles (TrT = trachyte tuff, U = lignite clay and sands, DvT = Devonian shales)

Die Fraktion < 0.002 mm der untersuchten Tuffite setzt sich aus Montmorillonit und untergeordnet Kaolinit, Quarz und Feldspat zusammen. Bei den austauschbaren Kationen (Tab. 2) des Montmorillonits dominieren Calcium und Magnesium im Verhältnis 3 : 1, Natrium und Kalium sind untergeordnet eingelagert (etwa 1/3 des Mg-Gehaltes). Alle untersuchten Proben sind zu etwa 100 % gesättigt. Die Austauschkapazität und Verteilung der adsorbierten Kationen spiegelt den Montmorillonitgehalt in den untersuchten Bohrprofilen wieder. Montmorillonit - Illit und andere Wechsellagerungen wurden nicht nachgewiesen.

Tab. 2 Kationenbelegung und Austauschkapazität zweier Bohrungsprofile

Tab. 2 Cation-coating and cation exchange capacity of 2 bore-profiles

B 9	Hin-tausch				Σ Kationen	Rück-tausch
Teufe	Ca	Mg	Na	K		
12,4	22,7	10,5	1,3	1,0	35,5	31,5
15,5	18,2	7,1	0,3	0,4	26,0	24,6
16,7	24,2	8,4	0,5	0,8	33,9	28,4
17,9	14,7	4,3	0,3	0,8	20,1	17,6
18,7	20,5	6,2	0,3	0,8	27,8	23,9
18,8	24,5	7,0	0,5	1,2	33,2	29,0
19,9	24,5	8,1	0,4	1,0	34,0	30,0
20,0	20,0	3,8	0,4	1,0	25,2	20,1
20,1	15,5	4,2	0,3	0,6	20,6	17,2
22,5	25,2	7,8	0,4	1,0	34,4	29,4
23,4	16,0	5,1	0,3	0,5	21,9	20,2
24,4	10,2	3,4	0,3	0,4	14,3	13,4
24,7	37,7	12,3	0,5	1,2	51,7	49,5
24,9	16,2	5,3	0,3	0,7	22,5	20,5
25,5	14,7	4,6	0,3	0,7	20,3	19,1
B 14						
Teufe						
4,85	16,7	5,5	0,4	0,7	23,3	21,8
4,95	16,0	5,3	0,4	0,7	22,4	18,8
6,2	14,5	4,9	0,5	0,8	20,7	20,0
6,5	18,7	5,7	0,4	0,8	25,6	22,4
7,2	12,2	4,2	0,4	0,5	17,3	17,8
10,1	9,5	3,1	0,3	0,5	13,4	11,7
12,5	19,7	5,9	0,4	0,7	26,6	24,5
18,5	12,2	3,9	0,5	0,6	17,0	15,6
18,95	5,0	1,6	0,6	0,5	7,7	5,8
(Angaben in meq/100 g Probe)						

Die Ladungsdichte der Montmorillonite schwankt zwischen 0.25 und 0.3 Ladungen pro Formeleinheit und weist den Montmorillonit als niedrig geladen bei heterogener Ladungsverteilung aus. Die Ladungsdichte und -verteilung wurde durch Einlagerung von n-Alkylammoniumfomiaten (LAGALY und WEISS 1971) bestimmt. Thermoanalytisch-massenspektroskopische Untersuchungen charakterisieren den Montmorillonit als doppelt entwässernd.

Probenmaterial aus einem visuell rutschgefährdeten Horizont und den standfesten Hangend- und Liegendschichten wurde tonmineralogisch, granulometrisch und porosimetrisch untersucht.

Die Scherfuge wurde beim Bau eines Entwässerungsstollens im Rahmen der Rutschungssanierung angetroffen. Im Hangenden herrscht reduzierendes, in der Scherfuge und im Liegenden oxidierendes Milieu.

Während in den Trachyttuffen des Hangenden und Liegenden die Tonfraktion 40 bzw. 25 % beträgt und aus Montmorillonit, untergeordnet Quarz, Feldspat und Kaolinit besteht, nimmt in der 2 cm dicken Gleitfuge der Montmorillonitgehalt auf > 60 % zu. Im Liegenden ist ein erhöhter Kaolinitgehalt bei gleichzeitiger Abnahme der Tonfraktion zu verzeichnen, da Kaolinit fast ausschließlich in der Schluff-Fraktion auftritt (geldrollenförmige Stapel). Steigender Gehalt an Montmorillonit korreliert positiv mit steigendem Wassergehalt. Der hohe Wassergehalt im Liegenden der Gleitfuge bei geringem Anteil an quellfähigen Tonmineralen ist bedingt durch erhöhtes Porenvolumen im Makroporenbereich ≧ 0,01 µm. In der Gleitfuge verringert sich das Makroporenvolumen signifikant durch Zunahme der Tonfraktion. In Abb. 3 sind die Zusammenhänge zwischen Wassergehalt, Porenvolumen, Montmorillonit- und Kaolinitgehalt und dem Redoxpotential dargestellt. Die Granulometrie und den Mineralbestand zeigt die Abb. 4.

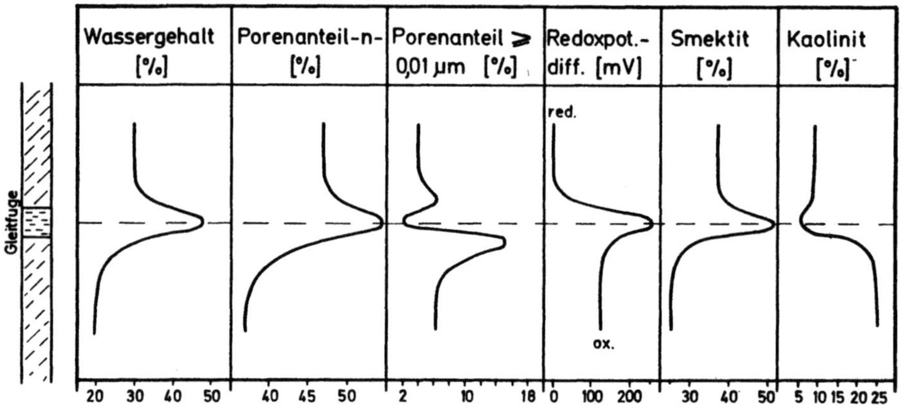

Abb. 3 Physikalische Profile der angeschnittenen Gleitfuge

Fig. 3 Physical profile of the exposed sliding plane

Die Ladungsdichte der Montmorillonite der Tuffite im Rutschprofil liegt mit ξ zwischen 0.28 und 0.29 in einem niedrigen Bereich. Die Ladungsverteilung ist heterogen mit Maxima im Bereich von 0.28 - 0.31 (Abb. 5). Neben dem niedriggeladenen Montmorillonit sind Spuren von sehr hochgeladenen Smektiten mit Ladungsdichten zwischen 0.5 bis 0.8 nachgewiesen worden, die dadurch als "vermiculitähnlich" bezeichnet werden können.

Wechsellagerungen treten in diesen Proben ebenfalls nicht auf. Das Kationenaustauschvermögen liegt bei 10 meq/100 g Probe im Liegenden der Scherfuge und 26 - 27 meq/100 g in der Scherfuge und den hangenden Trachyttuffiten. Nur im Liegenden ist eine Magnesiumdominanz in der Kationenbelegung festzustellen, während im Rutschungshorizont und im Hangenden Calcium überwiegt, wie auch im übrigen Untersuchungsgebiet nachgewiesen wurde.

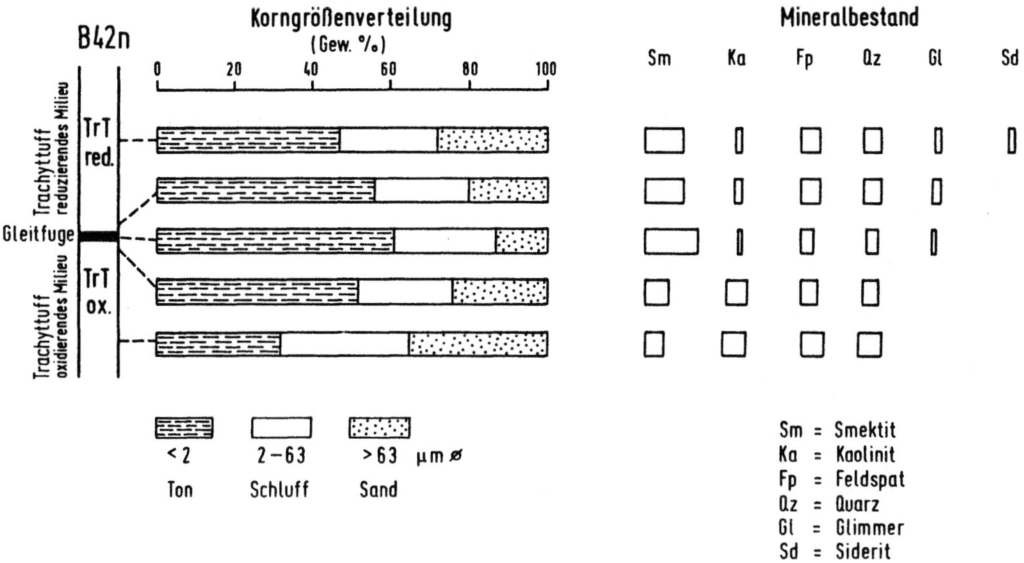

Abb. 4 Korngrößenverteilung und Mineralbestand der Gleitfuge, der hangenden und liegenden Tuffite

Fig. 4 grain size distribution and mineral composition of the sliding plane coating; base and top tuffites

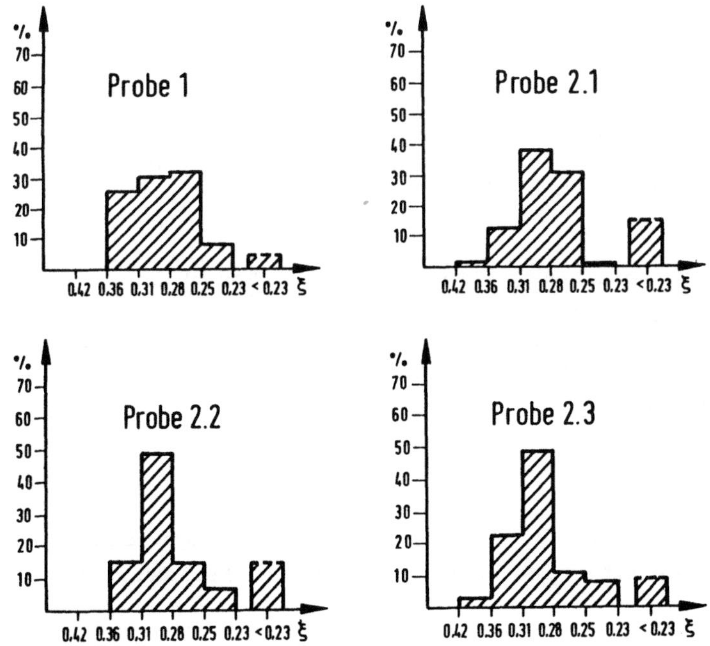

Abb. 5 Häufigkeitsdiagramme der Ladungsdichteverteilung im Bereich der untersuchten Scherfuge

Fig. 5 Frequency diagrams of the charge patterns

QUELLDRUCK UND QUELLDEFORMATION

Beziehungen zwischen Quelldruck und Quelldeformation

Das Quellverhalten (Quelldruck und Quelldeformation) ungestörter und gestörter Proben wurde für die in Abb. 6 dargestellten Randbedingungen untersucht. Gleichzeitig wurden von allen Proben die Indexparameter ermittelt.

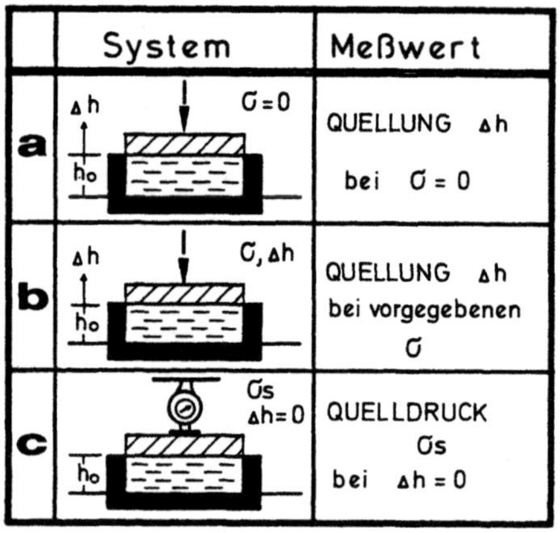

Abb. 6 Versuchsanordnung einaxialer Quell- und Quelldruckversuche
a) unbehinderte Quellung, b) teilweise behinderte Quellung, c) behinderte Quellung

Fig. 6 Test set-up of uniaxial swell pressure tests
a) undefined swell, b) partly defined swell, c) defined swell

Die durchgeführten Quellversuche haben ergeben, daß die Quelldeformation $\frac{\Delta h}{h_o}$ und der Logarithmus des Quelldruckes σ_s linear miteinander verknüpft sind. Mathematisch läßt sich dieser Zusammenhang allgemein wie folgt ausdrücken:

$$\frac{\Delta h}{h_o} = x \cdot \log \sigma_s + y$$

wobei x und y materialspezifische Parameter darstellen. Sie variieren für die untersuchten tuffitischen Sedimente zwischen -2,78 bis -0,65 für x und 1,2 bis 8,0 für y (σ_s in kN/m²).

Korrelative Beziehungen zwischen Quellpotential und Bodenkennwerten

Eine statistische Auswertung des vorliegenden Probenmaterials führt zu dem Ergebnis, daß das Quellpotential (Quelldruck oder Quelldeformation) signifikant von folgenden Materialparametern abhängt:

- Anfangswassergehalt w
- Fließgrenze w_L
- Trockenwichte γ_d .

Zwischen dem Quelldruck σ_s und der Fließgrenze, dem Anfangswassergehalt und der Trockenwichte besteht eine halblogarithmische Beziehung der Form (s.a. Abb. 7):

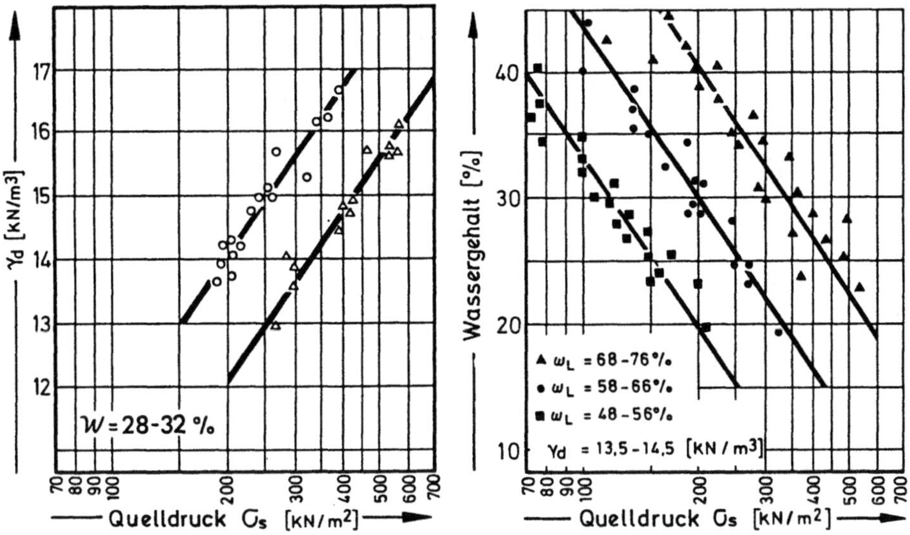

Abb. 7 Abhängigkeit des Quelldruckes von den Indexparamtern w, w_L, γ_d (ungestört)

Fig. 7 Correlation of swell pressure with liquid limit, dry density and water content (undisturbed)

$$\log \sigma_s = 0{,}228 \cdot w_L + 0{,}11497 \cdot \gamma_d - 0{,}0224 \cdot w - 0{,}0507 \; .$$

Ein ähnlicher Zusammenhang besteht zwischen Quelldeformation und Indexparametern:

$$\log \frac{\Delta h}{h_o} = 0{,}249 \cdot w_L + 0{,}1902 \cdot \gamma_d - 0{,}223 \cdot w - 3{,}06 \; .$$

SCHERFESTIGKEIT

Ringscherversuche unter Einhaltung der Volumentreue

Zur Untersuchung der Scherfestigkeit tuffitischer Sedimente wurden hauptsächlich Ringscherversuche durchgeführt. Diese Versuche haben gegenüber Kasten- und Dreiaxialscherversuchen den Vorteil, daß eine unbegrenzte Scherverschiebung ohne Flächenänderung möglich ist. Dadurch läßt sich die Restscherfestigkeit unter definierten Bedingungen auch bei längeren Scherwegen ohne Schwierigkeiten ermitteln.

Die Ringscherversuche wurden an ungestörten und gestörten tuffitischen Proben unter verschiedenen Randbedingungen durchgeführt. Während die ungestörte Proben mit dem natürlichen Wassergehalt abgeschert wurden, wurden die gestörten gesättigt untersucht.

Die Auswertung der Ringscherversuche unter konstanter Normalspannung an ungestörten Proben ergibt im τ-σ_n'-Diagramm eine bandförmige Verteilung der Bruchpunkte, die das Scherfestigkeitsverhalten beschreibt.

Da die ungestörten Proben unterschiedlich überkomprimiert sind, das Überkomprimierungsverhältnis aber nicht bekannt ist, war keine weitergehende Auswertung der Ergebnisse möglich. Der Grund dafür ist, daß der Boden während des Schervorganges unter einer konstanten Normalspannung eine Volumenänderung erfährt. Dieser Vorgang verbraucht Arbeit, die in Richtung oder gegen die angelegte Normalspannung geleistet werden muß. Die gesamte geleistete Arbeit besteht aus Deformations- und Scherarbeit. Analog hierzu kann die gemessene Scherspannung in folgende 2 Einzelkomponenten zerlegt werden:

$$\tau_{gemessen} = \tau_{extern} + \tau_{intern}$$

τ_{extern} ist derjenige Anteil der Scherspannung, der zur Volumenänderung entgegen der angelegten Normalspannung notwendig ist. τ_{extern} kann dabei in Abhängigkeit vom Überkomprimierungsverhältnis negativ oder positiv sein. τ_{intern} ist der Anteil, der intern in Form von Reibung auftritt.

Um τ_{extern} ausschalten zu können und den wahren Anteil der inneren Reibung messen zu können, wurde im Rahmen des vorliegenden Vorhabens eine besondere Untersuchungsmethode entwickelt und angewendet. Diese Untersuchungsmethode (AZZAM 1984) beruht auf dem Prinzip der Einhaltung der Volumentreue während der Versuchsdurchführung im Ringschergerät.

Abb. 8 zeigt die Versuchsspuren aus Ringscherversuchen an normal- und überkomprimierten Proben unter Einhaltung der Bedingung konstanten Volumens. Die Doppellinie (CSL) wird als "Linie des Grenzzustandes" bezeichnet.

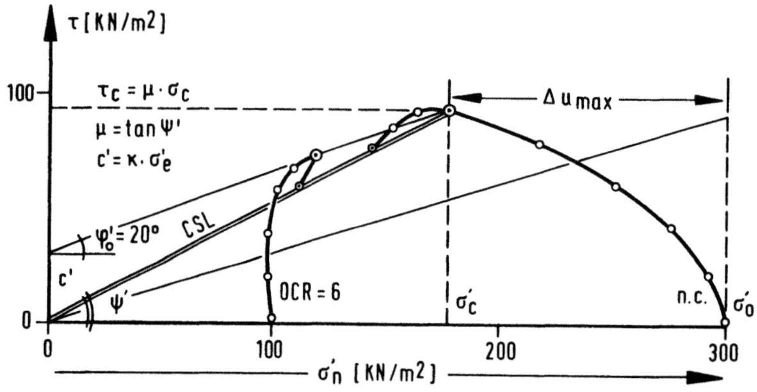

Abb. 8 Versuchsspuren von normal- und überkomprimierten tuffitischen Proben (Ringscherversuche)

Fig. 8 Test path of normal- and overconsolidated tuffitic specimens (ring shear tests)

Um den Einfluß der Vorverdichtung bzw. des Spannungszustandes auf die Scherfestigkeit ausschalten zu können, werden die Scherwerte normiert aufgetragen, d.h. sie werden auf die äquivalente Normalspannung σ_e' bezogen. Diese ist als die Spannung definiert, unter der der Boden bei einer bestimmten Porenzahl normalkomprimiert wäre (Abb. 9). Die durchgeführten Versuche haben ergeben, daß der Logarithmus des Quotienten σ_o'/σ_c' für den normalkomprimierten Boden eine Konstante ist:

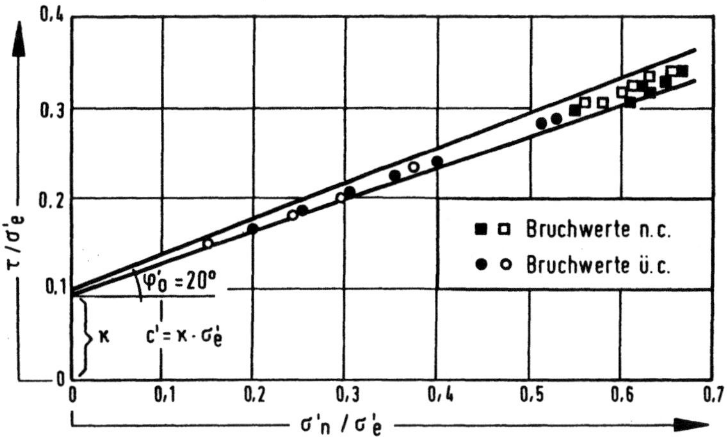

Abb. 9 Normierte Scherparameter tuffitischer Proben

Fig. 9 Standardized shear parameters of tuffitic specimens

$$\ln \left(\frac{\sigma'_o}{\sigma'_c}\right) = \Delta = \text{konstant}$$

Die nach diesem Konzept abgeleitete Schergerade beschreibt den wahren Reibungswinkel φ'_o und den effektiven Kohäsionsbeiwert k. Es gilt die folgende Beziehung:

$$\tau = \sigma'_n \cdot \tan \varphi'_o + k \cdot \sigma'_e$$

Diese Gleichung beschreibt die Fläche ABCD des Grenzzustandes in der dreidimensionalen Darstellung, die durch das Hintereinanderreihen der Versuchsspuren in Abhängigkeit von der Porenzahl erhalten werden kann (Abb. 10). Spannungszustände außerhalb der Grenzfläche existieren nicht.

Geht man von der Vorstellung aus, daß der Boden eine Reibung und eine Kohäsion besitzt, wobei die Reibung linear von der Spannung und die Kohäsion nicht linear von dem Abstand zwischen den Partikeln abhängen, so muß zwangsläufig der Reibungswinkel als ein bodenspezifischer Parameter angesehen werden. Die Kohäsion ist dann eine Variable, die von der Porenzahl abhängig ist und damit mit zunehmender Überkomprimierung wächst.

Bei diesem Konzept ist eine Unterscheidung zwischen normal- und überkomprimiert nicht notwendig. Da die Scherfestigkeit τ zu einem Teil aus Reibungswiderstand, zum anderen Teil aus Kohäsion besteht, der Reibungswiderstand aber linear von der Normalspannung und die Kohäsion nicht linear von der Porenzahl abhängen, ergibt sich bei der Darstellung des Scherdiagrammes in der $\tau - \sigma'_n$ - Ebene nur dann eine Gerade, wenn die werte τ und σ'_n über die Porenzahl normiert werden (AZZAM 1984).

Die Ergebnisse der normalkomprimierten, gestört abgescherten tuffitischen Proben zeigen weiter, daß der Quotient τ zur Anfangsnormalspannung σ'_o ein bodenspezifischer Parameter ist. Dieser Quotient nimmt exponentiell mit dem Überkomprimierungsverhältnis OCR zu (Abb. 11).

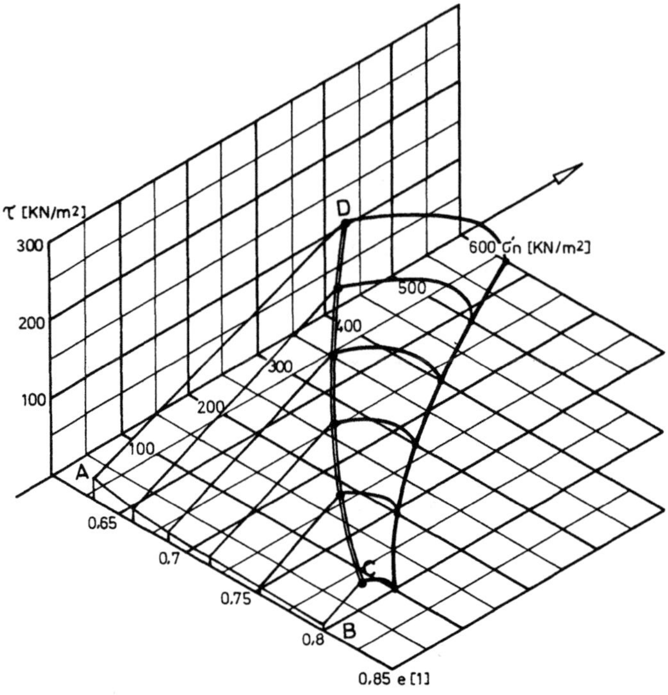

Abb. 10 Wege der effektiven Spannungen in Abhängigkeit von der Porenzahl

Fig. 10 Paths of effective stress dependent on void ratio

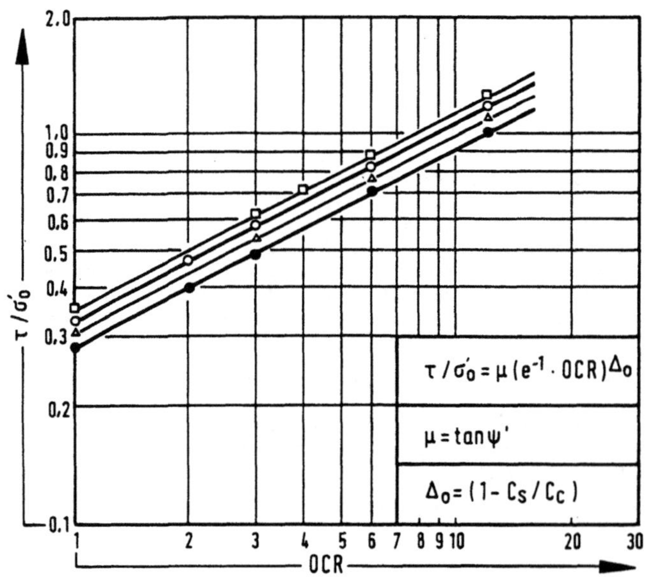

Abb. 11 Abhängigkeit der normierten Scherfestigkeit vom Überkomprimierungsverhältnis aus Ringscherversuchen

Fig. 11 Correlation of the standardized shear strength with overconsolidation ratio of ring shear tests

Weiter läßt sich zwischen dem Kohäsionsbeiwert k und dem Parameter Δ (s. Abb. 8 und 9) folgender signifikanter Zusammenhang herstellen:

$$k = 0{,}86 - 1{,}625 \cdot \Delta$$

Der Parameter Δ ist dabei mit der Fließgrenze, Ausrollgrenze und Plastizität über folgende Beziehungen verknüpft:

$$\Delta = -\,0{,}1481\;(w_L - 3{,}866)$$
$$\Delta = -\,0{,}6956\;(w_P - 0{,}94) \quad \text{und}$$
$$\Delta = -\,0{,}188\;(I_P - 2{,}926).$$

Dreiaxialversuche (CU)

In Ergänzung zu den beschriebenen Ringscherversuchen wurden CU-Dreiaxialversuche durchgeführt und nach dem Konzept der "critical state theory" ausgewertet (AZZAM 1984).

Die durchgeführten Dreiaxialversuche an ungestörten tuffitischen Proben haben ergeben, daß die Bruchreibungswinkel zwischen 16,6 und 21,3° variieren und somit stark streuen. Die Kohäsionswerte wurden dabei zwischen 52 und 80 (kN/m²) ermittelt (Abb. 12). Die Umrechnungsformeln sind Abb.12 zu entnehmen.

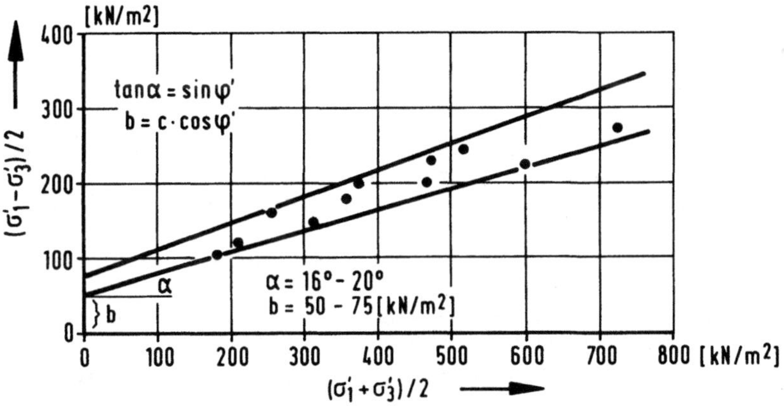

Abb.12 Ergebnisse von Dreiaxialversuchen an tuffitischen Proben

Fig.12 Results of triaxial tests on tuffitic specimens

Eine ähnliche Beziehung, wie in Abb. 11 für Ringscherversuche dargestellt, wurde für die ungestört dreiaxial-abgescherten Proben festgestellt. Das Überkomprimierungsverhältnis wurde anhand von Kompressionsversuchen ermittelt und in Beziehung zu dem Quotienten c_u/σ'_v gesetzt, wobei σ'_v die maximale Vorkonsolidierungsspannung ist. Die Ergebnisse dieser Versuche zeigt Abb. 13.

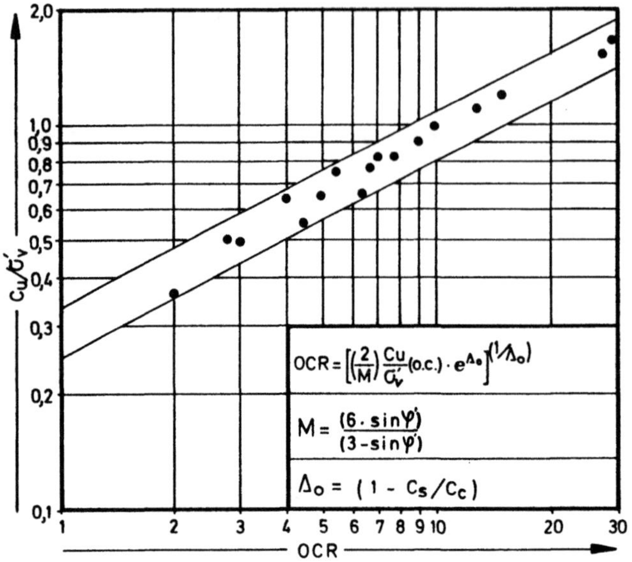

Abb. 13 Abhängigkeit der normierten Scherfestigkeit vom Überkomprimierungsverhältnis aus CU-Dreiaxialversuchen

Fig. 13 Correlation of the standardized shear strength with overconsolidation ratio of CU-triaxial tests

Der Restscherwiderstand nach dem Bruch

Durch Einsatz eines Ringschergerätes konnten die tuffitischen Proben über lange Scherwege (bis zu 25 cm) und damit mit unbegrenzter Scherverzerrung abgeschert werden. Allgemein läßt sich das Scherverhalten der Tuffite nach Überschreiten des maximalen Scherwiderstandes wie folgt beschreiben:

- überkomprimierte Proben erreichen den Restscherwiderstand nach relativ kurzen Scherwegen (etwa 8 cm);
- bei normalkomprimierten Proben stellt sich der Restscherwiderstand dagegen erst nach einem Scherweg von etwa 12 cm ein;
- der erreichte Restscherwiderstand hängt vom Überkomprimierungsverhältnis ab;
- normalkomprimierte Proben verhalten sich bildsam;
- überkomprimierte Proben verhalten sich spröde, sie bilden diskrete Scherfugen.

Der Grenzzustand wurde bei den unter konstantem Volumen an normalkomprimierten Proben durchgeführten Scherversuchen meist erst nach 3 - 4 mm Scherweg erreicht.

Gemäß Definition verändern sich die effektiven Spannungen bei Erreichen des Grenzzustandes mit weiteren Scherverzerrungen nicht mehr. Alle untersuchten normalkomprimierten Proben zeigten nach Erreichen des Grenzzustandes bei einer weiteren Scherverzerrung einen Abfall der effektiven Spannungen. Der Spannungspfad trifft dann noch einmal auf die Linie des Grenzzustandes und verharrt in diesem Zustand.

Die Scherfestigkeitsuntersuchungen an überkomprimierten, aufbereiteten Proben zeigen weiter, daß die Scherfestigkeit nach dem Bruch bis auf die Scherfestigkeit normalkomprimierter Proben abfällt. Der Scherweg beträgt dabei etwa 1 - 2 cm.

Dieses Verhalten der normal- und überkomprimierten Proben nach dem Bruch läßt sich nur mit einer Strukturänderung in der Scherfuge nach dem Erreichen des maximalen Scherwiderstandes erklären.

Da sich bei Einhaltung des Kriteriums Volumentreue der Restscherwiderstand der untersuchten Proben nicht zufriedenstellend ermitteln ließ, wurden die Restscherparameter mit Hilfe von Versuchen unter konstanter Spannung bestimmt. Untersuchungen dieser Art an überkomprimierten ungestörten tuffitischen Proben zeigen, daß der Scherwiderstand nach ca. 8 cm Scherweg bis auf etwa 1/3 des Bruchfestigkeitswertes abfallen und somit einen minimalen Restreibungswinkel von ca. 8° erreichen kann (Abb. 14). Die durch Rückrechnung ermittelten Ersatzreibungswinkel der Gesamtrutschung in repräsentativen Schnitten liegen zwischen 8 und 16° (i.M. 12,5°) und damit in der gleichen Größenordnung wie die im Scherversuch ermittelten Restreibungswinkel.

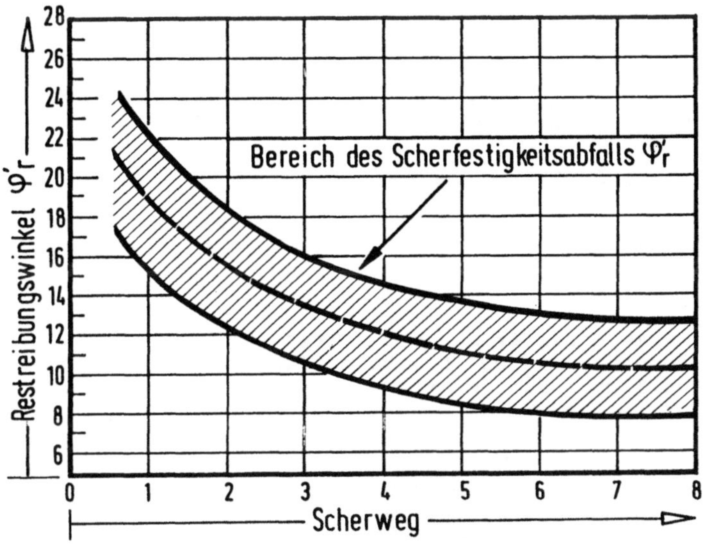

Abb. 14 Abhängigkeit des Reibungswinkels vom Scherweg

Fig. 14 Range of residual shear strength

Mineraleinregelung als Folge einer Scherbeanspruchung

Die Einregelung von Mineralen in der Gleitfläche als Folge einer Scherbeanspruchung wurde mit dem Rasterelektronenmikroskop untersucht. Die im Ringschergerät abgescherten tuffitischen Proben zeigen trotz des z.T. hohen Anteils an Schluff-Fraktionen nur eine sehr dünne Scherfuge von etwa 3 µm Dicke. In tonreichen Proben werden etwas größere Bereiche um die Scherfuge erfaßt. Größere Körner rotieren in der Ton-Matrix, so daß die Tonpartikel eine schuppenartige Struktur unmittelbar um diese Körner zeigen. In der weiteren Umgebung bleibt das vorherrschende, wabenähnliche Gefüge erhalten. Die Scherfuge selbst ist sehr dünn und glatt.

Abb. 15 zeigt die Scherfuge unter einem Kippwinkel von 60° sowie die Abbruchkante und die Wabenstruktur der Scherfuge mit den eingeregelten einzelnen Tonpartikeln.

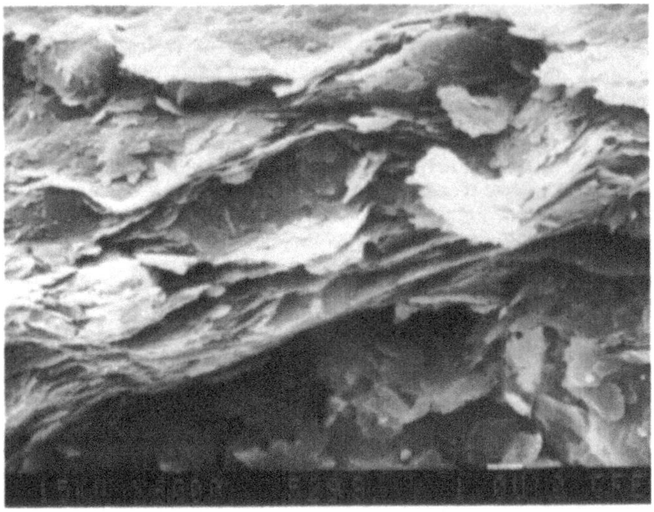

Abb. 15 Scherfuge und Abbruchkante einer abgescherten tuffitischen Probe (Kippwinkel 60°)

Fig. 15 Shear joint and faulting edge of in investigated specimen

Einige montmorillonitreiche tuffitische Proben zeigen neben der totalen Orientierung der Tonpartikel in der Scherfugenfläche eine stellenweise bis zu einer Tiefe von 10 µm unterhalb der Scherfuge reichende Einregelung.

Abb. 16 zeigt die Aufnahme einer Probe, die im Projektgebiet aus der aktuellen Gleitfläche gewonnen wurde. Die spiegelglatte Scherfugenoberfläche besteht im wesentlichen aus Smektit und zeigt in ihrer Struktur eine sehr gute Übereinstimmung mit im Labor abgescherten Proben.

Abb. 16 Scherfuge und Abbruchkante einer tuffitischen Probe aus der Gleitfläche einer aktuellen Rutschung

Fig. 16 Shear joint and faulting edge of a tuffitic specimen from a sliding plane of a slope failure in the investigated area

VERSUCH EINER DEUTUNG DES VERSAGENSMECHANISMUS EINER BÖSCHUNG IN TUFFITISCHEN SEDIMENTEN

Bei den untersuchten Böschungen ist festzustellen, daß der Bruch im Regelfall im Fußbereich der Böschungen begann und sich progressiv hangaufwärts und in den Hang hinein entwickelte. Hauptursache für den Bruch dürfte der Scherfestigkeitsabfall, der vom Überkomprimierungsverhältnis und von der Quellfähigkeit des Bodens abhängt, in den quellfähigen und überkomprimierten Tuffiten nach der Entlastung durch den Bodenabtrag bei der Herstellung der Straßeneinschnitte sein. Die Zusammenhänge sind in Abb. 17 vereinfacht dargestellt. Danach führt die Entlastung von σ_1' auf σ_2' zu einer Abnahme des Scherwiderstandes von τ_1 auf τ_2 bzw. der äquivalenten Spannung σ_{e1}' auf σ_{e2}'.

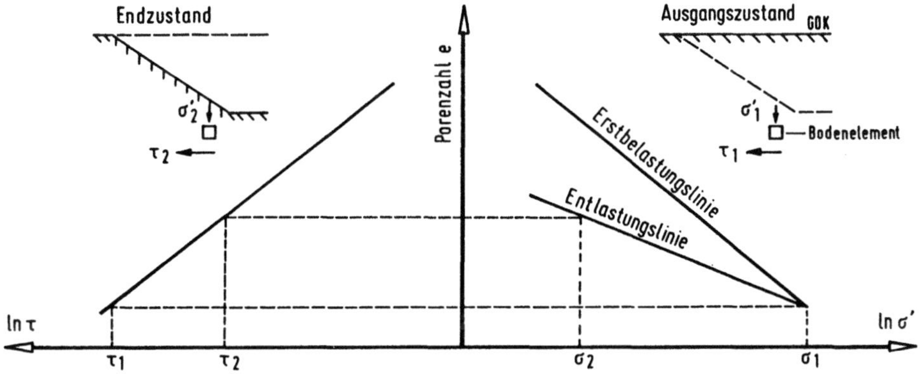

Abb. 17 Abnahme des Scherwiderstandes infolge Entlastung und Zunahme der Porenzahl

Fig. 17 Decrease of the shear resistance due to relief and increase of void ratio

Naturgemäß ist die Überkomprimierung des Bodens und die Auswirkung der Entlastung für ein Bodenelement am Böschungsfuß am größten.

Ob der Bruch der Böschung infolge Scherfestigkeitsabfall eintritt, hängt neben den geometrischen Randbedingungen (Böschungshöhe, Böschungsneigung) von den Belastungsverhältnissen (Wichte, Auflast, Strömungsdruck) ab.

Der Standsicherheitsnachweis wird nach OHDE geführt. Für die unter 1 : 2 geneigte Böschung läßt sich für alle untersuchten Punkte der Böschung (z_1 - z_3) mit den wahren Scherparametern (φ_0', k) eine Sicherheit $\eta > 1{,}0$ nachweisen. Reduziert sich jedoch die äquivalente Spannung σ_e' und somit die effektive Kohäsion infolge Entlastung und Erhöhung der Porenzahl e, ist entsprechend Abb. 18 über die Tiefe eine deutliche Abnahme der Sicherheit festzustellen. Für Einschnittstiefen von ca. 8,0 m läßt sich im dargestellten Beispiel keine ausreichende Sicherheit mehr nachweisen.

Tritt lokal der Bruch ein, kommt es zwangsläufig durch Einregelungseffekte zu einem weiteren Scherfestigkeitsabfall und damit letztlich zu einer progressiv fortschreitenden Zerstörung der Gesamtböschung.

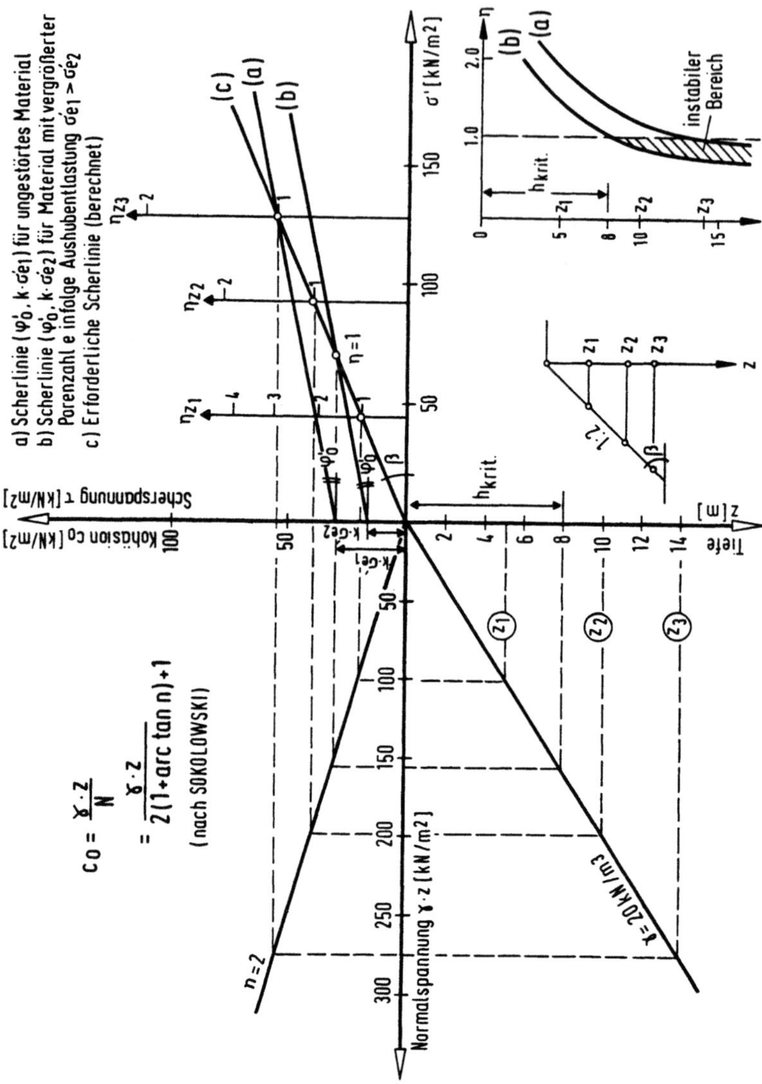

Abb. 18 Sicherheitsdiagramm für verschiedene Höhenpunkte auf einer Böschung (Beispiel) unter Berücksichtigung des Scherfestigkeitsabfalls infolge aushubbedingter Quellung

Fig. 18 Safety-diagram for different levels of a slope under consideration of the shear strength decrease due to relief swell

LITERATUR

Andreasen (1930) Ein Apparat zur Feinheitsbestimmung nach der Pipettenmethode mit besonderem Hinblick auf Betriebsuntersuchungen. Ber Deut Keram Ges 11, 249 S

Azzam R (1984) Experimentelle und theoretische Untersuchungen zum Quell-, Kompressions- und Scherfestigkeitsverhalten tuffitischer Sedimente und deren Bedeutung für die Standsicherheitsanalyse tiefer Einschnittböschungen. Diss RWTH Aachen in: Mitteilungen zur Ingenieurgeologie und Hydrogeologie 18, Aachen

Bishop AW & Donald IB (1961) The Experimental Study of Partly Saturated Soil in the Triaxial Apparatus. Proc 5th Int Conf Soil Mech Found Eng Paris, S. 13-21

Heitfeld K-H, Azzam R & Düllmann H (1980) Deformability and Shear Strength of Swellable Tuffitic Sediments. Bul Int Ass Eng Geol 22: 195-199, Krefeld

Hvorslev MJ (1937) Über die Festigkeitseigenschaften gestörter bindiger Böden. Ingenioervidensk Sk, Se A, Nr 45, 143 S, Kopenhagen

Kenney TC (1967) The Influence of Mineral Composition on the Residual Strength of Natural Soils. Proc Geotechn Conf Oslo, Vol 1: 123-129

Lagaly G & Weiss A (1971) Neue Methoden zur Charakterisierung und Identifizierung quellungsfähiger Dreischichttonminerale. Z Pflanzenern Düng Bodenkunde 130: 9-24

Lagaly G (1979) The "layer-charge" of regular interstratified 2 : 1 clay minerals. Clays and Clay Minerals 27: 1 - 10

Lagaly G (1981) Characterization of clays by organic compounds. Clay Minerals 16: 1-16

Mackenzie R (1951) A micromethod for determination of cation exchange capacity of clays. J of Colloid Sci 6: 219-222

Müller-Vonmoos M (1971) Zur Korngrößenfraktionierung tonreicher Sedimente. Schweiz Min u Petrol Mitt 51

Müller-Vonmoos M, Kahr G u Rub A (1977) DTA-TG-MS in the investigation of clays. Quantitative determination of H_2O, CO and CO_2 by evolved gas analysis with a mass spectrometer. Thermochimica Acta 20: 387-393

Ranaganatham BV & Satyanarayana B (1965) A Rational Method of Predicting Swelling Potential for Compacted Expansive Clays. Proc 6th Int Conf Soil Mech Found Eng Montreal, S. 92-96

Ranaganatham BV & Satyanarayana B (1968) Interactions of Primary Factors on Swell and Swell Pressures. J Indian Soc Soil Mech Found Eng 7: 23-39

Skempton AW (1951) The Measurement of the Shear Strength of Soil. CMSS Geot 2: 90 S

Bereich Vorbelastung/Eigenspannung

Mikrogefüge und bodenmechanische Eigenschaften überkonsolidierter Tone

E.-W. RAABE[1]

SUMMARY

In a research work, financially supported by the Deutsche Forschungsgemeinschaft, an attempt has been made to interpret the mechanical behaviour of overconsolidated clays from the stratigraphic periods Cretaceous to Quarternary by investigating their classifications, mineralogical and geological characteristics (RAABE 1984).

Oedoemter tests on undisturbed and remoulded samples of different orientations were used to analyse the anisotropic behaviour and to prepare samples for the following testing program.

A micro-computer controlled triaxial testing system developed as part of the work was used to study the mechanical behaviour of undisturbed samples under working and limit loads.

Stress path dependence of deformation, pore pressure and strength characteristics were evaluated. Mineral content and microfabric features were analyzed by x-ray diffraction methods. These results were verified by scanning microscope investigations.

Mineral content, size, and orientation of clay particles, diagenetic bonds, and void ratio were related to geotechnical properties.

In this paper results of microscope investigations are presented and discussed with regard to the observed mechanical behaviour under working loads.

The classification results (table 2) show the wide range of basic parameters of the investigated clays. Clay mineral composition was quantitatively estimated from x-ray-diffraction traces of oriented aggregates. The investigated sediments have different mineral components.

The high glaukonite content of the Miocene-clays and the high content of carbonates in some other clays are important results and lead to characteristic properties. Swelling clay minerals like smectites and mixed-layer-minerals were found in the Quarternary, Oligocene and Cretaceous clays.

[1]Dr.-Ing. E.-W. Raabe, Bozener Str. 2, D-4600 Dortmund 50

Ingenieurgeologische Probleme im Grenzbereich
zwischen Locker- und Festgesteinen
(Herausgegeben von K.-H. Heitfeld)

Clay fabric was investigated by scanning microscope and x-ray-diffraction methods. A particle orientation parameter T was defined which expresses the degree of clay mineral orientation in relation to the horizontal plane in situ (undisturbed samples) or reconsolidation plane (remoulded samples).

The Quarternary clay ED shows the highest degree of orientation. The Miocene clays have randomly orientated particles. The results of the x-ray-diffraction analysis were verified by scanning microscope techniques.

The degree of orientation of remoulded and reconsolidated samples generally increased with the applied consolidation pressure (fig. 4). Anisotropic behaviour under working loads was investigated in oedometer and triaxial tests. In oedometer tests the undisturbed samples showed a high anisotropy which decreases with increasing load. The stiffness in horizontal direction was considerably higher than in vertical direction (direction of sedimentation and pre-loading).

The remoulded and reconsolidated samples however reacted upon loads with higher stiffness in the direction of reconsolidation (fig. 7).

Swelling behaviour of the clays generally corresponded with the results of compression tests (table 5) as well as the behaviour in triaxial consolidation tests.

High anisotropy, observed in oedometer and triaxial tests was related to
- structural anisotropy in the microfabric
- the last stress state
- type of new loading.

The dependence of anisotropy on stress level and the high degree of anisotropy for small stress changes was pointed out.

The observed influence of diagenetic bonds on mechanical behaviour is of great importance and should be a topic of further investigation.

EINLEITUNG

Im Rahmen eines von der Deutschen Forschungsgemeinschaft über 2 Jahre geförderten Vorhabens wurden mehrere norddeutsche Tone mit dem Ziel untersucht, Zusammenhänge zwischen Gefügeeigenschaften, Mineralbestand und bodenmechanischem Verhalten zu erkennen. Über ausgewählte Ergebnisse, die das anisotrope Verhalten der Tone bei Gebrauchszuständen betreffen, wird im folgenden berichtet. Die vollständigen Ergebnisse finden sich bei RAABE (1984).

Tone sind überkonsolidiert, wenn ihre Porenzahlen nicht der momentanen, sondern einer früheren, von Eis- oder Sedimentlast gebildeten höheren Spannung entsprechen. Im norddeutschen Raum stehen derartige, oft glazial vorbelastete Tone in weiter Verbreitung oberflächennah an. Gerade bei überkonsolidierten, meist sehr dicht gelagerten Tonen nimmt das Mikrogefüge Einfluß auf das mechanische Verhalten. Die Vielzahl von beobachtbaren Strukturen (Abb. 1) läßt sehr unterschiedliche Verhaltensweisen erwarten.

UNTERSUCHTE TONE UND KLASSIFIKATIONSPARAMETER

Untersucht wurden 5 Tone (Gruppe I, komplettes Versuchsprogramm) und 4 weitere Tone (Gruppe II, ergänzende Untersuchungen).

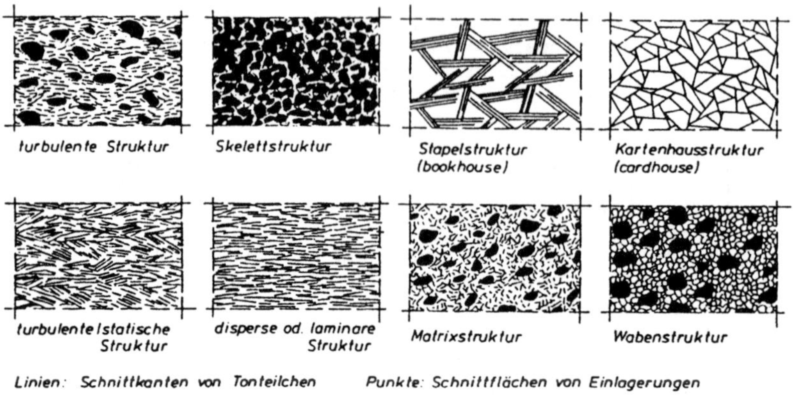

Abb. 1 Beobachtetes Gefüge von Tonen, schematisiert; in Anlehnung an BARDEN/SIDES u.a. (1971)

Fig. 1 Schematic diagrams of clay particle arrangements, from BARDEN and SIDES and others (1971)

Mit der Auswahl der Tone, vgl. Tab. 1, sollte eine möglichst weite stratigraphische Bandbreite abgedeckt werden.

Die Tone wurden nach der Entnahme der Proben sofort vor Ort mit Unterdruck dampfdiffusionssicher verpackt. Die bodenmechanischen Grundkennwerte sind in Tab. 2 angegeben.

MINERALBESTAND UND GEFÜGE

Die röntgenographische Untersuchung des Mineralbestandes wurde durch eine Bestimmung des Quarzgehaltes nach WIEGMANN & KRANZ und eine Bestimmung des Kohlenstoffgehaltes mit einer LECO-Apparatur sowie (bei den Miozän-Tonen) durch eine visuelle Beurteilung von Dünnschliffen ergänzt.

Beobachtet wurden sehr hohe Glaukonit-Gehalte bei den Miozän-Tonen und sehr hohe Karbonat-Gehalte bei dem Rupel-Ton, dem Kreide-Ton und auch beim Lauenburger Ton. Quellfähige Smektite und Wechsellagerungsminerale sind in den Miozän-Tonen nur schwach, in anderen Tonen stark vertreten (Tab. 3).

Das Gefüge der Tone wurde mit Dünnschliffen, Rasterelektronenmikroskopaufnahmen und Röntgentexturanalysen (Illit und Kaolinit) untersucht. Neben ungestörten Proben wurden dabei auch aufbereitete, teilweise auch sedimentierte und dann konsolidierte Proben untersucht. Die Tone ließen dabei charakteristische Unterschiede im Mikrogefüge und bei Gefügeänderungen durch Belastung erkennen (Abb. 2).

Der Lauenburger Ton zeigte in den Dünnschliffen eine sehr feine, horizontale Bänderung, die Miozän-Tone ein isotropes Gefüge, das durch die charakteristischen Fraktionen Glaukonit, Quarz und Feinsandanteile (Tonminerale außer Glaukonit) bestimmt wird. Schichtungen lagen bei den Tonen, wenn vorhanden, stets horizontal.

Die Röntgentexturanalysen samt einer Vorauswertung wurden am Geologischen Institut der Universität Göttingen ausgeführt. Beachtet werden muß, daß mit der Texturanalyse jeweils nur die Einregelung eines Mine-

Tab. 1 Ausgewählte Tone (stratigraphische Bandbreite: Quartär bis Kreide)
Tab. 1 Selected clays (stratigraphic range: Quarternary to Cretaceous)

	SYMBOL	BEZEICHNUNG	ENTNAHMEORT	TIEFE**	BEMERKUNG
GRUPPE I	ME	Kreide-Ton Unterkreide, Apt	Mehrum	8-15 m	Bohrung
	SP	Oligozän-Ton* Rupel-Ton	Sprendlingen	18-21 m	Bohrung
	HH	Miozän-Ton Glimmerton	Hamburg	30-50 m	Bohrung
	KI	Miozän-Ton Glimmerton	Kirch-gellersen	8-10 m	Gruben-böschung
	ED	Quartär-Ton Lauenburger Ton	Edewecht	7- 9 m	Gruben-sohle
GRUPPE II	WO	Kreide-Ton Oberkreide	Woltorf	16-18 m	Bohrung
	AN	Kreide-Ton Oberkreide	Anderten	9-13 m	Bohrung
	QU	Quartär-Ton Lauenburger Ton	Querenstede	14-16 m	Gruben-sohle
	OD	Oligozän-Ton	Ochsendorf	3- 4 m	Schurf

*: ein geeigneter Aufschluß im norddeutschen Raum stand nicht zur Verfügung
**: bei Entnahme in Tongruben: langfristige Tiefe unter ursprünglicher Geländeoberkante

rals untersucht wird, die nicht notwendigerweise repräsentativ für die Gesamteinregelung in dem betreffenden Ton sein muß. Hier wurden deshalb stets zwei Tonminerale untersucht (Illit und Kaolinit).

Ergebnis der Vorauswertung ist ein bereinigtes Poldiagramm mit einem Zahlenraster aus Intensitätsangaben (siehe auch SCHILLER 1980).

Aus den erhaltenen Meßdaten wurden Texturdiagramme entwickelt und zunächst auf Axialsymmetrie untersucht.

Da alle untersuchten Proben eine eindeutig axialsymmetrische Einregelung zeigten, konnte aus den Texturdiagrammen jeweils ein Texturprofil als Mittel der 4 Einzelprofile MA, MB, MC, MD ermittelt werden (Abb. 3).

Für die Quantifizierung von Einregelungen bei Tonen gibt es keinen allgemein anerkannten Parameter. Da die in der Literatur vorgeschlagenen Kennwerte nicht geeignet erschienen, wurde ein Parameter neu definiert.

Tab. 2 Grundkennwerte der Tone

Tab. 2 Basic parameters of clays

	T (%)	U (%)	S (%)	e (-)	w (%)	w_L (%)	w_P (%)	I_p (%)	I_c (-)	I_a (-)	V_{ca} (%)	V_{gl} (%)
ME	67	31	2	0,60	21	112	20	92	0,99	1,37	1,30	6,7
WO	68	30	2	0,75	27	76	21	55	0,95	0,81	18,20	18,8
AN	50	45	5	0,51	20	48	15	32	0,89	0,64	60,5	24,5
SP	50	47	3	0,55	23	58	19	39	0,90	0,78	17,6	15,1
OD	57	35	8	-,-	23	65	19	46	0,91	0,81	1,0	6,2
HH	29	61	10	0,40	15	49	16	33	1,03	1,14	1,5	6,0
KI	29	46	25	0,55	19	46	17	29	0,93	1,00	2,1	4,9
ED	62	36	2	0,87	31	84	26	58	0,91	0,94	6,0	11,9
QU	51	48	1	0,90	35	81	28	53	0,91	0,81	7,0	13,0

Tab. 3 Mineralbestand der Tone

Tab. 3 Mineral content of the clays

	KI	HH	ED	ME	SP
Quarz	13	10	8	8	7
Karbonate	2	12	10	3	24
Pyrit	2	2	1	2	1
org. Anteile	3	3	2	3	1
Feldspäte	3	4	2	2	3
sonst. Nichttone	3	3	3	3	2
Glaukonit	25	20	-	-	-
Kaolinit	3	4	12	16	5
Illit	37	30	26	37	23
Wechsellag. minerale	7	7	12	18	10
Smektit	-	-	18	-	16
Chlorit	2	5	6	8	8

Der hier verwendete Texturparameter T (Einregelungsgrad) wird aus dem mittleren Polwinkel $\overline{\pi}$ der jeweiligen Messung und dem bei vollständig regelloser Anordnung der betreffenden Tonminerale errechenbaren mittleren Polwinkel π^* ermittelt:

$$T = 1 - \frac{\overline{\pi}}{\pi^*}$$

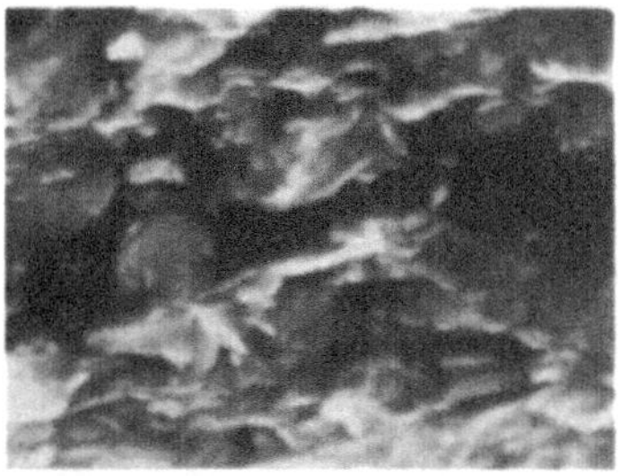

ME Vertikalschnitt, ungestörte Probe

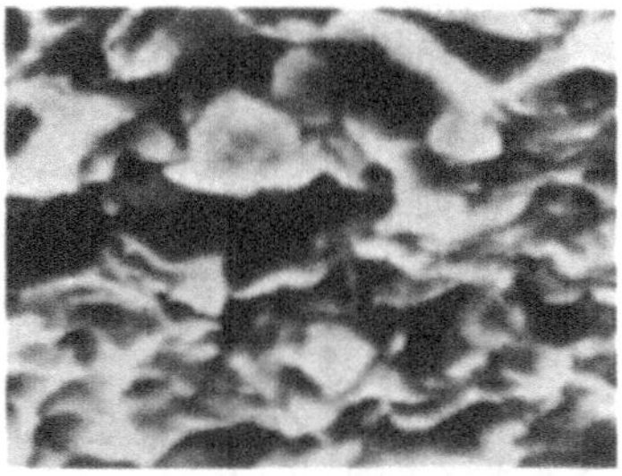

ME Vertikalschnitt, aufbereitete und wiederbelast. Probe

SP Vertikalschnitt, ungestörte Probe

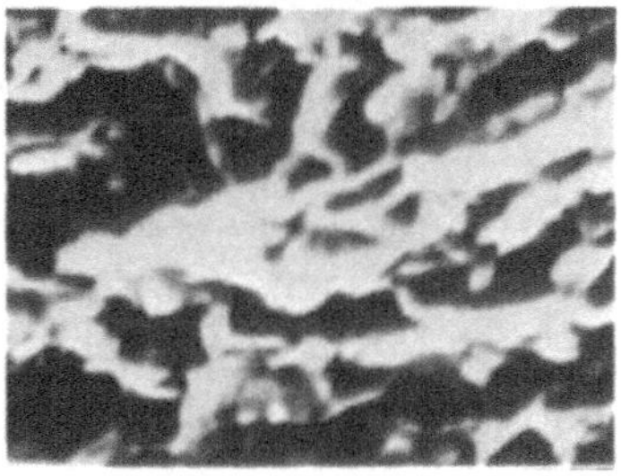

SP Vertikalschnitt, aufbereitete und wiederbelast. Probe

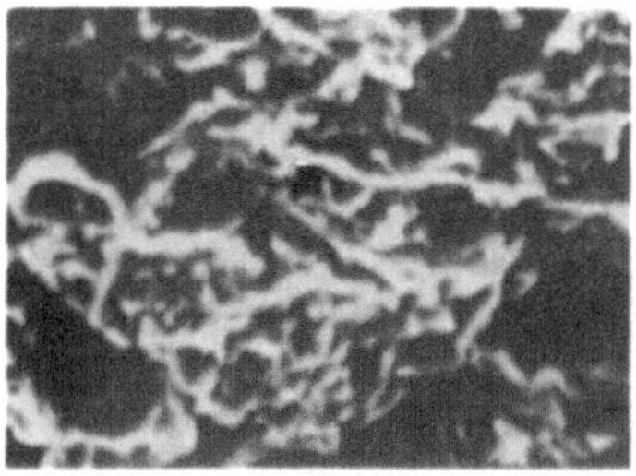

KI Vertikalschnitt, ungestörte Probe

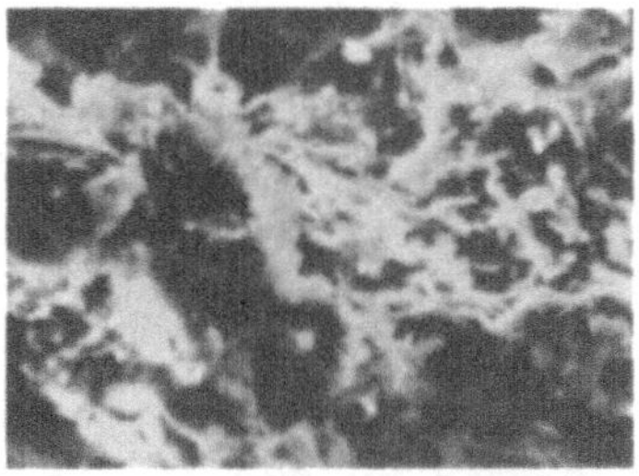

KI Vertikalschnitt, aufbereitete und wiederbelast. Probe

ED Vertikalschnitt, ungestörte Probe (10μm:⊢——⊣)

ED Vertikalschnitt, ungestörte Probe (2μm:⊢——⊣)

Abb. 2 REM-Aufnahmen der Tone

Fig. 2 Scanning microscope pictures of the clays

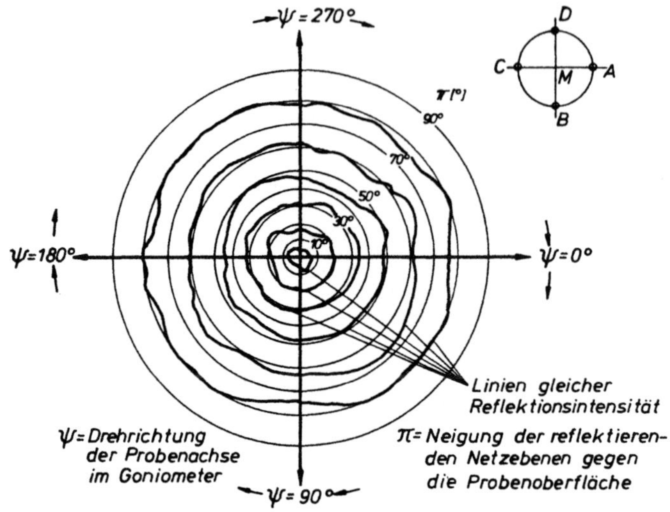

Abb. 3 Texturdiagramm mit Linien gleicher Reflektionsintensität

Fig. 3 Orientation diagram with lines of equal reflection intensity

$\overline{\pi}$ = mittlerer Polwinkel der betreffenden Messung

π^*= mittlerer Polwinkel bei regelloser Anordnung

Bei vollkommener Einregelung parallel zur Probenoberfläche beträgt der mittlere Polwinkel $\overline{\pi}$ = 0°, der Texturparameter erhält dann den Wert 1,0, bei vollkommen regelloser Anordnung wird T < 0,15.

Die errechneten Texturparameter T zeigen, daß der Lauenburger Ton im ungestörten Zustand die beste Einregelung aufweist, gefolgt vom Kreide-Ton und vom Rupel-Ton.

Der hohe Texturwert des Lauenburger Tons wird durch die REM-Aufnahme (Abb. 2) jedoch relativiert. Dort zeigte der Ton eine bevorzugte Einregelung der größeren Strukturelemente, die nicht notwendigerweise für das bodenmechanische Verhalten in allen Spannungsbereichen ausschlaggebend sein müssen.

Der Kreide-Ton ME hingegen zeigt in den REM-Aufnahmen (Abb. 2) eine von einer Wellung überdeckte, bessere Einregelung, die von den Texturanalysen nicht voll erfaßt wird.

Auch der Miozän-Ton KI, bei dem eine Einregelung aufgrund der Korngrößenanalyse, der lichtmikroskopischen Beurteilung und der REM-Aufnahmen nicht erwartet wurde, besitzt mit T = 0,25 einen ähnlich hohen Texturparameter wie die Tone ME und SP. Dieser Wert wird durch die REM-Aufnahmen (Abb. 2) ebenfalls relativiert. Er kam durch die gute Einregelung des Hellglimmers (Muskovit) zustande, der aber keine zusammenhängende Struktur bildet und das mechanische Verhalten kaum beeinfluß. Die Einregelung des Hellglimmers ist durch Wiederbelastung von aufbereitetem Material nicht reproduzierbar (Bild 7).

Der Rupel-Ton besitzt eine deutliche Einregelung, die in den REM-Aufnahmen aufgrund des stark von den Karbonatkonkretionen und eingelagerten Fossilien bestimmten Gefüges optisch nur schwach erkennbar ist.

Die Untersuchung der aufbereiteten und wiederbelasteten Proben zeigt, daß der Einregelungsgrad beim Rupel-Ton stark, beim Lauenburger Ton schwächer und beim Kreide-Ton nur geringfügig mit der Belastung wächst.

Beim Rupel-Ton SP wird eine bessere Einregelung, beim Kreide-Ton ME eine etwa gleich gute Einregelung wie im ungestörten Zustand durch die Belastung mit 3 MPa erreicht. Beim Lauenburger Ton bleibt die Einregelung deutlich unter dem natürlichen Grad (Abb. 4). Diese Beobachtung kann auf die Wirkung der beim ungestörten Lauenburger Ton auf den REM-Aufnahmen (Abb. 2) angedeuteten Verknüpfungen zwischen den größeren Strukturelementen zurückzuführen sein, die vermutlich durch Anwesenheit von Karbonat begünstigt wurden. Der Einfluß dieser Bindungen konnte qualitativ auch bei der Untersuchung der Kornverteilung (nach Ultraschallbehandlung wurde ein wesentlich höherer Tonanteil gemessen) und bei den Scherparametern (ED: höchste Kohäsion, geringster Reibungswinkel) festgestellt werden.

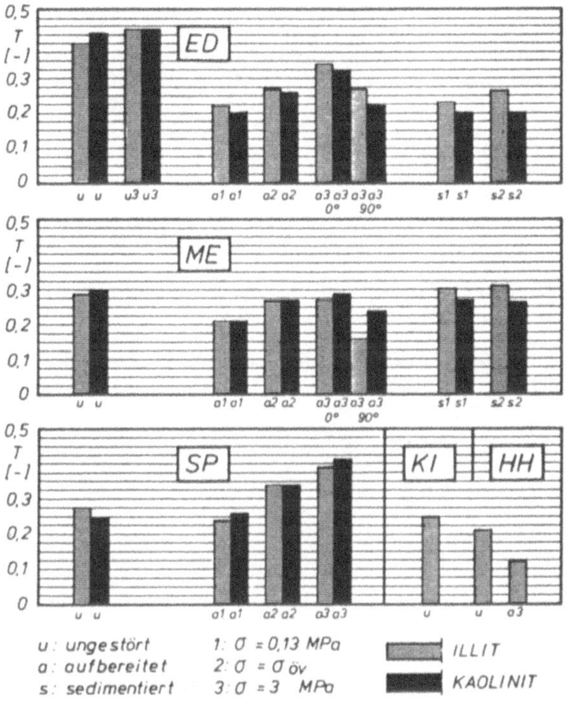

Abb. 4 Texturparameter T verschiedener Tone und Probenzustände; Zustände u3, a, s: oedometrisch belastet (90°: Probe mit σ = 0,13 MPa konsolidiert und nach Drehung um 90° weiter belastet, siehe Bild 8)

Fig. 4 Particle orientation parameters of different clays and sample states

Die Bindungen, die die gute Textur des Tons erhalten haben, sind nach der Aufbereitung zum größten Teil zerstört. Die Kompaktion im Versuch mit Drücken bis 3 MPa reicht nicht aus, um einen ähnlich hohen Einregelungsgrad wieder herzustellen. Die sedimentierten und belasteten Proben zeigen die gleiche Tendenz. Die hohe natürliche Einregelung des Lauenburger Tones kann sehr viel höhere geologische Vorbelastungen als bisher angenommen zur Ursache haben. Ebenso denkbar ist jedoch auch ein - besser als hier - bei Sedimentation in-situ in einem Milieu mit schwacher Alkalinität erreichtes, eingeregeltes Primärgefüge als Ursache. Schließlich ist auch die Wirkung von glazialen Schubbeanspruchungen auf das Gefüge denkbar, die zu Einregelungsverbesserungen geführt haben könnte. Die Untersuchungen an aufbereitetem oder sedimentiertem und belastetem Ton zeigen, daß die Einregelung der ungestörten Tone von der Belastung sehr viel weniger als vom Primärgefüge und den diagenetischen Veränderungen und Neubildungen bestimmt wird. Die Beobachtung, daß der Miozän-Ton HH nach Aufbereitung und Belastung keine Einregelungen besitzt, unterstreicht diese Beurteilung.

Die Untersuchung von aufbereiteten Proben (ME, ED), die nach Vorbelastung mit 0,13 MPa um 90° gedreht bis 3 MPa weiter belastet wurden, zeigt, daß die Anpassung des Gefüges an den neuen, durch gedrehte Hauptspannungen gekennzeichneten Spannungszustand nicht in vollem Umfang erfolgt, die Einregelung ist stets geringer als bei nicht gedrehten Proben und Belastung mit 3 MPa. Das Primärgefüge und die erste Belastung der Proben nehmen also Einfluß auf das endgültige Gefüge, auch wenn, wie hier, neue, um den Faktor 23 höhere Belastungen hinzutreten. Nach der Primärbelastung von Tonen auftretende Belastungen hinterlassen offensichtlich sehr viel geringere meßbare Spuren im Gefüge, so daß der qualitativen und besonders der quantitativen Erkennung sekundärer Belastung im Mikrogefüge Grenzen gesetzt sind.

ANISOTROPES VERHALTEN

Anisotropes Verhalten bei Gebrauchszuständen wurde im Oedometer- und im Triaxialversuch (Konsolidationsphase) untersucht.

Im Oedometerversuch wurden dazu ungestörte Proben, aufbereitete und auch sedimentierte und rekonsolidierte Proben bei 2 Entnahmerichtungen belastet (Abb. 5).

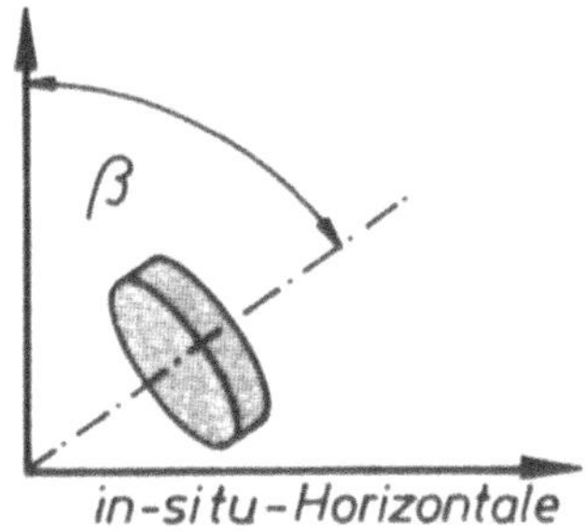

Abb. 5 Belastungsrichtungen von Proben
Fig. 5 Load direction of samples

Die an den ungestörten Proben nach Casagrande ermittelten Vorbelastungsspannungen $\sigma_{ö}$ sind deutlich geringer als die geschätzte (Literaturauswertung) maximale geostatische Auflast (Tab. 4).

Die Tone zeigen mit verschiedenen $\sigma_{ö}$-Werten für horizontal und vertikal entnommene Proben bereits eine teilweise sehr starke Anisotropie, die mit zunehmender Porenzahl deutlich geringer wird.

Die Ermittlung der richtungsabhängigen Vorbelastung an den gestörten, mit σ' = 130 kPa rekonsolidierten und dann weiter belasteten Proben

Tab. 4 Vorbelastungsspannungen der untersuchten Tone und Entnahmetiefen

Tab. 4 Preconsolidation stresses and sampling depths of the clays

		KI	HH	ED	ME	SP	WO	AN	QU
T_e	(m)	2,0	66,0	1,5	8,0	20,0	17,0	9,5	1,5
T_l	(m)	10,0	66,0	8,0	8,0	20,0	17,0	9,5	15,0
σ^*_{vm}	(MPa)	4,0	4,0	4,0	5,0	6,0	5,0	5,0	4,0
$\sigma'_{öv}$	(MPa)	1,45	-	0,33	0,35	0,42	0,46	0,95	0,51
$\sigma'_{öh}$	(MPa)	1,0	-	0,34	0,43	0,58	0,52	1,15	0,55

σ_{vm}: über Literaturauswertung erhaltene Abschätzung der maximalen geostatischen Auflast (Mindestwerte)

HH: die $\sigma_ö$-Spannungensind aus gerätetechnischen Gründen nicht bestimmbar

T_e: Entnahmetiefe

T_l: langfristige Tiefe unter ursprünglicher Geländeoberkante

ergab Werte $\sigma_{öh} < \sigma_{öv}$. Dieses Ergebnis zeigt, daß bei Normalkonsolidation die Zusammendrückung in der Richtung, in der bei Rekonsolidation Dehnungen verhindert wurden, aufgrund der um den Faktor K_o geringeren Vorspannung in dieser Richtung bei allen untersuchten Tonen erwartungsgemäß und in Übereinstimmung u.a. mit FROSS (1972) größer als in dazu senkrechter Richtung ist. Die entgegengesetzte Beobachtung bei den ungestörten Proben kann deshalb nur auf die Spannungsgeschichte der Tone und das Gefüge zurückgeführt werden.

Dies wird unterstrichen durch die Tatsache, daß der Miozän-Ton KI, der sich bevorzugt in horizontaler Richtung entspannen konnte (Abb. 6), in dieser Richtung auch eine geringere Vorbelastung zeigt.

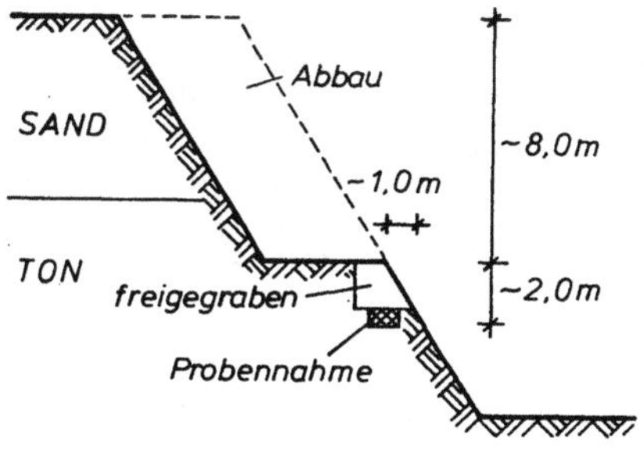

Abb. 6 Entnahmesituation beim Miozän-Ton KI

Fig. 6 Sampling-situation for the clay KI

Die beobachtete Anisotropie kann strukturindiziert sein aber auch durch einen in-situ-Spannungszustand, der durch einen K_o-Wert über 1 gekennzeichnet ist, zustandekommen.

Für eine weitergehende Betrachtung des Zusammendrückungsverhaltens in horizontaler und vertikaler Richtung wird das Verhältnis

$$\alpha_k = E_s\ (\beta = 90°)\ /\ E_s\ (\beta = 0°) \qquad \text{(siehe Abb. 5)}$$

auf Abhängigkeit von der aufgebrachten Versuchsspannung untersucht. Die gestört eingebauten, mit σ' = 130 kPa rekonsolidierten Proben zeigen ein Verhalten, das sich bei Spannungen bis zur Rekonsolidationsspannung durch kleine, aber mit σ stark zunehmende α_k-Werte, also zunächst sehr große horizontale Zusammendrückbarkeit auszeichnet. Im Bereich der Vorkonsolidationsspannung beginnen die α_k-Werte einem Grenzwert asymptotisch anzustreben, der bei den Miozän-Tonen bei 1·03, bei den plastischeren Tonen ME und ED bei 0,9 bzw. 0,8 liegt (Abb. 7).

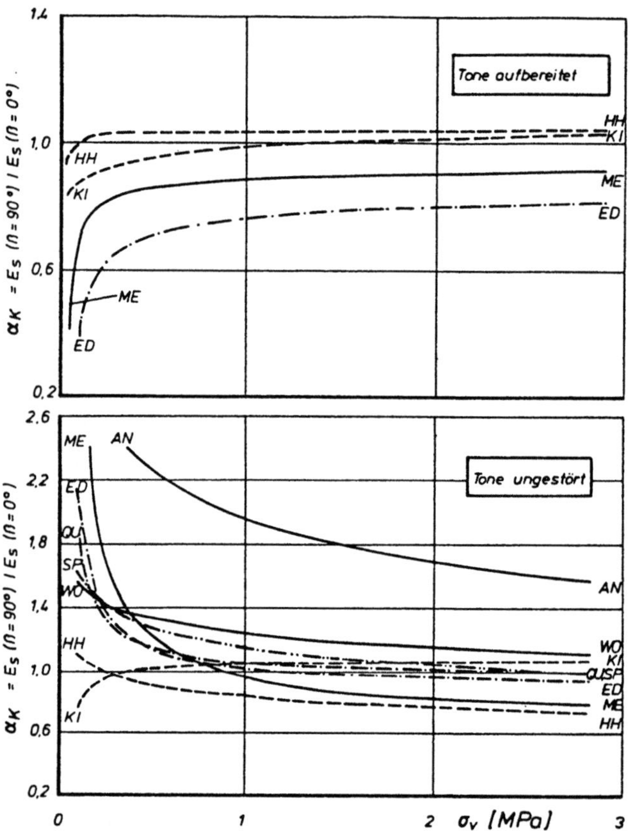

Abb. 7 Anisotropieparameter α_k als Funktion der Druckspannung im Oedometer bei ungestörten und aufbereiteten, mit σ' = 130 kPa vorkonsolidierten Proben

Fig. 7 Parameter of anisotropy α_k as a function of oedometer load, plotted for undisturbed and for remoulded and preconsolidated samples

Die Miozän-Tone verhalten sich noch am ehesten "isotrop". Im Gegensatz zu dem an den gestörten und rekonsolidierten, also normalkonsolidiert vorliegenden Proben erzielten Ergebnis, wird bei der Betrachtung der ungestört untersuchten Proben ein anderes Verhalten sichtbar (Abb. 7). Die Tone zeigen, mit Ausnahme des miozänen Tons KI, bei kleinen Versuchsspannungen deutlich über 1 liegende und mit zunehmender Versuchsspannung abnehmende α_k-Werte, also zunächst sehr viel geringere Zusammendrückungen (höhere Steifigkeiten) in horizontaler Richtung. Auch hier streben die α_k-Werte Grenzwerten um 1 zu, die aber nur von den Tonen mit geringen ermittelten Vorbelastungen in etwa erreicht werden. Der Tonmergel AN zeigt auch bei Spannung von 3 MPa noch eine deutlich geringere Steifigkeit in vertikaler Richtung gegenüber der horizontalen Richtung.

Der Miozän-Ton KI unterliegt mit seinem von den anderen Tonen abweichenden Verhalten (Entspannung im Gegensatz zu den anderen Tonen vorwiegend in horizontaler Richtung) dem Einfluß der Aufschlußsituation (Abb. 6).

Insbesondere unterhalb der oedometrischen Vorbelastungsspannung zeigen alle Tone ein stark anisotropes Verhalten, gekennzeichnet durch unterschiedliche Steifigkeiten und Steifigkeitsänderungen in horizontaler und vertikaler Richtung.

Auch im Quellverhalten kann eine Anisotropie beobachtet werden. Die Tone quellen stets in vertikaler Richtung stärker als in horizontaler. Der Unterkreide Ton ME zeigt die höchsten, der quartäre Lauenburger Ton erstaunlicherweise keine Quelldrücke, obwohl der Schwellbeiwert ähnlich hoch wie bei den Tonen ME und SP ist (Tab. 5).

Tab. 5 Quellverhalten der Tone bei verschiedenen Entnahmerichtungen β

Tab. 5 Swell behaviour of the clays at different orientations β

			Quelldruck		Quellhebung	
	e	C_s	0°	90°	0°	90°
ME	0,58	0,029	170	115	11,0	7,7
SP	0,57	0,026	96	35	3,3	2,8
HH	0,40	0,004	30	20	1,3	1,5
KI	0,53	0,004	0	0	0,0	0,0
ED	0,87	0,028	0	0	0,0	0,0

Quelldrücke (kPa)
Quellhebungen (%)

Während der Konsolidationsphase von Triaxialversuchen kann das Zusammendrückungsverhalten unter einem definierten Spannungszustand beobachtet werden.

Im vorliegenden Fall wurden alle Tone mit einem Spannungsverhältnis $K = \sigma'_r/\sigma'_a = 1,2$ (r = radial, a = axial) belastet, da eine Belastung unter K_o-Bedingungen nicht möglich war, und die Erdruhedruckbeiwerte bei allen Tonen in-situ mit Sicherheit größer als 1,0 sind. Diese Annahme konnte mit Pressiometerversuchen für die Tone ME, HH, WO und AN bestätigt werden (RAABE 1984).

Mit dem festgewählten Wert von K = 1,2 wurde zweierlei sichergestellt:

- Die größere Hauptspannung wirkt in der Konsolidationsphase des Versuchs in der gleichen Richtung wie in-situ, so daß keine Hauptspannungsdrehung erfolgt und damit eventuell verbundene signifikante Umorientierungen im Gefüge unterbleiben.
- Die deviatorische Beanspruchung in der Konsolidationsphase ist noch so gering, daß keine Gefügeänderungen durch "Vorscheren" auftreten.

Charakteristisch für das Spannungs-Verformungs-Verhalten aller Tone mit Ausnahme des Miozän-Tons KI ist für die Konsolidationsphase ein eindeutiger linearer Zusammenhang zwischen dem zunehmenden mittleren Druck p' und der Volumen- und Axialdehnung (Beispiel in Abb. 8). Der Miozän-Ton KI zeigt zunächst ebenfalls lineares Verhalten, bei p' = 250 kPa jedoch dann eine schwach abnehmende Volumendehnung bei weiter linearer Axialdehnung. Die radiale Zusammendrückbarkeit dieses Tones wurde demnach ab Radialspannungen von ca. 230 kPa geringer. Aus der gemessenen Volumendehnung und Axialdehnung kann die Radialdehnung der Tone errechnet werden. Trotz eines Spannungszustandes mit $\sigma_r' > \sigma'_a$ (K = 1,2) ist die horizontale Zusammendrückbarkeit der Tone in den meisten Fällen sehr viel geringer als die vertikale Zusammendrückbarkeit (Tab. 6).

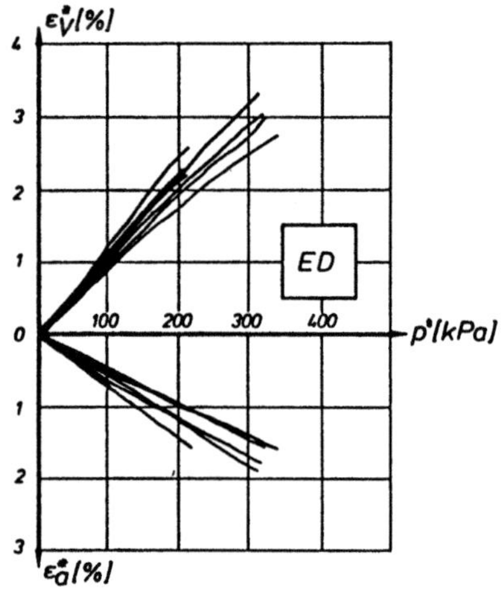

Abb. 8 Axial- und Volumendehnung während der Konsolidation, Beispiel: Lauenburger Ton ED ($p' = (\sigma_a' + \sigma_r')/2$)

Fig. 8 Axial and volumetric strain in consolidation, example: Lauenburger Ton

Tab. 6 Dehnungsverhältnisse während der Konsolidation; ε_V=Volumendehnung

Tab. 6 Strain ratios during consolidation (ε_V = volumetric strain)

	$\varepsilon_V/\varepsilon_a$	$\varepsilon_r/\varepsilon_a$
ME	1,85	0,43
WO	2,10	0,55
SP	1,45	0,23
HH	2,09	0,54
KI*	3,50	1,30
ED	1,86	0,43

* bestimmt im Bereich
0 < p < 250 kPa

Lediglich der Miozän-Ton KI zeigt wiederum das mit der dortigen Aufschlußsituation interpretierbare besondere Verhalten. Auch im Triaxial-versuch ist also anisotropes Verhlaten erkennbar. Die bei allen Tonen beobachtete Linearität im Dehnungsverhalten ist auf die Tatsache zurückzuführen, daß die Konsolidationsspannungen mit max p = 500 kPa stets nur Wiederbelastungen darstellen und die Belastung zudem nahezu isotrop war.

BEURTEILUNG DER ERGEBNISSE

Die geostatischen Auflastspannungen, die die bei den Tonen zur Zeit meßbare Porenzahl erzeugt haben, sind bei allen Tonen höher als die aus den Oedometerversuchen zu ermittelnden Vorbelastungsspannungen. Diese Beurteilung, die sich aus Betrachtung der äquivalenten Spannungen bei aufbereiteten Proben ergeben hat, gilt uneingeschränkt für die Tone ME und ED, da bei diesen Porenzahländerungen durch andere Wirkungen als Druck nicht erkennbar sind. Bei den Miozän-Tonen und teilweise auch beim Rupel-Ton ist die aktuelle Porenzahl nicht nur durch mechanische Diagenese (Druck), sondern auch durch chemische, diagenetische Wirkungen, wie die Glaukonitneubildung in den Miozän-Tonen oder die Karbonatkonkretionen im Porenraum des Rupel-Tones zustande gekommen. Eine Trennung der verschiedenen diagenetischen Wirkungen ist nicht mehr möglich.

Dies gilt auch für die vermutlich diagenetisch entstandenen, in den REM-Aufnahmen angedeuteten Kontakte im Lauenburger Ton.

Die im Oedometer ermittelten Vorbelastungsspannungen sind deshalb nicht notwendigerweise der momentanen Porenzahl äquivalente Spannungen, sie zeigen jedoch die Spannung an, bei der das Zusammendrückverhalten der Tone eine signifikante Änderung erfährt, ob diese nun durch Überschreitung der äquivalenten Spannung oder der von den neugebildeten diagenetischen Kontakten aufnehmbaren Druckspannung herrührt. Die im Oedometer gemessene Spannung $\sigma'_{öv}$ wird in der Bodenmechanik deshalb unabhängig von der mikromechanischen Ursache tendenziell richtig verwendet.

Die bei Versuchen an aufbereitetem und an resedimentiertem Material beobachteten Meßwerte zeigen an, daß nur ungestörte Proben untersucht werden sollten, und der Versuch, die Spannungsgeschichte im Versuch an gestörten Proben nachzufahren, das Risiko für große Fehleinschätzungen beinhaltet.

Die Ergebnisse zeigen außerdem, daß der Versuch, die geologische Vorbelastung aus Oedometerversuchen zu bestimmen, wenig Aussicht auf Erfolg hat.

Fehlerquellen bei der Abschätzung der geologischen Auflast im Versuch sind:

- Alterungskriechen
- Quellvorgänge, Entspannungsdehnungen
- Diagenetische Verfestigungen, Kontaktausbildungen und Neubildungen
- Zeitpunkt der diagenetischen Verfestigungen ("Einfrieren" eines unbekannten Dehnungszustandes)
- Änderung des Dehnungszustandes durch zusätzliche Schubbeanspruchung.

Die Untersuchung von senkrecht zur Schichtung (hier: horizontal) entnommenen Proben kann zur Abschätzung einer Vorbelastung ebenfalls nicht herangezogen werden, da mit diesen Versuchen hauptsächlich die strukturbedingte Anisotropie erfaßt wird und nicht notwendigerweise eine ehemalige, in horizontaler Richtung wirksame größere Hauptspannung.

Die Zusammendrückbarkeit von horizontal eingeregelten Tonen ist in senkrechter Richtung eher möglich (Abb. 9a, c), da in diesem Falle vorwiegend die Abstände von Teilchenflächen gegen die Abstoßung von Doppelhüllen durch Auspressen von physikalisch freiem oder nur schwach gebundenem Wasser verringert werden müssen. Bei Belastung gedrehter Proben (horizontale Belastung) hingegen (Abb. 9b, d) sind zur Zusammendrückung Relativverschiebungen von Teilchen erforderlich, die stark behindert sind und Umorientierungen im Gefüge (Rotation) erfordern.

Die dafür erforderlichen Freiheitsgrade sind bei geringer Dichte (Abb. 9a, b), wie sie der Lauenburger Ton aufweist, eher vorhanden, so daß bei dichtgelagerten Tonen auch bei geringer Einregelung eine größere Anisotropie auftreten kann (z.B. ME, SP).

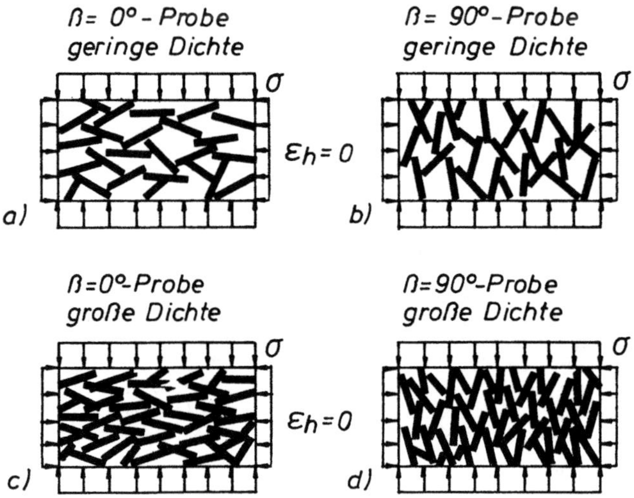

Abb. 9 Prinzipskizze zur richtungsabhängigen Zusammendrückbarkeit bei Strukturanisotropie

Fig. 9 Schematic diagram for direction-depending compressibility in soils with anisotropic fabric

Die Tone speichern also auch Spannungszustände, ohne daß dies an der Porenzahl oder am Mikrogefüge meßbar ist. Das liegt zum einen an den verfügbaren Meßmethoden, zum anderen aber auch daran, daß die verbliebene horizontale Vorspannung in den Kontakten der Strukturelemente wegen fehlender Dehnungsmöglichkeiten weitgehend elastisch gespeichert und deshalb im Gefüge nicht erkennbar ist. Das von den anderen Tonen abweichende Verhalten des gestaltlich isotropen Miozän-Tones KI unterstreicht diese Beurteilung ausdrücklich.

Die Versuche von aufbereiteten, vorkonsolidierten und nach Drehung um 90° weiter belasteten Proben zeigen trotz auch dort vorhandener, durch die Vorkonsolidation erzeugter Einregelung (Abb. 4) in horizontaler Richtung zunächst höhere Zusammendrückungen. Daraus kann geschlossen werden, daß die Strukturanisotropie insbesondere bei großen Porenzahlen nicht allein ausschlaggebend für anisotropes Verhalten ist.

Eine vorwiegend horizontale Einregelung der Tonminerale und damit auch der bei Wasserzutritt aufweitbaren Doppelhüllen auf den Flächen der Teilchen führt zu vorwiegend vertikalen Quelldehnungen und Quelldrükken. Quellfähige Tonminerale sind im Kreide-Ton ME, der die größten Quelldrücke und -dehnungen aufweist, die Wechsellagerungsminerale. Beim Rupel-Ton SP sind als quellfähige Minerale Smektite und Wechsellagerungsminerale enthalten (Tab. 3).

Der Lauenburger Ton ED, der ebenfalls mit einem hohen Gehalt an Wechsellagerungsmineralen und Smektiten Quellverhalten erwarten ließ, zeigt dies nur bei Entlastung im Oedometer von 3 MPa auf 0 MPa mit einem Schwellbeiwert, der beinahe gleich hoch ist wie bei den Tonen ME und SP. Daß der Lauenburger Ton im ungestörten Zustand keine Quellerscheinungen zeigt, wurde wegen der sehr hohen Porenzahl zunächst auf ein möglicherweise durch die Oberflächennähe eingetretenes vollständiges Ausquellen zurückgeführt.

Diese Erklärung konnte jedoch u.a. angesichts der hohen Kohäsion des Tones nicht befriedigen. Nach Beurteilung des Gefüges und des Karbonatgehaltes muß eine weitere Ursache darin gesehen werden, daß beim Lauenburger Ton dem Quellvorgang die sehr festen Bindungen der größeren Tonminerale und Aggregate bei den Fläche/Kante-Stellungen entgegenstehen, die die entstehenden Quelldrücke über Zugspannungen aufnehmen. Damit ist dann auch geklärt, warum bei Entlastung von großen Drücken beim Lauenburger Ton im Gegensatz zum ungestörten Zustand Quellen beobachtet wird: Dort sind die Bindungen der Tonminerale durch Überschreiten des dafür erforderlichen Druckes, der der $\sigma'_{öv}$-Spannung entspricht, zerstört worden.

Die geringen Quelldrücke des Miozän-Tones HH sind auf den geringen Gehalt an Wechsellagerungsmineralen und die beim Miozän-Ton KI nicht vorhandenen Quellerscheinungen auf die Oberflächennähe zurückzuführen.

Die Anisotropie im Quellverhalten korrespondiert qualitativ mit der Einregelung der Tone.

Das Quellverhalten überkonsolidierter Tone wird also nicht nur vom Mineralbestand und den äußeren Spannungen, sondern auch erheblich von der Wirkung diagenetisch entstandener oder verstärkter Bindungen im Gefüge beeinflußt. Horizontal eingeregelte Tone quellen vorwiegend in vertikaler Richtung.

ZUSAMMENFASSUNG

Aus den durchgeführten Untersuchungen geht hervor: Die betrachteten Tone verhalten sich insbesondere bei Spannungsänderungen, die bei Gebrauchszuständen auftreten, bereits bei rotationssymmetrischer Beanspruchung teilweise hoch anisotrop.

Das Mikrogefüge der Tone weist ebenfalls eine unterschiedlich ausgeprägte gestaltliche Anisotropie auf.

Aus diesen Beobachtungen und aus bei den Tonen ME, WO, AN und HH zusätzlich durchgeführten Bestimmungen der Horizontalspannungen in-situ mit dem Pressiometerversuch sowie aus hier nicht beschriebenen Versuchen zu Grenzzuständen, konnte dann gefolgert werden, daß die Anisotropie im mechanischen Verhalten der untersuchten Tone auf folgende 3 Ursachen zurückgeführt werden kann:

a) gestaltliche Anisotropie im Mikrogefüge

b) Eigenspannungszustand vor der neuen Belastung (bei überkonsolidierten Tonen meist durch einen K_o-Wert über 1 gekennzeichnet)

c) Art der Belastung (spannungsinduzierter Anisotropieanteil, erzeugt durch einen Richtungswechsel des Belastungspfades).

Die Versuche haben gezeigt, daß die Anisotropie im mechanischen Verhalten sehr stark und nicht linear vom Spannungsniveau abhängt und mit zunehmenden Spannungen abnimmt.

Der Einfluß des Eigenspannungszustandes in-situ (b) wird durch das besondere Verhalten des gestaltlich nahezu isotropen Miozän-Tones KI unterstrichen. Die KI-Proben zeigten im Gegensatz zu den anderen Tonen im ungestörten Zustand eine höhere Zusammendrückbarkeit in horizontaler Richtung, die durch die am Entnahmeort (Abb. 6) abgelaufene bevorzugte Entspannung in horizontaler Richtung zustandekam. Alle anderen untersuchten Tone konnten sich in horizontaler Richtung im Gegensatz zur vertikalen Richtung nur bedingt entspannen.

Die drei nur schwer erfaßbaren Ursachen und vor allem die ausgeprägte Spannungsabhängigkeit des anisotropen Verhaltens gerade bei kleinen Spannungsänderungen (Gebrauchszustände) führen zu einer eher vorsichtigen Beurteilung der Chancen für eine rechnerische Berücksichtigung von Anisotropien, wie sie etwa durch die vom numerischen Aufwand noch vertretbare Annahme elastisch-anisotropen Verhaltens denkbar ist.

Vor einer Berücksichtigung bei grundbautechnischen Berechnungen muß in einem nächsten empirischen Schritt der Einfluß von Anisotropie und Primärspannungszuständen überkonsolidierter Tone durch in-situ-Messungen genauer geklärt werden.

LITERATUR

Barden L & Sides GR (1971) Sample disturbance in the investigation of clay structure. Geotechnique 21, No 3: 211-222

Fross M (1973) Untersuchungen über die Zusammendrückbarkeit vorbelasteter toniger Böden des Wiener Beckens. Mitt Inst für Grundbau und Bodenmech, TH Wien, No 12

Raabe E-W (1984) Spannungs-Verformungsverhalten überkonsolidierter Tone und dessen Abhängigkeit von ingenieurgeologischen Merkmalen. Mitt des Inst für Grundbau und Bodenmechanik, TU Braunschweig, Heft 14

Schiller HJ (1980) Röntgenographische Texturuntersuchungen an feinkörnigen Sedimenten unterschiedlicher Kompaktion. Bochumer geolog u geotechn Arbeiten 4

Bruchmechanismus steifer geklüfteter Tone bei einaxialer Kompression

V. FEESER[1]

SUMMARY

Recent results in fracture analysis have suggested that the Coulomb-Mohr criterion appears to be best suited for soils, while failure criteria based on microcrack nucleation may be best suited for rocks that have a great number of inherent 'Griffith-cracks' in the form of joints or grain boundaries, required by these theories.

In this context stiff fissured clays take up an intermediate position. They are substantial soils, but due to their sharp physical discontinuities they exhibit structural attributes of a rock mass.

A lot of efforts have been devoted to investigate the strength behaviour of stiff fissured clays based on the Coulomb-Mohr criterion, yet the understanding of long-term as well as short-term strength and failure mechanism still remains insufficient.

The main objective of the investigations presented was to determine, whether dilatancy mechanics similar to those that are described in the rock mechanics literature may control the strength behaviour of stiff fissured clays in the lower isotropic stress region.

In order to obtain the stress-dilatancy relationship of a soil specimen under uniaxial compression, a new method was developed based on optographic trace recording of location points attached to the sample surface (fig. 6).

The results of dilatancy measurements offer a progressive volumetric strain rate with temporal intensity in various sample regions (fig. 9).

Comparing test readings with microfabric studies in scanning electron micrographs and thin section analysis (fig. 11, 12 and 13), dilatancy obviously results from microcrack nucleation.

New cracks were found to appear first at large components, such as quartz grains, close to inherent fissures and bending or forking of fissures (fig. 14).

At peak stress no faulting was obtained. Collapse of specimen occurs in post-failure region either as longitudinal splitting or inclined shear-like fracturing (fig. 10).

[1]Dipl.-Ing. V. Feeser, Institut für Geologie und Paläontologie, Technische Universität Braunschweig, Pockelsstraße 4 (Hochhaus) D-3300 Braunschweig

Ingenieurgeologische Probleme im Grenzbereich zwischen Locker- und Festgesteinen
(Herausgegeben von K.-H. Heitfeld)

Analytical energy calculations revealed that failure mechanisms obtained can be divided into six sequential events

i) initiation of microcracks

ii) stable propagation of microcracks

iii) critical energy release

iv) unstable microcrack propagation including coalescence of separate cracks leading to

v) ultimate strength

vi) formation of macroscopic fracture.

Thus failure mechanism of stiff fissured clays under uniaxial compression stands in contrast to soil mechanical understanding of shear failure.

Taking into account that failure mechanism below the brittle-ductile transition operates in the same manner, new findings for solving long-term strength behaviour may be expected.

EINLEITUNG

Bodenmechanische Bruch- oder Fließkriterien gehen von der Annahme eines ausschließlichen Scherversagens aus. Dabei stellen alle Kriterien phänomenologische Theorien dar, d.h. die Vorhersage des Deformationswiderstandes im Bruch- oder Fließzustand beruht auf empirischen Erkenntnissen, die nur die Information beinhalten, daß Konformität zwischen Versagen und Kriterium besteht.

Im Gegensatz zur Bodenmechanik vollzog sich die Entwicklung der festgesteinsmechanischen Bruchforschung. Es besteht heute allgemeiner Konsens darüber, daß das Gesteinsverhalten auf mikrorißgesteuerte Trennbruchmechanismen zurückzuführen ist, und damit auf Energiebilanzen basierende Bruchhypothesen zur Anwendung kommen können.

Voraussetzung für die Anwendung energetischer Bruchkriterien ist die Existenz inhärenter Schwächezonen, d.h. Bereichen mit scharf wechselnden physikalischen Eigenschaften. In Festgesteinen werden diese Voraussetzungen durch Trennflächen im Makro- und Mesobereich, im Mikrobereich allein schon durch die Vergesellschaftung isotroper und anisotroper Minerale erfüllt.

In ihrer Gefügetracht ähnlichen Habitus zeigen steife geklüftete Tone. Durch das Inventar der Kleinklüfte (Fissuren) nehmen sie eine Mittelstellung zwischen Locker- und Festgesteinen ein, da ihre substantiellen Eigenschaften denen von Lockergesteinen entsprechen, strukturell jedoch festgesteinstypischer Habitus vorliegt.

Entsprechend dem bodenmechanischen Grundverständnis eines schubspannungsinduzierten Gesteinsversagens wird das progressive Sprödbruchverhalten dieser Lockergesteine auf unterschiedliche Scher- und Restscherfestigkeiten von Substanz und Diskontinuitäten zurückgeführt, wobei dem Kluftinventar nur quantitativer Einfluß beigemessen wird, d.h. die Fissuren sollen relativ zum intakten Ton lediglich eine Herabsetzung der Scherfestigkeit bewirken.

Trotz intensiver Bemühungen, vor allem in den letzten beiden Jahrzehnten, ist es bis heute noch nicht gelungen, eine befriedigende Bruchhypothese und die den Bruch steuernden Mechanismen von steifen geklüfteten Tonen zu finden.

Im folgenden wird ein erster Versuch vorgestellt, den Sprödbruchmechanismus dieser Übergangsgesteine aus der Sicht der Linear-elastischen Bruchmechanik zu behandeln, da nach Ansicht des Autors die unbefriedigenden bodenmechanisch begründeten Bruchaussagen auf die Vernachlässigung des qualitativen Einflusses der Fissuren zurückzuführen sind.

BRUCHMECHANISCHER HINTERGRUND

Abriß der Linear-elastischen Sprödbruchmechanik

Sprödbrucherscheinungen sind stets mit dem Vorhandensein von Spannungskonzentrationen an Unstetigkeitsstellen im Material verknüpft.

Für den Fall einer unendlich ausgedehnten Scheibe mit Zentralriß unter einaxialer Zugbeanspruchung stellte GRIFFITH (1921) ein Kriterium für das Einsetzen der Rißerweiterung auf.

Der Grundgedanke seiner Sprödbruchtheorie ist, daß ein Umsatz von im Material gespeicherten elastischen Energien $U^{(e)}$ in Energie zur Schaffung neuer Rißoberfläche $U^{(2)}$ stattfinden muß. Bei instabiler Rißausbreitung muß die gesamte potentielle Energie des Körpers U abnehmen, d.h. es muß ein Überschuß der freigesetzten elastischen Energie $U^{(1)}$ (Formänderungsenergie und Arbeit der äußeren Kräfte) über die benötigte Oberflächenenergie vorhanden sein. Das Instabilitätskriterium, welches zugleich das Bruchkriterium darstellt, ergibt sich zu

$$\frac{\partial(\Delta U)}{\partial a} = \frac{\partial}{\partial a}\{\Delta U^{(1)} + \Delta U^{(2)}\} = 0 \qquad (1)$$

mit a als halber Rißlänge.

In Erweiterung dieses ersten Ansatzes dehnte GRIFFITH (1924) seine Bruchhypothese auf zweidimensionale Druckbeanspruchung aus.

In der Folgezeit brachten jedoch experimentelle Untersuchungen die Erkenntnis, daß der Beginn der Rißausbreitung nicht den Grenzzustand beschreibt. Vielmehr folgt zunächst eine Phase mit stabilem, d.h. unkritischem Rißwachstum. In ihr kann jederzeit durch Belastungsstopp bzw. durch Entlastung die Rißausbreitung zum Abklingen gebracht werden. Erst in einer zweiten Phase, wenn eine Rißvergrößerung schließlich ohne weitere Zufuhr von äußerer Arbeit eintritt, erfolgt der Bruch durch instabile Rißausbreitung.

IRWIN (1958) verallgemeinerte daraufhin die ursprüngliche Griffith'sche Sprödbruchtheorie. In seiner Linear-elastischen Bruchmechanik führte er die beiden Begriffe 'Rißausbreitungskraft G' und 'Rißwiderstand R' ein. Die Rißausbreitungskraft G kann als die Kraft aufgefaßt werden, die den Riß öffnet und vorantreibt. Ihre Dimension ist Kraft pro Länge, d.h. Energie pro Rißoberfläche, somit stellt sie eine Energiefreisetzungsrate dar.

Für den Fall der bereits angesprochenen unendlich ausgedehnten Scheibe mit Zentralriß bei einaxialer Zugbeanspruchung läßt sie sich zu

$$G = \frac{\sigma^2 \pi a}{E} \qquad (2)$$

bestimmen, wobei σ die aufgebrachte einaxiale Zugspannung und E den Elastizitätsmodul beschreiben.

Aus der notwendigen Oberflächenenergie $U^{(2)}$, die zur Bildung neuer Rißoberflächen notwendig ist, läßt sich diejenige Energierate für das Rißwachstum ableiten, welche als Rißwiderstand R definiert werden kann

$$U^{(2)} = 2a\,\gamma_o \qquad (3)$$

$$R = \frac{dU^{(2)}}{da} = 2\,\gamma_o \qquad (4)$$

mit γ_o als spezifischer Rißoberfläche.

Experimentelle Untersuchungen zeigen, daß der Rißwiderstand mit der Rißlänge variiert.

Das von IRWIN abgeleitete Bruchkriterium sagt nun aus, daß Rißausbreitung nur auftreten kann, wenn die beiden Energieraten für Rißwiderstand und Ausbreitung gleich groß sind. Bei monoton ansteigender Beanspruchung der Scheibe beginnt sich demnach ein Zentralriß mit der Länge $2a_i$ bei einer Rißausbreitungskraft R = G (Punkt ② und zugehörige Spannung σ_C in Abb. 1) stabil auszubreiten.

Wird die Belastung auf σ_2 gesteigert, so wächst der Riß stabil von der Länge $2a_i$ auf $2a_2 = 2a_i + \Delta a_2$. Bruch tritt erst ein, wenn die Spannung auf σ_B erhöht und der Riß sich auf die Länge $2a_B$ vergrößert hat.

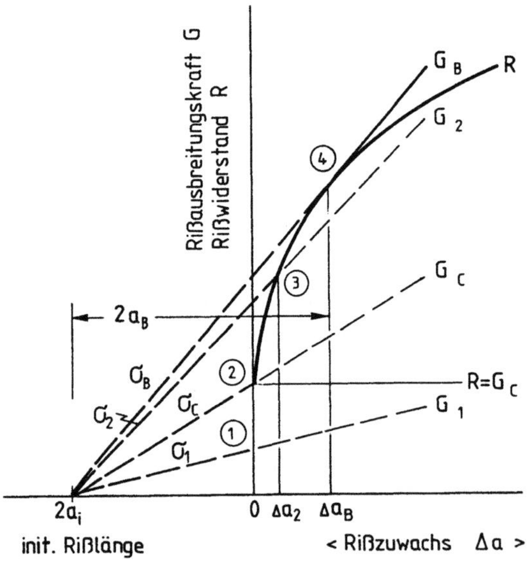

Abb. 1 Grafische Darstellung des Irwinschen Bruchkonzeptes

Fig. 1 Graphical representation of fracture propagation based on Irwin failure criterion

Aus der Bedingung des Energieratengleichgewichts und Abb. 1 läßt sich der Zuwachs der kritischen Energiefreigabe, bei welchem instabiles Rißwachstum eintritt, beschreiben

$$G = R \begin{cases} \frac{\partial G}{\partial a} < \frac{\partial R}{\partial a} & \text{stabiles Rißwachstum} \\ \frac{\partial G}{\partial a} = \frac{\partial R}{\partial a} & \text{kritischer Punkt} \\ & \text{kritische Energiefreigabe} \\ \frac{\partial G}{\partial a} > \frac{\partial R}{\partial a} & \text{instabiles Rißwachstum} \end{cases} \qquad (5)$$

Festgesteinsmechanische Bruchforschung

Festgesteine zeigen unterhalb des spröd-duktilen Übergangs bei Raumtemperatur und Deformationsgeschwindigkeiten $\dot{\varepsilon}<10^{-8}\ s^{-1}$ grundsätzlich ähnliche Spannungs-Dehnungs-Beziehungen.

Allgemein kann eine Einteilung des Probenverhaltens in vier Bereiche erfolgen (Abb. 2). Auffallend ist ein Dilatanzeinsatz in Bereich III. Die sich im weiteren Verlauf der Beanspruchung fortsetzende Volumenzunahme resultiert aus dem überproportionalen Anstieg der lateralen Dehnungen.

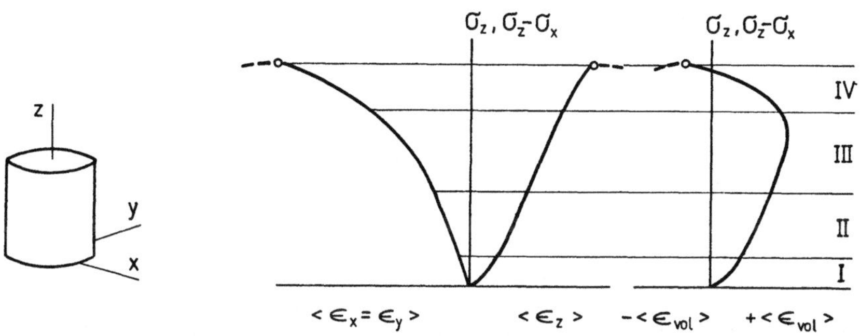

Abb. 2 Typische Spannungs-Dehnungs-Beziehungen von Festgesteinen bei einaxialer und dreiaxialer Kompression im Sprödbruchbereich

Fig. 2 Typical axial, lateral and volumetric stress-strain behaviour of brittle rock under uniaxial and triaxial compression

Auf der Suche nach einer Erklärung des aufgezeigten Spannungs-Dehnungs-Verhaltens waren es zunächst MURELL (1958) und BRACE (1960), die im Sinne Griffith's eine longitudinale Ausweitung inhärenter Mikrorisse vermuteten. In der Folgezeit fanden MOGI (1962) und SCHOLZ (1967) korrespondierend zum Kontraktanz-Dilatanz-Übergang ein Einsetzen der mikroseismischen Aktivität, welche sich zum Bruch hin progressiv steigerte.

Als erste konnten HALLBAUER et al. (1973) die tatsächliche Existenz einer progressiven longitudinalen Mikrorißentwicklung anhand von Dünnschliffanalysen belegen. Durch die Einführung der 'ion-thinning'-Technik zur Präparation belasteter Proben für REM-Untersuchungen gelang es schließlich TRAPPONIER und BRACE (1976), einen direkten quantitativen Zusammenhang zwischen Dilatanzbeginn und Einsetzen des axialen Rißdichtewachstums nachzuweisen. Damit war ein endgültiger Beweis für die Gültigkeit der Annahme mikrorißgesteuerten Trennbruchversagens erbracht. An allen Versuchskörpern wurde im Bruch- und post-failure-Bereich ein scherbruchartiges Zusammenwachsen der isoliert angelegten subaxialen, parallel zur Richtung der größten Hauptspannung orientierten Risse beobachtet.

Jüngste Untersuchungen von WONG (1982) zeigen, daß z.B. bei Granit erst ab 400 MPa Seitenspannung und 350°C ein Übergang zu scherspannungsinduziertem Versagen und damit zu duktilem Verhalten stattfindet.

UNTERSUCHUNGSVERFAHREN

Voraussetzung für die Analyse spröder Bruchverläufe ist die Erfassung des Dilatanzverhaltens, das im bodenmechanischen Versuchswesen definitionsgemäß nur bei dränierten Versuchen indirekt ableitbar ist, und selbst da aufgrund der zu treffenden Annahmen nur für sehr weiche oder nichtbindige Böden reproduzierbare Ergebnisse erwarten läßt.

Bruchmechanismusuntersuchungen an steifen,geklüfteten Tonen erfordern jedoch eine partielle Dilatanzbestimmung bei undränierten Bedingungen. Ein Einstieg in bruchmechanische Untersuchungen im Sinne der Linearelastischen Bruchmechanik war daher mit der Entwicklung eines geeigneten Aufnahmeverfahrens - der optografischen Spuranalyse - verbunden. Sie wird im folgenden nochmals kurz dargestellt; im übrigen wird in den Details auf FEESER (1984) verwiesen.

Methodik - Optografische Spuranalyse

Zur Erzeugung von Deformationsspuren von Probenkörpern wird deren Mantelfläche mit sehr feinen selbstleuchtenden Markierungspunkten bestückt, die während des Versuchablaufs ortsgebunden, d.h. nur dem Verhalten der Probe folgend, ihre räumliche Position ändern.

Wird nun eine fotografische Meßkammer auf die Probe ausgerichtet, kann bei geöffnetem Verschluß die Lageänderung der Leuchtpunkte als Spur auf einer Fotoplatte festgehalten werden. Eine dreidimensionale Erfassung der Bewegungsspur ist durch die stereografische Aufnahme unter Verwendung zweier Meßkammern gegeben.

Bei Verwendung eines blinkenden Fixpunktes ergibt sich eine unterbrochene oder punktuelle Bewegungsspur, die bei bekannter Blinkfrequenz neben den geometrischen Daten zusätzlich Informationen über Geschwindigkeit und Beschleunigung enthält.

Die Quantifizierung der Spuraufzeichnung geschieht in zwei Schritten. Zunächst erfolgt eine Ausmessung der Spurpunkte, die bei stereografischer Aufnahme ein photogrammetrisches Problem darstellt und als Ergebnis die Bildkoordinaten liefert, welche schließlich in räumliche Koordinaten zu transformieren sind.

Der zweite Schritt beinhaltet die Berechnung der aktuellen Größen der Probendeformation aus den relativen Fixpunktlageänderungen durch Differentiation.

Versuchsrandbedingungen

Sofort nach der Probennahme wurden noch im Gelände die für die Versuche benötigten zylindrischen Probenkörper hergestellt, in Stützschalen eingebettet und unter geringem Vakuum luftdicht verpackt. Hierzu diente eine mobile, mit einem Notstromaggregat betriebene Vakuumverpackungsmaschine. Das Auspacken der Probenkörper im Labor erfolgte unmittelbar vor dem Anbringen der Markierungspunkte.

Der verwendete Versuchsaufbau für die Kompressionsversuche mit einem steifen Belastungsrahmen, parallel geführten und geschmierten Endflächen sowie gedrungenen Probenabmessungen (50 mm Höhe, 50 mm Durchmesser) wurde gewählt, um eine Steuerung des Bruchmechanismus durch externe Randeinflüsse so gut wie möglich auszuschalten.

PROBENMATERIAL

Als Untersuchungsobjekt diente die tonige Fazies der Lauenburger Serie, einer Schmelzwassersedimentabfolge, welche dem ausgehenden Elster-Glazial zugeordnet wird. Während des folgenden Saale-Glazials gerieten diese Ablagerungen in den Bereich der Vergletscherung, und weisen heute als Resultat der eismechanischen Beanspruchung unter anderem eine intensive Klüftung auf.

Bislang konnten drei Kluftteilgefüge ausgeschieden werden, die sich aufgrund ihrer Genese (Belastung oder Entlastung, Entstehungschronologie) und Ausbildung (Erstreckung, Geometrie und Oberflächenausbildung) voneinander unterscheiden (FEESER 1983).

Bei kleinmaßstäblichen Laboruntersuchungen, wie sie im vorliegenden Fall zur Ausführung kamen, kann lediglich der Einfluß des Teilgefüges mit der höchsten Kluftdichte, bzw. der kleinsten Erstreckung erfaßt werden. Da sich die ausgeschiedenen Kluftgefüge jedoch im wesentlichen in ihrer Tropie und nur unwesentlich in ihrem Habitus unterscheiden, hat die Nichterfassung der Teilgefüge mit geringerer Kluftdichte allein quantitativen Einfluß auf die Festigkeit, hingegen keinen auf den Versagensmechanismus, der im vorliegenden Fall untersucht werden soll.

Abbildung 3 faßt die gefügestatistischen Daten der Kluftkategorie F, dem bei Laborversuchen relevanten Kluftteilgefüge, für die im Bereich der Probennahmestelle (Querenstede bei Oldenburg/Oldenburg, TK 1:25000: 2813 Edewecht, R: 34 30 900 H: 58 90 700) herrschenden strukturgeologischen Verhältnisse zusammen.

Aus dem Polpunktdiagramm kann auf eine annähernd regellose räumliche Orientierung der Fissuren geschlossen werden. Der berechnete Mittelwert der Kluftgrößen von 11 cm fällt durch die meßtechnisch bedingte untere Aufnahmegrenze von 5 cm zu hoch aus, und dürfte erfahrungsgemäß bei etwa 5 cm anzusiedeln sein. Weiter zeigt die Zusammenstellung, daß nahezu alle Oberflächen eine makroskopisch glatte Ausbildung aufweisen.

Rasterelektronenmikroskopische Aufnahmen bestätigen die makroskopische Beobachtung und weisen im unmittelbaren Kluftuferbereich eine strenge Einregelung der Tonminerale aus (Abb. 4). Die Ausdehnung der Einregelungszone liegt in der Größenordnung von 10 µm, kann jedoch stellenweise bis auf 50 µm anwachsen.

Im Gegensatz zu den Kluftuferwandungen herrscht im Kluftkörper selbst ein turbostratisches Mineralarrangement vor, das mit den in der Literatur erwähnten 'interweaving bunches' zu vergleichen ist. Dabei werden die in der Matrix eingebetteten Grobkomponenten von bündelförmigen Tonmineralaggregaten umschlungen.

Abbildung 5 zeigt den Ausschnitt einer REM-Aufnahme und zugleich die Schwierigkeiten einer Interpretation. Während die hohlraumartigen Ver-

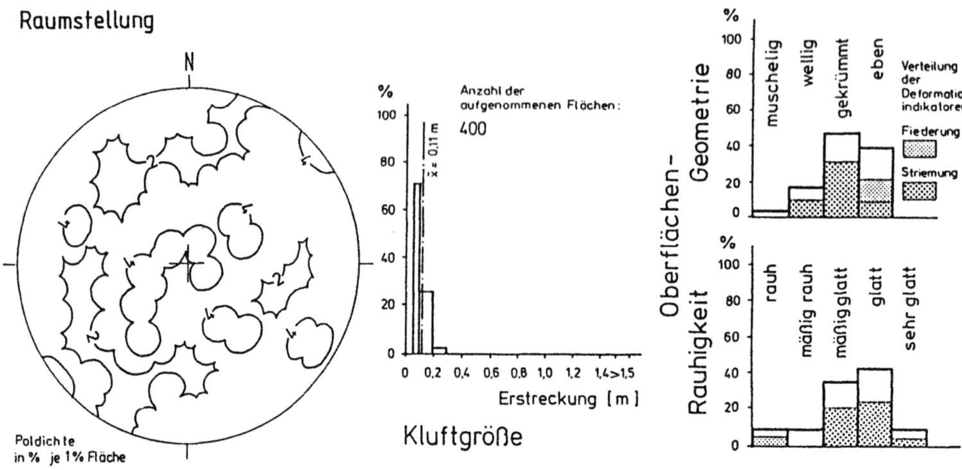

Abb. 3 Lauenburger Serie / tonige Fazies - Bereich Querenstede Raum Oldenburg: Kluftstatistik für Teilgefüge Kluftkategorie F (Fissuren). Dichteverteilung von Kluftpolen (flächentreue Polarprojektion), Häufigkeitsverteilung für Kluftgröße und Oberflächenausbildung

Fig. 3 Lauenburg Clay at Querenstede-district Oldenburg (north-west German lowlands, Lower Saxony): statistical fabric data of joint category F (fissures). Equal area projection of poles, distribution of size and features

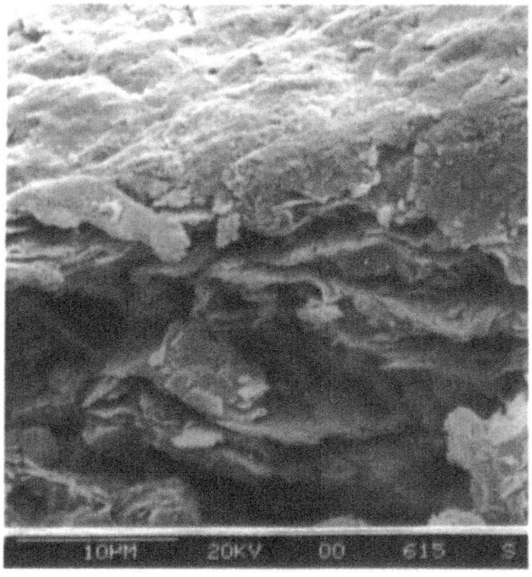

Abb. 4 Mikrogefüge im Kluftbereich, Fissurwandung (REM-Aufnahme)

Fig. 4 Scanning electron micrograph of a fissure zone. Highly orientated assemblage of clay particles

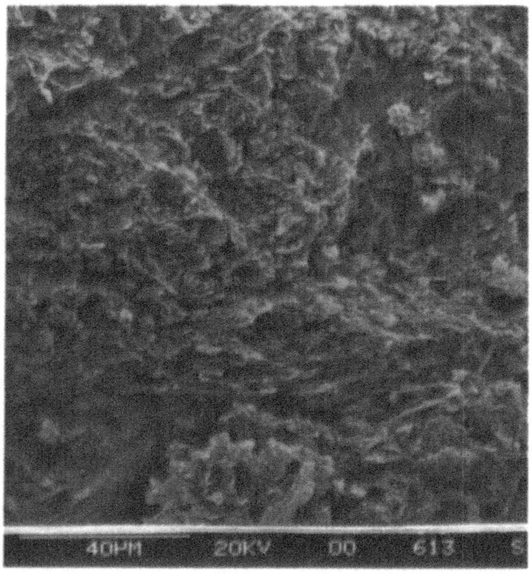

Abb. 5 Mikrogefüge im Kluftkörperbereich, Tonmatrixgefüge (REM-Aufnahme)

Fig. 5 Scanning electron micrograph of undisturbed matrix arrangement. Interweaving bunch assemblage of clay particles tiefungen von vielen Autoren als Grobporen aufgefaßt werden, müssen sie bei unseren untersuchten Tonen, gestützt auf Dünnschliffanalysen, als Bett von Grobkomponenten angesehen werden, welche während der Probenpräparation aus dem Verband herausgelöst wurden.

Der Tonmineralbestand des verwendeten Probenmaterials ist gekennzeichnet durch ein ausgeglichenes Verhältnis der nicht quellfähigen Tonminerale Kaolinit, Illit und Chlorit zu den quellfähigen Tonmineralen Montmorillonit und Wechsellagerungen.

Die bodenphysikalischen Index-Eigenschaften gehen aus Tabelle 1 hervor.

Tab. 1 Zusammenstellung der wichtigsten bodenphysikalischen Indexkennwerte - tonige Fazies der Lauenburger Serie

Tab. 1 Index properties of Lauenburg Clay

w (1)	w_L (1)	w_P (1)	I_P (1)	I_A $\left(\frac{I_P}{\varnothing<2\mu m}\right)$	V_{Ca} (%)
0.29	0.73	0.29	0.44	0.89	12
org.C (%)	n (1)	ρ_s $\left(\frac{g}{cm^3}\right)$	c_u (kPa)	S_t (1)	AK^a $\left(\frac{mmol}{z}\right)$
2.5	.40	2.55	200	7	37

a = Kationenaustauschkapazität

ERGEBNISSE

Mechanische Untersuchungen

Abbildung 6 zeigt das zweidimensionale Ergebnis einer optografischen Spuraufnahme, in der die Probe doppelseitig mit jeweils drei Markierungspunkten bestückt war.

Als Testkonditionen waren die Deformationsgeschwindigkeit $\dot{\varepsilon}_z = 2 \cdot 10^{-4} s^{-1}$, die Blinkfrequenz der Markierungspunkte mit 33 mHz und deren Blinkdauer mit 2 s vorgegeben.

Um ein Sichtbarmachen in der Reproduktion zu erreichen, mußten repräsentative Spurpunkte ausgewählt und vergrößert werden. Die quantitative Auswertung der Spuranalyse erfolgt am Negativ.

Eine erste qualitative Beurteilung der Spuraufzeichnung dokumentiert die ausgesprochene Anschaulichkeit der Meßergebnisse, die einen wesentlichen Vorteil gegenüber herkömmlichen Datenträgern darstellt, denn kein anderes Experimentalverfahren ist in der Lage, komplexe Verformungsabläufe in einer ähnlich übersichtlichen und sofort interpretierbaren Form zu liefern.

Eine quantitative Auswertung der einzelnen Versuchsspuren im Stereobildpaar liefern zunächst zeitabhängige Verschiebungsgraphen, wie sie in Abb. 7 für alle Markierungspunkte zusammengestellt sind. Zum Vergleich wurden jeweils die vorgegebenen Verschiebungszustände des beaufschlagten Laststempels mit in die Darstellung aufgenommen.

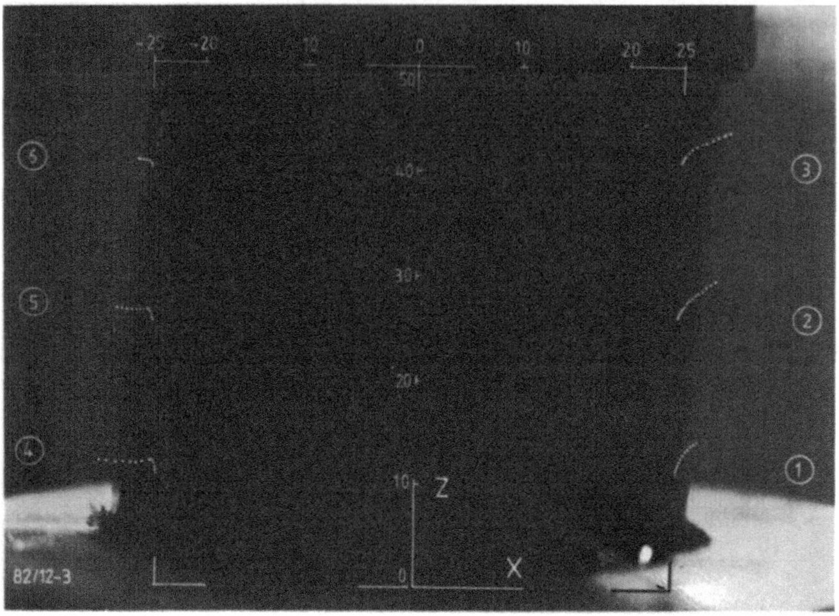

Abb. 6 Optografische Spuranalyse eines einaxialen Kompressionsversuches (Versuch Nr. 82/12-3), oberer Laststempel unverschieblich, Belastungsrichtung aufwärts

Fig. 6 Optographic trace recording from a uniaxial compression test (test no. 82/12-3), top platen fixed, direction of specimen loading upwards; details on testing techniques see FEESER (1984)

Mit der Kenntnis des Verschiebungsfeldes lassen sich mit den Ansätzen der elementaren Festigkeitslehre die Dehnungen des Probenkörpers bestimmen. Eine Ableitung des Auswerteverfahrens findet sich im Anhang.

Das Ergebnis der Auswertung in Form der Spannungs-Dehnungs-Beziehungen ist in Abb. 8 für die vertikalen und horizontalen, in Abb. 9 für die volumetrischen Dehnungen dargestellt. Durch den y-achsenparallelen Bruchverlauf in Versuch Nr. 82/12-3 mit einer daraus resultierenden, vom Verschiebungsfeld weitgehend unbeeinflußten Probenachse, fand die Auswertung getrennt für die linke und rechte Probenhälfte statt.

Abbildung 8 beinhaltet zum Vergleich mit den dargestellten Partialdehnungen die aus der Messung der Endplattenverschiebung resultierenden integralen axialen Probendehnungen.

Bruchgefügeuntersuchungen

Als übereinstimmendes Merkmal aller Versuche kann das Auftreten kleiner subaxial orientierter Oberflächenrisse im mm-Bereich bei etwa 80 % der Bruchspannung gelten.

Bis zur Bruchspannung nimmt ihre Häufigkeit in der Regel zu. Im Grenzzustand ließen sich ausgeprägte Gleit- oder Bruchzonen optisch nicht beobachten. Erst bei weiteren Verformungen im post-failure Bereich stellen

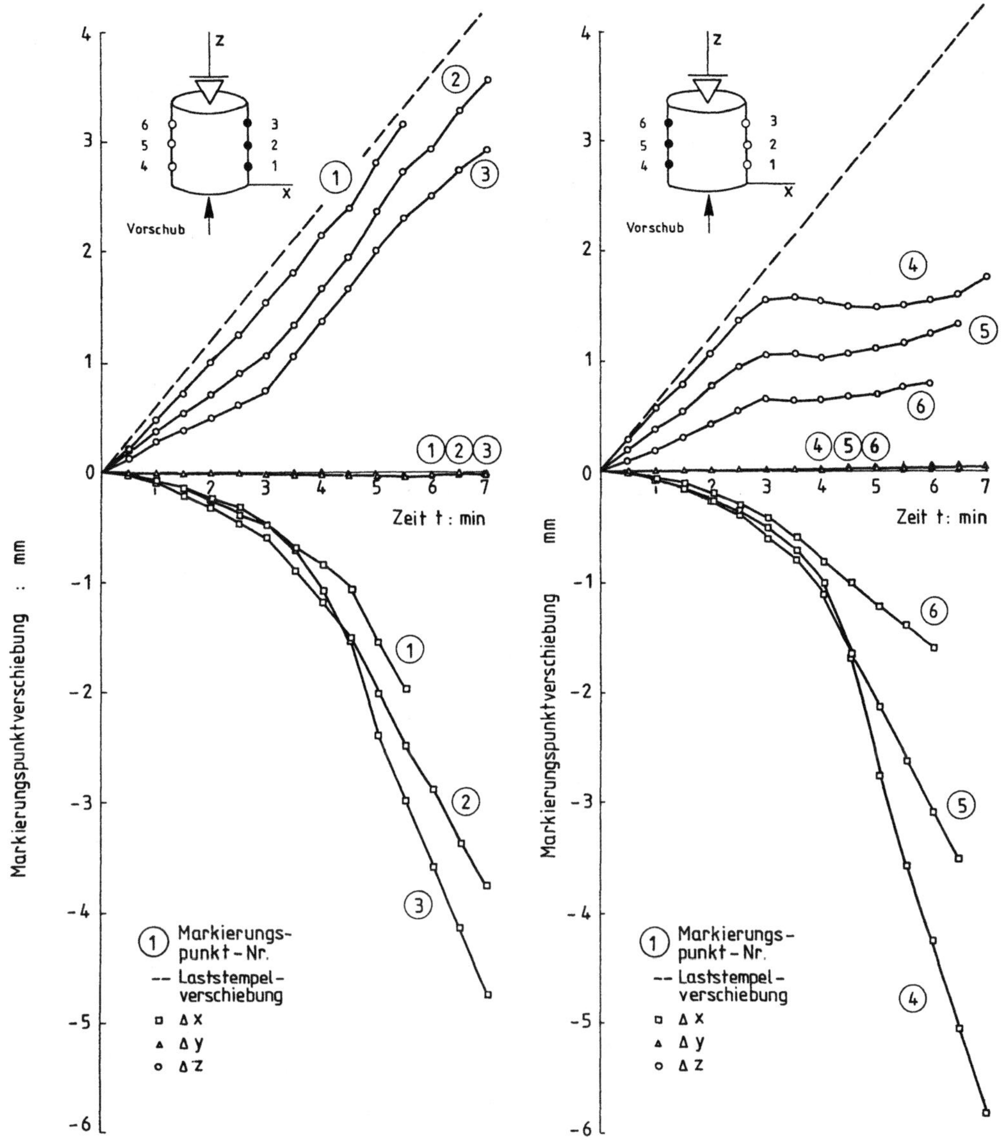

Abb. 7 Quantifizierung der optografischen Spuraufnahme (Versuch 82/12-3) Verschiebungsgraphen der Markierungspunkte

Fig. 7 Analytical interpretation of optographic trace recording (test 82/12-3); displacements of location points against time

sich an der Außenfläche des Probenkörpers Bruchbildmuster ein. Dominierendes Bruchelement sind longitudinal ausgerichtete Formen, die sich über den ganzen Probenkörper erstrecken (Abb. 10a). Daneben treten Muster auf, die aus einer Kombination subaxialer und geneigter Bruchflächen bestehen.

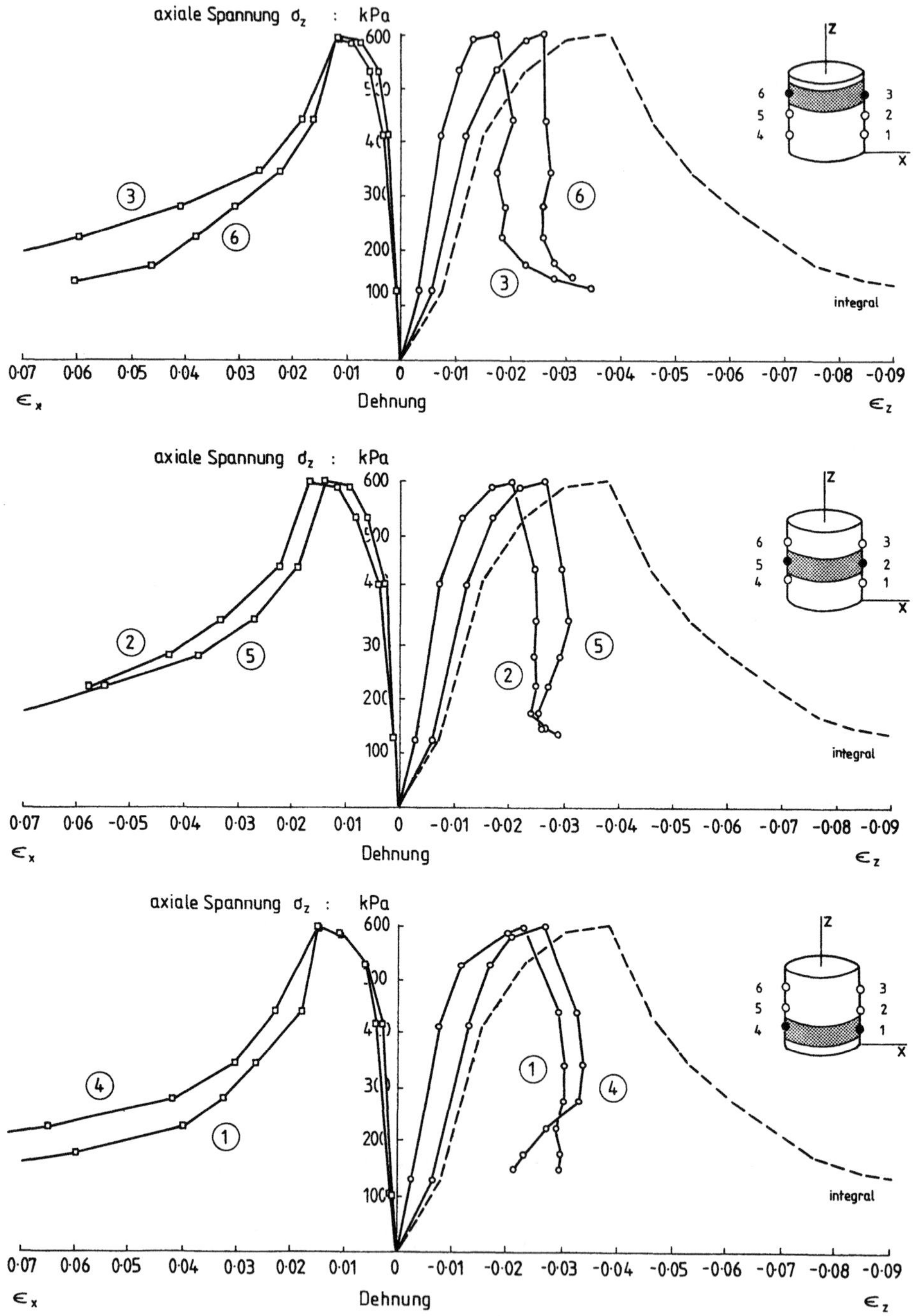

Abb. 8 Partielles und integrales Spannungs-Dehnungs-Verhalten (Versuch Nr. 82/12-3)

Fig. 8 Axial and lateral stress-strain behaviour obtained from optographic trace recording compared with average overall strain provided from LVDT readings across the end platens (test no. 82/12-3)

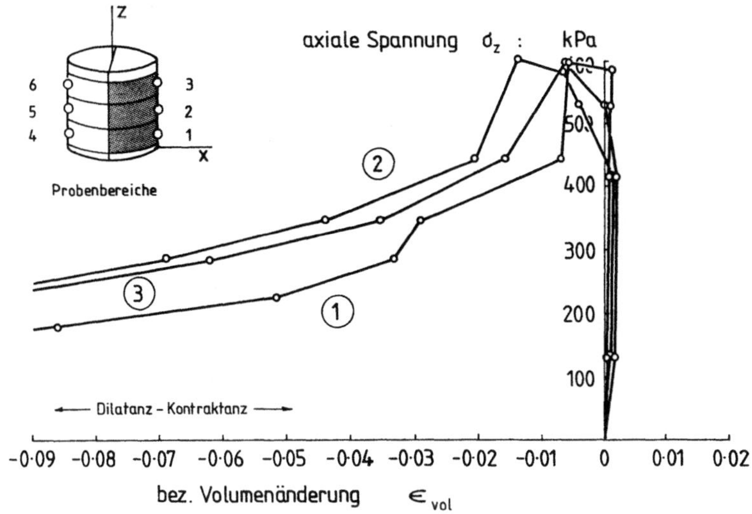

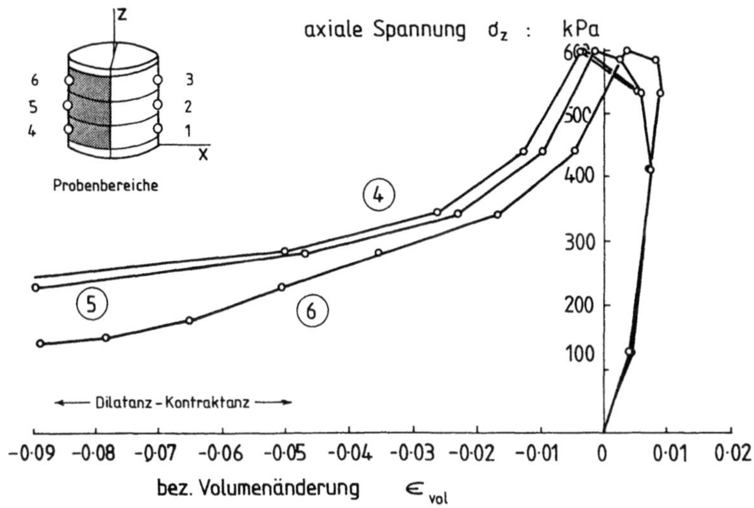

Abb. 9 Partielles volumetrisches Spannungs-Dehnungs Verhalten (Versuch Nr. 82/12-3)

Fig. 9 Volumetric stress-strain behaviour of individual specimen zones (test no. 82/12-3)

Abbildung 10c ist ein Beispiel dafür und stellt das Bruchbild der Probe aus dem exemplarisch aufgezeigten Versuch Nr. 82/12-3 dar. Die Analyse der Bruchbilder im Inneren der Probenkörper stößt in der Art auf Schwierigkeiten, daß im Versagenszustand, d.h. zum Zeitpunkt des Bruches, nur latent angelegte Bruchflächen vorhanden sind, die nach einem präparativen Aufbrechen der Probe nicht mehr von den dadurch induzierten oder neu angelegten Bruchflächen unterschieden werden können.

Um eine Differenzierung zwischen natürlichen im Versuch angelegten und künstlichen durch die Probenpräparation bedingten Brüchen zu erreichen,

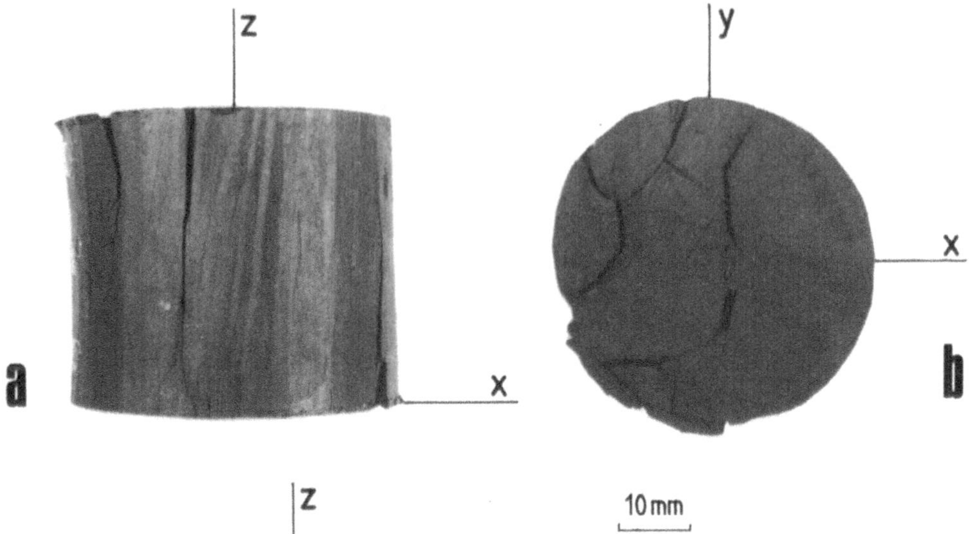

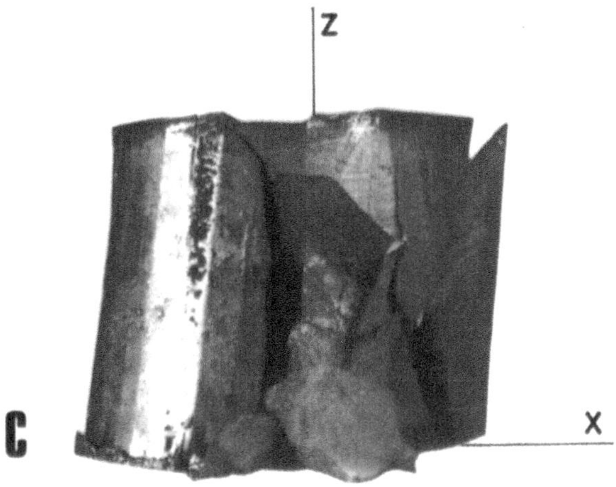

Abb. 10 Bruchbildmuster. Longitudinale Bruchflächen a-Ansicht, b-Aufsicht (Versuch Nr. 82/6-1) c-kombinierte subaxiale und geneigte Bruchflächen, Ansicht (Versuch Nr. 82/12-3)

Fig. 10 Mode of failure planes. Longitudinal splitting a-front view, b-plan view (test no. 82/6-1) c-subaxial and inclined failure planes, front view (test no. 82/12-3)

wurden die Proben bis zum Auftreten äußerer Bruchmuster im post-failure Bereich belastet, ohne daß sich ein vollständiger Kollaps einstellte. Eine danach eingeleitete Lufttrocknung des Probenkörpers mit im Anschluß durchgeführter Präparation brachte den gewünschten Erfolg. Die durch das nachträgliche Aufbrechen verursachten Bruchflächen ließen sich durch ihre körnig-gekröselte Oberfläche von den wesentlich feiner strukturierten im Versuch induzierten Bruchflächen unterscheiden.

Abbildung 11 gibt einen Einblick in die Gestalt der beobachteten Brüche im Inneren eines Probenkörpers. Auch hier wird das Bild durch longitudinal ausgerichtete Bruchflächen geprägt (Abb. 11a). Jeder Bruch breitet sich dabei von einer punktförmigen Quelle radialstrahlig aus. Übereinstimmend liegen alle Initialpunkte an Uferwandungen inhärenter Fissuren.

Die Ausbreitungsrichtungen werden durch feine divergierende Rillen und Wülste auf der Bruchfläche dokumentiert. Diese sog. Besen stehen senkrecht zur Rißfront, die als zeitlicher Ort gleicher Rißausdehnung ver-

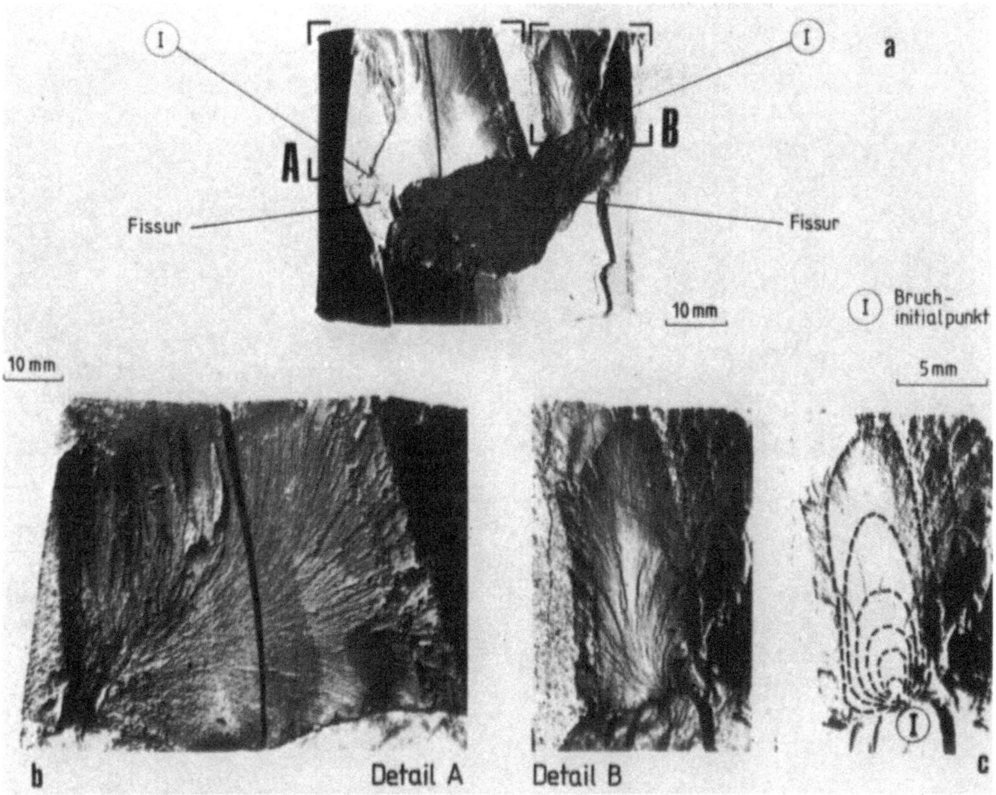

Abb. 11 Bruchflächenausbildung im Inneren eines Probenkörpers. a-Ansicht, b-Details, c-mögliche Isochronen der Rißentwicklung (Versuch Nr. 82/10-3)

Fig. 11 Mode of failure planes within a test specimen (test no. 82/10-3) a-general view, b-details, c-possible isochrones of fracture front line

standen werden kann. Durch den Verlauf der Besenspuren läßt sich eine Rekonstruktion der Rißfortpflanzung in Form von Isochronen vornehmen (Abb. 11c). Ringe und bänderartige Knicke quer zu den Besen (Abb. 11b) sind Isochronen gleichzusetzen. Die Tendenz der Brüche zur dreidimensionalen Ausbreitung hat Flächen höherer Ordnung zur Folge. Wie Abb. 11 zeigt, ist dies durch die Anlage schwach gekrümmter sphäroidischer Flächen mit einer Tendenz zur gegenläufigen Krümmung angedeutet.

Parallel durchgeführte rasterelektronenmikroskopische Gefügeuntersuchungen der Rißuferwandungen zeigen ein 'rauhes' Bild der Bruchflächen, das mit dem Tonmineralarrangement im Kluftkörperinneren vergleichbar ist (Abb. 12).

Dünnschliffbefunde bestätigen das unbeeinflußte Tonmatrixgefüge im Rißuferbereich und geben darüberhinaus Aufschluß darüber, daß selbst bei geneigter Tropierichtung des Tonmatrixgefüges zur Probenachse die Rißfortpflanzung nicht der Tropierichtung mit ihrer geringeren Festigkeit, sondern der ausgezeichneten subaxialen Richtung folgt (Abb. 13).

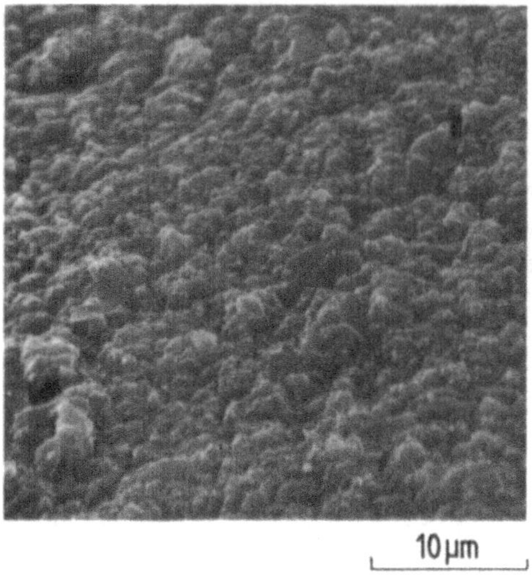

Abb. 12 REM-Aufnahme einer Rißuferwandung

Fig. 12 Scanning electron micrograph of a failure plane

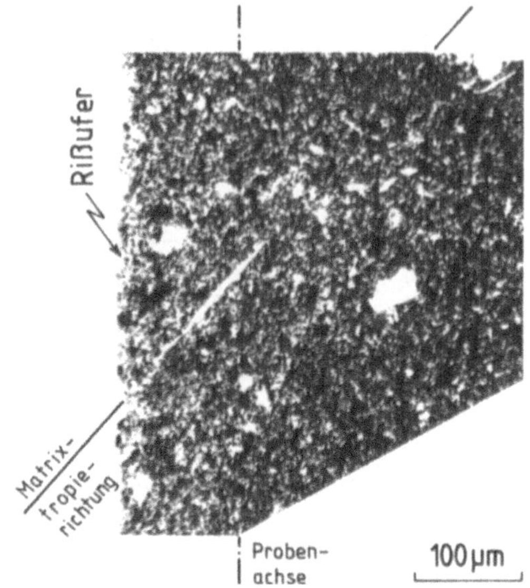

Abb. 13 Dünnschliffaufnahme im Bereich eines Rißufers (Versuch Nr. 82/10-3)

Fig. 13 Thin section photomicrograph of a failure zone (test no. 82/10-3)

BRUCHMECHANISMUS

Wie das Studium der Bruchflächen zeigte, bilden ausschließlich Fissurwandungen Initialstellen eines Bruches. Im Hinblick auf den für diesen Gefügebereich im Gegensatz zum Kluftkörperinneren abgeminderten Deformationswiderstand müssen deviatorische Mikrospannungsfelder, welche in der Fissur zur Überwindung der Deformationsschwelle führen, als Voraussetzung für die partielle Bruchinitiierung angesehen werden.

Eine durch Überwindung des Deformationswiderstandes der Trennfläche eingeleitete gegenseitige Verschiebung der Kluftufer ruft in der Folge Spannungskonzentrationen an Unstetigkeitsstellen im unmittelbaren Fissurbereich hervor. Während Druckspannungskonzentrationen im ungünstigsten Falle partielles plastisches Fließen verursachen, führen Zugspannungskonzentrationen bei Überschreitung der Zugfestigkeit zur Anlage von Mikrorissen.

Bei einer detaillierten Auswertung der Bruchflächeninitialpunkte ließen sich die wesentlichsten Ursachen zonaler Zugspannungskonzentrationen ausscheiden. Abbildung 14 gibt einen schematischen Überblick.

Vermutlich durch ihre gute makroskopische Erkennbarkeit fallen am häufigsten Krümmungen an flexurartigen Abbiegungen inhärenter Trennflächen entsprechend Typ A als Initialpunkte auf. Weitere Initialpunkte stellen Gropkomponenten in unmittelbarer Trennflächennähe und Verzweigungen von Trennflächen dar, wie sie durch Typ B und C repräsentiert werden.

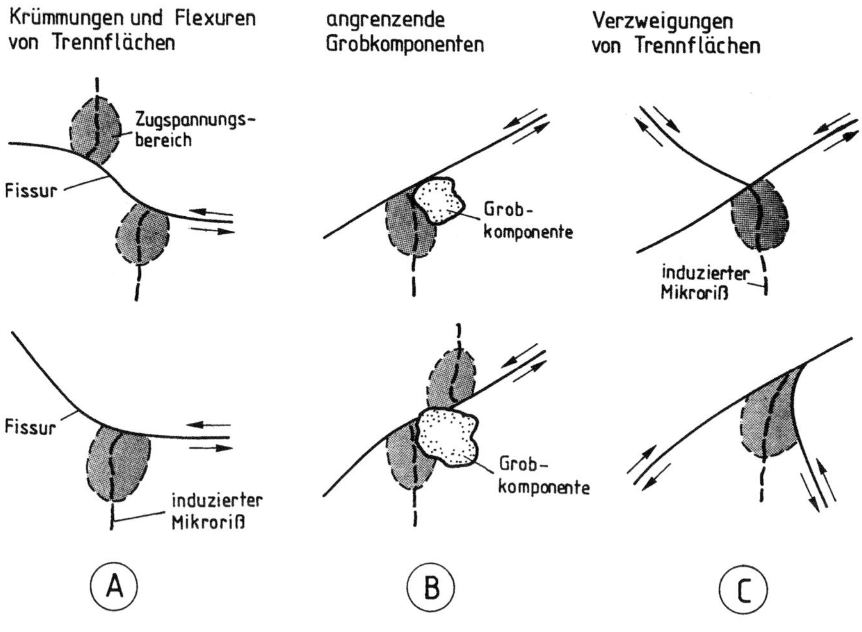

Abb. 14 Initialpunkte zugspannungsinduzierter Mikrorißentwicklung in steifen geklüfteten Tonen

Fig. 14 Schematic diagram summarizing the microcrack initiation observed to control the brittle failure mechanism of stiff fissured clays. A bonding of fissures, B macro grains close to a fissure, C forking of fissures. The arrows indicate displacement on fissures generated by the macro stress field

Unter Zugrundelegung elastischen Stoffverhaltens, wie es in guter Näherung im untersuchten Spannungsbereich angenommen werden darf (WOOD 1980; GRAHAM and HOULSBY 1983) sowie unter vertretbarer Vernachlässigung plastischer Verformungen sowohl im Kluftkörper als auch im Rißfortpflanzungsbereich, können die eingangs erläuterten Aussagen der Linear-elastischen Bruchmechanik als Ausgangspunkt der weiteren Diskussion dienen.

Die Unregelmäßigkeit der Initialpunktkonstellation in geklüfteten Tonen lassen jedoch im Gegensatz zu Werkstoffen eine meßtechnische Erfassung einer einzelnen Rißentwicklung nicht zu, so daß a priori eine Formulierung der Rißausbreitungskraft G und des Rißwiderstandes R scheitern.

Da jedoch beide Parameter von ihrem Wesen her Energieraten darstellen, lassen sich durch analoge Energiebetrachtungen unter Einbeziehung der aus den durchgeführten Versuchen ableitbaren Energieraten, die zur Deutung der Rißfortpflanzung erforderlichen Energiefreisetzungsraten auf indirektem Wege bestimmen.

Wird davon ausgegangen, daß sich in jedem Bereich i einer Probe die eingebrachte Energie U in elastische Formänderung - Energiebetrag $U^{(e)}$ - und in Rißfortpflanzung - Energiebetrag $U^{(2)}$ - aufspalten läßt, kann eine einfache Energieratenbilanz in der Form

$$\frac{\partial U_i}{\partial t} = \frac{\partial}{\partial t} (U^{(e)} + U^{(2)})_i \tag{6}$$

aufgestellt werden. Solange keine Rißbildung stattfindet, muß

$$\frac{\partial U^{(2)}_i}{\partial t} = \frac{\partial}{\partial t} (U - U^{(e)})_i \tag{7}$$

gelten. Zum Zeitpunkt der Rißinitiierung, die nach dem Irwinschen Konzept durch die Bedingung G = R gegeben ist, wird

$$\frac{\partial}{\partial t} (U - U^{(e)})_i > 0 \tag{8}$$

Der Übergang von stabilem zu instabilem Rißwachstum tritt bei

$$\frac{\partial U^{(e)}_i}{\partial t} = \frac{\partial}{\partial t} (U - U^{(2)})_i = 0 \tag{9}$$

ein und stellt damit das Äquivalent zu $\frac{\partial G}{\partial a} = \frac{\partial R}{\partial a}$ der linear-elastischen Bruchtheorie dar.

Gleichung (6) läßt sich in der Form

$$\frac{\partial}{\partial t} (\sigma_z dV_i) = \frac{\partial}{\partial t} \{\sigma_z(\varepsilon_x + \varepsilon_y + \varepsilon_z)V_i + \gamma AV_i\} \tag{10}$$

schreiben, wobei A der neugebildeten Rißoberfläche je Einheitsvolumen, V_i dem Volumen des betrachteten Bereiches i, γ der spezifischen Oberflächenenergie je Einheitsvolumen und $(\varepsilon_x, \varepsilon_y, \varepsilon_z)_i$ den im Versuch gemessenen Formänderungen der Probe im Bereich i entsprechen.

Unmittelbar bei Versuchsbeginn darf der zweite Term der rechten Seite von Gleichung (10) als vernachlässigbar klein angenommen werden, so daß sich im ersten Versuchsstadium bei gleichzeitiger Einführung von $\varepsilon_{vol} = \varepsilon_x + \varepsilon_y + \varepsilon_z$ Gleichung (10) reduziert auf

$$\frac{\partial}{\partial t} (\sigma_z dV_i)^{initial} = \frac{\partial}{\partial t} (\sigma_z \, \varepsilon_{vol} V_i)^{initial} \tag{11}$$

Durch Einsetzen von Gleichung (11) in Gleichung (10) und Division durch $\sigma_z \cdot V_i$ erhält man das Äquivalent zur Energieratenbilanz (6) als Funktion von im Versuch bestimmbaren Größen

$$\frac{\partial}{\partial t} (\varepsilon_{vol})_i^{initial} = \frac{\partial}{\partial t} (\varepsilon_{vol} + \frac{\gamma A}{\sigma_z})_i = \frac{\partial}{\partial t} (\varepsilon_{vol} + \varepsilon_{vol}^{Riß})_i \tag{12}$$

Für den exemplarisch dargestellten Versuch Nr. 82/12-3 zeigt Abb. 15 den funktionalen Zusammenhang der in Gleichung (12) abzuleitenden Versuchsgrößen.

Aus der Energieratenbilanz (12) lassen sich schließlich auch die bruchdynamischen Kriterien (8) und (9) unter Verwendung von Versuchsgrößen angeben.

So beschreibt die Beziehung $\frac{\partial}{\partial t} (\varepsilon_{vol}^{initial} - \varepsilon_{vol})_i > 0$ (13)

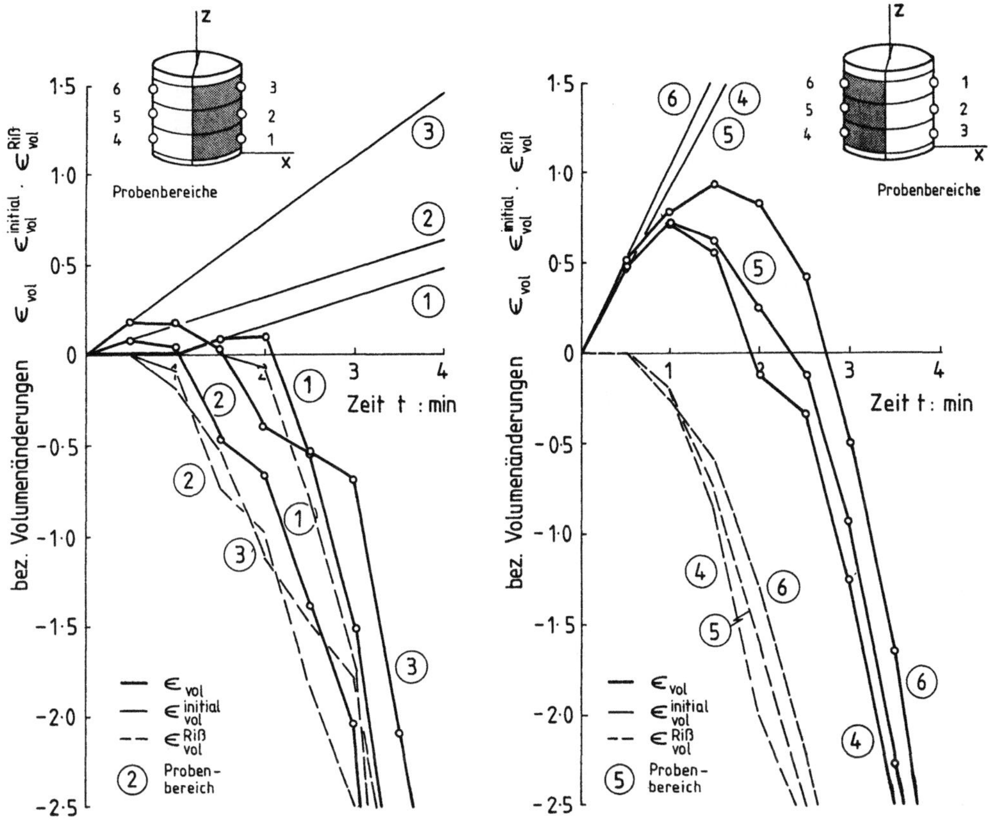

Abb. 15 Zeitliche Entwicklung des partiellen Kontraktanz-Dilatanz Verhaltens im einaxialen Versuch Nr. 82/12-3

Fig. 15 Dilatancy of individual specimen zones as a function of time (test no. 82/12-3)

den Beginn der Rißbildung im Bereich i. Der Zeitpunkt der kritischen Energiefreigabe mit dem Übergang von stabilem zu instabilem Rißwachstum im Bereich i wird durch

$$\frac{\partial}{\partial t} (\varepsilon_{vol})_i = 0 \tag{14}$$

gegeben.

In Abb. 15 finden wir entsprechend (13) den Zeitpunkt der Bruchinitiierung. Danach beginnt bereits im allerersten Versuchsstadium in allen Probenbereichen mit Ausnahme von Bereich 1 die Anlage von spannungsinduzierten Mikrorissen.

Abbildung 16 beinhaltet die aus Abb. 15 abgeleiteten bezogenen Volumenänderungsgeschwindigkeiten $\dot{\varepsilon}_{vol}$. Die funktionalen Zusammenhänge beider Darstellungen erlauben unter Einbeziehung der Kriterien (13) und (14) eine Quantifizierung des Bruchmechanismus im Versuch Nr. 82/12-3.

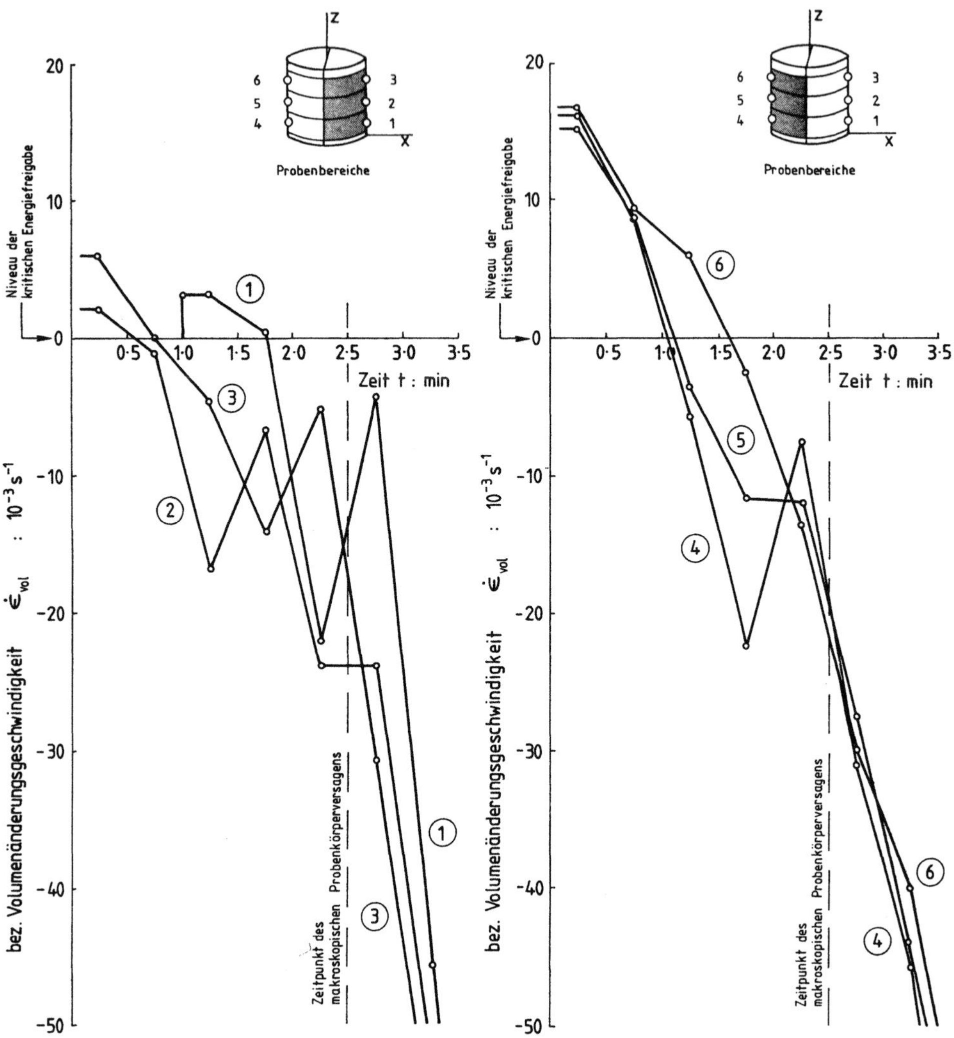

Abb. 16 Zeitliche Entwicklung der Volumenänderungsgeschwindigkeiten in den einzelnen Probenbereichen (Versuch Nr. 82/12-3)

Fig. 16 Volumetric strain rate of individual specimen zones as a function of time (test no. 82/12-3)

Es ist zunächst Bereich 2, in welchem es zur Freisetzung der kritischen Energie kommt. Kurz darauf folgt Bereich 3, während im linken Probenteil noch ein stabiles Rißwachstum zu beobachten ist. Durch den Energieüberschuß, der durch die instabilen Bruchvorgänge in Bereich 2 und 3 entsteht, verlagert sich nun der Bruchprozeß vom rechten Teil der Probe, wo sich eine Abflachung der Fortpflanzungsintensität einstellt, in die Bereiche 4 und 5 im linken Teil der Probe. Die Folge ist eine hohe Dilatanzbeschleunigung verbunden mit einem Übergang zur instabilen Bruchausweitung. Aber auch hier, wie bereits zuvor im rechten Probenteil, verlangsamt sich die Rißfortpflanzung und geht mit einem erneuten Wechsel der Hauptbruchaktivitäten nach Bereich 2 einher.

Obwohl bis zum bisher beschriebenen Versuchsstadium bereits in sämtlichen Probenbereichen instabiles Rißwachstum eintrat, ist der Grenzzustand noch nicht erreicht. Die Begründung liegt in der isolierten und zum großen Teil unabhängigen Entwicklung der einzelnen Rißbildungen.

Erst mit der erneuten Beschleunigung der Dilatanz im Bereich 2 setzt die Interaktion der isolierten Brüche in den Bereichen 3, 4, 5 und 6 ein, die letztendlich das Versagen der Probe herbeiführen.

Mit der Festigkeitsüberschreitung ist jedoch noch kein endgültiger Kollaps der Probe verbunden. Dieser tritt erst im post-failure Bereich ein, wenn versuchsinduzierte und inhärente Trennflächen Bruchkörper bilden, die durch Keilwirkung ein gegenseitiges Aufsplitten bewirken (Abb. 10c).

SCHLUSSFOLGERUNG

Wichtigste Aussage der dargestellten Untersuchungsergebnisse stellt die eindeutige Charakterisierung des Bruchverlaufs als progressiver mikrorißgesteuerter Trennbruchprozeß dar, welcher durch die Bruchflächenausbildung, das Wechselspiel der Volumenänderungsintensitäten und vor allem deren Dynamik in den einzelnen Probenbereichen dokumentiert wird.

Folgert man in Analogie zu den festgesteinsmechanischen Befunden die Zulässigkeit einer Ausdehnung der gewonnenen Erkenntnisse auf dreiaxiale Beanspruchung, so kann unterhalb des spröd-duktilen Übergangs sowohl für kompressive Belastung als auch Entlastung Trennbruchversagen postuliert werden.

In wesentlichen Teilen des Versagensablaufes verhalten sich somit Gesteine mit ausgeprägt unstetigen physikalischen Eigenschaften, unabhängig von ihrer Zuordnung zu Fest- oder Lockergesteinen, d.h. unabhängig von ihrem Verfestigungsgrad, nach einem einheitlichen Mechanismus.

Die Dynamik dieses Mechanismus stellt eine Funktion des Makrospannungszustandes, der Belastungsgeschwindigkeit, der Geometrie und Verteilung inhärenter Schwächezonen und der daraus induzierten Mikrorißentwicklung dar.

Zusammenfassend läßt sich der durch einen zweiphasigen progressiven Verlauf gekennzeichnete Bruchmechanismus wie folgt beschreiben:

In der Initialphase (Phase P) regieren partielle Mechanismen; sie beinhalten die Stadien:

Stadium 1: <u>Spannungskonzentrationen</u>
Durch Überwindung des Deformationswiderstandes inhärenter Trennflächen Entwicklung von Zugspannungsspitzen an Unstetigkeitsstellen im Trennflächenbereich

Stadium 2: <u>Mikrorißinitiierung</u>
Der Zeitpunkt des Überschreitens der Zugfestigkeit durch Zugspannungen in Konzentrationsbereichen wird durch das partielle Energiegleichgewicht von Rißausbreitungskraft und Rißwiderstand festgelegt

Stadium 3: <u>stabile Rißausbreitung</u>
Die Rißfortpflanzung wird durch die eingebrachte Arbeit der äußeren Beanspruchung gesteuert. Gegebenenfalls kommt sie zum Stillstand bei Entlastung, bzw. zum Ausklingen bei Belastungsstopp

Stadium 4: instabile Rißausbreitung
Zum Zeitpunkt der kritischen Energiefreisetzung, bei der Überschreitung der Rißwiderstandsrate durch die Rißausbreitungskraftrate setzt partielles instabiles Rißwachstum ein.

Die Stadien 1 bis 4 werden von den einzelnen Rißbildungen zunächst weitgehend in gegenseitiger Isolation und größtenteils phasenverschoben durchlaufen. Im weiteren Versagensverlauf kommt es immer häufiger zur gegenseitigen Induktion. Damit vollzieht sich der Übergang zur zweiten Phase des Bruchprozesses.

Hier (Phase G) steuern globale Mechanismen den Bruchprozeß. Im durch kinematische Freiheitsgrade sich abgrenzende Bruchkörper erfolgt die totale kritische Energiefreigabe. Es folgen die Stadien:

Stadium 5: Rißinteraktion
Mit dem Zusammenwachsen der separierten Risse in en-echelon, bzw. enpassant ähnlichen Konfigurationen erfährt die Dilatanz eine hohe Beschleunigung. Die Eigendynamik der Vorgänge in diesem Stadium führt in kurzer Zeit zum Grenzzustand.

Stadium 6: Kollaps
Der Nachbruchbereich wird geprägt durch Verkeilen der gebildeten Bruchkörper. Aufsplitten und Abscheren führen zum endgültigen Kollaps.

Über den im Gegensatz zum bodenmechanischen Grundverständnis völlig andersartigen Charakter des Bruchmechanismus erschließen sich in Verbindung mit einem Instabilitätskriterium auf Energiebilanzbasis, über welches an anderer Stelle berichtet wird, neue Wege, das bisher mit vielen Fragezeichen behaftete Langzeitfestigkeitsverhalten steifer geklüfteter Tone einer physikalischen Deutung zuzuführen.

Danach nimmt die Festigkeit nicht mit der Zeit ab, sondern deren Erreichen wird durch die bruchdynamischen Abläufe gesteuert.

Neben dem Grenzzustand existiert ein zweites, allem Anschein nach gewichtigeres Instabilitätskriterium, das der kritischen Energiefreigabe, nach deren Erreichen zwar noch kein Versagen eintritt, jedoch eine eigendynamische Bruchentwicklung ausgelöst wird, die unaufhaltsam zum Bruch führt.

DANKSAGUNG

Für die Mikrogefügeaufschlüsse und die freundliche Hilfe bei der Interpretation bin ich Prof. ALTEMÜLLER, Frau TEMME, Herrn SCHRÖDER, alle Bundesforschungsanstalt für Landwirtschaft in Braunschweig (Dünnschliffe) sowie Dr. MATTIAT und Dipl.-Ing. Knickrehm, Bundesanstalt für Geowissenschaften und Rohstoffe in Hannover (REM-Aufnahmen) vielen Dank schuldig.

LITERATUR

Brace WF (1960) An extension of Griffith theory of fracture to rocks. J Geophys Res 65: 3477-3480

Feeser V (1983) Erscheinungsform und Genese des Kluftgefüges glazidynamisch überprägter Tone (Patterns and origin of joints in glacidynamically affected pleistocene clays). Z dt geol Ges 134: 269-288

Feeser V (1984) Optographic trace recording: a new method of strain measurement in geotechnical testing. Géotechnique 23
Graham J, Houlsby GT (1983) Anisotropic elasticity of natural clay. Géotechnique 33: 165-180
Griffith AA (1921) The phenomena of rupture and flow in solids. Phil Trans Roy Soc A 221: 163-198
Griffith AA (1924) Theory of rupture. Proc First Int Con Appl Mech, Delft: 55-63
Hallbauer DK, Wagner H, Cook NGW (1973) Some observations concerning the microscopic and mechanical behaviour of quarzite specimens in stiff triaxial compression tests. Int J Rock Mech Min Sci & Geomech Abstr 10: 713-726
Irwin GR (1958) Fracture. In: Handbuch der Physik, Bd. IV, Springer, Berlin, Heidelberg, New York, pp 551-589
Mogi K (1962) Study of the elastic shocks caused by the fracture of heterogeous materials and its relations to earthquake phenomena. Bull Earthqu Res Inst Tokyo Univ 40: 125-173
Murell SAF (1958) The strength of coal under triaxial compresion. In: Mechanical properties of non-metallic brittle materials. Butterworths, London, pp 123-146
Scholz C (1967) Frequency-magnitude relation of micro-fracturing events during the triaxial compression of rock. Trans Am Geophys Un 1: 025-219
Trapponier P, Brace WF (1976) Development of stress-induced microcracks in Westerly Granite. Int J Rock Mech Min Sci & Geomech Abstr 13: 103-112
Wong TF (1982) Micromechanics of faulting in Westerly Granite. Int J Rock Mech Min Sci & Geomech Abstr 19: 49-64
Wood DM (1980) Yielding in soft clay at Bäckebol, Sweden. Géotechnique 30: 49-65

ANHANG

Ableitung der Probendehnungen aus dem Verschiebungsfeld der Markierungspunkte

Beim augenblicklichen Entwicklungsstand des optografischen Aufnahmeverfahrens kann lediglich das Verschiebungsfeld parallel zur x-Achse der Probe aufgenommen werden. Bezüglich der y-Achse ist daher für die Auswertung der Verzerrungszustände eine Annahme erforderlich.

Dabei wird der y-Achse die Verschiebung in der x-Achse, abzüglich eines aus der Bruchflächenneubildung herrührenden Anteils $\Delta(A)_i$ zugewiesen.

$$(\Delta y)_j^{k,l} = (\Delta x)_j^{k,l} - \Delta(A)_i$$

Dieses Vorgehen ist bis zur Möglichkeit einer zweiten Messung parallel zur y-Achse hinreichend genau, zumal ausschließlich Versuche zur Auswertung kamen, deren Bruchflächen sich in Annäherung parallel zur y-Achse einstellten (vgl. Abb. 10b).

Unter der weiteren Annahme kleiner Deformationen ergeben sich die Dehnungen zu

$$(\varepsilon_x)_j = \frac{\partial(\Delta x)_j^{k,l}}{\partial x} = \{(\Delta x)_j^l - (\Delta x)_j^k\} \,/\, \{(x_o)_j^l - (x_o)_j^k\}$$

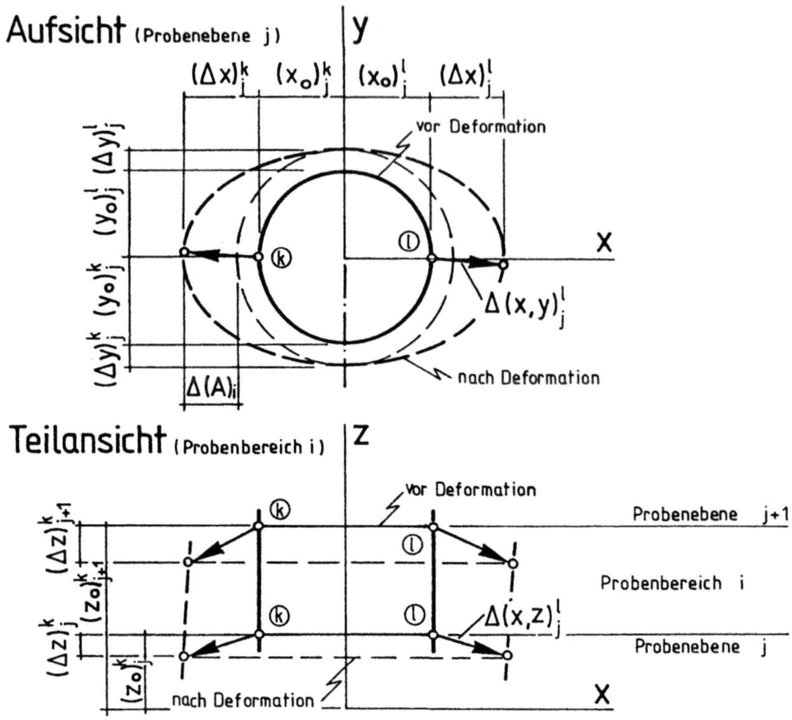

$$(\varepsilon_y)_j = \frac{\partial (\Delta y)^{k,l}_j}{\partial y} = \{(\Delta x)^l_j - (\Delta x)^k_j - 2\Delta(A)_i\} \;/\; \{(y_o)^l_j - (y_o)^k_j\}$$

$$(\varepsilon_z)_{j,j+1} = \frac{\partial (\Delta z)^{k,l}_{j,j+1}}{\partial z} = \frac{1}{2}\,\{\{[(\Delta z)^k_{j+1} - (\Delta z)^k_j] \;/\; [(z_o)^k_{j+1} - (z_o)^k_j]\}$$

$$+\{[(\Delta z)^l_{j+1} - (\Delta z)^l_j] \;/\; [(z_o)^l_{j+1} - (z_o)^l_j]\}\}$$

und damit die mittlere volumetrische Dehnung im Probenbereich i

$$(\varepsilon_{vol})_i = (\varepsilon_x + \varepsilon_y + \varepsilon_z)_i = \{\tfrac{1}{2}[(\varepsilon_x)_j + (\varepsilon_x)_{j+1} + (\varepsilon_y)_j + (\varepsilon_y)_{j+1}]$$

$$+ (\varepsilon_z)_{j,j+1}\}$$

Anisotropie des Eigenspannungszustandes der wechsellagernden Locker- und Festgesteinsschichten des Frankfurter Raumes

E. FRANKE[1], H. MADER[1], K. SCHETELIG[2] und T. SCHNEEWOLF[2]

SUMMARY

In the Frankfurt area several building projects are carried out, of which the subsoil is influenced to a depth of 40 m and more. The so caused deformations which lead to settlements at the surface depend on the stresses existing before construction as well as on additional stresses. The same applies to tunnel structures.

As the states of stress depend on depth, the knowledge about the anisotropic state of in-situ stresses is important for exact numeric investigations. The examination of the anisotropic state of in-situ stress was the aim of this research project to which soil mechanical and geological investigations were applied.

Field and laboratory investigations were carried out. In boreholes, reaching a depth of 40 m, the horizontal earth pressures at rest σ_h' were directly measured using a pressuremeter. As the corresponding vertical stresses $\sigma_v' = \gamma' \cdot t$ are known, the coefficient of earth pressure at rest $K_o = \sigma_h'/\sigma_v'$ could be calculated in dependence on the depth t (fig. 2). The resulting dependence of $K_o = f(t)$ on depth with values of 1 to 3 near the surface could be confirmed by oedometric tests on specimens from different depths. By these oedometric tests the overconsolidation ratio OCR was determined in dependence on the depth. A well-known empirical relation between OCR and K_o allowed to determine K_o independently once more and to compare it with the K_o-values obtained from pressuremeter tests (fig. 1, 2, 8). The correspondence between these K_o-values was quite satisfactory. Moreover the correspondence between them and the results of geological investigations was satisfactory to the degree which can be expected on such investigations.

The area of Frankfurt is appropriate for the program because of a sequence up to 300 m thickness, slightly faulted and consisting of Tertiary clays, silts, sandstones and limestones is exposed, dipping 3° towards

[1]Prof. Dr.-Ing. E. Franke, Dipl.-Ing. H. Mader, Institut für Bodenmechanik und Grundbau der TH Darmstadt, Petersenstr. 13, D-6100 Darmstadt

[2]Prof. Dr. rer. nat. K. Schetelig, Dipl.-Geol. T. Schneewolf, Geologisch-Paläontologisches Institut der TH Darmstadt, Schnittspahnstr., 9 D-6100 Darmstadt

Ingenieurgeologische Probleme im Grenzbereich zwischen Locker- und Festgesteinen
(Herausgegeben von K.-H. Heitfeld)

NW (fig. 3, 4). Therefore, a maximum vertical load during the geological past of 50 to 200 m according to the respective location within the city can be derived (fig. 10, 11). The directions of the principal stresses are permanently maintained vertical or horizontal, respectively. Some open joints in clays and open bedding planes encountered during excavation of an underground tunnel indicate locally reduced horizontal stresses. In such areas also increased settlements caused by tunneling are recorded.

At Frankfurt the K_o-values are distinctly lower than those determined in the London Clay with $K_o = 3 - 4$ close to the surface. For a comparison clay mineralogical analyses were performed. Characteristic for the Frankfurt area is a frequently changing and in the Miocene often high content of swelling clay minerals up to 70 percent related to the grain size $< 2\mu m$

ANLASS UND ZIELE DES FORSCHUNGSVORHABENS

Im Frankfurter Raum werden und wurden zahlreiche ober- und unterirdische Bauvorhaben ausgeführt, für deren Verformungs- und Tragverhalten der Baugrund bis zu etwa 40 m Tiefe mitbestimmend ist. Hier wird vor allem an die auf Platten gegründeten Hochhäuser, die für ihre Herstellung erforderlichen tiefen Baugruben und die in offener und bergmännischer Bauweise hergestellten Verkehrstunnel gedacht. Für Baumaßnahmen dieser Größenordnung und Bedeutung hat man sich die in den letzten 15 Jahren entwikkelten numerischen Untersuchungsmethoden bei gleichzeitig relativ genauer Berücksichtigung des Stoffverhaltens des Baugrundes nutzbar gemacht. Solche Untersuchungen sind zumindest für Parameterstudien sinnvoll, die das Trag- und Verformungsverhalten der Bauwerke und ihrer Umgebung realistischer einzuschätzen gestatten, als das mit den mehr konventionellen Methoden der DIN 4017 und DIN 4019 früher möglich war. Wegen der größeren Genauigkeit, die jetzt angestrebt wird, ist es erforderlich, auch den Eigenspannungszustand des Baugrundes bzw. den Primärspannungszustand des unverritzten Gebirges - wie die Bergleute und Tunnelbauer sagen - in angemessener Weise zu berücksichtigen. Das ist bisher nicht geschehen. Man hat im geologisch vorbelasteten (überkonsolidierten) Untergrund mit konstanten Werten von

$$K_o = \text{const.} = \frac{\sigma'_h}{\sigma'_v} = 0{,}6 \ldots 0{,}8$$

(σ'_h und σ'_v = effektive Horizontal- und Vertikalspannung) gerechnet, was nur in normalkonsolidierten Böden zulässig ist; d.h. die tiefenabhängige Veränderung von K_o im überkonsolidierten "Frankfurter Ton" wurde bisher nicht berücksichtigt. Dagegen wurden für den ebenfalls tertiären Ton auf dem London steht, K_o-Werte von 3 bis 4 in Oberflächennähe ermittelt, die sich mit zunehmender Tiefe vermindern.

Um diese Tiefenabhängigkeit feststellen zu können, benötigt man neben der bekannten Vertikalspannung $\sigma'_v = \gamma' \cdot t$ die Horizontalspannung $\sigma'_h = K_{o(oc)} \cdot \sigma'_v$, d.h. man muß sich Kenntnis von σ'_h und seiner Veränderung mit der Tiefe verschaffen.

Abbildung 1 zeigt, wie es zu der Tiefenveränderlichkeit von K_o kommt. Es wird ein Bodenelement A betrachtet (s. Abb. 1b). Bei der Sedimentation des Bodens nahm σ'_v von 0 bis $\sigma'_{v1} = \gamma' \cdot t$ zu; es wurde die Span-

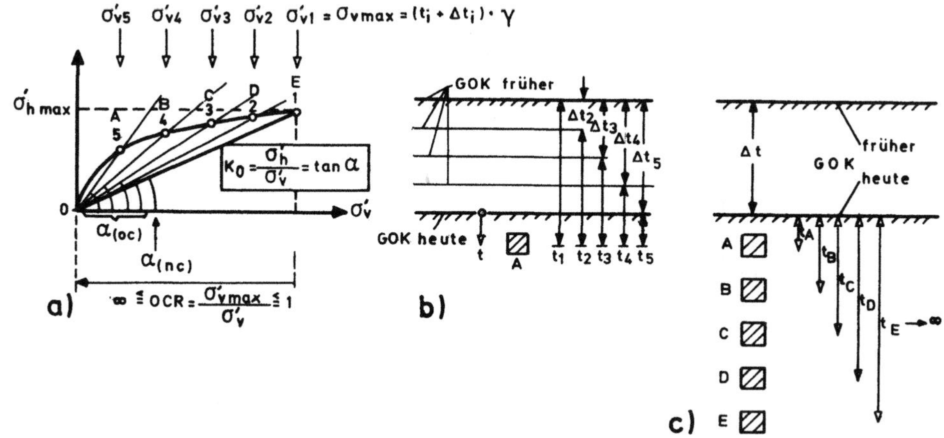

Abb. 1 Spannungsgeschichte von Bodenelementen (schematisch)

Fig. 1 Stress history of soil increments (schematically)

nungsspur 0 - 1 nach Abb. 1a durchlaufen, längs der

$$K_{o(nc)} = \sigma'_h / \sigma'_v = \tan\alpha_{(nc)} = \text{const.}$$

Das ist die Erst- oder Normalkonsolidierung (nc). Dann wurde der Boden z.B. durch Erosion wieder abgetragen; die Geländeoberfläche (GOK) sank wieder (um Δt) von t_1 auf t_5. Dabei wird die Spannungsspur 1-2-3-4-5 nach Abb. 1a durchlaufen. Jetzt ist

$$K_{o(oc)} = \sigma'_h / \sigma'_v = \tan\alpha_{i(oc)} = f\left(\frac{\sigma'_{v\,max}}{\sigma'_{v_i}}\right)$$

nicht mehr konstant (i = 1 ... 5).

$$OCR = \frac{\sigma'_{v\,max}}{\sigma'_{v\,i}} = \frac{\gamma \cdot (t_i + \Delta t_i)}{\gamma \cdot t_i}$$

ist das Überkonsolidierungsverhältnis, d.h. es ist

$$K_{o(oc)} = f\ (OCR)$$

Betrachtet man jetzt auf Abb. 1c Bodenteilchen A bis E in verschiedenen Tiefen t_A bis t_E unter der jetzigen Geländeoberfläche, und wählt man diese Tiefen so, daß sich für t_A bis t_E gleiche OCR-Werte für die Tiefen t_5 bis t_1 auf Abb.1 ergeben, so erhält man auf Abb. 1a gleiche Werte für die $\alpha_{i(oc)}$ (jetzt mit i = A bis E) wie für den Fall auf Abb. 1b. Man erkennt, daß

$$K_{o(oc)} = \tan\alpha_{i(oc)} = f\ (t_i)$$

tiefenabhängig ist. Nur bei OCR = 1, d.h. bei fehlender Vorbelastung, ist

$$K_o = K_{o(nc)} = \tan\alpha_{(nc)} = \text{const.}$$

Diese Zusammenhänge sind auf Abb. 2 dargestellt.

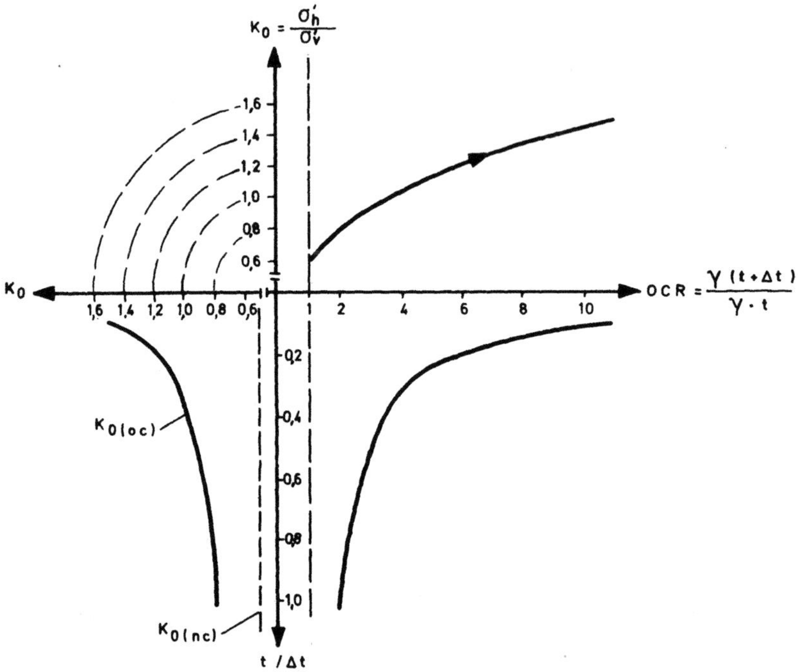

Abb. 2 Beziehung zwischen K_o, OCR und t (schematisch)

Fig. 2 Relation between K_o, OCR and depth (schematically)

Das Forschungsvorhaben hatte das Ziel zu ermitteln, ob - wie in London - auch im Frankfurter Untergrund OCR ≠ 1 und damit $K_{o(oc)}$ in der beschriebenen Weise tiefenabhängig ist. Dafür sind geologische und bodenmechanische Methoden eingesetzt worden. Die Chance, das Ziel zu erreichen, war im Frankfurter Raum insofern gut, als mit Hilfe der Stratigraphie, der Tektonik und der Paläogeographie die maximale geologische Vorbelastung im Frankfurter Raum relativ gut abgeschätzt werden kann. Die Schichtenfolge ist gut bekannt und nur wenig gestört. Infolge einzelner Verkippungen, Verbiegungen sowie einiger Horst- und Grabenstrukturen liegen Schichtglieder unterschiedlichen Alters auf engem Raum nebeneinander, so daß die Paläogeographie und die Sedimentationsgeschichte rekonstruiert werden können. Es fehlen Gebirgsneubildungen, wie z.B. Faltungen, es war nie eine Eisbedeckung vorhanden, und es fehlen Störfaktoren wie Subrosion von Salz- oder Gipslagern im tieferen Untergrund.

Die gemeinsame Bewertung der erdgeschichtlichen Entwicklung und der Ergebnisse der bodenmechanischen Labor- und Feldversuche ermöglicht eine bessere und sicherere Beurteilung der Baugrundverhältnisse. Diesem Zweck diente auch die Untersuchung der mineralogischen Zusammensetzung der Tone. Damit sollten die vorliegenden Schichten so charakterisiert werden, daß ein Vergleich mit anderen Gebieten, wie vor allem dem Londoner Bekken, möglich ist.

GEOLOGIE

Tertiäre Schichtenfolge in Frankfurt

Abbildung 3 gibt die stratigraphische Gliederung der rund 300 m mächtigen Abfolge des Tertiärs aus Tonen, Schluffen, Sanden und Kalksteinen sowie die mineralogische Zusammensetzung der Tone wieder unter Verwendung zahlreicher Einzel-Informationen (z.B. AMANN et al. 1976; KÜMMERLE 1971, 1978). Ein schematischer geologischer Schnitt findet sich in Abb. 4. Das stratigraphische Profil wurde aus einer Vielzahl von Literaturhinweisen und Einzelinformationen aus Baugruben, U- und S-Bahntunneln konstruiert. Die Mächtigkeit wechselt innerhalb des Stadtgebietes je nach Lage zu den Hochgebieten und Senken bzw. der tektonischen Position. Die vollständige Schichtenfolge ist nur im Westen vorhanden (s.a. Abb. 4). Im Osten sind die jungtertiären Schichten abgetragen, oder sie waren nie zur Ablagerung gekommen.

Der tiefere Untergrund besteht aus Sand-, Schluff- und Tonsteinen, dem Rotliegenden sowie in noch größerer Tiefe paläozoischen Gesteinen, wie sie vom Vordertaunus oder vom nördlichen Odenwald bekannt sind.

Die Sedimentation im Tertiär beginnt im Oligozän mit dem Meeresvorstoß aus der Burgundischen Pforte, der zu einer kurzzeitigen Verbindung des Mittelmeeres über den Rheintalgraben und Nordhessen zum norddeutschen Tertiärbecken führte. Schon bald wurde diese Verbindung wieder unterbrochen. Die Flüsse aus den umliegenden Festlandsgebieten führten zu einer fortschreitenden Verbrackung und schließlich Aussüßung im Miozän. Im Obermiozän wurde auch die Verbindung zum Mittelmeer über Burgund unterbrochen. Mit zunehmender Heraushebung der Randgebiete und dadurch wachsender Schwebstoff- und Geröllfracht der Flüsse verlandete die ursprünglich große Wasserfläche. Im Pliozän und Quartär entstanden die heutigen Flußgebiete von Rhein und Main. Die Sedimentation beschränkte sich auf die tiefsten Schollen des Rheintalgrabens, wo bis zur Rhein-Regulierung Kiese und Sande abgelagert wurden.

Diese wechselhaften Bedingungen in dem relativ kleinen Meer- bzw. Süßwasserbecken führten zu einem lebhaften vertikalen und horizontalen Gesteinswechsel. Auch während des mittleren Tertiärs kam es zu kurzzeitigem Trokkenfallen; in mehreren Schichten können Trockenrisse festgestellt werden. Dies war auch mit diagenetischen Verfestigungen durch Kalk und Dolomit verbunden, was später die Konsolidation der Gesamtfolge beeinflußt haben mag. Auch die verbreitete Ausscheidung von Gips im Obermiozän (bis 20 %) beweist die Abschnürung einzelner Beckenteile.

Für den Baugrund des Frankfurter Raumes sind zwei Schichtglieder besonders wichtig, der rund 50 m mächtige Rupelton (Mitteloligozän) im Osten der Stadt und in Offenbach sowie die 100 m mächtigen Hydrobienschichten in der Frankfurter Innenstadt.

Tektonik

Frankfurt liegt nahe dem Kreuzungspunkt zweier bedeutender Sekungszonen (Abb. 5).

a) Saar-Nahe-Trog: Nach der varistischen Gebirgsbildung im Karbon bildete sich südlich des Rheinischen Schiefergebirges ein intra-montaner Trog, der im Rotliegenden mit dem Abtragungsschutt, vor allem des Rheinischen Schiefergebirges, gefüllt wurde. Die Mächtigkeit schwankt zwischen einigen hundert Metern und über 1000 m.

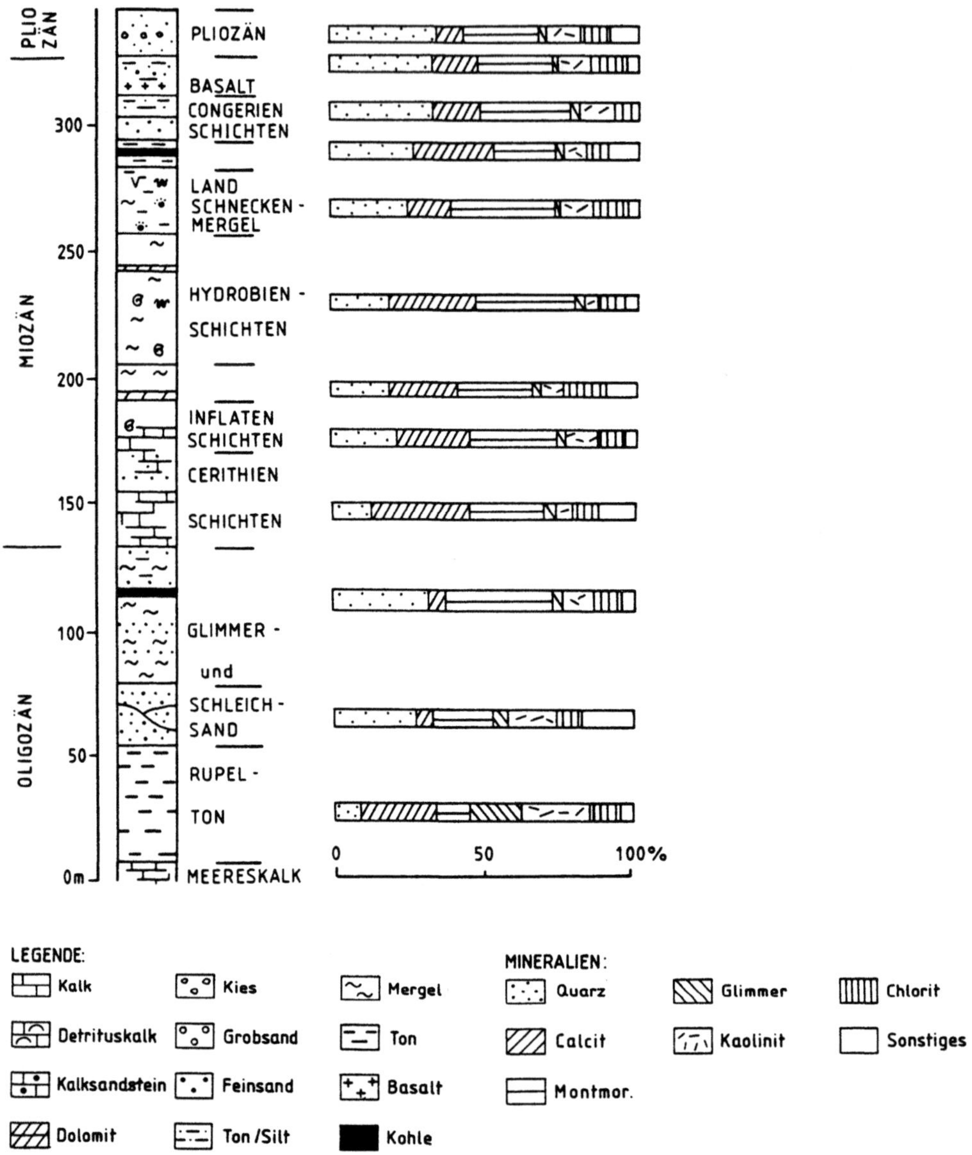

Abb. 3 Stratigraphie des Tertiärs im Raum Frankfurt

Fig. 3 Stratigraphy of Tertiary in the Frankfurt area

b) Rheintal-Graben: Nach einer langen Festlandszeit entwickelte sich ab dem Oligozän als bedeutendste tektonische Struktur der jüngeren Erdgeschichte der Rheintal-Graben. Er stellt eine Zerrungsstruktur dar, wobei der Odenwald und Schwarzwald auf der einen Seite und Pfälzerwald und Vogesen auf der anderen Seite langsam mit einer mittleren Geschwindigkeit von 0,1 mm/Jahr auseinanderdriften. Zudem treten N-S - gerichtete Schub-

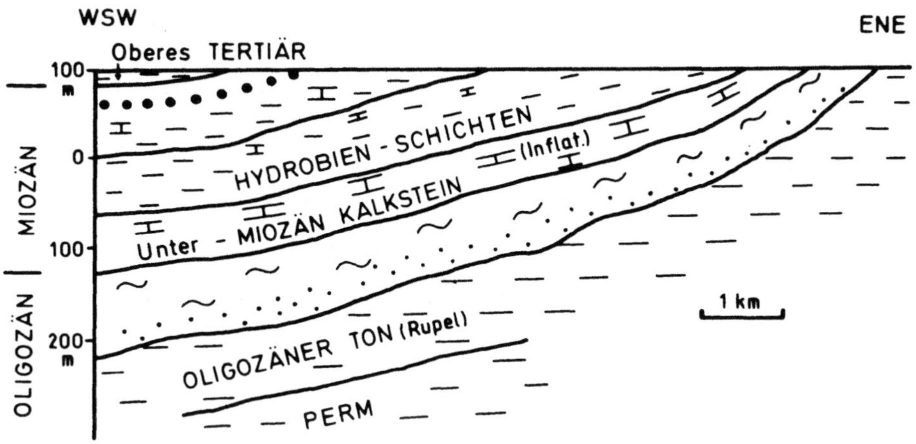

Abb. 4 Geologisches Profil im Raum Frankfurt

Fig. 4 Geological Profile of the Frankfurt area

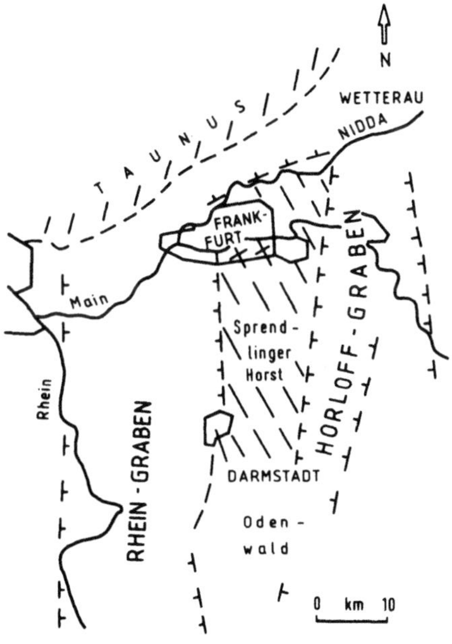

Abb. 5 Tektonische Übersicht

Fig. 5 Tectonic setting

beanspruchungen auf.

Ab dem Mitteloligozän ist im Frankfurter Raum und seinen angrenzenden Gebieten die Entwicklung von Horst- und Grabenstrukturen feststellbar. Im Westen liegt der Rheintal-Graben mit seinen Einsenkungsbereichen, im Osten der Horloff-Dieburg-Graben, dessen Entwicklung vor allem im Miozän begann (Abb. 5). Beide tektonischen Vorgänge, die den Frankfurter Raum bestimmen, sind rezent noch aktiv.

Zwischen den beiden Gräben entstand der Sprendlinger Horst, der südlich von Frankfurt als Fortsetzung des Vorderen Odenwaldes sich als Höhenrücken etwa 100 m über die benachbarten Senken erhebt. Der Sprendlinger Horst fällt langsam nach Norden ab, mit Frankfurt an seinem Endpunkt. Hier taucht die Nord-Süd verlaufende Horststruktur flexurartig unter eine SW-NE streichende Quersenke im Niddatal, welche den Rheintal-Graben mit der Wetterau verbindet.

Die Horst- und Grabenentwicklung wirkte sich in erster Linie in unterschiedlichen Mächtigkeiten der jeweiligen Schichten aus. Auf dem Horst beträgt die Schichtstärke meist nur 30 % der Mächtigkeit in den Beckenzonen. Durch einen Vergleich der Mächtigkeiten und der Gesteinsausbildung läßt sich das Geschehen im einzelnen rekonstruieren (Abb. 6).

Die ständige Eintiefung des Rheintal-Grabens und das Abtauchen des Sprendlinger Horstes nach Norden führten zu einem flachen Einfallen der tertiären Schichtenfolge nach Nordwesten mit einer mittleren Neigung von 3°.

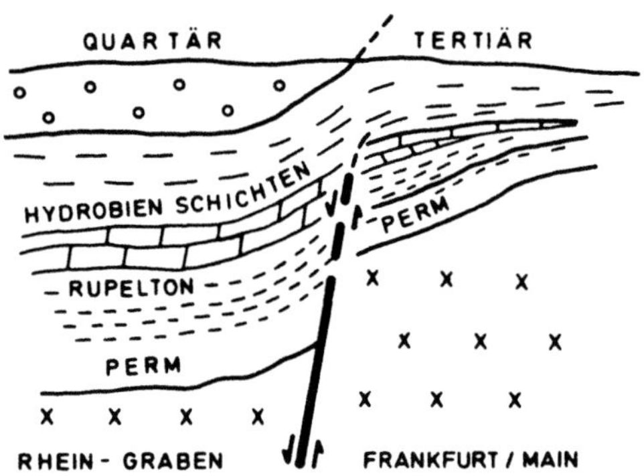

Abb. 6 Störungen des Rheintal-Grabens im Raum Frankfurt, schematisch

Fig. 6 Faults of the Rhine-Graben in the Frankfurt area, schematic

ERMITTLUNG VON K_o MIT BODENMECHANISCHEN UNTERSUCHUNGSMETHODEN

Es wurden Feld- und Laborversuche ausgeführt.

Ermittlung von $K_o^{(1)}$ mit σ_h' aus Pressiometerversuchen

Mit dieser Versuchsart kann u.a. σ_h' direkt ermittelt werden, so daß mit der bekannten Vertikalspannung $\sigma_v' = \gamma' \cdot t$

$$K_{o(oc)}^{(1)} = \sigma_h'/\sigma_v'$$

errechnet werden kann.

Zwar gibt es bis heute keine einheitlichen Vorstellungen über die Auswertung der Versuchsergebnisse, aber es liegt auf der Hand, daß man die Horizontalspannung in-situ σ_h' mit dem Wert p_o auf Abb. 7 identifizieren kann. An dieser Stelle zeigt der Verlauf der Arbeitslinie durch einen Knick an, daß Auflockerungen in der Bohrlochumgebung durch die zunehmen-

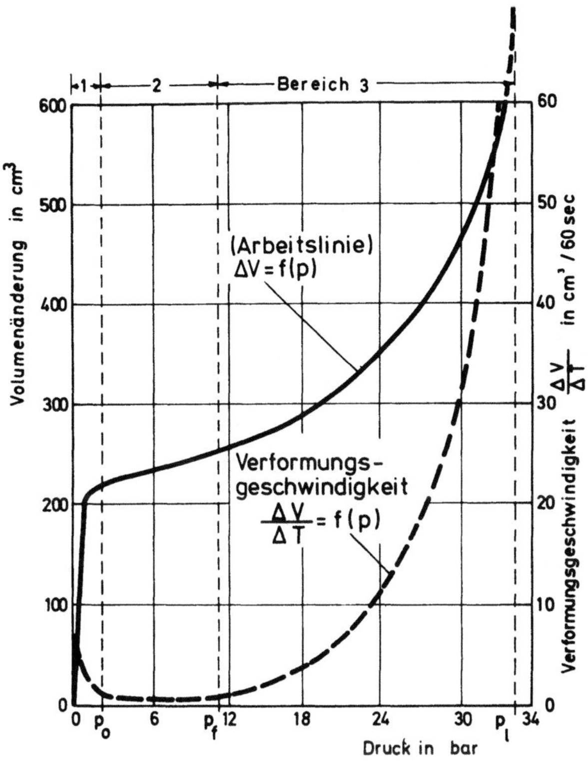

Abb. 7 Typische Arbeitslinie von Pressiometerversuchen

Fig. 7 Typical test curve of pressuremeter tests

de axialsymmetrisch-radiale Aufweitung der Sonde "repariert" sind, weil weiteren Aufweitungen ein relativ viel stärker zunehmender Widerstand $p > p_o$ entgegengesetzt wird. Die Stelle, von der an das gilt, kann dadurch in verfeinerter Weise bestimmt werden, daß man nach jedem Spannungsinkrement Δp die Aufweitungsgeschwindigkeit kontrolliert. An der Stelle, an der die Kurve der Verformungsgeschwindigkeit nach anfänglich hohen Werten abgenommen hat und in eine Horizontale einbiegt, ist $p = p_o$.

Es erhebt sich nun die Frage, ob (bei Annahme des Grundwasserspiegels in der Geländeoberfläche)

$$p_o = K_{o(oc)}^{(1)} \cdot \gamma' \cdot t + \gamma_w \cdot t, \qquad \text{d.h.}$$

$$\sigma_h' = p_o - \gamma_w \cdot t \qquad \text{oder}$$

$$p_o = K_{o(oc)}^{(1)} \cdot \gamma \cdot t = \sigma_h'$$

zu setzen ist, d.h. ob mit γ', der Wichte unter Auftrieb, oder mit γ, der Wichte des feuchten Bodens zu rechnen ist. Die Bohrungen im Ton, in denen die Pressiometerversuche ausgeführt wurden, waren stets trocken, weil der Wasserzudrang vom überlagernden Alluvium, in dem der Grundwasserspiegel angetroffen wurde, durch Verrohrung in diesem Bereich verhindert war. Unter der Annahme, daß der Grundwasserspiegel stets in der Nähe der Geländeoberfläche gelegen hat, wäre daher davon auszugehen gewesen, daß sich an der Bohrungswand über den radial aufsummierten Strömungsdruck die totale Spannung

$$p_o = \sigma_h = K^{(1)}_{o(oc)} \cdot \gamma' \cdot t + \gamma_w \cdot t$$

(γ_w = Wichte des Wassers) aufbaut. Dabei ergeben sich die in Abb. 8b punktiert eingetragenen K_o-Werte als eine denkbare Grenze. Rechnet man andererseits damit, daß das regelmäßig feststellbare Wassersättigungsdefizit im "Frankfurter Ton" auf Phänomene zurückzuführen ist, die den Aufbau hydrostatischer Druckverhältnisse nur an den Grenzen zu wasserführenden Schichten zulassen, so ist mit

$$p_o = \sigma_h' = K^{(1)}_{o(oc)} \cdot \gamma \cdot t$$

eine andere Grenze definiert. Die letztere Hypothese ist am Institut für Bodenmechanik und Grundbau der TH Darmstadt schon früher von SCHWAB (1981) in Verbindung mit abnormen Unterschieden zwischen Schwell- und Quelldrücken entwickelt worden, denen in weiteren Forschungen nachgegangen werden soll. Um die graphischen Darstellungen nicht zu unübersichtlich zu machen, werden dort nur die mit $\gamma \approx 2 \cdot \gamma'$ ermittelten Ergebnisse dargestellt. Unbeschadet dessen ist das Resümee aus diesen Überlegungen, daß man lediglich Grenzen der Realität abschätzen kann, indem man Ermittlungen sowohl unter Verwendung von γ als auch von γ' ausführt; das gesuchte Ergebnis muß zwischen diesen Grenzen liegen. Wie sich zeigen wird, erhält man auf diese Weise trotzdem plausible Δt-Werte.

Rechnet man mit $\sigma_h' = K^{(1)}_{o(oc)} \cdot \gamma \cdot t$

und bildet man mit $\sigma_v' = \gamma \cdot t$

$$K^{(1)}_{o(oc)} = \frac{\sigma_h'}{\sigma_v'} = \frac{p_o}{\sigma_v'} = f(t)$$

so erhält man den auf Abb. 8b dargestellten Verlauf mit $K^{(1)}_{o(oc)}$ - Werten, die, wie nach Abb. 2 erwartet, gegen die Geländeoberfläche zunehmen und > 1 werden.

Ermittlung von $K^{(2)}_{o(oc)}$ mit OCR aus Oedometerversuchen

Die Bestimmung der geologischen Vorbelastung $\sigma_v'{}_{max}$ allein aus dem Verlauf der Drück-Setzungs-Linie der Kompressionsversuche mit verhinderter Seitendehnung

$$\Delta h = f(\sigma_v')$$

ist - wie allgemein bekannt - schwierig und ungenau; es gibt meist keinen sehr deutlichen Knick zwischen Wieder- und Erstbelastung. Mit mehr Deutlichkeit erkennt man die Vorbelastungsspannung $\sigma_v'{}_{max} = \gamma(t + \Delta t)$, wenn man die Kriechgeschwindigkeiten im sog. Sekundärsetzungsbereich $\Delta(\Delta h/h)/\log(T_1/T_2)$ über den Konsolidierungsspannungen σ_v' wie auf Abb. 9 aufträgt. (Es versteht sich, daß man im Bereich von $\sigma_v'{}_{max}$ mit möglichst kleinen und gleichgroßen Lastinkrementen $\Delta\sigma_v$ arbeiten muß).

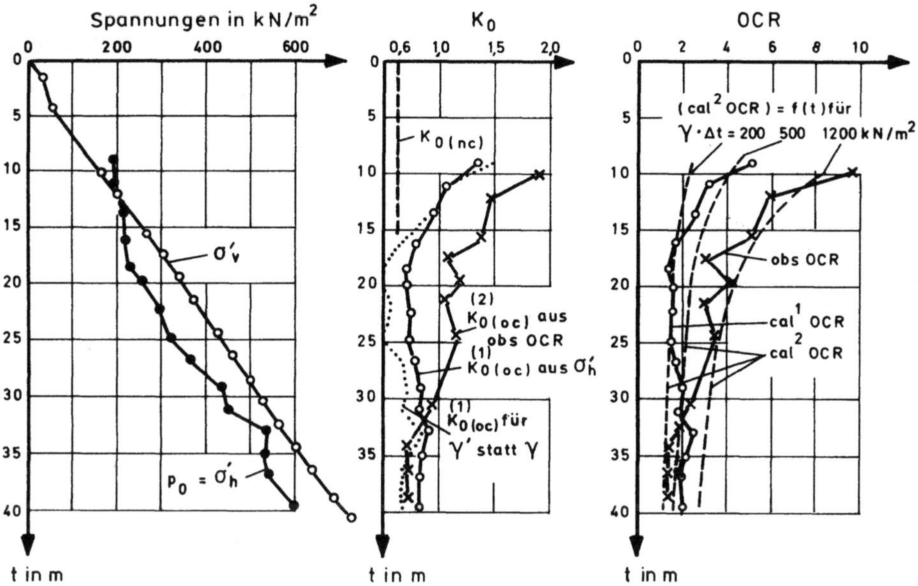

Abb. 8 Vergleich der bodenmechanischen Versuchsergebnisse:

a) $\sigma_v' = \gamma' \cdot t$ und σ_h' aus Pressiometerversuch

b) K_o-Werte: $K_{o(nc)} = 1 - \sin \varphi'$

$K^{(1)}_{o(oc)}$ mit σ_h' aus Pressiometerversuch

$K^{(2)}_{o(oc)}$ errechnet mit $K_{o(oc)} = K_{o(nc)} \cdot \sqrt{OCR}$ aus (obs OCR) der Oedometerversuche

c) (obs OCR) aus Oedometerversuch

(cal^1 OCR) errechnet mit $K_{o(oc)} = K_{o(nc)} \cdot \sqrt{OCR}$ aus $K^{(1)}_{o(oc)}$-Werten der Pressiometerversuche

(cal^2 OCR) errechnet mit angenommenen Werten von $\gamma \cdot \Delta t$ = 200... 500 ... 1200 kN/m²

Fig. 8 Comparison of soil mechanical test results

a) $\sigma_v' = \gamma' \cdot t$ und σ_h' from pressuremeter test

b) K_o-values: $K_{o(nc)} = 1 - \sin \varphi'$

$K^{(1)}_{o(oc)}$ using σ_h' from pressuremeter test

$K^{(2)}_{o(oc)}$ calculated with $K_{o(oc)} = K_{o(nc)} \cdot \sqrt{OCR}$ using (obs OCR)-values of oedometric tests

c) (obs OCR) from oedometric tests

(cal^1 OCR) calculated with $K_{o(oc)} = K_{o(nc)} \cdot \sqrt{OCR}$ using $K^{(1)}_{o(oc)}$-values of the pressuremeter tests

(cal^2 OCR) calculated with assumed values of $\gamma \cdot \Delta t$ = 200...500 ... 1200 kN/m² for comparison

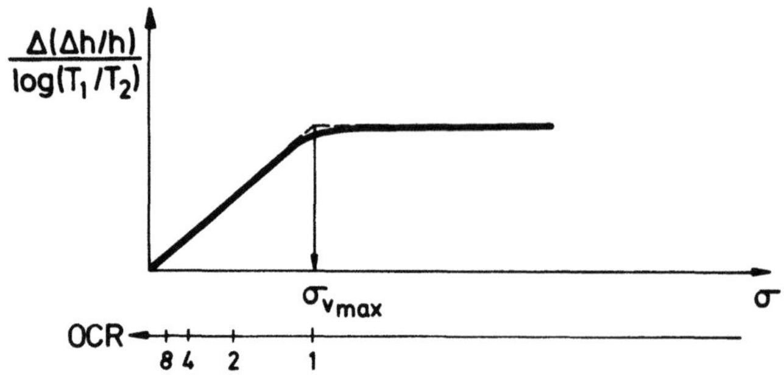

a) Kriechgeschwindigkeit des Sekundärsetzungsbereiches in Abhängigkeit von der effektiven Vertikalspannung
a) Creep velocity in secondary compression related to effective vertical stress

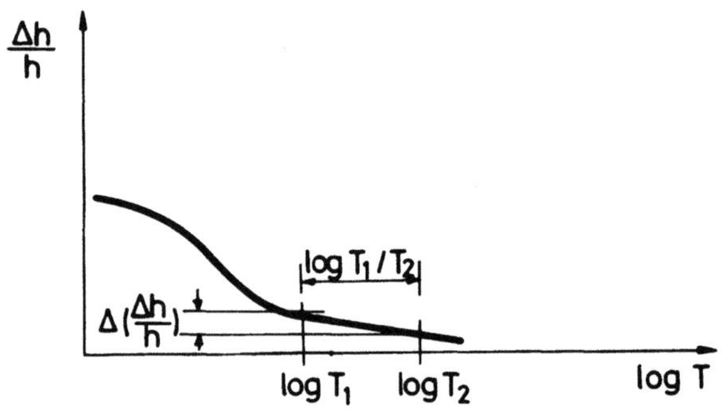

b) Beispiel einer Last-Setzungskurve bei einer Laststufe
b) Example of the time-settlement curve of one load increment

Abb. 9 Ermittlung der geologischen Vorbelastung nach MURAYAMA/SHIBATA (1958)

Fig. 9 Determination of geological overburden after MURAYAMA/SHIBATA (1958)

Mit ungestörten Bodenproben aus verschiedenen Tiefen, für die mittels Pressiometerversuchen σ_h' und $K^{(1)}_{o(oc)}$ ermittelt wurden, sind so aus Kompressionsversuchen die (obs OCR)-Werte ermittelt und auf Abb. 8c dargestellt worden. Auf der Abbildung sind diese gemessenen (obs OCR)-Werte mit gestrichelt eingetragenen, nach probeweiser Annahme verschiedener Werte von Δt (s. Abb. 1) errechneten (cal^2 OCR) verglichen worden. Wie man sieht, muß danach $\gamma \cdot \Delta t$ zwischen 500 und 1200 kN/m² gelegen haben, d.h. Δt lag für $\gamma \approx 20$ kN/m³ zwischen 25 und 60 m und für $\gamma' = 10$ kN/m³ zwischen 50 und 120 m. Diese Werte decken sich mit den auf der Grundlage stratigraphischer Betrachtungen ermittelten Größenordnungen (siehe dazu den folgenden Abschnitt).

Mit Kompressionsversuchen an künstlich aufbereiteten Bodenproben hat man gemäß Abb. 1a für verschiedene Bodenarten den Zusammenhang zwischen $K_{o(nc)}$, $K_{o(oc)}$ und OCR erforscht. Danach ist

$$K_{o(oc)} = K_{o(nc)} \cdot \sqrt{OCR}$$

Bei bekanntem Wert von $K_{o(nc)} = 1 - \sin \varphi'$ (für "Frankfurter Ton": 0,6) kann man also mit (obs OCR) gemäß Abb. 8c $K^{(2)}_{o(oc)}$ bzw. mit $K^{(1)}_{o(oc)}$ gemäß

Abb. 8b $(cal^1 OCR) = (K^{(1)}_{o(oc)}/0{,}6)^2$ errechnen und wie auf Abb. 2 unten auftragen. In dieser Weise sind die Ergebnisse auf Abb. 8 b bzw. 8 c zustandegekommen, und man kann aus dem Vergleich mit $(cal^2$ OCR)-Werten für angenommene $\gamma \cdot t$ von 200 und 500 kN/m² erkennen, daß für $\gamma' =$ 10 kN/m³ Δt = 20 ... 50 m und für γ = 20 kN/m³ Δt = 10 ... 25 m hätte sein müssen. Ein Vergleich der $(cal^2$ OCR)-Linie mit der (obs OCR)-Linie läßt Abweichungen erkennen, welche die bei diesem Forschungsvorhaben bisher erreichte Genauigkeit kennzeichnen. Man kann jedoch in Verbindung mit den in dieser Kurzfassung nicht dargestellten Ergebnissen von Sondierungen in geringerer Tiefe von Baugruben aus feststellen, daß die erwartete Tiefenabhängigkeit von $K_{o(oc)}$ und Werte > 1 in Oberflächennähe deutlich erkennbar sind. In diesem Sinne ist das Forschungsziel erreicht: Der Frankfurter Untergrund besitzt nach den bodenmechanischen Versuchen eine geologische Vorbelastung in der Größenordnung von 50 bis 150 m, und der anisotrope Spannungszustand ist tiefenabhängig. Mit weiteren Versuchen in tiefen Bohrungen, die im Rahmen dieser Forschung nicht finanziert wurden, kann die Ergebnisgenauigkeit verbessert werden.

BEURTEILUNG DER GEOLOGISCHEN VORBELASTUNG $\gamma \cdot \Delta t$ UND DER HORIZONTALEN EIGENSPANNUNG σ_h' MIT HILFE STRATIGRAPHISCHER UND TEKTONISCHER ÜBERLEGUNGEN

Nach dem Entwurf der schematischen abgedeckten geologischen Karte der Tertiär-Oberfläche (Abb. 10) wurde unter Benutzung des stratigraphischen Standardprofils (Abb. 3 und 4) ein Iso-Linienplan über die vermutliche geologische Vorbelastung entworfen (Abb. 11).

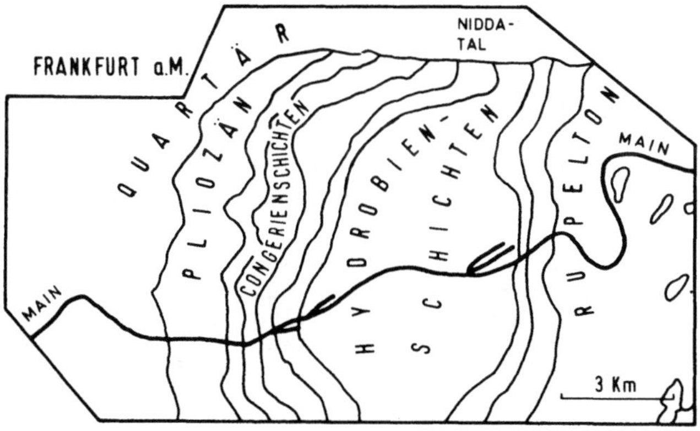

Abb. 10 Abgedeckte Tertiär-Oberfläche - schematisiert

Fig. 10 Resurrected surface of the Tertiary - schematically

Bei dieser Darstellung wurden die nach dem Standardprofil ermittelten theoretischen Maximalwerte bis etwa 30 % abgemindert, um Unsicherheiten bezüglich der Mächtigkeits-Verteilung und der paläogeographischen Entwicklung Rechnung zu tragen. Vor allem soll damit zum Ausdruck gebracht werden, daß trotz einzelner Grabenschollen östlich von Frankfurt der Zeitpunkt über den Rückzug des Meeres und die Beendigung der Sedimenta-

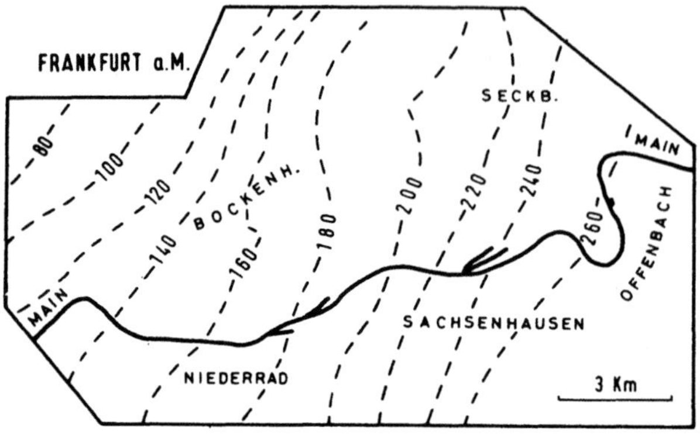

Abb. 11 Geologische Vorbelastung (Überlagerungshöhe in m)

Fig. 11 Maximum geological overburden during geological past (in m)

tion auf dem Sprendlinger Horst, also im Osten und in der Innenstadt von Frankfurt, nur mit Unsicherheiten bestimmt werden kann.

Nach diesen Überlegungen ergibt sich für den Osten von Frankfurt eine Vorbelastung > 200 m, für die Stadtmitte von 100 bis 200 m, im Westen sinkt sie bis gegen 50 m ab.

Im Regelfall wird man das Gebirge als tektonisch ungestört betrachten dürfen, d.h. Vertikal- und Horizontalspannungen sind Hauptspannungen. Durch den Abtrag der geologischen Vorbelastung $\gamma \cdot \Delta t$ (s. Abb. 1) hat sich daran nichts geändert, außer daß jetzt in Oberflächennähe die Horizontalspannung größer als die Vertikalspannung, d.h. $K_o > 1$ ist. Mit ausreichender Sicherheit kann angenommen werden, daß auch während der gesamten Erdgeschichte seit der Ablagerung die Hauptspannungen stets lotrecht und horizontal blieben. Eine Schiefstellung des Spannungs-Ellipsoids hätte sich in stärkeren Verkippungen, Verbiegungen und Verfaltungen bemerkbar machen müssen.

Neben dem oben geschilderten Regelfall kommt es lokal zu einer Verringerung der horizontalen Hauptspannung. K_o kann dann in Oberflächennähe wieder < 1 werden. Die Frage, ob derartige Abweichungen vom Regelfall im Frankfurter Raum auftreten, war ein Schwerpunkt der geologischen Untersuchung.

In diesem Zusammenhang sind Beobachtungen vom S-Bahn-Los 13 in Frankfurt am Main zwischen der Konstabler-Wache und der Main-Unterfahrt von besonderem Interesse. In Tonen der untersten Hydrobien- und Inflaten-Schichten wurden in 20 m Tiefe bankrechte Klüfte festgestellt (MEISSNER, KOESTER 1984), die teilweise oder ganz mit lockerem Schluff gefüllt waren. Ihre vertikale Erstreckung betrug etwas über 50 cm, in Längsrichtung waren sie über 1 m nachweisbar, zudem wurde in einer Bankfuge zwischen halbfesten Tonen der Inflatenschichten eine ausgesprochen lockere, verfärbte tonig-schluffige Füllung beobachtet, die in ihrer Festigkeit und Farbe sich deutlich vom Nebengestein unterschied. In der Bankfuge und in den offenen Klüften befanden sich Wassersäcke, die beim Auffahren des Tunnels ausliefen. Beim Vortrieb der zweiten Tunnelröhre konnten diese Beobachtungen wiederholt und erhärtet werden. Nach deren sorgfältiger Kartierung läßt sich folgendes feststellen (KOESTER 1984):

Eine Deutung der Kluftfüllungen als Residualschluff scheidet aus, da nirgends Hinweise auf einen erhöhten $CaSO_4$-Gehalt innerhalb der Inflatenschichten gefunden wurden. Da die lockeren Kluftfüllungen sich in ihrer

Konsistenz sehr deutlich vom Nebengestein unterscheiden, ist auch eine Erklärung als Trockenrisse nicht möglich. Wichtig für eine Erklärung sind die beiden folgenden Beobachtungen:

a) eine für Frankfurter Verhältnisse ungewöhnliche Verkarstung in Kalksteinen der Inflatenschichten mit atektonischen Durchbiegungen oder Senkungen einzelner Bänke,

b) eine relativ unbedeutende Verwerfung mit einer Sprunghöhe von 1 - 2 m.

Die offenen Klüfte und Bankfugen sind zunächst eine unmittelbare Folge der Verkarstung und der damit einhergehenden Verformungen. Ob die Verkarstung nun ausschließlich auf die örtliche Ausbildung der Inflatenschichten und lokal besondere hydro-geologische Verhältnisse zurückzuführen ist, oder ihrerseits durch die nahe Verwerfung bedingt ist, läßt sich aufgrund der Aufschlüsse nicht entscheiden.

Bemerkenswert ist, daß in solchen Bereichen mit offenen Trennflächen beim Tunnelbau trotz gleichbleibenden Bauverfahrens und im ganzen gleichbleibender Gebirgsfestigkeit wesentlich größere Gelände-Senkungen festgestellt wurden als üblich (max. 20 cm statt 4 - 5 cm).

Es ist sicher, daß in Bereichen wie beim S-Bahn-Los 13 die horizontalen Eigenspannungen lokal deutlich herabgesetzt sind und durch Werte von $K_o < 1$ gekennzeichnet sind, auch wenn entsprechende Pressiometer-Versuche bisher nicht durchgeführt werden konnten.

Die geschilderten Beobachtungen zeigen, daß innerhalb eines Gebietes sonst gleichmäßiger Eigenspannungen sehr wohl lokale Abweichungen auftreten können. Als Ursache für eine Verminderung kommen atektonische Verformungen, z.B. infolge Verkarstung, tiefreichende Hangauflockerung, sonstige oberflächennahe Entspannung oder selbst geringfügige Verwerfungen in Betracht. Letztere tragen zu einer Verminderung der horizontalen Eigenspannungen wohl nur bei, wenn sie in der jüngsten geologischen Vergangenheit noch aktiv waren.

TONMINERALOGIE

Mit Hilfe mineralogischer Untersuchungen sollte Stellung zu der Frage genommen werden, ob eine unterschiedliche Zusammensetzung oder Diagenese der verschiedenen Bodenschichten zu Unstetigkeiten der Kurve $K_o = f(t)$ (s. Abb. 2) führt. Weiter dienten solche Untersuchungen einem Vergleich mit dem London Clay.

Über die gesamte Profilhöhe wurde in - allerdings unregelmäßigen - Abständen der Feinstkornanteil und die mineralogische Zusammensetzung des Schlämmkorns untersucht. Der Rohton-Anteil belief sich bei allen Proben auf 35 - 75 %. Der Mindestwert wurde im Rupelton ermittelt. Im Miozän wurden durchweg um oder über 50 % bis zum Höchstwert von 75 % bestimmt.

Ein nennenswerter, wenn auch stark schwankender Kalkgehalt bis zu einem Maximum von 32 % wurde nur im Rupelton festgestellt. Zugleich ist im Oligozän der Gehalt an quellfähigen Mineralien sehr gering, oft nicht nachweisbar. Der Kalk stammt offenbar aus der früher weiter verbreiteten Muschelkalkbedeckung in der Umgebung des Rheingrabens und der Verbindung zum Mittelmeer (Tethys) über die Burgundische Pforte. Der geringe Gehalt an Montmorillonit (max. 15 %) im Oligozän läßt sich sowohl aus dem geringen Anteil an Vulkaniten des damaligen Einzugsgebietes (nur Melaphyre des Rotliegenden) als auch mit gelegentlich hypersalinem Milieu erklären. Dann verwittert Montmorillonit, und es bildet sich Chlorit, der in allen Proben nachweisbar ist.

Das Miozän zeichnet sich durch einen stets sehr niedrigen Kalkgehalt der Tone aus (meist unter 5 %, oft unter 2 %). Dies gilt auch für Proben dicht neben Kalkstein-Bänken. Dagegen ist der Gehalt an quellfähigen Tonmineralien durchweg hoch. Als Maximum wurden 70 % bezogen auf die Fraktion < 2 µm bestimmt. Zur Hauptsache liegt eine Illit-Montmorillonit Wechsellagerung vor.

Abgesehen von diesen markanten Unterschieden ist die tonmineralogische Zusammensetzung über die gesamte Profilhöhe ziemlich gleichbleibend, wie Abb. 3 zeigt. Als mittlere Zusammensetzung ergeben sich:

Quarz	20 - 25 %
Montmorillonit einschl. Wechsellagerung	0 - 70 %, im Miozän meist 30 - 70 %
Kaolinit	10 - 15 %
Chlorit	5 - 10 %

geringe Anteile an Feldspat, Pyrit, Gips und organischer Substanz

Zur quantitativen Bestimmung wurden 5 charakteristische Proben an der ETH Zürich mit Hilfe der Differential-Thermo-Analyse und nachgeschaltetem Massenspektrograph untersucht. Bei der Hauptmenge der Proben, die an der Universität Mainz und an der TH Darmstadt untersucht wurden, erfolgte die Abschätzung der Anteile halbquantitativ anhand der Kornverteilung sowie der Röntgenpeak-Höhe und -Breite.

Die Kationen-Austauschkapazität und Kationenbelegung sowie Ladungsdichte und Ladungsverteilung wurden gleichfalls am Tonmineralogischen Labor der ETH Zürich (MÜLLER - von MOOS) untersucht. Bei gewissen Streuungen ergaben sich über das gesamte Schichtprofil keine charakteristischen Unterschiede. Die Austausch-Kapazität wurde mit 11 - 45 meq (Milli-Äquivalent) /100g ofentrockene Probe bestimmt, der niedrigste Wert im Rupelton, im Miozän 23 - 45 meq. Die Kationenbelegung erfolgt zu über 90 % durch Ca- und Mg-Ionen. Die Kationen-Ladungsdichten wurden an zwei Proben mit -0.23 und -0.35 Ladungen/halbe Elementarzelle bestimmt. Dies erklärt die große Neigung zum Schwellen, Quellen und Schrumpfen.

VERGLEICH MIT DEM LONDON CLAY

Im Frankfurter Raum wurde ein deutlich niedrigerer K_o-Wert als im Londoner Becken beobachtet. In Frankfurt werden nahe der Geländeoberfläche K_o-Werte von 1.0 - max. 3.0 gemessen und in 20 m Tiefe annähernd ein hydrostatischer Spannungszustand erreicht. In London dagegen werden an der Geländeoberfläche K_o-Werte von meist 3 - 4 beobachtet. Noch in 20 m Tiefe liegen diese bei 2.0 und sinken erst in 30 m Tiefe auf Werte um 1.5 ab.

Charakteristische mineralogische Unterschiede zum London Clay lassen sich nicht nachweisen. Die Zusammensetzung des marinen eozänen London Clay entspricht etwa den miozänen Hydrobienschichten in Frankfurt, die in brackischem Milieu entstanden. Es fällt auf, daß der London Clay über die gesamte Profilhöhe gleichmäßig um 10 % Montmorillonit bzw. Wechsellagerungsminerale aufweist, während in Frankfurt dieser Anteil von Meter zu Meter schwanken kann. Doch haben diese Unterschiede offenbar keinen Einfluß auf die Eigenspannungen, wie die Pressiometerversuche zeigen.

Auch Austausch-Kapazität und die Kationen-Ladungsdichte zeigen keine spezifischen Unterschiede zwischen Frankfurt und London.

Der entscheidende Unterschied für den Betrag des K_o-Wertes liegt offensichtlich in der geologischen Vorgeschichte. In Frankfurt wurde die geologische Vorbelastung mit 50 - 200 m ermittelt. Im Londoner Becken ist sie nicht unmittelbar bestimmbar, sie wird auf 300 m oder darüber geschätzt. Bezeichnend ist, daß in Frankfurt die Tone abgesehen von Sonderfällen weder Bankfugen noch Klüfte aufweisen. Im London Clay dagegen treten Großklüfte von mehreren Metern Länge und "random fissures" mit einer gewissen Regelmäßigkeit auf. "Random fissures" sind muschelförmig gekrümmte bis wellige Trennflächen mit kurzer Ausbißlänge von 10 - 40 cm, bei denen Neigungen von 0 - 30° dominieren. Solche Flächen sind charakteristisch für die Dekonsolidation hoch überkonsolidierter Tone infolge Überschreitung der Scherfestigkeit. Großklüfte und "random fissures" dokumentieren am deutlichsten eine große geologische Vorbelastung und erklären auch den hohen Eigenspannungszustand im Londoner Untergrund.

ZUSAMMENFASSUNG

Im Frankfurter Raum werden zahlreiche Bauvorhaben ausgeführt, deren Baugrundbeanspruchung bis in große Tiefen, d.h. bis zu 40 m und tiefer reicht. Die dadurch hervorgerufenen Verformungen, die sich als Setzungen der Oberfläche auswirken, hängen sowohl von der vor Baubeginn vorhandenen als auch von den hinzukommenden Spannungen ab. Entsprechendes gilt für Tunnelbauwerke.

Da diese Spannungszustände tiefenabhängig sind, ist für genauere numerische Untersuchungen die Kenntnis des anisotropen Eigenspannungszustandes (Primärspannungszustand) wichtig. Seine Erkundung war Ziel dieses Forschungsvorhabens, bei dem bodenmechanische und geologische Untersuchungsmethoden angewandt wurden.

Bodenmechanische Untersuchungen

Es wurden Feld- und Laborversuche ausgeführt. In Bohrungen bis 40 m Tiefe sind die Horizontalspannungen σ_h' des Ruhedruckzustandes mit einem Pressiometer direkt gemessen worden, so daß mit den rein rechnerisch hinreichend genau erfaßbaren Vertikalspannungen $\sigma_v' = \gamma' \cdot t$ der Ruhedruckbeiwert $K_o = \sigma_h'/\sigma_v'$ in Abhängigkeit von der Tiefe t ermittelt werden konnte. Die dabei festgestellte Tiefenabhängigkeit $K_o = f(t)$ mit Werten von 1 bis 3 in Oberflächennähe konnte durch Oedometerversuche an über die Tiefe verteilt entnommenen Bodenproben überprüft werden. Die Oedometerversuche gestatteten, das Überkonsolidierungsverhältnis OCR in Abhängigkeit von der Tiefe zu ermitteln. Mit bekannten empirischen Beziehungen zwischen OCR und K_o konnte der letztere Wert also unabhängig noch einmal ermittelt und mit den aus den Pressiometerversuchen gewonnenen K_o-Werten verglichen werden. Die Übereinstimmung der K_o-Werte aus den Oedometer- und Pressiometerversuchen untereinander und - zum anderen - mit den Ergebnissen der geologischen Untersuchungen ist im Rahmen der Genauigkeit, die bei solchen Untersuchungen zu erwarten ist, zufriedenstellend.

Geologische Untersuchungen

Der Frankfurter Raum eignet sich für dieses Vorhaben, da eine rund 300 m mächtige, wenig gestörte Folge aus tertiären Tonen, Schluffen, Sanden und Kalksteinen vorliegt, die im Mittel 3° NW einfällt. Die Richtungen der Hauptspannungen sind stets etwa lotrecht bzw. horizontal geblieben. Es ließ sich - je nach Lage im Stadtgebiet Frankfurt - eine maximale geologische Vorbelastung von 50 - 200 m ermitteln.

Einzelne offene Klüfte in Tonen und offenen Bankfugen in einem S-Bahn-Tunnel weisen auf lokale rezente bis subrezente Zug- oder Schubspannungen hin. Diese Beobachtungen an Trennflächen sowie erhöhte Geländesenkungen beim Tunnelbau in solchen Zonen deuten auf örtlich verminderte horizontale Eigenspannungen über verkarsteten Regionen oder über vermuteten Verwerfungen hin, die in größerer Tiefe liegen.

Die gegenüber dem Londoner Ton (mit K_o = 3 bis 4 in Oberflächennähe) deutlich niedrigeren K_o-Werte in Frankfurt werden aus geologischer Sicht diskutiert. Diesem Vergleich dienten auch die tonmineralogischen Untersuchungen. Charakteristisch für den Frankfurter Raum ist ein stark wechselnder, im Miozän oft hoher Anteil an quellfähigen Tonmineralien bis 70 % (bezogen auf die Fraktion < 2 µm).

LITERATUR

Amann P, Best G, Schneider W (1976) Bodenmechanische und geologisch-sedimentpetrographische Ergebnisse einer 100 m tiefen Kernbohrung im Untermiozän, Frankfurt am Main. Geol Jahrb C 16: 23-68

Kümmerle E (1971) Zur Geologie der nordwestlichen Stadtgebiete von Frankfurt a. M. Notizbl hess Landesamt f Bodenforschung, Wiesbaden, 99: 214-231

Kümmerle E (1978) Die Tertiärschichten im Stadtgebiet von Frankfurt am Main. Jber Mitt oberrhein geol Ver Stuttgart, NF 60: 207-212

Meissner H, Koester M (1984) Unveröffentlichte geologische Beobachtungen beim Bau der S-Bahn Frankfurt, Los 13

Murayama S, Shibata T (1958) On the Secondary Consolidation of Clay. Proc 2nd Japan Congr Test Mat Non Metallic Materials, Kyoto, pp 178-181

Schwab H (1981) Quellverhalten von Frankfurter Ton bei Wasserzutritt. unveröffentlicht

Weiterführende Literatur

Marsland A, Randolph MF (1977) Comparisons of the Results from Pressuremeter Tests and Large in-situ Plate Tests in London Clay. Géotechnique 27, No 2: 217-243

Skempton AW (1961) Horizontal Stresses in Overconsolidated Eocene Clay. Proc 5th ICSM Paris, Vol 1: 351-357

Wroth CP (1976) Generalbericht: In-situ Measurement of Initial Stresses and Deformation Characteristics. Proc ASCE Spec Conf on In Situ Measurement of Soil Properties, Raleigh NC, Vol 2

Vorbelastung und Erdruhedruck eines Kreidetons

P. R. KHERA[1] und H. SCHULZ[2]

SUMMARY

The widening of the Mittelland Canal, which runs east-west and is located slightly north of Hanover, F.R. Germany, has been in progress for some years. This involves several design and construction operations such as steepening of slopes, use of bulk heads, longer and wider bridges, new docks with greater capacity, etc.

The soils in the vicinity of Hanover are of the upper cretaceous period and are very stiff to hard. The region has been through several glacial periods such as Elster, Saale, Weichsel (DIETZ 1973).

The index properties of the investigated clay are as following:
Water content decreased from 29,5 % at 1,5 m to 19 %. Below this it ranged between 17,5 % and 19,5 % down to the bottom of the boring at a depth of about 20 m below ground surface. Liquid limit ranged between 47 - 64 % with slight increasing tendency with depth. Plastic limit was invariable around 19 %. Clay fraction content (particles smaller than 2 microns) were between 30 and 55 %. Carbonate contents ranged between 42 and 67 %. So the clay should better be called marl. Independent of the carbonate contents the soil may be classified as a clay of medium to high plasticity.

The mineralogical study using X-ray diffraction technique indicated no diagenetic bonds. A slight evidence of weathering was observed only in one specimen, 2,8 m deep. Major clay components were montmorillonite (16 - 23 %), illite (9 - 16 %), kaolinite (4 - 5 %) and chlorite (2 - 4 %).

The soil was found to exhibit different degrees of swelling, in vertical and horizontal direction, upon contact with water. In order to fully understand its behaviour the following saturation, load and deformation conditions were studied for undisturbed specimens.

1. The test specimen had no access to free water during the entire test.
2. The test specimen was immersed in water at a stress equal to or greater than the effective over-burden stress.
3. The specimen was immersed in water with the very first load increment, but swelling was completely restrained.

[1]Dr.-Ing. P.R. Khera, Professor für Bauingenieurwesen, New Jersey Institute of Technology, New York, USA

[2]Dr.-Ing. H. Schulz, Baudirektor, Leiter der Abteilung Geotechnik der Bundesanstalt für Wasserbau, D-7500 Karlsruhe

Ingenieurgeologische Probleme im Grenzbereich zwischen Locker- und Festgesteinen
(Herausgegeben von K.-H. Heitfeld)

4. The specimen was permitted to swell under a very low stress of 5,2 kN/m^2 while immersed in water

Remolded specimens consolidated from a slurry in a large oedometer were immersed in water with the very first load increment of 10,4 kN/m^2. In an attempt to arrest swelling two additional load increments were applied in less than one hour.

From comparison of fig. 1 to 5 the following can be concluded: all tests showed lower precompression stresses than can be deduced from geological estimations. Horizontal tested samples (H) showed higher precompression stresses than vertical (V) tested samples. H-samples also showed greater amounts of swelling when immersed. From these findings it is concluded that the more a sample was able to swell in one direction, the more it will be unable to recall its past maximum consolidation stress. When H- and V-samples were tested in one dimensional compression after full swelling under a very low load, no anisotropy and no marked differences in precompression stress were to determine.

From tests with laboratory prepared samples the swelling properties showed to be quite normal. The precompression stress estimated from standard methods was in good agreement with the real value. So the different behaviour of the undisturbed samples is due to their different history.

For engineering works the knowledge of the coefficient of earth pressure at rest is needed very often. For overconsolidated soils normally this coefficient is related to the overconsolidation ratio as defined from oedometer tests. This ratio is open to some doubt, so, in spite of several research works with laboratory prepared samples, for practical purpose it is not easy to establish a reliable earth pressure coefficient K for overconsolidated soils.

From a literature review it follows, that only self-boring instruments, WROTH and HUGHES (1973), or push-in spade-shaped instruments, TEDD and CHARLES (1981), seem to be able to measure this quantity in a direct way. Since often it is not possible to have additional field tests, the derivation of a simple expression for estimating K from laboratory tests has been considered to be of interest.

The determination of K follows the way proposed by SKEMPTON (1961) and the calculations are based on the principles of the critical state concept (ROSCOE et al. 1958). Therefore the overconsolidation ratio was taken according to COOLING and SKEMPTON (1942).

The unconsolidated, undrained shearing resistance, normalized by the equivalent normal stress σ_e' proved to be rather constant and coincided quite well with the value given by SKEMPTON (1957) according to the plasticity index of this soil, fig. 8. The normalized cohesion intercept from the results of a comprehensive series of consolidated drained and undrained triaxial tests on V- and H-samples was found by dividing p and q by σ_e' based on the actual void ratio at the point of maximum deviator stress. Form curve fitting with linear regression from 27 data points the true angle of internal friction ρ_e' was found, fig. 9.

By comparing the undrained normalized and the drained normalized shear strength an expression for the coefficient of earth pressure at rest was derived.

The value of A_s has a pronounced influence on K, but information on A_s are very small. In this research work no further information on A_s was available, so K was calculated for three different values of A_s (fig. 10). The results of the calculation are in rough agreement with the measurements of TEDD and CHARLES (1981) when using the smaller values for A_s.

EINFÜHRUNG

Die Erweiterung des Mittelland-Kanals, der nördlich von Hannover in Ost-West-Richtung verläuft, wird schon seit einigen Jahren vorangetrieben. Damit sind Entwurfs- und Bauarbeiten verbunden, wie das Zurücklegen von Böschungen, der Bau neuer Uferwände, längerer und breiterer Brücken und neuer Häfen mit größerer Kapazität.

Die Böden in der Nachbarschaft gehören zur oberen Kreide und sind in ungestörtem Zustand steif bis hart. Die Ablagerungsbedingungen der Böden waren komplex und sind bis heute noch nicht ganz bekannt. Das Gebiet erlebte mehrere Eiszeiten, so z.B. Elster, Saale, Weichsel (DIETZ 1973). In der Nähe des Untersuchungsortes gab es Hebungen aus den Bewegungen eines Salzstockes, der ungefähr 3 km nordwestlich liegt, aber es fehlen Anhaltspunkte für irgendwelche tektonische Beanspruchungen. Die Bewegung des Grundwassers ist auf die Klüfte beschränkt, der allgemeine Grundwasserspiegel konnte bis jetzt noch nicht eindeutig festgestellt werden.

Entlang dieses Abschnittes des Mittelland-Kanals kamen bereits seit dem Bau Böschungsrutschungen und später auch Spundwandschäden vor. Um die Probleme zu beheben und um für eine künftige Konzeption sicherere und wirtschaftlichere Bauwerke errichten zu können, stellte die Bundesanstalt für Wasserbau (BAW) ein Programm zu einer detaillierten Untersuchung der geotechnischen Eigenschaften der Kreidetone auf und wählte dazu ein Gebiet östlich von Hannover in der Nähe von Anderten, weshalb dieses Material hier Ton von Anderten genannt wird.

Die Studie im ersten Teil der Arbeit bezieht sich auf das Konsolidationsverhalten und die Struktur von ungestörten und im Labor präparierten gestörten Proben. Einige Überlegungen, die den Erddruckbeiwert betreffen, werden im zweiten Teil vorgestellt.

KONSOLIDATIONSVERHALTEN UND STRUKTUR

Eigenschaften des Tons von Anderten

Die Klassifizierungseigenschaften des untersuchten Tons sind die folgenden: der Wassergehalt sinkt von 29,5 % in 1,5 m Tiefe auf 19 % in 3,5 m Tiefe ab. Darunter schwankt er zwischen 17,5 % und 19,5 % bis zur Bohrlochsohle, die bei über 20 m Tiefe liegt. Die Fließgrenze schwankt zwischen 47 % und 64 % und nimmt mit der Tiefe leicht zu. Die Plastizitätsgrenze liegt unveränderlich bei 19 %. Der Tongehalt (Partikel kleiner als 2 µm) liegt zwischen 30 % und 55 %. Der Karbonatgehalt schwankt zwischen 42 % und 67 %. Deshalb sollte der Boden eher als Mergel bezeichnet werden. Unabhängig vom Karbonatgehalt kann das Material als Ton mittlerer bis hoher Plastizität klassifiziert werden.

Mineralogie

Die mineralogischen Untersuchungen, die mit Hilfe der Röntgendiffraktionstechnik durchgeführt wurden, zeigten keine diagenetische Verkittung. Leichte Verwitterungserscheinungen konnten nur an einer Probe in 2,8 m

Tiefe beobachtet werden. Die hauptsächlich vorhandenen Tonmineralien waren: Montmorillonit (16 - 23 %), Illit (9 - 16 %), Kaolinit (4 - 5 %) und Chlorit (2 - 4 %).

Ödometerversuche

Vorversuche hatten gezeigt, daß der Boden unter Wasser in vertikaler und horizontaler Richtung unterschiedliches Schwellvermögen zeigt. Um dieses Verhalten besser zu verstehen, wurden ungestörte Proben bei folgenden Sättigungs-, Last- und Verformungsbedingungen untersucht:

1. Die Proben hatten während des gesamten Versuches keinen Kontakt mit Wasser.
2. Die Proben wurden bei einer Spannung, die gleich oder größer als die Überlagerungsspannung war, unter Wasser gesetzt.
3. Die Proben wurden während der ersten Laststufe unter Wasser gebracht, wobei ein Schwellen vollständig verhindert wurde.
4. Die Proben konnten unter einer sehr niedrigen Spannung von 5,2 kN/m² schwellen und standen während des ganzen folgenden Versuchs unter Wasser.

Bei Versuchen ohne Zugabe von Wasser waren die Proben vollständig in eine Plastikfolie eingeschlossen, um sowohl die Verdunstung wie auch die Aufnahme von Luftfeuchtigkeit zu verringern. Die gestörten Proben wurden mit der ersten Laststufe von 10,4 kN/m² unter Wasser gesetzt. Bei dem Versuch, das Schwellen der Probe zu verhindern, wurden zwei weitere Laststufen in weniger als einer Stunde aufgebracht. Die Breiproben (der Brei wurde direkt in ein Ödometergerät gefüllt) wurden während des ganzen Versuchs unter Wasser gehalten.

Die Probenbezeichnung durch den Buchstaben V gibt an, daß die Orientierung der Probe im Versuch derjenigen in-situ entspricht, während H sagt, daß die Probe vor der Laborbearbeitung und der Belastung um 90° gedreht worden ist. Die Zahl nach dem Buchstaben gibt die Entnahmetiefe in m unter Geländeoberkante an. Der Buchstabe R vor V oder H gibt an, daß es sich um eine in breiiger Konsistenz aufbereitete Probe handelt.

Ergebnisse und Diskussion der Ödometerversuche

Aus Abb. 1 und 2 für Versuchsbedingung 1 (1 = kein Wasser) geht hervor, daß es eine ausgesprochene Anisotropie im Verhalten zwischen V- und H-Proben gibt. Weder das Casagrande-Verfahren noch die Schmertmann-Methode (1955), gestrichelte Kurve in Abb. 1 (e-Kurve weggelassen), liefern verläßliche Schätzwerte für die Vorbelastungsspannung bei V-Versuchen. Dagegen liefern H-Versuche sehr viel höhere Vorbelastungsspannungen. Für den Versuch H-2,5 liefert z.B. das Casagrande-Verfahren 450 kN/m², aus der Schmertmann-Methode ergeben sich 800 kN/m². Unter der Annahme, daß einer dieser Werte derjenige ist, den die Proben als maximale Horizontalspannung erfahren hat, kann mit einem Erdruhedruckbeiwert K_o gleich 0,5 bis 0,65 die größte Vorbelastungsspannung in vertikaler Richtung berechnet werden. Diese beträgt mindestens 692 kN/m² und höchstens 1600 kN/m² und übertrifft den Wert aus dem V-Versuch deutlich. Dieselben Tendenzen werden noch einmal an Proben aus 20 m Tiefe (Abb. 2) aufgezeigt. Auf dieselbe Art und Weise kommt man mit dem Casagrande-Verfahren und unter Annahme K_o = 0,5 auf eine maximale vertikale Vorbelastungsspannung von 2200 kN/m². Für den Versuch V-20 liefert das Casagrande-Verfahren

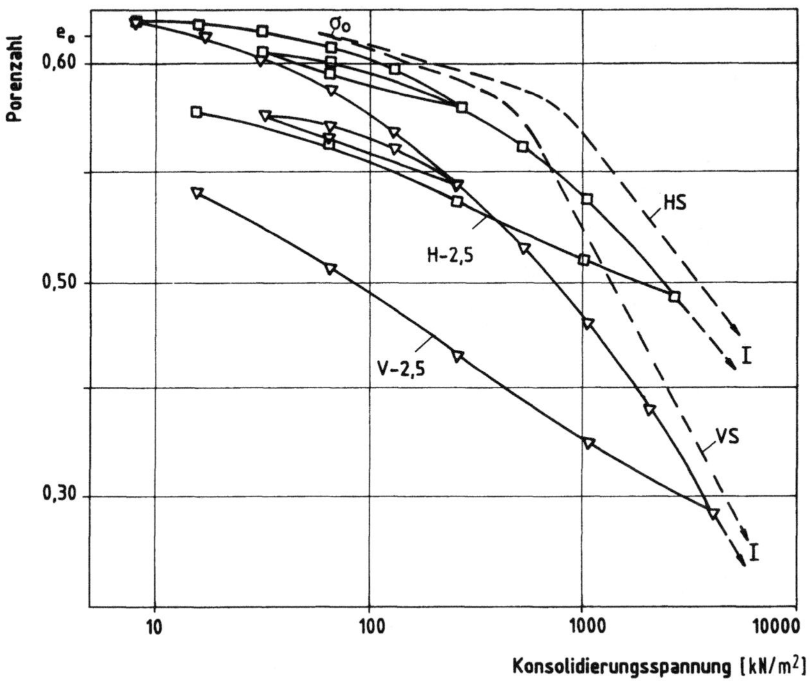

Abb. 1 Last-Porenzahlbeziehung für V- und H-Proben aus 2,5 m Tiefe (Proben ohne Kontakt mit Wasser)

Fig. 1 Load-void ratio relations for V- and H-samples from a depth of 2,5 m (samples without contact with water)

eine Vorbelastungsspannung σ'_{vc} für die V-Proben von 550 kN/m². Das zeigt wiederum, daß der Boden sich nicht an seine Vorbelastungsspannung erinnert, wenn er in vertikaler Richtung untersucht wird. Schätzungen von Geologen zufolge schwankte die Dicke der Eisdecke zwischen 70 und 2000 m. Dem entspräche eine Vorbelastungsspannung σ'_{vc} von ca. 700 kN/m² bis ca. 20 MN/m².

Die Ergebnisse der Versuche, die mit Befeuchtungsbedingung 2 durchgeführt wurde, geben die Abb. 3 und 4 wieder. Wie Abb. 3 zeigt, schwoll die Probe um nahezu ein Prozent an, nachdem bei Versuch V-20 bei einer Konsolidationsspannung σ'_c von 260 kN/m² Wasser hinzugegeben worden war.

Um dieses Schwellen zu verhindern, wäre eine vertikale Spannung von über 500 kN/m² erforderlich gewesen. Der nachfolgende Versuch V-17 zeigt in Abb. 4, daß nach Wasserzugabe bei einer Spannung von 520 kN/m² kein Schwellen auftrat. Die Probe H-17 schwoll jedoch unter 520 kN/m² beträchtlich. Verwendet man die gleiche Konstruktion wie zuvor, so ergäbe sich eine Spannung von 1,1 MN/m², die notwendig gewesen wäre, um ein Schwellen zu verhindern. Die Tatsache, daß eine so große Spannung benötigt wird, um ein Ausdehnen in horizontaler Richtung zu verhindern, zeigt, daß in der Vergangenheit die Entspannungsdehnungen in der Horizontalen wenn nicht Null, wie theoretisch anzunehmen ist, so doch beträchtlich kleiner gewesen sein müssen als in der Vertikalen.

Für die Versuche unter Wasserlagerungsbedingung 3 wurde ein Schwellen der Proben vollständig verhindert. Die Kurven dieser Versuche gleichen im wesentlichen denen in Abb. 2 und sind deshalb nicht dargestellt.

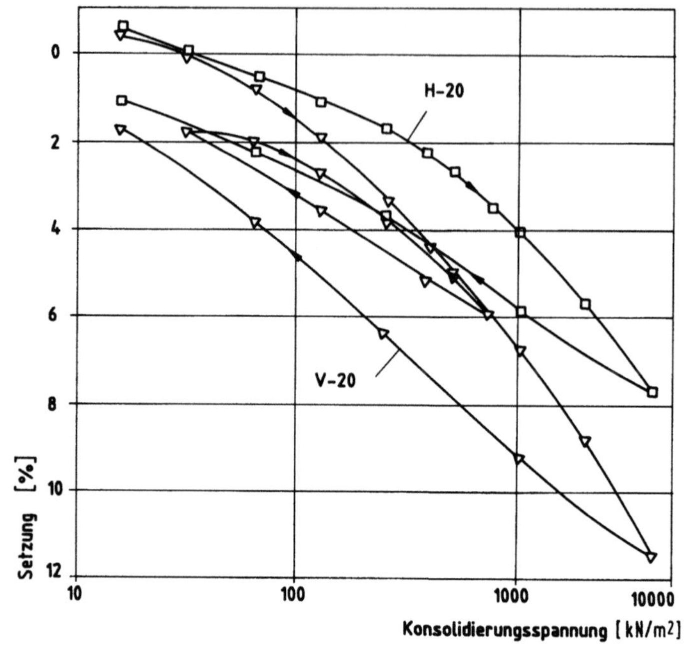

Abb. 2 Last-Porenzahlbeziehung für V- und H-Proben aus 20 m Tiefe (ohne Kontakt mit Wasser)

Fig. 2 Load-void ratio relations for V- and H-samples from a depth of 20 m (samples without contact with water)

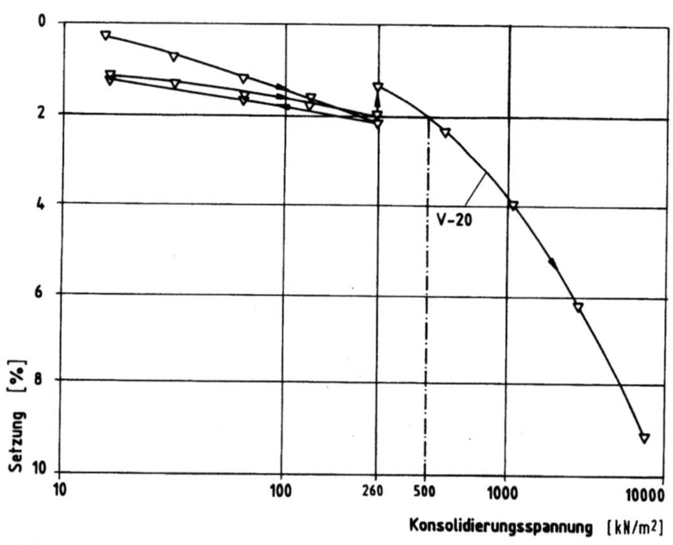

Abb. 3 Last-Setzungskurve für eine V-Probe aus 20 m Tiefe bei Wasserzugabe

Fig. 3 Load-settlement curve for a V-sample from a depth of 20 m with water added at 260 kN/m²

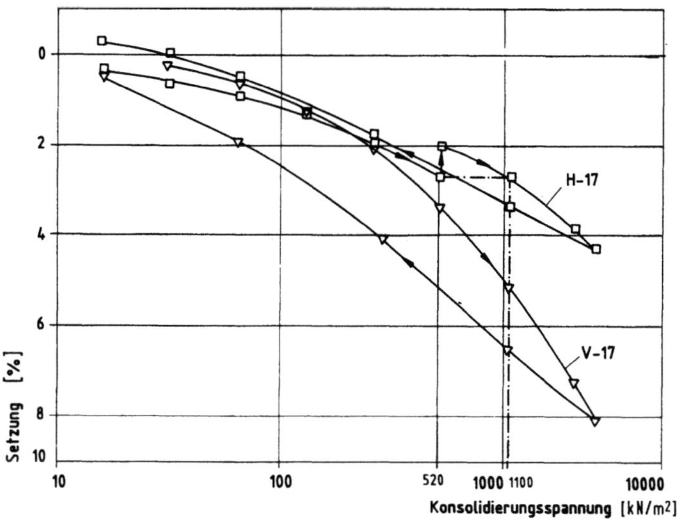

Abb. 4 Last-Setzungskurven für V- und H-Proben aus 17 m Tiefe bei Wasserzugabe

Fig. 4 Load-settlement curves for V- and H-samples from a depth of 17 m with water added at 520 kN/m²

Bei Wasserlagerungsbedingung 4 konnten die Proben aufweichen und sich bei der niedrigen Spannung von 5,2 kN/m² vollständig ausdehnen. Die Idee eines unterschiedlichen Maßes an wiedergewinnbaren Dehnungen wird noch einmal durch die Kurven der Versuchsergebnisse in Abb. 5 verdeutlicht: die H-Probe dehnte sich sehr viel mehr als die V-Probe aus. Dieses Verhalten stimmt mit demjenigen aus den Versuchen nach Wasserlagerungsbedingung 2 überein. Die Anisotropie des Spannungs-Dehnungs-Verhaltens, die sich bei den vorher beschriebenen Versuchstypen so offensichtlich zeigte, ging durch das vollständige Aufschwellen verloren. Es ist anzunehmen, daß während der natürlichen Entlastung irgendein Phänomen auftrat, das verhinderte, daß die V-Probe sich an ihre Spannungsgeschichte erinnerte. Das gleiche Phänomen trat wieder auf, als sich die H-Probe im Labor entspannen konnten.

Untersuchung der Bodenstruktur

Die Bodenstruktur wurde mit Hilfe eines Röntgendiffraktometers und eines Rasterelektronenmikroskopes (MATTIAT 1963) untersucht (KHERA/SCHULZ 1984). Die Beugungsmessung ergab bei keiner der drei Proben irgendeine Anisotropie. Trotz des hohen Karbonatgehaltes, der die Beurteilung erheblich erschwerte, zeigt sich deutlich, daß eine Ausrichtung der Bodenpartikel nicht vorliegt. Von den ungestörten Proben wurden im natürlichen Zustand und nach den Konsolidierungsversuchen Elektronenmikroskopaufnahmen gemacht (Abbildungen siehe KHERA/SCHULZ 1984). Der Boden scheint eine zufällige Struktur zu haben, was ja auch mit den Ergebnissen der Röntgendiffraktometermessungen übereinstimmt. Ein Sediment, das sich in einer karbonatreichen Umgebung bildet, wie es für den Ton von Anderten zutrifft, wird keine gerichtete Struktur haben, da die hohe Ionenkonzentration reine Anziehungskräfte zwischen den Bodenpartikeln bewirkt. Es mag sein, daß die nicht gerichtete Struktur für das hohe Maß des Rückgangs der

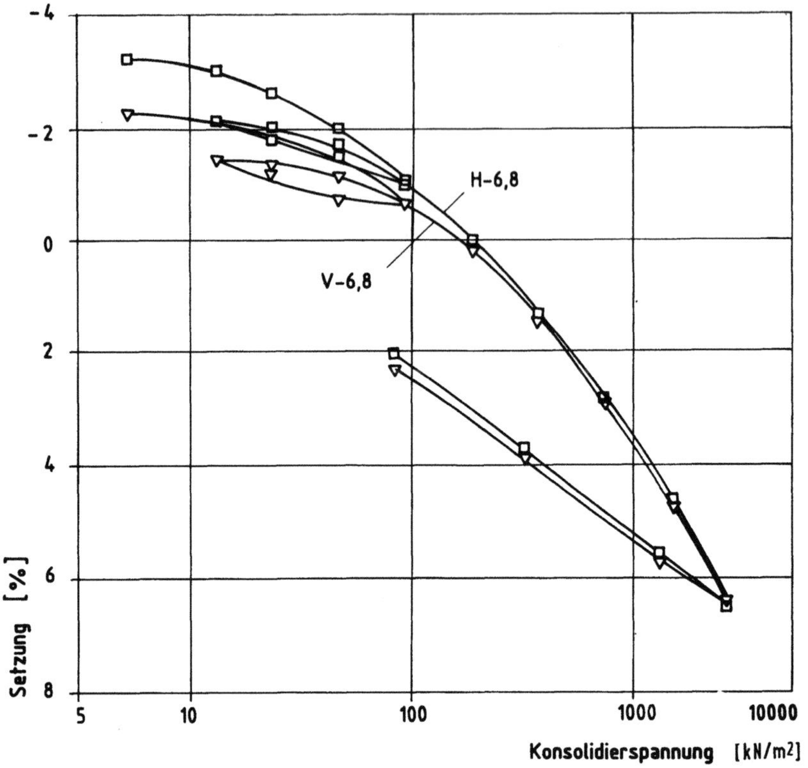

Abb. 5 Last-Setzungskurven für V- und H-Proben aus 6,8 m Tiefe nach vollständigem Aufschwellen

Fig. 5 Load-settlement curves for V- and H-samples from a depth of 6,8 m after complete swelling under a low load

Dehnung in V- und H-Versuchen verantwortlich ist, da die Tonplättchen sich eher verbiegen als neu orientieren.

Ergebnisse und Diskussion der im Labor aufbereiteten Proben

Es sollen die Versuchsergebnisse der gestörten und der Breiproben vorgestellt werden und, wo es sinnvoll ist, mit denen von ungestörten Proben verglichen werden. Die RV- und RH-Versuchsproben wurden gleich nachdem eine anfängliche Spannung von 10,4 kN/m^2 aufgebracht worden war, unter Wasser gesetzt. Nach der ersten Entlastung ergab sich aus dem RV-Versuch eine Hebung von + 3,2 % und aus dem RH-Versuch eine solche von + 0,7 %. Das widerspricht dem Verhalten von ungestörten Proben, wo die Hebung für H-6,8 größer als diejenige für V-6,8 war.

Der Versuch RV-1, in Abb. 6 dargestellt, ergab eine Vorbelastungsspannung von 1 MN/m^2. Das war tatsächlich die maximale aufgebrachte Spannung während der Konsolidierung. Bei ungefähr der gleichen Spannung nähert sich diese Kurve derjenigen für die Breiprobe S-1. Über 1 MN/m^2 liegen die

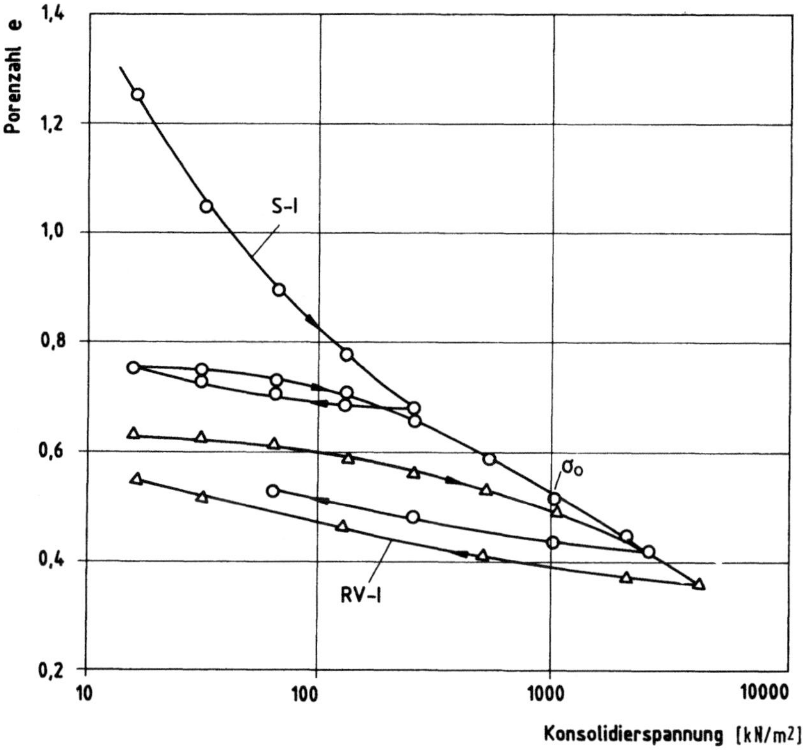

Abb. 6 Last-Porenzahlbeziehungen für aufbereitete Proben

Fig. 6 Load-void ratio relations for laboratory prepared samples

Kurven nahe beieinander. Für den gestörten Zustand kann daher die maximale Vorbelastungsspannung zuverlässig mit Hilfe konventioneller V-Versuche bestimmt werden. Unter Beachtung der guten Übereinstimmung der Porenzahlen jenseits der Vorbelastung liegt es nahe, entsprechend COOLING und SKEMPTON (1942), auf diese Weise die Vorbelastung überkonsolidierter Tone zu bestimmen.

ERDRUHEDRUCK DES ÜBERKONSOLIDIERTEN TONES

Einführung

Für Ingenieurarbeiten ist die Kenntnis des Erdruhedruckbeiwertes sehr oft erforderlich. Bei überkonsolidierten Böden hängt dieser Beiwert vom Überkonsolidierungsverhältnis ab, welches durch Ödometer-Versuche bestimmt wird. Wie im ersten Teil aufgezeigt wurde, gelingt die Ermittlung dieses Verhältnisses nicht ganz eindeutig. Deshalb ist es, trotz verschiedener wissenschaftlicher Untersuchungen mit im Labor präparierten Proben, nicht leicht, für praktische Zwecke einen verläßlichen Erddruckbeiwert K für überkonsolidierte Böden zu erhalten.

Kurzer Rückblick auf bisherige Arbeiten

1961 stellte Skempton ein Verfahren auf, um K mit Werten aus Laborversuchen zu berechnen. BROOKER und IRELAND (1965) führten Last-Setzungs-Versuche durch und maßen dabei die Horizontalspannungen. Bei ungestört entnommenen Proben ist die direkte Messung von K nicht möglich. Deshalb wurde der Pressiometerversuch zur Bestimmung von K angewendet (WROTH 1975; MARSLAND und RANDOLPH 1977). Die Herstellung eines Bohrloches ist aber mit einer deutlichen Änderung des Spannungszustandes verbunden. Der Pressiometerversuch erlaubt daher keine direkte Messung der horizontalen Ruhespannung. Nur selbstbohrende (WROTH und HUGHES 1973) oder eindrückbare spatenförmige Geräte (TEDD und CHARLES 1981) scheinen den Seitendruck direkt messen zu können. Da es oft unmöglich ist, zusätzliche Feldversuche vorzunehmen, wird es als interessant angesehen, einen einfachen Ausdruck zur Schätzung von K aus Laborversuchen abzuleiten.

Grundlagen der Ermittlung

Die Ermittlung des Erdruhedruckbeiwertes K basiert auf der Kenntnis der in-situ Vertikalspannung und der Porenwasserspannung p_k in der Probe, welche sich infolge der Probenentnahme aus dem Untergrund entwickelt. Darüberhinaus braucht man den Porenwasserdruckbeiwert A_s für das Schwellen infolge Probenentnahme.

Die Bestimmung von K erfolgt auf die Art und Weise, die SKEMPTON (1961) vorgeschlagen hat. Das Vorgehen wird bei SCHULZ (1985) ausführlich dargestellt. Dort wird die Porenwasserspannung bestimmt, indem der Scherwiderstand des unkonsolidierten, undränierten Versuchs mit dem des konsolidierten dränierten Versuchs verglichen wird (Abb. 7), weil aus Ödometer-Versuchen nur der Anteil des Schwelldruckes, also nur ein Teil der Porenwasserspannung, ermittelt werden kann. Der Vergleich des Scherwiderstandes wurde mit Parametern durchgeführt, die durch die äquivalente Normalspannung σ'_e (HVORSLEV 1937) normiert wurden, um den Einfluß unterschiedlicher Porenzahlen im Bruchzustand zu eliminieren.

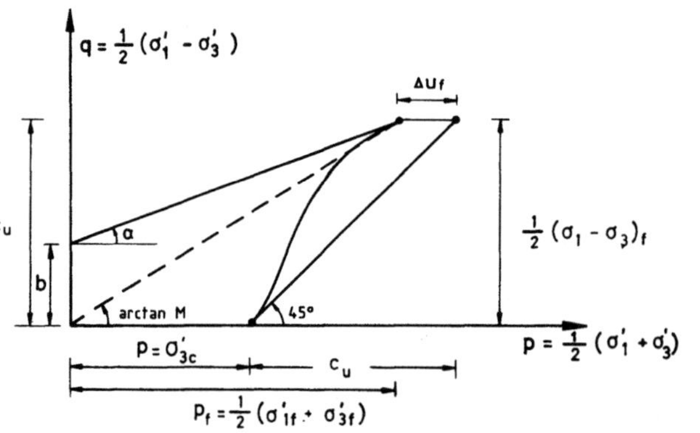

Abb. 7 Zusammenhang zwischen den Scherfestigkeiten des entwässerten und des nicht entwässerten Bodens

Fig. 7 Relation between the shear strength of the drained and the undrained soil

Die Ermittlungen beruhen auf dem Critical State Concept (ROSCOE u.a. 1958). Daher wurde das Überkonsolidierungsverhältnis nach COOLING und SKEMPTON (1942) angenommen. Es stellt eine gute Basis dar, um das Critical State Concept auf ungestörte Proben überkonsolidierter Tone anzuwenden. Mit dieser Methode konnte gezeigt werden, daß die Vorbelastungsspannung mit zunehmender Tiefe nicht linear zunimmt (Abb. 8). Die Ergeb-

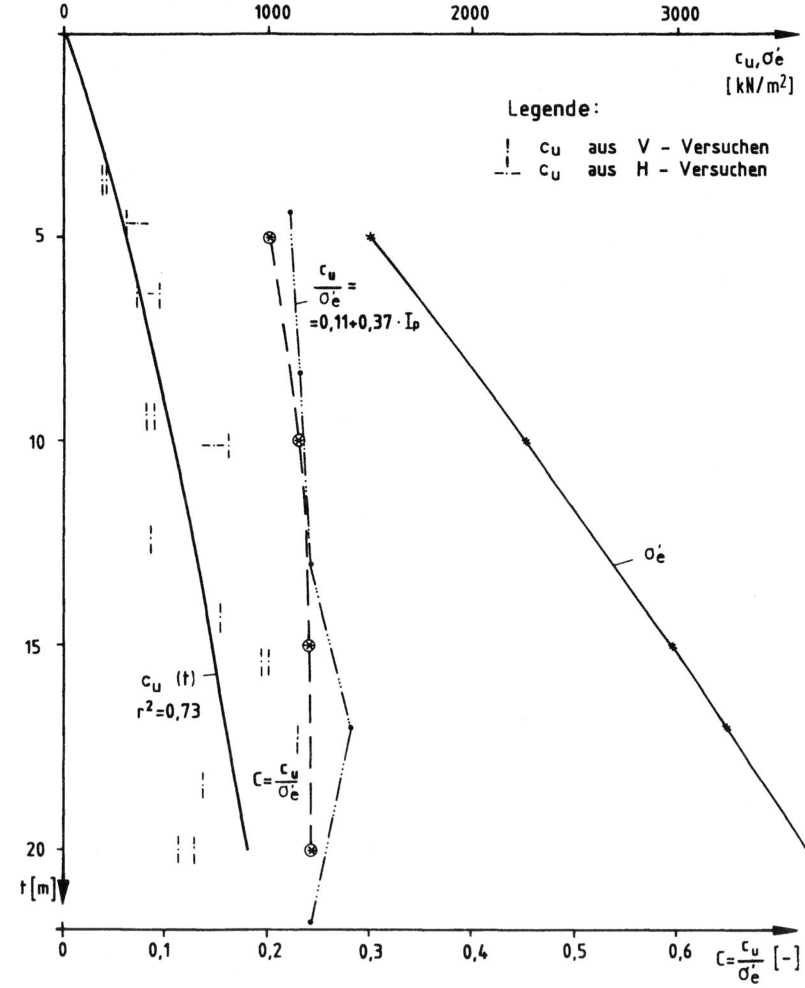

Abb. 8 Scherfestigkeit des nicht konsolidierten, nicht entwässerten Bodens in dimensionsloser Form und äquivalten Vergleichsspannung σ_e' als Funktion der Tiefe

Fig. 8 Normalized shear strength of the unconsolidated undrained soil and equivalent normal stress σ_e' as function of the depth

nisse aus dem 1. Teil dieser Untersuchung werden so bestätigt.

Aus den oben erwähnten Ödometer-Versuchen wurden der Kompressions- und der Schwellbeiwert C_c und C_s ermittelt. Bei ein und demselben Boden unterscheiden sie sich aus verschiedenen Versuchen nicht sehr, so daß sie als konstant betrachtet werden können.

Der unkonsolidierte, undränierte Scherwiderstand, der durch die äquivalente Normalspannung σ'_e normiert wurde, zeigte sich als ziemlich konstant und stimmte gut mit dem Wert überein, der von SKEMPTON (1957) auf der Basis der Plastizitätszahl eines Bodens angegeben wurde (Abb. 8).

Die normierte Kohäsion wurde aus den Ergebnissen einer umfassenden Reihe von konsolidierten, dränierten und undränierten Dreiaxialversuchen an V- und H-Proben dadurch erhalten, daß p und q durch die äquivalente Normalspannung σ'_e geteilt wurden, die zu der momentanen Porenzahl bei der größten Deviatorspannung gehörte. Mittels Kurvenanpassung durch lineare Regression ergab sich aus 27 Wertepaaren der wahre Winkel der inneren Reibung φ'_e und die dimensionslose Kohäsion k_c (Abb. 9), wobei die Versuche keine signifikante Festigkeitsanisotropie zeigen.

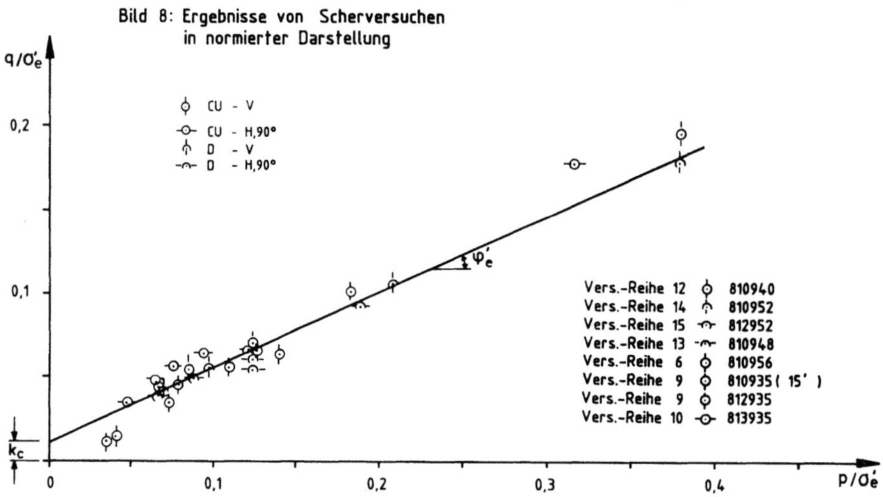

Abb. 9 Ergebnisse von dreiaxialen Scherversuchen, normiert mit der äquivalenten Vergleichsspannung

Fig. 9 Results of triaxial shear tests, normalized by the equivalent normal stress

Aus dem Vergleich von undränierter normierter Festigkeit mit dränierter normierter Scherfestigkeit wurde folgender Ausdruck abgeleitet:

$$\frac{p_k}{\sigma'_v} = \frac{C(1 + (2A_{f_{OCR}} - 1)\sin\varphi'_e) - k_c}{\sin\varphi'_e} \cdot OCR\left(1 - \frac{C_s}{C_c}\right) \qquad (1)$$

wobei σ'_v = effektive Vertikalspannung in-situ; OCR = Überkonsolidierungsverhältnis; $C = cu/\sigma'_e$ und $A_{f_{OCR}}$ = Porenwasserdruckbeiwert für den überkonsolidierten Boden im Bruchzustand.

Der Erddruckbeiwert für überkonsolidierten Boden berechnet sich dann nach der Formel:

$$K = \frac{p_k/\sigma'_v - A_s}{1 - A_s} \qquad (2)$$

mit A_s als Porenwasserdruckbeiwert für undräniertes Schwellen von einem anisotropen Spannungszustand $K > 1$ aus.

Abb. 8 zeigt C und σ'_e aus Versuchen an Proben einer Bohrung. Basierend auf diesen Ergebnissen zeigt Abb. 10 den Spannungszustand einzelner Punkte entlang des untersuchten Bohrlochs.

Der Wert A_s hat einen großen Einfluß auf K, aber man weiß relativ wenig über ihn. Aus eigenen Versuchen mit diesem Boden ergaben sich Werte von A_s = 0,65. SKEMPTON (1961) dagegen wählte 0,3 für seine Berechnungen. Dieser Wert ergab sich auch bei Versuchen an einem anderen überkonsolidierten Boden. Im Rahmen der vorliegenden Arbeit konnten keine weiteren Informationen über A_s gewonnen werden, so daß mit drei verschiedenen Werten gerechnet und die daraus folgenden Horizontalspannungen dargestellt wurden (Abb. 10). Die Ergebnisse der Berechnungen stimmen ungefähr mit den Messungen von TEDD und CHARLES (1981) überein, wenn mit den kleineren Werten von A_s gerechnet wird.

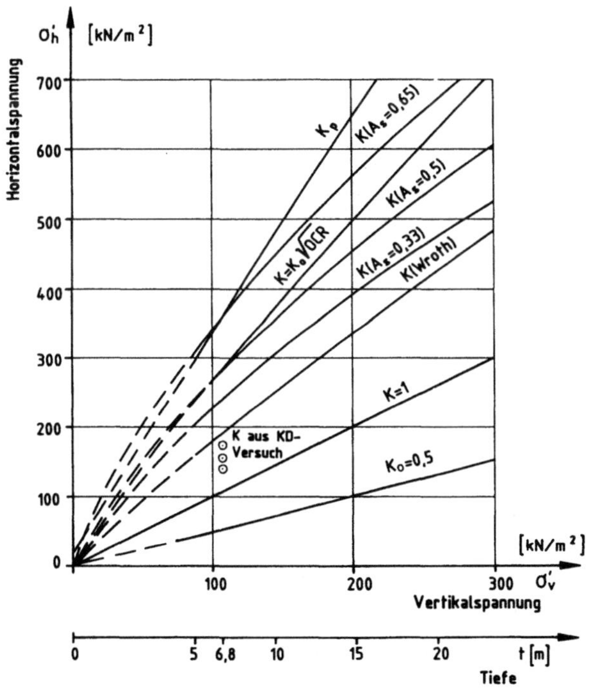

Abb. 10 Spannungszustände für verschiedene Werte von K und A_s

Fig. 10 States of stress for different values of K and A_s

Zum Vergleich sind auch de Werte der effektiven Horizontalspannung σ'_n aus der einfachen Relation

$$K = K_o \sqrt{OCR} \qquad (3)$$

und aus dem passiven Grenzspannungszustand entsprechend

$$K_p = \frac{1 + \sin \varphi_e'}{1 - \sin \varphi_e'} + \frac{2\, k_c \cdot OCR \, (1 - \frac{C_s}{C_c})}{1 - \sin \varphi_e'} \tag{4}$$

K_p = Erdwiderstandsbeiwert

gezeichnet worden. Daraus ist ersichtlich, daß die vorgeschlagene Methode nahe der Geländeoberfläche Werte für σ_h' liefert, die außerhalb der Linie für den passiven Erddruck liegen. Deshalb ist der Boden in einer bestimmten Tiefe in einem passiven Spannungszustand, wenn die Horizontalspannung nicht infolge des Schwellens abnimmt. Die einfache Gleichung (3) scheint zu einer Überschätzung der in-situ Horizontalspannung mit zunehmender Tiefe zu führen.

Die für p_k ermittelte Formel enthält Parameter, die von der Plastizität des Bodens abhängen. Daher hängt der Erdruhedruck überkonsolidierter Böden letztlich auch von deren Plastizität ab.

Anisotropie der Steifemoduln

Die Steifemoduln der horizontal eingebauten Proben waren größer als die der vertikal belasteten. Sowohl in dränierten als auch in undränierten Kompressionsversuchen war das Verhältnis von horizontalen zu vertikalen Moduln im Mittel 1,5, wobei nahe der Geländeoberfläche niedrigere und am Bohrlochfuß bzw. in einer Tiefe von ca. 14 m größere Werte ermittelt wurden. Sogar in den Fällen, in denen die Proben vor der Konsolidation unter niedrigen Laststufen voll aufschwellen konnten, wie im ersten Teil beschrieben, lag das Verhältnis der Moduln zwischen 1,48 und 1,61.

Die Querdehnungszahl des Bodens wurde aufgrund von Extensionsversuchen zu 0,17 bestimmt. Wenn die Anisotropie durch die Anwendung des Modulverhältnisses von horizontal zu vertikal mit 1,5 berücksichtigt wird, dann nimmt die Querdehnungszahl für horizontale Dehnungen infolge vertikaler Beanspruchung (ν_{HV}) einen Wert von 0,11 an. WROTH (1971) gab für Londoner Ton einen Wert von ν_{HV} = 0,12 an, der mit dem für den Ton von Anderten gefundenen gut übereinstimmt.

Zusammenfassung und Schlußfolgerungen

Das Verhalten eines überkonsolidierten Tons wurde in ungestörtem und gestörtem Zustand untersucht. Im ungestörten Zustand wurde die Fähigkeit des Bodens, sich an seine Spannungsvorgeschichte zu erinnern, mit den seit der Entlastung aufgetretenen Entspannungsdehnungen in Beziehung gebracht. Die Bodenstruktur war nicht geordnet und von früheren Beanspruchungen unbeeinflußt. Das Verhalten gestörter Proben unterschied sich von dem der ungestörten Proben deutlich.

Im zweiten Teil des Berichtes wurden nach der Methode von Skempton horizontale Spannungen berechnet. Dazu wurden Gleichungen entwickelt, die den Erdruhedruckbeiwert mit Hilfe von dimensionslosen Scher- und Kompressionsparametern ausdrücken. Messungen und Berechnungen lassen die Schlußfolgerung zu, daß der Boden sich an seine maximale Konsolidationsspannung nicht mehr erinnern kann, wenn bei der Entspannung die Dehnungen zunehmen. Das gilt nicht für die Deformationsmoduln des Bodens.

Aus den Untersuchungen über den Ton von Anderten können folgende Schlußfolgerungen gezogen werden.

1. Bei einem ungestörten überkonsolidierten Boden sind die Entspannungsdehnungen in lateraler Richtung infolge der vertikalen Entlastung kleiner als in vertikaler Richtung. Je kleiner die Entspannungsdehnung ist, um so besser kann sich der Boden an seine Spannungsvorgeschichte erinnern.

2. Man erhält realistischere Werte für die Vorbelastungsspannung, wenn die Richtung der Lastaufbringung mit der Richtung übereinstimmt, in der die geringeren Entspannungsdehnungen aufgetreten sind.

3. Wenn ein stark überkonsolidierter Boden sich teilweise oder ganz entspannen und dabei Wasser aufnehmen kann, verliert er seine Fähigkeit, sich an seine Spannungsvorgeschichte zu erinnern und man erhält zu niedrige Werte für die maximale Vorbelastung.

4. Aus den Ergebnissen von Versuchen an gestörten Proben ist es nicht möglich, das Verhalten ungestörter Proben zu verstehen.

5. Aufgrund der Folgerungen 1 - 4 sollte die Ermittlung der Vorbelastungsspannung auf der Überlegung beruhen, daß die Porenzahlen aus gestörten wiederkonsolidierten und aus ungestörten Proben übereinstimmen.

6. Sind Porenwasserspannung p_k und Porenwasserdruckbeiwert $\dot{A}_s$ bekannt, kann die horizontale in-situ Spannung berechnet werden.

7. Die Porenwasserspannung kann durch den Vergleich von undränierten und dränierten Scherfestigkeiten bei gleichen Porenzahlen ermittelt werden. Für diesen Fall wurden einfache Formeln abgeleitet.

LITERATUR

Brooker EW, Ireland HO (1965) Earth pressures at rest related to stress history. Canad Geotechnical Journal, Nat Research Council, Vol 2 No 1: 1-15, Ottawa, Ont

Cooling LF, Skempton AW (1942) A Laboratory Study of London Clay. Journal of the Institution of Civil Engineers, Vol 17: 251-256

Dietz C (1937) Erläuterungen zu Blatt Lehrte Nr. 3625. Niedersächsisches Landesamt für Bodenforschung

Hvorslev MJ (1937) Über die Festigkeitseigenschaften gestörter bindiger Böden. Ingvidensk Skr A, Nr. 45, Kopenhagen

Khera RP, Schulz H (1984) Past consolidation stress estimates in createaceous clay. ASCE, Journal of Geot Eng Vol 110, No 2: p 189

Lambe TW, Whitmann RW (1969) Stress-Strain Relations for Drained Conditions. Soil Mechanics, John Wiley and Sons, Inc., New York, N.Y.

Marsland A and Randolph MF (1977) Comparisons of the results from pressuremeter tests and large in situ plate tests in London Clay. Geotechn 27, No 2: 217-243

Schmertmann J (1955) The undistrubed consolidation of clay. Transactions ASCE, Vol 120: 1201-1232

Schulz H (1985) Die Ermittlung des Seitendrucks in überkonsolidierten Tonen mit Hilfe von Laborversuchen. Mitteilungsblatt der Bundesanstalt für Wasserbau, Karlsruhe, Germany, Heft 56 (erscheint voraussichtlich März 1985)

Skempton AW, Henkel DJ (1957) Tests on London Clay from deep borings at Paddington, Victoria, and the South Bank. Proceedings, Fourth International Conference on Soil Mechanics and Foundation Engineering, London, Vol 11: 100-106

Skempton AW (1961) Horizontal stresses in an over-consolidated eocene clay. Proc 5th Int Conf Soil Mech, Paris, Vol 1

Tedd P, Charles JA (1981) In situ measurement of horizontal stress in overconsolidated clay using push-in spade-shaped pressure cells. Géotechnique Nr. 4

Wroth CP (1971) Some Aspects of the Elastic Behaviour of Overconsolidated Clay. Stress-strain Behaviour of Soils, Roscoe Memorial Symposium pp 347-361

Wroth CP (1975) In-situ measurement of initial stresses and deformation characteristics. Proc Conf in-situ measurements of soil properties, Raleigh, North Carolina, Vol 2: 181-230

Wroth CP, Hughes JMV (1973) An Instrument for the In Situ Measurement of the Properties of Soft Clays. Proc 8th Int Conf Soil Mech and Found Eng, Moscow, Vol 1.2: 187-494

Bereich quartäre Sedimente/Geschiebemergel

Ingenieurgeologische Untersuchungen an Geschiebemergeln im Hamburger Raum

A. BAERMANN und K. WÜSTENHAGEN[1]

SUMMARY

The ground moraines of the Hamburg area almost exclusively consist of tills. They represent about 40 percent of the soil cover.

The strength behaviour of these tills depends on their petrographic structure and consistency. Yet, the different structures of fabric influence the strength to varying degrees according to the valid consistency:

- with soft to stiff consistency the properties of the grain size fraction < 0,06 mm which functions as binding agent in tills, are most important
- with firm consistency an often observed joint structure can be of additional geotechnical significance. Compared with that the marl within the boulder clay is only soil-mechanically active if it occurs as mosaic layers.

The granular skeleton (grain size fraction > 0,06 mm) mainly consists of quartz, feldspar, lime and boulder fragments whereas the binding agent consists of swellable clay minerals (smectite), transition - minerals (mixed-layer minerals) and unswellable minerals (kaolinite, chlorite) with a subordinate content of finely distributed calcite, dolomite and quartz.

Quantitative estimates of the clay mineralogical composition based on standardized suspensions show about the same content of kaolinite within the different marls of the Hamburg area (Elsterian moraine, Drenthe moraine, Niendorf moraine, Fuhlsbüttel moraine). This is different from the content of smectite which is highest in the Elster marls and thus helps to identify them (fig. 1). In most cases the lime content supports the stratigraphical classification of marls as well.

The influence of the varying petrographic structure of the different marls on their soil mechanical behaviour is confirmed by geotechnical investigations:

- the determined plasticity indices correspond to the granular skeleton/binding agent ratio. Because of a high binding agent content the Niendorf and Elster moraine show higher plasticity indices and higher liquid limits.

---

[1]Dipl. Min. Axel Baermann, Dr. Karl Wüstenhagen, Geologisches Landesamt Hamburg, Oberstr. 88, D-2000 Hamburg 13

- Density and dry density rise with increasing age of the moraines. The corresponding decrease of the porosity is due to the filling of the pore space with finely distributed clay and calcium carbonate. With comparable granular skeleton and increasing lime content porosity decreases (fig. 4).
- An exponential correlation exists between shear strength and water content: the latter being constant, shear strength will increase according to density resp. age of the marls (fig. 5).
- The behaviour of cohesive soil under influence of water is described in disintegration tests.

As the disintegration rate depends on the initial water content of the samples an apparatus was developed to register continuously the disintegration process (figs. 6 and 7).

The disintegration process is determined by the grain skeleton and the kind of cementation (fig. 8). Thus, high lime contents (as they can be found in the Niendorf moraine) have a structure preserving effect because of the increase of fine grains.

Summarizing it can be said that different strength behaviour of tills can be explained geologically and described by mineralogical composition and geotechnical parameters.

EINFÜHRUNG

Bei steifer Konsistenz gelten Geschiebemergel als guter Baugrund; die Festigkeit dieser Lockergesteine kann sich jedoch lokal stark ändern und somit zu Problemen im Erd- und Grundbau führen. Hierfür sind in erster Linie Schwankungen des Wassergehaltes, aber auch Unterschiede im petrographischen Aufbau verantwortlich. Ziel der vorliegenden Arbeit ist es, dieses bodenmechanisch zu belegen und eine Beziehung zwischen der erdgeschichtlichen Stellung und dem jeweiligen geotechnischen Verhalten herzustellen.

Die mineralogischen und geotechnischen Untersuchungen sind an gestörten und ungestörten Bodenproben, vorwiegend aus dem Hamburger Raum, durchgeführt worden. Die stratigraphische Einordnung der Mergel erfolgte aufgrund der vorgefundenen Lagerungsverhältnisse und der Ergebnisse von Feinkies- und Geschiebeanalysen (EHLERS 1983). Es sind vier verschiedene Geschiebemergel untersucht worden (vgl. GRUBE 1967, 1981), wobei die jeweilige Aufschlußsituation die Anzahl und Auswahl der Proben stark beeinflußte:

Saale-Eiszeit (Zahl der Proben: ca. 140)

- Fuhlsbütteler Moräne (qs Fu) ≙ jüngere Vereisung
- Niendorfer Moräne (qs Ni) ≙ mittlere Vereisung
- Drenthe Moräne (qs D) ≙ ältere Vereisung

Elster-Eiszeit (Zahl der Proben: ca. 40)

- Elster Moräne (qe)

So sind die saalezeitlichen Proben vorwiegend Aufschlüssen, die elsterzeitlichen meist Bohrungen entnommen worden. Dabei wurden an den gewonnenen Proben eine Vielzahl von Einzeluntersuchungen, insbesondere Penetrometermessungen, durchgeführt. Für eine statistische Absicherung der Ergebnisse sind zusätzliche Probennahmen an anderen Stellen im Hamburger Raum erforderlich, die sich bei neuen Aufschlüssen ergeben.

BESCHREIBUNG DER GESCHIEBEMERGEL

Die im Hamburger Raum auftretenden Geschiebemergel sind geologisch ausführlich beschrieben worden (vgl. EHLERS 1983), so daß hier im wesentlichen nur petrographisch/mineralogische Befunde darzustellen sind.

Gefügestrukturen

Gefügeuntersuchungen an Geschiebemergeln haben sich bislang meist auf Untersuchungen hinsichtlich der Einregelung ihrer Geschiebe beschränkt. Die in den Geschiebemergeln anzutreffenden Gefügestrukturen blieben dagegen bisher meist unbeachtet.

Die Geschiebemergel können als eine Gefügestruktur mehrerer ineinander geschachtelter Einzelgefüge aufgefaßt werden, wie Trennflächen-, Geschiebe-, Korngerüst- und Bindemittel-Gefüge. Ihre mechanische Wirksamkeit hängt vorwiegend von der Konsistenz der Mergel ab. Bei weicher bis steifer Konsistenz sind im wesentlichen das Bindemittel und Korngerüst für das Festigkeitsverhalten verantwortlich, bei fester Konsistenz ist ggf. auch das Trennflächengefüge wirksam. Trennflächen sind besonders deutlich in Mergeln mit hohen Schlämmkornanteilen ausgebildet. Bei einem mittleren Abstand von etwa 20 cm sind die Trennflächen vorwiegend parallel und senkrecht zur Transportrichtung angeordnet. Bei abgelagerten Eisenhydroxidbelägen und anderen Verwitterungseigenschaften sind diese Flächen im Gelände meist gut erkennbar.

Die Geschiebe stellen aufgrund ihrer Raumstellung ein weiteres Gefügeelement dar, welches bodenmechanisch nur in Ausnahmefällen Bedeutung erlangt, z.B. beim Auftreten sogenannter Pflasterlagen. Die meisten Geschiebe haben einen mittleren Durchmesser von 1 - 2 cm und liegen isoliert in einer feinkörnigeren Grundsubstanz. Diese bildet das bodenmechanisch wirksame Korngerüst (Kies- und Sandfraktion) der Mergel und das dazugehörige, stabilisierende Bindemittel (Schluff- und Tonfraktion). Der Porenraum kann als weiteres Gefügeelement hinzukommen.

Korngerüst

Das Korngerüst besteht im wesentlichen aus monomineralischen Körnern der Fraktion > 0,06 mm Ø, und zwar vorwiegend aus Quarz, der entsprechend den Transportbedingungen meist gut gerundet, aber auch scharfkantig vorliegt. Wie erwähnt, übernimmt diese Fraktion in den Geschiebemergeln die Funktion eines Korngerüstes mit unterschiedlichen Pakkungs- bzw. Korngerüstdichten ρ_k (s. Tab. 3). Der untergeordnet auftretende Feldspat ist meist stark angewittert. Flint und Glimmerminerale sind am Aufbau des Korngerüstes mit nur etwa 3 % beteiligt. Akzessorisch treten Zirkon, Apatit, Hornblende, Glaukonit und Chlorit sowie Bruchstücke von Sediment- und Kristallingesteinen auf.

Die saalezeitlichen Moränen zeigen in etwa ein einheitliches Quarz/Feldspat-Verhältnis; dieses ist zudem deutlich kleiner als bei den untersuchten elsterzeitlichen Proben.

Hinsichtlich des Glaukonitgehaltes ist zu bemerken, daß mit zunehmendem Alter der Geschiebemergel auch ein Anstieg desselben beobachtet wurde, wobei dieser in Form von Glaukonitpellets auftritt.

Bindemittel

Als bodenmechanisch wirksamer Bindemittelanteil wurde die Fraktion < 0,06 mm Ø festgelegt. Die Abgrenzung von Korngerüst und Bindemittel erfolgte nach Auswertungen der Kornverteilungskurven und aus Dünn - schliffuntersuchungen, ist aber wegen der Zwischenstellung des Grobschluffanteils nicht immer eindeutig möglich.

Röntgenographische Übersichtsaufnahmen der Schluff- und Tonfraktion zeigen neben den Tonmineralen auch Quarz, Feldspat, Glimmer und Karbonate sowie Eisen- und Manganoxide.

Folgende Tonminerale treten auf:

- quellfähige Minerale (Smektite, deren oo1-Basisreflexe zwischen 15 und 19 Å liegen)
- Übergangsminerale (mixed-layer) zwischen Illit und Smektit
- nicht quellfähige Tonminerale, wie Illit, Kaolinit und Chlorit.

Untersuchungen mit dem Rasterelektronenmikroskop lassen an Bruchflächen gefriergetrockneter Proben Kornaggregate erkennen, die aus verschiedenen Einzelmineralen bestehen. Die nicht miteinander verkitteten Mineralkörner werden von Schichtsilikaten lagenweise umhüllt und zeigen keine Einregelung.

Eine quantitative Abschätzung der Tonmineralzusammensetzung aufgrund röntgenographischer Untersuchungen diente zur Prüfung eines möglichen Einflusses auf das Festigkeitsverhalten verschiedener Mergel (Abb. 1). Dabei wurden die einzelnen Komponenten über das Peakhöhen-Intensitätsverhältnis bestimmt, nachdem aus definierten Tonsuspensionen entsprechende Eichkurven aufgestellt worden waren. Es wurde beobachtet, daß der Smektitgehalt mit zunehmendem Alter der Mergel ansteigt, während der Illitanteil abnimmt. Der Kaolinitgehalt ist bei allen Mergeln ungefähr gleich groß. Der höhere Smektitgehalt in den elsterzeitlichen Proben deutet auf ein relativ hohes Wasseraufnahmevermögen und Schrumpfmaß sowie auf eine vergleichsweise höhere Plastizität hin; dies konnte durch bodenmechanische Untersuchungen bestätigt werden. Die geringeren Smektitgehalte der Niendorfer Moräne werden durch einen insgesamt höheren Bindemittelanteil kompensiert, so daß grundsätzlich ähnliche mechanische Eigenschaften wie bei elsterzeitlichen Proben zu erwarten sind.

GEOTECHNISCHE UNTERSUCHUNGEN

Korngrößenverteilung

Die Korngrößenverteilung der Mergel (die Bestimmung erfolgte nach DIN 18 123) wurden zu ihrer Kennzeichnung sowie zur Abschätzung des Korngerüst- bzw. Bindemittelanteiles herangezogen. Die Untersuchungsergebnisse zeigen, daß die Geschiebemergel hauptsächlich aus Sand und Schluff aufgebaut sind und zwar im Mittel zu mehr als 80 %. Die Korngrößenverteilung der einzelnen Proben streut erheblich, so daß eine eindeutige Unterscheidungsmöglichkeit zwischen den Mergeln allein aufgrund der Korngrößen nicht möglich erscheint (Tab. 1). Bemerkenswert ist jedoch, daß innerhalb der saalezeitlichen Mergel ein relativ hoher Sandanteil in der Fuhlsbütteler Moräne und ein relativ hoher Schlämmkornanteil in der Niendorfer Moräne auftreten. Der höhere Sandanteil der drenthezeitlichen Mergel ist durch die Aufnahme pliozäner Sande bedingt.

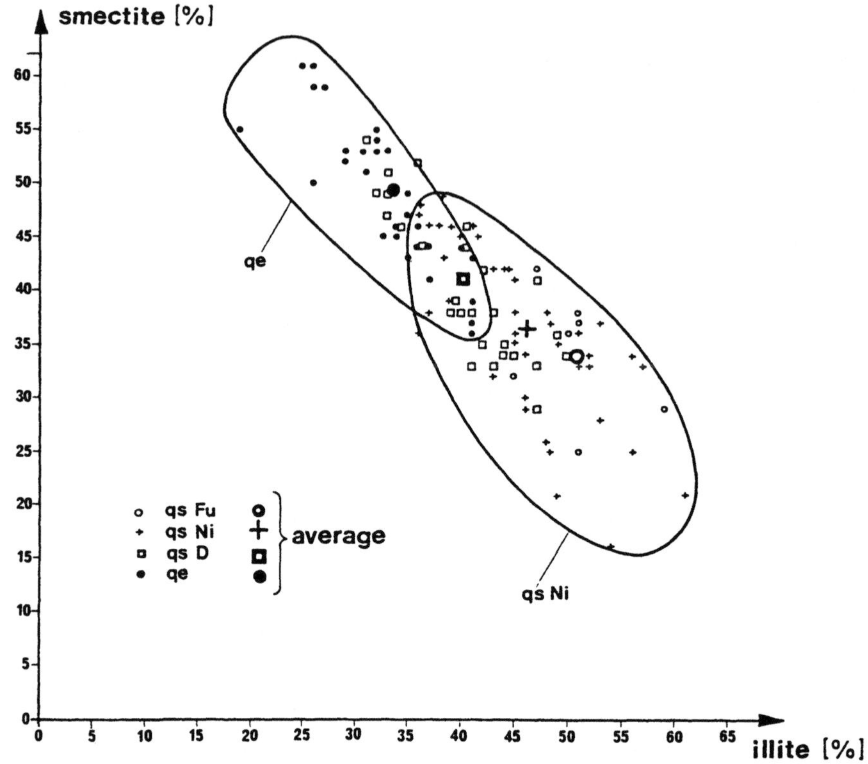

Abb. 1 Smektit- und Illitgehalte verschiedener Mergel (qe, qs D, qs Ni, qs Fu: siehe Einführung)

Fig. 1 Smectite content versus illite content fo different tills (qe, qs D, qs Ni, qs Fu: see introduction)

Tab. 1 Kornkennzahlen der untersuchten Mergel (Mittelwerte)

Tab. 1 Grain size coefficients of investigated tills (average values)

	Proben-zahl	Kornkennzahl (Gew.-%) T	U	S	G
qs Fu	19	8,5 ± 3	24,1 ± 5,1	61,4 ± 6,4	6,0 ± 2,7
qs Ni	56	13,7 ± 4,1	29,6 ± 5,1	51,8 ± 6,6	4,9 ± 2,2
qs D	66	11,4 ± 4,3	28,6 ± 6,0	56,8 ± 8,5	3,2 ± 1,8
qe	41	14,2 ± 5,6	26,7 ± 6,5	55,1 ± 7,9	4,0 ± 2,3

Kalkgehalt

Der Kalkgehalt V_{Ca} ist der Gewichtsanteil an Kalziumkarbonat, bezogen auf den Feststoffanteil des Bodens. In den Geschiebemergeln liegt der

Kalk vorwiegend als Kalzit vor. Daneben kommen auch Dolomit, Siderit und Ankerit vor.

Die Bestimmung des Kalkgehaltes erfolgte nach SCHEIBLER (vgl. SCHULTZE/MUHS 1967). Innerhalb der Saale-Kaltzeit wurden sehr unterschiedliche Kalkgehalte für die verschiedenen Mergel beobachtet (Abb. 2). Die Niendorfer Moräne zeigt aufgrund der Aufnahme von Kreidekalken aus dem Ostseebereich mit durchschnittlich 15 % den höchsten Anteil. Dadurch unterscheidet sie sich deutlich von der elsterzeitlichen Moräne.

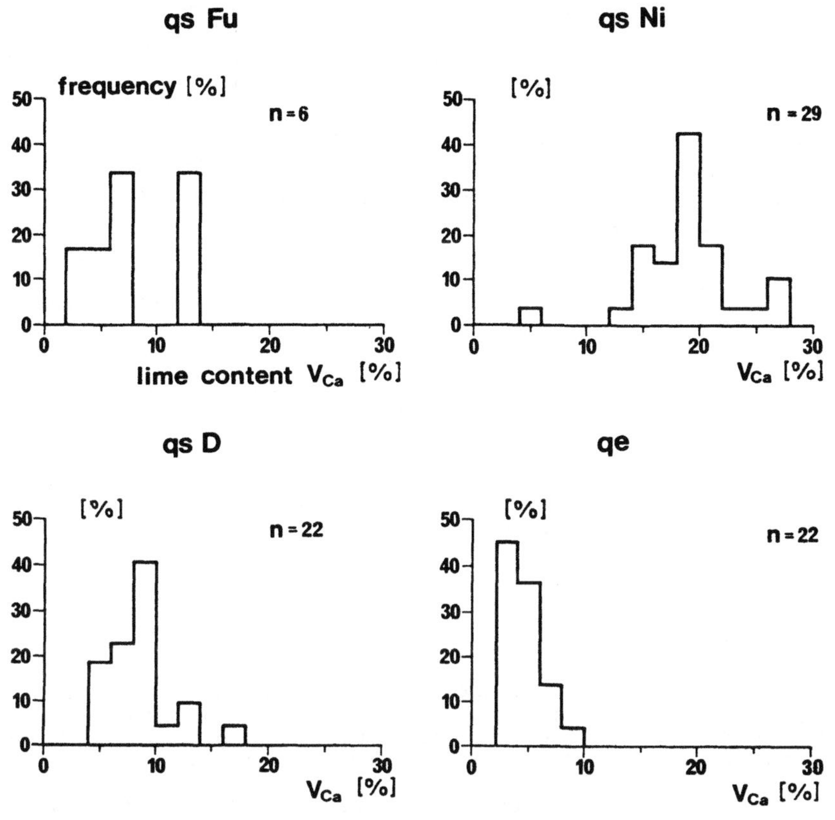

Abb. 2 Kalkgehalt verschiedener Mergel (n = Zahl der Proben, V_{Ca} = Kalkgehalt in Gew.-%)

Fig. 2 Lime contents of different tills (n = number of samples, V_{Ca} = lime content in weight %)

Bei allen Mergeln wurde eine ähnliche Verteilung des Gesamtkalkgehaltes auf die einzelnen Fraktionen beobachtet (Abb. 3). In der Kies- und Grobsandfraktion überwiegt der detritische Anteil und ist mit 10 - 15 % relativ hoch. Hier liegen nicht nur reine Kalzite, sondern auch Gesteinsbruchstücke mit kalzitischem Bindemittel vor. In der Mittel- und Feinsandfraktion sinkt der Kalkgehalt auf < 5 %, während er in den Schlämmkornfraktionen wieder stark ansteigt. Die Ursache dürfte auf die mechanische Zerkleinerung während des Materialtransportes so-

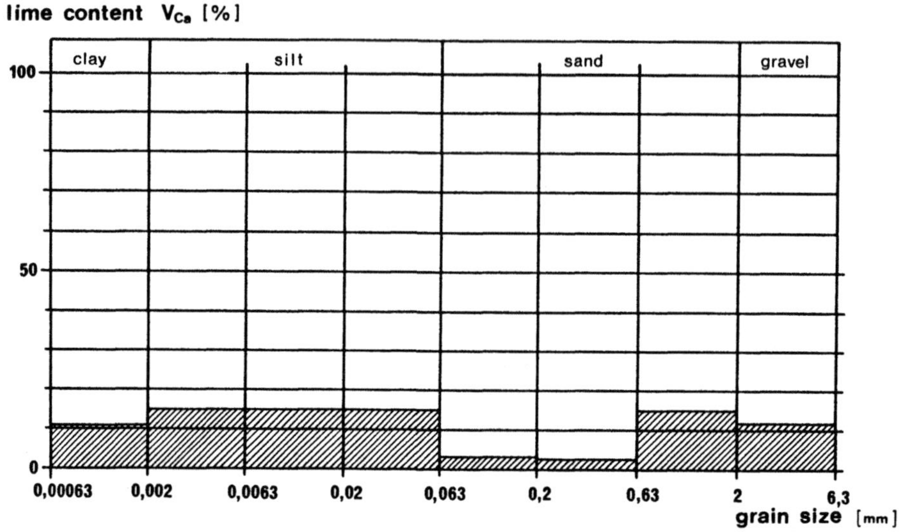

Abb. 3 Verteilung des Kalkgehaltes über den Korngrößenbereich eines drenthezeitlichen Mergels (Gesamtkalkgehalt V_{Ca}: 100 % ≙ 5,5 - 6,0 Gew.-% des Bodens)

Fig. 3 Grain size distribution of lime content of a Drenthian till (total lime content V_{Ca}: 100 % ≙ 5,5 - 6,0 weight % of the soil)

wie auf Lösungs- und Fällungsprozesse unter dem Einfluß perkolierenden Porenwassers zurückzuführen sein; daher ist bei der Bewertung des Kalkgehaltes im Hinblick auf das Festigkeitsverhalten lediglich der verkittende Anteil der Schlämmkornfraktionen von Bedeutung.

Wassergehalt und Konsistenzgrenzen

Die Festigkeit der Mergel wird entscheidend durch den die Konsistenz bestimmenden Wassergehalt beeinflußt. Die natürlichen Wassergehalte der verschiedenen Mergel sind trotz unterschiedlichen petrographischen Aufbaus ähnlich; sie liegen im Mittel zwischen 10 - 14 %.

Die ermittelten Fließ- und Ausrollgrenzen sind neben der Plastizitätszahl in der Tab. 2 zusammengestellt.

Bindemittelreiche Geschiebemergel haben eine Fließgrenze von 23 - 30 %, sandige eine von 20 - 25 %. Die Ausrollgrenze liegt im Bereich zwischen 10 - 12 % für die mehr sandigen und zwischen 12 - 15 % für die tonreichen Mergel. Die Konsistenzgrenzen weisen die Mergel als leicht plastische Sand-/Tongemische aus.

Dichte und Porenanteil

Zur weiteren Charakterisierung der Geschiebemergel sind in der Tab. 3 Durchschnittswerte für die Dichte ρ, die Trockendichte ρ_d, die Kornge-

Tab. 2 Konsistenzgrenzen der untersuchten Mergel

Tab. 2 Consistency limits of investigated tills

	Fließgrenze w_L (%)	Ausrollgrenze w_P (%)	Plastizitätszahl I_P (%)
qs Fu	20 - 27	10 - 12	10 - 15
qs Ni	25 - 28	12 - 14	13 - 16
qs D	20 - 22	10 - 12	10 - 11
qe	28 - 30	14 - 15	13 - 16

rüstdichte ρ_k und für den Porenanteil n zusammengestellt worden. Die Korngerüstdichte ρ_k ist eine auf den Feststoffanteil des Korngerüstes (> 0,06 mm Ø) bezogene Trockendichte. Bei der Gegenüberstellung der Werte wird deutlich, daß die Dichte ρ und die Trockendichte ρ_d mit zunehmendem Alter der Moräne etwas ansteigen, während diese Tendenz bei der Korngerüstdichte ρ_k nicht zu beobachten ist. Die Abnahme des Porenanteiles wird durch das Dichtschlämmen des Porenraumes mit dem als Feinkornkomponente des Bindemittels vorliegenden Tonanteiles und Karbonats erklärt (vgl. Tab. 1 und Abb. 4). Durch sekundäre Lösungs- und Wiederausfällungsprozesse können dabei nicht nur die Kornzwickel, sondern auch korrodierte Mineralkornoberflächen ausgefüllt werden. Bei etwa ähnlichen Korngerüstdichten unterscheiden sich die Mergel durch unterschiedliche Tonanteile. Hinsichtlich des Festigkeitsverhaltens kann man davon ausgehen, daß die Scherfestigkeit mit zunehmender Korngerüstdichte und wachsendem Bindemittelanteil zunimmt.

Tab. 3 Dichte und Porenanteil

Tab. 3 Density and porosity

Moräne	Dichte ρ (g/cm³)	Trockendichte ρ_d (g/cm³)	Korngerüstdichte ρ_k (g/cm³)	Porenanteil n (%)
qs Fu	2,00 - 2,07	1,73 - 1,94	1,17 - 1,31	27 - 36
qs Ni	2,07 - 2,09	1,72 - 1,83	0,98 - 1,04	32 - 36
qs D	2,07 - 2,13	1,82 - 1,83	1,09 - 1,10	30 - 32
qe	2,16 - 2,28	1,95 - 2,10	1,15 - 1,24	20 - 27

Scherfestigkeit

Die in der Bodenmechanik üblichen Scherversuche (Triaxialversuche mit einem Probenquerschnitt von 10 cm² und direkter Scherversuch) sind zur Prüfung des Festigkeitsverhaltens nur bedingt geeignet, insbesondere dann, wenn der Einfluß sedimentpetrographischer Parameter untersucht werden soll. Bei der zu beobachtenden starken Abhängigkeit der Festigkeit von dem Wassergehalt ist es notwendig, Proben mit möglichst

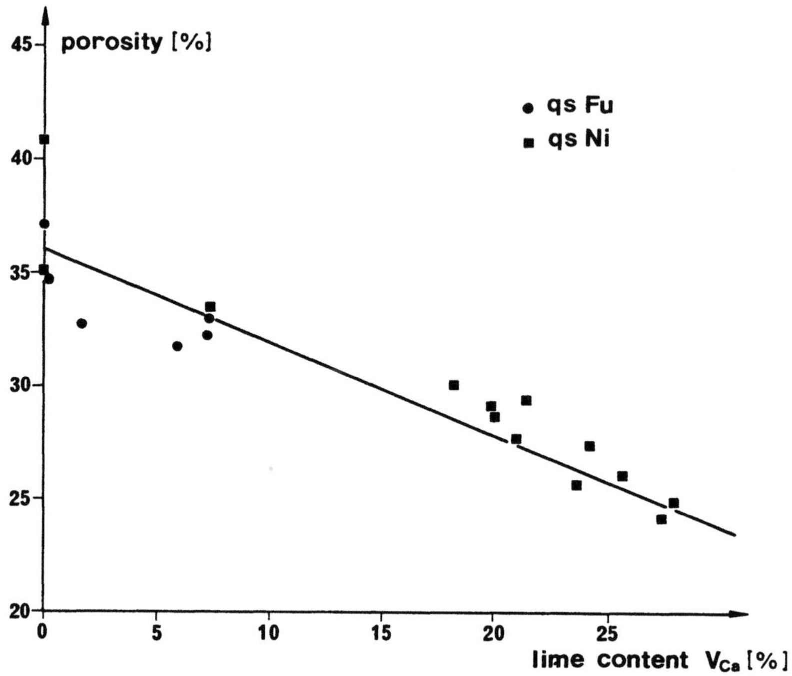

Abb. 4 Abhängigkeit des Porenanteils von dem Kalkgehalt

Fig. 4 Dependence of porosity on lime content

gleichem Einbauwassergehalt zu vergleichen. Zum einen ist dies bei begrenzten Versuchseinrichtungen praktisch kaum möglich; zum anderen werden die Meßergebnisse bei einem vorgegebenen Probenquerschnitt von 10 cm^2 zusätzlich durch die stellenweise häufige und zudem nicht immer bekannte Geschiebeführung beeinträchtigt. Aus diesem Grunde können aus den Ergebnissen von durchgeführten Triaxialversuchen (CU-Versuche) und vorliegenden Meßwerten früherer Untersuchungen nur allgemein qualitative Zusammenhänge abgeleitet werden. Die Festigkeitsuntersuchungen wurden deshalb mit Penetrometermessungen, die sich als sehr zweckdienlich erwiesen, weitergeführt und ergänzt.

Triaxialversuche

Aus den Ergebnissen von Triaxialversuchen konnte allgemein abgeleitet werden, daß sich Geschiebemergel mit einem größeren Ton- und Schluffanteil durch einen vergleichsweise niedrigen inneren Reibungswinkel und eine entsprechend hohe Kohäsion auszeichnen (vgl. Tab. 1 und 4). Das gilt insbesondere für Geschiebemergel mit einem hohen Anteil quellfähiger Tonminerale und einem entsprechenden Wasseraufnahmevermögen. Im Extremfall können die Wassergehalte nahe der Fließgrenze liegen; dann vermindert sich nicht nur die Kohäsion, sondern es werden auch kleinere Reibungswinkel beobachtet (Aufweitung des Korngerüstes).

Tab. 4 Scherparameter von Geschiebemergeln (Triaxialversuche)

Tab. 4 Shear strength parameters of tills (triaxial tests)

	innerer Reibungswinkel	Kohäsion
	φ' (°)	c' (kN/m²)
qs Fu	≈ 32	15 - 25
qs Ni	≈ 31	15 - 40
qs D	≈ 34	5 - 25
qe	≈ 30	35 - 60

Penetrometermessungen

Durch den Einsatz von Penetrometern kleiner Abmessungen (WÜSTENHAGEN 1984) lassen sich auch an vergleichsweise kleinen Proben in kurzer Zeit eine Vielzahl von Daten zur Festigkeitsbeschreibung gewinnen. Für die Untersuchungen wurden zylindrische Penetrometerstempel mit einem Durchmesser von 2 mm verwendet. Eine Eindringtiefe von 2 cm erwies sich bei einer Eindringgeschwindigkeit von etwa 10 mm/s als günstig. In Voruntersuchungen zeigte sich eine jeweils gleichartige Abhängigkeit zwischen dem Eindringwiderstand und der Eindringtiefe; daher wurden meist nur die Höchstwerte des jeweiligen Eindringwiderstandes registriert.

In einem geschlossenen Rasterfeld wurden je Probe im Abstand von 1 cm eine statistisch ausreichende Zahl von Einzelmessungen (≈ 100) durchgeführt, um das ungünstige Verhältnis von Korn- zu Penetrometerdurchmesser auszugleichen. Die Abb. 5 zeigt einen Vergleich zwischen gestörten und ungestörten Mergelproben. Bei ungestörten Proben nimmt die Festigkeit mit etwa gleichem Wassergehalt mit zunehmendem Alter zu, während bei aufgearbeiteten Proben mit etwa gleicher Lagerungsdichte und gleichem Wassergehalt keine Unterschiede beobachtet wurden. Für die untersuchten vier verschiedenen Mergel wurden daneben eindeutige logarithmische Zusammenhänge zwischen dem Eindringwiderstand W und dem Wassergehalt w sowohl für ungestörtes als auch für aufbereitetes Material festgestellt ($W \sim 1\, e^{w}$).

Daneben wurde das Festigkeitsverhalten der Mergel hinsichtlich des Kalkgehaltes untersucht. Dazu wurde aus einem sandigen Geschiebelehm ein Mergel mit 5, 15 und 25 Gew.-% $CaCO_3$ hergestellt und die Eindringwiderstände bei unterschiedlichen Wassergehalten gemessen. Mit zunehmendem Kalkgehalt wird der Mergel stetig fester. Dies wird mit dem gleichzeitigen Anwachsen des Feinkornanteils im Bindemittel erklärt.

Zusammenfassend kann festgestellt werden, daß die Festigkeit der Mergel neben ihrer Konsistenz wesentlich von der Korngerüstdichte ρ_k und dem Bindemittelanteil abhängt, z.B. von dem Produkt ρ_k · (T+U (Gew.-%)) (vgl. Tab. 5).

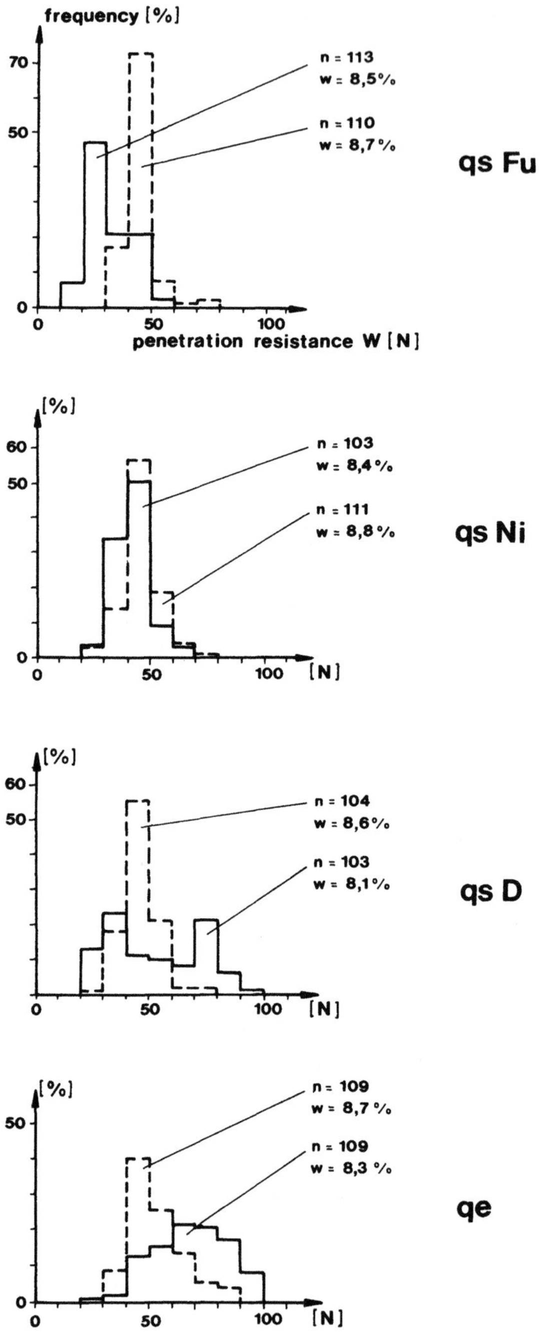

n = Zahl der Messungen
n = number of measurements
w = Wassergehalt
w = water content

Abb. 5 Vergleich von Penetrometer-Eindringwiderständen zwischen ungestörten und gestörten (gestrichelte Linie) Mergelproben
Fig. 5 Comparison of penetration resistances between undisturbed and remoulded (hatched line) till samples

Tab. 5 Eindringwiderstand W, Korngerüstdichte ρ_k und Bindemittelanteil (w = 0,08)

Tab. 5 Penetration resistance W, density of grain skeleton ρ_k and clay and silt contents (w = 0,08)

	Eindring-widerstand W (N)	Korngerüst-dichte ρ_k (g/cm³)	Bindemittel-anteil (Gew.-%)	$\rho_k \cdot (T + U)$ (g/cm³·Gew.-%)
qs Fu	31,3 ± 9,9	1,17-1,31	32,6	38,1 - 42,7
qs Ni	41,4 ± 7,6	0,98-1,04	43,4	42,4 - 45,0
qs D	52,5 ± 20,4	1,09-1,10	40,0	43,6 - 44,0
qe	67 ± 15,6	1,15-1,24	40,9	47,0 - 50,7

Zerfallszahl

Zerfallsversuche dienen zur Charakterisierung des Verhaltens bindiger Böden unter dem Einfluß von Wasser. Spezielle Verwitterungsprobleme, wie Rutschungen sowie Kliffabtragungen an der Nord- und Ostsee gaben Anlaß, die Mergel mit dem Zerfallsverhalten zu beurteilen und dieses aus dem Aufbau zu erklären.

Zur schnellen und einfachen Bestimmung der Zerfallskurven - Darstellung der Gewichtsabnahme im Verlaufe der Zeit - ist die in Abb. 6 schematisch dargestellte Meßanordnung verwendet worden. Die Probe liegt hierbei in einem Drahtkorb und verbleibt während des gesamten Versuchs ohne zusätzliche äußere Beanspruchung im Wasser. Die Kraftmeßdose mißt kontinuierlich den sich vermindernden Auftrieb der Probe, der sich durch den Zerfallsverlauf einstellt. Die Zerfallskurven werden mit einem xy-Schreiber registriert.

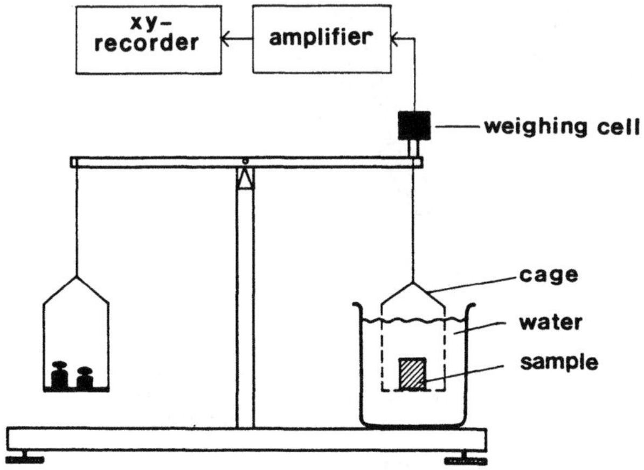

Abb. 6 Versuchsanordnung zur Bestimmung der Zerfallszahl

Fig. 6 Testing arrangement for evaluation of disintegration time

Die Zerfallszeit hängt weitgehend vom Wassergehalt der Probe ab (Abb.7). Trockene Probenkörper zerfallen aufgrund der unter Auftrieb stehenden Porenluft und des Quellverhaltens sehr viel schneller als nahezu wassergesättigte Proben. Der Zerfall ist weiterhin vom Kornaufbau und der Verkittungsart abhängig (Abb. 8).

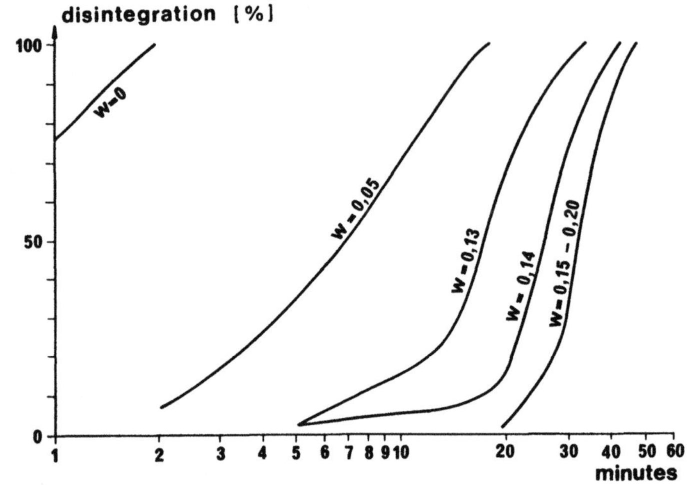

Abb.7 Abhängigkeit des Zerfallsverhaltens von dem Wassergehalt eines aufgearbeiteten Mergels (w = Wassergehalt)

Fig. 7 Disintegration proceeding and water content of remoulded till samples (w = water content)

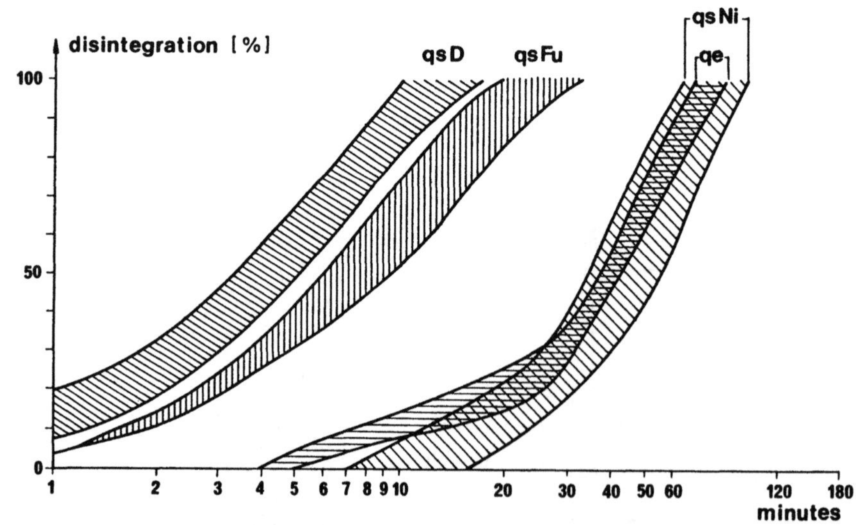

Abb. 8 Zerfallsverhalten verschiedener Mergel

Fig. 8 Disintegration proceeding of different tills

Während bei der Fuhlsbütteler und Drenthe Moräne ein gleichmäßiger Zerfall des Korngerüstes zu beobachten ist, zeigen die Niendorfer und Elster Moräne einen Zerfall in Kornaggregate mit schalig-plattiger Struktur. Aus der Tab. 6 sind die Zusammenhänge zwischen Kornverteilung, Kalkgehalt und Zerfallszahl erkennbar.

Tab. 6 Kornkennzahlen, Kalkgehalt und Zerfallszahlen von ausgewählten Mergelproben

Tab. 6 Grain size coefficients, lime content, integration time of selected tills

Probe	Kornkennzahl (Gew.-%)				Kalkgehalt V_{Ca} (Gew.-%)	Zerfallszahl Z (50%) (min) bei w = 0
	T	U	S	G		
qs Fu	6,5	23,5	64	6,0	1,8 - 3,2	6 - 9
qs Ni	6,5	32,5	46	5,0	13 - 16	40 - 60
qs D	8	23,5	66	2,5	5,6 - 5,9	3 - 5
qe	4,5	27,0	65	3,5	3,0 - 3,5	38 - 42

Bei hohen Siebkornanteilen ergeben sich auch hohe Zerfallsraten, da das Korngerüst durch den geringen Ton- und Schluffgehalt vergleichsweise nur schlecht verkittet ist. Die hohen Smektitgehalte der elsterzeitlichen Moräne führen zum Quellen der Tonmatrix und verursachen durch das schalig-plattige Absprengen von größeren Kornaggregaten, trotz eines hohen Siebkornanteiles kleinere Zerfallsraten. Ein hoher Kalkgehalt, wie er z.B. bei der Niendorfer Moräne (qs Ni) zu finden ist, wirkt durch die Zunahme des Feinkornanteils ebenfalls strukturerhaltend.

ZUSAMMENFASSUNG

Die Untersuchungen an Geschiebemergeln im Hamburger Raum zeigen, daß ihr Festigkeitsverhalten mit Hilfe geotechnischer Daten und mineralogischer Befunde eindeutig erklärt werden kann.

Die saalezeitliche Niendorfer Moräne (qs Ni) und die elsterzeitliche Moräne (qe) zeichnen sich im allgemeinen durch einen etwas höheren Bindemittelanteil im Vergleich zu den anderen untersuchten Moränen aus, die Fuhlsbütteler Moräne (qs Fu) und die elsterzeitliche Moräne (qe) durch eine etwas größere Korngerüstdichte. Das Produkt aus Bindemittelanteil und Korngerüstdichte nimmt mit dem Alter der Moränen zu, ebenso wie die Festigkeit und der auf die Tonfraktion bezogene Glaukonit- und Smektitgehalt. Hinsichtlich des Zusammenhanges zwischen der Festigkeit der Geschiebemergel und den sedimentpetrographischen Parametern ist zu bemerken, daß dieser nur bei gleichen Wassergehalten beobachtet werden kann, da eine sehr starke, die anderen Einflüsse überlagernde Abhängigkeit der Festigkeit von der Konsistenz der Böden vorhanden ist.

Die bei zwei Moränen (qe und qs Ni) beobachteten vergleichsweise grossen Zerfallszahlen lassen sich ebenfalls geotechnisch und mineralogisch, nämlich durch die Kornzusammensetzung und den Smektitgehalt begründen.

Während die Festigkeit der Moräne mit Hilfe spezieller Penetrometermessungen und mit Triaxialversuchen beschrieben worden ist, wurde das Zerfallsverhalten mit einer Zerfallszahl charakterisiert, für deren Bestimmung der dargestellte Versuchsaufbau gewählt wurde.

LITERATUR

Ehlers J (1983) Glacial deposits in North-West Europe. Balkema, Rotterdam, S. 470

Grube F (1976) Die Gliederung der Saale-(Riß-)Kaltzeit im Hamburger Raum. Fundamenta B 2: 168-195

Grube F (1981) Subdivision of the Saalian in the Hamburg Region. Med Rijks Geol Dienst 34 (4): 15-22

Saglerat G (1972) The Penetrometer and Soil Exploration. Elsevier, Amsterdam/London/New York, S. 115 ff

Schultze E, Muhs H (1967) Bodenuntersuchungen für Ingenieurbauten. Springer-Verlag, Berlin/Heidelberg/New York, S. 361 f

Wüstenhagen K (1984) Untersuchungen mit einem Penetrometer kleiner Abmessungen. Geol Jb, C 37, 10 Abb, Hannover

Geotechnik der Moränen

F. GRUBE[1]

SUMMARY

The geotechnical properties of moraines are generally considered to be more or less uniform. Frequent observations at building sites, however, have proved the contrary.

The petrographic composition of glacial sediments is extremely variable. All rock- and earth-material eroded and transported by ice is indicated as moraines. Distinction is made between moraines of distant and local origin. Moraines of distant origin in Northern Germany consist of rock and soil from Scandinavia and the Baltic. In basal tills such material evolved by lodgement or melt-out. Sole tills contain the total sheared and compressed local rock material. The composition changes after short distances.

On the other hand, the petrographic composition of ground moraines is only subordinately influenced by local material and therefore much more uniform over great distances. Till of the Drenthe-Glacial from Juetland and Schleswig-Holstein can easily be mistaken for a ground moraine of Lower Saxony and the Netherlands of the same period.

The youngest, sandy till of the Warthe-Glacial compares with the Drenthe-moraines, but is found only at the lower Elbe, in NE-Lower Saxony and in Schleswig-Holstein. The till of the Niendorf-Formation (Middle Saale Glacial) is rich in clay, lime and flint. The darkgrey Elster-moraine is characterized by low lime-content and high stiffness. It is found in deep excavations only.

A main target of all mappings for foundation engineering purposes is to distinguish the different morphologic (drumlins etc.), genetic and stratigraphic types of moraines as to their influences on project and design. Thickness, facies and other relevant geotechnical parameters can be presented according to the selected scale. The usual soil mechanical parameters require refinements and additions in order to describe the range of properties of the ground moraines.

Critical experiences have been made very often in foundation engineering with the uncalculable occurrance of foundlings and erratic blocks of different rock types. The dark till of the Elster Glacial is often

[1]Prof. Dr. Friedrich Grube, Direktor, Geologisches Landesamt Schleswig-Holstein, Mercatorstr. 7, D-2300 Kiel

Ingenieurgeologische Probleme im Grenzbereich zwischen Locker- und Festgesteinen
(Herausgegeben von K.-H. Heitfeld)

highly consolidated and causes problems during excavation or anchoring measures. The Niendorf till is stable in slopes but difficult to excavate. The till of the Drenthe-, Fuhlsbuettel- (Warthe-) and Weichsel-Periods have proved to be critical due to their varying stiffness. Shear failures in the Drenthe till have caused considerable damage, and the Fuhlsbuettel till as well as the Pudasjärvi till in Finland are known for their pseudothixotropic behaviour (pudding moraine).

The reasons for these variable geotechnical properties are manifold. First of all, the petrographic and geochemical parameters are of great importance. Furthermore, the degree of weathering, the diagenetic and the glacial consolidation have to be mentioned. Experience has shown that also the stratigraphic position of the tills is of considerable importance for the engineering geological assessment. Concluding studies are in progress.

EINFÜHRUNG

Im Bereich der pleistozänen Vereisungen des Alpenraums, von Großbritannien, Nordamerika und Nordeuropa wurden glazigene Gesteine in wechselnder Mächtigkeit großflächig abgelagert und sind in erheblichem Maße am Aufbau des Baugrundes beteiligt. Das wechselnd geotechnische Verhalten der anscheinend einheitlichen Moränen stand im Vordergrund dieser Untersuchungen im Rahmen eines von der Deutschen Forschungsgemeinschaft geförderten ingenieurgeologischen Forschungsprogramms. In einer interdisziplinären Arbeitsgruppe erforschte R. MEISSNER (1985) das geophysikalische Verhalten der wichtigsten Moränen, S. CHRISTENSEN (1985) die Funktionen der petrographisch-geochemischen Parameter und A. BAERMANN & K. WÜSTENHAGEN (1985) die bodenmechanischen Eigenschaften der Till-Horizonte. Auch A. PALUSKA (1985) verfolgte geotechnische Zielsetzungen bei der Geschiebemergelerforschung. In der vorliegenden Arbeit wird über die Teilbereiche Quartärgeologische Grundlagen und Erdbau berichtet.

Die primär vom Gletscher ausgeschiedenen Moränen werden von den durch sekundäre Sortierungsprozesse höher klassifizierten glazifluviatilen bzw. lakustrinen Sedimenten getrennt. Die eng- bis weitgestuften Schmelzwassersande sind granulometrisch leicht faßbar und wie die überwiegend schluffig, tonigen Beckenablagerungen mit den herkömmlichen bodenmechanischen Untersuchungsverfahren meß- und berechenbar. Nur die grobklastischen Blockpackungen können dem Tiefbauingenieur in Einzelfällen Schwierigkeiten bereiten. Dagegen führte das wechselnd feste Verhalten von Moränen zu erheblichen Komplikationen bei Bauausführungen.

PETROGRAPHIE DER GLETSCHERSEDIMENTE

Unter dem klassischen Begriff Moränen werden alle Ablagerungen und morphologischen Landschaftselemente verstanden, die von einem Gletscher stammen. Vor allem in Norddeutschland werden die bindigen Moränen als Geschiebemergel und nach der Verwitterung (Entkalkung) als Geschiebelehm bezeichnet. Im internationalen Schrifttum hat sich der petrographische Begriff Till zur Unterscheidung von dem morphologischen Terminus Moräne durchgesetzt. Dagegen wird im deutschen Sprachgebrauch unter dem Begriff Moräne sowohl das Gestein als auch die Oberflächenform verstanden.

Die petrographische Vielfalt der Gletschersedimente reicht vom blockreichen bis zum tonigen Till. Gletscher räumen nicht nur den Verwitterungsschutt eines überfahrenen Gebietes weg, sondern stauchen den Untergrund und können sich tief in die liegenden Fels- oder Lockergesteine einschneiden. Die aufgenommenen Fremdgesteine werden als Schollen in wechselnder Größe transportiert und wie in Rügen oder Mön zusammengepreßt. Die Masse des Materials wird jedoch beim Ferntransport bis zur Entstehung einer einheitlichen Moräne zerkleinert, die überwiegend aus Schluff und Sand sowie in den Nebengemengteilen aus Ton, Kies und Findlingen besteht. Trotz des breiten Korngrößenspektrums führt die Durchmischung zu einem ähnlichen Till über größere Gebiete hinweg, wie z.B. in der Drenthe-Kaltzeit von Jütland bis in die Niederlande. Die Vergleichbarkeit basiert nach CHRISTENSEN (1985) nicht nur auf ähnlichen petrographischen und geochemischen Parametern, sondern auch auf korrelierbaren Feinkies- und Geschiebespektren. Vielfältige Erfahrungen im Erd- und Grundbau lehren außerdem, daß die Grundmoränen der einzelnen Inlandvergletscherungen sich erheblich voneinander in ihren geotechnischen Eigenschaften wie Lösbarkeit, Grundbruchsicherheit usw. unterscheiden.

Dem Wunsch nach vergleichbaren bodenmechanischen Kennwerten stehen die Schwierigkeiten bei der Probennahme und im Laborversuch gegenüber. Ungestörte Proben sind wegen der Geschiebeführung nur in einem größeren Durchmesser als bei Tonen und Schluffen möglich. Korngrößen-Messungen sind nicht vergleichbar, wenn die Aussparung der gröberen Komponenten uneinheitlich erfolgt. Die wichtigen Kalkgehaltsbestimmungen wurden bei Routineuntersuchungen nur selten durchgeführt. So mußte leider die Erfahrung gewonnen werden, daß die Ergebnisse unzähliger bodenmechanischer Laboruntersuchungen nur in wenigen Fällen für die ingenieurgeologische Forschung verwertet werden können.

Die Beurteilung der Diagenese von Moränen ist wesentlich, wenn auch nur aus Südwestdeutschland von einer einzigen Lokalität die totale Verfestigung einer Moräne (Tillit) durch SCHREINER (1982) nachgewiesen wurde.

Nach dem Abschmelzen des Gletschereises ist eine Moräne vielfältigen chemischen, physikalischen und biologischen Einflüssen ausgesetzt (GRUBE 1981), durch die die geotechnischen Parameter verändert werden. Vorschlägen EINSELES (1983) folgend wurde in enger Zusammenarbeit mit CHRISTENSEN die wechselnde Intensität dieser Einwirkungen in Verwitterungsgrade (W) eingestuft (Abb. 1).

Für die pedologische Beratung sei Herrn H. FINNERN gedankt. Eine Trennung der pedologischen und periglazialen Faktoren ist wegen der vielen Übergänge nur schwer durchführbar, wenn auch die Bodenbildungsprozesse in den Interglazialen und Interstadialen und die periglazialen Vorgänge in den Kaltzeiten dominieren.

Die unverwitterte Grundmoräne wird mit dem klassischen Terminus Geschiebemergel bezeichnet, die glazigene Primärklüftung mit den Mohrschen Flächen und der Lagerklüftung sowie das Primärgefüge mit der Einregelung der Geschiebelangachse ist erhalten. Witterungseinflüsse sind nach Augenschein nicht erkennbar. Die Mächtigkeiten der Zone des Verwitterungsgrades W0 können Dezimeter bis mehrere Meter betragen. Diagenetische Veränderungen mit Mineralneubildungen und Porenzementierungen sind nicht ungewöhnlich.

Häufiger kann im Grundwasserbereich eine basale Zone (W 0.1) im Geschiebemergel beobachtet werden, in der hydrochemischen Umsetzung wie Oxidationen und Zementationen stattgefunden haben (pedologisch GC-Horizont). Viel seltener werden verschleppte Geschiebelehmschollen mit

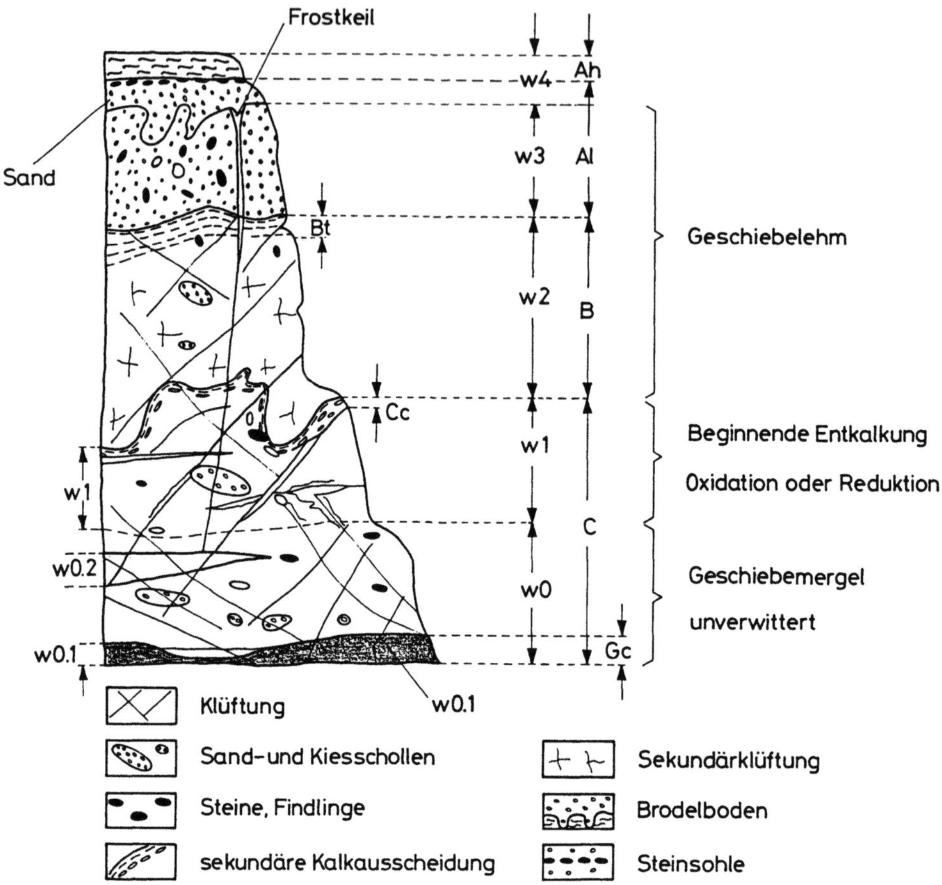

Abb. 1 Verwitterung und periglazialer Einfluß von Grundmoränen

Fig. 1 Weathering and periglacial influence on basal till

Paläobodenresten (W 0.2) beobachtet.

In der meist nur dezimetermächtigen Verwitterungsstufe W1 beginnt die Kalkmobilisation, Lösungsvorgänge greifen Karbonate und Dolomite an. Einzelne Kalkgeschiebe wie die Backsteinkalke scheinen besonders gefährdet zu sein. Andererseits tragen sekundäre Kalkausfällung in Schlieren undBänken bis zur Konkretionsbildung (pedologisch Cc) zur Verfestigung der Zone W1.1 bei. Im Bereich der Kluftflächen und Sandschollen machen sich in Abhängigkeit vom Wasserstand Oxidations- oder Reduktionsvorgänge bemerkbar, die einen Farbumschlag von grauen in gelbbraune oder olivgrüne Farbtöne bewirken. Das Primärgefüge des Geschiebemergels bleibt erhalten. Periglaziale Einwirkungen sind abhängig von der Mächtigkeit der Moräne auf Frostkeile begrenzt. Gefügeveränderungen durch fossiles Bodeneis sind schwer nachweisbar.

Die Auflösung der Kalke und Dolomite führt zum Volumenverlust und zur Veränderung der bodenmechanischen Kennwerte in der Zone W2, dem Geschiebelehm. Seltener werden Geschiebelehme mit offenen Hohlräumen der ausgelaugten Geschiebe beobachtet. Die eisenführenden Mineralien sind überwiegend oxidiert oder im Stauwassermilieu reduziert. Die Basisfläche ist meist durch einzelne Verlehmungstaschen sehr unregelmäßig gestaltet. Oberhalb dieser Geschiebelehm-/Geschiebemergelgrenze treten nur noch selten einzelne Geschiebemergelinseln oder kompakte Kalkgesteine auf. Tonanreicherungshorizonte (pedologisch Bt) sind nicht ungewöhnlich. Die Sekundärklüftung hängt von der Konrgrößenverteilung und den bodendynamischen Prozessen im interglazialen und periglazialen Klima ab. Im oberflächennahen Bereich der Geschiebelehme sind einzeln Geschiebe senkrecht gestellt und zeigen die perglaziale Beeinflussung an. Trotz dieser Überprägungen ist das Primärgefüge noch erkennbar. Die Mächtigkeiten der Zone W2 können mehrere Meter erreichen.

Der obere Teil des Geschiebelehms (W3) ist im Dezimeterbereich durch Tonverarmung und Fe-, Al- und Si-Mobilisation und völlige Entkalkung gekennzeichnet. Frostkeile und periglaziale Brodelvorgänge haben das Primärgefüge der Moräne bis auf Reliktstrukturen vernichtet. Die Geschiebelangachsen sind oft senkrecht gestellt. In tonigen Moränen werden Teile der Trennflächen als Trockenrisse gedeutet.

Die Deckschichten W4 sind durch postglaziäre Prozesse der Erosion, Denudation, Überwehung und andere Einflüsse geprägt, so daß oft nur noch einzelne Geschiebe im Boden oder auch angereichert in einer Steinsohle die Herkunft aus der liegenden Moräne verraten.

TILL-GENESE

In der modernen Quartärgeologie werden eine Reihe von Tilltypen nach ihrem Entstehungsprozeß und Bildungsort im Gletscher unterschieden, die auch für die Geotechnik von Bedeutung sind. Nach dem Abtauen des Gletschereises blieb der in- und supraglaziale Schutt als Ablationsmoräne zurück, die wie auch der sogenannte Fließtill an der Gletscherstirn keine Vorbelastung durch Eisauflast oder Stauchung erfahren hat. In den tieferen Teilen des Gletschers schmilzt der Gletscherschutt (melt-out-till) aus oder wird ausgepreßt (lodgement till). Diese Vorgänge führen zur Bildung einer Grundmoräne mit Lager- und Mohrscher Klüftung sowie einer charakteristischen Orientierung der Langachsen vom Kies- bis zum Sandkorn parallel zur Gletscherfließrichtung.

Während die Grundmoränen überwiegend aus Fernmaterial bestehen, reichern sich an der Sohle des Gletschers lokale Gesteine an, die vom Untergrund gelöst nur über kürzere Entfernungen transportiert werden, wobei Scherungen (Schertill), Fältelungen und Stauchungen (Stauchtill) auftreten. Diese Sohlmoränen ändern ihre Zusammensetzung engräumig.

Moränen des festen Landes stehen den aquatischen Tills (waterlain till) gegenüber, die sich häufig mit Meeres- oder Beckenabsätzen verzahnen und bei der Naßbaggerung wegen der unberechenbaren Findlingsführung und wechselnder Festigkeit von Bedeutung sind.

Als Till kann der gesamte Schutt einschließlich der lokalen Schollen bezeichnet werden, der vom Gletscher transportiert wurde. Gesteine in situ mit glazigenen Trennflächen einschließlich der verwurzelten Schuppen zählen nicht zu den Moränen.

MORÄNEN-STRATIGRAPHIE

Die geotechnischen Untersuchungen konzentrierten sich auf die Grundmoräneneinheiten von überregionaler Bedeutung. Diese Grundmoränen bilden von Jütland (SJÖRRING 1981) bis Niedersachsen, zum Teil bis in die Niederlande hinein, großflächige Gesteinseinheiten, die in einem wesentlichen Maße am Aufbau des quartären Baugrundes in den Vergletscherungsgebieten beteiligt sind. Die Grundmoränen der einzelnen Stadien lassen sich nach ihren geotechnischen, petrographischen und geochemischen Eigenschaften unterscheiden, so daß nicht nur in Nordamerika (G. RICHMOND 1977), sondern auch in Norddeutschland von einer Till-Stratigraphie gesprochen werden kann. Damit hat dieser Zweig der Quartär-Stratigraphie eine erhebliche Bedeutung für die geotechnische Forschung erlangt.

Zu den weit verbreiteten Typen gehören folgende Moränen:

Elster Typ	dunkelgrau bis dunkelschwarzbraun	schwer lösbar, wie Magerbeton, vorbelastet
Drenthe-Typ	braungrau	leicht lösbar, neigt zu kollapsartigen Gefügezusammenbrüchen, durchlässiger, im Bereich der Warthe-Vergletscherung vorbelastet
Niendorf-Typ	grau bis hellgrau	zäh, undurchlässiger, regional vorbelastet
Fuhlsbüttel-Typ	braungrau bis grau	leicht lösbar, durchlässiger, pseudothixotropes Verhalten ("Puddingmoränen")

Von den einzelnen Inlandvergletscherungen gibt es nicht nur die "Hauptmoränen", sondern auch spezielle Typen, über die jedoch nur einzelne geotechnische Erfahrungen vorliegen. Aus der Elster-Kaltzeit ist ein Sand-Till nach H.-C. HÖFLE (1979) im Bremer Raum bekannt. Für die ausgehende Drenthe-Kaltzeit und die letzte Phase der Fuhlsbüttel Formation sind tonige, baltische Moränen charakteristisch. Da die Baugruben in der Regel nur kurzfristig zur Verfügung stehen, wurden unter den wenigen natürlichen und seltenen dauerhaften künstlichen Aufschlüssen die exponierten "Hauptmoränen" für Vergleichsuntersuchungen ausgewählt und durch großmaßstäbige Kartierungen mit allen geologischen Daten festgehalten. An diesen Aufschlüssen (Abb. 2) fanden die Koordinierungsgespräche der Arbeitsgruppe statt, wurden Meßserien durchgeführt und Proben für systematische Laboruntersuchungen gewonnen, um die Bodenkennwerte der einzelnen Moränen zu erforschen. So leistete die Geotechnik auf diesem Sektor Grundlagenforschung für die Quartärstratigraphie.

Folgende Lokalitäten standen zur Verfügung (siehe auch Abb. 3):

Weichsel-Kaltzeit	Brodtener Kliff b. Lübeck	wenig gestörte Grundmoränenlagerung
- " -	Großweeden	Grundmoränen mit Sandlinsen
Niendorf Formation	Hemmoor b. Stade	Deckmoräne, stark wechselnde Mächtigkeit
- " -	Lauenburg/Kuhgrund	Grundmoräne zwischen Eem-Interglazial und zerscherten Drenthe-Schollen

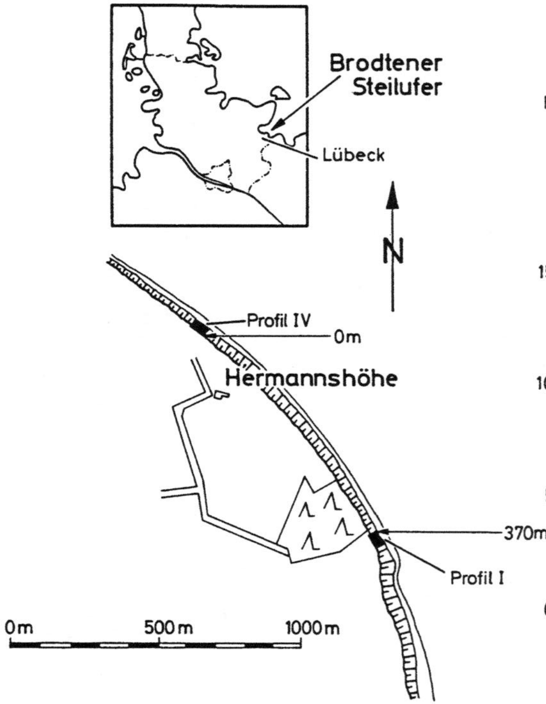

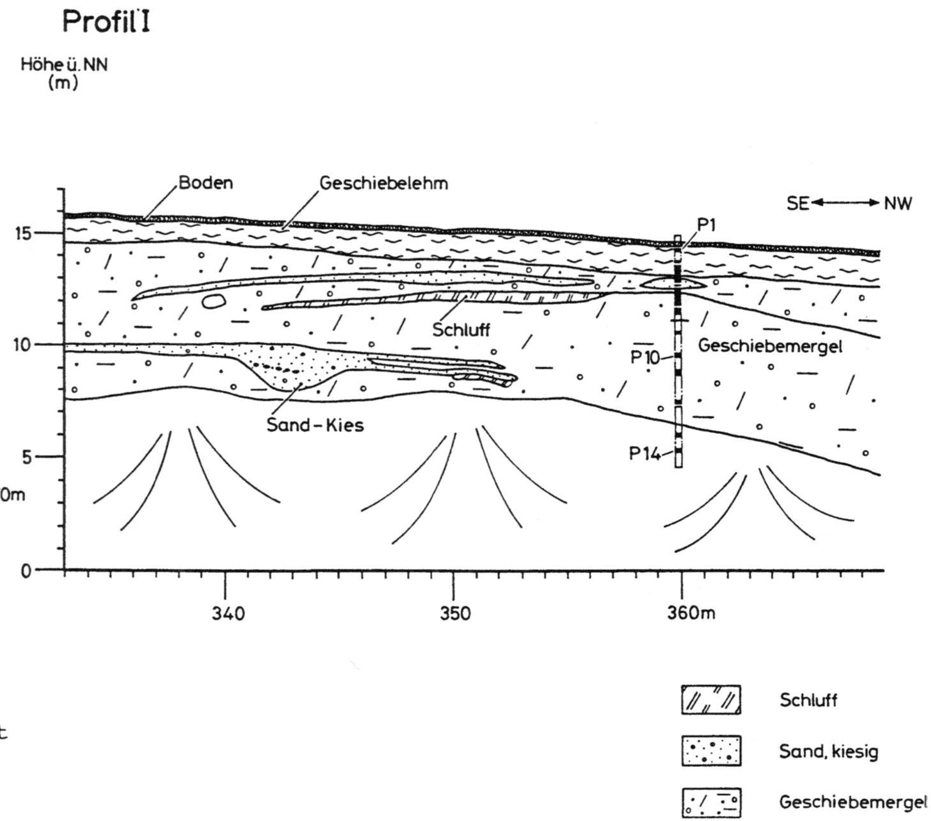

Abb. 2 Moränen der Weichsel-Kaltzeit (Profil IV siehe nächste Seite)

Fig. 2 Weichselian tills (profile IV see next page)

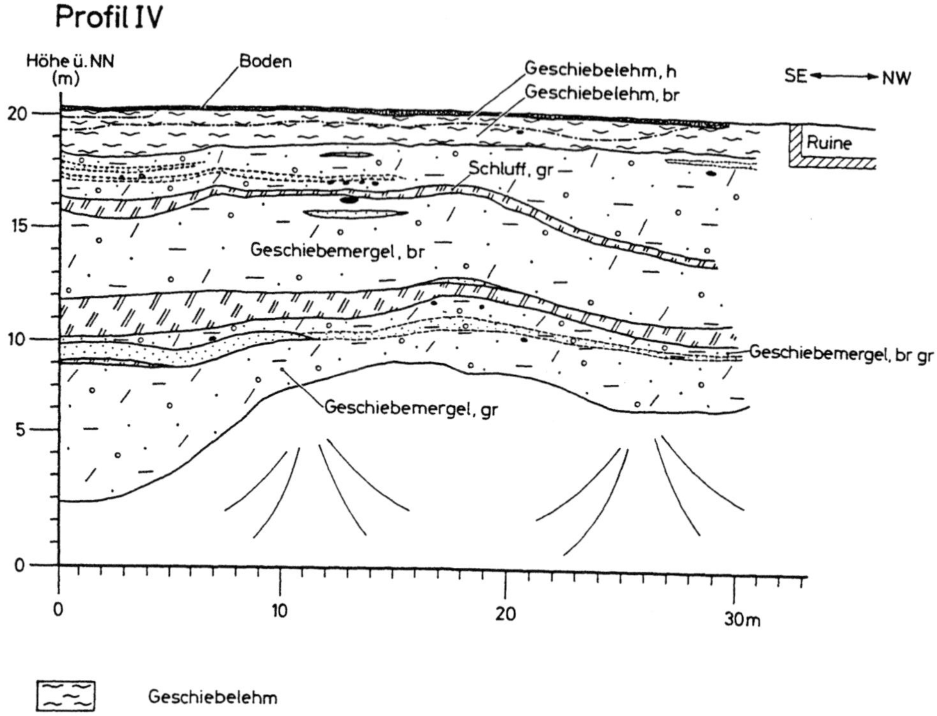

Abb. 2 Profil IV
Fig. 2 Profile IV

Niendorf Formation	Emmerlev Kliff b. Tondern	lokale Aufnahme von Drenthe-Material
Drenthe-Kaltzeit	Hemmoor b. Stade	mittlere Grundmoräne, geringmächtig, verwittert
- " -	Sylt/Rotes Kliff	verwitterte Grundmoräne
Elster-Kaltzeit	Hemmoor b. Stade	liegende Moräne, reich an Miozän- und Eozän-Schollen

GEOLOGISCHE LAGERUNG UND VERBREITUNG

In ungestörter primärer Lagerung sind die charakteristischen Grundmoränen weitflächig verbreitet. Die Weichsel-Moränen sind bekannt aus den Jungmoränenlandschaften des östlichen Schleswig-Holstein und Jütland mit Ausnahme der zahlreichen Stauchzonen, die zum Teil in den Ostseekliffs aufgeschlossen sind. Der Niendorf-Till gilt von Jütland über Schleswig-Holstein und Hamburg bis an das Weser- und Allertal als kartierfähiger Leithorizont und wird regional als Hauptgeschiebemergel

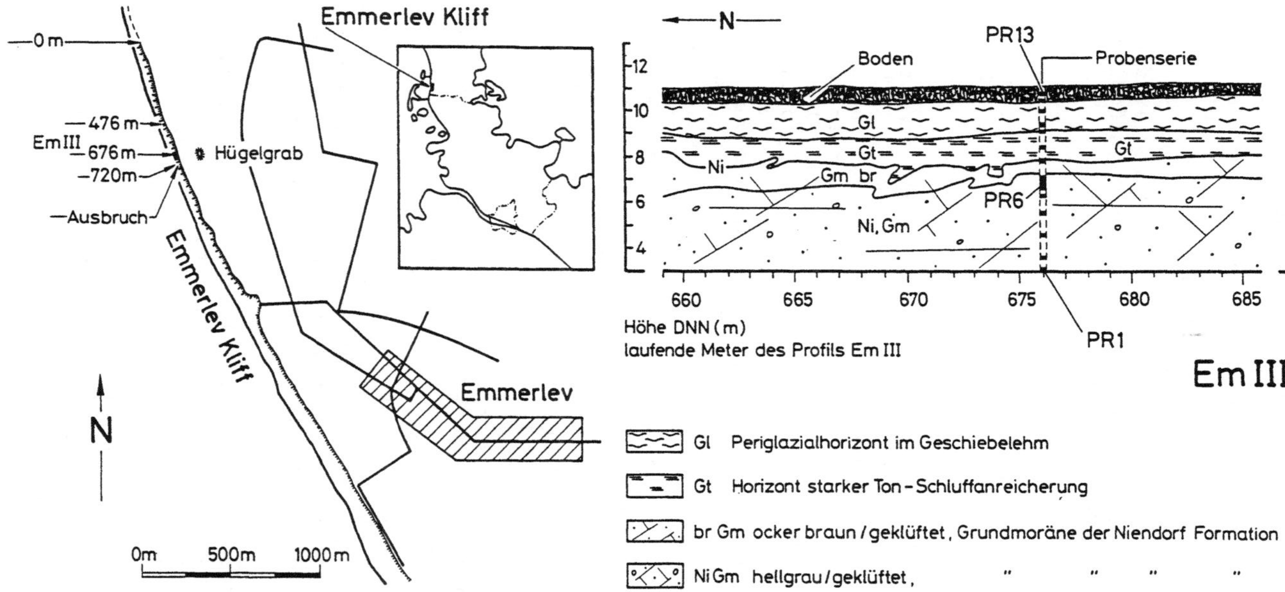

Abb. 3 Moräne der älteren Warthe-Kaltzeit

Fig. 3 Saalian (Warthe-) till

bezeichnet. Eine noch größere Verbreitung weist der in Westholstein als "unterer deckenförmiger Geschiebemergel" bezeichnete Till (MENKE 1982) der Drenthe-Kaltzeit auf, der bis in die Niederlande reicht. Dagegen ist die dunkle Elster-Moräne im allgemeinen nur durch tiefere Bohrungen erkundet worden, erreicht jedoch in flacheren Rinnen die größten Mächtigkeiten aller Moränen mit Werten über 50 m.

Die Mächtigkeit einer Grundmoräne kann über weite Gebiete mit wenig wechselnder Stärke durchhalten, aber häufiger ist der engständige Wechsel der Mächtigkeiten von 1 m bis über 30 m.

TILL UND MORÄNEN ALS BAUGRUND

Baugrundkartierung

Die Baugrunderkundung in Moränengebieten erwies sich als sehr aufwendig, wenn die Mächtigkeit und Ausbildung des Geschiebemergels und seiner Verwitterungszone, dem Geschiebelehm, sowie Findlinge und eingelagerte Schollen aus verschiedensten Gesteinen erkundet werden. Die Auswertung des Bohrfortschritts kann bereits wichtige geotechnische Hinweise über die Festigkeit und Lagerungsdichte geben. Die genetische Differenzierung ist mit den Ergebnissen herkömmlicher Bohrverfahren schwierig. Daher kann im allgemeinen nur eine Grundmoräne von den übrigen Begleitgesteinen wie glazifluviatilen Sanden, Schluffen, Mudden usw. unterschieden werden. Für die Untersuchung der wechselnd festen Grundmoränen muß die Einstufung nach der Fazies und der Stratigraphie erfolgen. In der projektbezogenen Baugrundkartierung wurden die einzelnen Moränetypen großmaßstäbig in ihrer Mächtigkeit, Verbreitung mit Ausbissen, Findlingen- und Schollenführung nach der stratigraphischen Einordnung dargestellt. Trotz der großmaßstäbigen Kartierung der komplizierten Sohlmoränen konnten Überraschungen bei der Gründung und beim Baugrubenaufschluß nicht vermieden werden.

In der herkömmlichen Baugrundkartierung genügt die Erkundung durch Trocken- oder Schlauchkernbohrungen. Die Ergebnisse werden in Säulen aufgetragen, Profilschnitte verlaufen von einem Bohrpunkt zum anderen, oder die Bohrdaten werden rechtwinklig auf die Profilebene projiziert. Diese Arbeitsweise hat sich bei größeren Projekten des Erd- und Grundbaus wegen des komplizierten Baustils der Moränen als falsch und gefährlich herausgestellt, da entweder ein Bohrpunkt nur zweidimensional dargestellt wurde oder Projektionen die Lagerung des Tillhorizontes nicht berücksichtigten. Diese Konstruktionen sind nur bei horizontaler Lagerung zulässig.

Für die korrekte ingenieurgeologische Darstellung der räumlichen Lagerung der Moränenhorizonte wurde das Prinzip der Strukturkarten auf die komplizierten Gletschersedimente übertragen und weiter entwickelt (GRUBE 1972). Diese Arbeitsmethodik setzt detaillierte Kenntnisse von dem petrographischen und genetischen Aufbau der einzelnen Moränen sowie von der stratigraphischen Einordnung voraus, um die glazialgeomorphologischen und tektonischen Beziehungen erfassen zu können. Nach der Eintragung der Daten in die einzelnen Kartenblätter der glazialtektonischen oder stratigraphischen Haupthorizonte war eine Rekonstruktion des räumlichen Baus mit einer Fehlergrenze im Dezimeter- bis Meterbereich möglich. Mit Hilfe der Streichkurvenlinien konnte z.B. auch das im glazialen Bereich häufige umlaufende Streichen erkannt und genaue Profilschnitte konstruiert werden. Diese Kartenwerke dienten als quartärgeologische Grundlage für weiterführende Arbeiten der Bodenmechanik, der Petrographie, der Geochemie und des Erd- und Grundbaus.

Auf Karten im Maßstab 1 : 2000 und größer konnten Elemente der Morphogenese und Quartärgeologie wie Drumlinfelder, Rogenmoränen, Sölle, die Fazies, Mächtigkeiten usw. dargestellt werden. Ergänzt und verbessert wurden diese Karten durch Kartierungen im Aufschluß im Maßstab 1 : 100 (Abb. 4).

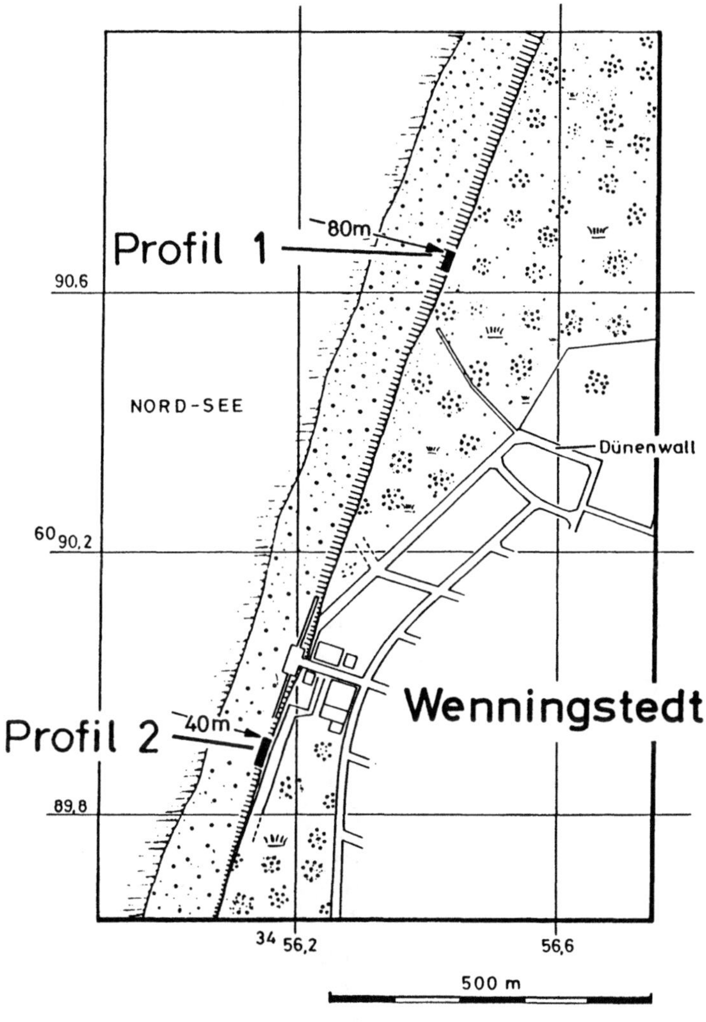

Abb. 4 Geschiebelehm mit dem Verwitterungsgrad W2 - 4 der Drenthe-Kaltzeit (Profile 1 und 2 siehe nächste Seite)

Fig. 4 Weathered till of Saalian (Drenthe) age with weathering stages W2 - 4 (profiles 1 and 2 see next page)

Abb. 4 Profil 1 und 2

Fig. 4 Profile 1 and 2

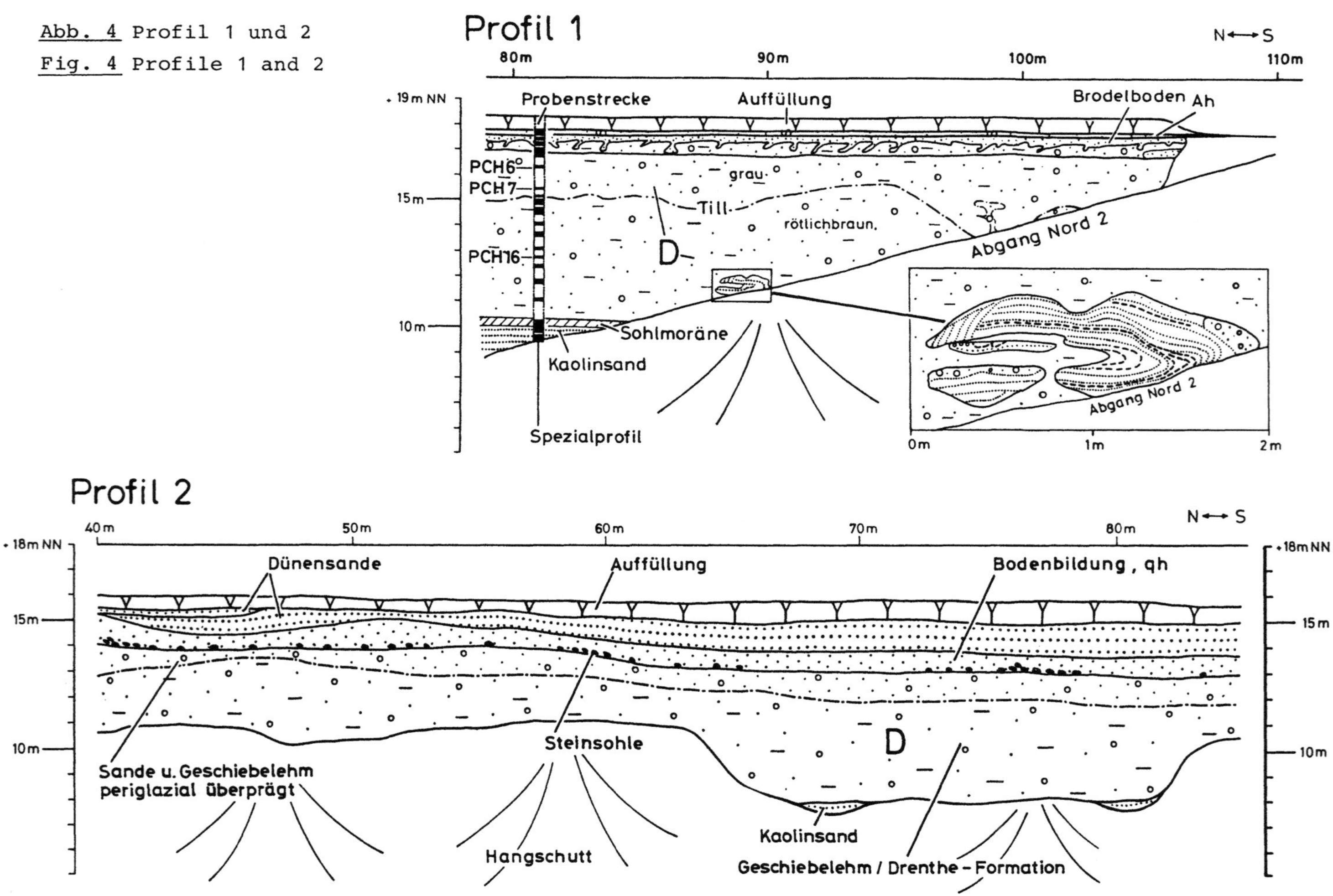

Die Baugrund- und Quartärkarten mit den Maßstäben 1 : 10 000 bis 1 : 200 000 (z.B. BRANDES et al. Hamburg-Ost) waren im Sinne der vorliegenden ingenieurgeologischen Arbeiten Übersichtskarten, denen die Verbreitungsgrenzen und die stratigraphische Einstufung entnommen werden konnten. Für laufende geotechnische Forschungen in Finnland sind die Quartärkarten z.B. P. LINDROOS: Pori 1 : 100 000 oder R. KUJANSUU: Rovaniemi 1 : 400 000 wertvolle Grundlagen, da die blockreichen Ablationsmoränen von den Grundmoränenflächen und kiesreichen kuppigen Moränen unterschieden sind.

Bodenmechanik

Bodenmechanische Vorhersagen und Berechnungen benötigen exakte Kennwerte der baugrundbildenden Gesteine. Die Angaben von Moränen sind häufig mit gewissen Unsicherheiten belastet, da bei den Korngrößenanalysen genaue Werte über die gröberen Bestandteile aus labortechnischen Gründen u.ä. ausgelassen sind. Obwohl der Kalkgehalt ein wesentlicher Bestandteil einer unverwitterten Moräne ist, fehlen in vielen Baugrundbeschreibungen qualitative oder quantitative Daten. Der Wert von ungestörten Bohrkernen ist bei normal dimensionierten Proben wegen der unregelmäßig verteilten Grobsand- und Kieskörner fraglich. Die Zuverlässigkeit zahlreicher Scherversuchs-Meßreihen ist daher begrenzt. Von der Arbeitsgruppe A. BAERMANN & K. WÜSTENHAGEN (1985) sind neue Wege bodenmechanischer Untersuchungstechniken angeregt worden. Nach den vorliegenden Erfahrungen werden die zuverlässigsten bodenmechanischen Kennwerte im Plattendruckversuch im Gelände selbst erzielt. Die Möglichkeiten für den Einsatz geophysikalischer Meßmethoden zur geotechnischen Differenzierung der Moränen erforschte die Arbeitsgruppe R. MEISSNER (1985).

Die Setzungsempfindlichkeit von anstehenden Moränen wurde bei der Gründung von Hochbauprojekten in der Wiederaufbauphase nach dem 2. Weltkrieg äußerst kritisch betrachtet (Beispiel Grindelhochhäuser, Hamburg). Später erkannte K. STEINFELD (1969), daß die wirklichen Setzungen oft erheblich unter den bodenmechanisch berechneten Werten zurückbleiben. Eine systematische Auswertung aller bekannten Setzungsmessungen von auf Moränen gegründeten Bauwerken in den alpinen und skandinavischen Vergletscherungsgebieten wird angeregt. Nach den bisherigen Untersuchungsergebnissen werden Beziehungen zwischen dem stratigraphischen Alter und der Vorbelastung von Moränen für möglich gehalten.

In umgelagerten Geschiebelehmen und Geschiebemergeln muß nach Untersuchungen an der Jugendherberge Stintfang (Landungsbrücken Hamburg) mit langfristigen Setzungen gerechnet werden. Dieses flachgegründete Gebäude mußte nach Eintreten ungleicher Bewegungen durch eine Pfahlgründung bis in den anstehenden Untergrund gesichert werden.

Die Disposition des Tills zur Gletscherfließrichtung dürfte von erheblicher bodenmechanischer Bedeutung sein. So werden von R.AARIO (mündliche Mitteilung) für die geotechnische Bearbeitung der Moränen in noch nicht abgeschlossenen Untersuchungen an verschiedenen weichselzeitlichen Tills neue Wege aufgezeigt und zwar mit orientiert angesetzten Baggeraufschlüssen, die unabhängig vom Zufall einer Kiesentnahme oder eines Bauvorhabens sind. Danach zeigen die Luvhänge von Rogenmoränen bei Kemijärvi eine erheblich höhere Lagerungsdichte als die Leehänge. Während der Kern der Rogenmoräne aus vorbelasteter Grundmoräne besteht, ist die oberflächennahe Deckschicht aus grobem Ablationstill auffallend locker gelagert. Auch CH. SCHLÜCHTER (mündliche Mitteilung) kommt zu ähnlichen Ergebnissen. Mit Hilfe von Gefügestudien wurden die Beziehungen zwischen der für Grundmoränen charakteristischen Mohrschen Klüftung, den Scherflächen, dem Hauptmaximum der Geschiebeeinregelung und den bodenmechanischen Parametern in Einzelfällen untersucht.

In ihrem bodenmechanischen Verhalten reichen die einzelnen Moränen-Typen in der Festigkeit von breiig bis hart (nach TERZAGHI & PECK 1948, DIN 4017). Die einzelnen Grundmoränen werden nach ihren geotektonischen Eigenschaften eingestuft. Der dunkle Till der Elster-Kaltzeit zeichnet sich nach umfangreichen Untersuchungen und Erfahrungen beim Bohren und in der Baugrube durch große Standfestigkeit aus. Für den Niendorf-Till ist eine hohe Zähigkeit charakteristisch. Dagegen sind das wechselnd feste Verhalten der Drenthe- und Fuhlsbüttler Moräne für die Baupraxis von außerordentlicher Bedeutung. Beide Gletscherablagerungen neigen zum kollapsartigen Gefügezusammenbruch. Auch der weichselzeitliche Pudasjärvi-Till zeigt nach R. AARIO (mündliche Mitteilung) ein pseudothixotropes Verhalten.

ERD- UND GRUNDBAU

Ablationsmoränen sind in Skandinavien, in Kanada, seltener im norddeutschen Flachland, z.B. in der weichselzeitlichen Randzone bei Ahrensburg, Meiendorf, durch Anreicherungen von Blöcken und Findlingen charakterisiert, die dem Tiefbau erhebliche Schwierigkeiten bereiten können. Aber auch die in allen Grund- und Sohlmoränen einzeln oder in Gruppen auftretenden Findlinge geben häufig Anlaß zu Verzögerungen bei der Baugrunderkundung, beim Bauablauf oder zwingen sogar zur Umstellung des Bauverfahrens (Beispiele: Hamburg U-Bahn Hauptbahnhof Nord, S-Bahn Einfahrschacht Lombardsbrücke, Stammsielbau Berliner Tor - Alster; Leitungsbau Pinneberg; Tiefbau Stockholm). Die Vorhersage über die Häufigkeit und Lage dieser Felsbrocken in einer lockeren Matrix ist ein wichtiges zukünftiges Forschungsziel der Quartärgeologie und Geophysik. Bisher gibt es nur wenige Ansätze zur quantitativen Bestimmung von gröberen Gesteinen in Moränen, die zur Beurteilung der Tiefbauplanung beitragen können. Für Schaufelrad-Bagger sind grössere Findlinge eine ständige Schadensquelle und verursachen Reparaturpausen, die die Wirtschaftlichkeit des Verfahrens begrenzen (Beispiel: Elbtunnel Baulos III und Elbeseitenkanal bei Lüneburg).

Bekannt sind regional und stratigraphische Unterschiede in der Geschiebeführung. Die Weichsel-Moränen Schwedens und Finnlands sind offensichtlich blockreicher als die von Jütland und Schleswig-Holstein. Andererseits sind einzelne Grundmoränen in Nordwestdeutschland so arm an Grobmaterial und reich an Schluff und Feinsand, daß ein Aufspülen im Tunnelvortrieb vorteilhaft durchführbar ist. Im Extremfall kann der Ton- und Schluffgehalt einer Moräne den Tiefbau durch höhere Zähigkeit belasten.

Dank der intensivierten Einführung quartärgeologischer Arbeitsmethoden konnten für den Erd- und Grundbau Kies- und Steinanreicherungen in Erosionszonen von Moränen, in proglazialer Blockpackung und in inglazialen Kanälen nachgewiesen werden.

Trockene und bergfeuchte Moränen bieten dem Tiefbau nur wenige Probleme. Die Zähigkeit ("Klebrigkeit") des Niendorf-Tills bedingt ein häufiges zeitraubendes Reinigen der Schaufelblätter bei gewissen Tunnelvortriebsmaschinen (Hamburg U-Bahn Gänsemarkt - Jungfernstieg). Die dunkle Elster-Moräne mußte mit Preßlufthämmern und schweren Raupen gelöst werden (Beispiel: Hamburg U-Bahn Einfahrschacht Jungfernstieg, Elbtunnel Einfahrschacht Övelgönne, S-Bahn Harburg usw.). Beim Ankerbau führte der Einsatz gewisser Verfahren zu rotglühenden Eisen. In Stauchmoränen erwies sich die Baugrubensicherung quer zum Streichen der dislozierten Gesteine bei vermindertem Gebirgsdruck erheblich unproblematischer als parallel zu den Strukturen.

Das Grundwasser gehört zu den wichtigsten Faktoren bei der Erschließung einer Baugrube in einer Moräne, in der auf Kluftflächen und in Schollen rolligen Materials die Wasserwegsamkeit erhöht ist. Sandige Moränen reagieren unterhalb des Grundwasserspiegels ähnlich wie schluffige Feinsande.

Die Moränen vom Elster- und Niendorf-Typ reagieren im Grundwasser nur wenig verändert gegenüber dem bergfeuchten Zustand. Die Lösungsfähigkeit erscheint verbessert. Rutschungen von Baugrubenwänden sind in diesen Moränen nicht bekannt (Baugrube Elbeseitenkanal Aufstiegsbauwerk Uelzen, Elbtunnel Baulos Othmarschen, Augenklinik Hamburg-Eppendorf usw.). Bei hydraulischen Grundbrüchen bleibt die Moräne selbst in situ, das aufdringende Grundwasser erweitert nur das natürliche Kluft- und Sandlinsensystem der Moräne (U-Bahnschacht Tarpenbek, Hamburg-Ochsenzoll, Billstedt). Bei den Grundbrüchen im mittleren Teil des Elbeseitenkanals in Niedersachsen beteiligte sich nur der hangende Lauenburger Ton, während die liegende Elster-Moräne unbeeinflußt blieb.

Dagegen zeigen die Moränen der Drenthe-, Fuhlsbüttler- und Weichsel-Vergletscherungen ein stark wechselndes Verhalten, das an Thixotropie erinnert. Bereits rhythmische Bewegungen reichen aus, um einen Spaten oder einen Frontlader in dem sich verflüssigenden Untergrund versinken zu lassen. Im Tiefbau wurde für diesen Teil der Terminus "Puddingmoräne" geprägt. Unbeachtete Aufweichungen führen bereits bei kleineren Bauwerken wie Einfamilienhäusern zu Fundamentschäden. An der Autobahn-Baustelle Hamburg-Schnelsen mußten die eingesetzten Tiefbaugeräte durch Moorraupen in dem Fuhlsbüttler Till ausgewechselt werden. Böschungsrutschungen sind in der Drenthe-, Fuhlsbüttler- und Weichsel-Moräne keine Seltenheit. Beim Bohren und Sondieren leisten diese Moränen erheblich geringeren Widerstand als der Niendorf- und Elster-Till. Beim Spülbohrverfahren können diese Moränen sich auflösen und werden im Bohrmeister-Verzeichnis als unreiner Sand bezeichnet. Bei Pfahlgründungen beim S-Bahn-Bau in Hamburg-Hammerbrook wurden in der Drenthe-Moräne Hitzen gemessen, die eine Verwechslung mit Schlick nahelegten. Besonders wichtig wurde die geotechnische Unterscheidung zwischen dem Till der Drenthe- und der Niendorf-Vergletscherung beim S-Bahn-Bau in der Binnenalster. An dieser Spundwandbaustelle konnten Schloßsprengungen innerhalb des Niendorf-Tills mühelos beseitigt werden, während ähnliche Spundwandschäden in der Drenthe-Moräne katastrophale Folgen nach sich zogen, d.h. zum Zusammenbruch der gesamten Baugrubensicherung führten. Diese geotechnischen Erfahrungen sind nicht nur auf Norddeutschland beschränkt, sondern auch in Schweden und Finnland bekannt geworden (J. LUNDQVIST und R. AARIO, mündl. Mitteilungen).

Wasserhaltung

Eine trockene Baugrube erfordert geeignete Maßnahmen, um die anfallenden Wässer zu lenzen bzw. fernzuhalten. Die Wegsamkeit für Grundwässer und für Druckluft ist in den Moränen sehr variabel. Da alle Geschiebemergel zerklüftet sind, gibt es keine absolut undurchlässigen Moränen; hinzu kommen die unberechenbaren Sand- und Kieslinsen und der durchlässigere Schmelztill. Die Mächtigkeit einer Moräne kann engständig schwanken, so daß Reduzierungen der Schichtstärke bis zum Ausbiß keine Seltenheit darstellen. In einem "Fenster" treten hangende und liegende Wasserleiter in direkten hydraulischen Kontakt.

Andererseits sind große Sandschollen mit einem geschlossenen Tonmantel bekannt geworden (U-Bahn Planten und Blomen; Elbtunnel Övelgönne-Othmarschen), in denen keine hydraulische Verbindung zur umgebenden Moräne vorhanden war. Beim lateralen Anschneiden kann es mit und ohne Druckluft zu erheblichen Grundwasserausbrüchen mit Gesteinstransport kommen, die kurzfristig nicht beherrschbar sind und entsprechende Schäden verursachen.

Der Till selbst kann aufgrund seines hohen Gehaltes an Schluff, Ton und Kalk, seiner Vorbelastung und Diagenese als schwer durchlässig bezeichnet werden, wie zahlreiche Laborversuche zeigen. Alle bindigen Moränen zeigen Stauerscheinungen. Stau- und Grundwässer treten aus Sand- und Kieslinsen, Klüften und aus den durchlässigen Drenthe- und Fuhlsbüttler Moränen aus. In sehr seltenen Fällen (Hoisbüttel / Stormarn; Autobahnbau Harburger Berge) wurden Stauwasserhorizonte in Moränen auf einer Höhenkuppe angeschnitten und führten zu künstlichen Quelltöpfen. Diese schwebenden Grundwässer sind jedoch wegen ihrer geringen Einzugsgebiete beherrschbar. Grundwässer sind grundsätzlich gefährlich bei wechselnd festen Moränen der Drenthe-, Fuhlsbüttler- und Weichsel-Vergletscherung, da hydraulische Grundbrüche in diesen Gesteinen zu einem Totalverlust der Baugrubensicherung führen können (S-Bahn-Neubau Hamburg-Binnenalster). In Stauchmoränen wurden die einzelnen Wasserleiter und Nichtleiter durch eine detaillierte Kartierung erfaßt, um die Wasserhaltungsbrunnen gerichtet anzusetzen.

ERGEBNISSE

Im Rahmen der vorliegenden Untersuchungen wurde versucht, die vielfältigen neuen Erkenntnisse der Till-Forschung auf die Belange der Geotechnik sowie des Erd- und Grundbaus zu übertragen. Der Schwerpunkt der Arbeiten lag unter den nach genetischen Kriterien zu unterscheidenden Gletschersedimenten bei den überregional verbreiteten Grundmoränen, die nach der geologischen Lagerung, der Petrographie, der Geochemie und den bodenmechanischen Kennwerten differenziert werden.

Es gelang, den Nachweis zu führen, daß die Grundmoränen der Elster-, Saale- und Weichsel-Kaltzeit sich voneinander erheblich in ihren geotechnischen Eigenschaften unterscheiden, so daß die Till-Stratigraphie in den Verbreitungsgebieten der quartären Inlandvergletscherungen zu den wichtigen Grundlagen der geotechnischen Forschung und Praxis gehört. Zur Erfassung des räumlichen Baus dieser Grundmoränen wurde das Prinzip der geologischen Strukturkarten eingeführt, um die Rekonstruktion der komplizierten Quartärtektonik mit größerer Sicherheit durchzuführen. In Richtprofilen der Weichselmoränen vom Brodtener Ufer / Lübeck, der Niendorf Formation bei Emmerlev /Tondern und der Drenthe-Moränen am Roten Kliff /Sylt wurden Probenreihen für petrographisch-geochemische (S. CHRISTENSEN 1985) und bodenmechanische Untersuchungen (A. BAERMANN & K. WÜSTENHAGEN 1985) gewonnen, bearbeitet und verglichen mit den Ergebnissen geophysikalischer Meßserien (MEISSNER 1985). Durch die Einführung von Verwitterungsgraden der Grundmoränen, in denen alle sekundären periglazialen und pedologischen Veränderungen berücksichtigt werden, wird eine Lücke in der geotechnischen Erfassung der Till-Horizonte geschlossen.

Mit Hilfe der von der Geotechnik gewonnenen Erfahrungswerte und des vorliegenden umfangreichen Datenmaterials über die petrographisch - bodenmechanischen Parameter der einzelnen Grundmoränen liefert die Ingenieurgeologie umgekehrt der Quartärforschung eine solide Grundlage für exakte lithostratigraphische Definitionen.

Im Rahmen des DFG-Schwerpunktprogrammes "Ingenieurgeologische Probleme im Grenzbereich zwischen Locker- und Festgesteinen" wurden die Zusammenstellung und Bewertung wertvoller Fakten und Erfahrungen des Grundbaus und der angewandten Geologie im Bereich der geotechnischen Moränenforschung ermöglicht. Nur durch eine enge Kooperation der angewandten Geologie mit den Disziplinen Bodenmechanik, Geochemie, Geophysik, Bodenkunde und Geomorphologie kann eine endgültige Klärung der wechselnd festen Eigenschaften der Till-Horizonte erarbeitet werden.

LITERATUR

Aario R (1977) Flutings, Drumlins and Rogen-Landforms. Nordia 2: 5-14

Baermann A & Wüstenhagen K (1985) Ingenieurgeologische Untersuchungen an Geschiebemergeln im Hamburger Raum. DFG-Abschlußbericht, 17 S 8 Abb

Brandes H (1977) HC Höfle, H Jordan, J Lepper, H Mengeling, J Merkt, K-D Meyer, G Reuter, J Tüxen, R Vinken, H-H Voss, F Grube & W Lange Geologische Übersichtskarte 1 : 200 000, CC 3126 Hamburg-Ost. BA Geowiss u Rohstoffe in Zusammenarbeit Geol Landesämter der BRD, Hannover

Christensen S (1985) Sedimenpetrographie und Geochemie der Moränen. DFG-Abschlußbericht 335/68-4, Inst Geophys Univ Kiel

Ehlers J (1978) Die quartäre Morphogenese der Harburger Berge und ihrer Umgebung. Mitt Geograph Ges Hamburg 68: 181 S, 47 Abb, 1 Kt, Hamburg

Einsele G (1983) Mechanismus und Tiefgang der Verwitterung bei mesozoischen Ton- und Mergelsteinen. Z dt geol Ges 134: 289-315, Hannover

Einsele G (1983) Zur Definition von Verwitterungsgraden. DFG-Protokoll 5. Kolloquium 21.-23. Februar: 56-57, Mainz

Felix-Henningsen P (1979) Merkmale, Genese und Stratigraphie fossiler und reliktischer Bodenbildungen in saalezeitlichen Geschiebelehmen Schleswig-Holsteins und Süd-Dänemarks. Diss Univ Kiel, 218 S

Grube F (1970) Baugeologie der Lockergesteine im weiteren Hamburger Raum. Grundbau Taschenbuch Bd 1: 109-160, W Ernst & Sohn, Berlin

Grube F (1972) Tunnel-Baugeologie im Lockergestein. 1. Teil: Geologische Erkundung. Straße Brücke Tunnel 24 (9): 225-234, Berlin

Grube F (1981) Postsedimentäre Veränderungen von Gletscherablagerungen. Verh naturwiss Ver Hamburg (NF) 24 (2): 103-112, Hamburg

Höfle HC & Schlenker B (1979) Das Pleistozänprofil der Kreidegrube Hemmoor bei Stade (Elbe-Weser-Dreieck). Geol Jb, A 49: 3-25, Hannover

Kujansuu R (1981) General Geological Map of Finland. Quaternary Deposits 1 : 400 000. No 36 Rovaniemi, Geologinen Tutkimuslaitos

Lindroos P (1977) Geological Map of Finland. Quarternary Deposits 1 : 100 000, No 1143 Pori, Geologinen Tutkimuslaitos

Meißner R, Kähler S & Stümpel H (1985) Lithologische Erkundung oberflächennaher Sedimente unter Anwendung von Kompressions- und Scherwellen. Inst Geophys Univ Kiel, DFG-Projekt 335/68-4

Menke B (1982) Mittel- und Jungpleistozän in Westholstein am Beispiel des Blattes 1922 Schenefeld. Die Heimat 89: 419-429, Neumünster

Paluska A (1983) Erfassung und Simulation von Deformationsvorgängen im Geschiebemergel. DFG-Protokoll 5. Kolloquium 21.-23.Februar: 99-101, Mainz

Richmond GM (1977) Quaternary Stratotypes of North America. Volume 1. INQUA: 114 p (US Geological Survey)

Ross P-H (1984) Ingenieurgeologische Planungskarte 1 : 5 000 Gettorf. Erl 57, 4 Kt, Geologisches Landesamt Schleswig-Holstein, Kiel

Schreiner A & Haag Th (1982) Zur Gliederung der Rißeiszeit im östlichen Rheingletschergebiet (Baden-Württemberg). Eiszeitalter und Gegenwart,

32: 137-161, Hannover
Sjørring S (1981) Pre-Weichselian Till Stratigraphy in Western Jutland, Denmark. Mededel Rijks geol Dienst 34: 62-68, Haarlem
Steinfeld K (1969) Zur Gründung von 60-geschossigen Hochhäusern in Hamburg. Baugrundtagung DGEG 35-103, Essen
Stremme HE (1981) Unterscheidung von Moränen durch Bodenbildungen. Mededel Rijks geol Dienst 34: 51-56, Haarlem
Terzaghi K & Peck RB (1961) Die Bodenmechanik in der Baupraxis. 585 S Springer-Verlag, Berlin

Sedimentpetrographie und Geochemie der Moränen

S. CHRISTENSEN[1]

SUMMARY

Chemical and physical investigations of stratigraphically different tills in North Germany were carried out, in order to obtain the lithological parameters which could have an influence on geotechnical parameters and shear wave velocities within glacial tills.

Aim and range of this study resulted from the objectives of the research projects "Geotechnics of moraines in North Germany" directed by E.F. GRUBE, "Lithological reconnaissance of near-surface sediments by compression and shear waves" directed by R. MEISSNER and "Geotechnics of moraines in North Germany" directed by K. WÜSTENHAGEN. This study can therefore not be considered as an independent research project.

The results of these investigations show, that the stratigraphically different tills of the Weichselian, middle and older Saalian glaciations are characterized by specific grain size distributions and carbonate contents. The till of the Drenthe-stadium shows a grain size distribution, which is not favourable for compaction, and a low carbonate content. In the till of the Niendorf-formation an increased silt fraction with a corresponding low sand content is to be found. Due to this grain size distribution and a mean carbonate content of about 25 percent a decrease of porosity and an increase of shear wave velocity can be expected, depending on the preconsolidation load by glacial ice.

Sufficient data are not available for the definition of a typical grain size distribution pattern of the Weichselian till. This till shows a grain size distribution nearly corresponding to the "Fuller"-curve. It can therefore be regarded as favourable for compaction. Nevertheless a lower firmness of the Weichselian till can be observed in the outcrop despite the high carbonate content of 20 percent, when compared with the till of the Niendorf-formation. This might be due to the lower preconsolidation load by ice pressure.

Weathering processes led to mobilisation, migration and deposition of iron, manganese, aluminium and calcium resulting in a secondary density increase in a depth of 3 - 5 m below the surface of the tills at Emmerlev Kliff and Brodtener Ufer.

[1]Dr. S. Christensen, Geologisches Landesamt Schleswig-Holstein, Mercatorstr. 7, D-2300 Kiel

Ingenieurgeologische Probleme im Grenzbereich zwischen Locker- und Festgesteinen
(Herausgegeben von K.-H. Heitfeld)

EINLEITUNG

Im Rahmen des Schwerpunktes "Ingenieurgeologische Probleme im Grenzbereich zwischen Locker- und Festgesteinen" wurden für die Forschungsvorhaben von F. GRUBE "Geotechnik der Moränen Norddeutschlands" und von R. MEISSNER "Lithologische Erkundung oberflächennaher Sedimente unter Anwendung von Kompressions- und Scherwellen" physikalische und chemische Untersuchungen an stratigraphisch unterschiedlichen Geschiebelehmen und -mergeln durchgeführt, um einerseits die Abhängigkeit der Scherwellengeschwindigkeit von lithologischen Parametern zu erfassen und andererseits stratigraphisch unterschiedliche Moränen Norddeutschlands lithologisch und geochemisch zu kennzeichnen. Darüberhinaus sollte in thematischer Absprache mit F. GRUBE, R. MEISSNER und K. WÜSTENHAGEN durch die geologischen und geochemischen Untersuchungen ein Beitrag zur Klärung der unterschiedlichen geotechnischen Eigenschaften der Grundmoränen Norddeutschlands erarbeitet werden. Art und Umfang der Untersuchungen ergaben sich aus der Zielsetzung der oben genannten Forschungsvorhaben. Diese Arbeit kann daher nicht als eigenständiges Forschungsvorhaben angesehen werden.

METHODIK

Basierend auf den großmaßstäblichen geologischen Aufnahmen der Küstenaufschlüsse Brodtener Ufer, Rotes Kliff/Sylt und Emmerlev Kliff/SW-Dänemark durch E.F. GRUBE, H. BOLL, W. ERTEL, A. LIPP und W. NEUMANN, die im Rahmen des DFG-Forschungsvorhabens von E.F. GRUBE "Geotechnik der Moränen Norddeutschlands" durchgeführt wurden, erfolgte die Probennahme entlang von E.F. GRUBE vorgegebenen Profilen entsprechend der lithologischen Ausbildung der auskartierten Horizonte in Form von Schlitzproben. Die Probenentnahmeprofile sowie die Probenstrecken sind in der vorstehenden Publikation von E.F. GRUBE "Geotechnik der Moräne Nordeutschlands" dargestellt. Zusätzlich wurden Einzelproben von unverwitterten Geschiebemergeln bei Hemmoor und Eilendorf im nördlichen Niedersachsen entnommen.

Die stratigraphische Einstufung der untersuchten Geschiebemergel, der Ort der Probennahme und die Anzahl der entnommenen Proben ergibt sich aus nachstehender Aufstellung:

Stratigraphische Position	Ort der Probenentnahme	Anzahl der Proben
Weichsel-Kaltzeit	Brodtener Ufer	12
Niendorf-Formation	Emmerlev Kliff	13
mittlere Saale-Vergletscherung	Hemmoor	1
Drenthe-Stadium	Rotes Kliff/Sylt	19
ältere Saale-Vergletscherung	Hemmor	1
	Eilendorf	2

Neben der Korngrößenverteilung wurde der Gehalt an organischer Substanz und der Karbonatgehalt nach DIN 19 684 bestimmt. Die Untersuchung der Kationenbelegung wurde durchgeführt, da frühere Arbeiten gezeigt haben, daß die Scherfestigkeit von bindigen Sedimenten von der Kationenbelegung beeinflußt werden kann und ein möglicher Einfluß der Kationenbelegung auf die Scherwellengeschwindigkeit mit erfaßt werden sollte. Zur Extraktion der adsorptiv gebundenen Kationen K, Na, Ca und Mg wurde ein Austausch mit Sr im Perkolationsverfahren bei pH 8,2 durchgeführt. Die Bestimmungen erfolgten durch AAS.

Um die sekundär gebildeten Hydroxide und Oxidhydrate zu erfassen, die zu einer Verdichtung des primären Porenraumes führen können, wurde Fe und Al mit einer Ammoniumoxalat- bzw. einer Dithionit-Citratlösung extrahiert. Die Bestimmung wurde mittels AAS durchgeführt.

Die Analysenergebnisse sind in den Tab. 1 bis 3 dargestellt.

GEOCHEMIE DER GRUNDMORÄNEN

Grundmoräne des Drenthe-Stadiums

Die am Roten Kliff/Sylt anstehende Grundmoräne des Drenthe-Stadiums ist tiefgründig entkalkt. Im gesamten Profil konnte kein Karbonat festgestellt werden. Eine mögliche stabilisierende Wirkung auf den Kornverband durch Calciumkarbonat ist daher auszuschließen. Da austauschbares Calcium und Magnesium nur in geringer Konzentration auftritt bei gleichzeitig erhöhten Gehalten an einwertigen Kationen, ist auch eine kolloidchemisch bedingte Erhöhung der Gefügestabilität innerhalb der Tonfraktion durch die Anlagerung von Calcium und Magnesium nicht zu erwarten. Lediglich unterhalb des Bleichlehms, der in Bezug auf die liegende Grundmoräne durch erhöhte Gehalte an Oxalat-löslichem Eisen gekennzeichnet ist, kommt es in einer Tiefe von 3,40 m u.G. aufgrund der Ausfällung von Fe-Hydroxiden zu einer Stabilisierung des Kornverbandes (Tab. 1). Im Teufenbereich 3,33 bis 3,40 m treten anomale Gehalte an Fe_{ox} von 4,6 ‰ und Dithionit-löslichem Eisen von 12,7 ‰ auf. Die Gehalte an Dithionit-löslichem Eisen gehen erst in 5 m Tiefe auf den Normalgehalt von 1 - 2 ‰ zurück. Innerhalb des Teufenbereiches von 3,33 - 5,31 m muß daher mit einer Erhöhung der Dichte gerechnet werden.

Grundmoräne der Niendorf-Formation

Die am Emmerlev Kliff /SW Dänemark anstehende Grundmoräne der Niendorf-Formation ist bis zu einer Teufe von ca. 3 m unter Gelände entkalkt (Tab. 2).

In diesem Bereich liegen auch die pH-Werte im Boden unterhalb des Neutralpunktes und steigen erst innerhalb der karbonatführenden Grundmoräne auf pH 8,1 an. Aufgrund des hohen Karbonatgehaltes und einer erhöhten Belegung in der Tonfraktion durch zweiwertige Kationen ist eine erhöhte Scherfestigkeit der Grundmoräne zu erwarten.

Die oberen Horizonte des Profils sind durch Bodenbildungsprozesse, insbesondere durch eine Aluminium- und Eisen-Verlagerung, überprägt. Die Aluminium- und Eisenverlagerung ist jedoch im Vergleich zur Drenthe-Grundmoräne weniger intensiv. Dies ist auf eine geringe Permeabilität der Grundmoräne der Niendorf-Formation zurückzuführen, bedingt durch den gegenüber der Grundmoräne der Drenthe-Formation erhöhten Anteil der Schluff-Fraktionen sowie dem hohen Karbonatgehalt.

Grundmoränen der Weichsel-Kaltzeit

Die bodenmechanischen Kenndaten (Tab. 3) zeigen, daß die oberen Horizonte der am Brodtener Ufer aufgeschlossenen Grundmoränen der Weichsel-Kaltzeit von Bodenbildungsprozessen betroffen sind. In einer Teufe von

Tab. 1 Bodenchemische Kenndaten der Grundmoräne der Drenthe-Formation, Rotes Kliff, Sylt

Tab. 1 Soil chemical parameters of the gound moraine Drenthe-Formation, Rotes Kliff, Sylt

Proben-bezeich-nung	Teufe in m	organ. Substanz %	pH (0,1 KCL)	Carbonat %	Austauschbare Kationen mmol/z in 100 g Boden Ca	Mg	K	Na	Laktatlösliches (mg/100 g) K_2O	P_2O_5	Oxalat-Auszug o/oo Al	Fe	Dithionit-Auszug o/oo Fe
P.CH 1	0,50 - 0,80	0,6	3,7	0	0,6	0,9	0,1	0,3	5,4	2,0	0,8	0,3	1,8
P.CH 2	0,80 - 0,83	0,4	3,7	0	0,6	0,5	0,1	0,3	6,1	0,5	0,8	0,2	1,3
P.CH 3	0,83 - 1,01	1,0	3,4	0	0,6	0,5	0,1	0,3	8,2	1,0	0,7	0,2	2,3
P.CH 4	1,01 - 1,24	1,2	3,2	0	1,0	1,7	0,2	0,5	10,8	1,0	0,6	0,3	2,3
P.CH 5	1,25 - 1,72	0,8	3,4	0	0,9	1,5	0,2	0,5	9,6	1,5	0,5	0,4	2,3
P.CH 6	2,00 - 2,10	1,0	3,4	0	0,9	1,5	0,2	0,5	9,4	1,5	0,5	0,5	2,3
P.CH 7	2,92 - 3,00	1,0	3,3	0	0,9	1,4	0,2	0,5	9,6	2,5	0,4	0,2	1,4
P.CH 8	3,33 - 3,40	3,1	3,7	0	1,0	1,6	0,2	0,6	9,1	1,0	0,9	4,6	12,7
P.CH 9	3,40 - 3,61	1,2	3,5	0	0,9	1,5	0,2	0,5	9,1	0,5	0,6	1,3	8,7
P.CH 10	3,65 - 4,01	1,2	3,5	0	0,9	1,5	0,2	0,5	10,4	3,0	0,5	0,3	5,1
P.CH 11	4,35 - 4,43	1,2	3,5	0	1,0	1,8	0,2	0,7	10,7	4,0	0,5	1,7	3,4
P.CH 12	4,75 - 4,87	0,4	3,7	0	1,2	2,1	0,2	0,8	11,7	4,0	0,5	1,4	2,8
P.CH 13	5,31 - 5,41	1,2	3,7	0	1,3	2,3	0,2	0,7	13,0	4,0	0,5	1,1	3,0
P.CH 14	5,66 - 5,76	0,1	3,9	0	0,4	0,4	0	0,2	3,3	2,0	0,1	0,1	1,0
P.CH 15	6,00 - 6,15	1,0	3,8	0	1,3	2,3	0,2	0,5	13,7	7,0	0,5	0,9	2,0
P.CH 16	6,60 - 6,74	1,0	4,2	0	1,5	1,9	0,2	0,6	11,0	5,0	0,3	0,8	2,0
P.CH 17	7,42 - 7,50	0,8	4,8	0	1,7	2,3	0,2	0,7	10,9	5,0	0,3	0,7	2,9
P.CH 18	8,25 - 8,81	0,1	5,1	0	0,1	0,1	0	0,1	1,6	0,5	0,1	0	0,4
P.CH 19	8,81 - 9,25	0,1	5,4	0	0	0	0	0	1,3	3,0	0,1	0	0,7

Tab. 2 Bodenchemische Kenndaten der Grundmoräne der Niendorf-Formation, Emmerlev Kliff/Dänemark

Tab. 2 Soil chemical parameters of the ground moraine Niendorf-Formation, Emmerlev Kliff/Dänemark

Proben-bezeich-nung		Teufe in m	organ. Substanz %	pH (0,1 KCL)	Carbonate %	Austauschbare Kationen mmol/z in 100 g Boden				Laktatlösliches (mg/100 g)		Oxalat-Auszug o/oo		Dithionit-Auszug o/oo
						Ca	Mg	K	Na	K_2O	P_2O_5	Al	Fe	Fe
P.E.	13	0,31 - 0,41	4,1	6,1	0	3,5	1,3	2,8	3,3	24,2	2,0	1,0	0,9	1,5
P.E.	12	0,55 - 0,80	0,6	6,0	0	1,7	0,6	1,3	1,8	11,7	0,5	1,5	2,4	3,3
P.E.	11	1,15 - 1,25	0,-	4,4	0	3,0	2,4	1,4	4,3	24,1	0,5	0,7	1,0	4,0
P.E.	10	1,65 - 1,75	0,3	4,5	0	1,5	0,8	0,1	0,7	8,2	1,0	0,4	1,9	3,6
P.E.	9	2,10 - 2,20	0,3	5,4	0	1,8	0,9	0,1	0,6	7,4	3,0	0,2	0,7	2,1
P.E.	8	2,75 - 2,85	0,3	6,2	0	3,9	3,0	0,2	1,3	12,3	5,0	0,2	0,6	2,4
P.E.	7	3,65 - 3,75	0,4	8,2	18,3	6,5	2,1	0,2	0,9	11,1	2,0	0,1	0,3	1,6
P.E.	6	4,36 - 4,91	0,6	8,2	19,8	7,8	1,0	0,3	0,7	12,7	1,0	0,1	0,3	1,3
P.E.	5	5,11 - 5,21	1,2	8,1	22,6	8,2	0,5	0,3	0,5	14,1	0,5	0,1	0,3	0,5
P.E.	4	5,91 - 6,01	0,8	8,0	23,6	7,6	0,4	0,3	0,5	11,7	0,7	0,1	0,3	1,0
P.E.	3	6,91 - 7,01	1,0	7,8	27,3	7,4	0,2	0,3	0,4	11,6	1,0	0,1	0,2	0,6
P.E.	2	7,91 - 8,01	0,6	8,0	25,6	6,6	0,3	0,3	0,6	12,7	1,0	0,1	0,2	0,5
P.E.	1	8,51 - 8,65	0,6	8,1	27,9	6,4	0,3	0,3	0,8	11,5	0,5	0,1	0,2	0,5

Tab. 3 Bodenchemische Kenndaten der Weichselmoränen, Brodtener Ufer

Tab. 3 Soil chemical parameters of the Weichsel-moraine, Brodtener Ufer

Proben-bezeich-nung	Teufe in m	organ. Substanz %	pH (0,1 KCL)	Carbonat %	Austauschbare Kationen mmol/z in 100 g Boden Ca	Mg	K	Na	Laktatlösliches (mg/100 g) K_2O	P_2O_5	Oxalat-Auszug o/oo Al	Fe	Dithionit-Auszug o/oo Fe
P 1	0,36 - 0,51	0,4	5,9	3,0	2,8	0,1	0,1	0,1	4,6	1,5	0,3	0,4	1,6
P 2	0,89 - 0,93	0,2	6,1	1,1	10,2	0,5	0,3	0,1	12,9	0,5	0,6	1,0	4,1
P 3	1,12 - 1,93	0,2	7,7	13,4	7,9	0,4	0,3	0,1	14,0	2,0	0,2	0,3	1,8
P 4	1,94 - 2,04	0,2	8,1	10,6	4,9	0,3	0,2	0,2	7,8	0,5	0,2	0,4	2,1
P 5/6	2,05 - 2,94	0,1	8,1	19,8	8,5	0,7	0,3	0,2	15,4	1,5	0,1	0,6	2,8
P 7	3,00 - 3,30	0,4	8,1	16,9	6,0	0,5	0,4	0,1	17,2	1,0	0,1	0,4	1,4
P 9	3,98 - 4,11	0,5	8,1	18,0	5,5	0,5	0,4	0,1	18,7	0,5	0,1	1,2	1,3
P 10	5,00 - 5,20	0,4	8,2	18,4	5,8	0,5	0,4	0,1	18,7	1,0	0,1	0,9	1,1
P 11	5,74 - 6,00	0,5	8,4	18,3	5,4	0,6	0,4	0,1	17,0	0,5	0,1	1,1	1,1
P 12	7,10 - 7,27	0,5	8,4	25,0	6,4	0,6	0,4	0,1	19,4	0,5	0,1	1,0	1,1
P 13	8,58 - 8,79	0,7	8,2	37,8	6,0	0,5	0,3	0,1	16,0	1,0	0,1	0,4	1,0
P 14	9,25 - 9,45	0,7	8,4	16,5	7,5	0,5	0,4	0,1	19,3	0,5	0,1	1,1	1,3

0,36 - 0,93 m treten im Vergleich zu den liegenden Schichten nur geringe Karbonatgehalte von 3,0 % bzw. 1,1 % auf, während der durchschnittliche Karbonatgehalt in den darunter anstehenden Geschiebemergeln 18 % beträgt. Calcium liegt in den oberen Horizonten nicht mehr als Karbonat sondern als austauschbares Kation absorptiv an Tonminerale gebunden vor. In den Proben P 2, Teufe 0,89 - 0,93 m, erreicht das austauschbare Calcium mit 10,2 mmol/z in 100 g Boden den höchsten Wert, während Carbonat mit 1,1 % in Minimalkonzentration auftritt. Die Konzentration des austauschbaren Calciums nimmt zur Teufe hin ab und erreicht bei 3 m u.G. den Normalgehalt von 6,0 mmol/z in 100 g Boden. Aufgrund der Wertigkeit, Ionendurchmesser, Polarisierbarkeit und der Hydrationsenergie des Calciums ist bis zu einer Teufe von ca. 3 m u.G. mit einer sekundären Erhöhung der Gefügestabilität bzw. der Scherfestigkeit zu rechnen, zumal die einwertigen austauschbaren Kationen Kalium und Natrium nur in geringen Gehalten auftreten.

Auch der pH-Wert weist auf Bodenbildungsprozesse hin. Er steigt von pH 6 in den oberen Bereichen auf pH 8,1 in einer Teufe von ca. 2,0 m u.G. Die Bodenbildungsprozesse führten zu einer Verlagerung von Aluminium und Eisen zur Teufe hin. Oxalat-lösliches Aluminium erreicht mit 0,6 ‰ seinen höchsten Gehalt bei 0,89 - 0,93 m u.G. und nimmt dann zur Teufe hin kontinuierlich ab, um bei ca. 2,0 m u.G. seinen Normalgehalt von 0,1 ‰ Al_{ox} zu erreichen. Die Verlagerung und damit sekundäre Verfestigung (BAERMANN & WÜSTENHAGEN 1983) des Kornverbandes durch Eisenhydroxide ist bis zu einer Tiefe von 4 m u.G. festzustellen.

SEDIMENTPETROGRAPHIE DER MORÄNEN

Die Ergebnisse der Korngrößenanalysen zeigen, daß die stratigraphisch unterschiedlichen Grundmoränen durch unterschiedliche Korngrößenspektren gekennzeichnet sind (Abb. 1).

Die Grundmoräne der Elster-Formation von Hemmoor zeigt einen mittleren Tongehalt von 10 %, einen Schluffanteil von 36 % und einen Sandgehalt von 61 %. Kennzeichnend für die Elster-Moräne ist der gegenüber allen anderen Grundmoränen erhöhte Gehalt an organischer Substanz von 2,1 %. Der Karbonatgehalt beträgt 4,5 %.

Die Grundmoräne der älteren Saale-Formation am Roten Kliff von Sylt ist hinsichtlich der Korngrößenverteilung sehr einheitlich aufgebaut. Der durchschnittliche Gehalt an Ton beträgt 13 %, an Schluff 12,5 % und an Sand 70 %. Die Grundmoräne ist tiefgründig entkalkt. Eine mögliche stabilisierende Wirkung auf den Kornverband durch Calciumkarbonat ist daher auszuschließen. Auch die Grundmoränen der Drenthe-Formation von Hemmoor und Eilendorf/Niedersachsen zeigen mit durchschnittlich 13,2 % Ton, 17 % Schluff und 68 % Sand ein fast identisches Körnungsspektrum wie am Roten Kliff von Sylt. Der Karbonatgehalt der unverwitterten Grundmoräne beträgt 8,6 %. Der Gehalt an organischer Substanz liegt bei 0,1 %.

Aufgrund der vorliegenden Analysen muß vorbehaltlich weiterer Untersuchungen davon ausgegangen werden, daß das Körnungsspektrum der Grundmoräne der Drenthe-Formation überregional im norddeutschen Raum sehr einheitlich ausgebildet ist. Der Tongehalt liegt zwischen 11 - 20 %, der Schluffanteil zwischen 10 - 20 % und der Sandgehalt bei 65 - 75 %. Dieses Körnungsspektrum ist nach SCHULTZ und MUHS (1967) ungünstig für eine Verdichtung und damit auch für eine nachhaltige Vorkonsolidierung.

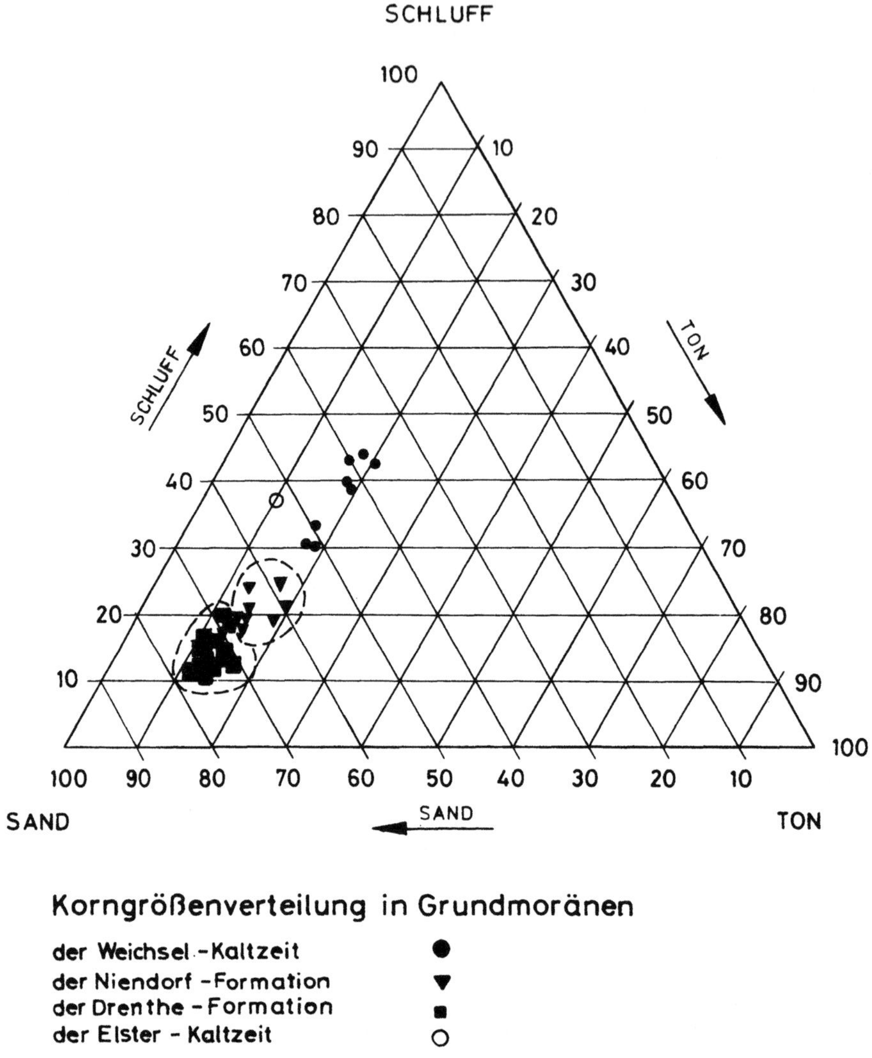

Abb. 1 Korngrößenverteilung in Grundmoränen

Fig. 1 Grain size distribution in ground moraines

Die Kornverteilung der Grundmoräne der mittleren Saale-Vergletscherung (Niendorf-Formation) von Emmerlev Kliff und von Hemmoor ist ebenfalls sehr einheitlich. Sie ist gekennzeichnet durch einen mittleren Tongehalt von 15 %, einen Schluffgehalt von 22 % und einen Sandgehalt von 60 %. Der Calciumkarbonatgehalt der unverwitterten Moräne liegt zwischen 23 und 27 %. Es ist anzunehmen, daß die Korngrößenzusammensetzung der Grundmoräne am Emmerlev Kliff durch lokal aufgenommenes Material der Drenthe-Moräne überprägt ist. Die Grundmoräne der Niendorf-Formation zeigt daher am Emmerlev Kliff eine Affinität zur Korngrößenverteilung der Drenthe-Moräne, sie kann jedoch von dieser aufgrund ihres hohen Karbonatgehaltes deutlich unterschieden werden. Aufgrund des hohen Karbonatanteils ist mit einer hohen Scherfestigkeit der Grundmoräne zu rechnen. QUIGLEY und OGUNBADEJO (1976) weisen auf die Abhängigkeit der Scherfestigkeit vom Karbonatgehalt in Grundmoränen hin. Aufgrund des Korngrößenspektrums und des Karbonatgehaltes bleibt die Verdichtung der Grundmoräne durch Eisdruck über einen langen Zeitraum bestehen.

Die Grundmoräne der Niendorf-Formation reagiert gegenüber glazialtektonischer Beanspruchung vergleichbar einem Festgesteinskörper unter Bildung von Scherflächensystemen, wie sie am Emmerlev-Kliff zu beobachten sind.

Aufgrund der vorliegenden Analysen kann für die Grundmoräne der mittleren Saale-Vergletscherung ein kennzeichnendes Kornverteilungsfeld (Abb. 1) voräufig definiert werden: Ton 14 - 20 %, Schluff 18 - 27 % und Sand 55 - 65 %.

Die am Brodtener Ufer anstehenden Geschiebemergel der Weichsel-Kaltzeit zeigen deutliche Unterschiede hinsichtlich ihres Körnungsspektrums. Der obere Geschiebemergel ist durch folgende Korngrößenverteilung gekennzeichnet: 17,6 % Ton, 30,7 % Schluff, 50,6 % Sand. Im unterlagernden Geschiebemergel treten dagegen 18,5 % Ton, 41,1 % Schluff und 39,5 % Sand auf (Abb. 1). Aufgrund dieser Ergebnisse ist eine Definition eines für die Weichsel-Grundmoräne kennzeichnenden Kornverteilungsfeldes noch nicht möglich.

Obwohl die Grundmoräne der Weichsel-Kaltzeit in ihrer Korngrößenverteilung der für eine Verdichtung günstigsten "Fuller"-Kurve am nächsten kommt, zeigt sie trotz eines durchschnittlichen Calciumkarbonatgehaltes von ca. 20 % im Aufschluß eine geringere Standfestigkeit als die Grundmoräne der Niendorf-Formation. Dieses ist wahrscheinlich auf eine gegenüber der Niendorf-Grundmoräne geringere Vorbelastung durch Eisdruck zurückzuführen.

SCHLUSSFOLGERUNGEN

Die geochemischen Untersuchungen zeigen, daß die geotechnisch und geophysikalisch bedeutsamen Parameter wie Dichte, Porosität, spezifisches Gewicht, die von BAERMANN und WÜSTENHAGEN (1983) untersucht wurden, und Zementation von sekundären Verlagerungseffekten bei der Verwitterung verändert werden. Dies zieht eine Änderung der geotechnischen Eigenschaften nach sich.

Die geotechnischen Eigenschaften der unverwitterten Grundmoränen sind nicht nur abhängig vom Körnungsspektrum und dem Karbonatgehalt, sondern auch vom Vorkonsolidierungsgrad durch ehemals auflastendes Eis. Die geotechnischen Eigenschaften der überregionalen Gesteinsanteile der Grundmoränen können nach GRUBE (1984) den stratigraphisch unterschiedlichen Grundmoränen wie folgt zugeordnet werden:

Elster-Typ, schwer lösbar, wie Magerbeton

Die Grundmoräne ist durch einen gegenüber der Drenthe-Grundmoräne stark erhöhten Schluffanteil gekennzeichnet und ist daher besser verdichtbar als die Drenthe-Grundmoräne.

Drenthe-Typ, leicht lösbar, neigt zu kollapsartigen Gefügezusammenbrüchen

Die Drenthe-Grundmoräne zeigt eine Kornverteilung, die für eine Vorkonsolidierung sehr ungünstig ist. Sie ist weit von der "Fuller"-Kurve entfernt bedingt durch den geringen Gehalt an Schluff.

Niendorf-Typ, zäh, undurchlässig

Aufgrund des Körnungsspektrums und des Karbonatgehaltes bleibt die Verdichtung der Grundmoräne durch Eisdruck bestehen. Entsprechend hoch ist die Standfestigkeit der Grundmoräne der Niendorf-Formation.

Basierend auf chemischen und sedimentpetrographischen Untersuchungen können die Grundmoränen Norddeutschlands, wenn sie in Normalfazies ausgebildet sind, typisiert werden. Es ist beabsichtigt, die lithofaziellen Untersuchungen der Grundmoränen weiterzuführen, um die bisher erarbeiteten Ergebnisse zum Aufbau einer Till-Stratigraphie auf eine breitere Basis zu stellen.

LITERATUR

Baermann A, Wüstenhagen K (1983) Abschlußbericht zum DFG-Projekt Wu 131/1-5, Thema: Geotechnik der Moränen Norddeutschlands, Geologisches Landesamt Hamburg

Boulton GS (1976) The development of geotechnical properties in glacial tills. In: Legget RF (ed) Glacial Tills, an Inter-disciplinary Study. Royal Soc of Canada, Sp Publ No 12

Christensen S (1983) Abschlußbericht zum DFG-Projekt GR 612/7-5, Thema: Sedimentologische und geologische Kenndaten der Moränen Norddeutschlands. Geologisches Landesamt Schleswig-Holstein

Grube F (1983) Abschlußbericht zum DFG-Projekt GR 612/7-5, Thema: Geotechnik der Moränen Norddeutschlands. Geologisches Landesamt Schleswig-Holstein

Meissner R, Kähler S, Stümpel H (1984) Abschlußbericht zum DFG-Projekt 335/68-4, Thema: Lithologische Erkundung oberflächennaher Sedimente unter Anwendung von Kompressions- und Scherwellen. Christian-Albrechts-Universität, Institut für Geophysik, Kiel

Milligan V (1976) Geotechnical aspects of glacial tills. In: Legget RF (ed) Glacial Tills, an Inter-disciplinary Study. Royal Soc of Canada, Sp Publ No 12

Quigley RM & Ogunbadejo TA (1976) Till geology, mineralogy and geotechnical behaviour. Sarnia, Ontario. In: Legget RF (ed) Glacial Tills, an Inter-disciplinary Study. Royal Soc of Canada, Sp Publ No 12

Schultze E, Muhs H (1967) Bodenuntersuchungen für Ingenieurbauten. Springer-Verlag, Berlin, Heidelberg, New York

Verformungsverhalten und Strukturfestigkeit norddeutscher Geschiebemergel

A. PALUSKA[1]

SUMMARY

Results of studies on north German till indicate, that its strength is not a consequence of glacial pre-consolidation as was previously assumed. Furthermore, the often discussed compaction of grain structure via newly formed minerals during various weathering phases, though obviously present, appears to be inadequate to account for the observed mechanical resistance. Arguments from soil mechanics and engineering geology favouring these critical observations are presented in the article.

During the present study a new method was developed to investigate the behaviour of deformation characteristics of till. The method allows calculation of the deformation of external surface wall as well as the distribution of partial deformations within the sample related to raster elements. The results obtained deviate significantly from those of previous investigations on stress-deformation relationships within rocks:

1) Till exhibits dilatancy, manifested by an increase in volume or a negative, i.e. the onset of external wall deformation directed against the normal strain occurs just before failure strength.

2) A typical distribution pattern of the partial deformation is seen both within the samples and in the ground, which is dependent on the materials and the deformation strategy. This deformation- and density-distribution is called here the shear structure. Next to the shear plane a loosening of the grain structure could be observed, which, strictly speaking, may be termed dilatancy s. str.. The resulting negative deformations are removed in two mutual zones of compression following into a zone of extension. In other words, deformations are conducted, only to a very small extent, towards the external surface wall of the sample. The remaining, proportionally larger part of the sample, which is also subjected to stress, behaves rather intact; it participates only subordinately in the deformation of the external wall.

To simulate the deformation sequences under such complex conditions a new computer supported method was developed. The method takes into account not only the material characteristics of the sample (e.g. width and number of shear zones) but also its stress-dependent characteristics.

This complicated deformation behaviour is limited not only to till. It was also observed in other loose sediments and rocks. The reason appears to lie in the balancing of deformation within natural dispersion-systems. For approximate quantification, a model plane was constructed, which consists of the sum of contact planes between the individual grains. In its size and geometry, this plane represents the mechanically active

[1] Dr. Antonin Paluska, Geologisches Landesamt, Oberstr. 88, D-2000 Hamburg 13

Ingenieurgeologische Probleme im Grenzbereich zwischen Locker- und Festgesteinen
(Herausgegeben von K.-H. Heitfeld)

internal surface of the sample. On this model plane, the external stress on the system is monitored and partly resolved into two shear components. The strength (friction and cohesion) of the contact planes determines the extent of supporting (below critical) or almost no resistance (above critical) parts of the inner surface.

The possibilities of further experimental and theoretical work for better understanding the mechanisms of shear deformation on the basis of a few phenomenological models is discussed.

ZUR PROBLEMSTELLUNG

Die hohe Festigkeit einiger Geschiebemergel wurde lange Zeit auf Vorbelastung durch einen (bzw. auch mehrere) Gletscher im Pleistozän zurückgeführt. Eine umfassende und in sich schlüssige Begründung dieser Hypothese steht bis heute noch aus. Nach unseren Untersuchungen ist diese Vorstellung gleich aus mehreren Gründen unrichtig:

1. Die für die Ableitung des hypothetischen Gletschervorbelastungsdruckes erforderlichen Kompressionskurven werden konventionell auf eine Weise ermittelt, die das natürliche Verformungsverhalten der Geschiebemergel nicht wiederzugeben vermag. Der Mobilisierung eines "strukturellen" Widerstandes bei der Belastung allseitig eingeschlossener und viel zu kleiner Oedometer-Proben, bei der es schon zur Destruktion des natürlichen Gefüges kommt, steht im Baugrund ein "textureller" Verformungsplan gegenüber, der im Zerfall des Gesteins in etwa 1 - 3 cm große Makroaggregate bzw. ca. 10 - 30 cm große Blöcke zum Vorschein kommt.

2. Bei den herkömmlichen Laborversuchen werden Auswirkungen des Zeitfaktors stark simplifiziert. Infolgedessen weisen oedometrische Kompressionskurven einen anderen Verlauf auf, als die für die vorliegende Problemstellung wirklich relevanten Spannungs-Deformationsbeziehungen. Eine noch bedeutsamere Rolle spielt der Zeitfaktor bei der Schubverformung (PALUSKA et al. 1982). Ein plausibler Bezug zur Vorbelastungsthematik läßt sich in diesem Fall überhaupt nicht rekonstruieren.

3. Für die Ermittlung des hypothetischen Vorbelastungsdruckes aus oedometrischen Kompressionskurven wird in der Fachliteratur eine Vielzahl von verschiedenen Verfahren empfohlen. Die einzelnen Ergebnisse weichen jedoch dermaßen voneinander ab, daß eine plausible Rekonstruktion der Gletschervorbelastung, geschweige eine nachvollziehbare Handhabung solcher Ansätze, in der bodenmechanischen Praxis unmöglich sind.

4. Nicht selten wird ein fester, vermeintlich vorbelasteter Geschiebemergel durch einen setzungsempfindlichen Beckenschluff und gelegentlich sogar durch organische Ablagerungen unterlagert, die keine Merkmale einer entsprechenden Vorbelastung aufweisen.

5. Nach der petrographischen Definition ist der Geschiebemergel stets kalkhaltig und wird daher als unverwittertes Gestein aufgefaßt. Der kalkfreie (gemeint ist im allgemeinen entkalkter) Geschiebelehm wird als seine Verwitterungszone bezeichnet. Doch viele der Geschiebelehm-Profile weisen sonst keine anderen Verwitterungsmerkmale (z.B. Verbraunung) auf. Da auch ihre Festigkeit nahezu gleich einigen kalkärmeren Geschiebemergeln ist, liegt die Vermutung nahe, daß es offenbar primär schon kalkfreie Ablagerungen dieser Art gegeben haben muß, die folglich ebenfalls als unverwittert anzusprechen wären. Konsequenterweise müßten also auch sie als vorbelastet behandelt werden, was allerdings die Vorbelastungshypothese ad absurdum führen würde. Das Beispiel soll deshalb nur die Notwendigkeit einer neuen ingenieurgeologischen Klassifikation der Geschiebemergel und -lehme verdeutlichen.

6. Bei der Darstellung der Vorbelastungsmechanismen verweisen Quartärgeologen auf vereinfachte, glaziologisch nicht näher erläuterte Vorstellungen einer statischen, auf die Moränen sowie auf ihren Untergrund "schubspannungsfrei" einwirkenden Eisauflast. Soweit auch tangentiale Beanspruchung an der Gletschersohle gelegentlich in die Betrachtung mit einbezogen wird, findet sie wiederum keine Anwendung in der bodenmechanischen Praxis. Ebenfalls werden der komplexe Prozeß der Moränenbildung im Zuge der Ablation sowie die Auswirkungen der Schmelzwässer und nicht zuletzt auch des Permafrostes auf die bereits abgelagerten Moränen in letzter Konsequenz nicht beachtet. Sie allesamt prägen jedoch die Festigkeit glazigener Ablagerungen (diesmal im negativen Sinne) nicht weniger als die Eisauflast selbst (PALUSKA 1982).

Aufgrund dieser bodenmechanischen und ingenieurgeologischen Einwände gegen die Gletschervorbelastung sowie überhaupt gegen die angewandte Untersuchungstechnik gewannen folgende zwei Themen an besonderer Aktualität:

- Strukturverfestigung des Gesteins durch Mineralneubildungen als mögliche Ursache seiner Festigkeit, und
- Ermittlung von reellen Spannungs-Deformationsbeziehungen mit Hilfe von neuen experimentellen Verfahren.

Die zweifellos vorhandene Verfestigung der Kornstruktur durch verschiedene Mineralneubildungen hat sich als nicht wirksam genug erwiesen, um allein darauf die Festigkeit des Geschiebemergels zurückführen zu können (PALUSKA 1982).

In Anbetracht der im folgenden noch näher erläuterten, sehr komplexen Verformungsabläufe im Geschiebemergel blieb schließlich nichts anderes übrig, als den bis dahin wenig beachteten Widerstand auf der mechanisch aktiven inneren Oberfläche des Gesteins einer Analyse zu unterziehen. Dabei hat sich gezeigt, daß der Verformungsprozeß in vergleichbaren natürlichen Dispersionssystemen maßgeblich durch die Bilanzierung der Verformungsarbeit geprägt wird. Mit diesem Thema wird allerdings schon eine über den Rahmen unserer Studie hinausgehende Problematik berührt, auf die hier deshalb nur kurz eingegangen werden kann.

VERFORMUNGSVERHALTEN

Untersuchungstechnik

Die bei unseren Untersuchungen angewandte experimentelle Technik geht auf ähnliche Versuche von SCHWEICKERT (1964) zurück. Die Weiterentwicklung dieses Verfahrens, insbesondere hinsichtlich der Auswertung mit Hilfe der EDV, ist bereits an einer anderen Stelle beschrieben worden (PALUSKA & KADE 1981; PALUSKA et al. 1981; PALUSKA 1982). Das Prinzip läßt sich kurz wie folgt erläutern:

Etwa 10 x 10 x 3 bis 20 x 20 x 3 cm große quaderförmige Proben wurden zwischen einer massiven Stahlplatte und einer etwa 2 cm starken Panzerglasscheibe ein- (σ_1) bzw. zweichachsial (σ_1, σ_2) belastet. In dem 3 cm tiefen Zwischenraum zwischen der Stahlplatte und der Glasscheibe, der während der Versuche unverändert blieb ($e_{\sigma_3} = 0$, wobei $_3$ meßbar war), konnten sich die Proben also in zwei Richtungen (e_{σ_3} und e_{σ_2}) verformen. Auf der sichtbaren Seite der Probe wurde ein optisch wirksames, quadratisches Raster aufgetragen. Durch die Panzerglasscheibe konnte dann die Verschiebung der Rasterelemente während der Belastung und somit auch die Verteilung der partiellen Deformationen beobachtet und fotographisch festgehalten werden.

Die Auswertung der Aufnahmen erfolgte nach einem speziell für diese Zwekke ausgearbeiteten Computerverfahren. Dabei wurden relative Deformationen einzelner Rasterelemente bzw. deren Komponenten ($\varepsilon_x, \varepsilon_y$, $\varepsilon_{\sigma_1}, \varepsilon_{\sigma_2}$, $\varepsilon_\tau, \varepsilon_\nu$) ermittelt, wobei stets galt:

$$_x = e_x/X \quad ; \quad _y = e_y/Y$$

wobei $e_{x,y}$ - Verschiebung der Rastereckpunkte in x- bzw. y-Richtung,
X, Y - Kantenlängen der Rasterelemente
sind.

Charakteristische Merkmale des Verformungsverhaltens von Geschiebemergeln unter Schubbeanspruchung

Unsere Untersuchungenhaben gezeigt, daß das Verformungsverhalten des Geschiebemergels durch folgende zwei Merkmale maßgeblich geprägt wird:

- Volumenvergrößerung der Proben kurz vor dem Erreichen der Festigkeitsgrenze, die hier als Dilatation im weitesten Sinne bezeichnet wird, und
- Unregelmäßigkeiten in der Verteilung der partiellen Deformationen innerhalb der Proben, die eine markante Gesetzmäßigkeit erkennen lassen; wir haben dieses Phänomen als Schubstruktur bezeichnet.

Dilatation

Das dilatative Verhalten des Geschiebemergels findet seinen Ausdruck sowohl in der Größe als auch in den Veränderungen der relativen Deformationen während der Schubbeanspruchung. Fassen wir diese als Gesamt- bzw. Außenwanddeformationen auf (also noch keine elementbezogenen partiellen Deformationen), so werden sie wie folgt definiert:

$$\varepsilon_\nu = \Delta H/H \quad ; \quad \varepsilon_\tau = \Delta L/L$$

wobei $\Delta H, \Delta L$ - gemessene Deformationsbeträge,
H,L - Höhe (in Richtung der normalen) bzw. Länge (in Richtung der tangentialen Spannungskomponente) der Probe
sind.

Um den Verformungsprozeß möglichst lückenlos erfassen zu können, erwies es sich als zweckmäßig, einige neue Parameter einzuführen bzw. die bereits vorhandenen etwas abweichend von der in der bodenmechanischen Literatur (vgl. Z.B. GUDEHUS 1982) gebräuchlichen Terminologie zu definieren. So haben wir z.B. den Begriff "Schubmodul" - ursprünglich nur für die Verformung im Sinne der tangentialen Komponente wie folgt definiert:

$$E_\tau = \Delta t/\Delta\varepsilon_\tau$$

- auch auf die Verformung im Sinne der normalen Komponente erweitert:

$$E_\nu = \Delta\nu/\Delta\varepsilon_\nu$$

Der Dilatationsmechanismus kann darüberhinaus auch durch eine ähnlich definierte Zahl erfaßt werden, die wir als "Dilatationsmodul" bezeichnen:

$$D_\tau = \Delta\tau/\Delta\varepsilon_\nu \qquad (\nu = \text{konst.}) \quad .$$

Betrachten wir die experimentell erzielten Ergebnisse (Abb. 1), so können wir im dilatativen Verhalten des Geschiebemergels folgende Gesetz-

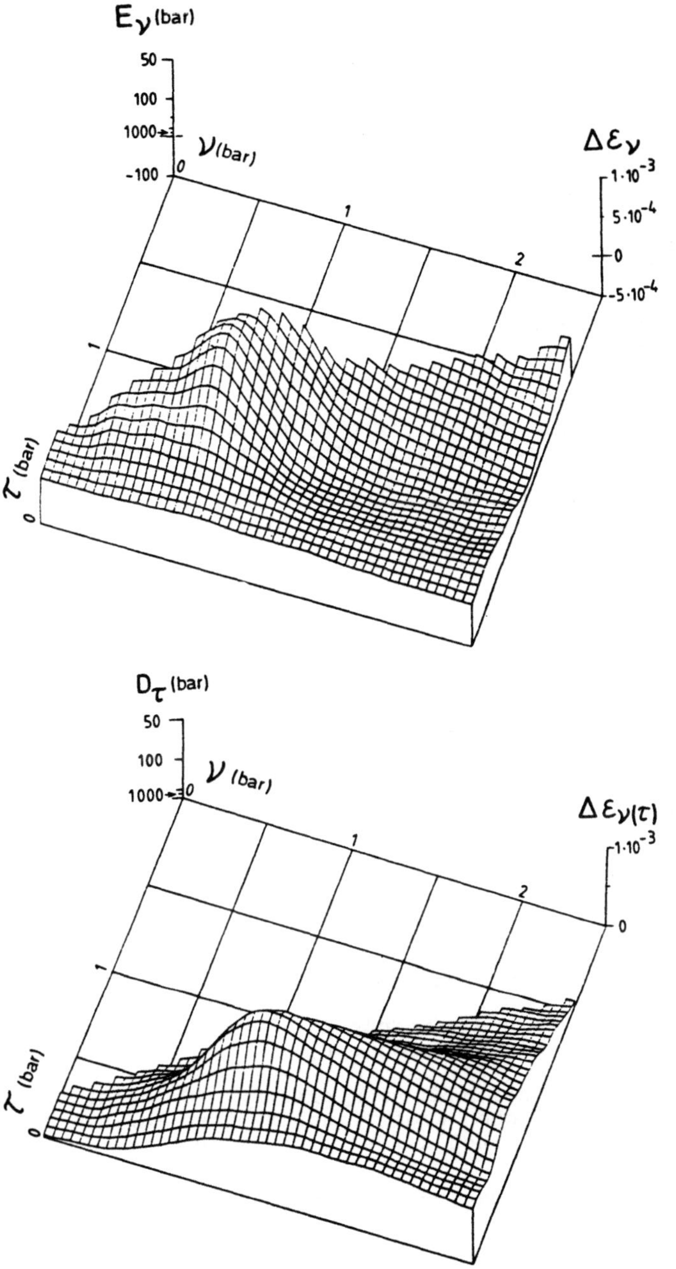

Abb. 1 oben: Veränderungen der relativen Deformationen ε_ν in Richtung der normalen Komponente und die daraus abgeleiteten Schubmoduli E_ν für $\Delta\nu$ = 0,05 bar; unten: Veränderungen der relativen Deformationen ε_ν in Richtung der tangentialen Komponente ($\Delta\varepsilon_{\nu(\tau)}$) und die daraus abgeleiteten Dilatationsmoduli D_τ für $\Delta\tau$ = 0,05 bar.

Fig. 1 above: variations of relative deformations ε_ν in the direction of the normal components and the calculated shear modules E_ν for $\Delta\nu$ = 0,05 bar; below: variations of relative deformations ε_ν in the direction of tangential components ($\Delta\varepsilon_{\nu(\tau)}$) and the calculated dilatancy-modules D_τ for $\Delta\tau$ = 0,05 bar-

mäßigkeiten erkennen (Abb. 2):

- Im Bereich der niedrigen tangentialen Spannungen treten erwartungsgemäß hohe Schubmoduli (insbesondere $_{\tau}E$) auf. Diese Verformungsphase können wir als "elastoplastisch" (s. 1) bezeichnen.

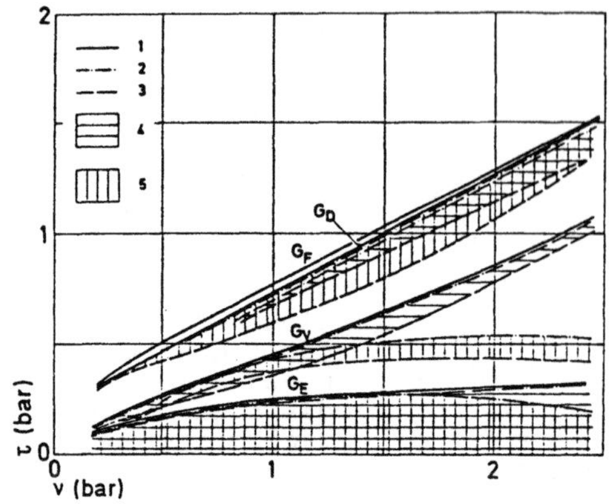

Abb. 2 Charakteristische Grenzen und Bereiche beim Verformungsverhalten einer Geschiebemergel-Probe (Lok.: Hamburg, Roter Hahn) unter Schubbeanspruchung;
1 - charakteristische Grenzen (bzw. Funktionen):
  G_E - Grenze des "elasto-plastischen" (s.l.) Bereiches,
  G_V - Grenze der vorübergehenden "Verfestigung" bzw. Umstrukturierung
  G_D - Dilatationsgrenze,
  G_F - Festigkeitsgrenze,
2 und 3 - Abgrenzung (Ende und Anfang) der Anomalien im Verlauf der Schubmoduli
4 - signifikante Anomalien der Schubmoduli E_ν,
5 - signifikante Anomalien der Schubmoduli E_τ.

Fig. 2 Characteristic limits and zones during the deformation behaviour of a till sample (location: Hamburg, Roter Hahn) under shear stress:
1 - characteristic limits (functions):
  G_E - limit of "elasto-plastic" (s.l.) zone,
  G_V - limit of transitional compaction or restructuring,
  G_D - limit of dilatancy,
  G_F - limit of strength,
2 and 3 - limits (beginning and end) of the anomalies during shear modules
4 - significant anomalies of the shear module E_ν,
5 - significant anomalies of the shear module E_τ.

- Im mittleren Spannungsbereich zeichnet sich eine Art "Umstrukturierung" bzw. Mobilisierung von zusätzlichen Widerstandsreserven ab; sie kommt offensichtlich in Unregelmäßigkeiten der errechneten Parameter E_ν und D_τ zum Vorschein.
- Kurz vor dem Erreichen der Festigkeitsgrenze macht sich die eigentliche Dilatation (s.l.) bemerkbar. Sie verursacht vorübergehend einen erheblichen Anstieg der E_ν-Moduli und eine rapide Abnahme der D_τ-Moduli.

Schubstruktur

Die nach dem im Kapitel 'Untersuchungstechnik' beschriebenen Untersuchungsverfahren erzielten Ergebnisse (Abb. 3) zeigen, daß im Bereich der Scherflächen beim bestimmten Spannungszustand keine nennenswerten

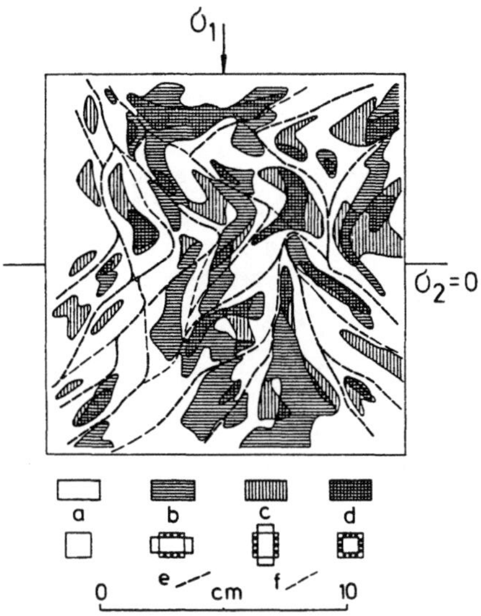

Legende:
a - intakte Bereiche
b - Kompression in Richtung σ_1, Dehnung in Richtung σ_2
c - Dehnung in Richtung σ_1, Kompression in Richtung σ_2.
d - allseitige Kompression
e - deutlich ausgebildete Scherflächen
f - vermutete Scherflächen

Legend:
a - intact zones,
b - compression in the direction σ_1 extension in the direction σ_2
c - extension in the direction σ_1 compression in the direction σ_2
d - compression in all directions
e - clearly formed shear planes
f - supposed shear planes

Abb. 3 Charakteristische Bereiche in der Verteilung der relativen Deformationen auf der Oberfläche einer Geschiebemergel-Probe (Lok.: Hamburg, Alster Fleet)

Fig. 3 Characteristic zones in the distribution of the relative deformations on the surface of a till sample (location: Hamburg, Alster Fleet)

Deformationen zu verzeichnen sind. Vielmehr erweisen sich diese Bereiche bei höheren Spannungen als ausgeprägte Dehnungszonen. Erst im größeren Abstand von den Scherflächen lassen sich deutliche Verdichtungsbereiche erkennen. Diese charakteristische Deformationsverteilung bezeichnen wir als Schubstruktur (PALUSKA et al. 1982). Man kann sie in Form von folgenden Funktionen wiedergeben:

$$\gamma_d, \ \varepsilon = f\ (x,y) \quad ; \quad \gamma_d, \ \varepsilon = f\ (\sigma_1,\sigma_2)$$

wobei γ_d - Trockenwichte und

ε - relative Deformation

sind.

Die Schubstruktur besteht also aus einer Dehnungs- bzw. Dilatationszone (s. str.) mit einer Scherfläche in der Mitte und aus zwei sie begleitenden Verdichtungszonen, in denen die negativen Deformationen ($-e_\nu$) aus dem Dilatationsbereich (Volumenvergrößerungen) weitgehend wieder aufgehoben werden. Der Rest der Probe verhält sich unterdessen mehr oder weniger intakt.

Auf der Grundlage dieses Verformungsplanes wurde ein Simulationsverfahren erarbeitet, das die Nachbildung von "strukturierten" Verformungen ermöglicht (PALUSKA et al. 1982) (Abb. 4). Dabei spiegeln die Anzahl und Neigung der Schubzonen sowie die Intensität der Dilatation und der Verdichtung in der Nähe der Schubzone die Spannungs- und Materialabhängigkeit der Schubstruktur wider. Dem experimentell ermittelten Verlauf der Funktionen (Abb. 5 und 6):

$$\gamma_d = f\ (m) \quad , \quad m = f\ (\sigma) \quad , \quad \gamma_d = f\ (\sigma) \ ,$$

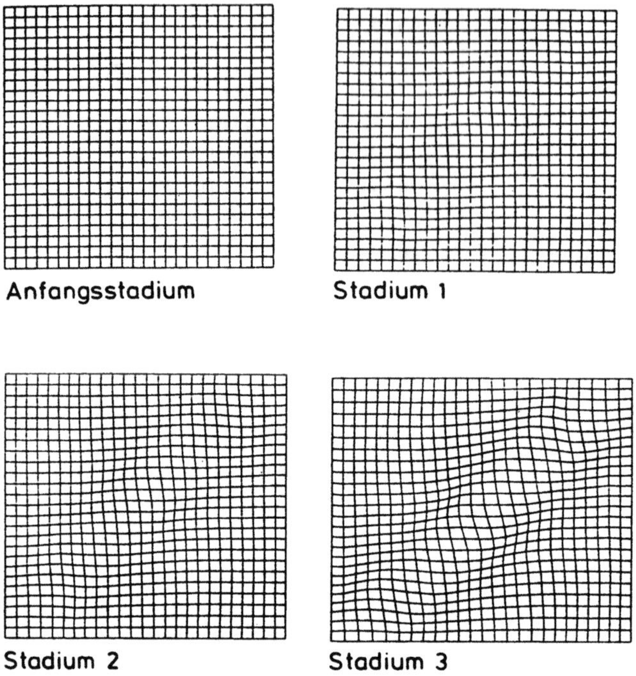

Abb. 4 Unter Berücksichtigung der Randbedingungen (gerade und orthogonale Außenrand-Kanten) errechnete Deformation eines idealisierten Körpers in drei verschiedenen Stadien

Fig. 4 Deformation of an ideal body in three different stages. Calculated under consideration of the conditions: linear and orthogonal outer wall corners

wobei m - Breite der Schubzone, gemessen senkrecht zur Scherfläche und
σ - resultierende Spannung sind,

konnten folgende zwei markante Tendenzen entnommen werden:

- Mit zunehmender Spannung σ vergrößert sich die Breite der Auflockerungszone sowie die der zwei Verdichtungszonen, wobei sich diese Erweiterung des Schubbereiches asymptotisch einem maximalen Wert nähert. Mit ihm ist die Widerstandsreserve des Materials an dieser Stelle der Probe erschöpft; in der Regel beginnt sich dann in der Nähe eine neue Schubzone zu bilden.
- Mit der zunehmenden Spannung σ nimmt auch die Trockenwichte γ_d in der Verdichtungszone zu; auch sie nähert sich asymptotisch einem maximalen Wert. In der Auflockerungszone kommt es dagegen im Laufe der Belastung zu einem radikalen Abbau der Wichte, die in der engeren Schubzone (Scherkluft) naturgemäß gegen Null geht.

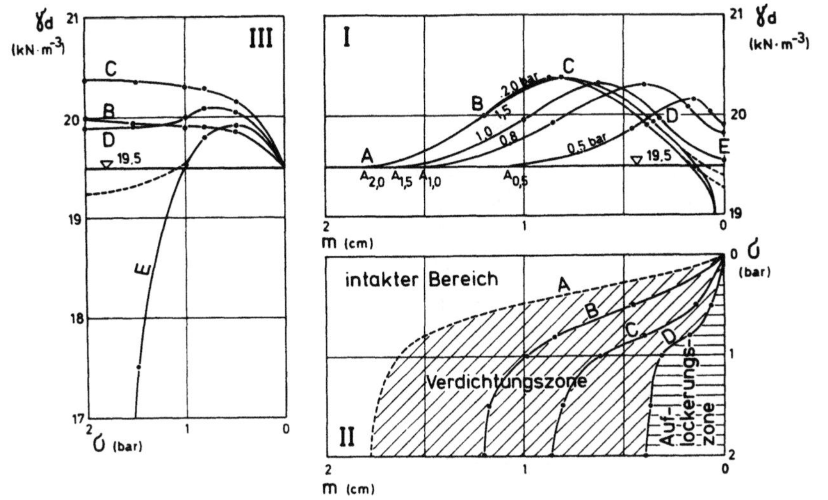

Abb. 5 Entwicklung der Schubzone im Geschiebemergel als Funktion der Spannung (Querschnitt senkrecht zur Scherfläche);

I - Veränderungen von γ_d (Trockenwichte) mit der Entfernung von der Scherfläche: Funktion $\gamma_d = f(m)$

II - Veränderungen der Position von charakteristischen Punkten der Funktion $\gamma_d = f(m)$ auf der m-Achse in Abhängigkeit von der resultierenden Spannung σ,

III - Veränderungen der Position von charakteristischen Punkten der Funktion $\gamma_d = f(m)$ auf der γ_d-Achse in Abhängigkeit von der Spannung σ

$A_{0,5...2,0\ bar}$ - maximale Ausdehnung der Schubzone

B - erster Wendepunkt der Funktion $\gamma_d = f(m)$

C - Extremwert (Maximum) der Funktion $\gamma_d = f(m)$

D - zweiter Wendepunkt der Funktion $\gamma_d = f(m)$

E - Trockenwichte mitten in der Scherzone

Fig. 5 Development of the shear zone in till as a function of the stress (profile vertical to the shear plane);

I - variations of γ_d (dry density) away from the shear plane; function $\gamma_d = f(m)$

II - variations in the location of characteristic points of the function $\gamma_d = f(m)$ on the m-axis depending on the resulting stress σ,

III - variations in the location of characteristic points of the function $\gamma_d = f(m)$ on the γ_d-axis depending on the resulting stress σ

$A_{0,5...2,0\ bar}$ - maximal extension of the shear zone

B - first turning point of the function $\gamma_d = f(m)$

C - extreme value (maximum) of the function $\gamma_d = f(m)$

D - second turning point of the function $\gamma_d = f(m)$

E - dry density in the middle of the shear zone

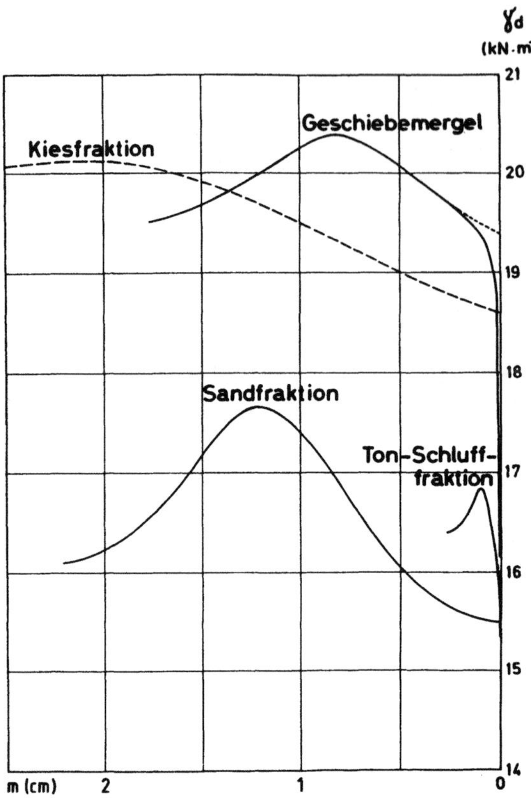

Abb. 6 Vergleich der Geometrie der Schubzone beim Geschiebemergel und bei seinen drei Fraktionen im fortgeschrittenen Stadium der Schubverformung (unmittelbar vor dem Erreichen der Festigkeitsgrenze)

Fig. 6 Comparison of the geometry of the shear zone in till and in its three fractions in the late phase of shear deformation (just before reaching the strength limit)

STRUKTURFESTIGKEIT

Spannungsübertragung auf der mechanisch aktiven inneren Oberfläche

Mit dem Begriff "Strukturfestigkeit" bezeichnen wir hier jenen mechanischen Widerstand, der auf dem mechanisch aktiven Teil der inneren Oberfläche eines natürlichen Dispersionssystems während der Belastung mobilisiert wird. Dieser Aktivierungsprozeß hängt von der Größe und der Geometrie dieser Fläche ab. Sie stellt die Summe sämtlicher Kontaktflächen zwischen den einzelnen Körnern des tragenden Skeletts dar.

Aus der Abb. 7, die die Struktur einer Geschiebemergelprobe im Detail zeigt, ist ersichtlich, daß eine direkte Vermessung der Kontaktflächen auf erhebliche methodische Schwierigkeiten stoßen dürfte. Wir haben deshalb ein Näherungsverfahren angewandt, bei dem die Kontaktflächen auf indirektem Wege ermittelt (genauer: errechnet) werden. Demnach beträgt die gesamte innere Oberfläche eines kalk- und schluffreichen Geschiebemergels etwa $9{,}3 \cdot 10^{8}\ cm^{2} \cdot cm^{-3}$.Zum Vergleich: dies entspricht einer quadratischen Fläche von 305 m Kantenlänge. Setzen wir den mechanisch aktiven Anteil mit 0,01 ein, so bekommen wir eine aktive innere Oberfläche von $9{,}3 \cdot 10^{6}\ cm^{2} \cdot cm^{-3}$. Die Kantenlänge einer quadratischen Fläche gleicher Größe beträgt dann 30,5 m. Bei einem kalk- und schluffarmen Geschiebemergel-Typ gehen die beiden zuletzt genannten Zahlen auf $6{,}2 \cdot 10^{6}\ cm^{2} \cdot cm^{-3}$ bzw. 24,9 m zurück.

Abb. 7 Aufnahme einer Geschiebemergel-Probe mit Rasterelektronenmikroskop (Aufnahme: Dr. habil. R. Schallreuter)

Fig. 7 Electron micrograph of a till sample (courtsey Dr. habil. R. Schallreuter)

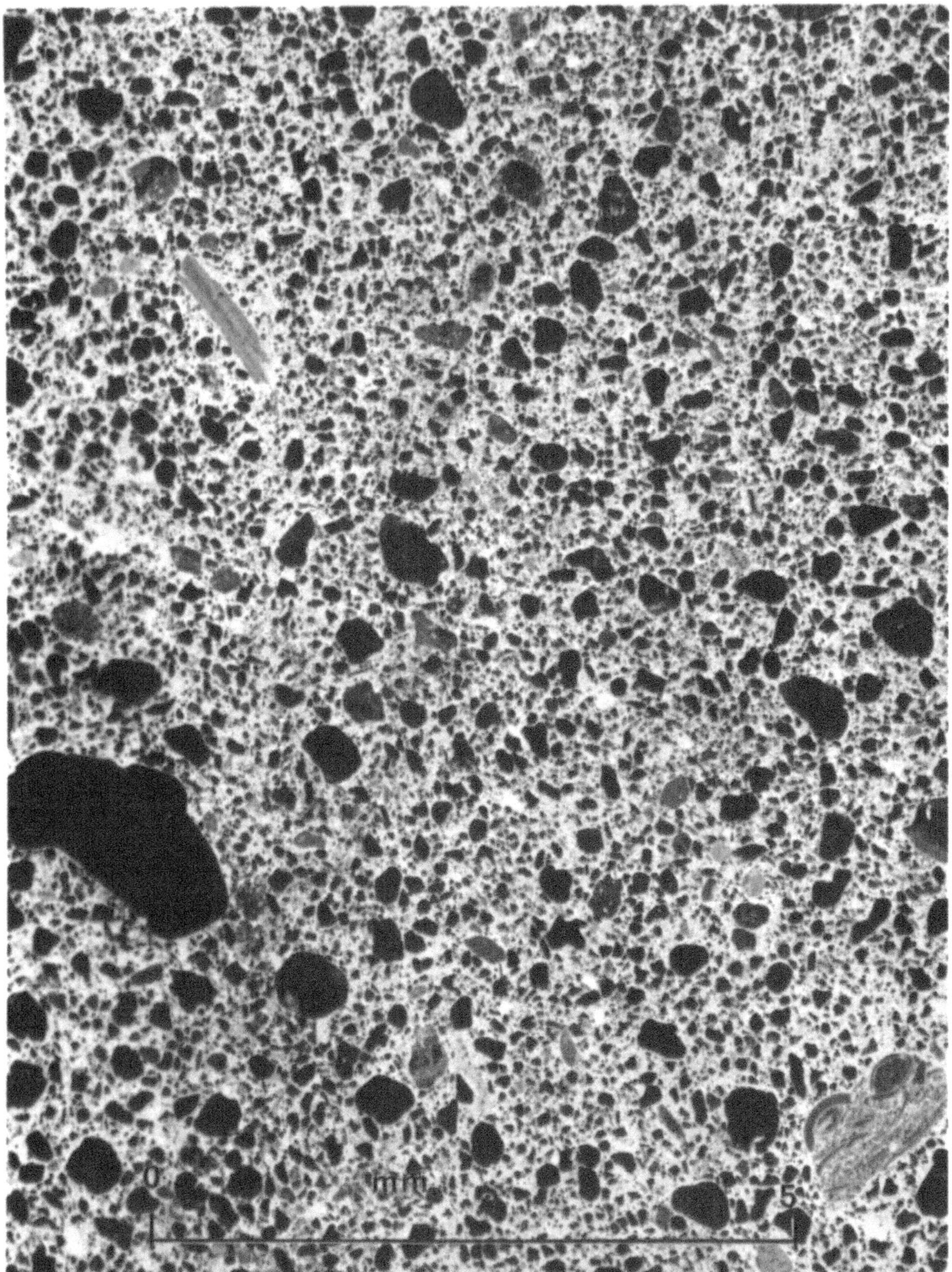

Abb. 7 (Fortsetzung) Dünnschliff einer Geschiebemergel-Probe (Lok. Hemmoor)
Fig. 7 (cont.) Thin section of a till (location: Hemmoor)

Die Rekonstruktion der Geometrie der mechanisch aktiven inneren Oberfläche läßt sich am besten anhand eines vereinfachten Modells (Abb. 8) erläutern. Sämtliche Kontaktflächen zwischen den einzelnen Modell-Körnern sind räumlich eingemessen worden (Neigungswinkel α). Unter Annahme einer einheitlichen Größe aller Kontaktflächen führte ihre Vermessung zur folgenden Häufigkeitsverteilung (Abb. 9):

$$\psi_K = f(\alpha)$$

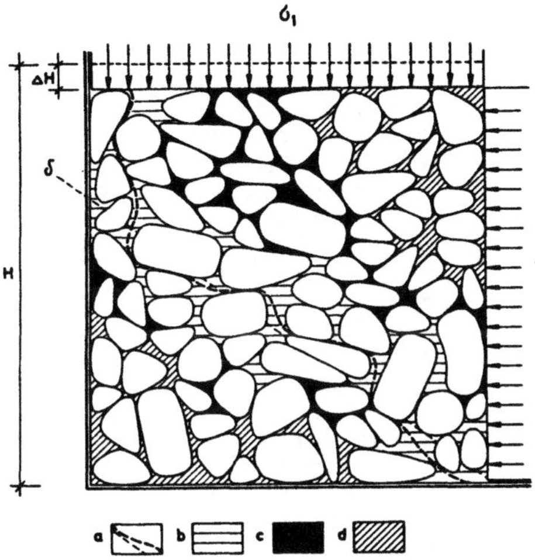

Legende:
a - ideelle (δ) und tatsächliche Scherfläche
b - Dilatationsbereich (s.str.)
c - Verdichtungsbereiche
d - intakte Bereiche,
H, ΔH - ursprüngliche Höhe der Probe und vertikale Deformation
σ_1, σ_2 - Hauptspannungen

Legend:
a - ideal (δ) and real shear zone
b - zone of dilatancy
c - zone of compression
d - intact zone
H, ΔH - original height of the sample and the vertical deformation
σ_1, σ_2 - main stresses

Abb. 8 Beispiel der Umstrukturierung innerhalb eines künstlich nachgebildeten Dispersionssystems im Zuge der Schubverformung

Fig. 8 Example of the restructuring within an artificial dispersion system during shear deformation

Die Summenkurve dieser Häufigkeitsfunktion betrachten wir als ein räumliches Modell der mechanisch aktiven inneren Oberfläche. Auf dieser Modell-Fläche werden sämtliche äußere, auf das System einwirkende Kräfte aufgenommen und jeweils in tangentiale und normale Komponenten zerlegt (Abb. 9). Dabei bildet sich ein unterkritischer (tragender) und ein überkritischer (außerhalb der Festigkeitsgrenze der Kontaktflächen liegender) Bereich. Nach unseren Berechnungen erreicht der Widerstand auf einer solchen Modell-Fläche im Geschiebemergel extrem hohe Werte. Die reaktive tangentiale Spannung im unterkritischen Bereich beträgt bei einer äußeren Spannung von σ_A = 1 bar ganze $7{,}5 \cdot 10^{-5}$ g $\cdot$ cm$^{-2}\cdot$cm^{-3}. Gehen wir, wie oben vorgeschlagen, von einer aktiven inneren Oberfläche des Geschiebemergels von ca. $1{,}10^{7}$ cm$^{2}\cdot$cm^{-3} aus, so erhalten wir einen Widerstand von rund 0,75 bar $\cdot$ cm^{-3}! Der kohäsive Anteil dürfte dabei etwa die Hälfte dieses Wertes erreichen. Es liegt also nahe, die Festigkeit des Geschiebemergels auf diesen "strukturellen" Widerstand zurückzuführen.

Zur Phänomenologie der Schubverformung in natürlichen Dispersionssystemen

Die konsequente Berücksichtigung der Schubstruktur bei bodenmechanischen Berechnungen setzt voraus, daß von der Vorstellung einer gleichmäßigen Verteilung der partiellen Deformationen in Proben sowie im Baugrund Ab-

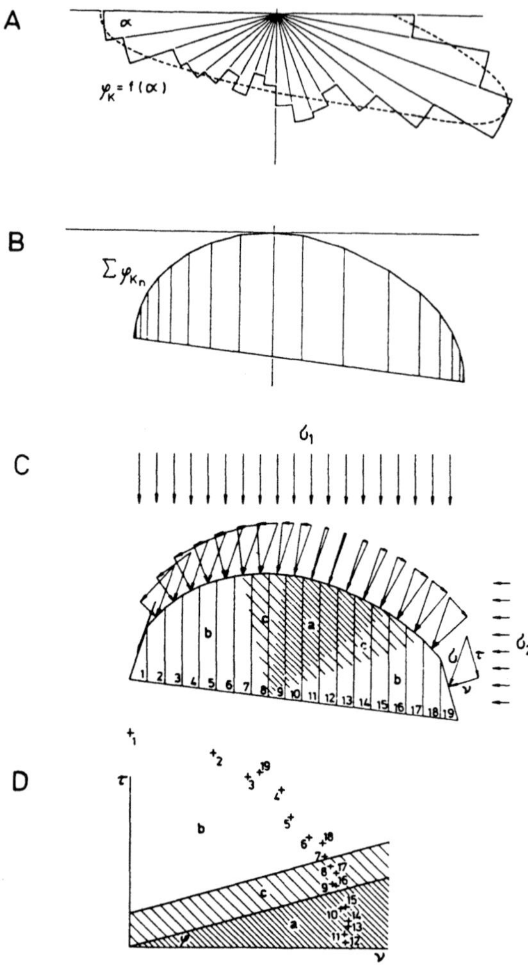

A - Häufigkeitskurve (ψ_K) der Kontaktflächen einheitlicher Größe als Funktion ihrer Position im Raum (Neigungswinkel α)
B - aufsummierte Häufigkeitskurve nimmt annähernd die Form einer Ellipse (bzw. im Raum eines Ellipsoides) ein
C - Zerlegung der äußeren Spannungen in tangentiale und normale Schubkomponenten
D - angenommene Festigkeit auf der Modellfläche:
a - unterkritischer Bereich
b - überkritischer Bereich
c - Kohäsion

A - frequency curve (ψ_K) of the contact zones of uniform size as a function of its position in space (angle α)
B - the summed frequency curve takes the form of an ellipse (or in space that of an ellipsoid)
C - resolution of the external stress in tangential and normal shear components
D - supposed strength on the model plane:
a - below critical zone
b - above critical zone
c - cohesion

Abb. 9 Modell einer mechanisch aktiven inneren Oberfläche und Spannungsübertragung auf dieser

Fig. 9 Model of a mechanically active inner surface and stress transfer on this model plane

stand genommen wird. Damit wird allerdings dem klassischen mechanischen Gedankenansatz seine Grundlage entzogen. Ein naturtreues Modell der Schubverformung muß vielmehr von einem intakten Bereich und einer gegliederten, durch folgende Parameter definierten Schubzone ausgehen:

- Gesamtbreite m,
- Breite der Dilatationszone (s. str.) m_D
- partielle Deformationen (Dehnungen) in der Dilatationszone,
- partielle Deformationen (Kompressionen) in den Verdichtungszonen.

Alle diese Parameter sind im allgemeinen material- und spannungsabhängig und können mit Hilfe des im Kapitel 'Untersuchungstechnik' beschriebenen experimentellen Verfahrens ermittelt werden.

Die Berücksichtigung der mechanisch aktiven inneren Oberfläche stützt sich auf folgende phänomenologische Überlegungen:

Der Abb. 10 kann man entnehmen, daß die effektive Spannung bestimmt wird durch:

- die Morphologie der Kontaktflächen (Rauhigkeit der Kornoberfläche), aus der sich Reibungswiderstand einerseits sowie auch eine noch viel subtilere Art der Dilatation ergibt, als die bis jetzt diskutierte, und
- die Verfestigung der Kontaktflächen durch Mineralneubildungen, auf die die Kohäsion zurückgeht.

Eine verläßliche experimentelle Ermittlung dieser Parameter steht noch aus.

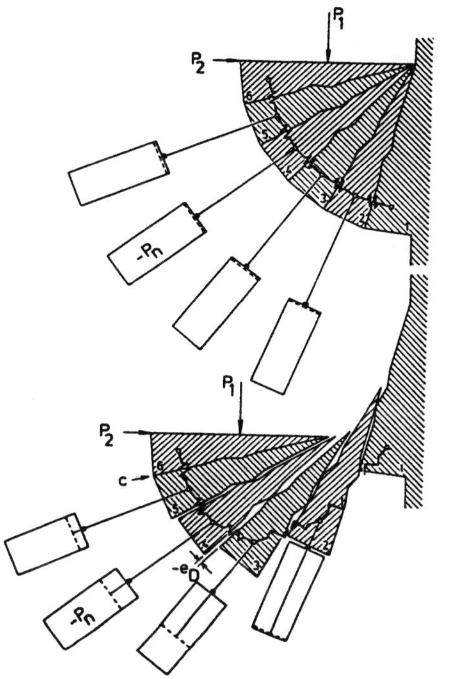

$P_{1,2}$ - äußere Kräfte
$-e_D$ - Dilatation auf den Kontaktflächen
c - Kohäsion
$-P_n$ - neutrale Spannung (Porenwasserdruck)

$P_{1,2}$ - external forces
$-e_D$ - dilatancy on contact surfaces
c - cohesion
$-P_n$ - neutral stress (pore water pressure)

Abb. 10 Phänomenologisches Modell der Spannung-Deformationsbeziehungen auf der mechanisch aktiven inneren Oberfläche eines natürlichen Dispersionssystems (Stadien vor und nach der Deformation)

Fig. 10 Phenomenological model of the stress/deformation relationship on the mechanically active inner surface of a natural dispersion system (stages before and after deformation)

Jede Masse strebt es an, bei der Deformation stets nur minimale Verformungsarbeit zu leisten. Eine vereinfachte Darstellung (Abb. 11) verdeutlicht diesen Trend in Dispersionssystemen.

Ein in seinem Inneren geordnetes Haufwerk von gleich großen quadratischen Körpern (Abb. 11a, Ausgangsstadium A links) besitzt eine mechanisch wirksame innere Oberfläche, die sich aus der Summe der einzelnen Kontaktflächen ergibt. Sie läßt sich in diesem Fall sehr einfach ermitteln, und wir können sie als eine idealisierte Kontaktfläche zwischen zwei gleich

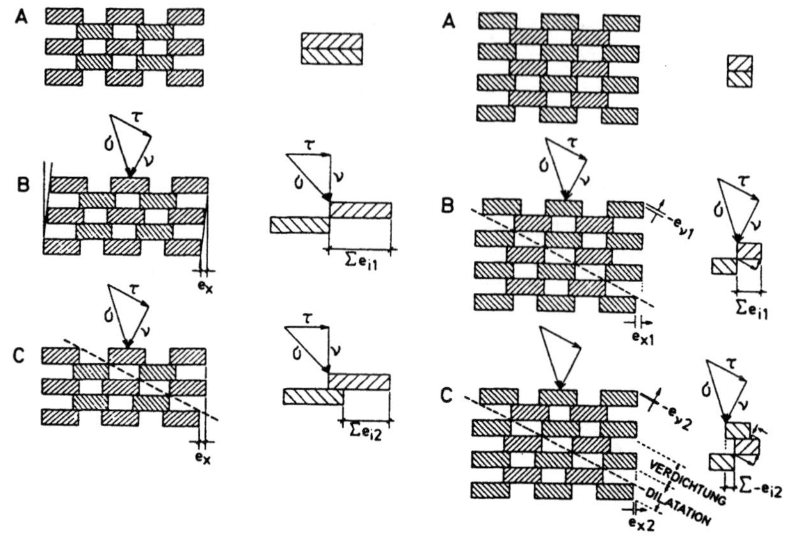

Abb. 11 Schema zur Verdeutlichung der Größe und Verteilung der Verformungsarbeit in einem idealisierten Dispersionssystem bei Schubbeanspruchung (11a) und unter Berücksichtigung der Schubstruktur (11b)
A - Ausgangsposition
11 a: B - gleichmäßig auf der inneren Oberfläche verteilte Deformation e_x bewirkt eine Verschiebung der einzelnen Quader gegeneinander um den Betrag $\sum e_{i2}$
C - alternativ setzt sich die Verformung e_x lediglich aus den jeweiligen Verschiebungen der Quader in der Schubzone zusammen, während der restliche Teil intakt bleibt; die Gesamtverschiebung auf der inneren Oberfläche reduziert sich dabei um mehr als 20 % auf den Betrag $\sum e_{i2}$
11 b: B - innere Deformation $\sum e_{i1}$ tritt als Dehnung nur an der Scherfläche auf und verursacht äußere Deformationen $-e_{\nu 1}$ bzw. e_{x1}
C - unter Berücksichtigung einer Verdichtungszone vergrößert sich die innere Deformation $\sum e_{i1}$ um den Betrag $\sum -e_{i2}$, zugleich verringert sich aber die äußere Deformation auf $-e_{\nu 2}$ bzw. e_{x2}

Fig. 11 Scheme illustrating the size and the distribution of deformation work in an idealized dispersion system under conditions of shear stress (fig. 11a) and under consideration of the shear structure (fig. 11b)
A - initial position
11 a: B - uniformly distributed deformation e_x on the inner surface causes a shift of the individual blocks agains each other by $\sum e_{i1}$
C - alternatively deformation e_x consists of the shifts of blocks within the shear zone, while rest remains intact; the total shift on the inner surface is reduced by more than 20 % to $\sum e_{i2}$
11 b: B - inner deformation $\sum e_{i1}$ appears as extension on the shear plane and causes external deformation $-e_{\nu 1}$ or e_{x1} resp.
C - under consideration of the zone of compression the inner deformation $\sum e_{i1}$ increases by $\sum -e_{i2}$, at the same time the external deformation increases to $-e_{\nu 2}$ or e_{x2} respectively

großen quadratischen Körpern darstellen (Abb. 11a, A rechts). Wird dieses System durch äußere Kräfte belastet (Schubkomponenten τ und ν), so bestehen im Prinzip zwei Möglichkeiten, wie sich das Haufwerk verformen kann. Bei der ersten setzten wir voraus, daß sich die Deformation e_x aus gleichmäßig verteilten partiellen Verschiebungen auf sämtlichen Kontaktflächen innerhalb des Haufwerks zusammensetzt (Stadium B links). Bei dieser Annahme entspricht die Summe der inneren Verschiebung ($\sum e_{i1}$) der vollen Länge der idealisierten Kontaktfläche (B rechts).

Nehmen wir jetzt an, daß sich die innere Deformation auf die unmittelbare Nähe einer, wie auch immer definierten Störungsfläche konzentriert (Stadium C links). Bei der gleichen äußeren Deformation e_x wie beim Stadium B erhalten wir dann eine andere Summe der partiellen inneren Verschiebung ($\sum e_{i2}$), die jetzt kleiner ist (C rechts) als unter der Annahme ihrer gleichmäßigen Verteilung. Es ist also für ein Dispersionssystem immer vorteilhafter, sich bei seiner Verformung so zu verhalten, daß sich ganze Teile an der Deformation nicht beteiligen. Die Verformung wird folglich in die Nähe der sich bildenden mechanischen Diskontinuitäten verlagert.

Mit diesem einfachen phänomenlogischen Modell wird allerdings die Schubstruktur noch nicht erklärt. Wir wollen deshalb untersuchen, zu welchen Konsequenzen es führen würde, wenn wir unter sonst gleichen Bedingungen wie in der Abb. 11a, neben der Dilatationszone auch eine Verdichtungszone (Abb. 11b) annehmen. Die Summe der inneren Verschiebungen wird zwar dadurch größer ($\sum e_i + \sum -e_i$) als beim Stadium B, dafür vermindert sich aber die äußere Deformation des Haufwerkes (Komponenten e_x bzw. e_ν) erheblich.

Wir können also die Vermutung aussprechen, daß der physikalische Sinn der Schubstruktur darin liegt, ein Optimum (im Sinne der zu leistenden Verformungsarbeit) zwischen der inneren Deformation auf der mechanisch aktiven inneren Oberfläche und der äußeren (Außenwand-)Deformation zu vermitteln.

LITERATUR

Gudehus G (1981) Bodenmechanik. F Enke Verlag Stuttgart

Paluska A (1982) Geotechnisches und sedimentologisches Modell der pleistozänen, vermeintlich glazigenen Ablagerungen (Geschiebemergel und Geschiebelehm) aus dem Hamburger Raum. Abschlußbericht des Forschungsprojektes DFG Pa 245/4-3 im Schwerpunktprogramm "Ingenieurgeologische Probleme im Grenzbereich zwischen Locker- und Festgesteinen" DFG Bonn Bad Godesberg

Paluska A & Kade M (1981) Neue Erkenntnisse über die Ursachen der Festigkeit sowie des besonderen Verformungsverhaltens norddeutscher Geschiebemergel. 3 Nat Tag f Ing Geol Ansbach, S 209-217

Paluska A, Kade M & Hillmann M (1982) Verformungsverhalten diagenetisch verfestigter Sedimentgesteine im Spannungsbereich der Dilatation. 5 Nat Tag Felsmechanik, Aachen

Schweickert K (1964) Über den Einfluß von Reibungskräften in der Sohlfuge eines starren Streifenfundamentes auf die Sohldruckverteilung. Veröff Inst Bodenmech u Grundbau TH Fridericiana Karlsruhe 14: 89 S

Bereich Gesteinstrennflächen/Gefügetektonik

Untersuchungen über typische Verteilungsmuster von Trennflächen und deren Ausbildung unter ingenieurgeologischen Gesichtspunkten

K.-H. HEITFELD[1] und K. H. HESSE[2]

SUMMARY

Geological and engineering-geological investigations have been performed in the medium Siegen-Formation in the Ahr-river-valley since 1978. The objective was to establish relations between the geological structure of the rock mass and engineering-geological parameters.

During a first study the occuring discontinuity planes could be genetically classified under lithological aspects into 9 groups. Starting with the appraised typical features of discontinuity planes and the numerically described relations between lithology, deformation and weathering of the rock-mass as well as the structural parameters, it was possible to establish regional criteria for the definition of homogeneous areas.

Slopes in the Ahr-river-valley resemble the system of discontinuities whereas the different planes predominate according to their local characteristics. Also the size and the variation of the individual rock-fragments depend largely upon the geological parameters of the respective homogeneous areas.

In a second step of the research programme the geometry of the discontinuity planes within the different units and their mechanical properties have been evaluated. This study comprised a great number of roughness measurements both in the field and in the laboratory. First time, a new terrestrical-fotogrammetric method could be applied with sufficient accuracy.

The measurements of the shear strength along discontinuity planes were performed according to BARTON (1973), a method which allows the determination of shear strength parameters of planes without coatings by simple laboratory and field tests. Basic relations between the diagenetic roughness of discontinuity planes and the relevant shear parameters could be established. The tilt- and pulltests of BARTON have been supplemented by frame-shear-tests. Considerable differences were found, obviously caused by the higher stress-level of the frame-shear-test, which distinctly inflicts the roughness of the planes. The restricted validity of the BARTON-formula was confirmed. Therefore, a new relation has been derived,

[1]Prof. Dr. K.-H. Heitfeld, Lehrstuhl für Ingenieur- und Hydrogeologie der RWTH Aachen, Lochnerstr. 4 - 20, D-5100 Aachen

[2]Prof. Dr. K.-H. Hesse, Fachbereich Ingenieurgeologie der TU Berlin, Ackerstr. 71 - 76, D-1000 Berlin 65

Ingenieurgeologische Probleme im Grenzbereich zwischen Locker- und Festgesteinen
(Herausgegeben von K.-H. Heitfeld)

considering the normal stress, which is better adapted at least to the paleozoic rocks of the Rhenish Mountains.

A counter calculation of a rock slide in the research area based upon the probabilistic safety concept has produced fair evidence of the correctness of the established parameters.

UNTERSUCHUNGEN ZUR ABGRENZUNG VON HOMOGENBEREICHEN

Planung und Ausführung von Bauvorhaben mit größerer Erstreckung in wechselnden Baugrundverhältnissen erfordern vom Ingenieurgeologen konkrete Aussagen bezüglich der Ausdehnung von Gebirgsbereichen, die auf eine künstliche Belastung gleichmäßig reagieren (ingenieurgeologische Homogenbereiche). Für die Abgrenzung dieser i.a. relativ ausgedehnten Gebirgsräume stehen meist nur punktuelle Aufschlüsse zur Verfügung. Extrapolationen von stichprobenartigen Untersuchungsergebnissen können umso zutreffender ausfallen, je mehr über die kausalen Zusammenhänge zwischen dem geologischen Bauplan eines Gebirges und der Ausbildung der ingenieurgeologisch relevanten Gebirgsmerkmale bekannt ist.

Untersuchungen hierzu sind seit 1978 im Bereich des paläozoischen Ahrtalsattels westlich von Bonn durchgeführt worden. Sachbearbeiter des Vorhabens waren die Herren Dr. J. TIEDEMANN und Dr. K.-H. STRIEGEL.

Der Ahrtalsattel wird im wesentlichen durch die Mittleren Siegener Schichten aufgebaut, die sich aus einer eintönigen Wechselfolge von sandigen und stark sandigen Tonschiefern sowie einzelnen zwischengelagerten Grauwacken mit unterschiedlichem Tongehalt zusammensetzen. Diese Gesteinsfolge wurde im Zuge der variszischen Gebirgsbildung in SE-NW-Richtung tektonisch eingeengt und gefaltet. Durch einen NW gerichteten Faltenvorschub bildeten sich nordwestvergente transversalgeschieferte Biegegleitfalten aus (Abb. 1).

Innerhalb dieser Gebirgsbereiche wurden unter Einbeziehung der Lithologie ca. 10.000 Trennflächen > 0,25 m^2 nach ingenieurgeologisch wichtigen Merkmalen wie Raumlage, Oberflächenstruktur im m^2-, dm^2- und cm^2-Bereich, Füllung, Öffnungsweite, Größe, Abstand einzeln beschrieben.

Die Analyse der Trennflächenaufnahmen ergab, daß alle untersuchten Sättel von 9 Trennflächengruppen durchtrennt waren, nämlich von Schicht- und Schieferungsflächen, Quarzspalten und sechs weiteren Kluftgruppen (Kl_1 - Kl_6) (Abb. 2). Bis auf die zwei Kluftgruppen Kl_5 und Kl_6 waren alle übrigen Trennflächen bereits im Frühstadium der Faltung angelegt.

Genetisch sind Schicht- und Schieferungsflächen Gleitungsklüfte, während die Entstehung der Quarzspalten auf Torsion zurückgeführt wird. Alle übrigen Trennflächen sind Verschiebungsklüfte.

Die Untersuchungen ergaben, daß alle Trennflächen nach ihrer Entstehung in unterschiedlichem Maße verändert werden. Die Auswirkungen der tektonischen Faktoren, wie Biegegleitung, Ex- und Internrotation, sind unmittelbar vom Betrag der Gebirgseinengung abhängig und damit vom Sattelschließungswinkel γ

Die Biegegleitung wirkt sich in erster Linie auf die Flächengröße der Quarzspalten und Klüfte aus, die sie an den Bankungsfugen versetzt und dadurch verkleinert.

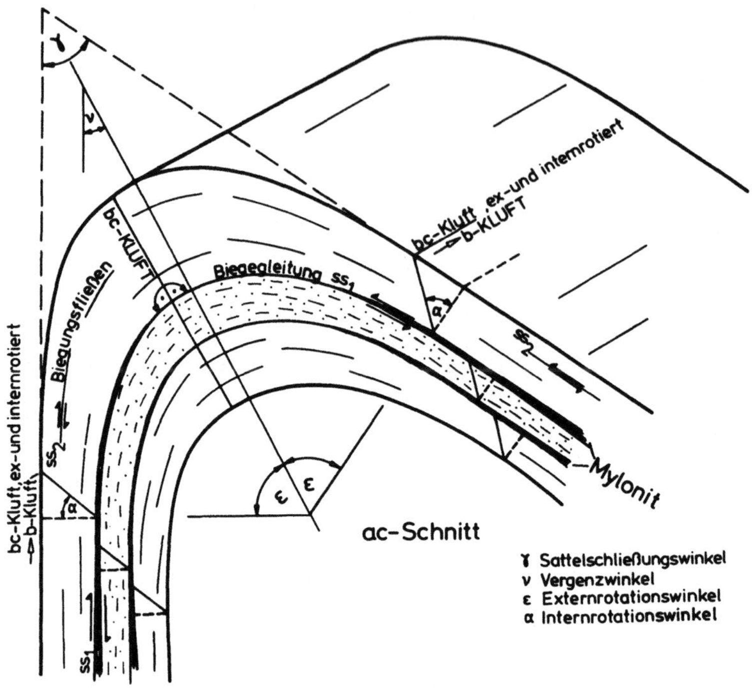

Abb. 1 Schematische Darstellung einer typischen Biegegleitfalte aus dem Untersuchungsgebiet (aus TIEDEMANN 1984)

Fig. 1 Schematic representation of a typical flexure-slip fold of the investigated area (TIEDEMANN 1984)

Durch Ex- und Internrotation werden die Raumlagen sämtlicher Trennflächen beeinflußt, wobei die quer zur tektonischen Einengungsrichtung streichenden Trennflächen am stärksten betroffen sind. Das gleiche gilt für die Abstandsreduzierung der Trennflächen durch Internrotation.

Während die nahe der ac-Ebenen der Falten gelegenen Trennflächen durch Biegegleitung und Rotation kaum beeinflußt werden, übernehmen sie nach fortgeschrittener Gebirgseinengung die Funktion von Querdehnungsklüften, die deshalb im Untersuchungsgebiet fast vollständig fehlen. Dabei werden die Klüfte teilweise aufgeweitet oder manchmal als Abschiebungen benutzt, womit wiederum ein Abschleifen der Oberflächenstrukturen verbunden ist.

Unter den lithologischen Faktoren, die die Trennflächenmerkmale beeinflussen, wirkt sich der engräumige Wechsel von ton- und sandreichen Gesteinshorizonten infolge Aufarbeitung und Entmischung des Sediments bei der Ablagerung besonders stark aus. Hiervon werden vor allem die Bankungsfugenabstände und die Wandungen der querschlägig zur Schichtung verlaufenden Trennflächen betroffen.

Ausgehend von der erarbeiteten Trennflächencharakteristik und den weitgehend zahlenmäßig erfaßten Gesetzmäßigkeiten zwischen den lithologischen Verhältnissen, den Deformations- und Verwitterungszuständen des Gebirges sowie den strukturgeologischen Parametern, wurden für das Untersu-

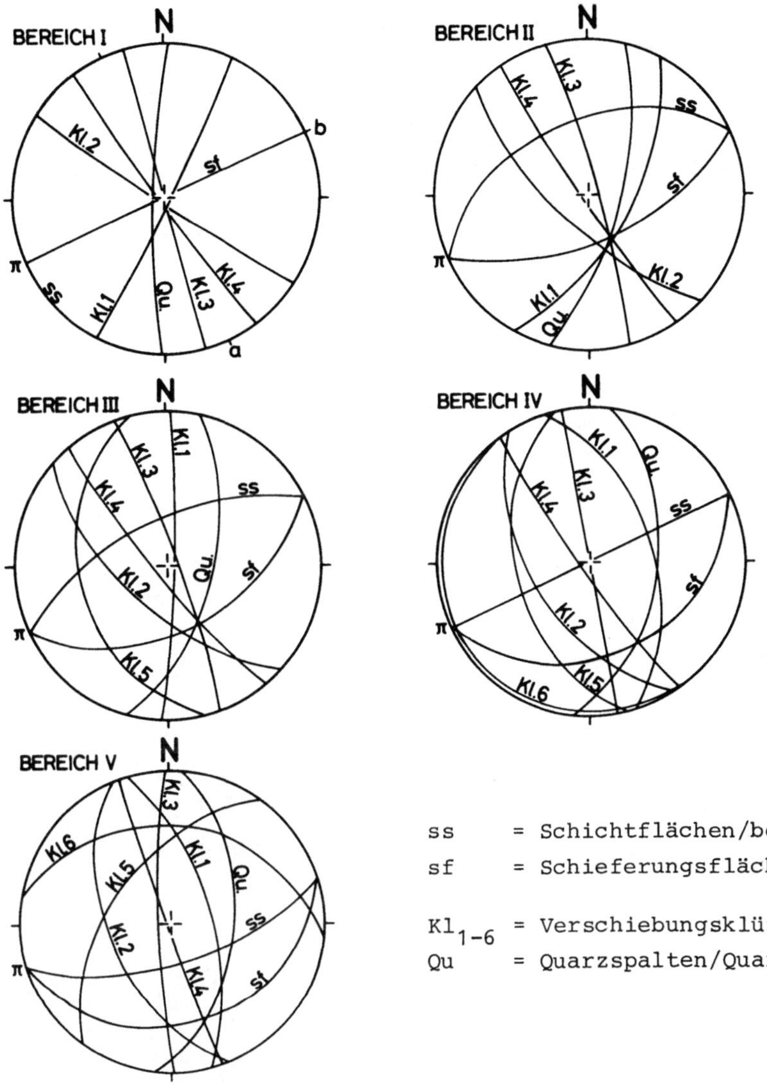

ss = Schichtflächen/beddings

sf = Schieferungsflächen/foliation planes

Kl_{1-6} = Verschiebungsklüfte/faults

Qu = Quarzspalten/Quartz fissures

Abb. 2 Lagenkugeldiagramme der Gebirgsbereiche I-V; mittlere Raumlagen der Trennflächengruppen nach Horizontierung der Faltenachsen (aus TIEDEMANN 1984)

Bereich I $165° \leq \gamma \leq 180°$ Bereich IV $60° \leq \gamma \leq 94°$
Bereich II $130° \leq \gamma \leq 164°$ Bereich V $40° \leq \gamma \leq 59°$
Bereich III $95° \leq \gamma \leq 129°$

Fig. 2 Sphere diagrams of the homogeneous areas I-V; average facing of discontinuity groups after levelling of fold axes (TIEDEMANN 1984)

area I $165° \leq \gamma \leq 180°$ area IV $60° \leq \gamma \leq 94°$
area II $130° \leq \gamma \leq 164°$ area V $40° \leq \gamma \leq 59°$
area III $95° \leq \gamma \leq 129°$

chungsgebiet geltende Kriterien zur Definition von Homogenbereichen abgeleitet. Danach kann das Gebirge im ingenieurgeologischen Sinne dort als homogen angesehen werden, wo das Ausmaß der Gebirgsdeformation, ausgedrückt durch den Faltenschließungswinkel, ähnlich ist. Erforderlich sind ferner eine gleichmäßige Gesteinsausbildung, deren charakteristische Merkmale das Ton-/Sand-Verhältnis und der Entmischungsgrad sind, sowie im oberflächennahen Gebirgsbereich die einheitliche Wirkung von Verwitterung und Spannungsumlagerungen.

Die Brauchbarkeit der erarbeiteten Homogenbereichsdefinition für die Praxis wurde am Beispiel der im Untersuchungsgebiet vorkommenden künstlichen und natürlichen Böschungen überprüft (Abb. 3).

Abb. 3 Senkrecht einfallender Sattel-NW-Flügel (aus TIEDEMANN 1984)
a) NW- und SW-Böschung, b) NW- und SE-Böschung

Fig. 3 Vertical dipping of a NW flank of a saddle (TIEDEMANN 1984)
a) NW and SW slope, b) NW and SE slope

Demnach richten sich alle Böschungen nach dem Trennflächengefüge aus, wobei die Reaktionsweise der einzelnen Trennflächengruppen auf Zug- oder Schubbeanspruchung eindeutig auf die ermittelte Trennflächencharakteristik zurückgeführt werden kann.

Dasselbe gilt für die Bewegungsformen der Kluftkörper, deren geometrische Formen in Kombination mit der Ausbildung ihrer Ablösungsflächen ebenfalls mit den homogenbereichsbezogenen strukturgeologischen Parametern übereinstimmen.

UNTERSUCHUNGEN ZUR GEOMETRIE DER TRENNFLÄCHEN UND IHRER MECHANISMEN PARAMETER

Im zweiten Teil des Forschungsvorhabens wurde die ingenieurgeologische Gebirgscharakteristik der Trennflächensysteme durch die Bestimmung der mechanischen Parameter der Trennflächengruppen und der Gesteine ergänzt. Die geomechanischen Untersuchungen konzentrierten sich dabei auf zwei Aufschlüsse in Dernau und Mayschoß im Ahrtal (Abb. 4 und 5). Die Methodik zur Aufnahme und Darstellung von Rauhigkeitsprofilen wurde dem Labor- und Geländemaßstab angepaßt.

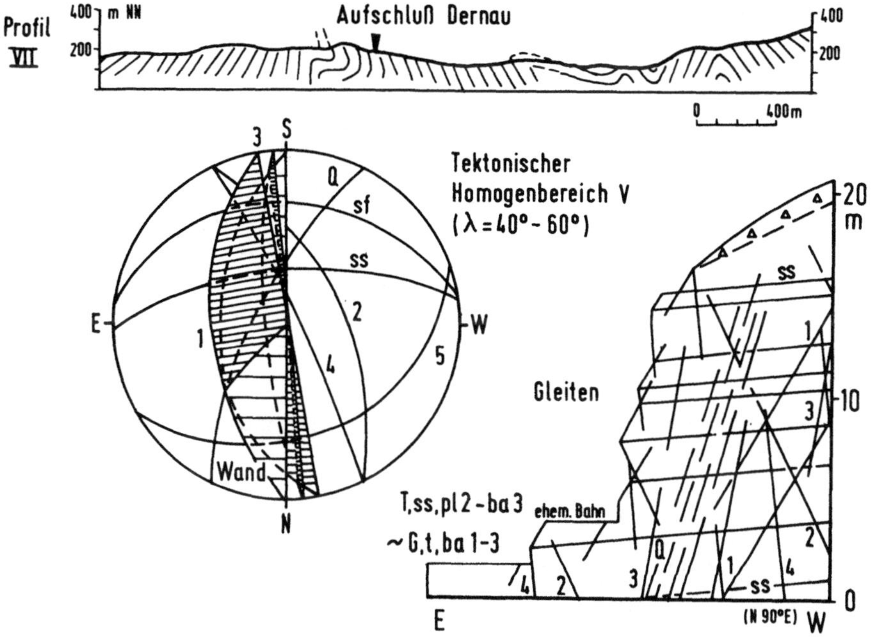

Abb. 4 Ausformungen der NE-Hänge im Ahrtal; Böschung südwestlich Dernau (aus STRIEGEL 1984)

Fig. 4 NE slopes in the Ahr-river-valley, slope SE to Dernau (STRIEGEL 1984)

Im Labor wurde ein Profilograph eingesetzt; im Gelände zeitweise ein Geländeprofilograph (Abb. 6). Da dieser jedoch nur begrenzt verwendbar war, wurden erstmalig in großem Umfang terrestrisch-fotogrammetrische Aufnahmemethoden eingesetzt, die es erlaubten, in relativ kurzer Zeit eine größere Zahl von Rauhigkeitsprofilen und Trennflächen mit ausreichender Genauigkeit aufzunehmen.

Für die Prognose der Scherfestigkeiten erschien der empirische Ansatz nach BARTON (1973) besonders geeignet. Dieser Ansatz gestattet die Bestimmung der Kenngrößen der Scherfestigkeit zwischenmittelfreier Trenn-

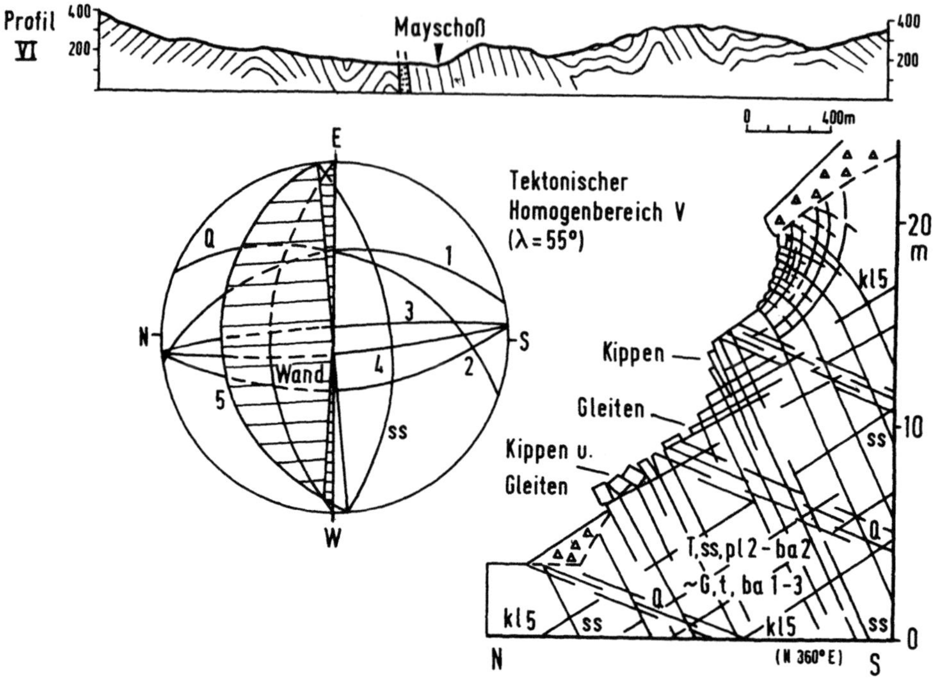

Abb.5 Ausformung der NW-Hänge im Ahrtal; Böschung südlich Mayschoß (aus STRIEGEL 1984)

Fig. 5 NW slopes in the Ahr-river-valley, slope S to Mayschoß (STRIEGEL 1984)

flächen durch einfache Labor- und Geländetests wie Abgleit- und Zugversuch sowie Schmidthammertests.

Neben der Zusammenstellung der nach BARTON ermittelten und nach Trennflächengruppen geordneten Reibungskoeffizienten, wurde Gewicht gelegt auf die Erkundung grundlegender Zusammenhänge zwischen der Oberflächengestalt einer Trennfläche und den zugehörigen Scherparametern. Für die dafür erforderliche Untersuchung der Rauhigkeitsphänomene einer großen Zahl von Trennflächen wurden Modellkörper aus Gips bzw. Zement verwendet.

Von insgesamt 115 tilt- (Abgleit-) und pull- (Zug-) test-Proben wurde eine Stichprobe von 31 Trennflächen auch im Laborschergerät untersucht. Ein Vergleich der Ergebnisse zeigt, daß bei den Abgleit- und Zugversuchen nach BARTON andere Reibungswinkel bestimmt werden als in den entsprechenden Rahmenscherversuchen. Ursache ist das während der Versuche sehr verschiedene Niveau der Normalspannungen, die bei den Rahmenscherversuchen ca. 1000 mal höher liegen.

Die Versuche nach BARTON reagieren sehr empfindlich auf den Mikrorauhigkeitsbesatz und auf Verhakung an Klufttreppen. Sie sind damit ein Gradmesser für die Rauhigkeit einer Trennfläche im mm^2- bis cm^2-Bereich. Die Ergebnisse der Abgleit- und Zugversuche stimmen in befriedigendem Maße überein. Da der Mikrorauhigkeitsbesatz von den Gleit- zu den Verschiebungsklüften und innerhalb dieser Gruppe von den scherenden zu den zerrenden Trennflächen hin zunimmt, spiegeln die von ss über Kl 1 - 4 und Kl 5 bis Q zunehmenden Reibungswinkel die genetischen Trennflächen-

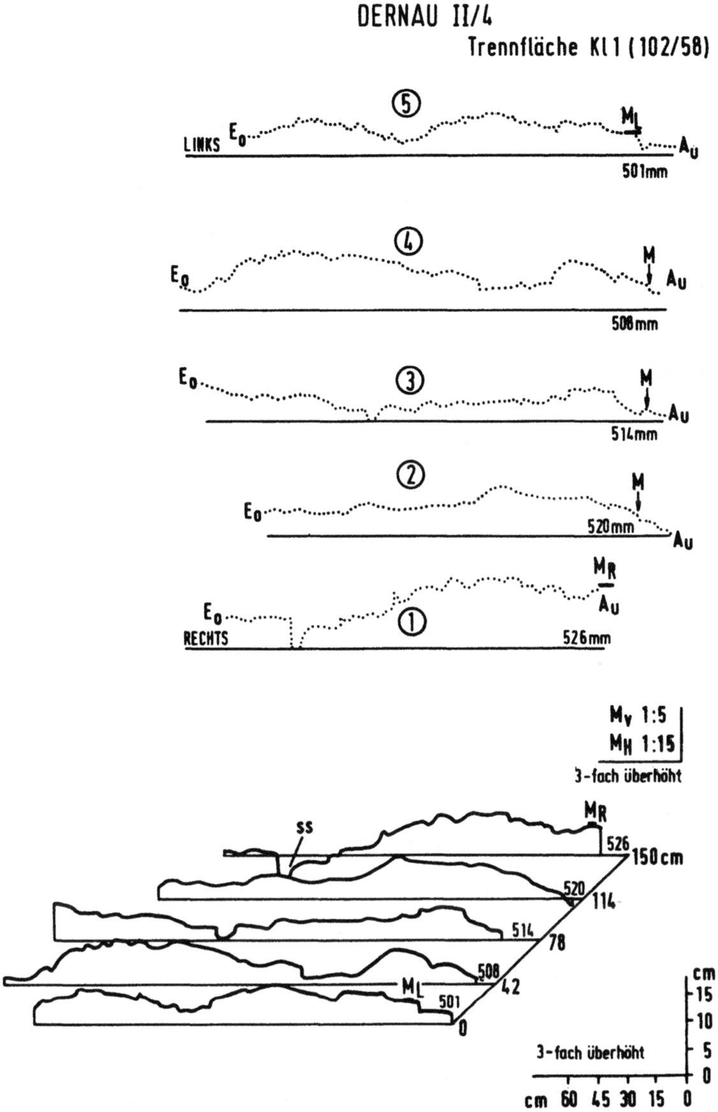

Abb. 6 Ermittlung der Rauhigkeitsprofile von Trennflächen (Kl 1) im Geländemaßstab; Aufschluß Dernau; oben: Auswertung einer terrestrisch-fotogrammetrischen Aufnahme; unten: Aufnahme mit einem Geländeprofilographen (STRIEGEL 1984)

Fig. 6 Roughness profiles of discontinuities Kl 1 (field scale); outcrop Dernau, above: evaluation of a terrestrical-fotogrammetric profiling, below: logging with a field-profilograph (STRIEGEL 1984) typen wider. Die Ergebnisse der beiden Aufschlüsse Mayschoß und Dernau stimmen dabei gut überein (Tab. 1). Es gelang somit, die Ergebnisse der Testverfahren in das genetische Deutungskonzept der Trennflächen einzupassen.

Tab. 1 Vergleich der Reibungswinkel der Trennflächen ss, Kl 5, Q und Kl 1 - 4 in Mayschoß (M) und Dernau (D) für die Stichprobe der 31 im Rahmenschergerät untersuchten Proben nach Rückrechnung aus den JRC Werten für die Normalspannung 0,3 MN/m² (STRIEGEL 1984)

Tab. 1 Comparison of discontinuity friction angle ss, Kl 5, Q and Kl 1 - 4 at Mayschoß (M) and Dernau (D) of 31 random samples which were tested in the shear-box apparatus as well as recalculated from the JRC-values (BARTON) for normal stress of 0,3 MN/m² (STRIEGEL 1984)

Rückrechnung aus JRC für Normalspannung 0,3 MN/m²

$$\arctan(\tau/\sigma) = \phi_r + JRC \log_{10}(JCS/\sigma)$$

JRC = Rauhigkeitskoeffizient/roughness coefficient

JCS = Kluftwandfestigkeit/strength of joint-plane

		M	D	M	D	M	D
		tilt-test		pull-test		shear-box	
	σ	0,3 MN/m²					
ss	arc tan τ/σ	43,1	42,4	43,1	40,1	50,6	55,4
175/65	Δ	+7,5	+13,0	+7,5	+15,3		
Kl5	arc tan τ/σ	46,6	41,1	49,2	42,5	57,0	55,3
350/35	Δ	+10,4	+14,2	+7,8	+12,8		
Q	arc tan τ/σ	45,6	45,6	47,4	47,8	62,8	64,2
110/50	Δ	+17,2	+18,6	+15,4	+16,4		
Kl1-4 70/65	arc tan τ/σ	42,5	39,0	43,7	40,0	42,6	40,3
260/60	Δ	+0,1	+1,3	+1,1	+0,3		

Δ = Differenz $[\arctan(\tau/\sigma)_{gemessen} - \arctan(\tau/\sigma)_{Vorhersage}]$

Im Gegensatz zu den tilt- und pull-tests wird in den Rahmenscherversuchen mit höheren Normalspannungen der Rauhigkeitsbesatz teilweise abgehobelt, teilweise überglitten. So sind die Spitzenscherfestigkeiten von der Überlagerung der beiden Rauhigkeitsordnungen - Unebenheitsgrad im dm² bis cm²-Bereich und Mikrorauhigkeitsbesatz im cm²- bis mm²-Bereich - geprägt und schwer vorhersehbar. Unebene glatte Schichtflächen können ähnlich hohe Spitzenreibungswinkel erreichen wie ebene, aber sehr rauhe Verschiebungsklüfte.

Wäre die BARTON-Formel uneingeschränkt gültig, müßten bei der Rückrechnung auf ein gemeinsames Spannungsniveau für die Stichprobe der untersuchten Trennflächen die entsprechenden Reibungswinkel identisch sein. Die Abweichungen sind jedoch beträchtlich und wachsen mit zunehmender Mikrorauhigkeit der Trennflächengruppe. Daraus ist zu schließen, daß eine Extrapolation der bei niedrigen Normalspannungen ermittelten Testergebnisse mit Hilfe der BARTON-Formel Reibungswinkel liefert, die generell zu niedrig liegen.

Aus den Ergebnissen der 31 Trennflächen, deren Reibungswinkel sowohl in den Indextests nach BARTON als auch im Rahmenschergerät untersucht worden waren, konnte in Anlehnung an die Formel von BARTON eine neue Beziehung gefunden werden, die zumindest für den untersuchten Bereich des Ahrtalsattels besser in der Lage ist, die Reibungswinkel für jede Normalspannung aus den Indextests nach BARTON vorherzusagen (Tab. 2).

Tab. 2 Vergleich der Reibungswinkel der Trennflächengruppen ss, Kl 5, Q und Kl 1 - 4 in Mayschoß (M) und Dernau (D) für die Stichprobe der 31 im Rahmenschergerät untersuchten Proben nach Rückrechnung aus den verbesserten JRC-Werten für die Normalspannung 0,3 MN/m² (STRIEGEL 1984)

Tab. 2 Comparison of discontinuity friction angles ss Kl 5, Q and Kl 1 - 4 at Mayschoß (M) and Dernau (D) of 31 random samples which were tested in the shear-box apparatus as well as recalculated from JRC-values (corrected) for normal stress of 0,3 MN/m² (STRIEGEL 1984)

		M	D	M	D	M	D
		tilt-test		pull-test		shear-box	
	σ	← 0,3 MN/m² →					
ss	arc tan τ/σ	57,2	55,8	51,4	48,6	50,6	55,4
175/65	Δ	-6,6	-0,4	-0,8	+6,8	n=3	n=8
Kl5	arc tan τ/σ	57,4	50,7	59,9	51,5	57,0	55,3
350/35	Δ	-0,4	+4,6	-2,9	+3,8	n=4	n=3
Q	arc tan τ/σ	65,0	63,3	63,5	64,6	62,8	64,2
110/50	Δ	-2,2	+0,9	-0,7	-0,4	n=3	n=3
Kl1-4 70/65	arc tan τ/σ	42,5	39,0	43,7	40,0	42,6	40,3
260/60	Δ	+0,1	+1,3	+1,1	+0,3	n=4	n=3

Δ = Differenz $[\arctan(\tau/\sigma)_{gemessen} - \arctan(\tau/\sigma)_{Vorhersage}]$

n = Zahl der untersuchten Proben

Die BARTON-Formel lautet:

$$\tau = \sigma_n \cdot \{\phi_{b,r} + JRC \cdot \log_{10} (\frac{JCS}{\sigma_n})\}$$

In dieser Formel wurde der Rauhigkeitskoeffizient durch folgende Beziehung ersetzt:

$$JRC = (JRC_o + m \cdot \ln (\frac{\sigma_n}{\sigma_{n_o}})$$

$$m = a \cdot JRC_o - b$$

a, b - charakteristische Kenngrößen für die Trennflächengruppen im Ahrtalsattel

JRC_o - Rauhigkeitskoeffizient ermittelt aus Abgleittests nach BARTON

σ_{n_o} - Normalspannung bei Abgleittests (n. BARTON)

Die ermittelte Beziehung basiert auf der Feststellung, daß der Rauhigkeitskoeffizient nach BARTON nicht als konstant über das gesamte Spektrum der Normalspannungen gelten kann. Der JRC-Wert wächst vielmehr mit steigender Normalspannung und folgt einer logarithmischen Funktion. Dabei zeigt sich, daß das Steigungsmaß m dieser in halblogarithmischer Darstellung aufgetragenen Geradenfunktionen gesetzmäßig mit dem Ausgangswert JRC_o, der in den tilt-tests bestimmt wurde, verknüpft ist.

Eine Ausnahme stellen die Proben der Trennflächengruppen Kl 1 - 4 dar. Sie weisen von allen Proben den geringsten Rauhigkeitsgrad und die geringsten Reibungswinkel auf. Für sie bestätigt sich das BARTON-Konzept konstanter Rauhigkeitskoeffizienten JRC über den gesamten Bereich der in den verschiedenen Versuchsanordnungen gemessenen Normalspannungen.

Die im Labor und im Gelände ermittelten Scherparameter wurden zusätzlich durch Rückrechnung einer zu Bruch gegangenen Böschung nach dem statistischen Sicherheitskonzept überprüft. Wegen der deutlichen Abweichungen der Labordaten (indirekte Informationen) wurden die Ergebnisse zunächst gegeneinander kalibriert, d.h. die Laborwerte über eine Regressionsanalyse in Geländewerte umgerechnet. Dabei wurden folgende Annahmen getroffen:

- der tatsächliche Scherwiderstand der Felstrennflächen einschließlich der Streuungen läßt sich mit ausreichender Genauigkeit durch die in-situ-tests approximieren,
- Labor- und Geländewerte sind durch lineare Beziehungen miteinander verknüpft,
- die Regressionsgerade geht durch den Nullpunkt.

Die so gefundenen Zusatzinformationen werden zur Verbesserung des Erwartungswertes (Mittelwert) für den Reibungswinkel im Rahmen des BAYES'schen Theorems verwendet.

Die Kalibrierung der Labor- und Geländewerte führt dazu, daß sich der Mittelwert der Gesamtstichprobe von 47,5 auf 55,5° erhöht bei unveränderter Standardabweichung.

Unter dem vereinfachten Ansatz, daß im Versagensfall ebenes Gleiten auf den Verschiebungsklüften Kl 5 maßgebend war, konnte mit den statistischen Kennzahlen (Mittelwert, Standardabweichung) für den Reibungswinkel ϕ und die Gleitflächenneigung bei der Standsicherheitsanalyse auf statistischer Grundlage eine extrem hohe Versagenswahrscheinlichkeit p_f von 1/7 errechnet werden, während das deterministische Sicherheitskonzept für den Fall des ebenen Gleitens einen Sicherheitswert von $\eta = 2,2$ liefert. Die Anwendung des statistischen Sicherheitskonzeptes hat sich im vorliegenden Fall bewährt; das Rechenergebnis gibt einen Hinweis auf die Richtigkeit der im Rahmen der Untersuchungen ermittelten Scherparameter.

LITERATUR

Barton NR & Chouby V (1977) The Shear Strength of Rock Joints in Theory and Practice. Rock Mech 10, Wien

Heitfeld K-H, Hesse K-H, Striegel K und Tiedemann J (1983) Abschlußbericht zum Forschungsvorhaben "Untersuchungen über typische Vertei-

lungsmuster von Trennflächengefügen und deren Ausbildung sowie Möglichkeiten einer Charakterisierung und Klassifizierung von Störungen unter ingenieurgeologischen Gesichtspunkten. Aachen (unveröffentlicht)
Striegel K-H (1984) Untersuchungen zur Scherfestigkeit rauher Trennflächen im Ahrtalsattel. Diss RWTH Aachen in: Mitteilungen zur Ingenieurgeologie und Hydrogeologie, Heft 19, Aachen
Tiedemann J (1983) Geologisch-ingenieurgeologische Untersuchungen zur Abgrenzung von Homogenbereichen innerhalb der Mittleren Siegener Schichten (Ahrtalsattel). Diss RWTH Aachen in: Mitteilungen zur Ingenieurgeologie und Hydrogeologie, Heft 16, Aachen

Verteilungsfunktion der Kluftkörpergröße von verwittertem oberkarbonischem Sandstein

F. BEYER und K. W. JOHN[1]

SUMMARY

Rock blocks are formed by natural processes, i.e. tectonics and weathering , and by man-made processes. These processes develop statistically as the rock blocks are "polydisperse", i.e. of different size and of different shape. The distribution of the rock block size is of principal interest in engineering practice, e.g. for the stability of slopes, in mining and other underground excavations, for the fragmentation of rock for building purposes, as for instance embankment fills and also in ore dressing.

Two questions arise: firstly as to the methodical assessment of the distribution of the rock block size, and secondly as to the dependency of this distribution on lithology, tectonics, and weathering.

The analysis of rock block size is to be carried out on rock faces of both man-made and natural exposure, possibly also on rock cores. One principal problem arises from the fact that only sections of the actual rock blocks can be viewed, depending on the orientation of jointing, the position of the blocks, and the orientation of the rock face. This has also been named the "tomato salad view". Therefore, a method has been developed to derive a realistic distribution of the rock block size from simple geometric sections of the rock blocks which are easiliy reproducible. The "line analysis" after ROSIVAL is adapted as measuring method. The chord lengths, i.e. the distances between the boundaries of the rock blocks, i.e. between the intersections of the joints with the rock face, are measured along grid lines the directions of which depend on the orientation of the joint system.

The field investigation was carried out on a rock face exposing a weathered sandstone sequence of coal bearing Upper Carboniferous. The face was about 20 metres in height.

The distribution of the chord length measured was approximated by different statistical functions, e.g. RRS, expontential, normal and log - normal distributions. The best fit was obtained by the RRS distribution developed by ROSIN, RAMMLER and SPERLING. More recently this distribution is also called the two-parametric Weibull distribution.

In the next phase the investigation is directed towards the statial change of the RRS distribution with changes of lithology, tectonics, and weathering as observed within the exposure. For this purpose the

[1]Dr. Falk Beyer, Prof. Dr. Klaus W. John, Institut für Geologie der Ruhr-Universität Bochum, Universitätsstraße 150, Gebäude NA-Süd, 3.OG, D-4630 Bochum 1

Ingenieurgeologische Probleme im Grenzbereich
zwischen Locker- und Festgesteinen
(Herausgegeben von K.-H. Heitfeld)

parameters and the characteristic values of the RRS distribution are studied. One of the two parameters, and also both mean and median, are of almost the same magnitude and vary synonymously with respect to space. They react, if tectonics remains unchanged, on changes of both weathering and lithology. They tend to decrease with increasing weathering and decreasing grain size, i.e. joint spacing. Most interesting is the reaction of the second parameter, the exponent of the RRS distribution. This parameter is barely affected by lithology provided the tectonics remain unchanged. However, it reacts significantly on changes in weathering observed towards the ground surface.

As an indicator of the utility of the distribution of the rock block size an equi-distant joint spacing was developed based on integral geometry. A comparison of the mean chord length in RRS distribution with this joint spacing indicates that the mean of the chord length is always less than this mean joint spacing.

Therefore, a function had to be developed which would allow to derive the distribution of the actual rock block size from the distribution of the chord length. This was accomplished based on the well-known mathematical relationship between the distribution of the chord length of spheres with their actual diameters. A respective solution was provided by CAHN and FULLMAN. If the RRS distribution and its derivative are inserted into the Cahn-Fullman function a new distribution is obtained which contains the two parameters of the RRS distribution. For the new distribution equations were developed for mean, variance, and mode. Depending on the spatial configuration of lithology, tectonics, and weathering within the exposure mean and mode of the new function describing the distribution of the rock block size change analogously with the mean of the RRS distribution of the chord lengths.

Striking agreement was observed in a comparison between the equi-distant joint spacing and the modified mean and mode of the new function describing the distribution of rock block size. This agreement proves that the proposed analytical approach yields the realistic distribution of the rock block size.

EINLEITUNG

Kluftkörper werden gebildet durch tektonische Vorgänge, Verwitterung und bergbauliche Gewinnung. Diese Vorgänge gehen statistisch vonstatten; denn Kluftkörper sind polydispers, d.h. unterschiedlich groß und verschieden geformt. Die Verteilung der Kluftkörpergröße ist praktisch von grundlegender Bedeutung. Sie interessiert z.B. bei Dammschüttungen, dem Aushub von Baugruben oder der Standsicherheit von Böschungen wie Untertagehohlräumen. Verteilungen von Kluftkörpergrößen beeinflussen den Korngrößen- und Kornformaufbau von Brecherausträgen der Schotter- und Splittindustrie. Sie gehen auch in die bergbauliche Gewinnung ein, z.B. in den Kohleabbau. Dabei stellt sich einerseits die Frage nach der Verteilungsfunktion, andererseits, wie sich die KLuftkörpergrößenverteilung räumlich mit der Lithologie, Tektonik sowie Verwitterung ändert.

Die Messungen für die Verteilungsfunktion der Kluftkörpergröße sollen auf Oberflächenanschnitten im Aufschluß vorgenommen werden können, bedingt auch auf Bohrkernen. Hierbei besteht generell das Problem, daß ich nur Schnittfiguren der Kluftkörper betrachten kann (Tomatensalatproblem). Kluftkörper lassen sich also meist nicht direkt vermessen. Deshalb wird eine Methode entwickelt, von einfachen Meßgrößen der Schnittfiguren, die leicht reproduzierbar sind, auf eine realistische Verteilung der Kluftkörpergröße zu schließen. Als Modell dient zunächst einmal ein geometrisch einfacher Regelkörper. Habe ich die Verteilung der Kluftkörpergröße für die mich interessierenden Homogenbereiche eines Aufschlusses bestimmt, kann ich sie mit der Lithologie, Tektonik, Verwitterung verknüpfen oder mit der Festigkeit, Verformbarkeit, Gewinnung etc.

Als Beispiel wird eine ca. 20 m hohe und 50 m lange Wand bei Witten-Herbede herangezogen. Auf ihr streicht der Kreftenschersandstein des produktiven Oberkarbons aus.

GEOLOGISCHE SITUATION

Die Verteilung der Kluftkörpergröße hängt einerseits von der Lithologie ab: Im Aufschluß (Abb. 1) steht zwischen Flöz Mausegatt im Liegenden und Flöz Kreftenscher im Hangenden der Kreftenschersandstein des Westfal A an, fluviatiler Feinsandstein mit eingeschaltetem Siltstein. Durch das Pendeln des Flusses im Ablagerungsgebiet wurden Erosionsdiskordanzen erzeugt, entstand Schrägschichtung, änderten sich die Korngröße und der Schichtflächenabstand. Die Verteilung der Kluftkörpergröße variiert deutlich mit der Korngröße, dem Schichtflächenabstand, der Schichtneigung und dem Grad der Diskordanz. Untersucht worden sind nur horizontal geschichtete bankige sowie plattige Feinsand- sowie untergeordnete Siltsteine, und zwar außerhalb des Grenzbereichs der Erosionsdiskordanzen.

Die Verteilung der Kluftkörpergröße ändert sich andererseits mit der Tektonik: Wir befinden uns in der Umbiegungszone der Hardenbergmulde der Wittener Hauptmulde des Subvaristikums. Die Muldenachse schiebt regional nach NE ein, weist jedoch im 10-m-Abstand Depressionen (Abb. 1) und Kulminationen auf. Abhängig von der Position zur Muldenachsenebene sind zwei Verwitterungsprofile (Wi 2, Wi 1) ausgewählt worden. Wi 1 befindet sich im Bereich der Muldenachsenebene, Wi 2 liegt etwa 10 m nordwestlich davon entfernt. Sieht man von der Verwitterung ab, läßt sich das Kluftgefüge auf eine mehrphasige varistische und saxonische tektonische Beanspruchung zurückführen. Daraus resultieren grob gesehen drei senkrecht aufeinanderstehende Hauptkluftscharen, eine parallel zur Schichtung und die beiden anderen in (ac) bzw. (bc). Im 10-m- bis 20-m-Abstand treten auf der untersuchten Wand (ac)-Störungen mit einem Versatz von 0,3 bis 0,5 m auf. Die Verteilung der Kluftkörpergröße ändert sich um die Störungen sowie mit der Faltenposition. Hinzu kommen intensiv geklüftete Bereiche parallel zu den Kluftscharen. Nachstehend sollen nur normal geklüftete Bereiche erörtert werden.

Außer durch Lithologie und Tektonik wird die Verteilung der Kluftkörpergröße wesentlich durch die Verwitterung beeinflußt: Wie die tektonische Beanspruchung ging die Verwitterung vielphasig vonstatten. Zwei größere Verwitterungszeiträume zeichnen sich ab. Der ältere reicht von der postasturischen Heraushebung des gefalteten Varistikums bis zur Alb-Cenoman-Turon-Transgression. Während jener Zeit entwickelte sich die Rheinische Masse in diesem Abschnitt vornehmlich terrestrisch. Unter humidem tropischem sowie aridem, semiaridem und humidem subtropischem Klima erfolgte eine mehrere hundert Meter tiefreichende Verwitterung, ohne daß der Schutt vollständig abgetragen worden ist (HEITFELD 1956). Kreidesedimente haben dann das hiesige Oberkarbon abgedeckt. Wann die Kreide hier weg war ist unsicher, möglicherweise im Pliozän. Der zweite Verwitterungszeitraum währt dann bis heute. Besonders intensiv verwitterte das untersuchte Gebiet um die Herausbildung der Unteren Hauptterrasse der Ruhr, die nach GLATTHAAR (mündliche Mitteilung) cromerzeitliches Alter (ca. 500.000 Jahre) hat. Die Untere Hauptterrasse bildet, leicht geflossen, das Hangende des Aufschlusses. Sind die lithologische und tektonische Situation konstant, ändert sich die Verteilung der Kluftkörpergröße

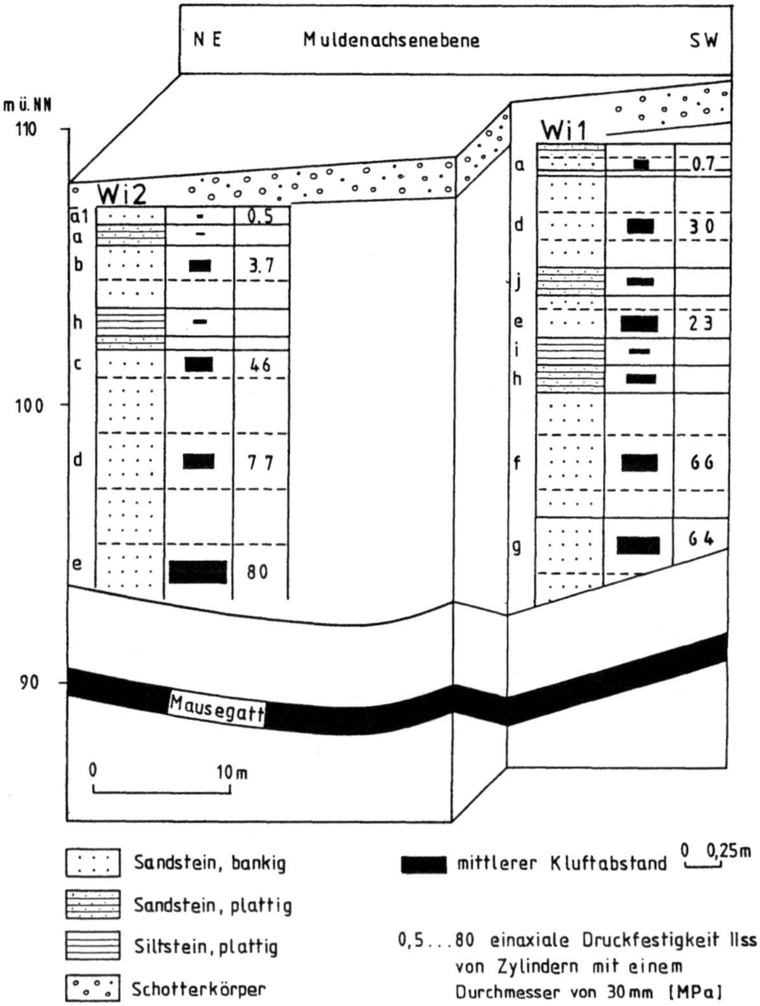

Abb. 1 Tektonische Position, Lithologie, Kluftkörperdimensionen und einaxiale Druckfestigkeit der Verwitterungsprofile

Fig. 1 Tectonic position, lithology, dimensions of rock blocks and uniaxial strength of weathering profiles

mit der Verwitterung zonar zur Geländeoberfläche. Diese auf die Geländeoberfläche bezogene Verwitterung verlief mithin sicherlich vornehmlich um die Herausbildung der Unteren Hauptterrasse. Natürlich traf sie auf einen Kreftenschersandstein, der schon, sowohl durch die Verwitterung des ersten Verwitterungszeitraumes vom Stephan bis zum Cenoman als auch durch die vom Pliozän (?) bis zur Herausbildung der Unteren Hauptterrasse im Pleistozän verlaufende Verwitterung, geprägt war.

Aufgrund der Lithologie, Tektonik und Verwitterung wurden die Verwitterungsprofile in Homogenbereiche eingeteilt (Abb. 1).

MESSGRÖSSEN

Von Meßgrößen der Schnittfiguren der Kluftkörper soll auf die Verteilung der Kluftkörpergröße geschlossen werden. Dabei stellt sich besonders die Frage nach der Veteilungsfunktion der Meßgrößen.

Meßmethode

Als Meßmethode diente eine Linienanalyse nach ROSIWAL (1898). Sie ist im Verhältnis zur geringfügig genaueren Flächenanalyse weit weniger aufwendig. Hinzu kommt, daß sich die Meßgrößen dieser Linienanalyse sehr viel besser reproduzieren lassen. Eine Punktanalyse wird als zu ungenau und zu gering reproduzierbar angesehen.

Die Messung wird mit einem zwei bis drei Meter langen Stahlbandmaß mit mm-Teilung vorgenommen, wobei man die Meßdaten am besten in ein Diktaphon spricht.

In den normal geklüfteten Homogenbereichen des auf der Aufschlußwand ausstreichenden Kreftenschersandsteins (Abb. 1) wurden nur die Makroklüfte größer sechs Zentimeter Anschnittlänge betrachtet. Die Fläche des vermessenen Bereiches variierte mit den Dimensionen der Kluftkörper zwischen einem und zehn Quadratmetern. Auf (bc)-Flächen der Homogenbereiche sind in zwei senkrecht aufeinanderstehenden Richtungen mehrere äquidistante Meßgeraden ausgerichtet worden. Die Meßlinien wurden an den mittleren Raumstellungen der Hauptkluftscharen orientiert. Eine Meßrichtung verlief parallel zur Schichtung. Nachstehend ist sie durch $\parallel$ ss gekennzeichnet worden. Die zweite Meßrichtung stand senkrecht auf der ersten und wird im folgenden durch $\perp$ ss angezeigt. Aufschlußbedingt konnte nicht senkrecht (bc) gemessen werden. Um Doppelmessungen von Kluftkörpern zu vermeiden,müssen die Meßgeraden einen hinreichend großen Abstand voneinander haben, z.B. größer als die größte Dimension der Schnittfigur eines Kluftkörpers. Der eigentliche Meßvorgang läßt sich dann folgendermassen skizzieren: Man legt den Nullpunkt des Meßbandes in eine Kluft und liest dann fortlaufend die Koordinaten des Schnittes zwischen den Klüften und dem Meßband ab. Liegen Klüfte nicht in der Meßebene, werden sie visuell in die Meßebene projiziert. Aus den abgelesenen Nullpunktentfernungen werden dann die Differenzlängen gebildet. Diese Differenzen stellen die Sehnenlängen der Schnittfiguren der Kluftkörper dar (Abb. 2).

Aufbereitung der Meßdaten

Die Aufbereitung der Meßdaten läßt sich recht übersichtlich in einer Häufigkeitstabelle darstellen. In Tab. 1 wird dazu ein Beispiel gegeben. Ausgewählt wurde W2al, weil die Meßlänge in jeder Richtung zufällig 1 m beträgt, wodurch nachstehende Rechnungen leichter nachvollzogen werden können. W2al (Abb. 1) ist ein stark verwitterter bankiger Sandstein. In Spalte 1 der Häufigkeitstabelle steht die Orientierung der Meßgeraden. $\parallel$ss + $\perp$ss bedeutet, daß die Meßdaten beider Meßrichtungen zusammengeworfen sind, und die gesamte Anzahl fiktiv durch 2 geteilt wurde. Um besser veranschaulichen zu können, in welcher Anzahl die einzelnen Sehnenlängen vorkommen, sind die Sehnenlängen grob in Intervalle bzw. Klassen eingeteilt worden. Die Intervall- bzw. Klassenbreite wird in Spalte 2 angegeben, wobei die unterste Grenze des kleinsten Intervalls bzw. der kleinsten Klasse bei 0 mm liegt. Nachstehend wird nur noch der Begriff der Klasse verwendet. Spalte 3 enthält die absolute Anzahl der Sehnen der jeweiligen Sehnenlängenklasse N'(l). Dividiert man die absoluten Sehnenhäufigkeiten durch die gesamte Anzahl der Sehnen aller Klassen,

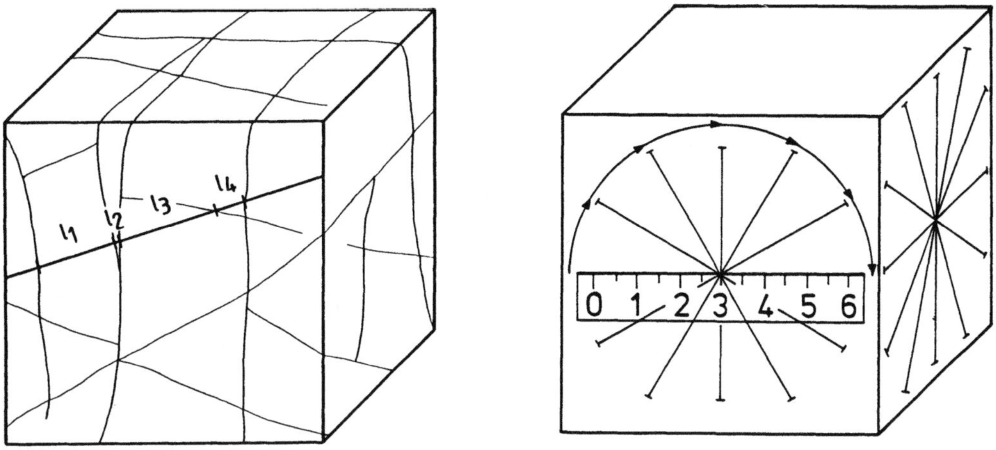

a b

Abb. 2 a) Sehnenlängen l_i entlang einer zufällig orientierten Meßgeraden

b) Orientierung von Meßgeraden

Fig. 2 a) Randomly intersected joints, with chords (intercepts) l_i along a measuring line

b) Orientation of measuring lines

erhält man die relative Sehnenhäufigkeit h'(l). Wird die relative Sehnenhäufigkeit summiert, ergibt sich die relative Summenhäufigkeit der Sehnen H'(l). N_L'(l) steht für die Anzahl der Sehnen einer Klasse pro Meter.

Anschaulicher als eine Häufigkeitstabelle wirkt die Häufigkeitsgraphik (Abb. 3).

Funktionen zum Beschreiben der Verteilung der Meßgrößen

Die Verteilung der Sehnenlängen wurde durch verschiedene Verteilungsfunktionen approximiert, die RRS-, Exponential-, Normal- und Lognormal-Verteilung. Von diesen Verteilungen erwies sich die Rosin-Rammler-Sperling-Verteilung (u.a. ROSIN u. RAMMLER 1934), kurz RRS-Verteilung, die jüngst auch als zweiparametrige Weibull-Verteilung (WEIBULL 1939) bezeichnet wird, als am aussagekräftigsten.

Die RRS-Verteilungsfunktion lautet:

$$H\ (l) = 1 - \exp\ \left[- \left(\frac{l}{b} \right)^{c} \right] \qquad (1)$$

Ihre Dichtefunktion hat die Form:

$$h\ (l) = \frac{c}{b} \left(\frac{l}{b} \right)^{c-1} \exp\ \left[- \left(\frac{l}{b} \right)^{c} \right] \qquad (2)$$

Die Parameter b und c lassen sich recht einfach bestimmen. Formt man Gleichung (1) nach 1-H(l) um und logarithmiert zweimal, erhält man eine Art RRSB-Netz (s.a. DIN 4190, Blatt 1), in dem die RRS-Verteilung zu einer Geraden gestreckt wird (Abb. 4). In diesem Netz ist die Abszisse

Tab. 1 Häufigkeiten der Sehnen (l) eines stark verwitterten bankigen Sandsteins W2al (Abb. 1)

Tab. 1 Frequencies of chords (l) of a strongly weathered bedded sandstone W2al (Fig. 1)

Orientierung der Meßgeraden	Intervall- bzw. Klassenbreite (mm)	Häufigkeit absolut N' (l)	Häufigkeit relativ h' (l)	Summenhäufigkeit relativ H'(l)	Häufigkeit pro Meter absolut $N'_L(l)$
‖ss	0 - 9	5	0,14	0,14	5
		8	0,23	0,37	8
		8	0,23	0,60	8
		8	0,23	0,83	8
		4	0,11	0,94	4
		1	0,03	0,97	1
		1	0,03	1	1
		35			
⊥ss	0 - 4,2	7	0,11	0,11	7
		14	0,22	0,33	14
		15	0,24	0,57	15
		9	0,14	0,71	9
		8	0,13	0,84	8
		4	0,06	0,90	4
		4	0,06	0,96	4
		1	0,02	0,98	1
		0			0
		0			0
		1	0,02		1
		63			
‖ss + ⊥ss	0 - 5,4	6,5	0,13	0,13	6,5
		10	0,20	0,33	10
		11	0,22	0,55	11
		8	0,16	0,71	8
		5	0,10	0,81	5
		2,5	0,05	0,86	2,5
		2,5	0,05	0,91	2,5
		1	0,02	0,93	1
		1,5	0,03	0,96	1,5
		0,5	0,01	0,97	0,5
		0			0
		0,5	0,01	0,98	0,5
		"49"			

nach lnl geteilt, die Ordinate nach $\ln \{ \ln [1/1 - H(l)] \}$. c entspricht der Steigung der Geraden, b der Abszisse des Schnittpunktes zwischen der Geraden und der 63,2 %-Ordinate (Tab. 2).

In Abb.4 stellen die Punkte die summierten relativen Häufkgeiten dar. Mittels einer linearen Regressionsanalyse wurde durch die Punkte eine Ausgleichsgerade gelegt. Wie zu sehen ist, vermag die RRS-Verteilung die Verteilung der Sehnenlängen sehr gut zu beschreiben. Das Bestimmtheitsmaß, das ein Maß für die Güte der Anpassung darstellt, lag bei allen 43 Beispielen zwischen 0,95 und 0,99.

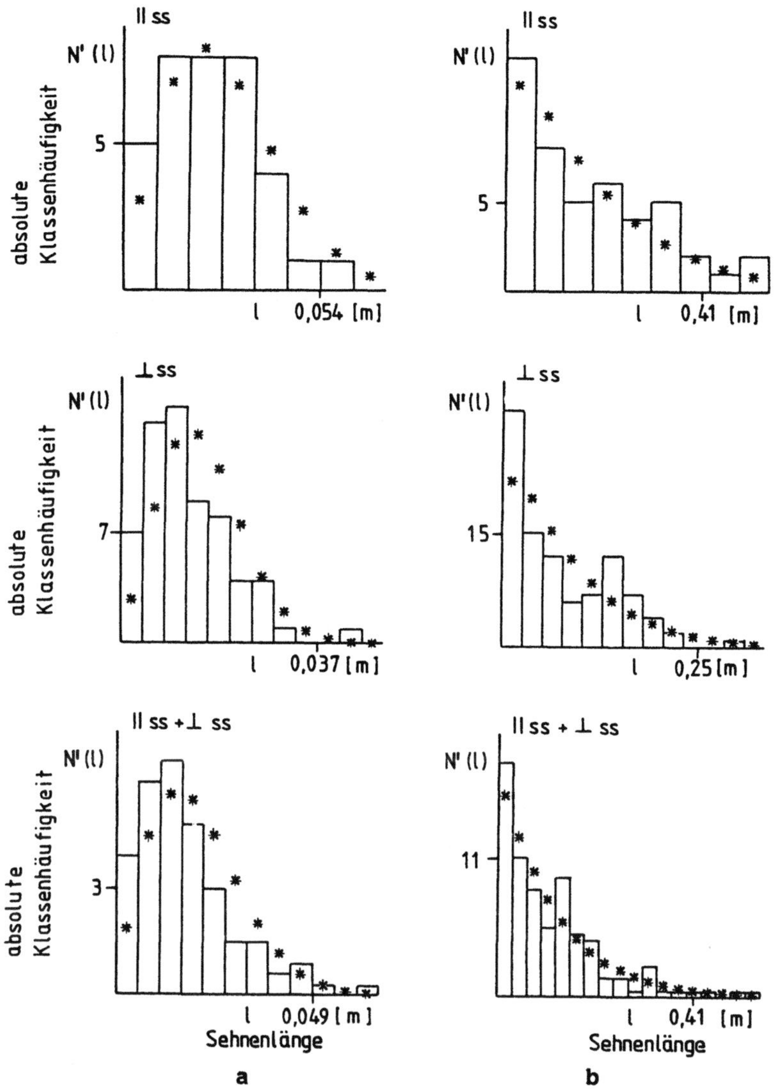

Abb. 3 Histrogramme mit gemessenen (Streifen) und geschätzten (Sterne) absoluten Sehnenhäufigkeiten; a) W2a1 (stark verwittterter bankiger Sandstein), b) W1g (gering verwitterter bankiger Sandstein)
Fig. 3 Histograms of measured (stripes) and estimated (stars) absolute frequency of chords. a) W2a1 (strongly weathered bedded sandstone); b) W1g (slightly weathered bedded sandstone)

Ermittelt man aufgrund der Ausgleichsfunktion die absolute Anzahl der Sehnen der jeweiligen Sehnenlängenklassen N'(l), bekommt man die Sternchen in Abb. 3. Die angepaßten Werte gleichen die gemessenen recht gut aus, was die Brauchbarkeit der RRS-Verteilung nochmals unterstreicht. Weitere wichtige Informationen über die RRS-Verteilung geben neben den Parametern nachstehende Kennwerte:

Erwartungswert E(l):

$$E(l) = b\,\Gamma(1 + 1/c) \qquad (3)$$

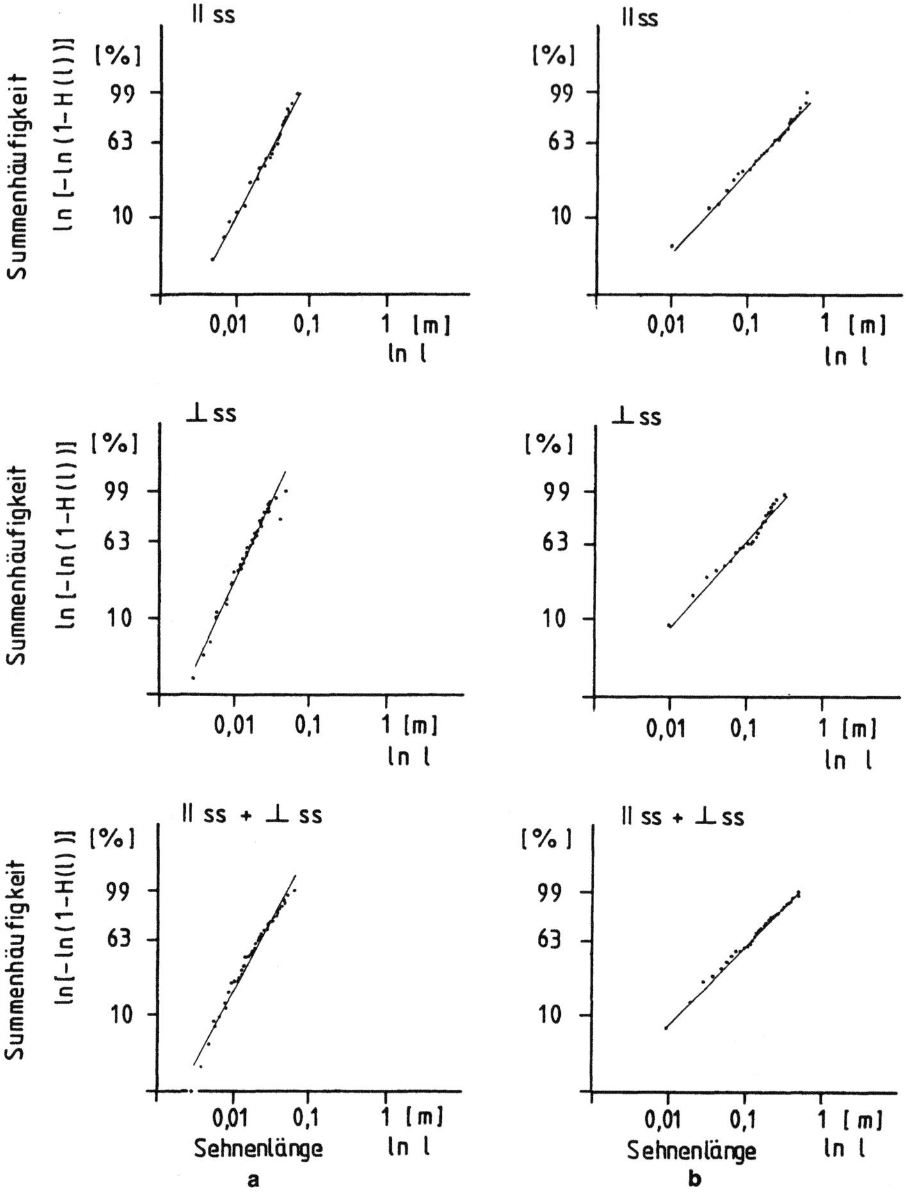

Abb. 4 Anpassung der relativen Summenhäufigkeit der Sehnen durch die RRS-Verteilung. a) W2a1 (stark verwitterter bankiger Sandstein), W1g (gering verwitterter bankiger Sandstein)

Fig. 4 Fitting of the distribution of chords by means of the RRS-distribution. a) W2a1 (strongly weathered bedded sandstone), b) W1g (slightly weathered bedded sandstone)

Varianz $D^2(l)$:

$$D^2(l) = b^2 \left[\Gamma(1 + 2/c) - \Gamma^2(1 + 1/c)\right] \quad (4)$$

Standardabweichung $D(l)$:

$$D(l) = \sqrt{D^2(l)} \quad (5)$$

Variationskoeffizient $V(l)$:

$$V(l) = \frac{D(l)}{E(l)} \quad (6)$$

Median $Q_{1/2}(l)$:

$$Q_{1/2}(l) = b\,(\ln 2)^{1/2} \quad (7)$$

Modalwert $M(l)$ für $c > 1$:

$$M(l) = b\,(1 - 1/c)^{1/c} \quad (8)$$

Γ Gammafunktion

Nachdem gezeigt worden ist, daß sich die Verteilung der Sehnenlängen der Schnittfiguren der Kluftkörper sehr gut durch die RRS-Verteilung beschreiben läßt, wird gefragt, wie sich die Verteilung im Aufschluß räumlich ändert. Für jeden der 15 Homogenbereiche wurde die Verteilung aus Messungen parallel ss, senkrecht ss und einer Mischung der Daten beider Meßrichtungen ermittelt. Verglichen werden sollen nun die Parameter b und c, die Kennwerte Erwartungswert, Median und Modalwert sowie die Variationsbreite, die die Differenz zwischen der kleinsten (0) und größten Sehnenlänge darstellt (Tab. 2, s.a. Abb. 3 und 4): der Parameter b, der Erwartungswert E und der Median $Q_{1/2}$ liegen dicht beieinander und ändern sich gleichsinnig. Betrachte ich den bankigen Feinsandstein alleine, nehmen b, E und $Q_{1/2}$ mit der Verwitterung zur Geländeoberfläche hin ab. b, E und $Q_{1/2}$ nehmen weiter ab, wenn ich den Schichtflächenabstand und die Korngröße reduziere. Sie reagieren also, hält man die Tektonik konstant, sowohl auf die Verwitterung wie Lithologie. Hochinteressant scheint der Exponent c der RRS-Verteilung. Er hängt nur geringfügig von der Lithologie ab und folgt sehr sensibel der Verwitterung. Zur Geländeoberfläche hin wird c größer. Diese Tendenz zeichnet sich eindeutig bei der Mischung der Daten beider Meßrichtungen ab. Das c aus Daten parallel und senkrecht ss reißt mitunter aus, wenn die Anzahl der Sehnen niedrig liegt (z.B. W1h $\perp$) oder zwei Grundgesamtheiten vorliegen (z.B. W1e $\parallel$ ss, W1e $\perp$ ss), von denen eine jedoch deutlich dominiert. Ändert sich der Exponent c, gilt für die Verteilung:

$c > 1$: Für $c > 1$ liegt für kleine c eine asymmetrische Verteilung vor, die bei
$c = 2$ der Rayleigh-Verteilung entspricht und bei
$c \approx 3{,}2$ bis $3{,}6$ in etwa in die symmetrische Normalverteilung übergeht

$c = 1$: Beträgt $c = 1$, handelt es sich um eine Exponentialverteilung

$c < 1$: Bei einem $c < 1$ weist die RRS-Verteilung einen hyperbelähnlichen Verlauf auf.

Die RRS-Funktion verhält sich somit extrem flexibel. Mit ihr können unterschiedlichst aussehende Verteilungen recht ordentlich beschrieben werden.

Tab. 2 Parameter und Kennwerte der RRS-Verteilung

Tab. 2 Parameters and characteristic values of the RRS-distribution

	Gestein	(m) u. G.	Parameter						Kennwerte $\|\|ss + \perp ss$		
			$\|\|ss + \perp ss$		$\|\|ss$		$\perp ss$		E(1)	$Q_{1/2}$(1)	M(1)
			b	c	b	c	b	c	(m)	(m)	(m)
W 1 a	bS	2 - 2,5	0,057	1,27	0,07	1,28	0,05	1,27	0,053	0,047	0,017
W 1 d	bS	4 - 5	0,89	1,33	0,10	1,41	0,07	1,32	0,081	0,074	0,031
W 1 j	pS	6 - 7	0,060	1,29	0,10	1,23	0,04	1,48	0,056	0,050	0,019
W 1 e	bS	7,5 - 8,5	0,12	1,33	0,16	1,14	0,09	1,61	0,11	0,097	0,039
W 1 i	pSi	9 - 9,5	0,029	1,22	*		0,02	1,67	0,027	0,024	0,007
W 1 h	pS	10 - 10,5	0,063	1,14	*		0,04	1,47	0,060	0,052	0,010
W 1 f	bS	12 - 14	0,11	1,19	0,16	1,49	0,09	1,13	0,11	0,094	0,024
W 1 g	bS	15 - 17	0,12	1,02	0,18	1,11	0,09	1,13	0,12	0,097	0,003
W2 a1	bS	1 - 1,5	0,023	1,89	0,03	1,92	0,02	2,17	0,020	0,019	0,015
W2 a	pS	1,5 - 2	0,020	1,41	0,04	1,69	0,01	1,82	0,019	0,017	0,009
W2 b	bS	2,5 - 3,5	0,074	1,43	0,09	1,33	0,06	1,46	0,067	0,061	0,032
W2 h	pSi	4,5 - 5,5	0,029	1,16	0,06	1,89	0,02	1,24	0,028	0,024	0,005
W2 c	bS	6 - 7	0,093	1,26	0,12	1,20	0,08	1,44	0,09	0,077	0,027
W2 d	bS	9 - 11	0,095	1,21	0,13	1,46	0,07	1,18	0,089	0,079	0,022
W2 e	bS	13 - 15	0,20	1,08	0,32	1,01	0,15	1,33	0,19	0,16	0,018

* nicht gerechnet, da zu wenig Daten; bS Sandstein, bankig; pS Sandstein, plattig; pSi Siltstein, plattig

Die in Tab. 2 aufgelisteten Parameter c schwanken zwischen 1,02 und 2,17 (s.a. Abb. 3 und 4). Das bedeutet, daß im geringer verwitterten Bereich in etwa eine Exponentialverteilung vorliegt, und die RRS-Verteilung mit zunehmender Verwitterung gegen eine Rayleigh-Verteilung konvergiert.

INTEGRALGEOMETRISCHE KLUFTEIGENSCHAFTEN

Der Begriff der Kluftkörpergröße ist bisher nicht definiert worden. Er bereitet auch große Schwierigkeiten, da Kluftkörper unregelmäßig geformt sind. Eine Möglichkeit bietet der mittlere Kluftabstand des Gefüges (BEYER 1982). Er kann definiert werden als ein in drei senkrecht aufeinander stehenden Richtungen äquidistanter Kluftabstand, d.h. als ein würfelförmiger Kluftkörper, dessen Kantenlänge dem äquidistanten Kluftabstand entspricht. Dieser äquidistante Kluftabstand soll nachstehend als Vergleichsmaß für die mittlere Kluftkörpergröße dienen. In Tab. 3 werden für die einzelnen Homogenbereiche der beiden Verwitterungsprofile für ein Kluftmodell, bestehend aus einem isotropen Anteil und einer Schar, integralgeometrische Klufteigenschaften angegeben. Der mittlere Kluftabstand des Gefüges oder äquidistante Kluftabstand ergibt sich aus

$$(\bar{d})'_{iso} = \frac{3}{N_{Liso} + N_{Ly}} \tag{10}$$

N_{Liso} Anzahl der Sehnen pro Meter des isotropen Gefügeanteils

N_{Ly} Anzahl der Sehnen pro Meter, wenn der isotrope Gefügeanteil von einer Schar überlagert wird

Daneben stehen der mittlere Kluftabstand des isotropen Anteils

$$(\bar{d}_{iso})'_{iso} = \frac{3}{2\,N_{Liso}} \quad , \tag{11}$$

der mittlere Kluftabstand der Schar

$$(\bar{d}_{sch})'_{iso} = \frac{1}{N_{Ly} - N_{Liso}} \tag{12}$$

und die Kluftfläche pro Einheitsvolumen des Gefüges

$$(S_V)'_{iso} = N_{Liso} + N_{Ly} \quad . \tag{13}$$

Vergleiche ich nun den Erwartungswert der RRS-verteilten Sehnenlängen von Tabelle 2 mit dem mittleren Kluftabstand des Gefüges oder äquidistanten Kluftabstand in Tab. 3, wird offensichtlich, was nicht anders zu erwarten war, daß der Erwartungswert der Verteilung der Sehnenlängen unter dem äquidistanten Kluftabstand liegt. Mithin ist noch eine Funktion zu suchen, die es ermöglicht, von der Verteilung der Sehnenlängen (der Kluftkörperschnittfiguren) angenähert auf die Verteilung der Kluftkörpergröße zu schließen.

VERTEILUNG DER KLUFTKÖRPERGRÖSSE

Ziel soll nun sein, aus der Verteilungsfunktion der Sehnenlängen der Schnittfiguren der Kluftkörper auf die Verteilungsfunktion der Kluftkörpergröße zu schließen. Das Kriterium für die Brauchbarkeit dieser Verteilungsfunktion sei der Grad der Korrelation zwischen dem in drei

Tab. 3 Integralgeometrische Klufteigenschaften

Tab. 3 Integral-geometrical properties of joints

	Gestein	Schicht	(m) u. G.	mittlerer Kluftabstand des Gefüges $(\bar{d})'_{iso}$ (m)	des isotropen Anteils $(\bar{d}_{iso})'_{iso}$ (m)	der Schar $(\bar{d}_{sch})'_{iso}$ (m)	Kluftfläche pro Volumeneinheit des Gefüges $(S_V)'_{iso}$ (m^2/m^3)
W 1 a	bS	8a	2 - 2,5	0,08	0,10	0,12	39
W 1 d	bS	7a	4 - 5	0,12	0,15	0,25	24
W 1 j	pS	6	6 - 7	0,08	0,16	0,06	36
W 1 e	bS	5	7,5 - 8,5	0,16	0,24	0,17	19
W 1 i	pSi	4	9 - 9,5	0,04	0,12	0,02	69
W 1 h	pS	3	10 - 10,5	0,09	0,18	0,06	33
W 1 f	bS	2b	12 - 14	0,16	0,22	0,22	19
W 1 g	bS	1	15 - 17	0,18	0,27	0,17	17
W2 a1	bS	7a	1 - 1,5	0,03	0,04	0,04	98
W2 a	pS	6	1,5 - 2	0,03	0,05	0,02	106
W2 b	bS	5	2,5 - 3,5	0,10	0,14	0,13	30
W2 h	pSi	4	4,5 - 5,5	0,04	0,08	0,03	72
W2 c	bS	2c	6 - 7	0,13	0,17	0,2	23
W2 d	bS	2b	9 - 11	0,14	0,19	0,17	22
W2 e	bS	2a	13 - 15	0,28	0,45	0,25	11

S Sandstein; Si Siltstein; b bankig; p plattig

senkrecht aufeinanderstehenden Richtungen äquidistanten Kluftabstand und dem Erwartungswert der Verteilung der Kluftkörpergröße. Dabei wird zunächst einmal von dem mathematisch recht gut bekannten Zusammenhang zwischen der Verteilung von Sehnenlängen von Schnitten von Kugeln und der Verteilung der Durchmesser der Kugeln Gebrauch gemacht (s. Abb. 5).

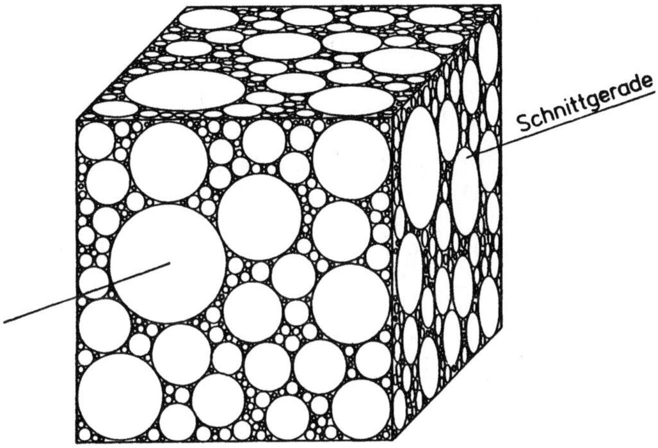

Abb. 5 Modellierung von Kluftkörpern durch Kugeln

Fig. 5 Rock blocks modelled by spheres (Schnittgerade = secant)

BEYER und ROLOFS (1981) ermittelten nach folgender Funktion die Verteilung von Kluftkörpern:

$$V_V(D) \cdot \Delta = \left[\frac{1}{3} N_L' (l) - \frac{l^2}{3} \cdot \frac{dN_L'(l)}{dl} \right] \Delta \qquad (14)$$

$V_V(D)\ \Delta$ Volumen pro Volumeneinheit von Kluftkörpern mit Durchmessern zwischen D und D + Δ

l Länge der Sehnen

D Durchmesser der Kluftkörper

Δ Breite der Kluftkörperdurchmesserklasse

$N_L'(l)$ Anzahl pro Einheitslänge von Sehnen der Länge l

Gleichung (14) geht auf Funktionen über die Verteilung von Kugeldurchmessern aus Sehnen von CAHN und FULLMAN (1956) zurück.

$$V_V(D) = \frac{\pi}{6} l^3 N_V(l) \qquad (15)$$

$$N_V(D) = \frac{2N_L(l)}{\pi \cdot l^2} - \frac{2}{\pi \cdot l} \frac{dN_L(l)}{dl} \qquad (16)$$

$V_V(D)$ Volumen pro Einheitsvolumen von Kugeln mit dem Durchmesser D

$N_V(D)$ Anzahl von Kugeln pro Einheitsvolumen mit dem Durchmesser D

Praktisch sind die Gleichungen (14), (15) und (16) sehr aufwendig und relativ ungenau, da $N_L(l)$ und der Differentialquotient $dN_L(l)/dl$ grafisch bestimmt werden müssen. In dieser Arbeit soll nun gezeigt werden, wie die Verteilung von Sehnenlängen und damit auch die Verteilung von Kluftkörperdurchmessern funktional beschrieben werden kann. Als Verteilungsfunktion für die Sehnenlänge hat sich für die untersuchten Homogenbereiche die RRS-Verteilungsfunktion herauskristallisiert. Differenziert man die Dichtefunktion (2) nach dl, erhält man:

$$\frac{dN_L(l)}{dl} = \frac{c}{b}\left(\frac{l}{b}\right)^{c-2} \exp\left[-\left(\frac{l}{b}\right)^c\right]\left\{\frac{c-1}{b} + \left[-\left(\frac{l}{b}\right)^c \cdot \frac{c}{b}\right]\right\} \qquad (17)$$

Aus den Gleichungen (15), (16) und (17) ergibt sich dann für die Dichte der Kluftkörpergröße die neue Funktion:

$$V_V(D) = \frac{lc}{3b^2}\left(\frac{l}{b}\right)^{c-2} \exp\left[-\left(\frac{l}{b}\right)^c\right]\left\{lc\left[\left(\frac{l}{b}\right)^c - 1\right] + 2l\right\} \qquad (18)$$

Sie hat den Erwartungswert

$$E(D) = \frac{4}{3}\left[2b\Gamma\left(\frac{c+1}{c}\right) + b^2\Gamma\left(\frac{c+2}{c}\right)\right], \qquad (19)$$

die Varianz

$$D^2(D) = \frac{5}{3}\left[3b\Gamma\left(\frac{c+1}{c}\right) + 3b^2\Gamma\left(\frac{c+2}{c}\right) + b^3\Gamma\left(\frac{c+3}{c}\right)\right] \qquad (20)$$

$$- \frac{16}{9}\left[2b\Gamma\left(\frac{c+1}{c}\right) + b^2\Gamma\left(\frac{c+2}{c}\right)\right]^2$$

und den Modalwert

$$M(D) = b\sqrt[c]{\frac{1}{2c}\left[-(c^2-4c+2) + \sqrt{c^4-8c^3+16c^2-8c+4}\right]} \qquad (21)$$

Die Sehnenlängen wie Kluftkörperdurchmesser sind endlich. Berechne ich von der RRS-Verteilung der Sehnenlängen oder der neuen Funktion (18) für das Volumen pro Einheitsvolumen von Kluftkörpern mit dem Durchmesser D den Erwartungswert, liegt er zu hoch. Bei der RRS-Verteilung ist der Fehler sehr klein, da sich die Kurve rasch an die Abszisse anschmiegt und wird vernachlässigt. Der Erwartungswert von Funktion (18) weicht jedoch wesentlich von dem Erwartungswert der an der Stelle des maximalen Kluftkörperdurchmessers gestutzten Funktion (18) ab. Aus diesem Grund wurde der Erwartungswert der gestutzten Funktion (18) anhand einer Gaußquadratur ermittelt.

Tabelle 4 (s.a. Abb. 6) enthält einzelne Kennwerte der Funktion (18), mit der die Verteilung der Kluftkörper beschrieben wird. Der anhand einer Gaußquadratur ermittelte Erwartungswert E'(D) sowie der etwas kleinere Modalwert M(D) ändern sich räumlich im Aufschluß analog zum Erwartungswert der RRS-Verteilung E(l). Auf eine Diskussion von E'(D) und M(D) wird deshalb verzichtet.

Vergleiche ich den äquidistanten Kluftabstand des Gefüges $(\bar{d})'_{iso}$ aus Kapitel 'Integralgeometrische Klufteigenschaften' mit dem Erwartungs-

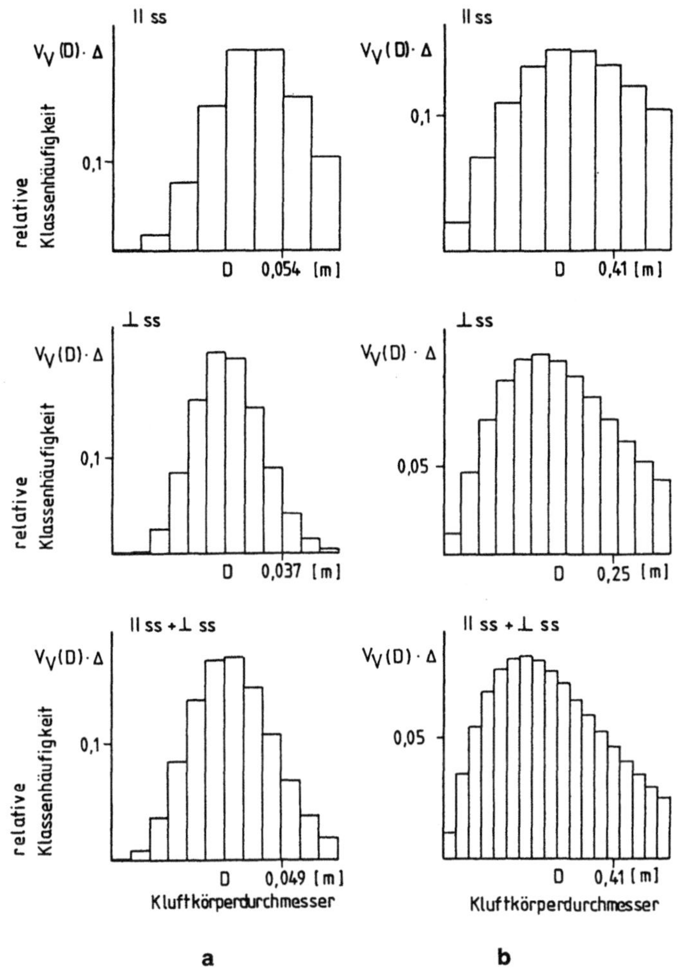

Abb. 6 Relative Häufigkeit des Volumens pro Einheitsvolumen von Kluftkörpern mit Durchmessern zwischen D und D + Δ
a) W2a1 (stark verwitterter bankiger Sandstein), b) W1g (gering verwitterter bankiger Sandstein)

Fig. 6 Relative frequency of volume per unit volume of rock blocks with diameters between D and D + Δ. a) W2a1 (strongly weathered bedded sandstone), b) W1g (slightly weathered bedded sandstone)

wert E'(D) für die Mischung der Daten aus beiden Meßrichtungen, so liegt der Erwartungswert E'(D) über dem mittleren Kluftabstand $(\bar{d})'_{iso}$. Es ist jedoch zu bedenken, daß bei gleichem Volumen der Durchmesser einer Kugel D größer als der Flächennormalenabstand a des Kubus ist, der den äquidistanten Kluftabstand repräsentiert:

$$a \approx D \cdot 0{,}81$$

Multipliziere ich jetzt den Erwartungswert der Verteilung der Kluftkörpergröße E'(D) mit 0,81, stimmen der modifizierte Erwartungswert und der

Tab. 4 Kennwerte der Verteilungsfunktion der Kluftkörpergröße

Tab. 4 Characteristic values of the distribution function of the rock block size

	Gestein	Schicht	(m) u. G.	Erwartungswert (m)			Modalwert (m)	Erwartungswert x 0,81 (m)
				‖ ss+ ⊥ss	‖ ss	⊥ ss	‖ ss+⊥ ss	‖ ss +⊥ ss
W 1 a	bS	8a	2 - 2,5	0,10	0,12	0,076	0,079	0,081
W 1 d	bS	7a	4 - 5	0,17	0,18	0,13	0,12	0,014
W 1 j	pS	6	6 - 7	0,11	0,16	0,072	0,083	0,089
W 1 e	bS	5	7,5 - 8,5	0,20	0,23	0,14	0,16	0,016
W 1 i	pSi	4	9 - 9,5	0,060		0,030	0,041	0,048
W 1 h	pS	3	10 - 10,5	0,13		0,067	0,094	0,11
W 1 f	bS	2b	12 - 14	0,20	0,23	0,18	0,16	0,16
W 1 g	bS	1	15 - 17	0,25	0,30	0,17	0,19	0,20
W 2 a1	bS	7a	1 - 1,5	0,035	0,045	0,026	0,024	0,028
W 2 a	pS	6	1,5 - 2	0,036	0,051	0,015	0,027	0,029
W 2 b	bS	5	2,5 - 3,5	0,13	0,15	0,10	0,096	0,11
W 2 h	pSi	4	4,5 - 5,5	0,056	0,079	0,031	0,043	0,045
W 2 c	bS	2c	6 - 7	0,17	0,19	0,13	0,13	0,14
W 2 d	bS	2b	9 - 11	0,19	0,22	0,14	0,14	0,15
W 2 e	bS	2a	13 - 15	0,45	0,64	0,28	0,30	0,36

S Sandstein; Si Siltstein; b bankig; p plattig

äquivalente Kluftabstand frappierend überein. Es sollte auch erwähnt werden, daß der Modalwert (D) und der äquidistante Kluftabstand noch eine Nuance höher miteinander korreliert sind. Damit scheint das vorgegebene Brauchbarkeitskriterium für die Verteilung der Kluftkörpergröße erfüllt.

DANK

Sehr herzlich möchten wir uns bei Herrn Professor FÜCHTBAUER bedanken, der diese Arbeit durch anregende Diskussion wie kritische Bemerkungen wesentlich förderte. Unser Dank gilt auch Herrn U. ZIELKE sowie Herrn Dipl.-Math. R.G. FERBER für deren mathematische Unterstützung.

LITERATUR

Beyer F (1982) Zum mittleren Kluftabstand aus der Anzahl von Kluftschnittlinien. Rock Mech 14: 235-251

Beyer F und Rolofs F (1981) Kluftkörpergrößenverteilungen aus Messungen auf Anschnitten. Rock Mech 14: 105-113

Cahn JW und Fullman RL (1956) On the Use of Lineal Analysis for Obtaining Particle Size Distribution Functions in Opaque Samples. Transactions of the American Institute of Mining, Metallurgical and Petroleum Engineers ZOG: 610-612

Heitfeld KH (1956) Die roten Schichten von Menden (Mendener Konglomerat). Z dtsch geol Ges 106: 387-401

Rosin P und Rammler E (1934) Die Kornzusammensetzung des Mahlgutes im Lichte der Wahrscheinlichkeitslehre. Kolloid-Zeitschrift 67: 16-26

Rosiwal A (1898) Über geometrische Gesteinsanalysen. Ein einfacher Weg zur ziffermäßigen Feststellung des Quantitätsverhältnisses der Mineralbestandteile gemengter Gesteine. Verh d k u k geolog Reichanst 5 u 6

Weibull W (1939) A Statistical Theory of the Strength of Materials. Ing Vet Akad Handl Nr. 153: 5-45

Kriechverhalten gefüllter Gesteinstrennflächen

K.-D. Höwing[1] und H. K. Kutter[2]

SUMMARY

Creep deformations of a rock mass occur predominantly along its discontinuities, preferably on those filled with gouge material. Since so far only little information has been available on the creep behaviour of filled rock discontinuities a detailed experimental study has been conducted to investigate the critical parameters and to quantify their influence.

Creep tests on filled rock discontinuities were performed on sandwich-type samples in modified direct shear frames at different boundary conditions. Factors of influence investigated were type of filler material, shear stress, normal stress, and size of the specimen. Smooth saw-cut surfaces were used as rock discontinuities since these proved to represent boundary conditions which are similar even to those at rough rock surfaces, where the material in the roughness troughs is not involved in the creep movement.

The results clearly show for the primary creep phase an exponential dependence of the creep velocity on time, whereby the exponential exponent m is equal to -1 for lower shear stresses, but it increases towards zero for higher shear stresses. The initial creep velocity is directly proportional to the thickness of the filler layer and related to the clay content of the filler by an exponential function. The exponent m was found to be dependent on the clay content, the layer thickness, and the shear stress level related to the residual shear strength. The parameters of these empirical functions were derived from the experimental data.

None of the creep tests showed the existence of a secondary stationary creep phase but an immediate transition from the primary to the tertiary, accelerating creep phase was observed. For the higher shear stress levels investigated an exponential decrease of the time of transition with increasing clay content was found. The clay content of the filler, i.e. the content of particles smaller than 2 µm, thus represents the critical material parameter which determines the primary and tertiary creep behaviour of a filled discontinuity.

Other potential factors of influence, such as normal stress and size of the discontinuity, are automatically taken into consideration if, as

[1]Dr. K.-D. Höwing, Ingenieurgeologisches Institut, Dipl.-Ing. S. Niedermeyer, 8821 Westheim
[2]Prof. Dr. H.K. Kutter, Arbeitsgruppe Felsmechanik, Institut für Geologie der Ruhr-Universität Bochum, Universitätsstr. 150, Postfach 10 21 48, 4630 Bochum 1

Ingenieurgeologische Probleme im Grenzbereich
zwischen Locker- und Festgesteinen
(Herausgegeben von K.-H. Heitfeld)

practiced in this study, the creep data are given as a function of the relative shear stress, i.e. the ratio of actual shear stress to residual shear strength. In all tests the consistency index of the filler was kept constant and close to the lower bound of values observed in critical slopes with sliding on filled discontinuities.

Potential reasons for the direct dependence of the creep behaviour in the primary and tertiary phase on the clay content of the filler are discussed on the basis of a simplified physical model.

EINLEITUNG

Wie für alle Ingenieurbauwerke gilt auch für Felsböschungsbauwerke die Forderung, daß ihre Stabilität auf Jahrzehnte gewährleistet sein muß, und sie keine Gefahr für die Benutzer darstellen. Da aber bei bestimmten geologischen Randbedingungen auch bei Standsicherheiten größer 1,0 Böschungsdeformationen von mm/a bis cm/a und in Extremfällen auch darüber eintreten können, ist die Langzeitstabilität von Böschungen oft falsch eingeschätzt und auch überschätzt worden. Hangkriechen, das stellenweise über Jahrzehnte andauert, sowie z.T. katastrophale Hangrutschungen infolge Kriechbruchs waren die Folge.

Eine Analyse der verschiedenen geologischen Situationen bei den aufgetretenen Hangrutschungen zeigt, daß die Bewegungen immer auf Trennflächen und hier fast ausschließlich auf solchen Trennflächen erfolgten, die mit Lockergestein unterschiedlicher Genese belegt waren (u.a. HAMEL und FLINT 1972; CORDING 1976). Dünngefüllte, durchgehende Gesteinstrennflächen mit Zwischenschichtdicken im mm- bis cm-Bereich erwiesen sich dabei als am anfälligsten für Deformationen, weil sie im Gegensatz zu mächtigeren Myloniten in ihrem Verlauf ebener sind und die Korngrößen vorwiegend im Feinstteil liegen. Größere, stabilisierende Einschlüsse und Gesteinsbrocken können dort nicht auftreten.

In den bisherigen Arbeiten zum Kriechverhalten des Gebirges ist dieser Tatsache aber nur im geringen Umfang Rechnung getragen worden. Meist ist nur das Kriechverhalten intakter Gesteine (u.a. CRUDEN 1971a u. b; HANDIN und HAGER 1957; HEARD 1961; WAWERSIK und BROWN 1973) oder das zeitabhängige Nachbruchverhalten vormals intakter Gesteine (u.a. BIENAWSKI 1970; COGAN 1978; KAISER und MORGENSTERN 1979) untersucht worden. Untersuchungen zum Kriechverhalten von Trennflächen wurden für den Bereich hoher Spannungen (σ_3 bis zu 400 MN/m²) von WAWERSIK (1974) und SOLBERG et al. (1978) durchgeführt. Dabei zeigte es sich, daß auch in diesen Spannungsbereichen die Deformationen auf der Trennfläche deutlich über denen des intakten Gesteins liegen. Das gleiche Ergebnis ergaben die Untersuchungen von AMADEI und CURRAN (1980) und SCHWARTZ und KOLLURU (1981) zum Kriechverhalten der Gesteinstrennflächen im oberflächennahen Bereich. Sie beschränken sich jedoch auf das Kriechen von ungefüllten Gesteinstrennflächen und vernachlässigen die wesentlich anfälligeren, mit Lockermaterial gefüllten Trennflächen. Aber gerade bei diesen gefüllten Trennflächen treten, bedingt durch die weicheren Zwischenlagen, die Deformationen früher und verstärkt auf.

Eine realistische Einschätzung der Kriechanfälligkeit von Böschungen ist daher nur zu erreichen, wenn der Einfluß dieser Zwischenlagen auf das Kriechverhalten des Gesamtsystems Gebirge bekannt ist. Ziel dieser Arbeit war es daher, diejenigen Faktoren, die das Kriechverhalten gefüllter Gesteinstrennflächen entscheidend beeinflussen, zu ermitteln und diese Einflüsse quantitativ zu erfassen.

VERSUCHSPROGRAMM, PROBENMATERIAL UND VERSUCHSDURCHFÜHRUNG

Zur Ermittlung derjenigen Faktoren, die das Kriechverhalten gefüllter Gesteinstrennflächen entscheidend beeinflussen, wurden in modifizierten Direktschergeräten Kriechversuche mit variierenden Randbedingungen an gefüllten Gesteinstrennflächen durchgeführt. Folgende Einflußfaktoren wurden dabei variiert:

- Zwischenmittelzusammensetzung
- Zwischenschichtdicke
- Scherspannung
- Normalspannung
- Probengröße.

Um die Reproduzierbarkeit der Versuche zu gewährleisten, erfolgten diese größtenteils an glatten, gesägten Gesteinstrennflächen. Rauhe, durch Zugbruch entstandene Trennflächen sind nur untergeordnet untersucht worden, da sich bei ihnen - wie später erläutert wird - besonders bei tonhaltigen Zwischenmitteln schnell Verhältnisse einstellen, die denen glatter Trennflächen entsprechen. Das für die Versuche benutzte Festgestein war ein Mittelsandstein mit 4 % Porosität.

Um zu einer allgemeingültigen Aussage zu kommen, mußten die in dieser Arbeit als Zwischenmittel benutzten Lockergesteine verschiedene Anforderungen erfüllen:

1. Die verwendeten Lockergesteine mußten das ganze Spektrum der aufgrund unterschiedlicher Genese möglichen Trennflächenfüllungen darstellen. Zu unterscheiden ist hierbei zwischen
   a) autochthonem Lockermaterial, d.h. eine am Ort verwitterte Gesteinsschicht,
   b) allochthonem Lockermaterial, d.h. durch zirkulierende Wässer eingespülte, tonreiche Zwischenmittel und
   c) durch Scherung erzeugte Lockermaterialien verschiedenster Kornzusammensetzung.

2. Die Lockermaterialien sollten von so unterschiedlicher Kornzusammensetzung sein, daß sie den gesamten Korngrößenbereich vom Sand über Schluff bis zum Ton repräsentieren. Die letzte Forderung konnte nur unter Hinzunahme einiger künstlicher Zwischenmittel erfüllt werden.

In Abb. 1 sind die in dieser Untersuchung verwendeten Zwischenmittel im Konzentrationsdreieck Sand-Schluff-Ton dargestellt. Wie diese Darstellung zeigt, decken die ausgewählten Lockermaterialien die Dreiecksfläche gut ab und können somit für einen Großteil der Zwischenmittel als repräsentativ angesehen werden. Kornzusammensetzungen aus einem Sand-Ton-Gemisch, deren Vorkommen in der Natur ziemlich unwahrscheinlich ist, sind hier durch die schraffierte Fläche ausgewiesen.

Zwischenmittel mit stark quellfähigen Tonmineralen (Montmorillonit, Corrensit) wurden wegen ihres vermutlich abweichenden Verhaltens aus dieser Untersuchung absichtlich ausgeschlossen.

Die Kornverteilungskurven der künstlichen Zwischenmittel sind in Abb. 2 dargestellt. Es sind dies einerseits im Handel erhältliche Materialien wie Kaolintone (Kurven 1 und 2) und Quarzmehl (Kurve 3) und andererseits ein künstlich hergestellter Sandsteinmylonit (Kurve 5) und eine 1:1-Mischung der Materialien 5 und 2 (Kurve 4). Abbildung 3 zeigt die Kornverteilungskurven der natürlichen Zwischenmittel. Ein durch Scherung erzeugtes Material, das aus dem Randbereich einer Störung entnommen wurde, wird durch die Kurve 1 beschrieben. Die Materialien 2 - 4 sind Verwitterungsbildungen.

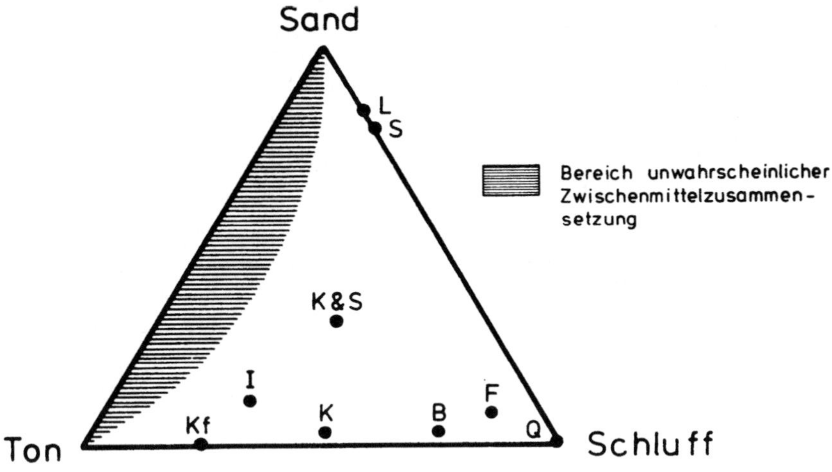

Abb. 1 Verwendete Zwischenmittel

Fig. 1 Spectrum of filler materials

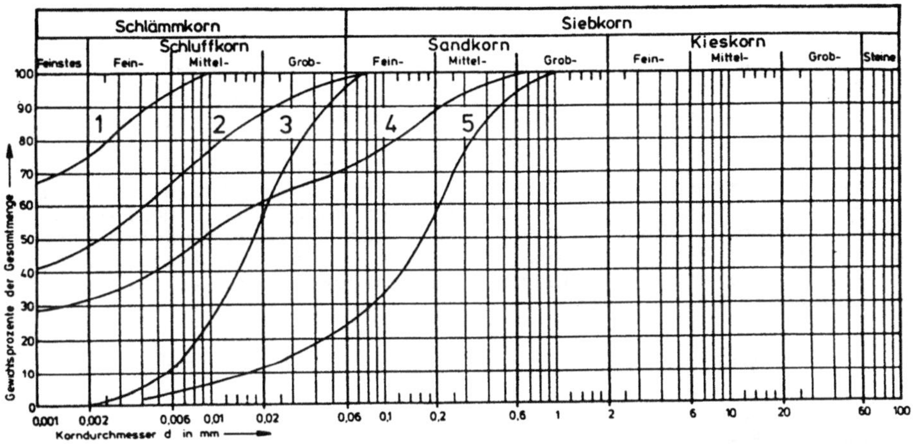

Abb. 2 Künstliche Zwischenmittel: 1 KAOLIN O, fein (KF); 2 KAOLIN O (K); 3 Quarzsilt (Q); 4 Mischung aus KAOLIN O und Sandsteinmylonit (K&S); 5 Sandsteinmylonit (S)

Fig. 2 Artificial filler materials: 1 KAOLIN O, fine (KF); 2 KAOLIN O (K); 3 Quartzsilt (Q); 4 mixture of KAOLIN O and sandstone mylonite (K&S), 5 sandstone mylonite (S)

Der Tongehalt T der untersuchten Zwischenmittel - darunter wird der über die Gesamtbodenmenge normierte Anteil der Kornfraktionen kleiner 2 µm verstanden - variiert zwischen 0 und 0,75. Der maximale Korndurchmesser lag bei 1 mm.

Da dünngefüllte Gesteinstrennflächen mit Zwischenschichtdicken im mm- bis cm-Bereich am anfälligsten für Deformationen sind, wurden die Kriech-

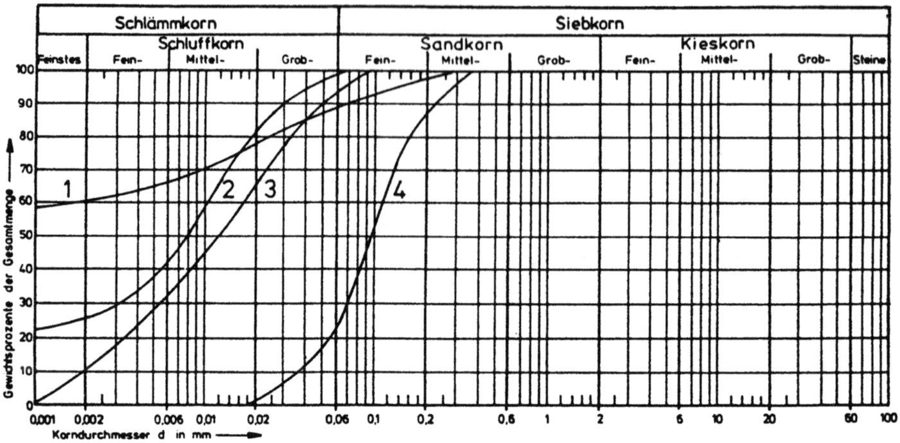

Abb. 3 Natürliche Zwischenmittel: 1 Ihnetal (I); 2 Bennau (B); 3 Fröndenberg (F); 4 Listertal (L)

Fig. 3 Natural filler materials

versuche an gefüllten Gesteinstrennflächen mit Zwischenschichtdicken d von 1 - 10 mm ausgeführt, wobei Zwischenschichtdicken bis 4 mm die Regel waren.

Die Kriechversuche wurden an Proben in "sandwich"-Anordnung (Abb. 4) durchgeführt. Bei dieser Versuchsanordnung befindet sich das Lockermaterial zwischen zwei Festgesteinskörpern, die in den beiden Scherkastenhälften sitzen. Bei Versuchen im bodenmechanischen Schergerät - hier wurden Trennflächen von 36 cm² und 100 cm² untersucht - wurden, damit die aufgebrachten Scherkräfte nur auf die Festgesteinskörper wirken und sich das Zwischenmittel über die gesamte Höhe deformieren kann, die Scherrahmenhälften durch Distanzplättchen, die den jeweiligen Zwischenschichtdicken entsprechen, positioniert. Beim verwendeten Großschergerät (für Trennflächen bis zum 700 cm²) sind dagegen keine Distanzstücke erforderlich, da hier die Gesteinsproben fest in den Scherkästen verspannt sind.

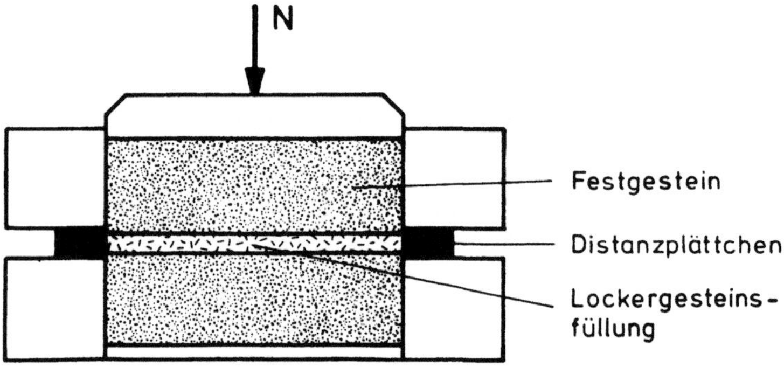

Abb. 4 Schematischer Probenaufbau (senkrecht zur Scherrichtung) für Kriechversuche an gefüllten Gesteinstrennflächen

Fig. 4 Schematic arrangement of specimen (section normal to shear direction) for creep tests on filled rock discontinuities

Alle Kriechversuche erfolgten an konsolidierten Proben. Die Normalspannung betrug dabei in der Regel 1 - 2 MN/m². Bevor an einer Sandwich-Probe Kriechversuche durchgeführt wurden, wurde diese bis zum Erreichen der Restscherfestigkeit verformt. So war es möglich, das für den jeweiligen Kriechversuch gewünschte Scherspannungsniveau $R = \frac{\tau_K}{\tau_R}$ im voraus zu bestimmen und während der Versuchsdurchführung einzuhalten. Da das Scherspannungsniveau R, d.h. die Höhe der angelegten Scherspannung τ_K im Verhältnis zur Restscherfestigkeit τ_R, das Kriechverhalten gefüllter Gesteinstrennflächen primär bestimmt, erfolgten die Kriechversuche auf verschiedenen Kriechspannungsniveaus. Bei der Versuchsdurchführung kam eine Methode zur Anwendung, bei der die Probe fortschreitend in höhere Scherspannungsniveaus überführt wird. Der Großteil der Versuche erfolgte im Scherspannungsbereich R = 0,7 bis R = 0,99. Scherspannungsniveaus von R < 0,7 wurden nur an wenigen Proben untersucht, da die hier auftretenden Verformungen bautechnisch kaum relevant sind. Die Dauer der Einzelversuche variierte von 2 Stunden bis zu 7 Tagen, wobei allerdings ein Großteil der Kriechversuche auf kurze Versuchszeiten beschränkt war. Diese kurzen Versuchszeiten schmälern aber nicht den Aussagewert der Versuche, da die Langzeitversuche gezeigt haben, daß bis zu Scherspannungsniveaus von ca. R = 0,9 nur primäres Kriechen auftrat. Die zur Charakterisierung des primären Kriechens notwendigen Kriechparameter sind aber auch mit Hilfe von Kurzzeitversuchen erhältlich.

ERGEBNISSE

Das Kriechverhalten gefüllter Gesteinstrennflächen läßt sich in allgemeiner Form folgendermaßen darstellen (Abb. 5):

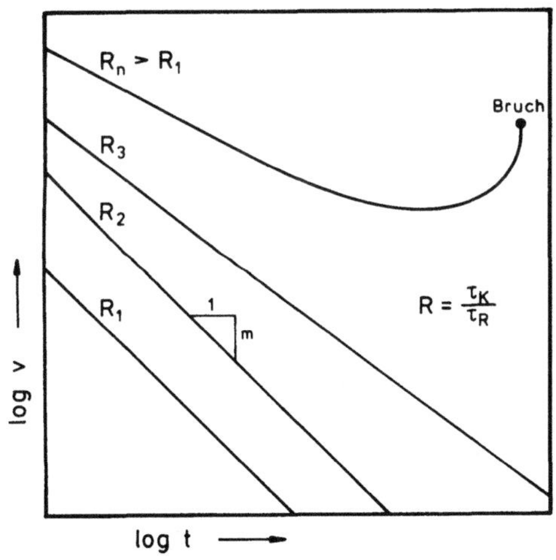

Abb. 5 Kriechverhalten gefüllter Gesteinstrennflächen

Fig. 5 Creep behaviour of filled rock discontinuities

Wirkt auf eine gefüllte Gesteinstrennfläche eine auf die statische Restscherfestigkeit bezogene Scherspannung R_1, so stellt sich primäres Kriechen ein, d.h. die Kriechgeschwindigkeit nimmt stetig mit der Zeit ab. Im log v - log t Diagramm ergibt dies eine lineare Beziehung, die durch eine definierte Anfangskriechgeschwindigkeit v_1 (v nach 1 Minute) und der Steigung der Geraden, dem m-Wert, bestimmt wird:

$$\log v = m \cdot \log t + \log v_1 \quad (1)$$

Dieser m-Wert ist für kleine R-Werte generell -1. Mit Erhöhung der Scherspannung von R_1 auf R_2 steigt die Anfangskriechgeschwindigkeit, während der m-Wert vorerst gleich bleibt. Erst ab einer bestimmten Scherspannung, hier R_3, kommt es dann zu einer Verflachung der Geraden im log v - log t - Diagramm. Der m-Wert verändert sich von -1 auf 0 zu, d.h. die Abbremsung der Kriechgeschwindigkeit erfolgt bei höheren Scherspannungsniveaus langsamer. Erst bei sehr hohen Scherspannungen tritt nach einer anfänglichen primären Kriechphase tertiäres Kriechen ein. Diese Beschleunigung der Kriechgeschwindigkeit führt dann letztlich zum Kriechbruch.

Ein Auftreten einer sekundären Kriechphase, d.h. einer Phase mit konstanter Kriechgeschwindigkeit, als Übergang vom primären zum tertiären Kriechen konnte in den Kriechversuchen an gefüllten Gesteinstrennflächen ebenso wie bei Lockergesteinen (CAMPANELLA 1965; SINGH und MITCHELL 1968; TER-STEPANIAN 1975) nicht festgestellt werden. Für die Felsbaupraxis bedeutet dies, daß an Felsbauwerken mit potentiell kriechgefährdeten gefüllten Gesteinstrennflächen Kriechbruch auch nach stetig abnehmender Kriechgeschwindigkeit und damit ohne jegliche Warnung eintreten kann.

Der Anstieg der Anfangskriechgeschwindigkeit v_1, die Veränderung des m-Wertes und der Beginn der tertiären Kriechphase werden neben dem Scherspannungsniveau auch maßgeblich von der Kornzusammensetzung und der Dicke der Zwischenschicht beeinflußt.

<u>Primäres Kriechen</u>

Die <u>Anfangskriechgeschwindigkeit v_1</u> einer gefüllten Gesteinstrennfläche ist bei gleichbleibender Zwischenschichtdicke und konstantem Scherspannungsniveau direkt vom Tongehalt des Zwischenmittels abhängig. Diese direkte Abhängigkeit wird bei der Auftragung der Versuchsergebnisse für die Anfangskriechgeschwindigkeit v_1 im Konzentrationsdreieck Sand-Schluff-Ton (Abb. 6) deutlich, in dem die Linien gleicher Kriechgeschwindigkeit v_1 parallel zur Basis Sand-Schluff und damit parallel zu den Linien gleichen Tongehaltes laufen. Die Zunahme des Tongehaltes im Zwischenmittel bewirkt einen Anstieg der Kriechgeschwindigkeit v_1 (Abb. 6), der am besten durch die Exponentialfunktion

$$v_1 = a \cdot e^{bT} \quad (2)$$

beschrieben wird.

Zwischen der Kriechgeschwindigkeit v_1 und der Zwischenschichtdicke besteht dagegen eine lineare Abhängigkeit (Abb. 7). Eine Verdoppelung der Zwischenschichtdicke führt hier auch zu einer Verdoppelung der Kriechgeschwindigkeit v_1.

Der Einfluß der Zwischenschichtdicke wie auch des Scherspannungsniveaus auf die Kriechgeschwindigkeit v_1 wird durch die Koeffizienten a und b der Gleichung (2) berücksichtigt. Hierbei ist der Koeffizient a sowohl von der Zwischenschichtdicke als auch vom Scherspannungsniveau abhängig, der Koeffizient b ist näherungsweise ein konstanter Wert. Es ergaben sich folgende empirische Beziehungen:

$$a = 2,3 \cdot \frac{d}{d_o} \cdot R^{7,4} \quad (3)$$

$$b = 3 \quad (4)$$

wobei d_o die Bezugszwischenmitteldicke von 1 mm ist.

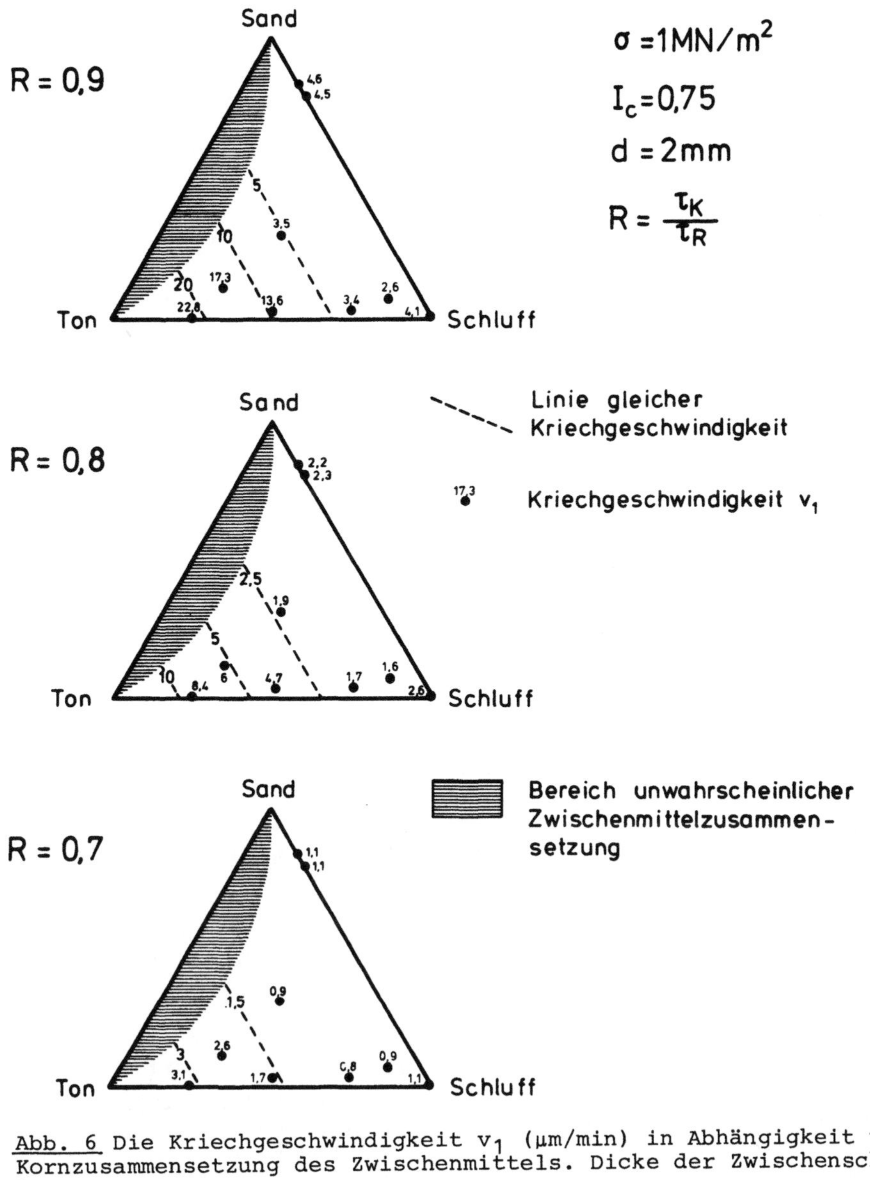

Abb. 6 Die Kriechgeschwindigkeit v_1 (µm/min) in Abhängigkeit von der Kornzusammensetzung des Zwischenmittels. Dicke der Zwischenschicht: 2 mm

Fig. 6 Initial creep velocity v_1 (µm/min) as a function of the grain size distribution of the filler material. Thickness of the layer: 2 mm

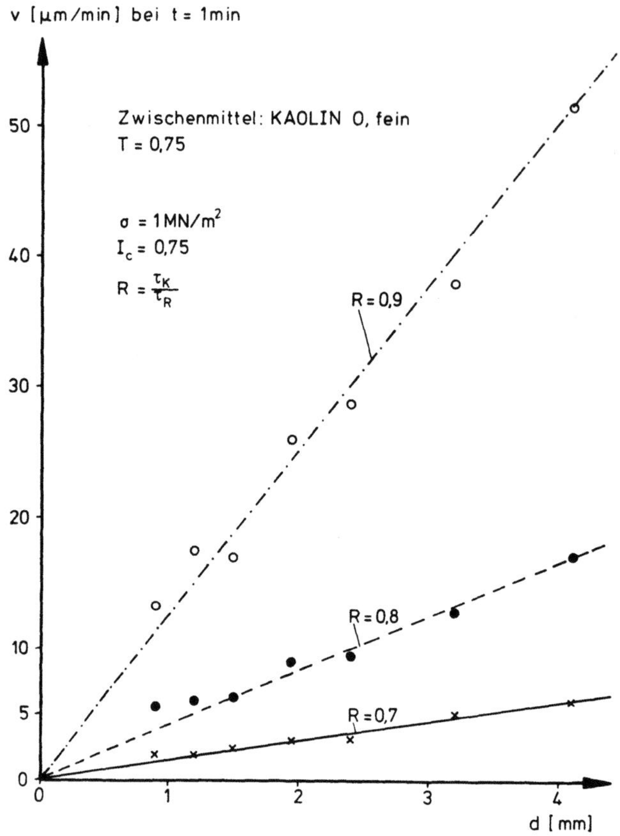

Abb. 7 Die Kriechgeschwindigkeit v_1 (µm/min) einer gefüllten glatten Gesteinstrennfläche in Abhängigkeit von der Zwischenschichtdicke d. Zwischenmittel: KAOLIN O, fein

Fig. 7 Initial creep velocity v_1 (µm/min) of a filled smooth rock discontinuity as a function of the thickness of the filler layer. Filler material: KAOLIN O, fine

Neben der Anfangskriechgeschwindigkeit v_1 ist auch der m-Wert direkt vom Tongehalt des Füllmaterials abhängig. Während tonfreie Zwischenmittel im allgemeinen einen m-Wert von -1,0 haben, verändert sich der m-Wert bei gleichbleibender Zwischenschichtdicke und konstantem Scherspannungsniveau von -1,0 auf 0 zu (Abb. 8). Diese Veränderung kann am besten durch eine Parabelfunktion ausgedrückt werden:

$$m = f \cdot T^2 - g \cdot T - 1 \qquad (5)$$

Eine Beeinflussung des m-Wertes durch die Zwischenschichtdicke konnte bei tonfreien und schwach tonigen Zwischenmitteln nicht festgestellt werden. Hier liegt der m-Wert konstant bei -1,0. Ab Tongehalten von T ~ 0,3 vergrößert sich der m-Wert dann linear mit steigender Dicke des Füllmaterials (Abb. 9). Ebenso wie der Einfluß der Zwischenschichtdicke auf den m-Wert wird auch der Einfluß des Scherspannungsniveaus durch die Koeffizienten f und g in der empirischen Gleichung (5) berücksichtigt.

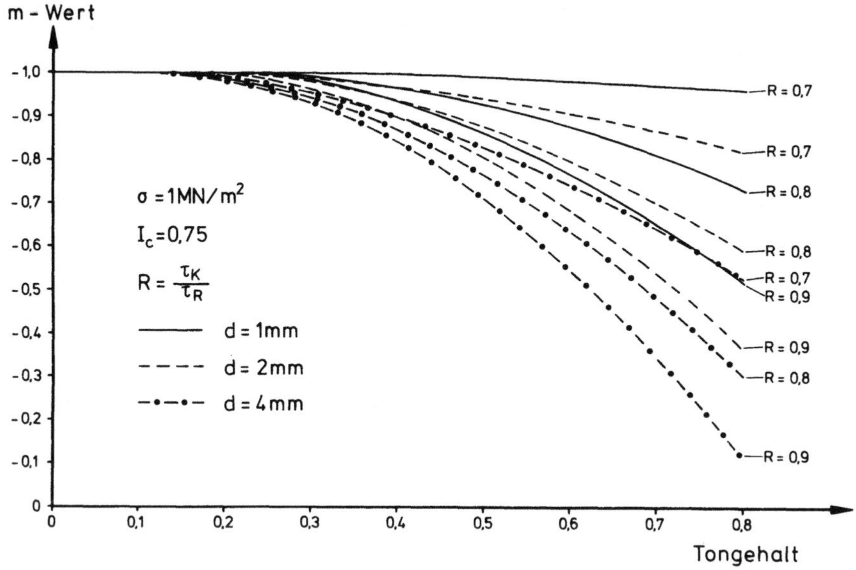

Abb. 8 Veränderung des m-Wertes mit steigendem Tongehalt. Standardabweichung der Meßwerte von den Ausgleichskurven: SD = 0 - 0,05

Fig. 8 Variation of the coefficient m with increasing clay content. Standard deviation of the data points from the regression curve: SD = 0 - 0.05

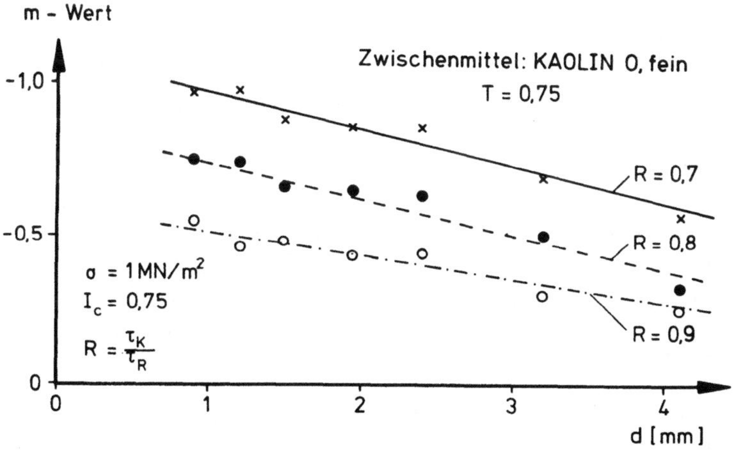

Abb. 9 Der m-Wert einer gefüllten glatten Gesteinstrennfläche in Abhängigkeit von der Zwischenschichtdicke d. Zwischenmittel: KAOLIN O, fein

Fig. 9 The coefficient m of a filled smooth rock discontinuity as a function of the thickness d of the filler layer. Filler material: KAOLIN O, fine

Beide Koeffizienten sind sowohl mit der relativierten Zwischenschichtdicke als auch mit dem Scherspannungsniveau linear korreliert. Empirisch ergaben sich die folgenden Abhängigkeiten:

$$f = 4{,}83\ R + 0{,}24\ d/d_o - 3{,}5 \qquad (6)$$

$$g = 1{,}11\ R + 0{,}01\ d/d_o - 0{,}74 \qquad (7)$$

Bei dünnen Zwischenschichten und geringen Scherspannungsniveaus sind die Koeffizienten f und g Null, so daß hier generell m-Werte von -1,0 auftreten.[1]

Kriechverschiebung in der primären Kriechphase

Formt man die für den Bereich des primären Kriechens gültige Gleichung (1) um

$$v = v_1 \cdot t^m \qquad (8)$$

und setzt in diese Gleichung die für den m-Wert und die Kriechgeschwindigkeit v_1 gefundenen empirischen Gleichungen (2) und (5) ein, so ergibt sich für die Kriechgeschwindigkeit zu jedem beliebigen Zeitpunkt t folgende Beziehung:

$$v = a \cdot e^{b \cdot T} \cdot t^{f \cdot T^2 - g \cdot T - 1} \qquad (9)$$

Durch Integration dieser Gleichung im Intervall von t_1 bis t_i ergibt sich die in diesem Zeitraum eingetretene primäre Kriechverschiebung s:

$$s = \frac{a \cdot e^{b \cdot T}}{f \cdot T^2 - g \cdot T} \cdot \left(t_i^{\,f \cdot T^2 - g \cdot T} - t_1^{\,f \cdot T^2 - g \cdot T}\right) \cdot \frac{1}{1000}\ \text{(mm)} \qquad (10)$$

Mit Hilfe dieser Gleichung ist es möglich, die durch primäres Kriechen hervorgerufenen Kriechverschiebungen abzuschätzen. Hierbei zeigt sich, daß auch schon durch primäres Kriechen Verformungen auftreten, die zu Bauwerksschäden führen können. Zwar liegen bei dünnen, stark sand- und schluffhaltigen Zwischenmitteln diese Verformungen, bedingt durch den m-Wert von -1,0, noch im µm-Bereich (Tabelle 1), jedoch ergeben sich bei Zwischenmitteln mit höherem Tongehalt infolge einer Zunahme des m-Wertes, insbesondere bei höheren Scherspannungsniveaus, Kriechverschiebungen, die schon nach 1 Jahr im cm- bis m-Bereich liegen (Tab. 1).

Tertiäres Kriechen

In den durchgeführten Untersuchungen zum Kriechbruchverhalten von bis zu 10 mm dick gefüllten Gesteinstrennflächen trat innerhalb der maximalen Versuchszeit von 7 Tagen tertiäres Kriechen nur bei tonhaltigen Zwischenmitteln auf. Bei tonfreien Zwischenmitteln führten dagegen auch Scherspannungen nahe der Restscherfestigkeit nur zu primärem Kriechen. Bruch tritt hier praktisch nur bei Überschreitung der Restscherfestigkeit ein.

Ebenso wie das Kriechverhalten in der primären Kriechphase wird auch das Kriechbruchverhalten gefüllter Gesteinstrennflächen entscheidend vom Tongehalt des Füllmaterials beeinflußt. Die Zeit bis zum Einsetzen der tertiären Kriechphase ($t_{tert.}$) verringert sich bei konstantem Scherspannungsniveau und konstanter Zwischenschichtdicke mit steigendem Tongehalt exponentiell (Abb. 9):

[1] Bei der Benutzung der Formeln (5), (6) und (7) muß beobachtet werden, daß m-Werte kleiner -1,0 nicht relevant sind. Aufgrund der vorgenommenen Korrelationen ergeben sich für geringe Scherspannungsniveaus rechnerisch m-Werte kleiner -1,0. Diese müssen dann generell als -1,0 angesetzt werden.

Tab. 1 Die infolge primären Kriechens gefüllter Gesteinstrennflächen nach 1 Jahr bzw. 5 Jahren eingetretene Kriechverschiebung

Tab. 1 Creep displacement of filled rock discontinuities after primary creep lasting 1, respectively 5 years (measuring units in µm, other measuring units are specifically indicated)

d (mm)	$R = \frac{\tau_K}{\tau_R}$	KAOLIN O, fein		Ihnetal		KAOLIN O		KAOLIN O + Sst.-Mylonit		Bennau	
		1a	5a	1a	5a	1a	5a	1a	5a	1a	5a
1 mm	0,7	43,3	50,4	27,1	31,0	16	17,9	7,5	8,5	7,0	8,0
	0,8	69,3	1081	162	213	65	78	14,1	15,9	15,5	17,5
	0,9	18,5 mm	40,8 mm	1,1 mm	1,7 mm	260	330	30,7	35,3	24,7	27,5
2 mm	0,7	128	169	63	77	30,8	36,1	13,6	15,5	9,9	11,0
	0,8	3,3 mm	6,1 mm	467	677	139	174	23,4	26,1	23,9	27,1
	0,9	8,2 cm	18,2 cm	3,6 mm	6,1 mm	670	907	70,2	83,3	47,9	54,2
4 mm	0,7	2,3 mm	4,4 mm	497	754	128	169	68,1	85,4	26,8	30,3
	0,8	9,4 cm	25,7 cm	4,7 mm	8,6 mm	572	773	174,7	224	60,3	68,8
	0,9	1,0 m	3,4 m	40 cm	83 cm	3 mm	4,3mm	539	739	164,7	192

d (mm)	$R = \frac{\tau_K}{\tau_R}$	Fröndenberg		Quarzsilt		Sandstein-mylonit		Listertal	
		1a	5a	1a	5a	1a	5a	1a	5a
1 mm	0,7	11,3	12,7	10,5	11,8	11,3	12,7	9,9	11,0
	0,8	21,0	24,2	27,6	31,1	21,0	23,4	22,2	24,7
	0,9	31,6	36,1	46,1	51,7	39,4	43,5	50,7	57,8
2 mm	0,7	11,7	13,1	14,5	16,3	15,5	17,5	15,5	17,5
	0,8	22,5	25,5	34,2	38,4	26,6	29,4	33,2	37,8
	0,9	36,6	41,4	54,0	60,6	83,9	98,5	74,3	85,6
4 mm	0,7	18,3	20,8	17,1	19,2	22,4	26,3	22,6	26,0
	0,8	38,2	44,3	42,1	47,3	52,0	60,5	53,8	62,5
	0,9	58,2	67,0	85,6	96,1	104	121	115,6	135,7

Maßangaben in µm, andere Maßeinheiten sind gesondert aufgeführt

$$t_{tert.} = h \cdot l^{T} \qquad (11)$$

Da infolge kurzer zur Verfügung stehender Versuchszeiten (max. 7 Tage) nur das Kriechbruchverhalten auf Scherspannungsniveaus R ≧ 0,94 untersucht werden konnte, kann für die Koeffizienten h und l, die den Einfluß der Zwischenschichtdicke und des Scherspannungsniveaus beinhalten, keine allgemein gültige empirische Bestimmungsgleichung vorgestellt werden. Angaben über die beiden Koeffizienten für den begrenzten untersuchten Bereich werden von HÖWING (1984) berichtet.

Hier sei nur allgemein auf die Zunahme der Kriechbruchgefahr mit steigendem Tongehalt des Zwischenmittels hingewiesen.

Weitere Einflußfaktoren

Randbedingungen wie Normalspannung und Trennflächengröße haben dann keinen Einfluß auf das Kriechverhalten, wenn, wie im Fall dieser Untersuchung praktiziert, die Kriechversuche auf Scherspannungsniveaus erfolgen, die auf die Restscherfestigkeit der jeweiligen Probe bezogen sind.

Die Übertragung der in dieser Untersuchung an glatten Gesteinstrennflächen gewonnenen Kriechparameter auf rauhe Trennflächen ist dann möglich, wenn, wie im Falle toniger Zwischenmittel, die Korngröße des Lockermaterials kleiner als die Trennflächenrauhigkeit ist. In diesem Fall setzt sich das Lockermaterial zwischen die Rauhigkeitsspitzen, ebnet so die Trennfläche ein und führt infolge der randlichen Scherflächen, die von Rauhigkeitsspitze zu Rauhigkeitsspitze verlaufen, zu Verhältnissen, die den glatten Trennflächen entsprechen. Durch Einführung einer effektiven Zwischenschichtdicke - dies ist die mittlere Dicke der Zwischenschicht einer rauhen Trennfläche - sind die Kriechparameter übertragbar (Abb. 10).

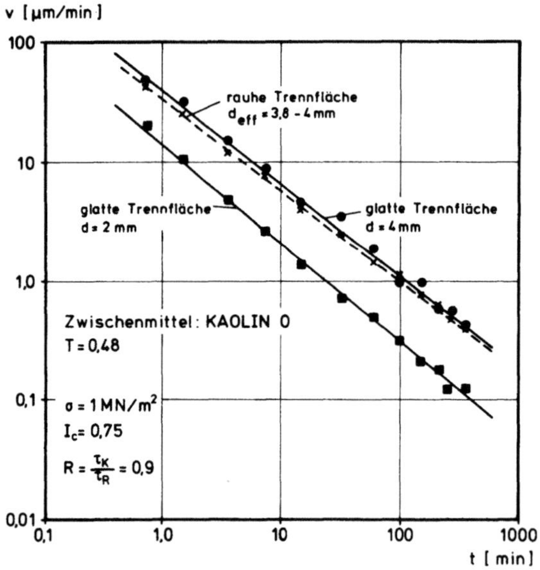

Abb. 10 Kriechverhalten glatter und rauher Gesteinstrennflächen

Fig. 10 Creep behaviour of smooth and rough rock discontinuities

Die bisher gemachten Aussagen gelten für Zwischenmittel mit einer konstanten Konsistenzzahl von $I_c = 0,75$. Diese Konsistenzzahl liegt an der Untergrenze der Konsistenzen, $I_c = 0,75 - 1,0$, die bei Böschungsbrüchen, die auf gefüllte Trennflächen zurückzuführen sind, im Zwischenmittel gemessen werden. Die hier gewählte Konsistenz entspricht also einer Situation, bei der mit etwa der größtmöglichen Kriechverschiebung zu rechnen ist.

MODELL ZUR ERKLÄRUNG DER KRIECHVERSUCHE

Worin liegen nun die Ursachen für die direkte Abhängigkeit sowohl des Kriechverhaltens in der primären als auch des in der tertiären Kriechphase vom Tongehalt des Zwischenmittels? Bei Lockergesteinen mit keinem oder nur geringem Tongehalt besteht zwischen den rolligen Partikeln, meist Quarzkörnern, immer ein direkter Kontakt. Kornform, Korngröße, Kornrauhigkeit und die Lagerungsdichte des Materials bestimmen hier das Deformationsverhalten.

Mit steigendem Tongehalt werden die rolligen Partikel immer mehr von Tonteilchen umschlossen. Dies führt zu einer fortschreitenden Reibungsverminderung zwischen den rolligen Partikeln. Kontakte zwischen rolligen Partikeln bestehen etwa bis zu Tongehalten von T = 0,25. Bei höheren Tongehalten sind alle groben Partikel umschlossen und mechanisch weitgehend unwirksam.

Wie die Abb. 6 zeigt, führen die Partikelkontakte der groben Bodenkomponenten bei Kriechversuchen an gefüllten Gesteinstrennflächen bei konstantem Scherspannungsniveau und konstanter Zwischenschichtdicke und -konsistenz dazu, daß bei Tongehalten von T = 0,1 bis T = 0,3 geringe Kriechgeschwindigkeiten auftreten. Ein Anstieg des Tongehaltes führt in diesem Bereich nur zu geringfügigen Kriechgeschwindigkeitssteigerungen.

Nach dem Verschwinden dieser Partikelkontakte der rolligen Bodenpartikel, den Untersuchungen zufolge bei Tongehalten von T > 0,32, wird das Kriechverhalten allein vom Tongehalt des Lockermaterials, d.h. von den Tonpartikeln und den zwischen ihnen wirkenden Kräften bestimmt. Diese Kräfte hängen primär von der Dicke der diffusen Doppelschicht, d.h. von der Dicke der sich um ein Tonteilchen anlagernden Wasserhülle ab. Die Doppelschichtdicke vergrößert sich dabei mit abnehmender Partikelgröße, da bei diesen Teilchen infolge vermehrter Gitterfehlstellen und geringerer Verwitterungsresistenz die negative Teilchenladung zunimmt. Aufgrund der bei steigendem Tongehalt des Zwischenmittels auch in der Tonfraktion abnehmenden Partikelgröße lagern die Tonteilchen bei gleichbleibender Bodenkonsistenz im Verhältnis zu ihrer Dicke immer dickere Wasserhüllen an. Hierdurch nimmt die Zahl der direkten Kontakte der Tonpartikel untereinander stetig ab. Die aus diesem Verhalten resultierende Abnahme der effektiven Reibung zwischen den einzelnen Tonpartikeln führt dann im Endeffekt zur fortlaufenden Scherfestigkeitsabnahme des gesamten Lockermaterials und zum exponentiellen Anstieg der Kriechgeschwindigkeit.

SCHLUSSBEMERKUNG

Zusammenfassend läßt sich sagen, daß die Kriechgefährdung gefüllter Gesteinstrennflächen primär von der Kornzusammensetzung des Zwischenmittels bestimmt wird. Über einen einfach zu bestimmenden Stoffparameter, den Tongehalt des Zwischenmittels, ist sowohl die Abschätzung der in der primären Kriechphase eintretenden Kriechverschiebung als auch der zu erwartenden Standzeit eines Böschungsbauwerkes möglich. Da bei gefüllten Gesteinstrennflächen, ähnlich wie beim Lockergestein, eine sekundäre Kriechphase, d.h. eine Phase mit konstanter Kriechgeschwindigkeit, nicht beobachtet werden konnte, muß bei potentiell kriechgefährdeten Böschungsbauwerken aufgrund der Tatsache, daß Kriechbruch nach stetig abnehmender

Kriechgeschwindigkeit und damit ohne jegliche Warnung eintreten kann, die Überprüfung der Deformationen in relativ kurzen Zeitabschnitten erfolgen.

LITERATUR

Amadei B, Curran JH (1980) Creep behaviour of rock joints. In: Proc 13th Canadian Rock Mechanics Symposium, Toronto, CIMM, Montreal, 146-150

Bieniawski ZT (1970) Time-dependent behaviour of fractured rock. Rock Mechanics 2: 123-137

Campanella RG (1965) Effect of temperature and stress on the time-deformation behaviour in saturated clay. Ph D Thesis University of California, Berkeley

Cogan J (1978) An approach to creep behavior in failed rocks. In: Proc 19th US Rock Mechanics Symposium, Reno, University of Nevada, Reno, 400-407

Cording EJ (1976) Shear strength on bedding and foliation surfaces. In: Rock engineering for foundations and slopes Vol II ASCE, 172-192

Cruden DM (1971a) The form of the creep law for rock under uniaxial compression. Int J Rock Mech Min Sci & Geomech Abstr 8: 105-126

Cruden DM (1971b) Single-increment creep experiments on rock under uniaxial compression. Int J Rock Mech Min Sci & Geomech Abstr. 8: 127-142

Hamel JV, Flint NK (1972) Failure of colluvial slope. J Soil Mech Found Div ASCE 98: 167-180

Handin J, Hager RV (1957) Experimental deformation of sedimentary rocks under confining pressure: tests at room temperature on dry samples. Bull Am Assoc Pet Geol 41: 1-50

Heard HC (1961) The effect of time on the experimental deformation of rocks. J Geophys Res 66: 2534

Höwing KD (1984) Das Kriechverhalten gefüllter Gesteinstrennflächen und dessen Auswirkung auf die Langzeitstabilität von Felsböschungen. Bochumer geol u geotechn Arb 13, 163 S

Kaiser PK, Morgenstern NR (1979) Time-dependent deformation of jointed rock near failure. In: Proc 4th Congress ISRM Vol I, Montreux, 195-202

Schwartz CW, Kolluru S (1981) Laboratory investigation of creep of jointed rock material. In: Proc 22nd US Rock Mech Symp MIT: 283-289

Singh A, Mitchell JK (1968) General stress-strain-time function for soils. J Soil Mech Found Div ASCE 94: 21-46

Solberg PH, Lockner DA, Summers RS, Weeks JD, Byerlee JD (1978) Experimental fault creep under constant differential stress and high confining pressure. In: Proc 19th US Rock Mechanics Symposium, Reno, University of Nevada, Reno, 118-120

Ter-Stepanian G (1975) Creep of a clay during shear and its rheological model. Geotechnique 25: 299-320

Wawersik WR (1974) Time-dependent behaviour of rock in compression. In: Proc 3rd Congress ISRM Vol II-A, Denver, 357-363

Wawersik WR, Brown WS (1973) Creep fracture of rock. Report No UTEC-ME-73-197, Mech Eng Dept, University of Utah

Vergleichende Gefügeuntersuchungen für den Tunnelbau im Buntsandstein

C. MUNK[1], H. PRINZ[2] und H. ZANKL[3]

SUMMARY

A geological exploration including special mapping, drilling and fabric analyses was worked out to prepare a tunnel project in the Lower Triassic sandstones of NE Hesse in Germany. These results were compared with a fabric selective interpretation of aerial fotographs that had been carried out following a method proposed bei REUL (1977). In general the lineation fabric in the aerial photographs fits within the fabrics of fractures and joints. To the contrary the interpretation of larger fractures in the aerial photographs shows considerable deviations to the results from field measurements. On the other hand strain rates derived from aerial photographs are well comparable to those resulting from field interpretations.

EINLEITUNG

Problemstellung

Die tektonisch/ingenieurgeologische Luftbildauswertung nach REUL (1977) vermittelt nicht nur ein flächendeckendes Bild über die Verteilung der Trennflächen im Gebirge, sondern ermöglicht nach Angaben von REUL (1977) in vielen Fällen auch Aussagen über die Art der Bewegung auf den erkannten Bruchlinien und Zerrüttungszonen. Zusätzlich erlaubt diese Art der Gefügeanalyse nach REUL (1977) eine Unterteilung in Bereiche unterschiedlicher tektonischer Zerrüttung.

Eine derartige Luftbildauswertung wurde von Dr. K. REUL, Hessisches Landesamt für Bodenforschung, Wiesbaden, für einen geplanten Straßentunnel im Mittleren Buntsandstein im östlichen Nordhessen in Oberrieden im Werra-Meißner-Kreis angefertigt. Mit der vorliegenden Untersuchung sollte die Verwendbarkeit dieser Methode für ingenieurgeologische Fragestellungen überprüft werden.

[1]Dr. C. Munk, Geol. und Ing.-Büro Dr. Pickel, Niedervellmarsche Str. 30 D-3501 Fuldatal 1

[2]Prof. Dr. H. Prinz, Hessisches Landesamt für Bodenforschung, Leberberg 9 - 11, D-6200 Wiesbaden

[3]Prof. Dr. D.H. Zankl, Philipps Universität Marburg, Lahnberge, D-3550 Marburg

Ingenieurgeologische Probleme im Grenzbereich zwischen Locker- und Festgesteinen
(Herausgegeben von K.-H. Heitfeld)

Bisher sind Luftbildauswertungen nach der Methode REUL (1977) nur für hydrogeologische und rein wissenschaftliche Arbeiten verwendet worden und nur in einem Falle (Tunnel Hirschhorn, PRINZ, REUL & SCHOLZ 1981) in der ingenieurgeologischen Praxis. Zur Zeit wird diese Methode auch bei der Vorerkundung für zahlreiche Tunnelbauwerke an der geplanten Neubaustrecke der Deutschen Bundesbahn von Hannover nach Würzburg angewendet.

Die vorliegende Arbeit hat einmal das Ziel, einen Vergleich der verschiedenen geologisch/ingenieurgeologischen Erkundungs- und Aufschlußmethoden, nämlich

- Spezialkartierung
- Aufnahme von Geländeaufschlüssen
- Luftbildauswertung
- Aufschlußbohrungen
- ingenieurgeologische Tunnelkartierung

anzustellen und zum anderen speziell die Anwendbarkeit der tektonisch/ingenieurgeologischen Luftbildauswertung im Hinblick auf das Erkennen von Störungs- und Zerrüttungszonen bzw. die Vorhersage der tektonischen Beanspruchung in den Sandstein- und Wechselfolgen des Unteren und Mittleren Buntsandsteins zu überprüfen.

Als Grundlage für die vorliegende Arbeit standen neben einer Anzahl von Bohrungen auch die Gutachten des Hessischen Landesamtes für Bodenforschung für dieses Tunnelprojekt zur Verfügung.

Leider wurde das Projekt nicht, wie ursprünglich vorgesehen, während der Bearbeitungszeit ausgeführt, so daß die eigentliche Kontrolle, eine ingenieurgeologische Tunnelkartierung, nicht vorgenommen werden konnte.

Lage und geologische Situation des Untersuchungsgebietes

Das Untersuchungsgebiet liegt unmittelbar südlich des Leinetalgrabens, der etwa 3,5 km weiter nördlich im "Eichenberger Grabenknoten" aus dem westlich gelegenen Nordost-Südwest streichenden Altmorschen-Lichtenauer Graben und dem östlich gelegenen Nordwest-Südost streichenden Eichenberg-Gothaer Graben hervorgeht. Das geplante Tunnelprojekt selbst liegt in einer Randscholle zwischen dem Altmorschen-Lichtenauer Graben und dem Eichenberg-Gothaer Graben, die als "Unterwerra-Scholle" bezeichnet wird (LOTZE 1932).

Etwa 1,5 km südwestlich des "Schürzeberges", den das geplante Tunnelbauprojekt durchfährt, durchdringt der Unterwerrasattel mit seinen paläozoisch verfalteten Schichten das mesozoische Deckgebirge (Abb. 1).

ERGEBNISSE DER LUFTBILDGEOLOGISCHEN UNTERSUCHUNGEN

In der von REUL im Maßstab 1 : 2.000 bearbeiteten Luftbildauswertung (REUL 1977) werden drei verschiedene Arten von Lineamenten unterschieden:

- Gefügespuren,
- kurze Bruchlinien und
- längere Bruchlinien (einschl. Verwerfungen).

Grundlage der tektonisch/ingenieurgeologischen Luftbildauswertung ist die Kartierung aller Gefügespuren, wie sie sich unmittelbar aus dem Luftbild ablesen lassen. Dabei werden die erkannten Gefügespuren direkt in den Arbeitsplan übertragen.

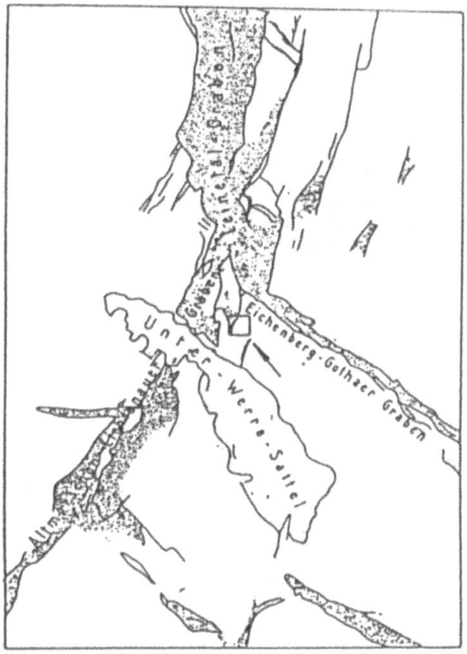

Abb. 1 Lage des Untersuchungsgebietes (Rahmen) zwischen dem Altmorschen-Lichtenauer- und dem Eichenberg-Gothaer-Graben; Maßstab 1 : 500.000 (LOTZE 1932)

Fig. 1 Area of investigation between Altmorschen-Lichtenauer- and Eichenberg-Gothaer Graben (LOTZE 1932)

Im nächsten Analysenschritt werden aus der Konstellation der Gefügeelemente die kurzen bzw. längeren Bruchlinien konstruiert, d.h. dieser Schritt ist bereits eine individuelle Interpretation des Bearbeiters.

Diese kürzeren und längeren Bruchlinien werden von REUL in erster Linie als horizontale Bewegungsbahnen im Gebirge gedeutet, wobei allerdings vertikale Bewegungen zumeist die Bahnen von Horizontalverstellungen mit benutzt haben und somit auch erfaßt sein dürften. Aus den so erkannten Bruchlinien können die Streichrichtung und zum Teil auch die ungefähren Einfallswinkel abgelesen werden. Ein Versatzbetrag kann nicht angegeben werden. Dies muß mit Hilfe der Schichtlagerung und der Feinstratigraphie erfolgen.

Alle diese Lineationen (Gefügespuren, kürzere und längere Bruchlinien) wurden bei der vorliegenden Auswertung der o.a. Einteilung entsprechend getrennt in Kluftrosen aufgetragen, um zunächst Aussagen über vorherrschende Streichrichtungen treffen zu können. Die Darstellung enthält rein statistisch gemittelte Richtungsangaben von Lineationen eines grösseren Areals, die die Verschiedenartigkeit einzelner tektonischer Homogenbereiche nicht mehr widerspiegeln können. Es besteht auch die Gefahr der Überbetonung bzw. Unterdrückung bestimmter Richtungen, die von den Aufnahmebedingungen abhängig sind. Diese Faktoren müssen daher bei der Deutung der Richtungsangaben mit berücksichtigt werden.

Die Richtungen der mit Hilfe der Luftbildauswertung ermittelten Lineationen

Bei dem Diagramm der Gefügespuren (Abb. 2) herrscht eindeutig die Streichrichtung von ca. 5° mit 16 % vor, die von einer Häufung bei 155° (15 %) spitzwinklig geschnitten wird.

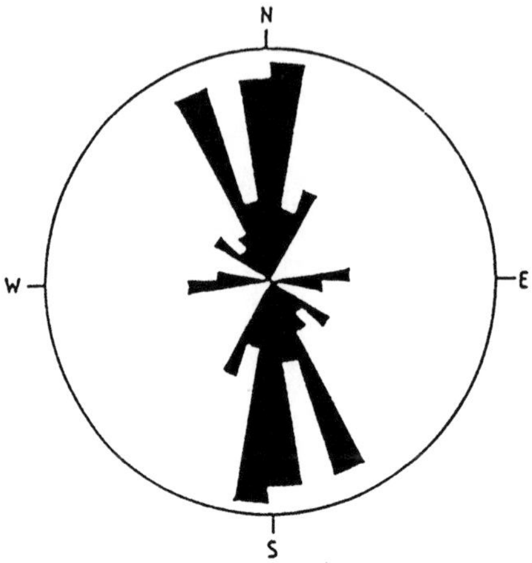

Richtungsrose der
Gefügespuren

directions of joints

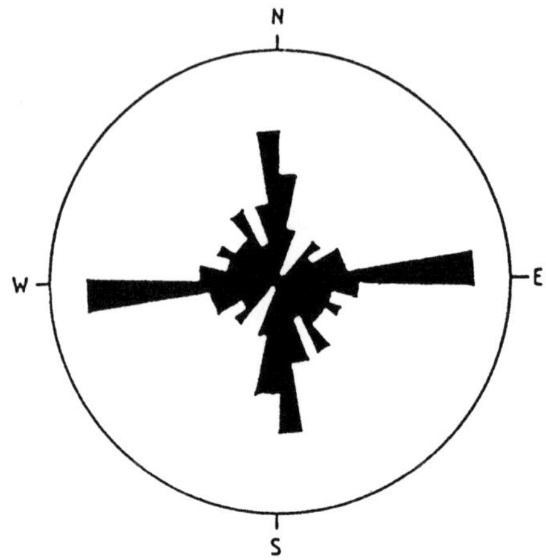

Richtungsrose der
kurzen Bruchlinien

direction of minor
faults

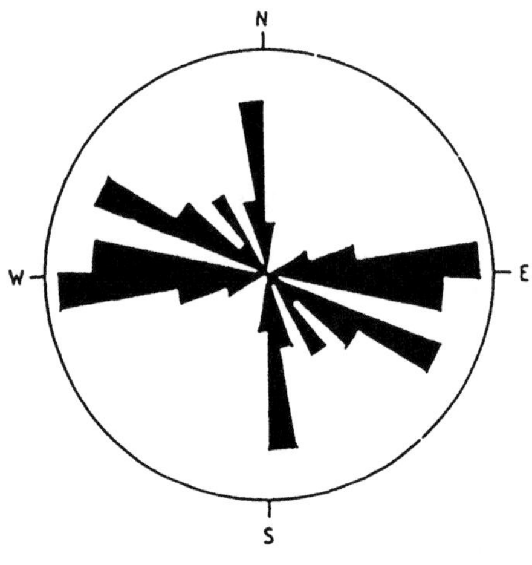

Richtungsrose der
längeren Bruchlinien

directions of major faults

Abb. 2 Richtungsrosen der aus der Luftbildauswertung vom Schürzberg/Oberrieden kartierten bzw. interpretierten tektonischen Lineationen (aufgetragen ist die Anzahl der Lineationen ohne Berücksichtigung ihrer räumlichen Erstreckung)

Fig. 2 Directions of tectonic lineations Schürzberg/Oberrieden, fotogrammetric interpretation (number of lineations, unclassified)

Richtungsmäßig etwa identisch, allerdings in der Häufigkeitsverteilung verschieden zum Diagramm der Gefügespuren stellt sich die Richtungsrose der kurzen Bruchlinien (Abb. 2) dar. Hier befindet sich die deutlichste Häufung in der Ost-West Streichrichtung bei 85° mit einem Anteil von 14 %, gefolgt von der Nord-Süd-Richtung bei 175° mit 11 % Anteil.

Bei den längeren Bruchlinien (einschl. Verwerfungen) herrscht die Ost-West-Streichrichtung bei 85° mit 16 % Anteil an der Gesamtmenge vor, die von einer Häufung bei 120° (40 % Anteil) spitzwinklig geschnitten wird (Abb. 2).

Vergleich der Gefügespuren der Luftbildauswertung mit den daraus abgeleiteten kurzen und längeren Bruchlinien

In Tab. 1 werden dann die Richtungen der Gefügespuren den "konstruierten" kurzen bzw. den längeren Bruchlinien gegenübergestellt. Die Prozentangaben der Streichrichtungen geben den Anteil der in dieser Richtung ermittelten Strukturen zur Gesamtmenge der jeweiligen Bruchlinien wieder.

Hierbei zeigt sich, daß die Gefügespuren mit der Streichrichtung von ca. 5° bei der Konstruktion der übergeordneten Lineamente eine Drehung nach Nordwesten um ca. 10° erhalten haben. Inwieweit dieses "Verdrehen" der kartierten Gefügespuren dem Verlauf der tatsächlich vorhandenen Störungen mit diesem Streichen näherkommt oder ob sich die Abweichung vergrössert, wird noch diskutiert. Kennzeichnend ist jedoch, daß diese Lineamente (5° bzw. 175°) in allen Richtungsrosen quantitativ bevorzugt auftreten.

Die in den Gefügespuren so markant in Erscheinung tretenden Lineationen mit dem Streichen von 155° verlieren bei der Darstellung der kurzen bzw. längeren Bruchlinien nahezu völlig an Bedeutung; sie sind nur noch untergeordnet vertreten, behalten aber ihre Richtung bei.

Dagegen gewinnt die bei den Gefügespuren nur unterdrückt in Erscheinung tretende Richtung von 85° bei den Bruchlinien stark an Bedeutung. Im Diagramm der kurzen Bruchlinien sind diese Strukturen eindeutig vorherrschend und behalten dieses Erscheinungsbild auch bei den Verwerfungen und längeren Bruchlinien bei. Dort allerdings tritt noch eine ähnlich stark vertretene Richtung (120°) hinzu.

Das bei den Gefügespuren nur unterdrückt vertretene Maximum von 125° tritt bei den kurzen Bruchlinien völlig zurück, wird aber bei den längeren Bruchlinien als eine der wichtigsten Hauptrichtungen ausgewiesen. Ihr Streichen ist dabei unverändert geblieben.

Der mit Hilfe der Luftbildauswertung ermittelte Zerlegungsgrad des Gebirges im Bereich der geplanten Tunneltrasse

Mit den Erkundungsmethoden der luftbildtektonischen Gefügeanalyse ist es nicht nur möglich, unmittelbare Angaben über die Verteilung der Kluftrichtungen zu machen, sondern man kann nach REUL (in PRINZ et al. 1981) auch den Zerlegungsgrad des Gebirges erkennen.

Hierbei wird nicht die Darstellungsdichte der Gefügespuren als direktes Maß für den Zerteilungsgrad verwendet, sondern in erster Linie die Anordnung der Bewegungsflächen (REUL in PRINZ et al. 1981), die ihr Gepräge aus den Bruchvorgängen erhalten. Aus der Art der Bruchgefügeanordnung wird auf unterschiedliche tektonische Gebirgsbeanspruchung und daraus auf den Zerlegungsgrad des Gebirges geschlossen. Da der Tunnelaufschluß noch nicht vorliegt, wird diese Fragestellung nicht weiter verfolgt.

ERGEBNISSE AUS DER GEOLOGISCHEN GELÄNDEAUFNAHME UND DEN KERNBOHRUNGEN

Aus der bekannten geologischen Situation und der geologischen Kartierung lassen sich im Bearbeitungsgebiet zwei verschiedene Störungssysteme ableiten, die sich nach ihren Richtungen und nach ihrem Erscheinungsbild unterscheiden.

In Tab. 1 sind diese Störungen nach ihrer Streichrichtung, ihrer bruchmechanischen Deutung und ihrem Bewegungssinn aufgelistet.

Tab. 1 Die mit der geologischen Kartierung ermittelten Störungen, ihre bruchmechanische Deutung und ihr Bewegungssinn

Tab. 1 Mapped faults, mechanical interpretation and direction of motion

Grabenstrukturen

Streichrichtung	bruchmechan. Deutung	Bewegungssinn
ca. 170°	synth. Abschiebung	vertikal
ca. 170°	synth. Abschiebung	vertikal
ca. 125°	rechtshändige Blattverschiebung	horizontal
ca. 125°	antithetische Abschiebung	vertikal
ca. 125	antithetische Abschiebung	vertikal

Randschollenstrukturen

Streichrichtung	bruchmechan. Deutung	Bewegungssinn
ca. 30°	Abschiebung	vertikal
ca. 30°	synth. Abschiebung	vertikal
ca. 20°	synth. Aufschiebung	vertikal
ca. 25°	steilstehende Verwerfung	vertikal
ca. 30°	synth. Abschiebung	vertikal
ca.125°	Abschiebung	vertikal
ca.125°	linkshändige Seitenverschiebung	horizontal
ca.125°	Abschiebung	vertikal

Aufnahme der Kluftflächen aus den Kernbohrungen und Darstellung mit Hilfe der Lagenkugelprojektion

Mit Hilfe einer Kernorientierung nach der bekannten Raumstellung der Schichten wurden an den 19 Vertikalbohrungen und 4 Schrägbohrungen Kluftmessungen vorgenommen.

Die Kluftmessungen aus den 19 Vertikalbohrungen und 4 Schrägbohrungen sind auf Abb. 3 dargestellt.

Bei den Vertikalbohrungen ist anzumerken, daß die Einfallswinkel an einer mit 15 - 25° nach Osten verkippten Scholle ermittelt wurden. Die Klüftung steht ± senkrecht zur Schichtung.

Die Kluftflächen der Bohrungen wurden nach HEITFELD et al. (1981) auf ihre Rauhigkeit und auf Bewegungsspuren hin untersucht. Dabei konnten nur vereinzelt gewisse charakteristische Eigenschaften der Kluftflächen erkannt werden. Bemerkenswert sind Bewegungsspuren (Harnisch/Striemun-

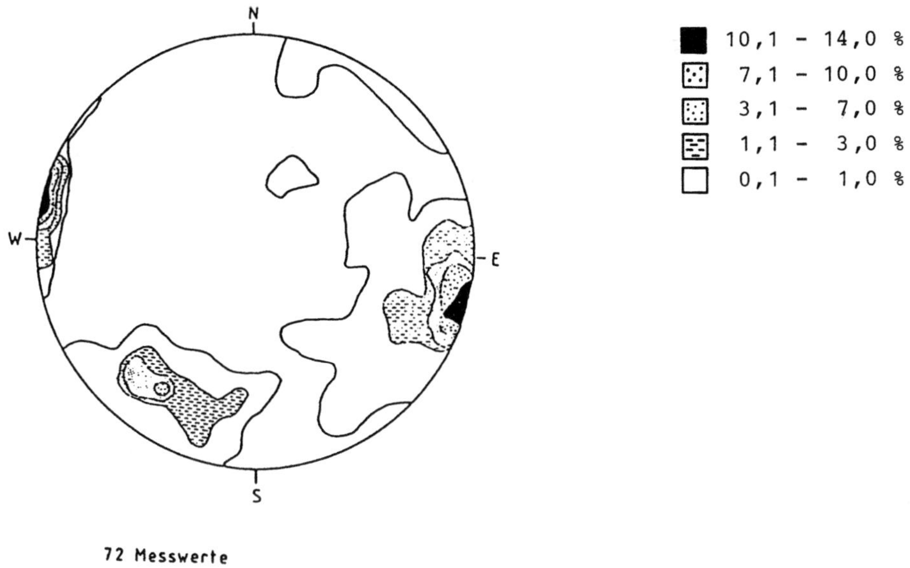

Abb. 3a Gefügediagramm der Klüfte aus den 4 Schrägbohrungen Oberrieden mit Darstellung der Häufigkeitsmaxima

Fig. 3a joint diagram of 4 inclined borings Oberrieden (distribution maxima)

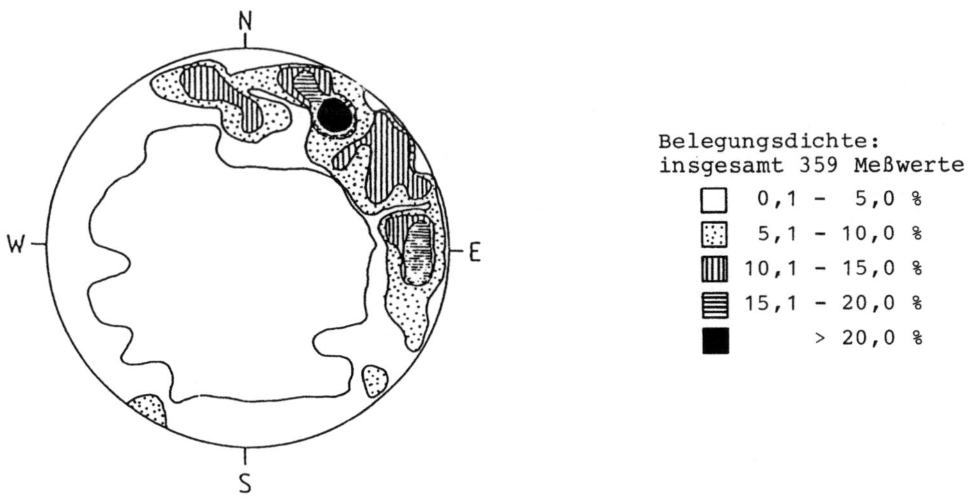

Abb. 3b Gefügediagramm der Klüfte aus 19 Vertikalbohrungen Oberrieden mit Darstellung der Häufigkeitsmaxima

Fig.3b joint diagram of 19 vertical borings Oberrieden (distribution maxima)

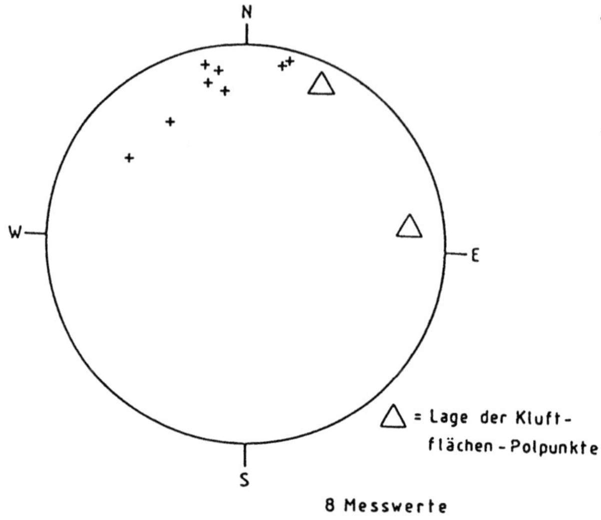

Abb. 3c Punkte der Kluftflächen mit gestriemten Harnischflächen; + = Durchstoßpunkt der Striemungslinie

Fig. 3c pole-points of lineated slickensides; + = point of penetration of the lineation

gen), die an insgesamt 8 Klüften zu beobachten waren. Diese Kluftflächen sind nahezu plan und ohne Reliefbildung und mit völlig glatter bzw. gestriemter Oberfläche. Richtungsmäßig sind sie zwei Streichrichtungen zuzuordnen, und zwar 115° und 170°. Im Gefügediagramm (Abb. 3c) ist aus den Durchstoßpunkten der Harnischlineare zu erkennen, daß diese insgesamt flach (mit ca. 10 bis 25°) verlaufen, eine Bewegung vorwiegend in horizontaler Richtung mit nur geringer Vertikalkomponente stattgefunden hat.

Die erbohrten Störungen und ihr Bewegungssinn

Die Störungen wurden aus den Bohrungen über den Grad und die Art der Kernzerbrechung und dem Auftreten von Störungsbrekzien bzw. Myloniten identifiziert. Störungszonen in Sandsteinfolgen liefern in Kernbohrungen zumeist intensiv zertrümmertes Gesteinsmaterial. In den tonsteinreichen Partien ist dagegen der Zusammenhang des Kerns im Bereich von Störungszonen in der Regel noch gegeben. Das plastisch reagierende Gestein ist jedoch verknetet und durchmengt und es fehlen jegliche Schichtungsstrukturen.

Die Störungen mit Streichrichtung Nordsüd weisen im allgemeinen eine zwar deutlich erkennbare, aber insgesamt geringe Gebirgszerteilung auf. Bewegungsspuren und Mylonite sind sehr selten.

Im Gegensatz dazu tritt bei den Störungen mit Streichrichtung ± 125° äußerst intensive Gebirgszerrüttung in bis zu 9 m breiten Zonen auf, in denen z.T. mehrere Bewegungsbahnen (Mylonite) erkannt werden konnten, mit Gesteinsbruchstücken mit Harnischen und Striemungen.

Die Zerrüttungszonen in Nordsüd-Richtung sind aufgrund der Schichtlagerung eindeutig als Abschiebungen anzusprechen. Die Störungen mit Streichrichtung ± 125° weisen dagegen durchweg nur geringe Vertikalversätze von z.T. nur 3 bis 4 m auf, mit denen die starke Gebirgszerbrechung und die Bewegungsbahnen mit mylonitisierten und gestriemten Gesteinen nicht erklärt werden können. Aus diesem Grunde wird hier eine Horizontalbewegung, teilweise auf mehreren parallelen Bahnen, angenommen.

Gefügekundliche Aufnahme in Geländeaufschlüssen

Im Aufschluß Schürzeberg steht dickbankiger Detfurther Sandstein an. Die Kluftmessungen sind im Gefügediagramm Abb. 4 dargestellt. Mit Hilfe einer Kluftkartierung in diesem Steinbruch wurde darüberhinaus versucht, über die Symmetriebeziehungen der einzelnen Kluftscharen eine Systematik der Bruchgefügeanordnung und eine genetische Deutung zu finden. Hierbei wurde davon ausgegangen, daß die Großklüfte in einer - allerdings oft sehr schwer zu fassenden - symmetrischen und funktionalen Beziehung zur Klüftung insgesamt stehen.

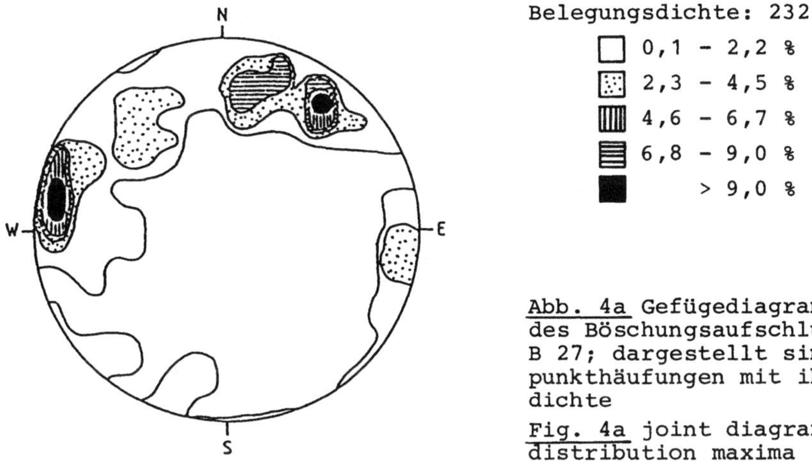

Abb. 4a Gefügediagramm der Klüfte des Böschungsaufschlusses an der B 27; dargestellt sind die Polpunkthäufungen mit ihrer Belegungsdichte

Fig. 4a joint diagram of B 27 slope; distribution maxima

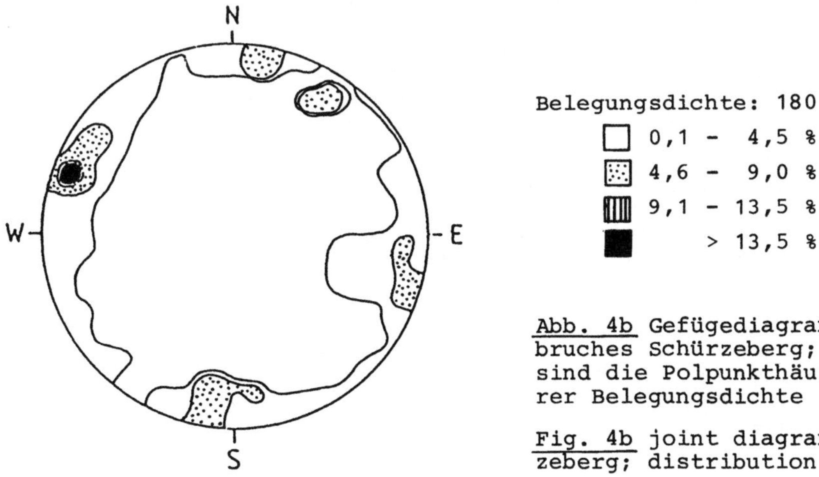

Abb. 4b Gefügediagramm des Steinbruches Schürzeberg; dargestellt sind die Polpunkthäufungen mit ihrer Belegungsdichte

Fig. 4b joint diagram quarry Schürzeberg; distribution maxima

Innerhalb des Steinbruchs kommen Großklüfte fast nur in zwei Richtungen (20° und 100°) vor, die sich unter einem Winkel von nahezu 90° schneiden und somit ein Kluftpaar bilden. Eine dieser Großklüfte mit Streichrichtung 20° konnte als Gleitungskluft mit dem Bewegungssinn einer steilen Schrägabschiebung gedeutet werden. Darüberhinaus weisen die Klüfte in Richtung 20° meist geringe Öffnungsweiten auf. Mylonite konnten nur ganz untergeordnet beobachtet werden.

An den Klüften mit Sreichrichtung 100° konnten zwar keinerlei Hinweise für Ab- bzw. Aufschiebungen erkannt werden, doch ist der große Anteil der mit Myloniten erfüllten Klüfte (9 %) dieser Richtung auffallend, der für eine Horizontalbewegung an diesen Großklüften spricht.

An Klüften in Streichrichtung 125° konnten keinerlei Relativbewegungen festgestellt werden, ebensowenig wurden Mylonite erkannt. Es scheint sich hierbei eindeutig um Trennungsklüfte, untergeordnet auch Verschiebungsklüfte, zu handeln. Nach ihrer räumlichen Erstreckung waren diese Klüfte überwiegend Kleinklüfte und nur in geringer Anzahl Mittelklüfte. Es dürfte sich demnach bei diesen Rupturen um ein Begleitgefüge handeln.

Nimmt man bei den Klüften in Streichrichtung 100° aufgrund der vorhandenen Mylonite eine Horizontalbewegung an, so lassen sich die Klüfte mit Streichen 125° aufgrund ihres Erscheinungsbildes und der Symmetriebeziehung (sie stehen in einem Winkel von ± 25° zueinander) als Fiederklüfte deuten, was die ursprüngliche Annahme von ± horizontalen Gleitungsklüften der 100°-Richtung weiter untermauert.

Als zweiter Aufschluß für Gefügemessungen diente ein Böschungsaufschluß an der B 27 mit dickbankigen Sandsteinen des Solling-Bausandsteins. Hier wurden 223 Meßwerte gewonnen, die im Lagenkugeldiagramm auf Abb. 4a dargestellt sind.

Das Diagramm weist insgesamt 4 verschiedene Maxima auf, von denen 2 als Hauptmaxima mit jeweils 9 % Anteil an der Gesamtmenge aller gemessenen Klüfte zu vertreten sind und 2 Nebenmaxima.

Mit Hilfe der auch hier vorgenommenen Kluftkartierung werden Symmetriebeziehungen der Klüfte abgeleitet und es wird versucht, eine Systematik der Bruchgefügeanordnung aufzuzeigen. Dabei wird von einer Großkluft als Hauptruptur (Streichrichtung 135°) ausgegangen. Die genetische Zuordnung dieser Großkluft ist insofern eindeutig, als an den Klufträndern Relativbewegungen erkennbar sind, die eine Bewegung von 10 - 15 cm in horizontaler Richtung bei einem Vertikalversatz von nur 1 - 2 cm aufweisen. Direkte Bewegungsspuren konnten an dieser Kluft nicht beobachtet werden, doch sind an anderen, weniger gut zugänglichen Großklüften dieser Richtung Striemungen ausgebildet, die ebenfalls eine Relativbewegung in vornehmlich horizontaler Richtung anzeigen. Die dort erkannten Harnische tauchen mit ca. 10° nach Nordwesten ab.

Der Winkel dieses Begleitgefüges zu den Großklüften beträgt etwa 30°. Danach handelt es sich offensichtlich um Scherstrukturen mit Riedelklüften (SKEMPTON 1966). Sowohl nach dem o.g. Relativversatz als auch nach diesen Winkelbeziehungen muß sich an dieser Gleitungskluft mit Streichrichtung 130° die nordöstliche Scholle gegenüber der südwestlichen relativ nach Nordwesten verschoben haben.

Auch an den Großklüften mit Streichrichtung 10° konnten sowohl Relativversätze beobachtet werden als auch horizontale Striemungen und Fiederklüfte mit Streichrichtung 60°. Anhand dieser Symmetriebeziehungen läßt sich eine Relativbewegung der östlichen gegenüber der westlichen Scholle nach Süden erkennen.

ABSCHLIESSENDER VERGLEICH DER GELÄNDEMETHODEN UND DER TEKTONISCHEN / INGENIEURGEOLOGISCHEN LUFTBILDAUSWERTUNG

Vergleich der Spezialkartierung mit den Ergebnissen der Kernbohrungen

Die geologische Spezialkartierung hatte das Ziel, die tektonischen Rahmenbedingungen des Untersuchungsgebietes darzustellen und dabei vor allen Dingen evtl. vorhandene Störungen im Bereich der geplanten Tunneltrasse aufzuzeigen. Der Erfolg einer solchen Kartierung hängt ganz entscheidend von den jeweils herrschenden Aufschlußverhältnissen ab. Speziell im Untersuchungsgebiet am Schürzeberg liegen keine direkten Aufschlüsse vor. Die Kartierung mußte mit Hilfe von Lesesteinen, der Morphologie und einiger kleinerer Weganschnitte erfolgen. Dabei war es ausgeschlossen, tektonische Strukturen zu erfassen, die sich nicht mit einem markanten Wechsel in der Schichtenfolge bemerkbar machen. Insofern konnte zwar die Schichtlagerung auf der Schürzebergscholle und ihr tektonischer Bezug zu den umgebenden Strukturen erkannt werden, doch war es nicht möglich, die zahlreich vorhandenen Abschiebungen mit ihren geringen Vertikalversätzen und die Horizontalverschiebungen zu erfassen. Beide Strukturen konnten erst durch die Bohrungen und zum Teil erst durch gezielt angesetzte Schrägbohrungen in ihrer Raumlage festgestellt werden. Auch danach waren diese Störungen bei nochmaliger Überprüfung im Gelände an keiner Stelle kartierbar.

Vergleich der Lineationen der Luftbildauswertung im Bereich der Tunneltrasse mit den tatsächlich ermittelten Richtungen der direkten Aufschlüsse

Zunächst wurden die Gefügespuren mit den Streichrichtungen der Klüfte aus den Geländeaufschlüssen verglichen um zu überprüfen, ob das Gefügeinventar rein richtungsmäßig von der Luftbildauswertung korrekt erfaßt wird. In der Tab. 2 sind diese Richtungsangaben einander gegenübergestellt, wobei der entscheidende Vergleich die Kluftrichtungen aus den Kernbohrungen innerhalb der Tunneltrasse sind.

Die aus dem Luftbild ermittelten Gefügespuren in Richtung 5° konnten mit einer Abweichung von jeweils 5° bei der Kluftaufnahme sowohl der Vertikalbohrungen (Streichen 0°) als auch im Böschungsaufschluß an der B 27 (Streichen 10°) nachgewiesen werden. Das dieser Richtung am nächsten liegende Kluftmaximum im Steinbruch Schürzeberg (Streichen 20°) weicht mit 15°, das der Schrägbohrungen (Streichen 25°) sogar mit 20° von dieser Richtung ab. Ein im Böschungsaufschluß vorhandenes Maximum der Klüfte mit Streichrichtung 60° konnte in keinem der übrigen Aufschlüsse bzw. auch nicht mit der Luftbildauswertung nachgewiesen werden.

Gefügespuren mit Streichrichtung 85° (Luftbild) sind in den Vertikalbohrungen mit einer Abweichung von 5° (Streichen 80°) als Kluftschar belegt. In den übrigen Aufschlüssen waren derart streichende Klüfte nicht zu beobachten.

Eine sowohl im Böschungsaufschluß an der B 27 als auch im Steinbruch Schürzeberg vorhandene Kluftschar in Richtung 100° konnte weder mit dem Luftbild noch durch die Auswertung der Kernbohrungen bestätigt werden.

In deutlicher Übereinstimmung mit den Gefügespuren der Luftbildauswertung befindet sich dagegen eine Kluftschar mit Streichrichtung 125°, die in allen Aufschlüssen ohne nennenswerte Abweichung (Böschungsaufschluß: 130°) gefundenwurde.

Gefügespuren in Richtung 155° konnten lediglich mit Hilfe der Vertikalbohrung (Streichen 150°) bestätigt werden.

Tab. 2 Die Streichrichtungen (Maxima) der in den einzelnen Aufschlüssen ermittelten Klüfte im Vergleich mit den Streichrichtungen (Maxima) der Gefügespuren der Luftbildauswertung

Tab. 2 Comparison of strike directions in outcrops and lineations of fotogrammetric interpretation

Streichrichtungen der				
Gefügespuren	Klüfte			
Luftbild	Vertikal-bohrungen	Schräg-bohrungen	Böschungs-aufschluß	Steinbruch Lindewerra
5°	0°		10°	
				20°
		25°		
			60°	
85°	80°			
			100°	100°
125°	125°	125°	130°	125°
155°	150°			

Bei dem direkten Vergleich der ermittelten Richtungsmaxima aus den vertikalen Kernbohrungen mit den Richtungen der Gefügespuren der Luftbildauswertung ergeben sich demnach nur Abweichungen von 5°.

In Tab. 3 werden die kurzen und längeren Bruchlinien aus dem Luftbild mit den Streichrichtungen der in den Bohrungen ermittelten Störungen und den in den Geländeaufschlüssen erfaßten Großklüften verglichen.

Dabei zeigt es sich, daß die kürzeren und längeren Bruchlinien gegenüber den Gefügespuren mit Richtung 5° um ca. 10° nach Westen abweichen (Streichen 175°). Die mit Hilfe der Kernbohrungen konstruierten Störungen verlaufen dagegen in Richtung 0°, so daß hier nur eine geringe Abweichung von 5° besteht. Der Vergleich mit den Großklüften beider Geländeaufschlüsse läßt hingegen einen größeren Unterschied erkennen. Zu den vergleichbaren Strukturen des Böschungsaufschlusses an der B 27 besteht eine Differenz von 15° (Streichen 10°) und zu denjenigen des Steinbruches Schürzeberg eine solche von 25° (Streichen 20°). Die in der Luftbildauswertung so markant ausgewiesenen Verwerfungen mit Streichrichtung 85° sind in keinem der Geländeaufschlüsse beobachtet worden. Auch gezielt auf diese Strukturen angesetzte Schrägbohrungen konnten keinerlei Anzeichen für eine Störung in dieser Richtung liefern, so daß davon ausgegangen werden kann, daß größere Störungen mit diesem Streichen offensichtlich nicht vorhanden sind.

Tab. 3 Vergleich der Streichrichtungen (Maxima) der kürzeren und längeren Bruchlinien der Luftbildauswertung mit den Streichrichtungen (Maxima) der Störungen in den Bohrungen und den Großklüften der Geländeaufschlüsse

Tab. 3 Comparison of minor and major faults (fotogrammetric interpretation) with strike directions of faults in boring and major joints in field outcrops

Streichrichtungen der				
kürzeren und längeren Bruchlinien	Störungen	Störungen	Großklüfte	Großklüfte
Luftbild	Vertikale Kernbohrungen	Schräg-Bohrungen	Böschungs-aufschluß	Lindewerra
175°	0°	0°		
			10°	
				20°
85°				
				100°
120°	125°	125°	130°	
150°				

Einmalig konnten im Steinbruch Schürzeberg Großklüfte mit Streichrichtung 100° nachgewiesen werden, die sonst in keinem der übrigen Aufschlüsse wiederzufinden waren.

Eine gute Übereinstimmung besteht dagegen zwischen den kürzeren und längeren Bruchlinien aus dem Luftbild in Richtung 120° und den in den Kernbohrungen erkannten Störungen, die in ihrer Streichrichtung lediglich um 5° von den vergleichbaren Strukturen des Luftbildes abweichen. Dagegen besteht zu den Großklüften in Richtung 130° des Böschungsaufschlusses ein Unterschied von 10°. Im Steinbruch Lindewerra wurden keine Großklüfte in Richtung 120° beobachtet. Dieser Aufschluß gehört offensichtlich einem anderen tektonischen Homogenbereich an.

Genauso wie die Bruchlinienschar in Streichrichtung 85° konnten die, zwar auch im Luftbild nur untergeordnet vertretenen, kürzeren und längeren Bruchlinien in Richtung 150° weder als Großklüfte noch als Störungen nachgewiesen werden.

Hinsichtlich der Frage, ob bei der Luftbildauswertung das Begleitgefüge der Verwerfungen erkennbar ist, läßt sich feststellen, daß die längeren Bruchlinien mit Streichrichtung 175° zumeist von einer großen Anzahl parallel angeordneter Gefügespuren begleitet werden. Im Luftbild zeigt sich außerdem, daß die als Fiederklüfte gedeuteten Gefügespuren zur Bruchlinienrichtung 20° einen Bewegungssinn anzeigen, bei dem die westliche Scholle als relativ nach Süden gegenüber der östlichen Scholle versetzt erscheint. Dies steht zwar im Gegensatz zum beobachteten Begleitgefüge im Böschungsaufschluß an der B 27, wo die westliche Scholle relativ nach Norden versetzt ist. Man kann aber dabei davon ausgehen, daß an parallelen Strukturen die Relativbewegung aufgrund unterschiedlicher Verschiebungsraten sich auch als gegenläufig darstellen kann, so daß diesem Unterschied keine große Bedeutung zugemessen werden muß.

Bei den Bruchlinien mit Streichrichtung 120° dagegen ist die Mehrzahl der begleitenden Strukturen nicht parallel angeordnet, sondern mit ca. 10° Streichen winklig zur Hauptlineation. Dies bestätigt den Geländebefund, daß bei der Mehrzahl der Strukturen mit Streichrichtung 120° eine horizontale Scherbewegung stattgefunden hat, die zu Fiederklüften mit einem Winkel von 70 bzw. 110° dazu geführt hat. Bruchstrukturen mit Streichrichtung 120°, die ein parallel angeordnetes Begleitgefüge besitzen, wurden nur selten beobachtet.

Demnach ließe sich aus dem Luftbild der Bewegungsablauf an einzelnen Bruchlinien ablesen, der sich hier am Schürzeberg gut mit dem in den Geländeaufschlüssen beobachteten Bewegungsbild deckt. Die Kenntnis der Richtungen der festgestellten Strukturen und ihre bruchmechanische Deutung lassen jetzt auch die unterschiedliche quantitative Verteilung der tektonischen Strukturen in den Richtungsrosen der Abb. 2 verstehen.

Das Vorherrschen der Gefügespuren in Nord-Süd-Richtung liegt daran, daß bei der Kartierung der Gefügespuren sowohl die Einzelabschnitte der später zu längeren Bruchlinien verbundenen Lineationen als auch deren parallel dazu angeordnetes Begleitgefüge erfaßt wurden, was zu einer deutlichen Bevorzugung dieser Richtung führte. Dazu weisen die konstruierten längeren Bruchlinien mit Streichrichtung 120° ein Begleitgefüge mit Streichen um 10° auf, das ebenfalls anteilig in das breite Nord-Süd-Maximum eingeht.

Erst bei der Konstruktion der übergeordneten Lineationen (kürzere und längere Bruchlinien, Abb. 2) wird in der Richtungsrose dieser Strukturen das Begleitgefüge unterdrückt, was dann zu einer realistischeren Darstellung der Störungssysteme führt.

Lage und Verlauf der mit Hilfe des Luftbildes kartierten längeren Bruchlinien im Vergleich zu den in den Kernbohrungen nachgewiesenen Störungen

Die Abb.5 zeigt einen Lageplan der geplanten Tunneltrasse, mit den aus der Luftbildauswertung konstruierten längeren Bruchlinien und den Störungen aus den Kernbohrungen. Dabei ist festzustellen, daß sich die aus dem Luftbild vorhergesagten Nord-Süd-streichenden Störungen außerhalb des Kreuzungsbereiches annähernd mit den mit Hilfe der Kernbohrungen ermittelten Verwerfungen zur Deckung bringen lassen. Im Kreuzungsbereich selbst allerdings wurden 2 markante Abschiebungen von der Luftbildauswertung nicht erfaßt.

Bei genauer Betrachtung jedoch weichen alle Störungen der Nord-Süd-Richtung im Luftbild mit ca. 5 bis 15° nach Nordwesten von der Raumlage der tatsächlich ermittelten Verwerfungen ab. Dieselbe Abweichung wurde bereits bei der Gegenüberstellung der Richtungen von Gefügespuren und längeren Bruchlinien des Luftbildes bemerkt. Schon dort konnte zwischen kartierten Gefügespuren und konstruierten Bruchlinien eine Differenz von 10° (ebenfalls nach Nordwesten abweichend) festgestellt werden.

Da die Gefügespuren im Luftbild mit den Messungen im Gelände und mit den aus den Kernbohrungen ermittelten Richtungen gut vergleichbar sind, muß für diese Differenz ein Fehler bei der Interpretation der Bruchli-

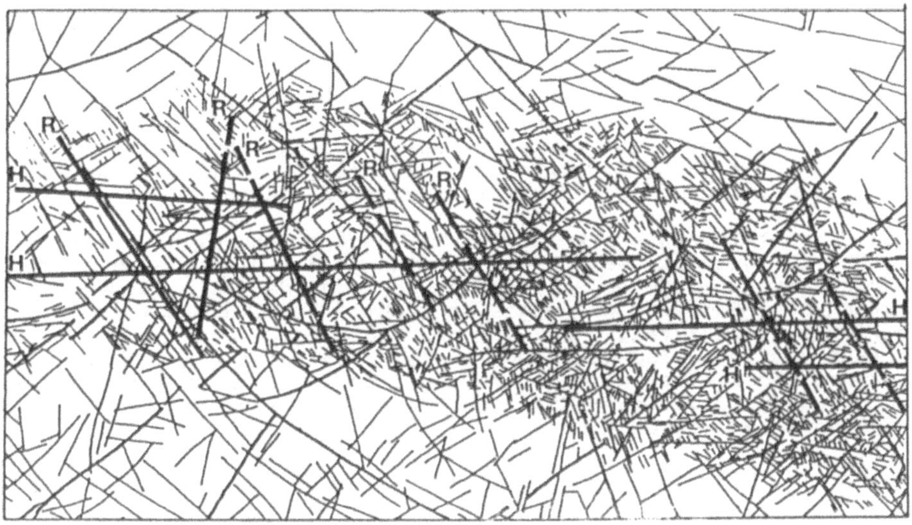

Abb. 5 Lageplan mit den kurzen und längeren Bruchlinien (einschl. Begleitgefüge) der Luftbildauswertung im Vergleich mit den aus den Kernbohrungen ermittelten Störungen (R und H)

Fig. 5 Lineation map with minor and major faults (incl. subordinate lineations) of the fotogrammetric interpretation compared with faults encountered in borings (R and H)

nien aus dem Luftbild angenommen werden. Nicht ganz so gut konnten dagegen die mit ± 125° streichenden Störungen der Kernbohrungen mit den Bruchlinien aus der Luftbildauswertung zur Deckung gebracht werden. Eine in den Bohrungen deutlich erkannte Störung südwestlich der geplanten Tunneltrasse wird vom Luftbild nur bruchstückhaft angezeigt. Im Bereich des Nordportals des geplanten Tunnels deckt sich eine Bruchlinie des Luftbildes noch mit dieser Störung, doch weist im weiteren Verlauf der Tunneltrasse kein Lineament auf diese Struktur hin. Dagegen werden im Bereich des Süd-Portals nachgewiesene Störungen wieder durch eine gute richtungsmäßige Übereinstimmung mit dem Luftbild bestätigt. Für eine nordöstlich der Tunneltrasse erkannte Störung dieser Richtung gibt es in der Luftbildauswertung keinen Hinweis.

Die im Luftbild immer wieder deutlich dargestellten Ost-West-streichenden Bruchlinien konnten im Gelände nur im Steinbruch Lindewerra als Großklüfte beobachtet werden. Weder im Böschungsaufschluß an der B 27 noch in den Kernbohrungen konnte diese Richtung als Störungszone nachgewiesen werden. Es muß also auch hier davon ausgegangen werden, daß der Konstruktion dieser übergeordneten Lineation ein Interpretationsfehler zugrunde liegt.

Abschließende Wertung der tektonisch/ingenieurgeologischen Luftbildauswertung

Bei der Wertung der tektonisch/ingenieurgeologischen Luftbildauswertung müssen die beiden Untersuchungsschritte, nämlich einerseits die Darstellung der aus dem Luftbild ablesbaren Gefügespuren und zum anderen die Interpretation der daraus abgeleiteten kurzen und längeren Bruchlinien getrennt behandelt werden.

Der Vergleich der mit dem Luftbild entlang der geplanten Tunneltrasse erfaßten Gefügespuren mit den Gefügemessungen an den Klüften der Kernbohrungen ergibt eine richtungsmäßig nahezu völlige Übereinstimmung. Dies bedeutet, daß das Gefügeinventar des Gebirges im Trassenbereich mit seinen Streichrichtungen richtig erfaßt zu sein scheint.

Erst bei der Interpretation kürzerer und längerer Bruchlinien aus der Anordnung der Gefügespuren werden die Richtungen der verschiedenen Bruchlinien nicht exakt wiedergegeben. So ergab sich, daß alle Verwerfungen in Richtung Nord-Süd zwar größtenteils richtig lokalisiert wurden, doch wurden sie um einen Betrag von ± 10° nach Nordwesten aus ihrer tatsächlichen Lage verdreht wiedergegeben. Diese Bruchlinien waren aber noch am ehesten mit den tatsächlich erbohrten Störungen zur Deckung zu bringen, auch wenn untergeordnet die eine oder andere Struktur im Luftbild nicht nachgewiesen werden konnte.

Auffallend ist, daß mit diesen N-S-Strukturen gerade die Elemente mit deutlichem Vertikalversatz am zutreffendsten erfaßt wurden, wohingegen die Störungen mit Horizontalbewegungen (Richtung 125°) nur bruchstückhaft oder gar nicht zur Darstellung kamen. Dies steht im Widerspruch zu der Auffassung REUL's (1977), daß mit seiner Methode im wesentlichen die Horizontalbewegung erfaßt werden und die Vertikalversätze nur dann im Luftbild erscheinen, wenn sie eine horizontale Bewegungskomponente enthalten.

Die Interpretation der kurzen und längeren Bruchlinien aus den Gefügespuren birgt aber offensichtlich die Gefahr der Überbetonung bzw. der Unterdrückung bestimmter Strukturen. So wies das Luftbild zahlreiche Ost-West-streichende Bruchlinien auf, für die es - auch mit gezielt angesetzten Bohrungen - keinerlei Nachweise gab. In dieser Richtung sind zwar zahlreiche Klüfte vertreten, doch konnten diese nicht in Beziehung auf evtl. vorhanden Störungen gebracht werden. Als Beispiel für eine Unterdrückung tektonischer Elemente seien die Horizontalverschiebungen mit Streichen 125° erwähnt.

Die Problematik dieser Art Luftbildauswertung scheint demnach weniger in der Kartierung der einezlnen Gefügespuren zu liegen, sondern vielmehr ein Problem der weitergehenden Interpretation zu sein. Obwohl im Luftbild die Beziehungen zwischen Begleitgefüge und Bruchlinien in den unterschiedlichen Richtungen prinzipiell zutreffend erkennbar sind, ergeben sich für eine Wertung der einzelnen Bruchlinien anscheinend Schwierigkeiten, die ohne Kenntnis der örtlichen tektonischen Gegebenheiten zu Fehlinterpretationen führen können.

Das vorliegende Ergebnis bestärkt die Hoffnung, daß die tektonisch-ingenieurgeologische Luftbildauswertung einmal als zusätzliche Erkundungsmethode bei der Vorerkundung geplanter Tunnelbauwerke verwendet werden kann. Zur Zeit befindet sich diese Methode allerdings noch in einem Erprobungsstadium, d.h. sie muß immer wieder an verschiedenen Objekten unter unterschiedlichen tektonischen Bedingungen überprüft werden. Dadurch werden die Fehler in der Interpretation der maßgebenden Strukturen auszuschalten sein.

LITERATUR

Heitfeld K-H, Hesse K-H, Tiedemann J (1981) Untersuchungen über die ingenieurgeologische Bedeutung des Trennflächengefüges in devonischen Schichten des Ahrtales. Ber 3 Nat Tag Ing Geol: 55-66, Ansbach

Lotze F (1932) Der Südteil des Göttinger Leinetalgrabens und der Eichenberger Grabenknoten. Abh preuß geol LA Heft 139, Berlin

Prinz H, Reul K, Scholz N (1981) Neue Wege zur Erkundung tektonischer Strukturen im Tunnelbau. Rock Mech Suppl 11: 9-32

Reul K (1977) Die tektonische Gefügeanalyse durch Fernerkundung, eine neue Untersuchungsmethode. Geol Jb Hessen 105: 149-153, Wiesbaden

Riedel w (1929) Zur Mechanik geologischer Brucherscheinungen. Centralbl Min etc B:354-368, Schweizerbarth, Stuttgart

Skempton AW (1966) Some observations on the tectonic shear zones. Proc 1st Congr ISRM Lissabon Bd I: 329-335, Bertrand, Lisboa

Wunderlich HG (1970) Einführung in die Geologie - Bd. 2, Endogene Dynamik. B I Hochschultaschenbücher Bd 341, Mannheim

Bereich geophysikalische Methoden

Seismische Bestimmung der bodendynamischen Kennwerte von oberflächennahen Schichten in Erdbebengebieten der Niederrheinischen Bucht

L. AHORNER und M. BUDNY[1]

SUMMARY

During the period from 1981 to 1983 seismic down-hole measurements were carried out at 36 selected sites within the Lower Rhine Basin and its vicinity in order to determine systematically the propagation velocities and the amplitude attenuation of compressional waves (P-waves) and shear waves (S-waves) in soft soil deposits of Quarternary and Tertiary age. For comparison, additional velocity measurements were made in Mesozoic and Paleozoic sedimentary rocks.

The seismic P-waves were produced by vertical hammer blows to an iron plate lying on the ground surface. For the generation of horizontally polarized S-waves a pendulum construction with a moving iron mass of some 70 kg was used. The mass blows horizontally against a wooden plank which is fixed to the ground. The seismic signals were detected in the borehole at various depths with triaxial geophones and digitally recorded on magnetic tape by means of an 8-channel Lennartz PCM-unit. A vertical stacking was performed in order to improve the signal/noise ratio. The data processing was made with a CBM-4032 microcomputer system.

From seismic propagation velocities and amplitude attenuation curves the elastic and non-elastic properties (dynamic shear modulus, Young's modulus, bulk modulus, Poisson's ratio, Q value, non-elastic damping ratio) of the soil layers investigated were calculated. A statistical evaluation of these data enabled the authors to deduce generalized relationships between dynamic soil properties and soil type, depth, geological age, and overconsolidation.

Based on these results local soil amplification curves for earthquake vibration in the seismic active regions of the Lower Rhine Basin could be calculated with the frequency domain method of the 'Steady State Harmonic Oscillations' (ROESSET 1970). Amplification spectra for selected sites demonstrate that the local earthquake vibration is strongly affected by the thickness and the dynamic properties of the near-surface-soil deposits.

EINLEITUNG

Die Kenntnis der bodendynamischen Kennwerte der oberflächennahen geologischen Schichten ist für die Beurteilung des Schwingungsverhaltens eines Baugrundes bei Erdbebeneinwirkung von großer Bedeutung. Beobachtun-

[1]Prof. Dr. L. Ahorner, Dipl.-Geol. M. Budny, Abteilung für Erdbebengeologie, Geologisches Institut der Universität zu Köln, Vinzenz-Pallotti-Str. 26, D-5060 Bergisch-Gladbach 1

Ingenieurgeologische Probleme im Grenzbereich zwischen Locker- und Festgesteinen
(Herausgegeben von K.-H. Heitfeld)

gen in Erdbebengebieten zeigen immer wieder, daß die örtliche Erdbebenintensität und damit die Schadenwirkung in starkem Maße durch den lokalen geologischen Untergrund beeinfluß wird. An dicht zusammenliegenden Punkten kommt es nicht selten trotz annähernd gleicher Entfernung zum Erdbebenherd zu sehr unterschiedlichen Schadensbildern. Dies ist in der Regel auf das spezifische Schwingungsverhalten des jeweiligen Baugrundes zurückzuführen, welcher infolge von seismischen Impedanzunterschieden, Resonanzvorgängen und unterschiedlicher Absorption zu einer Verstärkung oder Abschwächung des primären Erdbebensignals als Ganzes und seiner einzelnen Teilfrequenz führt.

Das hier beschriebene Forschungsvorhaben hatte zum Ziel, die bodendynamischen Kennwerte der quartären und tertiären Lockergesteine in den Erdbebengebieten der Niederrheinischen Bucht in systematischer Weise zu bestimmen, um realistische Ausgangsparameter für die Aufstellung von bodendynamischen Modellen zu bekommen, welche als Grundlage für die quantitative Berechnung des Schwingungsverhaltens eines Baugrundes bei Erdbebeneinwirkung dienen können.

Da die Niederrheinische Bucht zu den Haupterdbebengebieten der Bundesrepublik Deutschland gehört, wo sich in Abständen von einigen Jahrzehnten immer wieder schadenverursachende Erdbeben bis zur Intensität VIII der zwölfteiligen MSK-Skala ereignen (AHORNER, MURAWSKI & SCHNEIDER 1970), sind Untersuchungen über das Schwingungsverhalten der oberflächennahen geologischen Schichten hier von besonderem Interesse.

Die Bestimmung der bodendynamischen Kennwerte erfolgte mittels seismischer Messungen nach der Abzeitmethode in 36 Bohrungen bis maximal 200 m Tiefe. Aus den Ausbreitungsgeschwindigkeiten der Kompressionswelle (P-Welle) und der Scherwelle (SH-Welle) sowie deren Amplitudenabnahme mit der Entfernung vom Anregepunkt können die bodendynamischen Kennwerte Schermodul, Elastizitätsmodul, Kompressionsmodul, Poisson-Zahl und die anelastische Dämpfung berechnet werden.

BESCHREIBUNG DES MESSVERFAHRENS

Die seismischen Messungen zur in-situ-Bestimmung der bodendynamischen Kennwerte wurden vorwiegend in Grundwasserbeobachtungsbrunnen (Pegelbohrungen) durchgeführt. Gemessen wurde nach der Abzeitmethode. Dabei wird das seismische Signal an der Erdoberfläche angeregt und die Ausbreitung der Wellen mit einer im Bohrloch versenkten Geophonanordnung gemessen (Abb. 1). Da die Verrohrung der Pegelbohrungen zumeist nur eine lichte Weite von zwei bis drei Zoll aufweist, mußten kleinkalibrige Bohrlochgeophone entwickelt werden. Es handelt sich dabei um 3-Komponenten-Schwinggeschwindigkeits-Aufnehmer, die nach dem Tauchspulprinzip arbeiten (Eigenfrequenz 4,5 Hz). Gewöhnlich wurden zwei gleichartige triaxiale Geophonsysteme eingesetzt. Eines wurde als Referenzsystem in konstanter Entfernung zum Anregepunkt gehalten. Das zweite wurde von Messung zu Messung immer tiefer in das Bohrloch versenkt, wobei in der Regel Tiefenschritte von 2-5 m verwendet wurden. Kunststoffverrohrte Bohrungen erwiesen sich für die Messungen am günstigsten, da dabei störende Wellen in Form von Rohrvorläufern nur sehr schwach auftreten. Die Ankopplung der Geophone an die Verrohrung erfolgte mittels Federbügel, die der jeweiligen Verrohrung optimal angepaßt waren.

Die Kompressions- und Scherwellen wurden an der Erdoberfläche im Abstand von einigen Metern zum Bohrlochkopf angeregt. Dabei wurden in Abhängigkeit vom zu erzeugenden Wellentyp unterschiedliche Anregesysteme verwendet. Die Anregung der Kompressionswellen (P-Wellen) erfolgte mit einem vertikalen Hammerschlag auf eine am Boden liegende Stahlplatte. Für

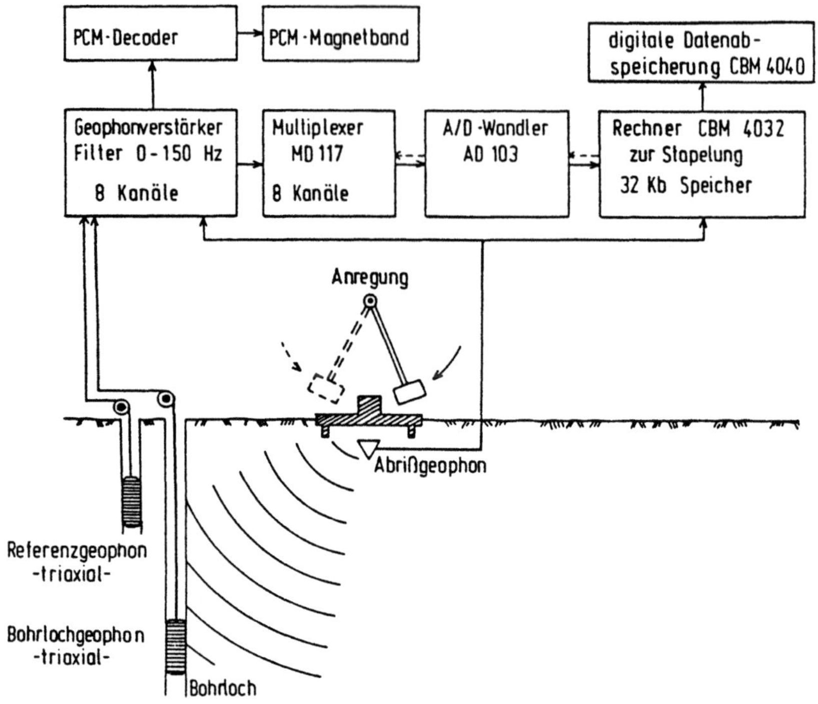

Abb. 1 Schematische Darstellung des Meßprinzips und der verwendeten Geräte

Fig. 1 Principle of seismic down-hole measurement and block diagram of instrumental equipment

die Anregung der horizontal polarisierten Scherwellen (SH-Wellen) wurde eine pendelartige Vorrichtung benutzt, bei der eine Schwingmasse von etwa 70 kg seitlich gegen eine an den Untergrund gekoppelte Bohle schlägt. Eine einfache Umkehrung der Schlagrichtung des Pendels bewirkt eine Invertierung des Welleneinsatzes der S-Welle, wodurch sich dieser Wellentyp im Seismogramm eindeutig identifizieren läßt.

Die Registrierung der Geophonsignale erfolgte digital auf Magnetband unter Verwendung einer 8-Kanal-PCM-Anlage der Firma Lennartz (Tübingen). Das Gerät ist mit rauscharmen Geophonverstärkern ausgestattet und weist einen Frequenzbereich von 0-150 Hz auf. Die Auflösung beträgt 12 bit. Neben den Ausgangssignalen der beiden triaxialen Geophonsysteme, die auf den Kanälen 1-6 gespeichert wurden, kamen auf den Kanälen 7 und 8 Informationen über den genauen Startzeitpunkt (Abriß) der seismischen Welle und über die primäre Signalform in unmittelbarer Nähe der Anregequelle zur Aufzeichnung. Um das Signal-Noise-Verhältnis zu verbessern, wurde bei ein und derselben Geophonposition mehrfach angeregt, wobei bei der SH-Wellen-Anregung auch die Schlagrichtung umgepolt wurde. Durch die Mehrfachanregung war es bei der Signalaufbereitung und Verarbeitung möglich, mittels Stapelung (Aufsummierung zeitsynchroner Signale) eine sehr wirksame Noise-Unterdrückung und eine entsprechende Hervorhebung des Nutzsignales zu erzielen. Meßteufen bis 200 m konnten auf diese Weise an nicht zu stark gestörten Standorten ohne Schwierigkeiten erreicht werden.

Die Signalaufbereitung und Verarbeitung wurde mit einem Kleinrechner des Typs Commodore CBM 4032 mit entsprechender Peripherie durchgeführt. Über einen 8-Kanal-Multiplexer und 12 bit A/D-Wandler wurden die Daten in den Rechner eingelesen und dort mittels speziell für diesen Anwendungsfall entwickelter Software weiterverarbeitet (Signalstapelung, Amplitudennormierung, digitale Filterung, Vorbereitung zur Plotterausgabe).

Als Ergebnis der rechnerunterstützten Datenverarbeitung standen schließlich Seismogramm-Montagen und Amplituden-Entfernungs-Diagramme zur Verfügung, aus denen die Ausbreitungsgeschwindigkeit und die Absorption der seismischen Wellen in den jeweils durchteuften geologischen Schichten bestimmt werden konnten.

Die bodendynamischen Kennwerte Schermodul G, Elastizitätsmodul E, Kompressionsmodul K und Poissonzahl μ sind aus den Wellengeschwindigkeiten V_p und V_s und der Dichte ρ des Ausbreitungsmediums nach folgenden Formeln zu bestimmen (eine genauere Ableitung findet sich z.B. bei LÜDELING 1976):

Schermodul $$G = \rho V_s^2 \qquad (1)$$

Elastizitätsmodul $$E = \rho V_s^2 \frac{3 V_p^2 - 4 V_s^2}{V_p^2 - V_s^2} \qquad (2)$$

Kompressionsmodul $$K = \rho (V_p^2 - \frac{4}{3} V_s^2) \qquad (3)$$

Poisson-Zahl $$\mu = \frac{V_p^2 - 2 V_s^2}{2 (V_p^2 - V_s^2)} \qquad (4)$$

Die anelastische Dämpfung bzw. Absorption wird durch den materialspezifischen Q-Wert (Gütefaktor) angegeben, welcher ein reziprokes Maß für die anelastische Dämpfung darstellt. Die Berechnung der Q-Werte (dimensionslos) erfolgte aus der Differenz zwischen der beobachteten und der geometrischen Abnahme der Signalamplituden bzw. Schwingungsenergie mit wachsender Entfernung von der Anregequelle. Zwischen der anelastischen Dämpfung D (in Prozent der kritischen Dämpfung) und dem Q-Wert besteht folgender Zusammenhang (IDRISS & SEED 1972):

$$D = 1/2 Q \qquad (5)$$

VORSTELLUNG VON MESSBEISPIELEN

In-situ-Bestimmungen der seismischen Wellengeschwindigkeiten wurden im Zeitraum 1981 - 1983 an insgesamt 36 Meßpunkten in der Niederrheinischen Bucht und in den angrenzenden Gebieten durchgeführt (Abb. 2). Bei der Auswahl der Meßpunkte wurde darauf geachtet, daß möglichst alle am Aufbau der Niederrheinischen Bucht beteiligten Lockergesteinstypen erfaßt wurden. Es handelt sich dabei im wesentlichen um tertiäre und quartäre Ablagerungen (Kiese, Sande, Schluffe, Tone, Braunkohlen sowie Löß und Lößlehm). In den Randgebieten der Niederrheinischen Bucht wurden auch oberflächennah anstehende Festgesteine mesozoischen und paläozoischen Alters (Oberkreidemergel, Buntsandstein, devonische Kalke, Sandsteine und Tonschiefer) in unverwittertem und verwittertem Zustand untersucht. Ein zusätzlicher Gesichtspunkt bei der Auswahl der Meßpunkte war, jene Teilbereiche der Niederrheinischen Bucht besonders intensiv zu untersuchen, in denen in der Vergangenheit stärkere Erdbeben vorgekommen sind (wie z.B. am Südwestrand der Bucht bei Euskirchen) oder wo bei Erdbebenanregung erfahrungsgemäß immer wieder deutlich lokale Anomalien der makroseismischen Intensität auftreten (wie z.B. am Nordostrand der

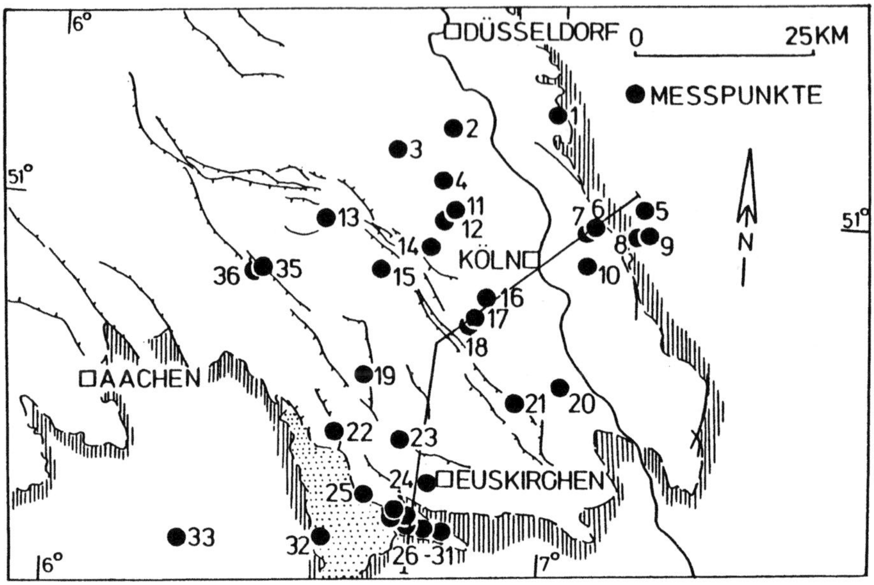

Abb. 2 Lage der Meßpunkte in der Niederrheinischen Bucht und in den angrenzenden Gebieten. Die Buchtränder sind schraffiert eingezeichnet.

Fig. 2 Seismic down-hole measuring sites in the Lower Rhine Basin and adjoining regions. Basin boundaries are hatched.

Bucht im Gebiet zwischen Opladen und Ratingen).

Ein typisches Beispiel für eine Messung im zentralen Teil der Niederrheinischen Bucht nordwestlich von Köln ist in Abb. 3 dargestellt. In dem hier vermessenen Grundwasserbeobachtungsbrunnen bei Sinthern (Punkt 12 in Abb. 2) stehen unter den etwa 21 m mächtigen quartären Ablagerungen (Lößlehm und Kiessand der Mittleren Mittelterrasse des Rheins) bis in große Tiefe oligozäne Feinsande mit geringmächtigen Ton- und Braunkohlezwischenlagen an, welche stratigraphisch der Kölner Unterflözgruppe zuzurechnen sind. Die Seismogramm-Montage zeigt die Ausbreitung der seismischen Kompressionswellen (P-Wellen) und Scherwellen (SH-Wellen) bis in 183 m Tiefe. Bei den P-Wellen sind deutlich kürzere Laufzeiten und höhere Frequenzen erkennbar als bei den SH-Wellen. Die Signalqualität ist bei beiden Wellentypen bis zur größten Meßteufe bemerkenswert gut. Dies ist im wesentlichen eine Folge der Signalstapelung. Bei den SH-Wellen ist das Differenzsignal aus den Anregungen mit invertierter Schlagrichtung geplottet. Das P-Wellen-Signal wird dadurch weitgehend unterdrückt. Die ausgewerteten Wellengeschwindigkeiten und die daraus abgeleiteten bodendynamischen Kennwerte für den Meßpunkt Sinthern sind in der Abb. 4 zusammengestellt. Das Geschwindigkeitsprofil zeigt unterhalb des in 11 m Tiefe befindlichen Grundwasserspiegels hohe und nahezu gleichbleibende P-Wellen-Geschwindigkeiten zwischen 1740 und 1930 m/s. Die SH-Wellen-Geschwindigkeiten steigen dagegen mit zunehmender Lagerungstiefe von 360 m/s bis 780 m/s an. Das höhere Auflösungsvermögen der SH-Wellen läßt Geschwindigkeitsunterschiede zwischen den tertiären Feinsanden, Tonen und Braunkohlen erkennen, welche auf entsprechende Unterschiede in den bodendynamischen Kennwerten hinweisen. Die Auswertung der Amplituden- bzw. Energieabnahme der seismischen Wellen mit der Tiefe führt am Meßpunkt Sinthern zu Q-Werten zwischen 7 und 10 (Abb. 5).

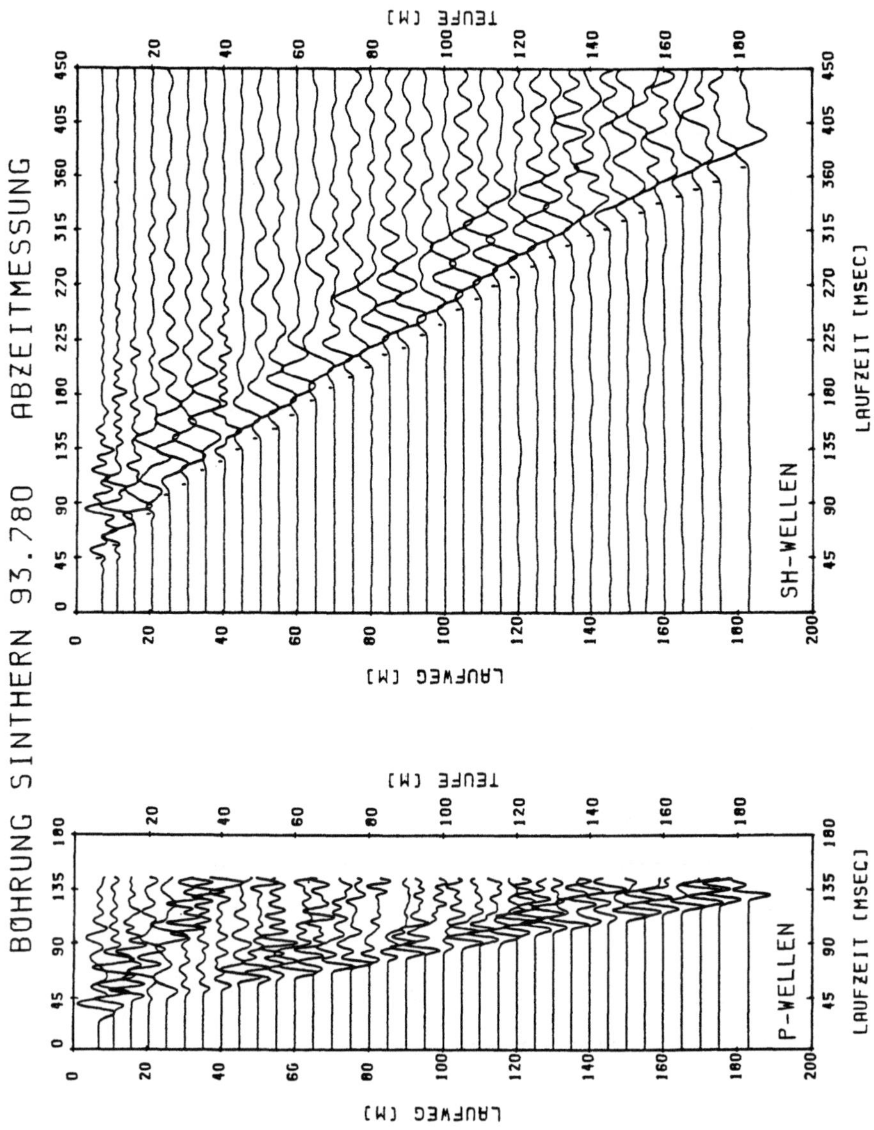

Abb. 3 Seismogramme der P-Wellen (links) und der SH-Wellen (rechts) der Abzeitmessung in der Bohrung Sinthern (Punkt 12 in Abb. 2)

Fig. 3 Down-hole seismograms of P-waves (left) and SH-waves (right) in the bore-hole Sinthern (site 12 in fig. 2)

Ein zweites Beispiel aus dem Westteil der Niederrheinischen Bucht bei Jülich (Standort KFA, Punkt 35 in Abb. 2) zeigt die Abb. 6. Am Meßpunkt stehen unter einer 31 m mächtigen Deckschicht aus Kiessanden der mittelpleistozänen Hauptterrasse des Rhein-Maas-Flußsystems bis zur größten gemessenen Tiefe von 145 m limnisch-fluviatile Ablagerungen des älteren Pleistozäns und Pliozäns (Reuver-Serie, Rotton-Serie) an, welche sich aus einer Wechselfolge von Sanden, Schluffen und Tonen mit geringmäch-

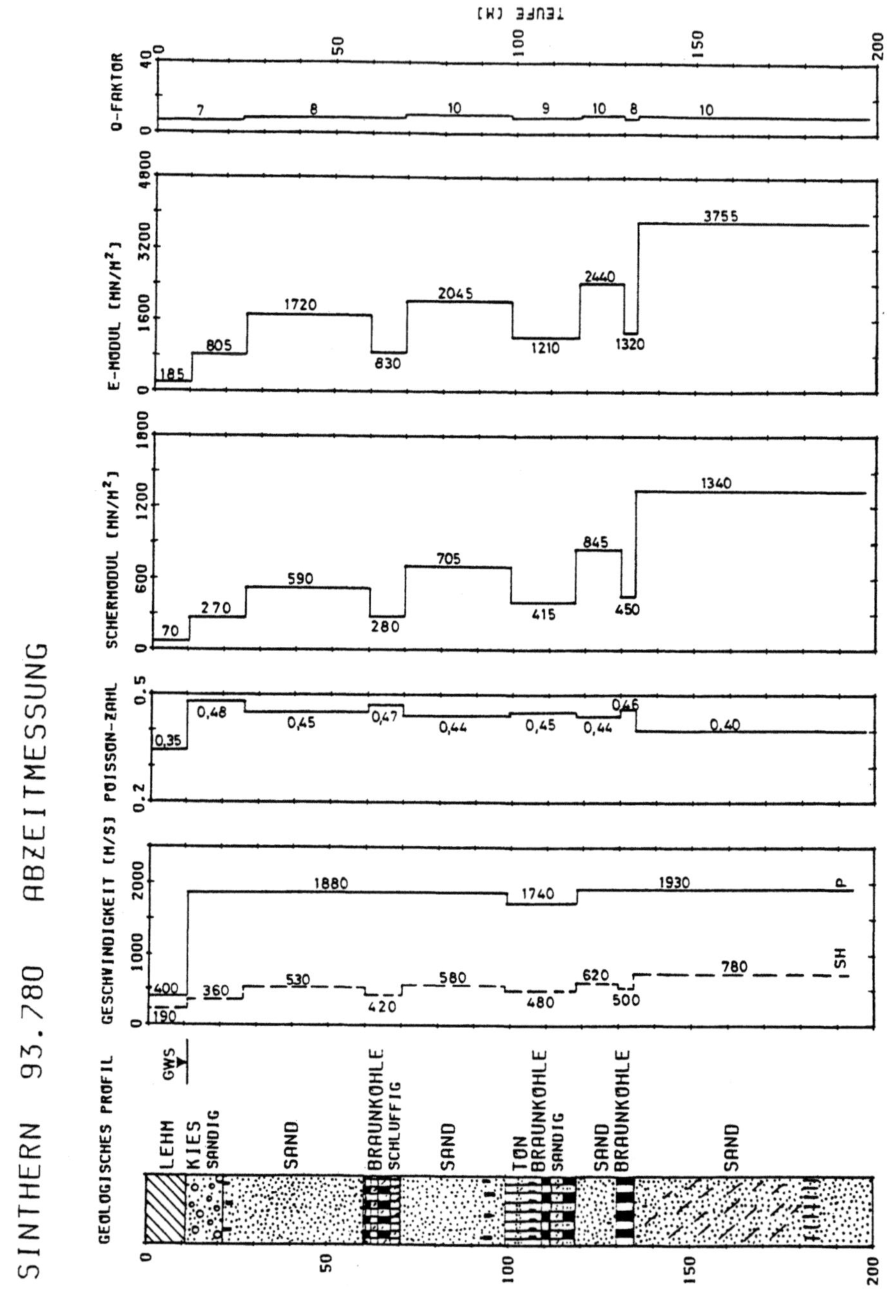

Abb. 4 Geologisches Profil und bodendynamische Kennwerte für die Bohrung Sinthern

Fig. 4 Geological section and dynamic soil parameters for the borehole Sinthern

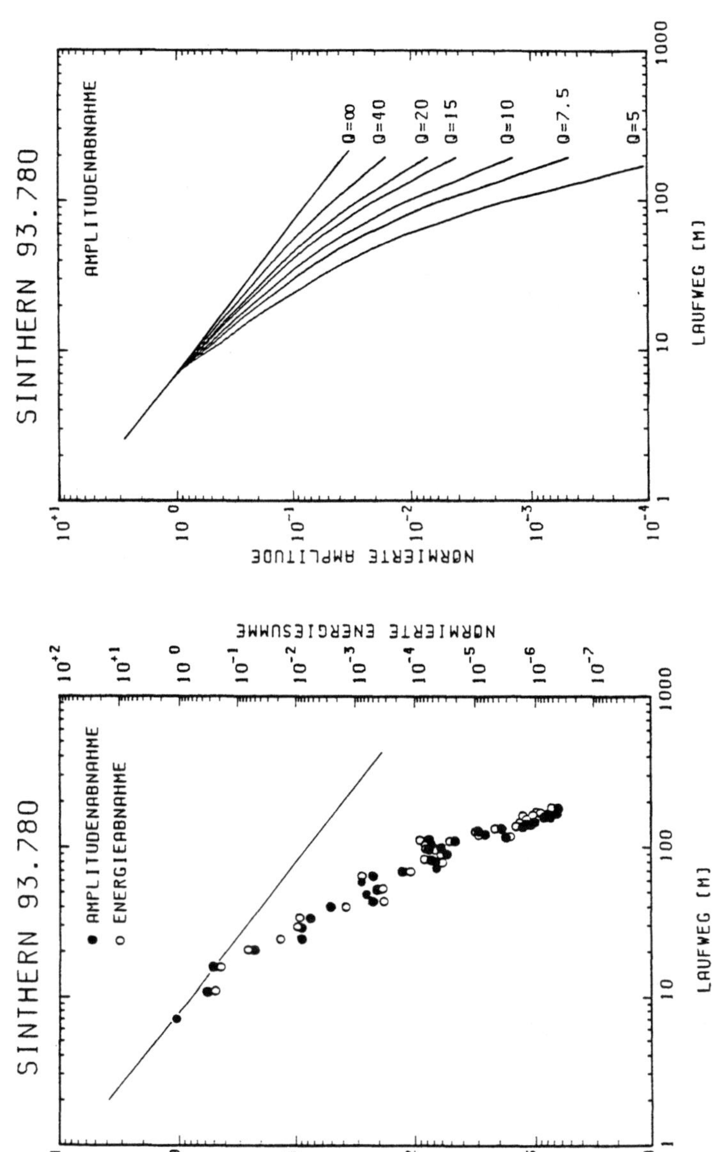

Abb. 5 Amplituden- und Energieabnahme des seismischen Signals als Funktion des Laufweges (Tiefe) bei der Abzeitmessung in der Bohrung Sinthern. Aus dem Vergleich der beobachteten Abnahme (linkes Diagramm) mit der für vorgegebene Q-Werte berechneten Abnahme (rechtes Diagramm) ergibt sich ein Q-Wert von 7 - 10.

Fig. 5 Signal attenuation with depth for the down-hole measurement in the borehole Sinthern. From the comparison of the observed amplitude and energy attenuation (left diagram) with the calculated attenuation for given Q-values (right diagram) a Q-value of 7 to 10 is determined for the Tertiary layers at the site.

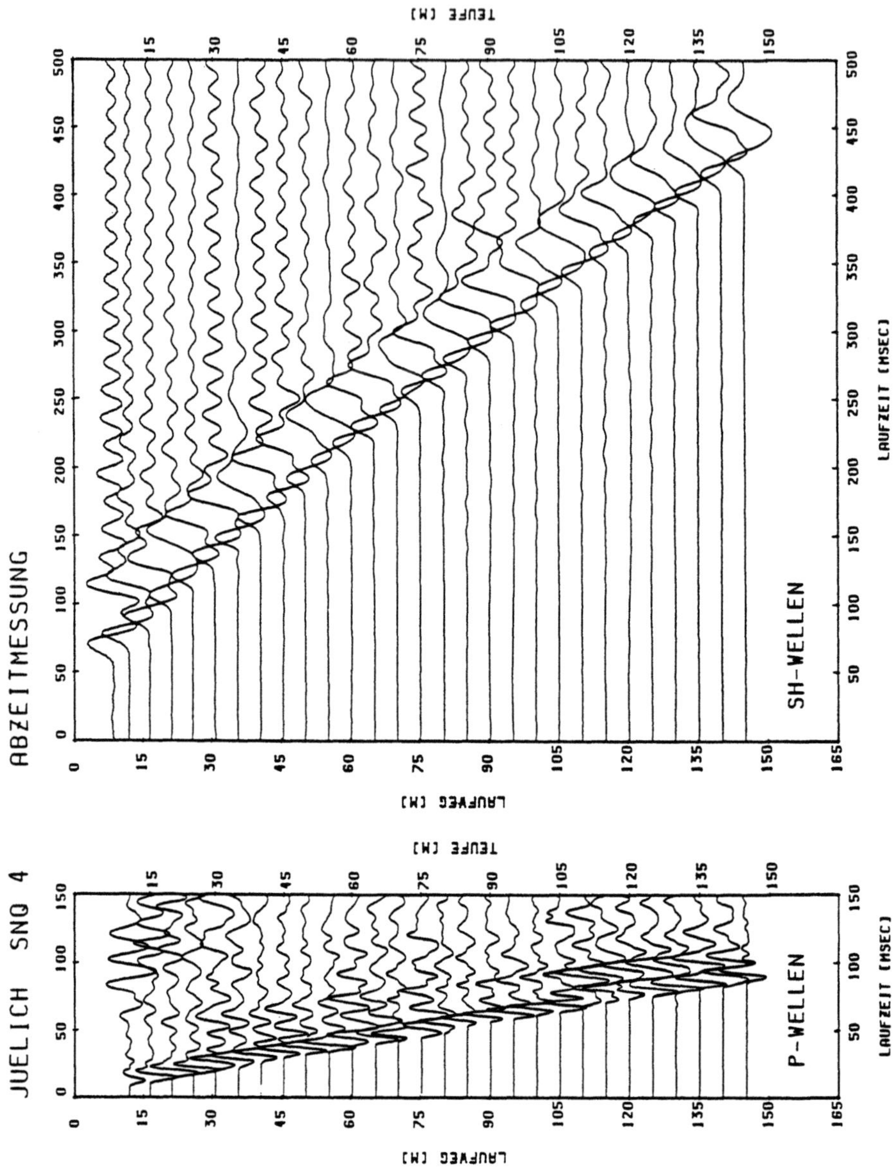

Abb. 6 Seismogramme der P-Wellen (links) und SH-Wellen (rechts) der Abzeitmessung in der Bohrung Jülich SNQ 4 (Punkt 35 in Abb. 2)

Fig. 6 Down-hole seismograms of P-waves (left) and SH-waves (right) for the borehole Jülich SNQ 4 (site 35 in fig. 2)

tigen Braunkohlelagen zusammensetzen (Abb. 7). Der Grundwasserspiegel liegt oberflächennah in etwa 2-3 m Tiefe. Für die Hauptterrassenkiese ergeben sich P-Wellen-Geschwindigkeiten von 1500 m/s und S-Wellen-Geschwindigkeiten von 200-300 m/s. Die darunter anstehende Schichtenfolge des Altpleistozäns und Pliozäns weist P-Wellen-Geschwindigkeiten von

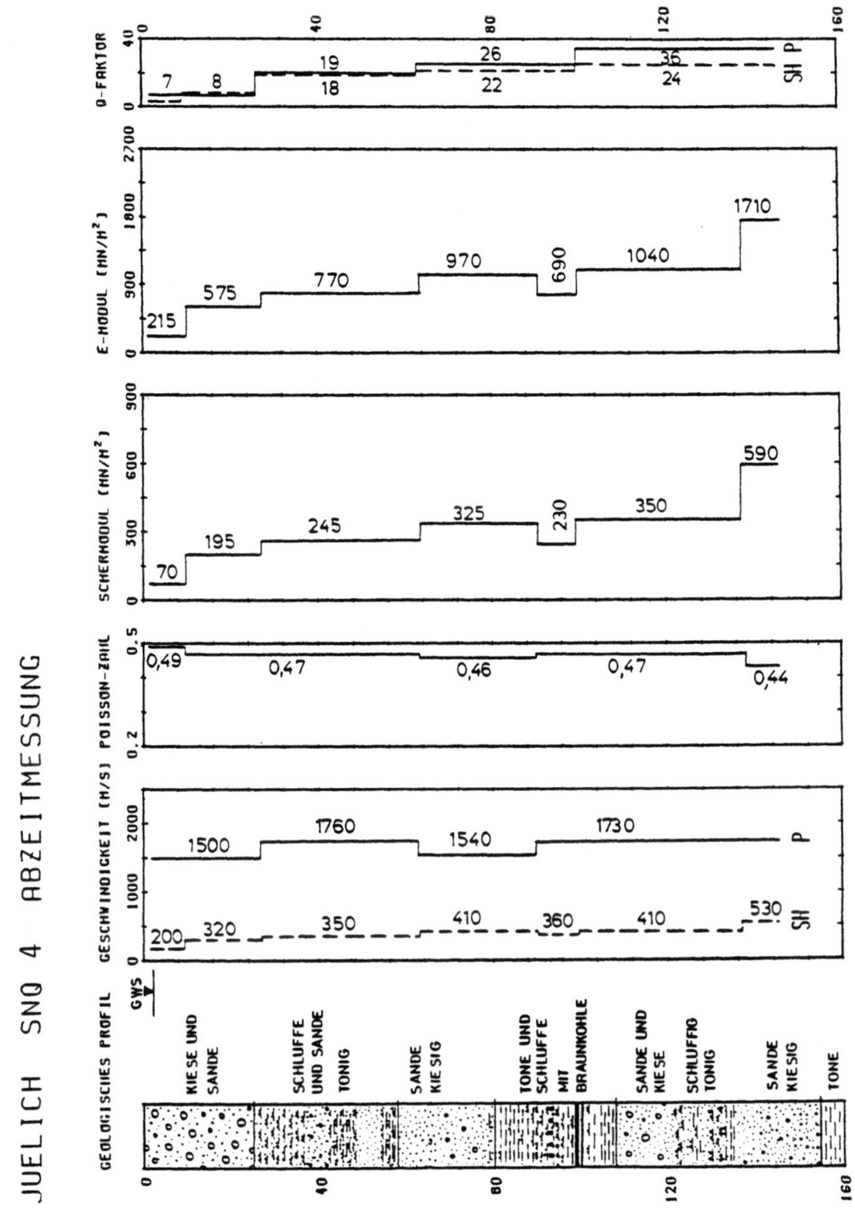

Abb. 7 Geologisches Profil und bodendynamische Kennwerte für die Bohrung Jülich SNQ 4

Fig. 7 Geological section and dynamic soil parameters for the borehole Jülich SNQ 4

1540-1760 m/s auf und S-Wellen-Geschwindigkeiten von 350-353 m/s. Die Q-Werte nehmen von 7-8 im oberflächennahen Bereich bis auf 24 (SH-Wellen) und 36 (P-Wellen) in größerer Tiefe zu.

Die mächtigen Braunkohlenflöze des Miozäns sind in der Niederrheinischen Bucht von besonderer Bedeutung. Sie werden stellenweise bis zu 100 m mächtig und bestehen aus stark wasserhaltiger Weichbraunkohle. Die Scherwellen breiten sich in der Kohle mit deutlich geringerer Geschwindigkeit aus als in den umgebenden Ton- und Sandschichten. Die Kohlenflöze bilden daher für die SH-Wellen einen 'Low Velocity Layer', welcher das Schwingungsverhalten des örtlichen geologischen Untergrundes stark beeinflussen kann. Bei den P-Wellen sind die Geschwindigkeitsunterschiede zum Nebengestein nicht so groß. Dies geht aus dem dritten Meßbeispiel hervor, welches in Abb. 8 vorgestellt wird. Es handelt sich um Abzeitmessungen

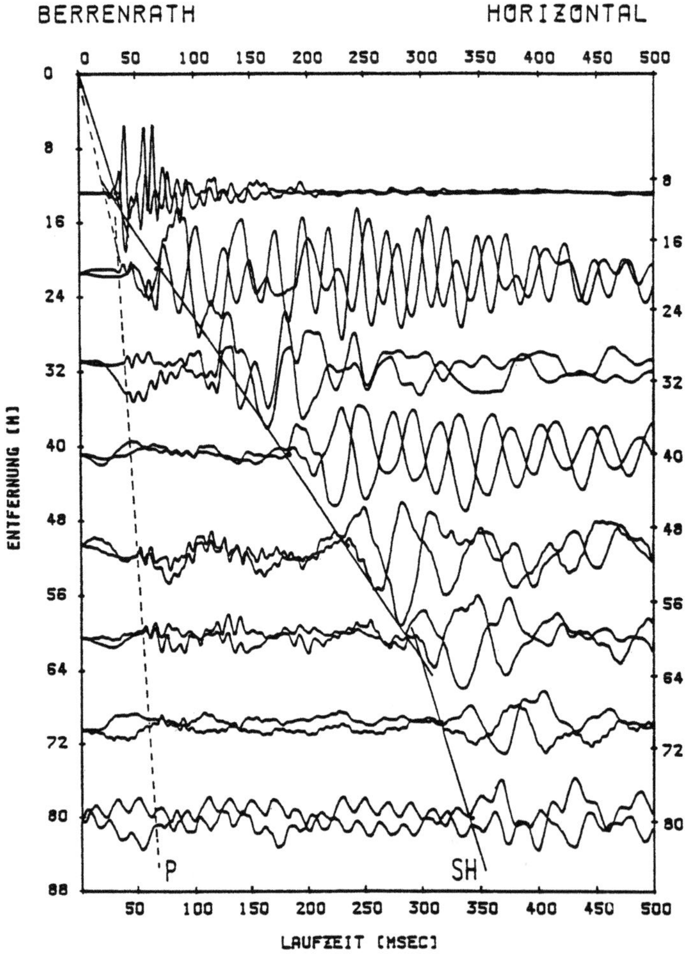

Abb. 8 Seismogramme der P-Wellen und SH-Wellen der Abzeitmessung in der Bohrung Berrenrath (Punkt 17 in Abb. 2). Die Signale mit invertierter Schlagrichtung sind übereinander gezeichnet.

Fig. 8 Down-hole seismograms of the P-waves and SH-waves for the borehole Berrenrath (site 17 in fig. 2). Normal and inverted signals are drawn together.

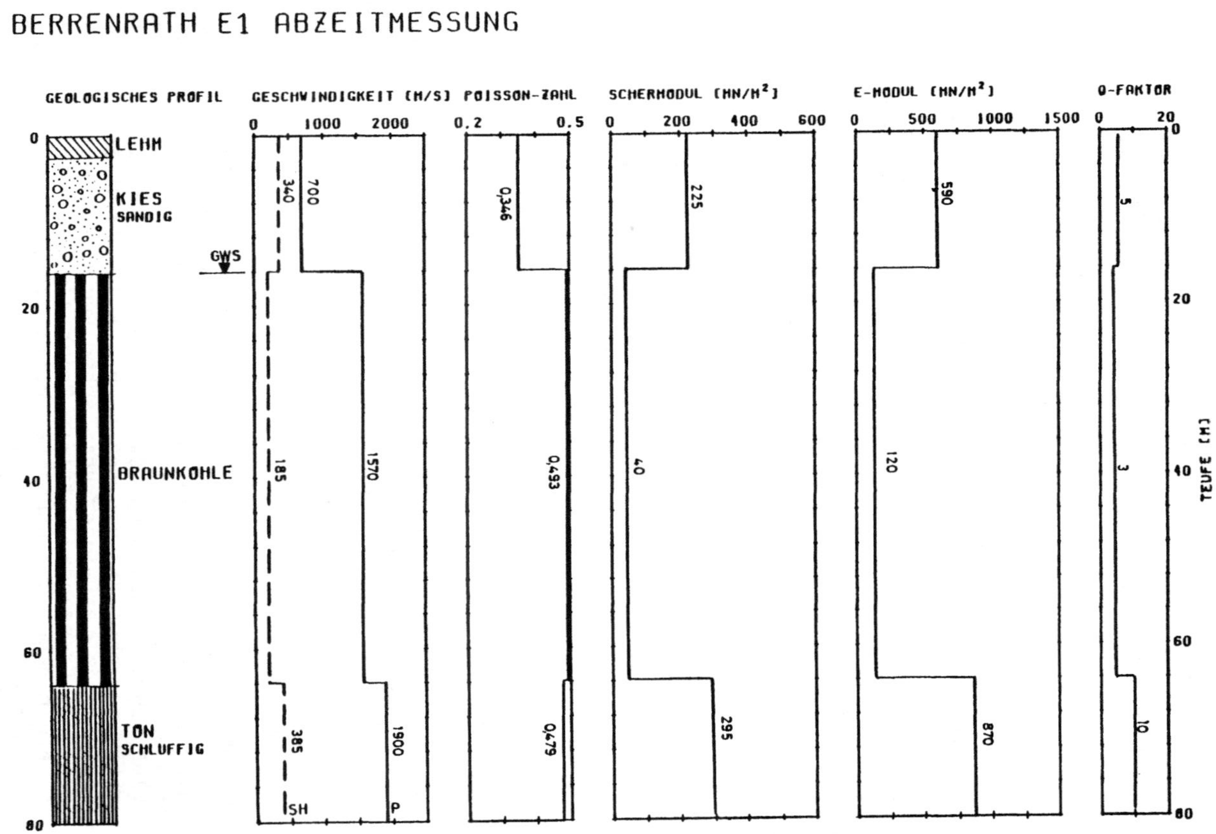

<u>Abb. 9</u> Geologisches Profil und bodendynamische Kennwerte für die Bohrung Berrenrath

<u>Fig. 9</u> Geological section and dynamic soil parameters for the borehole Berrenrath

in einer 80 m tiefen Untersuchungsbohrung bei Berrenrath, südwestlich von Köln auf dem flachen Höhenrücken der Ville gelegen (Punkt 17 auf Abb. 2). Die Meßstelle befindet sich in unmittelbarer Nähe eines in Betrieb befindlichen Braunkohlekraftwerkes, welches eine starke Bodenunruhe erzeugt. Diese läßt sich trotz Signalstapelung nicht völlig eliminieren. Daher ist die Signalqualität bei dem dritten Meßbeispiel nicht so gut wie bei den vorausgehenden Beispielen. Am Meßpunkt stehen bis 16 m Tiefe trockene Kiessande der mittelpleistozänen Hauptterrasse des Rheins an (Abb. 9). Darunter lagert das hier 48 m mächtige Hauptbraunkohleflöz, welches stratigraphisch den mittelmiozänen Ville-Schichten zuzurechnen ist. Ab 64 m Tiefe folgen schluffige Tone des Miozäns. Während die P-Wellen-Geschwindigkeiten im Braunkohleflöz mit 1570 m/s nicht wesentlich von den Geschwindigkeiten in anderen tertiären Schichten abweichen, sind die S-Wellen-Geschwindigkeiten mit nur 185 m/s ungewöhnlich gering, was auf einen entsprechend niedrigen Schermodul hinweist. Der für die Braunkohle bestimmte Q-Wert von etwa 3 ist gleichfalls sehr niedrig. Die Braunkohle absorbiert die seismische Wellenenergie wesentlich stärker als andere tertiäre Lockergesteine. Dies geht aus dem Vergleich mit den im tieferen Bereich des Bohrloches anstehenden schluffigen Tonen hervor, welche bei einer P-Wellen-Geschwindigkeit von 1900 m/s und einer S-Wellen-Geschwindigkeit von 385 m/s einen Q-Wert von 10 aufweisen.

Wegen des beschränkten Umfanges der vorliegenden Arbeit ist es nicht möglich, weitere Meßbeispiele vorzustellen, obgleich bei den insgesamt 36 vermessenen Bohrungen zahlreiche interessante Einzelergebnisse zu diskutieren wären. Eine vollständige Dokumentation der Meßergebnisse wird eine kurz vor dem Abschluß stehende Institutsveröffentlichung enthalten (BUDNY 1985).

AUSWERTUNG DER ERGEBNISSE

Um den Einfluß der Gesteinszusammensetzung und der Lagerungstiefe sowie des geologischen Alters und der geologischen Vorbelastung auf die seismischen Wellengeschwindigkeiten und damit auf die bodendynamischen Kennwerte untersuchen zu können, wurde das durch die Messungen gewonnene Datenmaterial unter Anwendung von EDV-Methoden statistisch ausgewertet. Auf diese Weise war es möglich, generalisierte Beziehungen zwischen den verschiedenen Einflußfaktoren und den ingenieurseismologisch relevanten Bodenkenngrößen abzuleiten.

Die Gesteinszusammensetzung und die Lagerungstiefe beeinflussen die seismischen Wellengeschwindigkeiten in den Lockergesteinen am stärksten, während das geologische Alter und die geologische Vorbelastung bei den untersuchten quartären und tertiären Ablagerungen bis etwa 200 m Tiefe von geringerem Einfluß sind. In den Diagrammen der Abb. 10 ist die Abhängigkeit der Ausbreitungsgeschwindigkeit der P-Wellen und SH-Wellen von der Lagerungstiefe für die in der Niederrheinischen Bucht sehr verbreiteten Sedimenttypen quartäre Kiessande, tertiäre Feinsande und tertiäre Tone dargestellt. Es werden dabei nur Schichten betrachtet, die sich im Grundwasserbereich befinden. Aus den Daten ergibt sich das generelle Bild, daß die SH-Wellen-Geschwindigkeiten in wassererfüllten Lockergesteinen um den Faktor 5-10 geringer sind als die P-Wellen-Geschwindigkeiten. Auf der anderen Seite nimmt bei den SH-Wellen die Geschwindigkeit mit der Lagerungstiefe deutlich stärker zu als bei den P-Wellen, wobei allerdings Unterschiede bei den verschiedenen Sedimenttypen festzustellen sind. Tone und Schluffe zeigen eine geringere Geschwindigkeitszunahme mit der Tiefe als Feinsande und Kiese.

Der Zusammenhang zwischen der Lagerungstiefe Z (in m) und der seismischen Wellengeschwindigkeit V (in m/s) wird üblicherweise durch die all-

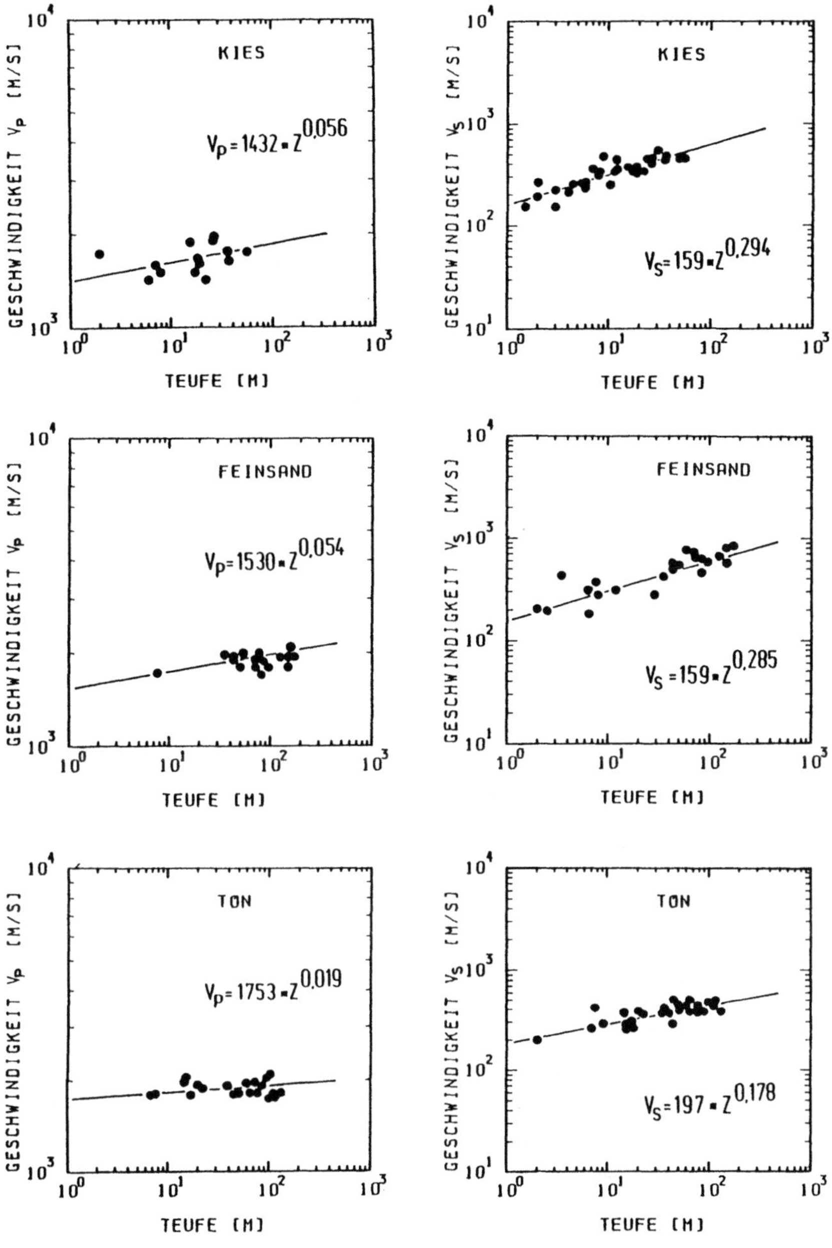

Abb. 10 Variation der Ausbreitungsgeschwindigkeit der P-Wellen (links) und SH-Wellen (rechts) mit der Lagerungstiefe in grundwassererfüllten Lockergesteinen der Niederrheinischen Bucht. Drei Sedimenttypen sind unterschieden (quartäre Kiese, tertiäre Feinsande, tertiäre Tone).

Fig. 10 Variation of the propagation velocity of seismic P-waves (left) and SH-waves (right) with depth for soft soil layers in the Lower Rhine Basin. Three types of sediments are distinguished (Quarternary gravels, Tertiary fine sands, Tertiary clays).

gemeine Beziehung

$$V = V_o \, Z^k \qquad (6)$$

beschrieben. Dabei bedeutet V_o die Wellengeschwindigkeit in der Tiefe Z = 1 m. Der Exponent k charakterisiert die Zunahme der Wellengeschwindigkeit mit der Tiefe.

Wenn man die Wellengeschwindigkeit für verschiedene Gesteinstypen miteinander vergleichen will, ist es erforderlich, die gemessenen Geschwindigkeitswerte auf eine einheitliche Bezugstiefe umzurechnen. Die Tab. 1 enthält eine Zusammenstellung der materialspezifischen Wellengeschwindigkeiten (Mittelwerte und Standardabweichung) für die in der Niederrheinischen Bucht untersuchten Lockergesteine, bezogen auf eine Lagerungstiefe von Z = 10 m. Ferner ist in der Tabelle der für die jeweilige Gesteinstypen geltende Exponent k vermerkt, welcher die Tiefenabhängigkeit der Wellengeschwindigkeiten angibt. Zum Vergleich enthält die Zusammenstellung auch Geschwindigkeitswerte für die im Randbereich der Niederrheinischen Bucht untersuchten Festgesteine. In der Tab. 2 sind die den Wellengeschwindigkeiten entsprechenden bodendynamischen Kennwerte aufgelistet, ebenfalls bezogen auf eine Lagerungstiefe von Z = 10 m.

Bei den Festgesteinen ergeben sich erwartungsgemäß deutlich höhere Wellengeschwindigkeiten als bei den Lockergesteinen, wobei sich die untersuchten kretazischen Mergelsteine sowie die triadischen Sandsteine und Konglomerate von den paläozoischen Tonschiefern, Grauwacken, quarzitischen Sandsteinen und Dolomiten abheben. Bei den Festgesteinen ist im oberflächennahen Bereich (bis in eine Tiefe von einigen 10 m) gewöhnlich eine starke Tiefenabhängigkeit der Wellengeschwindigkeiten festzustellen, die durch den Verwitterungseinfluß zu erklären ist. In größerer Tiefe nehmen die P-Wellen- und S-Wellen-Geschwindigkeiten in den Festgesteinen mit größer werdender Lagerungstiefe weniger stark zu als bei den Lockergesteinen.

Die aus unseren Messungen in Lockergesteinen bis etwa 200 m Tiefe abgeleiteten generellen Beziehungen zwischen den P-Wellen- und S-Wellen-Geschwindigkeiten und dem Sedimenttyp sowie der Lagerungstiefe decken sich in zufriedenstellender Weise mit den Ergebnissen in anderen Untersuchungsgebieten, wie z.B. in Norddeutschland (MEISSNER et al. 1982, 1983), in der DDR (SCHÖN 1983), in den USA (DOMENICO 1977) und in Japan (OHTA & GOTO 1978). SH-Wellen-Geschwindigkeiten aus Abzeitmessungen bis 1100 m Tiefe in vorwiegend sandig ausgebildeten quartären und jungtertiären Lockergesteinen bei Tokio sind von OHTA et al. (1980) veröffentlicht.

Die Q-Werte, welche ein reziprokes Maß für die anelastische Dämpfung der seismischen Wellen darstellen, zeigen bei den in der Niederrheinischen Bucht untersuchten Lockergesteinen ebenfalls eine deutliche Abhängigkeit von der Lagerungstiefe. Bei pauschaler Betrachtung aller untersuchten Lockergesteine, ohne Berücksichtigung des jeweiligen Sedimenttyps, ergibt sich entsprechend Abb. 11 folgender Zusammenhang zwischen dem Q-Wert (dimensionslos) und der Lagerungstiefe Z (in m):

$$Q = 2.66 \, Z^{0.36} \qquad (7)$$

Man kann danach in 10 m Tiefe im Mittel mit einem Q-Wert von etwa 6 rechnen, in 200 m Tiefe mit einem Q-Wert von etwa 20. Eine Extrapolation auf eine Tiefe von 1000 m ergibt einen Q-Wert von etwa 30. Die genannten Werte gelten allerdings nur für kleinste Scherdehnungen. Das bisher vorliegende Datenmaterial erlaubt es noch nicht, die zweifelsohne vorhandene Abhängigkeit der Q-Werte vom Sedimenttyp der Lockergesteine zuverlässig zu quantifizieren. Die in der Tab. 2 aufgeführten materialspezifischen Q-Werte für bestimmte Lockergesteinstypen sind daher nur als grobe Näherungswerte zu betrachten. In den untersuchten Festgesteinen sind die Q-

Tab. 1 Mittlere Ausbreitungsgeschwindigkeiten der seismischen P- und SH-Wellen in Lockergesteinen und Festgesteinen der Niederrheinischen Bucht und ihren Randgebietien. Die angegebenen Geschwindigkeiten beziehen sich auf eine Tiefe von 10 m. Es ist jeweils der Mittelwert und die Standardabweichung vermerkt. Der Exponent k gibt die Tiefenabhängigkeit der Wellengeschwindigkeiten an (siehe Text).

Tab. 1 Mean propagation velocities with standard deviations of seismic P-waves and SH-waves at 10 m depth for Quaternary and Tertiary soft soil deposits and Mesozoic and Paleozoic rocks in the Lower Rhine Basin and its vicinity. The exponent k denotes the depth dependence of wave velocity (see text).

Gestein	Zeit	V_p $(m \cdot s^{-1})$	k	V_s $(m \cdot s^{-1})$	k	V_p/V_s
Löß und Lößlehm (tr)	Quartär	560 ± 150	-	245 ± 55	-	2,3
Kiessand (tr)	Quartär	690 ± 200	0,22	310 ± 60	0,29	2,2
Kiessand (wa)	Quartär	1630 ± 140	0,056	310 ± 60	0,29	5,3
Grob- und Mittelsand (wa)	Tertiär	1590 ± 50	0,080	310 ± 80	0.27	5,1
Feinsand (wa)	Tertiär	1730 ± 160	0,054	310 ± 90	0,29	5,6
Schluff (wa)	Tertiär	1660 ± 140	0,038	300 ± 70	0,24	5,5
Ton (wa)	Tertiär	1830 ± 150	0,019	300 ± 60	0,18	6,1
Braunkohle (wa)	Tertiär	1540 ± 80	0,071	160 ± 30	0,26	9,6
Mergelstein	Oberkreide	2310	-	510	-	4,5
Sandstein, Konglomerat	Trias	2600 ± 310	-	630 ± 140	-	4,2
Tonschiefer, Sandstein, Grauwacke, Dolomit	Devon Ordovizium	3520 ± 580	-	1430 ± 280	-	2,5
verwitterte Festgesteine	Devon Ordovizium	1820 ± 370	-	450 ± 110	-	4,0

tr = trocken wa = wassererfüllt

Werte deutlich höher als in den Lockergesteinen. In der Forschungsbohrung Konzen 1 bei Monschau beispielsweise wurden in schwach metamorphen Tonschiefern der Salm-Schichten (Ordovizium) in 100-200 m Tiefe Q-Werte von etwa 80 ermittelt (BUDNY 1984).

Tab. 2 Mittlere bodendynamische Kennwerte für Lockergesteine und Festgesteine im Bereich der Niederrheinischen Bucht und ihrer Randgebiete. Die elastischen Kennwerte Poisson-Zahl 1, Schermodul G, Elastizitätsmodul E und Kompressionsmodul K wurden aus der Dichte und den mittleren Wellengeschwindigkeiten der Tab. 1 berechnet. Bezugstiefe 10 m. Die Q-Wert-Bestimmung erfolgt aus der Amplitudenabnahme mit der Tiefe.

Tab. 2 Mean dynamic soil parameters for Quaternary and Tertiary soft soil deposits and Mesozoic and Paleozoic rocks in the Lower Rhine Basin and its vicinity. The elastic properties Poisson's ration μ, shear modulus G, Young's modulus E, and bulk modulus K were calculated from the wave velocities given in tab. 1. Q-values were determined from the attenuation curves of the signal amplitude with depth.

Gestein	Zeit	$\rho\,(kg \cdot m^{-3})$	μ	$G\ (MN \cdot m^{-2})$	$E\ (MN \cdot m^{-2})$	$K\ (MN \cdot m^{-2})$	Q_s
Löß und Lößlehm (tr)	Quartär	1700	0,38	100 ± 50	280 ± 130	400 ± 220	4 ± 1
Kiessand (tr)	Quartär	1700	0,37	160 ± 60	450 ± 180	590 ± 350	6 ± 3
Kiessand (wa)	Quartär	2000	0,48	190 ± 70	570 ± 220	5060 ± 780	6 ± 3
Grob- und Mittelsand (wa)	Tertiär	2000	0,48	190 ± 90	570 ± 270	4800 ± 190	6 ± 3
Feinsand (wa)	Tertiär	2000	0,48	190 ± 110	570 ± 330	5730 ± 960	6 ± 2
Schluff (wa)	Tertiär	2100	0,48	190 ± 90	560 ± 260	5530 ± 860	5 ± 3
Ton (wa)	Tertiär	2100	0,49	190 ± 80	560 ± 220	6780 ± 1050	8 ± 4
Braunkohle (wa)	Tertiär	1200	0,50	30 ± 10	90 ± 40	2800 ± 300	3
Mergelstein	Oberkreide	2400	0,47	620	1840	11970	
Sandstein, Konglomerat	Trias	2400	0,47	950 ± 420	2800 ± 1240	15570 ± 3320	
Tonschiefer, Sandstein, Grauwacke, Dolomit	Devon Ordovizium	2600	0,40	5320 ± 2080	14900 ± 5750	25120 ± 7840	20
verwitterte Festgesteine	Devon Ordovizium	2200	0,47	450 ± 220	1310 ± 640	6690 ± 2670	

tr = trocken wa = wassererfüllt

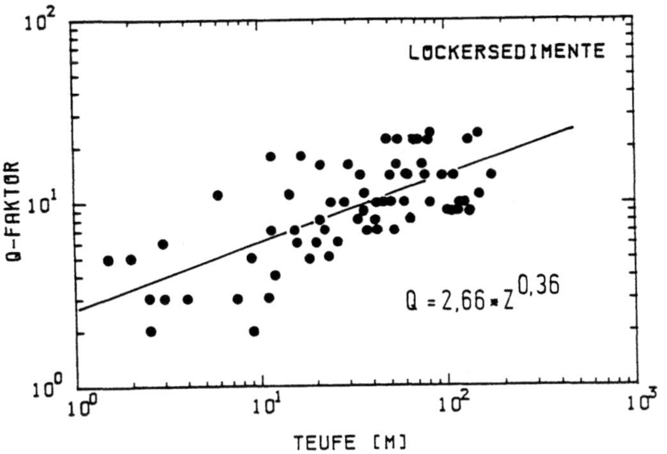

Abb. 11 Variation der Q-Werte mit der Lagerungstiefe in quartären und tertiären Lockergesteinen der Niederrheinischen Bucht

Fig. 11 Variation of Q-values with depth for Quarternary and Tertiary soft soil deposits in the Lower Rhine Basin

ANWENDUNG DER ERGEBNISSE AUF INGENIEURSEISMOLOGISCHE FRAGESTELLUNGEN

Nachstehend wird anhand von einigen Beispielen aufgezeigt, wie sich die ermittelten bodendynamischen Kennwerte auf ingenieurseismologische Fragestellungen anwenden lassen. Es geht dabei im wesentlichen um die Ermittlung der sogenannten Übertragungsfunktion einer aus Lockergesteinen aufgebauten Schichtenfolge für seismische Schwingungsvorgänge. Die Lockergesteinsfolge wirkt bei der Erdbebenanregung als Filter, welches zwischen den Festgesteinsuntergrund und die Erdoberfläche bzw. das Fundament eines Gebäudes geschaltet ist. Dieses Lockergesteinsfilter verändert das primäre, vom Felsuntergrund kommende Erdbebensignal hinsichtlich seiner Amplituden, Frequenzen und auch bezüglich seiner Signaldauer. Die Summe aller Veränderungen wird durch die Übertragungsfunktion der Lockergesteinsfolge angegeben. Der durch die Übertragungsfunktion erzielte Effekt wird pauschal als 'Soil Amplification' (Bodenverstärkung) bezeichnet (MURPHY et al. 1971; SCHNEIDER 1975).

Die seismische Übertragungsfunktion einer Schichtenfolge läßt sich berechnen, wenn man die Lagerung und Mächtigkeit sowie die bodendynamischen Kennwerte der einzelnen Schichten kennt. Berechnungsverfahren wurden z.B. von HASKELL (1960) als sogenannte 'Matrizenmethode' und von ROESSET (1970) als Methode der 'Steady State Harmonic Oscillations' angegeben. Bei diesen Berechnungsmethoden wird vor allem der Einfluß der horizontal schwingenden Scherwellen (SH-Wellen) berücksichtigt, die bei Lockergesteinsüberdeckung und in der Nähe des Epizentrums nahezu senkrecht aus dem Untergrund auftauchen, mit parallel zur Erdoberfläche liegender Schwingungsrichtung. Da die SH-Wellen bei tektonischen Erdbeben infolge des Herdmechanismus gewöhnlich sehr stark angeregt werden und hauptsächlich für die Schadenwirkung verantwortlich sind, bedeutet die oben erwähnte Beschränkung der Rechenverfahren auf die SH-Wellen keine wesentliche Einschränkung.

Durch Modellrechnungen mit Parametervariation unter Berücksichtigung der in Erdbebengebieten der Niederrheinischen Bucht vorhandenen Deckschichtfolgen und deren bodendynamischer Kennwerte wurde untersucht, wie sich der oberflächennahe geologische Schichtaufbau auf das seismische Schwingungsbild auswirkt. Die Berechnungen erfolgten im Frequenzbereich nach der Methode der 'Steady State Harmonic Oscillations' (ROESSET 1970). Kontrollrechnungen wurden auch mit der 'Matrizenmethode' von HASKELL (1960) durchgeführt.

Bei der Verwendung der bodendynamischen Kennwerte ist zu beachten, daß die im Bereich kleinster Scherdehnungen gemessenen Werte auf Bereiche größerer Scherdehnung, wie sie im Erdbebenlastfall auftreten, umgerechnet werden müssen. Dies geschieht gewöhnlich unter Verwendung der Umrechnungsformeln von HARDIN & DRNEVICH (1970) und IDRISS & SEED (1972).

Die Abb. 12 verdeutlicht an zwei einfachen Beispielen, wie eine 200 m mächtige Lockergesteinsfolge das seismische Frequenzspektrum verändert.

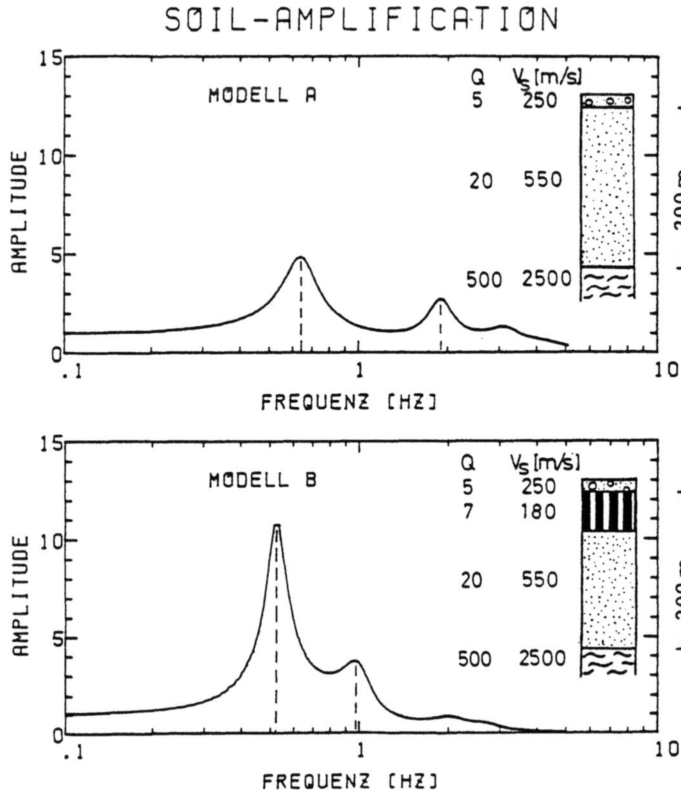

Abb. 12 Seismische Übertragungsfunktionen bei SH-Wellen-Anregung für einfache Schichtmodelle. Berechnet nach dem Verfahren von ROESSET (1979) für die angegebenen Schichtparameter

Fig. 12 Soil-amplification curves for SH-waves and two simple soil models. Calculated with the method of ROESSET (1970) for the dynamic soil properties given with the models

Die Übertragungsfunktion für das Modell A (16 m Kies unterlagert von 200 m Feinsand) zeigt eine Amplitudenüberhöhung um den Faktor 5 bei der Frequenz 0.6 Hz. Bei dem Modell B wurden die oberen 50 m der Feinsandschicht durch ein Braunkohleflöz ersetzt. Dies wirkt sich sehr deutlich auf die Übertragungsfunktion der Lockergesteinsfolge aus. Man erhält nun bei einer Frequenz von 0.5 Hz einen sehr markanten Peak mit einer Amplitudenüberhöhung um den Faktor 10 gegenüber dem primären Ausgangssignal im Festgesteinsuntergrund.

Ein lokales Erdbeben der Magnitude 3.0, welches am 2.11.1977 bei Brauweiler etwa 12 km NW von Köln ausgelöst wurde (AHORNER 1982), bot die Möglichkeit, Modellrechnungen zur Bodenverstärkung mit dem beobachteten Übertragungsverhalten des Lockergesteinsuntergrundes von Erdbebenmeßstationen zu vergleichen und auf diese Weise die Anwendbarkeit der Berechnungsverfahren zu überprüfen. Ausgewertet wurden die digitalen Aufzeichnungen der Meßstationen Bergheim (BEG) und Bensberg (BNS), die 8 km bzw. 28 km vom Epizentrum des Bebens entfernt liegen. Die Station BNS weist einen Untergrund aus paläozoischen Festgesteinen auf. An der Station BEG ist über dem Festgesteinssockel eine etwa 400 m mächtige Deckschichtenfolge aus tertiären Lockergesteinen vorhanden (Feinsande, Tone, Braunkohlen). Das Seismometer ist in etwa 200 m Tiefe im Bohrloch versenkt. Durch den Vergleich der Frequenzspektren der an beiden Stationen aufgenommenen Seismogramme war es möglich, die Übertragungsfunktion der Lokkergesteinsfolge an der Station BEG empirisch zu bestimmen. Dabei wird vorausgesetzt, daß der Frequenzinhalt des primären Spektrums im unterlagernden Festgestein an beiden Stationen annähernd gleich ist. In Abb. 13 ist die auf diese Weise beobachtete Übertragungsfunktion des Standortes

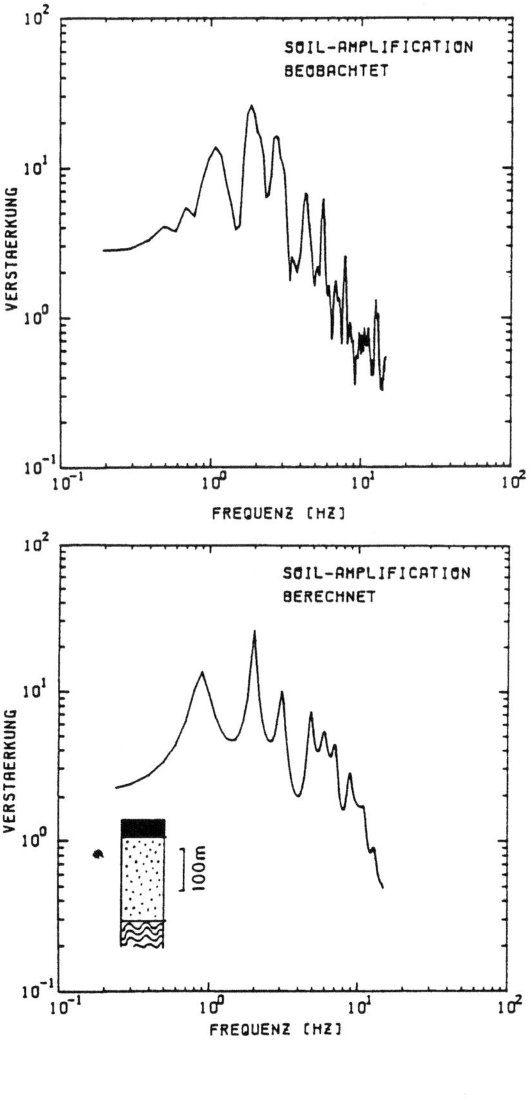

Abb. 13 Vergleich der beobachteten (oben) mit der für das dargestellte Schichtmodell berechneten Übertragungsfunktion (unten) am Standort der Erdbebenstation Bergheim (BEG). Der Standortuntergrund besteht aus tertiären Feinsanden mit Tonzwischenlagen und einem auflagernden Braunkohlenflöz

Fig. 13 Observed (above) and calculated soil-amplification curve (below) for the site of the seismic station Bergheim (BEG). The underground consists of several hundred meters of Tertiary soft soil deposits (fine sands with intercalated clays and a thick lignite layer on top)

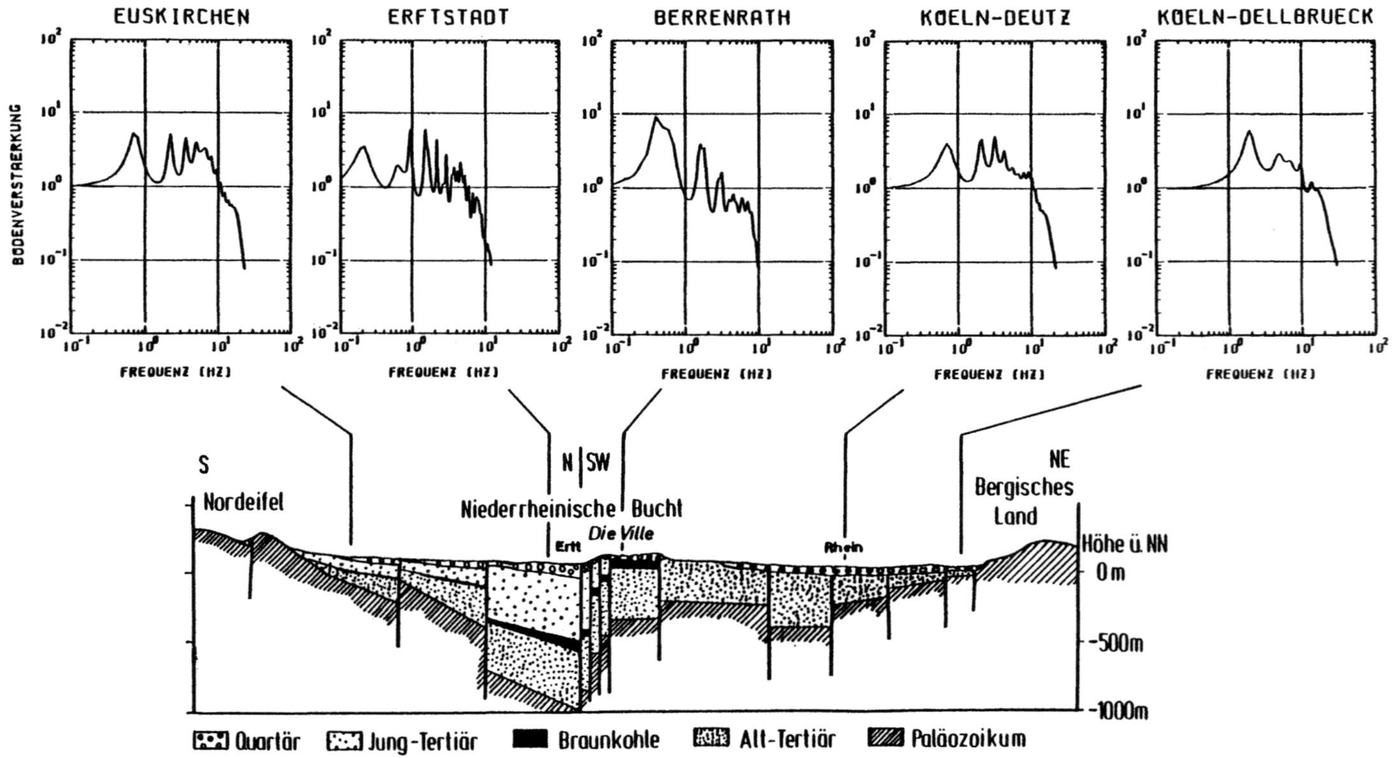

Abb. 14 Geologisches Querprofil durch die südliche Niederrheinische Bucht mit berechneten seismischen Übertragungsfunktionen für ausgesuchte Standorte. Die Lage des Profils ist in Abb. 2 eingezeichnet.

Fig. 14 Geological cross-section in SW-NE direction through the southern part of the Lower Rhine Basin with seismic soil-amplification curves calculated for selected sites. The position of the cross-section is drawn in fig. 2.

Bergheim der für das vorgegebene Schichtmodell berechneten Übertragungsfunktion gegenübergestellt. Man erkennt die gute Übereinstimmung beider Funktionen, welche darauf hindeutet, daß Modellrechnungen nach den oben beschriebenen Verfahren zu durchaus brauchbaren Ergebnissen führen.

Ein umfassendes Beispiel für die praktische Anwendung der ermittelten bodendynamischen Kennwerte zur Berechnung von standortspezifischen seismischen Übertragungsfunktionen vermittelt die Abb. 14. Hier sind entlang eines SW-NE Schnittes durch die südliche Niederrheinische Bucht an fünf Standorten mit unterschiedlichem geologischen Schichtaufbau die theoretischen Übertragungsfunktionen dargestellt. Die Lage des Schnittes ist in Abb. 2 eingezeichnet. An Standorten mit geringmächtigen tertiären und quartären Lockergesteinen, wie etwa in Köln-Dellbrück, treten die ersten Peaks in der Übertragungsfunktion bei Frequenzen oberhalb von etwa 2 Hz auf. Demgegenüber weisen die Standorte mit sehr mächtigen Lockergesteinen (Erftstadt, Berrenrath) starke Amplitudenüberhöhungen bereits bei Frequenzen von 0.2 bis 0.4 Hz auf, während im höherfrequenten Bereich ab etwa 5 Hz eine deutliche Amplitudenabschwächung zu beobachten ist, welche auf den Einfluß der frequenzabhängigen Absorption der seismischen Schwingungsenergie in den mächtigen Lockergesteinsschichten zurückgeht. Bei dem auf der Ville gelegenen Standort Berrenrath fällt besonders das bei einer Frequenz von 0.4 Hz vorhandene Amplitudenmaximum mit einem Überhöhungsfaktor von nahezu 10 auf. Dieses ist durch das oberflächennah anstehende Hauptbraunkohlenflöz bedingt.

Das Beispiel der Abb. 14 macht klar, welchen bedeutsamen Einfluß die oberflächennah anstehenden Lockergesteinsschichten auf das Fequenzspektrum der an den Gebäudefundamenten wirksamen Erdbebenschwingungen haben. Gleichzeitig wird deutlich, daß es für eine realistische Erdbebenlastannahme bei bautechnischen Berechnungen sehr wichtig ist, den geologischen Aufbau des Standortuntergrundes und die bodendynamischen Kennwerte der einzelnen Schichten zu erkunden. Erst wenn man diese Bodenparameter mit ausreichender Genauigkeit kennt, läßt sich die seismische Übertragungsfunktion und damit das Schwingungsverhalten des Standortuntergrundes durch Modellrechnungen abschätzen und bei den seismischen Lastannahmen voll berücksichtigen.

DANK

Wir danken allen Institutionen und Firmen, an erster Stelle dem Großen Erftverband in Bergheim, für die Bereitstellung von Grundwasserbeobachtungsbrunnen und anderen Bohrungen für unsere Messungen. Herrn Dipl.-Geol. Horst LOSEN vom Großen Erftverband möchten wir für seine Beratung und Hilfestellung bei der Auswahl von geeigneten Meßstellen besonders danken. Für die tatkräftige Unterstützung bei den Geländearbeiten danken wir Peter MÜCKLER und Michael RUST vom Institut für Geophysik der Universität zu Köln sowie Holger DÜMLING und Hans WAHRENDORF aus unserem Institut.

LITERATUR

Ahorner L (1982) Regionale Berichte für das Jahr 1977: Niederrheinische Bucht - Rheinisches Schiefergebirge - Hohes Venn. In: Bundesanstalt für Geowissenschaften und Rohstoffe (ed) Erdbeben in der Bundesrepublik Deutschland 1977, Hannover, S. 23-27

Ahorner L, Murawski H, Schneider G (1970) Die Verbreitung von schadenverursachenden Erdbeben auf dem Gebiet der Bundesrepublik Deutschland. Z Geophys 36: 313-341

Budny M (1985) Seismische Bestimmung der bodendynamischen Kennwerte von oberflächennahen Schichten in Erdbebengebieten der Niederrheinischen Bucht und ihre ingenieurseismologische Anwendung. Sonderveröff Geol Inst Univ Köln, Köln

Domenico SN (1977) Elastic properties of unconsolidated porous sand reservoirs. Geophysics 42: 1339-1368

Hardin BO, Drnevich VP (1970) Shear modulus and damping in soils, part II: Design equations and curves. Tec Rep UkY 27-70-CE 2, Soil mech Ser No 2, Lexington, p 247

Haskell NA (1960) Crustal reflection of plane SH-waves. J geophys Res 65: 4147-4150

Idriss IM, Seed HB (1972) Soil moduli and damping factors for dynamic response analysis. In: Shannon & Wilson Inc and Agbabian-Jacobsen Ass (SW-AJA) Soil behavior under earthquake loading conditions. State-of-the art-report, US Atomic Energy Commission, Contr No W-7405 eng 26, Seattle, Los Angeles, p 237

Lüdeling R (1976) Bodendynamische Untersuchung des Baugrundes nach dem seismischen Aufzeitverfahren. Geol Jb C 12, Hannover, S 82

Meißner R et al. (1982, 1983) Lithologische Erkundung oberflächennaher Sedimente unter Verwendung von Kompressions- und Scherwellen. In: Deutsche Forschungsgemeinschaft (ed) Protokoll über das 4. und 5. Kolloquium im Schwerpunktprogramm 'Ingenieurgeologische Probleme im Grenzbereich zwischen Locker- und Festgesteinen', Bad Godesberg

Murphy JR, Davis AH, Weaver NL (1971) Amplification of seismic body waves by low-velocity surface layers. Bull seis Soc Am 61: 109-145

Ohta Y, Goto N (1978) Empirical shear wave velocity equations in terms of characteristic soil indexes. Earthq Engng struct Dyn 6: 167-187

Ohta Y, Goto N, Yamamizu F, Takahashi H (1980) S-wave velocity measurements in deep soil deposit and bedrock by means of an elaborated downhole method. Bull seism Soc Am 70: 363-377

Roesset JM (1970) Fundamentals of soil amplification. In: Hansen R (ed) Seismic design of nuclear power plants. Cambridge/Mass, p 489

Schneider G (1975) Erdbeben. Enke, Stuttgart, S 406

Schön J (1983) Petrophysik. Enke, Stuttgart, S. 405

Einflüsse lithologischer Parameter oberflächennaher Sedimente auf Kompressions- und Scherwellengeschwindigkeiten

S. HÜBNER, R. MEISSNER und H. STÜMPEL[1]

SUMMARY

Research was concentrated on the measurement of compressional (P) and shear-waves (S) in sands and boulder clay. Results may be summarized as follows.
S-velocities (V_s) in the upper hundred meters of non-consolidated material are generally three to five times smaller than P-velocities (V_p). In saturated sands and clay extreme values of V_p/V_s up to 15 have been observed (fig. 4b). The records with horizontally polarized shear-waves (SH) are not seriously disturbed by other wave types. No converted waves are created by SH-waves at horizontal boundaries (fig. 2). No interference takes place between Love-waves and SH-reflections because Love-waves propagate with a similar velocity as the first arrivals do. Because of their shorter wavelength SH-waves have a better resolution than P-waves. Correlation of abserved velocities V_p and V_s to lithologic and mechanical parameters (fig. 7) indicate that

(i) V_p and V_s in boulder clay are influenced by its porosity, degree of saturation and the properties of grain boundary contact, which is a function of various parameters like clay-calcite content, size, shape, pressure etc.

(ii) Porosity in boulder clay de̲c̲reases with increasing pressure and increasing content of $CaCO_3$. Increasing percentage of clay results in an i̲n̲crease of porosity. V_p and V_s decrease with increasing porosity in boulder clay as shown in fig. 7d.

(iii) The influence of the state of saturation is most different for V_p and V_s: while both values are about constant up to high values of saturation, V_p shows an abrupt increase at about 99 % saturation while V_s shows a small decrease which is caused by changes in density and shear modulus (fig. 7a,b). For boulder clay the decrease in V_s may be attributed to the volume change of the water absorbing clay minerals which reduce the shear modulus and show the strength of the material (fig. 7b).

(iv) The effective pressure (lithologic-pressure minus pore-pressure) has a strong influence on the grain-boundary contacts (fig. 3). The V_s values in dry and saturated sands as well as in boulder clay follow a relationship like

[1] Dipl.-Geophys. S. Hübner, Prof. Dr. R. Meißner, Dipl.-Geophys. H. Stümpel, Institut für Geophysik der Universität zu Kiel, Olshausenstr. 40-60 D-2300 Kiel

Ingenieurgeologische Probleme im Grenzbereich zwischen Locker- und Festgesteinen
(Herausgegeben von K.-H. Heitfeld)

$$V_s = V_{s,o} \cdot \frac{p}{p_o}^m$$

p = effective pressure
p_o = reduced, normal pressure
$V_{s,o}$ = reduced shear wave velocity
m = exponent

V_p-values follow a similar relationship in dry and partially saturated sands while for V_p in saturated sands and boulder clay a rather constant value is found for the low pressure conditions of near-surface layers.

(v) Boulder clay shows a decrease in V_p for an increase of the clay content. This is related to the different elastic properties of the grain boundary contacts of the clay minerals and those of the coarser material. An increasing content in $CaCO_3$, on the other hand, is correlatable with an increase in V_p and V_s. This correlation is possibly due to the cementation and stabilization of the grain-boundary matrix (see figs. 7e and 7f).

(vi) A correlation seems to exist between the V_s-values and the resistance against penetration, as shown in the regression lines of fig. 6. Further research on this subject is in progress.

From the above mentioned items the relationships between V_p, V_s and the pressure and saturation (especially in sands) are the most solid and general ones. Future investigations have to show whether the other correlations have a local or also a more general character.

EINLEITUNG

In den vergangenen Jahren wurde der Einsatz seismischer Scherwellen zur Untersuchung von Struktur und Lithologie oberflächennaher Sedimente verstärkt. Autoren wie z.B. BIOT (1956) und SCHÖN (1969, 1983) haben aufgrund theoretischer Überlegungen und Labormessungen Korrelationen zwischen P- und S-Wellengeschwindigkeiten und Porosität, Korngröße, Sättigung, Lagerungsdruck etc. aufgestellt. Aus Feldmessungen erhielten IMAI et al. (1976), LÜDELING (1976) und DEUBEL und KOPF (1982) einige interessante empirische Formeln für den Zusammenhang zwischen V_p und V_s und verschiedenen lithologischen Parametern. Vielfach scheiterten die Feldmessungen, weil eine zuverlässige Scherwellenanregung und Registrierung nicht möglich war. Am Institut für Geophysik der Kieler Universität wurde in den letzten fünf Jahren eine neue, effiziente Scherwellenquelle entwickelt. Diese pneumatisch betriebene H-Quelle in Verbindung mit einer ebenfalls pneumatisch betriebenen Z-Quelle wird im Feld für Refraktions-, Reflexions- und Bohrlochmessungen sowie direkte Geschwindigkeitsmessungen an natürlichen Aufschlüssen (Kliffs) eingesetzt. In der Regel werden in den Untersuchungen horizontal polarisierte Scherwellen (SH-Wellen) verwendet. Die Registrierungen sind nahezu frei von Störungen durch andere Wellenarten, da SH-Wellen bei söhliger Lagerung nicht in andere Wellenarten umgewandelt werden, wie z.B. P- und SV-Wellen. Außerdem ist die Interferenz zwischen SH- und Love-Wellen weniger stark ausgeprägt als die der P-Wellen mit den Raylaigh-Wellen. Love-Wellen sind so schnell, daß sie dem Ersteinsatz dicht folgen und nicht mit späteren Reflexionen interferieren. SH-Wellen werden mit sog. Horizontal-Geophonen aufgenommen, deren Schwingungsrichtung senkrecht zum Profil ist. Aufnahme- und Abstrahlcharakteristiken von Geophonen und seismischen Quellen sind von KÄHLER und MEISSNER (1983) beschrieben worden. Eine umfassende Übersicht über die Anwendungsarten von Scherwellen in flachen Sedimenten findet sich in Arbeiten von STÜMPEL et al. (1984) und MEISSNER und THEILEN (1983).

EINE BOHRLOCHMESSUNG ALS BEISPIEL FÜR FELDMESSUNGEN

Die am Institut entwickelte pneumatische Scherwellenquelle ist für alle Untersuchungen in Lockergesteinen gut geeignet. Das von ihr erzeugte Signal ist gut reproduzierbar und zeigt Frequenzen bis über 50 Hz. Ihr Einsatz erfolgt zur Erkundung oberflächennaher Schichten. Die Eindringtiefe der von ihr erzeugten seismischen Wellen liegt zwischen 50 - 100 m. Die Anregung erfolgt durch schlagartiges Einleiten von Druckluft in einen Zylinder. Ein Kolben wird beschleunigt und prallt gegen die gegenüberliegende Zylinderwand. Abwechselnd links- und rechtsseitiges Anregen erzeugt unterschiedliche Polaritäten der Scherwelle. Ein regelbares Verzögerungsventil steuert zeitabhängig den Querschnitt des Lufteinlasses, so daß in der Anfangsphase eine weiche Beschleunigung erreicht wird. Die Folge ist eine Verringerung des Rückstoßimpulses im Moment des Lufteinlasses. Dieser Vorläuferimpuls, der als Störsignal in den Seismogrammen auftritt, wird hierdurch frequenzmäßig vom Nutzsignal getrennt und kann später bei der Signalverarbeitung durch geeignete Hochpaßfilter weiter abgeschwächt werden. Je nach Beschaffenheit des Bodens werden spezielle Ankopplungselemente verwendet. Ausführlich wird die Funktion der Scher- und Kompressionswellenquelle in einer Arbeit von HUNEKE et al. (1984) beschrieben. Abbildung 1 zeigt eine Prinzipskizze dieser Quellen.

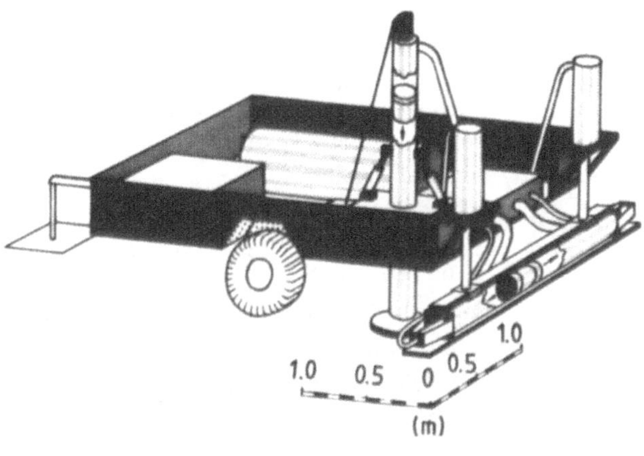

Abb. 1 Skizze der pneumatisch betriebenen seismischen Quelle für P- und S-Wellen. Der vertikale (Z-Quelle für P-Wellen) und der horizontale Zylinder mit Kolben (H-Quelle für S-Wellen) sind auf einem Anhänger montiert.

Fig. 1 Sketch of the pneumatically driven seismic source for P- and S-waves mounted on trailer. Vertically accelerated piston: Z-source for P-waves, horizontally accelerated piston: H-source for S-waves.

Ein Beispiel für eine P- und SH-Wellenmessung zeigt Abb. 2. Bei dieser Bohrlochmessung wurde die Niendorfer Moräne im Raum Hamburg durchteuft. Die vertikalen Abstände bei der Geophonversenkmessung betrugen 0,5 m. Da das Azimut der zwei Horizontalkomponenten nicht gemessen werden konnte, wurde die Größe $H = (H^2_{\parallel} + H^2_{\perp})^{1/2}$ in den Seismogrammen dargestellt.

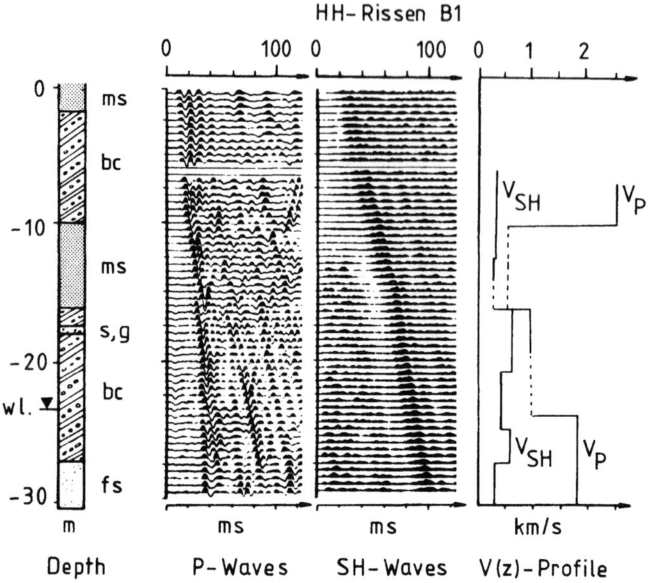

Abb. 2 Beispiel für eine Bohrlochmessung mit geologischem Querschnittsprofil; P-Wellen Seismogrammsektion, SH-Wellen Seismogrammsektion, Geschwindigkeitstiefen-Funktionen für V_p und V_s, wl.= Grundwasserspiegel, fs, ms = Fein-, Mittelsand, bc = Geschiebemergel, s,g = Sand-Kiesgemisch

Fig. 2 Example for borehole measurements with geologic cross sections, P-wave seismogram section, SH-wave seismogram section, Velocity-depth-functions for V_p and V_s, wl.= water level, fs = fine sand, ms = middle sand, bc = boulder clay, s,g = sand, gravel mixed

Die Registrierung der Z-Quelle mit ihren P-, SV- und Rohrwellen und ihren verschiedenen reflektierten Wellen, sieht komplizierter und gestörter aus, als die der SH-Wellen. Die verwertbaren Signalfrequenzen f_p und f_s stehen im Verhältnis $f_p/f_s \approx 2$. Mit den vorliegenden Geschwindigkeiten $V_p > 2V_s$ ergeben sich daraus kürzere S-Wellenlängen und damit eine höhere Auflösung der geologischen Schichten. Im oberflächennahen Lockersediment bis etwa 100 m Tiefe ist die Ausbreitungsgeschwindigkeit von S-Wellen in der Regel sogar drei- bis fünfmal kleiner als die von P-Wellen. Die Kompressionswellengeschwindigkeit steigt am Grundwasserhorizont meist sprunghaft an. Im Geschiebemergel zwischen 5 - 10 m und unterhalb des Grundwasserhorizontes ist ein besonders hohes V_p/V_s-Verhältnis zu beobachten.

EINFLÜSSE LITHOLOGISCHER PARAMETER AUF DIE SEISMISCHEN GESCHWINDIGKEITEN

Für eine geologische und petrographische Ansprache oberflächennaher Schichten werden zunehmend Geschwindigkeitswerte V_p und V_s eingesetzt.

Bisher lag für den norddeutschen Raum keine nach Petrographie und Teufe verallgemeinerte Zusammenfassung von in-situ-Geschwindigkeitswerten von P- und S-Wellen für oberflächennahe Lockergesteine vor. Neben einer Analyse des V_p-, V_s-Datenmaterials von Sanden und Geschiebemergeln hinsichtlich des Einflusses der Teufe, wird im folgenden der quantitative Einfluß der Teilchenkontakte, der Porosität, der Dichte, des Wassergehaltes, der Kornverteilung sowie des Kalk-Tongehaltes und anderer Bodenparameter untersucht.

Bei allen natürlichen Lagerungen nimmt der Umgebungsdruck mit der Tiefe zu. Er wirkt auf alle Bodenbestandteile ob fest, gasförmig oder flüssig. Wichtig ist in diesem Zusammenhang der effektive Druck, d.h. derjenige Teil, der nach Subtraktion des Porendrucks vom lithologischen Druck $p = \rho \cdot g \cdot z$, übrig bleibt. ρ = Dichte, g = Erdbeschleunigung, z = Tiefe.

$$p_{eff} = p_{lith.} - p_u \quad (1)$$

p_{eff} = effektiver Druck

$p_{lith.}$ = lithologischer Druck

p_u = Porenwasserdruck

Sedimente erfahren bei Druckzunahme eine Abnahme ihrer Anfangsporosität. Sie entstehen nach SCHÖN (1969) durch die Dichtezunahme bei steigendem Druck. Diese druckbedingte Veränderung der Porosität im oberflächennahen Bereich allein vermag aber die beobachtete Geschwindigkeitszunahme mit der Tiefe nicht völlig zu erklären. Vielmehr spielen die elastischen Eigenschaften im Bereich der Korn- bzw. Korn-Bindemittelkontakte eine entscheidende Rolle. Abbildung 3 zeigt SH- und P-Wellengeschwindigkeiten aus Bohrlochmessungen als Funktion der Tiefe für Sande und Geschiebemergel. Trotz des großen Streubereiches der Geschwindigkeiten lassen sich erste Aussagen über den Einfluß der Tiefe bzw. des Druckes machen:

- Die SH-Geschwindigkeiten werden sowohl im trockenen wie im wassergesättigten Bereich im wesentlichen von den Gerüsteigenschaften, d.h. von den an den Korn-Bindemittelkontakten wirkenden äußeren Spannungen bestimmt. Die Druck- bzw. Tiefenabhängigkeit der V_{SH}-Werte kann im Sand und im Geschiebemergel durch ein Potenzgesetz angenähert werden.
- Das gleiche gilt für V_p in trockenen bzw. feuchten Sanden. Für den gesättigten Sand ist V_p dagegen für den von uns untersuchten oberflächennahen Bereich nahezu druckunabhängig, da das elastische Verhalten eines flüssigkeitsgesättigten Bodens bei Volumendeformation infolge der geringen Kompressibilität des Wassers in erster Linie von den elastischen Eigenschaften der Porenfüllung bestimmt wird. Für den Geschiebemergel läßt sich ebenfalls für V_p kein funktionaler Zusammenhang mit der Tiefe nachweisen.

Die in Abb. 3 eingezeichneten Kurven beschreiben diese Tendenzen. Das Potenzgesetz, dem die Geschwindigkeiten folgen, läßt sich nach SCHÖN (1983) auf folgende allgemeine Form bringen:

$$V = V_o \, (p/p_o)^m \quad (2)$$

V_o = Anfangsgeschwindigkeit beim Anfangsdruck p_o.

Nach der Umformung von Gleichung 2 ergibt sich die Möglichkeit, die gemessenen Geschwindigkeiten bei gleichem Druck bzw. gleicher Lagerungstiefe zu betrachten, d.h. eine Reduktion auf ein Referenzdruckniveau durchzuführen. Für S-Wellen ergibt sich:

$$V_{s,o} = V_s \, (p/p_o)^{-m_s} \quad (3)$$

$$= V_s \, (g \cdot \rho_{sp} \cdot z/p_o)^{-m_s}$$

m_s = 1/3,3 - 1/4,0

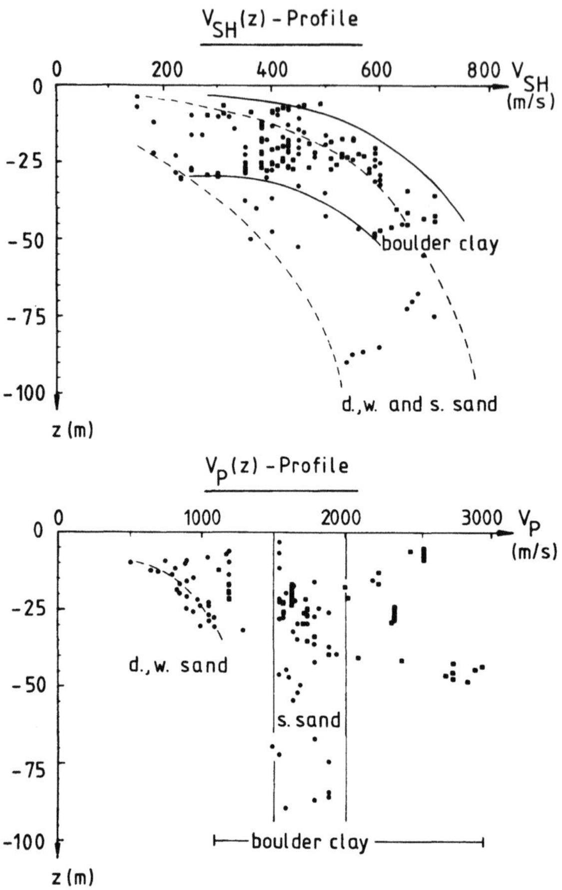

Abb. 3 V_s und V_p als Funktion der Tiefe Z für Sande und Geschiebemergel

Fig. 3 V_s and V_p as a function of depth Z for sands and boulder clay

Die reduzierten V_s wurden in Abb. 4 für den Mittelwert $m_s = 1/3{,}65$ durch ein Symbol und der Streubereich zwischen $m_s = 1/3{,}3$ und $1/4{,}0$ mit einem Strich gekennzeichnet.

Für P-Wellen in trockenen und teilgesättigten Sanden gilt:

$$V_{p,o} = V_p \, (p/p_o)^{-m_p} \qquad (4)$$

$$m_p = 1/6$$

V_s = gemessene Scherwellengeschwindigkeit

V_p = gemessene Kompressionswellengeschwindigkeit

p = Druck (bar = 10^5 Pa)

g = Erdbeschleunigung

ρ_{sp} = spezifische Dichte; sie erwies sich als die beste Näherung für die Vielfalt der bei den in-situ-Messungen auftretenden Trocken-, Feucht- und Sättigungsdichten und weicht bei der Druckreduktion kaum von einer Reduktion mit $\rho = \rho_f$, ρ_s ab (ρ_f = Feuchtdichte, ρ_s = Sättigungsdichte).

z = Tiefe (m)
Sand: ρ_{sp} = 2,65 g/cm³
Geschiebemergel: ρ_{sp} = 2,7 g/cm³

Nach der Druckreduktion auf ein einheitliches Tiefenniveau von ca. 4 m zeigt sich in Abb. 4b eine Dreiteilung der Geschwindigkeitswerte in (1) trockene, (2) wassergesättigte Sande sowie in (3) Geschiebemergel hinsichtlich V_p. Bei den SH-Geschwindigkeiten kann man nach der Reduktion trockene und wassergesättigte Sande unterscheiden. Geschiebemergel können nicht eindeutig durch ihre V_{SH} von Sanden unterschieden werden. Da V_p und V_{SH} generell mit dem Druck zunehmen aber unterschiedlichen Funktionen gehorchen, erfährt das Verhältnis V_p/V_{SH} bzw. die Poissonzahl μ eine Änderung bei Druckbeanspruchung. Das V_p/V_{SH}-Verhältnis liegt bei den unreduzierten Werten zwischen $\sqrt{3}$ und 10 (Abb. 4a), was einem Poissonzahlintervall von μ = 0,25 - 0,495 entspricht. Nach der Druckreduktion (Abb. 4b) liegt dieser Bereich fast ausschließlich zwischen μ = 0,33 bzw. V_p/V_s = 2 und μ = 0,4978 bzw. V_p/V_{SH} = 15 für wassergesättigte Sande und Geschiebemergel. Neben dem Druck haben weitere bodenphysikalische Parameter Einfluß auf die seismischen Geschwindigkeiten.

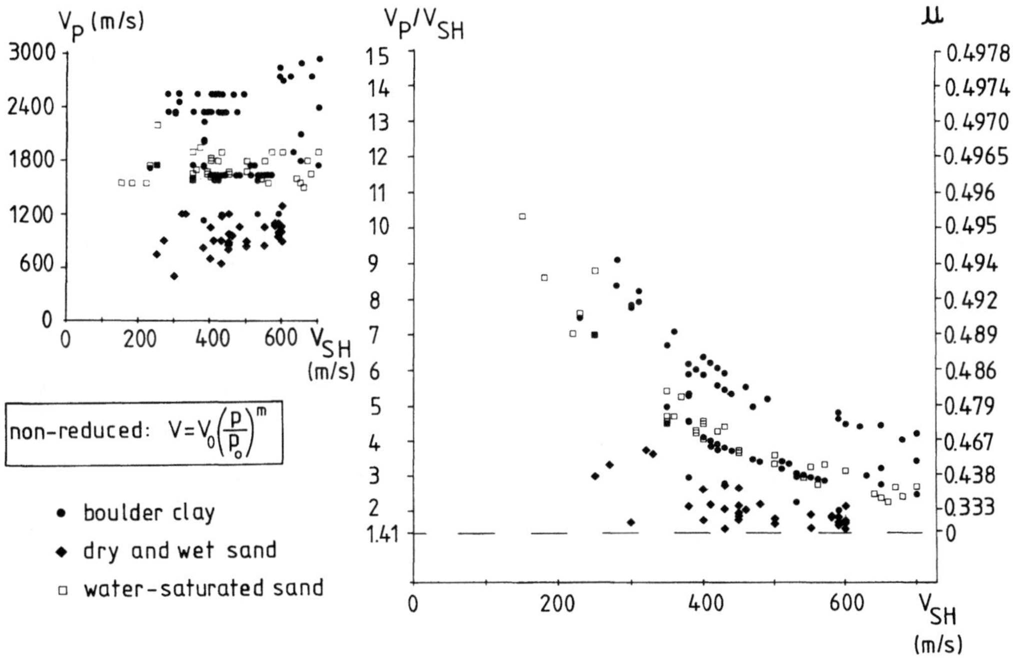

Abb. 4 V_p als Funktion von V_s und V_p/V_s (bzw. Poissonzahl μ) als Funktion von V_s

4a unreduzierte bzw. Originaldaten

Fig. 4 V_p as a function of V_s and V_p/V_s (resp. Poisson's ration μ) as a function of V_s

4a unreduced i.e. original data

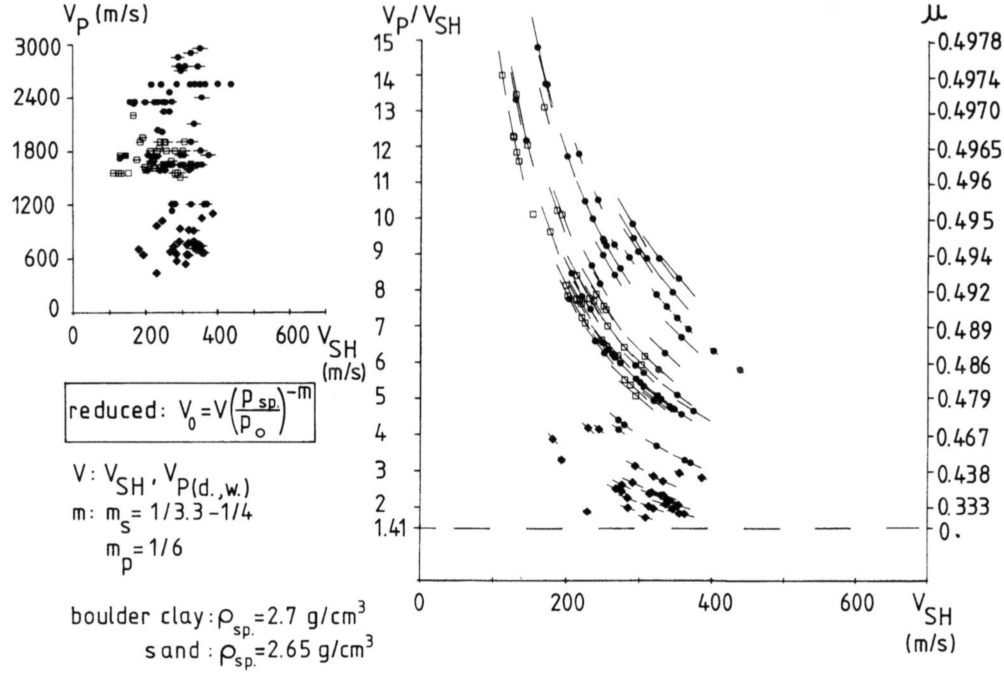

Abb. 4b Reduzierte Daten mit Hilfe der Gleichungen (3) und (4)

Fig. 4b reduced values according to eqs. (3) and (4)

Aus den seismischen Geschwindigkeiten wurden zunächst die Poissonzahlen berechnet (Abb. 5b). Aus den Größen Wassergehalt, Porosität und spezifische Dichte wurden Trocken-, Feucht- und Sättigungsdichte für den Geschiebemergel der Bohrlochmessungen bestimmt (Abb. 5e). Die Feucht- und Sättigungsdichten unterscheiden sich kaum. Für die Kliffmessungen wurden Eindringwiderstand, Kalkgehalt und Kornverteilung untersucht, wie in Abb. 6 gezeigt. Die seismischen Geschwindigkeiten einiger Bohrloch- und Kliffmessungen und die lithologischen Parameter wurden als Funktion der Tiefe neben den geologischen Profilen dargestellt. Sie wurden für Geschiebemergel der Drenthe- (D), Weichsel- (W) und Niendorfer (Ni)-Formation bestimmt. Die in Abb. 6b eingezeichneten Regressionsgeraden für die Eindringwiderstände, die ein Maß für die Scherfestigkeit des Bodens sind und im starken Maße vom Wassergehalt beeinflußt werden, beschreiben die Tendenz der Zu- oder Abnahme des Eindringwiderstandes. Im allgemeinen scheint V_{SH} dem Eindringwiderstand im Geschiebemergel etwa proportional zu sein. Dieser Aspekt soll Gegenstand weiterer Forschungen sein, denn für Sande und Tone wurde von IMAI et al. (1976) ein Potenzgesetz für den Zusammenhang zwischen Eindringwiderstand und V_{SH} aufgestellt und statistisch abgesichert.

Zum Abschluß zeigt Abb. 7 eine Übersicht der Abhängigkeiten seismischer Geschwindigkeiten von lithologischen Parametern. Zur Berechnung der angegebenen funktionalen Zusammenhänge stand neben den in Abb. 5 und 6 aufgeführten Daten weiteres Datenmaterial zur Verfügung. Die V_p- und V_{SH}-Werte im Geschiebemergel werden im wesentlichen (1) von der Porosität, (2) dem Sättigungsgrad und (3) den Korn-Bindemittelkontakten bestimmt. Unter Korn-Bindemittelkontakten im Geschiebemergel werden die Kontakte

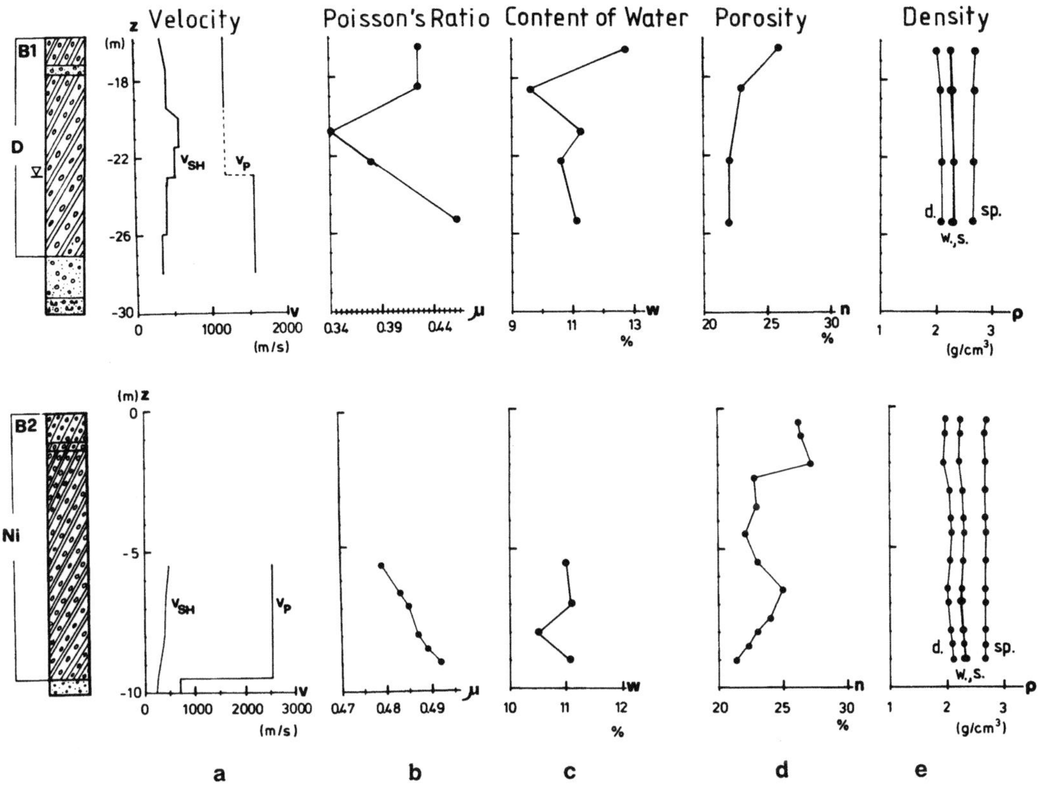

<u>Abb. 5</u> Geologische Querschnittsprofile für verschiedene Bohrlöcher verglichen mit a) V_p- und V_s-Werten, b) Poissonzahl μ, c) Wassergehalt, d) Porosität und e) Dichte; D = Drenthe Formation, Ni = Niendorfer Formation, d = trocken, w = feucht, s = gesättigt, sp. = spezifisch

<u>Fig. 5</u> Geologic cross sections in various boreholes compared to a) V_p- and V_s-values, b) Poisson's ration μ, c) water content, d) porosity and e) density values; D = Drenthe formation, Ni = Niendorf formation, d = dry, w = wet, s = saturated, sp. = specific

des Bindemittels (Ton, Schluff) untereinander sowie mit der Grobfraktion (Sand, Kies) verstanden. Die drei genannten lithologischen Parameter werden aber durch den direkten Einfluß anderer lithologischer Größen und durch Wechselwirkungen dieser Parameter beeinfluß.

So bestimmen z.B. Kornform, Korngröße und Kornverteilung die Anfangsporosität. Diese wird aber auch vom Kalkgehalt und dem Tonanteil geprägt. Im Geschiebemergel führt die Erhöhung des Druckes mit der Tiefe, wie auch eine Verschlämmung der Poren durch Kalk, zu einer Porositätsabnahme. Zunehmender Tonanteil führt hingegen aufgrund des plättchenförmigen Aufbaus der Tonminerale und wegen des Durchmischungsverhältnisses des Geschiebemergels bezüglich Kornform und Konrgröße zu einer Porositätszunahme.
Mit zunehmender Porosität nimmt V_p ab (s. Abb. 7d). Ein locker aufgebautes Sediment ist leichter zu deformieren als ein dichtgelagertes. Die Porositätsabhängigkeit ist bei V_p stärker als bei V_s ausgeprägt.

Legende:
W = Weichsel-Formation
cl = Ton
si = Schluff,
fs, ms, gs = Fein-, Mittel-, Grobsand,
g = Kies

Legend:
W = Weichsel formation
cl = clay
si = silt
fs, ms, gs = fine, middle, coarse sand,
g = gravel

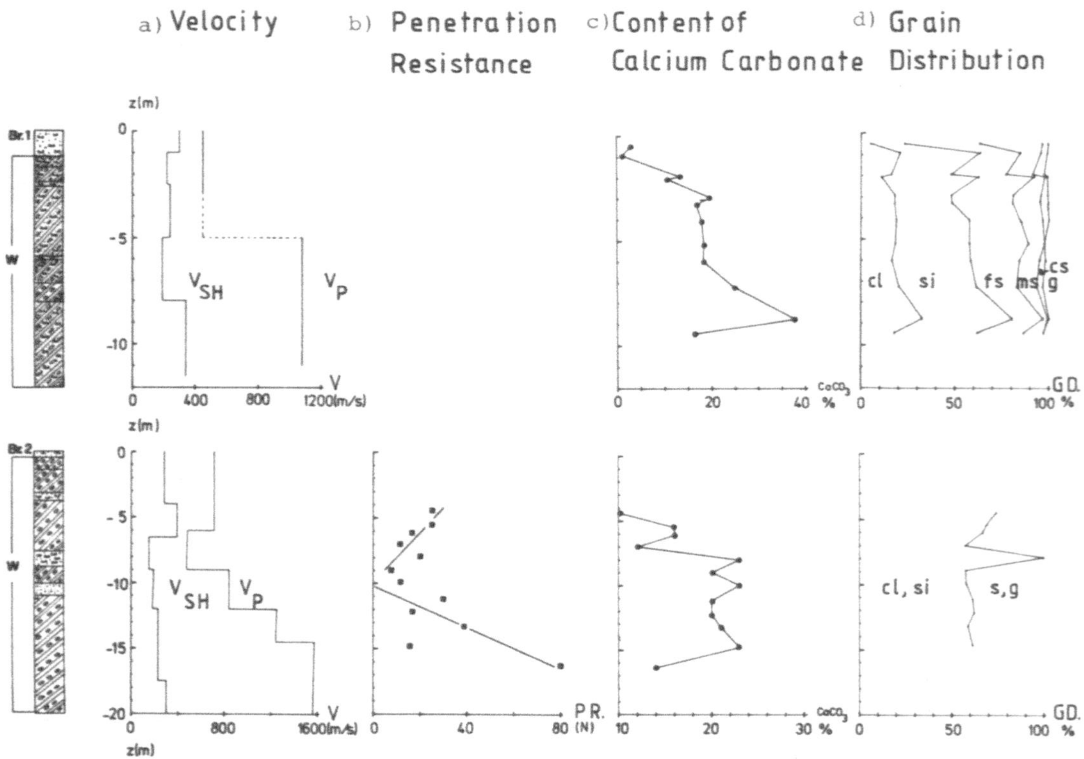

<u>Abb. 6</u> Geologische Querschnittsprofile verschiedener Kliffs entlang der Abbruchkante und ihre V_p- und V_s-Werte (a) verglichen mit den vertikalen Eindringwiderständen (b) aus Penetrometermessungen, (c) Kalkgehalt, (d) Kornverteilung

<u>Fig. 6</u> Geologic cross-section of various cliffs along the shore lines and their V_p and V_s values (a) compared to (b) normalized resistance against penetration tests, (c) percentage of $CaCO_3$, (d) grain size distribution

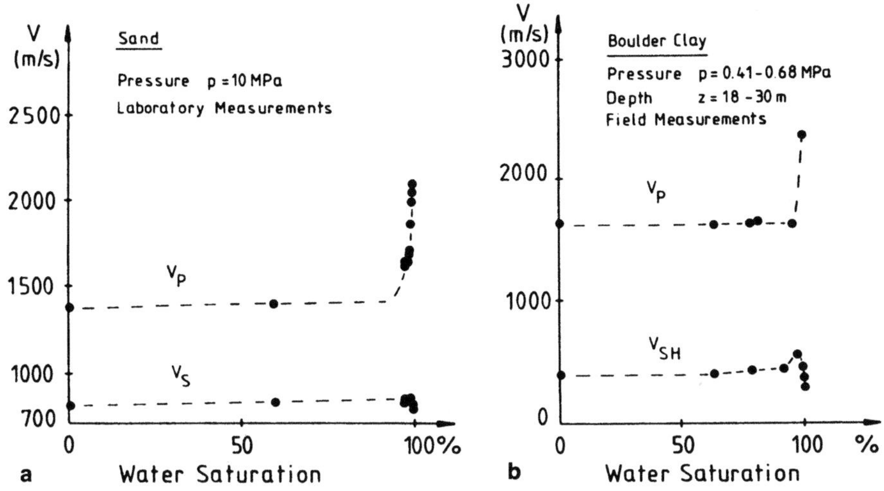

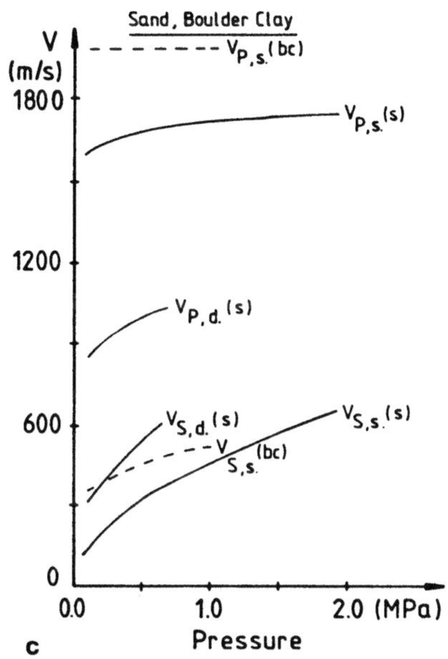

$V_{p,s.}$(bc) = V_p im gesättigten Geschiebemergel
$V_{p,s.}$(s) = V_p im gesättigten Sand
$V_{p,d.}$(s) = V_p im trockenen bzw. feuchten Sand
$V_{s,d.}$(s) = V_s im trockenen bzw. feuchten Sand
$V_{s,s.}$(s) = V_s im gesättigten Sand
$V_{s,s.}$(bc) = V_s im gesättigten Geschiebemergel

Abb. 7 Korrelation zwischen V_p- und V_s-Werten und verschiedenen lithologischen Parametern
(a) Sättigungsgrad im Sand (Labor)
(b) Sättigungsgrad im Geschiebemergel
(c) effektiver Druck für V_p und V_s in Sand und Geschiebemergel (in-situ)
in Abhängigkeit vom Sättigungsgrad (in-situ)

Fig. 7 Relationship between V_p- und V_s-values and various lithologic parameters
(a) water saturation in sand (lab)
(b) water saturation in boulder clay (in situ)
(c) confining pressure (averaged V_p and V_s)

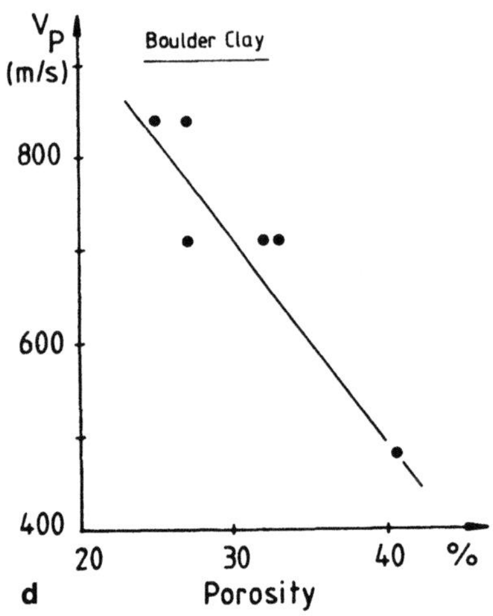

d

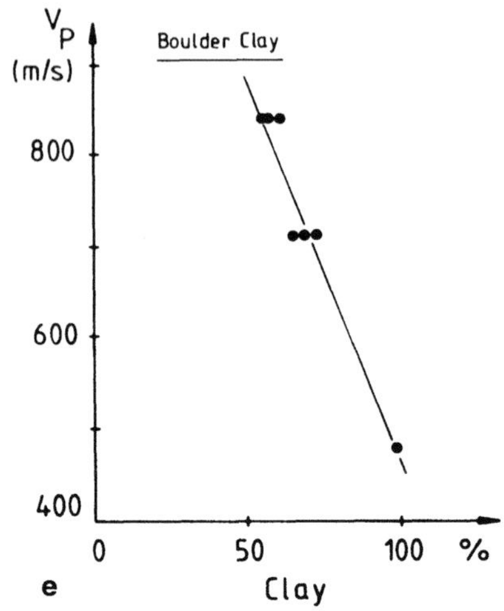

e

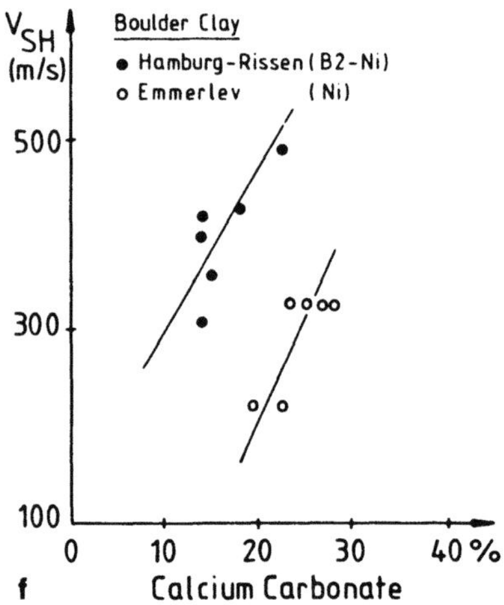

f

Abb. 7 (Fortsetzung)
(d) Porosität im Geschiebemergel (in-situ)
(e) Tongehalt im Geschiebemergel (in-situ)
(f) Kalkgehalt im Geschiebemergel (in-situ)

Fig. 7 (continued)
(d) porosity in boulder clay (bc)
(e) percentage of clay in bc
(f) percentage of calcium carbonate in bc

Der Sättigungsgrad wirkt auf V_p und V_{SH} unterschiedlich. Laborversuche von MUCKELMANN (1982) in Sand und in-situ-Beobachtungen im Geschiebemergel zeigen bezüglich des Zusammenhanges zwischen V und Sättigungsgrad überraschend ähnliche Ergebnisse (s. Abb. 7a und b). Bei Sand und Geschiebemergel liegt bis zu relativ hohen Sättigungsgraden V_p im Größenbereich wie für das trockene Sediment. Kurz vor Erreichen der Sättigung steigt V_p fast sprunghaft auf Werte im Bereich der Schallwellen im Wasser an. Während im trockenen Sediment die Porenfüllung mit der hohen Kompressibilität der Luft keinen Beitrag zum Deformationswiderstand lieferte, nimmt im wassergesättigten Zustand die Porenfüllung einen Teil der Spannung auf (SCHÖN 1969). Die Scherwellengeschwindigkeit verhält sich bis kurz vor der Wassersättigung ebenfalls relativ unabhängig vom Sättigungsgrad. Erst im gesättigten Zustand nimmt sie leicht ab. Da Wasser keinen Scherwiderstand besitzt, ist die Abnahme in V_s durch die Zunahme der Dichte bedingt. Im Geschiebemergel nimmt V_{SH} aber wesentlich stärker ab als beim Sand. Offenbar spielen hier die quellfähigen Tonminerale eine Rolle. Montmorillonitkristalle können Wassermoleküle anlagern. Da sich diese Minerale nur punktförmig berühren, führt diese Anlagerung zum Auseinanderpressen der Teilchen. Dies um so mehr, je höher der Anteil der quellfähigen Tonminerale im Geschiebemergel ist. Die Scherfestigkeit des Bodens wird also herabgesetzt und V_{SH} nimmt verstärkt ab.

Die Korn-Bindemittelkontakte werden durch den effektiven Druck sowie durch den Wasser-, Kalk- und Tongehalt verändert. Während die Zunahme von V_s und V_p im Sand und im Geschiebemergel mit dem Druck schon in Abb. 3 ausführlich beschrieben wurde, zeigt Abb. 7c noch einmal zusammenfassend die abgeleiteten funktionalen Zusammenhänge. Mit den Daten der Abb. 3 wurde eine Regressionsrechnung durchgeführt. Die Kurven stellen die mittlere V-p-Korrelation dar. Die Tiefe wurde für die Rechnung mit der Erdbeschleunigung und einer mittleren spezifischen Dichte für Sand und Geschiebemergel multipliziert (s. Gleichung 3).

Bei zunehmendem Tonanteil (s. Abb. 7e) im Geschiebemergel ist infolge der unterschiedlichen elastischen Eigenschaften von Tonpartikeln und dem gröberen Material (Sand, Kies) eine Abnahme der P-Geschwindigkeit zu verfolgen.

Der Kalkgehalt kann zusammen mit Wasser zu einer Verkittung der Korn-Bindemittelkontakte und zu einer Zementierung des Korngerüstes führen. Aus beidem resultiert eine Zunahme der Bodenstabilität, die wiederum zu einer Geschwindigkeitserhöhung führt. Abbildung 7f zeigt die V_{SH}-Zunahme am Beispiel einer Bohrloch- und einer Kliffmessung.

SCHLUSSFOLGERUNGEN UND AUSBLICK

Die im Schwerpunktprogramm der Deutschen Forschungsgemeinschaft entwickelte kombinierte seismische P- und S-Wellenquelle hat sich in ihrer endgültigen Form als robust und zuverlässig erwiesen. Durch ihre Kombination mit modernen Verfahren digitaler Datenerfassung und -verarbeitung wurde die Scherwellen-Meßtechnik zu einem wirkungsvollen und vielseitigen Verfahren entwickelt, das den Untergrund mit Bohrloch-, Refraktions- und Reflexionsbeobachtungen untersucht. Die vorgestellten Korrelationen der V_p- und V_s-Werte mit der Wassersättigung und dem Hangendendruck erscheinen gesichert. Andere Zusammenhänge, wie diejenigen zwischen V_p, V_s und der Porosität, dem Tongehalt, Kalkgehalt und Eindringwiderstand sind vielleicht nur als erste Ergebnisse anzusehen und bedürfen noch der Bestätigung durch weitere Messungen in verschiedenen Sedimenttypen. Auch sollte bei weiterführenden Untersuchungen ein zusätzlicher seismischer Parameter, die spezifische Absorption Q^{-1}, auf ihre Aussagekraft und ihre Korrelationsmöglichkeit zu lithologischen Parametern überprüft werden.

LITERATUR

Biot MA (1956a) Theory of propagation of elastic waves in fluid-saturated porous solids. Part I: Low frequency range. Journal of the Acoustics Society of America 28: 168-178

Biot MA (1956b) Theory of propagation of elastic waves in fluid-saturated porous solids. Part II: Higher frequency range. Journal of the Acoustics Society of America 28: 179-191

Deubel K, Kopf M (1982) In-situ Werte von V_p, V_s und V_p/V_s für Lockergesteine bis 60 m Tiefe. Freib Forsch H C 368, Leipzig
Huneke H, Küh R, Lütjen H (1983): A mobile pneumatic compressional- and shear wave source. In Vorbereitung
Imai T, Fumoto H, Yokota K (1976) P- and S-wave velocities in subsurface layers of ground in Japan. Urawa Research Institute, Oyo corporation
Kähler S, Meißner R (1983) Radiation and receiver pattern of shear and compressional waves. Geophysical Prospecting 31: 421-435
Lüdeling R (1976) Bodendynamische Untersuchungen des Baugrundes nach dem seismischen Aufzeitverfahren. Geologisches Jahrbuch Heft 12 Reihe C, Hannover
Meißner R, Theilen F (1983) Attenuation properties of sediments. 11th World Petrol Congr Sp Paper No 3, London, 363-379
Muckelmann R (1982) Dependence of seismic properties of sands on the degree of water saturation obtained from pulse transmission experiments. Program Abstracts Soc Expol Geophys, Seismic 11, Dallas, 142-143
Schön J (1969) Die Ausbreitungsgeschwindigkeit elastischer Wellen in Lockerböden und ihre Beziehung zu bodenmechanischen Kennwerten. Freib Forsch H C 250, Leipzig
Schön J (1983) Petrophysik, Akademie Verlag, Berlin
Stümpel H, Kähler S, Meißner R, Milkereit B (1984) The use of seismic shear waves and compressional waves for lithological problems of shallow sediments. Geophys Prosp 32, im Druck

Erkundung oberflächennaher Strukturen und Eigenschaften mit dem elektromagnetischen Reflexionsverfahren

F. THYSSEN[1]

SUMMARY

In the course of this project a great number of electromagnetic profilings, soundings and measurements in boreholes and in the laboratory were carried out. Most of the investigations were done in soils some also in solid rock.

In the initial phase of the work only a small part of our techniques were available. Therefore major developments of highfrequency devices for the laboratory and field measurements were necessary.

The numerous results of the elctromagnetic measurements can be summarized with certain simplifications in one important aspect. Essentially, the results depend on the water content of the material and the dissolved ions. As the electromagnetic properties strongly depend on the water content and the dissolved ions, the electromagnetic and the d.c. resistivity of soils and solid rock are related with each other. The properties of the samples were measured in the laboratory in the frequency range from 10 Hz to 100 MHz. With few exceptions, the resistivity of the samples at 10 Hz is equal to their d.c. resistivity with sufficient accuracy.

ELEKTROMAGNETISCHE WELLEN IN BÖDEN UND GESTEINEN

Die Ausbreitung elektromagnetischer Wellen in den unterschiedlichsten Medien wird durch die Maxwell'schen Gleichungen beschrieben. Meßfrequenz, komplexe Dielektrizitätskonstante und komplexe Permeabilität sind die bestimmenden Größen. In Böden und Gesteinen kann der Einfluß der komplexen Permeabilität i.a. vernachlässigt werden. Die komplexe DK ist somit die entscheidende Materialeigenschaft. Verlustfaktor, Wechselstromleitfähigkeit, Ausbreitungsgeschwindigkeit, Absorption und Reflexionskoeffizient an Schichtgrenzen sind hieraus abgeleitete Größen. Die Wechselstromleitfähigkeit geht für Gleichstrom in die z.B. mit einer Anordnung nach Schlumberger meßbare Gleichstromleitfähigkeit über. Die Wechselstromleitfähigkeit enthält neben der Gleichstromleitfähigkeit verschieden frequenzabhängige Leitfähigkeitskomponenten.

Sehr genau läßt sich die Ausbreitungsgeschwindigkeit der elektromagnetischen Wellen in situ bestimmen, weniger gut die Absorption und die Reflexionskoeffizienten.

[1] Prof. Dr. F. Thyssen, Institut für Geophysik, Westf. Wilhelms-Universität, Corrensstr. 24, D-4400 Münster

Ingenieurgeologische Probleme im Grenzbereich zwischen Locker- und Festgesteinen
(Herausgegeben von K.-H. Heitfeld)

Die DK der verschiedensten Materialien lassen sich auch z.B. als Füllstoff eines Kondensators im Laborversuch bestimmen.

Bei Böden und Gesteinen handelt es sich um Gemische von Materialien mit unterschiedlicher DK. Sie können mehr oder weniger genau nach verschiedenen Mischungsformeln (z.B. LOOYENGA 1965) berechnet werden. Wegen der um mindestens eine Größenordnung höheren DK des Wassers gegenüber der DK von wasserfreien Böden und Gesteinen ist Wasser die wichtigste Komponente bei Unterschieden in der DK.

AUFBAU DER EMR-MESSAPPARATUR

Der zentrale Teil der Meßapparatur besteht aus einem Sampling-Oszilloskop (Tektronix 1503) und einem Triggersignalgeber. Von hier wird der mit Avalanchetransistoren aufgebaute Impulssender über ein Lichtleitersystem angesteuert. Die ausgehenden Sendeimpulse werden über ein nach WU und KING (1965) (BRINKMANN 1978) bedämpftes Antennensystem in den Boden eingekoppelt. Die Folgefrequenz der Sendesignale ist am Triggergeber einstellbar und wird gleichzeitig in das Sampling-Oszilloskop eingespeist. Sie dient dort als Sample-Takt für die HF-Signale, die über eine identisch mit der Sendeantenne aufgebaute Empfangsantenne, über Breitbandtransformator und Vorverstärker, dem Oszilloskop zugeführt werden. Von einem außen am Meßfahrzeug angebrachten Wegmeßrad werden Signale erzeugt, die den Meß- und Ausgabezyklus triggern und so eine genaue Wegzuordnung der Registrierung ermöglichen. Praktisch sind bis zu 4 Meßzyklen pro Sekunde auszuführen. Entsprechend ist die Fahrgeschwindigkeit einzurichten. Die vom Samplesystem ausgegebenen NF-Signale werden auf PCM-Magnetband mit 72 dB Registrierumfang zur weiteren digitalen Bearbeitung gespeichert. Je nach Fragestellung sind die Meßsysteme von etwa 1 MHz bis ca. 100 MHz einzusetzen. Sie verfügen über einen Dynamikumfang von ungefähr 160 dB. Gegebenenfalls werden auch die von einem mitgeführten Inklinometer zur Bestimmung der Geländeneigung abgegebenen Spannungen auf eine Spur des Magnetbandes registriert. Sie liefern mit den Wegmeßdaten nach der digitalen Bearbeitung kontinuierlich die relativen Höhen des Kartierungsweges.

Für Bohrlochversenkmessungen wurden nach dem gleichen Prinzip versenkbare Sender- und Empfängersysteme gebaut. Eine Zuordnung der Registrierungen zu der Versenktiefe der Sonden wird durch ein die Zugseilbewegungen erfassendes Wegmeßsystem gesichert.

EMR-FELDMESSTECHNIK

Die EMR-Meßtechnik umfaßt Oberflächenmessungen, d.h. Profil- und Kartierungsmessungen sowie Bohrlochmessungen.

Bei der Profilmeßtechnik wird der Abstand zwischen Sender und Empfänger verändert. Aufgrund der unterschiedlichen Wellenlaufwege und der ebenfalls unterschiedlichen Geschwindigkeiten längs dieser Wege ergeben sich zeitliche Verschiebungen der Einsätze in den Registrierungen, die über die Laufzeitkurven Aussagen über Geschwindigkeit und Tiefe eines Reflektors ermöglichen. Die Wellenlaufwege zeigt Abb. 1.

Besonders günstige Bedingungen für die Auswertung liegen vor, wenn Sender und Empfänger in gleichen Entfernungsschritten zu beiden Seiten des gemeinsamen Mittelpunktes auseinandergezogen werden. Diese CMP-Profilmessung (Common Mid Point) wurde durch Verwendung eines modifizierten Meßrades zusammen mit dem triggerbaren Sampling-Oszilloskop realisiert.

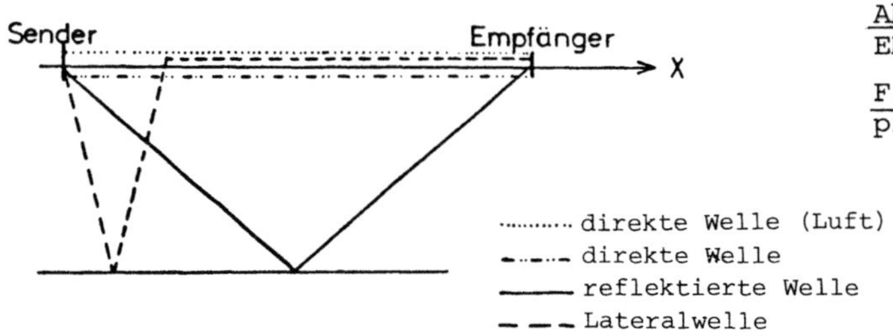

Abb. 1 Wellenlaufwege bei EMR-Profilmeßtechnik

Fig. 1 Raypathes for EMR-profiling

Den Aufbau für eine kontinuierliche CPM-Profilmessung zeigt Abb. 2.

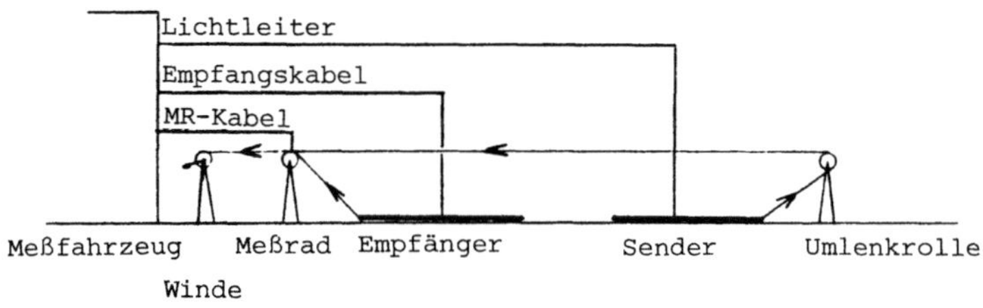

Abb. 2 Aufbau für eine CMP-Profilmessung

Fig. 2 Common midpoint profiling

Die Kartierungsmeßtechnik, bei der sich der Sender und Empfänger in einem konstanten Abstand befinden und über die Oberfläche gezogen werden, ermöglicht das kontinuierliche Verfolgen eines Reflektors im Untergrund. Die nötige Weginformation liefert das Meßrad in Verbindung mit der Wegmeßelektronik, den Höhenverlauf des Meßweges das Inklinometer. Der vom Wegrad getriggerte Meßzyklus führt zu einer genauen räumlichen Zuordnung der Meßpunkte bei hoher räumlicher Informationsdichte. Der schematische Aufbau der Kartierungsmessung wird in Abb. 3 gezeigt.

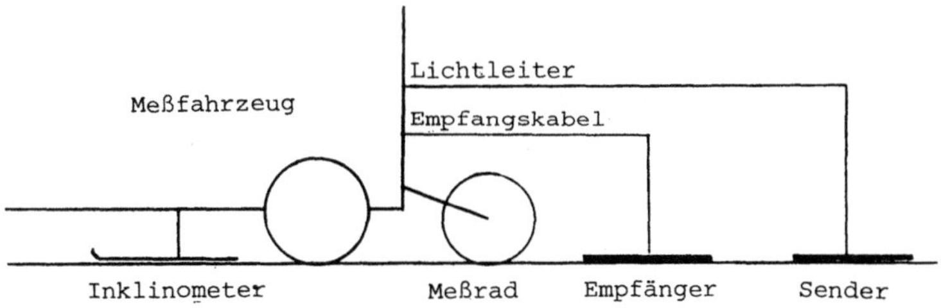

Abb. 3 Schematischer Aufbau für die Kartierungsmessungen

Fig. 3 Arrangement for electromagnetic sounding

Für die Interpretation von Oberflächenmessungen und deren Korrelation mit geologischen Parametern des Untergrundes sind Bohrlochmessungen notwendig. Zwei Anordnungsmöglichkeiten haben sich für unterschiedliche Fragestellungen bewährt: die Einzelversenkmessung und die Parallelversenkmessung.

Bei der Einzelversenkmessung wird der Sender mit der Sendeantenne kontinuierlich im Bohrloch abgesenkt und die Laufzeit der elektromagnetischen Wellen bis zum Empfänger gemessen, der sich an der Oberfläche direkt neben dem Bohrloch befindet. Aus der Laufzeit und der Tiefe des Senders kann, analog zu seismischen Bohrlochversenkmessungen, die Vertikalgeschwindigkeit errechnet werden. In geeigneten Bohrungen kann eine vertikale Profilmessung ausgeführt werden.

Bei der aufwendigeren und daher selteneren Parallelversenkmessung werden Sender und Empfänger synchron in zwei parallel niedergebrachten Bohrlöchern versenkt. Aus der Laufzeit der direkten Welle zwischen beiden Bohrungen und dem Bohrlochabstand ergibt sich die horizontale Ausbreitungsgeschwindigkeit, die sich von der vertikalen unterscheiden kann.

Außer der direkten Welle treten bei Bohrlochmessungen noch weitere Wellen auf, deren Laufwege in Abb. 4 dargestellt sind.

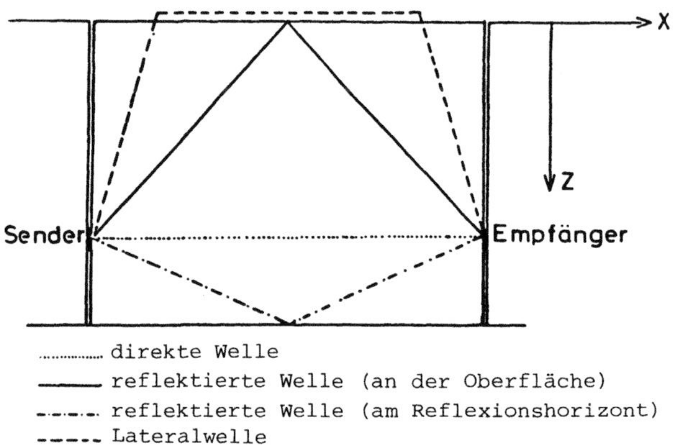

Abb. 4 Wellenlaufwege der Parallelversenkmessung

Fig. 4 Raypathes for parallel borehole logging

Die Laufzeitkurven hierzu lassen sich im Fall des homogenen isotropen Ausbreitungsmediums geometrisch einfach ableiten. Sie dienten als Grundlage für Modellrechnungen.

Bei Bohrlochmessungen konnte durch Verwendung der automatisierten Registriertechnik eine Meßpunktdichte von einer Registrierung/5 cm erzielt werden.

Zur Abschätzung der komplexen DK aus Bohrlochmessungen wurde außer der Ausbreitungsgeschwindigkeit auch eine Auswertung der Amplituden der direkten Welle benötigt, die bei der i.a. eingesetzten linearen Registriertechnik ohne Schwierigkeiten möglich war.

EMR-DATENVERARBEITUNG

Für Messungen im Gelände ist es zweckmäßig, eine sofortige erste Bearbeitung und Darstellung der gewonnenen Daten vorzunehmen, so z.B. um nach einer CMP-Profilmessung den günstigsten Abstand zwischen Sende- und Empfangseinheit für eine Kartierung festzulegen. Es können Filter, zeitabhängige Verstärker und eine Amplituden- bzw. Dynamikkompression zur Darstellung der Daten auf einem Graustufenschreiber oder einem X-Y-Schreiber genutzt werden. Die digitale Datenverarbeitung erfolgt normalerweise mit einem Standardpaket und gliedert sich in die Auswertung von Profilen und von Kartierungen, wobei grundlegende Schritte identisch sind.

Der erste Schritt für alle auf PCM-Magnetband gespeicherten Daten ist die Digitalisierung. Vor der weiteren Bearbeitung durchlaufen die Daten ein digitales Butterworth-Filter, je nach Bedarf als Hoch-, Tief- oder Bandpaß.

Um Registrierungen mit einem Dynamikumfang von bis zu 72 dB graphisch darstellen zu können, ist eine Regelung der Signalanteile mit kleinen Amplituden erforderlich. Dies geschieht mit Hilfe eines Amplitudenregelungs- und Normierungsprogrammes, das für jede Spur eine amplitudenabhängige Regelungsfunktion errechnet und auf diese Spur anwendet.

An dieser Stelle spaltet sich der Verlauf der Bearbeitung für die zwei verschiedenen Meßverfahren auf. Das Ziel bei der CMP-Profilmessung ist die Ermittlung einer Geschwindigkeits Tiefenfunktion, die von der Geschwindigkeitsanalyse (GAROTTA u. MICHON 1967) geliefert wird.

Bei vielen Kartierungsmessungen werden Reflexionshorizonte von kleinräumigen Störungen überlagert. Ein Programm für gleitend räumliche Mittelung verringert diese unerwünschten Signale. Um Störungen zu eliminieren, die in Einzelfällen auf der gesamten Registrierung als Meßfehler zeitkonstant auftreten können, wird ein Programm benutzt, das von jeder Registrierspur eine mittlere Spur subtrahiert, die aus der normierten Summe aller Registrierungen oder bestimmter Abschnitte besteht.

Aus den parallel zur Messung registrierten Inklinometerwerten und dem Registrierpunktabstand wird eine Höhenkurve berechnet. Durch entsprechende Korrektur der Registrierspuren kann so der räumliche Verlauf der Reflexionshorizonte ermittelt werden. Dieses ist besonders bei der Darstellung des Grundwasserhorizontes nützlich.

Kartierungsdaten werden wegen ihres großen Umfanges i.a. auf einem Graustufenschreiber dargestellt, Profilmessungen wie in der Seismik üblich auf einem Plotter. Aus der großen Zahl der ausgeführten Feldmessungen sollen hier nur einige ausgewählte gezeigt und diskutiert werden. Dabei ist die Zielvorstellung zu zeigen, welche Informationen das Verfahren bei der Untersuchung von Locker- und Festgesteinen zu liefern in der Lage ist, und wo die Grenzen im Augenblick liegen.

Wegen seiner hohen Arbeitsgeschwindigkeit ist die EMR-Kartierung ein sehr wirkungsvolles Verfahren. Es liefert Aussagen über die Schichtung bis in Teufen, die im Einzelfall von der sehr unterschiedlichen Absorption und Streuung der Wellen im Locker- und Festgestein abhängen. Im bearbeiteten Teufenbereich kann man die erfaßbaren Schichtgrenzen wie folgt zusammenfassen:

1) Im allgemeinen ist der erste Grundwasserhorizont der relativ stärkste Reflektor bezogen auf den Teufenbereich.

2) Horizonte oberhalb des Grundwasserspiegels sind i.a. erfaßbar sofern sie Wasser enthalten, insbesondere werden Stauhorizonte gut erfaßt. In günstigen Fällen kann der zeitliche Ablauf der Grundwasserneubildung verfolgt werden.

3) Unterhalb des Grundwasserspiegels sind mit weitaus geringerer Auflösung Porositätsunterschiede im wassergefüllten Porenraum von Bedeutung.

4) Wenn Wasser vorhanden ist, spielen Unterschiede in der Gesteinsmatrix i.a. eine untergeordnete Rolle. In nahezu wasserfreier Umgebung wie z.B. in Salzbergwerken, sind sie jedoch bestimmend (z.B. Unterschiede Steinsalz/Anhydrit).

Die folgende Abb. 5 illustriert diese Aussagen zu Punkt 1 bis 3. Es wurde längs einer von 0 m bis etwa 450 m abfallenden Geländeoberfläche gemessen. Relativ hierzu steigt der Grundwasserspiegel von ca. 26 m Teufe bei 0 m auf ca. 15 m Teufe bei 450 m. Er ist der deutlichste Horizont.

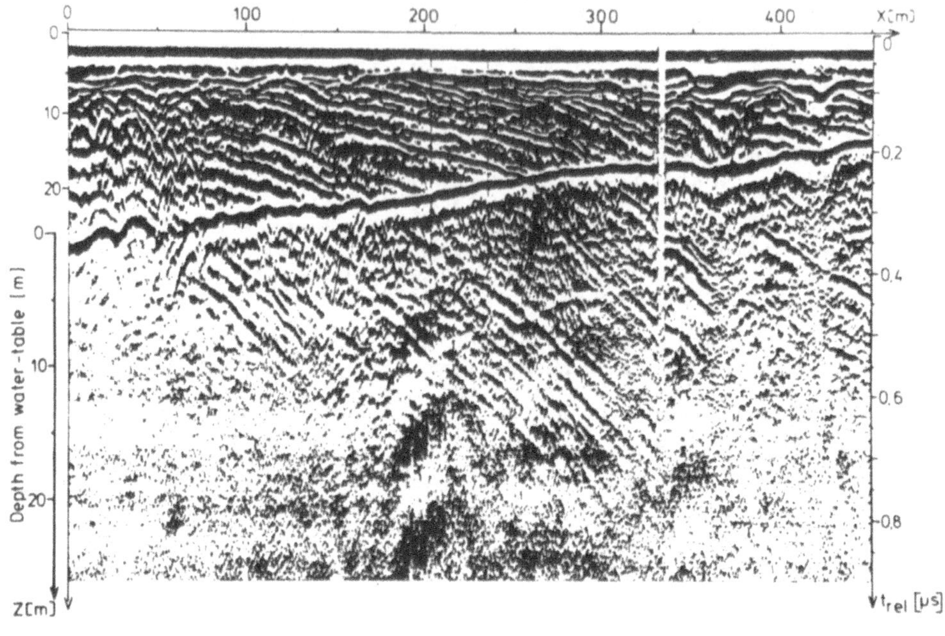

Abb. 5 EMR-Kartierung in den Halterner Sanden bei geneigter Geländeoberfläche. Die obere Teufenskala zählt von dem angegebenen Nullpunkt, die untere Skala vom Grundwasserspiegel aus.

Fig. 5 Electromagnetic sounding on a dipping surface. The upper scale counts from the beginning of the signals, the lower down from the water table.

Oberhalb des Grundwasserhorizontes gibt es eine Fülle von komplizierteren Schichtungen, die Sandschichten mit unterschiedlichen Körnungen zugeordnet werden können. Zwischen 0 m und ca. 70 m sind größere Gesteinsstücke, eingebettet in feinkörnigerem Material, zu erwarten (Diffraktionshyperbeln). Unterhalb des Grundwasserspiegels sind die von oben kommenden Schichten teilweise weiter zu verfolgen. Sie sind als Folge der niedrigeren Ausbreitungsgeschwindigkeit unterhalb des Grundwasserhorizontes gebrochen und sind bis ca. 40 m Teufe erkennbar. Die zweite links angebrachte Tiefenskala ist mit dem Grundwasserspiegel als Nullpunkt zu verwenden. U.a. als Folge der kleineren Reflexionskoeffizienten in diesem Teufenbereich sind die Horizonte nicht im gesamten Kartierungsabschnitt erkennbar (JURETZKA 1982).

Weitere Resultate sollen anhand des Meßgebietes Ahlintel dargestellt werden.

Die Meßstelle liegt auf dem Münsterländer Hauptkiessandzug bei Emsdetten-Ahlintel nordwestlich von Münster. Der Grundwasserspiegel wird von einem in der Nähe befindlichen Wasserwerk abgesenkt. Oberhalb des Grundwasserspiegels wird Sand abgebaut mit einer Abbaukante senkrecht zum Streichen des Kiessandzuges. Die CMP-Profilmessungen wurden senkrecht zur Abbaukante gelegt, um auf einer Höhenisolinie zu bleiben. Die Kartierungsstrecke führt mit einer Länge von 350 m parallel zur Abbaukante über den Kiessandrücken. Während dieser Messung wurden mit einem Inklinometer und Wegmeßrad Daten für eine digitale Nivellementberechnung aufgenommen und über einen Zeitraum von 7 Monaten Wiederholungsmessungen durchgeführt (KÖRPER 1983). In der Abb. 6 ist eine Kartierung als Plotterschrieb dargestellt. Die digitale Bearbeitung umfaßt gleitend räumliche Mittelung über 3 Spuren, Summation über 5 Spuren, Bandpaßfilterung (15 - 90 MHz) und Amplitudenregelung und -normierung. Die Spuren wurden außerdem nach den Inklinometermeßdaten höhenkorrigiert, so daß Ersteinsatz und Reflexionen weitgehend in der richtigen geometrischen Lage in der graphischen Darstellung erscheinen. Die Grundwasserreflexion (R3) verläuft nun weitgehend söhlig. Auch die anderen aus der Profilmessung bekannten Einsätze sind erkennbar. Abweichungen beruhen auf lateralen Geschwindigkeitsvariationen im Untergrund oberhalb des Reflektors. Ein Verfahren zur schnellen kontinuierlichen Bestimmung dieser lateralen Geschwindigkeitsänderung steht noch nicht zur Verfügung.

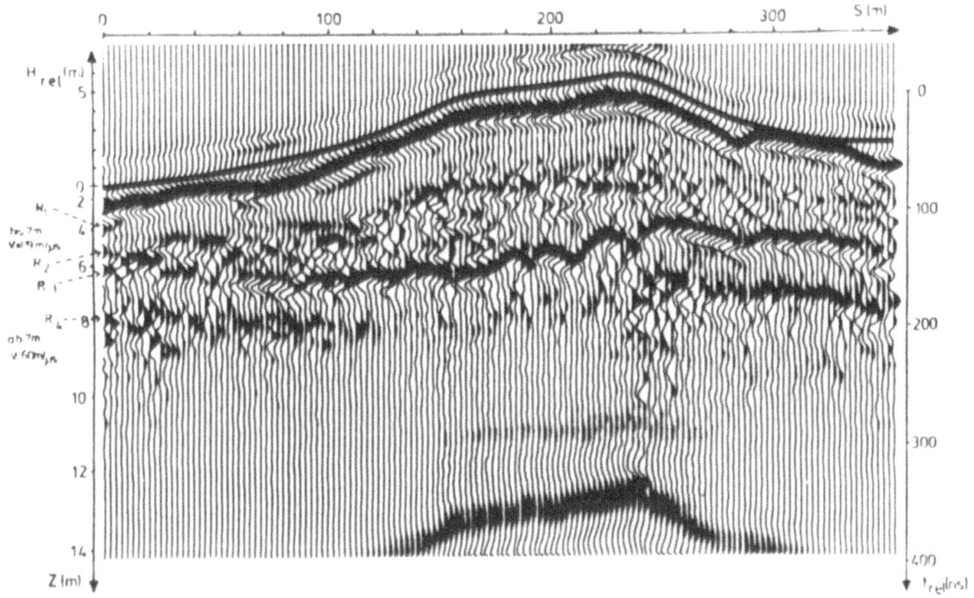

Abb. 6 EMR-Kartierungsmessung Ahlintel

Fig. 6 Electromagnetic sounding near Ahlintel

Die digitale Bearbeitung der CMP-Messungen Abb. 7 umfaßt 25-fache Stapelung, Bandpaßfilterung (15 - 60 MHz), Amplitudenregelung und -normierung. Es sind deutlich drei Reflexionen zu erkennen. Für dieses Profil wurde eine Geschwindigkeitsanalyse nach dem Summationsverfahren durchgeführt. Es ergeben sich Maxima bei den Lotzeiten der drei deutlichen Reflexionen mit den zugehörigen mittleren Geschwindigkeiten. Ein weiteres Maximum bei etwas größeren Zeiten gehört wegen seiner niedrigeren Geschwindigkeit wahrscheinlich zu einer Reflexion von unterhalb des Grundwasserspiegels, die aber in der Profilmessung nicht eindeutig sichtbar wird.

Die Wiederholungsmessungen an der gleichen Stelle zeigten, daß es sich bei dem Reflektor R1 um eine während der Beobachtungszeit nicht veränderliche Schichtgrenze handelt. Dagegen ergeben sich beim Reflektor R2 bei Messungen zu unterschiedlichen Zeitpunkten um bis zu 3 m variierende Tiefenlagen, was darauf hindeutet, daß es sich hier um einen veränderlichen Stauhorizont handelt. Der Reflexionseinsatz R3 ist eindeutig dem Grundwasserspiegel zuzuordnen, der in einer nahegelegenen Peilbohrung aufgeschlossen ist.

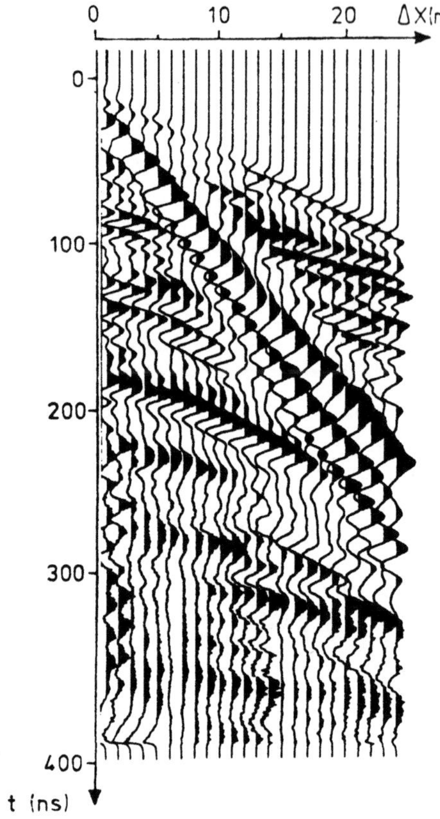

Abb. 7 CMP-Profil Ahlintel

Fig. 7 Electromagnetic CMP-Profile near Ahlintel

Elektromagnetische Bohrlochmessungen ergänzten die Profilmessungen und die Kartierungen. Die Übereinstimmung der Meßergebnisse ist innerhalb der Streuung der Eigenschaften in den Gesteinen zufriedenstellend.

Ergänzend zu den Oberflächenmessungen wurde eine Bohrung von ca. 4 m Tiefe mit einem Handbohrgerät zur Gewinnung von Materialproben abgeteuft. Auf dem DK-Meßplatz wurden die dielektrischen Kenngrößen bestimmt. Erwartungsgemäß korrelieren sie gut mit dem ebenfalls bestimmten Wassergehalt der Proben, wie Abb. 8 zeigt.

STOFFKONSTANTENMESSPLATZ

Die Kenntnis der Ausbreitungsgeschwindigkeit und der Absorption für elektromagnetische Wellen ist die Voraussetzung, um Aussagen über die Einsatzmöglichkeiten des elektromagnetischen Reflexionsverfahrens in Locker- und Festgesteinen machen zu können. Die komplexen Dielektrizitätskonstanten (DK) sowie die daraus abgeleiteten Größen sind daher von besonderem Interesse. Dabei ist die Bezeichnung Konstante für die DK nur sehr bedingt richtig, da sie im allgemeinen von der Frequenz, dem Wassergehalt des Mediums, der Dichte und anderen Parametern abhängt.

Beim Aufbau des DK-Meßplatzes war in erster Linie der Frequenzbereich und die Art der zu messenden Proben zu beachten. Die Frequenzen zwischen

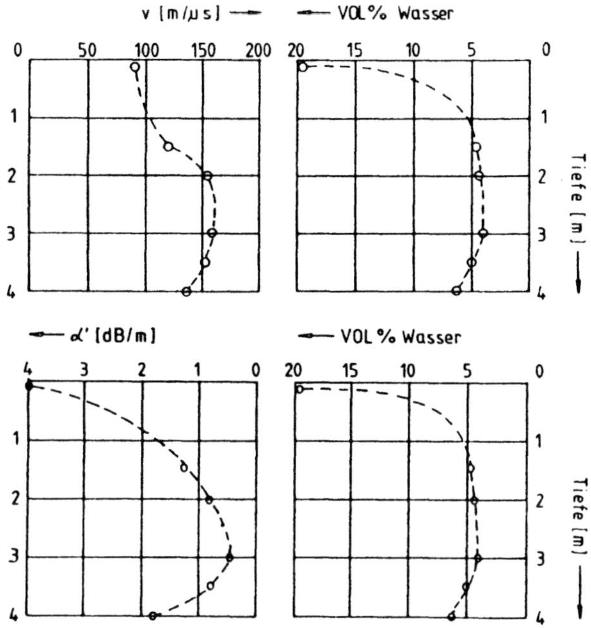

Abb. 8 Geschwindigkeit und Absorption (f = 50 MHz) sowie Wassergehalt von Proben aus der Bohrung Ahlintel

Fig. 8 Velocities, absorption (f = 50 MHz) and watercontent of specimen from a borehole near Ahlintel

10 Hz für nahezu Gleichstrommessungen und bis zu 100 MHz für das elektromagnetische Reflexionsverfahren sind nicht leicht zu überdecken. Darüberhinaus sind die Locker- und Festgesteine nicht beliebig zu bearbeiten und z.T. empfindlich gegenüber Meßplatzumbauten. Zur Bestimmung der komplexen DK wurde daher die Messung der komplexen Impedanz eines verlustbehafteten Kondensators als Teil einer 50 Ohm-Koaxialleitung gewählt.

Für die Messungen wurde eine 50 Ohm-Koaxialleitung entwickelt und in der feinmechanischen Werkstatt des Instituts gebaut. Die Leitung ist aus Messing gefertigt. Um die Verluste möglichst gering zu halten, sind die Oberflächen des Innen- bzw. Außenleiters versilbert. Der Innenleiter ist unterbrochen und durch einen Mikrometertrieb verschiebbar (0 - 45 mm). Für die Messungen wird eine zylindrische Probe mit einem Durchmesser von 24,7 mm eingesetzt. Mit Hilfe einer verstellbaren Rutschkupplung wird ein definierter Andruck erreicht. Beschrieben wird die Probe durch die komplexe Impedanz eines Kondensators mit verlustbehaftetem Dielektrikum, wobei die beiden Stirnflächen des Innenleiters die Kondensatorplatten bilden.

Um mit diesem Meßverfahren auch kleine Verlustwinkel bestimmen zu können, muß der Fehler bei der Phasenmessung so gering wie möglich sein. Deshalb wurde der Meßplatz nach eingehenden Vorversuchen nach dem Prinzip einer synchronen Relativmessung in einer symmetrischen Spannungsteilerschaltung zur Bestimmung der komplexen Impedanz des Probenkondensators aufgebaut (s. Abb. 9; JOERMAN 1982; GERIGK 1984).

Das Signal von einem Generator wird über einen Leistungsteiler eingespeist und die Spannungen hinter der Referenzimpedanz $\underline{Z}_R$ und der Pro-

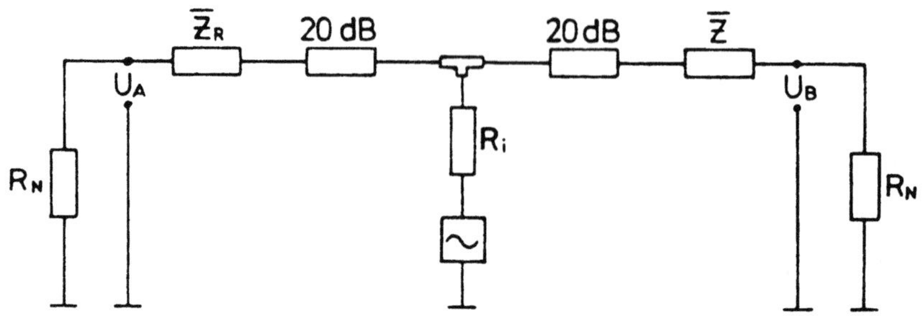

Abb. 9 Eletrischer Aufbau des Meßplatzes

Fig. 9 Block diagram of the DK-measuring system

benimpedanz $\overline{Z}$ werden gemessen. Als Referenzimpedanz wird eine bekannte Probe verwendet. Bei zu großen Unterschieden zwischen Referenz- und Meßkanal werden zur Entkopplung 20 dB-Dämpfungsglieder eingesetzt. Kontrolliert wird der Meßablauf durch den Process-Controller "PPC", ein IEC-Bus-Steuergerät und Tischrechner. Als Spannungsquelle dient ein Signalgenerator "SMS" mit einem Frequenzumfang von 0,1 bis 520 MHz für HF-Messungen bzw. ein Generator "SPN" mit einem Frequenzbereich von 1 Hz bis 1,3 MHz für NF-Messungen. Alle erforderlichen Einstellungen am Gerät lassen sich über IEC-Bus fernsteuern und sind programmierbar.

Zur Spannungsmessung steht ein zweikanaliges Vektorvoltmeter "ZPV" zur Verfügung, das je nach Tunereinschub in einem Frequenzbereich von 0,1 MHz bis 1 GHz bzw. von 10 Hz bis 50 MHz Spannungen nach Betrag und Phase mißt. Über IEC-Bus können alle Betriebsarten eingestellt und sämtliche Meßwerte ausgelesen werden. Alle Einzelgeräte wurden von der Firma Rhode und Schwarz geliefert.

Bei der Probenpräparation ist zwischen Festgestein und Lockermaterial zu unterscheiden. Festgesteinsproben werden auf einer Gesteinsbohrmaschine mit einem Diamantbohrer (Ø = 24,7 mm) bei Spülung mit destilliertem Wasser aus Handstücken gewonnen. Diese Kerne werden auf einer Zweiblattgesteinssäge in 5 - 20 mm dicke planparallele Scheiben geschnitten. Falls erforderlich schließen sich eine Oberflächenfeinbearbeitung sowie Stirnflächenkontaktierung mit Leitsilberkleber an. Für einen Teil der Messung wurden Proben gezielt befeuchtet, um die Wassergehaltsabhängigkeit der DK zu untersuchen. Der letzte Schritt ist der Einbau der Probe in die Meßleitung.

Lockermaterial wird möglichst wenig gestört mit Ausstechzylindern aus Bohrlöchern oder Grabenwänden entnommen. Beim Transport ist auf luftdichtes Verschließen der Behälter zu achten. Vor dem Einbau der Proben in die Meßleitung erfolgt eine möglichst genaue Glättung der Probenstirnflächen, um einen guten Kontakt zwischen Kondensatorplatten und Füllung zu gewährleisten. Die Abb. 10 und 11 zeigen als Beispiel den wesentlichen Zusammenhang zwischen dem bei 10 Hz ermittelten spez. Gleichstromwiderstand von Locker- und Festgesteinsproben (außer Tonen) und der Ausbreitungsgeschwindigkeit und der Absorption für elektromagnetische Wellen bei 60 MHz und 1 MHz.

Bei einem in günstigen Fällen erreichbaren Dynamikumfang der Meßapparatur von 160 dB lassen sich so die Erfolgsaussichten des elektromagnetischen Reflexionsverfahrens schon bei Kenntnis des spez. Gleichstromwider-

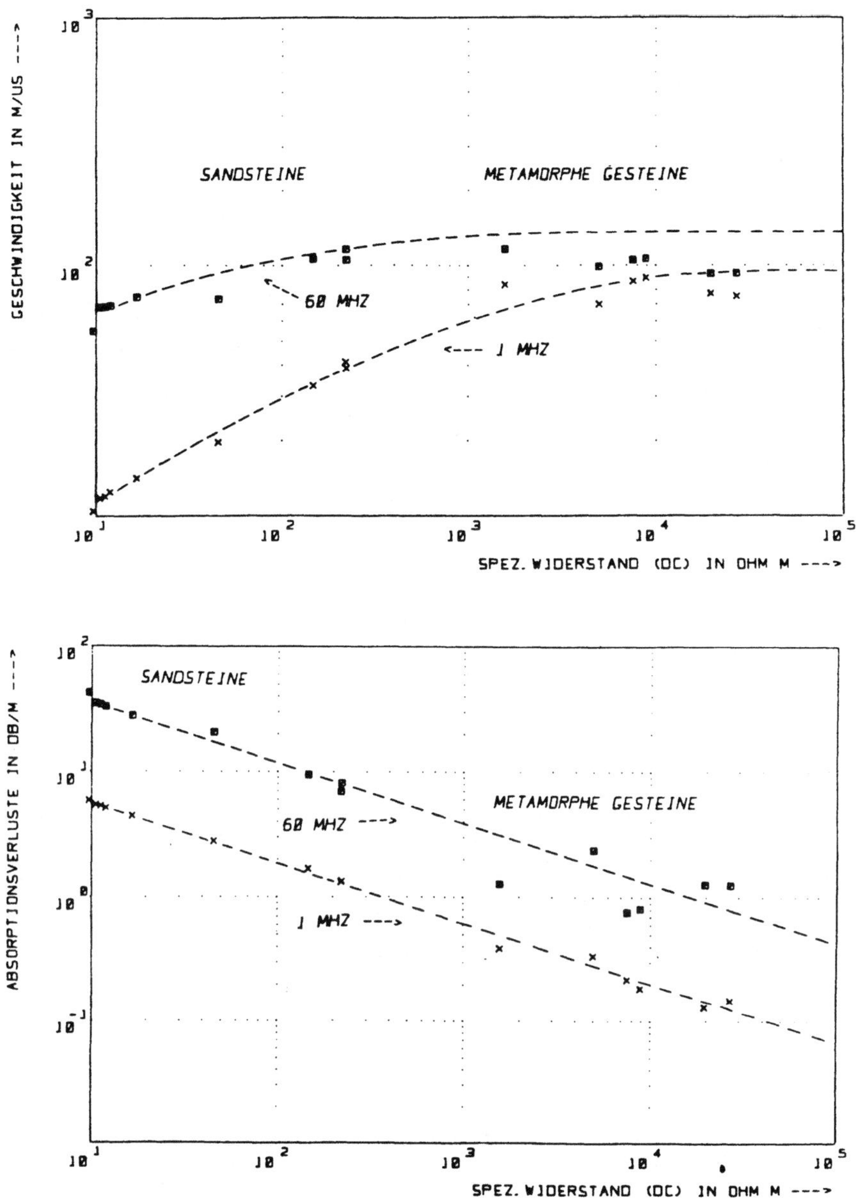

Abb. 10 u. 11 Geschwindigkeit und Absorptionsverluste als Funktion des spez. Widerstandes für Sandsteine und metamorphe Gesteine mit unterschiedlich leitender Porenfüllung für elektromagnetische Wellen bei 1 MHz und 60 MHz.

Fig. 10 a. 11 Velocities and absorption depending on the DC-resistivity for sandstones a. metamorphic rock with different conducting pore fluid standes abschätzen. Dieses gilt auch mit einiger Einschränkung für tonhaltige Gesteine.

Die in den Abb. 10 und 11 gezeigten deutlichen Korrelationen erlauben es, auch viele schon bekannte Beziehungen zwischen spez. Widerstand und geologisch-lithologischen Parametern sinngemäß auf die elektromagnetischen Parameter zu übertragen (z.B. Formationsfaktor, Archieformel etc.).

AUSBLICK

Während sich das EMR-Verfahren auf Lockermaterial mit relativ niedriger Absorption gut bewährt hat, sind für den erfolgreichen Einsatz auf höher absorbierendem Material noch Verbesserungen der Meßtechnik erforderlich. Dies kann vor allem aus der Einführung einer weitgehend automatisierten Mehrfachüberdeckungsregistrierung bestehen. Hierfür könnten z.B. mehrere Empfängerantennen gleichzeitig verwendet werden, die über einen Multiplexer nacheinander mit der Empfangseinheit verbunden werden. Eine weitere Möglichkeit besteht im on-line-Stapeln während der Messung mit einem in die Apparatur integrierten Mikrocomputer.

Im Bereich der DK-Messungen wären noch weitere, systematische Messungen besonders in Verbindung mit bodenkundlichen und mineralogischen Untersuchungen an großen Probenstückzahlen wünschenswert, um konkretere Aussagen über das dielektrische Verhalten geologischer Medien unter bestimmten Bedingungen machen zu können. Dies wiederum würde die Schlußfolgerungen, die aus Gelände-EMR-Messungen für den Untergrund und seine Eigenschaften gezogen werden, erweitern und absichern.

DANKSAGUNG

Die hier vorgebrachten Ergebnisse sind das Resultat einer langen Entwicklung, die ohne die zahlreichen Beiträge der Herren Dipl. Phys. BLINDOW und SCHOMBURG nicht möglich gewesen wären. Sie beruhen in nicht geringem Umfang auf Ergebnissen der Herren Diplom-Geophysiker SALAMON und SCHMOLDERS. Die komplizierten technischen Entwicklungen wurden in unseren elektronischen und mechanischen Werkstätten durchgeführt, für die hier deren Leitern den Herren WILTING und DORNSEIF gedankt werden soll.

LITERATUR

Archie GE (1942) The electric resistivity log as an aid in determining some reservoir characteristics. Trans Aime 146: 54-67

Brinkmann R (1978) Apparative Gesichtspunkte zum elektromagnetischen Reflexionsverfahren in verlustbehafteten Medien. Unveröff. Diplomarbeit, Inst. Geophys. Münster

Garotta R, Michon D (1967) Continuous analysis of the velocity function and the move out corrections. Geophys Prosp 15: 584-597

Gerigk R (1984) Impedanzmessungen an Locker- und Festgesteinen zur Ermittlung von geophysikalisch relevanten Parametern im Frequenzbereich von 10 Hz - 100 Hz. Unveröff. Diplomarbeit, Inst. Geophys. Münster

Juretzka B (1982) Experimentelle Arbeiten zur Weiterentwicklung des elektromagnetischen Reflexionsverfahrens. Unveröff. Diplomarbeit, Inst. Geophys. Münster

Joermann U (1982) Aufbau und Erprobung eines DK-Meßplatzes für einen

Frequenzbereich von 1 MHz - 100 MHz. Unveröff. Diplomarbeit, Inst. Geophys. Münster
Körper R (1983) Ergänzendes automatisches Nivellement zum EMR-Verfahren sowie Versuche zur Kartierung zeitlich veränderter Reflexionsstrukturen. Unveröff. Diplomarbeit, Inst. Geophys. Münster
Looyenga H (1965) Dielectric Constants of Heterogenous Mixtures. Physica 31: 401-406
Wu TT, King RWP (1965) The cylindrical antenna with nonreflecting resistive loading. IEEE Transactions an Antennas and Propagation 13: 369-373

Erkundung oberflächennaher Strukturen mit reflexionsseismischen Verfahren

M. Degutsch, F. Thyssen und M. Holdorf[1]

SUMMARY

For the determination of velocity-depth-relations down to approximately 50 m results of seismic reflection measurements are presented. The recordings were carried out by self-constructed computer-controlled equipment. The influence of the uppermost part (cm) of the weathered material on the seismograms for the horizontal profiles is discussed in one case. In the field records longitudinal wave reflection arrivals can only be correctly correlated with each other after digital data processing. Additional vertical seismic sections from borehole measurements would be necessary.

EINLEITUNG

Die Auswertung von Longitudinal- und Transversalwellen gibt Aufschluß über den Aufbau des Untergrundes. Um diesen im oberflächennahen Bereich bis maximal 50 m Tiefe zu erfassen, sollten reflexionsseismische Verfahren als Ergänzung zu anderen Meßverfahren (z.B. Elektromagnetisches Reflexionsverfahren) erprobt werden. Untersuchungen von EVISON (1952), ALLEN et al. (1952), PAKISER und WARRICK (1956), MEIDAV (1969), STOLL (1971), SCHEPERS (1975), RÜTER (1975) sowie NUNN und BOZTAS (1977) zeigten, daß für diesen Tiefenbereich kein reflexionsseismisches Standardmeßverfahren existierte. Deshalb war eine geeignete Feldmeßapparatur aufzubauen und zu erproben, sowie Untersuchungen an seismischen Quellen zur Erzeugung hochfrequenter elastischer Wellen durchzuführen. Ferner mußten Rechenprogramme zur Datenbearbeitung erstellt und anhand synthetischer und realer Seismogramme auf ihre Anwendbarkeit für oberflächennahe Reflexionsseismik getestet werden.

FELDMESSAPPARATUR

Die Meßausrüstung sollte folgende Anforderungen erfüllen:

1. Für oberflächennahe Reflexionsseismik geeignete sprengstofflose Quellen.
2. Mehrkanalige digitale Datenerfassung und -speicherung bei Abtastraten zwischen 2 µs und 500 µs.
3. Großer Dynamikumfang und Möglichkeiten der signalabhängigen Verstärkungssteuerung in einem Registrierzeitfenster bis etwa 200 ms wegen großer Amplitudenunterschiede von kurzen zu langen Laufzeiten.

[1] Dr. M. Degutsch, Prof. Dr. F. Thyssen, cand. geophys. M. Holdorf, Institut für Geophysik der Westfälischen Wilhelms-Universität, Corrensstr. 24, D-4400 Münster

Ingenieurgeologische Probleme im Grenzbereich zwischen Locker- und Festgesteinen
(Herausgegeben von K.-H. Heitfeld)

4. Einsatzmöglichkeit sowohl für oberflächennahe Reflexionsseismik als auch für ergänzende seismische Bohrlochmessungen.

Zu Beginn unserer Arbeiten im Jahre 1977 erfüllte keine der handelsüblichen Feldausrüstungen in vollem Umfang diese Forderungen. Deshalb war eine Eigenentwicklung notwendig. Das Blockschaltbild in Abb. 1 zeigt die entworfene rechnergesteuerte Meßausrüstung.

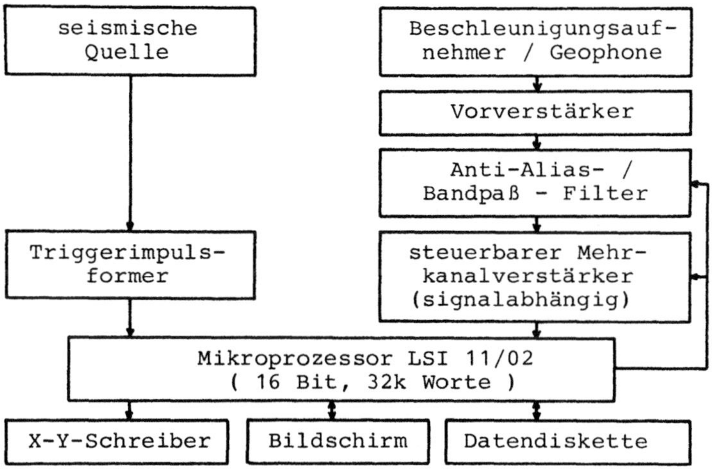

Abb. 1 Blockschaltbild der seismischen Meßausrüstung

Fig. 1 Block diagram of the seimic field equipment

Als seismische Quellen wurden ein "Elektromagnetischer Hammer", ein Fallgewicht und ein Sparker (RÜTER 1975) gebaut und eingesetzt. Das jeweilige abgestrahlte Quellsignal ist in Impulsform und Amplitude gut reproduzierbar (BAIER 1982). Seine Länge wurde experimentell zu 5 - 10 ms bestimmt. Vergleichbare Signallängen ermittelte MOONEY (1976). Der "Elektromagnetische Hammer" arbeitet wie das Fallgewicht nach dem Schlagprinzip, wobei die Schlagmasse in einem Magnetfeld beschleunigt wird. Bei diesen beiden Quellen verhindern zusätzliche Haltefelder ein Prellen der Schlagmasse auf der Kopplerplatte. Das Triggersignal (Abriß) erzeugt ein in der Kopplerplatte eingebauter Beschleunigungsaufnehmer.

An den einzelnen Meßpunkten entlang der Profile wurden die seismischen Signale entweder von Beschleunigungsaufnehmern mit einer Eigenfrequenz von f_o = 25 kHz (Typ PCB 308B02 der Firma Piezotronics) oder Geophonen mit f_o = 100 Hz (Typ GS 100 der Firma AMF Geospace) aufgenommen. Die elektrischen Signale werden zeitkonstant vorverstärkt, gefiltert und nach einer signalabhängig gesteuerten Verstärkung (maximal 42 dB) auf den Eingang eines 12 Bit Analog-Digital-Wandlers gegeben. Die Verstärkungssteuerung ist bei mehrkanaliger Registrierung für alle Kanäle gleich und wird für jede Aufnehmeraufstellung jeweils vorher aus einer Testregistrierung automatisch berechnet. Den Meßablauf steuert der 16 Bit Mikrocomputer LSI 11/02 (Firma Digital Equipment). Die Speicherung der digitalisierten Daten erfolgt auf Disketten. Bei Stapelung zur Verbesserung des Signal-Stör-Verhältnisses wird die Mittelwertbildung im Kernspeicher durchgeführt. Eine graphische Darstellung der Meßergebnisse in Form von Seismogramm-Montagen geschieht auf einem X-Y-Schreiber während der Feldmessungen.

Für Bohrlochmessungen wurde eine 3-Komponentenbohrlochsonde mit Beschleunigungsaufnehmern des o.a. Typs entwickelt. Die Sonde läßt sich mit einer Orientierungseinheit versehen und wird pneumatisch an die Bohrlochwand angedrückt.

DURCHFÜHRUNG DER FELDMESSUNGEN

Bei den reflexionsseismischen Messungen wurden sowohl Einfach- als auch Mehrfachüberdeckungen (maximal 6-fach) durchgeführt. Die Länge der Einzelprofile betrug 5 m bis 25 m mit einem Aufnehmerabstand zwischen 15 cm und 50 cm. Entweder werden Vertikalkomponenten oder 3-Komponentensysteme aufgestellt. Die Aufnehmerankopplung an den Erdboden erfolgte mit 8 cm langen Metalldornen. Sowohl die Energieübertragung als auch der Frequenzinhalt der zu registrierenden Signale wird durch die Ankopplung entscheidend beeinflußt (ROSEMANN 1959; SAFER 1978; HOOVER und O'BRIEN 1980). Bei den Feldmessungen wurde keine Aufnehmerbündelung zur Verbesserung des Signal-Stör-Verhältnisses vorgenommen. Dies geschah nachträglich bei der Datenbearbeitung als symmetrische Mischung. Die getrennte Abdeckung von Aufnehmern und Quelle - nur beim Fallgewicht nicht möglich - mit Schallschutzhauben bewirkte eine Abschwächung des Luftschalls um maximal 30 dB(A). Hiermit sollte auch eine über den Luftschall in den Boden eingekoppelte Welle (MOONEY und KAASA 1962) unterdrückt werden, die sonst im Lockermaterial mit Kompressionswellengeschwindigkeiten geringer als die des Luftschalls auftreten kann. Die Auswahl der Quelle und die Anzahl der Stapelungen richtete sich nach den geologischen Verhältnissen im Meßgebiet, der angestrebten Aufschlußtiefe und der Profillänge. Aufgrund der von uns beobachteten geringen Verbesserung der Seismogrammqualität bei Mehrfachüberdeckungen erscheint uns diese Feldmeßtechnik in der oberflächennahen Reflexionsseismik z.Zt. noch zu aufwendig. Das Registrieren von CMP (common mid point) - Profilen wurde im Einzelfall für Geschwindigkeitsanalysen durchgeführt.

Seismische Bohrlochversenkmessungen zur Aufnahme vertikaler seismischer Profile (VSP) ergänzten die Reflexionsseismik. Der vertikale Meßpunktabstand betrug hierbei 0,5 m. Erste Erfahrungen mit der direkten Bohrlochintervallgeschwindigkeitsmessung und der Bohrlochparallelversenk- bzw. Durchschallungsmessung zur Geschwindigkeits- und Absorptionsbestimmung liegen bereits vor. Als Quelle wurde hierzu der Sparker eingesetzt (VOGEL 1952; MC CANN et al. 1975).

REFLEXIONSSEISMOGRAMME UND IHRE AUSWERTUNG

Alle Feldseismogramme, seien sie im Locker- oder Festgestein registriert, bedurften einer nachträglichen Bearbeitung, um auswertbare Reflexionseinsätze zu erhalten. Die wesentlichen Bearbeitungsschritte waren Frequenz- und Geschwindigkeitsfilterung, symmetrische Mischung und dynamische Korrektur. Das Ergebnis hing entscheidend von der Qualität der Feldseismogramme ab. Diese wird bei der oberflächennahen Reflexionsseismik besonders geprägt durch:

1. Verhältnis von Signallänge zur Schichtmächtigkeit;
2. Überlagerung der Reflexionseinsätze mit direkten und refraktierten P- und S-Wellen, Oberflächenwellen und reflektierter Refraktion über den gesamten Registrierentfernungsbereich;
3. geringe Erhaltungsneigung des Quellsignals infolge starker frequenzabhängiger Absorption und lateral inhomogener Schichten;
4. teilweise zu geringe Energie der Quelle und Ankopplung von Quelle

und Aufnehmer an den Boden.

Zur Überprüfung der Reproduzierbarkeit der Ergebnisse wurden in einem Meßgebiet bei Münster in zeitlichen Abständen Wiederholungsmessungen durchgeführt. In diesem Meßgebiet ist die Oberkreide durch etwa 15 - 20 m mächtige quartäre Sande in den Abstufungen, Feinsand, Mittelsand, Schluff mit unterschiedlich starken tonigen Anteilen überdeckt. Der Grundwasserspiegel liegt bei etwa 3 m Tiefe. Die Messungen zeigen, daß nur bei gleichen Bodeneigenschaften keine bzw. nur unwesentliche Änderungen in den seismischen Signalen auftreten. Ändert sich dagegen allein die Beschaffenheit der obersten Zentimeter des Bodens aufgrund von Witterungseinflüssen (trocken, naß, gefroren), so hat dies großen Einfluß auf die Signalform und Strukturierung der Reflexionsseismogramme im gesamten Zeitfenster (HUNGELING 1982). Ein Beispiel hierfür zeigt Abb. 2.

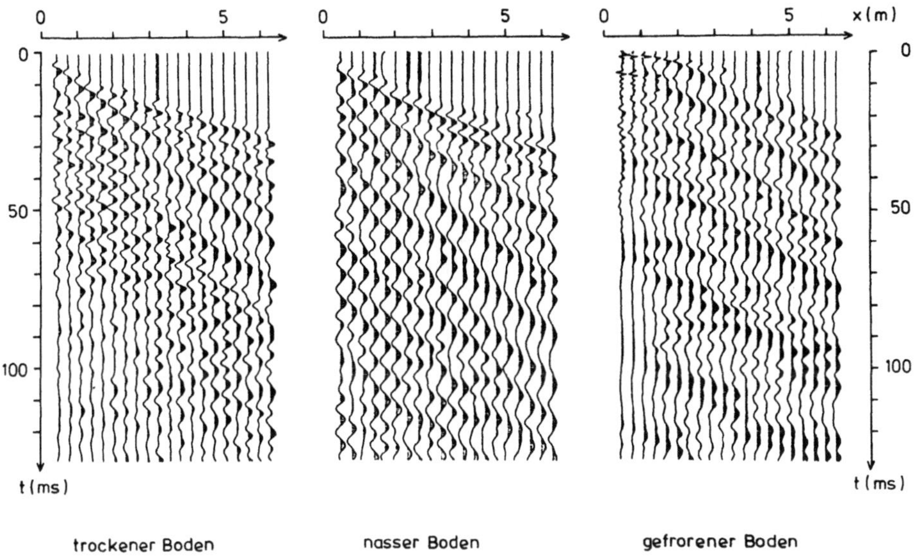

Abb. 2 Reflexionsseismogrammprofile bei unterschiedlichen Bodenbeschaffenheiten. Datenbearbeitung: Zentrieren, Amplitudenregelung

Fig. 2 Reflection seismogram sections recorded by different conditions of the ground (dry, wet, frozen). Data processing: zero average, gain control

Direkt sind Reflexionseinsätze in den Seismogrammen nicht auszuwerten. Nach Durchführung der symmetrischen Mischung über n=8 Spuren sind korrelierbare Einsätze festlegbar. Ein Ergebnis für trockenen Boden ist in Abb. 3 dargestellt. Reflexionseinsätze sind bei etwa 20 ms, 30 ms, 40 ms, 55 ms, 70 ms und 85 ms erkennbar. Ähnliche Ergebnisse werden durch Geschwindigkeitsfilterung (EMBREE et al. 1963; TREITEL et al. 1967; SHANKS 1967; RÜTER 1975) oder mit Hilfe von Mehrfachüberdeckungen erreicht. Zur Ableitung von Geschwindigkeitstiefenfunktionen V(z) werden Geschwindigkeitsanalysen (GAROTTA und MICHON 1967; COOK und TANER 1969; NEIDELL und TANER 1971) durchgeführt. Aufgrund des geringen "move-out's" sowie der Signalveränderungen und der gegebenen Signallänge ist die Bestimmung von Stapelgeschwindigkeiten Vp,st nicht unproblematisch. Nach unseren Erfahrungen aus den Geschwindigkeitsanalysen sind Stapelgeschwindigkeiten für Laufzeiten größer als 30 ms nur sehr ungenau festlegbar (BEHRENS 1982).

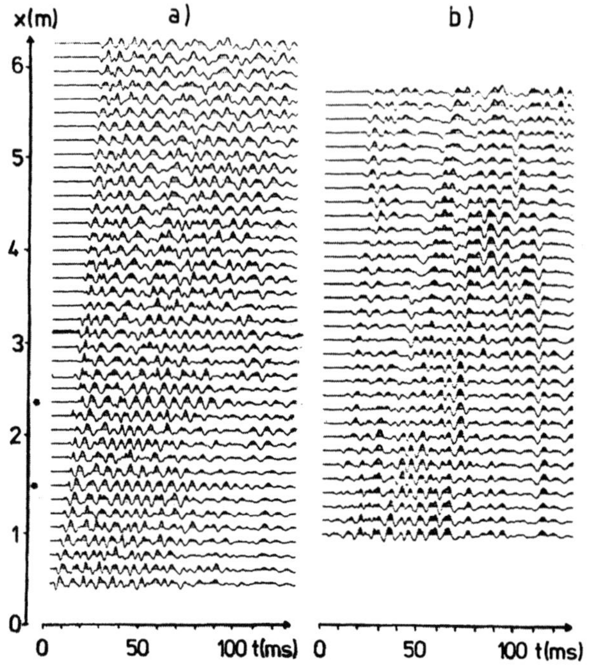

Abb. 3 Reflexionsseismogrammprofil. Datenbearbeitung: a) Zentrieren, Amplitudenregelung, b) zusätzlich: Mischung über 8 Spuren. (*) Spuren mit schlechter Ankopplung

Fig. 3 Reflection seismogram section. Data processing: a) zero average, gain control, b) additional: mixing of 8 traces. (*) Traces with poor geophone - ground coupling

Dies wird in Abb. 4 anhand eines typischen Beispiels aus dem Meßgebiet bei Münster verdeutlicht. Die Bearbeitung von 10 Profilen ergibt als Mittelwert Vp,st = (290 ± 25) m/s bei der Lotzeit t_o = (19 ± 1) ms und Vp,st

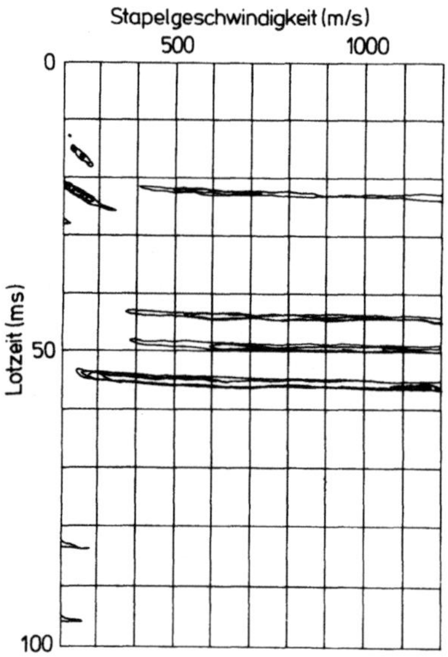

Abb. 4 Geschwindigkeitsanalyse (Summationsverfahren

Fig. 4 Velocity analysis (mean amplitudes)

= (950 ± 90) m/s bei t_o = (51 ± 1) ms. Hiermit folgt für die Tiefenlage der Reflektoren z_1 = (2,8 ± 0,4) m (Grundwasserhorizont) und für z_2 = (24 ± 3) m (Quartärbasis). Diese Ergebnisse wurden auch durch Refraktionsseismik und Geoelektrik bestätigt. Eine gesicherte Zuordnung und Interpretation der weiteren korrelierbaren Signale in dem Seimogrammprofil (Abb. 3b) ist allein aus den Oberflächenmessungen in diesem Meßgebiet nicht möglich.

Wegen fehlender Flachbohrungen im Meßgebiet bei Münster wird der Vorteil ergänzender seimischer Bohrlochmessungen zur Überprüfung und besseren Interpretation der oberflächennahen Reflexionsseismik an einem Meßbeispiel aus dem Gebiet der Haltener Sande dargelegt.

Die seismischen Bohrlochversenkmessungen wurden in vorhandenen Grundwasserpeilbohrungen durchgeführt. Die Bohrungen haben eine Kunststoffverrohrung, die mit Bohrklein und im Filterbereich mit Kies hinterschüttet ist. Dies verursacht unterschiedliche Ankopplungsbedingungen für die Meßsonde. Eine Bohrung wurde mehrmals mit Aufnehmerabständen Δz = 0,5 m und Abstand Bohrloch-Quelle x = 0,5 m vermessen. Abb. 5 zeigt ein Beispiel eines vertikalen seismischen Profils.

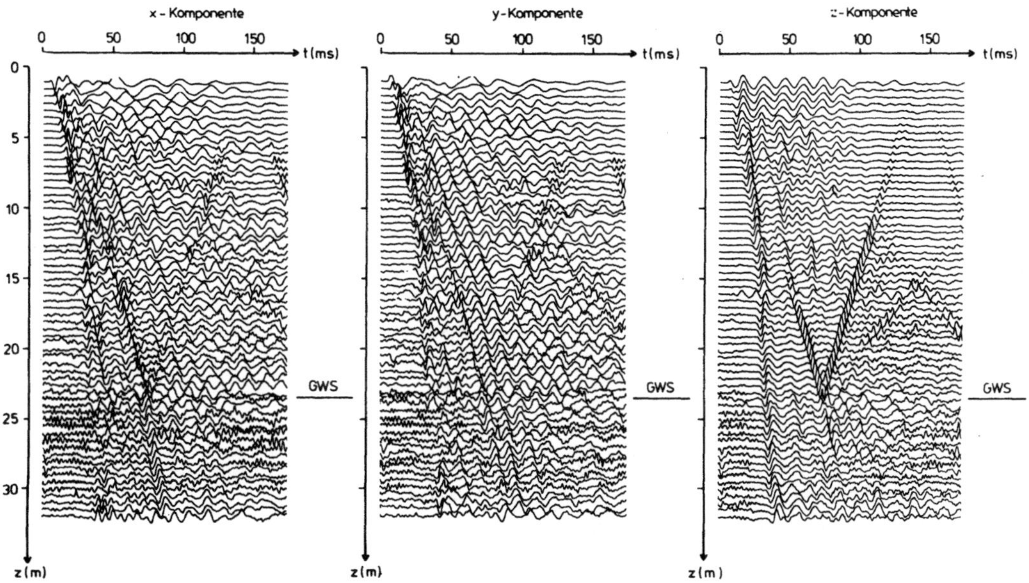

Abb. 5 Vertikales seismisches Profil. GWS = Grundwasserspiegel. Bearbeitung: Zentrieren, Amplitudenregelung, Tiefpaßfilterung mit f_c = 400 Hz.

Fig. 5 Vertical seismic profile section. GWS = ground water level. Data processing: zero mean, gain control, low pass filtering (cut off frequency : 400 Hz)

Neben den Ersteinsätzen sind insbesondere auf der Vertikalkomponente direkte und reflektierte Luftschallwellen als unerwünschte Störsignale zu erkennen. Im Teufenbereich bis ca. 6 m wird der Ersteinsatz nicht von der durch die Formation gelaufenen direkten P-Welle sondern von einer auf der Verrohrung gelaufenen Welle gebildet. Primäre Reflexionseinsätze sind nur schwach erkennbar, so z.B. vom Grundwasserspiegel in ca. 23 m Tiefe. Die Auswertung der direkten P-Einsätze von allen Einzelmessungen liefert nach Umrechnung in Vertikallaufzeiten eine mittlere Geschwindigkeitstiefenfuntkion $\overline{V}(z)$ (HANKE 1983), die in Abb. 6 dem geologischen Schichtenverzeichnis gegenübergestellt ist. Bei der gegebenen Seismogrammqualität und dem Meßpunktabstand stimmen die Ergebnisse gut überein.

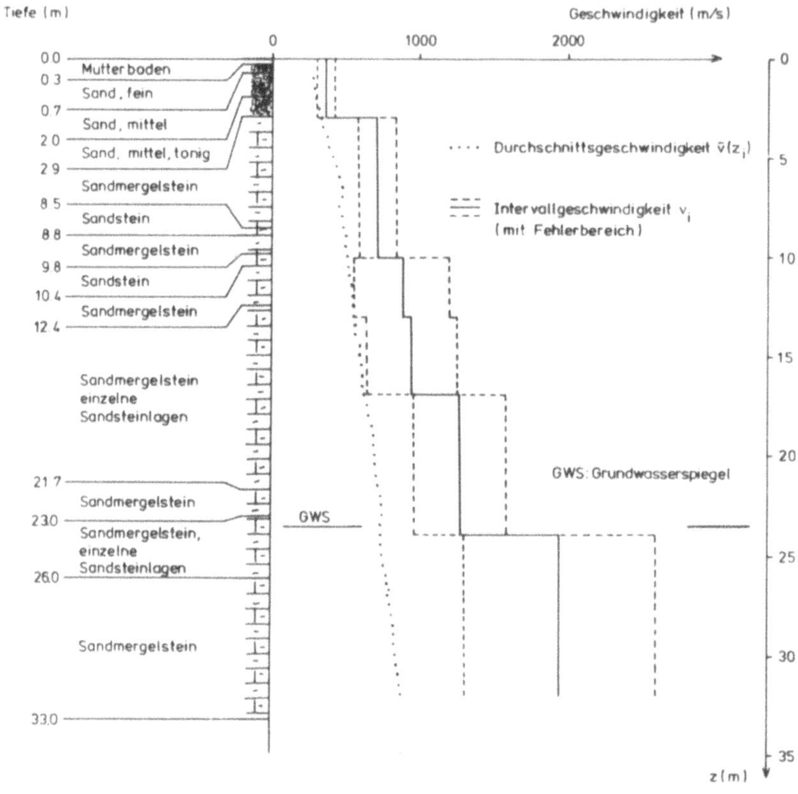

Abb. 6 Abgeleitete Geschwindigkeitstiefenfunktion und geologisches Schichtenverzeichnis (freigegeben vom STAWA Münster)

Fig. 6 Computed velocity-depth function and geologic cross section (permitted by STAWA Münster)

Zur Auswertung der Reflexionseinsätze erfolgt eine Bearbeitung im Frequenz - Wellenzahl - (f-k) - Bereich. Nach einer 2-dimensionalen Fouriertransformation der Seismogramme sind im f-k-Bereich positive und negative Scheingeschwindigkeiten, d.h. in positive und negative z-Richtung laufende Wellen getrennt (GAL'PERIN 1974; WUENSCHEL 1976; KENNETT et al. 1980, HARDAGE 1983). Kann nun eine zuverlässige Zuordnung der Energieverteilung zu einzelnen Wellen erfolgen, so lassen sich diese hervorheben oder abschwächen. Für die Bearbeitung der z-Komponente des vertikalen seismischen Profiles aus Abb. 5 werden die einzelnen Spuren zeitlich so verschoben, daß die zu erwartenden P-Reflexionen die Scheingeschwindigkeit unendlich erhalten (Abb. 7a). Das von diesem Ausgangsdatenmaterial berechnete f-k-Spektrum bestätigt, daß die reflektierten P-Wellen nur wenig Energie aufweisen im Vergleich zu den direkten Wellen. Nach Filterung und Rücktransformation in den Orts-Zeit-Bereich wird das Seismogramm von reflektierten Wellen hoher Scheingeschwindig-

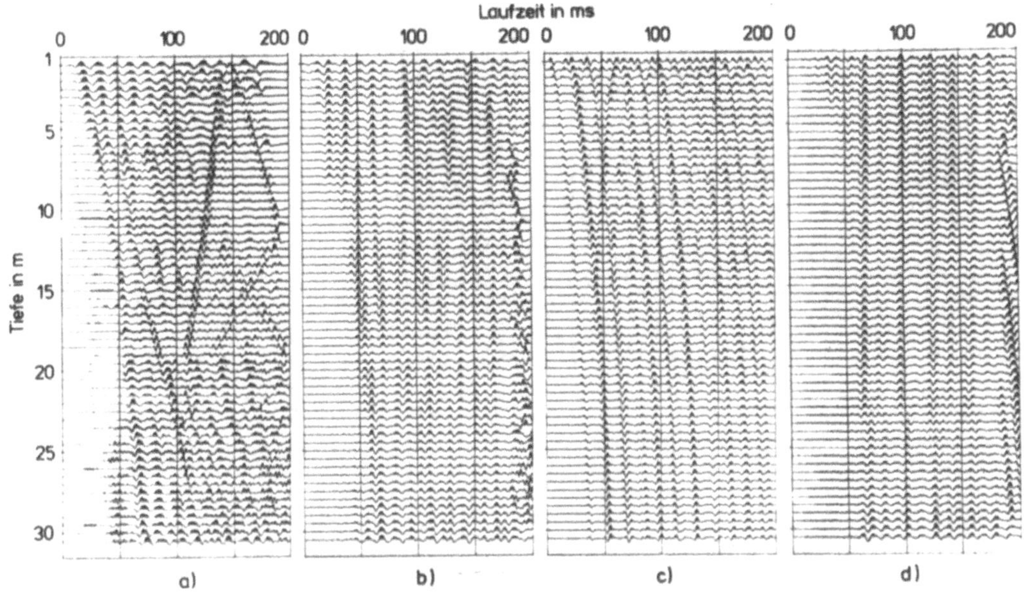

Abb. 7 Gemessene VSP-Sektion: a) zeitverschoben, b) gefiltert, c) berechnete VSP-Sektion (nach TEMME und MÜLLER 1982), d) wie c), jedoch zeitverschoben und gefiltert

Fig. 7 Measured VSP-section: a) time shifted, b) filtered, c) computed VSP-section (after TEMME and MÜLLER 1982), d) as c), but time shifted and filtered

keit bestimmt (Abb. 7b). Es können zusätzliche, über das $\overline{V}(z)$-Modell aus Abb. 6 hinausgehende Reflektoren dem geologischen Schichtenverzeichnis zugeordnet werden. Zur weiteren Überprüfung wird ein synthetisches vertikales Profil nach TEMME und MÜLLER (1982) berechnet, wobei folgende Modellparameter vorgegeben werden: P-Wellengeschwindigkeiten und Reflektortiefe entsprechend $\overline{V}(z)$-Modell aus Abb. 6; abgeschätzte Dichtewerte; ebene Wellenerzeugung mit einer vorherrschenden Frequenz von 120 Hz und schwache Absorption in allen Schichten (Q = 1000). In den synthetischen Seismogrammen, die wegen fehlender Luftschall- und Rohrwellen anders strukturiert sind, lassen sich primäre Reflexionen ebenfalls nur schwach erkennen, da das Seismogrammbild durch Multipleneinsätze geprägt wird (Abb. 7c). Zum besseren Vergleich werden die synthetischen Seismogramme in gleicher Weise wie das gemessene vertikale seismische Profil bearbeitet. Das Ergebnis (Abb. 7d) weist bereits teilweise eine gute Übereinstimmung mit dem gemessenen, bearbeiteten vertikalen seismischen Profil auf. Die Abweichungen in der Amplitudenverteilung sind u.a. auf die zugrundegelegten Reflexionskoeffizienten zurückzuführen.

Das unmittelbar neben dem Bohrloch vermessene horizontale seismische Profil zeigt nach Hochpaßfilterung, Amplitudenregelung und Geschwindigkeitsfilterung im Lotzeitbereich bis 100 ms korrelierbare Einsätze mit hoher Scheingeschwindigkeit. Zuverlässige Geschwindigkeitswerte können auch hier aus den Reflexionsseismogrammen nicht ermittelt werden. Deshalb wird die dynamische Korrektur mit der mittleren Durchschnittsgeschwindigkeit aus den Bohrlochversenkmessungen durchgeführt (Abb. 8). Innerhalb der möglichen Auflösung können Reflexionseinsätze vorhandenen Schichtgrenzen zugeordnet werden.

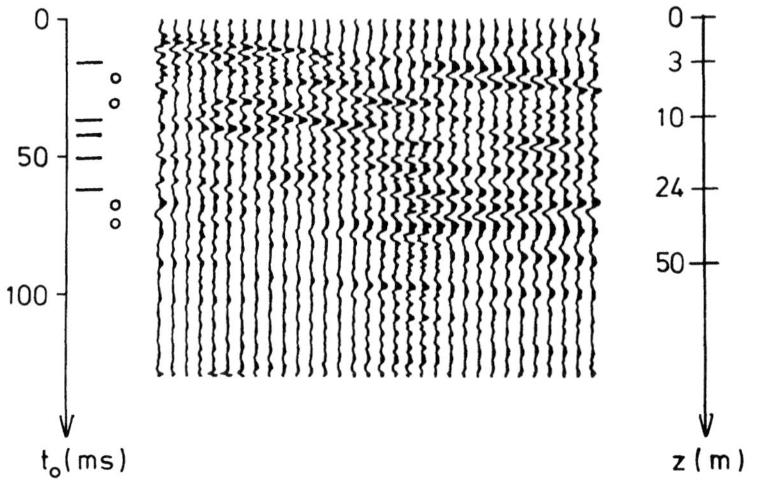

Abb. 8 Horizontale Profilmessung (Profillänge 4,65 m; Δx = 0,15 m). Bearbeitung: Hochpaßfilterung (f_c = 150 Hz); dynamische Korrektur; Geschwindigkeitsfilterung. Reflexionshorizonte: (-) nach Bohrlochversenkmessung, (o) nach Geschwindigkeitsanalyse

Fig. 8 Horizontal-profile section (length 4.65 m; Δx = 0.15 m). Data processing: high pass filtering (cut off frequency: 150 Hz); dynamic correction; velocity filtering. Reflection horizons: (-) after borehole measurements, (o) after velocity analysis

SCHLUSSBEMERKUNGEN

Die Feldmessungen haben gezeigt, daß die beschriebene Meßtechnik und Datenbearbeitung für seismische Reflexionsmessungen zur Erkundung oberflächennaher Strukturen mit einigen Schwierigkeiten und erheblichem Aufwand bei der Durchführung anwendbar ist. P-Reflexionen konnten sowohl in Oberflächenmessungen als auch in Bohrlochversenkmessungen ausgewertet werden. Bislang wurden nur in Einzelfällen SV-Wellen in den Reflexionsseismogrammen durch Polarisationsuntersuchungen nachgewiesen.

DANKSAGUNG

Die hier dargelegten zusammengefaßten Ergebnisse beruhen auf den Diplomarbeiten der Herren Dipl.-Geophys. A. BAIER, J. BEHRENS, J. HANKE, A. HELLER, A. HUNGELING, W. LINNEMANN, D. MENGES, R. ÖSZEN, H. SICKING und K. WIECZOREK.
Herrn Prof. Dr. G. MÜLLER sind wir für die Überlassung einer Kopie des Rechenprogramms für synthetische vertikale und horizontale seismische Profile dankbar.
Unser besonderer Dank gilt den Mitarbeitern der Feinmechanik- und Elektronik-Werkstatt des Institutes für Geophysik, vertreten durch ihre Leiter Herrn Feinmechanikermeister H. DORNSEIF und Herrn Ing. grad. W. WILTING.

LITERATUR

Allen CF, Lombardi LV, Wells WM (1952) The application of the reflection seismograph to near-surface exploration. Geophysics 17: 859-866
Baier A (1982) Reflexionsseismische Erkundung oberflächennaher Strukturen - Untersuchungen zu seismischen Quellen und digitalen Filterverfahren. Unveröff.Diplomarbeit, Institut für Geophysik Münster
Behrens J (1982) Digitale Datenerfassung und Bearbeitung zur reflexionsseismischen Erkundung oberflächennaher geologischer Strukturen. Unveröff. Diplomarbeit, Institut für Geophysik Münster
Cook EE, Taner MT (1969) Velocity spectra and their use in stratigraphic and lithologic differentiation. Geophys.Prospect 17: 433-448
Embree P, Burg IP, Backus MM (1963) Wide-band velocity filtering - the pie-slice process. Geophysics 28: 948-974
Evison FF (1952) The inadequacy of the standard seismic techniques for shallow surveying. Geophysics 17: 867-875
Gal'perin EI (1974) Vertical seismic profiling. SEG Special publication no 12
Garotta R, Michon D (1967) Continuous analysis of the velocity function and the move out corrections. Geophys Prosp 15: 854-597
Hanke J (1983) Seismische Bohrlochmeßverfahren in oberflächennahen Schichten. Unveröff. Diplomarbeit, Institut für Geophysik Münster
Hardage BA (1983) Vertical seismic profiling. Part A: Principles. Handbook of geophysical exploration Vo. 14 A
Hoover GM, O'Brien JT (1980) The influence of the planted geophone on seismic land data. Geophys 45: 1239-1253
Hungeling A (1982) Ankopplung und Bündelung bei oberflächennahen reflexionsseismischen Messungen. Unveröff. Diplomarbeit, Instit für Geophysik Münster
Kennet P, Ireson RL, Conn PJ (1980) Vertical seismic profiles: Their application in exploration geophysics. Geophys Prosp 28: 676-699
Mc Cann DM, Granger P, Mc Cann C (1975) Interborehole acoustic measurements and their use in engineering geology. Geophys Prosp 23: 50-69
Meidav T (1969) Hammer reflection seismics in engineering geophysics. Geophysics 34: 383-395
Mooney HM, Kaasa RA (1962) Air waves in engineering seismology. Geophys Prosp 10: 84-92
Mooney HM (1976) The seismic wave system from a surface impact. Geophys 41: 243-265
Neidell NS, Taner MT (1971) Semblance and other coherency measures for multichannel data. Geophys 36: 482-497
Nunn KR, Bosztas M (1977) Shallow seismic reflection profiling on land using a controlled source. Geoexploration 15: 87-97
Pakiser LC, Warrick RE (1956) A preliminary evaluation of the shallow reflection seismograph. Geophysics 21: 388-405
Rosemann H (1959) Der Einfluß der Ankopplung des Seismometers an den Untergrund auf die Energieübertragung. Freiberger Forschungshefte C 64, Leipzig
Rüter H (1975) Anwendung reflexionsseismischer Verfahren bei der Erkundung oberflächennaher, horizontal geschichteter Lockergesteine. Nr. 5 Berichte des Instituts für Geophysik Bochum
Safer MH (1978) On the minimization of the distortion caused by the geophone-ground coupling. Geophys Prosp 26: 538-549
Schepers R (1975) A seismic reflection method for solving engineering problems. J Geophys 41: 367-384
Stoll R (1971) Vibratorseismische Untersuchungen in realen Medien zur Nahortung und Kennwertbestimmung für ingenieurgeophysikalische Belange. Freiberger Forschungshefte C 274, Leipzig
Shanks JL (1967) Recursion filters for digital processing. Geophysics 32: 33-51
Temme P, Müller G (1982) Numerical simulation of vertical seismic profiling. J Geophys 50: 177-188

Treitel S, Shanks JL, Frasier CW (1967) Some aspects of FAN-filtering. Geophys 32: 789-900
Vogel CB (1952) A seismic velocity logging method. Geophysics 17: 586-597
Wuenschel PC (1976) The vertical array in reflection seismology - some experimental studies. Geophysics 41: 219-232

Bereich stärker anwendungsorientierte Vorhaben einschließlich Stabilisierung

Untersuchungen an Tonschiefer im Hinblick auf dessen Eignung als Dammschüttmaterial

K. SCHETELIG[1], R. SELLNER[2] und F. DANNENBERG[1]

SUMMARY

Previously, the mechanical properties of slate embankments as well as their permeability and susceptibility to erosion could only be reliably determined by large scale test fills. In order to obtain more precise predictions, petrographic investigations, ultra-sonic measurements and Los-Angeles-Tests were carried out on rock samples and their results were compared with measurements and experiences from existing dams.

Rocks up to a quartz content of about 75 percent appear as slates. All rocks of the series slate/quartz yield a very well graded granular fill and such rock fills are easily compacted (γ_d = 21 - 23 kN/m³) in general. Sandstones, quartzites and solid slates in which mica and clay minerals enclose the quartz and feldspar grains in wave like manner, form favourable embankment materials with high shear resistance and rapidly occurring and small deformations. Furthermore, in such slates smooth and continuous cleavage planes do not exist. The quartz content alone is not a suitable parameter for the evaluation of the rock.

Severe disintegration of the rock and the tendency to long term settlements are encountered with platy slates having cleavage planes intersecting the whole piece of rock and which consist of perfectly orientated phyllosilicates, and in cases where the proportion of swelling minerals is > 5 percent, frequently combined with a haematite content > 3 - 5 percent (red slates).

Ultra-sonic measurements using P-waves beyond 45 kHz yield wave velocities in rock samples of 4 - 6.5 km/s. The anisotropy $\frac{v_{max}}{v_{min}} = \frac{v \quad s}{v \quad s}$ was identified as a very important parameter.

Favourable embankment material yields an anisotropy of the wave velocity not more than 1.5. Higher values indicate distinct disintegration of the rock particles and longterm settelements resulting from this.

[1] Prof. Dr. K. Schetelig, Dipl.-Ing., Dipl.-Geol. F. Dannenberg, Geologisch-Paläontologisches Institut der Technischen Hochschule, Schnittspahnstr. 9, D-6100 Darmstadt

[2] Dipl.-Ing., Dipl.-Geol. R. Sellner, ERdbaulaboratorium Dr. A.W. Streim, Salzschlirfer Str. 16, D-6000 Frankfurt/Main 61

Ingenieurgeologische Probleme im Grenzbereich zwischen Locker- und Festgesteinen
(Herausgegeben von K.-H. Heitfeld)

Modified Los-Angeles-Tests using 10 rock pieces each of about 1 kg and 100/500 cycles (drum rotations) are also very instructive. Rock materials yielding a content of fines (< 2 mm) exceeding 25 percent after the test, have a tendency to continuing deformations.

The permeability of slate embankments varies between 10^{-4} and 10^{-8} m/s, depending on the kind of rock. Due to the well-graded nature of slate fills, the susceptibility to piping is low, except for fills having a silt/fine sand content of 10 percent and consisting of mica.

Comparing the test results on slates with the investigations on the compaction, settlement and saturation behaviour of granite fills (BRAUNS et al. 1980; KAST and BRAUNS 1981) it can be concluded that both rocks represent suitable embankment materials in general. Both kinds of rock yield a satisfying shear resistance and deformation behaviour of the embankments provided sufficient compaction energy and an optimum water content are applied during construction (BRETH 1972; SCHADE 1984).

EINFÜHRUNG

Schiefer werden seit vielen Jahren als Dammschüttmaterial verwendet. Das stets sehr gestreckte Körnungsband führt zu günstigen Einbaueigenschaften und in den meisten Fällen zu einer hohen Verdichtungsfähigkeit. Die erste umfangreiche systematische Untersuchung einer Schieferschüttung mit Hilfe von Triaxialgeräten unterschiedlicher Dimension wurde für den Ringdamm des Oberbeckens Vianden durchgeführt (BRETH 1963; BLIND 1965). Dabei wurde im großen Triaxialgerät des Institutes für Boden- und Felsmechanik der Universität Karlsruhe ein innerer Reibungswinkel von 43° gemessen, was den günstigen Eindruck bestätigte, den das betreffende Material auf der Baustelle machte. Es wurden bei dem Damm in Vianden auch sehr geringe Verformungen gemessen.

Neben solchen sehr positiven Beobachtungen stellten sich auch negative Erfahrungen ein. Vereinzelt wurden überraschend große Dammspreizungen beobachtet, oder es stellte sich ein unerwartet starker Kornbruch bzw. Zerfall zu einem ausgesprochen feinkornreichen Material ein.

Bei der Primstalsperre im Saarland hatten bestimmte Abschnitte aus der Materialentnahme eine Schüttung ergeben, die zu starken Nachsetzungen führte. Die Setzungsbeträge zeigten einen offensichtlichen Bezug zur Niederschlagsverteilung (WEINHOLD 1983).

Als besonders nachteilig wurde empfunden, daß selbst nach diesen Erfahrungen von geologischer Seite keine geeigneten Kriterien genannt werden konnten, die es gestatteten, aufgrund von Bohrproben oder auch begehbaren Aufschlüssen zutreffende Voraussagen über die mechanischen Eigenschaften des Schüttmaterials zu machen. Der einzige Weg, entsprechende Angaben zu erhalten, war eine Probeschüttung mit den tatsächlich auf der Baustelle zum Einsatz kommenden Gewinnungs- und Verdichtungsgeräten. Selbst ein solch aufwendiger Großversuch lieferte nur dann ein verbindliches Ergebnis, wenn die gesamte Entnahme sehr homogen aufgebaut war.

Die Frage der Eignung von Schieferschüttungen wurde auch bedeutsam, weil die vertiefte Diskussion des Sicherheitskonzeptes von Staudämmen zwangsläufig zur Frage führte, wie zuverlässig die mechanischen Eigenschaften von Dammschüttungen und deren Verhalten bei einer Durchströmung vorhergesagt und bei der Ausführung überwacht werden können. Umweltfragen, die Verknappung von Deponieflächen und die erheblichen Auflagen bei der Öffnung von Materialentnahmen zwingen dazu, auch relativ weiche, zum Zerfall neigende Schiefer für Dammbauten mit einzusetzen.

UNTERSUCHUNGSPROGRAMM

Ziel der Untersuchungen war es,

a) geologische Parameter zu finden, die einen Hinweis auf zu erwartende Schütteigenschaften liefern,

b) einfache Testverfahren zu finden, deren Parameter es gestatten, einen Bezug zu den mechanischen Eigenschaften der Schüttung herzustellen.

Dabei sollten vorhandene und bodenmechanisch gut bekannte Dämme und deren Material-Entnahmen als Eich-Maßstab dienen, um die Brauchbarkeit der Methodik zu prüfen. Zur Hauptsache wurden die in Abb. 1 angegebenen Dammprojekte in die Betrachtung einbezogen.

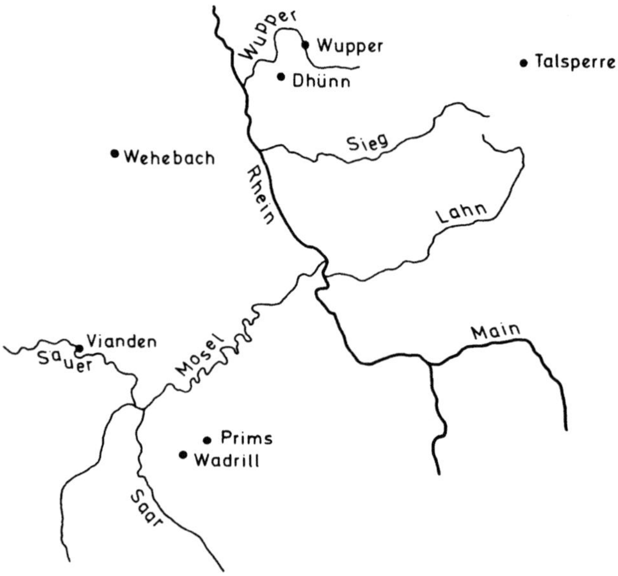

Abb. 1 Lageplan der untersuchten Materialentnahmen für Staudämme

Fig. 1 Location of investigated borrow pits for dams

Für eine quantitative Untersuchung der Proben wurde unter verschiedenen Verfahren nach eingehenden Vorüberlegungen (DANNENBERG 1985) eine Kombination von

- Ultraschallmessungen und
- Los-Angeles-Tests

entwickelt und ausgewählt. Wasserlagerungs-Versuche, Frostversuche sowie Trocknungs-Befeuchtungs-Versuche dienen vor allem der Frage der Verwitterungs-Empfindlichkeit, werden aber hier nicht behandelt.

GEOLOGISCH-PETROGRAPHISCHE UNTERSUCHUNGEN

Aus der gesamten Schichtenfolge des Rheinischen Schiefergebirges wurden 45 Proben ausgewählt und petrographisch untersucht. Zu Vergleichszwekken wurde die gesamte Gesteinsreihe vom Tonschiefer bis zum Sandstein oder Quarzit mit einbezogen. Gesteine bis zu einem Quarzgehalt von etwa 75 % erscheinen makroskopisch als Schiefer, solche mit Quarzgehalten von etwa 40 - 75 % als sandige Schiefer. Eigentliche Sandsteine und Quarzite besitzen allgemein 75 bis über 90 % Quarzanteil.

In allen klastischen Schichtenfolgen wechseln stärker schiefrige Gesteine mit solchen mit deutlichem Sandstein- bis Quarzitcharakter. Dieser enge vertikale und horizontale Wechsel im Meter- bis Dezimeterbereich hat seine Ursache in der je nach Strömungsgeschwindigkeit unterschiedlichen Sedimentation von Sand, Schluff oder Ton in der Devon- und Karbonzeit.

Dieser bei der Ablagerung entstandene primäre Materialunterschied wird durch die Schieferung überprägt. Mit der Schieferung ist die Ausbildung einer Anisotropie verbunden. Je nachdem, wie ausgeprägt das Minimum der Festigkeit längs der Schieferung entwickelt ist (s. Abb. 2), neigen diese Gesteine mehr oder minder stark zu plattigem Zerfall.

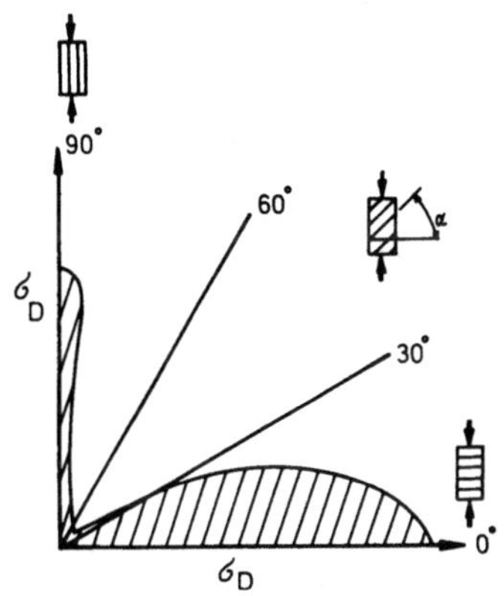

Abb. 2 Einachsiale Zylinderdruckfestigkeit an Schiefer

Fig. 2 Uniaxial Compressive Strength of slate rock samples

Der Schieferungsvorgang wirkt makroskopisch und im Dünnschliffbereich selektiv (s. Abb. 3 - 5). Es findet eine Anreicherung von Quarz und Feldspäten in den Schieferungslamellen und eine Anreicherung von Phyllosilikaten auf den Schieferungsflächen statt (Abb. 3). Die Schieferungsflächen bilden ein sich verzweigendes und kreuzendes Netzwerk, das häufig langgestreckte, spitz ausgezogene, linsige Körper einschließt (Abb. 4). In den linsigen Körpern und in den Schieferungslamellen sind die Schichtsilikate z.T. in charakteristischer Weise s- und u-förmig verbogen. Die Schieferungsflächen besitzen in der Regel unterschiedliche Persistenz (Abb. 4). In quarzreichen Lagen tritt eine Reduktion auf wenige, dafür aber deutlicher ausgeprägte Schieferungsflächen ein (Abb. 5). Gesteine mit einer 2. Schieferung zerfallen stengelig.

Nach Petrographie und Illitkristallinität sind die Gesteine meist im Übergangsbereich Diagenese/Metamorphose anzusiedeln. Die Gedinne-Schiefer sind anchimetamorph. Die Wehebach-Schiefer des Hohen Venn

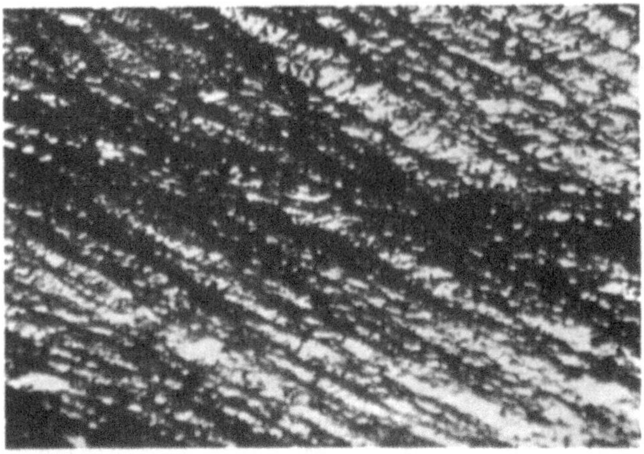

Abb. 3 Gedinne Schiefer, Trennung von Quarz und Phyllosilikaten durch Schieferung; Schichtfuge in der Mitte $\delta \sim 30°$

Fig. 3 Gedinne Slate. Separation of quartz and phyllosilicates by cleavage; bedding plane in the middle $\delta \sim 30°$

Abb. 4 Gedinne Schiefer, Schieferungsflächen mit Verzweigungen, Durchkreuzungen, Einschluß von Linsen.Erzkorn in der Mitte.

Fig. 4 Gedinne Slate, cleavage planes with bifurcations, crossings, enclosure of lenses Ore grain in the centre.

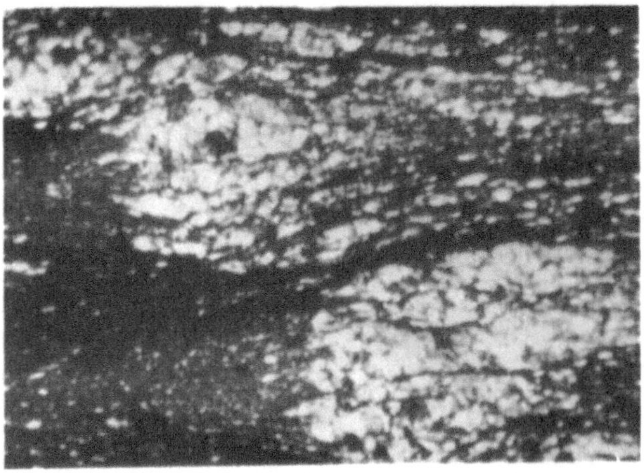

Abb. 5 Hunsrückschiefer, in quarzreichen Lagen Anreicherung der Phyllosilikate auf wenigen deutlichen Schieferungsflächen.

Fig. 5 Devonian Slate, in quartz-rich layers enrichment of phyllosilicates an few but distinct cleavage planes

(Phyllite des Ordoviciums) besitzen den relativ höchsten Metamorphosegrad. Durch die Metamorphose werden Tonmineralien sehr geringer Beständigkeit oder Mineralfestigkeit in solche mit höheren Parametern umgewandelt. Aber dieser Vorgang ist zugleich mit der Ausbildung neuer, mechanisch sehr wirksamer Trennflächen verbunden. Auch sind die Diaphthorese und die Verwitterung zu berücksichtigen, welche rasch die Mineralien wieder zu solchen niedriger Temperaturbereiche und damit meist geringer Festigkeit rück-umwandeln können.

Die Schieferung und die durch sie entstehende Anisotropie der Festigkeit führt zwar in jedem Fall zu einem verstärkten Kornbruch im Vergleich zum nichtgeschieferten Gestein. Der Festigkeitsverlust ist jedoch gering, solange sich rauhe, unebene Schieferungsflächen niedrigen Durchtrennungsgrades einstellen. Solche oft sandigen Gesteine liefern auch ein stückiges Schüttmaterial. Der entscheidende Einbruch in der Festigkeit erfolgt, wenn Tonmineralien oder großblättrige Glimmer (0,2 mm und mehr) bei sehr guter Einregelung Schwächezonen hohen Durchtrennungsgrades entstehen lassen.

MINERALOGISCHE ZUSAMMENSETZUNG

Mineralogisch bestehen die Schieferungslamellen aus Quarz und Feldspat. In den Schieferungsflächen finden sich (SELLNER 1983)

- Glimmer, überwiegend dioktaedrische Sericite und Illite,
- Chlorite, überwiegend 7- und 14 Å - Modifikation,
- Kaolin-Minerale,
- quellfähige Tonminerale wie Smektite, Vermikulite und Mixed-Layers (s. Abb. 6).

Quellfähige Tonminerale konnten in nahezu allen Proben festgestellt werden. Solange deren Anteil am Gesamt-Phyllosilikat-Anteil unter etwa 5 % liegt, sind die Bindungskräfte der übrigen Mineralien so stark, daß die quellfähigen Anteile das Gestein nicht zu sprengen vermögen und daher auch die Eigenschaften der Schieferschüttung nicht in erkennbarer Weise beeinflussen. Bei einem Anteil der quellfähigen Mineralien über 5 % kommt es offenbar zu einem langdauernden Kornbruch, dessen zeitlicher Ablauf offensichtlich vom Wasserdargebot abhängt. So lassen sich die langdauernden Nachsetzungen im unteren Teil des Staudammes der Primstalsperre erklären (WEINHOLD 1983).

Erhöhte Anteile an quellfähigen Tonmineralien sind oft mit Hämatitgehalten > 3 % gekoppelt. Hämatit kann die Umwandlung der quellfähigen Minerale bei der Diagenese oder Anchimetamorphose behindern. Dann kann Montmorillonit bis zu höheren Temperaturen stabil bleiben. Diese Interpretation spräche für eine primäre Bildung der quellfähigen Anteile. Sie lassen sich jedoch auch als Bildung der Diaphthorese oder ersten Verwitterungsstufe erklären. Eine Entscheidung ist bisher nicht möglich. Das gemeinsame Auftreten von quellfähigen Tonmineralien und Hämatit erklärt auch, warum plattige, rote Tonschiefer in so hohem Maße von Zerfall betroffen sind.

ULTRASCHALLMESSUNGEN

Um die qualitativen petrographischen Beobachtungen durch geeignete Meßgrößen quantitativ fassen zu können, wurden geeignete Testverfahren gesucht. Einachsiale Prismen- oder Zylinderdruckversuche sind hierfür nicht geeignet, da die für die Schütteigenschaften entscheidenden Mini-

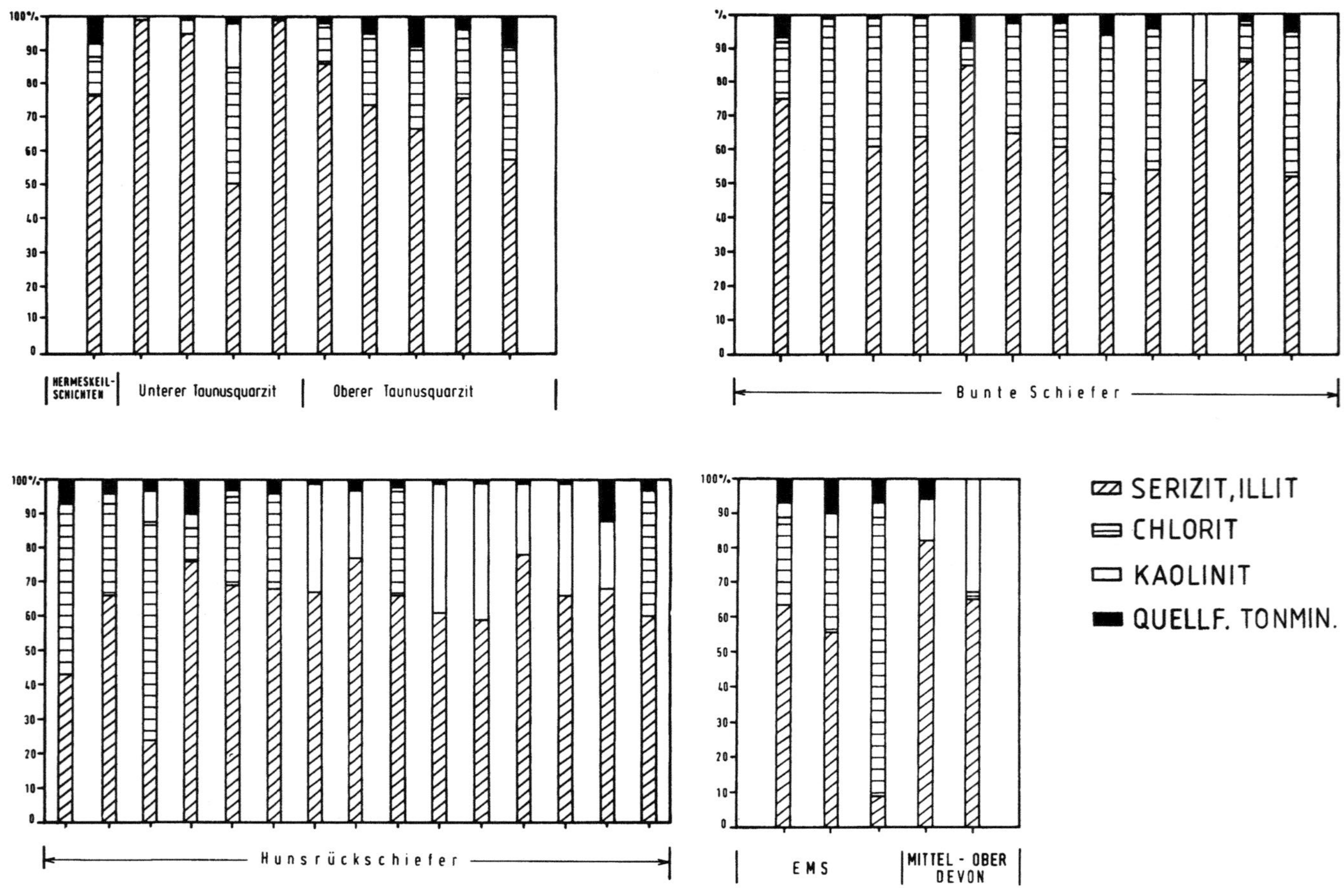

Abb. 6 Tonmineralogie der Phyllosilikate

Fig. 6 Clay mineralogy of the phyllosilicates

malwerte der Scherfestigkeit (s. Abb. 2) bei Winkeln zwischen Probenachse und Schieferung von etwa 30° üblicherweise nicht bestimmt werden können. Der Grund liegt in der geringen Zug- und Scherfestigkeit der Schiefer, die bei diesem Winkel in der Regel schon beim Bohren oder bis zum Einbau ins Versuchsgerät zu Bruch gehen. Von weichen Gesteinen sind dann überhaupt keine Proben gewinnbar. Als geeigneter einfacher Versuch, der bei Bedarf auch im Gelände durchgeführt werden kann, erwiesen sich Ultraschallmessungen mit einer Kompressionswelle ab 45 kHz (Gerät Dr. Steinkamp, Bremen) (DANNENBERG 1985).

Ultraschallmessungen können in einfacher Weise in den verschiedenen Gefügerichtungen des Gesteins durchgeführt werden, und sie gestatten so, die Anisotropie als unterschiedliche Wellengeschwindigkeiten in den a-, b- und c-Richtungen darzustellen. In Abb. 7 (nach DANNENBERG 1985) sind die Meßwerte nach Richtung und Größe geordnet. Bei nicht oder nur wenig anisotropen Gesteinen ergibt sich daraus über die Richtungen a-b-c eine Art Verteilungs-"Kurve". Bei deutlicher Anisotropie weichen die Meßwerte in "c" (normal zur Schichtung oder Schieferung) deutlich von denen der a-b-Richtung ab. Letztere zeigen allgemein nur eine geringe Differenzierung. Die Probengröße ist von Bedeutung, da bei zunehmendem Volumen in immer größerem Maße Mikrorisse und latente Klüfte wirksam werden (s. Abb. 8).

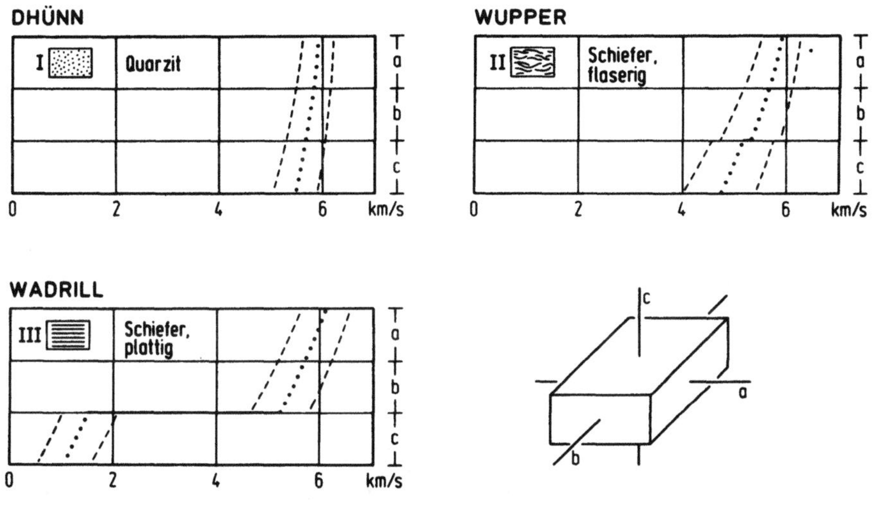

Abb. 7 Ultraschallmessungen; Einfluß der Gesteinsanisotropie

Fig. 7 Ultra-sonic Measurements; influence of rock anisotropy

Ein gleichbleibender Wassergehalt wurde gewährleistet, indem die Proben nach einer Wasserlagerung mit dem Schwamm abgetrocknet und dann geprüft wurden. Für Vergleichsmessungen wurde also stets der gesättigte Zustand gewählt. Auf eine Diskussion der Unterschiede zwischen gesättigten und ungesättigten Proben wird in diesem Rahmen verzichtet.

Der Forderung nach gleichartigem Energie-Eintrag und -Empfang wurde durch Verwendung eines kleinen Plastilin-Körpers am Sende- und Empfangskopf Rechnung getragen.

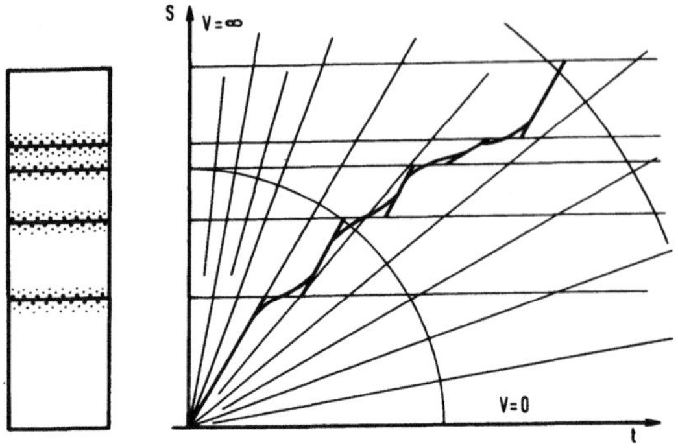

Abb. 8 Einfluß von Mikrorissen und latenten Klüften auf die Wellengeschwindigkeit

Fig. 8 Influence of microfissures and latent joints on wave velocity

Es ist zweckmäßig, die Probenform so kompakt zu wählen, daß in allen Richtungen die Seitenausdehnung beim Schwingen behindert ist. So ist sichergestellt, daß sich nur reine Kompressionswellen bilden und Stabwellen vermieden werden.

Um die zu untersuchenden Gesteine in übersichtlicher Weise gliedern zu können, wurden sie nach ihrer petrographischen Ausbildung, ihrem gesteinsmechanischen Verhalten und ihren Schütteigenschaften in drei Haupttypen gegliedert:

Typ I	Quarzit oder Sandstein, unverwittert, fest
Typ II	Schiefer und Schluffstein, häufig sandig, flaserig, unverwittert
Typ III	Schiefer, plattig, mäßig bis geringer Sandgehalt, unverwittert

Auf die Untersuchung verwitterter und zur Vergrusung neigender Gesteine wurde verzichtet. Charakteristische Beispiele über die Meßergebnisse, vor allem die Anisotropie, sind aus Abb. 7 zu ersehen.

LOS-ANGELES-TESTS

Beim Los-Angeles-Test wird in einer rotierenden Trommel mit Stahlkugeln die Zertrümmerung und Kantenfestigkeit der Probenstücke in einer Weise geprüft, welche den Bedingungen unter einem Verdichtungs-Gerät deutlich besser entspricht als dies bei anderen Versuchen der Fall ist. Es ist daher auch nicht überraschend, daß dieser Test sehr markante Resultate liefert, aus denen unmittelbar Schlußfolgerungen für die zu erwartende Kornverteilung des Schüttguts gezogen werden können. Auch die Einstellung einer bestimmten Kornform, des jeweiligen Größtkorns oder des Feinanteils am Schüttgut entsprechen den Bedingungen in situ in hohem Maße.

Für die Untersuchung der Schiefer wurde der Los-Angeles-Test in modifizierter Form durchgeführt. 10 etwa gleichartige Handstücke von etwa je 1 kg Gewicht wurden in die Trommelmühle mit Stahlkugeln gegeben und dort jeweils 100 bzw. 500 Umdrehungen unterworfen. Nach dem Versuch wurde die Kornverteilung des erhaltenen Materials bestimmt und die Kornform beurteilt. Dabei wurde aus versuchstechnischen Gründen ein Größtkorn von ca. 100 mm gewählt. Auf eine detaillierte Analyse der Fraktion < 1 mm wurde verzichtet. Diese besteht bei den gewählten Schiefermaterialien im wesentlichen aus Quarz und Glimmer in Feinsand- bis Grobschluff-Größe.

Charakteristische Ergebnisse sind in Abb. 9 zusammengestellt. Aus ihnen läßt sich folgendes ableiten: Die nach 500 Umdrehungen im Los-Angeles-Test beobachtete Kornverteilung stimmt gut mit dem Körnungsband entsprechender Dammschüttungen überein. Die Kantenfestigkeit läßt sich nicht nur aus dem absoluten Betrag des Feinanteils bestimmen, sondern auch aus dem Verhältnis der Anteile nach 100 bzw. 500 Umdrehungen. Bezeichnend ist ferner, daß sich der charakteristische Verlauf des Körnungsbandes schon relativ kurze Zeit nach Versuchsbeginn einstellt, bei zunehmenden Umdrehungen der Feinanteil gleichmäßig auf Kosten des Kies- und Steinanteils wächst. Die Körnungskurven verlaufen daher bei den einzelnen Materialien im Sand- und Kiesbereich ziemlich parallel zueinander.

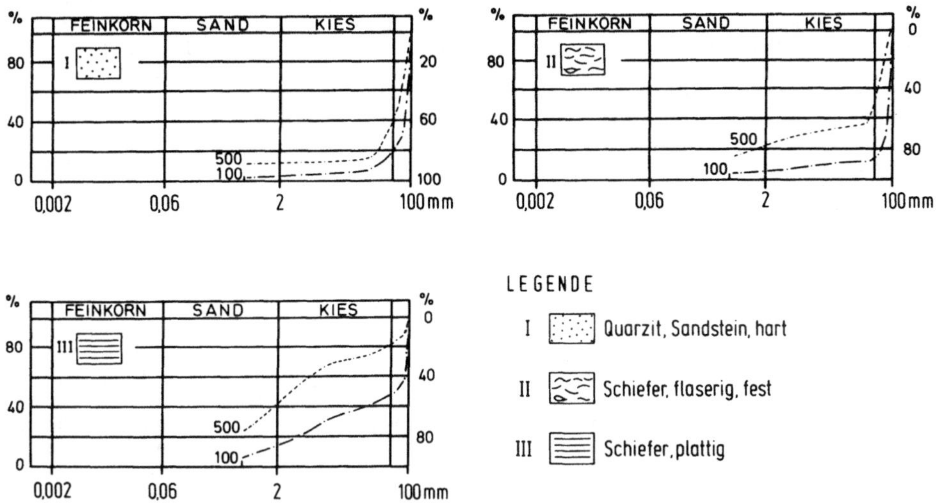

Abb. 9 Los-Angeles-Tests, charakteristische Ergebnisse

Fig. 9 Los Angeles tests, characteristic results

VERGLEICH DER LABORERGEBNISSE MIT AUSGEFÜHRTEN DAMMSCHÜTTUNGEN

Bei den Untersuchungen stellte sich heraus, daß ursprünglich erwartete Indikatoren wie Quarzgehalt, Intensität der Schieferung, Metamorphosegrad oder stratigraphische Stellung allein keine geeigneten Parameter zur Beurteilung von Schüttmaterialien darstellen. Solche spezifischen Einzelparameter werden eher von der mineralogischen Zusammensetzung des Phyllosilikat-Anteils, von der Anisotropie der Wellengeschwindigkeit bei Durchschallung oder der Charakteristik von Kornverteilungskurven von Los-Angeles-Tests geliefert. Als Empfehlung kann jedoch gelten, daß in der Regel erst aus einer Mehrzahl von Indikatoren eine Beurteilung von Schiefern als Schüttmaterial abgeleitet werden sollte.

In den nachfolgenden Tabellen wurde versucht, den Vergleich der Ergebnisse der Laboruntersuchungen mit den Ergebnissen von Kontrolluntersuchungen, Feldversuchen, Messungen und Bauerfahrungen ausgeführter Staudämme in einer übersichtlichen und damit zwangsläufig gerafften Form darzustellen. Diese Tabelle erhebt nicht den Anspruch, für jeden Einzelfall ein gültiges Urteil zu erlauben. Sie stellt nur eine Trendanalyse dar, die einen Fingerzeig für die Einschätzung von Gesteinsproben bieten soll. Es wird auch empfohlen, diese Ergebnisse durch Beobachtungen an weiteren Schieferschüttungen zu ergänzen und dabei kritisch zu überprüfen.

Günstige Schüttmaterialien mit hoher Scherfestigkeit und geringen und rasch abklingenden Setzungen liefern Sandsteine, Quarzite und sandige, feste Schiefer mit "rauhen, unebenen Schieferungsflächen", sofern sie keine nennenswerten Anteile an quellfähigen Tonmineralien enthalten.

Deutlich größere Vorerkundungen sind angebracht, wenn die Schiefer plattig werden, der Quarz-Sandgehalt unter 50 % fällt und der Anteil quellfähiger Tonminerale an den Schicht- (Phyllo-)-Silikaten 5 % übersteigt. Da Hämatit offenbar die Bildung oder die Erhaltung der quellfähigen Mineralien begünstigt, neigen rote, plattige Schiefer besonders zu Kornbruch. Die Scherfestigkeit sinkt dabei nur wenig ab. Die Setzungen liegen zunächst auch kaum über den Werten der günstigeren Materialien, sie halten aber deutlich länger an, was auf anhaltenden Kornbruch infolge andauernder Verwitterung und Zerfall zurückzuführen ist. Quantitativ ist dies an einer deutlichen Zunahme der Anisotropie bei der Durchschallung auf Werte über 1,5 und an einer Zunahme des Feinkornanteils bei Los-Angeles-Tests über 25 % erkennbar.

Ausgesprochen weiche Schiefer, die im Erdbaubetrieb teilweise oder ganz zu Grus zerfallen, wurden bei den bisherigen Untersuchungen kaum berücksichtigt, schon weil von ihnen kaum ausreichende und repräsentative Gesteinsproben erhältlich sind. Sie sind höchstens für Schüttungen oder Dammzonen geeignet, bei denen bezüglich Scherfestigkeit und Verformungsverhalten keine hohen Ansprüche gestellt werden. In solchen Schüttungen ist dann erfahrungsgemäß der erhöhte Anteil an Glimmer in Sandgröße von Bedeutung, der zu erhöhten Spreizungen führt und bei Durchströmung zu Suffosions- oder gar Erosionsgefährdung führen kann. Solche Schiefer sind meist an deutlichen Pyritanteilen als Folge der ursprünglichen organischen Substanz erkennbar.

Die Verdichtungsfähigkeit ist bei allen Schiefern infolge des breiten Kornspektrums gut und liefert ziemlich unabhängig von den sonstigen Gesteins- und Schütteigenschaften Trockenwichten um 21 - 23 kN/m^2. Die Durchlässigkeit der Schüttungen sinkt von k-Werten um 10^{-4} m/s bei sandigen Materialien auf Werte um 10^{-8} m/s bei weichen, plattigen Schiefern.

ZUSAMMENFASSUNG UND SCHLUSSFOLGERUNGEN

Die mechanischen Eigenschaften von Schieferschüttungen sowie deren Durchlässigkeit und Erosionsbeständigkeit lassen sich bisher nur anhand von Probeschüttungen zuverlässig bestimmen. Für eine Verbesserung der Vorhersagen anhand von Gesteinsproben wurden petrographische Untersuchungen, Ultraschallmessungen und Los-Angeles-Tests durchgeführt und deren Ergebnisse mit Messungen und Erfahrungen an ausgeführten Staudämmen verglichen.

Tab. 1 Laboruntersuchungen an Gesteinsproben

Tab. 1 Laboratory tests on rock samples

	QUARZIT SANDSTEIN	SCHIEFER sandig, fest	SCHIEFER plattig	SCHIEFER weich
GESTEINS-UNTERSUCHUNGEN				
Petrographie *)	Quarzgehalt über 75 %, gute Korn- zu Korn-Kontakte, kaum geschiefert	Quarzgehalt 30 - 75 % Schieferung rauh, oft wellig, quellfähige Tonmineralien bis 5 %	Quarzgehalt häufig unter 50 %, durchgehende Schieferungslagen, quellfähige Tonmineralien bis ca. 10 %, Hämatit>3%	Quarzgehalt häufig unter 30 %, häufig zerschert, oft pyritführend
Ultraschall-messungen	5 - 6,5 km/s	4 - 6,5 km/s	a/b = 4 - 6 km/s c = 1 - 4 km/s	1 - 4 km/s
	Anisotropie 1,0 - 1,2	Anisotropie 1,2 - 1,5	Anisotropie > 1,5	
Los-Angeles-Tests (nach 500 Umdrehungen)	< 20 mm: 20 % < 2 mm: 10 %	< 20 mm: 20 - 40 % < 2 mm: 15 - 25 %	< 20 mm: > 40% < 2 mm: > 25%	nicht untersucht
Gesteinsdruck-festigkeit (nach Literatur) MPa	100 - 200	Max. 100 - 150 Min. < 20	Max. ca. 100 Min. < 5	< 30

*) Angaben zum Anteil quellfähiger Tonmineralien beziehen sich auf den Phyllosilikat-Anteil

Tab. 2 Vergleich Gestein - Dammschüttungen

Tab. 2 Comparison Rock - Dam Fills

	QUARZIT SANDSTEIN	SCHIEFER sandig, fest	SCHIEFER plattig	SCHIEFER weich
UNTERSUCHUNGEN AN DAMMSCHÜTTUNGEN				
Scherfestigkeit	$\varphi > 40°$ c = 0	$\varphi = 37 - 40°$ vereinzelt auch darüber c = o	$\varphi = 32 - 37°$ c = o	$\varphi = 27 - 32°$ c = o
Verformungsverhalten	gering, bis 3 % Schichtsetzung, nach Schüttende abgeschlossen	im allgemeinen gering, meist 1 - 3 % Schichtsetzung, keine Nachsetzung, keine nennenswerten Horizontalverformungen	bei > 5 % quellfähigen Tonmineralien langdauernde Nachsetzungen, Horizontalverformungen, fortschreitender Kornbruch	länger dauernde Setzungen
Durchlässigkeit	$k_f \geqq 10^{-4}$ m/s	$k_f = 10^{-5} - 10^{-7}$ m/s	$k_f = 10^{-6} - 10^{-8}$ m/s	$k_f \leqq 10^{-8}$ m/s
Gefährdung durch Erosion/Suffosion	keine	sehr gering	bei starker, anhaltender Durchströmung	gefährdet wegen des Schluff- und Sandgehaltes mit hohem Glimmeranteil

Gesteine bis zu 75 % Quarz erscheinen makroskopisch als Schiefer. Alle Gesteine der Reihe Schiefer - Quarzit liefern ein gestrecktes Kornband und sind im allgemeinen gut verdichtbar (21 - 23 kN/m^3). Günstige Schüttmaterialien mit hoher Scherfestigkeit und rasch abklingenden, meist geringen Verformungen sind Sandsteine, Quarzite undsolche festen Schiefer, bei denen im Dünnschliffbereich Glimmer und Tonmineralien wellenförmig die Quarze und Feldspäte umschließen und sich keine durchgehenden ebenen Schieferungsbahnen finden. Der Quarzgehalt allein ist kein geeigneter Parameter für die Beurteilung des Gesteins.

Starker Kornbruch und die Neigung zu langdauernden Setzungen finden sich in plattigen Schiefern mit durchgehenden Schieferungsflächen und gut eingeregelten Phyllosilikaten, und bei Anteilen an quellfähigen Tonmineralien über 5 %, oft kombiniert mit Hämatitgehalten über 3 - 5 %.

Bei Ultraschallmessungen mit einer P-Welle ab 45 kHz wurden Wellengeschwindigkeiten der Gesteinsproben von 4 - 6,5 km/s gemessen. Als wichtigster Parameter erwies sich die Anisotropie

$$\frac{v_{max}}{v_{min}} = \frac{v \parallel s}{v \perp s}.$$

Bei günstigem, stückigem Schüttmaterial beträgt die Anisotropie der Wellengeschwindigkeit bis 1,5. Höhere Werte geben einen Hinweis auf starken, langdauernden Kornbruch und entsprechende Setzungen.

Aussagekräftig sind modifizierte Los-Angeles-Tests mit je 10 Probestücken von 1 kg bei 100/500 Umdrehungen. Felsarten, die über 25 % Feinanteil < 2 mm bei Versuchsende liefern, neigen zu stärkeren und anhaltenden Verformungen.

Die Durchlässigkeit von Schieferschüttungen liegt zwischen 10^{-4} und 10^{-8} m/s, je nach Gestein. Die Empfindlichkeit gegen Erosion ist wegen der gestreckten Kornverteilung gering, abgesehen von Schüttungen mit Schluff/Feinsandanteilen aus Glimmer über ca. 10 %.

Vergleicht man die Versuchsergebnisse an Schiefer mit Untersuchungen über das Verdichtungs-, Setzungs- und Sättigungsverhalten von Granitschüttungen (BRAUNS et al. 1980; KAST und BRAUNS 1981), so zeigt sich, daß sich beide Gesteinstypen im allgemeinen als Dammschüttmaterial gut eignen. Beide gestatten die Herstellung von Schüttungen ausreichender Scherfestigkeit und Steifigkeit, sofern eine genügend hohe Verdichtungsenergie und ein optimaler Wassergehalt beim Einbau gewährleistet sind (BRETH 1972; SCHADE 1984).

LITERATUR

Blind H (1965) Das Oberbecken des Pumpspeicherwerkes Vianden. Wasserwirtschaft 55 Jg H 2

Brauns J, Kast K, Blinde A (1980) Compaction Effects on the Mechanical and Saturation Behaviour of Disintegrated Rockfill. Colloque International sur le Compactage, Paris, 107-112

Breth H (1963) Die boden- und felsmechanischen Untersuchungen für das Pumpspeicherwerk Vianden. Die Wasserwirtschaft 53 Jg, H 7

Breth H (1972) Der derzeitige Stand des Staudammbaues. Die Wasserwirtschaft 62 Jg, 20-33

Dannenberg F (1985) Zwei Verfahren zur Bestimmung von Gesteinsfestigkeiten. N Jb f Geol u Pal (im Druck)

Dannenberg F (1985) Beprobung von Dammschüttmaterialien durch Ultraschall und Los-Angeles-Tests in Verbindung mit petrographischen Untersuchungen. Geolog Paläont Inst TH Darmstadt, in Vorbereitung

Kast K, Brauns J (1981) Verdichtungs-, Drucksetzungs- und Sättigungssetzungsverhalten von Granitschüttungen. Geotechnik, Proc DGEG: 129-136

Schade HW (1983) Die Sättigungssetzung von Steinschüttungen. Diss Inst f Bodenm u Grundbau TH Darmstadt

Sellner R (1982) Geologische Untersuchungen westlich Bingerbrück (Erläuterungen zu einer Neukartierung auf den Blättern Bingen - Rüdesheim und Stromberg). Unveröff Dipl Arb am Geol Paläont Inst d TH Darmstadt

Weinhold R (1983) Verformungs- und Erddruckmessungen an der Primstalsperre Nonnweiler, einem 60 m hohen Damm mit Oberflächendichtung. Festschrift zum 70 Geburtstag Prof Breth, Darmstadt

Einfluß von Verwitterungsgrad und Trennflächengefüge auf den maschinentechnischen Lösevorgang an überkonsolidierten Ton- und Mergelsteinen

H. GRUHN[1]

SUMMARY

The structural strength of claystones and marlstones during excavation with hydraulic excavators depends on several factors, which include the degree of weathering (fig. 12a) as expressed by point-load index (fig. 12d), the average joints spacing throughout the rock body (figs. 12c and 18), and the orientation of the joint sets (figs. 9a and b). Due to the complexity of the fracturing (and consequent shearing) processes which occur during excavation of the rock, a number of investigations was conducted in the field rather than in the laboratory. In order to determine the forces applied during excavation, the oil pressure (figs. 4 and 8) and length of the piston-stroke (figs. 4 and 7) of the hydraulic cylinders of the excavator were measured. These values were then interpreted in terms of the three above mentioned geotechnical parameters and statistically analysed (figs. 13 to 16). This provided the basis for a classification scheme for the economic feasibility of excavation as related to the degree of weathering and the spacing of vertical joint sets (fig. 18).

EINFÜHRUNG

Die zu den veränderlich-festen Gesteinen zu zählenden Pelitgesteine zeigen im Zuge von Aushubarbeiten in den einzelnen Verwitterungshorizonten ein sehr unterschiedliches Verhalten gegenüber Erdbaumaschinen, das einerseits auf dem Trennflächengefüge, andererseits auf der Entfestigung der einzelnen Kluftkörper beruht.

Kennt man die einzelnen Einflußgrößen, läßt sich die aufzuwendende Grabarbeit abschätzen. In Verbindung mit den anderen Forschungsvorhaben der Tübinger Arbeitsgruppe (EINSELE, MERKLEIN, RUCH, RUPP in diesem Band) lag es daher nahe, diese den Lösevorgang bestimmenden Einflußfaktoren zum Gegenstand genauerer Untersuchungen zu machen und zwar am Beispiel der meist verbreiteten Erdbaumaschine, dem Hydraulikbagger.

Technischer Fortschritt und Kostendruck führte bei der Entwicklung auf dem Baumaschinensektor zu immer leistungsfähigeren Antriebs- und Hydrauliksystemen, verbunden mit einer wesentlichen Erhöhung der Reiß- und Losbrechkräfte bei den Hydraulikbaggern, die das Lösen härterer Böden

[1] Dipl.-Ing. H. Gruhn, Universität Tübingen, Institut und Museum für Geologie und Paläontologie, Sigwartstr. 10, D-7400 Tübingen

Ingenieurgeologische Probleme im Grenzbereich zwischen Locker- und Festgesteinen
(Herausgegeben von K.-H. Heitfeld)

und Gesteine zulassen. Diese leistungsfähigeren, teureren Geräte lassen jedoch das Risiko einer Fehleinschätzung der wirtschaftlichen Einsatzgrenzen ansteigen. Unter diesem Aspekt erschien es sinnvoll, die speziellen Umstände und Einflußgrößen des Löseprozesses genauer zu untersuchen und zu quantifizieren, um eine mehr oder weniger treffsichere Leistungsprognose zu ermöglichen.

Dieses Bestreben läßt sich anhand der bisher auf diesem Gebiet durchgeführten Forschungsarbeiten verfolgen. Während für das Bodenschneiden von bindigen und nichtbindigen Bodenarten zahlreiche Untersuchungen vorliegen und auch das Reißen von Fels mittels Reißraupen in der letzten Zeit Gegenstand intensiver Forschung war, liegen über Pelitgesteine keine derartigen Untersuchungsergebnisse vor.

Die DIN 18 300 enthält im Abschnitt 2 ein Klassifikationssystem, in dem unabhängig von maschinentechnischen Leistungskennwerten vorwiegend bodenmechanische und in geringerem Umfang ingenieurgeologische Kennwerte zur Beschreibung des Schwierigkeitsgrades der Bearbeitung herangezogen werden, wie z.B.:

a) Granulometrische Eigenschaften wie Feinkornanteil unter 0,006 mm, Größtkornanteil über 63 mm.

b) Plastische Eigenschaften des Feinkorns (Plastizitätszahl I_P und Konsistenzzahl I_C).

c) Mineralogisch-chemischer Zusammenhang (Zementationsgrad-Verfestigung).

d) Gesteins- und Gebirgseigenschaften nach qualitativen ingenieurgeologischen Merkmalen.

Damit kommt dieser Klassifikation primär eine vertragsrechtliche Bedeutung zu, während die lösungstechnische in den Hintergrund tritt. Dies zeigt sich auch im praktischen Gebrauch dieses Klassifikationsschemas, in dem die Leistungspositionen der Klassen 3 - 5 bzw. 3 - 6 sowie 6 und 7 meist zu einer Gruppe zusammengefaßt werden. Doch gerade die Klasse 6 (leicht lösbarer Fels oder vergleichbare Bodenarten) und Klasse 7 (schwer lösbarer Fels) bilden vielfach Anlaß für Meinungsverschiedenheiten zwischen Auftraggeber und Auftragnehmer bzw. den eingeschalteten Gutachtern (RITTNER 1971; KRÄMER 1977; THURNER 1977; ZEINDLER 1982; WEISS & MIKURA 1983). Daher ist besonders die Frage, ob und unter welchen Bedingungen die Ton- und Mergelsteine sich noch baggern lassen und in die Bodenklasse 6 oder 7 einzustufen sind, bei vielen Erdbauarbeiten in Süddeutschland für die Planung, Durchführung und Abrechnung dieser Leistungen außerordentlich wichtig.

PROBLEMSTELLUNG UND ZIELSETZUNG

Das Hauptziel der Untersuchung besteht in der Erfassung und Quantifizierung der wichtigsten geotechnischen Parameter, die das Löseverhalten von Hydraulikbaggern im Felsgestein maßgeblich bestimmen.

Wegen ihrer großen Verbreitung, aber auch der beachtlichen Mächtigkeiten kommen insbesondere den im süddeutschen Keuperland und im Juravorland der Fränkischen und Schwäbischen Alb vorherrschenden Ton- und Mergelsteinen eine vorrangige Bedeutung zu. Dabei soll das Felslösen in den Verwitterungsstufen W2 bis W0 im Vordergrund stehen, während das der Verwitterungsstufen W5 bis W3 (Bodenschneiden) für Vergleichszwecke herangezogen werden soll.

Grundsätzlich läßt sich das Lösen natürlicher Locker- und Felsgesteine in das Bodenschneiden (bindiger oder nichtbindiger Böden) und das Felslösen unterscheiden. Im ersteren Fall zeichnet sich der Grabvorgang durch einen weitgehend kontinuierlichen und gleichmäßigen Grabverlauf aus, wobei der gelöste Bodenspan den Löffel füllt (Abb. 1a bis c).

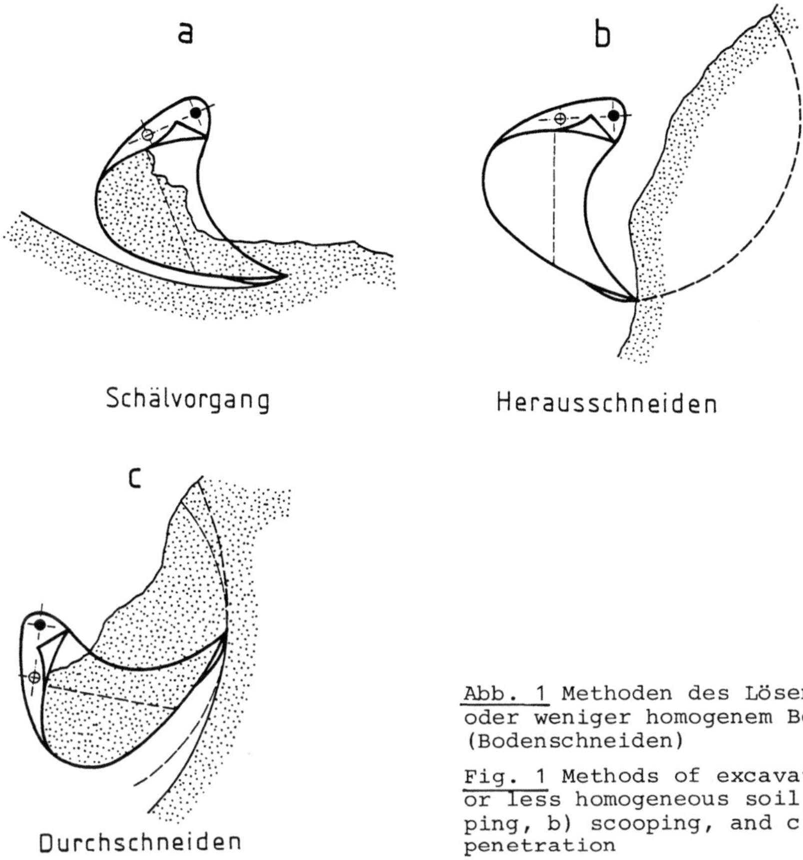

Abb. 1 Methoden des Lösens von mehr oder weniger homogenem Bodenmaterial (Bodenschneiden)

Fig. 1 Methods of excavation of more or less homogeneous soil by a) scraping, b) scooping, and c) cutting or penetration

Das Einzelkorn des mehr oder weniger homogenen Bodenmaterials spielt im Verhältnis zu den Löffeldimensionen eine untergeordnete Rolle, außer bei Grobkies oder geschlossenem Haufwerk (KÜHN 1968). Das Bodenschneiden war Gegenstand einiger in situ-Großversuche (DUDZCAK 1977; THURNER 1977; KRÄMER 1977; BERGMANN 1980; KORZEN 1982), wobei von den einzelnen Autoren unterschiedliche Forschungsschwerpunkte gesetzt wurden. Auch die Laboruntersuchungen an Modellböden von HEUMANN (1975), MASSINGER (1976) und KETTERER (1977) galten dieser Art des Lösens.

Bei den hier interessierenden Ton- und Mergelsteinen trifft dieser Löseprozeß des Bodenschneidens für die höheren Verwitterungsstufen W5 bis W3 (EINSELE & WALLRAUCH 1964; WALLRAUCH 1969; EINSELE et al. in diesem Band) zu.

Bei mehr oder weniger verwittertem Felsgestein versteht man als Gewinnbarkeit die Überwindung der Gefüge- oder Verbandsfestigkeit im Verlauf eines komplexen Bruchschervorgangs. Der dafür von einem Bagger zu leistende Arbeitsaufwand wird als Lösearbeit bezeichnet. Die Zerkleinerung des herausgetrennten Teils in feinkörniges oder stückiges Haufwerk ist zwar meist erwünscht, aber keine wesentliche Bedingung. Der erforderliche Arbeitsaufwand beim Herauslösen ist vom Eindringwiderstand (Penetrationswiderstand) und dem Trennwiderstand des zu gewinnenden Gesteins abhängig. Diese beiden Widerstandsgrößen bestimmen grundsätzlich die zu beobachtenden Unterschiede in der Gewinnungsfestigkeit. Der Penetrationswiderstand W_P ergibt sich beim Versuch, mit dem Löffelzahn der Grund- und den Seitenschneiden des Baggerlöffels in den Gesteinsverband einzudringen. Der Trennwiderstand W_T wird beim Felsgestein erst nach Überwindung des Eindringwiderstandes aktiviert, indem das Material weiter aufgerissen oder vorhandene Trennflächen erweitert werden. Dabei wird ein Kluftkörper, meist jedoch ein Teilverband, aus dem Gesamtverband abgeschert, herausgebrochen und weggeführt (Abb. 2a bis e).

Die Untersuchungsmethoden zur Ermittlung der erforderlichen Grabarbeit (Gewinnarbeit) mit dem Ziel eines Klassifikationsschemas, lassen sich im wesentlichen folgenden drei Gruppen zuordnen:

- Bestimmung der maßgeblichen Bodeneigenschaften nach den in der Geotechnik üblichen Verfahren, ggf. ergänzt durch geophysikalische Untersuchungen.
- Modellversuche mit möglichst wirklichkeitsgetreuer Simulation des Löse- und Abbauvorgangs unter Berücksichtigung des Maßstabeffektes.
- In situ-Großversuche mit einem "Normgerät".

Für Ton- und Mergelsteine sind nur in situ-Großversuche sinnvoll. Für eine praxisnahe Klassifizierung kann folgende Unterscheidung getroffen werden:

- <u>normal baggerbar</u>: Optimaler Einsatzbereich eines Hydraulikbagger, siehe z.B. Abb. 3a
- <u>schwer baggerbar</u>: Einsatz eines Hydraulikbaggers möglich, doch im Verhältnis zu anderen Lösearten nicht mehr optimal.
- <u>nicht baggerbar</u>: Andere Lösemethoden wie Hydromeißel, Reißraupe oder Sprengen werden erforderlich (Abb. 3b).

Da der Lösevorgang ein stochastischer Prozeß ist und eine geschlossene Lösung nicht zuläßt, soll eine möglichst geringe Zahl einfacher, geotechnischer Kennwerte ermittelt werden, die in der Praxis leicht zu bestimmen sind, andererseits das Löseverhalten hinreichend genau beschreiben mit dem Ziel einer entsprechenden Einsatzprognose für Hydraulikbagger.

DURCHFÜHRUNG DER VERSUCHE

Bei der Konzeption der Grabversuche mußte sowohl von den geologischen Bedingungen als auch vom Versuchsgerät her die bestehende Auswahlbreite eingeengt werden.

Von der geologischen Seite sollten jene Ton- und Mergelsteine untersucht werden, die expositionsbedingt in ausreichender Mächtigkeit anstehen, gleichzeitig aber im künstlichen Aufschluß ein möglichst komplettes Verwitterungsprofil W5 - W1 (W0) aufweisen. Zu diesem Zweck wurden vor Versuchsbeginn Sondierungen mit der leichten Rammsonde LRS 5 als auch der mittelschweren Rammsonde MRS A 10 nach DIN 4094 vorgenommen. Zum Teil wurden die Vorerkundungen auch durch refraktionsseismische Messungen

Abb. 2 Einige typische Lösevorgänge in angewittertem Fels: a) bis e) Penetration mit anschließendem Herausbrechen und Herausbewegen eines Teilverbandes

Fig. 2 some typical excavation processes in weathered rock; after penetration the rock is lifted and brocken into several blocks and rubble

mittels Hammerschlagseismik ergänzt, insbesondere um gegebenenfalls eine ausgeprägte Anisotropie im Trennflächengefüge feststellen zu können (BRÜGGEMANN et al. 1975).

Im wesentlichen beschränken sich die durchgeführten Versuche auf die in Tab. 1 näher beschriebenen geologischen Schichten.

Für die Versuche mußte als "Normbagger" ein Gerät ausgewählt werden, das sowohl von der Verbreitung als auch der Größenordnung her jenen üblicherweise in der Praxis eingesetzten entspricht. Es ist dies ein Tieflöffel-Hydraulikbagger mit einem Dienstgewicht von ca. 14 t, einer

Abb. 3 a) Normal baggerbarer Mergelstein, Obere Bunte Mergel, km 3 , W2 und b) nicht baggerbarer Posidonienschiefer, Schwarzer Jura, lε, Wo

Fig.3 Firm, excavatable marlstone (from Obere Bunte Mergel, km 3), and b) harder, unexcavatable, bituminous shale (from Schwarzer Jura, lε, Wo

Tab. 1 Übersicht über die untersuchten geologischen Schichten

Tab. 1 Survey of the investigated geological strata

Geologische Formation	Landesübliche Benennung und	Abkürzung	Mittlere Mächtigkeiten (m)
Brauner Jura (Dogger)	Opalinuston	bα	90 - 120
Schwarzer Jura (Lias)	Posidonienschiefer	lε	4 - 14
	Amaltheenton	lδ	12 - 25
	Numismalismergel	lγ	8 - 12
	Turneriton	lβ	15 - 35
Mittlerer Keuper	Knollenmergel	km 5	25 - 35
	Untere Bunte Mergel	km 3u	17 - 20
	Schilfsandstein	km 2	0 - 6

Motorleistung nach DIN 70 020 von 51,5 kW, 91 kN max. Reiß- und 108 kN max. Losbrechkraft, sowie einem Tieflöffel mit 850 mm Breite und 600 l Inhalt. Zu Vergleichszwecken wurde zum Teil auch ein größeres Gerät eingesetzt (ca. 26,5 t, 112 kW, 142 kN, 170 kN, 1050 mm, 900 l).

Um auch die Versuchsdurchführung selbst möglichst wirklichkeitsnah zu gestalten, wurde jeweils eine Schürfgrube mit der Breite eines Baggerlöffels angelegt, wie sie auch als Aufschluß für Baugrunduntersuchungen dient. Das Ende des Grabversuchs wurde entweder durch die Grenzwerte der Grabkinematik bestimmt (max. mögliche Tiefe) oder durch das Erreichen der max. disponiblen Grabkraft.

Geotechnische Kennwerte

Im Anschluß an den eigentlichen Grabversuch (bestehend aus 20 - 40 Grabspielen) und unter gleichzeitiger Aufzeichnung der unter Abschnitt 'Beschreibung der Meßeinrichtung' näher erläuterten maschinentechnischen Meßgrößen, wurde anhand der offenen Schürfgrube die geologisch-lithologische Situation einschließlich der Tiefenlage der einzelnen Verwitterungszonen aufgenommen. Zur Charakterisierung des Trennflächengefüges wurden außerdem die Haupttrennflächen eingemessen und deren räumliche Erstreckung bzw. Durchtrennungsgrad erfaßt. Die Hauptkluftrichtungen bildeten dann die Entscheidungsgrundlage für die Wahl der Grabrichtung von weiteren Grabversuchen, um neben dem Verwitterungsgrad auch den möglichen Einfluß des Trennflächengefüges auf das Löseverhalten genauer untersuchen zu können.

Zur Quantifizierung des Entfestigungsgrades der einzelnen Kluftkörper wurde aufgrund von Vorversuchen der Point-Load Index an unregelmäßig geformten Probekörpern (BROOK 1980; GREMMINGER 1982; BROCH 1983) ermittelt. Dieser Versuch bietet neben seiner einfachen Handhabung auch den Vorteil, die komplexe Beanspruchungsart eines Kluftkörpers durch den Löffelzahn bzw. die -schneide am ehesten zu charakterisieren.

Des weiteren wurde an den entnommenen Proben die Wichte des bergfeuchten Materials γ, die Trockenwichte γ_d, der Wassergehalt w und die Sättigungszahl S_r bestimmt, um zusätzliche Kennzahlen über den Verwitterungszustand der Kluftkörper zu erhalten.

Beschreibung der Meßeinrichtung

Der normale Hydraulikbagger besitzt mit seinen drei zueinander beweglich ausgebildeten Arbeitsgliedern (Arm, Stiel und Löffel) eine Arbeitsausrüstung mit drei Freiheitsgraden. Diese Bewegungsmöglichkeit gestattet es, innerhalb des durch die Kinematik begrenzten Arbeitsbereiches (Abb. 10) mit dem Löffel nahezu jede Bewegung auszuführen (Abb. 4).

Um den Bewegungsablauf während des Lösevorgangs genauer untersuchen zu können, muß dieser fortlaufend aufgezeichnet werden. Er bildet die Grundlage für die anschließende Auswertung. Zu diesem Zweck können entweder die Winkeländerungen an den drei Gelenkpunkten der Ausrüstung (Arbeitskette) oder die Hublängenänderungen an den drei Hydraulikzylindern gemessen werden. Aufgrund der Vorversuche wurde wegen der hohen Beanspruchung der Meßgeräte beim Felslösen die letztere Möglichkeit gewählt. Die dafür benötigten Meßgeräte wurden selbst entwickelt und gebaut.

Im einzelnen handelt es sich hierbei um einen dünnen Stahldraht, der an den Anlenkpunkten des jeweiligen Arbeitszylinders befestigt wird. In Verbindung mit einer entsprechenden Zahnradübersetzung samt Rückstelleinrichtung werden die Zylinderhubänderungen durch ein Drehpotentiometer in elektrische Spannungsänderungen umgesetzt (Abb. 5). Über Meßumformer und einen 3-Kanal-Meßschreiber (Abb. 4 und 6) erfolgt dann die direkte Datenaufzeichnung in Form eines Meßschriebes (Abb. 7). Zur Bestimmung der tatsächlich auftretenden Lösekräfte wurden an drei der insgesamt vier vorhandenen Arbeitszylinder sowohl auf der Kolben-, als auch der Stangenseite (Zu- und Rückstrom des Hydraulikkreislaufes) über geeignete Kupplungsstücke insgesamt sechs auf DMS-Prinzip basierende Absolutdruckaufnehmer (0 - 80 MPa) angebracht. Unter Zwischenschaltung von Meßumformern werden die elektrischen Impulse an einen 6-Kanal-Schreiber übermittelt und direkt als Meßschrieb registriert (Abb. 4, 6 und 8).

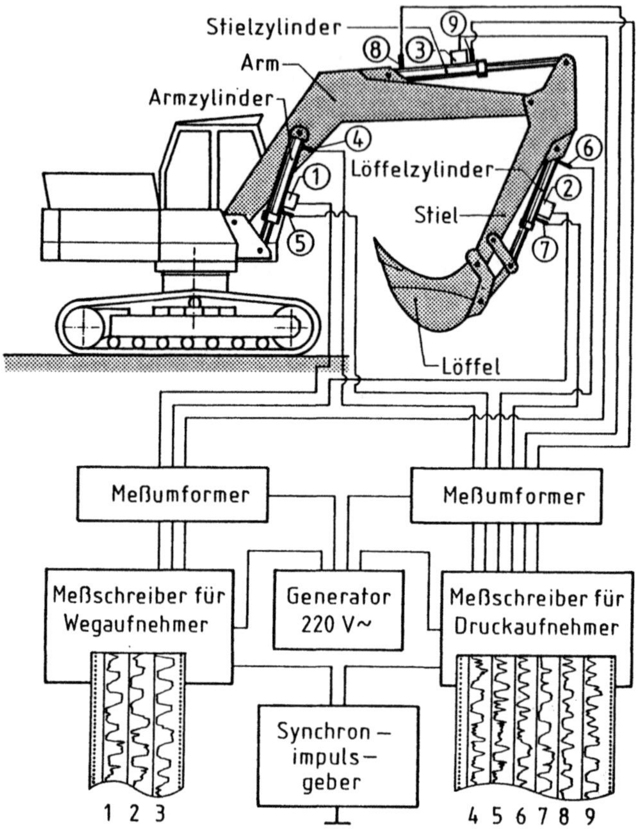

Abb. 4 Übersichtsschema der Meßeinrichtung

Fig. 4 Schematic diagram of the measuring equipment

Grundvoraussetzung für eine sinnvolle Versuchsdurchführung und -auswertung ist die kontinuierliche und gleichzeitige Aufzeichnung aller neun Meßwerte (drei Weg- und sechs Druckaufnehmer) und deren permanente Kontrolle vor Ort. Da in-situ keine EDV-Anlage für die Datenspeicherung zur Verfügung stand und zwei voneinander getrennte Meßschreiber eingesetzt wurden, mußte deren zeitliche Synchronisation mit Hilfe eines von Hand zu betätigenden Impulsgebers (Abb. 4) sichergestellt werden.

AUSWERTUNG DER MESSERGEBNISSE

Bei einem gewählten Zeitschritt von 0,06 sec. liefert ein Grabversuch im Durchschnitt ca. 45 000 Meßwerte, dies ergibt bei etwa zwanzig auswertreifen Versuchen ca. eine Million Eingangsdaten. Wegen der Menge des anfallenden Datenmaterials war der Einsatz einer EDV-Anlage für die weitere Verarbeitung und Versuchsauswertung unumgänglich.

Zur Auswertung der Grabversuche wurden die Meßschriebe mit einem Digitizer aufgenommen, rechnerisch verarbeitet und auf Disketten abgespei-

Abb. 5 Weg- und Druckaufnehmer am Löffelzylinder

Fig. 5 Bucket cylinder of the excavator containing the apparatus used to measure the oil pressure and the length of the piston-stroke

Abb. 6 Meßeinrichtung für die Datenaufzeichnung der 9 Meßwerte

Fig. 6 Equipment used to record the values measured on the bucket-, stick- and arm-cylinders

chert. In Verbindung mit den geotechnischen Kennwerten bildet dieses Datenmaterial den Grundstock für die weitere rechnerisch-statistische Auswertung der Versuche. Mit verschiedenen Programmläufen wurden im Anschluß die wichtigsten Einflußgrößen beim Lösen mittels Hydraulikbagger errechnet, wovon hier einige angeführt seien:

- Löseweg (cm)
- Lösezeit (sec)
- Lösegeschwindigkeit (cm/sec)
- Geschwindigkeitsvektorrichtung (°)
- Lösevolumen pro Zeitintervall (cm^3) und Schnitt (cm^3)
- Freiwinkel, Grabkurvenwinkel (°)
- Freiwinkel, Schichteinfallwinkel (°)
- tatsächliche und disponible Lösekraft (kN)
- tatsächliche Lösearbeit (J)
- spezifische tatsächliche Lösekraft (kN/m^3)
- spezifische tatsächliche Lösearbeit (J/m^3)
- Effektivität der Lösekraft (-)

Die Ermittlung der Grabkurven wurde punktweise mit dem gewählten Zeitintervall von 0,06 sec durchgeführt. Die Grundlage zur Berechnung der einzelnen Koordinaten x und z des Löffelzahnes ist die Polygonzugberechnung; zeitlich aneinandergereiht ergibt sich punktweise die Grabkurve.

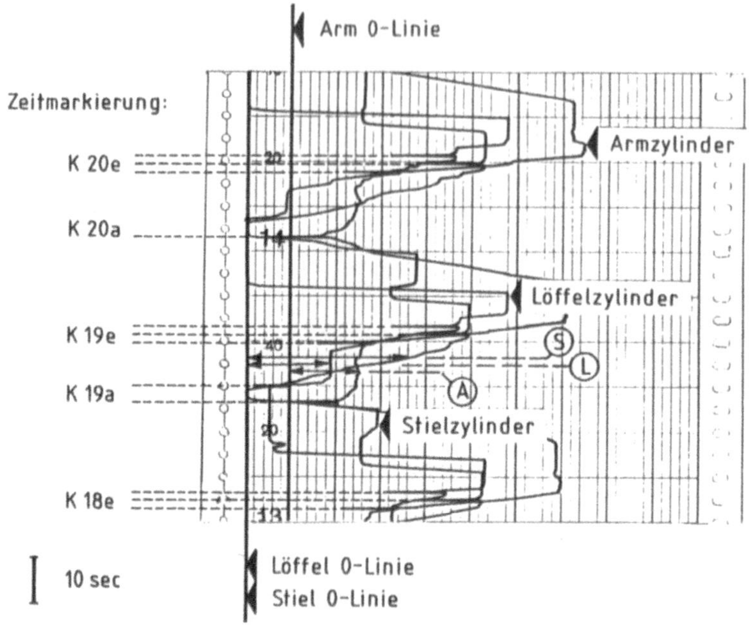

Abb. 7 Meßschrieb der Wegaufnehmer, A = Armzylinderhub, S = Stielzylinderhub, L = Löffelzylinderhub

Fig. 7 Plot of the length of the piston-stroke, A = arm-cylinder, S = stick-cylinder, L = bucket-cylinder

Löseweg und Lösezeit bilden die Ausgangswerte für die Berechnung von Lösegeschwindigkeit und -volumen. Sie lassen sich aus den Koordinaten x und z sowie dem jeweiligen Zeitindex ermitteln. Der eigentliche Lösevorgang beginnt mit dem Eindringen des Baggerlöffels in das anstehende Felsgestein und endet mit seinem Austritt. Im Verlauf eines Grabvorganges kann sich dieser Vorgang öfter wiederholen, insbesondere bei Fels, wo ein Abgleiten der Löffelzähne ein neues Ansetzen des Löffels erforderlich macht. Zusammen ergeben die oben angeführten Kenngrößen die Grundlage zur Charakterisierung des Grabvorgangs und des Löseerfolges in Form von m^3 gelösten Felsmaterial pro Zeiteinheit und Schnittvorgang.

Besonders wichtige Kennwerte stellen der Freiwinkel $\varkappa_f$ und der Spanwinkel $\varkappa_{sp}$ dar (Abb. 9a), die mit dem Keilwinkel $\varkappa_k$ (ergibt sich aus dem Winkel der Löffelzähne bzw. der Löffelgrundschneide) einen rechten Winkel bilden.Werden diese Werte zusammen mit der Grabrichtung und dem Trennflächengefüge in das Schmidt'sche Netz eingetragen (Abb. 9b) und in Verbindung mit der tatsächlich aufgewandten Lösekraft bzw. -arbeit gebracht, so lassen sich optimale Grabrichtung und optimaler Spanwinkel ermitteln. Diese Zusammenhänge sind in der Metallbearbeitung hinlänglich bekannt, sie stellen sich jedoch durch die drei Freiheitsgrade bei der Löffelbewegung und das vorhandene Trennflächengefüge hier wesentlich komplexer dar.

Die Wichtigkeit dieser Abhängigkeiten für das Felslösen soll anhand der Abb. 10 erläutert werden. Hier läßt sich erkennen, daß durch die konstruktionsmäßig festgelegte Kinematik des Baggers unter einem be-

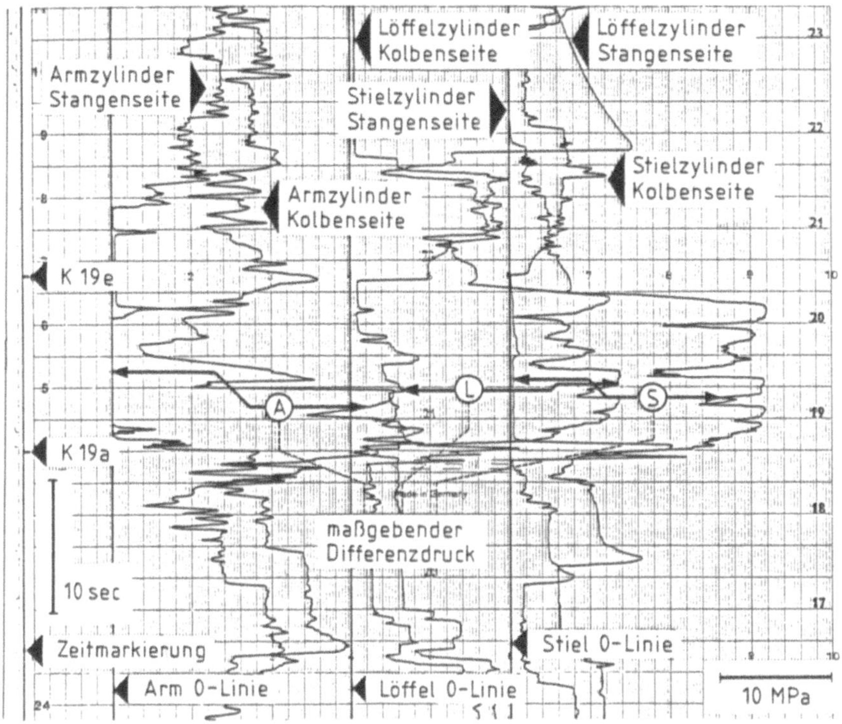

Abb. 8 Meßschrieb der Druckaufnehmer; Differenzdruck zwischen Kolben- und Stangenseite der Hydraulikzylinder des A = Arms, des S = Stiels und des L = Löffels

Fig. 8 Plot of the oil pressures A, S and L, which represent the differential pressure between the butt-ends and rod-ends of the various cylinders; A = arm-cylinder, S = stick-cylinder, L = bucket-cylinder

stimmten Stellwinkel $\varkappa$ (Abb. 10) nur ein begrenzter Arbeitsbereich (schwarze Fläche) kinematisch möglich ist. Diese Zone wird zusätzlich noch eingeschränkt durch eine Böschungslinie B (Abb. 10) zwischen 70° und 80°, um die Standsicherheit des Baggers (DA = Drehachse des Baggers) zu gewährleisten. Unter Berücksichtigung der disponiblen Lösekräfte stellt die Kenntnis dieser Arbeitszonen die Grundlage für die Überwindung des Penetrationswiderstandes W_P und des Trennflächenwiderstandes W_T dar (Abb. 2a bis 2e).

Die disponiblen oder möglichen Grabkräfte ergeben sich aus den Stabilitätsbedingungen des Baggers und der gegebenen Baggerkinematik sowie der Einstellung der Sicherheits- und Überlastventile an den einzelnen Arbeitszylindern. Mit Hilfe eines graphischen Verfahrens (DUDCZAK 1977, 1978) lassen sich diese disponiblen Kräfte über sogenannte Grenzkrafthodografen ermitteln (Abb. 11).

Der Quotient aus tatsächlich aufgewandter und disponibler Lösekraft stellt ein Maß für die Effektivität des Lösevorgangs dar. Als spezifische Lösekraft bzw. -arbeit wird jene tatsächlich aufgewandte Kraft bzw. Arbeit bezeichnet, die erforderlich war, um 1 m³ Fels zu lösen.

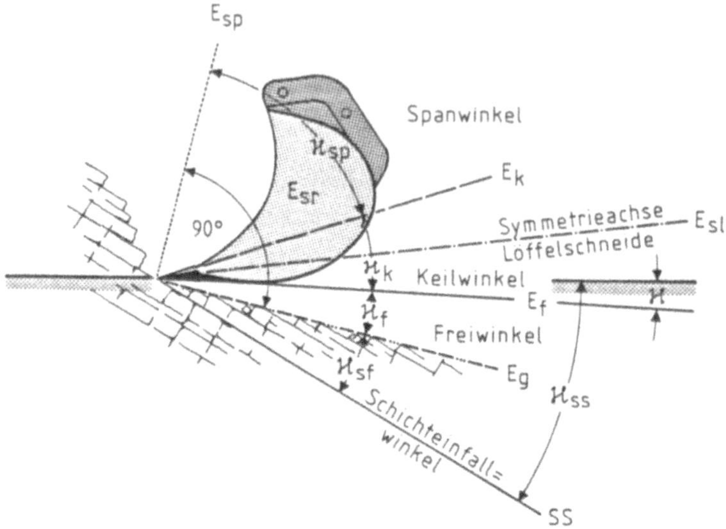

a

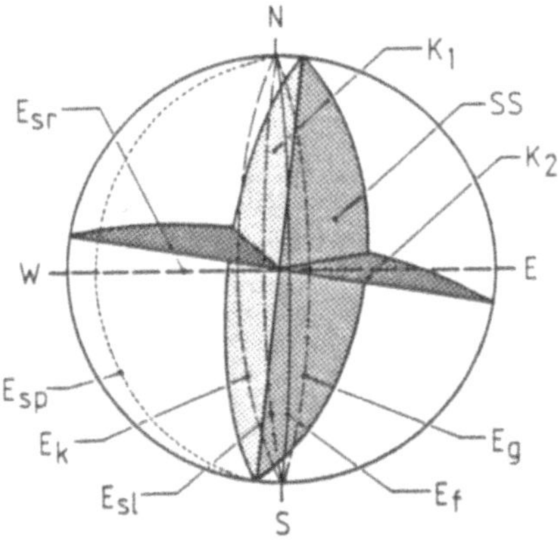

b

Abb. 9 a) Geometrischer Zusammenhang zwischen Span- $\varkappa_{sp}$, Keil- $\varkappa_k$ und Freiwinkel $\varkappa_f$ und b) Grabrichtung E_{sr} in Verbindung mit dem Trennflächengefüge

Fig. 9 Geometric relationship between the shaving angle $\varkappa_{sp}$, the clearance angle $\varkappa_f$ and the wedge angle $\varkappa_k$ and b) the direction of excavation E_{sr} as related to the orientation of the joint sets

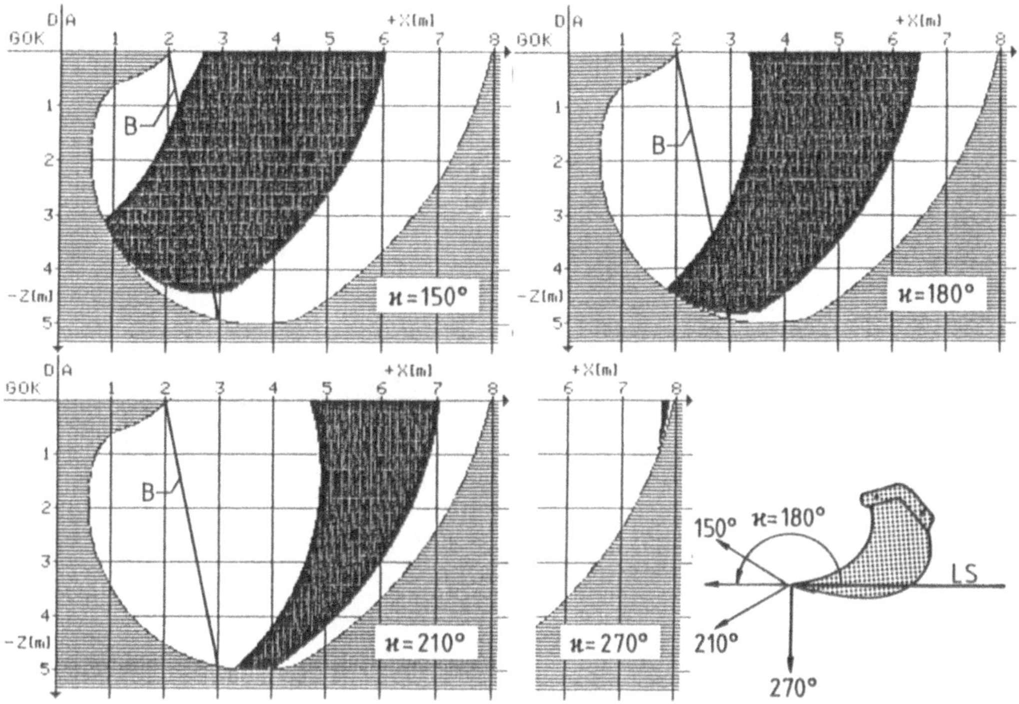

Abb. 10 Kinematische Begrenzung des theoretischen Arbeitsfeldes (weißer Bereich) als Funktion des Stellwinkels $\varkappa$ (schwarze Fläche)

Fig. 10 Kinematic envelope boundary of the theoretical area (shown in white) reachable by the stationary excavating machine; the area in black represents the actual limitation of the area of excavation by the angle $\varkappa$, where LS = axis of the teeth on the bucket

DARSTELLUNG EINIGER WICHTIGER MESSERGEBNISSE UND DEREN INTERPRETATION

Aufgrund der vorgenommenen Messungen lassen sich die untersuchten Ton- und Mergelsteine in ihrem Löseverhalten nicht in einfachen Zusammenhängen darstellen. Bei der Wechselwirkung zwischen Fels und Lösegerät handelt es sich um einen komplexen Vorgang mit einer Vielzahl nicht zugänglicher Einflußgrößen. Mittels statistischer Methoden und Tests, auf die hier nicht näher eingegangen werden soll, lassen sich jedoch Haupteinflußgrößen herausarbeiten, die den Lösevorgang entscheidend beeinflussen.

Neben kinematischen Parametern stehen von der geotechnischen Seite die Gesteinsfestigkeit und das Trennflächengefüge im Vordergrund. Um deren Einfluß anhand eines Beispiels vorstellen zu können, muß auf die Lösewirkung der Löffelgrundschneide mit den aufgesetzten Zähnen sowie die Seitenschneiden eingegangen werden.

Bedingt durch die geringe Spaltzugfestigkeit der Tonsteine ($T^*_{50\theta}$ = 0,1-1 MPa) (BROOK 1980) und deren anisotropem Verhalten kann durch kon-

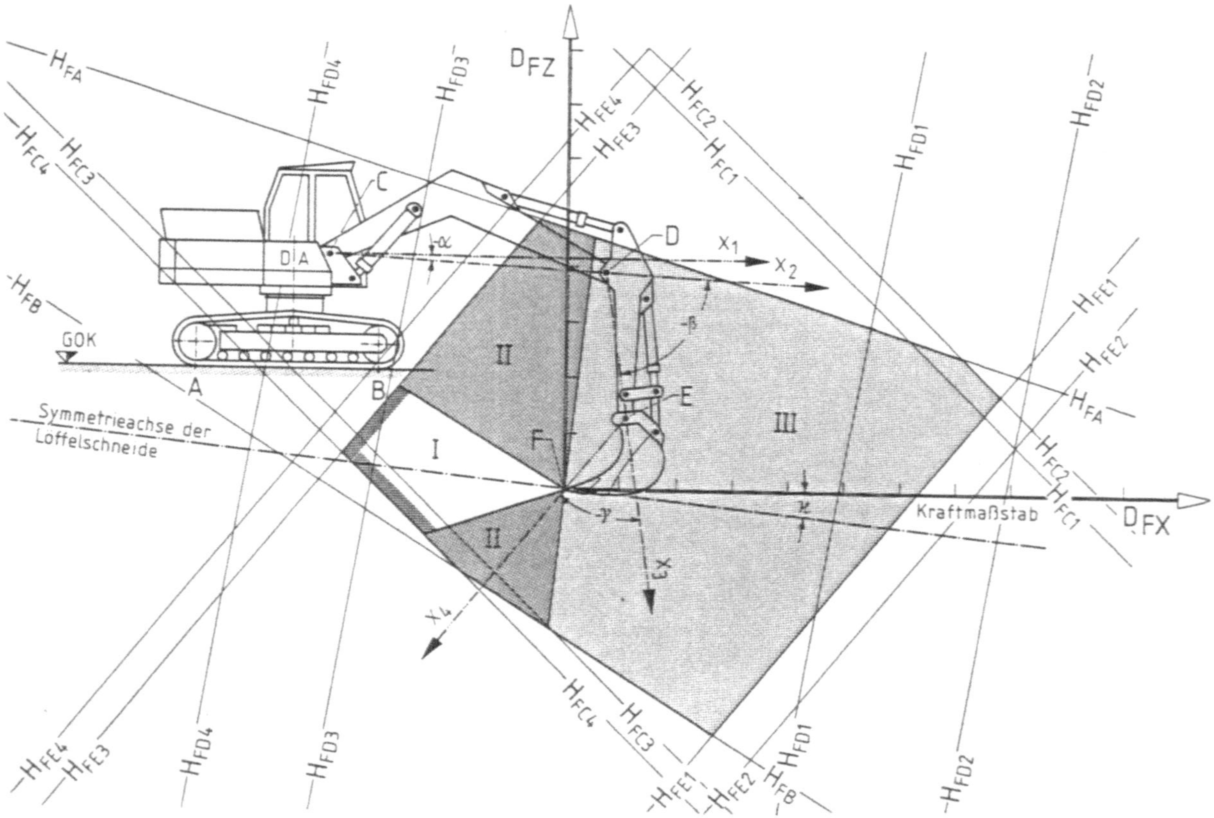

Abb. 11 Grafisches Verfahren zur Bestimmung der disponiblen Kräfte mittels Grenzkrafthodographen, I = tote Zone

Fig. 11 Graphic representation of the method used for determining the available forces acting on the ends of the bucket teeth with assistance of hodographs, where I is the "dead" zone zentrierte Krafteinwirkung an den Zahnspitzen in den Verwitterungsstufen W3 bis W1 ggf. W0 (vgl. EINSELE et al. in diesem Band) der Penetrationswiderstand W_P überwunden werden. Der Bruch (Trennbruch) erfolgt meist unabhängig vom Trennflächengefüge direkt am Ansatzpunkt des Zahnes unter Ausnutzung der latent vorhandenen Spaltbarkeit. Im weiteren Verlauf wird der Trennwiderstand W_T aktiviert. Hierbei lassen sich unterschiedliche Brucharten (Neubruch im Kluftkörper, entlang vorhandener Kluftflächen, -staffeln und sogenannter Vertretungsklüfte sowie Bruchstaffeln (MÜLLER 1963)) beobachten. Diese Brucharten beeinflussen die tatsächliche Lösekraft F_{tl} sowie die spezifische tatsächliche Lösekraft $\bar{F}_{tl}$ maßgeblich (Abb. 12a bis 16 f). Der durch die Keilwirkung der Zähne und Schneide gelockerte Gesteinsverband, dessen Durchtrennungsgrad mit 1 angegeben werden kann, zerfällt jedoch vorwiegend entlang der vorhandenen Kluftflächen. Das geförderte Haufwerk spiegelt den Zerlegungsgrad des Gesteins wider, die Korngrößen und Kornform entsprechen den vorhandenen Kluftkörpern. Vor den Seitenschneiden überwiegt der Neubruch im Kluftkörper. Nur in geringem Umfang lassen sich an der Grabenwandung andere Bruchformen feststellen.

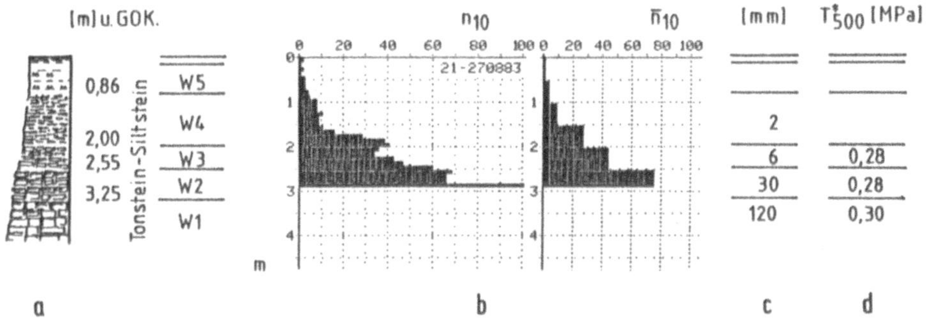

Abb. 12 a) Bodenprofil, b) Rammprofil (MRS), c) mittlere Kluftkörperhöhe, d) Point-Load Index von Tonstein aus dem Lias beta (Turneriton)

Fig. 12 a) Weathering profile, b) results of the penetration test, c) average vertical joint spacing and d) results of the point-load index of claystone from the Liassic beta section (Turneriton)

In der geringeren Verwitterungsstufe W1 (W2) verschiebt sich je nach Entfestigung der Kluftkörper (höhere Spaltzugfestigkeit T^*_{500}) das Verhältnis der einzelnen Brucharten, der Bruch entlang von Kluftflächen überwiegt im Bereich der Grundschneide. Der Geräteführer reagiert auf den höheren Grabwiderstand,der bis zum Stillstand der Löffelbewegung führen kann (Effektivität E = 1), indem er versucht,die Kluftkörper herauszuhebeln bzw. herauszubrechen (sog. Knippen), was sich an den charakteristischen Zacken der Grabkurven ablesen läßt (Abb. 15a bis 16a). Im Gegensatz dazu müssen die Seitenschneiden bei Gräben mit einfacher Löffelbreite durch Neubruch den Kluftkörper durchtrennen, sofern nicht eine Hauptkluftrichtung mehr oder weniger parallel zur Grabrichtung verläuft. Während bei Kanalgräben die Grabrichtung meist vorgegeben ist, ohne Berücksichtigung des vorhandenen Trennflächengefüges, läßt sich bei grösseren Baugruben flexibler verfahren. Zudem kann beim Grabenbaggern nur ein zweiseitig gebundener Schnitt (Abb. 17a) (BERGMANN 1980) durchgeführt werden. Bei Erreichen der Leistungsfähigkeit des Gerätes besteht die Möglichkeit, die Spantiefe zu verringern oder den Anstellwinkel $\varkappa$

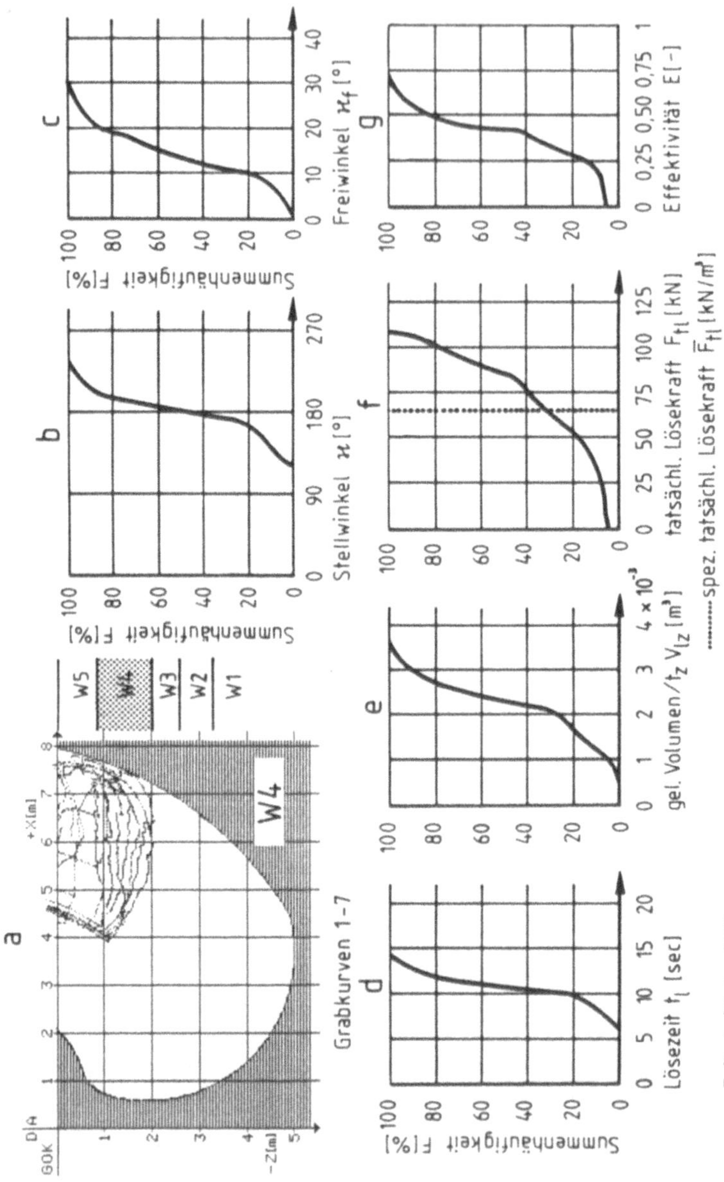

Abb. 13 Tonsteine aus dem Lias beta (Turneriton), Verwitterungsstufe W4; Abb. 13a bis Abb. 16g: Zusammenstellung einiger Kenngrößen als Summenhäufigkeiten für unterschiedliche Verwitterungsstufen

Fig. 13 Representation of some important values in claystone from Liassic beta section (Tuneriton) in different weathering zones; a) cross section of actual area dug by the bucket; b) cumulative frequencies of $\varkappa$ and c) $\varkappa_f$; d) digging time t_1; e) volume of excavated material V_{1z}, f) actual digging force F_{t1} and g) effectiveness of the excavation; t_z=time interval; F_{t1}=actual digging force/volume of excavated material

in Anpassung an die Gegebenheiten des vorhandenen Trennflächengefüges (vorwiegend der Schichtflächen) zu ändern. In großen Baugruben kann meist sowohl die Grabrichtung frei gewählt werden mehr oder weniger parallel zur Hauptkluftrichtung mit dem höheren Durchtrennungsgrad, als auch die Schnittart (entweder einseitig gebundener Schnitt oder auch Freischnitt (Abb. 17b und c)), was die tatsächliche Grabkraft verringert und damit die Grenze der Lösbarkeit bis auf unverwitterten Tonstein (W0) erweitert. Damit stellen die durchgeführten Grabversuche (Aushub von Gräben in Löffelbreite) mit den festgestellten Grenzen der

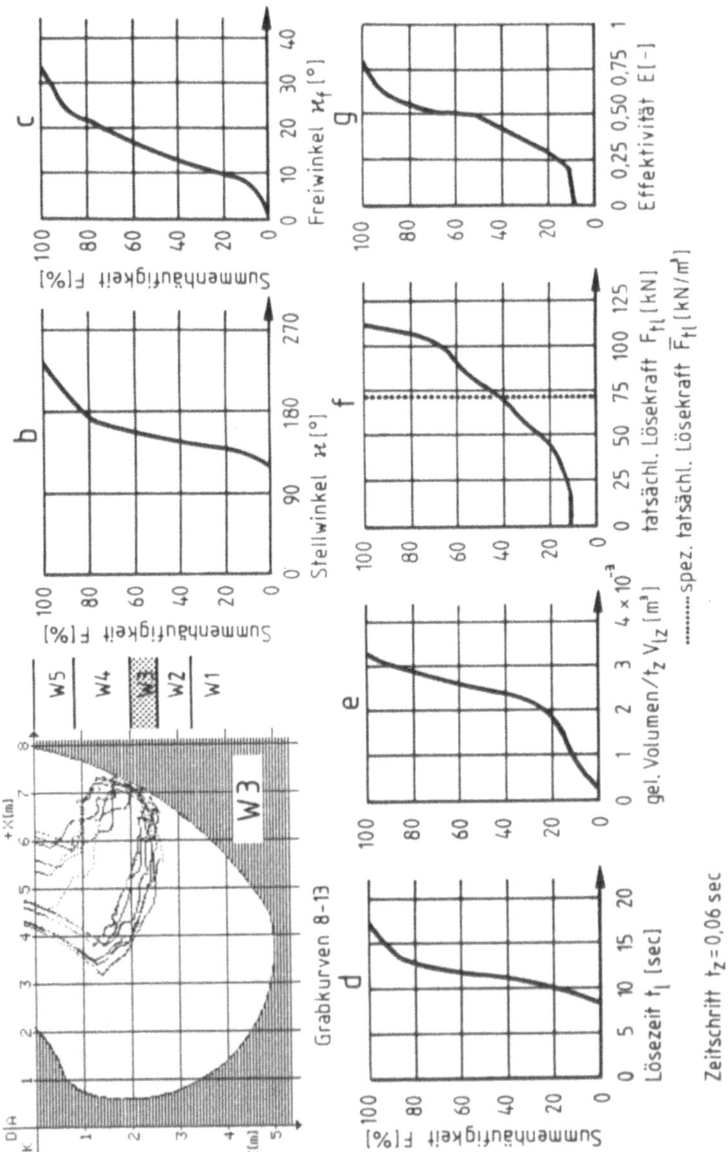

Abb. 14 Tonsteine aus dem Lias beta (Turneriton), Verwitterungsstufe W3

Fig. 14 Claystone from the Liassic beta section (Turneriton), weathering zone W3

Lösbarkeit den ungünstigeren Fall dar und liegen somit auf der sicheren Seite.

Mergelsteine besitzen in Abhängigkeit vom Kalkgehalt eine höhere Kluftkörperfestigkeit (T_{500} > 0,6 MPa), demnach reduziert sich in Abhängigkeit vom Trennflächengefüge die Lösbarkeit. Das Bruchverhalten ähnelt dem der Tonsteine; auch das Haufwerk spiegelt im wesentlichen die vorhandenen Kluftkörper wider.

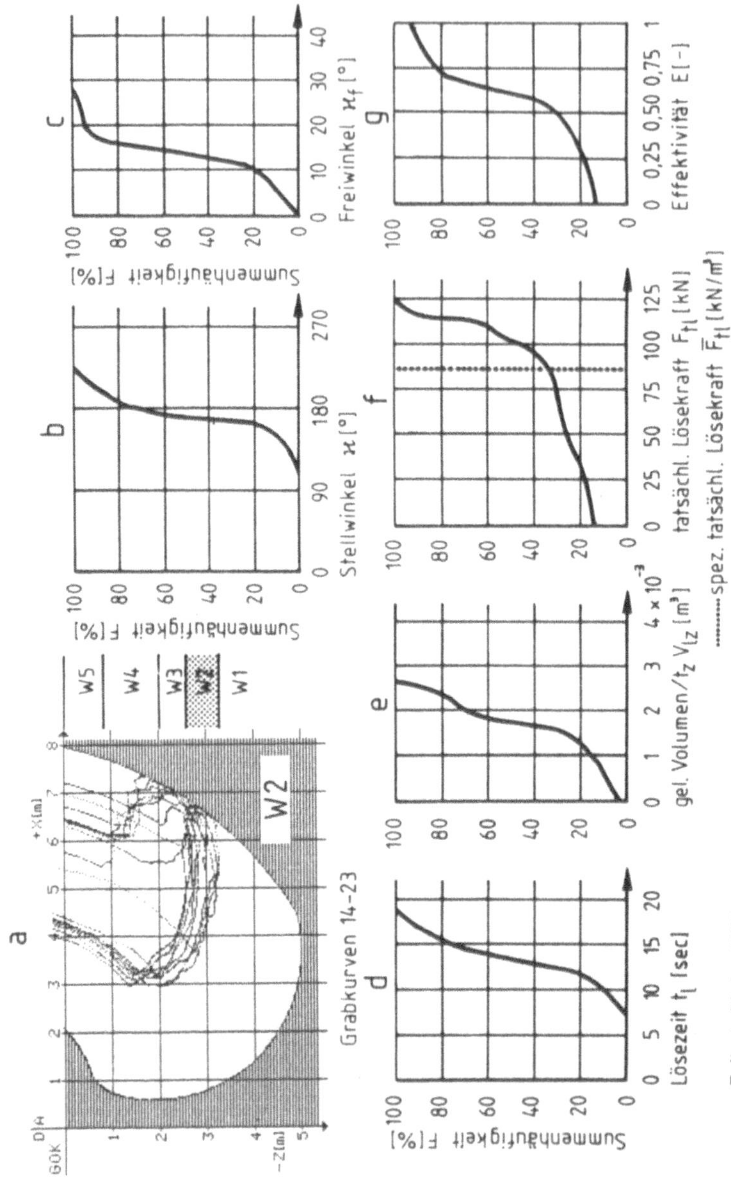

Abb. 15 Tonstein aus dem Lias beta (Turneriton), Verwitterungsstufe W2

Fig. 15 Claystone from the Liassic beta section (Turneriton), weathering zone W2

Durch sorgfältige Auswahl und statistische Auswertung sowie Wichtung der im Abschnitt 'Auswertung der Meßergebnisse' aufgeführten Kenngrößen, die zum Teil in den Abbildungen 12b bis 16g für Tonstein zeichnerisch wiedergegeben sind, läßt sich ein Klassifizierungsschema aufstellen. Unter Hinzuziehung zahlreicher Baustellenbeobachtungen zu den eigenen Grabversuchen, kann eine Einteilung der in Südwestdeutschland anstehenden Ton- und Mergelsteine in Hinblick auf das Löseverhalten durch Hy-

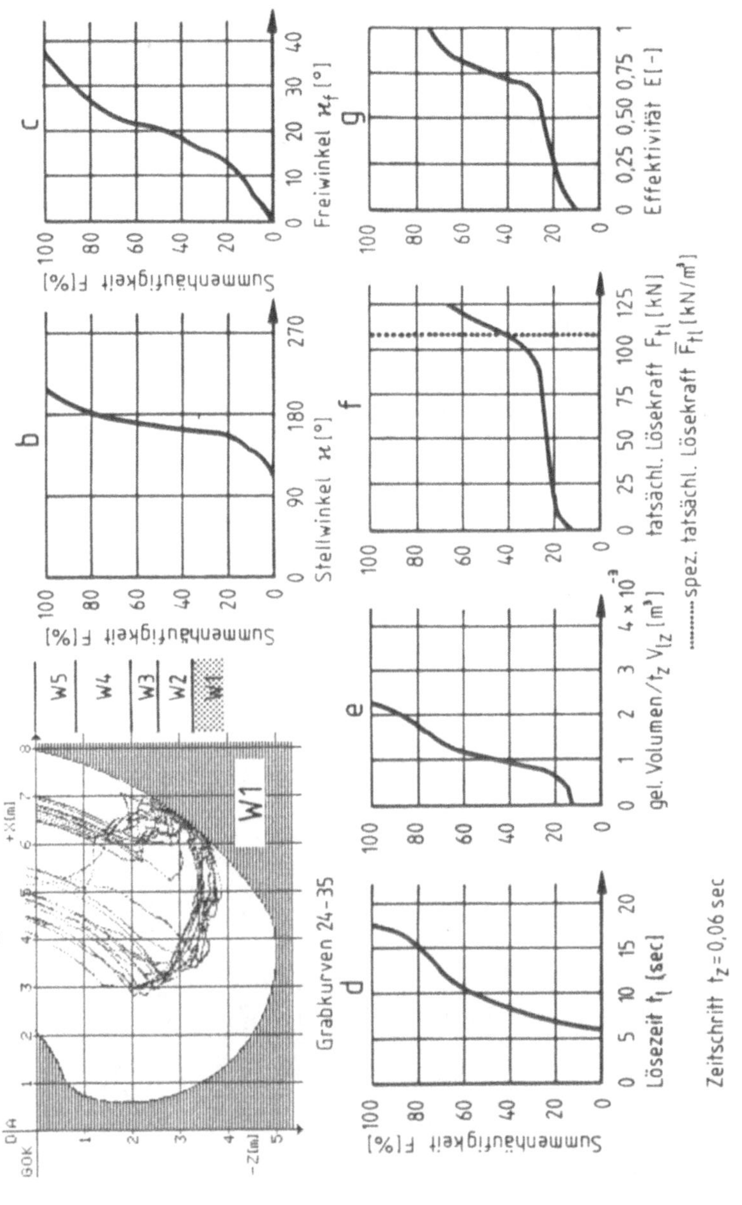

Abb. 16 Tonstein aus dem Lias beta (Turneriton), Verwitterungsstufe W1

Fig. 16 Claystone from the Liassic beta section (Turneriton), weathering zone W1

draulikbagger vorgenommen werden (Abb. 18).

DANKSAGUNG

Die vorliegende Arbeit stellt einen Auszug eines umfassenderen Forschungsvorhabens dar; in diesem Zusammenhang gilt mein Dank Herrn Prof. EINSELE, der freundlicherweise die Betreuung und Anleitung übernommen hat.

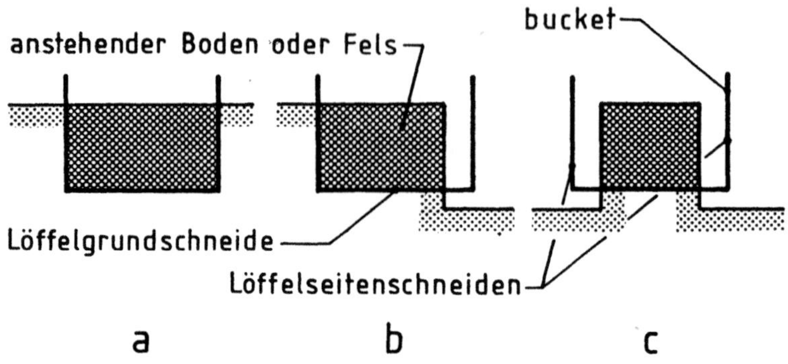

Abb. 17 Unterscheidung der 3 Schnittarten, a) zweiseitig gebundenes, b) einseitig gebundenes und c) freies Schneiden
Fig. 17 Three different types of cutting methods; a) two-sided, b) one-sided bounded cutting and c) free cutting

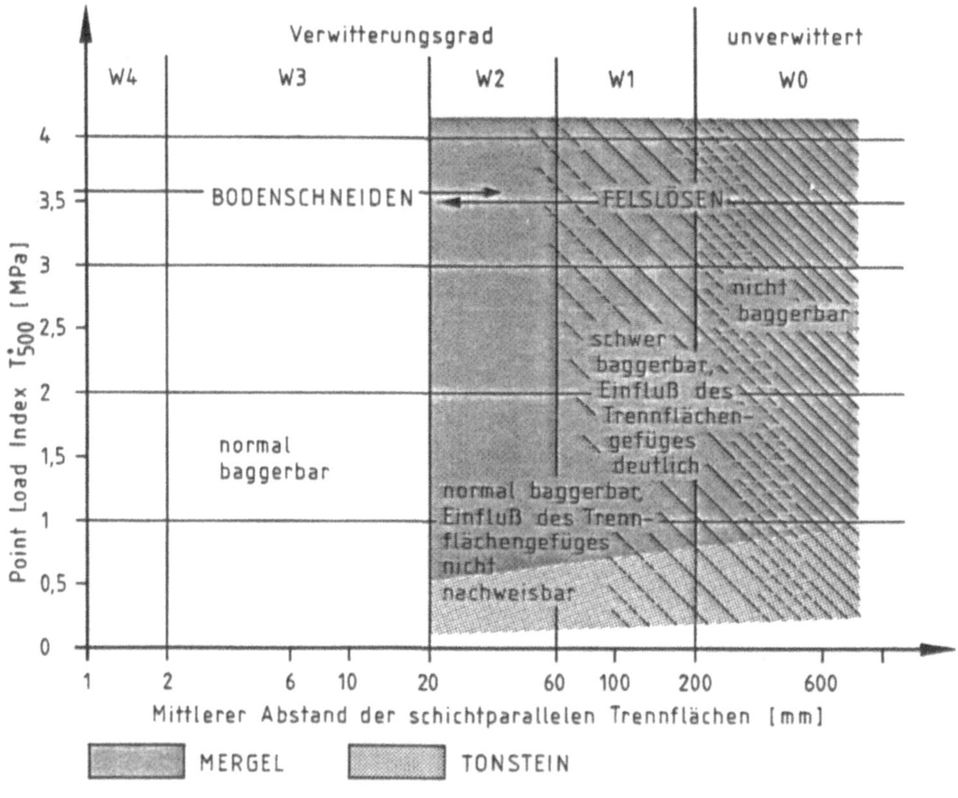

Abb. 18 Klassifizierungsschema für das Löseverhalten von Ton- und Mergelsteinen unterschiedlichen Verwitterungsgrades durch Hydraulikbagger

Fig. 18 Classification scheme for the economic feasiblity of excavation as related to weathering degree and the spacing of the vertical joint sets

LITERATUR

Broch E (1983) Estimation of Strength Anisotropy Using the Point-Load Test. Int J Rock Mech Min Sci & Geomech Abstr 20: 181-187

Brook N (1980) Size Correction for Point-Load Testing. Int J Rock Mech Min Sci & Geomech Abstr 17: 231-235

Bergmann H (1980) Grabwiderstand beim Hydraulikbagger. In: Gutsche H, Becker H (eds) Mitteilungen Baubetrieb und Baumaschinen H 1, TU Berlin, Fachbereich Bauingenieur- und Vermessungswesen, Fachgebiet Baubetrieb und Baumaschinen, 1-132

Brüggemann, Faust, Stiefken (1975) Entwicklung und Erprobung von Meßverfahren zur Unterscheidung der Bodenklassen 2.27 und 2.28 (ZTVE-StB 65). In: Bundesanstalt für Straßenwesen (ed), Schlußbericht, 24 S

Dudczak A (1977) Kryteria doboru parametrów mechanizmów napedowych osprezetu koparki hydraulicznej. In: Institut Mechanizacji Budownictwa (ed), Warszawa, 118 S

Dudczak A (1978) Kinetostatik des Lösevorgangs bei hydraulischen Universalbaggern. Baumaschine und Bautechnik 11: 571-580

Einsele G, Wallrauch E (1964) Verwitterungsgrade bei mesozoischen Schiefertonen und Tonsteinen und ihr Einfluß bei Standsicherheitsproblemen. In: Dt Ges Erd- und Grundbau (ed), Vorträge der Baugrundtagung 1964 in Berlin, Essen, 59-90

Einsele G (1983) Mechanismus und Tiefgang der Verwitterung bei mesozoischen Ton- und Mergelsteinen. Z dt geol Ges 134: 289-315

Greminger M (1982) Experimental Studies of the Influence of Rock Anisotropy on Size and Shape Effects in Point-Load Testing. Int J Rock Mech Min Sci & Geomech Abstr 19: 241-246

Heumann C (1975) Dynamische Einflüsse bei der Schnittkraftbestimmung in standfesten Böden. Baumasch u Bautech 10: 356-359, 11: 411-415, 12: 489-498

Ketterer B (1977) Einfluß der Geschwindigkeit auf den Schnittvorgang in rolligen Böden. Baumasch u Bautech 9: 540-549

Korzen Z (1982) Widerstand beim Schneiden bindiger Böden. Die Bautechnik 7: 232-236

Krämer HJ (1977) Sondierwiderstand - Grabwiderstand. Baumasch u Bautech 11: 685-697

Kühn G (1968) Grabwiderstände in geschlossenem Haufwerk. Deutsche Hebe- und Fördertechnik 10: 75-79

Massinger E (1976) Anwendung dimensionsloser Kennzahlen im experimentellen Baubetrieb. Diss Univ (TH) Karlsruhe, Karlsruhe, 121 S

Müller L (1963) Der Felsbau, Bd I, Theoretischer Teil, Felsbau über Tage 1. Teil. Enke-Verlag, Stuttgart, 624 S

Rittner H (1977) Klassifikation der Bodenarten aus gewinnungstechnischer Sicht. Tiefbau, Ingenieurbau, Straßenbau 4: 390-398

Thurner H-F (1977) Skandinavische Bodenklassifikationen. In: Forschges f d Straßenwesen Köln (ed), Schriftenreihe 'Untergrund - Unterbau', H 2: 89-91, Kirschbaum, Bonn-Bad Godesberg

Wallrauch E (1969) Verwitterung und Entspannung bei überkonsolidierten tonig-schluffigen Gesteinen Südwestdeutschlands. Diss Univ Tübingen, Tübingen, 184 S

Weiss E-H, Mikura E (1983) Geologische Kriterien bei der Kostenermittlung von Abtragsarbeiten im kristallinen Untergrund. Felsbau 3/4: 118-120

Zeindler H, Kreusen H-R (1982) Geophysikalische Vorausbestimmung der Aufreißbarkeit von Felsgestein. In: Eidgen Departm d Inneren, Bundesamt für Straßenbau (ed) 66 S

Festigkeitsuntersuchungen an Gesteinen und an Gesteinsverbänden mit dem Prallhammer nach Schmidt

E. KRAUTER[1], H. WOSZIDLO[2] und H. BÜDINGER[3]

SUMMARY

The objective of this research program was to verify whether the rebound hammer SCHMIDT system is appropriate to furnish index-figures for the valuation of rock strength in situ.

For many years the rebound hammer has been used for testing and controlling concrete constructions. After a suitable method for field tests had been worked out - the regulations according to DIN 1048 part 2 and 4 had proved to be unsatisfactory in field work - an easy portable core-drilling machine was constructed in order to receive adequate samples for comparative compressive strength tests.

It appears that there is a good correlation between the rebound values gained in field work and the results of the uniaxial compressive strength tests. The test result received by rebound measurements is called "Prellhärte" (rebound hardness).

Further examinations were extended to cores. Please note that the cores always are fixed identically for the rebound tests.

Following preliminary tests a portable clamping device was developed. The examinations performed in that way principally provided the same interdependences between rock strength and rebound values as the testing in situ did.

Subsequently, it was tested whether a loss in rock strength resulting from weathering of rock formations can be identified by rebound hammer tests.

Measurement profiles in the Devonian beds of the "Rheinische Schiefergebirge" in the "German Buntsandstein" and in the "Rotliegende" were taken and interpreted. Five measurement points marked in a distance of 20 cm each are combined to one measurement value (1m total).

It turned out that a continuous reduction of the rebound values can be observed from the unweathered to the completely weathered parts in slight-

1 Dr. habil. E. Krauter, Geologisches Landesamt Rheinland-Pfalz, Emmeransstr. 36, D-6500 Mainz

2 Dr. H. Woszidlo, Wasser- und Schiffahrtsdirektion Südwest, Quintinsstraße 36, D-6500 Mainz

3 Dipl.-Geol. H. Büdinger, Institut für Geowissenschaften der Universität Mainz, Saarstr. 21, D-6500 Mainz

Ingenieurgeologische Probleme im Grenzbereich
zwischen Locker- und Festgesteinen
(Herausgegeben von K.-H. Heitfeld)

ly jointed, more or less homogeneous rock formations. Even in those cases where the reduction of rock strength leads to an increase in decomposition, the intensity of this process is reflected in the index-figures.

Concerning future proceedings there is the possibility to use these index-figures to classify differently weathered rocks (in Germany DIN 18 300).

EINLEITUNG

Festigkeitsuntersuchungen an Gesteinen werden in der Bundesrepublik Deutschland nach DIN 52 105 (Prüfung von Naturstein, Druckversuch) nach der Empfehlung des Arbeitskreises für Versuchstechnik im Fels und nach den Richtlinien der ISRM durchgeführt.

Diese Laborversuche sind verhältnismäßig aufwendig und geben überdies die Eigenschaften des Gesteins nicht unverzerrt wieder, da z.B. der Einfluß des Wassergehalts durch dessen Veränderung aus Transport, Lagerung und Prüfkörperherstellung häufig nur unzureichend erfaßt wird. Aus diesem Grund werden solche Versuche selten ausgeführt. Dies gilt besonders in den Fällen, in denen für den Bau von Verkehrswegen Fels zu lösen ist. Hier wird, neben der Ausbildung und der Lage der Trennflächen, auch die Druckfestigkeit des Gesteins für seine Einstufung in eine der beiden Lösefestigkeitsklassen der DIN 18 300 (Erdarbeiten) benötigt.

Es hat nicht an Versuchen gefehlt, hier durch einfache Feldversuche Abhilfe zu schaffen. Am bekanntesten ist der Punktlastversuch geworden. Es existiert eine auswertbare Beziehung zwischen seinem Ergebnis (dem Punktlastindex) und der Druckfestigkeit des Gesteins.

Es waren jedoch außerdem Ansätze bekannt, den Prallhammer nach SCHMIDT (Betonprüfhammer) für diese Zwecke einzusetzen. Ein wesentlicher Punkt, der die Fortführung dieser Untersuchungen lohnend erscheinen ließ war, daß die Messungen an anstehendem Fels durchgeführt werden; es sich somit um in-situ Tests handelt. Die gewonnenen Meßwerte spiegeln die Festigkeitseigenschaften des sich im Verband befindlichen Testmaterials wieder. Das Gerät wird im Bauwesen für die Betonprüfung sehr oft eingesetzt und ist daher bekannt und erprobt (DIN 1048 T2 und 4).

Der Prallhammertest könnte aufgrund seiner Wirkungsweise, in Verbindung mit der geeigneten Prüfmethode, auch über die Festigkeit von Gesteinsverbänden Indexzahlen liefern. Solche Angaben werden für die Einstufung von Festgesteinskörpern in die Löseklassen der DIN 18 300 benötigt. Aus der Literatur ging hervor, daß die Festigkeit von Mörteln mit Bolzenschubgeräten geprüft werden kann. Es wurde daher auch versucht, mit diesem Instrument Indexzahlen zur Gesteinsfestigkeit zu erhalten.

GERÄTEBESCHREIBUNG

Der Prallhammer Modell N ist ein einfach gebautes Gerät von 1,0 kg Gesamtgewicht. Die Einzelheiten sind aus der Abb. 1 zu ersehen. Der Meßvorgang besteht darin, daß eine federgespannte Masse (Hammer) über einen Schlagbolzen einen Stoß auf die Gesteinsoberfläche ausübt. Die beim Stoß wirksame Masse ist 0,37 kg. Die Auftreffgeschwindigkeiten betragen:

senkrecht nach oben	323 cm/sec.
horizontal	345 cm/sec.
senkrecht nach unten	366 cm/sec.

Diese Geschwindigkeiten würden bei einem ruhenden, ideal elastischen Prüfkörper (Stoßzahl 1) dem Betrage nach voll erhalten, ihrer Richtung nach jedoch um 180° gedreht werden.

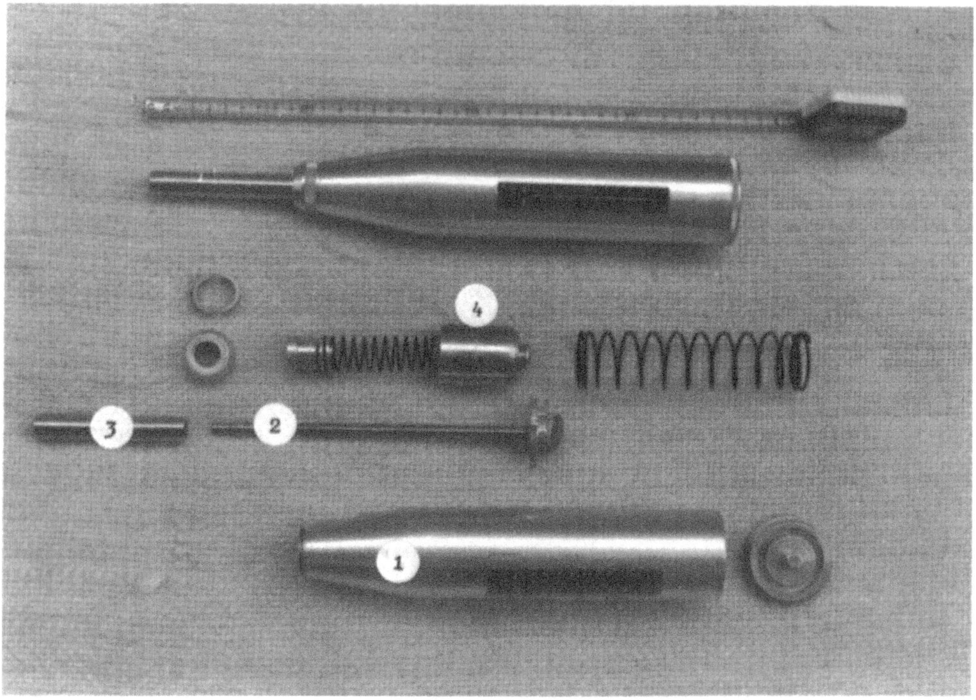

Abb. 1 Betonprüfhammer System Schmidt Modell N (Prallhammer); 1) Gehäuse, 2) Laufstange, 3) Schlagbolzen, 4) Hammer

Fig. 1 Rebound-Hammer, Schmidt-System, Typ N; 1) housing, 2) guide-rod, 3) striker, 4) hammer (mass)

Im Realfall wird jedoch am Gestein eine Formänderungsarbeit verrichtet, die umso höher ist, je unelastischer dieses reagiert. Dadurch wird die Geschwindigkeit des Rückpralls gemindert. Der Hammer wird weniger weit auf seiner Führungsstange zurückgeschleudert, der Anzeigewert wird geringer. Aus dieser Betrachtungsweise ergeben sich zwei Folgerungen:

1. Mit dem Prallhammer werden die elastischen Eigenschaften des Gesteins geprüft. Daß zwischen ihnen und der Druckfestigkeit eine auswertbare Beziehung besteht, ist u.a. durch Untersuchungen an Beton belegt.
2. Es wird nicht nur die Oberfläche getestet; an der Reaktion ist der Körper als Masse beteiligt.

UNTERSUCHUNGSMETHODE IM GELÄNDE UND ERGEBNISSE

Die Erprobung des Rückprallhammers zur Gesteinsfestigkeitsmessung erfolgte in praxisnahen Geländeuntersuchungen. Eine neue, von DIN 1048 T2 und 4 abweichende Meßmethode wurde erarbeitet, da sich diese während der Geländeuntersuchungen als unzweckmäßig erwies. Auf dem zu prüfenden Gestein werden an 4 Punkten Schlagserien von je 10 Einzelprüfungen durchgeführt. Die 4 Punkte müssen untereinander einen Mindestabstand von 15 cm haben. Die Prüffläche wird nicht angeschliffen und der Prallhammer im Winkel von 90° angesetzt. Die Neigung der Geräteachse bezogen auf die Horizontale ist anzugeben. Der Maximalwert jeder Schlagserie wird notiert und nach der Neigung und der Außentemperatur korrigiert (Korrekturdiagramme LEONHARDT 1968). Der Mittelwert der 4 korrigierten Maximalwerte stellt das Prüfergebnis dar. Die Festigkeitsangabe wird als Prellhärte (Rm) bezeichnet.

Äußere Einflußfaktoren, wie z.B. die unterschiedliche Gesteinsprüffläche oder Anisotropieeinflüsse, werden durch die Meßmethode so weit als möglich ausgeschaltet bzw. entsprechend beurteilt.

Die in-situ Rückprallmessungen sollten mit den entsprechenden einaxialen Druckfestigkeitswerten in Beziehung gesetzt werden. Hierzu war es erforderlich, an der jeweiligen Prüfstelle Bohrkerne für die Testproben zu entnehmen. Ein kleines, leicht zu transportierendes Kernbohrgerät wurde hierfür konstruiert (Abb. 2).

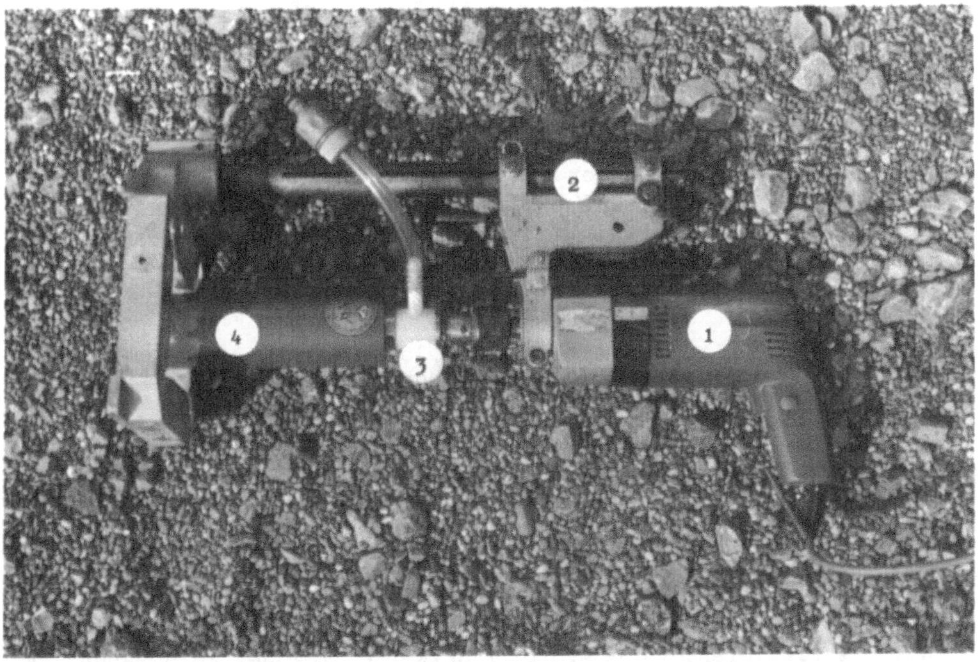

Abb. 2 Kernbohrgerät 1) Bohrmaschine, 2) Bohrständer, 3) Spülkopf, 4) Bohrkrone

Fig. 2 Core-drilling machine 1) drilling machine, 2) supporting facility, 3) water-supply, 4) drill crown

Die Ergebnisse der Druckprüfungen und die Resultate der Rückprallmessungen der untersuchten Gesteine zeigt nachstehende Korrelation (Abb. 3).

Die gute Korrelation der aufgetragenen Werte wird durch den hoch signifikanten, positiven Korrelationskoeffizienten von 0,88 dokumentiert. Es ist zu erkennen, daß Gesteine sehr geringer Druckfestigkeit (~< 30 MN/m²)

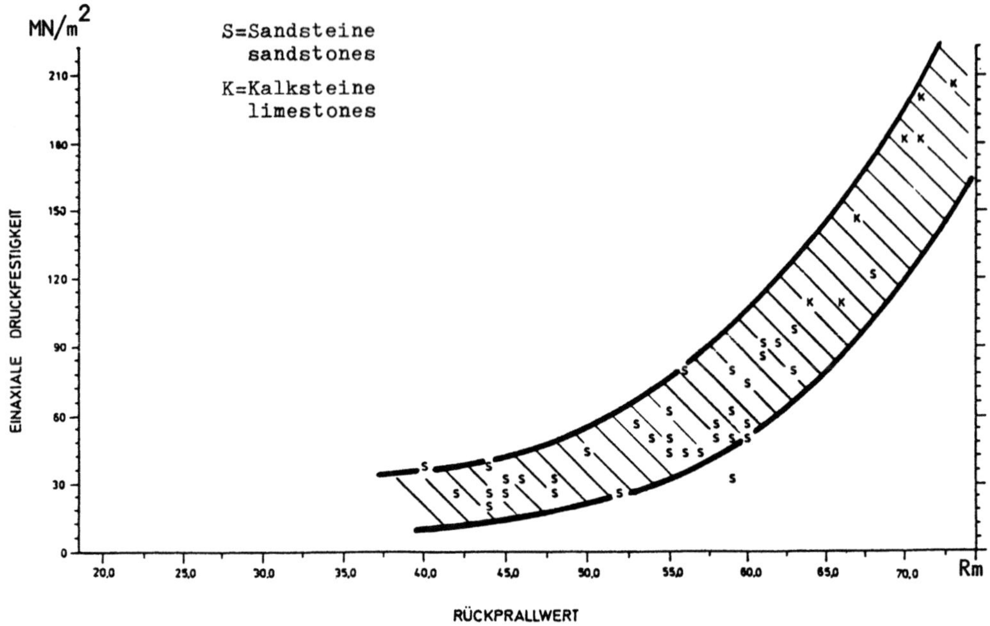

Abb. 3 Beziehung zwischen der einaxialen Druckfestigkeit (MN/m²) und den Rückprallwerten für anstehende Gesteine (Sand- und Kalksteine)

Fig. 3 Relation between the uniaxial compressive strength (MN/m²) and the rebound value (Rm) regarding rock in situ (sand- and limestones)

nur vereinzelt zur Verfügung standen. Dies liegt an der allgemeinen Schwierigkeit, aus Gesteinen mit sehr schwacher mineralischer Bindung exakt bemessene Probekörper für Laboruntersuchungen herzustellen (bohren, schneiden, abgleichen). Die Druckfestigkeitswerte sind ohne nachträgliche Korrektur für eventuelle gefügebedingte Einwirkungen in das Diagramm gezeichnet. Dies hat sicher Einfluß auf die Streubreite der Meßwerte. Ebenso ist bei der Bewertung der Korrelationsgüte zu berücksichtigen, daß bei der Rückprallprüfung die Verbandseigenschaften des Halbraumes um den Prüfpunkt mit einbezogen werden - bei der Druckprüfung nicht.

Vergleicht man die Meßwertstreuung der Feld- und der Labormethode, so zeigt sich, daß die Druckfestigkeitswerte eines Prüfbereiches zwischen 3 und 30 % variieren, während die Indexwerte (Rm) der Feldmessung um lediglich 2 - 12 % voneinander abweichen.

Anhand dieser Ergebnisse und Erfahrungen wird ersichtlich, daß sich mittels Rückprallmessungen Indexwerte für Gesteinsfestigkeiten in-situ zuverlässig, zeit- und kostengünstig ermitteln lassen.

Vergleiche oder Korrelationen von Indexwerten sind mit Nachteilen und Unsicherheiten verbunden, die sich aus Fehlern der verschiedenen Meßmethoden ergeben. Es ist demnach sinnvoll, die im Gelände ermittelten Rückprallwerte (Rm) nicht in eine andere Festigkeitsangabe umzurechnen, sondern den Prallhammertest als eigenständige Gesteinsfestigkeitsprüfung mit eigener Festigkeitsangabe- der sogenannten Prellhärte - anzusehen.

Die Vorteile dieser Prüfmethode sind:

- der Betonprüfhammer ist seit vielen Jahren bekannt und hat sich in der Betonfestigkeitsüberprüfung bewährt (DIN 1048 T2 und 4);
- er ist leicht zu handhaben und praktisch überall einsetzbar;
- die Arbeitsweise ist zeit- und kostengünstig;
- durch die in-situ Prüfung wird das Herstellen von genormten Probekörpern überflüssig;
- auch in Gesteinen mit schwacher mineralischer Bindung einsetzbar.

Parallel zu den Untersuchungen mit dem Prallhammer wurden Versuche mit dem Bolzenschubgerät TORNADO T 15 durchgeführt. Das Bolzenschubgerät wurde für die Befestigungs- und Verankerungsarbeit in der Betonbauindustrie entwickelt. Die Setzbolzen (Stahlstifte) werden durch die Energie einer Treibladung in den Baustoff getrieben.

Von der Überlegung ausgehend, daß ein Stahlbolzen, der jeweils eine definierte kinetische Energie besitzt, in verschieden festes Gestein unterschiedlich tief eindringt, wurde das Bolzenschubgerät im Feldeinsatz erprobt, um Festigkeitsunterschiede von anstehendem Fels durch Indexzahlen zu beschreiben. Es stellte sich heraus, daß der Anwendungsbereich in bezug auf harte, spröde Gesteine stark eingeschränkt ist. Im Prüfbereich (Einschußstelle) platzen Gesteinsstücke weg und/oder die Setzbolzen werden verformt. In Gesteinen mit sehr geringen Druckfestigkeiten (< 40 MN/m^2) bzw. sehr geringer Prellhärte (< 50 Rm) lassen sich festigkeitsbeschreibende Indexwerte über die jeweiligen Eindringtiefen der Setzbolzen gewinnen. Dieser Anwendungsbereich rechtfertigte jedoch im Rahmen dieser Forschungsarbeiten keine weiterführenden Untersuchungen. Bei entsprechenden Fragestellungen sind hier durchaus positive Ergebnisse zu erwarten.

RÜCKPRALLPRÜFUNGEN AN BOHRKERNEN

Bei dieser Prüfmethode muß streng auf die Einhaltung der Randbedingungen geachtet werden, vor allem auf die stets identische Fixierung der Bohrkernstücke beim Prüfvorgang. Auch BACKHAUS (1961) weist auf diesen Punkt ausdrücklich hin. Daher wurde eine transportable Einspannvorrichtung gebaut, die diese Forderung erfüllt (Abb. 4).

Die Einspannvorrichtung besteht im wesentlichen aus drei Bauelementen:

1. Spannstock, 2. Bodenplatte mit vorderer Spannbacke und 3. Untergestell.

Die Flächen der Spannbacken und die Auflagefläche des Bohrkerns auf der Bodenplatte sind mit einem 5 mm starken Leder belegt, wodurch kleine Unebenheiten der Kernwandung ausgeglichen werden, um einen möglichst lückenlosen Kontakt zwischen Bohrkern und Einspannvorrichtung zu erreichen.

Ein Standfuß ist in der Höhe verstellbar; Bodenunebenheiten können so ausgeglichen werden.

Die Bohrkernstücke werden in der Spannvorrichtung mit jeweils 20 MN (Drehmomentschlüssel) fixiert. Pro Einspannvorgang werden an 3 Punkten Einzelschlagversuche ausgeführt. Die Mindestkernlänge muß 20 cm betragen; der Prüfpunktabstand zum Kernende hin minimal 5 - 6 cm. Bohrkerne über 40 cm Länge können an mehreren Stellen eingespannt werden (Abb. 5). Die 3 Rückprallwerte werden gemittelt und stellen das Prüfergebnis dar (R_K-Indexwert).

Abb. 4 Einspannvorrichtung für Bohrkerne
1) Spannstock
2) Bodenplatte mit vorderer Spannbacke
3) Untergestell

Fig. 4 Clamping device to fix cores for rebound tests
1) clamp
2) heavy basis platen
3) steel frame

Der Einfluß des Bohrkerndurchmessers auf das Meßergebnis ist erst dann exakt zu definieren, wenn absolut identisches Bohrkernmaterial in verschiedenen Kaliberabmessungen zur Verfügung steht. Dies ist noch nicht der Fall. Aus den bisherigen Untersuchungen deutet sich an, daß der Durchmesser des Kerns eine nur untergeordnete Rolle spielt, was durch die exakten Einspannbedingungen erklärt werden kann.

Es wird nicht angestrebt, die an Bohrkernen ermittelten R_K-Indexzahlen in einaxiale Druckfestigkeitswerte umzurechnen. Die Festigkeitsangabe, die durch die Rückprallprüfung gewonnen wird, ist die Prellhärte. Da jedoch die Angabe von Druckfestigkeitswerten üblich ist, sind in der Abb. 6 die ermittelten R_K-Werte und die zugehörigen einaxialen Druckfestigkeitswerte korreliert.

Die beiden mit * gekennzeichneten Proben in Abb. 6 repräsentieren feingeschieferte Ton-Siltsteinproben, die relativ hohe R_K-Werte erzielten.

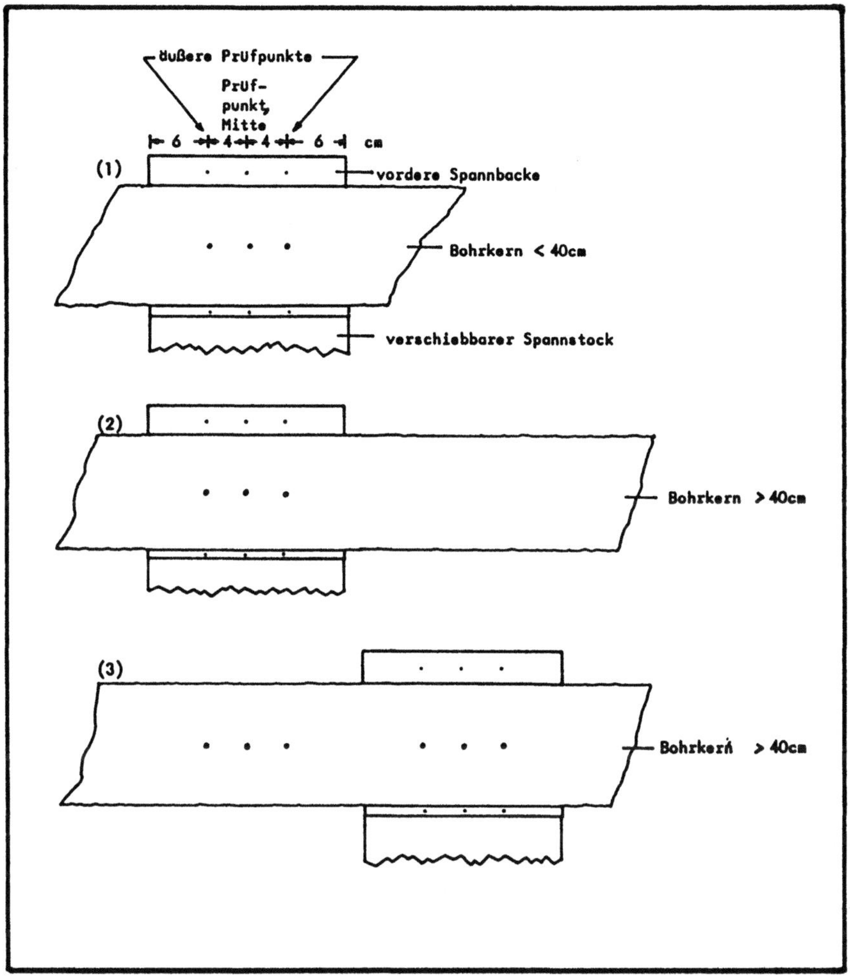

Abb. 5 Prüfmethode für Bohrkernstücke - Draufsicht; 1 < 40 cm, 2 und 3 > 40 cm

Fig. 5 Testing method for core pieces - plan view; 1 core piece < 40 cm, 2 and 3 core pieces > 40 cm

Bedingt durch die Herstellungsarbeiten der Prüfkörper für die einaxialen Druckfestigkeitstests tritt hier eine nicht zu verhindernde Gefügelockerung auf. Bei den beiden gekennzeichneten Proben fielen bei der Druckprüfung auftretende Scherspannungen mit der Richtung der Schieferungsflächen zusammen. Es ergaben sich zu geringe Druckfestigkeitswerte.

Relativ niedrige R_K-Werte werden an Sandsteinproben gemessen, wenn:

- grobkörnige, porige Einschaltungen vorliegen,
- deutlich erkennbare Schichtungsmerkmale vorkommen,
- die Kernwandungen unregelmäßig sind (schwache mineralische Bindung).

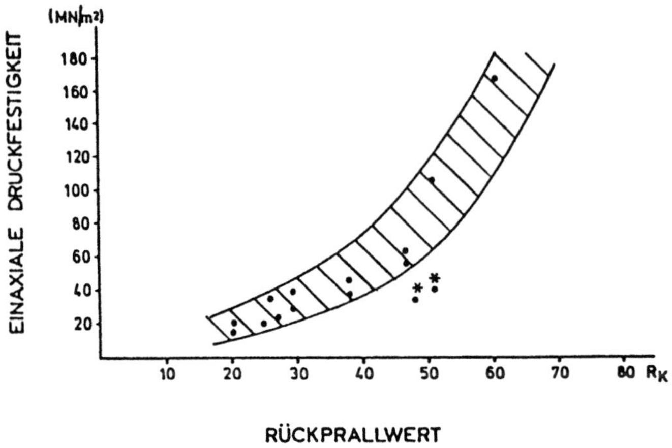

Abb. 6 Beziehung zwischen der einaxialen Druckfestigkeit (MN/m²) und den Rückprallwerten (R_K) an Bohrkernen

Fig. 6 Relation between the uniaxial compressive strength (MN/m²) and the rebound value (R_K) regarding core pieces

Durch die hier vorgestellte Meßmethode ist es möglich, direkt nach der Entnahme des Kerns diesen bergfrisch auf das Festigkeitsverhalten hin zu beschreiben und einzuordnen. Darauf aufbauend können, wenn nötig, gezielt Proben für weiterführende Laboruntersuchungen ausgewählt werden.

In Rückprall-Teufen-Profilen, in denen der ermittelte Rückprallwert (R_K) in Abhängigkeit von der Bohrlochtiefe aufgetragen wird, lassen sich die verschiedenen Festigkeitszonen (Prellhärte) des Gebirges erfassen und die einzelnen Bohrungen miteinander korrelieren.

SEDIMENTPETROGRAPHISCHE UNTERSUCHUNGEN

Die sedimentpetrographischen Untersuchungen (SANTOWSKI 1984) hatten zum Ziel, die Abhängigkeit von Mineralbestand (qualitativ unter Berücksichtigung des Bindemittels), Korngefüge (Korngrößenverteilung, Korn- und Porengeometrie) und Porosität (Porenvolumen, Roh- und Reindichte) zur Prellhärte von Sandsteinen zu erfassen.

Insgesamt wurden 40 Proben untersucht. Korrelationen ergeben sich zwischen der Prellhärte und dem Sortierungsgrad, sowie der Rohdichte. Die Prellhärte liegt umso höher, je schlechter der Sortierungsgrad und je dichter der Sandstein ist.

Untersuchung von Gesteinsverbänden

Grundsätzliche Überlegungen

Bei den vorstehend beschriebenen Untersuchungen hatte sich gezeigt, daß Klüfte oder Begrenzungsflächen (z.B. von Kernstücken) die Meßwerte des Prallhammers mindern, ohne daß sich die Festigkeit des Gesteins selbst ändert.

Die Ursache für diese Erscheinung ist, daß im Gebirge durch den Stoßimpuls des Hammers eine Verformung auftritt, die sich in halbkugelförmigen Wellenfronten ausbreitet. Das elastische Verhalten dieses Halbraumes ist für die Intensität des Rückpralls verantwortlich. Bereiche geringer Elastizität in diesem Raum oder seine Begrenzung machen sich bemerkbar.

Überlegungen u.a. von BORGES (1965), ergänzt durch Untersuchungen in dieser Arbeit, ergaben, daß Verringerungen des Rückprallwertes ab lateralen Entfernungen Meßpunkt/Kluft von etwa 10 cm auftreten. Es erschien daher lohnend zu untersuchen, ob sich eine Minderung der Gebirgsfestigkeit aus Abnahme der Materialfestigkeit und zunehmender Zerteilung durch Prallhammerwerte herausarbeiten läßt.

Untersuchungsmethode

Der ausgewählte Aufschluß wird zunächst geologisch aufgenommen, wobei besonders Abstände und Ausbildung von Trennflächen eine Rolle spielen. Danach wird das Meßprofil im Aufschluß markiert. Die Meßpunktabstände wurden nach den vorstehenden Überlegungen zu 20 cm festgelegt. Der laterale Abstand der Profile sollte zwischen 2 und 5 m liegen.

In jedem Meßpunkt wird ein Schlagversuch ausgeführt. Die Ergebnisse von 5 Versuchen werden arithmetisch gemittelt. Der so erhaltene Indexwert wird als charakteristisch für einen Untersuchungsbereich von 1 m Höhe betrachtet. Eine Darstellung des Prinzips ist in Abb. 7 gegeben.

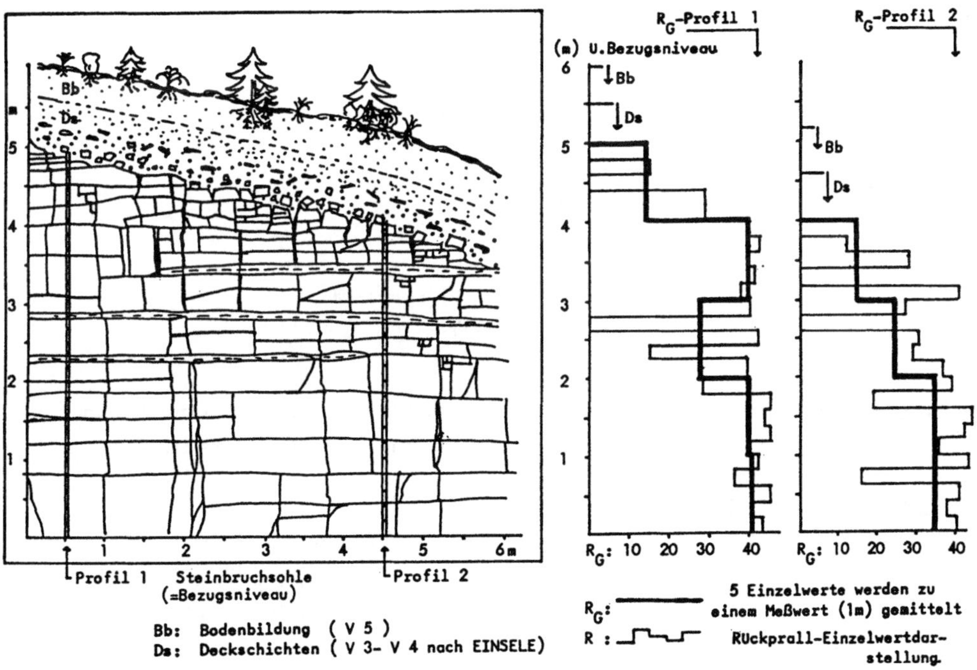

Abb. 7 Steinbruchwand mit zwei Meßprofilen und Prinzip der R_G-Profildarstellung - idealisierte Darstellung

Fig. 7 Quarry site with two marked profiles and the principal of the R_G-profile representation - idealized demonstration

ERGEBNISSE

Zur Erläuterung werden aus einer größeren Zahl von Untersuchungen folgende Aufschlüsse ausgewählt:

Nackenheim: Sandstein, Rotliegendes (Abb. 8)

Der frisch angelegte Aufschluß weist makroskopisch kaum lithologische Unterschiede auf. Abgesehen von Schichtungsmerkmalen treten wirksame Trennflächen kaum auf. Die Verringerung der Indexzahlen zum Hangenden ist durch zunehmende Verwitterung zu erklären, die sich in einer Abnahme der Materialfestigkeit äußert.

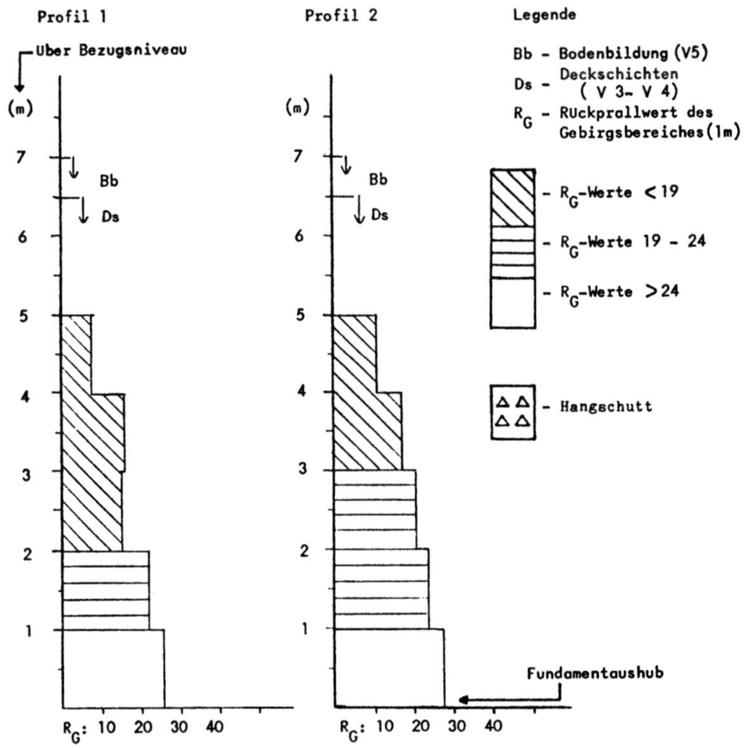

Abb. 8 R_G-Profile eines Rotliegendaufschlusses bei Nackenheim/Rh.

Fig. 8 R_G-profile of a "Rotliegend" exposure in Nackenheim/Rh.

Umpfenbach - Eichenbühl (Abb. 9)

Es handelt sich um einen Aufschluß im oberen Buntsandstein. Der über der Silt-Feinsand-Einschaltung anstehende rotbraune und feinkörnige Sandstein zeigt zum Hangenden zunehmende Zerlegung durch Klüfte. Dies drückt sich in den Indexwerten aus den Prallhammerversuchen sehr deutlich aus.

Serrig/Saar (Abb. 10)

Für den Ausbau der Saar wurde im Hunsrückschiefer (Unterdevon) eine Baugrube angelegt. Es stehen Ton- und Siltschiefer an. Für die Zerteilung wirksam ist die Schieferung sowie untergeordnet die Schichtung. Die

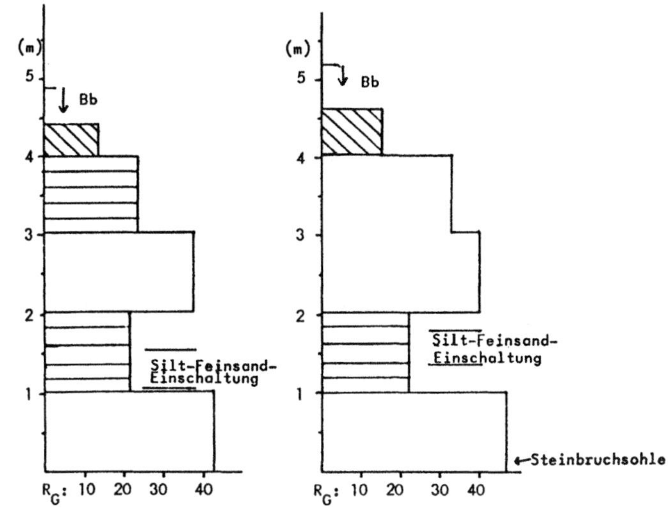

Fig. 9 R_G-Profile einer Steinbruchwand im oberen Buntsandstein

Fig. 9 R_G-profiles of a quarry site in the upper "German Buntsandstein"

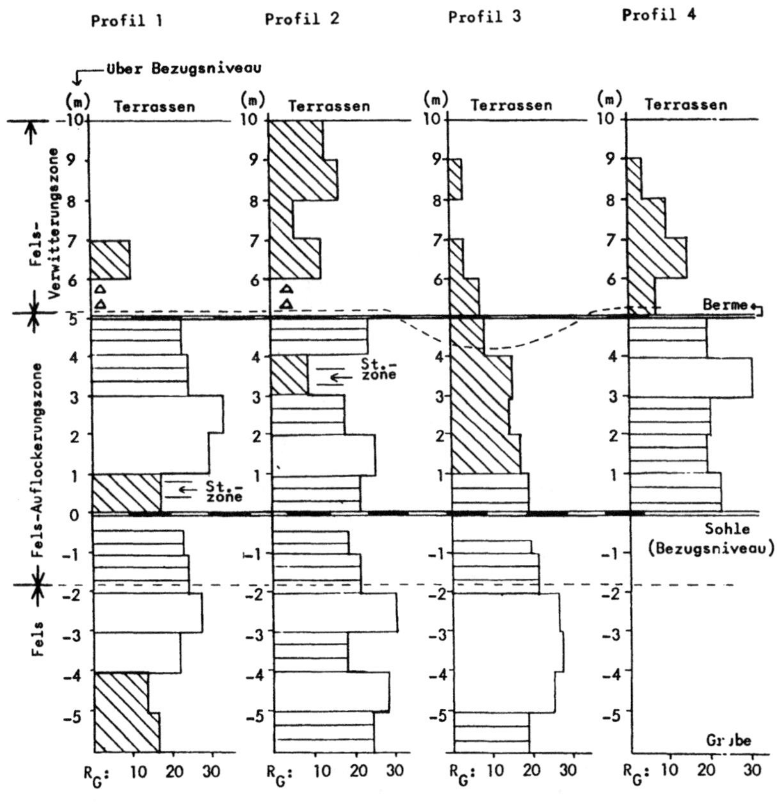

Abb. 10 R_G-Profile einer Baugrubenwand auf der Großbaustelle Serrig (Saar)

Fig. 10 R_G-profiles of a great excavation in the lower Devonian at Serrig (Saar)

Kluftdichte der gebirgsschonend angelegten Böschung nimmt durch Verwitterungs- und Entspannungsvorgänge von unten nach oben zu. Dieser Einfluß ist aus den Profilen deutlich abzulesen.

Da in diesem Fall ein ingenieurgeologisches Gutachten vorlag, konnten die einzelnen Profilteile dem unveränderten Fels, der Fels-Auflockerungs- sowie der Fels-Verwitterungszone zugeordnet werden. Die Indexwerte aus den Prallhammerversuchen für die genannten Zonen verhalten sich hier im Mittel wie 1 : 0,7 - 0,8 : 0,4 - 0,5.

Gleichzeitig lag in Serrig eine Einstufung des Gebirges in die Felsklassen der DIN 18 300 vor. Danach tritt Fels der Klasse 6 nur direkt unterhalb der Terrassenablagerung auf. Die Prallhammeruntersuchungen zeigten, daß in dieser Zone nur Indexzahlen kleiner als 19 erreicht wurden. Damit war auch in anderen Teilen dieser Baustelle eine Einstufung des Anstehenden in die genannten Klassen möglich.

WERTUNG

Die hier genannten sowie die übrigen untersuchten Aufschlüsse zeigen insgesamt folgendes Bild:

Prallhammerwerte ergeben in wenig geklüftetem Gebirge Indexzahlen über die Gesteinsentfestigung durch Verwitterung. Die Werte werden durch lithologische Unterschiede stark beeinflußt.

Auch in den Fällen, in denen eine latent angelegte Klüftung auf Verwitterung- und Entspannungsvorgänge durch zunehmende Zerteilung reagiert, läßt sich die Intensität dieses Vorganges an den Indexzahlen ablesen. Störend wirken neben bereits vorhandenen Zerrüttungszonen Alterungsvorgänge in länger freiliegenden Böschungen.

Es zeichnet sich die Möglichkeit ab, die Indexzahlen zur Einstufung von Fels in die Klassen 6 oder 7 der DIN 18 300 zu benutzen. Dies erscheint insbesondere deshalb angebracht, weil die bislang bekannten Verfahren im Gelände nicht überall einsetzbar sind, wie z.B. die Fallhammerseismik, oder nur für die Gesteinskörper selber Kennzahlen liefern (Punktlastindex).

Bei den letztgenannten und vergleichbaren Methoden bleibt die Auswirkung der Klüfte auf die Verbands- und damit die Lösefestigkeit weiterhin der Abschätzung aus der Beurteilung von Durchtrennungsgraden, Kluftöffnungsweiten sowie der Auswirkung von Füllungen überlassen, während die Ermittlung der Gebirgsfestigkeit mit dem Prallhammer quantitative Hinweise auf diese Einflüsse erwarten läßt.

Es sind allerdings vor einer breiten Anwendung des Prinzips noch zahlreiche Vergleichsuntersuchungen nötig.

ZUSAMMENFASSUNG UND AUSBLICK

Inhalt des Forschungsauftrages war es zu prüfen, ob der Prallhammer System Schmidt geeignet ist, im Feldeinsatz Indexzahlen für die Beurteilung der Festigkeit von Gesteinen und Gebirgsbereichen zu liefern. Der Prallhammer wird seit vielen Jahren im Bauwesen für die Betonprüfung eingesetzt.

Nachdem eine geeignete Prüfmethode für die Geländeuntersuchungen erarbeitet war, die Vorschriften nach DIN 1048 T2 und 4 erwiesen sich als unzweckmäßig, wurde ein leicht zu transportierendes Kernbohrgerät gebaut, um entsprechende Proben für vergleichende Druckfestigkeitstests zu erbohren. Die im Gelände ermittelten Rückprallwerte sind mit den Ergebnissen der einaxialen Druckfestigkeitsprüfungen gut korrelierbar. Die Festigkeitsangabe, die durch Prallhammermessungen erhalten wird, bezeichnet man als Prellhärte.

Weitere Untersuchungen wurden auf Bohrkerne ausgedehnt. Dabei ist zu beachten, daß die Kerne für die Rückprallprüfung stets identisch fixiert werden. Eine transportable Einspannvorrichtung wurde nach Vorversuchen geschaffen. Die damit durchgeführten Untersuchungen brachten grundsätzlich die gleichen Abhängigkeiten zwischen Gesteinsfestigkeit und Rückprallwerten wie die Ermittlung im Anstehenden.

Anschließend wurde der Frage nachgegangen, ob sich Festigkeitsverluste aus Verwitterungsvorgängen von Gesteinsverbänden durch Prallhammermessungen erfassen lassen. Meßprofile im Devon des Rheinischen Schiefergebirges, im Buntsandstein und im Rotliegenden wurden aufgenommen und ausgewertet. 5 Meßpunkte im 20 cm-Abstand sind zu einem Meßwert zusammengefaßt (1 m - Strecken). Für quasihomogenes, schwach geklüftetes Gebirge zeigt sich eine kontinuierliche Abnahme der Rückprallwerte vom Liegenden (unverwittert) zum Hangenden (verwittert). Auch in den Fällen, in denen die latent angelegte Klüftung auf Verwitterungs- und Entspannungsvorgänge durch zunehmende Zerteilung reagiert, läßt sich die Intensität dieses Vorgangs an den Indexzahlen ablesen. Es zeichnet sich die Möglichkeit ab, diese Indexzahlen zur Einstufung von Fels in die Klassen 6 und 7 DIN 18 300 zu benutzen.

LITERATUR

Backhaus E (1963) Der Betonprüfhammer als Hilfsmittel zur Bestimmung der relativen Festigkeit bei Sedimentgesteinen. Geol Mitt Bd 3: 143-152, Aachen

Barton N, Choubey V (1977) The Shear Strength of Rock Joints in Theory and Practice. Rock Mechanics Vol 10: 1-2

Borges E (1965) Meßverfahren zur Beurteilung mechanischer Gewinnungsmöglichkeiten für die Planung und Überwachung von Bergbaubetrieben mit Hilfe des Betonprüfhammers System Schmidt Typ N. Dissertation TH Aachen

Büdinger H (1982) Untersuchungen von Gesteinsfestigkeiten - in Abhängigkeit von Stratigraphie und Petrographie - mit Hilfe von Feld- und Laborarbeiten. Diplomarbeit, Inst f Geowiss, Universität Mainz (unveröff)

Hucka V (1965) A Rapid Method of Determination the Strength of Rock In Situ. Int J Rock Mech Mining Sci Vol 2: 127-134, Pergamon Press

Leonhardt J (1968) Der Prallhammer, ein Meßinstrument zur Untersuchung des Gebirgsverhaltens, Dissertation TU Clausthal

Roxborough F, Whittaker BN (1964) Roof Control and Coal Hardness. Coll Eng

Santowski G (1984) Korngrößenverteilung und Mineralbestand von Bausandsteinen des Bamberger Raumes. Diss Univ Mainz (im Druck)

Einfluß und Wirkungsweise von CaO bei der Belastung von Aggregaten

H. BOHNE, K. H. HARTGE und H. GRAF VON REICHENBACH[1]

SUMMARY

The structure stability of clay soils is often weak because of unfavourable interactions between soil water and soil matrix. Loading of soils with a high clay content is accompanied by the development of positive pore water pressures, which further reduce structural stability. Hence, stabilizing measures of clay material must prevent the appearance of positive pore water pressures by changing the interaction between soil water and matrix.

Stability of clay aggregates from a pseudogley-pelosol soil from Lias (52 % < 2 µm) and from pure clays (bentonite, kaolinite) was investigated in confined compression tests. The surfaces of the aggregates were treated with CaO in amounts of 5 % related to dry soil. Treated and untreated aggregates were stored at a water suction of p = - 7 cm WS and free air-entry for 1 day to 30 weeks. The compression tests were carried out in measuring compaction and pore water pressure in relation to load and time after CaO-treatment.

As a result of liming, appearance of positive water pressures and compaction were reduced. In some cases, even negative water pressures occured. The stabilizing effect of liming first increased with time after CaO-treatment and then decreased again. Maximum stabilization (minimum compaction) coincided with minimum pore water pressures. The relation between pore water pressures and stability was more distinct with samples from pseudogley-pelosol soils than from pure clays. The stability effect itself depended on the material under investigation and on the conditions after liming (water and air supply). Maximum stabilization occured before $CaCO_3$-formation was completed.

In these experiments, no new minerals except $CaCO_3$ were formed. Therefore, the stabilizing effect of liming clayey materials in this case is based on mechanisms connected with properties of $CaCO_3$, respectively its formation. These mechanisms are:

- Hydration of CaO: the formation of $Ca(OH)_2$ is water consuming and dries up the aggregates. As a result, water pressures are lowered and stability is improved.

[1]Dr. H. Bohne, Prof. Dr. K.H. Hartge, Prof. Dr. H. Graf von Reichenbach, Institut für Bodenkunde der Universität Hannover, Herrenhäuser Str. 2, D-3000 Hannover 21

Ingenieurgeologische Probleme im Grenzbereich
zwischen Locker- und Festgesteinen
(Herausgegeben von K.-H. Heitfeld)

- Particle-size-effect of the $CaCO_3$-crust on the edges of the aggregates: this is a more mechanical effect which prevents a direct contact of clay particles with their enveloping water molecules and enables the water to drain between the $CaCO_3$-particles under conditions of loading. This is another way to reduce the development of positive water pressures.

Hence, both mechanisms change the unfavourable interactions of soil water and soil matrix under loading and stabilize the soil structure.

EINLEITUNG

Die Stabilisierung des Bodens gegenüber einer Belastung erfolgt unter unterschiedlichen Aspekten, je nach der Art der Beanspruchung bzw. Nutzung des Bodens. Im Bereich des Bauwesens ist der Boden in erster Linie Konstruktionsmaterial, dabei dient er sowohl als Untergrund als auch als Baustoff selbst. Im Bereich der Bodenkunde ist der Boden meist Pflanzenstandort und wird unter dem Aspekt eines optimalen Pflanzenwachstums, ausgedrückt im Ertrag, betrachtet. Während der Bauingenieur meist einen im verdichteten Zustand stabilisierten Boden anstrebt, ist der Bodenkundler auf die Erstellung und Erhaltung eines mehr lockeren, durchwurzelbaren, aber mechanisch stabilen Gefüges ausgerichtet (Abb. 1).

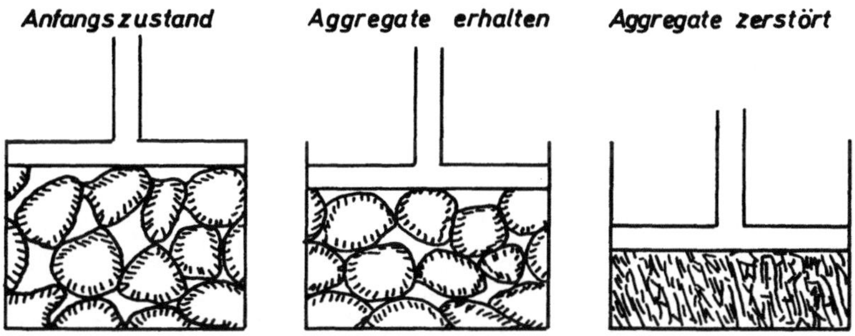

Abb. 1 Mögliche Gefügeveränderungen in Tonaggregatpackungen als Folge gleicher Belastung

Fig. 1 Possible changes in a clay-aggregate-structure as a result of the same loading

Diese Anforderungen gelten sowohl unter landwirtschaftlichen Aspekten als auch im Hinblick auf Baumaßnahmen wie die Erstellung von Dämmen und Böschungen sowie die Rekultivierung von Flächen, die nach einer Zwischennutzung (z.B. als Deponie) wieder in Kultur genommen werden sollen.

Besondere Schwierigkeiten treten dort auf, wo tonreiches Material ansteht. Die geringe Gefügestabilität dieses Materials, die eine Folge von Quellungs- und Schrumpfungserscheinungen ist, führt zu Einschränkungen in der Nutzung solcher Standorte. Die für die Gefügestabilität negativen Auswirkungen des Wassers kommen besonders im Zusammenhang mit Belastungen zum Tragen und zeigen sich im Auftreten von positiven Porenwasserdrücken. Eine Stabilisierung solcher Substrate muß daher über die Veränderung der sich negativ auswirkenden Beziehungen des Wassers zur Bodenmatrix erfolgen.

Die günstigen Auswirkungen von Branntkalk (CaO) und Kalkhydrat ($Ca(OH)_2$) im Zusammenhangmit Stabilisierungen schluffiger und toniger Böden werden im Bereich des Bauwesens seit langem ausgenutzt. Im Bereich der pflanzenbaulich orientierten Bodenkunde sind die Ergebnisse von Gefügestabilisierungen mit CaO hinsichtlich einer positiven Wirkung nicht immer eindeutig (SCHEFFER und MEYER 1972). Es stellte sich daher die Frage nach den Bedingungen, unter denen eine Stabilisierung mit CaO erzielt werden kann, bzw.nach den Mechanismen, die eine Stabilisierung bewirken. Diese Mechanismen werden in dem hier beschriebenen Fall an Tonen bzw. einem Tonboden untersucht.

MATERIAL UND METHODEN

Die Stabilität der unterschiedlich behandelten Proben wurde mit Hilfe von Drucksetzungsversuchen ermittelt.

Bei den Versuchen wurden folgende Größen bestimmt:

1) Die Komprimierung des unterschiedlich behandelten Materials in Abhängigkeit von der Laststufe.
2) Die im Verlaufe der Komprimierung eintretende Veränderung der Wasserdrücke durch Einbau von Tensiometern.
3) Ergänzende Größen wie pH-Werte ($_2$O), $CaCO_3$-Gehalte (Scheibler), H_2O-Gehalte.

Die Untersuchungen wurden an Aggregatpackungen und an Einzelaggregaten durchgeführt. Für die Versuche an Aggregatpackungen wurden Aggregate aus einem Pseudogley-Pelosol aus Lias-Ton (Eigenschaften siehe Tab. 1) sowie Aggregate aus reinen Tonen verwendet. Bei den reinen Tonen handelt es sich um einen bayerischen Bentonit mit einem Montmorillonit-Gehalt von ca 90 % und einen Kaolin mit einem Kaolinitgehalt von ca. 98 %. Die reinen Tone wurden mit Ca bzw. Na belegt.

Tab. 1 Charakterisierung des Bodens

Tab. 1 Characterization of the soil

Bodenform : Pseudogley-Pelosol aus Lias-Ton

Korngrößenverteilung (DIN 19 682 T.2)			Chemische Kennwerte			
µm		%				
2000	- 630	0,9	$CaCO_3$ (Scheibler)		0,2	%
630	- 200	4,1				
200	- 100	2,1	Org. C (Lichterfelde)		0,42	%
100	- 63	5,4	pH (n/50 $CaCl_2$)		7,5	%
63	- 20	5,3				
20	- 6,3	15,5	KAK (Mehlich)		33,3	mval/100 g
6,3	- 2,0	15,1	austauschbare Ionen:	Ca	24,0	"
2,0		51,6		Mg	7,6	"
				Na	0,5	"
				K	0,5	"

Die Oberflächen der Aggregate wurden mit CaO möglichst gleichmäßig bestreut. Die Dosierung betrug in allen Fällen 5 % bezogen auf das Trokkengewicht der Probe. Behandelte und unbehandelte Proben wurden bis zur Durchführung der Drucksetzungsversuche bei einer Wasserspannung von 7 cm WS und freiem Luftzutritt gelagert. Die Versuche wurden nach einer Lagerungszeit von 1 Tag bis zu 30 Wochen durchgeführt.

Für die Untersuchungen an Einzelaggregaten wurde nur Material aus dem Pseudogley-Pelosol verwendet. Das Material wurde als homogenisierte Paste kugelförmig um ein Tensiometer herum geformt. Bei den Drucksetzungsversuchen wurden zwei übereinanderliegende kugelförmige Aggregate (∅ ca. 4 cm) belastet. Dabei befand sich je ein Tensiometer in den Aggregaten, ein drittes zwischen ihnen.

ERGEBNISSE UND DISKUSSION

Die Drucksetzungsversuche mit ungekalkten und gekalkten Aggregatpackungen zeigten, daß die Kalkung die Entstehung von stabilitätsmindernden positiven Wasserdrücken verhindert bzw. sogar zu einer Wasserdruckabnahme führt. Bei Auftreten von negativen Wasserdrücken wird auch der Begriff Wasserspannung verwendet, der den Zahlenwert des Druckes ohne negative Vorzeichen angibt. Zunehmende Wasserspannungen entsprechen also stärker negativ werdenden Wasserdrücken. Die Versuche zeigten weiterhin, daß die Komprimierung der gekalkten Proben herabgesetzt wurde. Das Ausmaß der Wasserdruckänderungen und der Stabilisierung wurde beeinflußt von den Umsetzungsbedingungen des CaO, besonders von der Wasserverfügbarkeit (BOHNE 1983).

In Abb. 2 sind die Ergebnisse der Drucksetzungsversuche mit Aggregatpackungen aus dem Pseudogley-Pelosol für den gesamten Versuchszeitraum zusammengefaßt. Der Stabilisierungseffekt wird hier in Abhängigkeit von der Zeit dargestellt und ausgedrückt durch die nach Abschluß der Belastung eingetretene Veränderung der Porenziffer (Abb. 2 oben) und der Wasserspannung (Abb. 2 unten). Die Veränderungen beziehen sich dabei auf die Anfangswerte im unbelasteten Zustand. Die Ergebnisse zeigen, daß die stabilisierende Wirkung des CaO im Zusammenhang mit den lastbedingten Wasserdruckänderungen steht.

Das Ausmaß der Veränderung beider Größen ist abhängig von der CaO-Einwirkungszeit, die bis zur Durchführung der Belastung vergangen ist. Die stärkste Stabilisierung, d.h. die geringste Abnahme der Porenziffer und die größte Wasserspannungszunahme bei der Belastung treten nach 3 Wochen CaO-Einwirkungszeit auf, danach gehen Wasserspannungszunahme und Stabilisierung wieder zurück. Die abnehmende Stabilität der belasteten Probe (Abb. 3) geht einher mit einer zunehmenden Bildung von $CaCO_3$. Gegenüber den unbehandelten Proben war aber auch am Ende der Versuchsreihe noch ein Stabilisierungseffekt zu verzeichnen. Dieser zeigt sich besonders deutlich, wenn anstelle des Gesamtporenvolumens das in Abhängigkeit von der Belastung noch vorhandene luftführende Porenvolumen dargestellt wird (Abb. 4, siehe auch Abb. 1).

Auch bei den Drucksetzungsversuchen mit Aggregatpackungen aus reinen Tonen zeigte die lastbedingte Veränderung der Wasserspannung eine Abhängigkeit von der CaO-Einwirkungszeit. Der zeitliche Zusammenhang mit der stabilisierenden Wirkung der Kalkung war hier jedoch nicht so eindeutig wie bei den Aggregatpackungen aus dem Pseudogley-Pelosol (Tabelle 2).

Die zeitabhängige stabilisierende Wirkung des Kalkes steht mit den Umsetzungen des CaO im System Boden-Wasser-CaO im Zusammenhang. Der Ablauf dieser Umsetzung sowie ihre Bedeutung für den Stabilisierungseffekt wird in der Literatur unterschiedlich gesehen. Vertreter der "Silikattheorie" gehen davon aus, daß in erster Linie "Puzzolan-Reaktionen" für die Stabilisation verantwortlich sind, bei denen die Bildung von Ca-Silikaten angenommen wird (EADES et al. 1965; SABRY et al. 1981). Es konnten jedoch nicht in allen Fällen Silikatneubildungen eindeutig festgestellt werden (GOLDBERG & KLEIN 1952; PETRY & RICH 1971). Der

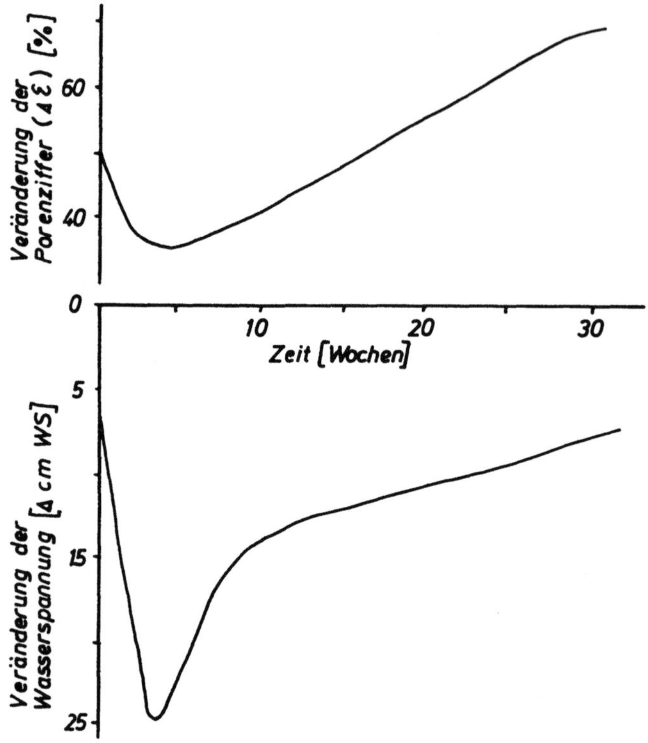

Abb. 2 Veränderung der Porenziffer und der Wasserspannung in belasteten gekalkten Aggregatpackungen aus Material des Pseudogley-Pelosols in Abhängigkeit von der Zeit

Fig. 2 Change of void-ratio (Δε) and water pressure (Δ cm WS) in loaded clay-aggregate-samples from a pseudogley-pelosol after treatment with CaO in relation to time

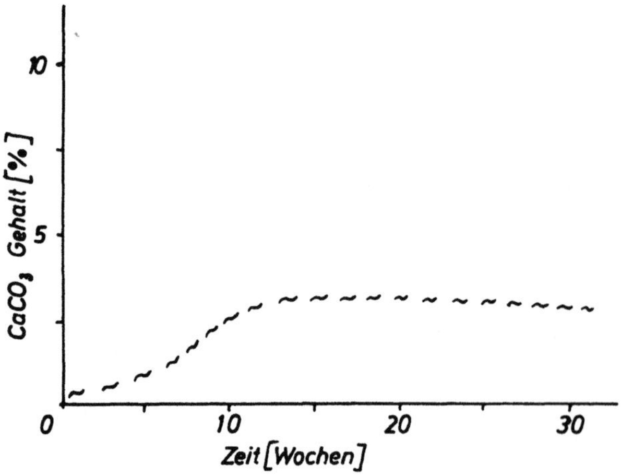

Abb. 3 $CaCO_3$-Gehalt in gekalkten Aggregatpackungen aus Material des Pseudogley-Pelosols in Abhängigkeit von der Zeit

Fig. 3 $CaCO_3$-content in clay aggregate-samples from a pseudogley-pelosol after treatment with CaCO in relation to time

Tab. 2 Wasserdruckminima und Stabilisierungsmaxima von belasteten Tonaggregatpackungen nach einer CaO-Behandlung im Verlauf des Versuchszeitraumes (30 Wochen)

Tab. 2 Minima of water-pressure and maxima of the stabilization effect in loaded clay-aggregate-samples after treatment with CaO during the period of experimentation

CaO - Behandlung			
Behandlung	Zeitpunkt d. minimalen Wasserdruckes	Zeitpunkt d. maximalen Stabilisierung	Höhe des minimalen Wasserdruckes (cm WS)
Gretenberger Ton	3 Wochen	3 Wochen	- 32
Ca-Bentonit	10 Wochen	3 Wochen	- 19
Na-Bentonit	3 Wochen	4 Wochen	- 6
Ca-Kaolinit	10 Wochen	keine Abhängigkeit v.d. Zeit	
Na-Kaolinit	5 Wochen 30 Wochen	5 Wochen 30 Wochen	- 5 - 37

"Silikattheorie" wird von ALTEMÜLLER (1970) die "Carbonattheorie" gegenübergestellt, in der der Ablauf der Bodenstabilisierung mit $Ca(OH)_2$ im Zusammenhang mit verschiedenen Stadien der Carbonatbildung gesehen wird.

Die Abhängigkeit der stabilisierenden CaO-Wirkung von der Zeit und damit den CaO-Umsetzungen wurde auch in den hier beschriebenen Versuchen deutlich. Für die Probe aus dem Pseudogley-Pelosol zeigt der Verlauf der Carbonatbildung, daß diese erst nach 3 Wochen in stärkerem Umfang einsetzt, also nachdem das Stabilitätsmaximum bereits überschritten ist. Die Stabilität bis zum Ende der Carbonatbildung kann daher auf die wasserverbrauchenden Umsetzungen des CaO zu $Ca(OH)_2$, die der Bildung von $CaCO_3$ vorausgehen, zurückgeführt werden. Die End-Stabilität, die nach Abschluß der CaO-Umsetzungen noch vorhanden ist, steht dagegen mit mechanischen Auswirkungen der gebildeten Carbonatkruste in Zusammenhang. Bei den hier vorliegenden Untersuchungen wurden röntgenographisch außer der Calcit-Bildung keine Veränderungen des Mineralbestandes festgestellt. Die Art dieser mechanischen Wirkung konnte aus Ergebnissen von Drucksetzungsversuchen mit Einzelaggregaten sowie einer Reihe von Dünnschliffen abgeleitet werden.

Die Ergebnisse der Drucksetzungsversuche an Einzelaggregaten sind in Abb. 5 dargestellt. Hier handelt es sich um künstliche, kugelförmige Aggregate aus Material des Pseudogley-Pelosols, die in Quarz unterschiedlicher Körnung sowie $CaCO_3$ gewälzt worden waren. Das Wälzen der Aggregate in Quarz der Körnung < 60 µm hat zur Folge, daß die Wasserspannung bei der Belastung weniger stark abnimmt als bei den unbehandelten Aggregaten. Eine Ansammlung von $CaCO_3$-Partikeln auf der Aggregatoberfläche hat die gleiche Wirkung. Quarz der Körnung 100 - 200 µm hat dagegen keinen Einfluß auf die bei der Belastung eintretende Zunahme des Wasserdruckes. Die Ursache für diese Erscheinung liegt darin, daß durch die Ummantelung der Aggregate mit Quarzkörnern am Aggregatrand ein Porensystem erzeugt wird, das aufgrund der Größe seiner Poren in

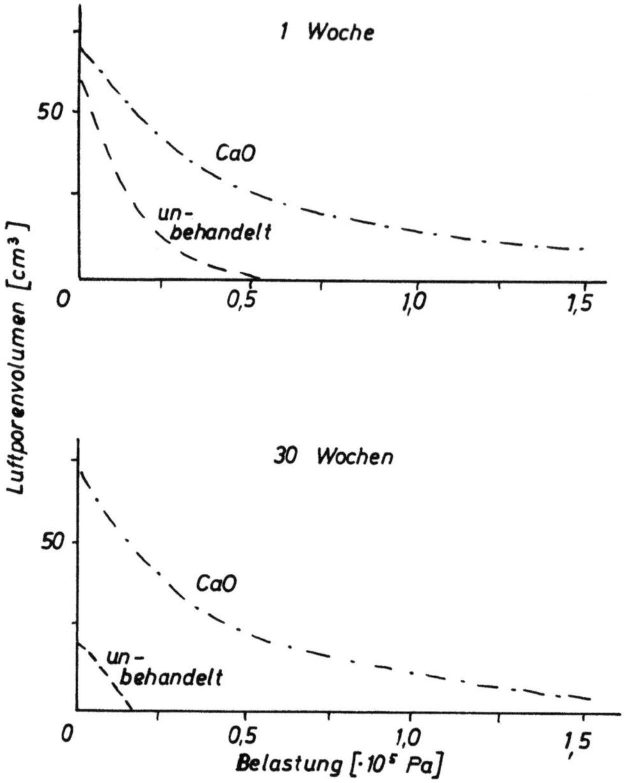

Abb. 4 Luftführendes Porenvolumen in belasteten gekalkten und ungekalkten Aggregatpackungen aus Material des Pseudogley-Pelosols im Verlauf des Versuchszeitraumes (30 Wochen)

Fig. 4 Pore-volume filled with air in loaded clay-aggregate-samples from a pseudogley-pelosol with and without CaO-treatment at the beginning and the end of the period of experimentation

unterschiedlichem Ausmaß in der Lage ist, das bei der Belastung aus den Aggregaten freiwerdende Wasser aufzunehmen und abzuleiten. Die Entstehung von positiven Wasserdrücken wird dadurch behindert. Dieser Effekt ist offensichtlich korngrößenabhängig. Ein Zusammenhang dieser körnungsabhängigen Wirkung mit den Eigenschaften der Carbonatkruste wird in einer Serie von Dünnschliffen deutlich.

In Dünnschliffen von gekalkten natürlichen Aggregaten aus dem Pseudogley-Pelosol wird sichtbar, daß bei der Carbonatbildung zunächst wasserreiche Carbonate (Trihydrocalcit) entstehen (Abb. 6), die im Verlaufe der Zeit zu wasserärmeren Carbonaten (Monohydrocalcit) dehydratisieren (Abb. 7). Die Abmessung der Kristallite ergab, daß deren Durchmesser mit zunehmender Dehydratisierung abnimmt. Die Dehydratisierung kann folgende Konsequenzen für die Stabilisierung haben:

1. Die Abnahme der Korndurchmesser der Calcite führt zu einer Verkleinerung des Porenraumes der Kruste. Dabei werden die Poren eventuell zu klein, um Wasser aufnehmen und weiterleiten zu können. In den

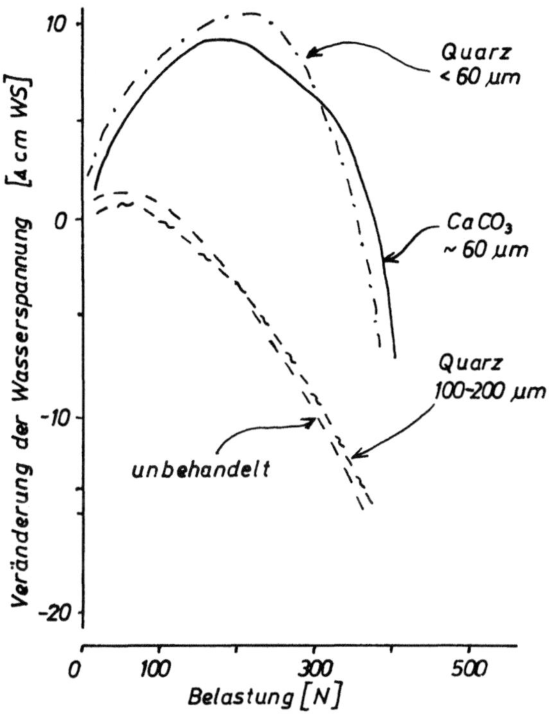

Abb. 5 Veränderungen der Wasserspannung zwischen künstlichen Einzelaggregaten in Abhängigkeit von der Belastung

Fig. 5 Change of water pressure (Δ cm WS) between artificial aggregates in relation to loading

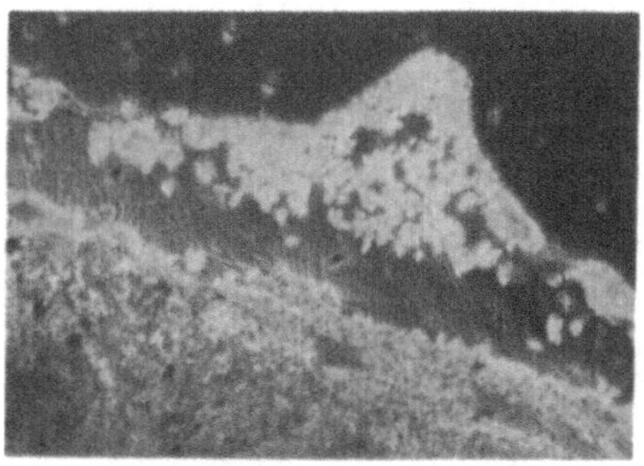

Abb. 6 Aggregat aus Pseudogley-Pelosol + CaO, 10 mm = 46 µm, Interferenzkontrast

Fig. 6 Aggregate from a pseudogley-pelosol + CaO, 10 mm = 46 µm, interference contrast

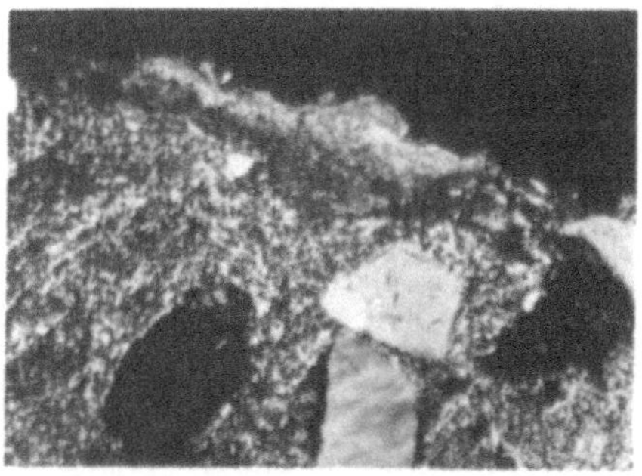

Abb. 7 Aggregat aus Pseudogley-Pelosol + CaO, 10 mm = 31 µm, gekreuzte Nicols

Fig. 7 Aggregate from a pseudogley-pelosol + Ca=, 10 mm = 31 µm, crossed nicoles

Drucksetzungsversuchen war dementsprechend eine Abnahme der Stabilisierungswirkung mit zunehmender CaO-Einwirkungszeit zu verzeichnen.

2. Andererseits werden die Carbonate mit zunehmender Dehydratisierung spröder. Das bedeutet, daß sie bei einer Belastung leicht in einzelne Stücke zerbrechen. Die entstandenen Bruchstücke ermöglichen gegen-

über einer starren Kruste wiederum die Ausbildung eines Porensystems, das ausgleichende Wasserbewegungen ermöglicht und damit die Gefahr der Entstehung von positiven Porenwasserdrücken herabsetzt. Auch HARTGE und ELLIES (1977) sehen in der Verhinderung der Ausbildung neutraler Spannungen einen möglichen Mechanismus für die Kalkstabilisierung.

Insgesamt wirken sich also die mechanischen Eigenschaften der Carbonatkruste stabilisierend aus. Dieser Stabilisierungseffekt beruht offensichtlich nicht auf der Ausbildung einer starren, die Einzelaggregate umhüllenden und zu einem festen Verband verkittenden Kruste, noch auf einer direkten Verklebung der Tonteilchen miteinander.

ZUSAMMENFASSUNG

Das Umkleiden von Aggregatoberflächen eines Tonbodens mit CaO vermindert die Komprimierbarkeit.

Die bei der Belastung einer Probe auftretende stabilitätsmindernde Wasserdruckzunahme wird durch die Kalkung verkleinert, z.T. treten Wasserdruckabnahmen auf. Diese Wirkung beruht auf den folgenden Mechanismen, die mit den Umsetzungen des CaO in Zusammenhang stehen:

1. Hydratationseffekt bei der Umsetzung des CaO zu $Ca(OH)_2$.
2. Körnungsbedingter Effekt der $CaCO_3$-Kruste.

Diese Mechanismen wirken sich in Abhängigkeit von dem Ausgangsmaterial und den Umsetzungsbedingungen des CaO in unterschiedlichem Maße auf das Verhalten des Wasserdruckes und die Stabilität der belasteten Probe aus.

LITERATUR

Altemüller HJ (1970) Mikroskopische Untersuchungen über die Wirkung von Kalkhydrat bei der Bodenstabilisierung. Interner Bericht Inst f Pflanzenernährung und Bodenkunde, Bundesforschungsanstalt f Ldw (FAL), Braunschweig

Bohne H (1983) Mechanismen bei der Stabilisierung von Aggregaten aus Tonen mit Calciumoxid. Dissertation Universität Hannover

Eades JL, Nichols FP jr und Grim RE (1965) Formation of new minerals with lime-stabilization as proven by field experiment in Virginia. Highway Res Board Bull 335: 31-40

Goldberg I und Klein A (1952) ASTM Spec Publ No 142: 53 ff

Hartge KH und Ellies A (1977) Mechanismen der Aggregatstabilisierung in einem Tonboden mittels Branntkalk. Geoderma 17: 47-55

Petry DE und Rich CJ (1971) Modification of certain soils by calcium hydroxide stabilization. Soil Sci Soc Am Proc 35: 834-838

Scheffer K und Meyer B (1972) Strukturwirkungen meliorativer Kalkungen in A_p-Horizonten von Löß-Parabraunerden (Porenverteilungsmessungen) Landw Forsch 26, Sonderheft 28/1: 324-339

Stabilitätsrelevante Mineralreaktionen in chemisch behandeltem bindigen Baugrund

E. KOHLER[1]

SUMMARY

Soil stabilization was used already in ancient times in road and building construction as well. Its fundamental rules have been developed in the past decades and are still worked out in our days by the method of "trial and error". Only few attempts have been made to learn the chemical mechanisms of the soil - stabilisator interaction.

In order to get an idea of the chemical reactions, seven natural clays from significant engineering projects in Bavaria and Mali/Africa as well as three monomineralic clay samples were selected for the investigations. To characterize the interaction between the clays and the added stabilizers (portland cement, hydrated lime, orthophosphoric acid, water glass and bitumen) within a 6 months' period (resp. 26 months) the present study examines the reactivity of the clay - stabilizer - water -systems in terms of (a) electrical conductivity and zeta potential, (b) X-ray analyses of the original material and the reaction products as well as electron microscopical investigations, (c) charge distribution and intracrystalline swelling of the affected layer silicates.

Measuring the electric conductivity we found different curves in the important clay - lime and clay - portland cement systems. The measured zeta potentials showed that the reactions were strongly influenced by surface phenomena. The X-ray diffractograms of the stabilized clay systems showed weak lines for new mineral phases in the initial state of the reaction. These peaks gradually strengthened and after three weeks reflections at 14 - 12 Å and at 3.07 - 3.0 Å indicated that gel - like varieties of CSH-phases had formed. The most distinguished peaks however appeared in the range of 8.0 - 7.0 Å. These lines can now be attributed to hydrated calcium - aluminates like C_4AH_{13}. These new phases resulted in the rapid formation of calcium hydroxid and the dissolution of sheet silicates, as can be shown by conductivity and chemical measurements. The products formed after short periods of aging are largely gelatinous. and amorphous, however, with further curing, poorly ordered crystallites of CSH and CAH phases are formed.

Because of the strong bonding between the new phases and the clay particles no chance was given to separate the reaction products for further investigations. Finally, we succeeded by means of a direct measuring method as it is already known from colloid chemistry: complete exchange

[1]Priv.-Doz. Dr. rer.nat.habil. E.E. Kohler, Lehrstuhl für Angewandte Mineralogie und Geochemie, Technische Universität München, Lichtenbergstraße 4, D-8046 Garching

Ingenieurgeologische Probleme im Grenzbereich
zwischen Locker- und Festgesteinen
(Herausgegeben von K.-H. Heitfeld)

of the calcium interlayer cations of the stabilized clay minerals by n-alkylammonium ions provided the best method for the characterization of changes in the interlayer space. It could be found that the natural bentonite has mean layer charge of -0.32 eq/Si_4O_{10}. No other method gives such detailled information of the charge distribution of layer silicates. Applying these investigations on stabilized clay systems we got the following results: portland cement as well as lime will change the charge in a congruent way. The charge distribution remains homogeneous during the reaction time, but there is a shifting to a higher total charge density. Using water - glass, orthophosphoric acid or bitumen as a stabilizing agent, only small changes are caused and the charge distribtuions become inhomogeneous. The reasons can be of different origins:

- redox reactions in the basic solutions may charge changes within the octahedral and/or tetrahedral sheets of the structure,
- disintegration of layer crystals and reconstruction of clay crystals with layers of different charge may be the other reason.

The results of the study as well as the methods used during the investigations may be of great importance for the interpretation of a number of geotechnical phenomena like swelling, creeping and sloping. It is obvious that the colloid chemical properties of clay - stabilisator or clay - water systems are invluencing the mechanical behaviour of any soils.

PROBLEMSTELLUNG

Die Technik der künstlichen Verbesserung von Baugrund ist einige tausend Jahre alt. Aus der Notwendigkeit heraus, die Wirksamkeit der zur Zeit in der Geotechnik angewandten Verfahren zu steigern, müssen in Zukunft die Ursachen der Stabilisierungsmechanismen genauer untersucht werden. Dazu ist es notwendig, vor allem die mineralogischen Eigenschaften des Baugrundes zu erforschen und die komplexe Wechselwirkung zwischen den zahlreichen zur Verfügung stehenden Stabilisatoren und den natürlichen Bindemitteln der Lockergesteine zu untersuchen (KOHLER 1981, 1983). Den blättchenförmigen silicatischen Tonmineralen sowie den zum Teil nichtkristallinen oxidischen und hydroxidischen Beimengungen der instabilen Erdstoffe kommt dabei eine besondere Bedeutung zu. Die Stabilisierungsreaktionen ähneln in mancher Hinsicht jenen Prozessen, die bei der natürlichen Gesteinsverfestigung in Millionen von Jahren in den Sedimenten ablaufen.

Die während der Diagenese, also der natürlichen Gesteinsverfestigung, stattfindenden mineralogischen Veränderungen im Porenraum und an der Kornoberfläche der Sedimente lassen sich als ein von der Natur vorgezeichnetes Modell im Hinblick auf mögliche und wahrscheinliche Reaktionen heranziehen, das auch für künstliche Verfestigungen wichtige Parameter liefert. Die wichtigsten Diageneseprozesse wie Mineralauflösung, Mineralneubildung und Mineralverdrängung, bilden daher auch die Zielrichtungen für die Konzipierung der im Labor nachzuweisenden Stabilisierungsreaktionen. Ausgehend von der Überlegung, daß sich die durchschnittliche Zusammensetzung der natürlichen Bindemittel der Lockergesteine in der Mineralvergesellschaftung von Tonen widerspiegelt, wurde an ausgewählten, bautechnisch bedeutsamen Tonen das Reaktionsverhalten mit fünf verschiedenartigen und praxisrelevanten Stabilisatoren im Langzeitversuch studiert.

METHODIK

Zur Simulierung von Stabilisierungsreaktionen wurden sieben Tone mit den Stabilisatoren Portlandzement und Kalkhydrat und drei annähernd monomineralische Kaolin-, Bentonit- und Glaukonitproben zusätzlich mit Na-Wasserglas, Orthophosphorsäure und Bitumenemulsion für sechs Monate in luftdicht verschlossenen Kautex-Erlenmeyerkolben in wässriger Suspension zur Reaktion gebracht.

Um die chemische Umsetzung der Mineralreaktionen während des Untersuchungszeitraums von sechs Monaten zu erfassen, wurden von den unbehandelten Tonproben und von den angesetzten trockenen Reaktionsmischungen vor Beginn und am Versuchsende vollständige mineralogische und silicatchemische Analysen angefertigt sowie die Elektrolytlösungen in den Reaktionsgefäßen nach bestimmten Zeitabschnitten chemisch analysiert. Aufbauend auf den verschiedenen Bestimmungen der Feintongehalte, den Analysen der chemisch mobilisierbaren Bindemittel sowie den erhaltenen spezifischen Oberflächen und Kationenaustauschkapazitäten der unbehandelten natürlichen Tonproben wurden im Verlauf von 26 Monaten anhand der Messungen der spezifischen Leitfähigkeiten und der Zetapotentiale der wässrigen Reaktionsmischungen die Oberflächenveränderungen der Tonteilchen während der Stabilisierungsreaktion charakterisiert. Änderungen des innerkristallinen Quellvermögens, der Kationendichteverteilungen in den quellfähigen Zwischenschichten der Schichtsilikate sowie der Teilchendicken der stabilisierten Proben wurden mit Texturpräparaten röntgenographisch bestimmt, die Untersuchung der Reaktionsneubildungen erfolgte anhand von Röntgen - Pulveraufnahmen und der Transmissions- und Rasterelektronenmikroskopie.

EXPERIMENTELLE STABILISIERUNGSREAKTIONEN

Der Reaktionsverlauf mit hydraulisch wirkenden Bindemitteln

Chemische Umsetzungen im Reaktionssystem

Bei der Reaktion von Portlandzement und Kalkhydrat mit Tonmineralen und bindigen Böden in wässrigem Milieu kommt es zur Ausbildung einer stark basischen Reaktionslösung. Der Chemismus der Reaktionsmischungen wird im Verlauf der Reaktionszeit stark verändert.

Eine Zuordnung der einzelnen Werte auf bestimmte Mechanismen ist nicht möglich, da in Mehrphasensystemen mittels Vollanalysen nur die Gesamtumsetzungen erfaßt werden.

Wie in stark basischen Reaktionslösungen nicht anders zu erwarten, sind von den Umsetzungen und Mobilisierungsreaktionen vorwiegend die silikatischen Bestandteile betroffen. Dies trifft für die Systeme mit Portlandzement noch mehr zu als für die Kalkhydratsysteme, da Portlandzement seinerseits ein Mehrphasensystem darstellt und für die Reaktion neben SiO_2 und CaO auch noch deutliche Mengen an Fe_2O_3, MgO und K_2O besteuert.

Leitfähigkeiten

Die in den Elektrolytlösungen gemessenen Hauptelemente SiO_2, Al_2O_3 und K_2O erlauben eine gewisse Zuordnung dieser mobilisierten Elektrolyte: in beiden Probengruppen, also sowohl in den reinen Tonmineral-Stabilisator-Mischungen als auch in den Ton-Stabilisator-Systemen, ist durch die Zugabe von Portlandzement eine starke SiO_2-Mobilisierung schon bei Beginn der Reaktion, also unmittelbar nach der Wasserzugabe feststellbar. Nach zwei Tagen ist dieser Mobilisierungseffekt abgeklungen.

Die Mobilisierung von Al_2O_3 ist in allen Systemen, mit Ausnahme der Kaolin- und Bentonitproben, in der Tendenz ähnlich. Vergleicht man die Kurven der spezifischen Leitfähigkeiten mit den Kurven der im Elektrolyt jeweils gemessenen SiO_2-, Al_2O_3- und K_2O-Mengen, dann läßt sich die Abnahme der gelösten Elektrolytmenge nur durch eine zunehmende Ausfällung von anorganischen Phasen erklären. Über die Natur dieser Fällungsprodukte läßt sich anhand der Leitfähigkeitsmessungen nichts sagen.

Zetapotentiale

Im Gegensatz zu den reinen Tonmineral- bzw. Ton-Wasser-Systemen, die durchweg über den ganzen Reaktionszeitraum hinweg ein negatives Zetapotential aufweisen, werden durch die basische Reaktion im Ton-Portlandzement- und Ton-Kalkhydrat-System die Zetapotentiale durchweg positiv.

Wie die reinen Tonproben und der reine Portlandzement zeigen auch die mit Portlandzement angesetzten Proben nach einer Stunde Reaktionszeit noch durchweg negative Zetapotentiale. Nach zwei Tagen haben diese aber ziemlich hohe positive Werte angenommen. Der Zeitpunkt des Umschlagens hat keinen direkten Bezug zur praktischen Bodenverfestigung und hängt nur von den statischen Versuchsbedingungen und Oberflächeneigenschaften der Tonpartikel ab. Auch durch die Zugabe von Kalkhydrat ändert sich sowohl bei den reinen Tonmineralen als auch bei den sieben Tonproben das Vorzeichen der Ladung bereits nach einer Stunde. Das allmähliche Absinken der positiven Ladung mit zunehmender Standzeit muß auf Oberflächenphänomene zurückgeführt werden:

Die Tonmineralteilchen adsorbieren zunächst Ca^{++}- und $CaOH^{+}$-Ionen bis zu einem gewissen Sättigungsgrad. Durch den Aufbau neuer Phasen werden beträchtliche Mengen gelöster Ionen verbraucht, wodurch auch die Leitfähigkeit abnimmt.Da es sich bei den neugebildeten Phasen um Calciumsilikathydrate mit mehr oder weniger eingebautem Aluminium handelt (Calciumaluminathydrate), müßten deren Zetapotential eigentlich negativ sein. Durch das aber immer noch stark überschüssige $Ca(OH)_2$ erhalten die suspendierten Teilchen eine resultierende positive Ladung.

Die Zetapotentialmessungen haben insgesamt gezeigt, daß bei der Stabilisierungsreaktion die Oberflächen der suspendierten Tonteilchen deutliche Veränderungen erfahren, die sowohl die Rheologie der Suspension als auch den Elektrolythaushalt der wässrigen Phase beeinflussen. Die in der entwässerten anorganischen Phase fixierten Kationen sind durch Wasserzugabe wieder mobilisierbar und können in einem stabilisierten Baugrund destabilisierend wirken.

Reaktionsprodukte bei der hydraulischen Stabilisierung

Die mit Portlandzement und Kalkhydrat zur Reaktion gebrachten Proben Kaolin, Bentonit und Glaukonitglimmer sowie die sieben Tone zeigen nach Ablauf der sechsmonatigen Reaktion mit den Stabilisatoren im Hinblick auf Neubildungen deutlich unterschiedliche Verhaltensweisen.

Ein Teil der submikroskopisch kleinen Neubildungen, vor allem die nadelförmigen, entzieht sich dem röntgenographischen Nachweis und kann nur elektronenoptisch sichtbar gemacht werden.

Die analytisch verwertbaren Röntgenreflexe über den Nachweis von Neubildungen liegen in allen Probenansätzen im Bereich zwischen 7.5 bis etwa 8.0 Å.

HILT (1961) hat in seiner Dissertation erstmals auf die bislang unbekannten Reaktionsprodukte zwischen Montmorillonit und chemisch gefälltem $Ca(OH)_2$ hingewiesen. 1964 fanden DIAMOND, WHITE & DOLCH ähnliche Reflexe in thermisch aktivierten Reaktionsmischungen von natürlichen Tonen und $Ca(OH)_2$. Die im Rahmen der vorliegenden Untersuchungen mit elektronenoptischen und röntgenographischen Verfahren genauer analysierten Reaktionsmischungen von technischem Kalkhydrat und Portlandzement und Tonproben bestätigen die Anwesenheit von mindestens zwei bis drei neuen Phasen.

Die Kaolinprobe zeigt mit Portlandzement nach sechs Monaten deutlich zwei Phasen bei 7.9 und 7.6 Å, Kalkhydrat bildet nur eine 7.6 Å-Phase aus. Bentonit reagiert nur mit Kalkhydrat, nicht jedoch mit Portlandzement und der eisenreiche Glaukonitglimmer bildet mit Portlandzement wie auch Kaolin zwei Phasen, mit Kalkhydrat aber nur das 7.6 Å-Produkt.

Grundsätzlich sind bei der Portlandzementreaktion mit Tonen ähnliche Reaktionen zu erwarten wie bei der Kalkreaktion. Das Tricalciumsilikat (Alit = C_3S) als Hauptkomponente des Zements zerfällt bei der Hydratation nach folgendem vereinfachten Schema:

$$C_3S \ * \ H_2O \longrightarrow C_3S_2H_x \ + \ Ca(OH)_2$$

$$Ca(OH)_2 \longrightarrow Ca^{++} \ + \ 2\ (OH^-)$$

Neben den nicht erfaßbaren amorphen bzw. nichtkristallinen Reaktionsprodukten bauen die während der Stabilisierungsreaktion mobilisierten chemischen Hauptkomponenten sowohl CSH- als auch CAH-Phasen auf. Der röntgenographische Nachweis und desse kristallographische Charakterisierung ist wegen der geringen Kristallitgröße und vor allem wegen der interferierenden Reflexe von anderen Mineralphasen, allen voran der Schichtsilikate, nur sehr schwer realisierbar.

Aus der Morphologie, die elektronenoptisch erhalten werden kann und aus Röntgenaufnahmen mit einem BRAGG-BRENTANO-DIFFRAKTOMETER lassen sich in den untersuchten Reaktionsansätzen mit ziemlicher Sicherheit die folgenden Neubildungen beschreiben:

Die 7.9 Å-Phase entspricht dem C_4AH_{13} (= Tetracalcium-Aluminathydrat), während die allgemein vorherrschende 7.6 Å-Phase dem $C_4A\overline{C}H_{11}$ (= Tetracalcium-Monocarboaluminathydrat) nahe kommt.

Das Tetracalcium-Monocarboaluminathydrat entsteht nach CARLSON & BERMAN (1960) anstelle von C_4AH_{13} bei Überschuß an $CaCO_3$ oder dem CO_2 der Luft mit Wasser. Sowohl C_4AH_{13} als auch $C_4A\overline{C}H_{11}$ bilden pseudohexagonale Blättchen und sind im Elektronenmikroskop nicht zu unterscheiden.

Die Calciumaluminathydrate bilden eine ganze Serie von Phasen, deren wichtigste diagnostische Merkmale in Tab. 1 zusammengestellt sind.

Tab. 1 Die Calciumaluminathydrate nach TAYLOR (1964)

Tab. 1 Hydrated calciumaluminates according to TAYLER (1964)

Formel	Morphologie	diagnostischer Röntgenreflex
α_1-C_4AH_{19}	hexagonale Blättchen	10.7 Å
α_2-C_4AH_{19}	hexagonale Blättchen	10.7 Å
α-C_4AH_{13}	hexagonale Blättchen	8.2 Å
β-C_4AH_{13}	hexagonale Blättchen	7.9 Å
β-C_2AH_8	hexagonale Blättchen	10.4 Å
α_1-C_2AH_8	hexagonale Blättchen	10.7 Å
α_2-C_2AH_8	hexagonale Blättchen	10.7 Å
CAH_{10}	hexagonale Prismen	14.2 Å
C_3AH_6	kubische Formen	5.14 Å 2.30 Å
$C_4A_3H_3$	rhombische Blättchen	3.61 Å 2.80 Å

In Tab. 2 werden die röntgenographisch ermittelten Werte der beiden Phasen mit Literaturangaben verglichen.

Eine andere, röntgenographisch in den Gemischen nachweisbare Phase stellen die haarfeinen bis nadelförmigen Leisten dar, die in den rasterelektronenoptischen Aufnahmen noch deutlicher als die blättchenförmigen Kristalle des C_4AH_{13} und $C_4A\bar{C}H_{11}$ auffallen. Ein deutlicher Si-Peak und das Fehlen eines Al-Peaks im EDX-Spektrum des Rasterbildes erlauben den Schluß, daß die Nadeln eine CSH-Phase darstellen. Diese Folgerung wird durch den Reaktionsmechanismus, wie er für die Hydratation des Zements kurz vorher skizziert worden ist (s. Abb. 1 und 2) untermauert.

EADES & GRIM (1960) erwähnen das Auftreten von schlecht kristallisiertem CSH bei der Reaktion von Kaolinit mit Kalk bei 60° C. GLENN (1970) züchtete bei Temperaturen von über 40°C ebenfalls CSH (II) - und CSH (I) - Phasen. Diese Phasen entsprechen Calciumsilikathydraten der Tobermoritgruppe. Deren stärkster Reflex liegt zwischen 9 und 14 Å und interferiert folglich mit einer Reihe von blättchenförmigen Schichtsilikaten.

Der Reaktionsverlauf mit Orthophosphorsäure

Der eigentliche Stabilisierungseffekt im System Orthophosphorsäure - Tonmineral beruht auf der komplexen Wechselwirkung zwischen beiden Reaktionspartnern, wobei wasserunlösliche "Zementierungssubstanzen" wie Fe- und Al-Phosphat gebildet werden, deren röntgenographische Natur noch nicht geklärt ist. Durch diese Phosphate werden die säureunlöslichen Bodenpartikel an den Kontaktstellen verkittet und die Porenräume durch

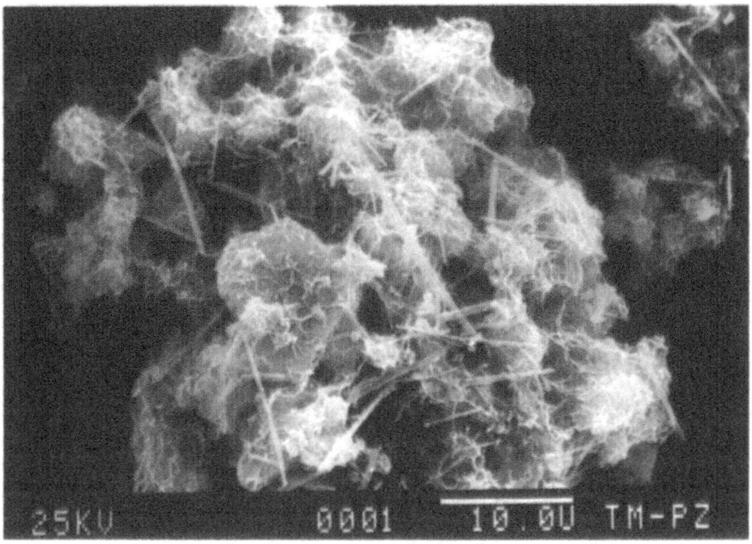

Abb. 1 Reaktionsprodukt im System Tertiärmergel/Portlandzement nach 26 Monaten (REM-Aufnahme eines faserig durchwachsenen Tonmineralaggregates mit Tobermoritnadeln)

Fig. 1 Reaction product of the system marl/Portland cement after 26 months (SEM picture of a clay aggregate spiked with tobermorite needles)

Abb. 2 Reaktionsprodukt im System Feuerletten/Portlandzement nach 6 Monaten (Tobermoritnadeln mit CAH-Blättchen)

Fig. 2 Reaction product of the system Feuerletten/Portland cement after 6 months (tobermorite needles and CAH-crystals)

Tab. 2 Vergleich der röntgenographischen Untersuchungsergebnisse der Neubildungen mit Angaben aus der Literatur

Tab. 2 Comparison of the X-ray data of newly formed crystals with those from literature

MIDGLEY	JONES&ROBERTS	HILT	ASTM-KARTE (14-83)	ASTM-KARTE (2-0083)	eigene Bestimmungen	
C_4AH_{13}	C_4AH_{13}	C_4AH_{13}	$C_3A\bar{C}H_{11}$	C_3AH_{8-12}	$C_4A\bar{C}H_{11}$	C_4AH_{13}
8.05 Å vvs	7.90 Å vvs	7.59 Å 10	7.57 Å 10	7.65 Å 10	7.59 Å 10	7.91 Å 10
4.50 Å vw	4.54 Å vw		4.36 Å 1	4.28 Å 2		
4.05 Å w		3.85 Å 7	3.99 Å 1	3.91 Å 2	3.78 Å 8	3.93 Å 2
3.90 Å m	3.95 Å m		3.78 Å 5	3.77 Å 9		
	3.62 Å m		3.66 Å 1	3.60 Å 2		
2.86 Å s	2.86 Å 9	2.87 Å 9	2.86 Å 3	2.86 Å 7	2.83 Å 2	2.85 Å 4

röntgenamorphe und kristalline mineralische Neubildung gefüllt. Als notwendige Voraussetzung für die praktische Durchführung der Phosphorsäurestabilisierung ist die Aufrechterhaltung eines wirksamen pH-Wertes im stärker sauren Bereich zwischen 2 und 4 zu fordern. Diese pH-Konstanz ist in kalkreichen Böden nur unter hohem finanziellem Aufwand durchzuführen und daher zu teuer.

Die Auswirkung der Behandlung mit Orthophosphorsäure

Die Wechselwirkung von Orthophosphorsäure mit Tonmineralen ist grundsätzlich abhängig vom Oberflächenchemismus der Tonpartikel. Nach SCHEFFER-SCHACHTSCHABEL (1966) erfolgt eine Sorption der Phosphationen an oberflächennahen OH-Gruppen von Al- und Fe-Oxiden und Schichtsilikaten. Die Bindung bei Tonmineralen kann ähnlich wie bei den Al-Oxiden durch AlOH-Gruppen an den Seitenflächen der Oktaederschichten sowie möglicherweise durch polymere Hydroxo-Al-Ionen zwischen den Elementarschichten erfolgen. Neuere Untersuchungen haben bestätigt, daß ein Teil der nichtkristallinen Aluminium- und Eisenverbindungen tatsächlich im Zwischenschichtraum natürlicher Silikate eingelagert sein kann. KIDDER & REED (1972) beschreiben Bentonite, die durch Einlagerung von Aluminiumhydroxidschichten in den Zwischenschichtraum des Montmorillonits ihr Quellvermögen fast vollständig verloren haben.

Da bei der Phosphatolyse vorwiegend komplex gebaute, wasserunlösliche Aluminiumphosphate entstehen, die auf den Schichtsilikatoberflächen und -rändern aufwachsen, ist das Quellvermögen von Montmorilloniten oder quellfähigen Mixed-Layer-Mineralen weitgehend unterbunden. Der zementierende und isoloierende Effekt der Neubildungen verhindert den Wasserzutritt und somit das Schwellen. Dagegen kann festgestellt werden, daß die Kationenaustauschkapazität der stabilisierten Proben höhere Werte erreicht als bei den unbehandelten. Diese Zunahme ist bedingt durch das Austauschvermögen der gelförmigen bzw. amorphen Aluminiumphosphate.

Reaktionsprodukte bei der Stabilisierung mit Orthophosphorsäure

Bei der Reaktion der Orthophosphorsäure mit den Ca-Ionen des Tones könnten grundsätzlich drei Phasen gebildet werden, nämlich

$$Ca_3(PO_4)_2 \quad , \quad CaHPO_4 \quad \text{und} \quad CaH_4(PO_4)_2 \ .$$

Diese im sauren Bereich löslichen Calciumphosphate werden durch Einbau von Al und Fe bei unterschiedlichem pH mehr oder weniger deutlich unlöslich. Der optimale pH-Wert zur Bildung der unlöslichen Fe- und Al-Phosphate liegt zwischen2 und 4.

Der Reaktionsverlauf mit Wasserglas

Die stark basische Na-Wasserglaslösung verursacht bei der Reaktion mit Tonmineralen deutliche Stoffumsetzungen. Die relativ hohe Al-Mobilisierung beim Kaolin kommt sowohl durch eine Verringerung des Al_2O_3-Gehaltes im Reaktionsendprodukt als auch durch die Al_2O_3-Gehalte der Elektrolytlösung zum Ausdruck.

Durch die Adsorption von SiO_2 und Na_2O aus dem Wasserglas erhöhen sich im Reaktionsendprodukt die entsprechenden Werte. Bentonit gibt an die Wasserglaslösung deutlich weniger Al_2O_3, dafür aber relativ viel Mg und Ca ab. Glaukonit zeigt die geringste Wechselwirkung mit dem basischen Na-Wasserglas. Da in den Reaktionsendprodukten weder röntgenographisch noch elektronenoptisch der Nachweis von Neubildungen erbracht werden konnte, dürfte es sich bei den ablaufenden Reaktionen in erster Linie um Austausch- und Adsorptionsphänomene handeln. Davon werden in der Praxis vor allem Tone mit quellfähigem Material berührt sein.

Die Auswirkung der Wasserglasreaktion

Natriumsilikat ist wasserlöslich. Durch die Na-Ionen der Wasserglaslösung werden die Ca-Ionen in den Zwischenschichten der natürlichen, noch nicht stabilisierten quellfähigen Tonminerale vollständig ausgetauscht. Ähnlich wie Na-Wasserglas reagieren Soda, Natriumoxalat und Natriumfluorid. Die entstehenden Na-Schichtsilikate quellen in Wasser auf unendlich, wodurch sich zum Beispiel beim Bentonit die einzelnen, etwa 10 Å dicken Silikatschichten voneinander trennen können.

Durch Wasserentzug aggregieren die Einzelschichten wieder und das Wasserglas wird unter dem Einfluß der ausgetauschten Ca-Ionen zum festen, wasserunlöslichen Gel. Durch Zusatz von $CaCl_2$ zum Na-Wasserglas wird diese Gelbildung noch gefördert. In der Baupraxis ist die Verpressung einer Mischung von Na-Wasserglas und $CaCl_2$-Lösung als JOOSTEN-Verfahren bekannt. Die Verkittung der Tonteilchen mit wasserunlöslichem Ca-Silikatgel unterbindet das weitere Quellen der Tonminerale.

Ob bei der Reaktion zwischen Na-Wasserglas und quellfähigen Schichtsilikaten auch Kieselsäure in die Zwischenschichten eingebaut werden kann, ist bislang noch nie untersucht worden. WEISS & THAMERUS (1962) ist es aber gelungen, Al^{3+}- und Si^{4+}-Ionen anstatt der austauschbaren Kationen in glimmerartige Schichtsilikate einzuführen. Während bei niedrig geladenen Schichtsilikaten durch den Einbau von Si^{4+}-Ionen noch eine innerkristalline Quellung festzustellen war, zeigte sich bei Muskovit und Vermiculit dieses Verhalten nicht. Die quellfähigen Si-Schichtsilikate sind sehr feuchtigkeitsempfindlich und gehen leicht in starre Schichtsilikate mit Schichtabständen zwischen 13.4 Å und 15.1 Å über. Offensichtlich fällt in den Zwischenschichten $Al(OH)_3$ bzw. SiO_2 aus. Für die Probleme der Bodenstabilisierung sind die Wechselwirkungen zwischen Wasserglas und den quellfähigen Zwischenschichten noch nicht als bedeutsam erkannt worden. Wichtiger für die praktische Anwendung der verschiedenen "Kieselsäure"-Injektionsverfahren sind die amorphen Ca-Gele, die den Porenraum ausfüllen.

Reaktionsprodukte bei der Stabilisierung mit Na-Wasserglas

In keinem der untersuchten Reaktionssysteme konnten Neubildungen gefunden werden. Bei der Ausfällung von wasserunlöslichem Ca-Silikatgel ist durch die Abscheidung von Hydrat-, Adsorptions- und Kapillarwasser eine erhebliche Kontraktion des Gels verbunden. Der als "Synärese" bezeichnete Härtungsvorgang dauert etwa 30 Tage und führt im Porenraum des behandelten Baugrundes zu einem Abdichtungs- und Verfestigungseffekt. Kristalline Phasen wurden in der Praxis ebenfalls nicht nachgewiesen (KOENZEN 1971).

Der Reaktionsverlauf mit Bitumen

Aufgrund der chemischen Vollanalysen des unbehandelten und behandelten Analysenmaterials läßt sich eindeutig zeigen, daß Bitumen in wässriger Lösung nicht nur die Oberflächen der Tonteilchen benetzt, sondern tatsächlich auch chemische Umsetzungen während der Reaktionszeit stattfinden. Während beim Kaolin vor allem SiO_2 und Al_2O_3 von der Reaktion betroffen sind, zeigt sich bei der Bentonitprobe eine deutliche Verringerung der MgO- und CaO-Gehalte am Ende der Reaktion. Die Entfernung von

Teilen des Mg aus Oktaederplätzen und von Ca aus Zwischenschichtplätzen ist wahrscheinlich.

Die Auswirkung der Bitumenbehandlung

Durch die Einwirkung der Bitmenemulsion auf quellfähige Schichtsilikate wird deren innerkristallines Quellvermögen deutlich verringert.

Die unbehandelten, nur mit Wasser gesättigten Proben mit röntgenographisch nachweisbaren Anteilen quellfähiger Tonminerale zeigen durchweg die typischen (001)-Reflexe oder breite Schultern im Bereich zwischen 12 - 15 Å, deren Ausbildung nach einer Sättigung mit Glyzerin oder Äthylenglykol noch deutlicher ist.

Die Bitumenbehandlung hat sowohl bei nachfolgender Wassersättigung als auch nach der Glyzerin- bzw. Äthylenglykolbehandlung zu niedrigeren d-Werten als in den bitumenfreien Proben geführt. PEREZ-RODRIGUEZ et al. (1977) haben gezeigt, daß in natürlich vorkommenden Schwarzerden mit hohem organischen Gehalt das Quellverhalten durch die organischen Moleküle an den Kristallrändern und zum Teil auch in den Randzonen der Zwischenschichten beeinträchtigt wird.

In den bitumenstabilisierten Montmorilloniten sind die verbreiterten Basisreflexe ein Hinweis darauf, daß es ebenfalls zur Einlagerung von organischen Molekülen in die Zwischenschichträume oder zur randlichen Verkittung mit den Silikatschichten kommt. Über die Art der Verknüpfung von Schichtsilikaten mit organischen Molekülen hat LAGALY (1981) berichtet, als er die Wechselwirkung zwischen Protein und Schichtsilikat beschrieben hat.

Von großer praktischer Bedeutung ist die Feststellung, daß Montmorillonite nach der Behandlung mit Portlandzement und Kalkhydrat und anschliessender Bitumenbehandlung gegenüber den nicht hydraulisch behandelten, bitumenstabilisierten Proben deutlich geringere d-Werte aufwiesen. Dieses Verhalten der Ca-belegten Tone weist darauf hin, daß beim Einsatz von Bitumenemulsionen eine vorherige Kalk- oder Zementbehandlung das Quellen von bindigem Baugrund noch nachhaltiger reduzieren könnte.

Reaktionsprodukte bei der Stabilisierung mit Bitumen

Neubildungen im Reaktionssystem Tonmineral/Bitumen waren nicht zu erwarten. Die während der Reaktion entstandenen organischen Tonmineralderivate sind nicht als Neubildungen zu bezeichnen. Sie stellen komplexe Einlagerungsverbindungen dar, die lediglich eine Verstärkung vom (oo1)-Reflex des Montmorillonits bewirken.

Bei den elektronenoptischen Untersuchungen ist lediglich zu sehen, daß die Tonmineralkristallite durch wolkenartige Strukturen umhüllt sind.

VERÄNDERUNGEN DER KATIONENDICHTEVERTEILUNGEN IN DEN ZWISCHENSCHICHTEN DER QUELLFÄHIGEN TONMINERALE

Die Bestimmung der mittleren Zwischenschichtladungen an den stabilisierten Bentonitproben sowie an zwei anderen Proben mit deutlichen Gehalten quellfähiger Minerale hat gezeigt, daß bei den Stabilisierungsreaktionen auch die Zwischenschichtladungen bzw. deren Verteilung im Kristall verändert werden. In welcher Weise die Ladungen innerhalb eines Schichtsilikates verteilt sind, ist in Abb. 3 gezeigt.

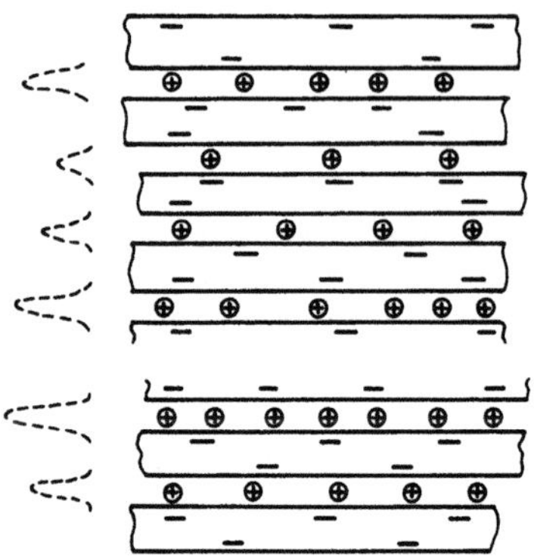

Abb. 3 Schematische Darstellung der Ladungsverteilung im Zwischenschichtraum eines quellfähigen Schichtsilikates

Fig. 3 Schematic representation of charge distribution within the interlayer sheets of expandable phyllosilicates

Die Ladungsveränderungen bei der Bentonitprobe sind am deutlichsten bei den mit Portlandzement, Kalkhydrat und Bitumenemulsion behandelten Ansätzen, die Wasserglas- und Phosphorsäurereaktion ist weniger auffalend (Abb. 4).

Die Berechnung der Ladungsdichteverteilungen in Abhängigkeit der beiden Grenzwerte des Übergangsbereiches von Einfach- zu Doppelschichten nach der Einlagerung von n-Alkylammoniumchloriden ergibt für die Ladungsänderungen noch deutlichere Ergebnisse. In Abb. 4 sind die Veränderungen der Ladungsverteilungen der unbehandelten und stabilisierten Bentonitproben bzw. des Montmorillonits dargestellt.

Der Anteil niedrig geladener Schichten im Naturbentonit (Schichtladung - 0.26 bis - 0.31) hat sich nach der basischen Zement- und Kalkbehandlung deutlich verringert, der Anteil an hochgeladenen (- 0.31 bis - 0.39) Schichten ist klar gestiegen. Die Wasserglas- und Phosphorsäurebehandlung, die insgesamt nur eine geringe Veränderung der Gesamtladung verursacht hat, führte aber zu einer Veränderung der Ladungsverteilung, die sich deutlich von jener des Naturbentonits unterscheidet.

Die auffallende Homogenität der Ladungsdichten bei dem mit Bitumen stabilisierten Bentonit zeigt, daß auch die Zwischenschichten der quellfähigen Tonminerale und nicht nur die äußeren Oberflächen der Tonaggregate mit den Molekülen der Bitumenemulsion "reagieren".

Als Ursache aller feststellbaren Ladungsdichteveränderungen müssen mehrere koinzidierende physikalisch-chemische Prozesse in Betracht gezogen werden, deren Einzeleinfluß jedoch nicht separiert werden kann:

- Durch die Stabilisierungsreaktion werden Teile der Bestandteile der Schichtsilikatstruktur mobilisiert, d.h. es werden Kationen aus den Oktaeder- oder Tetraederzentren gelöst, wobei ganze Ionenkomplexe aus dem Strukturverband, vor allem vom Rande her, herausbrechen können. Dadurch verändern sich die Einzelladungen der im Strukturverband verbliebenen Oktaeder- und Tetraederschichten.
- Es kommt zur Reduktion von strukturell gebundenem, dreiwertigem Eisen in den Oktaederschichten und folglich zu Ladungsveränderungen in den Zwischenschichten. Die Reduktion kann sowohl durch che-

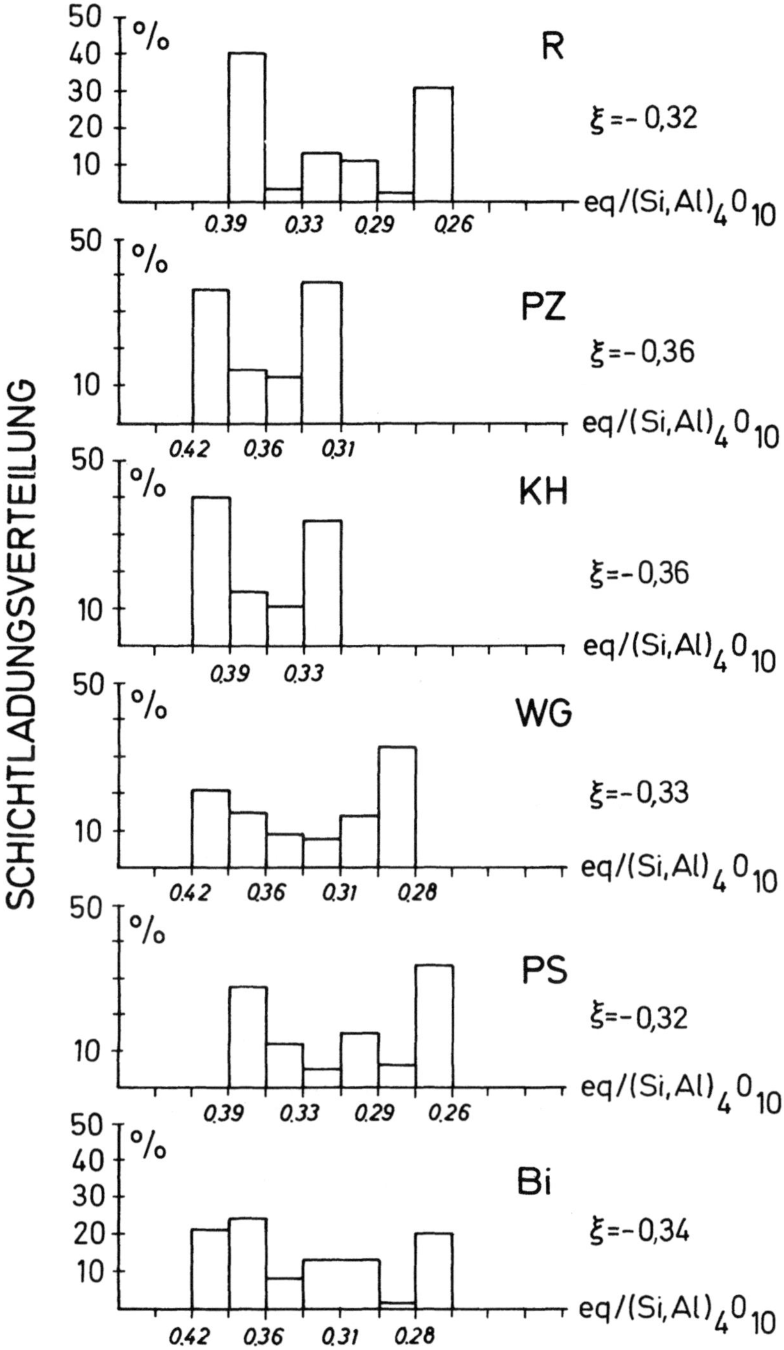

Abb. 4/Fig. 4 Veränderungen der Kationendichteverteilung in den Zwischenschichten der stabilisierten Montmorillonite / Changes of the charge density distribution within the interlayer space of stabilized montmorillonites mische Milieuveränderungen als auch durch Bakterien bewirkt werden.

- Es kommt zur Aufspaltung der Schichtsilikatpakete in dünnere Schichtpakete oder gar zum vollständigen Zerfall in die einzelnen, etwa 10 Å dicken Schichtpakete. Diese Möglichkeit ist vor allem bei hohen Na-Konzentrationen wahrscheinlich.

Die vorgefundenen Ladungsveränderungen in den stabilisierten Bentonitproben lassen sich trotz der analytischen Schwierigkeiten auf die quellfähigen Komponenten der Tone übertragen. Die Ladungsveränderungen im System Opalinuston/Portlandzement bzw. -/Kalk sowie im Amaltheenton bestätigen dies.

FOLGERUNGEN FÜR DIE PRAXIS UND ZUKÜNFTIGE FORSCHUNGSSCHWERPUNKTE

Das im Labormaßstab an unterschiedlich zusammengesetztem Probenmaterial durchgeführte Experiment zur Simulierung von Stabilisierungsreaktionen hat ganz offenkundig gezeigt, daß die Stabilisierungsmechanismen stark von der komplexen Wechselwirkung zwischen den feinblättrigen silikatischen Tonmineralen, den nichtkristallinen oxidischen und hydroxidischen Beimengungen und dem künstlichen Bindemittelzusatz beeinflußt werden.

Die Phänomene, mit denen in der Regel von seiten der Bodenmechanik und der Ingenieurgeologie zu rechnen sind, lauten QUELLEN, SCHWELLEN, KRIECHEN und RUTSCHEN. Die Einbeziehung mineralogischer und kolloidchemischer Erfahrungswerte in die zukünftige Baugrundforschung setzt enge Zusammenarbeit zwischen Mineralogie, Ingenieurgeologie und Bodenmechanik voraus. Die Kriterien, die zukünftig einer Lösung bedürfen, lassen sich wie folgt zusammenfassen:

- Beschreibung von Rusch- und Kriechvorgängen aufgrund der Kittsubstanzen zwischen den einzelnen Mineralen (Erforschung der Mineralzemente und Mineralkontakte):
  Korrelation zwischen Mineralart, Mineralmenge und Anteil nichtkristalliner und organischer Substanz im natürlichen und stabilisierten Erdstoff.
- Beobachtungen von Teilchenorientierungen und Teilchenaggregierungen in Abhängigkeit von noch festzustellenden Einflußfaktoren, wie Zeit, Klima, Verformungsenergien in gestörten und ungestörten Proben.
- Genaue Erfassung von Wechselwirkungen zwischen anorganisch-fester und wässriger Phase an der Grenze Mineral - Elektrolyt:
  Bestimmung der Kationenaustauschkapazitäten, der inneren und äußeren Oberflächen, der Zusammensetzung des Poren- und Kapillarwassers, der Kationendichteverteilungen von Schichtsilikaten, Permeabilitätsmessungen.

Neben diesen rein stabilitätsrelevanten Faktoren ergeben sich für die Baupraxis noch andere, nicht minder wichtige, aber bislang fast nicht erkannte Bezugsmcmente. Die komplexe Wechselwirkung zwischen Stabilisator und bindigem Baugrund wird sehr stark von der äußerst reaktiven Elektrolytlösung gesteuert. Dabei stellt sich die Frage, ob und in welchem Ausmaß Elektrolytlösungen im Boden auch andere, nicht nur stabilitätsbezogene Auswirkungen haben könnten. Besonders im Bereich von Mülldeponien oder bei Dammaufschüttungen mit toxisch belastetem Schüttgut muß geprüft werden, bei welchem pH und unter welchen Milieubedingungen Schwermetallkationen wieder mobilisiert werden. Die Effektivität mancher Stabilisierungsmaßnahme, sei sie nun mit Zement, Kalk oder anderen anorganischen oder organischen Verbindungen durchgeführt, wird zukünftig auch hinsichtlich ihrer Umweltrelevanz zu prüfen sein.

LITERATUR

Carlson & Berman (1960) zit. nach ASTM-Karte 14-83
Eades JL & Grim RE (1969) Reaction of hydrated lime with pure clay minerals in soil stabilization. Bull Highw Res Bd 262, 51
Diamonds S, White JL and Dolch WL (1964) Transformation of clay minerals by calcium hydroxide attack. Clays Cla Minerals: 359-378
Glenn GR (1970) Differential thermal and thermogravimetric analysis of reacted bentonite - lime water mixtures. Highw Res Bd Rec 315: 122-132
Hilt GH (1961) Isolation and investigation of a lime - montmorillonite crystalline reaction product. Ph D Thesis Iowa State Univ, Ames, Iowa
Jones FE, Roberts MH (1962) Building Research Current Papers. Research Series 1, London
Kider G & Reed LW (1972) Swelling characteristics of hydroxy-aluminium interlayered clays. Clays Clay Minerals 20: 13-20
Koenzen JR (1975) Rheologische Eigenschaften silikatinjizierter Korngerüste. Veröff d Inst f Boden- und Felsmechanik der Universität Karlsruhe Heft 64
Kohler EE (1981) Mineralreaktionen bei der Stabilisierung von bindigem Baugrund. Ber 3 Nat Tag Ing Geol: 21-32, Ansbach
Kohler EE (1983) Baugrundverbesserung. In: Enzyklopädie für Naturwissenschaft und Technik, S. 38-41
Lagaly G (1981) Characterization of clays by organic compounds. Clay Minerals 16: 1-21
Midgley (1957) Magazine of Concrete Research 9
Perez-Rodriguez JL, Weiss A & Lagaly G (1977) A natural clay organic complex from Andalusian Black Earth. Clays Clay Minerals 25: 243-251
Riddick ThM (1968) Control of colloid stability through zeta potential. Vol I, Wynnewood, Pa
Scheffer-Schachtschabel (1966) Lehrbuch der Bodenkunde. 9. Auflage, F. Enke-Verlag, Stuttgart
Taylor HFW (1964) The chemistry of cements. Academic Press, London - New York

GPSR Compliance

The European Union's (EU) General Product Safety Regulation (GPSR) is a set of rules that requires consumer products to be safe and our obligations to ensure this.

If you have any concerns about our products, you can contact us on ProductSafety@springernature.com

In case Publisher is established outside the EU, the EU authorized representative is:

Springer Nature Customer Service Center GmbH
Europaplatz 3
69115 Heidelberg, Germany

Batch number: 10683525

Printed by Printforce, the Netherlands